普通高等教育"十一五"国家级规划教材
普通高等教育农业农村部"十三五"规划教材
全国高等农林院校教材经典系列
中国农业教育在线数字课程配套教材

果树栽培学各论

南方本

第四版

陈杰忠　主编

中国农业出版社

图书在版编目（CIP）数据

果树栽培学各论：南方本/陈杰忠主编．—4 版．
—北京：中国农业出版社，2011.6（2022.11重印）
 普通高等教育"十一五"国家级规划教材．全国高等农林院校"十一五"规划教材
 ISBN 978-7-109-15931-0

Ⅰ．①果… Ⅱ．①陈… Ⅲ．①果树园艺－高等学校－教材 Ⅳ．①S66

中国版本图书馆 CIP 数据核字（2011）第 151119 号

中国农业出版社出版
（北京市朝阳区麦子店街 18 号楼）
（邮政编码 100125）
责任编辑　戴碧霞
文字编辑　田彬彬

北京通州皇家印刷厂印刷　新华书店北京发行所发行
2003 年 7 月第 1 版　2011 年 6 月第 4 版
2022 年 11 月第 4 版北京第 6 次印刷

开本：787mm×1092mm 1/16　印张：34.5
字数：817 千字
定价：74.50 元
（凡本版图书出现印刷、装订错误，请向出版社发行部调换）

第四版编审者

主　编　陈杰忠
副主编　姚　青　曾　明　叶明儿　樊卫国
编　者（按姓名拼音排序）
　　　　蔡礼鸿（华中农业大学）
　　　　陈杰忠（华南农业大学）
　　　　樊卫国（贵州大学）
　　　　胡又厘（华南农业大学）
　　　　李　娟（仲恺农业工程学院）
　　　　李建国（华南农业大学）
　　　　廖明安（四川农业大学）
　　　　潘东明（福建农林大学）
　　　　彭松兴（华南农业大学）
　　　　唐志鹏（广西大学）
　　　　王心燕（仲恺农业工程学院）
　　　　武绍波（云南农业大学）
　　　　谢江辉（中国热带农业科学院）
　　　　徐春香（华南农业大学）
　　　　徐小彪（江西农业大学）
　　　　姚　青（华南农业大学）
　　　　叶明儿（浙江大学）
　　　　曾　明（西南大学）
　　　　钟晓红（湖南农业大学）
　　　　周碧燕（华南农业大学）
审　稿　罗正荣（华中农业大学）
　　　　郑晓英（福建农林大学）
　　　　石雪晖（湖南农业大学）
　　　　叶春海（广东海洋大学）
　　　　彭良志（中国农业科学院）
　　　　韩冬梅（广东省农业科学院）
　　　　王松标（中国热带农业科学院）
　　　　陈　健（广州市果树科学研究所）

第三版编审者

主　编　陈杰忠（华南农业大学）
副主编　姚　青（华南农业大学）
　　　　曾　明（西南农业大学）
　　　　叶明儿（浙江大学）
编　者（按姓名笔画排序）
　　　　王心燕（仲恺农业技术学院）
　　　　叶明儿（浙江大学）
　　　　刘建福（福建华侨大学）
　　　　李建国（华南农业大学）
　　　　陈杰忠（华南农业大学）
　　　　陈厚彬（华南农业大学）
　　　　武绍波（云南农业大学）
　　　　胡又厘（华南农业大学）
　　　　钟晓红（湖南农业大学）
　　　　姚　青（华南农业大学）
　　　　徐小彪（江西农业大学）
　　　　唐志鹏（广西大学）
　　　　彭松兴（华南农业大学）
　　　　曾　明（西南农业大学）
　　　　谢江辉（中国热带农业科学院）
　　　　蔡礼鸿（华中农业大学）
　　　　廖明安（四川农业大学）
　　　　樊卫国（贵州大学）
　　　　潘东明（福建农林大学）
审　稿　林顺权（华南农业大学）
　　　　李道高（西南农业大学）
　　　　罗正荣（华中农业大学）

第一版编审者

主　编　彭镜波（华南农学院）
副主编　李育农（西南农学院）
　　　　吴光林　张上隆（浙江农业大学）
编写人　吴耕民　章恢志　崔致学　万志成　朱维凡
　　　　庄伊美　李大福　李三玉　李乃燕　许建楷
　　　　吴定尧　陈琼珍　陈本康　周其明　林　铮
　　　　范邦文　张光伦　倪耀源　翁树章　曹德群
　　　　杨一雪
审稿人　曲泽洲　张育明　方　锜　王洪福　邓祖耀
　　　　向显衡　阎玉章　何信茂　何绍惠　李永清
　　　　李时荣　陈清亮　刘　权　周开隆　林太宏
　　　　张秋明　张大玉　赵玉钦　秦煊南　高　曦
　　　　黄　恕　黄麦平　蒋聪强　褚孟嫄

第四版前言

《果树栽培学各论（南方本）》第三版于 2003 年出版，经过南方各高等院校园艺专业几年的使用，读者反响很好，2005 年被中华农业科教基金评为"全国高等农业院校优秀教材"。近几年，随着教学改革的深入和现代果树栽培技术的迅猛发展，对教材的要求越来越高，本教材也应与时俱进。在中国农业出版社的支持下，于 2008 年 7 月在贵州大学农学院召开"全国南方高校果树栽培学课程建设与教材编写工作会议"，会议就第四版的修订提出了以下改进意见：

1. 根据树种的经济价值和分类学地位，对 28 个树种进行了重新排序；以亚热带果树柑橘、荔枝、龙眼、枇杷、杨梅和橄榄 6 个树种为第一版块，热带果树香蕉、菠萝、杧果、杨桃、番木瓜、番石榴、番荔枝和澳洲坚果 8 个树种为第二版块，落叶果树毛叶枣、梨、苹果、葡萄、桃、李、梅、柿、栗、核桃、猕猴桃、草莓、山楂和刺梨 14 个树种为第三版块。

2. 完善并通过了编写委员会草拟的教材编写方案。特别是对审稿人员进行了扩充，增加部分长期从事果树栽培及生理研究、生产实践经验丰富的研究人员，以保证本教材的质量。

本教材编写分工为：曾明、李娟编写柑橘，李建国编写荔枝，潘东明编写龙眼与橄榄，胡又厘编写枇杷，叶明儿编写杨梅、桃与草莓，徐春香编写香蕉，唐志鹏编写菠萝与毛叶枣，陈杰忠编写杧果，姚青编写杨桃，周碧燕编写番木瓜，谢江辉编写番石榴与澳洲坚果，彭松兴编写番荔枝，蔡礼鸿编写梨与柿，廖明安编写苹果，徐小彪编写葡萄与猕猴桃，钟晓红编写李，王心燕编写梅，樊卫国编写栗、核桃与刺梨，武绍波编写山楂。

本教材承蒙华中农业大学罗正荣教授、福建农林大学郑晓英教授、湖南农业大学石雪晖教授、广东海洋大学叶春海教授、中国农业科学院彭良志研究员、广东省农业科学院韩冬梅研究员、中国热带农业科学院王松标副研究员、广州市果树科学研究所陈健研究员审稿，同时得到华南农业大学及有关兄弟院校的大力协助，在此致以深深的谢意。

希望本教材的内容能够反映果树生产的发展趋势，然而由于时间有限，错误和遗漏在所难免，恳请同仁给予指正。

本教材适于南方高等院校的园艺专业和其他相关专业的师生使用，也适于果树生产和研究单位的相关人员使用。

编　者
2011年3月

注：本教材于2017年12月被列入普通高等教育农业部（现更名为农业农村部）"十三五"规划教材〔农科（教育）函〔2017〕第379号〕。

第三版前言

《果树栽培学各论（南方本）》分别于1981年和1991年出版了第一版和第二版。二十多年过去了，现在已进入21世纪，国内外的果树业无论是在生产上还是科研上，均取得了长足的进步，因此本教材也应与时俱进，回顾过去，展望未来。按照中国农业出版社的要求，我们以第二版为基础，组织有关院校的专业老师，结合当前的教学改革实践，编写了第三版。第三版教材力求能充分反映国内外果树生产已经取得的成绩和发展方向，并根据南方果树的生产实践做如下改动：将原有的"石榴"改为"番石榴"，"栗"改为"板栗"，"枣"改为"毛叶枣"，增加"杨桃"、"橄榄"、"番荔枝"和"澳洲坚果"4章，全书共28章。本教材编写分工：曾明，柑橘与澳洲坚果；陈厚彬，香蕉；李建国，荔枝；潘东明，龙眼与橄榄；胡又厘，枇杷；陈杰忠，杧果；唐志鹏，菠萝与毛叶枣；蔡礼鸿，梨与柿；叶明儿，桃、杨梅和草莓；钟晓红，李；王心燕，梅与番木瓜；廖明安，苹果；徐小彪，葡萄与猕猴桃；樊卫国，板栗、核桃及刺梨；姚青，杨桃；彭松兴，番荔枝与番石榴；谢江辉，澳洲坚果、毛叶枣及番石榴；刘建福，澳洲坚果；武绍波，山楂。在本教材的编写过程中，承蒙林顺权教授、李道高教授、罗正荣教授的审阅，同时得到华南农业大学及有关兄弟院校的大力协助。我们希望本教材的内容能够反映果树生产的发展趋势，然而由于时间有限，错误和遗漏在所难免，恳请同仁给予指正。

本教材适于各高等农业院校的园艺专业和其他相关专业的师生使用，也适于果树生产和研究单位的相关人员使用。

编 者
2003年3月

第二版前言

《果树栽培学各论（南方本）》于1981年出版，已使用数年，国内外生产和科研有了新的发展，教学工作也在不断改进，根据农业部指示精神，我们在修订教材前先征求使用本教材的农业院校和有关单位、个人意见，结合当前教学内容的改革，吸取国内外新成果，删去不必要的重要内容、不必要的词句，在现有的基础上提高，加强系统性、科学性。并按需要增加草莓、梅、刺梨、石榴、山楂等5种果树，由张上隆、吴光林、朱维凡、王鸿遽、梁绍信等编写。修订工作由原主、副编分工进行，后于1987年1月主、副编集中在华南农业大学交换审阅修订稿件和定稿。在整个修订过程中倪耀源同志负责各方面联系工作，参加了修订和定稿。参加部分修订工作的还有吴耕民教授、崔致学、李三玉、刘权、杨宗鑫、陈履荣等同志。此外，秦煊南等同志提供修订意见。为此，谨向参加工作的上述同志和单位致以衷心感谢。

编　者
1989年9月

第一版前言

本教材与《果树栽培学总论》配成一套教材，在《总论》中充分阐明的果树栽培生物学理论基础以及果园、果树管理等具有共性的科学技术，均与本书相贯通，可以前后参照。各论南方本则着重论述南方果树种类、品种的特性和与之相适应的栽培技术，以便于学以致用。

本书包括19种果树，其中常绿果树9种，落叶果树10种，还有用于本书的实验实习指导书，以适应我国南方高等农林院校果树专业本门主修课教学的需要。

在9种常绿果树中，以南方各省栽培较为普遍的柑橘为重点，阐明我国南方柑橘丰富的种类和品种及各产区与之相适应的栽培技术，并介绍了国内外现代柑橘栽培高产优质低消耗的原理和方法。与此同时，着重反映了我国南方温暖润湿的气候条件下10种落叶果树中具有代表性的品种，及其对生态环境的特殊要求及与之相适应的栽培技术特点。如桃以介绍华南系统的品种为主，梨以介绍沙梨的品种为主，栽培技术特点亦因品种及生态环境不同而与北方有异，俾能供南方农林院校教学、科研和生产上应用与参考。

但是，由于南方果树种类品种繁多，限于篇幅，不能尽述。如具有南方特色和原产我国的梅子、香榧以及许多热带、亚热带果树如油梨、杨桃等，在教学需要时，尚需参考其他书籍。

本书在编写和审定过程中得到许多果树界老前辈和科研单位学有所长的同志的热情帮助，特此致谢。在绘图工作中得到西南农学院蒋聪强等同志大力支援，谨此致意。

编　者

1979年12月

目 录

第四版前言
第三版前言
第二版前言
第一版前言

第一章 柑橘 ……………………………………………………………………… 1

第一节 概说 ……………………………………………………………………… 1
一、栽培意义 ………………………………………………………………… 1
二、栽培历史 ………………………………………………………………… 1
三、栽培分布情况 …………………………………………………………… 2

第二节 主要种类和品种 ………………………………………………………… 2
一、主要种类 ………………………………………………………………… 2
二、主要品种 ………………………………………………………………… 8

第三节 生物学特性 …………………………………………………………… 16
一、生长发育特性 ………………………………………………………… 16
二、对环境条件的要求 …………………………………………………… 28

第四节 育苗与建园 …………………………………………………………… 31
一、砧木 …………………………………………………………………… 31
二、砧木苗的培育 ………………………………………………………… 32
三、嫁接 …………………………………………………………………… 33
四、容器育苗 ……………………………………………………………… 35
五、高接换种 ……………………………………………………………… 35
六、柑橘园建立 …………………………………………………………… 36

第五节 土壤管理 ……………………………………………………………… 37
一、土壤耕作 ……………………………………………………………… 37
二、施肥 …………………………………………………………………… 39
三、灌溉及排水 …………………………………………………………… 44

第六节 整形修剪 ……………………………………………………………… 45
一、整形 …………………………………………………………………… 45
二、修剪 …………………………………………………………………… 46

第七节 保花保果保叶 ………………………………………………………… 48
一、落花、落果现象 ……………………………………………………… 48
二、落花、落果原因 ……………………………………………………… 48
三、疏花疏果 ……………………………………………………………… 50

四、保叶 ……………………………………………………………………… 50
　第八节　采收 …………………………………………………………………… 51
　主要参考文献 ……………………………………………………………………… 52
　推荐读物 …………………………………………………………………………… 53

第二章　荔枝 ……………………………………………………………………… 54

　第一节　概说 …………………………………………………………………… 54
　　一、栽培意义 ……………………………………………………………… 54
　　二、栽培历史和分布 ……………………………………………………… 54
　　三、国外荔枝栽培概况 …………………………………………………… 56
　第二节　主要种类和品种 ……………………………………………………… 56
　　一、主要种类 ……………………………………………………………… 56
　　二、主要品种 ……………………………………………………………… 56
　第三节　生物学特性 …………………………………………………………… 58
　　一、生长发育特性 ………………………………………………………… 58
　　二、对环境条件的要求 …………………………………………………… 69
　第四节　栽培技术 ……………………………………………………………… 71
　　一、育苗 …………………………………………………………………… 71
　　二、建园 …………………………………………………………………… 73
　　三、土肥水管理 …………………………………………………………… 73
　　四、树冠管理 ……………………………………………………………… 76
　　五、采收及包装 …………………………………………………………… 81
　主要参考文献 ……………………………………………………………………… 82
　推荐读物 …………………………………………………………………………… 82

第三章　龙眼 ……………………………………………………………………… 83

　第一节　概说 …………………………………………………………………… 83
　第二节　主要种类和品种 ……………………………………………………… 84
　　一、主要种类 ……………………………………………………………… 84
　　二、主要品种 ……………………………………………………………… 84
　第三节　生物学特性 …………………………………………………………… 88
　　一、主要器官形态 ………………………………………………………… 88
　　二、生长发育特性 ………………………………………………………… 90
　　三、对环境条件的要求 …………………………………………………… 93
　第四节　栽培技术 ……………………………………………………………… 94
　　一、育苗 …………………………………………………………………… 94
　　二、栽植 …………………………………………………………………… 97
　　三、土壤管理 ……………………………………………………………… 97
　　四、树体管理 ……………………………………………………………… 100
　第五节　采收 …………………………………………………………………… 103

主要参考文献 …………………………………………………………………… 104
　推荐读物 ………………………………………………………………………… 104

第四章　枇杷 …………………………………………………………………… 105

第一节　概说 …………………………………………………………………… 105
第二节　主要种类和品种 ……………………………………………………… 106
　一、主要种类 …………………………………………………………………… 106
　二、主要品种及其分类 ………………………………………………………… 107
第三节　生物学特性 …………………………………………………………… 111
　一、生长发育特性 ……………………………………………………………… 111
　二、对环境条件的要求 ………………………………………………………… 115
第四节　栽培技术 ……………………………………………………………… 116
　一、育苗 ………………………………………………………………………… 116
　二、建园和定植 ………………………………………………………………… 117
　三、土壤管理及施肥 …………………………………………………………… 117
　四、整形修剪 …………………………………………………………………… 118
　五、花果管理 …………………………………………………………………… 119
　六、采收 ………………………………………………………………………… 119
　主要参考文献 …………………………………………………………………… 119
　推荐读物 ………………………………………………………………………… 120

第五章　杨梅 …………………………………………………………………… 121

第一节　概说 …………………………………………………………………… 121
第二节　主要种类和品种 ……………………………………………………… 121
　一、主要种类 …………………………………………………………………… 121
　二、主要品种 …………………………………………………………………… 123
第三节　生物学特性 …………………………………………………………… 125
　一、生长发育特性 ……………………………………………………………… 125
　二、物候期 ……………………………………………………………………… 129
　三、对环境条件的要求 ………………………………………………………… 129
第四节　栽培技术 ……………………………………………………………… 131
　一、育苗 ………………………………………………………………………… 131
　二、栽植 ………………………………………………………………………… 132
　三、土肥管理 …………………………………………………………………… 133
　四、整形修剪和疏花疏果 ……………………………………………………… 135
　五、树体保护 …………………………………………………………………… 137
　六、采收 ………………………………………………………………………… 137
　主要参考文献 …………………………………………………………………… 138
　推荐读物 ………………………………………………………………………… 138

第六章 橄榄 ... 139

第一节 概说 ... 139
一、经济价值 ... 139
二、栽培历史与分布 ... 139
三、生产上存在的主要问题及解决途径 ... 140

第二节 主要种类和品种 ... 140
一、主要种类 ... 140
二、橄榄和乌榄的主要品种 ... 141

第三节 生物学特性 ... 146
一、生物学特性 ... 146
二、生长与开花结果习性 ... 148
三、对环境条件的要求 ... 149

第四节 栽培技术 ... 150
一、育苗 ... 150
二、栽植 ... 151
三、土壤管理 ... 151
四、肥水管理 ... 152
五、整形修剪 ... 153
六、采收 ... 154

主要参考文献 ... 154
推荐读物 ... 155

第七章 香蕉 ... 156

第一节 概说 ... 156

第二节 主要种类和品种 ... 157
一、香蕉类型及品种 ... 159
二、大蕉类型 ... 161
三、粉蕉类型 ... 161
四、龙牙蕉及其他优稀类型 ... 161

第三节 生物学特性 ... 162
一、生长发育特性及结果特性 ... 162
二、对环境条件的要求 ... 168

第四节 栽培技术 ... 170
一、育苗 ... 170
二、建园和定植 ... 171
三、土壤管理 ... 172
四、树体管理 ... 176
五、留吸芽和除吸芽 ... 177
六、采收与采后处理 ... 178

主要参考文献 …………………………………………………………………… 179
　　推荐读物 ………………………………………………………………………… 180

第八章　菠萝 …………………………………………………………………… 181

第一节　概说 …………………………………………………………………… 181
第二节　主要种类和品种 ……………………………………………………… 181
　　一、主要种类 …………………………………………………………………… 181
　　二、主要品种 …………………………………………………………………… 182
第三节　生物学特性 …………………………………………………………… 185
　　一、生长发育特性 ……………………………………………………………… 185
　　二、对环境条件的要求 ………………………………………………………… 188
第四节　栽培技术 ……………………………………………………………… 189
　　一、选苗和育苗 ………………………………………………………………… 189
　　二、建园与种植 ………………………………………………………………… 191
　　三、施肥培土与土壤覆盖 ……………………………………………………… 192
　　四、除芽与留芽 ………………………………………………………………… 193
　　五、植物生长调节剂的应用 …………………………………………………… 194
　　六、植株保护 …………………………………………………………………… 195
　　七、采收 ………………………………………………………………………… 196
　　八、菠萝园的生产更新周期 …………………………………………………… 196
　　主要参考文献 …………………………………………………………………… 197
　　推荐读物 ………………………………………………………………………… 197

第九章　杧果 …………………………………………………………………… 198

第一节　概述 …………………………………………………………………… 198
　　一、栽培意义 …………………………………………………………………… 198
　　二、起源与分布 ………………………………………………………………… 198
第二节　种类及主要品种 ……………………………………………………… 199
　　一、杧果属的分类 ……………………………………………………………… 199
　　二、主要品种 …………………………………………………………………… 202
第三节　植物学形态与生长发育规律 ………………………………………… 204
　　一、根系 ………………………………………………………………………… 204
　　二、枝梢 ………………………………………………………………………… 204
　　三、叶片 ………………………………………………………………………… 205
　　四、花 …………………………………………………………………………… 206
　　五、果实 ………………………………………………………………………… 206
第四节　开花与坐果 …………………………………………………………… 207
　　一、花芽分化 …………………………………………………………………… 207
　　二、影响花芽分化的环境因素 ………………………………………………… 207
　　三、激素与花芽分化的关系 …………………………………………………… 208

四、开花 208
　　五、坐果与果实发育 209
　　六、果实成熟与品质 211
 第五节　对环境条件的要求 211
　　一、光照 211
　　二、温度 212
　　三、水分 212
　　四、风 212
　　五、土壤 213
 第六节　栽培技术 213
　　一、育苗 213
　　二、品种选择、建园与定植 214
　　三、土壤管理 214
　　四、营养与施肥 215
　　五、整形修剪 216
　　六、花果管理 217
　　七、采收 218
 主要参考文献 218
 推荐读物 219

第十章　杨桃 220

 第一节　概说 220
 第二节　主要种类和品种 221
　　一、主要种类 221
　　二、主要品种 221
 第三节　生物学特性 222
　　一、生长结果习性 223
　　二、物候期 224
　　三、对环境条件的要求 224
 第四节　栽培技术 225
　　一、育苗 225
　　二、土壤管理 227
　　三、整形与修剪 228
　　四、果实管理 229
　　五、果实采收与贮运 231
　　六、有机栽培 231
 主要参考文献 231
 推荐读物 232

第十一章　番木瓜 233

 第一节　概说 233

第二节　主要种类和品种 ………………………………………………………… 233
　　　一、主要种类 ………………………………………………………………… 233
　　　二、主要品种 ………………………………………………………………… 234
　　第三节　生物学特性 …………………………………………………………… 235
　　　一、生长发育特性 …………………………………………………………… 235
　　　二、对环境条件的要求 ……………………………………………………… 238
　　第四节　栽培技术 ……………………………………………………………… 239
　　　一、育苗 ……………………………………………………………………… 239
　　　二、建园与定植 ……………………………………………………………… 241
　　　三、果园管理 ………………………………………………………………… 242
　　　四、采收 ……………………………………………………………………… 243
　　　五、番木瓜采乳技术 ………………………………………………………… 244
　　主要参考文献 …………………………………………………………………… 244
　　推荐读物 ………………………………………………………………………… 245

第十二章　番石榴 ……………………………………………………………… 246

　　第一节　概说 …………………………………………………………………… 246
　　　一、栽培意义 ………………………………………………………………… 246
　　　二、栽培历史与分布 ………………………………………………………… 246
　　第二节　主要种类和品种 ………………………………………………………… 246
　　　一、主要种类 ………………………………………………………………… 246
　　　二、主要品种 ………………………………………………………………… 247
　　第三节　生物学特性 …………………………………………………………… 248
　　　一、生长发育特性 …………………………………………………………… 248
　　　二、对环境条件的要求 ……………………………………………………… 250
　　第四节　栽培技术 ……………………………………………………………… 251
　　　一、育苗 ……………………………………………………………………… 251
　　　二、栽植 ……………………………………………………………………… 252
　　　三、土壤管理 ………………………………………………………………… 252
　　　四、整形修剪 ………………………………………………………………… 253
　　　五、疏花疏果和套袋护果 …………………………………………………… 254
　　　六、产期调节 ………………………………………………………………… 254
　　　七、采收与分级 ……………………………………………………………… 255
　　主要参考文献 …………………………………………………………………… 255
　　推荐读物 ………………………………………………………………………… 256

第十三章　番荔枝 ……………………………………………………………… 257

　　第一节　概说 …………………………………………………………………… 257
　　　一、栽培意义 ………………………………………………………………… 257
　　　二、栽培历史与分布 ………………………………………………………… 257

第二节　主要种类和品种 …………………………………………………………… 257
　一、主要种类 ……………………………………………………………………… 257
　二、主要品种 ……………………………………………………………………… 259
第三节　生物学特性 ………………………………………………………………… 259
　一、生长发育特性 ………………………………………………………………… 259
　二、对环境条件的要求 …………………………………………………………… 262
第四节　栽培技术 …………………………………………………………………… 263
　一、育苗 …………………………………………………………………………… 263
　二、栽植 …………………………………………………………………………… 264
　三、土壤管理 ……………………………………………………………………… 264
　四、整形修剪 ……………………………………………………………………… 266
　五、采收 …………………………………………………………………………… 267
主要参考文献 ………………………………………………………………………… 267
推荐读物 ……………………………………………………………………………… 268

第十四章　澳洲坚果 ………………………………………………………………… 269

第一节　概述 ………………………………………………………………………… 269
　一、栽培意义 ……………………………………………………………………… 269
　二、栽培历史与分布 ……………………………………………………………… 269
第二节　主要种类和品种 …………………………………………………………… 270
　一、主要种类 ……………………………………………………………………… 270
　二、主要品种 ……………………………………………………………………… 270
第三节　生物学特性 ………………………………………………………………… 272
　一、植株形态特征 ………………………………………………………………… 272
　二、生长发育特性 ………………………………………………………………… 273
　三、对环境条件的要求 …………………………………………………………… 275
第四节　栽培技术 …………………………………………………………………… 275
　一、育苗 …………………………………………………………………………… 275
　二、栽植 …………………………………………………………………………… 277
　三、土肥水管理 …………………………………………………………………… 277
　四、整形修剪 ……………………………………………………………………… 279
　五、保花保果 ……………………………………………………………………… 280
　六、采收 …………………………………………………………………………… 281
主要参考文献 ………………………………………………………………………… 281
推荐读物 ……………………………………………………………………………… 281

第十五章　毛叶枣 …………………………………………………………………… 282

第一节　概说 ………………………………………………………………………… 282
第二节　主要品种 …………………………………………………………………… 282
　一、品种分类 ……………………………………………………………………… 282

二、主要品种 …………………………………………………………………… 282
第三节　生物学特性 ……………………………………………………………… 283
　　一、主要器官特性 ……………………………………………………………… 283
　　二、生长发育特性 ……………………………………………………………… 284
　　三、对环境条件的要求 ………………………………………………………… 285
第四节　栽培技术 ………………………………………………………………… 286
　　一、育苗 ………………………………………………………………………… 286
　　二、建园 ………………………………………………………………………… 287
　　三、栽植 ………………………………………………………………………… 287
　　四、土肥水管理 ………………………………………………………………… 288
　　五、树体管理 …………………………………………………………………… 290
　　六、采收 ………………………………………………………………………… 292
主要参考文献 ……………………………………………………………………… 293
推荐读物 …………………………………………………………………………… 293

第十六章　梨 …………………………………………………………………… 294

第一节　概说 ……………………………………………………………………… 294
　　一、经济意义 …………………………………………………………………… 294
　　二、栽培简史 …………………………………………………………………… 294
　　三、我国梨的生产状况 ………………………………………………………… 294
　　四、国外梨树的生产和科研现状 ……………………………………………… 295
第二节　主要种类和品种 ………………………………………………………… 296
　　一、主要种类 …………………………………………………………………… 296
　　二、主要品种 …………………………………………………………………… 297
第三节　生物学特性 ……………………………………………………………… 302
　　一、生长结果习性 ……………………………………………………………… 302
　　二、对环境条件的要求 ………………………………………………………… 306
第四节　栽培技术 ………………………………………………………………… 307
　　一、育苗 ………………………………………………………………………… 307
　　二、品种选择和配置 …………………………………………………………… 308
　　三、栽植 ………………………………………………………………………… 309
　　四、梨园管理 …………………………………………………………………… 310
　　五、整形修剪 …………………………………………………………………… 313
　　六、保花保果和疏果套袋 ……………………………………………………… 315
　　七、老梨园更新改造和高接栽培 ……………………………………………… 316
　　八、绿色梨果的标准化生产 …………………………………………………… 317
　　九、采收 ………………………………………………………………………… 317
主要参考文献 ……………………………………………………………………… 317
推荐读物 …………………………………………………………………………… 318

第十七章　苹果 319

第一节　概说 319
一、栽培意义 319
二、栽培历史与分布 319

第二节　主要种类和品种 320
一、生产上用的主要种 320
二、主要品种 321

第三节　生物学特性 325
一、生长发育特性 325
二、对环境条件的要求 334

第四节　育苗与栽植 335
一、育苗 335
二、栽植 336
三、授粉树的选择与配置 337

第五节　土肥水管理 337
一、土壤管理 337
二、施肥 338
三、灌水与排水 339

第六节　整形修剪 340
一、树形结构与幼树整形修剪要点 340
二、成年树修剪 342
三、大小年结果树的修剪 343

第七节　花果管理和采收 343
一、花果管理 343
二、果实采收 344

主要参考文献 345
推荐读物 345

第十八章　葡萄 346

第一节　概说 346
一、栽培意义 346
二、栽培历史与分布 346

第二节　主要种类与品种 347
一、主要种类 347
二、品种分类 348
三、适于南方栽培的品种 349

第三节　生物学特性 351
一、形态特征及生长特性 351
二、花芽分化与结果习性 352

三、年周期活动 ………………………………………………………………………… 353
　　四、对环境条件的要求 …………………………………………………………………… 353
第四节　栽培技术 ……………………………………………………………………… 354
　　一、育苗 …………………………………………………………………………………… 354
　　二、建园 …………………………………………………………………………………… 355
　　三、土壤管理 ……………………………………………………………………………… 357
　　四、整形修剪 ……………………………………………………………………………… 358
　　五、其他管理 ……………………………………………………………………………… 361
　　六、采收 …………………………………………………………………………………… 362
主要参考文献 …………………………………………………………………………… 363
推荐读物 ………………………………………………………………………………… 363

第十九章　桃 …………………………………………………………………………… 364

第一节　概说 …………………………………………………………………………… 364
第二节　主要种类与品种 ……………………………………………………………… 365
　　一、主要种类 ……………………………………………………………………………… 365
　　二、品种分类 ……………………………………………………………………………… 365
　　三、主要品种 ……………………………………………………………………………… 367
第三节　生物学特性 …………………………………………………………………… 369
　　一、生长发育特性 ………………………………………………………………………… 369
　　二、对环境条件的要求 …………………………………………………………………… 373
第四节　栽培技术 ……………………………………………………………………… 374
　　一、育苗 …………………………………………………………………………………… 374
　　二、栽植 …………………………………………………………………………………… 375
　　三、土壤管理 ……………………………………………………………………………… 376
　　四、树体管理 ……………………………………………………………………………… 379
　　五、采收 …………………………………………………………………………………… 383
主要参考文献 …………………………………………………………………………… 384
推荐读物 ………………………………………………………………………………… 384

第二十章　李 …………………………………………………………………………… 385

第一节　概说 …………………………………………………………………………… 385
　　一、栽培意义 ……………………………………………………………………………… 385
　　二、栽培历史与分布 ……………………………………………………………………… 385
第二节　主要种类和品种 ……………………………………………………………… 386
　　一、主要种类 ……………………………………………………………………………… 386
　　二、主要品种 ……………………………………………………………………………… 387
第三节　生物学特性 …………………………………………………………………… 390
　　一、生长发育特性 ………………………………………………………………………… 390
　　二、对环境条件的要求 …………………………………………………………………… 391

第四节　栽培技术 ·· 392
　一、育苗 ··· 392
　二、栽植 ··· 393
　三、土肥水管理 ··· 393
　四、整形修剪 ·· 394
　五、花果管理 ·· 395
　六、采收 ··· 396
主要参考文献 ··· 397
推荐读物 ·· 397

第二十一章　梅 ·· 398

第一节　概说 ·· 398
　一、栽培意义 ·· 398
　二、栽培历史与分布 ·· 398
第二节　种类和主要品种 ··· 399
　一、种类 ··· 399
　二、主要品种 ·· 401
第三节　生物学特性 ·· 404
　一、生长发育特性 ··· 404
　二、对环境条件的要求 ··· 407
第四节　栽培技术 ··· 408
　一、育苗 ··· 408
　二、栽植 ··· 409
　三、土壤管理 ·· 409
　四、施肥 ··· 410
　五、生长发育调控 ··· 410
　六、采收 ··· 411
　七、标准化栽培 ··· 411
主要参考文献 ··· 412
推荐读物 ·· 412

第二十二章　柿 ·· 413

第一节　概说 ·· 413
　一、栽培意义 ·· 413
　二、原产地及栽培概况 ··· 413
第二节　主要种类和品种 ··· 414
　一、主要种类 ·· 414
　二、主要品种 ·· 415
第三节　生物学特性 ·· 419
　一、生长特性 ·· 419

二、结果习性 ·· 420
　　三、物候期 ·· 422
　　四、对环境条件的要求 ·· 424
第四节　繁殖技术 ·· 425
　　一、砧木的种类及其特性 ··· 425
　　二、砧木繁殖特点 ··· 425
　　三、嫁接的时期和方法 ·· 425
第五节　栽培技术 ·· 426
　　一、定植 ··· 426
　　二、土壤管理 ··· 427
　　三、施肥 ··· 427
　　四、灌水 ··· 429
　　五、整形修剪 ··· 429
　　六、适量坐果 ··· 431
　　七、果实采收 ··· 432
　　八、果实保鲜与脱涩 ··· 433
主要参考文献 ··· 434
推荐读物 ··· 434

第二十三章　栗 ··· 435

第一节　概说 ··· 435
　　一、栽培意义 ··· 435
　　二、栽培历史与分布 ··· 435
第二节　主要种类和品种 ··· 436
　　一、主要种类 ··· 436
　　二、主要品种 ··· 437
第三节　生物学特性 ·· 439
　　一、生长发育特性 ··· 439
　　二、物候期 ·· 443
　　三、对环境条件的要求 ·· 444
第四节　栽培技术 ·· 445
　　一、育苗 ··· 445
　　二、建园 ··· 447
　　三、栗园管理 ··· 447
　　四、整形修剪 ··· 448
　　五、采收 ··· 450
主要参考文献 ··· 450
推荐读物 ··· 451

第二十四章　核桃 ··· 452

第一节　概说 ··· 452

一、经济意义 452
　　二、栽培历史与分布 452
　第二节　主要种类和品种 453
　　一、主要种类 453
　　二、主要品种 455
　第三节　生物学特性 457
　　一、生长特性 457
　　二、结果习性 459
　　三、对环境条件的要求 461
　第四节　栽培技术 461
　　一、育苗 461
　　二、栽植 463
　　三、土壤管理与施肥 463
　　四、整形修剪 464
　　五、采收 465
　主要参考文献 466
　推荐读物 466

第二十五章　猕猴桃 467

　第一节　概说 467
　　一、栽培意义 467
　　二、栽培历史与分布 467
　第二节　主要种类和品种 468
　　一、主要种类 468
　　二、主要品种 469
　第三节　生物学特性 472
　　一、生长结果特性 472
　　二、对环境条件的要求 474
　第四节　栽培技术 475
　　一、育苗 475
　　二、建园 478
　　三、土肥水管理 481
　　四、整形修剪 482
　　五、花果管理 484
　　六、采收 485
　主要参考文献 485
　推荐读物 486

第二十六章　草莓 487

　第一节　概说 487

一、栽培意义 ……………………………………………………………………… 487
　　二、栽培历史与生产现状 ………………………………………………………… 487
　第二节　主要种类和品种 …………………………………………………………… 488
　　一、主要种类 ……………………………………………………………………… 488
　　二、主要品种 ……………………………………………………………………… 489
　第三节　生物学特征 ………………………………………………………………… 491
　　一、主要器官性状 ………………………………………………………………… 491
　　二、花芽分化 ……………………………………………………………………… 493
　　三、休眠 …………………………………………………………………………… 494
　　四、对环境条件的要求 …………………………………………………………… 495
　第四节　育苗 ………………………………………………………………………… 495
　第五节　露地栽培 …………………………………………………………………… 496
　　一、建园与定植 …………………………………………………………………… 496
　　二、田间管理 ……………………………………………………………………… 497
　　三、采收 …………………………………………………………………………… 498
　第六节　保护地栽培 ………………………………………………………………… 499
　　一、促成栽培 ……………………………………………………………………… 499
　　二、半促成栽培 …………………………………………………………………… 500
　　三、抑制栽培 ……………………………………………………………………… 501
　主要参考文献 ………………………………………………………………………… 501
　推荐读物 ……………………………………………………………………………… 501

第二十七章　山楂 …………………………………………………………………… 502

　第一节　概说 ………………………………………………………………………… 502
　　一、栽培意义 ……………………………………………………………………… 502
　　二、栽培历史与分布 ……………………………………………………………… 502
　第二节　主要种类和品种 …………………………………………………………… 502
　　一、主要种类 ……………………………………………………………………… 502
　　二、主要品种 ……………………………………………………………………… 504
　第三节　生物学特性 ………………………………………………………………… 507
　　一、生长发育特性 ………………………………………………………………… 507
　　二、对环境条件的要求 …………………………………………………………… 509
　第四节　栽培技术 …………………………………………………………………… 509
　　一、育苗 …………………………………………………………………………… 509
　　二、建园与栽植 …………………………………………………………………… 510
　　三、土肥水管理 …………………………………………………………………… 510
　　四、整形修剪 ……………………………………………………………………… 511
　　五、花果管理 ……………………………………………………………………… 512
　　六、病虫害防治 …………………………………………………………………… 513
　第五节　采收及贮藏 ………………………………………………………………… 513

一、采收 ··· 513
　　二、贮藏 ··· 513
　主要参考文献 ·· 514
　推荐读物 ·· 514

第二十八章　刺梨 ·· 515

　第一节　概说 ·· 515
　　一、栽培意义 ·· 515
　　二、栽培历史与分布 ·· 515
　第二节　种类和主要品种 ·· 516
　　一、种类 ··· 516
　　二、主要品种 ·· 516
　第三节　生物学特性 ·· 517
　　一、生长特性 ·· 517
　　二、结果习性 ·· 519
　　三、对环境条件的要求 ·· 520
　第四节　栽培技术 ··· 521
　　一、育苗 ··· 521
　　二、栽植 ··· 522
　　三、刺梨园管理 ··· 522
　　四、采收 ··· 524
　主要参考文献 ·· 524
　推荐读物 ·· 524

第一章 柑 橘

第一节 概 说

一、栽培意义

柑橘（citrus）是我国南方重要的果树，亚热带地区的国家均有栽培，2011年全世界柑橘栽培面积833.33万hm^2，总产量为1.16亿t，在水果中居第一位。柑橘果实色、香、味兼优，果汁丰富，除含丰富的糖分、有机酸、矿物质外，还含有维生素C（每100ml果汁中含维生素C 30～70mg）等，营养价值高。柑橘又是医药及食品工业的重要原料，果肉可制糖水橘瓣罐头、果酱、果汁、果酒及提取柠檬酸等。种子富含维生素E。果皮含维生素A、维生素B较多，维生素P含量是果肉中的2～4倍，在海绵层中还含有近似维生素P的橘皮苷；果皮还可作盐渍、蜜饯、提炼果胶、香精油等。枳、酸橙、葡萄柚等的果皮含新橙皮苷（neohesperidin），加工提炼后其甜度为糖精的20倍。橘实、橘络、种子及叶均可供药用。此外，花可窨制花茶；木材质地致密，是细工用材；树终年常绿，花香果美，可供绿化观赏，有些种类如酸橙等还可作防护林树种。

柑橘的适应性较强。耐寒性不及落叶果树，但是耐热、耐湿，从南温带至热带、从干旱少雨到湿润多雨地区均有栽培。柑橘又耐贮运，是重要的出口水果。发展柑橘生产，对调整农业产业结构、发展农村经济、促进农民增收以及改善生态环境都具有重要意义。

二、栽培历史

柑橘类果树的主要种大多数原产我国，越南、老挝、柬埔寨、马来半岛、缅甸和印度等地也是柑橘的原产地之一。我国是世界上栽培柑橘历史最早的国家，据古书记载至今已有4 000年以上的历史。《周礼·冬官考工记》有"橘逾淮为枳"的记载。春秋战国时代《史记·货殖列传》中有"蜀汉江陵千树橘，其人与千户侯等"的记载，足见当时柑橘的栽培盛况及其栽培的经济收益。公元前100—公元200年的秦汉时代已出现"黄甘橙"的名称（司马相如《上林赋》）。（宋）韩彦直的《橘录》(1178)是世界上第一部柑橘专著，记述当时浙江温州的柑橘种和品种，以及嫁接、栽培、防寒、采收及贮藏等技术；又记述了当时的栽植密度："每株相去七八尺"，可见我国柑橘已有800年以上的密植历史。

印度也是柑橘原产地之一，但直至公元前800年才第一次出现Jambila这一统称枸橼和柠檬的名称，大约到公元前100年才有橙类的名称，19世纪末才有柑类栽培。日本原产的有野生的立花橘[*Citrus tachibana* (Mak.) Tanaka]，725年始从我国引种其他柑橘类植物。欧洲地中海地区在公元前310年有枸橼记载，据考证，公元前1世纪—公元4世纪意大利有过甜橙和柠檬的栽培，但因战争及气候影响，直至11～12世纪才在西西里岛栽培柠檬，15世纪才有甜橙出产，16世纪（1520年以后）葡萄牙人从我国广东引入甜橙以后，栽培才渐渐兴旺，柑类则迟至19世纪才输入。美洲没有原生柑橘，自欧洲人迁入后才开始引种栽培。

三、栽培分布情况

柑橘主产于热带、亚热带国家，主要分布在南、北纬31°之间，栽培的北限已达北纬45°的俄罗斯的克拉斯诺达尔，南限是南纬41°的新西兰北岛。但生产大规模出口或用于加工的柑橘经济产区几乎都分布在南、北纬20°～30°的亚热带地区。中国、巴西和美国产量最多，三国产量占世界总产量的47%。此外，西班牙、意大利、日本、墨西哥、印度、埃及、巴基斯坦、土耳其、阿根廷、以色列、摩洛哥等国也是世界柑橘的主要生产国。

我国柑橘栽培面积和产量均居世界第一，2008年栽培面积310.11万hm^2，产量2 331.3万t，主要分布在长江流域及其以南地区，在北纬20°～30°、海拔600m以下的缓坡、丘陵地带。经济栽培主要有湖南、福建、广东、四川、广西、湖北、浙江、江西和重庆9个省（自治区、直辖市），台湾、上海、江苏、云南、贵州次之，安徽、陕西、甘肃也有一定规模栽培。

巴西是世界柑橘的第二生产大国，2007年产量2 068.2万t，以甜橙为主，主要用于加工制汁。其甜橙产量占世界甜橙总产量的1/3，主要产地有圣保罗州（Sao Paulo，占82.4%）、塞尔希培州（Sergipe，占4.7%）、巴伊亚州（Bahia，占5.7%）和米纳斯·吉拉斯州（Minas Gerais，占2.8%），主要品种有佩拉（Pera）、娜塔尔（Natal）、伏令夏橙（Valencia）以及哈姆林（Hamlin）等。

2007年美国柑橘产量1 001.7万t，居世界第三。其甜橙产量占世界甜橙总产量的21.7%，葡萄柚产量占世界葡萄柚总产量的70%以上。以佛罗里达州及加利福尼亚州为重要产区。佛罗里达州气温较高，湿润多雨，重点发展适宜加工的哈姆林、伏令夏橙以及喜温的葡萄柚；加利福尼亚州气候干燥，主要发展以鲜食为主的脐橙、夏橙和杂柑（祁春节，2000）。

第二节　主要种类和品种

一、主要种类

柑橘类属芸香科（Rutaceae）柑橘亚科（Aurantioideae）柑橘族（Citreae）柑橘亚族（Citrinae）植物。栽培上最重要的是柑橘属，其次是金柑属、枳属。这3个属的主要区别如表1-1所示。

表1-1　柑橘类3个主要属的区别

属名	主要性状
枳属	落叶性，复叶，有小叶3片，子房多茸毛，果汁有脂
金柑属	常绿性，单身复叶，叶脉不明显，子房3～7室，每室胚珠2枚，果小，果汁无脂
柑橘属	常绿性，单身复叶，叶脉明显，子房8～18室，每室胚珠4枚以上，果大，果汁无脂

(一) 枳属 (*Poncirus* Raf.)

枳属只有1种,即枳 [*P. trifoliata* (L.) Raf.],别名枸橘、刺柑,原产我国长江流域。枳为落叶性灌木状小乔木,枝条多刺。叶为三出掌状复叶,10～11月落叶。花为纯花芽,单生,先开花后出叶;花大,白色,花瓣薄。果球形,直径3～5cm;子房和果面具茸毛,果皮柠檬黄色;囊瓣6～8,果肉含黏液,味酸,9～10月成熟,不堪鲜食。每果种子30余粒,卵形,肥圆;子叶白色,多胚。果和种子供药用。枳性耐寒,能耐-20℃的低温,是柑橘优良砧木之一,能增强接穗耐寒力、促进矮化、早结丰产、提高品质及抵抗某些病虫害(图1-1)。

图1-1 枳
(蒋聪强,1983)

枳有大叶、小叶,大花、小花,以及圆形果(光皮)、梨形果(皱皮)等类型。日本有一变种名飞龙枳 [*P. trifoliata* var. *monstrosa* (T. Ito) Swing.],树矮叶小,枝刺均弯曲,常作盆栽。枳易与其他柑橘杂交,天然杂种和人工杂种有枳橙、枳柚、枳橘橙、枳金柑等。

1. 枳橙 枳橙(citrange)是枳和甜橙的杂种,我国四川、湖北、湖南、浙江、江苏、广东等省有分布,自然分布的几乎全部为天然杂种;美国和澳大利亚等国的枳橙多为人工培育,用作砧木。枳橙为半落叶性小乔木,一树具3种叶型,有3小叶和2小叶组成的复叶,亦有单身复叶。果长圆形,橙色,较粗糙。种子30余粒;子叶白色,多胚。生长强健,树冠较高大,耐寒力差异大。卡里佐枳橙不耐寒,抗衰退病强,多用作砧木。

2. 枳柚 枳柚(citrumelo)是枳和葡萄柚或柚的人工杂种,耐寒、耐旱,部分枳柚耐盐碱,抗裂皮病、木质陷孔病、柑橘线虫、根腐病,对衰退病抗性特别强,可用作高抗性砧木。

(二) 金柑属 (*Fortunella* Swing.)

金柑属为中国原产,我国柑橘主产区均有栽培,以广西桂林、江西遂川、浙江宁波、广东龙川较多。金柑适应性强、耐寒、耐旱、抗病虫力强,丰产稳产,有些金柑充分休眠、并以枳为砧木时,可耐约-12℃的低温。果实维生素C含量比其他柑橘高。供鲜食、蜜饯和观赏用。常绿灌木或小乔木,成枝力强。叶小而厚,叶脉不明显,翼叶小。花小,白色,花柱很短,在我国6～8月开花。果型小;皮厚,肉质化;味甜或酸,有香气,果肉微酸或酸甜,囊瓣3～7。种子卵形,表面平滑;子叶绿色,多胚或单胚。

本属有金枣、圆金柑、长叶金柑、山金柑4个种和金弹、长寿金柑2个杂种。广东的四季橘(calamondin)可能是金柑和宽皮柑橘的杂交种,亦有的作为种(*Citrus madurensis* Lour; *C. mitis* Blanco)看待。

1. 山金柑 [*F. hindsii* (Champ.) Swing.] 别名山金豆、山金橘、山橘、香港金橘。广东、广西、福建、浙江、湖南、江西等省(自治区)山地野生。耐寒。小灌木,枝梢多刺。叶椭圆形,先端渐尖。果小,横径1～1.5cm;囊瓣3～4,果汁少,味酸苦,仅作蜜饯。本种是柑橘类中唯一的天然四倍体,染色体数为36。变种金豆 [*F. hindsii* var. *chintou* Swing.] 为二倍体,叶较大而薄,果扁圆形,中国和日本作观赏用。

2. 金枣 [*F. margarita* (Lour.) Swing.] 别名罗浮、牛奶金柑、长实金柑、枣橘。广东、浙江、广西、四川、江西、湖南、福建等地均有少量栽种。灌木,树冠半圆形,枝细密无刺。叶披针形。果长卵圆形;果皮金黄色;囊瓣4～5,味甜或酸。较耐寒。供鲜食、蜜饯或作盆栽观赏（图1-2）。

3. 圆金柑［*F. japonica*（Thunb.）Swing.］ 别名罗纹、金橘。浙江、福建、广东栽培，以浙江宁波、镇海栽培最盛。灌木，枝有小刺。叶长卵形。果球形，较小，果径2.5～3cm；果面较粗糙，橙黄色，油胞大而突起；囊瓣4～7，汁多，微酸。种子1～3粒。供蜜饯、鲜食或作盆栽。较耐寒，高产稳产。

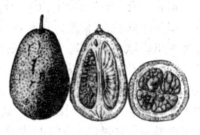

图1-2 金枣
（蒋聪强，1983）

4. 长叶金柑［*F. polyandra*（Ridl.）Tanaka］海南岛原产，汕头地区也有分布。枝梢无刺。叶长达10～15cm，披针形。果小，橙红色，圆球形；果皮薄，油胞多而大。不耐寒，经济价值低，栽种较少。

5. 金弹 别名金柑，认为是圆金柑和金枣的杂交种。曾命名为*F. crassifolia* Swingle。广西、江西、广东、浙江、湖南、四川、重庆等地栽培，以浙江宁波、镇海栽培最多。灌木，树冠圆头形，枝梢密生，少刺或无刺。叶阔披针形，稍厚。果纵径约3.5cm，横径2.7cm，倒卵形或倒卵状椭圆形；果皮光滑，金黄色；囊瓣5～7，少数8瓣，果肉及果皮均甜、有香气。种子4～9粒。果11～12月成熟。金弹较耐寒，是本属中果实品质最好、产量较高、果型较大、经济价值较高的一个种。优良品种有宁波金弹、融安金柑、蓝山金柑等。

6. 长寿金柑 别名月月橘、公孙橘、长寿橘、寿星橘，是金柑和橘的杂种，曾作种看待，命名为（*F. obovata* Tanaka）。矮生无刺，四季开花。叶短，椭圆形，先端圆，基部尖。果较大，倒卵形；皮薄；囊瓣6～7，果肉酸，经济价值不大。不耐寒。温州和福州作盆栽。

（三）柑橘属（*Citrus* L.）

柑橘属植物为常绿小乔木。具单身复叶；除枸橼外，叶有翼叶和节；叶脉明显。子房8～18室，通常为10～14室，每室有4～8个以上的胚珠，两行排列；种子单胚或多胚，胚白色或绿色。

柑橘属包含大部分栽培的柑橘类，在分类上争议最大。目前比较系统的分类方法有两个，一是施温格尔（W T Swingle, 1943）将柑橘属分为大翼橙亚属和柑橘亚属，共16种，8变种，其余则作为杂种和栽培品种；二是田中长三郎（T Tanaka, 1954；1961；1966）将柑橘属分为初生柑橘亚属和后生柑橘亚属，共159种。两个分类系统差异甚大，尤其是对宽皮柑橘的分类。由于两个分类均有人采用，往往同一个种出现不同的学名，也表明这两个分类都有不足之处。田中长三郎是根据果实的性状或微小的特征来分类，失于过宽，离柑橘的自然谱系太远。施温格尔的分类比较简便适用，但有人认为施温格尔的分类失于过狭，主张以施温格尔分类系统作为基础，将田中长三郎的种归并到足以容纳的种中去，或补充增加一些种；也有认为过宽的，例如Scora（1975）、Berrett和Rhodes（1976）除承认大翼橙亚属的几个种之外，对柑橘亚属只承认柚［*C. grandis*（L.）Osbeck］、枸橼（*C. medica* L.）和宽皮柑橘（*C. reticulata* Blanco）3个基本种。

由于柑橘具有下述特点，以至分类困难：①多胚性。在进化过程中多数种类形成了种子的多胚性，同一种子存在有性胚和珠心胚。②易于杂交。自然和人工都易于进行种间或属间杂交，甚至3属至4属间的杂交，这些杂交后代的有性胚和珠心胚都具有生殖能力而保留下来，造成了柑橘遗传上的高度异质性，在柑橘属中很难找到任何一个具有明显间断性状的种，在自然界中存在无数的2个、3个甚至4个种的杂交种，不少栽培品种都是这些遗传上具有高度异质性的杂种后代。③营养系变异。由于遗传基础高度的异质性，在环境变更或其他因素的刺激下常引起芽条变异、珠心胚变异以及染色体变异等，从同一亲本会产生性状差异极大的后代和无性繁殖产生许多营养系品种。

现按我国习惯，根据其形态特征将柑橘属分为下述六大类。

1. 大翼橙类 乔木。叶中大；翼叶发达，与叶身同大或过之。花小，有花序，花丝分离。果中大，汁胞短钝。种子小，扁平。作砧木或育种材料。全世界已发现的大翼橙有6种，4变种，我国现有2种和1变种，即红河橙、大翼橙和大翼厚皮橙。

（1）红河橙（*C. hongheensis* Y. L. D. L.） 红河橙系1975年在云南红河发现的一个新种。分布于海拔800~1 000m的山地。乔木。单身复叶；叶翼特长，一般为12.5cm，最长达18cm，为叶身长度的2~3倍。总状花序，偶有单花；花蕾紫色；萼片边缘和表面均被毛；花白色，花径3~3.5cm；花丝分离，花柱细长，子房连接处无关节。果大，横径11~12cm；心室10~13；皮厚1.5~1.9cm。种子大，单胚（图1-3）。

（2）大翼厚皮橙（*C. macroptera* var. *kerrii* Swing.） 大翼厚皮橙系美拉尼西亚大翼橙（*C. macroptera* Montr.）的一个变种，分布于我国云南南部以及泰国和越南的北部等地。叶大，翼叶与叶身等长或略短。花小，花径2cm以下。果大，横径8~9cm；12~13心室；皮厚1~2cm，一般为1.2~1.4cm。

图1-3 红河橙花、叶形态图
（叶荫民，1976）

（3）大翼橙（*C. hystrix* DC.） 印度尼西亚、斯里兰卡、缅甸、马来半岛和菲律宾均有分布。叶小，先端钝尖，基部圆。花小，花径2cm以下。果小，横径4~6cm；10~14心室；果面粗糙。

2. 宜昌橙类 宜昌橙类有宜昌橙、香橙、香圆3种。

（1）宜昌橙（*C. ichangensis* Swing.） 又名宜昌柑、宜昌柠檬。灌木状小乔木，枝有尖刺。叶狭长，一般长为宽的4~6倍；叶翼大，与叶身等长或过之。花为纯花芽，单生，下垂；花径2.5~3cm，有紫花和白花两种类型；雄蕊20枚，基部联合，顶端分裂成数小束，花柱极短，柱头几与子房同大，早凋。果黄色，横径4.5~5cm，扁圆形、圆球形或梨形，先端呈盘状或锥状突起；果面较粗糙，油胞突出，皮厚0.2~0.4cm；囊瓣9~10，砂囊不发达，几全为种子所占据。种子大，30~40粒，间有100余粒，棱脊显著，表面光滑；单胚或多胚，白色。果作药用。耐瘦瘠、耐阴，耐寒，能耐-15℃的低温。在湖北的宜昌、兴山，重庆的江津等地均有野生。

（2）香橙（*C. junos* Sieb. ex Tan.） 又名橙子，日本称柚。施温格尔认为系天然杂种。中国原产，分布于湖北、四川、浙江、江苏、贵州等地。小乔木，树冠半开张，枝细长有刺。叶中大，椭圆形或卵形；翼叶宽大，倒卵形。果有特殊香气，中等大，扁圆形，两端凹入；果皮橙黄色，厚、粗糙，易剥离，油胞较稀而凹入；汁胞淡黄色，柔软，味酸，不堪鲜食。种子大，20~40粒，表面光滑，有棱角；单胚或多胚，白色或淡绿色。品种有罗汉橙、蟹橙、真橙。树势强健，能耐-10℃左右的低温，耐旱，耐瘦瘠，抗病虫能力较强。可作砧木或育种材料，果供药用，果皮作蜜饯。日本作为温州蜜柑的靠接增根砧木。

(3) 香圆 乔木，为宜昌橙与柚的杂种，也有的作为种（C. wilsonii Tan.）看待。叶较小，卵圆形；翼叶中等大。花大，白色，有花序。果中大，扁圆形至椭圆形，果顶有浅乳突；果皮深黄色，粗糙皱褶，油胞大，凹入，果皮不易剥离；囊瓣约 13 个，汁胞淡黄色，质较脆，味酸苦不堪食。种子较多，较扁平，棱脊明显；胚 2~3 个，子叶白色。湖北、四川、云南、浙江、贵州均有分布。耐－10℃左右的低温，耐旱，耐瘦瘠。可作育种材料，果供药用。

3. 枸橼类 枸橼类有枸橼、柠檬、黎檬、绿檬 4 种。

(1) 枸橼（C. medica L.） 别名香橼。我国西南和印度原产，世界各柑橘产区均有零星栽种，意大利、希腊和法国栽培最多，美国有少量栽培。我国分布于云南、广东、广西、四川、台湾、福建等地。

灌木或小乔木，树冠开张，枝条稀疏交错。叶大，厚，长椭圆形，两端圆；几无翼叶；叶柄与叶身几无节。四季开花，嫩梢与花紫红色；花大，有完全花与雄花；雄蕊极多，约为花瓣的 9 倍；子房大，圆柱形，花柱有时宿存。果大，长椭圆形，黄色，香气浓；果皮粗厚，油胞凹陷。果肉白色或浅灰绿色，囊瓣小，汁少，味酸苦不堪鲜食，果实供药用、提香精油、糖渍、观赏等。种子多，形小，扁平，光滑；胚白色，1~2 胚（图 1-4）。

枸橼可分为两大类，即我国栽种的酸枸橼与含酸量极低的甜枸橼。后者花蕾和嫩梢浅绿色，花柱宿存，如法国的科西加枸橼（Corsican citron）。尚有一变种佛手 [C. medica var. sarcodactylis (Noot.) Swing.]。果实先端开裂，分散成指状或卷曲成拳状，多次开花。目前我国佛手的主要产地为广东肇庆，浙江金华，四川乐山市的犍为县、沐川县和重庆石柱土家族自治县。作观赏和药用。

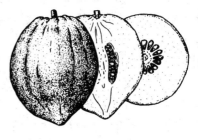

图 1-4 枸橼
(蒋聪强，1983)

粗柠檬（rough lemon）是枸橼与柠檬的杂交种，作砧木用。树势强，树姿开张，树冠不规则圆头形。叶片椭圆形。单花或总状花序，花蕾紫红色。果实椭圆形，橙黄色，果顶部有明显乳头状凸起，果蒂部有数条放射状沟纹，果面粗糙，含酸 3.5%。每果含种子 20~35 粒。

(2) 黎檬（C. limonia Osbeck） 别名广东柠檬，楠檬。我国华南原产，印度称 Rangpur lime 与 Kusaie lime，被认为是柠檬和柑或橘的自然杂交种。我国广东、广西、云南、台湾、福建、贵州、四川等地有少量栽种，印度次大陆、中南半岛与南洋一带也有栽培。主要作砧木用，果作蜜饯、盐渍或调味。灌木状小乔木，枝条乱生，有刺。叶椭圆形，两端钝圆；翼叶不明显。嫩叶与花紫红色，多次开花，花小。果小，圆形；皮薄，浅黄色或红色；囊瓣 8~9，果肉橙红色至黄色，味酸，也有带甜类型。种子小，8~10 粒，卵圆形；1~2 胚，胚浅绿色。适宜温暖湿润条件。有 2 个品种：红黎檬，果肉和果皮橙红色；白黎檬，果肉和果皮浅黄色。主要以红黎檬作砧木用。

(3) 柠檬 [C. limon (L.) Burm.] 别名洋柠檬。我国在宋代已有栽种。目前四川安岳、重庆万州和云南瑞丽栽培最多，广东、台湾、福建、广西、江西等地有少量栽培。国外以阿根廷、美国、意大利、巴西、西班牙、墨西哥等为主要产区。树开张，枝梢有刺。叶中等大，淡绿色，卵状椭圆形，先端尖长，叶缘有锯齿；翼叶不明显。嫩枝叶及花紫红色，花大，花序先端数花，多为完全花，其下为雄花。果长圆形至卵圆形，果顶有乳状突起；果皮黄色，光滑，具芳香气；果肉淡黄色，味酸，含柠檬酸3%～7%，维生素C丰富。种子少或多；1～2胚，白色。多次开花，鲜果供应期长，耐贮藏。作饮料和药用，果皮提柠檬油。除香柠檬外，其他品种耐寒力弱。

（4）绿檬 [*C. aurantifolia* (Christm.) Swing.] 别名来檬。印度尼西亚原产，我国在云南、台湾、广西有零星栽种。果实含酸量较高，成熟最早，5～7月即采收。鲜果作饮料、制露酒及调味品，果皮提柠檬油。树冠矮小，分枝多，有针刺。叶椭圆形，两端圆钝。在广东四季开花，但以冬、春最多。果小，球形，有小乳头状突起；皮薄，青绿色；肉浅绿色。种子小；多胚，绿色。有2种类型，即甜绿檬和酸绿檬，前者作砧木用，后者作经济栽培。主要品种有墨西哥绿檬（果小）、Tahiti（果较大）等，适宜高温湿润；Bearss适冷凉干燥。不耐寒，易感梢枯病，可作柑橘碎叶病的指示植物。绿檬易与其他柑橘杂交，天然杂交种较多。

4. 柚类 柚类有柚、葡萄柚2种。

（1）柚 [*C. grandis* (L.) Osbeck] 又名文旦、香抛、气柑、橙子。我国各柑橘产区均有栽种，亚洲以外的国家栽种不多。果实耐贮运，除鲜食及制汁外，果皮及未熟幼果供蜜饯、盐渍，种子榨油。树冠高大，植株寿命长，较丰产；嫩梢、新叶、幼果均有茸毛。叶大，卵圆形；翼叶大，心脏形。花大，多数簇生。果大，单果重500～2 000g，梨形、圆形至扁圆形；果皮厚，不易剥离，海绵层厚，白色或粉红色；囊瓣10～18，果肉白色、浅红色或玫瑰红色，味甜或酸，也有苦味的。种子大而多，30～150粒，楔形，表面有皱纹；单胚，白色。耐寒力较弱（图1-5）。

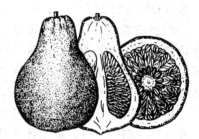

图1-5 柚 子
（蒋聪强，1983）

我国柚类品种较多，果实大小、果形、果皮厚薄、品质、成熟期等差异较大。有些品种有自花不实现象。

（2）葡萄柚（*C. paradisii* Macf.） 葡萄柚为柚与甜橙的自然杂交种。巴巴多斯原产，以美国栽种最多，加勒比海诸国、澳大利亚、埃及等也有较多栽培，我国四川、台湾、浙江、广东、福建有少量栽种。葡萄柚对气候适应性较强。树形与柚相似，但树冠较矮小，枝梢较纤细披垂，叶较小。果圆形至扁圆形，单果重400～500g；果常成穗状，似葡萄果穗，故名；果皮软薄柔滑，不易剥离，淡黄色、金黄色或带粉红色；果肉淡黄、淡红至红色，囊瓣10～13，不易分离，汁多，味酸带苦。种子多或无核；多胚，白色。果耐贮运，鲜食或饮料用，维生素C含量高。主要品种有马叙（Marsh seedless）、红玉（Ruby）、汤普森（Thompson）、邓肯（Duncan）等。

5. 橙类 橙类有甜橙和酸橙2种。

（1）甜橙 [*C. sinensis* (L.) Osbeck] 别名广柑、黄果。我国原产，世界柑橘产区均有分布，我国各柑橘主产区均有栽培。甜橙树势中等，分枝较密、紧凑，树冠呈圆头形。叶椭圆形，叶柄较短，翼叶小。花白色，单生或总状花序。果圆形至长圆形；果皮淡黄、橙黄至淡血红色，油胞平生或微突，果皮难剥离；囊瓣10～13，不易分离，果肉黄色至血红色，果心小而充实，汁胞柔软多汁，有香气。种子无或少至多，卵形或长纺锤形，白色。果实耐贮运，可作鲜食或制汁，果皮制药和作食品调料、提炼香精油。甜橙已成为世界上栽培面积最大的柑橘类果树，但其耐寒性较弱，栽培地域仍受一定限制。甜橙品种丰富，估计全世界优良品种达400种以上，依成熟季节可分早、中、晚熟品种，亦有的分为冬橙和夏橙。从气候适应性来看，有的品种只能适应干旱的亚热带地区（地中海气候型），有的只适于湿润的亚热带地区（太平洋气候型），也有两种气候型都适应的品种。依果实性状特点可分为普通甜橙、脐橙、血橙和糖橙。脐橙在果顶有次生小果，突出呈脐状，如华盛顿脐橙。血橙是在某种环境条件下汁胞呈血红色，如红玉血橙。糖橙的特点是果实含酸量极低，如新会橙、柳橙和暗柳橙。新会橙有些品系，果肉可溶性固形物含量为16%，含酸量为0.1%，固酸比率达160：1。糖橙种子的合点为乳黄色，而普通甜橙为暗褐色。

(2) 酸橙（C. aurantium L.） 我国原产，世界各柑橘产区均有栽种，我国柑橘产区有少量栽种。常绿乔木，树冠较开张，枝有刺。叶卵形或倒卵形，叶柄较长，翼叶较大。花较大，白色，萼片有毛；花单生或总状花序。果圆形或扁圆形；果皮粗厚，橙黄色至橙红色，油胞凹生；果心中空，囊瓣10～12，果汁酸苦。种子多，黄白色；种皮多皱；多胚，白色。耐寒、耐旱力比甜橙强，可耐−9℃的低温。多用作砧木。酸橙品种颇多，如枸头橙，耐寒又耐盐碱，为黄岩、临海等地的本地早、早橘、朱红等的砧木；代代，花香气特浓，常作窨茶和制香料。

6. 宽皮柑橘（C. reticulata Blanco） 依其性状差异分为柑和橘两类，其共同特点是果皮宽松易剥，囊瓣易分离，故称为宽皮柑橘（loose-skinned orange）（图1-6）。柑和橘在我国分布最广，是中国乃至亚洲地区柑橘类果树中最重要的树种，其耐寒、耐旱、耐热性比橙类强，故在世界分布地域也比橙类广，其栽培面积仅次于甜橙。

图1-6 宽皮柑橘
（蒋聪强，1983）

柑和橘在分类上最为混乱。田中长三郎（1954，1961）将柑和橘统称为蜜柑类（acrumen），包括印度野橘（C. indica Tanaka）和立花橘[C. tachibana (Mak.) Tanaka]，共分为36种；而施温格尔（1943）除了认为印度野橘和立花橘是植物种之外，其余34种统作为1个种即柑橘（C. reticulata Blanco）。此外尚有其他分类，如Scora（1975）、Berret和Rhodes（1976）对田中长三郎、施温格尔的分类都认为只是1个种（C. reticulata）而已。本书按我国习惯暂以C. reticulata作为柑橘学名。

柑在栽培上一般分为普通柑类和温州蜜柑类。前者果中等大，果形略高，果皮稍厚，如椪柑、四会柑、槾等；后者叶较大，叶柄较长，花瓣反卷，一般无核，果皮薄而光滑。

橘分为黄橘类和红橘类。前者果小而扁，皮薄，果皮黄色或橙色，如本地早、乳橘、早橘等；后者一般性状与黄橘同，唯果皮红色，如朱橘、红橘。此外尚有杂种类型。宽皮柑橘类的天然杂交种和人工杂交种很多，蕉柑、王柑（King）和淡浦柑（Temple orange）是柑与甜橙的天然杂交种，韦尔金橘（Wilking mandarin）是王柑与柳叶柑（Willow Leaf）的人工杂交种，橘柚（Tangelo）是橘与柚的人工杂交种。

二、主要品种

(一) 普通甜橙类

1. 锦橙 别名鹅蛋柑26。主产于四川、重庆，湖北、贵州等省也有栽培。

锦橙树势强健，树冠圆头形，树姿较开张；枝条长壮柔韧，有小刺。叶片长卵圆形，肥大，先端尖长，基部楔形，深绿色。果实椭圆形至长椭圆形，平均单果重约175g；果皮光滑，颜色橙红而鲜艳，中等厚；果心小，半充实；囊瓣梳形，整齐，囊壁薄；汁胞披针形，肉质细嫩化渣，汁多味浓，酸甜适度，微具芳香，品质上等；果实可食率为75%左右，每100ml果汁含糖8.8~9.8g，酸0.88~0.94g，维生素C 53.55mg，可溶性固形物含量10%~14%。平均种子数约6粒。果实12月上中旬成熟（图1-7）。

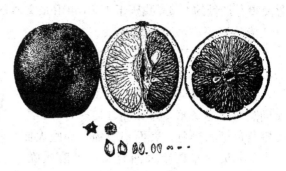

图1-7 锦橙
（蒋聪强，1983）

锦橙丰产、质优、耐贮，是鲜食和加工兼优的良种。加工果汁其出汁率在45%以上，汁色深橙，味纯，香气浓。在冬季温暖湿润地区具有广阔的发展前景。已选出不少少核优系，如开陈72-1、蓬安100、北碚447、铜水72-1、兴山101。

2. 冰糖橙 别名冰糖包。系湖南黔阳县1965年从普通甜橙实生变异中选出。树势中等，树冠较小，枝梢较披垂。叶片窄小，主脉明显隆起。果实近圆形或椭圆形，平均单果重110~160g；果皮橙黄色，较薄，油胞平生，果面光滑；果肉脆嫩化渣，风味浓甜，汁多，富有香气，品质极佳，最宜鲜食；每100ml果汁含糖11~13g，酸0.3~0.6g，维生素C 48.4~51.93mg，可溶性固形物含量13%~15%。果实11月下旬成熟。该品种具结果早、丰产稳产、品质极佳、耐贮运等特点。2006年审定了2个新品种，分别是麻阳大果冰糖橙和麻阳红皮大果冰糖橙。

3. 哈姆林甜橙（Hamlin orange） 原产美国佛罗里达州，1960年引入我国栽培，四川、福建、湖南有较大规模栽培，广东、广西、浙江亦有少量栽培。

树势强健，树冠半圆形，较开张；枝条密集，粗壮。叶片长椭圆形，较小而薄，深绿色。果实圆球形，平均单果重约130g，大小不整齐；果皮黄橙色，充分成熟时可达深橙色，皮薄光滑，不易剥离；果肉细嫩较化渣，汁多，出汁率达50%以上，味浓甜，具清香，品质上等；每100ml果汁含糖9.5g，酸0.85g，维生素C 52.1mg，可溶性固形物含量11.5%。种子少，每果平均约3.5粒。果实11月中旬成熟。较耐贮藏，熟期较早，产量高，除鲜食外，是理想的制汁品种之一。

4. 改良橙 别名红肉橙、四维橙、漳州橙。系印子柑与福橘的嫁接嵌合体杂种。果肉有橙红、淡黄及半红半黄3种类型。主产广东、广西、福建。

树冠强健，圆头形；枝条细密，较直立，有短刺。叶片长椭圆形，叶缘微波状；叶翼不明显。果实圆球形，单果重120~150g；果皮橙黄色或橙色，果顶平，有或无印环，皮薄而光滑，难剥；单株内果实果肉颜色具橙红、淡黄、红黄相间等，果肉柔嫩化渣，酸甜味浓，汁多，有香气，其中以红肉型品质最佳；每100ml果汁含糖10~11g、酸0.9~1.0g、维生素C 35.5~43.7mg，可溶性固形物含量12%~15%。果实11月中下旬成熟。耐藏性好，鲜食、加工均宜，较丰产稳产，广东湛江红江农场从改良橙中选育出的红江橙被农业部评为优质果品。

5. 伏令夏橙 别名佛灵夏橙、晚生橙。主产于美国、西班牙等国。美国所产夏橙占世界夏橙总产量的 2/3。我国于 1938 年由张文湘从美国带回四川栽培，我国各柑橘主产区均有栽培。

树势强健，枝梢壮实，较直立，树冠圆头形；结果以后枝梢下垂，刺少。叶片长卵形，为橙类中较宽大肥厚者；翼叶明显。果实椭圆形至圆球形，单果重 140～170g；果皮橙黄色至深橙色，表面稍粗糙，油胞大而凸出；果实中心柱较大而充实；果肉质脆，较化渣，汁胞柔嫩多汁，甜酸适口，味浓有香气；每 100ml 果汁含糖 9～10g、酸 1.2～1.3g，维生素 C 45～71mg，可溶性固形物含量 11%～13%。每果有种子 3～6 粒。果实

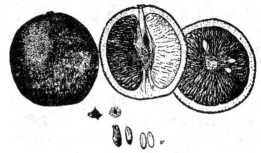

图 1-8　伏令夏橙
（蒋聪强，1983）

发育期需 350～390d，成熟期为翌年 4～5 月。果实较耐贮运（图 1-8）。伏令夏橙丰产性强，品质较好，特别是成熟期晚，对调节市场有重要价值。除鲜食外，也是世界主要制汁品种。

除栽培老品种外，四川在江安县已选出江安 35，现已在该县普遍推广。近年来，国内又从美国、西班牙等国引入奥林达（Olinda）、福罗斯特（Frost）、康倍尔（Campbell）、卡特尔（Cutter）、蜜奈（Midknight Valencia）等伏令夏橙珠心苗新生系和路德红肉夏橙（Robde Red）等。

（二）脐橙类

1. 华盛顿脐橙　别名抱子橘、无核橙、纳福橙。为美国加利福尼亚州主栽品种之一。我国于 20 世纪 30 年代先后从美国和日本引入栽培，现主要分布于长江上中游一带的四川、重庆、湖北、湖南、江西等地。

树势中等，树冠半圆形，树姿开张；枝梢细密，大枝粗长、披垂，近无刺。叶片椭圆形，两端钝尖，叶厚色绿。果实圆球形，较大，单果重 180～250g，果顶尖凸，具脐，脐孔开或闭合；果面橙色至深橙色，顶部较薄而光滑，蒂部较厚而粗糙；油胞大，较稀疏，凸出；果皮厚薄不均，较易剥皮；囊瓣肾形，较易分离；汁胞脆嫩，纺锤形或披针形，不整齐，风味浓甜清香；无核，品质极佳，可食率为 74.9%，果汁率为 46.4%；每 100ml 果汁含糖 8～10g，酸 0.9～1g，可溶性固形物含量 11%～14%。果实 11 月中下旬成熟。耐贮性稍差，贮后风味易变淡（图 1-9）。

通过芽变选种及珠心苗形成许多新的品种、品系，如重庆奉节的奉园 72-1 具产量更高、品质更好的特点，湖南新宁等脐橙新品系均具丰产、优质的特点。

2. 罗伯逊脐橙　别名鲁滨孙脐橙。系 1925 年美国罗伯逊氏果园发现的华盛顿脐橙早熟枝变，成熟期较华盛顿脐橙早 10～15d。1938 年引入我国四川、湖北，现以四川及湖北秭归栽培最集中，各甜橙产区亦有栽培。

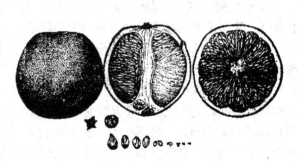

图 1-9　华盛顿脐橙
（蒋聪强，1983）

树势中等或稍弱，树姿开张，树冠半圆头形；树干及大枝上常见瘤状突起，枝条较短而密，无刺或少刺。叶片椭圆形，较华盛顿脐橙小。果实圆球形或锥状圆球形，果大，平均单果重约200g；果皮橙色至深橙色，较粗厚，较易剥离，油胞大而突出，多开脐；肉质脆嫩，稍粗，汁多，酸甜适度，风味较华盛顿脐橙淡，有香气；无核，品质上等；每100ml果汁含糖9.5～11g，酸0.7～1.2g，可溶性固形物含量11%～12%。果实11月上中旬成熟，耐贮性稍差。

本品种比华盛顿脐橙丰产、稳产、较早熟，耐热耐湿力与适应性较强，栽培范围广。经长期栽培，各地又陆续选育出一批优良株系，如四川江安19、眉山9号、湖北秭归35等。

此外，从美国加利福尼亚州及西班牙引入的纽荷尔脐橙（Newhall）在我国江西、湖北、四川、重庆丰产、优质、果色鲜艳，表现出良好的适应性。晚熟脐橙如班菲尔（Barnfield）、鲍威尔脐橙（Powell）、切斯勒特脐橙（Chislett）等，3～5月成熟，有良好的发展前景。

(三) 血橙类

塔罗科珠心系血橙（Tarrocco nucellar）为意大利从塔罗科中选出，我国已引入。树势强健，无刺，几乎无翼叶。果实球形，果梗部稍隆起，果皮橙红色，成熟时果面呈深浅不一的紫红色或带红斑，果肉也呈现紫红色斑，单果重156.5～267.5g；果肉质地脆嫩多汁，风味极优。种子0～4粒。果实2～3月成熟。

(四) 宽皮柑橘类

1. 温州蜜柑（Satsuma mandarin） 别名温州蜜橘、无核橘。原种为我国浙江宽皮橘的地方品种，500年前由日本僧人带回日本，经实生变异选育而成。

树冠开张，主枝较多，枝梢长而倒垂，树冠多为不整齐的扁圆形，较矮，枝叶较疏，无刺。叶大，长椭圆形，肥厚浓绿，叶柄长。果实扁圆形，大小不一；果面橙黄色或橙色，油胞粗大而凸出，较一般橘类难剥皮；囊瓣半圆形，7～12瓣，囊壁韧，不化渣，汁胞柔软多汁，甜酸适度。无核，品质上等。各品系成熟期不一，从10月初至12月都有成熟。果实耐贮运。

温州蜜柑丰产、稳产、质优，并有较强的适应性，耐寒、耐旱、耐瘠，对溃疡病有一定的耐病力。除供鲜食外，是制罐的好原料。温州蜜柑易发生芽变，经长期选育形成众多的品系。在我国分布很广，栽培面积也大，主要栽培的品系有宫川早生、兴津早生、大浦、市文、日南1号等。

2. 椪柑 别名栌柑、冇柑。原产我国华南，我国各柑橘产区均有栽培。树势强健，幼树直立紧凑，老树稍开张，主干有棱，枝条较细而密集。叶片长椭圆形，中等大，叶厚，深绿色，先端钝，顶端凹口明显。果实扁圆形或高扁圆形，单果重110～160g；果皮橙黄色，有光泽，中等厚，油胞小而密生、凸出，蒂周有6～10个瘤状突起，并具放射状沟纹，皮易剥离；囊瓣肥大，长肾形，中心柱大而空；汁胞肥大，脆嫩爽口，汁多味甜，风味浓，品质极佳；每100ml果汁含糖11～13g，酸0.5～0.9g，可溶性固形物含量11%～16%。种子5～10粒。果实12月上中旬成熟，较耐贮运。

椪柑具有适应性强、早期产量高、盛果期长、产量高、品质佳等特点，主要品系有硬芦和冇芦，其中以硬芦栽培面积最大、品质最佳，冇芦的品质和耐贮性均稍逊。近年来，各地又从中选出一批少核或无核、高身、晚熟的芽变优系，如南靖少核、高桶芦、长泰岩溪晚芦、汕头长源1号等已在生产中推广。

3. 砂糖橘 别名冰糖橘。原产广东省四会市，广东、广西大量栽培。树冠圆锥状圆头形，主干光滑，枝条较长，上具针刺。叶片卵圆形，先端渐尖，基部阔楔形，叶色浓绿，边缘锯齿状明显，叶柄短，翼叶小，叶面光滑，油胞明显。果实近圆球形，果小，橘红色；果皮薄而脆，易剥离，油胞突出明显、密集，海绵层浅黄色；囊瓣10个，大小均匀，易分离，橘络细，分布稀疏；中心柱较大而空虚；汁胞短胖，呈不规则的多角形，橙黄色，柔嫩多汁，清甜而微酸。近年大量推广华南农业大学选育的无子砂糖橘。

（五）柚类

柚别名抛、栾、文旦、气柑。我国各柑橘产区均有分布，以福建、广西、广东、四川、重庆、江西、台湾等地栽培较多。主要的优良品种如下：

1. 琯溪蜜柚 别名平和抛。文旦柚系列，原产福建平和县琯溪河畔而得名。树冠半圆形，枝条开张，树势强健。果实倒卵形，个大，单果重1 500～2 500g，最大者可达4 700g；果皮较薄，一般为0.8～1.5cm；果肉饱满，蜡黄色，汁胞晶莹透亮，柔软多汁，酸甜适中，香气浓郁；每100ml果汁含糖9.17～9.86g，酸0.73～1.01g，维生素C 48.73～68.55mg，可溶性固形物含量10.7%～11.6%。无核。果实于10月中下旬成熟。琯溪蜜柚丰产稳产性能好，适应性强，品质优良，耐贮性强。

2. 沙田柚 原产广西容县沙田，各柑橘产区都有栽培。树势强健，树冠圆头形，枝条细长、较密。叶大，长椭圆形，叶端钝尖；翼叶较大，倒心脏形。单果重700～2 000g，顶部微凹，有印环，印环处有放射状细轴条，蒂部有小短颈，蒂周有放射状条纹；果皮黄色，中等厚；果心小，充实；汁胞披针形，乳白色，排列整齐，汁少；果实可食率56.4%，每100ml果汁含糖9.95g，酸0.38g、维生素C 89.27mg，可溶性固形物含量10.5%～11%。果实11月中旬成熟。极耐贮藏，可贮至翌年5～6月，风味仍好（图1-10）。本品种自花授粉能力较差，要配置授粉树或人工辅助授粉才能获得高产。

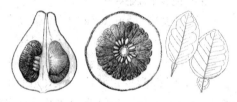

图1-10 沙田柚
（蒋聪强，1983）

3. 梁平柚 别名梁平平顶柚。原产重庆市梁平县，四川、重庆各地均有栽培。树势中等，树冠中大、开张，枝条多披散下垂，枝叶较稀疏。果实高扁圆形至扁圆形，单果重1～1.5kg，果顶平凹；果皮黄色，皮薄光滑，油胞圆平，具浓郁香味；囊瓣13～21瓣，较易剥离；汁胞淡黄色，细嫩多汁，化渣，味浓甜，品质上等；可食率为72.2%，每100ml果汁含糖9.8g、酸0.31g、维生素C 111.7mg，可溶性固形物含量14.1%。每果种子较多，60～120粒。果实10月下旬成熟。该品种丰产、稳产，适应性强，较耐贮藏。缺点是果实有苦麻味。

（六）葡萄柚类

1. 马叙无核（Marsh seedless） 美国佛罗里达州原产。树势健壮，树冠高大，枝梢开张。单果重400～600g，果实圆形至长圆形，果顶印圈不明显或无；果皮淡黄色，平滑而有光泽，皮厚5～7mm；果肉淡黄色，囊瓣柔软多汁，风味良好。种子少或无。贮运性能好。

2. 红玉（Ruby） 植株性状、果形、品质与马叙无核葡萄柚相同，唯红玉的果面、海绵层、囊瓣皮和汁胞呈深红色。

3. 邓肯（Duncan） 邓肯是原始的葡萄柚品种。树冠高大，树势健壮。果大，扁球形或球形，基部有短放射沟，顶部有不明显印圈；果皮厚，淡黄色，表面平滑；果肉淡黄色，柔软多汁，甜酸适度而微苦。种子多，30~50粒。较耐寒。

（七）柠檬类

尤力克柠檬（Eureka）原产意大利，我国四川、重庆、广东、台湾有栽培。树势强健，树冠圆头形；枝条粗壮，较稀疏，刺少而短小。叶片椭圆形，较大；翼叶无或不明显。单果重约158g，果实长椭圆形，顶部有乳状凸起，乳状基部常有明显印环，基部钝圆，有明显放射状沟纹；果皮淡黄色，较厚而粗，油胞大；果心小而充实；囊瓣梳形，不整齐；果肉柔软多汁，味极酸，香味浓；每100ml果汁含糖1.48g，酸6.0~7.5g，维生素C 50~65mg，可溶性固形物含量7.5%~8.5%；果实冷磨出油率为0.4%~0.5%，出汁率38%左右。每果有种子8粒左右（图1-11）。

图1-11 尤力克柠檬
（蒋聪强，1983）

该品种树势强健，早结、丰产、稳产，是提取香精油及制汁的优质原料；果皮还可提取果胶、制作蜜饯及果酱；种子富含脂肪和维生素E，榨油可食用。

除上述品种外，各地栽培和引进品种见表1-2。

表1-2 国内其他柑橘优良品种（系）

类别	品种（系）名称	主要产区	成熟期	主要性状
柚	玉环柚	我国浙江玉环县	10月中下旬	果实呈高扁圆形，果肩倾斜，果顶凹陷，单果重1 000~1 400g；果面橙黄色，有光泽，香味极浓，皮厚；果肉汁胞晶莹透亮，脆嫩化渣，汁多味香，风味独特。种子多退化。可食率57%~58%。适应性强，丰产、质优
	坪山柚	我国福建漳州	9月上中旬	树势健壮，树冠开张。果实倒卵形，单果重750~1 500g；果肉粉红色，脆嫩化渣，酸甜适口。种子较多。果实耐贮运，适应性强，较丰产
	文旦	我国福建、浙江、台湾	10月上中旬	树势中庸，枝长而开展。果实高扁圆形，单果重700~1 300g；果面凹凸不平，黄色；果肉淡黄白色，汁胞柔软多汁，甜酸可口。种子较多。适应性强，较丰产
	脆香甜柚	我国南部及四川苍溪	10月中下旬	树势强健，枝粗壮，节间短。果实阔倒卵形，单果重1 200~1 800g，大者可达2 500g；果皮绿黄色，较光滑，皮薄；果肉白色，汁胞浅黄白色，脆嫩清香，酸甜适口，质优。丰产、稳产性强
	斋婆柚	我国江西南康	10月下旬至11月上旬	树势强健。果实梨形，单果重650~1 000g；果皮橙黄色，有光泽，香气浓郁；果肉爽脆可口，味甜。果实耐贮运，适应性强，较丰产、稳产
	晚白柚	我国台湾、福建、四川、广西	12月至翌年1月	树势强健，树冠紧凑，枝梢粗壮，柔软而披垂。果实短圆柱形，单果重1 000~2 000g；果皮淡黄色，光滑；果肉白色或淡黄绿色，细嫩化渣，多汁，酸甜爽口，有香气。果实耐贮藏，丰产、稳产
温州蜜柑	国庆1号	我国湖北、湖南、四川	9月下旬	树势中等。果实扁圆形，果皮深橙色；果肉细嫩化渣，汁多，红橙色，浓甜，有香气。品质优良，丰产性强
	蒲早2号	我国四川蒲江	9月下旬	果实扁圆形，单果重120~250g；果面光滑，橙至深橙色；果肉细嫩化渣，汁多，红橙色，酸甜适度，有清香

(续)

类别	品种(系)名称	主要产区	成熟期	主要性状
	龟井	我国湖北、湖南、四川	10月上中旬	树势较弱,树冠矮小。果实高扁圆形,单果重120~140g;果皮薄,深橙色;果肉细嫩,极易化渣,汁多,酸甜适口,品质上等。耐寒,丰产
	尾张	我国湖南、湖北、四川、浙江	11月上中旬	树势强健,树冠大而开张,披垂。果实扁圆形,单果重约130g;果皮橙色;较平滑,中厚;果肉细嫩,壁韧,汁多,酸甜适度。丰产、耐贮、耐寒、耐旱、耐瘠
甜橙	丰采暗柳橙	我国广东、广西、福建	12月中旬	果实圆形或近圆形,橙红色,果顶有印圈;果实中可溶性固形物含量12.3%~13.0%,含酸量0.8%~0.9%;汁多,风味浓郁。每果含种子13~15粒。果实成熟期12月中旬,较耐贮藏。该品种丰产稳产,适应性强
	桃叶橙	我国湖北、广西等地	11月中下旬	树冠开张,圆头形,枝条粗壮有短刺。叶披针形,狭长似桃叶。果实近圆形,橙红色,果皮较难剥离;果实中可溶性固形物含量为12.0%~16.0%,含酸量0.4%~0.8%。每果含种子6~8粒。该品种适应性强,果实品质优,较丰产
	沙鲁斯蒂安娜(Salustiana)	西班牙	早熟	树势强健,较直立。果实中大,近圆形至圆球形;果面深橙色;果肉柔软多汁,味浓甜。无核。品质好,丰产
	凤梨(Pineapple)	美国	中熟	树势强健,树冠中大,无刺。果实圆球形至微倒卵形,果皮光滑,深橙色;果肉柔软多汁,橙色,味甜而有浓厚香气。核多。制汁优良品种。耐寒性差
	沙莫蒂(Shamouti)	以色列	中熟	树势中庸,枝条直立而密。果实中大至大,卵圆形至椭圆形;果皮厚,坚韧革质,较光滑,色泽好,易剥皮;果肉橙色,柔软多汁,甜味浓,芳香。无核或少核。果实耐贮运
	佩拉(Pera)	巴西	中晚熟	树势强健,直立,叶稠密。果实中大,卵圆形至椭圆形;果皮橙色,平滑,中薄;果肉紧密细致,汁多,味浓。少核。果实耐贮运,丰产
	纽荷尔	我国各柑橘产区	11月上中旬	树冠开张,圆头形;枝条粗长,披垂,有短刺。果椭圆形,顶部稍凸,多为闭脐,蒂部有5~6条放射沟纹,果皮难剥离;果实中可溶性固形物含量为12.0%~13.5%,含酸量0.9%~1.1%;果肉汁多化渣,有香味,品质上等。无核。该品种丰产性好
	朋娜	我国湖北、四川、重庆、广东、广西	11月中旬	果实圆球形或卵圆形,橙红色至黄红色;果实中可溶性固形物含量为11.0%~14%,含酸量0.9%。无核。该品种早结丰产性好,优质早熟,但裂果、落果较严重
	奉节72-1	我国湖北、四川、重庆	11月下旬至12月上旬	果实短椭圆形或圆球形,深橙色至橙红色;果实中可溶性固形物含量为11.0%~14%,含酸量0.7%~1.0%;果肉细嫩,味清甜有香气。无核。该品种丰产、稳产,品质上等
	清家脐橙	我国各柑橘产区	11月上中旬	果实圆球形或近椭圆形,深橙色,多闭脐;果实中可溶性固形物含量为11.0%~12.5%,含酸量0.7%~0.9%;果肉柔软多汁,化渣,品质优。无核。该品种适应性强,早结丰产
	奈维林娜脐橙(Navelina)	我国各柑橘产区	11月上中旬	果实长椭圆形或倒卵形,深橙色或橙红色,果顶圆钝,基部较窄,常有短小沟纹。果实中可溶性固形物含量为11.0%~13%,含酸量0.6%~0.8%;果肉脆嫩,化渣,品质优。无核。该品种树势偏弱,产量不稳定

(续)

类别	品种（系）名称	主要产区	成熟期	主要性状
	奥林达夏橙	我国湖北、四川、重庆、广西、广东	4月下旬至5月上旬	果实椭圆形，橙红色，较光滑；果实中可溶性固形物含量为11.0%～12.2%，含酸量0.8%；果实肉质脆嫩化渣，甜味有清香，品质较好。种子4～6粒/果。该品种较丰产，是鲜食加工兼用品种
柠檬	费米耐劳(Femminello)	意大利	中熟	树势较弱，树冠较小。果实球形，均匀整齐；果皮光滑，柠檬黄色，芳香宜人。品质优良。进入结果期早
	巴柑檬(Bergamia)	意大利、科特迪瓦	中晚熟	树势中等，较开张，小乔木。果实大，阔倒卵形；果皮中厚至厚，柠檬黄色或绿黄色；果面粗糙；果肉浅黄橙色，微带绿。种子多，富含香精油。品质好
宽皮柑橘	克里曼丁红橘	欧美及地中海沿岸国家	中熟	树势强健，树冠开张，枝纤细、较密。果圆球形或高扁圆形，中等大；果面橙红色，果皮包着较紧，皮脆，易剥离；汁胞细嫩，酸甜适口，味浓。种子多。果实较耐贮运
	韦尔金橘(Wilking)	美国、巴西、摩洛哥	中熟	树势较强。果实中大，扁圆形；果皮较脆，较粗糙，有光泽，橙色，较易剥离；汁胞紧密，深橙色，汁多，风味浓郁，有香气。种子较多。抗寒性强，丰产，但隔年结果严重
	南丰蜜橘	我国江西	11月上旬	树势壮旺，树冠半圆头形，树梢长细而稠密，无刺。叶片卵圆形，叶缘锯齿较浅，翼叶较小。花较小。果实扁圆形，橙黄色，果顶平，中心有小乳突，果皮容易剥离；果实中可溶性固形物含量11.0%～16.0%，含酸量0.8%～1.1%。种子0.7粒/果。该品种汁多，具浓郁香味，品质优，丰产性好，抗寒性强，易感疮痂病。有大果系、小果系、桂花系、早熟系等品系
杂柑	天草橘橙	我国各柑橘产区推广	12月中旬	树势中等，树冠扩大较缓，幼树稍直立，进入结果期后开张，枝梢密度中等偏密。单性结实强，无核，与其他品种混栽则种子多。平均单果重200g，大小整齐，果形扁球形；果皮淡橙色，果皮较薄，赤道部果厚，剥皮稍难，果面光滑，油胞大而稀；果肉橙色，肉质柔软多汁；果实糖度11%～12%，酸为1%左右，品质极优。该品种抗病力强，丰产性好，果大质优，外观美，无核，适应性广，耐贮运
	伊予柑	日本	12月下旬	树势强健，树冠直立。果实大，单果重约250g，果实球形至短卵形；果皮红橙色，较粗，剥皮较易；果肉橙色，柔软多汁，酸甜适口，有芳香气。种子10～15粒。果实耐贮，但耐寒力较弱
	八朔	日本	翌年2～3月	树势强，树冠直立、高大，枝梢粗壮。果大，单果重约250g，扁球形，橙黄色，剥皮较难；果肉较硬，汁较少，酸甜适口。种子多15～30粒
	日向夏	日本	翌年5～6月	树姿较直立，枝条密生。果实大，单果重200～300g，球形至倒卵形；果皮鲜黄色，光滑，剥皮易，有特殊香气；果肉柔软多汁，富甜味，风味好。种子多

第三节 生物学特性

一、生长发育特性

(一) 根系

柑橘根系 (root system) 的分布依种类、品种、砧木、繁殖方法、树龄、环境条件和栽培技术不同而异。柚、酸橙、甜橙等根系较深，枳、金柑、柠檬、香橼、柑和橘等根系较浅。枝梢直立的椪柑根系较深，枝梢开张披垂的蕉柑、本地早根系较浅。实生的较深，压条、扦插的浅。土层疏松深厚、地下水位低的根系深，在水位低的沙质土壤可深达 5.1m，但在一般环境深约 1.5m，以在表土下 10～60cm 的土层分布较多，占全根量的 80% 以上；地下水位高或土质黏重的柑橘园根系仅深约 30cm，绝大多数根接近地表分布。柑橘根系的分布宽度可达树冠的 2～3 倍以上，以 3～5 年生的水平根扩展最速。

柑橘是内生菌根 (endomycorrhiza) 植物，真菌能供给根群所需的矿质营养，并增强抗旱和抗某些根系病害的能力，缺乏菌根的柑橘苗生长较差。

甜橙、酸橙、葡萄柚、柠檬等根系在土温 12℃ 左右时开始生长，23～31℃ 时根系生长、吸收及地上部生长最好；在 9～10℃ 时根系仍能吸收水分和营养，但降至 7.2℃ 即失去吸收能力，叶片开始萎蔫；土温 37℃ 以上时根生长极微弱以至停止，土温较长时间 40℃ 以上根群死亡。根群耐热性依柑橘品种不同而异。伏令夏橙的根在 46℃ 条件下可耐 20～60min。用热水试验印度酸橘 (Cleopatra) 和粗柠檬实生苗，50℃ 条件下 10min 均未受害；而酸橙和甜橙实生苗，49℃ 条件下 10min 均有一部分根群死亡，在 57.2℃ 条件下 20s 即有苗木死亡。据日本研究报道，枳和香橙根系生长适温较低，在土温 10℃ 时开始生长，20～22℃ 根伸长活动最好，25～30℃ 时生长受抑制，低至 5℃ 仍具吸收能力，但 1℃ 时只有香橙还有吸水能力。

柑橘根对 O_2 不足具有强忍耐力，但要维持其生长，土壤空气中至少需含有 3%～4% 的 O_2，能达到与大气相近的含氧量最为适宜，O_2 含量在 2% 以下时根的生长逐渐停止，低于 1.5% 时根有死亡的危险。伏令夏橙、葡萄柚等丰产园在 25～75cm 土层中孔隙度为 9%～10% 以上，而低产园孔隙度为 5%～8.2%。土壤水分过多，O_2 不足，同时产生硫化氢、亚硝酸根 (NO_2^-)、氧化亚铁等，会使根系中毒腐烂枯死，特别是在夏季淹水几天便会产生硫化氢约 $3ml/m^3$，致使柑橘根中毒黑腐。

根在一年中有几次生长高峰，与枝梢生长成相互消长关系。在华南冬春温暖，土壤温度和湿度较高，发春梢前已开始发根，春梢大量生长时，根群生长微弱；春梢转绿后，根群生长开始活跃，至夏梢发生前达到生长高峰；以后当秋梢大量发生前和转绿后又出现根的生长高峰。在华东、华中一带早春土温过低时，常先发春梢后发根。本地早第一次发根一般是在春梢开花后，此时发根较少，至夏梢抽生前新根才大量发生，形成第一次生长高峰，发根量最多；第二次高峰常在夏梢抽生后，发根量较少；第三次高峰在秋梢生长停止后，发根量较多。

(二) 芽、枝、叶

1. 芽 (bud) 柑橘芽由不发达的先出叶所遮盖，每叶腋有 1 个芽、多个潜伏性副芽，故在 1 个节上往往能萌发数条新梢。利用复芽这一特性，人工抹去先萌发的嫩梢，可促进萌发更多的新梢。新梢伸长停止后几天，嫩梢先端能自行脱落，俗称顶芽"自剪"（self pruning），削弱了顶芽优势（apical dominance），使枝梢上部几个芽常一齐萌发、伸长，成为生长势略相等的枝条，构成了柑橘丛生性强的特性。但枝梢上部的芽生长势仍然较强，以下的芽生长势依次递减，上部芽的存在能抑制下部芽的萌发，故将枝条短截或把直立性枝条弯曲，均可促进下部侧芽发梢。在老枝和主干上具有潜伏芽，受刺激后能萌发成枝；根部在受伤或其他原因刺激后其暴露部分也会萌发不定芽（adventitious bud）而成新梢。

2. 枝干（branch） 枝干幼小时表皮有叶绿素（chlorophyll）和气孔（stoma），能进行光合作用，直至外层木栓化、内部绿色消失为止。柑橘枝梢由于顶芽自枯，形成合轴分枝，致使苗木主干容易分枝和形成矮生状态。这种分枝生长的反复进行，成为曲线延伸，加上复芽和多次发梢，遂致枝条密生，呈干性不强、层性不明显的圆头形或近于圆头形的树冠（rounded canopy）。

枝干形成层的活动有间歇性，新梢伸长期间形成层活动微弱，新梢伸长停止后形成层逐渐活跃。形成层分裂活动旺盛期是枝干加粗生长最快、树皮与木质部最易分离的时期，是芽接最适期。新梢嫩绿色时，横切面呈三角形，带有棱脊。

分枝角度和分枝级数对枝梢生长和结果均有极大影响。直立枝顶端优势较强，含赤霉素、氮和水分较多，生长旺盛，养分、水分转运过快，营养物质积累较少，不利于花芽分化；水平枝或下垂枝则相反。椪柑、红橘等的枝直立性强，适当拉开分枝角度可提早结果。

（1）依发生时期分类 柑橘枝梢依发生时期可分为春梢、夏梢、秋梢、冬梢。由于季节、温度和养分吸收不同，各次新梢的形态和特性各异（图1-12）。

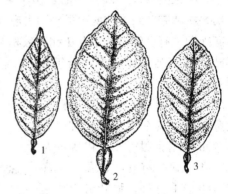

图1-12 甜橙不同枝梢的叶形
1. 春梢 2. 夏梢 3. 秋梢

①春梢（spring shoot）：在2～4月（立春前后至立夏前）发生，是一年中最重要的枝梢，发梢多而整齐，枝梢较短，节间较密，多数品种叶片较小，先端尖。春梢能发生夏、秋梢，也可能成为翌年的结果母枝。

②夏梢（summer shoot）：在5～7月（立夏至立秋前）发生。因处在高温多雨季节，生长势旺盛，枝条粗长，叶大而厚，叶翼较大或明显，叶端钝。在自然生长下夏梢萌发不整齐。幼年树可充分利用夏梢培养骨干枝和增加枝数，加速形成树冠，提早结果。发育充实的夏梢可成为翌年的结果母枝。但夏梢大量萌发往往会加剧落果，应针对实际情况加以利用和控制。

③秋梢（autumn shoot）：在8～10月（立秋至霜降前后）发生。生长势比春梢强，比夏梢弱，叶片大小介于春、夏梢之间。8月发生的早秋梢在华中一带、浙江、四川等都可能成为优良的结果母枝；但10月发生的晚秋梢因生育期短，质量较差，在暖冬年份才可能成为良好的结果母枝。

④冬梢（winter shoot）：为立冬前后抽生的枝梢。长江流域极少抽生冬梢，华南地区幼年树易萌发冬梢。早冬梢在暖冬年份及肥水条件好时才能成为结果母枝，但冬梢的抽生会影响夏、秋梢养分的积累，不利于花芽分化，应防止其发生。

（2）依当年是否继续生长分类　柑橘枝梢依其一年中是否继续生长，可分为一次梢、二次梢、三次梢等。一次梢指一年只抽生1次枝梢，以春梢占绝大多数。二次梢是指在春梢上再抽夏梢或秋梢，也有在夏梢上再抽秋梢的。三次梢即在一年中连续抽生春、夏、秋三次枝条。华南有抽生枝梢4～5次的。

（3）依抽生新梢的质量分类　柑橘一年中枝梢抽生的数量和质量是衡量树体营养状态及来年产量的重要标志。因为生长充实的春、夏、秋梢都可以分化花芽，成为结果母枝，抽生数量多，来年就可能多结果。栽培上把促进新梢抽生作为幼树提早结果，成年树高产、稳产的措施。

①徒长枝（water shoot）：节间长，有刺，叶大而薄。树势较弱或叶片较少、叶幕薄的植株多在主干或主枝上抽生徒长枝。徒长枝往往长达1～1.5m，影响主干的生长和扰乱树冠。着生部位适宜的徒长枝可用作更新枝，衰老树的更新复壮可利用这一特性。对突出树冠外围的徒长枝可进行弯枝或摘心，使它变成结果母枝或抽生分枝，不需利用的徒长枝应随时除去。

②结果枝（bearing shoot）：由结果母枝顶端一芽或附近数芽萌发而成。结果枝分为无叶结果枝和有叶结果枝两大类，前者有花无叶，后者花和叶俱全。有叶结果枝的花和叶比例也有差别，有多叶一花，有花和叶数相等，亦有少叶多花等。未达高产的幼龄结果树抽生营养枝和有叶结果枝较多，老年树则营养枝少而无叶结果枝多。

有叶结果枝由于枝叶齐全，发育充实，具有营养生长和结果的双重作用。甜橙、蕉柑等坐果率高，尤其是有叶顶花果枝，不仅当年结果良好，强壮者次年还可成为结果母枝。但有叶顶花果枝生长势过强时，也会抑制花蕾发育而中途落蕾。柠檬以无叶花序枝结果最好，柚的无叶花序枝和少叶多花结果枝也是可靠的结果枝，金柑的结果枝为无叶单花枝（图1-13）。

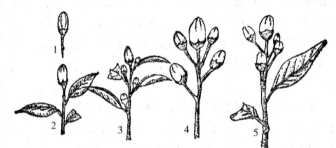

图1-13　甜橙的几种结果枝类型
1. 无叶顶花果枝　2. 有叶顶花果枝
3. 腋花果枝　4. 无叶花序枝　5. 有叶花序枝

③结果母枝：着生结果枝的枝梢统称为结果母枝。柑、橘、橙等的春、夏（浙江本地早例外）、秋梢只要健壮充实，都可能成为结果母枝；多年生枝也能抽生结果枝，但数量较少；荫蔽的枝条往往经数年才能成为结果母枝。在同一株树上各种结果母枝的比例常随种类、品种、树龄、生长势、结果量、气候条件和栽培管理情况而变化。四川的成年甜橙均以春梢为主要结果母枝，也有少量以二次梢即春秋梢为结果母枝的。温州蜜柑幼年树均以夏梢为主要结果母枝，其次为春梢、秋梢；随着树龄渐长，春梢成为主要的结果母枝。华南大部分地区幼龄结果树均以秋梢为主要结果母枝，但秋旱山地则以晚夏梢为主要结果母枝，盛果期的丰产树春梢和夏梢或秋梢是主要结果母枝，老年树几乎完全以春梢为结果母枝。

柑橘需要相当数量的营养枝以保持对生殖作用的平衡，才能连年丰产。发育健壮的结果母枝能同时抽生良好的结果枝及营养枝。湖南洪江市丰产甜橙树能同时抽生结果枝和营养枝的结果母枝占总结果母枝的58.2%，而低产树仅占36.2%。一般青壮年树和高产稳产树发育健壮的结果母枝比较多。锦橙具有适宜粗度的健壮枝才易于形成花芽或着果，结果枝粗度小于 0.25cm 的均落花落果；粗度在 0.25~0.5cm 的均能着果，而以 0.35cm 以上最可靠，果枝越粗，果实越大；母枝粗度为 0.3~0.98cm，以 0.4cm 以上为可靠，母枝越粗，就越促使果枝增粗而产生大果，枝条纤弱或过粗徒长，均不易形成花芽或着果。

3. 叶 柑橘叶片除枳为三出复叶外，其他都是单身复叶；叶身与翼叶间有节，保留复叶的痕迹。翼叶大小因种类、品种而不同。大翼橙和宜昌橙翼叶最大，柚次之，香橼几乎无翼叶，叶身与翼叶间几乎无节。叶片大小以柚类最大，橙类、柠檬及柑、橘等次之，金柑最小。叶片的形态、色泽、香气及其他特征是区别种类、品种的重要标志之一（图 1-14）。

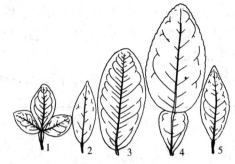

图 1-14 柑橘的叶片形状
1. 枳 2. 金柑 3. 枸橼 4. 柚 5. 宽皮柑橘

柑橘光合效能低，仅相当于苹果的 1/3~1/2。甜橙、柠檬、温州蜜柑的光饱和点 (light saturation point) 为 30~40klx，最适叶温为 15~30℃。每合成单位干物质需消耗 300~500 倍水分。天气干燥时，最适光合作用的叶温局限在 15~20℃，效能较低；而在大气湿润条件下，最适于光合作用的叶温一直可高至 25~30℃，净光合作用仍没有变化；叶温高达 35℃时，光合效能才降低。

在不同光量下成长的叶，其大小有差异，光量低则叶大而薄，单位面积气孔数少（表 1-3）。嫩叶的光合效能随叶龄增长而增加，叶片成熟后光合效能保持高峰，至入冬前下降。二年生老叶的光合效能不如新叶。柑橘叶片对漫射光和弱光利用率较高。柑橘的光补偿点 (light compensation point) 低，温州蜜柑为 1 300lx，甜橙和柠檬在 20℃和 30℃时分别为 1 345.5lx 和 4 036.5lx。一般柑橘具有耐阴性，适宜密植，但华盛顿脐橙和温州蜜柑均较喜光。

表 1-3 遮光对温州蜜柑光合效能的影响

（天野等，1972）

光照度 (klx)	叶面积 (cm²)	气孔数 (mm²)	光合效能（CO_2） [mg/(dm²·h)]
100	13.6 (100)	826 (100)	6.84 (100)
60	20.3 (149)	756 (93)	6.59 (96)
36	28.4 (208)	752 (91)	6.11 (89)
8	35.5 (260)	550 (67)	3.30 (49)

柑橘叶片也是贮藏有机养分的重要器官，叶片贮藏全树氮素总量的 40% 以上，以及大量的糖类。已充分成熟的叶片同化物质主要是输向附近的果实；而距离果实和新梢较远的成熟叶，其同化物质则主要输向根。因此，树冠下部应尽可能保存较多的绿枝叶，以利于根系的生长。

随着叶片的发育，其成分也有变化。甜橙叶片在 6 周龄、叶片大小定型时，氮、磷、钾含量最多（表 1-4），随着叶龄衰老，养分含量降低，即有部分氮、磷、钾在正常落叶前回流树体。

柑橘叶片寿命一般为 17~24 个月，也有少量叶片寿命较长。甜橙丰产树绿叶层厚，叶大色浓绿，1年生叶片占66.11%，2年生叶片占27.45%，3年生叶片占5.8%，4年生叶片占0.64%。叶片寿命长短与养分、栽培条件相关，在一年中当新梢萌发后有大量老叶自叶柄基部脱落，尤以春季开花末期落叶为多；外伤、药害或干旱造成的落叶，多是叶身先落，后落叶柄。叶片早落对柑橘生长、结果和安全越冬都不利。栽培上促使叶片生长正常，扩大树冠叶面积，提高光合作用效能，保护叶片，防止不正常落叶，是增强树势、提高产量的重要措施。

表1-4 华盛顿脐橙不同叶龄的成分变化
(Ketley 和 Cummitls，1920)

叶龄	鲜物重(g)	干物重(g)	水分(%)	干物质中含各要素重量(g)，括号内为百分量(%)					
				氮	磷	钾	钙	镁	硫
1周	227	62.80	72.33	1.89 (3.01)	0.23 (0.37)	0.82 (1.31)	0.85 (1.35)	0.16 (0.25)	0.16 (0.25)
6周	1 094	319.30	70.81	7.82 (2.45)	0.67 (0.21)	3.03 (0.95)	8.36 (2.62)	0.96 (0.30)	0.86 (0.27)
成熟叶 (6个月至2年)	852	322.03	62.20	7.70 (2.39)	0.42 (0.13)	3.09 (0.96)	18.13 (5.63)	1.19 (0.37)	1.16 (0.36)
将落黄叶 (3年以上)	756	297.00	60.71	3.89 (1.31)	0.41 (0.14)	1.07 (0.36)	21.87 (7.36)	1.07 (0.36)	1.10 (0.37)

(三) 花芽分化

1. 花芽分化的时期 亚热带地区大多数柑橘种类是在冬季果实成熟前后至翌年春季萌芽前进行花芽分化 (flower bud differentiation)。同一品种在同一地方也因年份、树龄、营养状态、树势、结果情况等而有差异。在同一植株上以春梢分化较早，夏梢、秋梢次之，即

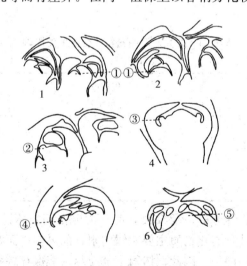

图1-15 甜橙花芽分化各时期的特征
1. 分化前期，生长点比较尖　2. 形成初期，生长点顶端变平，横径继续扩大并伸长
3. 萼片形成期，花萼原始体出现　4. 花瓣形成期，花萼内部花瓣原始体出现
5. 雄蕊形成期，花瓣内雄蕊原始体出现　6. 雌蕊形成期，雌蕊原始体出现
①生长点　②花萼原始体　③花瓣原始体　④雄蕊原始体　⑤雌蕊原始体
(仿刘孝仲等，1990)

使同时期的枝梢也有差异。花芽的形态分化（floral morphogenesis）可分为6个阶段（图1-15）。尾张温州蜜柑花芽11～12月开始分化，花芽分化的各个时期长短不一，其中花萼形成期延续时间较长（11月至翌年1月），雄蕊和雌蕊分化则比较集中（2月中旬至3月中旬）。中国主要柑橘花芽分化期如表1-5所示。

表1-5 柑橘花芽分化时期

种类品种	地点	分化期	种类品种	地点	分化期
甜橙	重庆	11月20日至翌年1月上旬	温州蜜柑	浙江黄岩	2月下旬至3月初
暗柳橙	广州石牌	11月上中旬开始	温州蜜柑	湖北宜昌	12月下旬起
雪柑	台湾士林	1月6日至2月3日	温州蜜柑（尾张）	湖南长沙	11～12月开始
雪柑	福州	12月30日至翌年1月5日	福橘	福州	1月5日至1月25日
椪柑	福州	1月13日至2月6日	蕉柑	台湾士林	11月5日至翌年1月20日
椪柑	广州石牌	11月上旬	蕉柑	广州石牌	11月中下旬

2. 促进柑橘花芽分化的外界条件 柑橘具有四季生长的特性。檬檬、枸橼、柠檬等在热带和亚热带都是四季开花；柑、橙、橘、柚等在亚热带地区每年在春季开花一次，偶有在夏秋开二次花，但在热带地区则是多次开花。例如，波多黎各的葡萄柚常有二次花果的收获；印度南部那格浦尔的椪柑和甜橙在6月和12月至翌年1月各开一次花，在另一地方则在2月、6月和9～10月开花；毛里求斯的年降水量仅900mm之处，更是周年轮流开花。柑橘不仅在冬、春有花芽分化，其他季节也均有分化，只要具备适当的环境条件，如停止生长的时间较长，积累足够的养分，当重复开始生长时便会着生花芽和开花。

低温和干旱（chilling and drought）是诱导柑橘形成花芽的主要条件。在地中海地区冬季平均为10℃的情况下，需要2个月的"休眠"；而在热带地区2个月的干旱"休眠"最为适宜，在热带这一时期不需要完全无雨，如果每月降水量50～60mm更为理想；在亚热带地区，冬季低温期长的年份，则翌年开花也较多。实验证明，芽接后4个月的华盛顿脐橙苗，栽培在地上部温度为20～35℃，根部平均温度分别为14℃、22℃、30℃的环境中，经过9个月，在14℃土温区发梢次数最少，30℃土温区发梢次数最多；但成花相反，14℃土温区成花最多，22℃土温区略有成花，30℃土温区无成花。又将原来受30℃土温处理没有开花的嫁接苗转移到14℃土温的环境后，新梢开花；而将原来受14℃土温处理的苗木转移到30℃土温的环境后，新梢极少成花，很快即凋落，表明低温能诱导甜橙花芽分化，高温抑制花芽分化。不同昼夜温度组合处理的甜橙插条苗，亦获得类似的效果。在日温24℃、夜温19℃的组合下形成的结果枝叶数较多，在日温18℃、夜温13℃的组合下形成的结果枝叶数较少，认为日温24℃、夜温19℃是诱导甜橙花芽分化的边缘组合温度，高于30℃对花芽发育有抑制作用。低温处理使伏令夏橙树体内糖、脯氨酸含量和细胞液浓度增加，使甜橙嫁接苗的核糖核酸和乙烯量增加。

水分胁迫（water stress）是诱导热带地区柑橘成花的主因。Southwick等（1986）研究中度与重度水分胁迫水平的叶，中午的叶水势（water potential）分别为-2.8 MPa和-3.5 MPa，经2～5周的控水后，以足够的水恢复灌溉。结果发现，植株成花反应的强度同胁迫的程度和时间呈正相关。控水2周的植株，午前和午后测定的叶水势为-0.9MPa，中午测定的叶水势为-2.25MPa，这对诱导无叶花枝已足够。控水造成适度干旱，也是柑橘生产上一项获得丰产和调节开花季节的栽培技术。例如，在广州金柑于处暑前7～10d，新叶完全转绿而新梢尚未硬化时开始控水；四季橘果实成熟所需日数比金柑约多30d，故需提前在大暑前7～10d，新梢硬化、叶片已转绿时开始控水，在春节便能观赏到成熟齐一的金柑和四季橘的金黄果实。

地中海西西里岛在7～8月对柠檬进行30～40d的控水，使部分叶片在中午前后萎卷，老叶落掉一部分；然后，在恢复正常灌水前施重肥，尤其是速效氮，并结合轻度的灌水；以后，再大量灌水，柠檬能在晚夏和早秋开花结果。因此，在西西里岛全年都有柠檬收获。印度在花前约2个月挖土露根和除去一些幼根并控水，使植株受旱至叶萎卷和一部分脱落，然后用厩肥与土壤混合把露出的根覆盖，再充分灌水，约3周后萌芽，开花结果较多，但此法易伤树，不能连年进行。广州郊区和潮汕果农多年来一直运用冬季适当控水，促成甜橙和蕉柑花芽分化。盆栽试验证明，温州蜜柑、甜橙、葡萄柚的嫁接苗经3周的控水至叶萎卷略凋落便可形成花芽，恢复施肥灌水后在夏秋即可萌发新梢开花，而一直灌水的则完全无花。

3. 花芽分化的生理变化　研究资料表明，柑橘枝梢内糖类和含氮物质（nitrogenous matter）的含量大都在11月至翌年2月达到较高水平，而且糖类占优势，此时期正是亚热带地区的柑橘花芽分化期，在栽培上必须促进糖类积累，达到符合花芽分化和形成良好花芽的水平（图1-16）。

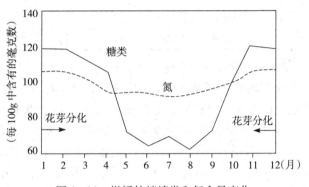

图1-16　柑橘枝梢糖类和氮含量变化及其与花芽分化的关系
(华中农学院宜昌分院，1977)

柑橘花芽分化期树体细胞液浓度比较高。秋季当温度降至13℃以下时，柑橘树体内淀粉开始转化为糖；枝叶内可溶性糖类的浓度随温度降低而在冬季达到最高。蕉柑在花芽分化活动初期（11月初）叶片中淀粉积累减少，可溶性糖增加，还原糖含量较高；当还原糖显著减少，蔗糖和淀粉稳定增加时，开始了萼片的分化（2月初）。大多数有花植物要有最低限的叶数、最低限的糖类含量、最低限的糖液浓度才能成花。粗柠檬在控水初期促进了地上部分全氮量和蛋白质的增加，但随着水分缺乏的加剧，引起了蛋白质的逐渐水解，苯丙氨酸和亮氨酸特别是脯氨酸增加，在控水条件下，脯氨酸的增加和糖浓度、渗透压是相伴直线上升的。柑橘花芽分化前组织内脯氨酸浓度增加超过其他氨基酸（刘仲孝等，1984；Stewart I 和 Wheaton T A，1967）。控水也使伏令夏橙叶产生乙烯量成倍增加。

环状剥皮可引起与控水处理相同的生理变化，对促进花芽分化有显著效果。对甜橙、柠檬、柑等环状剥皮，使受处理的绿枝和叶片增加淀粉和糖的积累，提高了细胞液浓度，在剥皮部位的上部叶片积累脯氨酸和精氨酸特别多。脯氨酸提供丰富氮源合成蛋白质，脯氨酸在分生组织大量积聚与细胞迅速连续分裂增殖有关（Dashek W V 和 Erickson S S，1981）。形成富含羟脯氨酸的蛋白质时，加快形成细胞壁，提早细胞成熟（Darvenport，1990）。

赤霉素对柑橘花芽分化有抑制作用。在11～12月用200～400mg/L赤霉酸（GA_3）每隔半个月喷洒1次，显著抑制锦橙成花，12月上旬花芽分化盛期喷洒则抑制作用最大。对控水中的尤力克柠檬，用各种浓度的赤霉素在花芽分化前后处理结果母枝的芽，抑制成花的效果与赤霉素浓度成正比，处理浓度较高的芽萌发营养枝。研究证明，营养生长旺盛的植株或徒长直立的枝条，赤霉素活性高，不易积累养分和充实成熟；斜生枝、水平枝和下垂枝赤霉素的活性依次减弱。控水植株细胞液浓度高，赤霉素活性弱，花芽分化较易。而脱落酸（ABA）的含量和活性则与赤霉素相反（胥洱等，1985；李三玉等，1990）。

柑橘体内赤霉素和脱落酸的含量变化与花芽分化及大小年结果密切相关。Goldschmidt（1984）报道 Wilking 柑大年树的枝、叶、芽中脱落酸含量比小年树高 2.2 倍，结果过多致枝、叶、芽脱落酸含量过高而形成大小年。李学柱（1981）报道赤霉素含量过高，大年树不能分化花芽，结果形成了大小年。

花芽分化期喷布植物激素调节花量克服大小年已在生产上应用。澳大利亚用 25mg/L 和 50mg/L 赤霉素喷洒，减少伏令夏橙的成花数（Moss 和 Bellamy 1972）。每 3d 对柠檬喷洒 1 次 0.25% B_9，连续 5 次，或苯并噻唑羟醋酸盐（BTOA）25mg/L 5 次或 50mg/L 2 次，均显著促进成花，有代替控水促花的效果。但对甜橙在正常花芽分化期喷洒，仅 B_9 能增加小年的成花数。

芽内生长点只有处在细胞分裂活动时，才能接受诱导成花物质的刺激。在适宜条件下新梢停止伸长后至萌发前，均能保持芽内生长点细胞分裂活动状态。但有些地方由于冬季温度过低，芽内生长点细胞分裂停止，要到春季萌发前才开始活动。柠檬在控水情况下细胞分裂停止，没有花芽分化，在恢复灌水后才有花芽分化。花芽分化期如土壤过于干旱或控水期过长，也会停止或减少花芽分化。广东经验是在采果后几天，相隔约 7d，连续施 2 次液肥并开始控水，直至叶色较淡、叶片微卷，如干旱过甚或有干燥北风则进行叶面或畦面泼水，约经 20d 即可。对初结果期的幼树及结果少的壮旺树，则控水时间需长些，开始控水较早，停止较迟。

诱导柑橘花芽分化的必需条件与花器形态发育的必要条件不同。广东杨村柑橘场对柑橘控水试验证明，对花芽分化有诱导效果的是控水，使土壤干旱，抑制根和枝梢的生长，提高细胞液浓度，促进淀粉、蛋白质的水解作用；对分化后的花器官形成的有效措施是灌水，降低细胞液浓度。有些地方的柑橘在夏秋发生二次花是由于前一季节受到足以引起分化花芽的干旱，以后雨水充足，树液浓度降低而开花。在华南冬季落叶过多的植株会提早开花，是因落叶过多导致树液浓度降低和老叶中的脱落酸减少所致。

花的发育需要丰富的营养物质。重施磷肥可以提早柠檬等多种果树的幼树开花。钾对柑橘着花影响似乎没有氮、磷那样显著，轻度缺乏时着花略有减少，严重缺乏时着花也显著减少。柑橘花含氮、磷、钾量比其他器官高（表 1-6），要使花芽发育良好需要有充足的三要素供给。

表 1-6 柑橘花盛开时花中含有的成分（干物中百分含量，%）

种类	水分	每花干重 (mg)	还原糖	非还原糖	果胶酸钙	灰分	氮	磷	钾	钙	镁
华盛顿脐橙	80.56	80.0	12.33	1.34	15.04	6.37	2.44	0.231	1.72	1.21	0.23
伏令夏橙	80.71	77.2	8.10	0.90	16.24	7.57	2.48	0.241	2.19	1.38	0.25
葡萄柚	80.87	106.0	11.90	1.65	17.67	5.57	2.44	0.275	1.50	1.01	0.23
里斯本柠檬	80.40	125.6	12.77	1.33	18.31	6.42	2.22	0.241	1.82	1.01	0.22
尤力克柠檬	82.40	120.4	14.73	0.00	18.50	5.96	2.25	0.281	1.73	1.06	0.21
温州蜜柑	—	84.0	—	—	—	—	2.38	0.226	1.42	0.69	0.071

注：温州蜜柑据松本《柑橘》(1960) 资料换算，其他 5 个品种根据 Haas (1935) 资料。

4. 促进花芽分化的措施 促进柑橘花芽分化良好，多开健壮花，首先要保持树势健壮，叶色正常，及时促发大量健壮的营养枝，秋冬极少落叶；采果前后及时施肥，提早采果和分期采果，减轻丰产树的营养负担，以利恢复树势及花芽分化。冬季温暖地区，花芽分化期应适当控水，达到叶片微卷、叶色转淡、略有落叶的程度。在花芽分化前喷洒多效唑1~2次，或在花芽分化前20~30d将直立强旺枝条进行弯枝，或在一部分主枝基部环割两圈（不剥去树皮）或缚扎铁线（叶脉变黄即需解缚），以及局部断根、晒根等都有促进成花的效果。

(四) 开花结果

亚热带地区的柑橘一般在春季开花，开花期的迟早、长短依种类、品种和气候条件而异。华南地区开花较早、花期较长，华中地区则开花较迟、花期较短。例如，湖南甜橙在4月中旬开花，温州蜜柑在4月底至5月初开花，整个花期约10d；重庆江津甜橙在3月末或4月中旬初花，花期10d左右；华南地区甜橙一般在3月上中旬开始开花，花期30~40d，盛花期10~15d。同一地区同一品种因树势强弱和开花期的温度、水分条件而异。树势强、有叶结果枝较多、低温阴雨，则花期迟而长；高温晴朗或树势弱、无叶结果枝多，则花期早而短。山地与平地花期也有差异，不同年份花期相差1~2周以上。

柑橘花有完全花 (perfect flower) 和退化花 (imperfect flower)，柑橘花的大小、花瓣形态、雄蕊花丝分离或联合、雄蕊与雌蕊位置的高低、着生的方式等依种类、品种而异，是分类的依据。通常雄蕊先熟，甜橙柱头成熟后6~8d仍能授粉，一般授粉后经30h左右，花粉管才到达胚珠，再经18~42h完成受精。柠檬从花粉萌芽经柱头到达胚囊的时间为春花8d，夏花3d，冬花15d (Micllele 和 Cabrese，1977)。枳壳要经28d才完成受精。柑橘大多数种类、品种需经授粉受精才能结果，但温州蜜柑、南丰蜜橘、华盛顿脐橙及一些无核橙、无核柚不经受精能单性结实 (parthenocarpy)。

单性结实通常有几种情况：

1. 生殖器官不育 (sterile reproductive organ) 多数无核品种是由于雌蕊或雄蕊甚至两生殖器官不发育而结成无核果。华盛顿脐橙主要是花粉高度无能，雌性器官也高度不育，人工授粉可结成少量少子的果实，或在自然结果中亦偶有1~2子的果实。温州蜜柑主要是花粉不育，但在温暖的亚热带地区或低温地区的高温年份，以及在15~20℃的温室中，均形成较多的能育花粉。温州蜜柑大部分雌性器官机能亦退化，人工授粉比脐橙易结有核果。花期喷布石硫合剂、西维因或其他避忌剂防止昆虫传粉，对减少有核果有一定效果。

2. 自花不亲和 (self-incompatibility) 柚自花不亲和的品种较多，克里曼丁橘、泰国高班柚和高甫安柚等单一品种栽植则结成优质的无核果。无子砂糖橘自交不亲和，自交不亲和的反应部位在子房，属于配子体型自交不亲和。

3. 胚早期死亡 南丰蜜橘自花、异花授粉均结成无核果，是由于胚受精后退化消失。单性结实的原因是由于这些品种的子房壁含有较多的生长素或经花粉刺激后能产生较多的生长素，满足果实成长的需要（表1-7）。

表1-7 柑橘无核和有核品种子房与幼果生长素含量比较 (μg/kg)

(Gustafson，1939)

品种	有核或无核种	子房（蕾期）	幼果（2周）	幼果（4周）
华盛顿脐橙	无核种	0.73	—	0.64
罗伯逊脐橙	无核种	1.16	1.06	0.61

(续)

品种	有核或无核种	子房（蕾期）	幼果（2周）	幼果（4周）
伏令夏橙	无核种	2.39	—	0.99
伏令夏橙	有核种	0.58	2.55	0.74
纸皮橙	有核种	0.58	1.35	0.81
温州蜜柑	无核种	4.01	—	1.71
尤力克柠檬	无核种	0.78	—	—
尤力克柠檬	有核种	0.43	—	3.00

(五) 果实

柑橘果实为柑果（hesperidium）。子房的外壁发育成果实的外果皮（epicarp），即油胞层（色素层）；子房中壁发育为内果皮，即海绵层；子房的内壁为心室，发育成囊瓣，内含砂囊（汁胞）（juice sac）和种子（seed）。砂囊是食用的部分。在子房发育初期心室中尚无砂囊，至开花期才从心室基部内表皮向果心方向长出砂囊原基，再由各个砂囊原基的细胞不断分裂和增大发育成为砂囊，充满囊瓣的内部（图1-17）。

柑橘果实自谢花后子房成长至成熟时间较长，随着果实增大，内部也发生组织结构和生理的变化。最先是果皮增厚，接着是以果肉（汁胞）增大为主，最后果皮、果肉显现品种固有色泽、风味而成熟。根据果实发育过程的细胞变化可分为细胞分裂期、细胞增大前期、细胞增大后期及成熟期。

1. 细胞分裂期 根据对甜橙、柠檬、温州蜜柑等的研究，砂囊的原始细胞在开花时已开始分裂，结成小果后分裂更旺盛，直至汁液充满的囊瓣逐个地为砂囊所充实，砂囊细胞的分裂即停止，而转向细胞的增大；直至最后一个囊瓣也为砂囊所充实之前，便完全停止砂囊细胞的分裂，而进入全部砂囊细胞的增大。

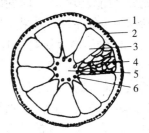

图1-17 柑橘果实剖面
1. 果皮 2. 油胞 3. 囊瓣
4. 砂囊 5. 果心 6. 维管束

这是从砂囊细胞分裂转向细胞增大的过渡时期，在出现过渡时期以前幼果的有梗落果最多，而在过渡时期则幼果的无梗落果最多，以后则落果逐渐减少。

果皮细胞也在开花时开始分裂，果皮增厚最迅速，这个时期果实的增大主要是果皮增厚，到细胞分裂末期，甜橙果皮厚度约占全果横断面的2/3。受精后种子也在增大，但极缓慢，其内含物是稀浆液状。当甜橙、柠檬小果横径达20mm左右，温州蜜柑达9mm左右，砂囊和海绵层都停止细胞分裂。但外皮细胞一直至果实成熟仍继续分裂，甚至在采收后，如温湿度较高，也继续分裂。

细胞分裂期主要是由果皮和砂囊的细胞不断反复分裂以增大果体，实际是细胞核数量即核质的增加。进行细胞分裂和构成细胞核需要核糖核酸、脱氧核糖核酸和蛋白质，即需要氨基酸、含氮的嘌呤和嘧啶碱以及磷酸盐和戊糖，也即需要氮、磷和糖类的充分供给。这时期甜橙小果含水量较低，干物质增加最迅速，以开花后第一个月最高，以后逐渐降低，含核糖核酸量高，蛋白质态氮增加迅速。果胶增多，每个细胞都由果胶联结起来使果实的结构坚实，果胶是由含钙镁盐的果胶酸构成。种子发育需要磷、镁、硼。据对温州蜜柑的测定，生长素含量在盛花后5~10d和35d前后各出现一次高峰期，以后均降低，并出现第一次和第二次落果高潮（Takahashi和Yamaguchi等，1975）。用甜橙测定是第二次落果高潮时生长素含量降至最低，然后又回升，落果也逐渐减少（Lewis等，1965）。

这个时期需要较完全的有机和无机营养，主要来源是开花前的树体贮备，但也可作相应的补充，例如喷施氮、磷、钾、镁、锌等肥料能促进细胞分裂和提高坐果率。

2. 细胞增大前期 细胞增大前期果实的砂囊和海绵层的细胞增大，但砂囊的增大仍缓慢，主要是海绵层的继续增厚，甜橙和柚表现特别明显。果皮停止增厚后转入细胞增大后期。此时期种子发育也较快，种子内含物从浆液状逐渐变成凝胶状。生理落果逐渐减少，直至完全停止。

细胞增大主要是细胞质的增加。细胞的构成物质除水分外，主要是蛋白质、脂肪和核糖核酸。蛋白质态氮增加迅速，当果皮达到最厚时蛋白质态氮含量达到最高。果实含水量逐渐增加。果胶大量积集，尤以果皮海绵层中含量最多，它对果实发育起重大作用。因这个时期果实的输导组织尚未充分发达，果胶能够吸收大量的水，因此在果实细胞中起到运输养分、水分的作用。核糖核酸含量仍然很高，在幼果发育3个月后含量才迅速降低。生长素含量逐渐升高，到落果停止时达到一个高峰。由于这个时期仍处在生理落果期，而树液浓度已大大降低，又进入高温多雨季节，有利于抽发新梢，正值大多数地区和品种的夏梢抽发期。夏梢是最强的代谢库，有强的抽引力，若抽发夏梢多则落果严重。这一时期砂囊细胞如果增加不充分，则会影响下一时期砂囊细胞的增大，对果实大小有影响（Kadoya和Tanaka，1972）。砂囊数少的品种，其果实的大小与砂囊大小密切相关（Lenz，2000）。

3. 细胞增大后期 细胞增大后期海绵层逐渐变薄，砂囊迅速增长、增大，彼此易分离，砂囊含水量迅速增加，故又名汁液增加期或上水期。种子内含物已充实硬化。前两个时期果实纵、横径的生长速度大致平衡，但进入这一时期果实横向生长逐渐比纵向生长快速。这个时期的特点是：砂囊含水量迅速增加，糖也开始逐渐增加。前两个时期果实含氮量的增加，主要是蛋白质态氮的迅速增加，在这一时期已转为可溶性氮迅速增加，说明生理的需要已有不同。全果吸收氮、磷、钾、钙、镁的分量，无论是甜橙或温州蜜柑，都是在本期吸收迅速增加，尤其是氮和钾，而钾更明显。与前一个时期相反，本时期果实已进入壮大阶段，对有机营养物质有较强的抽引力。温州蜜柑已发育长大的果实对光合产物有强大的抽引力，植株上果实越多，叶上的示踪碳被抽引到果实去的也越多（Lenz，2000）。果实的生长作用强于枝梢的生长作用，对新梢的萌发有强烈的抑制。对结果过多的植株要增施氮肥，并疏除一些强壮枝上的果实，才能促使结果母枝的萌发。

水是构成柑橘果实的主要成分，成熟的柳橙果实含水量为81%～85%，蕉柑、椪柑为83%～87%。水在这个时期的作用很突出，砂囊细胞中的液胞迅速增大，果汁迅速增加，砂囊和整个果实含水量发生变化。例如，尤力克柠檬小果横径为22mm时含水量为54%，横径29mm时含水量为75%，横径34mm时含水量为81%～82%；伏令夏橙小果横径29mm时含水量75%，横径34mm时含水量超过80%。在伏令夏橙砂囊细胞完全停止分裂后，果肉含水量占全果含水量的21%，到果肉上水期含水量已占全果含水量的71%。这个时期是果实快速增大、增重时期，也是水分影响果重最明显时期，对果实大小、重量有决定性的影响。在这一时期要保持根际有足够的水分供应，才能维持果实的正常成长。果皮变薄以后，如较长久干旱，果实停止发育，在突然遇雨获得水分较多，果肉增大过快，果肉与果皮发育不平衡时会发生裂果。在华南的8～9月，光照强烈，如果水分供应不足，果面会受灼伤。

随着果实增大果汁不断增加，是由于砂囊细胞中的液胞内糖类和盐类等可溶性物质的不断积集，提高了果汁的渗透压，增加了吸水能力，从而增加了果汁量。因此，这个时期果实的增大程度，在营养上与果肉组织中糖类和盐类等的积集量有关。钾肥对促进这一时期果实增大的效果很显著，因钾溶解于果汁中，提高果汁的渗透压（osmotic pressure），又有水合作用。含钾量高的果实含水量也高，果也大。同时，钾与糖类的合成、转运都有关系，果实可溶性固形物含量随钾肥施用量的增加而增加，柠檬酸和维生素C含量也增加。由于钾提高果汁含酸量和增厚强化果皮，因而增强果实贮运性，裂果及皱皮果均减少。但钾过多也不宜。随着果实和种子的发育对镁的要求逐渐增加，枝条的镁向果实转移，缺镁植株的带果枝的叶片开始表现缺镁症。

4. 成熟期 柑橘幼果果皮中含有叶绿素，能进行光合作用和其他复杂的合成作用，其合成产物可维持果实本身呼吸作用的消耗。在果实未成熟时期由于叶绿素不断分解、合成更新，类胡萝卜素被叶绿素的绿色所遮盖，不能显现出各品种成熟时固有的色泽。但临近成熟时，果实组织产生乙烯，组织中的原果胶即分解为可溶性的果胶，使细胞彼此容易分离，组织松散和软化，叶绿素不再合成，继续分解，果皮绿色逐渐减少；与此同时，类胡萝卜素的合成增多，使果皮显现出黄、橙黄或橙红色、红色和紫红色。红橘果皮中含有红橘类的黄酮系色素，使果皮表现红色或橙色。在温室试验伏令夏橙，以日温20℃、夜温5～7℃、土温12.5℃左右处理，使叶绿素减少，类胡萝卜素增加，果实着色最好。温度上升着色延迟，日温30℃着色不良。气温20℃是促进果实产生乙烯的最适温度。果皮叶绿素的分解与乙烯有密切的关系，果实呼吸作用产生的微量乙烯可促进叶绿素分解，以20℃分解最快。用乙烯着色是在16～26℃进行，以20℃为最适；34℃以上或7℃以下均不能促进着色。秋季气温迅速下降和日夜温差大的高纬度地区或海拔较高的地区，果皮叶绿素分解较快，着色较早，皮色较鲜艳。华南气温较高，着色较晚，皮色较淡。在热带往往果肉已生理成熟而果皮仍为绿色。温州蜜柑在广东韶关以南易出现果皮着色不良的现象。

果汁中的可溶性固形物主要是糖类，此外尚有盐类、有机酸、可溶性蛋白质和果胶等。甜橙的可溶性固形物有80%～90%是糖，柠檬的可溶性固形物约70%是有机酸。在果实成熟时，积累于果实中的糖类以及组织中含有的淀粉、果胶和其他糖类的水解产物，提高了可溶性固形物的含量。由于果肉中可溶性固形物的增加提高了果汁的渗透压，吸水力增强，使果汁量增加。成熟期的果肉、果汁表现出品种固有颜色和果皮着色一样，大多是由于胡萝卜素如叶黄素所致。果实在成熟期糖的积累增多，呼吸作用减弱，促进类胡萝卜素的增加，有利于果肉着色良好和品质的提高。

随着果实的成熟，糖和可溶性固形物逐渐增加，酸则逐渐减少。不同品种的可溶性固形物的糖酸含量有差异，因而风味不同。一般糖酸比率越大，风味越甜。例如，广东的新会橙、暗柳橙、柳橙一般含全糖量为11%～15%，酸0.3%～0.6%，糖酸比20～40：1；湖南的冰糖橙含全糖量11.8%，酸0.6%，糖酸比18.6：1，风味浓甜，几无酸味。糖酸比是果实成熟的生理指标。目前国际市场习惯以可溶性固形物（糖度）与酸的比率达到8～12：1为标准，8：1则甜酸可口，10：1优良，以12：1为最好。然而由于各个国家民族嗜好不同，优劣标准也各异。含酸量的变化在很大程度上取决于气候条件，凡能提高呼吸强度的那些条件都能破坏酸，所以同一品种的甜橙在南部栽区常比北部栽区酸味少。有些国家如澳大利亚由于栽区温度过低，糖酸比达到6：1已容许采收出售。

果实体积和鲜物质重、干物质重、水分和氮、磷、钾、钙、镁等含量在成熟期继续增加。整个果实的无机物以氮和钾含量最大。大多数品种都是含钾量比含氮量多，在成熟期中大量钾从叶输向果实，这时期几乎看不到钾在叶内积蓄，而枝梢组织中则贮有少量。氮主要是各种可溶性氨基酸氮，如甜橙、柑、橘、柠檬的果实都是脯氨酸最多，而葡萄柚成熟果是天门冬氨酸最多。这一时期的果实水分继续增加，但已不如前一时期那样明显。果实进入成熟仍能继续增大，尤其在高温的环境，适当灌水施肥对增产起一定作用。但供水过多会延迟着色成熟，使果汁淡薄，不耐贮藏。采前一段时期适当干旱，可以促进成熟，提高果实糖酸含量及耐贮性。试验证明，温州蜜柑进入成熟期适当控水，不仅促进花芽分化，也提高果实含糖量，含酸量也略有增加。许多栽区都有同样经验，采前7~10d晴朗干燥，采后果实都较耐贮运。沙质土壤果实较早熟与水分、养分保持力弱有关，黏质、深厚、肥沃的土壤则相反。

果皮色素层表面的几层细胞到果实成熟时仍有分裂的能力，到果实成熟后期若氮肥多时会促进表层细胞旺盛分裂，使果面凹凸粗糙和果皮松浮而成浮皮果，进入成熟期应减少氮、钾、水分的供应，以促成外形美观和风味优良的果实。

（六）种子

柑橘种子的大小和形状依种类、品种而异，柚种子最大，甜橙、酸橙次之，柑、橘再次之，金柑最小。种子的外种皮有灰白色、乳白色或黄色，革质而坚韧。内种皮为膜质，灰白色、淡褐色或带紫色，将胚紧包。合点是内种皮的一部分，较厚韧，颜色较深，是胚珠着生胎座的地方。合点有紫色、褐色、粉红及黄色，视种类而异。种子内的胚，大部分为子叶，是贮存养分的场所，附着于极短的胚轴上。胚轴一端为胚根，另一端为胚芽。橘的胚一般为绿色或淡绿色，柚、甜橙、酸橙为黄白色或白色。柑橘的多数种类和品种的种子常含有2个以上的胚，这种特性称为多胚性，多者达30~40个，少者2~3个。通常只有1个是有性胚（fertilized embryo），其余为无性胚，偶然也有2个甚至4个孪生有性胚，这是受精卵分裂所致，或由于都含有1个有机能的胚珠的复胚囊受精所造成。无性胚是由珠心细胞发育而成，故名珠心胚（nucleus embryo），它没有经过两性的结合，但都要经授粉刺激后才能形成。由于无性胚是由母本的体细胞所形成，它萌发后的植物性状大致与母本相同，但也会发生无性分离的"芽变"。通过实生繁殖选种，可以获得原品种的新生系或更优的新品种。通常有性胚不及无性胚强健，出苗较晚且生长弱，甚至不发芽或苗期枯死。其原因有二，一是由于它的形成在无性胚之后，受精卵开始分裂时，无性胚早已产生，并且已具有若干个细胞；二是有性胚位于胚囊的顶端近珠孔的地方，距输导养分的维管束远，无性胚距离维管束近，因而获得养分比有性胚容易。

柑橘类大多数种、品种均属多胚，如枸橼、香柠檬、甜橙、酸橙、柚、葡萄柚、椪柑、蕉柑、温州蜜柑、早橘、酸橘、四季橘、金豆、金弹、长寿金柑等。但也有一些种、品种属单胚，如枳、香橙、红檬檬、尤力克柠檬、里斯本柠檬、乳橘、克里曼丁、韦尔金橘、淡浦柑、罗浮、圆金柑、长叶金柑等。用单胚型品种作母本杂交易获得杂种后代，砧木品种如果多胚的种子百分比高，则砧木幼苗一致性较高。

多胚性品种在不同植株、不同果实或种子内胚数有差异，树体内外的条件也对胚数有影响。同一种子内其子叶大小、形状差异很大，其中一部分发育不良，在自然条件下常不发芽成苗，因此播种后出苗数常少于实际胚数。

二、对环境条件的要求

柑橘属于热带雨林或亚热带常绿阔叶林高乔木下的常绿小乔木或灌木。原产地温暖的气候、有机质和水分丰富的土壤、部分荫蔽的环境，形成了柑橘常绿、耐阴、不耐低温、根部好气好水、要求土壤有机质丰富的特性。

（一）温度

温度是影响柑橘栽培分布的主要因素，关系柑橘的生存与产量、品质。柑橘绝大多数都分布于年平均温度15℃以上的地区，少数地区略低于15℃，绝对最低温度不低于－10～－11℃。一般认为，－9℃是我国栽培温州蜜柑的安全北限，－7℃是栽培甜橙、柚的安全北限。耐寒力除与种类、品种有关外，还受其他因素的影响。酸橙种子的最低萌芽温度为12.8℃，比甜橙低些。多数柑橘类种子的萌芽最适温度为31～34℃，高达40℃则无萌芽。枝梢生长最适的水培液温度范围为23～31℃，在37～38℃停止生长，与根系的适温范围一致。但柑橘生长在周年变更的昼夜气温和土温的不同组合环境中，同一品种物候不同，对这些最适的温度组合要求也不同，不同种类品种差异更大。通常在土温12℃以上才能萌芽，在15.6℃以上嫩梢才能伸长迅速。

柑橘有相当强的耐热能力，柑类和葡萄柚能忍受51.7℃的骤热。但不适当的高温会造成果皮着色不良、果汁少等弊病。如高温同时伴随干燥，则温度虽不过高，花果新梢也会受损伤。

柑橘正常生长发育要求一定的有效积温（effective accumulative temperature）。有效积温有多种计算方法，通用有两种：①以12.8℃作为起算温度，以3～11月各月份的多年平均月温减12.8℃，乘以各月的日数累加而为有效年积温。例如柠檬最适有效积温为1 500℃，如在1 800℃以上则生长旺盛而栽培困难。华盛顿脐橙以1 700～1 900℃为最适宜，1 400℃以下太低，2 800℃以上太高。②采用气象学通用的计算标准，10℃以上的日温加以积算，我国柑橘产区自北到南，年有效积温为4 500～9 000℃。因种类、品种适应范围不同，如柠檬、脐橙、锦橙、温州蜜柑等以5 000～6 000℃为适宜。温州蜜柑在韶关以南品质不良，以年平均温度15℃以上、20℃以下，绝对低温－9℃以上的地区为宜，而经济栽培以年平均温度16～17℃、最低温－5℃以上为最适宜。蕉柑能耐－7℃的低温，但在韶关以北则低产劣质，大致要在年平均气温21～22℃、冬季气温极少降至－1～－2℃以下的地区，最能发挥其丰产性和优良品质。椪柑的适应性比蕉柑广，较能耐寒耐热，在海南岛南部的万宁市（年平均气温25℃）出产的椪柑早熟，品质也优良。适于华南栽培的品种，多不宜于在低温的华中地区栽培，反之亦然。除温度的影响外，湿度、降水量也有很大影响。伏令夏橙树体耐寒性相当强，但要考虑其越冬果实不能在－3℃以下。冬季温度低则糖分积累少而酸味强；冬季温暖则果实能充分膨大，果肉柔软，风味优良。

柑橘品种在一定范围内温度高则果皮薄。如福州产的福橘果皮占果重的15.04%，温州产的占17.92%。温度高则果实含糖量高而酸少，果实中纤维含量也随产地温度的提高而减少。高温地区产的果实色泽较淡；低温地区产的果实色泽较浓，较耐贮运。热带地区周年温暖，柑橘生长快，果实成熟早，但可供适时收获的时期极短。更由于缺乏低温，花期受干旱控制，常在旱季结束，恢复降水后开花，一年多次开花结实，产量低，果实成熟期极不整齐，着色不良。温度较低的亚热带，柑橘花期受温度控制。经过冬季充分"休眠"之后，集中在春季开花，能高产，而成熟期气温逐渐降低，促进果实成熟着色。但往往由于冬季严寒，使枝叶树势受到损伤。高温的南亚热带和北热带地区，其花期受低温和干旱控制，无霜或有轻霜，极少降至－1～－2℃，具有亚热带的优点而没有其缺点（酷寒），是最适宜的柑橘产区。世界上仅有3个国家有这样的地区，美国是其中一个，但仅佛罗里达半岛南部，面积不大；南美的巴西有圣保罗和里约热内卢等，面积较大；我国广东、广西、福建、台湾、四川、重庆和云南都有相当大的面积属这种最适宜的栽种地带，面积最大。

（二）光照

柑橘虽耐阴，但要高产优质仍需有较好的光照条件。光照充足，叶小而厚，含氮及磷量也较高。枝叶生长健壮，花芽分化良好，病虫害减少，高产，果实着色良好，提高糖和维生素C的含量，增进果实品质和耐贮性。栽植过密，树冠严重交错，则枝梢细长软弱不充实，叶薄易黄落；花少，畸形花多，落花落果严重，果实着色不良；含糖量低，甚至连年无花，病虫害较多。但阳光过强也不利柑橘生长，如夏秋阳光强烈加上高温，往往引起树冠向阳处的果实或暴露的粗大枝干日灼。特别是广东，烈日照及地面，引起地表龟裂和增高土温，伤害浅生的根群，或由于骤雨在畦间积水，或大雨造成淹浸，烈日照射迅速升高水温而加剧水害。在华南由于日照强、温度高、冻害不严重，不少地区选北坡、东北坡栽培柑橘，尤其在高山重叠、互相掩蔽、日照较短、阴凉、土壤肥沃深厚、排灌便利的小环境，柑橘生长结果良好、寿命长。国外高温少雨的沙漠地区，用椰子、枣椰子以及油梨等作荫蔽树，柑橘生长、产量、品质均良好，冻害也较轻。

柑橘耐阴性的强弱依种类、品种、树龄、物候期等而有不同。宽皮柑橘类耐阴性最弱，甜橙在树冠内也能良好结果，而温州蜜柑多在树冠外围结果。通过修剪改善树体的光照条件有显著效果。对在树冠外部结果良好的品种，最好造成波浪形的树冠，使光线能透进树冠内部，促使内部枝条结果。此外，幼树比成年树耐阴，冬季相对休眠期较萌芽、开花、枝梢生长和果实着色成熟期耐阴，营养器官较生殖器官耐阴，因而幼树冬季包草防寒，只要方法得当，对枝叶无不良影响，但萌芽前一定要及时松包。

（三）水分

柑橘系常绿果树，从年降水量（annual precipitation）仅20～30mm（埃及）至3 000～4 000mm（日本鹿儿岛、印度阿萨姆）的地区都有柑橘栽培，夏干亚热带和夏湿亚热带各有其适宜的品种。地中海沿岸诸国和美国的加利福尼亚州属夏干区，雨水少，集中冬季降雨，其他季节几乎无雨，靠灌溉供应水分。在年降水量200～600mm的地区要获得丰收，需灌溉相当于800～1 000mm雨量的水。中国、日本和美国佛罗里达州等属夏湿区，雨水多，冬季降水比其他季节少。在柑橘生长季节降水，可以降低灌溉成本，尤其是灌溉有困难的山地，降水量更为重要。但降水过多又易发生湿害及光照不足等不良影响。推算柑橘年蒸腾蒸发量为750～1 250mm（Reuther，1977），年降水量大致以1 200～2 000mm较为适宜。我国大多数生产区年降水量都在1 200～2 000mm。

（四）风

风对柑橘的影响随风力强弱和季节变化而异。微风可防止冬春霜冻和夏秋高温危害，增强蒸腾作用，促进根系的吸收和输导，改善园内和树冠内的通风状况，降低湿度，减少病虫害。采收期有微风可减少果品的腐烂。但大风对柑橘有很大的破坏作用，削弱光合作用，加速土壤水分蒸发而加剧旱害，妨碍授粉。夏秋的干旱大风常引致锈壁虱和红蜘蛛的大量发生及蔓延；冬季的大风常伴随低温寒冷，加剧柑橘的冻害。沿海地区尤其是华南柑橘在生长季节受台风损害，轻者使枝叶、果实机械损伤，加剧溃疡病害；重则树倒枝折，落果严重。台风也会带来过量的雨水，造成湿害。个别地区台风夹着带盐分的海水，往往使枝叶干枯、根群腐死，引起植株死亡。

(五) 土壤

柑橘对土壤适应性较广，根系要求土壤深厚、疏松肥沃。良好的柑橘园地，应具有良好的物理性能，无硬土盘或沙石层阻隔，雨季能降低水位达 0.8～1m 以下。柑橘园一般土壤耕作层需要含有 2%～3% 的有机质，最好能达到 5%，沙质土最低限要含有 0.5% 有机质，所以在深耕改土中需加入大量的有机质，每年的施肥也应补充大量有机质肥料。

柑橘对土壤酸碱度的适应范围较广，在 pH4.5～7.5 范围内均可栽培并获丰产，而以 pH6.0～6.5 为适宜。在 pH5.5 以下易使铝、锰、铜、铁等变为可溶性而导致过量以及磷、钙、镁、钼的缺乏，尤以在 pH4 以下为甚。铝、铁、锰等过多，对柑橘根有毒害。而在 pH7.5 以上时锰、铁、硼、铜、磷等的可溶性又剧减，对柑橘生理有不良的影响。

土壤质地对果实有一定的影响。如土壤为沙质时保肥力较弱，在果实成熟期以前缺乏氮肥的情况下，树势有所减弱，根和枝的生长受到一定抑制，叶合成的糖类及其他营养主要消耗于果实发育和成熟，果皮薄滑，着色较早，酸少味甜；如土壤深厚而稍黏重，排水略差，但腐殖质丰富，保水保肥力好，树势旺盛，果大，皮粗厚，酸味浓，一般耐贮藏。

(六) 地势、坡向

柑橘适于山地生长，因山地一般排水通气良好，根系深，树的寿命长。山地还可选择适宜的小气候。例如，利用山坡逆温层发展柑橘可免受或减轻冻害。在山岭重叠、峰峦起伏的低谷地，土层较深厚肥沃，植株的生长发育良好；但在北缘地区因山谷地冷气停滞，又易积水，常会出现寒害。

山地坡向直接影响光照量、温度、水分、风等，间接影响到树势、产量、果实外观及品质。南向日照时间最长，光量最多，在低温地区一般是最优的方向。但在高温地区夏季升温快，土壤表层的细根常受热伤，强光照射又造成旱害，诱发日烧使树势减弱，生长受阻，易出现大小年结果。北向受光量少，蒸发量小，土壤含水量高，尤其对面又有山坡阻挡北风和反射日光更为理想。但在低温地带，北向冬季日照少，气温、地温不足。东向一早即受到太阳光，枝叶朝露早干，气温上升早，枝梢生长良好，果品优良。但在低温地带，早上已霜冻的树体及枝叶受朝日照射，树温很快升高，霜冻融解快，反易受冻害。西向在冬季下午受西日照射，树体温度高，生理活动旺盛，日落后由于气温急剧下降，易受寒害，日烧病也较多，是柑橘栽培最劣坡向。

第四节 育苗与建园

一、砧 木

1. 枳 耐寒性最强，主根较浅，小侧根、须根发达，喜微酸性，抗盐碱力弱，耐湿，适于水分充足、有机质丰富的壤土或黏壤土，抗脚腐、流胶、根线虫、衰退等病。枳砧嫁接后结果早，丰产，较早熟，皮薄，色佳，糖分高，较耐贮藏，砧部肥大多皱褶。小花类型的枳作砧矮化，大花类型则半矮化。主要作温州蜜柑、瓯柑、椪柑、红橘、南丰蜜橘、金柑、甜橙等的砧木。嫁接本地早、槾橘等表现后期不亲和。

2. 枸头橙 主产浙江黄岩地区，为当地主要砧木。树势强健高大，根系发达，耐旱、耐湿、耐盐碱，寿命长，冬季落叶少，产量高，平地、山地、海涂均表现良好。常作早熟温州蜜柑、本地早、早橘等的砧木。重庆江津作先锋橙砧木，骨干根特别粗壮坚硬，结果迟，株产仅次于枳砧，树干易受脚腐病及天牛等的危害。

3. 酸橘　主根深，根系发达，耐旱、耐湿，对土壤适应性强，嫁接后苗木生长快，树冠健壮，直立、丰产、稳产、长寿，果实品质好，抗衰退病，抗盐性强，对钙质土也相当适应。广东、广西、福建、台湾用作椪柑、蕉柑、甜橙等的砧木，是先锋橙早果、丰产的砧木，对流胶病、天牛等抗性较差。

4. 红檬檬　砧苗生长旺盛，皮层较厚，易嫁接成活；生长快，结果早，丰产，果大；耐湿，耐盐碱，抗衰退病，易患脚腐病、疮痂病；根系发达，但分布浅，易受风害，不耐旱、寒和瘠瘦，易衰老，寿命较短，土壤肥沃、栽培条件良好才能丰产。与红檬檬同种的兰普来檬（Rangpur lime）亦抗衰退病，对多种危害根、树干的病害抗性强，对盐和钙抗性强。

5. 红橘　根系发达，生长强健，树干直立光滑。福建嫁接椪柑后寿命长，抗旱力比雪柑强，较耐寒，适于山地栽培。在重庆作甜橙砧木表现树体高大，但结果迟，产量和品质不及枳砧。

6. 香橙　根深，多粗根，树势强健，木质坚硬，寿命长；抗旱、抗寒、较耐热、耐瘠，耐湿性较差，抗天牛，苗期易患立枯病；嫁接后树冠高大，产量高，果大，成熟期稍晚，盛果期迟，初果期稍低产。香橙是柠檬的优良砧木，嫁接先锋橙较矮化，枝粗密集，树冠紧凑，结果密度大，果大，深橙红色，风味浓，微有香气。与温州蜜柑、椪柑亲和良好。香橙砧主根深，细根少，移植时要注意减少伤根。

7. 柚　作柚的共砧，嫁接成活高，根深，大根多，须根少，树势高大。适宜深厚、肥沃、排水良好的土壤。抗根腐病、流胶病及吉丁虫，不耐寒，耐盐碱，在海涂作砧木生长良好。

8. 枳橙　根系发达，生长势旺，耐旱、耐瘠、耐寒，抗脚腐病，不耐盐碱。嫁接甜橙、温州蜜柑矮化，早结、丰产，成熟期早；在浙江黄岩与本地早不亲和。从国外引进的卡里佐枳橙可作宽皮柑橘和甜橙的砧木，重庆近年大力推广。

二、砧木苗的培育

（一）整地播种

苗圃应离柑橘园较远或有自然屏障隔开，以减少病虫感染。适宜于土壤疏松、肥沃、排灌便利的平地或缓坡地，冬寒地区应选背风向阳，忌山谷洼地。海涂、滨海沙滩应选有淡水源、含盐0.1%以下的地段。施足基肥，精细整地后播种。柑橘种子忌过分干燥，鲜湿种子晾干或弱光下晒至种皮发白、互不黏着，即可播种。远运则要干些，与干净河沙、木炭粉、谷壳、苔藓等混合，麻袋或木箱装运；贮运时要常检查，以防发热、发霉。或用3~4倍干净湿河沙（以手捏成团、轻放能散开为度）混合堆放贮藏，盖塑料薄膜等保湿。亦可用10%八羟基喹啉浸泡晾干的砧木种子10min，自然晾干后装入塑料袋，置7~10℃贮藏。播种前应先催芽，用35~40℃温水浸种1h，再浸冷水半天，种子放于垫草的竹箩中并盖草，每天用35~40℃温水均匀淋3~4次，并翻动种子1次。此外，用1.5%硫酸镁在35~40℃温水浸种2h，或0.4%高锰酸钾液浸种2h，亦可用54~56℃温水浸种50min再浸0.1%高锰酸钾10min，可消除种子所带的病菌，有利于发芽和生长。种子微露白根即可播种。

华南无霜冻地区宜秋冬播种。据广东的经验，红檬檬、酸橘等最迟要在冬至前后播种，发芽快，生长整齐，病害少，2年可出圃；迟至1月播种，则发芽慢、不齐一，2年达到出圃的苗数少；2~3月播种，发芽齐，苗生长快，但幼苗嫩弱，与1月播的一样，在4~5月高温多雨时易患立枯病。闽北、桂北、粤北及华中等地区多在2~3月播种，如土壤干湿适度，则春季发芽早而整齐。为达到早播种、早成苗，可采用嫩种播种。例如，广西柑橘研究所7月中下旬用枳嫩子播，发芽率达91%，发芽势强、整齐；广东试验红檬檬和酸橘嫩子于9月下旬播种，雪柑在10月中旬播种，枳在8月下旬播种，发芽率前两者为86.72%和83%，后两者为94.0%及98%，次年夏秋即可嫁接；而冬播的成熟种子的砧木，在翌春发芽前可移栽，1年后嫁接。四川用温床或营养钵育苗，12月播枳的种子，3月中下旬苗高14~15cm时移栽露地，当年夏秋多数可嫁接。广东用塑料薄膜覆盖育苗，比对照早20~25d出土，当覆盖的薄膜内温度超过36℃时，适当揭开薄膜炼苗，避免徒长。

播种量为所需砧木量的1~2倍，每公顷床苗可移栽10hm²。浙江用枳种子每公顷需210~225kg，四川条播用300kg，撒播用600kg。广东汕头播种酸橘种子的用量根据出圃苗龄而异。选移壮苗2年出圃，每公顷撒播酸橘种子375~450kg，一般为360万~375万粒；3年出圃则播270~300kg，约225万粒。播后用木板轻压畦面，使种子入土，盖河沙、火烧土或细土至不见种子为度，再盖稻草3~4cm，用草绳把稻草固定后充分浇水。

（二）砧木苗管理

柑橘播种后保持土壤适度湿润，早晚浇水。出苗后分次揭去稻草，使苗接受阳光和防止弯曲。幼苗易患立枯病，在发生3~4片真叶前应减少浇水和停止施肥，以后勤施薄肥，可用10%~15%的人尿，浓度逐渐提高。在夏季可施充分腐熟的麸水或猪粪水促进生长，在冬季至翌春发梢前施一次较浓的优质液肥。苗期注意防治立枯病、凤蝶、潜叶蛾等病虫害，及时除草。在齐苗后分3~4次间苗，拔除混杂品种和衰弱弯曲的劣苗。移植前，土壤灌透水，以利起苗。移栽时剔除劣、病、弯曲苗，并按大小分级，将过长主根留17~20cm截短，蘸稀泥浆，促生新根，提高成活率。移栽密度应便于管理和嫁接。柚、橙、红檬檬等生长迅速，距离可较大；柑、橘生长缓慢，距离应较小，一般行距为20~33cm，株距13~20cm，大多地区均为每公顷植120 000株左右。栽植时苗根要舒展，不可盘根打结，要种稳压实；深度与播种圃同，太深难发根，太浅易受旱。植后充分浇水，至苗恢复生长势后行浅中耕施薄肥，以后每半个月至1个月追肥1次。勤除砧苗基部萌蘖，保持苗干平直，以利嫁接。

三、嫁　　接

（一）接穗的选择和处理

接穗的选择要在非疫区，从无检疫病虫对象、生长正常的成年果园中选丰产、稳产的优质单株作优良母树。在树冠外围中上部剪取生长充实健壮、芽眼饱满、无病虫害的优良枝条作接穗，也可在经选种繁育的嫁接苗或幼树上剪取，但不宜长期从未结果的嫁接苗上取接穗。接穗需在枝条充分成熟，新芽未萌发时剪取。一般随接随采，在晴天上午露水干后剪取，雨天不宜采，如必须在雨天采取，需晾干再包装贮藏。接穗剪下后应立即除去叶片，50~100条为一束，用湿布包好并标记品种名。为防治附着接穗上的蚧类和螨类，可用1%肥皂水或500倍洗衣粉水洗刷，再用清水洗净晾干。

为了避免接穗在贮藏中干枯或霉烂，要有较低的温度（4~13℃）、较高的空气相对湿度

（约90%）及适当透气的环境贮藏。广东用洁净微湿的细沙（手沾泥而指甲不沾沙为度）于室内通风凉爽处缸藏，缸底放沙3～4cm，将各束接穗平放沙上并盖沙，照此层积，最后再盖3～4cm厚的沙。贮藏中，每7～10d检查一次，注意调节沙的湿度并剔除腐烂接穗。一般可贮2个月左右。如大量贮藏可在地面层积，先铺塑料薄膜垫地，其他同缸藏法。需远运的接穗，可用优质草纸数层浸湿压去多余水分，接穗包卷其中，或用苔藓植物填充，再包以塑料薄膜。木箱装运，不受晒发热，可保存1个月左右。夏秋高温宜冷藏贮运。

（二）嫁接时期及方法

嫁接的方法按嫁接接穗的取芽大小不同可分为芽接法（bud grafting）和枝接法，按嫁接部位不同可分为切接法和腹接法。嫁接时期主要集中在春季萌芽前，一般除平均气温在10℃以下的月份外均可嫁接，但不同时期宜用不同方法。

1. 切接法（flap graft）　在春梢萌发前1～3周嫁接成活率较高，也可四季嫁接。广东、广西在12月至翌年2月初，四川在2月中旬至3月上旬，浙江黄岩在3月上旬至4月上旬，福建龙溪在2月中旬切接成活率高、萌发快、生长好。气温过低或强风浓雾、雨后土壤太湿、夏秋中午高温烈日均不宜嫁接。嫁接时一般用塑料薄膜包封。常用切接方法有：①单芽切接法，操作简易，砧木与接穗均削至两者的形成层，接触面大，成活率高，接穗只用单芽，节省接穗，但嫁接慢。②小芽切接法，比单芽切接、丁字形芽接方便，工作效率、成活率较高，砧木较小也可嫁接。在广东、广西四季均可进行，近年采用渐多。

2. 腹接法（side graft）　操作简易，四季可接，平均温度在10℃以上有接穗时即可进行。四川以5～6月及9～10月为好，广东、广西多在夏秋进行，湖北宜昌在2～11月进行。砧木大小均宜，还可接在主枝或侧枝上。常用腹接方法有：①通头芽腹接，削接穗法与单芽切接同，但第二刀在芽眼上方削下，成通头芽，易与砧木密接。②芽片腹接（长方形芽接、嵌合芽接、小芽腹接），广东经验最宜在高温期嫁接，砧木宜粗壮，在0.8cm以上，接穗从幼树或嫁接苗中选上一季成熟充实粗壮的新梢，削芽法与丁字形芽接相似，稍多带木质部。接后3～5d，把砧木上部折断但仍连接，利用其枝叶遮阴及继续供给光合物质，方易接活，待新芽转绿后解除薄膜，并将折断的砧木齐嫁接口上方剪除。

（三）嫁接后管理

嫁接后至萌芽前要注意调节水分，防止苗圃地过干或过湿。春接后15～20d、夏秋接后10d芽片仍鲜绿即为成活，如已变黄应及时补接或待春暖再接。要经常抹除砧木上的萌蘖。接穗若有2条以上新梢长出，应留强去弱，留直去斜。待接穗新梢基部木质化后解除缚扎的薄膜，如不露芽包扎，还需在检查成活时先让其芽露出。腹接苗在接穗芽萌发前于接口上约0.3cm剪断砧木（有霜冻地区8月以后嫁接的当年不剪砧，以防接芽生长后受冻），或在接口上7～10cm处将砧木上部折弯，待接穗新梢木质化后齐接口处斜剪除砧苗。

幼苗整形主要是确定主干高度，培养一定数量的骨干枝。剪顶时间因地区气候而异。高温多湿地区延迟剪顶，以抑制晚秋梢及冬梢发生；如冬季早冷则早剪顶，保证秋梢充分老熟。一般浙江在7月，广东、广西均在立秋前后剪顶。剪顶高度因种类及栽植地而异，橙、柑及橘30～50cm，柚、柠檬50～80cm。施肥应按整形要求，以促梢和壮梢为主。浙江、湖南等地以春夏梢构成主干，秋梢为一级骨干枝，施肥重点在促这3次梢健壮生长。在每次发梢前1～2周施重肥，即嫁接前或剪砧前后施重肥1次，促春梢生长健壮；5月中旬又施重肥促夏梢健壮；7月中下旬再施重肥促进秋梢生长，在每次梢生长中又适当施薄肥壮梢；但8月中旬后应停止施肥，以免促发新梢，入冬后受霜冻。华南每年发梢5次（春梢、两次夏梢、秋梢、晚秋梢或冬梢），如以春梢和第一次夏梢作主干，则秋梢构成第一级分枝。其施肥的原则是：春梢停止伸长后施1次肥；第一次夏梢萌发前又施重肥，促夏梢生长健壮，保证剪顶高度，伸长停止后少施或不施肥，控制第二次夏梢生长（因剪顶时要将其剪去）；到剪顶前施1次重肥，促使秋梢萌发，发秋梢后酌施1~2次薄肥壮梢。此外，及时防治害虫、除草、抹除砧木和主干上不需要的萌芽及防寒等。

为培育无病毒的营养系苗木，可采用梢端微型嫁接苗，或称茎尖嫁接苗。在无菌室内播消毒种子，萌芽生长13~14d后，在幼茎上距子叶约1cm处截顶嫁接。取栽培品种的梢端长约1.5cm，消毒后，在解剖显微镜下截取梢端0.14mm嫁接在砧木幼茎上，嫁接苗套上聚乙烯袋，保持在控制环境中16d后移栽盆中在温室培养，接活率为25%~100%，梢端用2,4-D 10mg/L或激动素1mg/L浸泡后接，可提高成活率。

柑橘苗出圃必须达到如下要求：①接穗和砧木品种纯正，来源清楚；②不带检疫性病虫害，无严重机械伤；③接口愈合正常，砧木和接穗亲和良好；④生长强健，节间短，叶片厚，叶色绿，主干直径超0.8cm以上，高度达到一定要求，主枝3~5条分布均匀；⑤根系发达，主根无曲根或打结，侧根分布均衡，须根新鲜，多而坚实。

四、容器育苗

先进的柑橘产区已推行柑橘容器育苗。其主要技术要点如下：

1. 塑料大棚或玻璃温室 塑料大棚有单栋和连栋系列，装配镀锌钢管骨架，大棚呈半圆拱形，顶高4~5m，单跨有6m、8m、10m等规格，长30m左右，单栋大棚面积330m^{2}左右，可育苗6 500~8 000株。除塑料大棚外，近来采用浮法玻璃建造连栋玻璃温室，单拱跨度9.6m，顶部及四周采用5mm/4mm厚浮法玻璃，天沟高3.0~4.0m，顶高4.2~5.2m，开间4m左右。现代化的温室应用自控系统控制温室的光照、温度、湿度和肥水管理。

2. 育苗容器 育苗容器有播种穴盘或播种盒与育苗钵。播种盒用于砧木播种，用黑色硬质塑料压制而成，一个播种盒分为5个小方格，10个播种盒连在一起组装在铁栏架上，可播50粒种子。育苗钵用于培育嫁接苗，由聚乙烯薄膜压制成型，钵呈圆柱形，直径15cm，高30cm，钵底有8个排水孔，每钵育苗1株。

3. 培养土配制 培养土基质可用泥炭土、腐叶土混合。湖南零陵柑橘示范场采用发酵后的锯木屑和河沙混配，在每立方米培养土中加3/4的锯木屑和1/4的河沙，再加入菜饼10kg、过磷酸钙2kg、硫酸钾1.25kg、尿素1kg、硫酸亚铁1.5kg、白云石粉3kg。

4. 播种和嫁接苗培育 播种时间与露地播种时间接近，播后浇水，保持盒内充足水分。温室内温度控制在30~35℃，相对湿度80%~90%比较适宜。砧苗5个月后高达50cm以上时，移栽到较大的育苗钵中。嫁接和苗期管理可参阅前面育苗部分。

五、高接换种

高位嫁接（crown grafting）多用于改换劣质品种，也可对育种及引种材料进行遗传性测定，迅速建立扩大良种母本园，提高良种繁育系数。高接常用切接、腹接、劈接、皮下接、丁字形芽接和长方形芽接等，视高接时期及砧桩大小而定。切接、腹接和芽接以砧桩

2～3cm粗为宜，如砧桩粗大可用皮下接或劈接。高接时期及操作方法与苗圃相同。先要选留砧木植株骨架，依树冠大小选留适当数量的主枝或侧主枝3～4条，甚至10多条以备嫁接。要保留一定数量的辅养枝，弱树多留，强壮树少留，华南应多留辅养枝遮阴养根。高接位置越高，接后生长越慢，结果较早；高接位置低，则反之。一般认为高接位置应在主要骨干枝进行重回缩后较为适宜，大致在主枝或侧主枝等的分叉上方10～35cm范围内。对高接失败的砧桩应选留新梢，及时摘心，待新梢成熟后再接。小树高接可一次完成，树大分枝多可分2～3年完成。

高接后对伤口要消毒防腐，大伤口涂接蜡，主干、主枝用石灰涂白。及时检查，适时补接。解除包扎物露芽的时间，春接在接穗萌发时；夏接最好在接合部位以上20cm左右行环剥或用铅丝缢伤，以抑制上部生长，待接芽萌发时解除薄膜露芽并剪去砧木上部；华中地区秋接，在立春后才解除薄膜露芽剪砧桩。砧桩可分两次剪除，第一次在接合部上约20cm处，并保留1～2个小侧枝作辅养枝，待接穗新梢基部木质化后再一次齐接口上部剪除砧桩。剪砧桩后每2～3d削掉砧木上萌蘖芽眼，以防再发。接穗新梢枝粗叶大易被风折，应扶缚保护。接穗长至20～30cm时摘心促充实，并按砧桩大小选留接穗新梢1～2枝，选定后可抹除先萌发的顶芽，促使多分枝。在培养新梢过程中，应加强土壤肥水管理，及时防治病虫害，防止人畜误伤新梢。寒潮侵袭时，在华中一带对夏梢、秋梢要包薄膜、包草防冻。华南在夏秋梢生长中要注意防晒及防止过量蒸腾引起枯萎。

六、柑橘园建立

（一）园地选择

柑橘园的建立应根据柑橘的习性及其所需的环境条件和社会经济因素选择园地，按市场需求，在交通方便的地区进行规模开发。选择园地应注意的要点如下：

1. 温度条件 温度是柑橘建园需考虑的主要因素。如果当地有霜雪冰冻，经济栽培便有困难。建园时要注意：①柑橘的耐寒性；②多年最低平均温度、绝对最低温度、周期性大冻，以及秋霜、春霜资料；③小气候条件，如在山坡地利用逆温层自然屏障，在江河湖港利用大水体对气温的调节作用。

2. 水分和土壤条件 要求土壤排水透气良好，水位在0.8～1m以下，土层深厚，有机质丰富，酸碱度适当，水源要丰富，或附近有利于建造山塘水库的地形，海涂和海滩地需要有淡水源。

（二）定植

1. 定植密度 栽植密度因树种、品种、砧木、土壤及气候等条件而异。树冠高大的柚栽植距离最宽，橙次之，柠檬、柑及橘等又次之，香橼、佛手、金柑等最窄。乔化砧宽，矮化砧窄。山地、缓坡地土层深厚、肥沃宜宽，陡坡、瘠瘦地宜窄。河岸冲积地及地下水位低的平地根系深广，寿命长，株行距宜较宽；地下水位高则宜密。现将南方主要柑橘种植密度列于表1-8，以供参考。

当密植园中的树冠扩大至相互接触荫蔽时，树冠内部和下部枝叶会逐渐干枯，产量下降，除回缩修剪外，应及时间伐植株。间伐方式视荫蔽情况灵活处理，方式有：①隔株间伐，即单号行间伐2、4、6、8……号株，双号行间伐1、3、5、7……号株；②隔行间伐；③隔2行间伐1行，疏去原株数的1/3，以后仍过密时可再行隔株间伐。

表 1-8 南方主要柑橘一般栽植密度

品种	株行距离（m×m）	每公顷株数	品种	株行距离（m×m）	每公顷株数
甜橙	3.3~5×4~5	405~750	本地早	3~4×4	630~840
温州蜜柑	3~4×3.5~5	495~945	南丰蜜橘		600~900
椪柑	3~4×3.5~4	630~945	柠檬	3~4×4~5	495~840
蕉柑	3~4×3.5~4	630~945	柚	5~6.3×5~7.3	210~405
纽荷尔脐橙	3×4	850	清见橘橙	3×3.5	950
奥灵达夏橙	3×4	850	砂糖橘	3×3.5~4	850~950
红橘	3~4.5×4~5	450~840	金柑	2×2~3	1 665~2 505

上述 3 种间伐方式均以采用分年疏枝间伐法为宜，即在 3~5 年内将决定间伐的行或株的横向大枝逐年缩剪或间疏，使园内小气候变化不剧，最后将植株砍伐或移出。据广东杨村柑橘场间伐前后 3 年产量比较，疏株间伐增长 56.9%，疏行间伐增长 40.7%；华南农业大学蕉柑疏枝间伐区 3 年的产量为每公顷 28 000.5kg、27 285kg 和 30 280.5kg，对照区为 15 375kg、8 767.5kg 和 8 991kg，3 年总产试验区为对照区的 266.5%。

2. 定植时期 在新梢老熟后至下次发梢前定植根系容易恢复，苗木成活率高。在冬季有霜冻地区，如湖南、浙江、江西多在春梢发生前（3月上旬至4月上旬）定植。华南气候暖和，四季都可定植，以春季和秋冬定植最为适宜，这时光照不强，蒸发少，成活率高。浙江也有的在 10 月下旬至 11 月上旬定植。四川、云南、贵州冬季温暖多雨，均进行秋植。容器育苗四季定植都可以。

3. 定植方法 定植方法分为带土定植和不带土定植（裸根苗）。前者伤根少，成活率高，恢复生长快，大苗或就近定植时较多采用。远运的苗木多数不带土，但柑橘根最忌风吹日晒，要将根系蘸上泥浆，使栽后容易发生新根。在高温季节和雨水少及水源较缺的地区宜用带土定植。定植前先将植穴内的基肥与土壤混合均匀，避免根系与浓厚肥料接触。植穴培成约 1m 宽的土墩，高出地面约 20cm，以防植后下陷，种植深度与在苗圃时同。栽种时，务使根系分布均匀。填土时，要使细土与细根密接。全部盖土后将根际四周泥土轻轻踏实，充分灌水定根，再盖上草，结合整形剪除部分叶片，减少根部供水负担。

植后设立支柱扶苗，防风吹摇动，注意保湿，旱季每天或 2~3d 灌水 1 次。20~30d 后恢复生长，以后每隔 10~15d 适量施肥 1 次，以促生长。并经常防治病虫，及时摘除树干不定芽及徒长枝梢，培养良好树冠。

第五节 土壤管理

一、土壤耕作

1. 深翻扩穴（plowed hole enlargement） 丘陵山地幼树在定植后几年内应继续在定植沟或定植穴外进行深度相等的扩穴改土，以利根系生长；成龄柑橘园土壤紧实板结，地力衰退，根系衰老，也应行改土和更新根系。深翻改土时期依地区而异。据广东试验全年均可进行，以 4~10 月最好；四川、重庆以 9 月为最好。在根系生长高峰期进行，断根后伤口易愈合,发根多;抽梢期及有冻害地区冬季低温期不宜扩穴,以免影响新梢生长和加剧冻害。在广东普宁没有冻害,对幼树利用冬季扩穴断伤部分根群和土壤经几天干燥,能促进花芽分化。

幼树可在植穴外围挖半圆形沟或在植沟外挖长方形沟,分年深翻改土。成年园根系已布满全园,为避免伤断大根及伤根过多,可在树冠外围进行条沟状或放射状深翻改土,深、宽为 0.6~1m,分层埋施绿肥等有机、无机肥料,可以隔年或隔行或每株每年轮换位置深翻。广西华山农场及广东红湖农场深耕时每株施土杂肥或堆肥 50~100kg、豆饼 0.5~1kg、过磷酸钙 0.5kg(或骨粉 1kg)、石灰 0.5kg,与表土拌匀填入坑中层,心土堆置坑面并高出地面 10~15cm,以防渍水。

2. 间作(interplanting) 土壤每年约消耗 2% 的有机质,及时补充有机质是维持和提高柑橘园地力的必要措施。经济有效的办法是利用封行前的株行间生草种绿肥(表 1-9)。一般山地柑橘园土壤较瘦瘠,有机质缺乏,冲刷严重,更应该生草种绿肥,改善土壤理化性质,提高土壤肥力,以园养园。绿肥覆盖地面,夏季可防止冲刷,降低土温,增加空气湿度和抑制杂草。在盐分高的柑橘园有机质吸水力强,能缓冲和淡化盐分。豆科绿肥能增加土壤含氮量,非豆科绿肥形成腐殖质较多,两者最好混播或轮作。一年生绿肥每年可轮作 2~3 次,多年生绿肥每年可割数次。高温地区可选植山毛豆、印度豇豆、假花生、巴西苜蓿、田菁、柱花草、黑饭豆、猪屎豆等,低温地区可种植黑饭豆、印度豇豆、白豆、乌豇豆、豌豆、田菁、蚕豆、苜蓿、绿豆、苕子、紫云英、肥田萝卜等。海涂土壤含盐分较高,宜先种田菁,然后种豇豆、绿豆、苜蓿、蚕豆等。此外,还可间种甘蓝、白菜、瓜类、大蒜、西瓜等。在广东,与香蕉、大蕉、番木瓜、李、菠萝间种,能适当遮阴,增加果园早期收益。间作前应翻耕土壤,施足基肥,并保证与柑橘植株有一定距离。

表 1-9 橘园绿肥对土壤理化性的影响

(江西省农业科学研究所,1961)

处理	有机质(%)	花期土壤水分(%)	孔隙度(%)	土壤空气(%)	容积含水量(%)	土壤容重(g/cm³)	土壤相对密度
绿肥	1.33	18.15	49.90	11.17	34.73	1.401	2.679
清耕	1.08	23.04	40.23	9.47	30.82	1.447	2.344

3. 培土(earthing up) 培土可以加厚土层,改良土壤,增加养分,防止根系裸露,防旱保湿,防寒保温,促进水平须根生长。培土宜在旱季来临前或冬天采果后进行。一般培干土,多用塘泥、河泥、草皮泥等。如园地属黏性土,可培沙质土,反之培黏性土。培土不宜太厚,一般 3~10cm 即可,以防根颈部和下层根系腐烂。最好在深翻改土的基础上进行。

4. 覆盖(mulch) 地面覆盖可防止土壤冲刷,夏季降低土温,冬季保温,又能保水,抑制杂草,增加有机质,使表土松软通气,保存养分,减少硝态氮流失,促进土壤微生物活动和表层根系生长。海涂盐碱地区的温州蜜柑园,在 0~20cm 的土层内覆盖比不覆盖的含水量增加 3.24%~6.39%,这在海涂及滨海沙滩是抗旱、降温、防止返盐、促进柑橘生长的有效措施。

覆盖有全园覆盖及树盘覆盖,常年覆盖及短期覆盖。广东化州柑橘老区行全园常年覆盖,从植后开始,每年每公顷覆盖芒萁 37 500kg,可以减少土壤冲刷,常年不需中耕灌溉,但是柑橘根浅。树盘覆盖即距树干 10cm 至树冠外围 30cm 处进行覆盖,可用绿肥、芒萁、杂草、稻麦玉米秸及落叶等。浙江温州柑橘园一年覆草两次，第一次7月上旬，因雨水多易腐烂，翻入土后再盖。

5. 免耕法（nontillage） 夏干区许多柑橘园土壤有机质丰富，可采用裸地免耕法结合除草剂灭草，完全不中耕。由于保持土壤原来结构，灌溉水、雨水透入较易，细根量较多，产量比中耕园高，且较省肥料和劳力。在夏湿区也有一些柑橘园采用免耕法，效果相当好，但不如夏干区那样广泛采用。不同免耕方法比较：绿肥间作区，土壤含水量最高，由于增加了土壤有机质，土壤物理性状良好，表土疏松易透水，产量高，但易发生果皮粗厚松浮、着色较迟、果汁酸量增加、糖分减少、风味较淡；化学除草不中耕区，地面板结，土壤含水量少；放任生草不中耕区，含水量也少，因杂草抢夺大量水分、养分，产量均低而品质劣；每年行6～8次的中耕区，造成犁底或中耕层下的硬盘，土壤含水量少，以及经常断根，营养恶化，树势生长明显受阻而低产。最好是实行绿肥与有限中耕结合，或带状生草与覆草中耕结合，并轮换局部深耕，使土壤中腐殖质分布较深，增加土壤孔隙度，石灰和磷肥也能深施，改善土壤理化性，促进根群发达。

6. 中耕（mowing and tillage） 我国柑橘园一般以中耕0～3次为宜，水田柑橘密植，不宜中耕。对柑橘园地试验证明，从每年耕犁12～15次改为2次，土壤的浸透水增加4～12倍。广东在水位能降至0.8～1m以下的柑橘园，表土下10cm即有细根密生，采果后可中耕6～10cm，雨季除草，浅松表土，中耕深度以在最浅根层3～4cm以上为宜。山地、旱地中耕深10～15cm，采果后和雨季结束前各中耕1次，不碎土，清明前后浅中耕1次，或结合间作进行。

中耕使地面凹凸疏松，易于透水，对山地、旱地保水保土起良好的作用。但中耕次数过多，土壤有机质分解快，破坏了土壤的团粒结构。

7. 生草法（sod culture） 生草法是在柑橘园株行间播种草种，长到一定程度后割短翻压入土壤。日本的柑橘园越来越多采用生草法，栽培一年生牧草多花黑麦草（*Lolium multiflorum* Lam.）。这种牧草不择地，pH6～6.5最适，耐湿、耐寒性强，浅根多，春天生长迅速繁茂，使得其他杂草无隙可乘，茎细柔软，一经伸长即倒伏，初夏变黄结实，8月底至9月初种子撒落，下一代自然生长。近年来，我国的柑橘园也普遍采用生草法，但以自然生草栽培为主，铲除深根高秆的恶性杂草，保留浅耕矮秆的天然杂草即可。以藿香蓟进行生草栽培可增加捕食螨，控制红蜘蛛，现在广东、广西、湖南大力推广。

二、施　　肥

（一）施肥时期

不同的季节及物候期柑橘对营养元素的吸收量不同。春季萌芽时对氮、磷、钾、钙、镁的吸收较少，随着新梢伸长吸收增加，开花期增加最快，结成小果后才达到全年吸氮高峰；大部分小果掉落后，氮的吸收量有所下降，但对磷、钾、镁的吸收继续增加，达到高峰；到下一次新梢生长旺盛时，又形成吸氮高峰；中、晚秋氮的吸收量逐渐降低，而磷、钾吸收量继续升高，至晚秋为全年高峰期。总之，氮、钾在新梢期、花期、果期均大量吸收。氮以新梢吸收较多，钾以果实迅速增大期吸收较多，磷在花芽分化至开花及小果期，而镁在小果期吸收较多。整个植株（包括果实）吸收量以氮最多，钾次之，磷、镁第三。土温对吸收影响很大，从晚春到秋季高温期吸收量大，至秋末冬初仍吸收相当分量，冬季为全年吸收量最少时期。

1. 幼树施肥 为加速幼树生长，提早结果，应结合幼树多次发梢特点而多次施肥。发梢前施肥促进发梢；顶芽自剪后至新叶转绿期施速效肥，促使枝梢充实和下次发梢。树小根嫩，宜勤施薄施。各地因气候不同，每年施肥时间、次数也有差异。低温地区以促春、夏、早秋梢为主。如浙江每年施5次肥，3月上旬、4月上旬、5月底至6月初、7月下旬及11月中旬各1次，前4次主要促春、夏、秋梢生长，促幼树迅速长大；后1次在于增强树体营养积累，提高抗寒力。8～10月一般不施肥，以防晚秋梢的发生。高温地区如广东等地，每年培养3～4次梢，即春梢、一或二次夏梢及一次秋梢，需肥量大。为了避免浓肥伤根和流失，施肥次数要增多，做到每次发梢前都施肥。春梢是以后各次梢生长的基础，因此春梢萌发前的施肥量要增加，以促使多发春梢。此次又是全年的基肥，应兼施迟效肥。为促使秋梢多而齐发，特别是计划次年开始结果的树，应增加发梢前的氮肥用量，而在秋梢充实期则适当增施磷、钾肥，减少氮量。

2. 结果树施肥

（1）春芽萌发前和花蕾期　在春芽萌发前施速效肥可促进春梢生长，维持老叶机能，延迟落叶，提高叶的含氮量，使花器发育完全，增加子房细胞分裂数量，提高结果率。对着生花蕾多的树，尤其是老树，在开花前3周加施一次肥，能显著促进结果。华南在1～3月，华中、华东在2～4月施此次肥。

（2）幼果发育期　柑橘开花消耗了大量的营养物质，叶片氮、磷含量显著降低，开花多的植株谢花时叶会褪色，正是幼胚发育和砂囊细胞旺盛分裂的时期，如营养不足，幼果细胞分裂数少，且极易落果。在谢花时施速效氮肥，对稳果效果显著，对多花树、老树特别有效。为避免施氮过量促发夏梢引起大量落果，可采用薄肥勤施及根据叶色施肥。对初果树和少果壮树少施或不施，以保持果色浓绿为度；如过淡则施薄氮肥或根外追施尿素2～3次。此时除施少量氮肥外，增施磷、钾、镁效果很好。

（3）果实迅速膨大期　生理落果停止后，种子及果实迅速成长，对糖类、水分、钾及其他矿物质营养要求增加，果实对枝梢生长的抑制作用也增强。落果停止后老树施肥壮果，幼年树和壮年树既要促进果实增大，又要及时促使营养枝大量萌发和生长充实，成为良好的结果母枝。四川、重庆施肥壮果并促发早秋梢，华中、华东地区促8月初梢，华南促大暑至处暑梢。弱树、结果多的树以及山地施肥时期宜较早，水分充足的平地可较迟。若结果过多，还要结合疏果才能促梢。促梢施用重肥，平地和水田区宜在预定发梢前15～20d施下；山地肥料分解下渗需要一定时间，需在发梢前30～45d施下。这次肥应以氮为主，结合磷、钾肥，山地兼施迟效肥。

（4）果实成熟期　果实进入着色成熟期，糖迅速增加，并继续吸收氮、磷、钾等，这些物质也是花芽形成所必需的。因此，在采果前后施肥补充营养，恢复树势，增强越冬能力，使花芽分化良好。这次施肥要视树势、结果情况、叶色等适当调配，如叶色浓绿或结果量多者要适当增施磷、钾肥，树势衰弱要增施氮肥。采前比采后施效果更好。采前施肥在果实着色50％～60％时施下，磷、钾肥可稍多，氮肥可稍少。早熟品种和挂果少的树可不施采前肥，晚熟品种、弱树和结果多者最好采前、采后都施。

（二）施肥量与施肥方法

广东普宁对未结果幼树单株用肥量通常是：1年生全年施用大豆饼肥0.5kg，2年生施1kg，3年生施1.5kg，折合纯氮1年生约35g，以后逐年增施35g，这种用肥量大致与日本温州蜜柑1~3年生单株平均用氮量75g相近。在抹芽控梢情况下由于发梢量增加，1~2年生用氮量相应增加到55~110g。对结果树应以结果量作为确定施肥量的依据，并参照树龄、树势、土质、肥料种类、气候情况适当变更，若加上叶片和土壤分析调整施肥量会更合理。按理论计算施肥量应先测出柑橘各器官每年从土壤中吸收各营养元素量，扣除土壤中能供应量，再考虑肥料的利用率，按下式求施肥量：

$$施肥量 = \frac{吸收肥料元素量 - 土壤供应量}{肥料利用率}$$

据高桥调查，每667m²产5 000kg的温州蜜柑园氮、磷、钾的年吸收量分别为25.8kg、3.0kg、16.7kg；氮的土壤供给量为吸收量的1/3，磷、钾各为吸收量的1/2；氮的利用率为50%，磷的利用率为30%，钾的利用率为40%，则施肥量应为氮（N）34.4kg、磷（P_2O_5）5.0kg、钾（K_2O）20.8kg。表1-10中列出柑橘鲜果主要元素含量，以供参考。

表1-10　柑橘鲜果中主要矿物质的百分含量

种类	果实含各元素的百分数（%，鲜重）					资料来源
	氮 (N)	磷 (P_2O_5)	钾 (K_2O)	钙 (CaO)	镁 (MgO)	
蕉柑	0.19	0.04	0.16	0.03	0.02	台湾农家便览，1944
椪柑	0.17	0.05	0.28	0.03	0.01	台湾农家便览，1944
甜橙	0.185	0.078	0.431	0.109	0.028	Calif. Agric. 1972, 26 (12): 3-4
甜橙	0.177	0.053	0.322	0.078	0.038	Bitter Crops and Plant Food, 1961 (7-8): 10-14
温州蜜柑	0.169	0.040	0.206	0.092	0.033	果树营养生理，1962
柠檬	0.169	0.084	0.223	0.158	0.033	The Citrus Industry II., 1968
平均	0.177	0.058	0.27	0.083	0.027	

对未进入结果期的植株应以促进营养生长为主，氮肥应多，磷肥少，施磷量为氮量的25%~50%。新荒地酸性较强，吸收率低，则磷宜稍多。钾过多则抑制生长，用量约为氮的50%为宜。镁大致与钾相近。结果初期的幼龄树以树冠扩大为主，施氮可稍多。至成年丰产期，钾可增至氮的70%~80%，施磷大致按果实吸去量稍多一些。老龄树生长力弱，氮应占较大比重，磷、钾应适当减少，尤其磷肥因土壤积累已多，可不施或只补充果实的吸去量。四季施肥的比例应随树龄和发梢难易而适当变更。一般结果树，春、秋以氮为主，夏、冬以磷、钾为主；进入成熟期，氮以少为佳，采果前后才恢复氮的适当施用量。丰产树、老树春、夏季氮肥要加重，占全年60%以上；青壮树春、夏季氮肥要相应减少，甚至不施。中国柑橘研究所（1972）曾对7个丰产园（52.5~67.5t/hm²）的施肥量进行分析，表明全年折合每667m²施纯氮40~72.5kg、纯磷15~45kg、纯钾15~35kg为宜。

一般化肥速效，易流失，集中施用易伤根，宜分期、分散薄施。氮、钾易向土壤下层移动，但难向横扩展，宜全面施用；磷肥不易移动，宜深施，并与有机肥混合或制成颗粒状施用。地下水位低则根深，要早施深施，一般以10~25cm为度，秋冬深，春夏浅；地下水位高的浅根果园，肥料分解快，易流失，要多次分施，畦面施或开7~10cm浅穴施。

（三）叶片营养诊断

叶片分析是营养诊断（diagnosis of nutrient）的有效方法。柑橘一般采用4~7月龄的春梢上同一叶龄的叶进行分析，亦可采用结果枝上的叶，老树采用3月龄的春梢叶片效果更佳。采叶以在当地叶成分变化少的时期为适宜。如美国加利福尼亚州在8月15日至10月15日采取甜橙5～7月龄的春梢叶片，佛罗里达州在7～8月采4～5月龄的春梢叶片，日本在8月上旬至9月上旬采温州蜜柑的春叶。

叶片结合土壤或果实、细根等分析，则诊断更可靠。例如，在酸性土发现柑橘叶呈缺铁失绿症状，分析叶亦表明含铁量低，其他元素含量尚正常；但调查研究后发现是喷洒波尔多液过多，铜在酸性土积累致细根中毒，施石灰矫正土壤酸度后，铜活动性降低，铜毒减轻，新根恢复生长，缺铁失绿症状亦消失。细根含锌、铜等重金属量比叶的含量多，取细根作分析材料更可靠。柑橘果实含钾量的变化比叶含钾量的变化更能反映树体钾的营养水平。

使用叶片分析进行营养诊断，首先要制定一个正确合理的标准。表1-11是美国近年使用的甜橙叶片分析标准，但美国所用标准仍在继续修改。

表1-11 诊断甜橙营养状态的叶片分析标准

元素	研制者代号 (1、2、3)	占叶片干重（%）					备 注
		缺乏	偏低	适量	偏高	过量	
氮	1	<2.2	2.2～2.3	2.4～2.6	2.7～2.8	>2.8	
	2	—	—	2.3～2.9	—	—	
	3	<2.0	—	>2.5	—	—	
磷	1	<0.09	0.09～0.11	0.12～0.16	0.17～0.29	>0.30	1. 加利福尼亚州海岸地带和中部山谷地区适用，每年仅12月中旬至翌年2月施肥1次
	2	—	—	0.09～0.15	—	—	2. 佛罗里达州使用，每年施复合肥3次
	3	<0.10	—	>0.10	—	—	3. 广泛性总结，不指定地区
钾	1	<0.4	0.4～0.69	0.70～1.09	1.1～2.0	>2.30	
	2	—	—	1.2～1.7	—	—	
	3	<0.6	—	1.2～1.7	—	—	
镁	1	<0.16	0.16～0.25	0.26～0.60	0.70～1.10	>1.20	
	2	—	—	0.30～0.50	—	—	
	3	<0.10	—	—	—	—	<0.20%表示初期缺乏
钙	1	<1.67	1.6～2.9	3.0～5.5	5.6～6.9	>7.0	
	3	<3.0	—	—	—	—	
硫	1	<0.14	0.14～0.19	0.2～0.3	0.4～0.5	>0.6	占叶片干重（mg/kg）
硼	1	<21	21～30	31～100	101～260	>260	
	2	—	—	40～100	—	—	
	3	<25	—	30～100	—	>260	
铜	1	<3.6	3.6～4.9	5～16	17～22	>22	
	2	—	—	4～10	—	—	
	3	<2	—	4～10	—	—	15～20mg/kg 以上应即行土壤分析
铁	1	<36	36～59	60～120	130～200	>250	
	2	—	—	40～60	—	—	
	3	10～40	—	40～150	—	—	40～68mg/kg 可能出现缺乏症

(续)

元素	研制者代号 (1、2、3)	占叶片干重（%）					备注
		缺乏	偏低	适量	偏高	过量	
锰	1	<16	16~24	25~200	300~500	>1 000	
	2	—	—	20~50			
	3	<15					
锌	1	<16	16~24	25~100	110~200	>300	
	2			20~50			
	3	<10		>20			10~20mg/kg 可能出现缺乏症
钼	1	<0.05	0.06~0.09	0.1~3.0	4~100	>100	系4~10月龄结果枝的叶片分析资料

注：1. Embleton 等系用 5~7 月龄的春梢叶片分析资料，引自 The Citrus Industry, 1973 (3): 183-210。
2. Reity 等系用 4~5 月龄的春梢叶片分析资料，引自 Citrus Industry, 1977 (1)。
3. Chapman 系用 3~7 月龄春梢叶片分析资料，引自 The Citrus Industry, 1968。

据表 1-11 可见，各地区所用标准有不同。加利福尼亚州伏令夏橙叶片氮含量达 2.3% 以上才能高产，超过适量范围则果多而小，总产量无大差异，然而果皮粗厚易返青，果汁百分率降低，油胞易破裂。佛罗里达州及其他地区伏令夏橙叶片氮含量达 2.2% 即能高产，平均高至 2.65% 和 2.73% 时产量继续增加，品质亦佳。可见同一品种栽在夏湿区的佛罗里达州比夏干区的加利福尼亚州，甜橙叶片氮适量范围宽些；同是夏湿区，酸性土橙园比钙质土橙园的叶片氮适量范围广些，后者与夏干区标准相似。在硫、硼多至会成毒害的橙园，其叶片氮标准宜较其他橙园高。例如，在夏干区检验叶含氮量已达 2.6%，仍应施肥提高含氮量，才能避免叶中毒脱落、减产，虽然鲜果品质会降低。叶含氮量达 3.2% 以上则营养紊乱；含氮量在 2.3% 以下则叶片不同程度褪绿，叶脉黄化。柠檬和葡萄柚的叶氮适量标准都比甜橙低，而温州蜜柑比甜橙高，据日本试验其叶氮适量为 2.8%~3.0%。品种生长势不同，叶氮适量标准不同。鲜果用或加工用的叶氮适量标准亦异，前者宜低些。

钾的标准也是佛罗里达州比加利福尼亚州的高。据加利福尼亚州试验叶含钾量从 0.3% 递增至 0.7%，则果实增多、增大，品质增高；含钾量在 0.7% 以下则坐果率显著减少，采前落果较多；0.7%~1.7% 略有增产。在佛罗里达州试验哈姆林橙落果与裂果，均随叶含钾量从 0.45% 递增至 1.35% 而减少，1.25% 以上裂果显著减少。哈姆林橙叶含钾量 1.5%，伏令夏橙 1.2%，为良好收成的临界浓度，高于此限则增产，低于此限则减产。

（四）根外追肥

柑橘地上器官均能吸收养分，幼梢嫩叶吸收力强。据测定，柑橘器官对磷酸（PO_4^{3-}）和硝酸（NO_3^-）的吸收为：以新细根吸收量为 100%，幼梢 97.3%，嫩叶 73.3%，4~8 周龄的叶 67.3%，4~6 月的果实 70.8%，3~6 年的树干 7.2%。

常用于根外追肥（spraying of fertilizer）的肥料有尿素、磷酸二氢钾、磷酸二氢钙、硝酸镁及锌、硼等微量元素。根外追肥吸收快，能及时补充养分。

尿素的吸收迅速。华盛顿脐橙叶背、叶面均可以吸收，但叶背吸收较快。喷布后 2h 叶背吸收 77%，叶面吸收 26%；喷布后 30h，叶背、叶面都几乎达到 100% 吸收。老叶、幼叶吸收能力相差不大。温度和相对湿度对尿素吸收率有一定的影响。缺氮树喷后约 2 周叶中含氮量显著增加。对树势衰弱及受天牛、脚腐病、流胶病危害或根部吸收显著受阻碍的植株，根外追肥有显著效果。在养分积累期喷布能促进花芽分化，增加花数；在开花期和幼果期能提高坐果率；在枝梢生长期能促进枝梢成长充实；冬季喷布能提高抗寒力，恢复树势，减少落叶；但在果实着色前喷布会延迟着色。对壮树喷布会减少着花数。一般尿素含有缩二脲，喷布次数多会引起药害。于尿素中加石灰，可减轻危害，但妨碍吸收作用。宜用含缩二脲0.25%以下的尿素，春季浓度为0.4%～0.5%，秋、冬季为0.8%～1.0%。

磷酸根外追肥比尿素吸收慢，秋冬季喷2～3次能促进花芽分化，增加果实风味，果皮薄，着色良好。磷酸二氢钙混合石硫合剂在临近着色期喷施，促进着色效果较好，但单独使用会使果面留有白斑。也可用过磷酸钙浸出液喷布或再加草木灰水。

三、灌溉及排水

柑橘周年常绿，枝梢年生长量大，挂果期长，对水分要求较高。柑橘的年耗水量以叶面蒸腾量（transpiration）和地面蒸发量（evaporation）的总和减去蒸发总量计。据调查，土壤水分保持在田间持水量水平的温州蜜柑，年耗水量为979mm，夏季每天蒸发总量为5.7～6mm，冬季为0.5～0.9mm。一般田间柑橘不可能长期保持土壤水分在田间持水量60%以上，因此，生产上实际耗水量要比此值小。温州蜜柑的年耕水量为500～900mm，甜橙为200～500mm。

柑橘物候期不同，对水分的需要也不同，冬季最少，随着春季萌芽生长需水量逐渐增加。发芽至幼果期（4～6月）在我国江南降水量较多，应注意排水。此期的土壤水分最好达到田间最大持水量的60%～80%，或者主根根际土层（一般深为30～40cm）的pF保持在2.0～3.0的范围内。果实膨大期（7～8月）是树体光合作用旺盛、果实迅速膨大的时期，在四川、重庆又正处于高温伏旱，土壤水分在pF接近3.0（生长障碍点）～3.3时就必须灌水。果实膨大后期至成熟期（8月下旬至采收期）土壤水分对果实品质影响很大，为提高果汁糖分，土壤可以略为干燥一些，8月下旬pF为2.7，至采收期pF为3.8，但土壤过分干燥，pF在3.8以上就会影响产量。生长停止期（采收后至翌年3月）气温降低，蒸腾量少，降水量也少，但如连续干旱，落叶增多，所以土壤水分最好保持在pF为3.0以下。

山地应搞好水土保持工程、拦洪蓄水、修建排灌渠道、深翻改土和土壤管理等，从根本上提高土壤透水、保水能力。在冻害地区，冻前7～10d全面灌透能显著减轻冻害。但在广东宜于11月底至12月初以后减少灌水以促进花芽分化，干旱时则适当灌水。夏季暴雨、久雨要及时排除梯田及穴底积水。

水田柑橘园必须修建好排灌系统，并结合柑橘各生育期对水分的要求及季节气候特点灵活掌握。春梢生长期保持土壤较湿润，遇旱即灌。夏季要保持雨天不积水，洪水不入园，遇旱浅灌快排，并加深水沟，降低水位，培土护根。秋季台风暴雨后排涝，旱时行深水灌溉，渗透土层，保持水位在生根层下5～10cm处直至翌春，以利越冬。在采果前后至春梢萌发前，在广东进行控水，保持土壤稍干爽，表土微龟裂，以促进花芽分化，抑制冬梢，防止春梢过早萌发。

海涂柑橘园地势较低，地下水位高，受海水、河水涨落的影响易遭涝害。建园时要筑堤，设涵管、水闸、抽水机械，实行深沟高畦种植，完善排灌系统，增厚土层，相对降低地下水位。雨季深沟排水洗盐，表层土保持疏松，水分渗入土中溶解盐分从沟中排出。干旱引淡水灌溉。要特别注意防止灌水过多和沟中长期积水，引起地下水位上升造成反盐，实行快灌快排。

现代化的果园应建立管道灌溉系统，并将灌溉与施肥结合进行，也称为水肥一体化，就是将肥料（含有机液体肥）溶解在水里进行灌溉施肥。通过滴灌系统灌溉施肥，操作简单方便，省工省料。当采用滴灌时，每行树拉一条滴灌管，滴头间距60～80cm，流量每小时2～3L。采用微喷灌时，每株树冠下安装一个微喷头，流量每小时100～500L，喷洒半径3～5m。以上两种灌溉方式都需要一个首部加压系统，包括水泵、过滤器、压力表、空气阀、施肥装置等。滴灌可以大幅度提高灌溉效率和水分利用率，还可以节省50%以上的肥料。

滴灌和微喷灌施肥要求肥料水溶性好，常用的肥料有尿素、硝酸钾、硫酸铵、硝酸钙、氯化钾和硫酸镁等。常用磷肥如过磷酸钙不宜在管道中使用，通常在种植前与有机肥混合用作基肥或改良土壤时使用。如果使用有机肥作管道施肥，必须沤腐熟后将澄清液体过滤后放入管道系统，最好用纯鸡粪、羊粪、人粪尿等。微量元素（如硼、锌、铜、钼等）可通过灌溉系统使用。

第六节　整形修剪

一、整　形

（一）树冠结构

柑橘能否丰产主要决定于树冠上健壮结果母枝的数量，枝数越多越有可能丰产。因此幼树开始整形时，尽量促使树冠抽生较多的枝梢；同时使树冠上下内外都能发梢结果，内膛不空，绿叶层厚，在单位面积内的树冠具有较高的有效总容积。造就早结丰产稳产的树冠，必须选择优良的树形，骨干强健坚固，能承担最大枝叶果的负荷，免受风雪折断。整形最好能在苗圃开始。按种类、品种特性和园地环境条件的特点进行柑橘幼树整形，应注意下述几点：

1. 主干高度　主干高度对树冠形成和进入丰产期迟早关系较大。矮干是目前柑橘整形的趋向，能加速侧枝生长，较快形成树冠，增加绿叶层，提早结果和丰产。矮干树冠又能及早遮蔽地面，有利于枝干防晒护根，防旱保湿，减轻风害（如台风等）和寒害，便于喷药、修剪、采收等。柑橘定干高度因种类和植地环境而异，柚为60cm左右，柑、橘等为40～50cm，但在河边洲地柑橘园则干高50～60cm以上。主干过矮对防治天牛和土壤管理不便，定干高度要适当灵活。

2. 主枝数量　幼树主枝数量多，树冠形成快，对早期丰产有利。但成年以后主枝过多，容易形成枝干细长纤弱，树冠上部和外部枝叶密集，而下部和内膛空虚。主枝数量应根据柑橘种类、品种生长势的强弱，土壤环境条件，整形方式以及果园的特点加以控制。自然圆头形的主枝以3～4条为宜，地下水位高的浅根柑橘园可适当增加主枝数，加速形成树冠。主枝应分布均衡，避免重叠。

3. 主枝着生角度　适当加大主枝着生角度，能保证树冠枝梢分布均匀，容纳枝梢量亦多，又能增强负荷力。如主枝着生角度小或近于直立，由于极性生长，先端枝梢生长较旺盛，下面的枝则受到抑制，且分枝少，易徒长不易结果；上部互相拥挤，树冠狭小，结果体积小；在结果后又会因重力影响而开张下垂，致使空虚的内部易受烈日灼伤；而且主枝着生不稳固，易受枝果重力或风雪灾害而折裂。相反，主枝着生角度过大，枝条容易下垂，生长势衰弱较快，易大小年结果。主枝着生角度以与主干延长线成40°～45°角为宜。椪柑直立性强，应使它有较大的主枝角度；温州蜜柑、柠檬开张性强，可用绳线吊枝或扶持。

4. 枝条密壮，绿叶层厚 尽可能保留较厚的绿叶层，则树冠形成快而早结果。可剪可不剪的不剪，留作辅养枝。以牵引或支撑进行整形，使强枝角度开张，弱枝扶持使较直立，用支柱扶缚使曲枝变直。摘心与抹芽促进幼树多抽侧枝。

(二) 圆头形树冠的整形

自然圆头形整形在南方柑橘较多采用，其方法如下：第一年定植后未经苗圃整形的苗木留40～50cm剪短。待发梢后，在主干离地面25cm以上(可视定干高度适当变更)选留生长强、分布均匀、相距10cm左右的新梢3～4条为主枝，其余除少数作辅养枝外全部抹去。第二年春发芽前将所留主枝适当短剪细弱部分，发春梢后，在先端选一强梢作为主枝延长枝，其余作侧枝。如主枝已相当长，可距主干约35cm处选留第一个副主枝。以后主枝先端如有强夏秋梢发生留一个作主枝延长枝，其余摘心。第三年后继续培养主枝和选留副主枝，配置侧枝，使树冠尽快扩大。主枝要保持斜直生长，以维持强生长势。并陆续在各主枝上相距50cm左右选留2～3个副主枝，方向相互错开，并与主干成60°～70°角。在主枝与副主枝上配置侧枝使其结果。

华南密植园2～3年生树即结果，非密植园2～3年内均摘除花蕾，第3～4年以后在树冠内部、下部的辅养枝上适量结果，主枝上的花蕾仍然摘除，保证其强生长势，扩大树冠。

二、修　剪

(一) 幼年树的修剪

利用复芽和顶芽优势的特性进行抹芽控梢，可以促幼树多发新梢，成为以后发生大量结果母枝的基础。抹芽控梢的方法是：有3～4条主枝，甚至9～12条二级分枝的苗木，定植后在第一次新梢刚萌发时进行拉线(或用小竹竿撑开)，使主枝均匀分布，主枝与主干延长线成40°角左右开张，容纳更多的新梢。

夏秋当嫩梢2～3cm时进行抹除，"去早留齐，去少留多"，每3～4d抹除一次，坚持15～20d。当全株大部分的末级梢都有3～4条新梢萌发即停止抹梢，称为放梢。为使新梢整齐，在放梢前一天的抹芽要彻底，对萌发不久的短芽亦要抹除。此外，对于过高部位的新梢应多抹1～2次或延迟4～7d放梢，让部位低的新梢长得长些，经几次梢期的调节逐步使树冠平衡。如苗木粗壮进行秋植土肥水管理和人力等条件良好时，可在定植后第一年内放梢4次(即春梢、秋梢各1次，夏梢2次)，第二年即有较好的产量。但一般可放梢3次(即春、夏、秋各1次)，则定植后第三年结果。对下一年准备结果的树，要注意适时放秋梢和控制夏梢的数量。因秋梢生长数量和质量与夏梢有关，如夏梢过迟放梢，萌发的数量多而较短弱，秋梢数量亦相对减少；如夏梢萌发的数量适中而健壮，则秋梢数量增多。在广东蕉柑、甜橙有40%～50%的春梢萌发多条夏梢时可放梢，而秋季要有70%～80%基枝萌发多条秋梢才可放梢。放梢时间必须紧密配合施肥，在放梢前10d施速效氮肥，使新梢多而密；在放梢后要根据植株新梢的强弱分别施肥，特别是秋梢的壮梢肥不能过多，否则会促发晚秋梢或冬梢。当夏、秋梢长至5～6cm时，如过密要及时疏，每基梢留2～4条，秋梢可留多些。留梢过多，新梢短弱；留梢太少，新梢趋向徒长。蕉柑、甜橙、椪柑的秋梢(结果母枝)长度以20cm为宜，温州蜜柑秋梢长30～40cm为宜。

（二）结果树的修剪

结果树的修剪因品种、树龄、结果情况和修剪时期而异。冬剪在采果后至春芽萌发前进行。冬暖地区采果后可开始修剪，冬冷地区宜在春季萌发前进行。主要是疏剪枯枝、病虫害枝、衰弱枝、交叉枝、衰退的结果枝和结果母枝等。夏剪主要有摘心、抹芽、短截、回缩等，主要是促进秋梢结果母枝抽生，所以夏剪在结果母枝发生前进行。

1. 结果初期 结果初期要保证树冠发育良好、结果母枝迅速增多和防止落果。抹除夏梢是防止落果和迅速增加结果母枝的有效措施。在生理落果期，当夏梢长2~3cm时抹除，3~5d抹1次，坚持到放结果母枝时止。抹除夏梢，能收到落果少、产量高、品质好，病虫害少，结果母枝多，树冠枝梢紧凑而矮壮、整齐，果园郁闭迟，盛果期延长的效果。不抹夏梢则树形高，枝条散生徒长，病虫害多，大量落果。抹除夏梢要及时，但大面积柑橘园抹除夏梢有困难，可用药物控制。随着树龄增大，夏梢发生逐年减少，进入丰产以后夏梢极少，可以不必抹梢。

2. 成年 成年结果树的树冠要立体结果，因而树冠应呈下大上小，表面波浪状。树冠中部突出的枝丛应予剪除，以免遮光致下部枝丛枯死。交叉枝、下垂枝应剪除。树冠顶部过强过密，则剪除强枝或适当疏枝，使树冠内部适当透光。需利用的徒长枝可适当摘心或使弯垂，不需用的徒长枝应及早除去。

采果后的结果枝和结果母枝如枝条充实健壮，可保留不剪；如果细长纤弱，可从基部剪除。对于柚树，结果母枝大多在树冠内部，为2年生的无叶枝，因此要注意保留树冠内部3~4年生侧枝上的无叶枝。

随着树龄的增长，枝干逐年增大增多，分枝级数也越来越高，而枝干与果都消耗同化物质，据推算，5~30年生伏令夏橙枝、干、根消耗的同化物质为果实消耗的3~10倍。如果植株相互拥挤，树冠郁闭，新枝叶发生少，树冠内部、下部绿枝叶枯死，加速衰退，产果量迅速降低。因此，柑橘树枝干所占比例不能过大，要及时更新枝条，减少无效消耗，增加新枝叶，复壮树势。

夏剪应在当地生理落果期已过、结果母枝发生前进行。早剪发枝早，数量多。广东地区夏剪一般在秋梢抽发前15~20d进行。但如果秋旱早、灌溉条件差的丘陵地，夏剪应提早，以免发梢不良。老、弱树宜提早修剪，生长旺盛的品种修剪宜迟。在广东，甜橙、蕉柑可比椪柑先剪，因前两个品种剪后新梢再吐秋梢及冬梢的情况较少，而椪柑较多。

冬剪在采果后至春梢发芽前进行，视当地气候冷暖而异。剪口粗，发梢较强，成为结果母枝的较少。对局部衰退枝更新，剪口粗度以0.5~1cm为宜；但对严重衰退的大枝更新，剪口粗度为1~1.5cm。剪除量以不超过树冠中上部外围枝叶量的1/4为宜。

（三）衰老树的修剪

衰老树发枝难、结果少或部分枝梢干枯，应及时更新复壮，延长经济寿命。衰老树的修剪可根据树势情况分3类修剪。

1. 主枝更新 衰老树或过于密植造成分枝较高的树，可采取主枝更新。离骨干枝基部70~100cm处锯断，同时进行深耕、施基肥，更新根群。2~3年后树冠即可恢复生长，重新结果。

2. 露骨更新 很少结果或不结果的衰老树，在树冠外围将枝条粗度为2~3cm以下的枝短截，或将1~2年生侧枝全部剪除，当年即可抽生大量新梢，管理良好者第二年即可结果。

3. 轮换更新 对部分枝条尚能结果的衰老树轮流进行短截重剪，并疏剪部分过密、过弱侧枝，保留大部分生长较强健的枝叶，在更新的几年内，每年均能保持一定的产量。

更新以春季萌芽前进行为好，此时日照不强烈，病虫害少，树体贮存养分多，更新后树冠恢复快。

树冠更新后的管理是成败的关键，具体措施：①更新后的枝、干应用稻草包扎或涂白，锯口要修平滑，涂上防腐剂或接蜡，地面应覆盖或间种作物，防止暴晒，若树皮干枯、破裂，终至死亡。②适当疏芽，更新后的主枝往往萌发大量新梢，应及时疏除，每一主枝上留 2~4 条分布均匀的新梢，构成树冠新骨架。③加强肥水供应和病虫害防治。

第七节 保花保果保叶

一、落花、落果现象

柑橘落花及落果较多。据华南农业大学统计，5 年生暗柳橙成熟果实仅占总花蕾数的 2.81%。树势健壮坐果率高达 5.45%，树势衰弱坐果率仅 0.15%（表 1-12）。

表 1-12 不同树势的暗柳橙落蕾落花落果状况
（华南农学院园艺系果树教研组，1956）

树势状况	总蕾数	落蕾率（%）	落花率（%）	有梗小果落果率（%）	无梗小果落果率（%）	收果率（%）
树势健壮	12 613	78.51%	2.25%	5.41%	8.38%	5.45%
树势中等	7 799	77.03%	1.86%	6.46%	12.05%	2.6%
树势衰弱	11 974	82.36%	3.39%	3.98%	10.12%	0.15%

落果状况因种类、品种、树龄、开花多少以及环境条件、栽培管理等而异。第一次落果在谢花后不久即开始，小果带果梗落下，一般在谢花后 7~15d 落果最多，过 10~15d 又出现第二次落果，是无梗小果的脱落，延续 10~15d，落果较多，以后落果迅速减少，到 30 余天后基本停止。到此时为止，落果数已占总小果数的 60%~85% 以上。早花品种落果停止期早，晚花品种停止期迟。至果成熟采收前又出现采前落果。树势衰弱或栽培管理不善，防治病虫害不周到及时，则未熟落果和采前落果均多。

二、落花、落果原因

1. 花发育不良 不同种类、品种有不同程度的不完全花（退化花、畸形花），如柱头、子房畸形或缺乏，雄蕊短缩，花瓣短厚等。柠檬、佛手和枸橼的退化花最多。树势衰弱、干旱、落叶严重、营养缺乏，则退化花增多。据调查，甜橙树势健壮的畸形花占总花数的 5%，树势衰弱的达 14.5%。由于早期的花消耗了许多营养，因此，早期的花多完全花，而后期的花多不完全花。花蕾期遇温度胁迫也会出现早期花退化或畸形，不能开花。缺锌或磷、氮不足的甜橙花少和发育不良，落花落果严重。雌蕊的发育需要有较多的糖类和蛋白质，如果在叶片脱落了的枝条上开花，往往雄蕊退化，自然落叶多的香柠檬和人工摘叶的柠檬，不仅雌蕊不发育，雄蕊机能也退化。此外，花蕾蛆危害引起的畸形花，其花瓣带青色。

疮痂病侵害亦形成畸形花。除单性结实品种外，不完全花结实率极低。要加强栽培管理，促使营养充足，树势健壮，才能多开健壮花。

2. 授粉受精不良 除单性结实品种外，其他柑橘品种都需要授粉受精才能结果，一般同品种花粉授粉结果均良好，而异品种授粉结果率更高。花期遭遇低温阴雨，影响授粉受精，将加重第一次生理落果。沙田柚等少数品种自花结实率低，异花授粉可提高坐果率（表1-13）。

表1-13 柚自花、异花授粉坐果率比较（第二次生理落果前统计）

（华南农学院和杨村柑橘场，1973）

父母本品种	坐果率（%）	父母本品种	坐果率（%）
沙田柚♀×酸柚♂	33.67	雪柑自花授粉	27
桑麻柚♀×酸柚♂	48.21	雪柑隔绝授粉	4
沙田柚自花授粉	1.7	新会橙♀×香柠檬♂	23
桑麻柚自花授粉	0	新会橙♀×年橘♂	56
新会橙自花授粉	15	新会橙♀×雪柑♂	17
新会橙隔绝授粉	1		

3. 营养不足 营养不足是落花、落果的主要因素，如果营养不足，往往在花蕾期已脱落，同样因缺乏营养，雌雄器官和种子发育不健全而大量落果。营养状况良好，树势健壮，根、叶机能健全，吸收和光合机能旺盛，具有优良充实的结果母枝和结果枝，花果发育也就良好。

新梢在开花后、生理落果期大量发生，消耗养分、水分，促使小果脱落。初结果的温州蜜柑，往往因春梢旺长引致小果大量脱落。广东的砂糖橘，由于夏梢的大量发生加剧了枝梢生长和果实发育对养分需求的矛盾，造成果实养分不足而引起落果，在干旱或光照不足情况下落果更甚。因此，及时控制春梢和不断摘除夏梢是防止落果的一项有效措施。此外，控制肥料，防止发梢过多，或在谢花期将大枝环状刻伤，均有提高坐果率的效果。

4. 干湿失调 在干旱状态下，养分和水分吸收困难，光合作用效能降低，合成的有机物质转运受到障碍，加上叶渗透压比小果的渗透压高，其吸水力比小果强，干旱更多引起小果缺水，在生理落果期特别易引起严重落果。前期干旱后突降骤雨，使脐橙和柚大量裂果也会造成落果。另外，积水伤根造成生理干旱亦引起落果。

5. 日照不足 密植园枝叶交叉，阳光透入不良，内部枝叶同化机能低，树冠内部成花较少，即使成花也因营养不良而花器官发育不全，即便开花也会落花落果，故密植荫蔽园多是树冠表面结果。间疏植株或大枝，改善果园光照条件，则效果良好。长期阴雨，影响光合作用，亦引起落果。此外，柑橘幼果能进行光合作用，从谢花开始，每隔几天摇动树枝一次，震落花瓣及花丝，使幼果免受干萎的花瓣、花丝黏附包裹，迅速接受阳光，能减少落果和病虫的侵害。

6. 植物激素 柑橘受精后，子房由于得到由种子分泌的生长素而发育成幼果，果实能不断成长。种子少或种子发育不健全的果实容易落果，这与生长素有密切关系。单性结实的柑橘的子房壁含有较多的生长素或具有产生生长素的能力，虽然没有种子，果实仍能正常肥大，但无核品种比有核品种容易落果。在果实发育过程中应用生长调节剂可以减少落果和增大果实，在小果期喷2,4-D 5~10mg/L加0.5%尿素对增大果实和保果效果良好。

赤霉素对某些柑橘品种有很好的保果效果。胥洱等（1985）试验，细胞激动素（KT）能有效地减少脐橙的第一次生理落果，GA可有效地减少脐橙的第二次生理落果。使用时涂果柄的效果比全株喷施更好。美国佛罗里达州用GA_3提高自花不实橘柚的结实率和产量效果显著，在盛花和落瓣期间喷布。南非当克里曼丁80%盛花时喷7.5mg/L GA_3可显著提高结实率。GA的作用机制尚在研究中，花和小果内源激素以在落瓣时生长素类似物和赤霉素类似物含量最高，克里曼丁的无核品种Fino子房含生长素类似物较高，而有核品种Monreal则种子分泌赤霉素类似物较多。伏令夏橙等喷布GA_3后增加叶光合产物向子房和幼果输出，同时又增强果实抽引叶光合产物的能力，使用浓度约200mg/L，因品种而异（Yelenosky G，1986；Garcia-Papi M A 和 Garcia-Martinez J L，1984）。

7. 病虫灾害等　　在花蕾期喷施松脂合剂会使柑橘花变成露柱花；开花期喷施松脂合剂、石硫合剂会使花的柱头受害而落果。农药使用不当也会引起落果。病虫害和自然灾害可直接或间接引起落果。

三、疏花疏果

花果过多，消耗树体营养极大，抑制新梢生长，易形成大小年，使树势衰弱，甚至因结果过多而死亡。通过一般栽培措施可以控制花芽分化或使其自疏一部分花果，例如广东用重肥来培育较强壮的结果母枝，可以减少花芽形成而多抽发粗壮的有叶花枝，谢花后迟施稳果肥，可以使其自疏一部分过多的幼果。在管理良好的情况下，一般柑橘树结有保证丰产的3～4倍小果已足够。花芽分化期喷布赤霉素可以减少成花，但药剂疏花尚存在一些问题，在日本仍以人工疏果作为克服柑橘大小年的一项主要措施。

疏果应以叶果比为标准进行，一般温州蜜柑20～25片叶、华盛顿脐橙60片叶留1个果。因树龄、树势不同，疏果标准也异。壮树疏果宜稍少，弱树宜稍多；大年树宜多疏果，小年树少疏或不疏。疏果时先摘去病虫果和畸形果，再摘小果，最后摘隐蔽果。摘果时宜用手扭下果体，留存萼片在果枝上，并尽量保全叶片，因带萼有叶果枝有利于枝条发育充实和较易萌发新梢。局部疏果大致按适宜的叶果比标准，将部分枝全部摘果或仅留少量果实，部分枝全部不摘，使一树上各大枝轮流结果。

第一次疏果时期应在生理落果停止后，摘除病虫果、畸形果、小果以及荫蔽果。第二次在结果母枝发生前30～40d，利用壮枝易萌发原理，将结果母枝上只结单果的果实疏去，保留一条结果母枝上结多个果的果实，这样疏去1个果就能换取2～4条枝梢。对着果过多的枝亦应适当疏果，疏去病虫果、机械伤果，以及果型太小、色淡、无光泽的果和易受日灼的果等，保留大小生长一致、发育正常的幼果。

四、保　　叶

叶是果实生产的基础，多叶才能多果。叶片不正常转绿或落叶都会严重影响树势、产量和品质。光照、温度、水分、养分都影响柑橘叶片的转绿；而根部和土壤情况影响养分吸收供应，对叶片转绿关系密切。光是形成叶绿素所必需的，但过强的光对叶绿素的形成积累起破坏作用。柑橘新叶在光照不太强烈、蒸发量不很大、土壤湿润、土温适宜根群活动的情况下转绿最快。长期积水，根系吸收机能降低，叶片往往表现为缺乏某种营养元素的症状。低温也影响叶片正常转绿,如遇寒风,晚秋冬梢更易表现转绿不正常。土壤缺乏形成叶绿素所必需的某种元素,也是叶片缺绿的原因。此外,输导组织受机械伤、虫蛀伤等,也会引起缺绿。叶片缺绿严重会降低光合效能,生理代谢不正常。

柑橘叶片抽出后17~24个月便衰老脱落,脱落前老叶约有56%的贮存氮能回到母枝上,但9~10个月龄的叶片脱落则几乎没有氮的回流。因此,即使在新叶成长后正常换叶期,老叶脱落过多也会对树体营养造成相当的损失,而新叶脱落则光合效能更严重降低,损失更大。柑橘叶片是在秋冬积累养分,供花芽分化和分化后的春梢叶花发育成长,因此,从晚秋一直到开花前都要着重保叶,开花后尽可能减少一些老叶脱落。叶片早落的原因很多,有不少与落果原因相同。

氮是影响叶片寿命的主要矿质营养之一,缺乏氮,则构成叶绿素和叶的其他组织的蛋白质分解成氨基酸和酰胺,作为氮源输向新生部分使用,叶片会因失去叶绿素而早落。夏、秋由于树体营养生长和果实生长对氮的消耗,以及雨水的淋失,晚秋又没有及时施氮补充,或施了肥,但因缺水而没有充分吸收,进入冬季后便逐渐"冬黄",轻则主脉黄化,重则主、侧脉或全叶黄化,如继续缺氮则提早落叶,严重者会影响树势。这种缺绿症状与烂根、受水浸、深耕伤根过甚,或枝干的皮层受病害、机械伤(如环状剥皮),或砧木受病毒侵害使根系衰弱,导致根系的氮输向叶片受阻而出现的症状相似。后述几种情况周年均能发生,也可能发生在含氮丰富和水分充足的土壤上,施肥也不能治愈;而"冬黄"施氮可以治愈,尤其施铵态氮恢复效果最快。到春季萌芽,大量氮从老叶输向新枝叶和花朵,由于氮源缺乏,老叶便大量早落或在花期严重落叶。缺乏磷、钾、镁、钼、铁、锰、硼等都会使叶色不正常而缩短叶的寿命。

某些元素过多亦会使树体中毒引起落叶。如氯化钠过多,叶片吸收氯离子比吸收钠离子多,造成氯过剩。过多的锌、铜、锰、硫、铁均会引起中毒落叶。

病虫危害,农药或根外追肥浓度过高,配制波尔多液不当、铜游离,都会引起落叶。

台风、潮风侵袭常使柑橘大量落叶。冻害、积水、干旱及春季骤然高温都会促使叶柄形成离层而落叶。久旱骤雨或久旱卷叶后灌溉过量会大量落果落叶。

大气污染,如受亚硫酸或氟化氢侵害亦会引起落叶。受氟毒的叶片较正常叶片稍小,初期叶缘黄化,病情加重则叶端和叶缘坏死,余下的褪绿部分表现似缺锰又似硼过多的症状。

保叶措施主要有:①防止根群受伤害。②转绿期及时施肥,充分供水,对转绿不正常植株及时根外追肥。③及时灌水、排水。④综合防治病虫害。⑤冬季冻害地区要注意防寒,安全越冬。⑥施足采果肥。冬季寒冷地区,采前肥要提早施下,在地温尚高时使树体吸收贮足氮、磷、钾营养。⑦寒冷天气环割或控水促花不要太早。⑧冬期喷10~15mg/L 2,4-D。

第八节 采 收

柑橘采收期因品种、树龄、生长势强弱、栽培气候条件以及用途、运输远近等而有迟早,在同一地区同一品种,不同年份亦略不同。一般果皮有70%~80%的面积转变为固有色泽即可采收。此外,可根据果汁糖酸比率、果梗上的离层发生、果实大小等决定。例如,国际标准中柑橘的糖酸比达到8~12∶1即可采收,柠檬当果实成长到一定大小即可采收催色。采收过早,果实内的营养成分还未转化完全,会影响果实的品质和产量;采收过迟,会增加落果及降低品质,影响树势的恢复和花芽的形成,导致次年减产。如温州蜜柑、红橘、本地早过迟采收，果实过分成熟，容易形成浮皮果；甜橙过分成熟易产生油斑病，容易腐烂，不耐贮运。

采收前几周要制订采收计划，做好采收的一切准备工作。先熟先采，分期采收。丰产树要早采和分期采；小年树应略迟采收，以减少来年花量，防止大小年结果。远销果实可比当地销果早采收；当地销鲜食用果和作果酱、果汁、糖水橘片等加工用果在充分成熟时采收更为适宜。

采收用的果剪必须是圆头，刀口锋利，以免刺伤果实。果篓以能装10kg左右果为宜，用麻布铺垫篓筐内壁，要求容器内壁柔软、光滑，以减少果皮的碰伤，防止感染病菌而腐烂。

采收时的天气对果实品质影响很大，最好在温度较低的晴天早晨露水干后进行。雨天采收，果面水分过多，易滋生病虫。大风大雨后应隔2～3d采收。若晴天烈日下进行采收，则果温高，呼吸作用旺盛，贮运品质下降。

采果时应由下而上，由外到内，用采果剪，一果两剪，第一剪带果柄3～4mm剪断，第二剪则齐果蒂把果柄剪去，如工作小心熟练亦可一果一剪，即齐果蒂将果柄剪断。树高时，应用采果梯或果凳。

采收后的果实要放阴凉处，不能日晒雨淋。采收后进行果实初选，拣出病虫果、畸形果、过小果和受机械伤的果实，把合格的果实送至包装地点进行包装。

（执笔人：曾明、李娟）

主 要 参 考 文 献

黄辉白，等.1990.柑橘促进与抑制成花情况下的激素与核酸代谢［J］.园艺学报（4）：198-204.
蒋聪强，等.1983.四川柑橘图谱［M］.成都：四川人民出版社.
金初豁，等.1991.锦橙需水规律研究［J］.西南农业大学学报（1）：52-55.
金初豁，等.1991.四川柑橘灌溉期及灌水指标［J］.西南农业大学学报（1）：56-59.
李道高，等.1991.锦橙落花落果波相及其与气候营养的关系研究［J］.西南农业大学学报（1）：27-31.
李娟，陈杰忠，胡又厘，等.2008.水分胁迫对柑橘果皮细胞壁结构及代谢的影响［J］.生态学报，28（2）：486-492.
李学柱，等.1992.锦橙复芽及其分化的电镜扫描［J］.中国柑橘（1）：15.
刘孝仲，等.1990.伏令夏橙开花和生理落果期春梢叶片蛋白质、氨基酸含量变化［J］.园艺学报（1）：21-28.
祁春节，等.2009.柑橘产业经济与发展研究［M］.北京：中国农业出版社.
唐小浪，曾莲，陈杰忠，等.2007.广东省柑橘生产现状及发展对策［J］.浙江柑橘，24（2）：10-16.
胥洱，等.1985.细胞激动素与赤霉素对脐橙坐果和果实品质的影响［J］.中国农业科学（3）：46-51.
许建楷.1989.PP$_{333}$对椪柑成花的效应［J］.中国柑橘（1）：23.
阎玉章，等.1991.气温和湿度对华盛顿脐橙生理落果的影响［J］.西南农业大学学报（1）：33-36.
叶荫民，等.1976.云南红河橙——柑橘属大翼橙亚属的一个新种［J］.植物分类学报，14（1）：57-59.
Bower J P. 2004. The physiological control of citrus creasing [J]. Acta Horticulturae, 632: 111-115.
Fawzi A F A. 2000. A computer program for micronutrients application on citrus [J]. Acta Horticulturae, 511 (1): 51-58.
Lenz F. 2000. Effect of fruit load on the nutrient uptake and distribution in citrus trees [J]. Acta Horticultu-

rae, 531 (1): 115-120.

Starrantino A, et al. 1988. In vitro culture for citrus mioropropagation [J]. Acta Horticulturae, 227: 444-446.

推 荐 读 物

邓秀新, 等.2008. 中国柑橘品种 [M]. 北京: 中国农业出版社.

何天富.1999. 柑橘学 [M]. 北京: 中国农业出版社.

李道高.1996. 柑橘学 [M]. 北京: 中国农业出版社.

吴文, 马培恰.2009. 柑橘生产实用技术 [M]. 广州: 广东科技出版社.

叶自行, 等.2010. 无子砂糖橘低投入高效益栽培技术图说 [M]. 广州: 广东科技出版社.

第二章 荔　　枝

第一节　概　　说

一、栽培意义

荔枝（litchi）是我国南方亚热带地区广泛栽培的特产果树，其果皮颜色鲜艳美观，肉质细腻多汁，香甜可口，营养丰富，是滋身健体的上等果品。除鲜食外，果实还可用于制荔枝干、果汁、糖水罐头和酿酒等。荔枝蜜是蜜中上品。果皮、树皮、树根含有大量鞣质，均为制药的好原料。种子也可用以酿酒、制醋和用作饲料。荔枝树干纹理细致坚实，耐潮防腐，是制作家具的优良用材。

荔枝属常绿性乔木，一般种后 3~5 年开始投产，10 年后每公顷产量可达 6~8t，20 年后进入盛产期，每公顷产量可达 12~15t。广东、广西和福建不乏千年古荔，有的老树仍能正常开花结果，单株产量可达几百甚至上千千克。

我国是世界第一荔枝生产大国，2008 年世界荔枝总面积 80 万 hm^2、产量 270 万 t，我国荔枝总面积 56.32 万 hm^2、产量 151 万 t。我国具有得天独厚的品种资源和生态环境多样的气候优势，国外荔枝生产国的主栽品种较为单一，而且优良的品种不多。

荔枝文化绵延流长。据记载，水果类被写入古代文人诗赋当以荔枝为最，唐宋以来的不少文化名人和诗家，如杜甫、杜牧、欧阳修、苏轼、苏辙、杨万里、陆游等，都有许多关于荔枝的名诗传世，如"一骑红尘妃子笑，无人知是荔枝来。"此外，在古代中国，荔枝进贡至皇家，除了皇帝自己享用外，也作为一种对亲信大臣的赏赐物品，有时也作为与外邦友好交往的礼物。当代，不少荔枝产地把发展荔枝产业作为当地经济发展的重要支柱和桥梁，荔枝与文化联姻、与旅游联姻、与经济联姻，如举办各种荔枝节，以荔枝搭台，唱经济之戏，是当今荔枝文化的一大显著特点。

二、栽培历史和分布

荔枝起源于我国南方的亚热带地区，至今在海南中南部、广东西南部、广西东南部和云南南部仍保存着成片或零星分布的野生荔枝林。

我国是世界荔枝栽培最早的国家。荔枝最先的名称是"离支"，见于公元前 2 世纪汉代司马相如的《上林赋》，但据资料考证，我国最早的荔枝栽培年代应在秦、汉以前，即至少在公元前 2 世纪以前。汉武帝元鼎六年（前 111）"起扶荔宫"即已引种两广的荔枝。历代先后写过《荔枝谱》，记述了闽、粤、蜀、桂的荔枝品种和栽培；吴应逵的《岭南荔枝谱》（1826）记述了广东品种多达 74 个。

荔枝在我国南方的分布限于北纬 18°~31°，主产区在北纬 22°~24°30′，以广东、广西、福建、海南、台湾和云南 6 个省（自治区）栽培最多，另外，贵州、重庆、四川也有少量栽培。

1. 广东省 广东大部分地区是荔枝栽培生态最适宜区或适宜区，因而是我国也是世界荔枝生产最重要产区。荔枝栽培范围之广，面积之大，优良品种之多，居我国各省（自治区、直辖市）之首。2008年全省荔枝种植面积和产量分别为27.58万hm^2和91.72万t。按照荔枝的自然地理分布，全省大致可分为3大产区。①粤西区：本区是广东最大的荔枝产区，以廉江、高州、电白、阳东、阳西、阳春县（市）为主。②粤中珠江三角洲区：包括珠江三角洲及其附近诸市，如广州市、深圳市、珠海市、惠州市、东莞市、江门市、佛山市、中山市、肇庆市、云浮市，是广东荔枝最重要、最著名的主产区。③粤东区：包括汕尾市所属的陆丰市、海丰县、陆河县及汕尾城区和红海湾；汕头市所辖的潮阳市、澄海市、南澳县及汕头市郊等；揭阳市所辖的惠来县、普宁市、揭西县、揭东县和榕城区；潮州市所辖的饶平县、潮安县和湘桥区；河源市所辖的紫金县。

2. 广西壮族自治区 荔枝分布区域也十分广阔，是我国第二大荔枝产区，2008年种植面积和产量分别为21.17万hm^2和31.83万t。根据气候、土壤及其他有关因素的差异，广西荔枝自然地理分布分为以下5个区。①桂东产区：包括梧州市的苍梧、藤县、岑溪，贵港市辖区的平南、桂平，以及玉林市的容县6个县（市）。②桂东南区：包括玉林市的北流市、陆川县、博白县、福绵区、兴业县、玉州区，以及贵港市的港南区、港北区、覃塘区9个县（市、区）。③桂南区：包括南宁的横县、武鸣、邕宁，钦州市的灵山、浦北、钦北区、钦南区，防城港市的防城区，北海市的合浦共9个县（区）。④桂西南区：包括南宁的崇左、扶绥、龙州、宁明、凭祥，南宁市的隆安，防城港市的上思7个县（市、区）。⑤桂西右江河谷：包括百色市的右江区（百色）、田东和田阳3个县（区），右江直穿3县（区）。

3. 福建省 2008年统计的种植面积和产量分别为3.65万hm^2和16.39万t。根据其自然地理分布可分为3个区。①闽南区：为福建第一大产区，包括厦门市辖区，漳州市的漳州市辖区、龙海、漳浦、云霄、诏安、长泰、华安、南靖、平和、东山等12个县（市）。②闽东南区：为福建第二大产区，包括福州、闽侯、福清、长乐、闽清、永泰、平潭、泉州、石狮、晋江、南安、惠安、安溪、永春等14个县（市）。③闽东北沿海区：位于太姥山、鹫峰山东南面，北连浙江，包括连江、罗源、宁德、霞浦、周宁等县（市）。荔枝成熟多在7月下旬至8月，是福建晚熟荔枝产区。④闽西南区：西与江西交界，南连广东大埔、蕉岭，包括漳平、龙岩、永定、上杭、武平等县（市）南部。

4. 海南省 2008年统计的种植面积和产量分别为2.81万hm^2和9.07万t。全省18个县市均有荔枝栽培，其中面积较大的有琼山、儋州、琼中、琼海、陵水等地，产量较大的有琼山、儋州、琼海、文昌、澄迈、白沙。

5. 台湾省 2007年统计的种植面积和产量分别为1.22万hm^2和9.97万t。中部地区为传统荔枝产区，包括台中、彰化、南投、云林、苗栗、嘉义等地。南部地区为新兴荔枝产区，包括台南、高雄、屏东。

6. 云南省 2008年统计的种植面积和产量分别为0.34万hm^2和0.87万t。主要分布在北纬$25°20'$一线以南，包括元江流域的新平、元江、红河、元阳、蒙自、屏边和河口；次为澜沧江流域的云县、临沧、双江、景洪，怒江流域的施甸、盈江、瑞丽、昌宁等县，南盘江流域的开远，文山的麻栗坡等；此外还有金沙江河谷的永仁、丽江等县。

7. 四川省和重庆市 四川省和重庆市是我国古代荔枝栽培最早的地区之一，今乐山、宜宾、涪陵等地及泸州市一带是古代荔枝的主产区。泸州市的荔枝栽培面积占四川省的95%以上，2008年，泸州市荔枝栽培面积达0.25万hm^2、产量为0.79万t。此外，南溪、江安、宜宾、屏山、江津、涪陵、万县等地有少量栽培。

8. 贵州省 2008年统计的种植面积和产量分别为0.03万hm^2和0.02万t。主要栽培区集中在赤水县（北纬28°40′），占全省总面积的85%以上，其他如习水、望谟、册亨、罗甸、榕江等多个县的低海拔地区也有零星引种。

三、国外荔枝栽培概况

荔枝现已传遍30多个国家。据报道，17世纪末首先由我国传入缅甸，18世纪末传至印度，1775年传至西印度群岛，1854年传至澳大利亚昆士兰，1870年传至南非，1873年传至美国夏威夷，1886年传至美国佛罗里达，1906年陈紫荔枝由我国福建传至美国加利福尼亚州。20世纪30年代广东的侨工将荔枝引至刚果，30~40年代传入以色列，60年代引入加蓬。

目前栽培荔枝的国家有印度、泰国、南非、澳大利亚、毛里求斯、马达加斯加、越南、以色列、新西兰、美国、孟加拉国、马来西亚、西班牙、墨西哥、巴基斯坦、尼泊尔、缅甸、柬埔寨、老挝、菲律宾、斯里兰卡、印度尼西亚、日本、加蓬、刚果、巴拿马、古巴、特立尼达、波多黎各和巴西等。

第二节 主要种类和品种

一、主要种类

荔枝为无患子科（Sapindaceae）荔枝属（*Litchi* Sonn.）常绿果树。荔枝属下只有2种，即菲律宾荔枝（*L. philippinensis* Radl.）和中国荔枝（*L. chinensis* Sonn.）。前者分布于菲律宾，野生状态，果肉薄，味酸涩，不堪食用，种子圆锥形，但可作为砧木或杂交育种资源；后者即通常所指的荔枝，原产我国。

二、主要品种

《中国果树志·荔枝卷》（吴淑娴，1998）汇集了荔枝主栽品种、一般品种、少量或零星栽培品种及单株、稀有品种和品系以及野生荔枝单株和株系共222个。目前在全国各主产区的栽培面积较大的荔枝主要品种有25个，择其最重要的10个品种介绍如下。

1. 三月红 别名早果、玉荷包（粤）、鹿角（川）、四月荔、五月红（桂），为著名早熟品种，主产于珠江三角洲和广西南部。树势旺，枝条粗壮而直立；花序粗长；果大，均重约30g，心形或歪心形，皮色鲜红；肉质稍粗多汁，甜中微带酸涩，可溶性固形物含量15%~20%；大核但不饱满。在广东中山市2月中下旬开花，5月中下旬成熟。品质中等，丰产稳产，适于潮湿沃地种植。

2. 白糖罂 别名蜂糖罂，主产于广东茂名。树势中，树冠开张；果大，重约24g，红色，歪心形，梗粗，皮薄；肉厚味甜，爽脆多汁，具香蜜味，可溶性固形物含量17%~

19%；大核间有焦核。广东高州 2 月中下旬至 3 月上旬开花，5 月上旬至 6 月中旬成熟。品质优，丰产。

3. 白蜡 主产于广东茂名。树势中，枝条疏长而硬；果重约 24g，近心形或卵圆形，皮薄，色鲜红；肉爽脆多汁，清甜，可溶性固形物含量 17%～20%；种子中大，间有焦核。广东茂名 2 月中下旬至 3 月上旬开花，5 月下旬至 6 月中旬成熟。品质优，丰产性能较好。

4. 妃子笑 广东主栽品种之一，别名玉荷包（台湾）。树势旺，枝条疏长粗硬下垂；花序长而纤细，花量大；果大，均重约 30g，近圆球或卵圆形，皮薄，淡红色，龟裂片凸起，龟裂峰细密尖锐；肉厚爽脆，细嫩多汁，清甜微香，可溶性固形物含量 17%～21%；种子较小且不饱满。广州 3 月中旬至 4 月上旬开花，6 月上中旬成熟。品质优，丰产稳产，易遭天牛危害。

5. 黑叶 别名乌叶（潮汕、闽南），为广东、广西、福建、台湾最普遍栽培的品种。树高大，枝疏长，叶色浓绿近于黑色；花序长大；果中大，重约 19g，歪心形或卵圆形，皮薄而韧，色暗红；肉软多汁，甜带微香，可溶性固形物含量 16%～20%；种子中大，间有焦核。广州 3 月下旬至 4 月上旬开花，6 月中旬成熟，可鲜食、制罐和制干。丰产稳产，耐湿但抗风能力较弱，虫害较多，易遭天牛危害。

6. 糯米糍 别名米枝。世界名贵品种，主产于珠江三角洲，广西、福建也有栽培。枝细而多分枝，柔软下垂；花序中大，花枝细密；果大，重约 25g，扁心形，果肩一边显著隆起，果基微凹，果顶浑圆，皮色鲜红；果肉乳白或黄蜡色，肉厚细嫩多汁，味浓甜微香，可溶性固形物含量 18%～21%；焦核。品质极优，为鲜食最佳品种之一。广州 3 月下旬至 4 月下旬开花，6 月下旬至 7 月上旬成熟。生态适应性差，大小年明显，裂果严重。

7. 桂味 别名桂枝、带绿（川）。树高大，枝疏而硬，树冠稍直立；花序中大，花枝较细，易形成带叶花枝；果近圆球形，中等偏小，重约 20g，皮薄而脆，色鲜红，果肩常有墨绿色斑块，故又称鸭头绿；龟裂片凸起，龟裂峰尖锐；肉细嫩爽脆多汁，清甜带桂花香味，可溶性固形物含量 18%～21%；焦核与大核并存。品质极优，为鲜食最佳品种之一。广州 3 月下旬至 4 月下旬开花，6 月下旬至 7 月上旬成熟。不稳产，易裂果。

8. 淮枝 别名怀枝、禾枝、凤花（粤）、禾荔、古凤荔、新丰黑叶、迟荔（桂），广东、广西栽培最为普遍。树中等高大，枝条短硬而密，树形紧凑，树冠半圆形；花序短密；果中等偏小，重约 20.6g，近圆形或圆球形，皮厚韧，色暗红；肉软多汁味甜，可溶性固形物含量 17%～21%；大核。广州 3 月下旬至 4 月下旬开花，7 月上中旬成熟。品质中上，适于鲜食、制干和制罐。适应性强，丰产稳产。

9. 兰竹 别名贡子、难得（闽），为福建主栽品种。树高大，树冠开张，枝细，分枝多，枝叶茂盛；花序中大，花枝细；果大，均重约 25g，心脏形，皮薄脆，红色带绿或浅紫；肉软多汁，爽甜微酸，可溶性固形物含量 16%～17%；焦核率 30%～40%。福建漳州 3 月下旬至 4 月下旬开花，6 月下旬至 7 月上旬成熟。品质中等，鲜食、制干、制罐均宜。适应性较强，丰产稳产。

10. 陈紫 别名陈家紫（闽），为福建莆田、仙游的著名品种。树高大，枝疏且脆，树冠开张；花枝细，花量大；果小，重约 14.8g，长卵圆形或短卵圆形，果肩一边隆起，皮紫红色；龟裂片小，裂片峰尖刺状；肉韧多汁，味甜带香，可溶性固形物含量约 19%。莆田 4 月中旬至 5 月上旬开花，7 月中下旬成熟。品质优，较耐寒，丰产稳产。

一些次要的地方名优品种及其主要特点见表 2-1。

表 2-1 我国次要荔枝品种

品种	果形	果重（g）	皮色	风味品质	成熟期	主产地
圆枝	歪心形或心形	约 24	淡红色	肉黄蜡色，细软多汁，味甜微香，品质中上	5月下旬至6月上旬	广东
灵山香荔	卵圆形	约 21	深红略带紫	肉质爽脆，清甜带香，汁中等，品质优良	6月下旬至7月上旬	广西的灵山、横县、钦州
元红	心形或卵圆形	约 20	红色	肉中脆多汁，味甜微酸，品质上等	7月中下旬	福建
糖驳	歪心形	约 27	紫红色	果肉淡黄蜡色，肉软多汁，味甜微酸，品质中上	7月下旬	广西
雪怀子	歪心形	约 23	深红色	肉爽脆，味甜，品质中上	7月上中旬	广东、广西
鸡嘴荔	歪心形或扁圆形	约 29	暗红色	肉爽脆，甜微香，品质上等	6月下旬	广西
甜岩	近圆形	约 24	暗红色	肉软滑多汁，味甜带酸，品质中上	6月中下旬	广东的广州、增城、宝安
新兴香荔	长卵形	约 10	暗红色	肉质爽脆，甜浓香，品质上等，焦核，易裂果	6月下旬至7月上旬	广东的新兴、郁南、罗定
鹅蛋荔	近圆球形	约 52	红带绿	肉爽脆，味甜略淡，品质中等	6月中旬	海南
挂绿	近卵形	约 17	暗红带绿	肉质爽脆，软滑多汁，味甜，品质上等	6月下旬至7月上旬	广东增城
尚书怀	卵形	约 16	深红色	肉质软滑多汁，甜微香，品质中上	7月上中旬	广东、广西
楠木叶	卵圆形	约 19	红绿或红黄	肉质细嫩，汁中等甜带微香，品质中等	8月上旬	四川
状元红	近圆形	约 22	暗红色	肉质爽脆多汁，香甜，品质中上	6月中下旬	广东、广西
下番枝	近圆形	约 30	鲜红色	味甜中等，有香味，品质中等	7月底	福建
犀角子	长椭圆形	约 21.5	暗红稍带绿	软滑多汁，甜有特殊香味，微涩，品质中等	6月上中旬	广东
水荔	近圆形	约 24.2	淡红色	肉软多汁，清甜微涩，品质中上	6月下旬	广西

第三节 生物学特性

一、生长发育特性

(一) 根

荔枝的根系庞大，由主根、侧根、吸收根和大量的根毛组成。荔枝根系的分布因繁殖方法、土壤性质、地下水位、树龄及栽培管理不同而异。实生繁殖和用实生砧嫁接的荔枝根系为实生根系，其主根由种子的胚根发育而来，特点为主根发达，根群深广，对不同环境有较强的适应能力；空中压条苗（广东、广西等地俗称"圈枝苗"）无主根，苗期侧根盘生，定植后向四周扩展，也能形成庞大的根群，但分布较浅，抗旱能力较差。冲积地土层厚，根系较深；山地土层较薄，根浅生。地下水位越高，根系越浅。荔枝吸收根群主要分布在10～150cm深的土层中；根系的水平分布随树冠的扩大而扩大，一般是树冠的3.3～4倍，但以树冠滴水线内外 20cm 范围分布最多。

荔枝的侧根为灰褐色。须根着生于侧根上，是根系最活跃的部位，由吸收根、瘤状根及输导根组成。吸收根初生白色，有根毛，海绵层厚，有弹性，主要分布于疏松肥沃的耕作层土壤。瘤状根着生于输导根上，形成不规则肿瘤状的节，起着贮藏营养的作用，瘤状根的多少与荔枝的丰产性成正相关。输导根在吸收根之上，由吸收根演化而来，海绵层脱落，黄褐色，木质化程度逐渐加强，主要起输导水分和养分的作用。

荔枝幼根常与真菌共生，形成内生菌根。土壤含水量低于萎蔫系数时，菌根的菌丝体仍能从土壤中吸收水分并分解腐殖质，分泌生长素和酶，促进根系活动，因而荔枝具有较强的耐旱、耐瘠性能。因菌根好气，故长期浸水或培土过厚不利于菌根形成。菌根的形成和生长偏喜弱酸性土壤环境，以 pH5~5.5 为宜。

荔枝的根系周年都可生长，但其生长量随温度高低和水分增减而变化。一般来说，荔枝根系一年内有 3 个生长高峰。第一个生长高峰在夏梢萌发前，即 5~6 月，这时是谢花后幼果发育、树体已消耗大量养分的时期，一般根量少，但对第二次生理落果有较大的影响，对无挂果的树可能是一年中生长量最大的一次。第二个生长高峰在采果后，即 7~8 月，此时地温高、湿度大，最利于根系生长，对结果树而言，是一年中根生长量最大的时期，采果后根系的生长对秋梢的培养起着重要的作用。第三个生长高峰在花芽分化前，即 9~10 月，此时秋梢老熟后，土温尚高，土壤湿度较前两次低，其生长量也较前两次为低。个别年份 11 月根系还会发生第四次生长，但一般生长量有限。荔枝根的再生能力强，尤其是根系生长高峰期间，此时断根可刺激形成大量新吸收根群，生产上常利用断根法更新根系。

荔枝根系的正常生长与土壤温度、湿度及通气状况密切相关。土温 23~26℃是荔枝根系生长的最适温度，土温在 10~20℃时荔枝根系生长随土温升高而加快，冬季较低的土温和夏季较高的土温都不利于根系的生长。最适宜荔枝根系生长的土壤含水量是田间最大持水量的 60%~80%。土壤疏松、土层深厚、有机质含量丰富，根系生长旺盛而密集；土壤板结、土层浅薄、土壤瘦瘠，根系生长衰弱而稀疏。

（二）芽、枝和叶

荔枝的芽为裸露单芽，一旦除去便不能发梢。荔枝顶端优势明显，故顶芽的萌芽力和成枝力最强，顶芽以下 1~4 个腋芽也可萌发成枝。荔枝的芽具早熟性，新梢上的芽当年能连续萌发抽梢，形成多次梢，利于迅速形成树冠。主干和主枝上有大量潜伏芽，重修剪可使潜伏芽萌发，利于树冠更新。

按照发生生长季节，枝梢分为春梢、夏梢、秋梢和冬梢。

1. 春梢 春梢指春分至清明（3月下旬至4月上旬）抽发的新梢。2月上中旬抽出的新梢则称为早春梢。春梢生长期长达 80~140d。春梢叶小，转绿慢，节间短，但往往形成壮实的枝条。

2. 夏梢 夏梢指 5~7 月在老熟的春梢上或在未坐果的花穗基部抽发的新梢。夏梢生长快，梢期短（30~50d），叶大而薄，转绿快，节间长。幼树可抽发 2~3 次夏梢。结果树的夏梢生长期间正值果实发育，坐果多会抑制夏梢发生，而大量夏梢的抽发也会反过来加剧落果。对于焦核品种如糯米糍，夏梢生长极不利坐果，故应避免坐果期间出现夏梢。

3. 秋梢 秋梢指 7 月下旬至 10 月下旬抽发的新梢。幼树直接从老熟夏梢上抽生，结果树则在采后从果穗基部密集节及其下几个叶腋中抽出。早秋梢梢期短（30d 以下）。迟发秋梢因气温逐渐下降，梢期延长。初结果树可培养 2~3 次秋梢，成年结果树一般萌发 1 次秋梢。因秋梢是来年重要的结果母枝，故适时培养健壮充实的秋梢是丰产的前提。

4. 冬梢 冬梢指11月至翌年1月抽发的新梢。冬梢生长慢，叶片转绿老熟也慢，梢期长达数月。结果树发生冬梢不利于成花。

枝梢生长受到树龄、挂果量、营养贮备等树体状况影响。幼树抽梢能力强，每年能抽梢4~6次，有利迅速形成和扩大树冠；幼年结果树一年能抽梢2~3次；成年树一年仅抽梢1~2次，且梢少而短。

叶为偶数羽状复叶，互生或对生，由2~4对小叶组成，叶披针形、长椭圆形或倒卵形，长5~15cm，宽3~5cm，革质，有光泽。荔枝营养芽萌发并伸长的同时分化生长出复叶，初时对生的小叶合拢呈针状，随着新梢生长，小叶展开，叶面迅速扩大，革质化，并转绿，光合机能逐渐完善。初生叶生长至面积为成长叶的50%时才有净光合，完成从异养到自养的过渡。新梢伸长加粗的同时，不断木质化，由黄绿色转为灰褐色，进入老熟状态。荔枝叶片的寿命一般为1~2年。老叶更新期在萌发春梢和秋梢时期较为明显。

（三）花

1. 花穗和花的特点 荔枝花穗为复总状圆锥花序，由主轴、侧轴、支轴和小穗组成。小穗通常由3朵小花组成，但主轴、侧轴和支轴的顶端往往只有中央1朵花能发育，另2朵侧花常在中途败育而成单花状。1个或数个小穗着生于支轴或侧轴上构成支穗或侧穗；若干个侧穗着生于主轴上形成圆锥花序。花序大小因品种、树势、栽培管理不同而异，初结果树和生长壮旺的树花序较大且长，结果盛期的花序一般较粗短。三月红、妃子笑、大造、黑叶等品种花序较长，一般28cm以上；淮枝、桂味、糯米糍、兰竹等品种花序较短，一般23cm以下。

荔枝的花为雌雄同株异花，在一个花序中雌雄混生，还有两性花和变态花。每个花序着生的花数差异很大，由几十朵至几千朵不等，花的多少与品种特性、结果母枝状况和气候因子等相关，一般单花300~500朵。荔枝花型小，横径只有4~5mm，淡黄绿色，由小花梗、花萼、花盘、雄蕊和雌蕊组成，一般无花瓣；花萼4~5枚，花萼小，合生，杯状，4~5裂，在花萼上面有花盘突起。雌、雄蕊着生在花盘上，花盘上的蜜腺能分泌蜜汁，利于昆虫传粉。荔枝的花因其雌、雄器官发育程度不同而形成各种类型的花（图2-1）。

（1）雌花（雌能花） 雌花（functionally female）子房发达，通常2室，柱头羽状2裂，子房随柱头羽裂数目而分室。雄蕊退化，花丝短而宿存于基部，花药通常不开裂，即使开裂也不散播花粉。

（2）雄花（雄能花） 有人把雄能花（functionally male）也称为假两性花（pseudohermaphrodite），包括雌蕊完全退化和雌蕊发育不全的雄花两种。雌蕊完全退化的雄花子房退化，仅留雌蕊痕迹，在花盘上着生雄蕊，多数为6~8枚；雌蕊发育不完全的雄花，其雌蕊与完

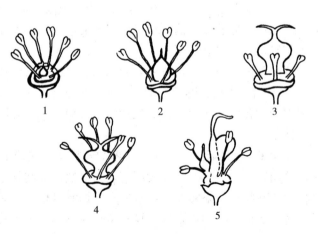

图 2-1 荔枝花型图
1~2. 雄花 3. 雌花 4. 两性花 5. 变态花
（倪耀源，1990）

全退化的花一样，但仍有小而不甚发达的子房，内有退化的胚珠，有花柱而无柱头，这一类型的花多在开花的后期开放。雄花在成熟时花药纵裂，散出黄色的花粉。花丝长，花药饱满，发育健全，成熟时为黄色。

（3）两性花　两性花（hermaphrodite）雌雄蕊发育完全，雄蕊能正常散出花粉，雌蕊柱头能开裂授粉，有受精能力，是能结果的完全花，但此类花为数较少。

（4）变态花　变态花也称畸形花，是一种发育不正常的花，子房多室（1～16室），柱头有单裂和多裂，子房排成一列或重叠多层，花丝多数，有的多达19条，是不能结果的完全花。

2. 花芽分化和花序发育

（1）花芽分化　花芽分化包括成花诱导（flower induction）、花的唤起（flower evocation）和发端（flower initiation）及花的分化（flower differentiation）几个阶段。

①成花诱导：具有感受能力的植株、器官和组织，在感受外界信号（低温）后，其分生组织进入一个相对稳定的状态，即成花决定态（flower determinated state），此过程称为成花诱导或成花决定。在成花诱导阶段，可以肯定茎端分生组织的功能发生根本的改变，使未分化的营养芽在生理上转向分化花芽，或启动花芽分化的基因表达程序。据对糯米糍荔枝的初步观察结果认为（陈厚彬，2002），在外观上未见枝端顶芽及其附近腋芽有任何开始生长的表现，顶芽呈褐黄色，苞片紧裹住芽；在微观上分生组织薄壁细胞和中心分生组织区的细胞层数和结构无明显变化。并推测糯米糍荔枝顶芽分生组织在低温成花诱导期间一直处于停顿状态，即接受成花诱导的芽处于静止状态。

②花的唤起和发端：经过成花诱导后出现在茎端、确定成花的事件称为花唤起，花发端就是花唤起在形态学上的表现。花唤起的时间短暂，形态学上主要体现在一些超微结构变化，活动状态是唤起的基本表现。有关荔枝花唤起和发端的研究极少。荔枝花芽诱导完成后顶芽鳞片松动膨大可以认为是花唤起的标志，而顶芽膨大松动张开后露出白色芽体（俗称"白点"）则是花发端的标志。

③花的分化：花的分化是指在花发端经过花序分化和花分化并完成花器官形态建成的过程。据季作梁等（1984）对糯米糍荔枝的解剖学观察，花序分化过程大致如下：荔枝当年生秋梢顶芽在花芽分化以前体型瘦小，生长锥尖长，外包有叶原基或有毛的褐色苞片（图2-2，1）。当秋梢老熟，在适宜条件下，顶芽开始活动，从切片可观察到芽内部已开始分化，出现圆锥花序原基的突起，生长锥变扁，为分化初期（图2-2，2）。随着花序原基细胞不断分裂，在两侧形成初生突起并在进一步分化过程中形成新的苞片，与此同时，在下部的苞片腋内形成次生突起，为侧生花序原基（图2-2，3）。随着花序顶部生长锥不断伸长，初生突起及次生突起再次陆续出现并逐渐形成新的苞片和侧生花序原基（图2-2，4）。侧生花序原基不断发育、分枝，到整个花序原基基部侧生小花序中心的生长锥开始花器官分化，花穗轴顶部仍继续伸长，不断形成新的花序原基，直到主轴顶端小花序开始花器官分化才停止伸长，所以从整个圆锥花序看，花序原基和花器官分化同时进行（图2-2，5）。花序分化的顺序是由基部向上进行。花器官的分化过程大致如下：随着花穗轴的伸长，花穗轴基部的侧生花穗轴顶部不再伸长，中心生长锥两侧分裂，在基部形成弓形的萼片原基（图2-2，5）。接着中心的生长锥两侧分裂突起形成中部下陷状，逐渐分裂出分离的雄蕊原基（图2-2，6），雄蕊原基不断发育最后形成花药。在雄蕊形态建成的同时，中心生长锥两侧出现雌蕊的突起，随着雌蕊原基增大并弯曲向中心生长，因而中心部形成两侧突起（图2-2，7）。其后雌

蕊原基两侧相会合成长为一个整体（图2-2，8）。以后雌蕊原始体不断特化，发育为两个心皮及两个柱头的雌蕊（图2-2，9）。花器的分化由外向内进行，依次形成萼片、雄蕊和雌蕊。

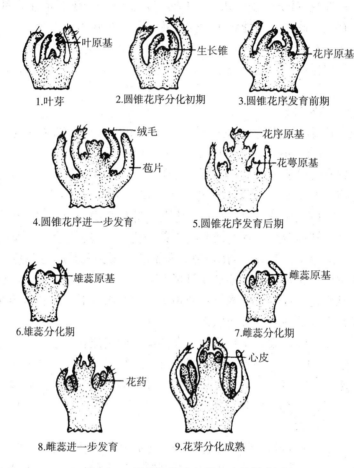

图2-2 荔枝花芽形态分化过程模式图
(季作梁等，1984)

（2）花芽分化的时期　花芽分化的时期与品种、地区、气候条件及结果母枝的发育状态有关。早熟品种花芽分化早，晚熟品种花芽分化迟。如在广州，早熟品种三月红、中熟品种黑叶和晚熟品种糯米糍或淮枝的花芽分化期一般分别为10月上中旬至翌年1月中下旬、11月上中旬至翌年2月中下旬、12月上中旬至翌年3月下旬。同一品种种植在纬度低的地区比纬度高的地区花芽分化早。如妃子笑荔枝在海南岛的花芽分化开始和结束时间一般比广州要早15～20d。气候条件对花芽分化时期的影响很大程度取决于冷凉低温出现的早晚及其持续时间。如2007年冬季遭遇持续低温天气，延长了成花诱导时间，推迟了花发端时间，因此造成2008年中晚熟品种的荔枝开花期普遍比往年推迟15～20d。此外，末次秋梢老熟时间的迟早也直接影响花芽分化的迟早，一般规律为老熟早，其花芽分化也早。

（3）影响花芽分化的内外因素　荔枝花芽分化受内在条件和外在条件的制约，前者主要表现在不同品种特性的差异、结果母枝成熟程度、树体营养物质代谢和内源激素的水平等；后者较突出地受温度、水分和热量等的影响。

影响花芽分化的内部条件：①品种特性。在相对相同的条件下，不同品种对外界环境条件的反应不同，如早中熟品种中的三月红、白蜡、水东、黑叶等成花较晚熟品种中的糯米糍、桂味等容易。早熟品种在较高的冬季低温下就能满足其对花芽分化的要求，而晚熟品种则需要较低的冬季低温。②结果母枝的生长状态。结果母枝老熟，且营养生长进入停滞状态是花芽分化的重要前提。花芽分化期间抽冬梢不利于花芽分化。③树体代谢物质的变化。未能花芽分化的荔枝树体内淀粉含量明显低于进行花芽分化的树（Menzel 等，1995）。据分析，成花多的树，在12月下旬至翌年1月下旬其秋梢结果母枝叶片全氮和蛋白质氮的含量降低，而还原糖、全糖的含量增高，淀粉的含量以1月下旬最高，非蛋白质氮在冬季的变化不大。④内源激素的调节。研究表明，花芽分化前夕梢端内的赤霉素（GA）和生长素（IAA）含量明显下降，在花芽形态分化期间维持低水平；而脱落酸（ABA）和细胞分裂素（CTK）则在形态分化后迅速提高（梁武元等，1987；Chen，1991）。保持营养生长状态的梢端内GA含量较高，而ABA较低。故花芽分化所需的激素平衡是CTK和ABA相对较高，而GA和IAA相对较低。其中，CTK与GA比值在花芽分化激素平衡中起主导作用。GA拮抗剂如B_9和多效唑（PP_{333}）等处理有利于实现这一激素平衡，促进花芽分化。

温度对花芽分化的影响：①低温的强度和持续时间是成花诱导的决定性因素。多数荔枝品种要求15℃以下的低温才能完成成花诱导。不同荔枝品种成花诱导对低温（冷凉）要求有很大差异。早熟品种三月红花芽分化对冷凉要求低，晚熟品种糯米糍对冷凉需求高。陈厚彬（2002）在控制条件下对糯米糍荔枝研究表明，25/20℃的昼夜温度下不能成花，18/13℃的昼夜温度下可以诱导成花，但效果没有在18/8℃的昼夜温度下明显；如果18/8℃的昼夜温处理时间不足30d，成花效果也明显下降，说明低温持续时间对成花诱导的重要性。②花唤起和发端需要较高的温度。陈厚彬（2002）研究认为，荔枝花的发端需要通过提高温度来实现，完成花诱导的芽若长期处于诱导性低温条件下则不能表现花的发端。③花发端后的形态分化阶段若遇高温可能发生成花逆转（俗称冲梢）现象。经低温诱导而形成的花芽，若再遇高温，便可能逆转为营养生长。这种逆转现象随低温诱导的时间延长而减弱，一般低温诱导时间充分时形成纯花序，低温诱导时间不足时则形成带叶花序或不能形成花序（Menzel 和 Simpson，1995）。温度对花器分化也有明显的影响，花器分化期间遇高温不利雌花分化，且导致形成异常胚珠（Stern 等，1996）。据 Menzel 和 Simpson（1991），粉红桂味（Kwai May Pink）荔枝的花序开始显露后22周内，冷凉的昼夜气温（15/10℃）延续时间越长，纯花序越多，雌花分化比例也越大。

水分对花芽分化的影响：秋冬季干旱（水分胁迫）有利于花芽分化（Stern 等，1998），但作用是间接的。干旱使荔枝树进入营养生长静止状态，从而有利花芽分化的同步化。但是尚无证据证明干旱因子能取代冷凉单独诱导荔枝成花（黄辉白，1992）。过分干旱伴随着低温同时出现，往往不利于花芽分化（Chaikiattiyos 等，1994），但花诱导完成后适度的灌水有利于花的发端。低温诱导的花芽分化也不会因湿度增加而逆转。如广东从化1983年1月平均温度在13℃以下，多次出现6℃以下的低温，尽管该市的冬季降水量超过400mm，次年荔枝成花率仍超过90%。

影响荔枝花芽分化的内外条件是相互联系和相互作用的，内部条件是形成花芽的保证和基础，所有生产调控措施都要围绕满足花芽分化内部条件的要求。营养水平是基础条件，在这个基础上，由各种激素对代谢发生调节，使树体从营养生长转向生殖生长，最后分化出花芽。但要完成这种转变，一定要有相应的外部条件的配合，如果外部条件不利于这种转变，在栽培上就要作出相应的调整，如末次秋梢老熟期的调整和水肥调控等。

(4) 性别分化 荔枝的性别决定期较迟。吕柳新等（1990）发现所有荔枝单花分化前都具有两性体的原基，性别分化是在通过减数分裂之后才发生，并受温度、水分、激素等影响。花穗生长期间，低温有利于雌花分化，并体现出时间效应；水分胁迫（-2.0MPa）减少花量，同时也抑制雌花分化。因此，冬旱往往提高雄花比例。据分析，1月的降水量与雌花量呈正相关。Menzel等（1991）推测，GA有利于雄花基因表达，细胞分裂素（CTK）促进雌花基因表达，温度对荔枝性别分化的影响也可能是通过GA/CTK实现的。

(5) 花穗发育 在整个花芽分化过程中，花序原基分化一般是在抽穗前进行，花序分化结束就开始抽穗；而花器官的分化和发育与花序轴的伸长基本同时进行。大型花序花芽分化持续的时间为3~4个月，从花的分化到开花是连续进行的，中间没有休眠期。同时也观察到属于同一分化期先后可相差1个月左右，但各时候仍有一个高峰期。同一树、同一枝条，以至同一花序，其花分化均不是同时发生，而是一个相互交替、连续演变的过程。

荔枝花穗发育的进度视地区和品种而异。在广州，三月红、水东、黑叶等早熟品种一般于小雪前后（11月）可见花穗抽出，立春前后（翌年2月）可见开花；而中、晚熟品种如糯米糍、淮枝等，则在大寒后至立春前后抽出花穗，尤以立春前后为多。

3. 花的开放及授粉受精

(1) 开花类型 荔枝的花属混合花序，雌雄同株同穗，异花异熟，同一花穗雌、雄花开放的高峰期不相遇，依其开放过程可分为3类（图2-3）：①单性异熟型。在整个花期中，雌、雄蕊不同时成熟，故雌、雄花不同时开放，雄花（雌花）开后间歇2至数天雌花（雄花）才开放。这种开花特性对授粉不利。如黑叶、糯米糍、灵山香荔、八宝香等品种。②单次同熟型。在整个花期中，虽雌、雄蕊成熟各有先后，但雌、雄花仍有几天同时开放。如淮枝、白蜡、兰竹、陈紫等品种。③多次同熟型。在整个花期中，雌、雄花同时开放在1次以上，如三月红、桂味、大造等品种。一般情况下，多数荔枝品种先开雄花（M_1期），接着

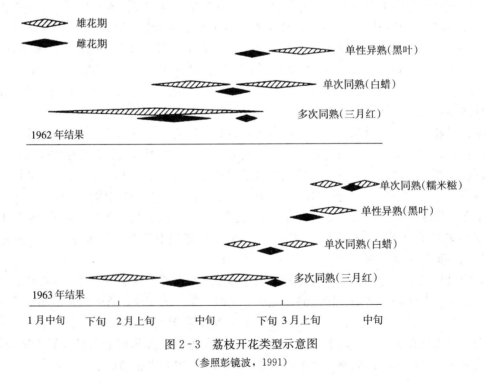

图2-3 荔枝开花类型示意图

（参照彭镜波，1991）

开雌花（F 期），最后再开雄花（M_2 期）。M_1 期的雄花基本上是雌蕊完全退化的纯雄花，而 M_2 期的雄花则多为假两性的雄能花（Stern 和 Gazit，1996）。

（2）花的开放　雌蕊的柱头在开花前 5～7d 伸露于花蕾之外，锥状；雌花开放时柱头向外伸长并开裂，盛开时分裂成弧状，并分泌白色的黏液，此时为最佳授粉状态；授粉后，柱头进行急剧的偏上性生长，向外卷曲成环形。雌花在 7:00～8:00 及 14:00～17:00 开放最多。雄花开放前，黄白色的花药先露出花蕾；开放时，雄蕊向外伸出，花丝迅速伸长，花药开裂，散出黄色花粉。雄花昼夜都可开放，但以白天为主，8:00～16:00 最多，花药开裂则在 8:00～14:00 最多。小花雌蕊或雄蕊基部的花托上都有发达的蜜腺，盛开时分泌大量蜜汁，吸引蜜蜂等昆虫前来传粉。

（3）开花顺序　从整株树来说，南向花先开，北向花迟开；顶部花先开，树冠下部和内部的花迟开。开花的模式大致为：3 朵花的小穗，先开中央位置的花（中花），再开两旁位置的 2 朵花（侧花）；7 朵花的小穗，先开 2 个 3 朵花小穗之间的单朵花（单花），然后按 3 朵花的小穗规律开放；15 朵花的小穗，先开 2 个 7 朵花小穗中间的单花，后按 7 朵花小穗的顺序开放。花穗内开花以小穗为基本单位，各小穗按单花、中花、侧花的顺序开放，即先开 15 朵花小穗的单花，后开 7 朵花小穗的单花，再开 3 朵花小穗的中花，最后开所有的侧花。3 花型一般先开雌花，后开雄花，即雌—雄，花期 10～20d，开花期较晚，花量较少，在晚秋梢上出现较多；7 花型多数先开雄花，后开雌花，以雄花告终，即雄—雌—雄，大多数品种通常以这种形式开花，极少雌花先开，花期 20～30d；15 花型分 4 批开放，少数由雌花先开，跟着雄花，最后又以雄花告终，即雄（雌）—雄—雌—雄，早熟品种白蜡和三月红有此形式，花期 30～40d 以上，花量较多，雄花比例高。

（4）花量及雌雄比例　荔枝的花量一般偏多，尤其是大花穗品种，每花穗的小花量可达数千朵。荔枝常因花量偏大，消耗的养分过多而影响坐果。每一花穗中雌花和雄花的比例因品种、气候和树体营养水平的不同而不同，大多数品种雌雄比例为 1:4，有些品种为 1:10。冬春气温较低、干旱适度的年份，雌花比例较高；冬春气温偏高、雨水偏多的年份，雌花比例较低。树体营养水平高的荔枝树（特别是叶片中钾的含量高），一般雌花比例高，花的质量好。

（5）授粉与受精　单性异熟型荔枝同一花序中的雌、雄花极少有机会授粉，必须依靠同一株树上不同花序和其他植株的传粉才能完成。传粉媒介主要是蜜蜂，某些蝇类也参与。

荔枝花为 2 裂子房，各具 1 个倒生胚珠。胚珠内正常成熟的胚囊至少有 1 个卵细胞、2 个助细胞和 2 个极核。Mauritius（大造）品种的多数胚珠在开花时尚未发育成熟，表现为缺少胚囊、卵细胞、极核或助细胞，开花后胚珠可继续发育成熟（Stern 等，1996，1997）。

在 25℃左右的气温下，花粉落到柱头上 0.5h 后即可萌发出花粉管并进入柱头（邱燕萍等，1994），24h 内花粉管可伸长至子房（Stern 等，1997），到达胚囊完成双受精约需 2d 时间（邱燕萍等，1994）。

授粉的有效性受到花粉的活力（viability）、柱头的容受性（receptivity）和胚珠发育状态影响。花粉活力因品种而异，糯米糍、桂味和淮枝等品种的花粉萌发率较高，一般可达 70%以上；三月红和黑叶等品种花粉发芽率中等，在 50%左右；而妃子笑仅有 10%～20%（翁树章，1990）。不同时期的雄花产生的花粉活力有所不同。M_1 期的雄花花粉活力明显低于 M_2 期花粉，且 M_1 期雄花蜜腺分泌的蜜汁少，糖浓度低，而难以吸引蜜蜂来传粉（Stern 和 Gazit，1996，1998）。柱头容受性有一定期限，20～22℃条件下柱头的容受性可长达 5d

(Stern 等, 1996, 1997), 之后柱头老化褐变, 花粉不能在其上萌发。高温使柱头容受性维持时间缩短。如昼夜温度在 33/27℃下, 柱头容受性维持时间缩短为 36h (McConchie 和 Batten, 1989)。

树体的营养水平也影响授粉受精。树体营养水平低, 花芽分化不正常, 花器官发育不全, 雌花少雄花多, 雌蕊柱头短, 子房发育畸形, 花粉含淀粉少, 活力弱。树体营养水平高, 枝叶和花穗积累的糖分多, 氮素充足, 蛋白质含量高, 硼、磷、钙、锌、镁等微量元素充足, 因此花粉活力强, 授粉有效性高。此外, 落在柱头上的花粉越多, 越有利于受精。

(四) 果实

果实为具假种皮果实 (arillate fruit), 圆形、卵形或心形等。果皮具瘤状凸起的龟裂片 (skin segment), 龟裂片上有龟裂片峰 (protuberance), 龟裂片及龟裂片峰是区分荔枝品种的典型特征。从果肩至果顶有明显的缝合线, 成熟时多呈鲜红色。果皮系由子房壁发育而成, 由外果皮、中果皮和内果皮 3 部分组成。外果皮由单层表皮细胞和龟裂片峰上的角质构成; 中果皮是构成果皮的主体, 由龟裂片峰下的厚壁组织、上中果皮和下中果皮构成; 内果皮由薄壁未木栓化的皮层细胞构成 (李建国, 2003)。果肉为假种皮 (aril), 由外珠被外层细胞发育而成, 白色半透明。种子 1 枚, 黑褐色、光亮, 部分品种的种子不同程度败育, 即"焦核" (细子结果, stenospermocarpy), 也有单性结实 (parthenocarpy)。按种胚发育程度可把荔枝果实分为 4 种类型, 即大核果实 (种胚发育正常)、焦核果实 (种胚全部败育)、部分焦核果实 (种胚部分败育)、无核果实 (完全单性结实)。

1. 胚胎的发育 荔枝胚囊为蓼型 (即 8 核胚囊)。胚胎发育包括 3 种类型, 即正常发育型 (如淮枝、乌叶、早红等大核品种)、部分败育型 (如桂味、兰竹) 和完全败育型 (如糯米糍、绿荷包等焦核品种)。它们雌、雄配子体均发育正常, 雌花开放的当天具有受精能力, 能完成双受精作用。受精后的极核在花后 3~6d 内开始分裂, 发育成胚乳 (胚乳为核型), 胚乳分裂先于合子, 胚乳核分裂到一定数量时, 合子才能进行第一次横分裂, 即受精合子要经一段时间的休眠才能启动。吕柳新等 (1985) 对正常发育型的胚胎观察结果为花后 6d 极核分裂, 胚囊内出现少量液态胚乳; 花后 12d 合子分裂; 花后 20~30d 珠心细胞解体, 此时胚乳最丰富, 子叶开始发育; 花后 50d 胚乳被吸收, 子叶迅速发育, 种子渐趋饱满。而完全败育型的焦核品种在授粉后 10d, 胚囊内只见极少量液态胚乳, 合子不分裂, 可见细子结果系因胚胎早期败育所致。细子结果可能由于液态胚乳中途败育因而发育中的胚饥饿而死亡, 也可能由于胚本身的中途死亡。荔枝果实中也有胚珠未经受精而能结无子果者, 即单性结实。已发现禾下串和海南无核荔在无授粉受精情况下可产生完全无子果。通常无子果、焦核果和大核果以不同比例并存。一些品种的双连果中之一也可以是单性结实。

2. 果实的发育 雌花经授粉受精后, 即开始果实的生长发育。据李建国等 (2003) 对大核品种淮枝和焦核品种糯米糍果实发育过程的观察和研究认为, 其果实的个体发育应划分 2 个时期, 即第 I 期和 II 期, II 期又可划分为 2 个亚期, 即 II$_a$ 和 II$_b$。I 期是以果皮和种皮发育为主 (约占整个生长期的 2/3, 花后 0~53d), 为果实缓慢生长阶段, 而胚的发育很缓慢, 仅从球形胚发育成鱼雷形胚, 此期种子的溶质积累明显快于水分进入, 其他部分的干鲜重积累速率近似。II$_a$ 期的主要特点是种胚的快速生长, 其他部分也有一定量的生长, 假种皮以筒状向顶生长, 逐渐包满种子, 但是假种皮上只是附着在种皮上而无任何粘连, 因而其基部与种柄顶端的环形连接处为水分和溶质进入假种皮的唯一通道, 水分进入果实的速率落后于溶质的积累, 大约持续 14d (花后 53~67d), 而焦核类果实的 II$_a$ 期不够明显。II$_b$ 期的生长特点主要是假种皮快速膨大生长，并大量积累糖分，大约持续21d（花后67~88d），水分进入假种皮超前于溶质进入（图2-4）。

Ⅱ期假种皮的快速生长挤占果皮提供的空间，并对果皮形成应力，果皮相应延伸，而使果皮逐渐变薄。这种具假种皮果实所特有的果皮与果肉生长之间的关系，被称为"球皮对球胆效应"。

不论是早、中、晚熟品种或何种果实类型，果实及其各部分生长型均呈现单S形。不同成熟期的荔枝品种

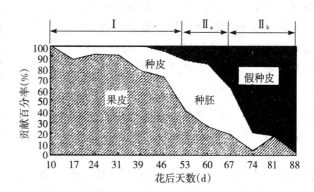

图2-4 荔枝果实发育期间各部分干重增量
对果实增量贡献率变化
(李建国等，2003)

或同一品种不同雌花开放期果实之间的差别主要在于Ⅰ期缓慢生长期的长短不同，早熟品种和晚花果实（李建国，2004）的Ⅰ期缓慢生长较为短暂。

黄辉白等（1987）对桂味品种果实的研究，揭示了果实各组织之间存在胚乳液寿命长短→种皮大小→果皮大小→假种皮→果实大小的生长影响程序，即假种皮的生长受到先行生长果皮提供空间的限制，大果皮提供大空间，形成大果，果皮与假种皮和果重呈正相关，而种皮发育程度受营养及激素中心——胚乳液的寿命决定。胚乳液的寿命越短，种子越早败育，甚至形成仅有种皮和假种皮痕迹的空壳果。有些品种（如桂味）的焦核则证实为胚自身的中途死亡。荔枝的种胚重则与假种皮呈负相关关系，两者在中后期同步生长，存在营养和生长空间的竞争关系。

3. 坐果和落果 受精后，荔枝的2裂子房中，通常是其中1室发育，另1室萎缩。但也常见有双室发育成双连果，偶有3室发育成3连果。特殊年份（如低温频繁的年份）最多有发现8室8连果的现象，但很难发育。

荔枝花多果少，素有"荔枝爱花不惜子"之说，体现为落花落果严重。一般最终坐果率只有1%~5%，比较丰产的淮枝品种，在栽培管理较好、无特殊灾害天气的情况下，最终坐果率也只有3%~9%。

荔枝在开花前就有花蕾脱落，未授粉的雌花在开花后3~5d即陆续脱落。荔枝落花落果动态因品种、年份、气象条件不同而有所差异，但主要决定于品种特性。荔枝依品种不同有3~4次生理落果高峰（图2-5）。

第一次为花期落果峰。从雌花开放还没有全部结束就开始，随着第二期雄花（M_2期）盛开而达到高峰，并持续至终花。此次落果数量最多，比例最大，占总落果量的60%左右，严重时甚至全部脱落。此期落果主要由于授粉受精不良。此外，花量过大，特别是第二期雄花比例太大，消耗了大量养分，子房间的竞争也可能导致大量脱落。

第二次为幼果期落果峰。幼果绿豆大小时（雌花授粉后25d左右）大量脱落，其后至下一次落果峰之前还有少量零星落果发生。其原因主要是受精不良、胚乳发育受阻或胚发育中止。低温、阴雨天气常加重幼果的脱落。

第三次为中期落果峰。出现在授粉后55d左右，为果肉组织迅速发育阶段，果实个体需消耗大量营养，而体现明显的竞争效应。夏梢发生及根系生长都会加剧此期落果，种子发育

不正常的果实处于竞争劣势而易被淘汰。

对于糯米糍等种子败育型的焦核品种，除上述3次生理落果高峰外，另有1次采前落果峰。焦核果实比大核果实对不利环境（风、雨、干旱、高温等）更为敏感，因此，若遇不利环境，焦核品种落果更为严重，落果波相也更为复杂。

荔枝落果除与授粉受精和果实本身发育进程密切相关外，还受其他内外因子的影响。开花习性的缺陷是荔枝落果的重要内因之一。这些缺陷包括花穗过长、花量过大（尤其是 M_2 期）、雌花比例低、开放期短、雌雄花开放间隔长和相遇期较短等。不同品种的上述缺陷表现程度不同，因而落果程度表现也不相同。荔枝花果发育既需要大量的营养，又受内源激素的调节。因此，树体的营养和果实中内源激素水平及其平衡关系对荔枝落果产生重要的影响，生产实践中许多增加树体贮藏养分的措施

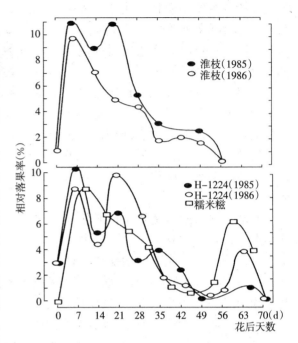

图 2-5　焦核和大核荔枝品种落果动态
(Yuan 和 Huang, 1988)

（如环剥、环割或螺旋环剥等）和外喷植物生长调节剂（NAA、2,4-D、2,4,5-T、2,4,5-TP、CTK、GA 等）可较明显减少荔枝落果，也证明了这一点。花果期的气候条件是影响荔枝落果的重要外因之一。低温阴雨、急风骤雨或台风雨、高温干旱等异常天气常造成歉收，甚至失收。

4. 裂果　作为荔枝果实发育过程中的一种生理失调症，裂果是生产上的一个严重问题，尤其对名优品种糯米糍和桂味而言，一般年份的裂果率为 20%～30%，严重时超过 50%，有的年份个别果园竟高达 80%～90%。裂果发生在假种皮进入快速生长阶段（花后 60～80d）。裂果高峰与气候关系十分密切，但一般出现在果实着色期。李建国等（1996）指出荔枝裂果的发生必须具备两个条件，一个是果皮应力的下降，另一个是果实的突发性猛长。荔枝作为具假种皮的一种结构特殊的果实，其生理性裂果的机理看来是由于果皮延展性减弱的渐变和假种皮生长加快的骤变相加的结果。凡是影响果皮应力和假种皮快速生长的因素均会对荔枝裂果产生一定的影响。

5. 果实成熟　荔枝被归入非跃变型果实，成熟过程不伴随乙烯和抗氰呼吸为主的呼吸跃变。成熟期间假种皮迅速积累可溶性糖，不积累淀粉。果实一旦离体便迅速转入衰老过程，发生褐变，而无采后成熟现象。荔枝成熟过程中果实发生剧烈的生理变化，包括假种皮快速膨大、糖分急剧积累、酸下降、果皮褪绿着色。

假种皮急剧生长膨大的同时，糖分含量也急剧上升。果实积累的糖分包括蔗糖、葡萄糖和果糖。不同品种的单双糖比例不同，可能与品种的酶系统不同有关。如陈紫荔枝成熟时蔗糖/单糖为1:4，妃子笑为1:2.5，水东为1:2，桂味为1:1，糯米糍为2:1。荔枝假种皮初期积累的有机酸主要为苹果酸，其次为酒石酸，还有少量柠檬酸，总酸在假种皮的发育初期增加，而后随着果实成熟逐渐下降。不同品种的可滴定酸含量有一定的差异，一般在

0.2%～0.4%。

荔枝果实成熟时果面呈红色或紫红色，这主要是花青苷积累的结果。着色（或上色）通常指果面的表色，即花青苷的形成。荔枝果皮着色过程中叶绿素和类胡萝卜素含量下降，而花青苷迅速合成。

关于成熟与内源激素的关系，内源 ABA 在成熟前急剧上升，并被认为是启动荔枝成熟的主要激素；而在果皮褪绿与果面着色方面，乙烯却起着某种作用。ABA 可以增加妃子笑荔枝对乙烯的敏感性，在促进荔枝果皮花青苷合成方面，ABA 比乙烯更为有效（王惠聪等，2001）。

二、对环境条件的要求

（一）温度

在荔枝的系统发育中形成了对温度适应范围较小的特性，温度已成为荔枝生长发育的重要条件。我国荔枝的经济栽培区位于北纬 19°～24°，包含两个主要气候区：①南亚热带的闽南—珠江区和台北区，是荔枝主要经济栽培地带；②热带北缘的雷琼区和台南区。经济栽培的南缘是海南省的儋州、屯昌、白沙、琼海。往南除高海拔山区外，冬季缺少必需的低温，荔枝不能开花。南亚热带气候区的特点是夏炎冬冷、降水充沛，年均温 20～23℃，日均温 ≥10℃的天数在 300d 以上，≥10℃积温 7 000～8 000℃，冬季有一段低温干燥天气，有利于荔枝花芽分化，最冷月份（1月）的均温为 10～14℃，偏北或海拔偏高的一些地方个别年份可能出现 1～5d 的霜期。各省荔枝产区代表性地点气候资料见表 2-2。

冬季极端低温决定了荔枝树分布的北限。广东英德、广西柳州和福建霞浦是目前华南荔枝栽培的北限。但另有些北部省份因局部适宜小气候，也有少量栽培，如四川宜宾（北纬 28°～29°）可以说是全国荔枝栽培的北缘。

据福建 1955 年和 1963 年两次较大寒流引起的严重霜冻的观察认为，－4℃是荔枝致死的临界温度，－2℃是荔枝受冻害的临界温度。但不同树龄及品种耐受低温的能力有所差异，幼树及嫩梢在 2℃下便有冷害，而处于生长停顿状态下成年树可耐受－2℃低温；元红和陈紫品种的耐寒性比乌叶和兰竹品种强。

表 2-2 我国各省荔枝产区代表性地点的气候资料

主产区代表地点及所在纬度（N）	广州 23°08′	漳州 24°30′	玉林 22°38′	台中 24°09′	海口 20°02′	合江 28°49′
年平均气温（℃）	21.8	21.0	21.8	22.3	23.6	18.2
1月份平均气温（℃）	13.4	12.7	13.0	15.8	16.9	7.9
7月份平均气温（℃）	28.3	28.7	28.3	27.0	28.3	28.0
年极端低温（℃）	0	－2.1	－2.1	－1.0	3.2	－1.2
≥10℃年积温（℃）	7 599.3	7 471.5	7 540.2	—	—	—
全年降水量（mm）	1 680.5	＞1 500	1 581.5	1 779.0	1 775.7	1 184.6
资料年份	1951—1970	1950—1980	1953—1980	—	—	—

不同发育期对温度的要求也不同。荔枝的营养生长在 15℃时很慢，根系生长以 23～26℃土温最为适宜，枝梢生长最适宜气温为 24～29℃。对绝大多数荔枝品种而言，花芽诱

导期最低温度大于10℃成花少，最高温度大于20℃则很难成花。荔枝花发端后，花和花穗发育受温度影响较大，15℃时发育缓慢，20~25℃最适宜花穗发育，25℃以上则会出现较多带叶花穗甚至发生"冲梢"现象。花期的温度对荔枝小花的开放、开花期长短、花粉萌发、授粉受精均有重要的影响。荔枝开花的温度虽因品种类型而有所不同，但一般在10℃以下少有开花（三月红荔枝在7~10℃可见开花），18~24℃最为适宜，29℃以上则减少开花。温度过低开花期延迟，如1961年3月福建低温，荔枝延迟至5月初与龙眼同时开花。温度不仅影响虫媒传粉活动，还直接影响柱头容受性、花粉管萌发和生长。30℃以上或15℃以下均不利虫媒传粉活动和花粉管萌发生长。荔枝授粉受精最适宜温度在23~28℃。果实发育期的温度影响果实发育进程，日均温15℃以上有效积温越高果实生长发育历程越短，反之，历程越长。李建国（2004）以着生于同一果穗上的妃子笑品种早花果和晚花果为对比试材的观察结果发现，早花果比晚花果大50%以上，其大小差异与它们发育期间所经历的温度条件有较大关系。

（二）水分

自然生长的荔枝要求降水充沛，年降水量在1 200mm以上。我国荔枝产区多属季风气候，年降水量1 000~2 000mm，虽充沛却分布不匀，以春、夏季降水为主。最适宜生长的树体水分状况为黎明前的叶水势高于−1.0MPa。花芽分化期对水分的要求减少，适度的干旱可促进荔枝花芽分化。冬季降水多，易促生冬梢，致使来年无花。花穗轴分化期间适当的水分有利于花穗抽出和发育，此间水分胁迫和光照不足会降低花穗的大小和雌雄花的比例。当叶水势小于−1.5MPa时，花穗停止发育。Menzel（1994）认为，20~25℃气温，叶水势在−1.0MPa以上，平均日辐射量在$6~8MJ/cm^2$最适宜花穗的发育。花期多雨对荔枝传粉受精和坐果不利。花期雨水过多，多数柱头黏液受冲刷，花药不开裂，雌蕊凋萎，或因雨水多花粉腐烂，同时低温阴雨也影响昆虫活动，雌花得不到授粉。荔枝果实发育为时较短，生长快，需要一定的降水量，但幼果期多雨常导致土壤积水，影响吸收根的活力，造成大量和集中落果，此期土壤水分胁迫也会影响果皮的正常发育，导致形成小果，甚至脱落；果实发育中后期需要水分最多，缺水则果实变小以至提早成熟，久旱骤雨极易引起大量落果、裂果，严重影响产量。

（三）光照

据已获数据，荔枝秋梢叶片的净光合速率（P_n）大约为$3.2\mu mol/(m^2·s)$，最大净光合速率为$12\mu mol/(m^2·s)$左右（以CO_2量计）。传统上有"向阳荔枝"一说，意即荔枝在树冠透光度差的情况下，偏向冠幕外围及顶部结果。

据分析报道（林可涛，1983），在12月至翌年1月的日照时数与荔枝产量呈正相关（$r=0.605$）。开花和幼果发育期间，以晴天为主适度光强下，有利于加速花药成熟、花粉散发和昆虫活动；但光照过强，会因蒸发量大，致使花丝凋萎、柱头黏液干枯而影响授粉受精。小果发育需要充足的光照才能正常发育。对幼果遮阴试验表明，在花后7d和21d各进行7d的遮阴（透光率10%），引起严重落果，尤以花后7d处理为甚（袁荣才等，1992）。成熟期充足的光照能促进果实成熟和增进果实品质，但此时光照过强，会造成果实日灼现象，并加剧裂果发生。

（四）风

微风对荔枝传粉、促进气体交流、增加光合效率和减少病害有利。在强日照时，微风可降低叶温，避免日灼。花期忌吹西北风和过夜南风。

大风和热带风暴对果实发育危害最大，大风导致大量落果，热带风暴常造成采前大量落果和枝叶损伤。多种灾害性天气对荔枝的综合性影响更为严重，广西北流1984年4月8日雷雨大风伴随冰雹，最大风速17m/s，正在开花的荔枝花序全部被打坏，80%以上叶片被打烂，部分枝条折断，甚至树被吹倒，严重失收。故在果园建立前要考虑风的危害。

（五）土壤

荔枝对土壤的适应性较强，无论山地的红壤土、沙质土、砾石土，或是平地的黏壤土、冲积土、河边沙质土，都能适应生长和结果，但以通气良好的沙壤土和红壤土更为理想。荔枝喜微酸性土壤，故土壤疏松透气、排水良好、有机质丰富（2%以上）、pH5～5.5时，荔枝树生长结果最好。

第四节　栽培技术

一、育　苗

荔枝的繁殖方法有实生、空中压条（广东等地俗称"圈枝"）、嫁接、扦插和离体繁殖等。空中压条是我国传统的荔枝育苗方法；嫁接繁殖是目前应用最广的一种育苗方法；扦插成活率低，生长缓慢，应用少。离体繁殖目前仍处于试验阶段。

（一）空中压条育苗

空中压条（air layering，marcottage）是我国传统的荔枝育苗方法。供压条的枝条要求枝身较直，生长势健壮，无寄生物附着和无虫害，树皮光滑无损伤，且曝光好，以2～3年生枝茎粗1.5～3cm为宜。华南地区虽一年四季均可压条，但按荔枝根系活动情况，以春夏压条较好，因气温升高、雨水充足，形成层活跃，容易产生愈伤组织和生根。

在枝条的分枝下方15cm处，选平直部位环剥。先做成两圈刀口，相距3cm，将两圈之间的树皮剥除，刮净附在木质部的形成层，裸露7～10d使残留形成层干死，才可包裹生根基质。基质要求通气、保湿，且有少量养分，以椰壳纤维较理想，也可用锯屑、苔藓、牛粪土或泥炭土。约经2个月，见已发根2～3次，即可把压条苗锯离母株，并剪除大部分枝叶，以便出圃。

荔枝压条苗的初生根很脆，形成次生根能力较弱，因此生3次根后锯离母树效果较好。如锯得太早，植后易"回枯"死亡。锯落操作要细心，避免伤折新根。

压条苗下树后虽可直接定植田间，但因面积大，护理难以周到，常有部分苗在抽第一次梢期间嫩梢枯萎，甚至整株干枯死亡，俗称"回枯"，原因是弱根系难以供应地上部水分需要。为提高成活率，宜先假植，培养较强根系，待有二次梢老熟后才植于大田。

（二）嫁接育苗

荔枝苗圃地宜选排灌方便的平地或缓坡地，避免北坡和西向或西南坡。以土质疏松的红壤土或含沙质少的壤土为宜，避免沙土地，以防日晒使土温过高，妨碍砧木种苗出土和生长。建立苗圃应提早犁翻暴晒，反复犁耙；每公顷撒施75t腐熟厩肥、火烧土等作基肥。

砧穗不亲和为当前嫁接中最突出的问题。关于砧穗相互影响，对气候、土壤的适应性及抗病虫性等亟待研究。据广东经验，淮枝宜作为糯米糍、桂味、白蜡和白糖罂等品种的砧木，黑叶和大造宜作为妃子笑的砧木。大造、糯米糍、黑叶与白糖罂之间的砧穗组合不亲和率分别高达90%和80%以上。妃子笑作砧木有乔化表现。穗砧亲和力与亲缘关系有关，亲缘关系近者，亲和力好。

砧木品种采果后选饱满种子，以清水漂净残留果肉，即可播种或催芽。荔枝种子属顽拗型，极不耐贮藏，不可长久搁置，更不可暴晒，应随采随种。如需远运，需采取有效保湿措施。

种子需先催芽后点播，方法是平整土地后铺3~5cm湿沙，将种子平摆沙面上，不可重叠，在种子上再铺5cm稻草，经常淋水以保湿，经4~5d胚根露出种子长度的1/3~1/2时，即取出点播，不可延误，若胚根过长，甚至长出胚芽，播种时易折断。育苗地要施足基肥，每公顷约施腐熟的畜粪或堆肥等75t、过磷酸钙300kg、石灰750kg，加3%呋喃丹30kg拌375kg细土均匀撒入土中，以防地下害虫，然后做畦。畦面宽0.8~1m，畦沟宽50cm，畦高15~18cm（低洼地25~30cm）。播种密度一般18cm×12cm。按株行距开播种沟，深3cm，将已催芽的种子平放沟中，淋水后覆土1.5~2cm，之后畦面覆以干草。

播种后晴天要常淋水以保持畦土湿润。幼苗开始出土时要及时揭去盖草，否则午间太阳暴晒，盖草升温灼伤出土嫩芽。揭开盖草后搭矮棚以降温，免遭幼苗枯顶。幼苗第一片真叶转绿时开始薄施水肥，每月2次，浓度可以逐渐提高。入冬前撒施土杂肥，以增强苗木抗寒力。及时除去砧木基部萌蘖，保留1条直立主干。及时防治地上和地下害虫。

荔枝枝条富含鞣质，维管束形成层结构不规则，嫁接成活率往往很低。嫁接亲和力首先受遗传因素决定，形态解剖方面的差异可能体现在同龄茎的横断面面积、皮层厚度及其占横断面的比例、髓部大小、单位面积上起输导作用的导管数、导管直径和导管面积等。

接穗应采自品种纯正、生长结果正常的母本树树冠中上部外围，芽体饱满，枝粗与砧木相近或略小，顶梢叶片老熟，未萌芽或刚萌动不久的一二年生枝，剪下后立即剪除叶片，用湿布包好，以供嫁接。荔枝接穗不耐久贮，应立即嫁接。为短期保存，可将接穗用湿润细沙或木糠、苔藓等埋藏，上盖薄膜。短途运输可先用新鲜荔枝叶或蕉叶包扎接穗，再裹一层湿巾，用塑料袋密封，置阴凉处，途中注意检查，防止过干、过湿和发热。

在20~30℃气温下，形成层细胞活动最旺盛，易于嫁接成活；低于16℃或高于36℃时，细胞活动处于停止状态，嫁接成活率低。一般以春夏及早秋嫁接较好，接后愈合快，成活率高，嫁接苗生长快。

目前普遍采用芽接或枝接。芽接不带木质部，常用补片芽接；枝接中最常用合接和切接。年幼、健壮的小砧木苗宜用切接、合接、靠接；多年生老砧可用补片芽接或劈接；大树高接换种可用嵌接，也可以先回缩促其萌发新枝后，在新枝上用切接、合接或劈接。

嫁接后30~40d检查成活，未成活的及时补接。成活后解缚和剪砧顶，用超薄薄膜缚扎的不用解缚，芽长出时能将薄膜顶穿，但加套纸袋或草把则应及时除去。嫁接成活后应及时抹除砧上萌芽。接穗萌芽长3~5cm时开始施肥。苗高40~50cm时可整形修剪，培养强健的主枝，特别是补片芽接的苗木要及时摘顶，促使其中上部多分枝，然后选留3~4条分布均匀的壮枝培养为主枝。

（三）出圃标准

空中压条苗要求二次梢老熟，枝梢粗壮，叶片整齐，叶色浓绿，芽饱满；根系生长良好，无损伤，假植后生根2次以上。

嫁接苗出圃标准为砧穗亲和良好，嫁接口上下生长均匀，无基部肿大或因解缚过迟引起的绞缢主干和叶片黄化等；嫁接部位应离地面20~35cm，苗高50~60cm，具一级分枝3~4条，分布均匀，枝干粗壮，根系发达。

二、建 园

(一) 地形选择和开园

荔枝园地最好选在阳光充足、空气流通、土层深厚、无冻害和风害之处。有冻害地区应避免在西北向及容易沉聚冷空气的低洼谷地建园。山地建园一般宜选坡度小于 15°~20° 的坡地。

建园的重要工作之一是创造深厚生根土层。环境不同，建园工作也不同。丘陵山地首先要搞好水土保持，修筑梯田，挖大穴施足基肥，最好是深翻并分层压绿。平地建园需修建排水系统，降低地下水位，若地下水位高，建园工作着重于增高畦面，可采用挖深沟或筑土墩定植，以后逐年改土，形成深沟高畦。

(二) 品种选择

应避免盲目引种，以适地适种，符合市场需求为原则。偏北地区宜种花芽分化要求较低温的品种，南部地区宜种花芽分化早且对低温要求不严的品种。为了方便荔枝的标准化和现代化管理，一般小型果园（6~7hm² 以下）种植单一品种较好；对于大型果园（6~7hm² 以上），以 2~3 个成熟期不同的主栽品种为宜，但每个品种也需相对集中。

(三) 苗木定植

荔枝一般进行春植（2~5 月）和秋植（9~10 月）。前一年的空中压条苗宜在 3~5 月定植，嫁接苗最好在 2 月下旬至 4 月上旬定植。秋植苗最好带有营养袋（杯），否则难以保证成活率。荔枝根脆易断，定植过程中应十分细心。苗木入穴后培土时切忌踩踏，以免伤根。定植后应设立支柱扶持，防止摇动伤根，注意保持土壤湿润，直至抽第二次梢后成活才较有保证。

种植密度应考虑所选品种、园地条件、土壤、气候及采取的栽培措施，如树势壮旺和枝条开张的品种可适当稀植，树势偏弱和枝条直立的品种可适当密植。目前我国大面积生产主要采取两种密度定植，即永久性定植和计划密植。前者株行距较宽，一般为 6m×7m（240 株/hm²）；后者一般为 4m×4m（630 株/hm²），当行间枝条交叉时，有计划地进行疏剪和间伐。国外（如澳大利亚）考虑到机械化操作的需要，荔枝普遍采用稀植，永久性的株行距为 12m×12m（70 株/hm²），但建园时一般采用计划密植（每公顷 140 株或 280 株，株行距分别为 12m×6m 和 6m×6m），8~12 年后实施间伐。

三、土肥水管理

(一) 土壤管理

新定植的荔枝园，首先考虑的是间种矮秆和有土壤改良作用的花生、黄豆、豆科绿肥、蔬菜等以及一些生长快、周期短的果树如番木瓜、菠萝、番荔枝等。忌间种与幼树争光、争营养和妨碍荔枝树正常生长的高秆或攀缘作物如木薯、甘蔗、瓜类等。广东间种番荔枝的荔枝园大都取得了可观的效益。幼龄果园另外几项重要的土壤管理措施主要是松土除草、深翻改土、压青和树盘覆盖等。

对结果期荔枝树的土壤改良及管理的原则是使整个果园的土壤达到丰产果园的要求，措施包括：①增施有机肥（应结合深翻改土进行），从局部改良逐渐扩展至全园改良。②重视土壤耕作，做好中耕除草和培土客土等工作。荔枝园每年中耕除草2～3次，第一次在采果前或后（7～8月）结合施肥进行，第二次在秋梢老熟后（10～12月）结合控制冬梢进行，第三次在开花前1个月进行。③做好水土保持的基础工作，才能有效提高土壤肥力和保水性能。

（二）施肥技术

我国荔枝产区土壤普遍缺少有机质，各种养分含量低，土壤结构差。靠增施化肥，尤其偏施氮肥，虽短时间内可达增产目的，但长远则导致土壤板结、污染，肥料利用率低，化肥增产效果逐年下降，这是不容忽视的。应逐步由目前偏施氮素化肥，改为施用多元素复合肥或果树专用肥，有针对性地不断补充果园土壤中个别匮缺的营养元素和保持元素间的平衡。为科学和有效施肥、降低成本，需进行树体和土壤的营养诊断，并按产量的估计定出合理施肥量。荔枝的营养诊断从20世纪70年代之后才开始，叶片分析和土壤分析是目前最常用的诊断方法。王仁玑（1988）认为，叶片分析应于12月采集3～5个月龄秋梢顶部第2复叶的第2～3对小叶为合适。澳大利亚普遍做法是在花序出现后2周，采已抽生花序的秋梢顶部叶片。不同国家荔枝叶片营养元素含量的适宜标准见表2-3。

果园土壤养分与叶片元素含量之间的关系比较复杂，它们之间的相关性往往不明显。因此，应以叶片分析为主结合必要的土壤分析。庄伊美等（1995）初步提出我国红壤荔枝园土壤养分的适宜标准为：有机质1.0%～1.5%，全氮0.07%以上，速效磷15mg/kg以上，速效钾40～100mg/kg，交换性钙40～100mg/kg，交换性镁150～1 000mg/kg，有效铁20～26mg/kg，有效锌1.5～5.0mg/kg，有效铜1.5～5.0mg/kg，易还原性锰80～150mg/kg，有效钼0.15～0.32mg/kg，水溶性硼0.40～1.00mg/kg。Greer（1990）推荐的澳大利亚荔枝园土壤养分的适宜标准为：有机质1.0%～3.0%，pH5.0～6.0，硝态氮10mg/kg以下，磷100～300mg/kg，钾0.5～1.0cmol/kg，钙3.0～5.0cmol/kg，镁2.0～4.0cmol/kg，铜1.0～3.0mg/kg，锌2～15mg/kg，锰10～50mg/kg，铁1.0～2.0mg/kg，氯250mg/kg以下，钠1.0mg/kg以下。

表2-3 荔枝叶片营养元素含量的适宜标准

元素	中国福建	南非	以色列	澳大利亚
N（%）	1.5～2.2	1.3～1.4	1.5～1.7	1.5～1.8
P（%）	0.12～0.18	0.08～0.10	0.15～0.30	0.14～0.22
K（%）	0.7～1.4	1.0	0.7～0.8	0.7～1.1
Ca（%）	0.3～0.8	1.5～2.5	2.0～3.0	0.6～1.0
Mg（%）	0.18～0.38	0.40～0.70	0.35～0.45	0.30～0.50
Cl（%）	—	—	0.30～0.35	<0.255
Na（mg/kg）	—	—	300～500	<500
Mn（mg/kg）	—	50～200	40～80	100～250
Fe（mg/kg）	—	50～200	40～70	50～100
Zn（mg/kg）	—	15	12～16	15～30
B（mg/kg）	—	27～75	45～75	25～60
Cu（mg/kg）	—	15	—	10～25
文献来源	王仁玑（1988）	Cull（1977）	Galan Sauco（1987）	Greer（1990）

基肥应以各种腐熟、半腐熟的有机肥为主，适量配以少量无机化肥。实践中磷肥常与有机肥一起施用。荔枝园施基肥分两个时期：一是采果前后，这次基肥中可混入一定量的速效化肥（尿素或复合肥），主要目的是及时恢复树势，并保证促发健壮的秋梢；二是冬末春初结合冬季清园进行，此次基肥用量大、时效长，对荔枝开花和果实生长作用重大。

荔枝追肥大致分花前（俗称促花肥）、花后（俗称壮果肥）、采后（俗称秋梢肥）。促花肥若施用适时且方法得当，能促进花器发育，抽出健壮花穗，若施用不当，反而促使新梢生长，因此要依具体情况而定。原则上应掌握：早熟品种小寒至大寒（1月上中旬）施，中、晚熟品种大寒至雨水（1月下旬至2月中旬）施；旺树、初结果树晚施或不施，弱树、老树早施多施；气温回升快、雨水多，幼龄结果树、壮旺树，不见花蕾暂不施。壮果肥能及时补充开花时树体的营养消耗，保证果实的正常膨大生长和减少第二次生理落果，避免树体因过分的营养消耗而衰弱。施用时期为谢花后至第一次生理落果期，花量大的宜早施，花量小的宜晚施。秋梢肥依树龄、树势及放秋梢的次数和时期而定，原则上一次梢一次肥，多次梢多次肥，在秋梢萌芽前施用。

根外追肥可根据需要在果树生长的任何时期进行。只要使用及时、得当，一般会收到良好的效果。

荔枝幼年树根少，分布范围小且不均匀，无论施用有机肥或无机肥，均以树两侧开半月形或环状沟施为宜。有机肥宜深施至25～30cm，无机肥以10～15cm为宜，沟宽15～20cm。也可以在根际每株开浅穴2～3个，施后覆土。每年树冠扩大，施肥沟的部位也随之向外扩展。旱季施用液肥或干施后淋水以增效。

成龄树树盘施肥，应逐年或逐次改换施肥部位，一般2～3年轮回一遍，以使所有部位的根系都能吸收肥料。有机肥应深施至40cm，无机肥20cm左右即可，沟宽20～30cm。每次施肥时，注意将土与肥混匀，然后覆土。

目前我国多依靠施肥经验，而澳大利亚、以色列和南非已普遍采用营养诊断施肥。从我国目前丰产园总结的施肥经验看，大多存在过量施肥、资源浪费和环境污染等问题。如以每生产100kg果计，我国广东建议施肥量为施纯氮1 380g、纯磷800g、纯钾1 500g，广西建议施纯氮1 600～1 900g、纯磷800～1 000g、纯钾1 800～2 000g；而澳大利亚建议标准为纯氮600g、纯磷200g、纯钾440g（Menzel，1984）。因此，逐步推广叶片分析和土壤分析应是今后努力的方向。

（三）水分管理

荔枝营养生长期间要求温暖湿润的气候，秋冬季花芽分化期间则要求冷凉和相对干燥的气候。总体而言，我国荔枝主产区基本具备这两个条件，但不同年份间差异较大。如秋梢抽梢期常遇到阶段性的干旱，造成发梢迟和梢质量差，甚至不发梢，影响结果母枝的培养。秋梢期若遇10～15d干旱天气就应灌水，以保持土壤含水量在田间最大持水量的60%～80%。Menzel等（1989）的研究表明，荔枝的营养生长对树体的水分状况反应敏感（表2-4）。

表2-4 水分胁迫对粉红桂味荔枝营养生长的影响

（Menzel等，1989）

水分胁迫处理	黎明前叶水势 Ψ_1（MPa）	梢生长量（cm）	新叶数量	梢干重（g/枝）
对照	>-0.7	30.6	13.3	8.2
中等胁迫	≈-1.0	7.8	3.6	1.8
严重胁迫	≈-1.9	0	0	0

荔枝花诱导完成后，若土壤过度干旱，不利花的发端；花穗轴分化期间，干旱不利雌花分化。因此，干旱年份进入花芽形态分化时宜适当灌水。

荔枝果实发育期间需要适量而均匀的降水。少雨干旱或阴雨连绵、雨水过多或干湿交替，都不利于坐果，后期还会加剧裂果。因此，果实发育期间水分管理的原则是保持土壤水分的均衡供应，雨多需排涝，天旱及时灌水。割草覆盖树盘可保持土壤湿度。国外荔枝园有的采用生草法栽培，行间生草便于机械化管理，有利于改善土壤结构，具有截留降水、增强蓄水功能，但必须定期刈草，以缓和草与树之间的水分、养分争夺。

四、树冠管理

（一）整形修剪

1. 幼树整形 小树需在定植后 2~3 年内完成整形，一般采用矮干、主枝分布均匀的紧凑半圆头形树冠。定干高度 30~50cm，留向四周均匀分布的主枝 3~5 个，每主枝再培养 2~3 个副主枝，构成植株的骨干。枝条短而密集的品种，如淮枝、糯米糍、白糖罂等，可任其侧枝自然分枝生长；枝条长而壮的品种，如三月红、圆枝、妃子笑和黑叶等，可在新梢长至 20~25cm 时摘心以抑制过旺生长，或在新梢转绿后留 20~25cm 进行短截，增加分枝级数以形成紧凑型树冠。主枝和副主枝分枝角度过小时，需用拉、撑、顶的办法来调整角度；若分枝角度过大，则宜选留斜生背上枝或用支撑抬高枝角度。

2. 修剪时期 荔枝树修剪分为春季修剪、夏秋季修剪和冬季修剪。春季修剪一般于 3~5 月进行；夏秋季修剪一般于 7~8 月完成，秋季多雨年份或土壤肥水较多时，可将修剪适当推迟至 8~9 月进行；冬季修剪一般在 12 月至翌年 2 月进行。

3. 幼年结果树的修剪 幼年结果树是指荔枝生命周期中的生长结果期。此期的特点是能够开花结果，但营养生长仍占主导地位。这一阶段的修剪要注意以下几个方面：

（1）保持一定量的营养生长　一般采用放 2~3 次秋梢，根据不同品种的要求促使晚秋梢或早冬梢成为结果母枝。由于荔枝采收期集中在 6~7 月，采果后仍有足够时间放出 2~3 次秋梢。应于采果后 15d 内疏除病虫枝、枯枝和过密枝，但此时必须轻剪，且尽量保留树冠中下部枝条，以便较早形成圆头形树冠，增大结果面积。

（2）结合培养树冠和及时促发健壮的秋梢　应以疏剪为主，幼年结果树萌芽力强，顶芽一次常可萌发 3~5 个新梢，甚至更多，故应注意适时疏剪，原则是去弱留强，每次梢留 1~2 个新梢，最多不超过 3 个。

（3）适时采收，合理折果枝，是秋季修剪的基础　过去强调短枝采果，修剪不低于"龙头丫"（芽点密集的节位），这是针对过去栽培粗放、树势衰弱的情况而言。但实践证明，随着栽培管理技术水平的提高，健壮的植株发枝力较强，在不同部位修剪都可发出健壮的新梢，可根据培养丰产树冠的要求进行。常年修剪强度以剪至上一年结果母枝的中下部为宜，必要时可剪至 2~3 年生枝，这种回缩修剪在密植荔枝园普遍应用。

（4）防止花穗过长、过大　可在 2 月进行短截花穗或适量疏花，变长花穗为短花穗，减少总花量，增加雌花比例。

4. 成年结果树的修剪 成年结果树系指荔枝生命周期中的结果生长期。此期中生殖生长占优势，为开花结果最旺盛时期。由于大量开花结果，消耗树体有机营养的积累，供给根系的养分减少，根系生长及吸收减弱，采果后较难及时恢复，影响充当新结果母枝的秋梢及时萌发。因此，成年树的修剪应围绕保持健壮树势和培养优良结果母枝这个目标进行。这一阶段的修剪应注意以下几个方面：

（1）修剪时间视培养秋梢次数而定　培养各次梢修剪都应在芽趋于饱满但未萌动前进行。对于生长势不够旺盛的树，必须先施肥后修剪，以保证发出壮梢。

（2）修剪宜轻　一般剪除枝梢的20%～30%。修剪的对象有两树交叉的枝和徒长枝、病虫枝、荫蔽枝、纤弱枝、下垂枝以及树冠内过密枝和重叠枝等，尽可能保留向阳枝和壮枝。由于荔枝的主干及主枝忌烈日暴晒和霜冻，故应在树顶部保留足量的枝梢以构成较密的叶幕，掌握程度是在中午时分阳光可以透过冠幕，在地面上出现均匀分散的阳光斑（俗称"金钱眼"）。

（3）适时采收，合理折果枝　弱树如果叶小，甚至树冠顶部叶片呈缺水症状，褪绿色黄，或者挂果过多的树应适当比旺壮树提前采果，使树势早恢复，否则轻者影响抽秋梢，重者采果后顶部干枯。由于成年树发枝力弱，故一般对中、晚熟品种进行短枝不带叶采果，而早熟品种可视树势和管理水平等采取不同采果方法，如对于一些挂果少的旺树可在低于"龙头丫"之处折断。

（4）及时短截修剪，延迟封行　荔枝树进入成年期后会发生封行现象，造成不同程度的平面结果，既降低单位面积产量，又加速树冠向高处徒长。因此，必须于封行前2年秋季结合采果后修剪，进行轻度或中度短截修剪。如对淮枝品种，应在8月中旬行轻度短截，剪去3～4个节，结合施肥，短截后约20d便可以抽生秋梢；对树势强的三月红品种，宜中度短截，即采果后对0.6～1.0cm粗的枝条剪去30～50cm。

5. 衰弱老树的更新修剪　衰老的原因除树龄外，往往与水土流失、地下水位较高、丰产后栽培管理跟不上、病虫危害、台风灾害后处理不及时等有关。进行树冠更新的同时也要注意根系更新。

（1）树冠更新修剪　应根据树势衰退程度决定更新轻重。衰退严重的树可以在主枝、副主枝上回缩重剪，用禾草包扎主枝、副主枝，外涂泥浆保护以防烈日暴晒。抽出新梢后，选定适于培养为侧枝的枝条，删除邻近过密的枝梢，但一般可保留略多枝梢，以期2年内培养成半圆头形树冠。对于因主枝过多过密而衰退的树，可酌情将较细的主枝从基部锯掉。轻微衰退的树可在8月下旬轻剪侧枝，争取翌年少量结果。被台风吹倒的树，应立即扶正和固定，劈裂和折断的骨干枝要锯平，并做好防晒和留梢工作。

（2）根系更新　一般在树冠滴水线下开60cm深、45cm宽的环状沟，用枝剪或手锯截断大根并修齐锯口，以腐熟畜粪或草杂肥加少许石灰分层埋入。

（二）大小年结果的矫治

荔枝的不规则结果，无论是从一个地区还是一个果园来看，不一定表现为一年大一年小，而往往表现为一年大几年中或小的不规则变化。具体表现可以是无花或少花，也可以是落果重，造成开花多挂果少，甚至失收。

我国荔枝产区大小年结果（irregular bearing）现象严重，主要归因于成花难和坐果率低。成花难除决定于某些品种成花不稳定性（unreliable flowering）的复杂遗传基础外，秋冬季温度和水分，特别是低温出现时间、强度和持续时间是影响荔枝成花的关键。此外，树体生长发育状态、营养水平和内源激素平衡等因素也与荔枝成花密切相关。坐果率低与品种特性、气候因素、树体营养、内源激素及其平衡、病虫危害、管理水平和生长条件等有关。减轻大小年结果的对策如下：

1. 培养健壮的结果母枝 结果母枝的萌发时期因不同地区的自然条件而异，广东、广西和福建均以秋梢作为开花和结果的最基本的结果母枝，四川乐山则以春、夏梢为结果母枝，宜宾以夏、秋梢为结果母枝。培养良好的结果母枝是实现丰产稳产的关键环节之一。倪耀源（1990）调查结果认为，良好的结果母枝一般必须具备以下条件：①粗度。早熟品种如三月红、白蜡、白糖罂等一般较粗，枝条中部直径宜达 0.45cm 以上；中、晚熟品种如糯米糍、桂味、淮枝等，以 0.40cm 以上为佳。②长度。依品种、树势、梢次而异。早熟品种或枝条疏而长的品种，一次梢长 15～20cm，二次梢总长 20～30cm；中、晚熟品种一次梢长 12～18cm，二次梢总长 20～25cm。老弱树枝梢偏短，青壮年树枝梢偏长。在一定范围内枝梢长的比短的好，枝梢过短则叶片数量少，但枝梢过长则消耗营养多，成花难，且枝条数量少，不利于提高总穗数。③叶片数。要求结果母枝生长正常，叶片数足够，充实老熟。在一定范围内结果母枝叶片面积与结果量呈正相关，早熟品种单叶以 30 片以上为佳，中、晚熟品种一次梢 20～25 片叶，二次梢 40～50 片叶。④无冬梢萌发。⑤枝梢分布均匀，数量适中。如糯米糍荔枝初结果树，每平方米树冠表面有秋梢 40 个左右为宜。

关于秋梢结果母枝的培养，一般要求成年树抽出 1～2 次秋梢，幼年和青壮年树要求抽出 2～3 次秋梢，这样既能使结果母枝有足够的营养积累进行花芽分化，又可适当延迟末次秋梢的老熟期，避免抽生冬梢。

2. 控制冬梢和促进花芽分化 抽发冬梢的主要原因有：①末次秋梢过早老熟。根据不同品种花芽分化始期来决定末次秋梢老熟期，如晚熟品种糯米糍、淮枝和桂味等，在气候正常的年份花芽分化开始于 11 月下旬至 12 月中旬，因此末次秋梢老熟期最好在 11 月中旬至 12 月上旬，但往往由于各种原因，末次秋梢在 9～10 月已老熟，极易导致冬季抽发冬梢。②施肥不当。如在末次秋梢期施氮量过大。③不适时修剪。修剪刺激营养生长，在秋梢老熟后进行修剪，只要肥水能满足生长要求就容易发生冬梢。④冬季高温多湿的天气。冬季低温干旱能抑制营养生长，促进花芽分化；相反，高温多湿有利于根系的活动和吸收大量的养分和水分，供应地上部分的营养生长，导致冬梢萌发。

控制冬梢应立足于秋季水、肥等管理，使末次秋梢适时抽发，适时老熟。对可能萌发冬梢或已长出冬梢树的处理方法有：

（1）深耕断根法 秋末冬初末次秋梢老熟后，可深耕 25～35cm，切断部分根群，减少肥水吸收，或结合施基肥在树冠外围土层挖深沟达 35～50cm，切断水平侧根，晾晒 2～3 周后，填入清园杂草和其他一些有机肥，可起深翻改土和调节树势的作用。此外，可在整个树盘翻土 20～30cm。深翻断根对壮树可行，老弱树不宜一次伤根过重，否则树势过于衰弱，反而不利成花结果。

（2）露根法 秋梢老熟后，锄开树冠下表土，使根群裸露，造成胁迫，以阻抑旺长，此法在多湿的冬季效果明显。

（3）环切法 环切法宜在立冬至冬至（10～12 月）进行，初结果幼树可在末次秋梢转绿时进行。对于过旺的树，应配合其他措施。环切时用锋利小刀在骨干枝树皮上作环切 1 圈，深达木质部，不剥树皮。生长势旺者可环切 2 圈，相距 10～15cm。初结果幼树可在树干或枝径 6～10cm 的骨干枝上进行，树势强健的可在枝径 10～15cm 的第 2～4 级分枝上进行。

（4）绞缢法 利用铁线绞缢主枝抑制冬梢生长，可以促进花芽分化。方法是用 16 号铁线绕主枝 3～4 圈，然后拉紧铁线使树皮下陷。细枝绞缢 1 道铁线，对较大枝条要相隔 4～5cm 绞缢 2～3 道。时间以 11 月中旬至 12 月中旬，冬梢长至 1～2cm 前进行效果最好，天冷后（1月中下旬）解开铁线。

（5）摘除冬梢法　一旦有冬梢萌发时便及时抹除，或者对已长约8cm的冬梢行短截。短截程度视冬梢抽出迟早而定，11月中下旬抽出的冬梢短截宜重，可在新旧梢交界处下方剪断，促使秋梢先端侧芽分化成花；12月上旬之后抽出的冬梢，短截时宜留基部1.5～2cm，以利用残桩上的侧芽形成花枝。已伸长2～3cm但随之停长、呈现褐色的冬梢，可不必摘除。

（6）化学调控法　药物控梢目前在生产中已得到较广泛的应用且取得良好的效果，但各种药物的作用方式和原理不同，应区别使用。常用药物有0.14%～0.20%乙烯利、0.05%多效唑。

3. 促使花序发育正常　荔枝花序为混合花序，受气候和树体内外在因素的影响，可以发育成为从纯花序到带叶花序的各种过渡类型，甚至可以完全退化逆转为营养梢。为保证花序正常分化和发育，可考虑以下措施：

（1）冬季特别干旱，应确保适当水分供应，使花穗正常分化发育　抽穗期控水可减少花量和提高雄花比例，而灌水则大大提高雌花比例。

（2）及时摘除花穗小叶，可显著提高雌花率和坐果率　应密切注意花穗小叶的发育，尤其是气温高、雨水足的天气下特别易抽出花穗小叶。除人工摘除外，可用0.06%～0.08%乙烯利喷洒杀灭，浓度应依树势、气温等调整。

（3）加强肥水和病虫管理工作

4. 花期调控，趋利避害　荔枝雌花盛开期的天气条件对授粉受精影响重大。根据中长期和长期的气象预报，将雌花盛开期调控在预报的有利天气时段，避开灾害性天气。主要措施有：

（1）调控秋梢抽生期　秋梢结果母枝老熟的迟早与花芽分化期呈正相关。如福建漳州的兰竹荔枝，适龄树的白露梢一般于次年清明前盛开雌花，秋分梢在清明后至谷雨前后，寒露梢在谷雨前后盛开雌花，故可通过调控末次秋梢的抽生期来调控雌花盛开期。

（2）人工短截长花穗　将花穗短截可推迟或提早雌花期。适当早剪能促使重抽侧穗，花期推迟；短截较迟的，剪后不再抽生侧穗，花量减少，养分集中，花期相应提早，雌花比例也增加。

5. 改善授粉受精

（1）花期放蜂　荔枝是虫媒、风媒花，以昆虫传粉为主。蜜蜂是荔枝花期授粉理想和高效的媒介。

（2）人工辅助授粉　人工授粉效果虽比不上蜜蜂传粉，但在蜂源缺乏或气候条件不适于昆虫传粉，雌花先开或雌花盛开时附近无雄花开放或开放量少的果园应考虑采用。

人工辅助授粉具体做法是：雄花盛开时，于9:00左右露水干后，树下铺2m×2m的塑料薄膜，用手轻轻摇动树枝，收集花粉和花朵，立即去除害虫及枝叶，铺开在阳光下晒2h左右（如遇阴雨天可在室内铺开，用灯光照射，抽湿风干），促使花朵中的花药开裂散出花粉，然后把花粉连同花朵倒入清水中充分搅拌，使花粉均匀散开，接着用纱布过滤，留下花粉悬浮液。为了促进花粉发芽，可再加入钼酸铵和硼酸，配制成含有30mg/kg钼酸铵和50mg/kg硼酸的花粉悬浮液。此悬浮液呈黄褐色，半透明，具有荔枝花香。最后用喷雾器把花粉液喷射在盛开的雌花上。授粉过程中的注意事项是花粉液要随配随用，尽量缩短花粉在水中的浸泡时间。因为雄花在水中浸泡时间太长，鞣质渗出增多，抑制花粉发芽。据叶自行等（1992）测定，其水溶液鞣质含量为10mg/kg时，荔枝花粉全部不发芽。雄花在水中浸泡30min，鞣质含量为35mg/kg。若在水中轻搓花朵，鞣质含量高达75mg/kg，因此切忌用力搓洗花朵，尽量用最短的时间（2~3min）洗出花粉水，绝不能超过30min。

（3）不良天气的对策 ①发生沤花：花期遇连绵阴雨，雨多导致花穗积水，花药无法正常开裂，并易出现花穗腐烂及霉烟病（俗称沤花），此时要及时摇树，摇落水珠和凋谢的花朵，并可减少病原菌侵染。②发生碱雾：花期遇到空气相对湿度近于饱和，白天多雾，到中午还未消失，这时虽无雨水，但花穗却积聚水珠，雾中微滴含有许多可溶性有毒物质，果农俗称碱雾，损伤柱头使其不得受精，此时可喷水洗雾，清除柱头上的有毒物质，有利于受精和坐果。③高温干燥柱头干萎：雌花盛开时遇高温干燥天气，柱头易干枯凋萎，此时应在早、晚各喷水一次，以降温和增大空气相对湿度和稀释柱头黏液，改善授粉受精条件。

6. 减轻生理落果 常用的方法包括外用植物生长调节剂、环切、螺旋环剥、喷施叶面肥等，其产生作用的原因可能与树体源库关系的调节朝有利于增加果实库强有关。

（1）使用植物生长调节剂 施用某些植物生长调节剂，可以提高荔枝坐果率。目前应用较多的有2,4-D、2,4,5-三氯苯氧乙酸（2,4,5-T）、赤霉素（GA）和萘乙酸（NAA）等。一般于谢花后7~15d喷施3~5mg/L 2,4-D或2,4,5-T可以减轻早期生理落果。以色列在果实发育到1~2g大小时喷施25~50mg/L 2,4,5-三氯苯氧丙酸（2,4,5-TP）来减轻落果已成为其荔枝生产中的常规措施（Goren和Gazit，1996）。GA 30~50mg/L对于减轻中期生理落果的效果较好，NAA 30~40mg/L对于减少采前落果有一定的效果。近年来，科研单位研制出许多新型的药剂，其中很多为植物生长调节剂与其他物质如腐殖质、氨基酸、生物碱、微量元素等的混合物，对提高荔枝坐果率具有良好的效果。

（2）环切 环切是提高坐果率的一项较为稳妥有效的措施，适用于生长偏旺的结果树，尤其是幼年树。在结果少的情况下，环切对减少由于夏梢抽生而引发的落果效果较好。对老龄或树势偏弱的结果树一般不宜采用。环切宜在主枝或大枝上进行，大枝直径一般不超过6cm，在光滑部位用电工刀或一般嫁接刀环切1圈，深度达木质部即可。时间以谢花后7~10d为宜，视树势情况还可在谢花后30~35d进行第二次。

（3）螺旋环剥 螺旋环剥用于减轻糯米糍、妃子笑和桂味等品种落果有一定的效果，但管理条件差的果园应慎用。周贤军等（1999）观察到幼龄糯米糍分别在雌花开放后9d、29d、45d和57d各有一次生理落果峰，螺旋环剥对第一次生理落果无明显保果效果，但可显著减少后3次落果的发生。生产上已注意到环剥、环切等易发生果个减小的副作用，亟待研究克服。

（4）肥水管理 荔枝开花结果期间，通过合理的肥水供给，及时补充树体养分，保证花果发育健全，是保花保果和提高坐果率的根本措施之一。花果期应掌握前期轻肥、中期重肥的原则。以速效肥为主，氮、磷、钾要有一定比例。施肥时期及施肥量依品种、树龄、树势及挂果多少而定。前期一般在开花前半个月左右施一次速效肥料，目的是促进花朵发育健全，减少因养分供应不足而造成的落花；谢花后施一次以钾肥为主的速效肥，也可施充分腐熟的有机肥，目的是补充开花所消耗的部分养分，能明显增加幼果数。中期俗称壮果肥，多在芒种（5月下旬至6月初）进行，此时正值果肉快速生长期，对肥水需要量大，及时施肥可起到壮果和保果的作用，故此期施肥可适当偏重。另外，根外追肥在荔枝保花保果的实践中也得到了普遍应用。

(5) 防治病虫及其他生物危害 荔枝结果后，常遭受病虫危害而引起落果，应做好病虫防治工作。转色时还有蝙蝠危害，澳大利亚常采用罩网栽培来防止。套袋不失为一种有效方法，可防止病虫、蝙蝠危害，还可防日灼。传统的做法是在果实基部开始转红或四五成熟时，用耐湿的纸袋或无纺布袋等进行套袋，然后在采果前几天除袋。陈大成等（1999）把套袋作为改善妃子笑品种着色不良的一项重要栽培措施加以推广，套袋后果实着色好，单果重和耐贮性也得到提高。其做法是在荔枝谢花后 15~20d，先清除果穗上残留的枯花梗和病虫果，再喷 1 次防病虫药剂，然后根据果穗大小选择不同规格的无纺布果袋进行套袋。采收前不用除袋，可以与果一同采下。这种方法对采前落果严重的品种如糯米糍效果不太理想。

7. 减轻裂果 ①增施有机肥以改善土壤理化性能。一般沙质土较易发生裂果，大量使用化肥，特别是在果实快速膨大期施氮肥常加重裂果。②注意保持均衡的土壤水分供应，防止土壤水分的剧烈波动。果实发育前期干旱易造成果皮发育不良，减少果皮对钙素的吸收，引起果皮应力下降，假种皮快速发育期过多的雨水易导致果实的突发性猛长。③平衡供应果实发育所需的营养，特别注意补充钙营养以提高果皮的应力。如土壤施用石灰（结合有机肥或春前撒施）和在末次秋梢至果实发育期间根外喷施含钙的叶面肥。④做好果园的常规管理工作，如病虫害防治、优质结果母枝的培养、良好的通风透光条件等。另外，注意调节果园小气候，以减少骤变气候的影响，也有利于减轻裂果。如行间生草、行内清耕和树盘覆盖等。

(三) 树体保护

定植后最初几年的荔枝幼树树形小、根浅、枝梢少而嫩，抗逆性较弱，必须加以护理。如对荔枝幼树危害比较严重的害虫（金龟子、荔枝椿象、白蚁等）应注意防治；幼树抗寒力弱，冬季低温期要盖草保护。

防寒护树也是结果树树冠管理的工作之一。冬季气温降至-2~-4℃，树体即受冻害，尤其是早熟品种于 11~12 月已抽出花穗，翌年 1~2 月突然降温，花穗易被冻坏，故需防寒。①易受冻害的地区，选择南向丘陵山地建园，或营造防护林，可减轻受冻程度。②多施有机肥，增强树势，提高抗寒力。③灌水、喷水，以调节气温和地温，减轻冻害。④熏烟，做法是在冷空气下沉的地方堆积清园的杂草，用土覆盖，在需要时点火熏烟，可预防或减轻强冷空气对荔枝造成的不良影响。⑤树干涂白，涂白剂用生石灰 10kg、水 40kg、硫黄粉 1kg 混合配制，涂白高度至地面上 1~1.2m 为宜。

五、采收及包装

采果时间、方法与果实产量、品质及以后结果母枝的抽生有密切的关系。采收过早，产量低、品质差。采收太迟，果实成熟过度，落果增加，果实中含糖量下降（俗称退糖现象），品质下降，且不耐贮运；另外，还会加重植株的营养消耗，使得采果后树势得不到及时恢复，从而影响秋梢的抽生和充实。

果实成熟期因品种和气候而异。广东早熟品种在 5 月上中旬采收，多数在 6 月上中旬至 7 月上旬成熟；广西、福建、四川多在 6 月中旬至 7 月中下旬采收。荔枝采收成熟度的主要外观标志是果皮褪绿并转变成为鲜红色，多数品种此时的色泽、风味最佳，是采收的最佳期。有些品种如妃子笑的果皮褪绿上色缓慢，果皮绿中带红，红色面积为 60%~80% 时，含糖量达顶峰，风味最佳。同一树上的果实往往成熟不一致，故分期采收为佳。

采收以晨间为宜，避免午间烈日高温。雨天不宜采收。采收过程中要减少机械伤。采后在果园阴凉处就地分级，剔除烂果，迅速装运。荔枝包装可根据客户要求，再加上必要的保鲜防失水措施。一般采用纸箱、塑料筐、竹筐内衬垫塑料薄膜的方法。包装大小视具体情况而定，可采用大包装或小包装。对于直接进入超市的果实，可采用塑料小托盘，以聚氯乙烯无滴膜密封。如需在常温条件下贮运，果实可先经预冷后再包装，因此大型果园最好在产地配有冷库。

（执笔人：李建国）

主 要 参 考 文 献

陈大成，李平，胡桂兵，等.1999.套袋对妃子笑荔枝果实着色的影响［J］.华南农业大学学报，20（4）：65-69.
黄辉白.1995.具假种皮（荔枝、龙眼）果实生理研究进展［J］.园艺学年评，1：107-120.
季作梁，李沛文，梁立峰，等.1984.荔枝花芽分化的初步观察［J］.园艺学报，11（2）：134-137.
吕柳新，陈景渌.1990.荔枝雌雄性器官发育的相互消长［J］.中国果树（1）：9-12.
邱燕萍，张展薇，邱荣熙.1994.荔枝胚胎发育的研究［M］.植物学通报，11（3）：45-47.
王仁玑，庄伊美，谢志南，等.1988.兰竹荔枝叶片营养元素适宜含量的研究［M］//李来荣，庄伊美.1988.亚热带果园土壤及果树营养的研究.福州：福建科技出版社.
周贤军，黄德炎，等.1999.螺旋环剥对'糯米糍'荔枝坐果与碳水化合物及激素的影响［J］.园艺学报，26（2）：77-80.
庄伊美，王仁玑，谢志南，等.1995.柑橘、龙眼、荔枝营养诊断标准研究［J］.福建果树，1：6-9.
Chaikiattiyos S, Menzel C M, Rasmussen T S. 1994. Floral induction in tropical fruit trees: effects of temperature and water supply ［J］. J. Hort. Sci, 69 (3): 397-425.
Menzel C M, Simpson D R. 1992. Growth, flowering and yield of lychee cultivars ［J］. Scientia Horticulturae, 49: 243-254.
Menzel C M, Simpson D R. 1994. Lychee. In: Handbook of environmental physiology of fruit crops Volume Ⅱ: Subtropical and tropocal crops ［M］. B Schaffer and P C Andersen, Ed., CRC Press, Inc., Florida.
Stern R A, Meron M, Naor A, et al. 1998. Effect of fall irrigation level in 'Mauritius' and 'Floridian' lychee on soil and plant water status, flowering intensity and yield ［J］. J. Amer. Soc. Hort. Sci, 123 (1): 150-155.
Wang H C, Huang X M, Huang H B. 2001. Litchi fruit maturation studies: changes in abscisic acid (ABA) and 1-aminocyclopropane-1-1carboxylic acid (ACC) and the effects of cytokinin and ethylene on coloration in cv. Feizixiao ［J］. Acta Horticulturae, 558: 267-272.

推 荐 读 物

李建国.2008.荔枝学［M］.北京：中国农业出版社.
倪耀源，吴素芬.1990.荔枝栽培［M］.北京：中国农业出版社.
吴淑娴.1998.中国果树志·荔枝卷［M］.北京：中国林业出版社.
Menzel C M, Waite G K. 2005. Litchi and longan: botany, production and uses ［M］. Oxfordshire: CABI Publishing.

第三章 龙　　眼

第一节　概　　说

龙眼（longan）是我国亚热带名优果树，对土壤适应性强，适宜在红壤丘陵山地和平地栽培，丰产、长寿，百年以上树龄龙眼各处皆有，如福建省晋江 400 年生的福眼仍株产 600kg。

龙眼果实营养丰富，被视为珍贵补品。明代李时珍曾有"资益以龙眼为良"的评价。据分析，龙眼果肉含全糖 12.75%～22.6%，其中还原糖 3.9%～10.2%、转化糖 6.7%～14.0%，全酸 0.058%～0.153%，每 100g 果肉含维生素 C 43.1～167.7mg、维生素 K 196.5mg，还含有粗蛋白和丰富的无机盐类物质。龙眼果肉富含核苷物质，以鸟苷、尿苷、腺苷含量较多，多数龙眼品种在 30～70μg/g，而核苷是人体重要的功能成分，参与人体 DNA 的合成和代谢。

龙眼除鲜食外，还可加工干制品、制罐、煎膏。桂圆干是珍贵补品，具有开胃健脾、补虚益智、养血安神之功效。在我国第二次抗衰老科学研究会上，专家指出："龙眼是抗衰老的天然食品。"日本研究证明，龙眼具有很强的抗癌作用，其功效不亚于抗癌药物——长春新碱。龙眼加工品不但在国内享有盛誉，也畅销于东南亚国家。龙眼果核可制酒、活性炭，也可作糊精的原料。龙眼木质坚固耐久，可雕刻工艺品，又是家具、建筑等的优良木材；其根、干富含鞣质，渔民常利用它熬汁染网。龙眼花量大、花期较长，是优良的蜜源植物；树形美观，是行道绿化的常见树种。

龙眼原产我国华南，据《名医别录》："龙眼一名益智，生南海山谷。"南海即今华南。柯冠武等（1994）对 14 个龙眼栽培品种和野生种的孢粉学等研究认为，我国云南为龙眼起源初生中心，广东、广西和海南为起源次生中心。又据麦克米伦（H F Macmillom）所著《热带园艺植物手册》有"龙眼与荔枝并肩于 1798 年由中国传入印度"，罗斯柏（W Roxburgh）著《印度植物志》认为"印度所有荔枝、龙眼均由中国传入"，可见，印度龙眼是由我国传入。

我国龙眼栽培有 2 000 多年历史，据《群芳谱》引《梧浔杂佩》云："龙眼自尉陀献汉高帝始有名。"《三辅黄图》载："汉武帝元鼎六年……起扶荔宫，以植所得奇草异木……龙眼、荔枝、槟榔、橄榄……皆百余本。"可见早在汉代已有栽培。

2009 年世界龙眼总面积 62.67 万 hm^2、产量 157 万 t，我国龙眼总面积 46 万 hm^2、产量 94 万 t。世界上我国龙眼栽培面积最大，产量最多，品种最丰富，泰国次之，越南、印度、马来西亚、菲律宾也有栽培。19 世纪以后才传入欧美、非洲、大洋洲的部分热带、亚热带地区。我国龙眼主产区为广西、广东、福建、海南、台湾，其次为四川、重庆，此外云南、浙江南部及贵州也有少量栽培。

当前，我国龙眼在生产上存在以下问题：①以中熟品种为主，早、晚熟品种种植面积偏小，采收期集中；②管理粗放，单产低；③普遍存在大小年结果现象，有的甚至长期不结果；④花期成花逆转（俗称"冲梢"）现象严重，造成严重减产；⑤采后保鲜贮运与加工业发展滞后。

第二节 主要种类和品种

一、主要种类

龙眼是无患子科（Sapindaceae）龙眼属（*Dimocarpus* Lour.）植物。该属中的栽培种为龙眼（*D. longana* Lour.），发源于亚热带地区，其中龙眼亚种（ssp. *longana*）中的龙眼变种（var. *longana*）包含许多有价值的栽培品种。此外，龙眼亚种还包含几个野生变种，有长叶柄龙眼（var. *longepetiolulatus* Leenh.）、钝叶龙眼 [var. *obtusus* (Pierre) Leenh.]、大叶龙眼（var. *magnifolius* Lee Yeong-Ching），它们在我国有野生林。龙眼属中有另一亚种马六甲龙眼亚种（ssp. *malesianus* Leenh.），发源于东南亚热带地区（Wong，2000），其中含有 var. *malesianus* 和 var. *echinatus* 两个变种。变种 var. *malesianus* 中有很多类型，可以分出 30~40 个类别或品种，在东南亚的加里曼丹岛和马来半岛广泛存在。这些类别容易开花结果，适应热带湿热气候。龙眼的染色体基数 $x=15$，$2n=30$，目前所见到的龙眼品种均为二倍体。

二、主要品种

我国有 300 多个龙眼品种、品系，作为主栽品种的有数十个。以中熟品种为主，产期较集中。

1. 石硖 又名石圆、脆肉、十叶，原产于广东，在珠江三角洲栽培较多。植株生长旺盛，树冠较大，叶色浓绿。果实圆球形略扁，单果重 7.5~10.1g；果皮黄褐色或带淡绿色，粗厚易剥；肉厚，核小，果肉乳白色或浅黄白色，味浓甜带蜜味，有香气，肉质爽脆；可溶性固形物含量 21%~26%，可食率 67.1%~69.8%。种子红褐色。石硖为广东品质最佳的品种，产量高，大小年现象不明显，在广州 7 月下旬至 8 月上旬成熟。

2. 储良 原产于广东高州，是广东、广西、海南栽培最多的品种之一。植株长势较强，树皮粗糙，叶片深绿色。果实扁圆球形或鸡肾形，果肩稍突起，单果重 12~14.2g；果皮黄褐色，平滑，果蒂处无放射线纹，龟裂纹浅；果肉厚，乳白色，不透明，易离核，肉质爽脆，汁多，味清甜，品质优；可溶性固形物含量 20.5%~23.2%，可食率 65.4%~68.8%，含糖量 18.5%。种子红褐色至黑褐色。丰产性能好，在高州 7 月底至 8 月上旬成熟，在珠江三角洲 8 月中下旬成熟。

3. 东壁 又名糖瓜蜜、泉州本，为福建著名的优良品种。原产于泉州市开元寺，分布于福建省各大产区。植株长势中等，树冠圆头形，树性较直立，树干灰褐色，树皮裂纹明显。果实扁圆形或近圆球形，果顶圆，果肩、果基均平，单果重 10.9g；果皮赤褐色带灰，稍脆，具有明显的黄白色虎斑纹，较规则地从果基向果顶纵射，为本品种的主要特征；果肉淡白色，透明，肉质嫩脆、化渣，味浓甜；可食率 62.5%~65.6%，含糖量 19.8%~22.2%，含酸量 0.12%~0.18%，每 100g 果肉含维生素 C 81.0~115.3mg。种子紫黑色至黑色，扁圆球形。鲜果较耐贮藏。植株抗旱、抗风能力较差，大小年结果现象明显，产量较低。在泉州 8 月中下旬成熟。现在已从东壁中选育出早熟优质、丰产稳产的新品种泉龙 104。

4. 福眼 又名福圆、虎眼，为目前福建泉州市栽培最普遍的品种。树冠高大，圆头形或半圆头形，叶色深绿。果实扁圆球形，果顶圆，果肩微凸，单果重 10.6g；果皮黄褐色，龟裂纹不明显，皮韧；果肉淡白色，透明，清甜味淡，肉厚汁多；可溶性固形物含量 13.5%～16.0%，可食率 64.1%～73.5%，每 100g 果肉含汁量 66.7～76.0ml，含糖量 14.3%～15.45%，含酸量 0.105%～0.115%，每 100g 果肉含维生素 C 64.1～66.00mg。种子紫黑色，扁圆形。

该品种产量高，抗旱力强，果大皮薄，品质中上，适于罐藏、鲜食、焙干。大小年结果现象较严重，抗虫力较差。在福建泉州 8 月下旬至 9 月上旬成熟。

5. 古山 2 号 原产广东省揭东县。树势强壮，树冠半圆头形，枝条开张，分枝密度中等；叶片浓绿色，长椭圆形，叶缘呈波浪状扭曲。果实圆球形，果肩略歪，单果重 12～14g；果皮黄褐色，较薄；果肉蜡黄色，肉质爽脆，易离核，味清甜；可溶性固形物含量 18%～20%，可食率 70.8%，含糖量 17.4%，含酸量 0.06%，每 100g 果肉含维生素 C 85.7mg。种子较小，黑褐色。果实成熟期比石硖约早 7d，在广东东部成熟期 8 月初，是早熟优质鲜食品种。

6. 八一早 原产于福建省同安，成熟期在 8 月初，故得名。树姿开张，枝条较粗，节间较密；小叶大，阔椭圆形。果实扁圆球形，单果重 10.6～12.7g；果皮黄褐色；果肉乳白色，质脆，化渣，汁多，味甜稍淡；可溶性固形物含量 18.2%～22.3%，可食率 66.2%～70%。种子棕黑色，椭圆形。该品种抗逆性较强，丰产性一般，有大小年结果现象，是鲜食和制罐早熟良种。

7. 草铺种 产于广东潮安，是广东东部地区栽培最多的品种。生长势强，树姿较开张，枝条较硬；小叶较大，淡绿色。果实扁圆球形，单果重 9.7g；果皮较硬，淡红色或赤褐色，有鳞片状花纹；果肉浅黄白色，汁较多，肉厚，质地嫩脆；可溶性固形物含量 18.0%～20.0%，可食率 63.0%～65%，含糖量 16%。种子圆球形，红褐色。该品种丰产，迟熟，品质优，不易裂果，采收期长，在潮安成熟期 8 月下旬至 9 月上旬。

8. 赤壳 又名硬种、店仔种，主产于福建同安。树冠圆头形至半圆形，半开张，主干有明显的螺旋状；叶片长椭圆形，叶尖较钝。果实扁圆球形，果肩微凸，单果重 14.6g；果皮龟裂纹中等明显、不规则，皮韧；果肉淡白色，透明，肉质脆，味清甜；可溶性固形物含量 15.0%～17.0%，可食率 71.5%～71.9%，含糖量 13.8%～14.4%，含酸量 0.10%～0.11%，每 100g 果肉含维生素 C 55.0～62.5mg。种子紫褐色，扁圆球形。该品种产量高，大小年结果现象明显，果大肉厚，是焙干优良品种。产地 8 月下旬至 9 月初成熟。有硬枝赤壳和软枝青壳两个品系。

9. 乌龙岭 原产福建仙游尾霞露岭，为莆田、仙游主要的制干品种。树冠圆头形，半开张，树势强壮；叶长、大而末端尖，侧脉疏，主脉浮起。果穗粗短而散，长约 20cm；果实圆球形，单果重 10.9g；果皮红褐色，基部纵纹多且明显，疣状突起少；果肉乳白色，半透明，肉质较脆，味甜；可溶性固形物含量 21.4%～23.0%，可食率 56.0%，含糖量 18.0%，含酸量 0.07%，每 100g 果肉含维生素 C 114.4mg。种子棕黑色，扁圆球形。产地 9 月上旬成熟。有红壳、白壳、青壳等品系。

10. 水南 1 号 原产于福建莆田。树冠半圆形，树姿较开张，树皮灰褐色，分枝多，节间长；叶片椭圆状披针形，叶基不对称楔形，叶缘波浪状明显，叶上表面深绿色，下表面灰绿色。果实侧扁圆球形，果顶浑圆，果特大，单果重18.0～23.1g；果皮绿黄色或黄褐色，龟裂纹不明显；果肉乳白色，半透明，质地较脆，汁多味甜，不流汁，易离核，核小肉厚；可溶性固形物含量18.2%～21.8%，可食率70.9%～74.1%。种子红棕色，扁圆球形。在莆田成熟期9月上中旬，丰产性能好，是鲜食、焙干兼优的大果型中熟新品种。

11. 松风本 原产于福建省莆田市黄石镇。树冠半圆形，树势中庸；叶色浓绿，侧脉明显，叶片狭窄，叶面平展，叶尖钝。果穗大而果粒排列紧凑；果实近圆球形，单果重12～14g；果皮黄褐色，龟裂纹不明显，疣状突起稍明显；果肉乳白色，半透明，质地脆，不流汁，味浓甜，稍离核；可溶性固形物含量22%～24%，可食率65%～68%。在莆田果实成熟期9月下旬至10月上中旬，丰产稳产，耐贮运，是晚熟鲜食优良品种。

12. 立冬本 原产于福建省莆田市。果实近圆球形，果顶浑圆，果肩平或微耸，果较大，单果重12.5～14.0g；果皮灰褐色带青，龟裂纹明显，疣状突起不明显；果肉乳白色，半透明，易流汁，味清甜；可溶性固形物含量20%～22.5%，可食率65.6%。种子棕黑色，种脐小。丰产稳产，在莆田成熟期10月中下旬，是晚熟良种。

13. 灵龙 原产于广西灵山县，现分布于广西主产区。果实圆球形微扁，单果重12.5～18.0g；果皮黄褐色，果粉较多，龟裂纹和疣状突起不明显，放射状纹较多；果肉乳白色，不透明，稍离核，肉质爽脆，汁多味甜；可溶性固形物含量20.2%～21.2%，可食率66.0%～70.8%。种子棕黑色，近圆球形。该品种早结、丰产、迟熟，品质优，灵山成熟期9月上旬。

14. 泉龙157 福建省2009年新认定的龙眼优良品种。树干灰褐色，树冠圆头形或半圆形，树姿较开张，枝梢粗壮；小叶阔披针形，绿色，叶基宽楔形或楔形，叶尖渐尖，叶缘呈明显波浪状。果实圆球形，果肩平，果顶浑圆，大小均匀，单果重12～15g；果皮黄褐色带绿；果肉质嫩，化渣，味浓甜，具有牛奶香气；可溶性固形物含量22.6%，可食率68.3%。种子棕褐色，圆球形。该品种丰产稳产，果大肉厚，鲜食、加工兼用。在泉州成熟期8月中下旬。

除上述主要品种之外，各地尚有为数不少的重要品种，现列于表3-1。

表3-1 我国龙眼其他品种简介

品种	产地	果实品质特征	成熟期	用途
早禾	广东广州等地	果实圆球形，单果重6.7g，质脆，汁少，味甜，可溶性固形物含量13%	7月中下旬	鲜食
桂龙早1号	广西南宁、玉林等地	果实圆球形略扁，单果重16.1～18.7g，可溶性固形物含量17.0%～20.5%，可食率69.8%～70.9%	7月中下旬	鲜食
花壳	广西博白	果实圆球形，单果重4.87g，质脆汁少，可食率69.27%～70.8%，全糖量22.02%	8月中下旬	焙干
粉壳	台湾	果实较大、整齐，近圆球形，单果重11.8g，果皮黄褐色，果粉多，退糖迟，不易脱粒，果肉脆，可溶性固形物含量26%，丰产	9月上旬	鲜食、焙干
丰州早白	福建南安	果实扁圆球形至肾形，果实基部微凹，单果重8.6g，可食率68.7%，全糖量19.2%，味浓甜	8月上中旬	鲜食
龙优	福建莆田	果实近圆球形，果肩稍耸起，单果重16g左右，果肉汁多味甜而不流汁，可食率68.2%，可溶性固形物含量19.1%	8月中旬	鲜食、焙干

(续)

品种	产地	果实品质特征	成熟期	用途
普明庵	福建莆田	果实扁圆球形,单果重9.3g,味清甜,果核赤褐色,可食率72.7%	9月上旬	
油潭本	福建莆田	果实扁圆球形,单果重10.8g,果皮青褐色,可食率59.5%	9月中旬	
柴螺	福建长乐	果实心形,单果重12.8g,果皮灰褐色,可食率66.5%,可溶性固形物含量21.9%	9月中旬	鲜食、焙干
扁匣臻	福建长乐	果实荷包形,侧扁,单果重9.0g,果皮茶褐色,果肉质脆味甜,可食率60.6%	9月底	鲜食
青山0号	福建长乐	果实扁圆球形,单果重14.4~18.3g,果肉厚,易离核,质脆化渣,可食率67.7%~69.7%,可溶性固形物含量21.2%	9月下旬至10月上旬	鲜食
友谊106	福建莆田	果穗大,果粒排列紧凑,大小均匀,单果重15.6g,肉质爽脆,可溶性固形物含量19%,可食率72%	10月6日前后	鲜食
泸早	四川泸州	果实扁圆球形或圆球形,单果重12g,果肉厚,质爽脆,味浓甜,汁多,可食率66.3%,全糖量17.1%,品质佳	8月中旬	鲜食、焙干
泸元3号	四川泸州	果实圆球形,单果重8.1g,果肉质细,浓甜,可食率66.7%,可溶性固形物含量20.8%	8月下旬	鲜食
泸元4号	四川泸州	果大,肉厚,细软较化渣,味浓甜,汁中等,有香气,品质上等	8月下旬	鲜食、焙干
泸元20	四川泸州	果实圆球形,单果重12.1g,果肉白色,肉厚味甜,全糖量21.9%,可食率51.25%	9月上旬	鲜食、焙干
蜀冠	四川泸州	果实近心形,单果重12.4g,黄壳,可溶性固形物含量22.4%,可食率64.4%,质脆		焙干
处暑本	福建莆田	果实近圆球形,单果重13g左右,果肉质脆,味淡甜,可食率74%,可溶性固形物含量18.4%,品质中下	处暑前后	焙干、鲜食
南圆	福建福州	果实圆球形,单果重13.3g,味甜,质软,汁多,品质中上	8月下旬至9月上旬	鲜食、焙干
青壳大鼻龙	福建莆田	果实扁圆球形,单果重12.8g,味甜,质脆,品质中上	9月上中旬	鲜食、罐藏、焙干
红核子	福建福州	果实圆球形,果小,单果重5.9g,味浓甜,质脆,可食率58.6%,全糖量17.14%,品质中上	9月上中旬	鲜食
青壳	福建莆田	果实扁圆球形,单果重10.7g,肉质脆,味甜,可食率67.35%,全糖量16.24%,品质中上	9月下旬	鲜食、罐藏、焙干
公妈本	福建莆田	果实心形或扁圆球形,单果重15.5g,肉厚,质脆,汁多,味甜,品质上	9月下旬	罐藏、鲜食
九月乌	福建莆田、福清	果实扁圆球形,单果重11.7~14.0g,果肉清甜,稍脆,全糖量15.8%~23.8%,品质上	9月下旬至10月上旬	鲜食、罐藏
鸡蛋龙眼	福建诏安	果实扁圆球形,单果重11g,肉厚质脆,焦核率高,味甜,品质上	9月上旬	鲜食
十二月龙眼	福建漳浦	果实圆球形,果皮灰褐色,单果重17~25g,质脆汁少,味浓甜,品质中下	12月	

(续)

品种	产地	果实品质特征	成熟期	用途
龙目	台湾高雄等地	果实黄褐色,单果重10.2g,肉质脆,可溶性固形物含量21.3%	8月	
莲叶	台湾高雄等地	果实黄褐色,单果重10.4g,肉质微脆,可溶性固形物含量19.6%	8月	
番路晚生	台湾	果实淡黄褐色,单果重12.4g,肉质软,可溶性固形物含量26%	8月下旬至9月上旬	
双季龙眼	国外引入	果实圆形,单果重10g,最大可达14g,果皮黄褐色,果肉爽脆化渣,可食率70%,可溶性固形物含量22%	一年可收获多次	鲜食

第三节 生物学特性

一、主要器官形态

(一) 根

龙眼根系庞大,大部分种植在山坡地的龙眼,垂直根通常可达2~3m,甚至有的可穿入半风化层。在福州红壤丘陵地区35年生的实生红核子根系深达5.42m。龙眼水平根的扩展力较强,大多是树冠的1~3倍,但以树冠覆盖范围最为密集。在红壤地,龙眼80%根系分布在10~100cm土层中,而更多集中在50cm以内。

龙眼新根白色,后逐渐变为黄白色,成长至粗根时则转为黄褐色,皮孔大、密而明显。吸收根有菌根共生,无根毛,其形态与荔枝菌根相似,为总状分枝式,或由于间歇生长而呈念珠状(图3-1)。菌根的存在是龙眼适应红壤山地旱、酸、瘠等恶劣土壤环境的重要原因。

(二) 茎

龙眼树冠高大,在福建东南丘陵山地20~35年生高产树,树高6.00~7.40m,冠幅6.84~9.74m,干周平均0.80~1.15m,大的达3m以上。树干的高矮与繁殖方法和整形修剪有关。树干外皮粗糙,有不规则纵裂,外皮厚,具木栓质,灰褐色,颜色的深浅依树龄、品种而异。龙眼的枝条粗而坚脆,外皮褐色,皮孔明显。枝条外皮随年龄增大逐渐变粗糙,且呈纵裂。

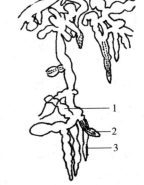

图3-1 龙眼菌根的外形
1. 菌根 2. 中柱 3. 吸收根

(三) 叶

龙眼的叶为偶数羽状复叶。幼苗的第1~2叶仅1对小叶,第2~3叶具2对小叶,以后则增至3~4对小叶或更多。小叶对数因品种而异,7对以上者较为罕见。小叶对生或互生,全缘,革质,长椭圆形,叶长9.26~17.50cm,宽3.30~5.80cm,叶上表面绿色,下表面淡绿色,叶柄短。

龙眼耐旱性强与其叶片的构造有关,可归纳为3点:①表皮角质层厚;②气孔小,且大多被副卫细胞的乳头状突起所遮盖;③大小叶脉均具有与运输有关的维管束鞘,延伸达上下表皮层。这些特殊的叶片解剖特征以及强大的根系和菌根的存在,一方面具有较强的吸收水分的能力，另一方面又减少了水分蒸腾，使得龙眼能适应生长在南方丘陵山地及季风较大的沿海地带。

(四) 花穗与花

1. 花穗　龙眼的花为圆锥形聚伞花序，由混合花芽发育而成。每花序有10余分枝，多者20余枝。着花数百朵至3 000朵，多者达5 000余朵。每一分枝又由多个小花穗构成，每一小穗有3朵花，中间1朵先开。基部小穗的花通常比顶端先开。龙眼的花穗按其大小、形状和发育状况等特性可分为4种类型：①长花穗。由健壮结果母枝顶芽发育抽生。其花序主轴明显，长达25cm以上，有10~15枝一级侧花序，多者可达20枝左右。在一级侧花序上再抽生若干二级侧花序，二级侧花序上再抽生三级侧花序。同时，在长花穗基部以下的1~3个腋芽也可发育抽生丛状的短花序。长花穗分枝级数多，花穗大而长，抽穗早，花量多，花期亦早，坐果率低。②短花穗。此花穗主要由迟秋梢发育抽生。花穗短小，长度一般在15cm以下，抽穗较迟，花量少，花期亦较迟，雌花比例高，坐果率高。③丛状花穗。因结果母枝顶芽或主花轴受损，由侧花序和结果母枝侧芽抽出的丛状花穗组成的花穗。花穗短，花量适中，雌花比例高，坐果率较高。④"冲梢"花穗。龙眼混合花芽在发育抽生花穗过程中，因受内部条件和外部环境因素的影响，常导致营养生长趋向加强，花穗上幼叶逐渐展开、成长，使花序发育中途终止，已形成的花蕾萎缩脱落，成穗率降低，甚至完全逆转成营养枝，这种现象称为成花逆转（俗称"冲梢"）。龙眼"冲梢"会不同程度造成减产，甚至绝收，它已成为龙眼歉收的重要原因之一。

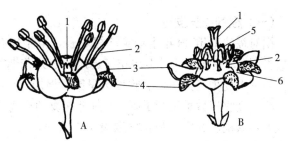

图3-2　龙眼的主要花型
A. 雄花　B. 雌花
1. 柱头　2. 花丝　3. 萼片
4. 花瓣　5. 子房　6. 花盘

2. 花　龙眼的花蕾为紫红色。花型主要有雄花、雌花两种，此外尚有为数较少的两性花（图3-2）及各种变态花（包括中性花及多种畸形花）。

(1) 雄花　雄花为数最多，占总花数80%左右。开放次数多，时间长。大部分花穗先开雄花，亦常以雄花告终。花呈浅黄白色，花萼5深裂，花瓣5，花盘粗大。雄蕊发达，7~10枚，多为7~8枚；花丝长0.6~0.8cm，呈放射状散开；花药黄色，散发花粉时纵裂，花粉黄色。雌蕊退化，仅留1个红色的小突起。雄花开放后1~3d即行脱落或枯干。

(2) 雌花　雌花是龙眼最重要的花型，它关系到结果多少。雌花外形与雄花相似，但雌蕊发达，深黄色，子房2室，间有3室，花柱合并，开放时柱头分叉、弯曲。子房周围有退化雄蕊7~8枚，花丝很短，花药不散发花粉。雌花开放时间短，一般集中开1~2次。

(3) 两性花　此种花为数极少，它具有正常的雌、雄蕊，花药能散发花粉，子房可发育膨大。

根据花芽形态分化和雌雄配子体发育的观察，龙眼单性花开始分化时亦存在两性体原基，以后随着雌雄性器官的消长，雌蕊或雄蕊一方退化，形成了不同性别的花朵。雌雄花比例与气候条件及管理水平相关，通常为1∶4~5，树势衰弱的植株雌雄花比例为1∶17，而丰产树可达1∶1。因此，加强果园肥水等管理可提高植株的雌花比例。

所有花朵盛开时,花盘上的蜜腺分泌大量花蜜,以利于昆虫传粉。

(五)果实和种子

龙眼的花属子房上位花。正常的雌蕊子房2室,并蒂而生,开花后通常是1室膨大,另1室萎缩,并宿存在果蒂旁边,这一时期称为并蒂期。果实外皮主色为褐色,因品种不同又有黄褐、青褐、锈褐、赤褐、红褐等区别。外皮上有明显度不同的龟裂纹、疣状突及放射线。果皮薄,果肉为假种皮。肉色淡白、乳白或灰白,肉质可分为透明、半透明和不透明。肉质脆或软,清甜,有香气。

种子圆形至扁圆形,外皮主色为暗黑色至红棕色,光滑。种脐白色,稍突。龙眼果实亦有一些胚胎在发育中途停滞而产生焦核的品种,如青壳宝圆、普明庵等。但多数是在同一株树上既有大核果,又有焦核果,大核和焦核的比例不甚稳定,属部分败育类型。据调查,龙眼焦核品种的种子大小呈连续过渡状态,据此认为是在胚胎发育中后期陆续败育的。

二、生长发育特性

(一)根的生长发育

据对福建莆田30年生乌龙岭树观察,全年均有吸收根生长活动。4月中旬以前吸收根数量少;4月中旬至5月上旬花穗迅速发育开花期间,吸收根数量有下降趋势;6月上旬以后,第一次夏梢已充实,吸收根数量明显增加;6月下旬至7月下旬夏梢抽生高峰,此时土温又高,吸收根数量又行下降;8月上旬夏梢充实后,吸收根又明显增加;果实采收后至10月中下旬秋梢已充实,吸收根数量又形成小高峰;11月上旬以后,土壤干燥,吸收根数量开始明显减少;12月下旬至翌年1月下旬春梢抽生以前,新根数量又显著增加。据四川宜宾园艺研究所对40年生稳产树的根系观察发现,新根5月17日萌发,全年有3次生长高峰,全年根系生长期达229d,次年1月上旬才停止生长。

根系年周期的生长先后、强弱受枝梢生长和结果以及环境条件的影响。根系生长高峰的出现通常都在各季枝梢生长高峰之后。枝梢生长情况和光合作用等生理强度的差异与根系的生长有关。但是新根和新梢的生长又与当年结果量呈负相关。通过修剪、疏花疏果、水肥管理等措施,使枝梢、花果、根系三者均衡地生长发育,是连年高产稳产的基础。

影响根系生长的环境因素主要是土温和水分。土温在5.5℃时,根系活动微弱;随着土温上升,根系活动加强,土温达23~28℃时为最适温度,生长最快;土温升至29~30℃,活动又变缓慢;土温高达33~34℃时,根系则进入休眠状态。土壤含水量13%以上较适宜。6~8月高温多湿,土壤水分充足,温度适宜,成年树根系生长量最大,8月上旬每条新根平均每天延伸1.55cm,若遇伏旱,根系生长量减小。据在四川观察,8月土温26℃,是其生长适温,但在8月21~31日连续伏旱,土壤含水量降至5.5%~7.4%时,根系生长突降,甚至近于停止。

(二)枝梢的生长发育

龙眼每年抽梢3~5次,春梢1次,夏梢1~3次,秋梢1~2次,冬季气候冷凉或较干旱条件下抽冬梢情况较少。福建莆田的乌龙岭、油潭本品种成年树的秋梢较多,且普遍抽生,占总抽梢数的33.01%;但如当年结果少或无结果,春、夏梢的数量则较多,4年平均春梢数占总抽梢数的23.96%,夏梢数占43.03%。枝梢长度以春梢最长,平均长9.87cm;秋梢次之,平均长7.61cm;夏梢较短,平均长6.67cm。据在四川观察,以春梢数最多,其次为夏梢，秋梢最少。

新梢在充实的枝梢顶芽抽生，亦有从短截枝、疏花疏果枝上的腋芽或不定芽抽出。夏梢的腋芽萌芽率和成枝力强，有的当年亦可抽生新梢。龙眼抽梢时期、次数及抽梢量随树体营养、树龄、结果量、管理水平及环境条件差异而有很大差别。

1. 春梢 通常自去年的秋、夏梢及多年生枝抽生。福州一般于1月下旬春梢萌动，旺盛生长期在2月中旬至3月中旬，大部分春梢4月中旬停止伸长，4月下旬基本老熟。连年结果的树，春梢数量较少。然而，当年花穗少或花穗大量"冲梢"的树，春梢数量多而壮；花穗多的树，春梢则很少。春梢生长势较弱，难作为翌年的良好结果母枝。福建莆田果农常在春季疏折花穗时结合修剪将其剪除，以促使抽生强壮的夏、秋梢作为翌年结果母枝。

2. 夏梢 从当年春梢或去年夏、秋梢及多年生枝抽出，或从春季修剪和疏花穗、疏果穗的短截枝上萌发。华南龙眼夏梢抽生时间较长，自5月中下旬至8月初先后有2~3次抽生期。第一次在5月上旬，抽生数量较少；第二次在6月中下旬至7月上旬，此期气温高、雨水多，植株大量抽生夏梢，为龙眼夏梢生长高峰；第三次在7月中旬至8月初，从当年早萌发的夏梢顶端再抽生，形成二次夏梢，或从落花落果的结果枝顶端发出。

夏梢抽生数量和生长质量与当年结果量、管理水平等密切相关。当年结果多，养分大量供应果实生长发育之需，且果穗的存在占据了绝对的顶端优势，夏梢抽生很少，反之则多。夏梢的抽生数量与当年结果量呈负相关（表3-2）。结果量中等的植株，如果肥水充足，亦能抽生较多的夏梢。足量的夏梢生长，对萌发秋梢以培养良好的结果母枝有重要意义。

表3-2 结果量与夏梢发生的关系

结果情况	株号	检查枝数（条）	果穗 数量（条）	果穗 抽穗率（%）	未发夏梢的枝数 数量（条）	未发夏梢的枝数 抽梢率（%）	发夏梢的枝数 数量（条）	发夏梢的枝数 抽梢率（%）
结果多的树	1	132	果穗104	78.8	104	100	28	21.2
	2	136	果穗90	66.2	90	66.2	46	33.8
	3	518	果穗508	98.1	508	100	10	1.9
结果少的树	1	40	未结果	0	1	2.5	39	97.5
	2	114	未结果	0	4	3.5	110	96.5
	3	206	未结果	0	11*	5.4	195	94.7

* 基部环状剥皮。

3. 秋梢 秋梢于8月上旬至10月初萌发，树势强者萌发比较早，通常在采果后15~20d大量萌发。秋梢主要有两种，一种为夏延秋梢，另一种为采果枝秋梢。所谓夏延秋梢，即夏梢在生长过程中生长停顿期不明显，从其顶端直接延续生长的秋梢。此外，还有短截枝及多年生枝秋梢，但数量少。

秋梢抽生与品种、树势、结果量、果实成熟期、管理措施及气候条件有关。根据福建省农业科学院在莆田对乌龙岭、油潭本品种结果树的观察，4年平均夏延秋梢占秋梢总数的60.85%，采果枝秋梢占20.71%，短截枝秋梢占3.07%，多年生枝秋梢占15.37%。如果当年结果少或无结果的植株，因春、夏梢抽生较多，秋梢则少。早熟品种萌发早、生长量大，晚熟品种萌发迟、生长差；树势强、肥水充足，秋梢萌发也早、生长强壮。采果前后施足肥料，可提高秋梢抽生数，使其长度和粗度增加1/3。秋季雨水充足有利于秋梢抽生。福建龙眼多数品种成熟期在8~9月，此时正值秋季，雨量偏少，气温渐低，如采后未能及时施肥和灌水，则采果枝萌发秋梢很少。

秋梢是翌年重要的结果母枝。夏延秋梢抽穗率为40.0%～72.3%，采果枝秋梢为23.0%～40.1%，其他秋梢为12.1%～47.0%。所以加强农业措施，培育足够数量的健壮秋梢是连年丰产的重要基础。

4. 冬梢 冬梢于11月抽发。冬季若气候温暖、多雨或肥水充足，则冬梢多；幼树、青壮树冬梢多，老树冬梢少。冬梢抽生时间迟，养分积累不足，难以成为良好的结果母枝，且常遇霜冻、寒害，果农常通过断根、控制肥水，避免萌发冬梢，或应用生长调节剂抑制萌发。

（三）花芽分化

龙眼属于当年花芽分化、当年开花结果的类型。乌龙岭及红核子品种的花芽分化大致可分为以下几个时期：

1. 未分化期 生长点狭而尖，鳞片紧包。

2. 花序原基分化期 2月为花序原基分化期。此时花序原基与叶芽原基开始分化，两者差异不大，仅花序原基呈圆锥形，短而略宽。

3. 花芽分化期 2月底至3月中旬为花芽分化期。此时花芽形成速度较快，进一步分化产生许多支穗原基，早分化的支穗发育分化出小穗原基，有部分原基开始分化花萼。

4. 花序迅速分化期 3月中旬花序进入迅速发育时期，分化出大量支穗和小穗原基，多数原基已开始花萼分化，少数出现花瓣原基。

5. 花器建成期 龙眼花器发育和花序分化同时进行，4月上旬整个花序基本建成，而花器发育加速，花序上大量雄蕊原基出现，继而子房开始发育，这段时间很短，约10d。

各型花分化决定期依花型不同而异，雄花较早（3月27日），雌花迟些（4月16日），两性花与雌花相近（4月19日）。整个花芽分化过程需2个月时间，大致是2月上旬至4月上旬。

3月中旬花芽分化期间代谢上的重要特征是可溶性糖和氮含量有一明显的转折点。花芽将分化时，叶片的可溶性糖明显下降，顶芽的淀粉迅速水解，可溶性糖含量急剧上升。因此，花芽分化数量与花芽分化时顶芽可溶性糖的水平高低有一定关系。而秋梢叶片数量及其所积累淀粉的水平是花芽分化的物质基础。因此，花芽分化前枝条淀粉的积累水平以及叶片同化与输出能力都会影响当年的花芽分化。此外，结果母枝在花芽分化前累积的蛋白质氮和全氮水平都较高。

（四）花穗成长

花穗一般在2月上旬至3月下旬抽生，4月上中旬以后逐渐发育成完全的花穗。抽穗时期迟早依结果母枝类型、树势及早春的气候而异。以夏梢为结果母枝且树势壮的植株，抽穗最早；夏延秋梢为结果母枝的次之；秋梢为结果母枝而树势弱的植株，抽穗迟。花穗大小与抽穗迟早有关，通常早抽者穗大，而花期也早；迟抽的花穗小，开花期迟。花穗的大小又受春夏季修剪所影响，如果在每次抽梢时，每个枝条仅留1～2个新梢，则可形成强壮充实的结果母枝，其后所抽花穗较大，有利于提高产量。

龙眼花穗主轴、侧轴、支轴存在花原基和叶原基，较低的温度（2～3月保持8～14℃）有利于花穗的正常发育。低温下混合花芽发育而成的花穗，其幼叶在发育过程中枯萎脱落。花穗抽生过程中，若遇气温较高、湿度大，常导致营养生长趋向加强而形成"冲梢"。春季偏施氮肥、青壮年树以及上年结果少的植株"冲梢"严重。"冲梢"还与品种、繁殖方法以及果园的生态条件有关。加强施肥,促进养分积累,可提高花穗抽生率和质量。

(五) 开花

开花期自4月中旬至6月上旬,依气候、品种、树势、抽穗期等的不同而异。较温暖的地区及年份开花早;乌龙岭的初花期比油潭本迟6~8d;树势壮,抽穗开花早。单株开花期为30~45d,单穗花期则多为20d以上。以夏梢为结果母枝的,其花穗最大,花数相应增加,夏延秋梢次之,采果后秋梢更少(表3-3)。

表3-3 不同结果母枝开花比较*

结果母枝类型	每穗平均花蕾数(个)	开放花数(个)	开放雌花数(个)	雌花比例(%)
夏梢	959.7	652.3	217.7	33.4
夏延秋梢	808.6	454.0	155.4	34.2
采果枝秋梢	449.8	314.2	93.0	29.6
短截枝秋梢	457.3	340.3	176.7	51.9

* 系乌龙岭、油潭本2个品种各3株平均数。

单穗中各花型开放次序不一,通常先开雄花,再开雌花,以雄花告终。此外,亦有雌花先开的,而以雄花或雌雄花混合开放告终,以及先以雌雄花混开,后以雄花告终等类型。雄花开放次数多,雌花通常集中开放1~2次,时间仅3~7d或更短;也有部分植株雌花开放2~3次,开放时间长达10~20d,致使果实成熟时大小悬殊。花穗中雌雄花相继开放,没有间隔现象。龙眼不同性别花的开放虽有相对集中的时期,单花穗不同性别花的开放时间虽不一,但不像荔枝那样界限分明,对于整株或整个果园来说,雌雄花是交叉开放的,故不影响其授粉受精。

(六) 结果和果实发育

1. 坐果及落果 龙眼有60%~90%的花蕾能正常开花,其余早期脱落。若以雌花计算,总落果率达60%以上。龙眼雌花柱头有效受精时间较长,开花当天受精率高达42.3%,开花前3d花蕾微裂苞,及开花后3d花瓣凋萎时,雌花都有7.7%~10.7%的受精率;加之雄花数量很多,雌雄花交叉开放,因而坐果率很高。根据各地观察,其坐果率大多为10%~20%。因此,龙眼坐果率高,丰产潜力较大。

5月中旬至6月上旬即受精后3~20d出现第一次生理落果,此期落果最多,占总落果数的40%~70%。落果数量主要决定于授粉受精情况,外界因素也影响坐果。开花期低温(14.8~15.7℃)比高温(22.2~25.3℃)落果多4~5倍,低温加上阴雨则加剧落果。6月中旬至7月中旬出现第二次生理落果,主要原因是营养不足。以后直至成熟,落果较少。

2. 果实发育 受精后龙眼幼果不断增大,坐果的第1个月种子先发育,纵径增大比横径增大快;6月中旬果肉从种子基部长出,6月底至7月上旬发育迅速,果实发育后期横径增大比纵径增大快。龙眼果实增大最快在7月上旬以后,此期的肥水供应与产量关系密切。果实成熟期与品种、地区、气候等有关,差异甚大。各地龙眼成熟期一般在7~10月,而以8月至9月中旬居多。

三、对环境条件的要求

(一) 温度

温度是限制龙眼地理分布的最主要因素。龙眼以年平均温度20~22℃为适宜,在年均温 17.5℃地区生长发育不正常。我国龙眼多栽培在年均温 18～24℃地区。

龙眼要求在冬季 12 月至次年 1 月有一段时间相对低温，以利于花芽分化。抽穗期间气温不宜过高，以 8～14℃为宜，如气温较高（18～20℃）则不利于花穗发育，易产生"冲梢"现象。开花期则需较高气温，一般在 20～27℃，气温过低或过高对开花坐果都不利。果实成熟期正值夏秋高温季节，有利于品质提高。

龙眼耐寒力较差。气温降至 0℃时幼苗易受冻。−0.5～−4℃大树表现出不同程度的冻害，−3℃老叶冻枯，−4℃主干冻死。福建福州和漳州 1955 年 1 月平均气温分别为 8.8℃和 11.3℃，比常年低 3～4℃，最低气温分别为 −4℃和 −2℃，并且有连续数日的重霜，导致龙眼遭受严重冻害，福州地区龙眼受冻达 80%～100%，严重的连主干也被冻坏。冻害程度受地理条件如坡位、坡向、果园附近大水体等的影响。一般山坡地比平地、低地冻害轻，北向、东北向霜冻比南向严重，附近有大水体的果园霜冻较轻。此外，幼年树受冻害比成年树严重，树势壮冻害则轻，品种之间亦有差异。

（二）水分

龙眼在整个生育期要求有充足的水分，年降水量在 1 000mm 以上。但在亚热带果树中，龙眼是比较耐旱的。普遍认为，龙眼耐旱、喜湿、忌浸。这与它长期处于旱、酸、瘠的红壤山地、季风较大的沿海地带所具有适应性以及本身植物学结构等有关。我国龙眼主产区年降水量是足够的，但降水分布不均，加上丘陵山地水土流失严重，如遇干旱季节，常有缺水现象，特别是果实发育期间影响较为显著。采果之后正值秋梢抽生时期，要求果园土壤水分充足，秋后若遇干旱应及时灌水，以利于秋梢的萌发与生长。至冬季所需水分较少，相对干旱有利于花芽分化，且可避免冬梢抽生。开花期间及果实成熟时不宜多雨，否则会减少坐果及降低果实品质。6～7 月根系生长旺盛，必须保持充足的水分。龙眼能耐短期水淹，四川江河两岸龙眼，洪水淹没 3～5d 未见有害，但长期积水将致根系腐烂、树势衰退，甚至植株死亡。

（三）风

在四川龙眼花期偶遇从西北吹来的热风，气候特别干燥，有大量黄沙微尘，致使柱头沾染黄沙白泥而干燥凋萎，坐果率大为降低。沿海地区，夏秋季常有台风，有时可达 8～12 级以上，此时正值龙眼果实成熟期，常致果实大量脱落、枝条折断、树冠毁坏，甚至大树连根拔起。应重视防护林的设置，同时还可通过合理整形修剪等措施来降低风害。

（四）土壤

龙眼对土壤的适应性较强，除部分果园建立在平地或冲积地外，大多分布在低缓丘陵地，也有的栽植在海拔 200～500m 的山地上。从福建等产区来看，龙眼主要产区都在低缓丘陵的红壤与砖红壤的过渡性土壤，这种土壤具深度富铝化特征，由于常年累月的风雨袭击、植被破坏和酸性岩系的影响，土壤侵袭严重，因而表现相当显著的酸、旱、瘠、黏特征，但龙眼对这种土壤仍有广泛的适应性。龙眼果园土壤 pH 最适范围为 5.0～6.5。

第四节　栽培技术

一、育　苗

培育龙眼苗木的主要方法有嫁接育苗、高压育苗和实生育苗 3 种。实生育苗的个体变异大，不能保持母本的优良性状，且进入结果期迟，除用于培育砧木外，不宜直接用于生产。

（一）实生砧木培育

1. 种子的采集及处理　选择大而饱满的种子用于播种，发芽率高，生长好，可速生快长，嫁接成活率高。种子小，播种后生长较慢，长势较弱，不宜用于培养砧木。

龙眼种子极易丧失发芽能力，取种后应立即用清水漂洗，剔除果壳等杂物和种脐上的果肉，然后立即播种。若种子来自罐头厂，可先混少量细沙摩擦（亦可脚踏摩擦）除去附着的果肉，漂洗、过筛去劣后，按1：2～3的比例将种子与沙混合，堆积催芽，堆积高度以20～40cm为宜，保持细沙含水量约5%，含水量太高易引起发霉、烂芽。催芽温度以25℃左右为宜，30℃以上发芽率大大降低，33℃以上则丧失发芽力。当胚根长出0.5～1.0cm时即可播种。采用细沙催芽，发芽率可达95%，不催芽的发芽率仅60%～75%。

如果采种后未能马上播种，可用含水量1%～2%的沙混合，置于阴凉的地方贮藏，但最多只能保存15～20d。新鲜的种子切忌堆闷、暴晒，否则种子失水，种胚败坏，降低发芽率。

近年来，福建莆田果农采用浸水催芽的方法，发芽率高且发芽整齐，其做法是将洗净的种子直接装在袋中，在水中漂洗36h左右，待大多数种子脐部裂口露白后播种。

2. 播种　龙眼种子应随采随播。种子剥离果肉后，若任其自然干燥，2周后发芽率仅5%。播种的方式有撒播和宽幅条播。一般多用宽幅条播，其做法是在宽80～100cm的苗床上开出底宽约15cm的播种条沟，条沟之间相隔20cm用于耕作。采用撒播时，其做法是将畦整平后播上种子，保持粒距8cm×10cm，每667m²播种量115～125kg，种子较小粒者播100kg；播后用粗原木滚压，将种子压入土中；然后每667m²用3 000kg火烧土或适量沙土覆盖，以看不见种子为度；最后再盖一层稻草，浇上水。

3. 播种后管理　当龙眼种子萌发，并有1/3长出幼苗时，即可抽去一半的稻草；当幼苗长出八成时，可抽去全部稻草，以避免苗木主干生长受阻。当幼苗长出3～4片真叶时浇施稀薄的水肥，每月2次；至11月下旬停止施肥，以避免抽冬梢，引致冻害；到翌年1月下旬至2月上旬再施肥，以促进春梢抽生。

在播种圃中，龙眼小苗长势强弱明显，应分批间苗，去密留稀，去弱留强，淘汰弱小或主干弯曲的小苗，使苗木均匀分布。采用撒播的龙眼小苗移栽在3～5月、春芽萌发前或春梢老熟后进行，尤以清明前后为好。

挖苗前应喷布一次杀菌杀虫剂，防止龙眼叶斑病和木虱的传播。播种圃要充分灌水，以减少挖苗时伤根。主根较长的应剪去1/3。通常，小苗移栽行距为20cm，株距15cm，每公顷种植18万～21万株。栽植深度应保持在播种圃的深度，切忌太深，以免影响生长。

移栽后，苗床要保持湿润。移栽后1个月，苗木恢复生长，可施稀薄的水肥，每667m²约施1 500kg。在6～10月，每月应施肥2次，一次施水肥1 500～2 000kg，另一次施复合肥约20kg，施肥量可由少逐渐增多。在7～8月，要及时防治病虫，尤其是木虱。幼苗期冬、春季应注意防霜冻。移栽后的小苗经1年的培育，当苗高50cm、主干基部直径约1cm时，即可嫁接。

（二）嫁接育苗

1. 接穗的采集　龙眼接穗应采自品种纯正、品质优良、稳产丰产、没有检疫性病虫害的母树。在树冠外围中上部选取生长充实、腋芽饱满、无病虫害的末级梢作接穗，忌用徒长枝。接穗以随采随接为好。剪下的接穗应立即去掉叶片和嫩梢，每30～50枝绑成一束，先用湿布或湿毛巾包好，再用塑料薄膜包裹，湿毛巾以手捏不会滴水为宜，不宜过湿。每1~2天解开绑缚通气1次，这样可以保存1周左右。如用干净的湿河沙沙藏，可保存2~3周，但需控制河沙的含水量为5%，以手握河沙能成团，手指缝可见欲滴的水而不滴水，放手即散开为宜。

2. 嫁接方法

（1）单芽切接　单芽切接接穗只用单芽，所以繁殖系数大，嫁接成活率高，生产上应用效果好，如图3-3所示。具体做法是：在砧木离地面15~20cm处剪顶，削平断面；在外缘皮层内侧，稍带木质部，向下纵切1.2~1.5cm。将接穗削面削成一面长另一面短的单芽，长削面长度与砧木切口长度相近。然后将长削面向内插入切好的砧木切口内，对准形成层（至少一边对准）。砧穗密合后，用薄膜全封闭包扎，不露芽眼。接后

图3-3　单芽切接
1. 长斜面　2. 短斜面　3. 侧面
4. 切砧　5. 插穗　6. 全封闭包扎

2~3周，检查是否成活。一般成活率可达80%以上，高者可达95%。由于包扎的薄膜很薄，且扎得紧，芽萌发后会自动冲破薄膜。为了提早出圃，播种后5~6个月可就地嫁接，加强管理，争取年底出圃。

（2）舌接　舌接是龙眼常用的小苗嫁接方法之一。用2~3年生、茎粗1~2cm的实生苗作砧木，在离地面40~50cm、主干较光滑处把最上的一次梢剪除，其下面保留1至数片复叶，削平剪口；嫁接时，用刀以30°左右向上斜削成3cm长的斜面，然后自切口横切面1/3处纵切一刀，深3cm左右。接穗选用粗度与砧木粗度相当，长6~7cm，带2~3个芽，在芽位下部反方向削成平滑的斜面，再在斜面上1/3处垂直切一刀，削法同砧木，削口要平滑。然后将接穗与砧木舌状部分

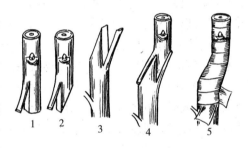

图3-4　舌　接
1. 长斜面　2. 削成的接穗　3. 切砧
4. 插穗　5. 全封闭包扎

对准形成层交互插入，紧密相嵌，后用1.2cm宽的薄膜带自下而上缠缚包扎，可微露芽眼，使接穗萌发后可自然抽出，或不露芽眼，全封闭包扎（图3-4）。采用不露芽眼全封闭包扎法保湿较好，成活率较高。3~5月可进行舌接，以4月为佳，接后半年即可出圃。

（3）靠接法　选大小与砧木相近的枝条作接穗，将盆（袋）栽的砧苗放在支架上，砧穗双方各自削去皮层及部分木质部，将砧穗两者的形成层对准，用麻和薄膜缚扎包好，防止晒干。接活后接穗部分切离母株，即可下地栽种。靠接在3~8月进行，以3~4月成活率较高。

（4）补片芽接法　广西、福建和广东均以4月嫁接成活率较高，此时新梢已充分转绿，在砧木、接穗均易剥皮时行之。嫁接时，砧木径粗要求1cm以上，在离地面10~15cm选树皮光滑及叶痕垂直线处开芽接位，接位大小应依砧木粗度而定，一般宽0.8~1.2cm，长3~4cm；用刀尖自下而上划2条平行的切口，切口上部交叉连成舌状，然后从尖端把皮层向下撕开，并切除撕下的皮层的大部分，仅留一小段以便夹放芽片。选用1~2年生接穗，削口向外斜，芽片宽度应比芽接位小（宽0.5~0.7cm），撕去芽片的木质部，再将芽片切成比芽

接位稍短（长1.8～2.0cm），芽片呈长方形薄片。将削好的芽片下端插在砧木剥开的小段皮内，使其固定，随即用1.5cm左右宽的薄膜带自下而上缠缚，缠缚时微露芽眼，将芽片封好。

接后5～7d如芽片保持原色，并紧贴砧木，即可剪砧。剪砧后10～15d开始萌发，此时应加强管理，保证接芽健壮生长。经30d左右即可解除薄膜带，通常半年至一年便可出圃。

（三）高压育苗

龙眼高压育苗可在2～8月进行，尤其3～4月发根更好。在优良母树上选2～4年生枝条进行环状剥皮，环剥宽4～6cm，切口要整齐，并刮净形成层，以去红色皮层至见白为度。晾晒1周后，用催根材料敷在切口上，以薄膜包扎成球状，经100d左右可锯下假植。不同催根材料对龙眼高压苗发根迟早、发根数量影响较大。用苔藓加湿土作催根材料，外包薄膜，保水力强，发根快，发根率高。如无苔藓，也可用牛粪、蘑菇土或谷壳灰加沙质土、火烧土等。用草和泥土作催根材料，保水力差，发根慢，且发根率低。

二、栽　植

山地建园应注意坡向，冬季霜冻严重地区宜选择南向或东南向。沿海地区常有台风，宜选避风的方向建园。土层应较深厚，土质以表层沙壤至壤土，底层沙壤至黏壤为理想。应按坡度修筑等高梯田或壕沟。设置防护林对沿海地区尤为必要。山地要大穴定植，下足基肥，定植穴深0.8～1.0m、直径1.0m比较合适。平地可筑土堆（高33～40cm），开浅穴定植。

栽植密度通常为225～300株/hm^2，采用行距大于株距的长方形为宜。各地多在春季3～4月雨季定植，少数在夏梢成熟后、秋梢萌发前秋植。栽植时应以根颈部位与地面平齐，不宜过深或过浅。高压苗种植时，应注意防止定植过深而影响生长，一般使高压苗根团入土10～15cm即可，高压苗根系脆嫩易断，填土时应小心从外围逐渐向内压紧，切勿用脚踏压根团，以防断根。在沿海风力较大地区，定植需立支柱。

三、土壤管理

（一）间作覆盖

栽植后在幼树期可以合理利用株行间空隙地间种其他作物如豆类等，防止水土冲刷，调节土壤水热状态，有利根际微生物活动，改善土壤理化性状等，促进龙眼幼树生长。福建同安推行2年5季的套间作制度，大面积套种花生或大豆—甘薯—豌豆，此外还套种蔬菜以及中草药等。

提倡果园生草栽培。即让果园自然生草，铲除恶性草，选留良性草，使其覆盖整个果园地表；在其旺盛生长期每年用割草机或人工割草3～4次，覆盖树盘，以控制青草高度，避免因生草影响树体生长或田间作业。生草果园青草生长必须从土壤中吸取养分和水分，应及时割草控制草的生长。幼年果园最容易受到生草对养分和水分竞争的影响，宜在树盘一定范围内不施行生草，在其他部分生草，然后将割取的青草覆盖树下，待树冠扩大到一定面积时再行全面生草。实行生草的果园，还应该每年或隔年结合冬季清园进行一次翻土埋草，15～20cm表土层进行中耕，以增加土壤有机质，改良土壤。

果园自然生草栽培，不仅省工，保持水土；而且每年割下的青草及草根腐烂，可逐年增加土壤有机质、改善土壤酸碱度、改良土壤的理化性状,可缓和地温的急剧变化、改善果园生态环境、强化根群活力;还可为天敌提供繁殖栖息的场所,对病虫害有综合防治的效果;增加果园有机绿肥的来源,降低生产成本。但青草根系强大,且在土壤上层分布密度大,截取渗透水分,消耗表层氮素,易致根系浮生,需结合周期性土壤耕作加以克服。成年果园的套种,因空隙地很少,应选择较耐阴的作物,如绿肥、蔬菜及中草药等。

(二) 深翻改土,扩穴施肥,增施有机肥

龙眼属菌根果树,根系生长需要充足的有机质及良好的通透性。丘陵山地龙眼园定植后1~2年,根系已布满定植穴,为了促进幼年树生长,应及时深翻改土,疏松土层,施绿肥及其他有机肥等。

深翻扩穴改土宜在秋冬季(10月至翌年2月)进行,以10~11月最好。此时土温尚高,有利于根系伤口愈合及新根再生。龙眼幼树园深翻改土的位置,可在树体相对的两侧各挖一条长约1m、宽和深各0.5~0.8m的条沟,第二年换个方向进行,以后逐年扩大,3~4年完成。

扩穴翻埋改土的材料,可以用枝叶、稻草、稿秆、绿肥、杂草等为粗料,以猪牛厩肥、饼肥、灰肥、鸡鸭粪、蘑菇土、钙镁磷等作精肥,一层土,一层肥,分层填入。通常粗枝叶放底层,粗料和表土放中下层,化肥混合物以及精肥放在中上层。每层草料上都撒些石灰,浇施人粪尿,以促进发酵分解。最后填入心土。每穴改土材料用量为绿肥杂草类20~30kg、花生饼5kg、钙镁磷(或过磷酸钙)1~2kg、尿素0.5kg、蘑菇土20~25kg、石灰粉1~2kg。

成年龙眼园宜进行全园耕翻,每1~2年1次,在2月或采果后进行。通过翻犁疏松土层,可改善土壤理化性质,促进新根生长。但要注意树干附近不宜犁翻,以免伤根过多。

(三) 及时培土

可用火烧土、塘泥、溪边冲积土、垃圾土等作培土,幼树每年培100~150kg。在山地果园,培土还有抗旱保墒效果。据观测,1964年7月连续1个月无雨,连年培土的果园,在土层的20cm深处土壤含水量为25.0%,而未行连年培土的果园仅15.4%。广东珠江三角洲围田地区,多在采果后结合施肥培河泥浆铺于畦面,厚2~3cm;也有的在12月至翌年1月进行,厚3~5cm。培泥浆宜选在晴天进行,阴雨天或泥浆铺行太厚,易致土壤缺氧,根群窒息而死。

(四) 耕作

未行生草栽培的果园,幼龄果园多数结合间作物进行每年3~4次中耕,一般可行犁耕,还可配合几次浅耕除草;成年果园每年进行1~2次犁翻深耕,一般在采果后或抽穗前的1~2月进行,雨后进行数次浅耕和及时的锄耕灭草。

园地翻耕时期可因地制宜。根据四川宜宾园艺科学研究所观测,在四川气候条件下,11~12月的冬季翻耕后易遇春旱,翌年5~6月发根量很少,12月底检查全年发根量远不及春季2~4月翻耕的发根量;而9~10月采后翻耕,次年根生长量也比较大。因此,他们认为改冬季翻耕为春、秋季翻耕为宜。

中耕结合施肥,可改善土壤养分、水分及通气性,使根系能够良好生长。据观测,在正常中耕施肥情况下,0~60cm土层中2mm以下的吸收根,其总长度比未中耕施肥的增加4.7倍。

此外,还必须注意排蓄水系统的完善。从果农经验和有关试验证实,立秋之后萌发

秋梢如遇干旱应及时浇灌,对增加采果枝秋梢萌发率及秋梢长度和粗度、提高当年晚熟品种产量有明显的效果,从而可增加翌年的结果母枝数量和提高质量,有助于克服大小年现象。

围田地区水位高,成年龙眼树根深多不及 80cm。园内水沟要经常保持一定水位,遇旱涨潮时开闸灌水至接近畦面,潮退则排至原水位时关闸。

(五)施肥

幼年或成年龙眼园每年施肥 3~5 次。具体的施肥量和施肥时期应根据果园土壤、气候条件、植株开花结果和生长等状况决定。

1. 施肥数量及肥料种类 王仁玑等(1993)、庄伊美等(1997)提出了龙眼叶片和果园土壤各营养元素适宜含量(表 3-4),认为龙眼果园平衡施肥对于提高土壤肥力、保持树体适宜营养水平以及增加产量有明显作用;推荐闽南丘陵地每公顷年产 15t 果实的成年龙眼果园,每年应施氮肥 300~375kg,其中有机肥氮占总氮的 40%,氮(N)、磷(P_2O_5)、钾(K_2O)、钙(CaO)、镁(MgO)的比例以 1.0:0.5~0.6:1.0~1.1:0.8:0.4 为宜。根据福建的经验,株产 50~100kg 的龙眼树,每株每年的施肥量折合纯氮(N)0.32~1.96kg、磷(P_2O_5)0.21~0.96kg、钾(K_2O)0.28~0.79kg(表 3-5)。

表 3-4 龙眼叶片和果园土壤各营养元素适宜含量

项目	N (%)	P (%)	K (%)	Ca (%)	Mg (%)	B (mg/kg)	Fe (mg/kg)	Mn (mg/kg)	Zn (mg/kg)	Cu (mg/kg)
叶片适宜含量	1.5~2.0	0.10~0.10	0.4~0.8	0.7~1.7	0.14~0.30	15~40	30~100	40~200	10~40	4~10
项目	有机质 (%)	全氮 (%)	水解氮 (mg/kg)	速效磷 (mg/kg)	速效钾 (mg/kg)	代换性钙 (mg/kg)	代换性镁 (mg/kg)	有效铁 (mg/kg)		
土壤适宜含量	1.5~2.0	>0.05	70~150	10~30	50~120	150~1 000	40~100	20~60		
项目	有效锌 (mg/kg)	代换性锰 (mg/kg)	易还原性锰 (mg/kg)	有效铜 (mg/kg)	水溶性硼 (mg/kg)	有效钼 (mg/kg)				
土壤适宜含量	2~8	1.5~5.0	10~30	1.2~5.0	0.40~1.10	0.20~0.35				

表 3-5 龙眼结果树施肥量及施肥期

国家及地区	树龄 (年)	种植密度 (株/hm^2)	施肥量[g/(株·年)] N	P_2O_5	K_2O	施肥时期
中国福建	成年树	225~300	320~1 960	210~920	280~790	2月、4月及 6~10月
中国广西	15~20	225~300	350~1 200	200~1 000	300~800	3月、5~7月、9月、11月
中国台湾	15~20	195	700~900	800~1100	850~1000	4月、6月、7月
泰国	10~20	75	900~2400	900~2000	900~1470	花前、幼果期及采果前后

2. 施肥期

(1) 2月 以氮肥为主,配合磷、钾肥。可促进花穗发育,提高抽穗率,增大花穗。此期应防止施用过量氮肥,否则易引起"冲梢"。

(2) 4月 此期施肥将对夏梢抽生和增大花穗、提高坐果率有显著作用。促进夏梢抽生对克服大小年现象有一定效果。

(3) 6月 此时为幼果迅速生长时期,又是夏梢充实及继续萌发时期。此次追肥对当年产量及来年结果关系较大。管理精细和产量稳定的产区，果农都重视这次施肥。

(4) 7月底至8月初　此期果实迅速膨大，夏梢还在继续充实，这次追肥可减少果梢之间的矛盾，克服大小年结果。

(5) 9~10月　采果前后为恢复树势，可施迟效性及速效性混合肥料，对龙眼翌年产量影响颇大。据有关试验，采果前后施肥有利于萌发秋梢，成为来年结果母枝。

3. 肥料种类　施用肥料应以有机肥料结合化学肥料，优先使用腐熟粪尿以及速效氮、磷、钾三元复合肥等。有机肥料可提供植株的各种营养和土壤微生物的能源物质，而且是改良土壤理化性状的重要因素。有些产区一般化肥的施用多侧重氮素，而磷、钾肥较缺，亦需重视改进。

四、树体管理

（一）整形修剪

龙眼树冠高大，通过整形修剪，可使枝条分布均匀，树冠通风透光，树冠紧凑、矮化，减少病虫危害，提早进入结果期。对结果树进行修剪，配合施肥，可培养良好的结果母枝，减小大小年幅度，提高产量与品质。

1. 整形　龙眼树的整形，主要是使龙眼树形成分布均匀的骨干枝，培养成主枝开心圆头形或自然开心形树冠，使主干、主枝、副主枝层次分明。主干高度应根据地区、繁殖方法、品种而灵活掌握。通常主干高度为40~60cm，主干上留3~4个主枝。主枝的分布要均匀，着生角度要合适，一般多为45°~70°。主枝着生角度不合适的，可通过拉绳的方法矫正。以后在主枝上再留副主枝、侧枝。这些主枝、副主枝、侧枝构成了树冠的骨架，故又称为骨干枝。

幼树应促其迅速扩大树冠，宜轻剪，疏剪去纤弱枝、密生枝、荫蔽枝、病虫枝等，生长过于旺盛、突出树冠的枝条可短截。

骨干枝和树冠的培养，要在苗圃或定植当年进行定干，选配好主枝。以后每次新梢都要进行抹芽、控梢，继续配置好副主枝和侧枝。每年再进行轻度修剪。

2. 修剪　幼年树的修剪，重点在于维护树形，尽快成形。一般宜轻不宜重，对于可剪可不剪的枝条，应暂时保留，将其作为辅养枝，待以后酌情去除。但树冠中部抽生的强枝，应及时摘心、短截或剪除，不宜放任生长，造成树冠高大、中心拥挤、荫蔽。对于幼年树抽出的花穗，应及早摘除，以尽快促进丰产树冠的形成。

成年树的修剪，应围绕保持健壮树势和培养优良结果母枝这一目的来进行。春季在疏折花穗时结合修剪，疏删过密枝、衰弱枝、病虫枝。对细弱、不充实的春梢也应剪除，以促进夏梢的抽生。夏季修剪多在6~7月进行，在疏果、疏果穗的同时进行夏剪，剪除落花落果的空穗枝或结果少的弱穗，促进秋梢的萌发。秋季修剪可待秋梢生长充实后剪去枯枝、荫蔽枝、病虫枝等。冬季要控冬梢。总之，成年树的修剪应尽量做到"留枝不废、废枝不留"。

对于树冠荫蔽、枝条交叉的果园，要及时分期间伐过密植株，回缩或疏删树冠内部部分大枝，增加树冠内部的通风透光能力。

（二）培养结果母枝

秋梢是龙眼的主要结果母枝。福建以夏延秋梢作结果母枝最好，成穗率高；广东、广西及海南以采果后秋梢作结果母枝。培养优良的结果母枝，是连年丰产的基础。

在福建促发龙眼夏梢的主要技术措施有两个：一是在龙眼抽穗开花前疏除一部分花穗，以促发夏梢，作为延伸秋梢的基枝；二是于6月芒种前后，在龙眼生理落果后，疏剪一部分果穗，以促发夏梢。因此，疏除花穗、果穗，协调梢、果矛盾，促发夏梢作秋梢结果母枝的基枝，是龙眼丰产稳产非常重要的技术措施。

广东、广西及海南采用在栽培上适时施肥、采后及时修剪、果园土壤保持湿润等综合措施，促进秋梢抽发、早充实，对于稳定产量有着极其重要的意义。

（三）控冬梢

冬梢是指11月至翌年1月抽出的枝梢。由于它消耗了营养，导致翌年无花或少花。在此栽培上可采取下列措施，控制冬梢生长。

1. 深翻断根 对当年结果少、幼壮年、树势旺盛，有可能抽冬梢的植株，或已抽出长3cm以下的冬梢的树，在冬至前深耕20～30cm，或在树冠外围挖30～50cm深沟，切断部分根系。晒2～3周后，填上土杂肥，使新陈代谢方向有利于成花。但老弱树不宜采用此法。

2. 露根法 秋梢充实后，挖开根盘表土，使根群裸露，并让其晒数日，使植株短时缺水，暂时停止营养生长。这对促进成花有良好效果。

3. 摘除冬梢 对已抽出的冬梢，可人工摘除，以免冬梢消耗养分，影响成花。

4. 化学控冬梢 乙烯利可以杀死嫩梢，使幼叶脱落，促进花芽分化，增加雌花比例。常用40%乙烯利的浓度为300ml/L，冬梢短、叶嫩，要采用低浓度；冬梢长、已展叶，要用高浓度。使用浓度太高，易引起落叶。此外，多效唑（PP_{333}）对控制冬梢、促进花芽分化也有显著作用。

（四）疏花疏果

根据龙眼生长结果特性，适时适量地疏花疏果，对培养一定数量强壮夏、秋梢作为翌年结果母枝，克服大小年结果起着重要作用。现将福建省莆田市龙眼产区疏花疏果技术措施介绍如下。

1. 适时疏折花穗 及时疏折花穗可促进夏梢萌发，促进植株生长强壮，增加叶面积，不仅对翌年结果有利，而且使留下花穗结果良好，对当年丰产、提高果实质量起较大作用。通常宜在花穗长12～15cm、花蕾饱满而未开放时进行，太早疏折不易辨别花穗好坏，且易导致抽发二次花穗；太迟往往失去应有的作用。但各年应根据大小年程度及气候情况而掌握时间。大年宜迟，否则易再重发花穗，小年宜早；抽穗初期气候寒冷可稍早，气候暖和可略迟。

疏折花穗部位因疏花穗季节和树势强弱而有所不同。清明前后疏者，可在新旧梢交界处以下1～2节疏折；谷雨前后疏者，在新旧梢交界处以上1～2节折除。如折得太深，新梢萌发无力；折得太浅，易再抽吐二次花穗。对树势壮、抽梢力强的可折深些，树势弱应折浅些。

疏折花穗数量应视树势、树龄、品种、施肥管理等不同而异。树壮、管理好的，可疏去总花穗的30%～50%；树弱、管理差的，可疏去50%～70%。疏花过多，则减少产量。

疏折花穗的方法大致可按照"树顶少留，下层多留，外围少留，内部多留，去长留短，折劣留优"的原则。树顶和外围少留花穗，以促其发梢，并遮阴树体。同一枝条并生2穗或多穗者，只留1穗。患病花穗应全部剪除。所留花穗必须有适当距离，均匀分布，通常掌握两手所及范围内留5～6穗，以梅花式分布为宜。

2. 疏果 龙眼在疏折花穗后，由于养分集中，坐果率较高，单穗结果多，果实大小不均。为了调节同穗果实之间竞争养分的矛盾，必须在疏折花穗的基础上进行疏果，这对于缩小大小年结果的相差和提高果实品质有一定的作用。广东、海南龙眼的疏果就是以疏果穗为主。

疏果的时期宜在生理落果已结束、果实有黄豆大小时进行。福建以芒种至夏至进行，在大暑至立秋再行二次疏果。

疏果的方法是先适当修剪过密的小支穗，再剪去过长的支穗，使果穗紧凑、美观，最后疏去畸形果、病虫果和过密的果实，留下密度适当、分布均匀的健壮果。每支穗可根据其粗细、长短留2～7粒。对于并蒂果应去一留一。留果量因树势强弱及果穗大小而异。树势强壮、果穗大的，或坐果率低的，应多留些；反之，可少留些。通常大穗的每穗留60～80粒，中等穗留40～50粒，小穗留20～30粒。

3. 疏果穗 龙眼落果严重的果园可疏果穗。福建疏折果穗一般于6月进行。疏折果穗的数量与疏折花穗一样，在两手所及的范围内保留5～6穗。疏折果穗有利于促发夏梢。疏折果穗后可在保留的果穗上再选留与疏删果粒。

(五) 保果

龙眼花多，一株树上多是雌雄花混开，雌花授粉的机会多，坐果率很高。但是，近几年来龙眼落花落果现象严重，甚至原是大年的结果树也出现花多果少的情况。花多果少的原因：①与冬暖春寒的气候有关。冬暖满足不了龙眼植株对低温的要求，春寒使花穗的前期花序发育相当缓慢，到了4月中下旬又常遇持续高温，造成花器发育时间短，影响花质，导致大量落花落果。②与花期阴雨有关。阴雨天气影响授粉受精。③与近年来一些小工厂及汽车等排出的废气毒害有关，酸雨也会造成幼果脱落。④与粗放的栽培管理有关，常因营养不足造成落果。

提高龙眼坐果率的有效措施，主要是加强管理，提高花质；提倡果园放蜂，增加授粉机会；防治病虫，减少落果。此外，也可喷布植物生长调节剂和微量元素，以提高坐果率。可以应用的植物生长调节剂有：

1. 生长素类 据试验，浓度为1～4mg/kg的萘乙酸，可提高龙眼花粉的萌发率5.5%～5.7%；浓度为1～2mg/kg的2,4-D，可极显著地提高龙眼花粉的萌发率，比对照提高25.1%～35.5%。生产上以2,4-D应用最广，常用3～5mg/kg的2,4-D在花期和幼果期喷布保花保果。

2. 赤霉素类 主要是赤霉素（GA_3、GA_{4+7}）。其中GA_3（九二〇）应用广泛，用15～30mg/kg的浓度可提高花粉萌发率，比对照提高18.2%～26.0%；用九二〇来保果，可显著地提高坐果率，并使果实增大，一般生产上使用的浓度为20～30mg/kg。

3. 细胞激动素类 应用较多是苄基腺嘌呤（BA）。浓度为50mg/kg的BA可显著地提高龙眼的坐果率和果实中的可溶性固形物含量，还可防止叶片衰老，使叶片较长时间保持绿色。

除植物生长调节剂外，一些微量元素的保果效果也很显著。如硼、钼等可影响龙眼花粉的育性。一般花粉的含硼量不足，在自然条件下花粉萌发所需要的硼是靠花柱内的硼来补偿。因此，用浓度为0.05%～0.2%的硼砂喷布，可使龙眼花粉的萌发率提高27.0%～59.1%；但浓度超过0.4%，则对龙眼花粉的萌发有抑制作用。在幼果期喷布0.1%硼砂，可满足幼果对硼的需求，有利于果实发育。用浓度为10～50mg/kg的钼酸铵喷布，对龙眼花粉萌发也有极显著的效果。

(六) 高接换种和衰老树的改造

1. 高接换种　过去龙眼采用实生苗繁殖，品质变异大，结果迟，不利于良种区域化和产品标准化。目前一些龙眼产区实生树仍不少。因此，高接换种成为改造龙眼劣质果园和品种更新的有效方法。

高接换种多用单芽切接法或舌接法，在清明前后进行，接后 20～25d 可检查是否成活，若仍未成活，应进行补接。高接时，砧木应留部分枝叶，待接穗萌芽长大后才逐渐除去，以增强接穗的生长力。

2. 衰老树的改造　龙眼树寿命长，通常经济栽培寿命可达 100 年以上，立地条件好、管理水平高的，经济栽培年限可更长。但是，有些龙眼树只种植 30～40 年树势就衰退，大量出现枯枝，新梢萌发能力差，产量严重下降，有的甚至丧失结果能力。为了提高单产，必须对衰老树进行树冠更新和根系更新。进行地上部更新时，一定要配合根系更新复壮，加强肥水和树体管理，及时防治病虫害。对部分抽出花穗的枝梢，也应酌情剪除，以促进枝梢生长，加快树冠的形成。

(七) 树体保护

1. 防冻　龙眼喜温忌冻，在我国南部栽培冬季常遇冻害，对龙眼的生产造成严重的影响。因此，必须重视防冻工作。选择较耐寒品种，如油潭本等；发生霜冻前在幼树树干刷白，基部壅土，用稻草包扎树干，并覆盖树冠；在生长期施足肥料，使植株健壮，增强抗寒性；在冬季根据土壤湿度适时灌溉，以提高土壤含水量，防止接近地面的温度骤然降低；霜冻来临时，大面积熏烟防冻。

2. 防风　沿海地区夏秋季台风登陆时，正值龙眼果实成熟期，常造成损失。防风的根本措施是设置防护林。对于幼树，可在定植后在树旁立支柱，并用绳子将其与幼树绑扎在一起。结果量多时可用竹竿支撑。福建莆田果农用靠接法将同一株上的枝条互相靠接，亦能起防风作用。

第五节　采　　收

龙眼果实以充分成熟采收为宜，采收期因地区、品种、用途及气候而异。海南龙眼多在 6 月底 7 月初成熟，广东多在 7 月中下旬成熟，福建大多数龙眼于 8～9 月成熟。当果壳由青色转为主色褐，由厚而粗糙转为薄而平滑，果肉由坚硬变柔软而富有弹性，果核变主色黑（个别品种除外），果肉生青味消失呈现浓甜即已成熟，应及时采收以免过熟落果。制罐头原料宜八成熟采收，制干制酱的可完全成熟时采收，远途运输则为八九成熟采收，台风季节应及时抢收。

采摘时一般用竹制的采果梯及采果篓。果穗采摘位置于果穗基部与结果母枝交界节处。此外，断口应整齐，无撕皮裂口之弊。采摘位置适当，对再发新梢有益。采果在早晨或傍晚进行为宜，避免中午高温时采摘，以保持果实新鲜度。采下果穗应小心轻放于容器中，不可放在阳光下暴晒，雨天一般不采果。

鲜果于包装前先经选剔，除去坏果，并摘掉果穗上的叶片，剪除过长的穗梗，使果穗整齐。包装容器宜用塑胶箱或具有透气孔的纸箱。装箱时果穗先端朝外，穗梗朝内。装箱后应迅速预冷，及时启运。

(执笔人：潘东明)

主要参考文献

陈秀萍,蒋际谋,许家辉,等.2006.不同砧木对龙眼生长的影响试验[J].中国南方果树(5):21-22.
华敏,苗平生,何凡,等.2007.龙眼调花技术研究初报[J].中国南方果树(1):38-40.
李建光,韩冬梅,李荣,等.2010.广东龙眼种质资源研究[J].广东农业科学(5)62-64.
林盛,何凡,韩剑,等.2009.海南省龙眼反季节生产关键技术[J].中国南方果树(4):43-44.
邱燕萍,袁沛元,李志强,等.2009.果树杀梢剂配方筛选及对荔枝龙眼杀冬梢的影响[J].广东农业科学(7):138-140.
唐志鹏,李洪耀,袁磊.2006.龙眼丰产稳产栽培管理技术[J].中国南方果树(3):38-39.
薛进军,周咏梅,罗玫.2006.龙眼幼树整形研究[J].果树学报(6):884-887.
余华荣,周灿芳,万忠,等.2010.2009年广东荔枝龙眼产业发展现状分析[J].广东农业科学(4):288-291.

推荐读物

广东省农业科学院果树研究所.2006.龙眼品种图谱[M].广州:广东科技出版社.
潘学文,等.2009.龙眼生产实用技术[M].广州:广东科技出版社.
曾莲.2004.龙眼栽培[M].广州:广东科技出版社.

第四章 枇 杷

第一节 概 说

枇杷（loquat）通常指枇杷属的普通枇杷，果实多于4~6月成熟，成熟期与大多果树相异。枇杷营养丰富，果肉柔软多汁、甜酸适度，风味、色泽俱佳。每100g果肉含蛋白质0.8g、脂肪0.2g、糖类9.3g、膳食纤维0.8g、维生素C 8mg、钙17mg、锌0.21mg、硒0.72μg（杨月欣等，2002）。1985年蔺定运等报道，红肉枇杷每100g果肉中胡萝卜素含量高达3.2mg，硒和胡萝卜素含量高说明枇杷果实是优良的保健品。果实除鲜食外，还可制作罐头、果汁、果酒、果酱、果膏，种子也可酿酒或生产工业用淀粉。枇杷叶、枇杷膏是我国传统的润肺止咳、清热化痰良药；意大利用枇杷叶治疗皮肤病和糖尿病，用其乙醇提取物治疗炎症。枇杷含有苦杏仁苷、熊果酸、齐墩果酸等药用成分。枇杷属植物叶形多样，四季常青，果实成熟期、形状及色泽变化较大，是优良的观赏树木，普通枇杷还是优质的蜜源植物。

枇杷原产我国，根据《周礼》公元前3世纪记载，枇杷的栽培历史至少已有2 000多年。公元前1世纪司马迁《史记·司马相如传》引《上林赋》记载："卢橘夏熟，黄甘橙楱，枇杷橪柿，亭柰厚朴。"1975年湖北江陵发掘距当时2 140年前的汉代古墓的随葬竹笥，内藏枇杷等果品。公元4世纪汉魏六朝期间，枇杷作为珍贵果树植于名园，并以川、鄂为中心向中原、华北、华南、华东传播，江南各地均有分布，陕西汉中、安康和甘肃武都、河南西部局部地区、湖北中北部、安徽中部、江苏中部、西藏东部等都有枇杷分布。据宋代陶榖清《异录》记载，10世纪时长江流域已广为种植。枇杷在世界的分布与唐代开始的传播有关。"遣唐使"（留学僧）将枇杷带回日本，称其为"唐枇杷"。1784年和1787年法国巴黎和英国皇家植物园分别从广东引入普通枇杷，再由西欧传至地中海沿岸各国。1867—1870年，由欧洲、日本和中国移民分别传至美国佛罗里达州、加利福尼亚州和夏威夷。目前，主要分布在南北纬20°~35°。

枇杷主产国有中国、西班牙、日本、印度、巴基斯坦、土耳其等。我国是世界最大的枇杷生产国，2006年产量超过40万t，占世界总产量的近2/3。我国主产区为四川、福建、浙江、台湾、江苏等省，其中四川2008年栽培面积已达6万hm^2以上，产量36万t，创产值28.8亿元，枇杷已成为该省重点发展的优势特色水果产业之一。

当前，我国多数枇杷产区的生产处于稳定时期，个别产区规模略有下滑，原因主要来自于品种结构不合理，成熟期过于集中（特别是在3~4月遇雨或突遇高温时），导致价格下跌，增产不增收。此外，由于树冠管理不到位，进一步加大了花果管理的生产投入，栽培效益不如往年，部分栽培者失去信心。快速发展的工业以及低温冻害对优质枇杷产区的发展影响较大。因此，枇杷产业的可持续发展问题是当前亟须解决的生产问题。

第二节 主要种类和品种

一、主要种类

枇杷属于蔷薇科（Rosaceae）苹果亚科（Maloideae）枇杷属（*Eriobotrya*），与欧楂属（*Mespilus*）、石楠属（*Photinia*）和山楂属（*Crataegus*）亲缘关系较近。1784 年瑞典 Thunberg 曾把枇杷归入欧楂属，1822 年英国植物学家 Lindley 创建枇杷属，命名为 *Eriobotrya*（erio-为绒毛，-botrya 为花序，eriobotrya 的原意为"多绒毛的圆锥花序"）。枇杷属约有 32 种（含 5 个变种），其中 21 种原产于我国（表 4-1），主要种类有：

1. 普通枇杷（*E. japonica* Lindl.） 别名卢橘。种名 *japonica* 为 Lindley 错定，并非日本原产，日本枇杷是从中国浙江引进（Lin, et al，1999；蔡礼鸿，2000）。本种是枇杷属唯一栽培种。常绿小乔木，高 3～5m。树干灰褐色，粗糙；新梢、叶片及花梗密被锈色绒毛。叶片披针形、倒卵形至长椭圆形，长 12～30cm，宽 3～9cm；叶柄短，0.2～0.8cm；叶缘有锯齿状缺刻，叶脉明显。秋冬开花，小花直径 1～2cm，萼片、花瓣各 5 枚，雄蕊多数，柱头 5 裂，子房下位，心室 5 室，每室胚珠 2 枚。果实扁圆形、球形、倒卵形、长倒卵形等，直径 2～6cm。种子 2～6 个。

2. 栎叶枇杷（*E. prinoides* Rehd. & Wils） 别名红籽、苦樱桃，该种可能是枇杷属的原生枇杷（章恢志等，1996），分布于四川、云南。常绿小乔木，高 4～10m。枝条灰褐色，幼时被绒毛。叶片长圆形或椭圆形，叶柄长 1.5～3cm，叶缘具疏生波状齿，近基部全缘。秋冬开花，花柄被灰棕色绒毛，花柱 2 稀 3，离生或中部合生。果实卵形，暗褐色，直径 0.6～1.0cm，味苦涩。种子 1～2 个。

3. 大渡河枇杷（*E. prinoides* Rehd & Wils. var. *daduheensis* H. Z. Zhang） 别名大红籽，1985 年发现，是栎叶枇杷的变种，可能是枇杷的始祖之一，不太可能是栎叶枇杷与枇杷的杂种（章恢志等，1990、1996）。1992 年李晓林等也认为是较原始的枇杷，但唐蓓（1997）和杨向晖等（2007）认为是普通枇杷与栎叶枇杷的杂种。分布于四川石棉、汉源等地。常绿小乔木，高约 10m。叶片长圆形或长椭圆形，叶柄长 1.0～2.5cm，叶缘多锯齿状，稀波浪状。花柄被锈色绒毛，花较大，花柱 3～4 稀 5。果径 1.5～3cm，味苦涩。种子较大，1～3 个。

4. 台湾枇杷［*E. deflexa*（Hemsl.）Nakai］ 别名台广枇杷、山枇杷、赤叶枇杷，产于我国广东、广西、海南、台湾。常绿乔木，高 5～12m。枝条粗壮，幼时被棕色绒毛。叶片集生于枝条顶端，卵状长圆形至椭圆形，叶柄长 2～4cm，叶缘微向外卷，具稀疏不规则内弯粗钝锯齿，叶背密被锈色绒毛，老叶红褐色，故有"赤叶枇杷"之称。春季开花，花径 1.5～1.8cm，花柱 3～5 枚。果实 10 月成熟，近球形，直径 1.2～2cm，无毛，味甜可食。种子 1～2 个。

5. 大花枇杷［*E. cavaleriei*（Levl.）Rehd］ 别名山枇杷，产于长江以南多数省份。常绿乔木，高 4～10m。枝条粗壮，棕黄色，无毛。叶片集生于枝顶，长圆形、长圆状披针形或长圆状倒披针形，叶柄长 1.5～2.5cm，叶缘反卷，具稀疏内曲浅锐锯齿，近基部全缘，叶片光滑无毛。春季开花，花径达 1.5～2.5cm，花柱 2～3 枚。果实椭圆形或近球形，直径 1～1.5cm，无毛或微被柔毛，味酸甜。

6. 南亚枇杷［*E. bengalensis*（Roxb.）Hook. f］ 别名云南枇杷、光叶枇杷，原产印度、缅甸、泰国、柬埔寨、老挝、越南、印度尼西亚及中国云南。常绿乔木，高 10m 以上。叶片长圆形、椭圆形或披针形，叶柄长 2～4cm，叶缘有深刻尖锐锯齿，叶片光滑无毛。5 月开花，花被有绒毛，花柱 2～3 枚。果实 7～8 月熟，卵球形，直径 1.0～1.5cm，含糖 10%，可鲜食或酿酒。种子 1～2 个，球形。

表 4-1 枇杷属的种类和变种

(林顺权等，2004)

序号	学 名	普 通 名	英 文 名
1	*E. bengalensis* Hook. f.	南亚枇杷	Bengal loquat
2	f. *intermedia* Vidal	四柱变型	intermediate Bengal loquat
3	f. *angustifolia* Vidal	窄叶变型	narrowleaf Bengal loquat
4	*E. cavaleriei*（Levl.）Rehd	大花枇杷	bigflower loquat
5	*E. deflexa* Nakai	台湾枇杷	Taiwan loquat
6	var. *buisanensis* Nakai	武葳山变种	Wuweishan loquat
7	var. *koshunensis* Nakai	恒春变种	Kokshun loquat
8	*E. elliptica* Lindl.	西藏枇杷	Tibet loquat
9	*E. fragrans* Champ.	香花枇杷	fragrant loquat
10	*E. kwangsiensis* Chun	广西枇杷	Guangxi loquat
11	*E. henryi* Nakai	窄叶枇杷	Henry loquat
12	*E. hookeriana* Decne	胡克尔枇杷	Hookiana loquat
13	*E. japonica* Lindl.	普通枇杷	loquat
14	*E. malipoensis* Kuan	麻栗坡枇杷	Malipo loquat
15	*E. obovata* W. W. Smith	倒卵叶枇杷	obovate loquat
16	*E. prinoides* Rehd. & Wils.	栎叶枇杷	oakleaf loquat
17	var. *daduheensis* H. Z. Zhang	大渡河枇杷	Daduhe loquat
18	*E. salwinensis* Hand-Mazz.	怒江枇杷	Salwin loquat
19	*E. seguinii* Card. & Guillaumin	小叶枇杷	Seguin loquat
20	*E. serrate* Vidal	齿叶枇杷	serrata loquat
21	*E. tengyuehensis* W. W. Smith	腾越枇杷	Tengyue loquat

二、主要品种及其分类

我国普通枇杷品种多达 350 个以上，其中白肉的约 100 个，有一定规模的栽培品种近 100 个，当家品种 30 个以下。中国枇杷、龙眼品种资源圃已收集保存枇杷种质 500 余份。

枇杷品种分类大多是根据农艺性状进行的。依果肉颜色分为白肉种和黄（红）肉种；依果形分为长形、圆形和扁圆形；依成熟期分为早、中、晚熟，相邻成熟期的时间间隔为 10d 左右；还可根据用途分为鲜食种和罐藏种；丁长奎 1993 年提出依生态型分为温带型和热带型，或分为北亚热带品种群和南亚热带品种群；同年，刘权等按数值分类分成白肉小果型、黄肉中果型和大果型。综合分类结果及其代表性品种介绍如下：

（一）白肉品种群

白肉品种群枇杷在江浙地区统称为白沙枇杷。该品种群果肉白色至淡黄色，果实皮薄易剥，肉质细腻易溶，味甜爽口，品质优，适鲜食，但不耐贮运。主要品种有：

1. 白玉 产于江苏苏州太湖东山槎湾村，从当地实生白沙树选出。该品种树势强健，枝条粗长紧密。叶大，长椭圆形，叶面深绿色，质地软，叶缘稍向内反转。果实扁圆形或短圆形，单果重25.8g；果皮淡橙黄色，较薄；果肉厚0.83cm，可食率68.9%，可溶性固形物16.6%，含酸量0.34%，汁多味清甜，但质地较紧实。种子2～3个。

该品种果实5月底开始成熟，丰产，在东山种植面积已占50%以上。

2. 软条白沙 产于浙江余杭，是当地最优良的古老品种，也是我国著名枇杷品种。该品种树势中庸，树姿开张，中心干明显，枝条细长而软。叶片中等大，长椭圆形或倒披针形。果实倒卵圆形、扁圆形或圆形，单果重25.2g；果皮淡橙黄色，多锈斑，果皮极薄，剥离后可卷成筒状；果肉厚0.80cm，可食率69.5%，可溶性固形物14.2%～15.8%，含酸量0.38%，汁多味甜或甜酸适度。种子平均2.5个。

本品种果实6月上旬成熟，以圆果形、果顶平的平头软条白沙品质为优。花期偏早（当地11月盛花），幼果易受冻，产量较低或不稳定，易裂果，抗性较差，已较少栽培。

3. 白梨 产于福建莆田，是福建省优良白肉枇杷品种，已有90多年的栽培历史。树势中庸，树姿开张，枝条粗细中等，分枝多。叶片长椭圆形至披针形。果实圆形，果顶平，单果重31.8g；果皮淡黄色，较薄，果粉多；果肉厚0.85cm，可食率70.5%，可溶性固形物12.0%～14.0%，含酸量0.30%，汁多，味浓甜清香。种子平均4.1个。

该品种果实4月下旬成熟，裂果、皱缩果、日灼果等较少。较丰产，抗性较强。

（二）黄（红）肉中果型品种群

黄（红）肉中果型品种群多为北亚热带或南温带品种。该品种群果实小或中等，果肉黄色、橙黄色或橙红色，果肉质地致密较粗，风味较浓。代表性品种有：

1. 浙江（平头）大红袍 产于浙江余杭，为当地主栽品种，栽培面积约占50%，各枇杷产区均有引种。该品种树势中庸，树姿开张，枝条硬韧。叶片中等大，长椭圆形或长卵形，叶面平坦。果实圆形或扁圆形，果顶平，单果重36.3g；果皮橙红色，厚韧易剥离；果肉厚0.84cm，可食率66.5%，可溶性固形物11.2%～12.8%，含酸量0.26%，汁多味甜。种子平均2.3个。

本品种抗寒性较强，丰产稳产。果实5月底至6月初成熟（中熟品种），果形整齐，色佳外观美，耐贮运，适宜加工。

本品种还有尖头大红袍品系，果实较小，果顶圆，初期较丰产，但成年树产量不如平头大红袍。浙江农业科学院园艺所在实生大红袍枇杷中还选出少核大红袍、塘栖早丰（比大红袍早熟3～5d）和塘栖迟红（比大红袍迟熟7d）。

2. 洛阳青 产于浙江黄岩，因成熟果实萼片周围仍呈青绿色，故名洛阳青。为当地主栽品种之一，江南各地区都有栽培。该品种树势强健，树姿开张，枝条硬韧。叶片椭圆形，夏梢叶片披针形。果实倒卵圆形，单果重48.0g；果皮橙红色，较厚韧，易剥离；果肉厚0.97cm，可食率66.7%，可溶性固形物10.7%，含酸量0.22%，味酸甜。种子平均2.6个。

本品种适应性强，抗性强，早结丰产性好。果实5月中下旬成熟，果形整齐，色佳外观美，耐贮运，鲜食、加工均宜。

3. 夹脚 浙江余杭主栽品种之一。树势强健，枝条硬韧，分枝角度小（约40°），因上树时不好踏脚而名夹脚。叶大小中等，长椭圆形。果实长倒卵形，多歪斜，单果重38.2g；果皮橙黄色，近果柄处带绿色，皮薄韧易剥离；果肉厚1.05cm，可食率74.4%，可溶性固形物12.0%，含酸量0.43%，汁多，质地细，味酸甜适中。种子平均2.3个。

本品种抗性强，丰产稳产。果实5月底6月初成熟（中熟品种），鲜食、加工均宜。

4. 安徽大红袍 安徽歙县"三潭"枇杷地区主栽品种之一。树势较强，树姿半开张，枝条较软。叶片较厚，质硬，叶缘向内旋转。果实圆球形，萼孔开张，呈五星状，故又名五星枇杷；单果重39.5g；果皮橙红色，厚而易剥离；果肉厚0.98cm，可食率70.2%，可溶性固形物9.2%，含酸量0.24%，汁多，味淡甜。种子3~5个。

本品种抗寒，丰产。果实5月下旬成熟，耐贮运，鲜食、加工均宜。

5. 珠珞红沙 产于江西安义，是江西省安义县和靖安县主栽品种之一。树势较强，树姿半开张，枝条粗短。叶片披针形，平展，叶缘外卷。果实近圆形，单果重26.5g；果皮橙红色，厚度中等，强韧易剥离；果肉厚0.82cm，可食率76.2%，可溶性固形物14.9%，汁液较多，肉质柔软致密，味浓甜有微香。种子2~4个。

本品种抗寒，丰产，经济寿命长，在粗放管理下，70年生树株产仍达200~400kg，最高可达500kg。果实5月中下旬成熟，果形整齐，色佳外观美，品质优，鲜食、制罐均宜。

（三）黄（红）肉大果型品种群

黄（红）肉大果型品种群多为中、南亚热带品种，耐寒性较弱。叶片大，花期和成熟期相对集中，果实大，果皮和果肉橙黄色至橙红色。代表性品种有：

1. 解放钟 产于福建莆田，从大钟品种实生苗中选出，因母树1949年初次结果，果形似钟而得名，是福建主栽品种之一，在外地表现良好。该品种树势强健，树姿直立，枝条粗壮。叶片很大，春叶长达40.5cm，宽达14.2cm，长椭圆形，叶缘反卷，叶色浓绿。果实倒卵形至长倒卵形，单果重70~80g（福建仙游西苑曾获得184g特大果）；果皮厚度中等，易剥离；果肉厚0.93cm，可食率71.5%，可溶性固形物10.0%~11.1%，含酸量0.51%，汁液中等，味浓偏酸，质地较粗。种子大，平均5.7个。

本品种较丰产，果实5月上旬成熟（福建晚熟品种），耐贮运，适宜鲜食或加工。

2. 早钟6号 由福建省农业科学院果树所1981年以解放钟为母本、日本早熟良种森尾早生为父本杂交育成，1998年通过福建省农作物品种审定，是福建主栽品种之一，邻近省份亦栽培较多。该品种树势旺，树姿较直立，枝梢粗壮。叶片较大较厚，叶缘反卷现象不如解放钟明显。果实倒卵圆形或洋梨形，单果重52.7~60.5g（最大可超120g）；果皮厚度中等，早熟果的果皮较难剥离；果肉厚0.89cm，可食率70.2%，可溶性固形物11.9%，含酸量0.26%，味甜有香气，肉质细嫩化渣。种子平均4.6个。

本品种丰产，抗性强。果实3~4月成熟（福建早熟或特早熟品种），在福建云霄等地、四川攀枝花干热河谷地区采收期可提前至春节前后。耐贮运，适宜鲜食或加工。

3. 长红3号 由福建省农业科学院果树研究所与云霄县农业局1976年从长红品种实生树选育而成，为福建云霄、仙游主栽品种之一。该品种树势中庸，树姿半开张，幼树新梢粗壮。叶片长椭圆形，大小中等；夏叶表面不平展，横切面呈V形。果实梨形，单果重40~50g（最大达85g），大小较一致；果皮厚度中等，易剥离；果肉厚0.80~0.99cm，可食率

69.5%，可溶性固形物8.0%～10.4%，含酸量0.37%，汁多，味清甜，质地较粗。种子平均3.7个。

该品种早结、丰产、稳产、抗性强，果实于3月下旬到4月上旬成熟，熟期较集中。

4. 大五星 1980年从四川成都龙泉驿美满村实生树中选出。因萼孔开张，多呈五角星形而得名。近年来在四川省得到迅速发展，已成为当地和周边省区的主栽品种之一。该品种树势中庸，树姿开张。叶片倒卵形，春梢叶片各侧脉间的叶面隆起。果实圆形或卵圆形，单果重62g（最大近100g）；果皮较厚，易剥离；果肉厚0.96cm，可食率73%，可溶性固形物11%～13%，含酸量0.39%，汁多，味酸甜，质地较细嫩。

本品种早结果，较丰产，5月中下旬成熟，耐贮运，但易感叶斑病（吴汉珠等，2001）。

5. 田中 1879年日本田中芳男自大粒种品种实生苗中选出，世界各地均有引种，我国台湾栽培较多，西北、西南产区亦有种植。该品种树势旺盛，树姿开张。叶片较大，椭圆形或卵圆形，叶片厚，表面不平起皱。果大，倒卵形，横剖面呈五棱形，单果重70～90g（日本曾记录有165g的特大果）；果皮薄，剥离较难；果肉较薄，可食率66.5%，可溶性固形物11%左右，充分成熟果汁多，味甜，质地较粗。种子5个以上。

本品种丰产稳产，果实4月下旬成熟，果大，外观美，但退酸迟，不宜早采。

我国各地还有一些优良品种和近年引进的国外品种，其主要性状如表4-2所示。

表4-2 若干枇杷品种（系）及其主要经济性状

品种	果形	果重(g)	果肉色泽	可食率(%)	可溶性固形物(%)	含酸量(%)	产地	成熟期	综合评价
冠玉	椭圆形	50	白	—	13～14	—	江苏苏州	6月上旬	肉厚，较耐贮运
丰玉	扁圆形	45～53	白	68～72	14～15	—	江苏苏州	5月底	大果，丰产稳产，耐藏
荸荠种	扁圆形	32.7	黄白	67.3	11～14	—	江苏苏州	6月中旬	抗性强，耐藏
乌躬白	卵圆形	49.5	白	70.6	11.3	—	福建莆田	5月初	丰产稳产，耐贮运，抗性强
青种	圆球形	33.2	淡橙黄	69.5	11.6	0.48	江苏苏州	6月中旬	较丰产，耐贮运，叶易感病
富阳种	椭圆形	41.1	橙红	67.5	8.6	—	江苏苏州	6月上旬	丰产，不稳产，耐贮运
光荣	卵圆形	40.1	橙黄	70.1	9.2	0.57	安徽歙县	5月下旬	丰产稳产，耐贮运，抗性强
华宝2号	椭圆形等	38	橙黄	72.0	13.5	0.19	湖北、四川	4月上旬	耐寒，较丰产，稳产
龙泉1号	卵圆形	58	橙红	70.9	11～13	—	四川成都	5月中下旬	丰产，耐贮运，抗性较强
宝珠	短椭圆形	30.7	淡橙红	69.9	11.5	0.18	浙江余杭	4月底	早熟，丰产，耐贮运，抗性强
单边种	椭圆形等	39.9	橙红	62.8	8.6	0.26	浙江黄岩	5月底	丰产稳产，抗寒，耐瘠
梅花霞	倒卵形	35.8	橙红	70.8	11	0.2	福建莆田	4月底	较丰产稳产，耐贮运，抗性强
和车本	倒卵形	41.1	淡橙红	68.1	12	0.55	福建莆田	5月中旬	抗性强，较稳产，耐贮运
坂红	近圆形	28～44	橙红	—	10～12	—	福建莆田	5月中旬	丰产，抗性强，不耐贮运
山里本	圆形	28.7	橙红	64.6	11.4	0.29	福建莆田	5月上中旬	丰产稳产，抗性强，耐贮运
太城4号	倒卵形	45.5	橙红	74～79	10～12	0.49	福建福清	4月底	种子平均1.3个，肉厚，适加工
森尾早生	卵形	29.5	橙红	72.5	11～13	0.32	福建福州	4月中旬	早结果，丰产
香钟11	短卵形	57.5	橙红	68.6	11.2	0.19	福建	5月中旬	丰产，香气浓
香甜	近圆形等	38.8	橙红	71.0	12.4	—	福建莆田	4月中旬	香气浓，极宜鲜食

(续)

品种	果形	果重(g)	果肉色泽	可食率(%)	可溶性固形物(%)	含酸量(%)	产地	成熟期	综合评价
茂木	长倒卵形	40~50	橙黄	70~75	11.0	0.20	台湾	4月中旬	丰产，稳产
佳伶	鸭梨形	62~76	橙黄	72~74	11.0	0.85	广东、福建	4月上旬至下旬	适应性强，早结果，大果
马可	鸭梨形	72~95	橙黄	72.6	11.2	0.44	广东、福建	4月上旬至下旬	适应性强，早结果，大果

注："—"尚未检索到相关数据。

第三节 生物学特性

一、生长发育特性

（一）营养生长

1. 根系 本砧枇杷根系分布较浅，在冲积土壤中，主根仅分布在1~1.3m土层中；若土层深厚，14年生实生树根系可深达1.5m以下。吸收根群垂直分布多在10~50cm土层中，土质特别疏松的吸收根群几乎都分布在土表。水平根分布范围较广，在浙江黄岩，14年生丰产树冠径3.8~3.9m，其水平根可分布于主干外3.1m，集中分布在干外2.5m以内；同龄衰弱树的仅在干外2.8m，集中分布于干外1.9m之内。在浙江余杭，15年生大红袍冠径约3.8m，干外3m处的水平根的根长仅占总根长的4%；而浙江黄岩土质疏松和施肥全面的枇杷，干外3m的根量可达25.4%。枇杷根系生长量小，日本村松等测得地上部与地下部的鲜重比为3.64，细根重/全根重为0.16，而温州蜜柑分别为1.24和0.27。

根系生长需要较低温度，土温5℃以上根系即可生长，10℃左右最适生长，20℃以上生长减缓，30℃以上根系停止生长。根系生长节奏和生长量随季节变化而变，都与温度有关（图4-1）。根系与地上部之间、不同土层根系之间的生长是交替进行的，主要与土壤温度变化和管理有关。春季，管理好的根系开始生长时间比地上部早半个月左右。

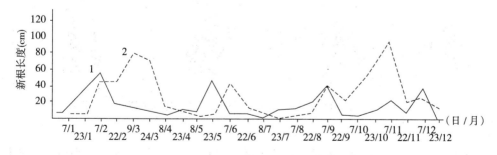

图4-1 根系生长时期及生长量
1. 大钟 2. 白梨
（福建农学院果树组等，1957）

枇杷须根与丛枝菌根真菌（arbuscular mycorrhizal fungi，AMF）共生形成菌根。菌根、AMF种类和形态多样（图4-2），初步鉴定的AMF属于无梗囊霉属、球囊霉属和盾巨孢囊霉属（李涛，2009）。周冲权等1992年发现菌根自然侵染率约37.4%，在广东等地田间及试验中证实这一结果,但土质疏松的可达52%～62%(王秀丽,2006)。培养基质不灭菌时,3种AMF不能显著提高解放钟实生苗侵染率,但光壁无梗囊霉(*Acaulospora leavis*)显著提高了根冠比;而在培养基质灭菌时,光壁无梗囊霉则未能显著提高解放钟和早钟6号根冠比。3种AMF还显著促进早钟6号直径在0.5mm以下的须根发生,使细小的须根变得更多更细,实生苗长势更好(王秀丽,2006;王秀丽等,2007;李涛,2009)(图4-3)。

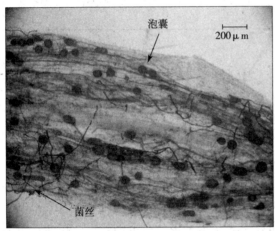
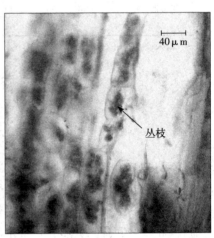

图4-2 枇杷菌根形态
(王秀丽,2006)

图4-3 3种丛枝菌根真菌对枇杷实生苗生长的影响
(张燕,2010)

2. 枝梢 枇杷幼树顶端优势明显,仅顶芽及邻近侧芽生长成枝,顶芽枝直立向上,侧芽枝生长斜生,二者生长势都很强,使树冠具有中心干和层性,树形多呈圆锥形。为了提早进入结果,中心干被短截,树形大多转为圆头形。枇杷芽体具有早熟性,幼树一年抽梢4～6次,结果树抽梢2～3次。各次枝梢特点如下:

(1)春梢 一般指2～4月抽生的枝梢,但广东、福建南部把1月中下旬萌动的新梢也称为春梢。春梢若从上一年营养枝发生,萌芽早,数量多而整齐,生长较慢;从疏花穗后剪口发生的春梢，萌芽较迟；初结果树还可在果穗基部生长春梢，这些春梢生长较快。春梢长度5~15cm，幼树和初结果树能抽生2次春梢。

(2) 夏梢　夏梢于4月中旬至6月中旬抽生，通常可抽生1~2次。早熟品种、气候温暖之地，夏梢早发生，营养枝上的萌发也早。幼树夏梢多从春梢顶芽及其下侧芽抽生，壮年树夏梢主要是采后夏梢，采后夏梢是结果枝短截后由侧芽抽生的。在北缘产区，夏梢多从当年春梢上发生，很少来自采后夏梢，如果当年结果过多，春梢少，夏梢也很少，翌年就将小年结果。夏梢抽梢整齐，数量多，生长势强，长10~30cm。

(3) 秋梢　秋梢于8~10月抽生。幼树或初结果树多从夏梢的顶侧芽发生，数量较多，叶片较小，与夏梢相近。壮年树秋梢由春梢或采后夏梢顶芽抽出，很短，基部有1~5片小叶，而来自侧芽的秋梢比较长。

(4) 冬梢　11~12月抽生的枝梢称为冬梢。冬季温暖地区的幼旺树容易萌发冬梢，在江、浙、皖地区有时也有冬梢发生，但因气温低，生长慢，仅以几片生长不良的小叶越冬，翌春气温回升时，才又开始生长而成为冬延春梢。

3. 叶片　枇杷叶片由叶身、叶柄和托叶构成。叶片革质，幼叶被有茸毛，老叶仅叶背有锈色茸毛。叶形因品种而异，主要有披针形、椭圆形、倒卵形等。叶片大小与品种、枝梢类别和栽培条件有关，佳伶、马可和解放钟等品种叶片很大；江、浙、皖地区的叶片较小；春梢叶片大，夏叶中等，秋叶最小。春叶是品种比较的代表叶。叶片寿命一般为13个月，干旱和叶斑病易使叶片提早脱落，曾发现生长2个月的第一次夏梢叶因台风雨诱发严重的叶斑病而提早落叶。

(二) 开花结果

1. 花芽分化　成花诱导是在夏秋高温和干旱下完成的。通过摘叶或GA处理，发现6月下旬至7月初是早钟6号顶生夏梢的成花诱导临界期，随后顶芽鳞片外的小雏叶朝一个方向螺旋生长或较大的雏叶向心弯曲生长，这一特征是形态分化初期或发端期的标志（刘宗莉，2005；杨松光，2007；陈彬，2008）。胡又厘发现，第一次夏梢停止生长约2周时，叶片成熟或充分转绿（色饱和度和色度角达最大值），而此时顶芽刚好进入成花诱导临界期，说明第一次夏梢叶片的成熟是进入成花诱导的形态标志。

由于气候、营养等差异，不同枝条开始形态分化的时间是不同的。李乃燕等1982年报道浙江春梢主梢在8月初开始形态分化，春梢侧梢在8月中旬，夏梢主梢在8月下旬，夏梢侧梢则在9月初。虽然春梢主梢和夏梢侧梢的分化时差近1个月，但后者分化速度加快，到10月下旬，4种枝条的分化进程基本趋于一致，分化的雌蕊原基大小都是1.53mm。

2. 结果母枝和结果枝类型　结果母枝的枝条类型很多，但夏梢是主要的结果母枝。如果一年有2次夏梢生长，第一次夏梢是接受成花诱导的枝条，可视为结果母枝（张燕等，2009）。短而粗的顶生夏梢（俗称短结果母枝或中心枝）易成花；四川细长的侧生夏梢（俗称长结果母枝或侧生枝）也容易成为结果母枝；南缘产区壮年树依靠采后夏梢成花，北缘产区则多以春梢作为结果母枝。

关于结果枝，以往仅认为带有几片小叶的秋梢是结果枝，实际上第二次夏梢也是一种生长势强、带有较多叶片的结果枝，其上着生纯花序或带叶花序，这种结果枝经常出现在强势的第一次夏梢上，很容易被误解成结果母枝。

3. 抽花序和开花　花芽出现后即可抽生花序，抽穗期早至7月中下旬，晚至果实采收，一般是9~11月。花序由20~500多朵小花组成，一般100朵左右，圆锥状聚伞花序。抽穗后约 1 个月开花，花期在 11 月下旬至翌年 1 月上中旬。开花习性因品种而异，一般花穗主轴顶端单花最早开放，随后是中部侧花序，最后是基部侧花序；侧花序上小花开放顺序是基部的先开，接着是顶端或近顶端的，后按自下而上的顺序开放。在福建产区，一个花序小花全部开放只需 12～29d，全树花期不超过 2.5 个月；而浙江最长的要 2 个月，全树花期 3～4 个月。根据花期迟早，江浙果农把最早开的花（10～11 月开放）称为"头花"，把盛花期（11～12 月）的花称为"二花"，盛花后（翌年 1～2 月）的花称为"三花"。花期迟早还与品种有关，浙江余杭是小果红肉、大果红肉、白肉品种依次开放，但白梨却比解放钟早开 15～20d。

4. 坐果与果实生长发育 大多枇杷品种可自花结实，日均温 11～15℃时即可正常开花；温度升至 20℃左右，花粉发芽率达 70% 以上，坐果率较高且稳定，大果型品种每果穗坐果 3～8 个，中果型品种 5～15 个，小果型或较原始的 15～30 个或更多；日均温超过 26℃，早钟 6 号侧花序相继枯萎脱落，有的仅剩花序主轴上的小花，小花开放困难或呈半开放状态，大多萎蔫死亡。枇杷花粉发芽所需的条件并不高，短时出现适宜温度即可满足发芽需要（黄金松，2000）。因此，即便在高温时节，如果出现几天凉爽天气，9 月初开的花可以坐果（福建仙游果农提供观察结果）。同理，北缘产区虽然花期温度较低，但晴天中午气温可达 15℃以上，不影响授粉受精和结实。坐果率与品种、花期等有关，少数自花不亲和品种坐果率低，浙江大红袍和黄岩 5 号的坐果率仅为 1.3% 和 1.1%，"二花"坐果率约 12%，"头花"和"三花"为 8%～10%。

枇杷果实生长类型为单 S 形。生长发育期分为 4 个时期（图 4-4）（丁长奎，1988；许家辉等，2004），将花后 40～80d 定义为幼果缓慢生长期，而不是细胞迅速分裂期。由于产地不同，生长发育期的时长存在差异。福建福州的幼果滞长期仅 40d，而武汉的长达 2～3 个月。图 4-4 显示的成熟期约 15d，而许家辉等认为此期仅有几天。

在果实大小方面，生长发育期长的果实大，故"头花"果大于"二花"果和"三花"果。果实增大不仅发生在迅速生长期，在成熟期间，果重仍然增

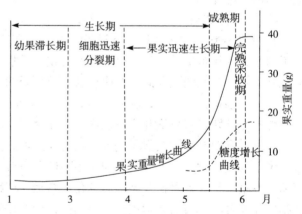

图 4-4 枇杷果实生长发育期及生长特点
（丁长奎，1988）

加；进入完熟期，重量缓慢增长，当果重接近最大值时，糖分也达到高值（图 4-4）。枇杷碳素营养的积累和运输形式主要是山梨醇，随果实成熟，山梨醇才迅速转化为蔗糖、果糖和葡萄糖。蔗糖和果糖是红肉枇杷最主要的糖（Bantog, et al, 1999），但果糖和葡萄糖是宁海白和大红袍主要的糖，宁海白果糖含量比大红袍高 1/3。叶瑟琴等 1988 年提出，当乙烯释放和呼吸高峰均出现后，华宝 2 号果实含酸量迅速下降，固酸比迅速上升，花后 150d 比值达 20.1∶1 时果实趋于成熟。田中品种糖分在全面着色后 5d 达最高值，但酸的变化缓慢。

5. 种子 枇杷果实含种子 1～4 个，最多达 5～8 个。种子多则可食率低，选育无子果实意义重大。自然界存在无核枇杷，西南大学梁国鲁教授已在金丰、软条白沙和大五星品种

中发现有生产潜力的天然三倍体无核株系7个，并拥有国内外20多个优良品种的近300株天然三倍体枇杷。花蕾期喷0.5mg/L或1.0mg/L GA$_3$可诱导无子果实（陈俊伟等，2006）。花期喷250mg/L GA$_3$，种子全部败育。

二、对环境条件的要求

1. 温度 普通枇杷原产于北亚热带，树体在－18.1℃时尚未出现冻害，但花和幼果不能忍受过低气温。调查发现，花蕾最耐寒，其次是未落瓣的花，再次为落瓣而花萼尚未合拢的花，最不耐寒的是幼果。花在－6℃、幼果在－3℃受冻，胚珠变褐死亡。气温骤升骤降不利幼果坐果，－3.5℃低温仅持续1个多小时，随即气温回升，还是有70%～80%的幼果冻坏。因此，江浙一带"头花"果最容易遭遇冻害，"二花"果亦有不同程度的冻害。有鉴于此，极端低温小于－5℃的地方不宜栽培枇杷，必须选择年均温15℃以上地区才能经济栽培（表4-3）。

表4-3 枇杷的生产区划

评价内容	区划类型	
	最适宜及适宜区	次适宜区
年平均温度（℃）	18～20	15～17.9
1月平均温度（℃）	6～10	4～5.9
≥10℃年积温（℃）	5 000～6 500	4 500～4 999
日最低气温≤－3℃的积温（℃）	0～－15	－16～－50
日最低气温≤－3℃的天数（d）	0～10	11～20
日最低气温≤0℃的天数（d）	0～5	5.1～20

注：转引自刘权等（1998），部分修改。

高温也不利生长发育。在高温高湿地区或时节，枝叶生长旺盛，病虫害多，开花结果少，果实偏小，糖分较低，酸味较重。高温烈日还容易灼伤和逼熟果实。

2. 水分 在年降水量1 200～1 500mm，4～5月降水量200～300mm，雨水分布较均匀的湿润地区，枇杷生长发育良好。水分过多，烂根落叶，树体衰退甚至死亡。果实生长后期降水过多，导致果实着色不良、推迟成熟、风味变淡、裂果等，严重影响果品的质量。水分不足，特别是高温干旱低湿的秋季，叶片容易提早脱落；水分供应不均衡，易产生皱缩果。大水体附近的枇杷园，空气湿度较高，日灼果、裂果和皱缩果等生理障碍果较少。

3. 光照 枇杷叶片光补偿点和光饱和点分别是750lx、18 000lx。阮勇凌等1990年提出在冬季光强较弱条件下，枇杷净光合速率强于温州蜜柑，说明枇杷是耐阴果树。幼苗需光度很低，忌阳光直射；幼树期间出现的层性，表明树体对光的需求略有加大，但骨干枝仍然忌阳光直射。枇杷虽然喜阴，但过于荫蔽的内部枝也易枯死。阳光直射果实使果肉组织坏死硬结，成为日灼果。果实生长后期需要和缓阳光使果实缓慢成熟，着色良好。

4. 风 枇杷根系分布浅，吸收根群不发达，根冠比小，抗风力弱。大风可导致主干偏斜或树体倒伏，但以3株苗木靠接形成的树冠可抵抗大风。西北风可增加生理障碍果比例，西北坡向枇杷整体生长结果不良。

5. 地形及土壤 平地、丘陵和山地均可栽培枇杷，丘陵山地光照、通风条件好，冷空气和积水易迅速排出，是栽培枇杷的首选之地。枇杷对土壤的适应性很广，沙土、沙壤土、沙质或砾质黏土都能生长，但土质黏重，特别是地下水位高的黏质土，根系生长不良，盛产后往往趋于早衰。故以土层深厚、土质疏松、有机质含量丰富、容易排水的沙质壤土为佳。pH 6 左右的土壤最适宜枇杷生长。

第四节　栽培技术

一、育　苗

枇杷苗是通过实生、嫁接、压条和组织培养等繁殖方法培育而成的，嫁接苗是生产上利用最多的苗木，通常按下列培育过程获得。

（一）培育实生砧木

常用砧木是本砧，闽矮 1 号（矮生枇杷）、豆枇杷、栎叶枇杷、大渡河枇杷、台湾枇杷，以及榅桲、石楠、苹果、梨和火棘都可作砧木。香花枇杷、椭圆枇杷、怒江枇杷也具有作砧木的潜力（张海岚，2009）。台湾枇杷宜作高温多雨地区砧木。榅桲砧嫁接亲和力虽略低于本砧，但矮化耐湿，以色列、埃及广泛应用，唯根系浅、易罹天牛是不足。石楠是常绿小乔木，与枇杷亲和力强，江苏苏州曾用它作砧木。石楠砧根系深、耐寒、耐旱、丰产、无天牛危害。但结果初期果实大小不均，色泽及品质变差，多年结果后品质才转好。

本砧砧木苗最好选种子大的红肉品种，如解放钟、早钟 6 号等。种子从充分成熟的果实中取出，洗净沥干，置 800 倍甲基托布津溶液中浸种 12h，晾干后立即播种于沙壤土或营养袋中，在荫棚或间作物遮阴的条件下播种。播种时宜浅播，播后用木棍滚压种子入土，表面覆盖稻草。约 2 周后种子发芽，此时应逐渐减少小苗周围覆盖物，防止小苗干旱和病虫害。苗高 7cm 以上可间苗，小苗出现 2~3 片真叶可施肥，之后 15d 施一次薄肥。

（二）嫁接

砧木苗嫁接口茎粗超过 0.6cm 时即可嫁接。嫁接方法有带叶切接、劈接或插接、折砧腹接、芽片贴接等，以带叶切接法最常用。

带叶切接法在 12 月下旬至翌年 2 月中旬进行。从品种纯正健壮的结果树外围采生长充实、粗度适中的接穗，在剪口下留 2~5 片叶剪砧，按切接法削接穗（接穗多用单芽），对准砧穗双方的形成层，用薄膜带紧密包扎砧穗结合处，让芽眼外露（用超薄薄膜带的可将芽眼包住，但只能覆盖一层薄膜）。对剪口之下没有叶片的砧木，可采用倒砧切接法，即在剪砧时砧木不完全剪断，将未折断的砧木先端部分折倒于地，其他的操作按上述进行。

（三）接后管理及出圃

嫁接 20~30d 后，要经常抹除砧芽。若用多芽接穗，还应抹芽，只留一条壮实新梢。倒砧嫁接的，待新梢充实后把砧木剪掉。苗期除草松土、水分管理、病虫害防治工作不能松懈，特别是叶斑病和苗瘟的预防，一般在幼叶展开后，喷 0.5% 石灰倍量式波尔多液、30% 氧氯化铜悬浮剂 500~600 倍液或 70% 甲基托布津 800~1 000 倍液，隔 2 周再喷一次药。第一次新梢成熟后开始施薄肥。

苗高 40~60cm，接口愈合良好，接口上茎粗达 1cm 以上即可出圃。出圃时间以冬春季为好，可以裸根出圃（初夏、秋季出圃的要带土）。挖苗后苗木末端要短截 1/2~2/3，主根和大侧根伤口要修整，裸根苗要蘸泥浆，带土苗的土球要用塑料薄膜袋包扎紧。

二、建园和定植

（一）建园

1. 园地选择　平地、丘陵、山地都适宜选址建园，但山地坡度不宜超过25°。若在次适宜区选址，要选择北面有大山、冷空气易于排除的园地。还要注意选择避风处，不宜在西北风口处建园。周围有茂密植被、大水体存在的土地都是首选之地。枇杷忌地性很强（黄金松，2000），应避免连作或间隔10年再种枇杷。

2. 种植园开垦和改土　在园地选择和规划之后，各项建园工作全面展开，此处仅介绍种植园建设。建设内容有筑等高梯田或挖鱼鳞坑、挖排水沟、挖定植沟（穴）或筑墩等。在平地建园，行间要挖深沟，畦面筑高墩作定植穴，便于降低地下水位，减少积水危害。在丘陵地，提倡挖等高鱼鳞坑，可减少工程量，还可保持水土。挖土时，宜将表土和心土分开堆放，把秸秆、有机肥、磷肥、石灰等改土材料与心土分层回填到定植穴，表土置其上，做成较高的土墩。在山地要建等高梯田，资金充裕的可租挖掘机械挖填土方和挖定植沟（1m×1m），可垒筑石壁。改土的做法如上，也可按福建莆田果农做法，先清除坡面物，全园耕翻20cm左右，分别收集杂草和表土；随后挖1m×1m×1m的定植穴，掏出心土，再把表土和杂草分层堆放，浇一遍人粪尿，酸性土壤施些石灰，反复两三次后，用表土及改土材料填满种植穴。与此同时，在挖出的心土上铺盖杂草，这样既保持水土，又有利心土熟化。最后垒石壁形成梯田。

（二）定植

栽植密度根据气候、品种和土壤而定，一般株行距为4～5m。坡地通风光照条件好及北缘产区抗寒栽培时均可适当密植。解放钟等树冠高大品种，株行距宜5～6m。定植前还应考虑品种搭配，浙江大红袍、夹脚和华宝2号等自花不实品种，一定要搭配授粉品种。鉴于采收劳力需求大和果实不耐贮藏等因素，最好混栽不同品种，日本果农均种植2～3个成熟期不同的品种。

定植时期多为冬、春两季。在雨季结束之前，也可安排初夏或秋季定植。苗木不宜栽植过深，以苗期的入土深度为界，栽植后立即浇定根水，适当短截部分枝叶和覆盖穴面。

三、土壤管理及施肥

（一）土壤管理

在丘陵山地，应逐年对幼树进行土壤全面改良。每年在定植穴（沟）的一侧或两侧向外扩穴，将心土与秸秆、有机肥和石灰分层堆放于待改良的土沟内，表土与复合肥或磷肥混合后回填土沟表面。幼年期间，树盘宜覆盖免耕，树盘外间作豆类等间作物。

进入结果后，树盘仍可覆盖，但干外50cm内不必覆草，以防蚁害。土壤可用清耕覆盖法管理，一年至少清耕数次，如在冬季清园、春季疏果前、采后施肥时进行，其他时节则生草；也可使用草甘膦等定期除草免耕土壤。条件许可时，每年冬季可分次培土，每株培土400～600kg，结合覆盖杂草或地膜，可增加营养，增强抗寒力。

（二）水分管理

枇杷园一定要注意排水，特别是平地，烂根或烂头都在积水较多时发生。秋旱、冬春干旱地区要保证水分充足和均衡供应，简易的滴灌或喷灌系统都能较好地保障叶片健康长寿和减少裂果发生，有条件的要建立高质量的自动化喷灌系统。

（三）施肥

定植前要施足基肥，每穴施鸡粪等土杂肥 30~40kg、钙镁磷肥 1.5~2kg，表土层可混合火烧土或垃圾土，不宜混入速效肥。

幼树首次追肥时期宜在第二次新梢生长之后，株施 0.2%~0.3% 尿素和 0.1%~0.2% 复合肥溶液 3~5kg，每 15d 左右施肥一次；第一次新梢叶片转绿时，可施 0.2%~0.3% 尿素、0.2% KH_2PO_4 混合叶面肥；雨季可在树盘边缘撒施复合肥 15~20g。一年生幼树每年株施氮、磷、钾分别为 400g、200g 和 300g；2~3 年生树，各增加 100g、50g 和 75g。

结果树施肥种类和施肥量根据需肥特点、树龄、结果量等确定。印度 M P Singh 分析果实氮（N）、磷（P_2O_5）、钾（K_2O）含量分别为 0.89%、0.81% 和 3.19%。日本长崎果树试验场测得果实、枝叶和根各元素占干物质的比例是钙 0.71%、钾 0.53%、氮 0.39%、镁 0.1%、磷 0.06%。上述数据表明，枇杷对钾和钙的需求较大。我国台湾提出山地施用氮、磷、钾复合肥比例以 4:2:3 较好，并适当增施钙、镁及有机肥。我国枇杷主产区成年树施肥量是氮 150~300kg/hm^2、磷 90~240kg/hm^2、钾 112.2~240kg/hm^2；日本生产 1 000kg 果实施氮 24kg、磷 19kg、钾 19kg。施肥时期一般在采果后、开花前、疏果后和幼果迅速增大期，各次施肥量所占比例是 40%~50%、20%~30%、10%~20%、10%。在幼果迅速增大期可根外追肥，冬季应增施有机肥和钾肥抗寒。

20 世纪 90 代初庄伊美等提出叶片营养诊断标准：N、P、K、Ca、Mg 含量的适宜指标是 2.24%、0.19%、1.54%、1.0%、0.25%，B、Zn、Fe、Mn、Cu 的适宜指标是 20~100mg/g、25~100mg/g、50mg/g、100~500mg/g、5~10mg/g，仍然可作平衡施肥的参考。

四、整形修剪

枇杷生产成本中劳力成本占 50%~60%，随着劳力成本逐年增加，栽培者获益越来越少。为方便花果管理，一定要培养矮化的树冠。矮化树冠的培养从整形开始。一般采用双层杯状树形或自然杯状树形。双层杯状树形适用直立高大的品种，树形培养步骤从定植开始，在苗木 40~60cm 处短截，剪口下至少留叶 6 片，定干 30cm 左右，整形带内培养 3~4 个主枝，主枝间应留有间隔。剪口下的第一个芽应直立生长，以便作第二层主枝的中心干，其余主枝斜生。中心干高 1.5m 左右时短截，其下培养第二层主枝 3~4 个，第二层主枝培养成功后，在中心干末端延长枝 20~30cm 处短截，使冠高控制在 2.0~2.5m。整形期间，还要通过短截、抹芽、拉枝等方法，在各层主枝上培养间隔良好的侧枝 2~3 个，各主枝夹角控制在 40°~50°，分布均匀。还要注意培养内部辅养枝结果。自然杯状树形仅有 1 层主枝，主枝 4~6 个，要培养 1 个侧枝为树冠中心部分遮阳。

结果树修剪在采果后和秋季修剪。采果后修剪主要是短截健壮的结果枝，根据其剪口粗度留采后夏梢 1~2 个，疏剪衰弱枝等无用枝条，培养低位枝组，防止结果部位外移。长势强旺的枝条要拉枝，成花之后再解除拉枝处理；亦可在夏梢萌发时喷 PP_{333} 500~800mg/L。

秋剪主要摘除过多或过早的花芽、花穗下副梢（秋梢），短剪徒长枝等。修剪时要求剪口平，剪口下要留叶。

五、花果管理

（一）疏花穗

一般在花穗抽出、尚未开花时疏除50%～60%的花穗（日本疏去25%～50%），北缘产区不疏花穗。根据大年多疏、小年少疏，去外留内、去迟留早、去弱留强和树冠上部多疏的原则进行疏花穗。对大果型品种，基枝有4～5个花穗的可疏去2～3穗，从花穗基部折断，叶片尽量保留。中小果型品种则逢5去2，逢4去1～2，疏去叶片少、发育差或有病虫的花穗。

（二）疏花蕾

疏花蕾掌握在侧花穗轴刚分离时进行为宜。一个花穗留2～5个侧花穗，大果型的仅留1～2个。可摘除主侧轴末端占全长1/3的花蕾；对花穗紧凑短小的，可疏去基部和顶端的侧花序，只保留中部3～4个；还可疏去中上部的，留基部2～4个侧花穗。对花序向下弯曲的品种或在有霜冻地区，基部侧花穗不宜疏去。

（三）疏果与套袋

疏果在谢花后至幼果蚕豆般大小之前进行，无冻害地区宜早，北缘产区3月中旬后疏果，将病虫、畸形和密生的幼果等疏去。大果型品种每穗留3～4个，中果型品种留4～6个，小果型品种留6～8个。强旺树、枝粗叶多的适当多留，反之则少留。通常将果穗中部大小一致的幼果留下。

疏果后立即套袋，对减少裂果、果锈和日灼，增进外观品质，防病虫鸟类和果品安全大有益处。可用牛皮纸或报纸等材料做果袋，果袋有单层、双层两种，最好表面有反光膜或有防水材料。深圳龙岗果农对早钟6号春节上市果，还在袋里裹上松软纸巾保温。果穗外套上锥形的果袋是套袋合格的标志。

六、采　收

枇杷果实适期采收是最需要把关的环节之一。完熟果实具有最佳品质，但完熟期很短，对种植者造成很大压力，故要组织充足的劳力安排采收。由于缺乏劳力以及一些误导（如采后品质会变佳），市面上七八成熟的果实占有量大，甚至出现刚转色的果实比九成熟果卖价更高的情况。其实枇杷并非特别娇嫩，不耐贮运。为了充分展示枇杷品质，维护枇杷产地声誉，千万不宜过早采收。

采收前要备好梯子、钩子、采果篮及内衬物，采摘人员指甲要剪平。采收过程中只与果柄接触，轻拿轻放。果穗和套袋一起采下，一起运到包装场地解袋，分级包装。

（执笔人：胡又厘）

主 要 参 考 文 献

蔡礼鸿．2000．枇杷属的等位酶遗传多样性和种间关系及品质鉴定研究［D］．武汉：华中农业大学．

陈彬.2008.枇杷成花生物学若干问题及早花坐果调控研究[D].广州：华南农业大学.

陈俊伟,冯健君,秦巧平,等.2006.GA₃诱导的单性结实'宁海白'白沙枇杷糖代谢的研究[J].园艺学报,33(3):471-476.

丁长奎,章恢志.1988.植物激素对枇杷果实生长发育的影响[J].园艺学报.15(3):148-153.

李涛.2009.AM真菌在枇杷上的接种效应研究[D].广州：华南农业大学.

林顺权,杨向晖,刘成明,等.2004.中国枇杷属植物自然地理分布[J].园艺学报,31(5):569-573.

刘宗莉.2005.枇杷成花与形态解剖、蛋白质和内源激素的关系[D].广州：华南农业大学.

王秀丽.2006.枇杷菌根的初步研究[D].广州：华南农业大学.

许家辉,张泽煌,余东,等.2004.早钟六号枇杷果实发育研究Ⅰ.鲜果动态变化及水分的需求与分配[J].云南农业大学学报,12(6):711-713.

杨松光.2007.枇杷成花诱导临界期及相关形态与生理特征[D].广州：华南农业大学.

杨向晖,刘成明,林顺权.2007.普通枇杷、大渡河枇杷和栎叶枇杷遗传关系研究——基于RAPDHE和AFLP分析[J].亚热带植物科学,36(2):9-12.

张海岚.2009.枇杷属植物野生种作为栽培枇杷砧木的潜力研究[D].广州：华南农业大学.

张燕,陈彬,胡又厘,等.2009.早钟六号枇杷顶生枝的成花特征[J].中国南方果树,38(1):1-4.

章恢志,彭抒昂,蔡礼鸿,等.1990.中国枇杷属种质资源及普通枇杷起源研究[J].园艺学报,17(1):64-67.

Bantog A N, Shiratake K, Yamaki S. 1999. Changes in suger content and soybitol-and sucrose-related enzyme activivies during development of loquat (*Eriobotrya hookeriana* Lindl. cv. Mogi) fruit [J]. J. Japan Soc. Hort, 68 (5): 942-948.

Lin S Q, Sharpe R, Janick J. 1999. Loquat: botany and horticulture [J]. Hort. Rev. Vol. 23: 233-276.

Shunquan Lin. 2008. Loquat//Encyclopedia of Fruits and Nuts (eds by Jules Janick and Robert E Paull) [J]. CABI, 643-651.

X L Wang, Q Yao, Q R Feng, et al. 2007. Morphological characteristics of loquat mycorrhiza and inoculation effects of arbuscular mycorrhizal fungi on loquat // X M Huang, J. Janick [J]. Acta Horticulturae No. 750. Guangzhou: ISHS. 389-394.

推 荐 读 物

吴汉珠,周永年.2003.枇杷无公害栽培技术[M].北京：中国农业出版社.

郑少泉.2005.枇杷品种与优质高效栽培技术原色图说[M].北京：中国农业出版社.

第五章 杨 梅

第一节 概 说

杨梅原产于我国东南部，7 000年以前的新石器时代浙江已有野生杨梅存在，其栽培也有2 000年以上的历史。明代李时珍所著的《本草纲目》记载："其形如水杨子，而味似梅，故名。"据《渊鉴类函》卷四在杨梅条下载有宋代苏东坡《参寥惠杨梅》："新居未换一根椽，只有杨梅不值钱；莫共金家斗甘苦，参寥不是老婆禅。"可见，自南宋开始浙江已有栽培杨梅的能手。

目前我国杨梅主要分布在长江流域以南，北纬20°~31°。杨梅栽培总面积约18万hm^2，主要产区为长江以南的省份。浙江栽培面积最大，产量最多，品质也最佳；其次是福建、云南。在国外，日本与韩国有少量栽培，缅甸、越南等国也从我国引进杨梅栽培。欧美各国均有引种，但供观赏或药用。

杨梅生长在生态环境优越的山区，污染少，具有"无公害绿色保健水果"之美誉。《本草纲目》中记载："杨梅可止渴、和五脏、调肠胃、除烦愦、恶气。"杨梅富含糖类、膳食纤维、维生素C、有机酸、氨基酸及钙、磷、铁、钾、钠、镁等矿物质，同时含有丰富的杨梅素、花色苷等黄酮类化合物和没食子酸等鞣质类化合物，具有较强的抗氧化性能和清除自由基能力，在消食、除湿、消暑、止泻、利尿益肾、治痢疾、治霍乱、降血压、降血脂、抗肿瘤、防止动脉粥样硬化、消炎镇痛、增强免疫能力方面有一定功效。树皮富含鞣质，可作赤褐色染料及医疗上的收敛剂。杨梅树性强健，树姿优美，枝叶繁茂常绿，其根与放线菌共生形成菌根而具固氮作用，在贫瘠之地生长亦良好。因此，杨梅是荒山造林、城市公共绿地、庭园行道的优良绿化树种。

杨梅除鲜食外，可制罐头、果酱、果汁、果酒及盐渍、蜜饯等。杨梅鲜果已经远销到意大利、西班牙、法国等欧洲国家及东南亚国家，杨梅酒与法国白兰地相媲美，享誉海内外。

第二节 主要种类和品种

一、主要种类

杨梅属于杨梅科（Myricaceae）杨梅属（*Myrica* L.），本属植物在我国已知的有6种。

（一）杨梅

杨梅（*M. rubra* Sieb. & Zucc.），福建称朱红，台湾称树梅。常绿乔木，幼树树皮光滑，呈黄灰绿色，老年树为暗灰褐色，表面常有白色晕斑，多具浅纵裂。树冠整齐，呈球形或扁圆形，枝脆易折。叶革质，互生，呈倒卵形，边缘或前端稍有钝锯齿，叶片上表面深绿色，具光泽，下表面淡绿色。雌雄异株或偶有同株的，花序生于叶腋；雄花序圆柱形，黄红色，为复柔荑花序；雌花序为柔荑花序，柱头2裂，丝状，鲜红色；着生花序节无叶芽。果实圆球形，果肉由多数肉柱突起聚集而成；果色有红、紫、白、粉红等；内果皮坚硬，俗称核，表面密被茸毛。初夏成熟。我国栽培杨梅均属这种，根据栽培性状可分为以下6种。

1. 野杨梅 别名乌梅，多数自然实生，亦有嫁接繁殖。树冠高大，生长旺盛。叶大，前端常有锯齿。果小，色红，肉柱细，顶端多尖头，酸味强，成熟果实易脱落。在浙江6月初采收。常作砧木用。

2. 红杨梅 各地普遍栽培，品种较多。果大质佳，熟时红色或深红色等；肉柱钝或尖，依栽培条件而定。浙江的水梅、萧山的迟色、黄岩的东魁、江苏的大叶细蒂等属本类。

3. 乌杨梅 叶色较浓。果未熟时红色，成熟时变成乌紫色或紫黑色；肉柱粗大，先端多圆钝；甜味浓，品质上乘；肉与核易分离。如浙江余姚的荸荠种、定海的舟山佛海、温州茶山的丁岙梅、余杭的大炭梅、江苏洞庭的乌梅及广东潮阳的山乌、乌核等属此类。

4. 白杨梅 成熟果实白色、乳白色、黄白色或白色中略带绿晕斑，均不转为红色。味清甜，品质尚好，但产量不及红杨梅和乌杨梅。各地少量栽培。以浙江上虞二都的水晶杨梅和福建长乐的纯白蜜为其代表。

5. 早性梅 产于浙江黄岩拱东、东岙等地，栽培区域不大。树势中庸，树冠中大或较小。叶全缘。果小，紫色或红色，果蒂小或无，品质较差。成熟早，6月上旬即可应市。成熟果实不易脱落，为良好的育种材料。

6. 大叶杨梅 产于浙江临海的杜桥、洋屏及黄岩的江口镇一带。树势极强，树姿直立，树冠圆筒形，树高大，干粗而光洁。枝叶茂盛，叶特大，倒卵形。果圆形，紫红色，肉柱红色。核椭圆形，表面有沟棱。果实可贮1周，但品质欠佳。可作为育种材料。

（二）毛杨梅

毛杨梅（*M. esculenta* Buch. Ham.），乔木，高4~11m。树皮淡灰色，幼枝白色，密被茸毛。叶柄稍有白色短柔毛。果实小，卵形，直径1~2cm，红色，贵州称杨梅豆。分布于云南、贵州、四川海拔1 600~2 300m处的山坡，东南亚亦有分布。有7个变种。

（三）青杨梅

青杨梅（*M. adenophora* Hance），别名青梅（海南）、坡梅、细叶杨梅，产于海南省。灌木或小乔木，高1~6m。树皮灰色，幼枝纤细，被短柔毛及黄色腺体。叶倒卵形，上下两面密被腺体，中脉有短柔毛，叶柄有毛，叶缘疏生锯齿。花生于叶腋，雄花序与雌花序均单一穗状，雌花序偶有极短分枝。果红色或白色，椭圆形。10~11月开花，次年2~3月果成熟。

变种有恒春杨梅（var. *kusanoi* Hayata），常绿矮乔木，雄花序极短，雄蕊较少，产于我国台湾省恒春。

（四）云南杨梅

云南杨梅（*M. nana* Cheval.），别名矮杨梅、滇杨梅。灌木，高约1m。叶倒卵形，稀椭圆形，橄榄绿色，边缘中部以上有粗锯齿，上表面叶脉凹下，下表面凸起；叶柄极短，稍有短柔毛。雄花序单一穗状，雌花序有极短分枝，花序褐绿色。果卵球形稍扁，直径1~1.5cm，红色，味酸可食。2~3月开花，6~7月果成熟。

本种产于云南、贵州海拔1 500~2 800m处。现有2个变种，即尖叶矮杨梅（var. *integra* Chev.）及大叶矮杨梅（var. *luxurians* Chev.）。

（五）大杨梅

大杨梅（*M. arborescens* S. R. Li & X. L. Hu），高大乔木，树高15m左右，干周达

3m以上。树皮灰褐色，具明显不规则银白色晕斑。叶片大，长披针形，常密集着生于小枝上部；叶片中上部有明显的钝锯齿；叶背密披金黄色腺体，并有长柔毛。果实圆球形，成熟时绿色或白色。2～3月开花，4～5月果实成熟。

本种产于云南南部和西南部，分布生长在西双版纳的勐混、西定，滇西的陇川、瑞丽、盈江等海拔900～1400m的山地或林中。

（六）全缘叶杨梅

全缘叶杨梅（*M. intergrifolia* Roxb），灌木或乔木，树高8～10m，树皮深灰褐色。叶披针形，先端渐尖，基部狭楔形，叶全缘，边缘略反卷，叶面光滑，叶脉明显下凹。雌花序柔荑花序，圆筒形，腋生；雄花序柔荑花序，弦月形。果实椭圆形。2～3月开花，4～5月果实成熟。分布在我国云南西南边境海拔900～1400m的山地。

二、主要品种

1. 荸荠种 产于浙江余姚、慈溪及宁波等地。树势较弱，树冠半圆形，树姿开张，枝条稀疏，较细长。叶长倒卵形或椭圆形，全缘。果中大，重约14g，果顶部微凹入，有时具十字线纹，果底有明显浅洼，果梗细短，采后多脱落；肉柱圆钝，紫红色至紫黑色，肉质细软，味甜汁多，具香气；离核，核小，卵形，密被细软茸毛，品质上等（图5-1）。产地6月中旬开始成熟。抗风力强，不易脱落。盛果期单株平均产量50kg以上，最高曾达500kg。本种丰产、稳产、优质、耐贮运，适应性广，较抗肿癌病和褐斑病。

2. 舟山佛梅 俗称晚稻杨梅。主产于浙江舟山定海皋泄，约占当地栽培杨梅的35%。树势强旺，分枝力强，常2～3主干，树冠大，圆形至半圆形，以春梢中果枝结果为主。叶广披针形或尖长椭圆形。果圆球形，中大，平均重11.2g，色紫黑有光泽；果柄短，蒂台小，色深红；肉柱多槌形，顶端钝圆，肉质致密，酸甜适中，总糖9.8%，总酸0.9%，可溶性固形物10.0%～11.5%，可食率达94.0%～95.3%，品质特优，鲜食、加工皆宜。核椭圆形，种仁饱满，乳白色。当地夏至后7～10d开始成熟，采收期长达半个月。丰产稳产，为当前优良晚熟种。

3. 丁岙梅 主产于浙江温州的茶山。树势强健，树冠圆头形或半圆形。叶大，浓绿色，长倒卵形和尖长椭圆形。果大，形圆，重15～18g，果柄长约2cm，果顶有环形沟纹一条，成熟后果实呈紫红色或紫黑色；蒂部瘤状突起大，黄红色；肉柱先端钝圆，富光泽，肉质柔软多汁，果肉厚，可食率96.4%，含可溶性固形物11.1%，总酸0.83%，味甜。核小，卵形，仁饱满。6月中旬成熟，品质上等。因其果柄固着力强，常带柄采摘。

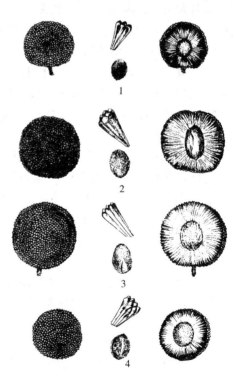

图5-1 杨梅品种
1. 荸荠种 2. 东魁 3. 大炭梅 4. 大叶细蒂
（浙江农业大学，1964）

4. 东魁 又名东岙大杨梅、巨梅。20世纪80年代浙江农业大学等单位选出的大果型中晚熟品种，适应性很广。树高大，生长势强，树冠圆头形。枝粗节密，叶大密生，叶缘波状皱缩似齿，或全缘。果实特大，为不正圆球形，纵横径3.5～3.7cm，平均单果重约22g，最大的达52g；果面紫红色，肉柱较粗大，先端钝尖，味浓，甜酸适中，含可溶性固形物11%～13%，总酸1.35%，核中大，可食率94.0%～95.6%，品质优良（图5-1）。黄岩6月中下旬陆续采收，适于鲜食或罐藏。本品种抗风力强，不易落果，目前全国各杨梅产区都有栽培。

5. 水梅 浙江东南地区的主栽品种。树势强健，树冠圆头形。叶倒卵形或倒卵状披针形，全缘。果实为不正圆球形，重13～14g，果顶圆或平，先端凹入，果底平，果面深红色，充分成熟时可为浅紫色；果肉汁多，味甜酸可口，含可溶性固形物12.6%，总酸1.77%，品质优良。核中大，椭圆形。产地6月下旬成熟。本品种适应性强，丰产，适于鲜食或加工。

6. 大炭梅 主产于杭州市余杭区等地。树势中等，枝条细长，以短、中果枝结果为主。叶长椭圆形或广倒卵状披针形，边缘略呈波状。果大，圆形，果面略凹凸，重约14.5g；果蒂大而突起，黄绿色，果底平或稍凹；肉柱长短不一，顶端圆或尖；充分成熟后乌紫色似炭，故名大炭梅；肉质柔软，汁多，含可溶性固形物9.9%，总酸0.59%，甜酸适度，品质优良（图5-1）。杭州7月上旬成熟。贮藏性较差，抗病、抗旱力较弱。

7. 迟色 主产于浙江杭州萧山区。树势较强健，树冠为不整齐圆头形或半圆形，枝条密生，以短、中果枝结果为主。叶倒披针形或倒卵形，全缘或具粗锯齿。果圆球形或不正扁圆形，重约15g，果面微现凹沟一条，果实深红色，果柄长而纤细，肉柱棒状，肉质细，汁多，味鲜略酸，品质优良，含可溶性固形物12.5%，总酸1.03%，可食率约93%，宜鲜食或加工。对地势、土质要求较严格，抗风、抗旱及抗寒力稍弱。

8. 大叶细蒂 主产于苏州市吴中区东山。树势强健，树形高大而开张，树干粗壮，枝密而弯曲，节间短。叶大较软，宽披针形，全缘或先端具有小锯齿，叶脉稀疏明显。果紫红色，中等大，圆形略扁，重15g，顶部具浅梗洼，果面平整或间有5～8条局部纵行隆起；肉柱先端圆钝，少数尖，大小不一；果肉质柔软，汁多，可溶性固形物10%，甜酸适度，肉厚，核小，品质优良（图5-1）。产地6月下旬至7月初成熟。抗风力强，不易落果。

9. 二色杨梅 产于福建。树冠高大，枝梢稠密。叶倒卵形或匙形。果为略扁的圆形，果蒂部隆起，重13～15g；肉柱槌形，先端圆头；果面色上下不同，2/3以上为紫黑色，其下呈红色，故名；肉厚而软，汁多，核小，味清甜，每100ml果汁含酸0.16g、含糖9.45g，品质优良。6月下旬成熟，宜鲜食或酿酒。适应性强，耐寒、耐旱，但不抗风。

10. 光叶杨梅 产于湖南靖州。树冠半圆形，枝条开张。叶为卵状椭圆形，全缘。果球形，果顶有放射状沟，直达果实中部，肉柱圆钝，有油浸似的光泽，色紫红，可溶性固形物14%，味甜微酸，品质上。产地6月中旬成熟。坐果率高，稳产。

11. 山乌 产于广东潮阳。树冠高大而稍直立；主根较粗而深，侧根较少。果大，重约16g，紫黑色；肉厚质松，汁多味甜，核小，品质优良。原产地3月上中旬（惊蛰后）开花，6月上中旬（芒种后）采收。成熟期遇雨也不致大量落果，但花期怕严寒雨雾。需肥量较大，高产不稳产，寿命较短。

其他品种见表5-1。

表 5-1　其他主要杨梅优良品种性状

品种名称	果色	肉柱	品质	成熟期	产地
早荠蜜梅	深紫红色	圆钝	上	6月上旬	浙江余姚、慈溪
晚荠蜜梅	紫黑色	圆钝	上	7月上旬	浙江余姚、慈溪
早大	深红色	圆钝	上	6月中旬	浙江余姚、慈溪
迟大	深红色	圆钝	上	7月上旬	浙江余姚、慈溪
荔枝梅	鲜红色	圆钝	上	6月下旬	浙江余姚、余杭
乌紫	紫黑色	圆钝	上	6月中旬	浙江象山
青英	深红色	尖	中上	7月上旬	浙江奉化
黑晶	紫黑色	圆钝	上	6月下旬	浙江温岭
中叶青	红色	圆钝	上	6月下旬	浙江萧山
木叶	红色	圆或尖	中上	6月下旬	浙江兰溪
流水头	紫红色	圆	上	6月下旬	浙江温州
永嘉刺梅	深红色	尖钝	中上	6月中下旬	浙江永嘉
广联山	紫红色	圆钝	上	6月上中旬	浙江温岭
乌梅	紫红色	尖圆相间	中上	6月上旬	浙江黄岩
深红杨梅	深红色	尖圆相间	上	6月下旬	浙江上虞
大乌杨梅	紫黑色	圆钝	上	6月下旬至7月上旬	福建莆田
大花杨梅	紫黑色	圆钝	上	6月中旬	福建建阳
大粒紫	紫红色	圆或尖	上	6月中旬	福建福鼎
大叶杨梅	紫红色	尖或圆	中上	6月中旬	湖南靖州
小叶细蒂	紫红色	圆或尖	上	6月下旬	江苏吴中西山
石家种	深紫红色	圆钝	上	6月下旬至7月上旬	江苏吴中西山

第三节　生物学特性

一、生长发育特性

杨梅雌雄异株。雄株高大，枝叶茂密；雌株由于结果，则较矮小而叶稀疏。嫁接繁殖的树势强壮，压条繁殖的树干矮而分枝多。树冠圆头形，层性现象明显。顶端优势较弱，新梢发生后不久，有30%～40%的顶芽枝由于受邻近枝条的竞争而被迫枯萎。嫁接苗从砧木播种开始经5～7年开始结果，15年左右达盛果期，60～70年后逐渐衰退，寿命达100年以上。压条苗开始结果的时间则依苗的大小而有迟早。实生苗需经10年左右才能结果。

（一）根

1. 根系分布　杨梅根系在土壤中的分布较浅，主根不明显，侧根、须根发达，70%～90%的根系分布在0～60cm深的土层内，在5～40cm的浅土层中最为集中，少数深达1m以上。根系的水平分布大于树冠直径的1～2倍。杨梅根系分布的深度和宽度除与杨梅的种类和品种、砧木类型有关外，也受繁殖方法、土壤条件等影响。实生树根深而粗，骨干根较多，须根较少，细根分布比较均匀；压条繁殖树骨干根少，根系较浅。土层深厚肥沃、有机质丰富、通气性好、pH 在 5.5~6.0 的沙质壤土最适宜于杨梅根系生长。

2. 菌根 杨梅根部常有弗兰克氏（Frankia）放线菌共生形成菌根。菌根呈瘤状突起（图 5-2），肉质，灰黄色，大小不一，分布无规律。杨梅供给放线菌糖类，使之发育成根瘤，根瘤固定空气中的氮素，形成有机化合物，而根系则从根瘤中吸收有机化合物。杨梅根瘤形成的数量及其固氮活性与土壤、水分、pH 等条件有密切相关。据顾小平（1994）研究结果表明，花坛土有利于杨梅实生苗结瘤固氮，其生长量、结瘤量及根瘤固氮活性最高；红壤与沙（2：1）混合次之，杨梅生长量略低于花坛土，结瘤量及根瘤固氮活性接近于花坛土；沙与花坛土（10：1）混合居第三；红壤土最差。土壤施用石灰，使土壤 pH 为 5.5~6.0 时，杨

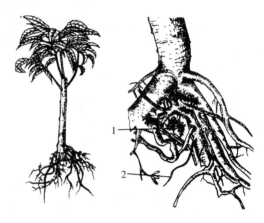

图 5-2 杨梅的瘤状菌根
1. 菌根　2. 普通须根
（浙江农业大学，1964）

梅生长量、结瘤量及根瘤固氮活性有显著提高。土壤中水分充足有利于杨梅的生长和结瘤固氮。根瘤固氮活性一年中有 2 个高峰，分别为 6~7 月和 10 月，1 月份的固氮活性最低。

（二）枝芽

1. 芽　杨梅枝上的顶芽均为叶芽，着生花芽的节上无叶芽。花芽圆形、较大，叶芽比较瘦小。枝梢除顶芽和附近 4~5 芽容易发枝外，其他芽多为隐芽。隐芽寿命长，遇刺激易萌发。叶芽比花芽的萌动期迟 20 余天，萌芽后约 15d 展叶。

2. 枝　杨梅一年抽梢 2~3 次，根据抽生时期分为春梢、夏梢和秋梢。春梢于 4 月下旬从去年的春梢或夏梢上抽生；夏梢于 6~7 月自当年的春梢和采果后的结果枝上抽生，少数在去年生枝上抽生；秋梢大部分自当年的春梢和夏梢上抽生。江浙地区，当年生长充实的春、夏梢的腋芽能分化为花芽，成为结果枝。秋梢发生较迟，至花芽分化季节尚未成熟，多数不能成为结果枝。龚洁强（1998）对浙江黄岩 11 年生东魁杨梅调查 2 年的结果表明，东魁杨梅结果枝以春夏二次梢为主，其次为一次春梢和夏梢，分别占总结果枝的 53.23%、33.87% 和 12.90%。在春夏二次梢结果枝中，果实着生在夏梢上占 84.85%，在春梢上占 9.09%。吴振旺等（2000）对温州 10 年生荸荠种杨梅调查发现，结果枝中夏梢占 79.5%，秋梢占 12.5%。据叶明儿（2006）调查表明，云南省等我国西南高海拔地区，杨梅成熟采收早，光照期长，秋梢养分积累充足，也能成为良好的结果枝。

依其能否开花，杨梅的枝可分为生长枝和开花枝两类。生长枝有徒长枝（30cm 以上）与普通生长枝（30cm 以下）之别，开花枝又分雄花枝和结果枝两种。雄杨梅树上着生雄花的枝称雄花枝，雌杨梅树上着生雌花的枝称结果枝。结果枝按长短可分：①30cm 以上的徒长性结果枝，其先端的腋芽有 5~6 个形成花芽，但这些花芽发育不良，开花后多数落花落果，仅少数能结果；②20~30cm 的长果枝，其先端有花芽 5~6 个，因其细长而不充实，开花结实率虽胜于前一类，但也不高；③10~20cm 的中果枝，除顶芽为叶芽外，其下 10 余节腋芽几乎均为花芽，结果率高，为最优良的结果枝；④10cm 以下的短果枝，可生 2~3 个花芽，生长健壮时，结果也良好。据潘丹红等（2004）对浙江台州市黄岩区北洋镇东魁杨梅结果树 2 年调查的结果表明，6 年、10 年、15 年生东魁杨梅结果枝在 10cm 以下的分别占

62.8%、60.5%、53.4%，10～20cm 的占 27.1%、31.1%、37.7%，20～30cm 的占 8.5%、7.8%、8.6%，30cm 以上的占 1.6%、0.6%、0.3%。吴振旺等（2000）对温州瑞安市湖岭镇盘龙山村 10 年生荸荠种杨梅嫁接树调查结果表明，小于 10cm 的结果枝为 95.4%，10～20cm 的为 4.6%，20～30cm 的长果枝和大于 30cm 的徒长性结果枝则极少结果。

（三）叶

杨梅叶互生，多簇生于枝梢顶端。春梢叶最大，夏梢叶次之，秋梢叶最小，生长较慢。雄杨梅叶形小，叶的最宽部在先端，叶脉角度成锐角，叶序为 3/8 式；雌杨梅叶较大，叶脉也较大，叶序为 2/5 式。叶龄长达 12～14 个月，抽发春梢前后自然脱落的较多。

（四）花

1. 形态 杨梅花小，单性，无花被。雄花为复柔荑花序，着生于叶腋，着花的节上无叶芽，开花较早，自花序上部渐次向下开放，花期长约 1 个月。雄花枝上着生花序多数为 15～20 个。雄花序圆筒形或长圆锥形，初期暗红色，后转为黄红色、鲜红色或紫红色。不同色泽雄花的花粉活力有差异。据章鹤寿（1993）测定结果，雄花的花粉活力以玫瑰红型最强，红黄色其次，土黄色最弱。每个雄花序由 15～36 个小花序组成，每个小花序有花 4～6 朵，每花具雄蕊 2 枚（图 5-3）。花药肾状，鲜红色，基部联合，内面纵裂，花粉很多。雌花为柔荑花序。每一结果枝雌花序多数为 6～9 个。每一雌花序有 7～26 朵花（图 5-4）。雌花开放的时间为 27d 左右，盛花期为 13d 左右。雌花盛开的时间长，能达到雌雄花同开，进行授粉受精。同一花序中小花自上向下开放。发育不良的花序，偶见有上部开雌花、下部开雄花的雌雄混合花序，当先端雌花 2～3 朵开放时，下部的雄花即行开放。但雄花序上则少见有雌花着生。

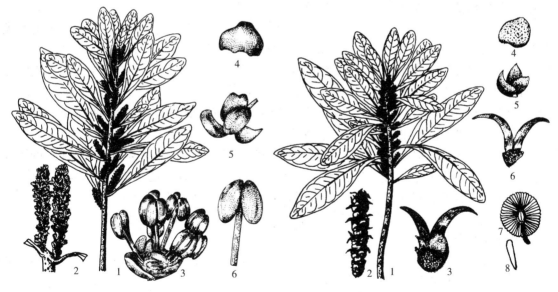

图 5-3 杨梅雄株花器构造
1. 雄花枝 2. 雄花穗（×2） 3. 小花序（×5）
4. 总苞（×5） 5. 小苞片（×5） 6. 雄蕊（×7）
（浙江农业大学，1964）

图 5-4 杨梅雌株花器果实构造
1. 雌花枝 2. 雌花序（×2） 3. 雌花（×5）
4. 总苞（×5） 5. 小苞片（×5） 6. 雌蕊（×5）
7. 果实纵剖面 8. 外果皮上的肉柱
（浙江农业大学，1964）

2. 花芽分化 据李三玉观察，杨梅的花芽分化开始于夏梢停止生长后不久。在杭州杨梅花序原基的生理分化开始于 7 月上中旬，7 月底出现花序原基，8 月下旬至 9 月上旬出现花原基，9～10月出现雌蕊和雄蕊，11月底花芽分化完毕。李兴军（2000）对浙江余姚荸荠种测定表明，果实采收后至花芽生理分化开始前（6月20日至7月11日），叶片中还原糖、可溶性总糖、蔗糖显著增加，酸性转化酶活性下降；而花芽生理分化开始后至花序原基时（7月11日至8月10日），叶片中还原糖、可溶性总糖、蔗糖逐渐被消耗降低，酸性转化酶活性增加。在生理分化开始前树冠叶面喷布 GA_3，抑制叶片中苯丙氨酸脱氨酶（PAL）、多酚氧化酶（PPO）、过氧化酶（POD）、吲哚乙酸氧化酶的活性，提高酸性转化酶活性及吲哚乙酸含量，降低叶片还原糖、可溶性总糖和蔗糖的水平，促进枝梢营养生长，抑制花芽形成。试验结果表明，在采收后的7月上旬，树冠喷布50～100mg/L赤霉素，与对照相比春梢、夏梢的花芽数分别减少52.4%～65.1%与42.0%～58.7%；而且随着赤霉素喷布浓度的提高，花芽分化抑制效果更明显。相反，在春梢或夏梢长3～5cm时，树冠喷布250～1 000mg/L多效唑，对促进花芽的形成也具有显著的效果。

杨梅多在缺水的山地种植，7～8月的高温干旱对杨梅夏梢结果枝抽生和花芽分化有抑制作用。叶明儿等（1991）认为，7～8月干旱时，杨梅花芽分化受到抑制，翌年减产。

（五）果实

1. 坐果 杨梅花多，坐果率仅2%～4%。杨梅开花后2周有60%～70%的花果凋萎脱落，称前期落果高峰；再过2周，又出现一次落果高峰，此后果实仍不断落果，如大荆水梅在采前落果较多。影响杨梅落果的主要因素有：

（1）品种 乐清水梅坐果率只有5%，而荸荠种达7%～8%。晚稻杨梅、荸荠种、东魁等优良品种在后期落果高峰后至成熟采收基本上不再发生落果，而浙江黄岩、乐清的水梅及湖南种等后期落果高峰后至成熟仍继续落果。

（2）花序着生部位 杨梅结果枝上的花序以顶端1～5节的坐果率高，第一节占绝对优势，占总果数的20%～45%。在同一花序上仅顶端的花发育成1果，少有结2果的。

（3）结果枝的新梢抽生状况 杨梅结果枝的顶芽为叶芽，开花以后，只要花枝顶端叶芽不抽春梢，则坐果率很高。在这种情况下，荸荠种的坐果率可达15%～20%。如开花的枝条上抽生春梢，导致新梢与果实争夺养分，花果得不到充足的养分而大量落果。春梢抽生越多，坐果率越低，低者仅1%～3%，甚至全部脱落。

（4）根系生长 据缪松林等（1994）观察表明，杨梅盛花期适逢春梢和根系生长的高峰期，春梢和根系生长与花争夺养分激烈，致使开花坐果得不到充足的养分，大量落花落果。树势生长中庸或生长较强的荸荠种结果树，10月上旬每平方米树冠投影面积的土壤中施0.1～0.5g有效成分的多效唑，能有效地抑制次年春梢和根系的生长，明显延迟其生长高峰期，坐果率显著提高。

（5）花期天气状况 杨梅靠风媒传粉，开花期若连续大雾笼罩或遇黄沙天气，花粉传播就受到影响，雌株不能正常授粉受精，导致落花落果严重。

2. 果实发育 杨梅为核果，每一雌花序常在顶端结1～2果，其余的花多脱落或退化，故其花轴即成顶端所结果的果梗。果实生长发育呈双S形曲线，整个发育过程分为3个阶段。第一阶段，谢花后30d左右前，幼果迅速发育，纵径、横径增长显著，体积、重量增长较慢；第二阶段，谢花后30～60d，纵径、横径生长变得缓慢，体积、重量的增长速度快于第一阶段；第三阶段，谢花后60～80d，果实进入快速膨大期，果实体积、重量显著增加。果实膨大与天气状况密切相关，雨水多，果实膨大快；反之，气候干燥、雨水少，则果实小。随着果实生长，果实内蔗糖、葡萄糖、果糖含量逐渐增加，至第三阶段达到最高峰。

杨梅的食用部分是外果皮外层细胞发育而成的囊状突起，称为肉柱。肉柱有长短、粗细、尖钝、硬软之分，这主要决定于品种特性，但亦因树龄不同、结果多少、土壤肥瘠、雨水多少、成熟度及植株上坐果部位有关。幼龄树的果实肉柱多为钝圆形；树龄大、结果多，肉柱尖头形。养分充足，肉柱钝圆形；反之则为尖头形。天气干旱时果实发育较差，肉柱短缩为尖头形；雨水均匀，肉柱钝圆。有时同一树上，向阳部果实肉柱多尖头形，向阴部多圆钝形。在同一果实亦有尖、钝两种肉柱同时存在，通常果基和顶部多尖头形，腰部圆钝。一般肉柱钝圆的汁多柔软可口，风味优良；肉柱尖的汁少、风味差，但组织紧密较耐贮运，亦不易腐烂。

3. 大小年结果现象 进入盛果期的杨梅大小年结果现象严重，小年产量只有大年的1/3～1/5；大年时树体结果多，产量高，但果实小，色泽浅，味酸，品质差，成熟推迟。大年树挂果负载过多，春梢抽生少而短，导致翌年小年，产量显著下降，这是形成杨梅大小结果现象的主要原因。据李三玉调查表明，杨梅树冠结果枝与发育枝各占1/2左右时能获得连年丰产，如当年结果枝超过60%以上的树，则易发生大小年现象。我国西南高原地区，杨梅果实成熟早，光照时期长，秋梢也能成为良好的结果母枝，故大小年现象不明显。

二、物候期

杨梅的物候期因环境条件、品种或雌雄株不同而有变化。据浙江农业大学园艺系在浙江乐清的调查：①根系活动期：2月下旬至3月上旬。②萌芽期：花芽为2月中下旬，叶芽为3月上旬至下旬（雄树3月初，雌树3月中下旬），花芽比叶芽早萌发20d左右。③展叶期：3月下旬至4月上旬。④新梢生长期：幼树每年抽梢3～4次，成年树可抽梢2～3次。3月下旬至4月抽生的为春梢，6～7月抽生的为夏梢，8月抽生的为秋梢。⑤开花期：4月中旬为前期落果高峰期；5月上中旬为盛花期，花期长达1.5月；雌花3月上旬至4月初开放，盛花期为3月中旬，花期长约20d。⑥落果期：4月中旬为前期落果高峰期，5月上旬为后期落果盛期，以后陆续有落果，直至果实成熟采收。⑦果实发育期：自5月上旬后期落果后，果实发育迅速，为第一高峰期，然后转入硬核期；6月上旬又急速发育进入发水转色期，为第二生长高峰，重量增加亦很明显，6月中旬至7月上旬采收。⑧花芽分化期：据1964年浙江农业大学与杭州钱江果园的观察，在杭州雄杨梅的花序原基形态分化期开始于7月上旬；雌杨梅开始于7月底至8月初，其生理分化期较形态分化期早2～4周，先期分化的为雌蕊退化花序，8月上旬以后分化的为正常花序。花原基的形态分化期从8月下旬（萧山细叶青）至9月上旬（萧山白杨梅）开始。9～11月雌、雄蕊分别出现与进一步发育，至11月底花芽分化完毕，个别延至12月初。花原基分化延续期长约3个月，因此春、夏梢都能形成结果枝。⑨老叶集中脱落期：2月上旬至4月上旬。

三、对环境条件的要求

（一）气候

1. 温度 杨梅喜温暖湿润，适宜在年平均温度15～21℃、最低温度不低于－9℃的气候条件下生长。当冬季出现绝对最低温度低于－9℃、日最高气温≤0℃连续3d以上时，就会使杨梅树严重受冻，大幅度减产。温度对杨梅果实品质的影响主要表现在5～6月杨梅果实的迅速生长及果实肥大成熟期。叶明儿等（1993）报道，杨梅成熟时果实可溶性固形物、固酸比与5～6月平均气温呈显著负相关，5～6月温度过高会导致果实含酸量增加，固酸比降低。如5～6月平均气温为20～22℃时，对应的固酸比为9～16；22.1～24℃时，固酸比为6～7。高温烈日常易引起杨梅枝干焦灼枯死。在最低气温大于-8℃的地区，杨梅可以安全越冬。

2. 光照与水分　　杨梅好湿耐阴，雨水充足、年降水量多在1 000mm以上、湿润适度时，树体生长健壮，寿命长，开始结果早，且丰产果大。在滨海临湖地区、山峦深谷之间，借大水体调节温度和湿度，最利于杨梅生长。据陈志银等（1993）分析结果，6月空气湿度越大，果实可溶性固形物含量越高，固酸比越大；6月降水量少于100mm时，杨梅的当年产量将明显降低。在高温高湿条件下发育的杨梅果实品质比适温高湿条件下的差，6月湿温比与杨梅果实的可溶性固形物和糖酸比之间存在较高的正相关。6月湿温比在3.40～3.94时，对应的糖酸比为8～14；湿温比在3.40以下时，为4～6。湿温比大于3.5时，可溶性固形物在11%以上；在3.2～3.4，可溶性固形物为10%～11%；小于3.2时，可溶性固形物在10%以下。当7～9月的干燥度（$K=0.16\sum t/R$，$t>10℃$，R为同期降水量）在1.8以上时，来年的杨梅产量将有不同程度的减产。此外，杨梅花期的空气湿度对开花、授粉、受精关系密切。湿度大，授粉受精良好，反之则差。杨梅花期若遇连续5d平均相对湿度低于70%和平均日蒸发量大于6mm，使杨梅产量下降。

杨梅对光线的要求不严，在比较荫蔽的山谷也很适宜。

（二）土壤

杨梅适于松软、排水良好、含有石砾的沙质红壤土或黄壤土。栽植杨梅的土壤pH以4～6的酸性土为宜。pH为5.4～6.0的土壤，杨梅生长量、结瘤量及根瘤固氮活性最高；在较低的pH下，尽管根继续生长，但杨梅结瘤较差。不同的土壤质地对杨梅结瘤固氮影响较大，有机质含量高的土壤有利于杨梅的生长和结瘤固氮，瘠薄的红壤土不利于杨梅的生长和结瘤固氮。此外，又因杨梅与菌根共生，故在比较瘠薄、排水良好的山坡地比平坦沃地生长结果更好。平坦沃地易引起树体徒长、落花落果。

杨梅根系较浅，而树冠枝叶茂盛，因此怕风，建园时宜选避风地点栽植。

（三）坡向与坡度

山坡方向与杨梅的品质关系密切。从叶明儿（1992）对浙江杨梅产区不同坡向5月和6月气温分析结果来看，南坡分别高于北坡0.5～0.7℃和0.5～0.8℃，而且北坡为阴坡，空气湿度大于南坡。北坡杨梅的平均单果重比南坡重1.35～2.45g，可食率高0.3%～2.5%，可溶性固形物高0.1%～1.7%。因此，阴山杨梅柔软多汁，风味优良；阳山杨梅肉柱头尖而质硬，汁液也少。此外，由于北坡比南坡具有较好的水分保持能力，所以选择北坡栽植杨梅，可以减轻夏季因干旱造成的危害，促进杨梅夏梢结果枝生长。但在深山谷地，因有高山相互遮蔽，土中蓄水较多，各个坡向均可栽植。

至于坡度，与杨梅生长结果关系不大，但为管理方便，最好在30°以下。各主产区一般均栽植在坡度为5°～30°。

（四）海拔高度

江浙地区，海拔高度对杨梅产量、品质及成熟期产生显著影响。随海拔高度增加，温度降低，开花期延迟，果实的成熟也相应推迟，从海拔50m到600m果实成熟要推迟20d。果形大小随着海拔高度的增加而明显变小，如在海拔140m处的平均单果重为11.04g，至470m处仅有7.03g。海拔高度不同，杨梅肉柱形状、长短、质地都有较明显差异。杨梅果实的可溶性固形物、酸度与海拔高度和不同高度气温变化呈抛物线关系。王力宏（2007）调查结果表明，浙江黄岩种植在海拔 680m 的东魁杨梅，成熟期比 100m 处迟 17d，产量仅为 100m 处的 57.4%。高海拔地区冬季与花期温度较低，易遭受冻害，坐果率降低。

第四节 栽培技术

一、育 苗

（一）实生苗培育

1. 采种 杨梅实生苗的种子一般从生长健壮的实生成年树上采收，因为实生树的种子小而发芽率高。采种前先检查果实的核仁，选核仁饱满的单株采种，采种用的果实宜充分成熟后采收。采后选日光不直射的场所，将果实堆置 3~5d，堆积厚度不超过 20cm，以免温度过高而引起种胚死亡。果肉腐烂后，洗净并除去上浮不饱满的瘪子，稍晾干后待用。

2. 播种 可以采种后立即播种，也可以将种子干藏到 10 月中旬播种，前者的出苗率较高。播种前将种子浸于 600 倍多菌灵溶液中 1~2d 再撒播，其发芽率也较高。目前生产中普遍采用将种子沙藏至 10~12 月进行播种。

播种前对土地进行深翻、晒干、整平，然后筑成 1~1.4m 宽的畦床，在畦面上撒一层红黄壤的新土，将种子均匀地撒播在畦面，每平方米播种子 2.5~3kg，播后用木板轻轻将种子压入土中，上覆厚约 2cm 的焦泥灰或细土，用清水淋湿苗床后盖农膜，再覆薄草。12 月中旬天冷时，加薄膜小拱棚保温。苗床要保持一定的湿度，并注意排水及防止鼠类危害。立春前后定期检查苗床，若种子开始萌动，应及时将农膜和覆草撤掉。出苗后如遇太阳光过于强烈时，要打开小拱棚两头的薄膜通风，3~7d 喷洒 1 次清水。当苗长到 2 片真叶时，晴天的白天应揭开小拱棚膜炼苗、促长。

3. 移苗 移苗前对苗圃地应进行深翻。苗圃宜选排水良好、土质疏松的沙质红黄壤或黄壤。每 667m^2 苗圃土表均匀撒施猪栏肥或人粪尿 15 000kg，或菜饼 150kg，同时施入石灰 75kg，然后把基肥深翻于土表下，经一段时间风化后做成 1m 宽的畦即可移苗。

当苗有 3~4 片真叶时即可移植。移苗前几天应将小拱棚薄膜揭去，进行蹲苗锻炼，促使根群旺盛、苗木粗壮，并对苗木喷布 500~600 倍多菌灵或 600 倍托布津，杀死苗木表面的病菌，降低发病率。移苗应选择无风的阴天，不宜在西北风强烈的天气进行，并带土移植，随挖随种，同时将苗木压实。小苗种植行距 20~30cm，株距 8~12cm。

移后要浇足定根水。杨梅小苗对肥料反应十分敏感，即使施用少量的薄肥也易引起苗木死亡。至苗高 30cm 左右时，苗木抗性加强，即可开始浇稀薄人粪尿（1 份人粪掺 2 份水），每隔 15d 左右浇施 1 次。当苗高 40cm 以上时，可采取反复摘心，以促进苗木生长加粗。移栽后 1 周内的晴天，每天浇水 1 次。此外，应勤松土除草，做好病虫害的防治。

（二）嫁接苗培育

杨梅一般以枝接为主，也有根接的。砧木除培育实生苗外，浙江、湖南、江苏等省亦有从山地掘取野生苗进行大砧木掘接，或预先在定植点上栽植，待生长 1~2 年，当树干直径达 3cm 以上时再行嫁接。

嫁接一般在萌芽展叶后进行，广东在惊蛰至春分，浙江在 3 月中旬至 4 月中旬。所选的砧木要求 1~2 年生，粗度 0.6~1.0cm。嫁接方法常用皮下接或切接，接穗随采随接。余姚、慈溪选用一年生的带叶春梢作接穗，进行切接；温州果农剪取先端有分枝的枝条为接穗，分枝留 3cm 剪断，或在分叉处剪断，接穗长约 10cm，进行皮下接；广东潮阳选用一年生春梢中段，进行嵌接或劈接。接穗剪取后，剪去叶片，保湿备用。

如果采用掘接方式，砧木苗嫁接后可以立即栽种到整理好的苗圃地，在 1m 宽畦上种 4 行，行距 20cm，株距 6~7cm，一般每 667m² 可种 1 万株。杨梅嫁接苗在苗圃种植时必须培土，培土至少不低于接穗最顶端 1cm，有利于接口愈合、成活和生长。5 月上旬接穗发芽，盖在芽上的土一般能自动塌下，如仍有土块压住应及时除去，以利发芽。若遇上天气不宜时，可用假植方法保存后再行栽种，即把嫁接苗排列整齐后埋在室内湿沙床中，沙的湿度要求以捏之能成团，触之即散为宜，过干、过湿都不好，沙子埋住嫁接部位即可。

如果采用就地嫁接方式，对于杨梅砧木生长势旺的，由于嫁接后树液上升过多，影响接活，可用下述方法减少根部树液上升：

（1）砧木环割　直径 1.5~4cm 的砧木，于嫁接口下 5~6cm 处进行二轮交叉的环割，每轮环割要保留 30％皮层。大的砧木离接口下 8~10cm 处环割，能显著提高接活率。

（2）断根　一般用于 2~3 年生小砧木，嫁接后从砧木两侧切断主根及部分侧根，断根多少视砧木生长势情况而定，亦有嫁接后移植断根或进行掘接断根的。

（3）留枝缓势　在大砧木上应用较多，即在砧木一部分枝上嫁接，而留少量枝作"引水枝"以吸引树液，嫁接成活后，翌年可除去"引水枝"，或将其嫁接。

（4）提早砧木剪顶　在嫁接 15d 以前或在冬季剪去砧木上部，能提高接活率。

嫁接后 20~30d 萌芽，应勤除砧木萌蘖，接穗萌发嫩梢，可选强去弱，留 2~3 芽生长，余下抹去。应及时防治病虫。新梢木质化时施 1％尿粪水或稀腐熟人粪尿 1 次，1~1.5 个月后再施 1 次，立秋前宜施 1.5％尿素 1 次，以后停止追肥，促使幼苗生长充实，利于越冬。

（三）压条繁殖

一般于早春萌芽前的 2~3 月进行。在生长健壮、结果良好和准备压条的植株树冠下方填土，填至距离树冠最低枝条处 15~20cm 高，土中拌入适量焦泥灰，使之成为高出地面的平坦土堆。然后将欲压枝条的下方刻伤或行环状剥皮，宽 2~3cm，再将这些枝条排开压入土中，其上再覆土，厚 10~15cm，枝条先端仍露出土外，其上再压放大石块，以保持湿度并防止动摇。翌春将压条的大枝基部斜割一刀，以阻碍营养液向树干输送，促进生根。经 1~2 年后，在刻伤处长出新根，于 4 月上旬（清明前后）用锐刀在发根处的下方切断。兰溪果农则将 4~5 年生的幼树砍去树冠，用堆土法压条，使其发生萌蘖，这样一树可得 15~20 余株新苗。压条法成苗快，结果早，但根系浅，生长弱。

二、栽　植

杨梅栽植适期在春季的 2~3 月萌芽前。栽植密度可采用 3m×4m、4m×5m 或 5m×6m。在坡度不大的山地种植时，必须先按等高线做好梯田或鱼鳞坑。栽植前先挖 1m² 深 0.8m 的定植穴，然后每穴施堆肥 50kg 左右或厩肥 25~30kg 或菜饼 3kg 和焦泥灰 10~15kg，再加过磷酸钙 1kg，于种植时和土拌匀施入。杨梅苗栽植宜深不宜浅，特别是秋旱比较重的地方，应把砧木上的老接穗全部埋入地下，接穗上新长出的枝叶也至少有 3~5 片叶子埋入土中，以使接穗部分发根，促进树冠矮化，提早结果。栽植时宜选择壮苗，并剪去全部叶子，留下叶柄，去掉接穗上的尼龙薄膜后，将苗木置于定植穴内紧靠上壁，舒展根系，用细土填入根间，边填边压实，培土至苗木嫁接口以上 10~15cm 处。

栽后要覆土盖住接口，同时无论晴天还是雨天都必须立即浇足定根水。7～8月高温季节要及时松土、浇水和树盘覆盖，以提高成活率。

杨梅苗栽植成活后，一般不宜追肥。对于土质较差的，在追施淡粪水时，应离苗木主干50cm以上，如苗干和根部一沾粪水，则茎根易腐烂造成苗木枯死。

杨梅雌雄异株，栽植时应注意配置雄株。其雄株花粉多，配置雄株1‰～2‰即可。

杨梅不宜连作，伐去杨梅的土地最好栽植松树10～20年后再种杨梅。

三、土肥管理

(一) 施肥

1. 需肥特点　与其他果树相比，杨梅果实养分吸收量相对较低，尤其是对磷（P_2O_5）和钙（CaO）的吸收量仅为温州蜜柑的1/8。张跃建（1999）对浙江黄岩的杨梅测定表明，按667m^2种植18株，产量1 350kg计算，5年生未结果树年间养分吸收量为氮(N) 2.62kg、磷(P_2O_5) 0.37kg、钾(K_2O) 2.42kg、钙(CaO) 1.29kg、镁(MgO) 0.44kg，吸收比例为100∶14∶92∶49∶17；12年生成年结果树年间养分吸收量依次为N 9.4kg、P_2O_5 0.9kg、K_2O 10.6kg、CaO 4.7kg、MgO 1.5kg，吸收比例为100∶10∶113∶47∶160。幼年树和成年树对磷的吸收量都较低，分别为0.37kg和0.9kg，占全量的2.7%和2.3%。

杨梅虽然有菌根固氮，但据李三玉等（1980）在细叶青杨梅花芽分化前每株施氮0.25kg后的花芽分化进行调查表明，花芽分化率氮磷钾（NPK）区为91.93%，氮磷（NP）区为89.83%，氮钾（NK）区为86.53%，磷钾（PK）区为80.32%，对照为79.31%。由此可见，杨梅适量施用氮肥，可促进花芽分化。

磷能促进杨梅新根的发生和生长，提高根系的吸收能力，促进果实发育，提高坐果率，增加产量，增进果实品质。浙江黄岩鼓屿乡、上虞横埔乡等地，每株大树施用过磷酸钙1～1.5kg，除提高坐果率和品质外，对促进根系生长及菌根发生的效果显著。

钾可使果实糖分提高，色泽艳丽，耐贮运性增强，根数量增多，利于生长和结果。

杨梅对硼十分敏感，据郑纪善（1989）测定，当土壤中有效硼含量低于0.09mg/kg时，树体衰弱，枝条顶端小叶簇生，新梢多年生枝条枯死，同时花芽分化不良，落花落果严重，产量降低。因此，杨梅开花前叶面喷施和土壤施用硼肥相结合，能提高坐果率，增加产量。但硼素过量会引起毒害作用，喷消石灰可抑制对硼的过量吸收。

2. 施肥量　根据养分年吸收量、天然供给量、根瘤年固氮量和肥料利用率推算，667m^2种植18株东魁杨梅，未结果幼年树的年间施肥量为N 3.5kg、P_2O_5 0.9kg、K_2O 3.0kg，施肥比例为1∶0.26∶0.86；成年结果树的年间施肥量为N 9.2～10.6kg、P_2O_5 2.3kg、K_2O 12.3kg，施肥比例为1∶0.22～0.25∶1.16～1.34。

3. 施肥技术

(1) 幼年树施肥　幼年树以促进生长，迅速形成丰产树冠为目的。因此，除栽植前施足基肥外，在3～8月生长季节应多次追肥，并以速效性氮肥（如尿素）为主，配合适量的氮、磷、钾复合肥。新植幼树成活后应在春、夏、秋梢抽生前半个月施入，一般株施尿素0.1kg左右。3年后增加肥料用量，配合适量钾肥和磷肥，以增强树势，促进花芽形成，可全年株施尿素0.3～0.5kg加草木灰2～3kg或加焦泥灰5～10kg或加硫酸钾0.1～0.2kg。结果以后，施肥时应注意少氮增钾，促进结果。

(2) 结果树施肥 结果树以高产、稳产、优质、高效为目标，施肥原则为增钾少氮控磷。全年施肥 2～3 次。

第一次为萌芽肥。萌芽抽梢前的 2～3 月施肥，重点是大年树、长势弱、花芽多的树，对小年树、长势强、花芽少的树可不施或少施，否则会加剧杨梅的大小年现象。施肥以钾肥为主，配施少量氮肥，满足萌芽、春梢生长、开花与果实生长发育所需的营养，以利坐果。尤其是花量多、结果多的大年枝，这次追肥后，既能补充开花及幼果生长所需的养分，以增加春梢的发生量，又能为次年具有充足的结果预备枝打下良好的基础，对于小年树或基肥施足时可不必施追肥。一般株施尿素 0.25～0.5kg 加焦泥灰 20～25kg 或加硫酸钾 0.5～1.0kg。

第二次为采果肥。采果后的 6 月底至 7 月施入。由于开花结果及枝梢生长消耗了大量养分，随后是杨梅的花芽分化期，因此采后及时追肥，以利恢复树势，促进抽生夏梢，促进花芽分化，增加花量。然而对小年树来说，由于结果量少，负担轻，树势生长旺盛，这次追肥可不施。视树体情况，可株施腐熟厩肥 25kg、硫酸钾 1.5kg，或施腐熟栏肥 25kg、焦泥灰 10kg，且每株另加过磷酸钙 1kg，以利提高坐果率和产量，但过磷酸钙最好隔年施 1 次（小年树施）且用量不宜过多，不然坐果过多，果变小且不端正，品质降低，甚至树皮裂开。

第三次为基肥。于 9～10 月施入土壤。沙质土壤的成年树每株可施饼肥 6kg 加腐熟厩肥 10kg，冲积土壤和红壤土每株施饼肥 6kg 加腐熟厩肥 15kg。以鸡粪作基肥最理想，鸡粪中的氮有 50% 左右是速效氮，施入后当年就能被根系吸收，可减缓叶片老化，增加贮藏养分；鸡粪中的磷以有机态磷被聚集起来，很少变为不可给态，这样可防止杨梅栽植的酸性红黄壤磷的缺乏。

(3) 根外追肥 主要在果实生长期应用。如花期喷布 0.2% 硼砂，果实生长期喷布 0.2% 尿素加 0.3% 磷酸二氢钾或高效稀土液肥 1 200～1 500 倍液等，促进叶片生长，提高光合作用，改善果实品质。一般喷布 1～2 次为宜，次数过多，会促使营养生长过旺，影响果实品质。

施肥方法：根据杨梅根系较浅，主要集中在 5～40cm 的分布特点，幼龄树以主干为中心采用盘状施肥，树盘大小与树冠相当，内浅外深，深 20～30cm，也可在树冠滴水线附近用环状沟施肥。成年树在树冠滴水线附近采用条沟、环状沟或穴施，深 20～40cm。栏肥、堆肥宜深，化肥可浅，施后覆土。

(二) 土壤管理

目前杨梅都行天然生草栽培，不行耕锄，只在采果前刈草一次，并将刈草铺在树冠下，以便采果及果实脱落时减少损伤和损失。然而我国杨梅栽植的大部分土壤为山地红黄壤，土壤瘠薄，有机质含量低，有些土壤酸性偏强，不利于杨梅的生长发育，因此要对土壤进行改良。

1. 中耕除草 杨梅幼树生长量少，易被杂草掩盖，导致生长缓慢，甚至死亡。故要在幼树树盘直径 1m 范围内连续中耕除草，并进行地面覆草，确保幼树生长健壮。

2. 套种绿肥 利用 3～6 月降水充沛的优势，杨梅园间种印尼豇豆、大绿豆等夏季绿肥作物，于 7 月上旬将它割刈覆盖于杨梅树盘，以提供土壤养分，改善土壤物理状况，降低夏季根层温度，减少水分蒸发，有利根系和夏梢生长，提高翌年杨梅产量和果实品质。

3. 培土 杨梅根系分布较浅，一般深达 80cm，水平范围为冠径的 1.5～2 倍；根系周围土壤易被雨水冲刷。为此，在管理上结合施肥在秋冬或春季进行一次培土，以减少表土冲刷，保护根系，培土厚 6.7～10cm，一般就地取土，最常用的是山地表土、草皮泥。通过培土促进新根生长，使根系培养集中在培土层，控制了根系向下生长和向外延伸，从而有效控制树冠生长，达到矮化早结效果。

四、整形修剪和疏花疏果

(一) 整形

杨梅枝梢除顶芽及其附近几个腋芽萌发抽生枝条外,其余的芽都处于隐芽状态,如果任杨梅自然生长,随着树冠的扩大,结果部位逐渐外移,至一定的树龄,树冠不再扩大,则在树冠顶部及外围抽生枝叶,且枝叶过密,而树冠内部及下部由于光照少而大部分骨干枝光秃,无结果单位,这样树体仅在表面结果,产量低,且树体衰老快,同时喷药、采收等操作管理极不方便。因此,从杨梅苗木定植后,将杨梅整形,促进幼树多发枝梢,提早结果,改善树冠内膛和下部的光照条件,使内膛和下部结果,从而达到树冠上下内外立体结果,提高产量,延长结果寿命,增加效益,同时通过修剪调节生长与结果的矛盾,缩小大小年结果幅度,控制树冠高度,使操作管理方便。目前生产中杨梅常用的树形有自然开心形和自然圆头形。

1. 自然开心形 定植后的第一年以抹芽为主,从离地约20cm起选留第一个主枝,以后每隔15~20cm留第二、三个主枝,3个主枝均选生长强壮、不轮生的枝条,主枝开张角度为50°左右,且均匀地向3个方向伸展,留用的主枝抽发夏梢,每个主枝保留2个夏梢,夏梢上再抽发秋梢,则适当摘心,促使主枝充实粗壮。次年对主枝的延长头适当短截,使其按原方向延伸,并将主枝上所有侧枝短截,萌芽抽枝后,在主枝的侧面距主干60~70cm处留一强壮枝作为第一副主枝培养,3个主枝上的第一副主枝伸展方向均应在主枝的同一侧选留。第三年在各主枝的另一侧距第一副主枝60~70cm培养第二副主枝,第四年距第二副主枝40cm左右处再培养第三副主枝。一主枝常培养2~3个副主枝,副主枝与主枝的夹角一般为60°~70°。主枝、副主枝的延长头每年适度短截延伸,并在其上尽量分布侧枝群,以充分利用空间,增加结果体积,但侧枝群在主枝、副主枝上的分布应上下、左右错开,侧枝群的大小自主枝、副主枝的上部至下部渐次增大,呈圆锥状分布。自然开心形大主枝仅3个,并向四周开张斜生,中心开张,阳光通透,树干不高,管理方便,树冠上侧枝较多,能充分利用空间,提早杨梅结果。

2. 自然圆头形 杨梅苗木定植后任其自然生长,最后也能形成圆头形树冠,但是任其自然生长,如果主干上主枝过多,枝条过密,树冠郁闭,易造成骨干枝光秃,内膛空虚,表面结果,产量不高。因此,为了使自然圆头形树冠获得优质丰产,应加以人为整形。一般苗木定植后,在离地30~40cm处进行剪截定干,待发枝后,留生长强壮、方位适当的枝条4~5个作为主枝,主枝在中心干上下各保持10~15cm的间距,开张角度40°~50°向四周伸展,主枝间互不重叠。次年主枝顶端继续延长,在主枝基部可留些侧枝,如见有徒长枝应及时从基部除去,这时如主枝间距离过宽,可选强壮分枝作副主枝培养,以便充分利用空间。总的要求是主枝与主枝或主枝与副主枝间应保持70~100cm的间隔,务使主枝或副主枝上所发生的侧枝都可得到充足的光线照射,树冠内部或下部都能结果。

(二) 修剪

杨梅生产中多数树不修剪,任其自然生长,导致杨梅大小年结果现象明显。因此要保持杨梅连年丰产稳产,缩小大小年结果的幅度,需对树体进行修剪。修剪目标:树冠矮化开张,高度控制在4m左右,上部不直立,外围不郁闭,内膛不空虚,达到立体结果。

1. 生长期修剪 于4月中旬至9月中旬进行,修剪目的是开张树冠,培养粗壮的中短结果枝,控制秋梢旺发。春季发芽后到秋季生长停止以前及时除去树体上的无用萌蘖,包括主干基部发生的徒长枝，主枝、副主枝和大型辅养枝背面发生的过强枝条。同时在春季枝梢开始生长后组织尚未木质化时对其进行摘心，一方面可提高坐果率，减少落果，另一方面又可促进树冠空秃部分的徒长枝抽发二次枝，进而演变成结果母枝。此外，通过拉枝和撑枝使主枝和主干开张角度，促使杨梅树冠开张，改善光照，达到立体结果。对内膛空虚的杨梅树应先进行一次夏季修剪，在采摘后迅速进行，至 7 月上中旬前结束，可促发夏梢，充实内膛，控制晚秋梢，强壮春梢结果枝，加快花芽形成。

2. 休眠期修剪 掌握强树早剪、弱树迟剪的原则。强树在 10 月下旬至 11 月进行为宜，过早易抽晚秋梢，过迟易遭受冻害。弱树以次年春季 2 月下旬至 3 月上旬修剪为宜，过早易受冻害，过迟影响开花抽梢。成年结果树，采用截去大枝、疏删小枝及回缩与短截相结合的修剪方法，控制树冠高度，防止内膛空虚，达到立体结果。修剪时，先锯去上部直立大枝，然后疏除徒长枝、枯枝、病虫枝、纤弱枝、密生枝、垂地枝、重叠枝和晚秋梢。在主干与主枝上，间隔 30cm 左右培养一个结果枝组。对一个枝条上抽生的多个小枝，树冠上部的应去强枝留弱枝，树冠下部的去弱枝留强枝，使树冠通透，层次分明，内膛疏密合理，增加有效结果容积，保证果实品质。

3. 大年树修剪 对于杨梅大年树，由于上一年结果量少，则大量营养枝转变成结果枝，花果量大，营养消耗多，积累少，树体营养生长减弱，春梢等结果枝发生量少，花芽不易形成。因此，大年树的修剪原则是：在保证当年产量的前提下，适当控制花果留量，减少养分消耗，增加养分积累，促进结果枝的发生，为小年丰产奠定基础。具体措施有：

（1）疏、缩不合适的大枝、枝组　大年修剪可重些，对树冠上部或外部位置不当或空间不适合的大型枝组进行回缩或从基部疏除，这样可去掉许多花芽。

（2）结果枝组修剪要留一定比例的更新枝　即对发育枝、结果枝短截，或对部分多年生枝进行回缩修剪，促进隐芽萌发，抽发壮枝，使枝冠内结果枝与发育枝保持合适的比例。

4. 小年树修剪 小年树花果量少，产量低，树体营养消耗少，积累多，花芽形成量大。因此，小年树应尽量保花保果，提高坐果率，使小年不小。修剪时应尽量保留结果枝，开花时及时摘除结果枝顶端的嫩梢，或盛花末期对花枝进行环剥，提高坐果率。

5. 衰老树修剪 当杨梅树势老衰、产量下降时可行更新，按树势衰退程度进行。

（1）局部更新　对树冠上部已有部分侧枝或主枝枯萎的树体，应将衰弱或枯死的主枝重截，对留下各枝分 2~3 年更新，每年仍保持一定产量的同时，树势恢复较快。

（2）主枝更新　对树冠上部空虚、分枝少而纤弱、中下部发生大量萌蘖枝的树体，可将新枝上部的衰退骨干枝全部截去，并疏除部分新枝，更新后 2~3 年树冠可恢复。

（3）主干更新　如果整个树冠几乎已经衰败，但主干仍粗壮健康，可在主干基部截去，促使隐芽萌发新枝，经 3~4 年树冠可恢复。

（三）疏花疏果

疏花疏果是控制杨梅大小年结果，提高果品质量的主要措施之一。目前杨梅大年疏花疏果的方法有化学疏花和人工疏果两种。

1. 化学疏花 针对花量过多的大年树，在结合春季修剪，疏除多余的花枝，尤其是树冠上部的细弱、密生花枝的基础上，树冠喷布疏花剂进行疏花。使用多效唑时应注意浓度不能过高，也不能在初花期施用，以免疏花过多。对弱树和花芽过多的树，在果实采收后花芽生理分化期喷 100~300mg/L 赤霉素，每隔 10d 喷 1 次，连续喷 3 次，对减少翌年大年的花量、提高果实品质有显著的效果。

2. 人工疏果 人工疏果时期在定果后果实迅速肥大前分 2~3 次进行。先疏除密生果、畸形果、病虫果，后疏小果。浙江余杭超山果农对大炭梅的疏果标准是：6 蕻留 3，每蕻留 2，即每 6 条结果枝中留 3 条结果枝，另 3 条疏去，留下的每果枝留 2 果。树冠上部少留，下部多留，这样可促进夏梢多发，形成结果枝，减小大小年结果的幅度。浙江黄岩、临海经验：东魁杨梅实行 2 次疏果，即 4 月 25 日果实花生仁大小时进行第一次疏果，每个结果枝留 2 果；5 月 10 日果实拇指指甲大小时进行第二次疏果，5cm 以下的短果枝留 1 果，5~15cm 的中果枝留 1~2 果，15cm 以上的长果枝留 2 果。与对照相比，大年单果重增加 32.6%~48.5%，糖度提高 1.7~2.2 白利度，优质果率提高 59.0%~81.1%，单株产值为对照的 6.49~10.52 倍；小年单果重增加 2.9%，糖度提高 1.1 白利度，平均单株产值为对照的 2.98 倍（表 5-2）。

表 5-2 人工疏果对东魁杨梅产量和质量的影响
（颜丽菊等，2003）

年份	处理	株产（kg）	单果重（g）	成熟期（月.日）	可溶性固形物（%）	优质果率（%）	株产值（元）
1999	疏果	50.3	23.6	6.23	12.1	87.0	538.5
	对照	113.0	17.8	6.26	10.4	5.9	83.0
2000	疏果	57.0	24.9	6.22	12.3	90.5	782.0
	对照	17.5	24.2	6.24	11.2	95.0	262.0
2001	疏果	76.0	24.5	6.17	11.3	59.0	568.0
	对照	162.0	16.5	6.20	9.1	0.0	54.0

五、树体保护

杨梅大枝干在 7~8 月易发生日灼，导致衰弱枯死，可采用密植或在枝干裸露处多留萌蘖遮阴，以减少日灼发生。如见有枯死的大枝，应及早锯去，削平伤口，并涂接蜡后进行包扎，使其及早愈合。

杨梅枝叶茂盛，很易积雪，宜在下大雪时立即清理积雪，以免压断树枝。沿海地区台风频繁，因杨梅根浅冠大，易遭损害，轻则枝梢被折，严重时全株倾斜或拔倒，宜在强台风过境前，对风口植株立支柱进行扶持，在台风雨过后，及时对断枝进行疏剪，扶持倾斜株并在根际培土，使及早恢复树势。

六、采收

杨梅成熟期依产地与品种而有不同。广东、福建、四川等地最早在 5 月上旬成熟采收，而江苏、浙江、江西、湖南等地在 6 月上旬至 7 月上旬成熟。此时气温已高，正值梅雨多湿季节，果实成熟后极易腐烂和落果。浙江杭州、萧山有"夏至杨梅满山红，小暑杨梅要出虫"等农谚，说明杨梅的成熟和采收时期很短，要及时采摘。采收时要分期分批，采红留青。浙江萧山果农当全树有 20% 果实达成熟时即开始采摘，对保证果实质量、减少树体养分消耗、恢复树势都有利。采摘人员在采前要剪平指甲，采收时要戴洁净胶手套，以 3 指握果柄，果实悬于手心中，连柄采下，并做到轻采、轻放。采果篮要浅，一般可盛果 3~5kg，底部及四周垫草或荷叶等。采收时间宜在晴天的清晨或傍晚，此时气温较低，损失较少，下雨或雨后初晴不宜采收，否则果实水分多，容易腐烂。作鲜食的果宜傍晚采，次晨上市。作加工的果可在树下垫草或塑胶幕，摇树震落果实后捡拾，速度快，但损伤大，只能贮藏1～2d，需速加工。

（执笔人：叶明儿）

主要参考文献

陈俊伟，等.2002.杨梅属植物共生结瘤固氮研究进展[J].果树学报，19（5）：351-335.
陈俊伟，等.2006.杨梅果实发育进程中的碳水化合物代谢[J].植物生理与分子生物报，32（4）：438-444.
龚洁强.2004.杨梅矮化早结优质栽培技术研究[J].中国南方果树，33（6）：38-1.4
金志凤，等.2008.杨梅光合作用与生理生态因子的关系[J].果树学报，25（5）：751-754.
李三玉，等.2002.浙江效益农业百科全书·杨梅[M].北京：中国农业科学技术出版社.
李兴军，等.1999.中国杨梅研究进展[J].四川农业大学学报，17（2）：224-229.
李兴军，等.2002.杨梅花芽发端期间芽体和叶肉细胞内钙调素的分布[J].科技通报，18（2）：137-141，146.
梁森苗，等.2000.赤霉素对杨梅的减花效应[J].浙江农业学报（3）：117-120.
刘辉，等.2005.杨梅光合作用的低温光抑制[J].热带亚热带植物学报，13（4）：338-342.
钱皆兵，等.2006.乌紫杨梅果实发育和主要品质成分积累特性研究[J].浙江农业学报，18（3）：151.
唐金刚，等.2003.矮杨梅的光合特征[J].贵州师范大学学报（自然科学版），21（3）：89-92.
王立宏，等.2007.不同海拔对东魁杨梅生长发育和产量影响调查[J].中国南方果树，36（6）：58-60.
王涛，等.2007.杨梅新品种黑晶的果实发育与主要品质指标变化规律[J].浙江农业学报，19（6）：427-430.
谢鸣，等.2005.杨梅果实发育与糖的积累及其关系研究[J].果树学报，22（6）：634-638.
颜丽菊，等.2003.东魁杨梅人工疏果试验[J].中国南方果树，32（3）：32.
杨照渠，等.2003.东魁杨梅果实生长发育规律初探[J].浙江农业科学（1）：7-9.
叶明儿，等.1991.气候因子对杨梅产量的影响[J].中国农业气象（4）：21-26.
叶明儿，等.1992.气候生态因子与杨梅品质关系的研究[J].浙江农业大学学报，18（2）：97-104.
叶明儿，等.1993.浙江省杨梅气候生态区划的研究[J].浙江农业大学学报，19（2）：139-144.
叶明儿，等.1998.枇杷、杨梅优质高产栽培技术问答[M].北京：中国农业出版社.
张喜焕，等.2006.杨梅属两种植物光合特性对CO_2浓度升高响应的比较研究[J].贵州科学，24（2）：71-74.
张跃建.1999.东魁杨梅对主要矿质养分的年间吸收量[J].浙江农业学报，11（4）：208-211.

推荐读物

陈健，等.2001.杨梅丰产栽培技术[M].北京：金盾出版社.
何绍华，等.2008.杨梅优质丰产栽培技术[M].昆明：云南人民出版社.
张憨，等.2009.杨梅资源开发与利用[M].北京：中国轻工业出版社.
周东生，等.2010.杨梅良种与优质高效栽培新技术[M].北京：金盾出版社.

第六章 橄 榄

第一节 概 说

一、经济价值

橄榄（Chinese olive）产于亚洲及非洲热带亚热带地区。作为果树栽培的有橄榄和乌榄两种，其余仍为野生。橄榄作鲜果食用时，初感味涩微苦，渐觉回甘无穷，爽口清香，古人称之为"谏果"。据分析，橄榄每100g果肉中含蛋白质0.8～1.9g，钙204～400mg，维生素C 21.1～39.9mg，类胡萝卜素7.5～8.1g，可溶性固形物7.4%～14.3%，有机酸0.97%～1.55%，鞣质1.6%～4.7%。长营橄榄含有石竹烯、古巴烯、α-石竹烯等22种香气成分，其中石竹烯含量最高，达42.40%。新鲜橄榄叶挥发性成分超过46种，主要为醇、萜烯、醛、酮、酯类物质。新鲜橄榄果肉含油量为1.1%，油中检出10种脂肪酸，其中不饱和脂肪酸含量为70.4%，以油酸为主。橄榄核仁含油量52.8%，油中检出13种脂肪酸，其中不饱和脂肪酸含量达73.3%，以亚油酸为主。橄榄果核可以雕刻工艺品，还可以制成活性炭。

橄榄有很高的药用、保健价值。据《本草纲目》载："橄榄果实味涩性温，无毒。鲜食、煮饮，消酒毒；嚼汁咽之，治鱼鲠；生啖、煮汁，能解诸毒；开胃下气，止泻，生津液止烦渴，治咽喉痛；咀嚼咽汁，能解一切鱼鳖毒。"此外，新鲜橄榄还可预防白喉、解煤毒，食之能消热解毒，化痰消积。现代医学研究已证实，橄榄中的β-榄香烯（β-elemene）能够诱导多种肿瘤细胞发生凋亡。

橄榄果实除鲜食外，还可加工成多种凉果，如格顺榄、脆皮榄、五香榄、拷扁榄等。这些凉果食后能助消化，开胃下气，深受国内外人们的喜爱。橄榄果汁、复合饮料、果酱、果酒以及含片都已开发成功，其制品逐步投入市场。

橄榄花粉富含营养，其蛋白质含量达19.2%、总糖22.1%、水解氨基酸23.3%、游离氨基酸562.9mg/kg，还含有10种维生素和磷、钙、锌等多种矿物质。

橄榄的根系深广，对土壤适应性广，耐旱性强，寿命长。江河两岸、缓坡山地都可种植，种植后3～4年开始挂果，初产期（种后5～7年）单产达3 750～6 750kg/hm^2，进入盛产期后可达30～60t/hm^2。福建闽侯上街有一株大长营橄榄，生长在沙质红壤土上，树龄80多年，生长旺盛，株产量957kg。橄榄树姿优美，终年常绿，可作绿化树种，美化环境，具有较高的生态效益。

二、栽培历史与分布

橄榄在我国栽培历史悠久，北魏《齐民要术》有橄榄的记载。南北朝以前成书的《三辅黄图》载："汉武帝元鼎六年……起扶荔宫，以植所得奇草异木……龙眼、荔枝、槟榔、橄榄……皆百余本。"可见早在汉代已有栽培，至今最少2 000多年。

世界橄榄以我国为最多，国内以广东、福建最多，广西、台湾次之。

三、生产上存在的主要问题及解决途径

目前，橄榄生产上存在的主要问题有：品种繁多，良莠不齐，缺乏良种区域化生产；实生繁殖为多，栽培管理粗放，投产迟，单产低，品质优劣不一，大小年现象严重，收益慢；加工品花色品种单一，工艺简单；橄榄星室木虱等病虫危害严重。

今后各产区应根据实际情况，采取相应的措施加以解决。第一，应根据市场需求，加强优良品种选育和良种繁育管理工作，逐步实现良种区域化；第二，采用营养袋苗法，通过嫁接，培育良种壮苗，采用矮、密、早种植；第三，科学管理，标准化、无公害栽培；第四，加强橄榄贮运保鲜和加工新工艺研发，促进橄榄的产业化。

第二节 主要种类和品种

橄榄是橄榄科（Burseraceae）橄榄属（$Canarium$ L.）植物，又名黄榄、青榄、白榄、黄槟果。另有油橄榄 [$Olea\ europaea$ L.（$O.\ oleaster$ Hoffmgg et LK.，$O.\ sativa$ Rong）] 和斯里兰卡橄榄（$Elaeocarpus\ seratus$ L.），虽然也叫橄榄，但不属于橄榄科，而分别属于木樨科和杜英科，由于这两种橄榄都有一定的经济价值，我国也有栽培。

一、主要种类

橄榄科植物有 16 属 500 余种，分布于南北半球热带、亚热带地区。我国有 3 属 13 种，分布于四川、云南、广东、广西、福建和台湾等地，作为果树栽培的仅有橄榄属植物。

橄榄属有 100 余种常绿乔木植物，本属有栽培和野生种果树 30 多种，主要有白榄 [$C.\ album$（Lour.）Raeusch]、乌榄（$C.\ pimela$ Koenig）、爪哇橄榄（$C.\ amboinensis$ Hook）、方榄（$C.\ bengalense$ Roxb.）、爪哇榄（$C.\ commune$ L.）、细齿榄（$C.\ denticulatum$ Blume）、非洲橄榄（$C.\ edule$ Hook f.）、大花橄榄（$C.\ grandiflorum$ Benn.）、海滨榄（$C.\ littorale$ Blume）、吕宋榄 [$C.\ luzonicum$（Bl.）Gray]、马六甲橄榄（$C.\ moluccanum$ Blume）、黑榄（$C.\ nigrum$ Engl.）、小榄（$C.\ nitidum$ Benn.）、菲律宾榄（$C.\ ovatum$ Engl.）、小叶榄（$C.\ parvum$ Leench）、多叶榄（$C.\ polyphyllum$ K. Sch.）、紫色橄榄（$C.\ purpuroscens$ Benn）、红榄（$C.\ rufum$ Benn.）、侧榄（$C.\ secundum$ Benn.）、滇榄（$C.\ strictum$ Roxb.）、毛叶榄（$C.\ subulatum$ Guil）、越南橄榄（$C.\ tonkinense$ Engl.）、普通橄榄（$C.\ vulgare$ Leench）、韦氏榄（$C.\ williamsii$ C.B.A.）、云南榄（$C.\ yunnanense$ Huang）和锡兰榄（$C.\ zeylanicum$ Blume）等 26 种。分布在我国的橄榄有 7 种（表 6-1）。其中，白榄和乌榄是我国目前最主要的橄榄栽培种类。

表 6-1 中国橄榄检索表

1. 无托叶
　　2. 小枝髓部中央无维管束，果核横切面锐三角 ················· (1) 小叶榄（$C.\ parvum$ Leench）
　　2. 小枝髓部中央有维管束，果核横切面非锐三角
　　　　3. 小叶全缘，果核横切面近圆形 ················· (2) 乌榄（$C.\ pimela$ Koenig）

3. 小叶边缘微波状至拱圆齿,果核横切面近圆形至圆状三角形 ……………………… (3) 滇榄 (*C. strictum* Roxb.)
 1. 有托叶
  4. 小叶 13～19 枚；果核横切面锐角形,顶叶有时平截 ……………………… (4) 方榄 (*C. bengalense* Roxb.)
  4. 小叶 13 枚以下；果核横切面非锐角形
   5. 小叶全缘,叶背有细小的瘤状突起
    6. 小叶大,长 13～20cm,宽 6～8cm；花序腋生,果序长 30cm ……………… (5) 云南榄 (*C. yunnanense* Huang)
    6. 小叶较小,长 6～14cm,宽 2～5cm；花序腋生,果序长 3～30cm ……………………………………………………………………… (6) 白榄 [*C. album* (Lour.) Raeusch]
   5. 小叶边缘具细圆齿或锯齿,或呈细波状,两面多少被柔毛 ……………… (7) 毛叶榄 (*C. subulatum* Guil)

二、橄榄和乌榄的主要品种

我国橄榄和乌榄的资源丰富,品种繁多,主要发源于福建、广东等地。橄榄品种的分类大多根据园艺性状加以区别,近年来采用 RAPD、ISSR 等分子标记技术对其开展了研究,各地存在许多同名异物或同物异名的橄榄品种名称。我国栽培的橄榄主要是白榄和乌榄,其主要区别见表 6-2。

表 6-2 白榄和乌榄的区别

白　　榄	乌　　榄
叶、花、果较小,小叶片较少,一般为 11～15 叶	叶、花、果较大,小叶片较多,一般为 15～21 叶
叶脉不如乌榄明显,叶背的网状纹较突起,有小窝点	叶脉较明显,叶背的网状纹较平滑,无小窝点
叶揉碎时味较淡	叶揉碎时味浓
花序通常与叶等长或略短,花期较迟	花序较叶长,花期较早
果成熟时青绿色或淡黄色	果成熟时紫黑色
果核较短小	果核长大,核面较光滑

(一) 白榄的主要品种

1. 鲜食品种

(1) 檀香　福建闽侯主栽优良品种。果实较小,青绿色,卵圆形,中部较肥大,基部圆平有时微凹,成熟时有褐色放射状条纹,俗称"莲花座",果顶圆突,花柱残存有黑点。果实纵径 3.17cm,横径 2.08cm,单果重 7.65g。果肉淡黄色,厚度 1.01cm,可食率 77.91%,肉质清脆,嚼后香甜,无涩味,纤维少,品质上等。果核梭形,较小,棱明显,果核平均重 1.69g。果实 11 月上旬成熟。

(2) 安仁溪檀香　产于福建闽清安仁溪。果实中偏小,果皮光滑,青绿色,果基微突,连接果蒂处呈橙黄色,有放射状 5 裂纹,果顶平或微凹,花柱宿存突起有小黑点。果实纵径 2.67cm,横径 2.03cm,单果重 7.7g。果核梭形,重 1.84g。果肉淡白色,可食率 76.1%,品质极佳,肉质清脆,香味浓,味甜,纤维少,最适鲜食。

(3) 霞溪本　福建莆田的主栽优良品种。果实长纺锤形,两端尖而长,顶部较突出,果基部有褐色呈血丝状的短条纹。果实纵径 3.09cm,横径 1.93cm,单果重 7.6g。果皮光滑有光泽,成熟时淡黄色,果肉黄色、较厚,可食率 78.3%,质较粗,纤维较多,有香味,微涩,但嚼后有回甜而带咸味。核中等大,平均重 1.65g,梭形,比较早熟。

(4) 厝后本　产于福建莆田、仙游。果实多呈卵形或广椭圆形,果顶小而基部较大,稍有凹入。果实纵径3.43cm,横径2.19cm,单果重9.5g。果皮平滑,黄绿色。果肉白色,可食率78.5%,质地较细,汁多,鲜食带酸味,嚼后转清爽,品质中等。核中等大,平均重2.04g。

(5) 糯米橄榄　产于福建莆田、仙游。果实小,单果重5.5g,椭圆形,两端较尖,纵径3.44cm,横径1.76cm。果皮有光泽,成熟时黄白色。果肉白色,质地细致,纤维少,汁较多,有香味,回甜好,可食率76.5%,鲜食上品,但不耐贮藏。

(6) 茶溶榄　产于广州地区。果小,果身短而阔,纵径3.0cm,横径2.2cm。果肩有暗灰色点散布果面,成熟时果皮青绿色。肉质细致、爽脆、纤维少,肉核易分离,甘香,无涩味,嚼后回甘,为广东的鲜食最优质品种。成熟期10~11月。

(7) 猪腰榄　产于广州郊区。果形狭长,两端稍弯,形似猪腰,纵径3.4cm,横径1.7cm。成熟时果皮青绿色,有黑色痣点散布于果面。肉质脆,味甘香,无涩味,品质优良。核较小。成熟期10~11月,成熟后挂在树上不易脱落,产量较低。

(8) 鹰爪指　果穗大,果较小,肉质略韧,稍有涩味。较耐贮藏,耐风雨,果实不易脱落,成熟果实留在树上可延至翌年2月采收。丰产。

(9) 尖青　果身细长,两端较尖。核尖、细。肉脆,稍有涩味,品质和产量中等。

(10) 凤湖榄　广东揭西的著名良种。果形近似腰鼓状,基部平钝,果可竖立,果顶钝而微凹,常有3条浅裂沟和残存的花柱成小黑点突起。果实纵径3.70cm,横径2.56cm,单果重14.0g。核棕黑色,重1.6g,肉与核易分离,可食率88.5%。肉质酥脆,香甜无涩,多汁,回味甘,可溶性固形物12%,品质上乘。成熟期9月中旬至11月上旬,耐贮藏,亦可留树至春节前后采收。

(11) 三棱榄　广东潮阳著名良种。果倒卵形,黄色,基部圆,果顶有3条明显的浅裂沟和黑色突起的残存花柱。单果重10.2g,果实纵径3.68cm,横径2.21cm。果皮光滑。核赤色,重1.2g,肉与核不易分离。肉黄白色,肉酥脆、化渣,味香不涩,回味甘,品质好,可溶性固形物12%。成熟期10月,成熟果留树至翌年2~3月而不易脱落。

(12) 冬节圆橄榄　产于广东普宁等地。果实长椭圆形,平均纵径3.4cm,横径2.1cm,单果重9g左右。果皮黄绿色。果肉脆,纤维较少,化渣,甘甜,回味浓,肉核不易分离,品质优,可食率80%,含全糖2.27%,酸1.41%,可溶性固形物12%。可鲜食和加工。

(13) 丁香榄　果实长椭圆形,纵径3.71cm,横径2.25cm,单果重7.5~8g。果皮黄绿色。果肉脆,化渣,有香味,可溶性固形物11%。核重2.2g,可食率78.0%。成熟期11月上旬。

2. 加工品种

(1) 大头黄　果穗长,果粒排列较疏。果型大,黄色,果柄长而蒂粗。果肉纤维粗,味涩。一般早收以供加工蜜饯用。

(2) 黄仔　果较小,果穗大,结果密,果柄短而蒂细,丰产。肉质较粗,味稍涩。成熟时果皮黄色,成熟期比大头黄略迟,宜加工蜜饯凉果。

(3) 三方　果实略呈三棱状纺锤形,果实较坚实,味甘微涩,品质中上,迟熟。可加工和鲜食。

(4) 汕头白榄　产于广东汕头,又名山榄。果卵形,皮光滑,黄色,基部圆,略有皱纹,蒂部红黄色,顶部略有小条纹,残存花柱成小黑点。肉质细致,滑而爽脆,味甘甜,肉核不易分离,可加工或鲜食。

(5) 大红心　产于广东普宁、揭西。树冠高大，长势壮旺。果大，椭圆形，黄色，单果重 25g，产量高。鲜食略带涩味，以加工为主，是加工化核榄的良种。成熟期 9~10 月。

(6) 赤种　产于广东普宁等地。树势健壮，丰产稳产。单果重 11.4g，每 100g 果肉含全糖 4.67g，酸 1.62g，维生素 C 2.28mg，可溶性固形物 14%。肉质脆，汁多，宜加工化核榄，也可鲜食。9~10 月成熟，成熟果易脱落。

(7) 红心仔　果实长椭圆形，单果重 20g 左右，果皮黄绿色，丰产，适合加工，成熟期 8~10 月。

(8) 四季榄　产于广东揭西县。果实倒卵形，单果重 5~7g。核棕褐色，核肉不易分离，可食率 75%。果肉白色，纤维较多，初尝口感苦涩，但回味尚甘，可溶性固形物 15.1%，品质中下。

该品种每年 4~10 月抽生的新梢均可成为结果枝，采收期从 8 月至翌年 5 月。但以 3~4 月抽生的结果枝挂果较多，8~10 月采收。

(9) 自来圆　产于福建闽侯、闽清。属于惠圆品种群的一个变种。果实大，有黄皮自来圆和青皮自来圆两个品系。黄皮自来圆纵径 3.44cm，横径 2.53cm，单果重 11.69g，果核重 1.2g，可食率 82.77%。青皮自来圆纵径 3.01cm，横径 2.14cm，单果重 9.86g，可食率 80.0%。两个品系的其他性状相同。果实椭圆形，略似惠圆，果顶圆突，果基钝突，花柱残存黑点。果皮平滑有光泽，果核菱形，果肉淡白色，香味少而带微涩，宜加工。成熟期较早，10 月可收。

(10) 黄大　产于福建莆田等地。又称惠圆弟，属于惠圆品种群，惠圆橄榄的一个变种。果实中等大，纺锤形，中部肥大，纵径 3.48cm，横径 2.74cm，单果重 12.5g。果基部圆钝突，连接果蒂处平突，黄色，果顶尖突，花柱宿存，残存的花柱成小黑点突起。果皮光滑，黄绿色。果核梭形，核重 3.03g。果肉淡白色，可食率 76.5%，质地较粗，纤维多，品质较差，宜加工。

(11) 小自来圆　产于福建闽侯、闽清。属于惠圆品种群，惠圆橄榄的一个变种。果实中等大小，短椭圆形，黄绿色，果基平，淡黄色，果顶平或微突，有放射状沟纹，花柱残存成黑点。果实纵径 3.16cm，横径 2.27cm，单果重 9.10g。果核梭形，重 1.98g，可食率 78.2%。果肉淡黄色，质脆、粗，纤维较多，味涩，略有回甜，品质中等，宜加工蜜饯。

(12) 长营　产于福建闽侯、闽清。又称长行，是长营品种群的代表品种。果实中等大小，果皮光滑，淡黄绿色，梭形，果基较圆突，果顶平突。果实纵径 3.61cm，横径 2.08cm。单果重 8.32g。果核重 1.90g，可食率 78.4%。果肉淡绿白色，肉质差，纤维多，味涩，香味淡，宜加工蜜饯。

(13) 黄接本　产于福建莆田、仙游等地。果实椭圆形，纵径 3.6cm，横径 2.15cm，单果重 8.3g。果皮黄色，有光泽。果核梭形，核重 2.2g，可食率 73.5%。果肉黄色，质较粗，味较涩，耐贮藏。

(14) 福州橄榄　广西梧州、平南等地有少量栽培，引自广东。果实卵圆形，两端钝，成熟时黄白色，纵径约 3.0cm，少涩味。10 月成熟。

(15) 台湾榄　产于我国台湾。果实椭圆形，果顶稍尖，纵径 3.3cm，横径 2.2cm，单果重 9.0g。果皮深黄色，果肉浅黄色，可食率 78%。味酸甜，涩味少，有浓香，回味甜，适宜作蜜饯。有红心本地种、青心本地种和野生种等品系。

其他品种还有黄皮长营、青皮长营、大长营、长梭、长穗等。

3. 鲜食、加工兼用品种

（1）惠圆　福建闽侯、闽清的主栽品种，是惠圆品种群的代表品种。果实近圆形或广椭圆形，果大，纵径3.64cm，横径3.36cm，果重17.11g。果实基部圆平或微凹，有放射状条纹，与果蒂连接部黄色，果顶浑圆，花柱残存有黑点，果皮光滑，淡黄色，果肉淡白色，可食率85.2%。核短梭形，中部肥大，核重2.53g。果实肉质松软，纤维少，汁多，味香无涩。果实10～11月成熟。

（2）檀头　产于福建闽侯、闽清。系檀香实生后代，属于檀香品种群。果实卵形，较小，纵径2.56cm，横径1.94cm，单果重5.23g。果基部圆突，有不明显的褐色放射状条纹，果顶圆突，花柱残存成黑点，果皮光滑，青绿色，有时呈黄绿色。果核纺锤形，较小，中部肥大，棱较明显，核重1.33g。果肉淡黄色，可食率74.6%，质地和香气不及檀香。果实10～11月成熟。

（3）黄肉长营　产于福建闽侯、闽清。属长营品种群。果实较小，长梭形，两头尖，纵径3.16cm，横径1.13cm，单果重6.31g。果顶残存花柱成小黑点，果皮光滑，淡黄色。果核重1.34g，可食率73.4%。果肉黄色，肉质较细，纤维少，有香气，味甜，品质较佳。其他性状与长营相似。

（4）白太　主产于福建莆田。果实长椭圆形，顶端平或有时突起，纵径3.53cm，横径2.20cm，单果重11.58g。果皮平滑，成熟时黄绿色。果核菱形，中等大，核重2.33g。果肉白色，可食部分占80%，质地较细致，纤维少，汁较多，初食微酸，后清爽带甘甜味。

（5）潮州青皮榄　广东潮州名优品种。果实青黄色，长椭圆形，纵径3.80cm，横径2.46cm，单果重11.5g。核棕褐色，重1.5g，核肉较易分离。果肉白色，质硬而脆，稍有清香味，回味甘甜，可溶性固形物12%。成熟期9月下旬，可留树至12月采收。该品种适应性强，丰产，早熟，风味好。

（6）南宁青皮榄　产于广西南宁、柳州郊区。果实长梭形或短纺锤形，果皮青色或黄青色，果肉青黄色，质爽脆，味甘香。果核长梭形，棱角突出，可食率66%～67%。

（7）泰国榄　产于我国台湾，引自泰国。果实长圆形，果顶平，果皮浅绿色。果实纵径2.7cm，横径1.7cm，单果重4.0g。果肉浅绿色，可食率77%，味酸甜，香气淡，涩味少，无回甜，品质中等。

其他品种主要性状见表6-3。

表6-3　橄榄其他品种主要性状

品种名称	产地	主要性状	用途
刘族本	福建莆田、仙游	果实纺锤形，两端尖而长，黄绿色，从果基至果顶具不明显血丝状浅褐色条纹，单果重7.63g，可食率81.5%，质粗味涩，耐贮运	适于加工或保鲜贮藏
公本	福建莆田、仙游	果实卵圆形，绿黄色，略有果粉，单果重5.48g，可食率77.6%，果肉黄色，质脆汁多，纤维少，味香无涩，回味甘甜	适于鲜食或加工
黄柑味	福建莆田、仙游	果实椭圆形，两端较长，绿色，单果重6.9g，可食率76.2%，果肉白色，质地较粗，具有柑橘味而带微苦	适于加工
橄榄干	福建莆田、仙游	果实黄绿色，长椭圆形，顶端突起或一边突起而一边斜，形成歪形果，单果重7.0g，可食率76%，质硬而脆，汁多味苦，耐贮运	适于加工或保鲜贮藏

(续)

品种名称	产地	主要性状	用途
六分本	福建莆田、仙游	果实椭圆形、绿色，单果重8.1g，可食率76.1%，果肉白色，质粗味苦，耐贮运，丰产	适于保鲜贮藏
一月本	福建莆田、仙游	果实椭圆形，绿色，成熟时黄色，质粗汁少，回味甘甜，1月成熟，晚熟丰产	鲜食或加工
尖尾钻	福建莆田、仙游	果实椭圆形，黄色，柱头宿存，单果重7.8g，可食率73.1%，果肉白色，纤维少，质地较细，品质中上，晚熟	鲜食或加工
黑肉鸡	福建莆田、仙游	果实椭圆形，果皮深绿色，单果重6.54g，可食率72.5%，果肉带黑色，质地细致，汁多味甜，不耐贮运	鲜食
秋兰花	福建莆田、仙游	实生树的劣变后代，常开雄花，个别开两性花，花而不实	砧木
羊矢	福建闽侯、闽清	果实小，卵形或长卵形，单果重3.4g，可食率64.4%，肉质粗硬，味淡且涩，口感差	砧木

（二）乌榄的主要品种

（1）油榄　广东最优良的栽培品种之一，丰产稳产。植株高大，长势强，喜光，4月下旬至5月下旬开花，果穗和果柄较短，穗形紧凑。果实长椭圆形，纵径4.7cm，横径2.3cm，单果重9.6g。果皮紫黑色，披白蜡粉中等。果顶微3裂，有宿存的花柱成黑色小突起。果基与果蒂连接处呈三角形，橙黄色。可食率60%，肉质细滑，含油较多，味香。核红赤色。果实10月下旬成熟。榄果多加工成盐渍水榄外销。

（2）软枝榄　广东普宁、揭西等地栽培较多。植株长势中等，丰产稳产。果实倒卵形，果皮披白蜡粉。果较小，单果重8.2g，果实纵径4cm，横径1.8cm。果基与果蒂连接处小，且呈三角形或六角形。可食率58%。9月下旬成熟。加工成盐渍水榄内销或加工成榄角。

（3）青笃榄　主栽于广东揭西县。植株高大，长势强，丰产稳产，适应性强。果穗和果柄长度中等，果实椭圆形，果皮白蜡粉极丰，果基与果蒂连接处橙黄色，大而微呈三角形，果顶和果基部锥形。果实大，单果重11.6g，纵径3.95cm，横径2.36cm。可食率60%，果肉淡黄色。加工榄角的良种。

（4）白露榄　主栽于广东揭西县。植株长势中等，丰产稳产。果小，单果重7.1g，果实椭圆形。果肉厚，微呈黄色，可食率59%。核赤红色。白露后成熟，属早熟品种，主要供加工榄角。

（5）西山　产于广东增城市增江镇西山区。果长卵圆形，果大，纵径3.8cm，横径2.0cm，单果重9.52g。基部细而稍弯曲，与蒂连接处黄红色，顶端极尖，残存花柱成小黑点突起，果皮灰黑色。肉质软滑，有香味，可食率63.2%。种仁充实，为取榄仁最佳品种。迟熟，10月下旬成熟。

（6）三方　产于广东增城市。果较大，果实横切面呈三角形，基部肥大且圆，蒂痕三角形，果顶微凹，有3条沟纹。果实纵径3.9cm，横径2.3cm，单果重14.28g。果肉厚，可食率63.8%，肉质稍粗，品质一般。9月下旬成熟。

（7）黄肉榄　产于广东增城市。果中等大，长卵形，果身微歪斜，果顶钝尖、微凹，具3条沟纹。成熟时果肉黄色，肉厚细滑，有香味。成熟期9月下旬至10月上旬。

（8）立秋榄　产于广州市郊。果长卵形，果基有4条红皱纹，顶圆，红色，残存的花柱成小黑点。果皮灰黑色，间有小黄点。肉味甘香，纤维少。8月上旬成熟，为早熟品种。

(9) 秧地头　果较大，中部膨大，两端尖小匀称，微歪斜，横切面呈三角形，蒂痕多为三角形，果顶有3～6条沟纹。成熟时近核处的果肉为红黄色，肉质较粗，果肉含油分高。丰产稳产。9月成熟。

(10) 黄庄乌榄　主产于广东增城市。果长卵形，基部红黄色，残存的花柱成小黑点突起，果皮灰黑色。肉厚质脆，香味佳，可食率70%。10月成熟。

(11) 鼻乌榄　主产于广州市郊。果实长卵形，基部尖，有三角皱纹，残存的花柱成小黑点突起，顶部圆。味甘香略带涩，有纤维。100kg核可得核仁9.5kg。果实9月成熟。

(12) 鹅膏　主产于广州市郊。果大而端正，肉厚质嫩，有鹅膏香味，产量较高。早熟，8～9月成熟。

广东省乌榄主要产区乌榄资源见表6-4。

表6-4　广东省乌榄主要产区乌榄资源

(张任之，1965)

地区	乌榄名录
增城	西山、油榄、黄肉香、黄肉榄、长角榄、大油榄、什榄、梗头油榄、青榄、竹榄、早榄、黄庄乌榄、踢死牛、六月黄、香榄、秋乌、三方、羊角、鹅膏、麻雀榄、烂肉榄、梗头三方、二水、牛屎头、大肉香、青远、大叶左尾、大金钟、秧地头、果皮榄、尖笃、斜身仔、山榄、香水仔、琼榄、大头狗、大核公、红远、鸡娜油、牛角、香花仔、短蒂三方、禾姑、大松挂、亚伯榄、香骨乌
番禺	二水、十月白、鸡春榄、三方、早榄、鹅膏、秧地头、椰子榄、胭脂核、红瓦榄、香水仔、挂绿、大蒂香水、果皮榄、长担挑、禾虫葛、大早榄、猪膏榄、茅尖、歪歪、铁榄、旦家根、牛角、秋乌、鸡蛋黄、大东宝、鸡肉丝、槟榔榄、油榄、红枣核
东莞	西山、什榄、秋乌仔、歪仔、腊鸭油、蚝笃、禾绿青、泥榄、牛角、细女当裙、花托、坎头、烧鹅臂、早水榄、鱼春、油榄仔、葡萄青、捉死牛、鸭脚油、竹丝榄
普宁	大车心、小车心、枣干、棠仔、石砍、柑圆、崎岭榄、麻竹荷、软枝、油榄、永兰油榄、三稔仔、油甘种、歪尾、豆仁种、象牙种、后坑种、双重花、大榄牯、一寸榄、指甲榄、火烧种、古时油榄、红耳仔、细粒种、羊屎种、大粒长、土油榄、唐肚榄、科生乌榄
广州	羊叶仔、羊角、水榄、金钟、铁骨、卷头西山、西山、左尾、秋乌、踢死牛、三方、鹅膏、红远、大松柏、香榄、山榄、绿榄、滑鸡油、大油榄、什榄、油榄、斜身仔、梗头、鸭脚油、亚陀、秧地头、大肉黄、牛角、竹榄、牛油足、软枝、鸭白、花生种、鼻乌榄、立秋榄
其他	四季榄、长榄、猪屎榄、紫乌榄、平头榄、三角榄、牛头榄、大尾榄、叠石榄、鸡蛋榄、青笃榄、白露榄

第三节　生物学特性

一、生物学特性

(一) 根

橄榄实生树主根发达，须根很少。实生苗定植时若主根被短截，种植后可在主根短截处长出2～3条垂直根，近地面处亦可长出3～4条水平根，沿不同方向延伸，形成较好的根系结构。橄榄根系生长情况还与土质、地势有关。种植在土层深厚的山地，垂直根入土深；种植于水旁或地下有硬隔层的山地土壤，根系大量分布在近地表处。据调查，干径50cm的橄榄树，在洲地根深可达5～8m，在丘陵地根深可达4～5m；洲地橄榄主根离地面2m处根径可达 20cm 以上，离树干 1m 处的水平根直径可达 20～25cm。在福建莆田下郑后坑尾的山地，有一株 100 年生的大树，直根深入土中 2.5m，其末端周径仍有 15cm。由于根系强大，分布又深，所以橄榄抗旱力强。

橄榄根短截后，断口处愈合后会隆起呈拳头状，并长出 5～8 条侧根，其后再长出须根和根毛。

(二) 茎干

橄榄为高大乔木，树冠开张，树干直立，外皮呈灰色，高可达 10～20m。老树干常有灰褐色瘤状突起。小枝通常圆柱形，髓部具维管束，韧皮部有树脂道。

(三) 叶

橄榄叶为奇数羽状复叶，罕为单叶，互生，螺旋状排列，稀为 3 叶轮生，常集中生长于枝顶部；长 15～30cm，有小叶 7～13 枚。小叶对生，长圆状披针形，全缘或具浅齿，长 6～14cm，宽 2.5～5cm，先端尖，基间偏斜，两面网脉均明显，在下表面网脉及中脉有细茸毛；具短柄，叶柄圆形，扁平或具沟槽。托叶常着生于近叶柄基部的枝上，或直接生于叶柄上，常先期脱落。

乌榄叶较长，复叶长 40～140cm，小叶 5～17 枚，小叶长 10～15cm，宽 4～8cm。

(四) 花

橄榄花为顶生或腋生的总状花序（圆锥花序），小花有短花梗，每 3 朵花成为一小穗，着生于小花轴上。花有两性花、雌花、雄花和少数畸形花。

1. 两性花 花蕾较圆长，未开时长约 1cm。萼杯状，3～5 裂，长约 3mm，绿白色。花瓣 3～5 片，白色，长约为萼的 2 倍。雄蕊 6，粗壮；花药为披针形，黄白色；花粉乳白色，花丝长，基部合生，与子房之间有蜜腺，呈橙红色。子房中位或下位，卵形；花柱短，柱头 3 棱，绿白色；子房 2～3 室，每室有 2 个胚珠。

2. 雄花 外观与两性花相似，但花蕾细长，子房败育或无，花柱有或无，雄蕊发育完全，在一花序上雄花多而雌花少。

3. 雌花 花蕾粗圆，子房发达，3 室，雌蕊发育完全，雄蕊花丝短，花药萎缩或成痕迹。

4. 畸形花 偶见，花蕾矩圆形，似由 2～3 个雄蕊并生而成；花萼 6～9，浅裂；花瓣 6～12；雄蕊发育完全，10～20 枚，无子房或花柱。

橄榄开花有 2 类 4 种，一类是同株同花树，另一类是同株异花树。同株同花树有雌花树、雄花树和两性花树，共 3 种；同株异花树则有雄花和两性花。各类型花树的比例依品种和树龄不同而异。

乌榄的花有雄花、完全花和雄蕊退化的两性花 3 种类型。雄株为二歧聚伞花序，花序由着生于春梢叶腋间的二歧聚伞花序构成，花数多达 800～2 000 朵。两性株为复总状花序，着生完全花和雄蕊退化的两性花，花序从前一年的秋梢顶芽或近顶芽的侧芽抽生的结果枝发育而成，花数一般在 130 朵左右。

(五) 果实

橄榄果实为核果，其形状因品种而异，有卵圆形、椭圆形等；大小也与品种有关，单果重 4～20g 不等；颜色初为黄绿色，后变淡黄色，有的初为青色后变青绿色，果肉白色带绿或淡黄色。果核两端锐尖，核面有棱，横切面圆形至六角形，内有种仁 1～3 粒。

乌榄果实未成熟时青绿色，成熟后紫黑色，披白色蜡粉，少数品种成熟时果皮仍保持青绿色。

二、生长与开花结果习性

(一) 生长习性

在广东幼年橄榄树一年可抽 3～4 次新梢，在福建一年可抽 3 次梢。青壮年结果树每年仍可抽 2～3 次新梢，老树一般抽 1～2 次梢。在广东幼树 2 月下旬芽萌动，结果初期树势旺，可抽 3 次梢。但大部分结果树每年只抽 2 次新梢，即 3 月底至 4 月初抽春梢，7～8 月抽秋梢。

(二) 开花结果习性

1. 结果母枝与结果枝 橄榄结果母枝以秋梢为主。据罗美玉等（1996）观察，自来圆橄榄以秋梢为结果母枝达 89.5%，长营以秋梢为结果母枝达 92.0%。自来圆顶芽果枝占 76.1%，长营顶芽果枝占 78.0%。结果枝粗度为 0.6～1.0 cm 结果良好。

2. 花芽分化 橄榄的花芽分化从 3 月下旬开始到 5 月下旬基本结束，约需 2 个月时间。橄榄的花芽分化顺序为：花序总轴原基→花序侧穗原基→小型聚伞花序原基→花原基→花萼→花瓣→雄蕊→雌蕊→花粉粒。橄榄花芽分化是连续的，在同一枝梢上的花芽分化是自下而上，同一花序是从基部向顶部，同一株树不同方向、部位的花芽分化阶段有互相交错的现象。不同品种其花芽分化时间有差异（表 6-5）。

表 6-5 橄榄花芽分化期（日/月）

(郑家基等，1988)

品种	开始分化期	花序总轴原基出现	花序侧穗原基出现	小型聚伞花序小花原基出现	3 朵小花原始体出现	花萼形成	花瓣形成	雄蕊形成	雌蕊形成	花粉粒（四分孢子体）出现
长营	22/3	22/3～29/3	5/4～12/4	5/4～19/4	3/5	16/4	26/4	10/5	17/5	17/5～24/5
惠圆	22/3	22/3～12/4	19/4～3/5	26/4～10/5		10/5	7/5	24/5	24/5	31/5

3. 开花结果 一般在 4～5 月从结果母枝先端抽生结果枝，待长达 10 cm 左右时，从结果枝的叶腋间或顶端抽生花序，5 月中下旬始花，6 月中下旬终花。两性株的总状花序是自下而上逐步开放，橄榄雄花和两性花多 3 朵并生成一小穗，中间 1 朵先开，旁边 2 朵后开，或当中央的 1 朵花即将开放时，两旁的花多逐渐凋萎。雌花多单生，3 朵并生的较少。每一花序有花 10 余朵，多至 200～300 朵，但能结果的不到 10%。

花穗长短与品种、繁殖方法有关。实生树花轴长 30 cm 以上，多雄花，结果率低；嫁接树花轴短，长仅 10 cm 左右，两性花多，结果率高。广西浦北观察，雌花树坐果率达 8.3%～11.6%，而两性杂花树坐果率仅 4.57%～5.20%。

橄榄花粉萌发率较低，适量的 2,4-D、NAA 和硼砂均有促进花粉萌发的作用。橄榄在开花后 3 d 内有很高的授粉能力，花后第 4 天授粉能力明显降低。授粉后到完成受精所需时间为 32～48 h。惠圆橄榄采用异花授粉，坐果率由对照的 6.8% 提高到 47.8%，建议配置长营等品种作为授粉树。

乌榄于 3 月下旬现蕾，4 月下旬至 5 月下旬开花。乌榄自花授粉结实，其坐果率因品种、树龄、花期气候条件而异。幼、壮树坐果率比老弱树高，花期天气晴朗比阴雨连绵坐果率高。乌榄开花后，如果授粉受精不良，花谢后 5~7d 陆续出现大量落花落果，一般 6 月中旬开始生理落果，壮旺的幼树抽夏梢也会引起落果，此后至采前都很少发生生理落果。6 月幼果迅速膨大，6 月下旬核和核仁开始硬化，7 月下旬核仁渐趋发育完好。8 月以后果实陆续着色，9 月中旬开始成熟、采收，迟熟种 11~12 月采收。

表 6-6 橄榄开花结果物候期（日/月）

（许长同等，1994）

品种	年份	现蕾期	始花期	盛花期	终花期	幼果期	果实膨大期	果核硬化期	生理落果期
檀香	1992	15/5~24/5	24/5~25/5	25/5~30/5	13/5~21/6	13/5~14/6	31/5~13/7	13/7~2/10	13/5~14/6
	1993	16/5~24/5	24/5~25/5	25/5~30/5	31/5~20/6	30/5~12/6	30/5~12/7	12/7~2/10	31/5~15/6
长营	1992	11/5~14/5	15/5~25/5	25/5~31/5	31/5~14/6	31/5~14/6	31/5~19/7	13/7~1/10	12/6~14/6
	1993	9/5~14/5	15/5~25/5	26/5~30/5	30/5~12/6	31/5~14/6	31/5~19/7	13/7~2/10	7/6~15/6

三、对环境条件的要求

影响橄榄产量的关键气象因子主要有秋梢抽生期和花芽形成期的日照、气温以及花果期的降水量等。

1. 温度 橄榄原产于我国南部，性喜温暖，畏霜冻，温度是限制橄榄分布的主要因子。在生长期间需要有适宜的温度，才能生长旺盛、结果良好。我国栽培橄榄的地区最北至北纬 28.2°的浙江温州的瑞安、平阳，其年均温是 18.6℃，但冬天易受冻害，生长结果不良，表现不适应。广州橄榄产区平均温度为 22.2℃，广东英德以北很少栽培。福建主产区闽侯、闽清年均温为 19.6~21.1℃。许长同（1999）调查了福建橄榄产区温度条件，认为年均温 19.7℃以上、≥10℃年活动积温 6 450h、日极端低温-3℃持续时间不超过 3h 的地区，均适宜于发展橄榄。李纯等（1995）在桂林雁山试验，认为广西在桂林以南、极端最低温度-4℃以上的地区可以推广种植。

乌榄比橄榄较不耐寒。年平均气温 22℃左右的地区最适宜其生长，气温达到 18℃时春梢萌动，28℃时抽梢最旺盛。短暂的极端低温-2.4℃可使种植于低洼谷地的幼年树遭受严重冻害，落叶枯枝；成年树则树冠顶部受冻，不能正常开花结果。年均温 20℃左右、1 月气温 10℃以下、绝对低温-4℃以下的地区，基本没有乌榄的经济栽培。

2. 水分 橄榄的主根发达，抗旱力强，但喜湿润，忌积水。福州 1962 年秋至 1963 年初夏连续 210d 没有降水，闽江两岸橄榄依然生长结果良好。橄榄对短暂洪涝也有一定耐力，闽江春夏时常发洪水，两岸橄榄经常被洪水淹至主枝以上 1~2d，退洪后橄榄生长依然正常，但会造成不同程度的落果。橄榄长期浸水，轻则烂根、生长不良，重则枯死。橄榄在年降水量 1 200~1 400mm 的地区即能正常生长，5~6 月降水过多不利于授粉，7~8 月幼果长大时需要适当的雨量。福建、广东 4~5 月多雨，秋冬季少雨，基本上能满足橄榄生长结果的要求，但秋旱对果实生长不利。

3. 土壤 橄榄对土壤的适应性广，福建闽侯、闽清橄榄多种在闽江两岸冲积土的沙洲地和低丘陵的山坡地上，其土壤大多为沙质土和沙质红壤土。广东的广州郊区、揭西、普宁，以及福建的莆田都在山地种植橄榄，树龄达百余年，而且连年丰产。从福建的主产区看，橄榄适应于 pH4.5～6.5 的土壤上种植。过于潮湿的黏土则不适宜。

4. 光照 橄榄喜光，但忌暴晒，耐阴性较强。

第四节 栽培技术

一、育　苗

(一) 实生苗的培育

1. 种子采集与处理 种子需采自优良母株充分成熟的果实。采下的果实先沤烂果肉，洗去果肉后晾干；或用开水烫 2～3min，取出倒入冷水中浸 1～2h，然后用槌轻敲，使果肉与核分离；或按 50kg 果加食盐 2.5kg 混合盐渍，倒入搅拌机中搅拌 10～15min，或用脚踩 25～30min，至果皮开始皱缩为止，再放入清水中浸 6～7h，取出用木槌轻敲，使肉核分离。核经苔藓或湿度适中的河沙层积 60d 后，其发芽率可达 67%～90%。如不层积处理，采收后即播，发芽率仅 45% 左右。

2. 选地和整地 橄榄苗圃地应选地势平坦、地下水位低、排水良好、灌溉方便、土层深厚的壤土或沙壤土，土壤质地差、黏质土以及易积水地不宜作苗圃。山地育苗注意不要选西向，西照阳光强烈，对苗木生长不利。苗圃整地宜在冬季进行，先将苗地深耕，播前精细整地做畦，并补足基肥，做成宽 1～1.2m 的长畦。

3. 播种及管理 2 月取出种子，用 75～80℃ 热水浸 0.5min，再用冷水浸 2～3h，然后播种。条播行距为 22～25cm，株距 15～20cm，播后覆盖一层疏松细土或火烧土，厚 2～3cm。如覆土太厚、太黏，则芽不易伸长，且幼苗易弯曲。播后盖草、灌水。

播种后 40～50d 即可萌芽。苗出土后要及时撤去覆盖的草，如一核多苗同时萌发，要除去弱苗。经 2～3 个月后，要勤施薄肥，及时排灌。为了保护幼苗不受高温和强光的影响，可用黑色遮阳网遮阴。第二年苗高 1m 左右，即可嫁接或移植。移植时用 20mg/kg 的 NAA 或生根粉处理根系，能显著提高移植成活率。

4. 育苗

(1) 两段式育苗技术　将橄榄种子经过第一段苗床播种育成子叶苗后，将子叶苗截主根，移植至装有营养土的营养袋中，进行第二段培育，经 1 年培育成苗。该技术培育的苗木大小一致、整齐，侧根和须根发达，有 2～4 条粗壮的垂直主根，生长势强，种植成活率高，种后能矮化、早产、丰产。

(2) 改良法两段式育苗技术　该技术是在室内苗床催芽育苗，再将小苗移到营养袋进行第二段育苗，其改良技术主要体现在浸种催芽和苗床育苗两方面，其余程序与传统的两段式育苗技术一样。

经层积处理的种子，2～3 月取出催芽，等种壳破裂后即可播种。第一段育苗在大田按常规播种培育橄榄实生苗。为了起苗方便，种核间距要求达 2cm。在种核萌发后，小苗子叶完全展开，但尚未长出真叶时，即起苗移植到营养袋中进行第二段育苗。营养袋的培养土采用肥沃园土、火烧土、沤熟的粪土按 7∶2∶1 的比例混合，再加入 1% 钙镁磷肥与之拌匀。营养袋采用折径 18cm、高 30cm 的聚乙烯薄膜袋，袋底剪角或袋壁打孔以利排水通气。小苗移植后应加强管理。两段式育苗技术培育的橄榄苗，由于在小苗移植时其根尖生长点受损或人工短截，抑制了主根的垂直延伸，促进了侧根的生长，侧根和须根的生长量比直播苗增多，苗木生长粗壮，种植成活率大幅度提高。

(二) 嫁接苗的培育

1. 嫁接方法 生产上多用单芽或 3~4 芽切接。为了克服鞣质多和伤流多的问题，嫁接速度要快，嫁接时砧木与接穗形成层的一边对准，先用一层薄棉花包住砧穗伤口，以吸收砧木伤流，棉花也有一定湿度，可以延长接穗的生命力，再绑上塑料带，微露芽，最后套上相应大小的塑料袋，并扎好袋口。绑扎用超薄塑料带将砧木切口和接穗全封严，不必先贴一层棉花，长出的芽可以穿破薄膜，成活率很高。

2. 接穗的选择 选择优良品种壮年树，取外围粗细适中、生长充实、芽眼饱满的一年生的平直枝条，随采随接。

3. 砧木的选择 福建闽侯、闽清采用羊矢等品种作砧木，莆田、仙游多采用秋兰花品种。主要优点是亲和力强，主根发达，适应性强，适于山地栽培，结果早，树高大，经济寿命长，果大，品质佳。其缺点是主根生长优势强，要加以控制。广东多用适于加工的大粒种作砧木，比较粗生长快。今后要向矮化密植栽培发展，要加强矮化砧木的研究开发。

4. 嫁接时间 橄榄嫁接的成活率与气候关系密切。福建闽侯以 3 月底至 5 月上旬嫁接为宜，尤其是 4 月中下旬，气温稳定在 18~20℃ 时，在此期间的晴天嫁接，可以提高嫁接成活率。广东潮汕地区切接时间比福建稍早。

此外，定植在大田的实生树换种高接多采用嵌接法，也可采用切接法。

二、栽 植

山地建园应注意坡向，冬季霜冻严重地区宜选择南向或东南向。沿海地区常有东北台风，有条件地区宜选西南方向为果园。土层深厚的红壤土和地下水位 1.5m 以下的平地冲积沙壤土均可种植橄榄，长期积水和黏重壤土不宜种植。果园要做好山、水、园、林、路的合理规划，提高土地利用率。

栽植密度通常为 225~370 株/hm^2，采用长方形或三角形为宜，株行距为 (5~7) m×(5~7)m。各地多在春季清明至谷雨或秋梢停止生长后的 10 月中下旬定植。栽植时应以根颈部位与地面平齐，不宜过深或过浅。应推广营养袋苗种植，其优点是成活率高，可达 80%~90%。

三、土壤管理

我国橄榄产区高温多雨，在丘陵山地红壤土上种植橄榄，由于有机物质分解快，易流失，铁铝富积，土壤呈酸性，具有旱、黏、瘠、酸的特性。因此，必须抓好土壤改良、中耕除草、覆盖、间作以及培土等工作。

(一) 土壤改良

梯田要做好水土保持工作，建设保水、保土、保肥的"三保"果园。原来采用鱼鳞坑种植的，要逐步整理成梯田。土质太差、有机质少的要深翻改土。

深翻可加深土壤耕作层，改良土壤的理化性质，为根系生长创造良好的条件，促进根系向纵深伸展，有利于根系生长发育，提高其吸收能力，加强地上部养分同化作用，从而促使新梢生长健壮，叶色浓绿，促进树体生长和花芽形成，提高产量。深翻结合施肥，效果更明显。深翻一般结合间种在春种前进行，或在秋季进行。深翻方法可以采用全园深翻或扩穴改土等形式。

扩穴改土是改良土壤行之有效的办法。其方法是，种后逐年在原穴外扩大植穴，并填入杂草、土杂肥等进行土壤改良。

（二）中耕除草与覆盖

1. 中耕除草 一般每年应中耕除草3~4次，即清明、小暑、秋分、霜降各中耕除草1次，除下的草可翻埋土中，或作为覆盖材料。每年春夏雨后可犁耕1次，深8~10cm。秋冬犁耕1次，这对水土保持、防止杂草生长、促进根系向下生长都有一定的作用。还可采用化学除草。

2. 覆盖 覆盖可稳定地温，缩小土壤季节温差、昼夜温差及上下层的温差。据观察，在高温干旱季节，可以降低地表温度3.4~3.6℃，避免高温灼根；在冬季可以提高土温2.3~3.0℃。覆盖还可以减少土壤的水分蒸发，提高土壤含水量；保护表土不被雨水冲刷，保持土壤疏松；提高土壤有机质和有效养分，利于土壤微生物活动；减少中耕除草的劳力。

一般幼树覆盖可采取树盘覆盖的办法，在高温干旱、暴雨季节，以及秋季干旱季节，利用杂草、稻草、树叶等材料覆盖在树盘上面，厚度为10~15cm。

（三）间种

橄榄树种植株行距比较宽，橄榄树根系也较深，因此，幼树、大树都可间种豆科作物、绿肥或牧草等。通过间种，或果、草、牧结合，改善立地条件，可以充分利用土地，增加收入，还可以蓄养水分，提高土壤肥力，改善果园生态环境，保证橄榄正常生长，减少中耕除草和水土流失。此外，还可推广生草栽培，刈割覆盖地面，既可改善果园生态条件，又可降低劳动成本。

（四）培土

橄榄产区由于降水多，土壤流失严重，致使根系裸露。通过培土可以增厚土层，保护根系，增加营养，改良土壤结构，使植株生长健壮。特别是老龄树，培土的效果更明显。培土可1~2年进行1次。一般山地橄榄可在果园附近取红壤土培，黏土果园要培含沙质土。培土量应视植株大小、劳力等条件决定，但不宜一次培土太厚，以免引起闷根。

四、肥水管理

（一）施肥

橄榄是常绿果树，生长量大，结果多，需要从土壤中吸收大量的营养物质和水分。为了维持土壤肥力，保证橄榄的正常生长与结果，必须合理施肥。橄榄生长结果所需养分，主要是通过根系从土壤中吸收，也可从嫩枝叶片吸收作补充。由于树龄不同、结果量不同，需要的肥料种类和数量均不同。栽培上要根据树龄、树势、生长量、结果量、土壤肥力等决定施肥时期和施肥量。

1. 幼龄树的施肥 幼树要着重培养充实、健壮的新梢，以迅速扩大树冠，增大根系，为早结丰产打下良好的基础。因此，在肥料种类上应以氮肥为主，适当配合施用其他肥料。幼龄树的根系少，耐肥力差，应勤施薄肥，每2个月施肥1次，在抽梢前后各施1次，可选用人粪尿、复合肥、尿素、土杂肥等。每株控制在纯氮0.2~0.3kg、纯磷0.15~0.2kg、纯钾0.15~0.2kg，人粪尿可施25~50kg。

2. 结果树的施肥 结果树施肥的目的是促进花芽分化、果实膨大，提高当年产量和果实的品质，培养健壮的结果母枝，为次年丰产打下基础。

福建橄榄产区于3月、8月及采果前后各施1次肥料。第一次在2~3月抽生花穗前，以速效化肥为主，配合农家肥，每株施复合肥5kg或土杂肥100~150kg，以促进花芽分化和提高坐果率。第二次在8月施用，一般为每产50kg橄榄的树施复合肥3~5kg，目的是保果壮果和促进秋梢抽生。第三次在11~12月采果后进行，以促进树体恢复，保证秋梢结果母枝的健壮生长发育，为翌年丰产奠定基础，此次施肥以有机肥为主，增施磷钾肥，同时结合深翻培土，每株施入土杂肥200~300kg，或饼肥15~20kg，或鸡鸭粪20~40kg，另加过磷酸钙2~3kg、氯化钾1.5~2.0kg。

广东博罗、普宁每年也是施3次肥料。第一次重施花前肥，以速效肥为主，结合施农家肥，每株大树施复合肥5kg或土杂肥100~150kg。第二次施壮花壮果肥，根据不同的树龄、树势、挂果量灵活补施（土施或根外追肥）。第三次重施采后肥，这次以农家肥为主，并增施磷、钾肥，采果后结合深耕，每株（以收50kg果计）施入杂肥200~300kg，或长效有机肥如牛皮粉20~30kg，或鸡粪20~40kg、复合肥2kg、钙肥2kg、钾肥2kg。一般掌握第一次以氮肥为主；第二次以氮、钾肥为主；第三次减少氮肥，增加磷、钾肥。种在基围的橄榄树，可以每年或隔年上河泥1次作为肥料。

施肥时，在树冠滴水线下开深20cm左右的环沟或半月形沟，肥料施入沟内，覆土。如为液肥，待其干后覆土。

此外，还可在春季花期喷布0.05%硼砂，促进受精，提高坐果率。在幼果期、花芽分化期喷布0.3%尿素和0.2%磷酸二氢钾，促进果实增大和花芽分化。

（二）灌溉及排水

橄榄树虽然耐旱，但为了获得丰产，要及时排灌水。橄榄根系忌积水，积水容易引起烂根。因此，果园有积水现象要及时排除。橄榄新梢抽生期、果实膨大期需要较多的水，果园要保持适当的水分，如遇天气干旱，要引水灌溉。山地橄榄园在旱季来临以前进行全面浅耕，可以减少土壤水分的蒸发，浅耕后利用山草进行覆盖保墒。也可在梯田壁下挖一横蓄水沟，拦蓄雨水。

五、整形修剪

（一）整形

橄榄树形有主枝开心圆头形、自然开心形和主干形等。植株顶端优势明显，实生树更为突出。对于实生树，可在主干1.5~2m处选留3~5条分布均匀、强弱差不多的枝条作为主枝，将其余位置不当、密生、纤弱的枝分期疏除，使树冠成为主枝开心圆头形。对于高接树，一般应在1m左右处嫁接，第一批抽出的新梢应及时摘心，控制徒长，使其分枝，每株留3~4条分布均匀的枝条作主枝，其余的除去，以后逐渐培育成自然开心形。

（二）修剪

1. 实生树的修剪 实生树定植后一般都需要5~7年才能结果，营养生长旺盛，要注意加以控制，促进生殖生长与营养生长均衡发展。主要做法是：在夏梢尚未老熟时，将主干顶芽和主枝顶芽短截或摘心，促进侧芽生长，一般可将枝梢顶部短截5~10cm，连续进行2~3年，促进生长充实健壮的秋梢成为结果母枝。顶端优势明显、营养生长过旺的植株，对主干及时回缩截顶,促使侧芽生长,并注意拉开分枝角度,控制树冠和枝组的发展。

2. 高接树的修剪 高接树的修剪要注意对生长过旺的枝条进行短截、摘心,对于去年的结果枝也可适当短截,让其抽生健壮的结果母枝,达到丰产稳产。当进入盛产期后,徒长枝条逐渐减少,主要剪去树冠内的枯枝、荫蔽枝、交叉枝、病虫枝。树冠顶部可适当开天窗,及时剪去树冠内部的徒长枝。

3. 嫁接树的修剪 嫁接苗一般第3年开始结果,对初果树的修剪原则上以轻剪为主,对过长的枝条短截,促其多发侧枝;盛产后原则上是调节营养枝与结果枝的比例,使其连年丰产;后期修剪主要是剪除树冠内的枯枝、荫蔽枝、交叉枝、病虫枝。修剪多在采果后进行。

橄榄顶端优势明显,秋梢顶芽大多抽生翌年结果枝。因此,对于结果树,冬季修剪一般少短截摘心,多疏剪;但对于翌年的大年树,可以适当短截部分枝梢,减少当年挂果量。此外,对于计划密植的果园和盛产期荫蔽果园的非永久株要进行回缩,并及时间伐。

六、采　　收

橄榄采收标准根据用途而定。乌榄采收太早,果实着色不良,品质差,加工产品不美观;如迟至霜降后采收,果皮会硬化,果实品质更差。

供加工蜜饯用果可适当早采。鲜食果要完全成熟才能采收,如檀香橄榄多在11月(立冬)后采收。早采收苦涩味浓,果实容易失水,果皮皱缩,不耐贮藏。有的可在树上挂果贮藏,但应在霜冻来临前采收完毕。

采收方法有3种:第一种是用竹竿打落。在橄榄成熟时,清除树下的杂草,耙平地面,铺上薄膜,用长竹竿打击果穗,使其落下,然后收集,这种方法易导致果实机械损伤,果实易感染病菌而腐烂,不耐贮藏,只能用于加工。竹竿击果还会打伤秋梢顶芽,影响翌年生长结果,造成减产。第二种是上树手工采收。用长梯靠在树上,上树逐穗采收。此法虽然比较费工,但果实及树枝不易受伤,果实耐运输贮藏。第三种是化学催果采收。采用40%乙烯利300倍水溶液加0.2%中性洗衣粉,均匀喷布于果实,4d后果蒂处产生离层,振动树干,果实脱落率99%~100%。这种方法如果化学药剂浓度适宜,对树体无不良影响;但如果浓度过高,则造成叶片脱落,影响树体,翌年减产。

(执笔人:潘东明)

主要参考文献

陈勤,钟卫国,黄俊杰,等.2006.潮汕地区橄榄栽培中的存在问题及解决措施[J].广东农业科学(3):7.

黎金水.1999.苍梧县橄榄生产气象条件分析[J].广西气象,20(3):27-29.

刘星辉,郑建木,吴丽真.1993.橄榄的授粉生物学研究[J].中国果树(3):7-9.

刘义旺.1997.橄榄营养袋两段育苗技术[J].福建果树(1):49.

潘东明,宋秀高.2001.果树高效生产技术[M].福州:福建科学技术出版社.

丘瑞强,丘小谦.1998.粤东潮汕优稀橄榄品种资源介绍[J].福建果树(1):29-30.

唐为萍,陈树思,庄东红.2010.粤东3个橄榄品种导管分子比较研究[J].中国南方果树(1):29-32.

许长同,余德生,赖澄清.1999.橄榄栽培技术[M].北京:中国农业出版社.
余德生,许长同,陈铭.1998.闽江沿岸橄榄品种资源调查[J].亚热带植物通讯,27(1):32-37.
郑道序,肖国鑫,彭美秋,等.2010.4个值得推广的橄榄新品种[J].林业实用技术(1):23-25.
钟明,甘廉生,彭艺,等.2008.广东橄榄品种资源的现状[J].中国南方果树(6):29-32.

推 荐 读 物

振权,吴祖强.2003.橄榄早结丰产栽培[M].广州:广东科技出版社.

第七章 香　蕉

第一节　概　说

香蕉（banana）不仅是重要的热带水果，而且还是位居水稻、小麦和玉米之后的第四大粮食作物。香蕉具有生长快、投产早、产量高、供应期长和生产成本低等特点。栽种后1～2年收获，单位面积产量为20～30t/hm²，高产园可达45～60t/hm²。

香蕉果实质地柔软、清甜而芳香，营养价值高。据分析，每100g果肉含糖类20g、蛋白质1.2g、脂肪0.6g、粗纤维0.4g、五氧化二磷28mg、钙18mg、维生素C 24mg、维生素B_1 0.08mg等，每100g果肉的热量为377kJ。

香蕉果实除鲜食外，还可制香蕉干、香蕉粉、香蕉酱、香蕉脆片和酿酒等。一些地区用某些类型的花蕾和茎心作蔬菜；部分野生蕉的花蕾具有收敛止血功效。香蕉的新鲜假茎、叶片和花蕾可作猪饲料。一些类型的茎叶富含纤维，可用作造纸、制绳或作麻质代用品。假茎烧灰提取一种碱液（俗称庚油），可作为食物的防腐剂和染料的固定剂。茎叶含钾量高，切碎后可用作肥料。

香蕉原产于亚洲东南部。华南是世界主栽类型——矮型香蕉（Dwarf Cavendish）的原产地之一。据《三辅黄图》（公元2世纪）记载，我国在公元前111年已开始种植香蕉。《南方草木状》（305）、《齐民要术》（405—556）等中都有关于香蕉花、果、假茎的描述及红蕉、牙蕉、方蕉、鸡蕉、佛手蕉等品种名称，也有栽培、加工和医药等方面用途的记载。在云南南部、广西南部、广东中西部以及海南有成片野生蕉林分布。

我国香蕉栽培在北纬23°以南地区，主产广东（茂名、湛江、珠江三角洲）、广西（钦州、玉林、南宁）、海南、福建（漳州）、台湾（台南、屏东）和云南（开远、元江、西双版纳）等地，四川金沙江河谷地带也有栽培。粉蕉和大蕉更耐低温，故分布纬度达30°，海拔达1 200m，如西藏南部和云南南部海拔1 200m以下地区、三峡地区、江西南部、福建北部都有蕉类分布。我国北热带和南亚热带地区以栽培香蕉为主，在中亚热带则以栽培大蕉和粉蕉为主。

香蕉是世界重要水果之一，2011年的产量超过1亿t。在一些发展中国家，香蕉是主要的食物来源。根据联合国粮食与农业组织（FAO）资料显示，2011年总产最多的国家是印度（2 967万t），中国总产跃居第二（1 076万t），排在第三位的是菲律宾（916万t），以后依次为巴西、厄瓜多尔、印度尼西亚、哥斯达黎加、墨西哥和泰国。

在亚热带气候条件下，我国出产的香蕉甜度高、香气浓郁，只要加强果实品质管理，降低成本，改进采后处理和包装、运销环节，改善蕉果外观，我国香蕉具有很强的市场竞争力。目前我国香蕉生产存在的主要问题是：

(1) 地方品种资源的保护与利用缺失　香蕉是草本植物，单株生存年限短，极易感染毁灭性病虫害，导致传统生产品种消失。对传统地方品种尚需提纯复壮、改进繁育方法、加强选种育种工作。

（2）寒害与风害 我国香蕉主产区多位于世界香蕉生产的北沿地带和沿海热带亚热带季风气候区。珠江三角洲、福建沿海、广西东南部等地区的周期性低温、寒潮或霜冻，常导致大范围寒害。海南岛和雷州半岛等沿海地区每年 6～11 月频繁的热带风暴给香蕉生产带来不同程度的破坏，是导致香蕉生产起落受损的重要因素。

（3）部分地区和生产单位生产管理水平较低、病虫害多发、产量低、成本高、缺乏市场竞争力 我国香蕉多为小规模分散种植，基础设施明显不足，除沿海和沿河地带外，其他蕉园几乎全靠自然降水满足蕉株对水分的需求，故产量波动大。有些地区盲目喷洒农药，农药残留将是我国香蕉进入国际市场的主要障碍之一。

（4）采后处理和运销水平低 在一些地区，香蕉果穗采收过程粗放，采后分级处理不严格，包装落后，良莠混杂，降低了商品的整体档次，未能大范围推广保鲜技术。

第二节 主要种类和品种

香蕉属于芭蕉科（Musaceae）芭蕉属（*Musa*）植物。芭蕉科由 3 个属组成（表 7-1），即芭蕉属（*Musa*）、衣蕉属（*Ensete*）和地涌金莲属（*Musella*）。衣蕉属为一次结果的草本植物（monocarpic herb），其果实不可食用，我国唯一一种象腿蕉（*E. glaucum*）供作观赏。地涌金莲属也只有地涌金莲（*M. lasiocarpa*）一种，供观赏用。

芭蕉属分成 5 组（表 7-1）。其中南蕉组（Australimusa）包括马尼拉麻（*M. textilis*）、菲蕉[分布在太平洋地区，果可食用，为多次结果的多年生草本植物（polycarpic perennial herb）]。红花蕉组（Callimusa）[唯一一种是红花蕉（*M. coccinea*）]和 Rhodochlamys 组[如指天蕉（*M. laterita*）]，花序直立，花苞鲜红色，有观赏价值。真蕉组（Eumusa）是该属中最大和分布最广的组群，包括尖叶蕉（*M. acuminata*）（染色体基因组用 A 代表）和长梗蕉（*M. balbisiana*）（染色体基因组用 B 代表）。主要的栽培蕉来自这两个亲本的杂交或进化而来，分别有 AA、AAA、AAB、AAAB、ABB、BBB、BB 等组群。香牙蕉是三倍体的 AAA 组群，大蕉和粉蕉属于 ABB 组群，龙牙蕉属于 AAB 组群。两种原始野生蕉的性状区别见表 7-2。

表 7-1 芭蕉科植物总览
（根据 Stover and Simmonds，1987 补充）

属	染色体数	组别	分布	种数	用途
衣蕉属（*Ensete*）	9	—	从西非到新几内亚	7～8	纤维、蔬菜
芭蕉属（*Musa*）	10	南蕉组（Australimusa）	昆士兰、菲律宾	5～6	纤维、果实
	10	红花蕉组（Callimusa）	印度、中国、印度尼西亚	5～6	观赏
	11	真蕉组（Eumusa）	印度南部、日本、萨摩亚	9～10	果实、蔬菜、纤维
	11	Rhodochlamys	印度、中国、东南亚	5～6	观赏
	14	Ingentimusa	新几内亚海拔 1 000～2 100m	1	
地涌金莲属（*Musella*）	9		中国	1	观赏

表 7-2 尖叶蕉与长梗蕉的性状比较
(Simmonds and Shepherd,1955)

性状	尖叶蕉（M. acuminata）	长梗蕉（M. balbisiana）
假茎色泽	深或浅的褐斑或黑斑	不显著或无
叶柄槽	边缘直立或向外，下部边缘具翼膜	边缘向内，下部边缘无翼膜
花序梗	一般有软毛或茸毛	光滑无毛
果小梗	短	长
胚珠	每室2行，排列整齐	每室4行，排列不整齐
苞片肩的宽狭	高而窄	低而阔
苞片卷曲程度	苞片展开向外弯曲而上卷	苞片掀起但不反卷
苞片的形状	披针形或长卵形	阔卵形
苞片尖的形状	锐尖	钝尖
苞片的色泽	外部红色、暗紫色或黄色，内部粉红色、暗紫色或黄色	外部明显褐紫色，内部鲜艳的深红色
苞片褪色	内部由上至下渐褪至黄色	内部颜色均匀不褪色
苞片痕	明显突起	微突起
雄花的离生花被	瓣尖或多或少有皱折	罕有皱折
雄花的色泽	乳白色	或多或少粉红色
柱头的色泽	橙黄色或黄色	乳黄色或浅粉红色

蕉类的学名除了对确定的种类采用标准学名如 *M. paradisiaca* L. 代表香蕉，*M. sapientum* L. 代表大蕉之外，香蕉学界还约定俗成地用属名和染色体组的不同组合和原品种名表示。例如矮香蕉（Dwarf Cavendish）和蓝田蕉（Gros Michel）均来源于尖叶蕉的三倍体，而大蕉来源于尖叶蕉和长梗蕉的杂种三倍体，分别定名为 *Musa*（AAA）Dwarf Cavendish，*Musa*（AAA）Gros Michel 和 *Musa*（ABB）大蕉。对不确定的种类采用 *Musa* spp. 表示。由于香牙蕉是尖叶蕉的三倍体，所以用 *Musa acuminata* Colla（AAA）表示香牙蕉。

根据植株形态特征和经济性状，我国习惯上把栽培蕉类分为香蕉（又称香牙蕉、华蕉）、大蕉和粉蕉（包括龙牙蕉）3类（图7-1至图7-3）。每类又根据假茎高度、假茎色泽、叶片性状、果实性状和幼苗性状等分为若干品种或品系，现分述于下。

图 7-1 香蕉
(广东省农业科学院，1976)

图 7-2 大蕉
(广东省农业科学院，1976)

图 7-3 粉 蕉
(广东省农业科学院,1976)

一、香蕉类型及品种

香蕉属于 AAA 基因组。植株生长健壮,假茎黄绿色带褐色或黑色斑。叶片较阔大,先端圆钝,叶柄粗短,叶柄槽开张,有叶翼,反向外,叶基部对称呈楔形。吸芽紫绿色,幼叶初出时往往带紫色斑。果指向上生长,幼果横断面多为 5 棱形,胎座维管束 6 根,果皮绿色;成熟果棱角小而近圆形,果皮黄绿色;完全后熟果有浓郁香蕉香味,果肉清甜。皮薄,外果皮与中果皮不易分离。果肉黄白色,3 室易分离。不具花粉,故不能产生种子,单性结实。香蕉是经济价值最高、栽培面积最大的类型。香蕉品种间在品质等方面差异并不明显,而在梳形、果形、产量潜力和抗逆性方面却有一定差异。根据株型大小可将其分为高型、中型和矮型等品种、品系。

高干香蕉俗称"高脚蕉",株型高大,干高 3m 以上,果指长大较直,包括高州高脚顿地雷、台湾仙人蕉等。中干香蕉干高 1.8~3.3m,粗大,负载力强,抗风力较强,属于这种类型的品种较多,产量与外观品质等商品性状差异较大。矮干香蕉干高 1.5~2m,茎干矮粗,上下茎粗较均匀,叶柄及叶片短,叶柄基部排列紧密;果穗较短小,梳距密,果指短,较弯,不太整齐;果肉香味较浓,品质中等;抗风力强,是沿海地区庭院栽培的主要类型。

1. 高脚顿地雷 原产广东高州。茎高 3~4.5m,茎周 50~60cm,每穗 8~11 梳,每梳果指 17 条,果指长 20~23cm,株产 20~35kg。梳形美观,果形较直,含糖量 20%~22%,质优。抗风力弱,适于台风少的地区。有企叶高脚顿地雷和垂叶高脚顿地雷 2 个品系。

2. 仙人蕉 属高型香牙蕉(Giant Cavendish)。我国台湾最重要的香蕉品种,分布于台南和台中。适应性强,生长周期 11~12 个月,穗重 25~30kg。仙人蕉是由台湾北蕉变异而来,是台湾主栽品种之一。茎高 2.7~3.8m,茎周 50~60cm,每穗 8~10 梳,每梳果指 17 条,果指数 140~200 只,果指长 18~23cm,株产 16~30kg。抗风力弱,适于台风少的地区。

3. 大种高把 又称青身高把、高把香牙蕉、大叶青,原产广东东莞。茎高 2.5~3.0m,茎周 75~85cm。叶片长大,叶鞘距较疏,叶柄稍长而粗壮,叶背主脉披白粉。果轴粗大,果梳数较多,果指较长而充实。果实生长较迅速,可提早收获。根群较深广,耐肥、耐湿、耐旱和抗寒力都较强,但较易受风害。一般较高产、稳产。

4. 广东香蕉 2 号 即 631,广东省农业科学院果树研究所从越南品种的变异单株中选出。茎高 2.2~2.6m,茎周 55~65cm,每穗 8~10 梳,每梳果指数 23 条,果指长 18~

22cm，株产 17~30kg。果指微弯，肉香甜，品质优，畅销。适应性较强，抗风力中等。

5. 东莞中把　原产广东东莞，珠江三角洲主栽品种。茎高 2~2.8m，茎周 50~60cm，每穗 8~10 梳，每梳果指数 23 条，果指长 18~20cm，果形稍弯，株产 15~30kg。品质中上，抗风力中上，抗病性和适应性较强，适于各蕉区栽培。

6. 广东香蕉 1 号　即 741，广东省农业科学院果树研究所选自高州矮香蕉的自然变异。茎高 1.8~2.4m，茎周 55~60cm，每穗 10~11 梳，每梳果指数 18 条，果指长 17~20cm，株产 15~30kg。果形稍弯，品质中上。抗风力较强，适合广泛蕉区栽培。

7. 威廉斯（Williams）　1912 年在澳大利亚新南威尔士州选出，几十年来一直是澳大利亚主栽品种。茎高 2.3~2.9m，茎周 50~60cm，每穗 8~11 梳，每梳果指数 22 条，果指长 18~22cm，果形较直而长，梳形整齐美观。香味浓郁，品质优。株产 16~30kg。抗风力与抗病性中等，适合各蕉区栽培。

8. 巴西蕉　1990 年从澳大利亚引入，为我国目前最主要的栽培品种。茎高约 3m，茎周 80cm，每穗 8~11 梳，每梳果指数 24 条，果指长 20~25cm，果指直，商品性好，受到收购商和蕉农欢迎。

9. 矮脚顿地雷　原产广东高州。假茎粗壮，高 2.3~2.5m，茎周约 60cm。叶片长大，叶柄较短。果穗长度中等，果梳数较多，梳距密，果指大，品质优。抽蕾较早，一般株产 15~20kg，高产株可达 50kg。抗风、抗寒力较强，遭霜冻后恢复较快。

10. 齐尾　原产广东高州，又称中脚顿地雷。高大，假茎高约 3.0m，茎周约 65cm，下粗上细明显。叶窄长，较直立向上伸展，叶柄长，密集成束，尤其在抽蕾前后叶丛生成束。果穗和果指比高脚顿地雷稍短，果梳数较少，但果指数较多。不耐瘦瘠，抗风、抗寒、抗病力均较弱。果实品质中上。

11. 河口中把蕉　1958 年引自越南，曾为云南主栽品种。茎高 2.3~2.5m，茎周 70~75cm。每梳果指数 18，果指长 19cm，稍弯。一般株产 20~25kg，最高 39kg。果肉柔滑、香甜，品质优。

12. 天宝蕉　原产福建，又称矮脚蕉、天宝矮蕉、本地蕉、度蕉。茎高 1.5~1.8m，茎周 50~60cm，叶片长椭圆形，叶片基部卵圆形，先端钝平，叶柄粗短。花苞表面紫红色杂有橙色斑纹，内部橙红色。花柱、花丝宿存。每穗 8~10 梳，每梳果指数 18~20，果指长 15~20cm，果指短小，弯月形，果皮薄，果肉浅黄白色，肉质柔软、味甜，香味浓，品质佳。产量较低，株产 10~20kg。抗风力强，抗寒及抗病性较差。从中选出的高种天宝蕉（又称天宝高脚蕉），假茎高 2.0~2.2m，叶片较宽大，叶柄较长，对环境适应性强，产量较高。

13. 赤龙高身矮蕉　原产海南。茎高 1.6~2m，茎周 55~60cm，每穗 7~9 梳，每梳果指数 18~20，果指长 16~20cm，株产 13~22kg。抗风力较强，抗病性和耐寒力较弱。

14. 红河矮蕉　云南红河州地方品种。茎高 1.9m，茎周 60~65cm，叶柄短、较直立，叶鞘排列紧凑。每梳果指数 25，果指长 18cm，株产约 20kg，高可达 35kg。品质优。

15. 那龙香蕉　原产广西南宁市西乡塘区那龙镇。假茎高约 2.0m，茎周约 70cm。叶大、质厚，叶距密，叶柄短。假茎色泽紫红带绿，有褐斑。果穗长，产量较高，丰产单株可达 50kg。以正造蕉产量和品质较好。抗风力较强，但抗寒力较弱。

矮蕉中还有广东高州矮、阳江矮、广西浦北矮、海南文昌矮等，栽培和商品性状相似，唯适应能力有一定差异。

二、大蕉类型

　　大蕉类型均属 ABB 基因组。植株较高大健壮，假茎表面青绿色；叶柄沟边缘闭合或内卷，无叶翼；叶片宽大，叶片基部对称或略不对称耳状，先端较尖，叶下表面和叶鞘微披白色蜡粉或无。果柄及果指直而粗短，4 或 5 棱明显，果顶瓶颈状；果皮厚而韧、耐贮藏，成熟后皮色淡黄，外果皮与中果皮易分离；果肉 3 室不易分离，肉质软滑，杏黄色或带粉红色，味甜或带微酸，无香气，偶有种子，品质中。大蕉是蕉类中最耐寒的类型，抗风力强，抗叶斑病和枯萎病，适应性好，栽培纬度超过北纬 30°。吸芽青绿色。

　　1. 大蕉　又名鼓槌蕉（广东）、月蕉（广东潮州、汕头）、牛角蕉（广西、海南）、柴蕉（福建）、板蕉、芭蕉（四川）、酸芭蕉、饭蕉（云南、广西）。按假茎高度可分为高把大蕉、矮把大蕉，以矮型产量较高。珠江三角洲等地的大蕉类型较多，如顺德中把、东莞高把、东莞矮把、新会畦头大蕉。假茎高一般为 3.0～4.0m，茎周 65cm 以上。株产 15～20kg。吸芽较多，丛生。

　　2. 灰蕉　又称牛奶蕉、粉大蕉。植株强壮高大，假茎高 3.2～3.4m，叶柄细长，黄蜡色；嫩叶及幼苗叶片主脉背面带淡红色，幼苗假茎、叶柄、叶背表面被白色蜡粉。果形直，棱角明显，皮厚被白色蜡粉；果肉乳白色、柔软，故名牛奶蕉，微甜有香气。分布于广东新会、中山、广州郊区等地。

三、粉蕉类型

　　粉蕉属 ABB 基因组，与东南亚的 Pisang Awak 同类。广泛分布于华南地区，包括广东的粉蕉，广西、海南的蛋蕉或糯米蕉，广西及云南的西贡蕉等。共同特点是：植株高大，一般超过 3.5m，假茎粗壮，淡黄绿色或带紫红色晕斑；叶片狭长而薄，先端稍尖，基部两侧不对称楔形，叶柄狭长，一般闭合，无叶翼，叶柄和叶基部的边缘有红色条纹，叶黄绿色，叶背和叶鞘具丰富蜡粉，叶背中脉黄色或紫红色；果梳密或稀，果柄、果指细短，果指微弯，棱不明显，基部粗，顶部略细；果实软熟后皮薄，浅黄色，肉乳白色，肉质细腻，味甜微香；子房 3 室不易分离；适应性较强，生长壮旺，对肥水要求不高，株产 10～20kg；抗叶斑病，抗寒力比香蕉强，抗风力和土壤适应性比大蕉弱，粉蕉成片栽培时易感染束顶病和枯萎病（对生理小种 1 和 4 均易感病）。

四、龙牙蕉及其他优稀类型

　　龙牙蕉及其他优稀类型在基因组群上多属于 AA、AAB 及四倍体蕉，有的属 ABB 组群。

　　1. 龙牙蕉　又称过山香（广东中山）、美蕉（福建），属 AAB 组群。茎高 2.5～3.5m，茎周 50～55cm。整株黄绿色，被蜡粉。叶狭长，基部两侧呈不对称楔形，叶柄沟边缘的翼叶及叶片基部边沿为紫红色。花苞表面紫红色，被白色蜡粉。每穗 6～8 梳，每梳果指数 19，果指长 9～14cm，果实生长前期常呈扭曲状，充分长成后果指饱满近圆形、略弯，软熟后皮薄、鲜黄色；果肉乳黄色，肉质细腻，略带香气，品质优。株产 10～20kg。较耐花叶心腐病和叶斑病,但易感染枯萎病,果实黄熟后容易开裂。

2. 贡蕉 引自马来西亚,即 Pisang Mas,属 AA 组群。我国零星栽种,又名米蕉。株高 2.3m 以上,茎周 50cm,叶柄基部有分散的褐色斑块。每穗 4~5 梳,每梳果指数 17,果指短小而直,圆形无棱,长约 10cm。成熟果皮金黄色,果肉黄色,芳香细腻,品质优异。成片栽培时容易感染枯萎病。

3. 米指蕉 又称小米蕉或夫人指蕉。云南河口零星栽种。茎高 3.5~4m,茎周 75cm,果穗斜生,每穗 6 梳,每梳果指数 19,果指直而短小,长约 9cm,穗重 5~9kg。果肉黄色,肉质细滑,味酸甜,芳香,品质优。

4. 草果蕉 原产云南元阳。茎叶深绿色,叶片直立,茎高 2~2.5m,茎周 50cm。果穗近水平着生,每穗 5~6 梳,每梳果指数 20,果指微弯,排列紧密,长约 7cm。每穗果重 8~10kg,收果期以 6~10 月为主。成熟果皮黄色,果肉象牙白色,味香甜,品质优。果皮可食用。

5. 鸡蕉 茎高 2.5m,上细下粗。每穗 6 梳,中梳果指数 14,蕉指短粗,长约 6cm,穗重 5~8kg。成熟果皮黄色,肉细腻香甜,品质优异。广西那坡县少量栽种,可推广。

6. 金手指蕉(Gold Fingers,FIHA01) 为洪都拉斯用夫人指蕉(Lady Fingers)与香牙蕉(Cavendish)杂交育成的四倍体蕉,植株大小及果实香气介于二亲本之间。抗叶斑病、枯萎病(生理小种 1 和 4)、穿孔线虫病等多种病害,抗寒性强,为中美洲部分国家的主栽品种。适于冷凉地区,在华南地区已试种成功,其果肉味甜带微酸。

第三节 生物学特性

香蕉为多年生常绿性大型草本植物(图 7-4),其高度因品种及栽培环境条件而不同,一般 1.5~6m 不等。香蕉具有多年生的地下茎,无主根。地下茎是一个粗大的球茎,其上着生一层层紧裹的叶鞘而形成地上部的假茎(pseudostem),假茎上部着生叶片。新叶由假茎中心抽出后在顶部展开。在植株生长的后期才形成真茎(truestem),即当花芽分化形成花序时,由地下茎的顶端分生组织向上伸长而成,在真茎顶端为顶生花序。在结果一次后地上部便枯萎,由地下茎抽生吸芽(sucker)来延续后代。

一、生长发育特性及结果特性

(一)根和球茎

香蕉的根系(图 7-5)为地下球茎抽生的细长肉质不定根,常为 2~4 条一组并生。球茎的上部长出的根较多,在 10~30cm 深的土层中,水平根伸展宽度达 1~3m,常超过叶展的宽度。从球茎底部抽出的根不多,分布深度可超过 1.0~1.5m。香蕉新根白色,每株根数 200~1 000 条。在瘠薄土壤中约 50%的根分布在 20cm 土层内,在排灌良好和疏松的土壤中则主要在 50cm 土层内。香蕉抽蕾后不再发新根。根的皮层有根瘤菌侵入,但对

图 7-4 香蕉的植株

根吸收功能的影响尚不明。在广州郊区 11 月下旬根停止生长,进入相对休眠状态。

香蕉的地下茎是芽眼及吸芽着生的地方和养分的贮存中心。地上部生长旺盛期也是地下部生长快速时期。香蕉新茎一般从靠近母株的地面直立长出,形成密集丛状。但象腿蕉一般不从球茎上分生新植株,*Musa itinerans*(Eumusa)的地下茎在距母株约 50cm 外长出地面,故成年株不表现丛生性。

香牙蕉每个叶腋内有 1 个芽,但只有少数能发育成苗。距离母株最远处的芽生长最快。球茎中部或中上部的芽眼较多,一般是下部芽先生长,这些芽称为吸芽。吸芽先水平生长,后向上生长,并逐渐变圆锥形。吸芽在形成自己的球茎和根系前靠母株球茎提供营养。

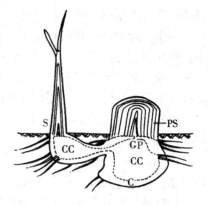

图 7-5 香蕉的球茎、假茎与吸芽
S. 吸芽 CC. 中心柱 C. 皮层
GP. 生长点及形成层 PS. 假茎

球茎内有中央柱和皮层两个分化区域。球茎的基本组织为淀粉质薄壁组织,纵切面呈倒圆锥形,先端略呈圆丘形,新叶原基从近中央部位的生长点(顶端分生组织)分化发育而成。生长点下方约 3cm 处为形成层。生长点向上分化成叶和气生茎,向下分化成球茎。

(二)假茎、茎及叶

处于开花结果期的香蕉植株的茎实际上由两部分构成,即外部的叶鞘和内部的茎。外部覆瓦状紧密排列的叶鞘布满了维管束和束状厚角组织,功能类似于木本植物的主干,起着支持和输导作用,称为假茎。地下茎的顶端分生组织的生长点在植株形成花芽后迅速向上生长,其上着生叶片及顶生花序,即香蕉的地上茎。地上茎的组织与球茎一样,以白色的薄壁细胞为基础,也分为中心柱和皮层两部分,但皮层厚度大为减小,且只有叶迹维管束与根、叶、果的输导系统相联系。真正的地上茎结构柔软,其功能只是连接根、叶及果等器官,果穗完全依靠周围叶鞘来支撑。

在营养生长阶段,顶端分生组织呈扁平状,无分化,之后从原体的 1~2 层原套细胞分化成叶原基。叶的排列为螺旋式互生,叶序随年龄而变化,幼年吸芽为 1/3,之后为 2/5、3/7,成年时为 4/9,与叶片连续着生的角度变化(120°~160°)相对应。叶鞘先端逐渐收缩为叶柄,假茎的横断面和叶片中脉为浅槽形,雨水沿槽下渗以滋润上升中的新叶和花序。

吸芽初期长出的叶片为鳞片状,具有较狭小的鞘叶,无叶身,随后抽出仅有狭窄叶身的小剑形叶,再后逐渐长出正常大叶,花序分化时叶身最大。随后逐渐变小,着生在花轴上的最后一片叶最短,并直生。花芽分化后,叶片、叶柄变短而密集排列于假茎顶部,广东蕉农称为"把头"。香蕉叶片数在花发端时已定数。

香蕉的叶片长而宽,刚抽生时卷成圆筒形,当整张叶片都抽出后,叶身自上而下张开。叶片有粗厚的中脉和两侧羽状排列的侧脉。主脉两边叶片可随气候条件的改变而张开或略摺合,以调节叶背气孔的蒸腾量。

香蕉叶片中脉的结构与叶柄基本相同。在两边与中脉相连处有 2 条浅色线,称叶枕带(pulvinar band)。叶片先端一般呈钝形、尖形或圆形,依年龄和类型而异。基部呈耳状(auriculate)或楔形。香蕉叶片侧脉很多,但抵抗横向撕裂的能力很低;叶片撕裂后,合缝维管束与一些基本组织受到破坏,但主脉与叶缘之间的维管联系则保持完好。在易遭风害地区,香蕉叶常破裂,撕裂的叶片伤口因迅速木栓化而防止水分过度损失。观察发现,被风撕裂的叶片对产量的影响一般不大。

香蕉叶片的大小和形状在伸出前已确定。夏季展叶需 4d，冬季则需 14d 以上。叶片一个昼夜伸长量可达 3~7cm，最大 20cm。夜间伸展速率为白天的 2~5 倍。随着新叶生长，下部老叶逐渐枯萎，接近死亡的叶片叶柄下垂呈悬挂状。若死叶仍保持直立则植株可能生理失调或患其他病害。叶死后叶鞘尚可存活一段时间，最后腐烂干枯。

亚热带地区蕉叶寿命为 71~281d，一般 130~180d（Summerville，1944）；热带地区为 150d，后期抽生的叶片寿命短于 100d（Stover，1979）。若抽蕾时有 12~16 片叶，其中 8~9 片可维持 80~120d，直至采收。香蕉一生可生成宽度大于 10cm 的叶 28~41 片。从叶片数可预测花分化时间。Grand Nain 在产生 26~31 片叶之后花始分化（Stover，1979）。

根据叶片特征，香蕉植株发育可划分为 4 个时期（表 7-3）。

表 7-3 香蕉发育时期与叶片产生的关系
(Stover，1979)

香蕉发育时期	叶片产生情况
Ⅰ．幼年期（10~14 叶期之前）	10~12cm 高的幼吸芽发育成高 70cm 具 10~14 片叶的剑叶芽。带状叶片很小或无，生长缓慢
Ⅱ．花前成年期（营养生长期，11~25 叶期之前）	从 11~15 叶到 25 叶期（抽生 12~15 叶）。叶片扩展速度加快，叶片宽度和面积迅速增加
Ⅲ．花芽开始分化期（26~31 叶期）	叶片抽生速度暂时下降，出现花发端
Ⅳ．成花后期（27~43 叶期）	花分化、花序轴迅速伸长，开始抽蕾

香蕉叶片下表面气孔数是上表面的 3~5 倍，叶中部和叶尖的气孔数比叶基部的少。气孔在黎明时打开，中午前达最大，18:00 开始关闭，20:00 完全关闭（Chen，1971）。阴天气孔开度只有晴天的一半，雨天开度更小。土壤田间持水量最大时气孔开度也最大，土壤湿度降至萎蔫点时开度降低。

（三）吸芽

依吸芽的性状和来源分为剑芽（sword sucker）和大叶芽（water sucker）（图 7-6）。剑芽可选留作继代母株，也可用作种苗。剑芽因抽生时期不同又可分为"红笋"和缕衣芽，现分述如下：

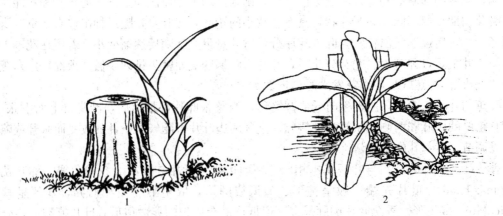

图 7-6 香蕉的吸芽
1. 剑芽　2. 大叶芽

1. "红笋" 初春天气回暖后才长出地面的吸芽。这种吸芽基部粗壮，上部尖细，叶细小，因其色泽嫩红而得名。一般在苗高 40cm 以上才移植。

2. 缕衣芽 叶片狭窄、细小，因其叶片在上一年抽出，越冬而枯萎，但仍挂在假茎上而得名。缕衣芽生长后期气温较低，地上部生长慢，地下部的养分积累较多，形成下大上小的形状，根系多。适合用作种苗。

3. 大叶芽 大叶芽是指接近地面的芽眼或在生长弱的母株上或从地上部已经死亡的母株上长出的吸芽。由于摆脱了母株的抑制作用，吸芽叶片可迅速扩展，故名大叶芽。但因与母株的联系差，大叶芽的假茎较纤细，地下球茎较小，极少用作种苗。

（四）花序的分化、发育与开花

香蕉周年可开花，因种植时间不同，开花时间亦不一样。香蕉花芽分化似不受日照时数或温度影响。在一定叶数范围内，一般叶面积达到最大时进行花芽分化。植株生长快，花芽分化早。例如，珠江三角洲的高型香蕉在抽出 20~24 片大叶时分化花芽，抽生 28~36 片大叶可开花。如把小叶计算在内，从吸芽到开花要抽生 35~55 片叶。气温高，养分、水分充足，可提早花芽分化。管理水平差异可造成同一品种开花期和收果期相差 2~3 个月。

花序开始分化时球茎生长点迅速伸长，同时苞片开始形成（图 7-7）。约经 1 个月，花轴长到假茎的顶端。在花序伸出前的 1 个月左右，是果实梳数和每梳果指数的决定期。

香蕉的花序（inflorescence）是分节排列的（nodal cluster）无限佛焰花序。苞片与着生花的节相间排列。小花通常双列着生（一些野生蕉为单列），每节有小花 12~20 枚。花序基部 5~15 节为雌花，顶部节为雄花，有的在中部着生几节两性花[中性花（neuter）]，数目因品种而异。基部雌花发育成果穗（fruit bunch），每一节称为一梳（hand），每一个果实称为一个果指（finger）。雄花节数多达 150 节以上，长梗蕉的雄花甚至多达 350 节。若不截断雄花花蕾，花序轴不断生长，雄花可连续开放至采收。

香蕉的花单性，黄白色，子房下位，3 室，横断面上可见退化胚珠 2 个或 4 个。各种花都具有 1 个合生花被（compoundtepal，先端具 3 个大裂片和 2 个小裂片）、1 个离生花被（freetepal）、5 枚雄蕊或退化雄蕊、1 个子房和柱头。各种花的最大差别在于子房的长短和雄蕊的长短。雌花的子房占全花长度的 2/3，雄花的子房则只有全花长度的 1/3，中性花子房长度占全花的 1/2（图 7-8）。花分化前的营养条件影响雌花的数量和质量。

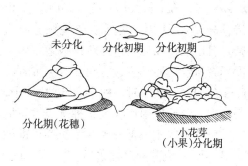

图 7-7 香蕉的花芽分化
（江口，1972）

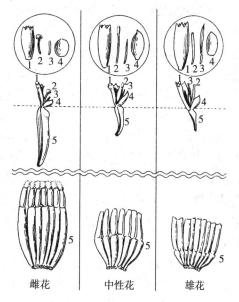

图 7-8 香蕉的 3 种类型花
1. 合生花被 2. 柱头 3. 雄蕊
4. 离生花被 5. 子房

雄花在败育子房基部形成离层并凋落；而雌花子房基部不形成离层而不脱落，仅花冠、花柱和退化雄蕊脱落；中性花的数量和离层发育程度在不同品种间差异颇大。子房顶部和花冠基部有蜜盘，常由蝙蝠、鸟和昆虫传粉。食用蕉的花粉多不发育。

成熟果轴的形状取决于向地性反应和果指重量两个因子。南蕉组（Australimusa）的食用蕉和指天蕉的花序和果穗均具负向地性，果穗直立朝天；真蕉组（Eumusa）中部分食用蕉如小米蕉、龙牙蕉、贡蕉等，其果穗因果轴粗壮、果指短小而呈水平生长，雄花轴则垂直朝下生长。有些类型的雌花轴部分呈向地性生长，雄花轴部分呈负向地性生长。

植株生长6～10个月之后开始形成花序，因品种、种苗大小、气候和管理水平等条件而异。当花序开始分化时，球茎生长点迅速伸长，苞片开始形成。花序伸出假茎顶端的过程称为抽蕾。香蕉植株在生长的前3～6个月对营养不足特别敏感，栽培上需施足肥。

（五）果实的生长发育

野生蕉需经授粉果实才发育，并产生种皮坚硬的黑色种子。食用蕉属营养单性结实（vegetative parthenocarpy），果肉包含果皮内层和膨大的隔膜与胎座。香蕉心室表面的细胞持续分裂2～4周，之后主要是细胞膨大生长。香蕉果实的无子性（seedlessness）原因复杂，且因品种而异，包括雌性败育基因、三倍体及染色体结构改变等，主要因遗传上雌性高度不育所致，而不育性也可由于三倍体和缺乏花粉所致，偶尔经授粉后可获少量种子，如 GrosMichel，最多时一穗果有60粒种子。粉蕉虽然遗传不育性较高，不经授粉产生无子果实，但一经授粉便产生大量种子以致不堪食用。

香蕉果实生长可分为3个时期，即细胞分裂期（至抽蕾后4周）、细胞膨大期（抽蕾后4～12周）、成熟期（抽蕾后12～15周）（Ram 等，1962）。果实为单S生长型。前期果皮生长快，抽蕾前后主要是果皮生长；后期果肉生长快，果指转为朝上生长时果肉才发育。抽蕾后的4～6周内，用细胞分裂素或赤霉素可以调控细胞分裂速度（Steward & Simmonds，1954）。

不同类型香蕉果皮、果肉颜色有明显差异。野生蕉果皮不能转为均匀黄色；成熟的香牙蕉果皮可转为鲜艳黄色，果肉呈黄色或白色；红香蕉（Red and Green，属AAA组群）发育中的果皮显现不同程度的红色，熟后果皮橙黄色；大蕉果皮黄色，果肉为橙黄色或橙红色。一些蕉类如粉蕉、龙牙蕉、贡蕉果皮很薄，后熟后容易开裂。

未软熟的香蕉富含淀粉和鞣质，软熟后淀粉转化为糖，鞣质则分解。在热带香蕉成熟需80d（高温季节）至120d（冷凉季节），而大蕉和粉蕉需180d。广东产区从现蕾到断蕾，夏秋季需15～17d，断蕾后80d可采收；冬春季要20多天才断蕾，再经130～160d采收。高温季节的果实生长快速，果形正常，色泽好；低温季节的果实则往往果穗小，果指短，果色暗淡。采收前9个月（相当于抽蕾前6个月）的月均温对果梳重量有强烈影响，随着月均温升高，果梳重量增加。同一株连续各代之间果穗重量，以第一代较低，第三代最高。香蕉的果实产量与生物量之间的比率即产量潜力因品种而异，香牙蕉为33%，比蓝田蕉（Gros Michel，10%～14%）高1倍。

疏果、套袋、断蕾等措施影响果穗性状。清除果顶的残留萼片或顶部1～2梳果可增大果指，提早3～6d采收。冬季套袋可增产5%～10%（热带地区）甚至25%（亚热带地区）(Cann，1965)，并使果面免受擦伤。

香蕉假茎的周长、高度和第6片叶的面积与果梳数正相关（表7-4）。第一造蕉倒数第3～5片叶、第一代宿根苗的第6～9片叶、第二代宿根苗的第5～7片叶与果数关系密切

(Turner, 1980)。决定果穗的大小有两个关键时期：一是花芽分化时期，二是雌花分化完成时期。

表 7-4 果梳数与抽蕾时植株大小（株高、假茎周长和第 6 片叶的面积）**的线性关系**
(Stover and Simmonds, 1987)

测定的相关	相关方程	R^2
叶面积与果梳数	$Y=0.937+3.988X$	0.64
株高与果梳数	$Y=-4.156+0.037X$	0.71
假茎周长与果梳数	$Y=-0.482+0.146X$	0.71
叶面积与株高	$Y=152.694+102.356X$	0.79
叶面积与假茎周长	$Y=14.590+25.007X$	0.76

（六）香蕉的商品品质标准

评价果穗形状、大小，可测量第一梳果和最后一梳果的长度（L）、直径（D_1、D_2），统计果梳数，计算果穗的圆锥度（conicalness）：$(D_1-D_2)/L$。

果指长度和粗度是最重要的商品指标，其次是梳数、果穗重、每穗果中一级果数、果皮病虫斑与采后处理伤害斑。多数市场要求标明各类包装的最低果指长度和直径。

香蕉果指粗度指第三梳果外层中间果指最宽处的直径，一般要求在 33～38mm。果指长度指从果顶沿曲面外缘到果柄基部的长度。一级包装的果指最低长度为 19～20cm。各消费市场对包装的要求不一，欧洲市场接受的最大果指粗度是 35.7mm，最小果指粗度是 32mm 左右，中等大小的果指（15～20cm）分切成 4～5 个果指后用纸箱包装；日本则要求整梳包装而不需分切，每梳果最大 4.5～4.8kg，最小 1.8～2.0kg（依季节而定）；我国北方市场也要求整梳包装。

香蕉品质评估标准可归入 5 类：①果实缺陷；②最小果指长度；③最小与最大果指粗度；④果梳大小与排列；⑤每箱果的净重。果实缺陷最普遍和严重的是疤痕和擦伤。表 7-5 是法国市场香蕉的主要品质标准。

表 7-5 法国市场香蕉 3 个级别的主要品质指标
(Stover and Simmonds, 1987)

指标	品质标签		
	特级 红色标签	一级 绿色标签	二级 黄色标签
品质要求	品质优异，无任何缺陷，无畸形或过度弯曲，果指、冠部及果轴无任何缺陷	品质良好，轻微缺陷，但不影响总体外观和一致性	品质与一级果等同，唯果指较短、粗度稍细
最小果指长度（cm）	17	16	15
不同长度果指的粗度要求（mm）	17～20cm：34 ＞20cm：35	16～20cm：32 ＞20cm：34	15～17cm：30 ＞17cm：32
品质容忍度	允许含 5% 一级果	允许含 10% 二级果	10% 二级以外果
果指粗度容忍度	允许含 5% 一级果	允许含 10% 二级果	10% 二级以外果

注：长度为每梳果内层最长果指外曲面的长度。果指粗度为每梳果外层中部果最粗处的直径。任何一梳不允许有长度小于 13cm 的果指。

二、对环境条件的要求

香蕉生长的适宜条件是：平均气温27℃，月降水量100mm，无荫蔽，少风，土层深厚肥沃，排水良好，pH 5.5~7.0。因此，香蕉大规模种植区在纬度20°以内的热带地区，纬度20°~30°的亚热带地区也有商业栽培。热带气候产区主要是美洲的墨西哥南部、美洲中部、南美洲南纬20°以北的加勒比海岛屿，非洲的西非、中非、东非湿润热带地区，亚洲北纬20°以南地区。各月平均最低温在17℃以上，香蕉多栽培在海拔500m以下的地区。亚热带气候产区指南北纬20°~30°之间的香蕉产区，主要有中国南部、澳大利亚昆士兰南部、新南威尔士州、南非、古巴、巴西南部等。超过北纬30°仍栽种香蕉的地区有以色列、约旦、埃及等。亚热带产区的气候特点是一年有3~5个月月平均温低于17℃，甚至低于14℃，如以色列海发（Haifa）和澳大利亚昆士兰南部，多数月份需要灌溉，部分地区有些年份还可能有霜冻。亚热带地区大的昼夜温差有利于香蕉光合产物积累，因而甜度更高，香气更浓。

（一）温度

香蕉生长的温度范围为15.5~35℃，最适温度为24~32℃。绝对最高温度不宜超过40.5℃。温度对香蕉生长速度的影响表现在每片叶子抽生所需要的时间、从抽蕾到果实成熟的时间、抽蕾和收果的株数、相邻两造抽蕾的间隔期等方面差异很大。据西双版纳热带植物园观察，西贡蕉在月均温25~26℃时5~6d可抽生1片叶，在20℃以下则需要10d以上，尤其12月至翌年1月，生长1片新叶需25~30d。在华南地区，一般4~10月为香蕉生长期，以6~8月生长最快，12月至翌年1月生长最慢。在热带海拔低于500m的地区，香蕉从抽蕾到采收需要70~125d，而亚热带地区多数需要110~250d。生长期低于20℃的温度延缓生长和果实发育。果实发育期随海拔上升而延长，主要是因为积温不足。在低纬度地区，宿根蕉每年可以收获1.5~1.6造，即2年可收3造，而在高纬度地区，造数减少。

香蕉不同部位其生长最适温度也不同，如叶片生长适温为26~28℃（Ganry，1980），果实生长适温为29~30℃。昼/夜温为33℃/26℃时，香蕉叶面积最大（Turner和Lahav，1983）。在热带地区，香蕉（Cavendish）在16℃时叶片停止生长（Aubert，1971），果实在11℃出现冷害。

香蕉同一地区不同植株间、同一种植位连续两代间，从前一造抽蕾到后一造抽蕾的时间相差94d，这种差异与果实发育期间的温度有关。从抽蕾到果实成熟的时间，平均相差42d。果实在4~6月只需75~115d即可成熟，而在11月至翌年1月则需100~145d。

香蕉怕低温，忌霜冻。在10~12℃的低温下，果实生长缓慢，果指瘦小，品质差。温度降至2.5℃如持续几天并伴随降雨，将导致香蕉植株冷害，假茎中心腐烂而死亡。低温持续时间较短，即使叶片死亡，在天气转暖后地下部仍可再生。

在0℃下10~15min香蕉叶片发生不可逆伤害。气温低于16℃果穗不能正常抽出或产生畸形果。干燥天气33℃以上的气温会引起果穗果柄变细，果指变小，果皮组织变色；38~42℃可引起叶肉组织坏死和叶片干枯。

不同生长阶段香蕉各器官受冷害的程度不同。5~7成饱满度的果实遇5℃的低温会引起果皮乳汁凝结、乳汁导管变色，软熟后的果实呈暗黄色，严重时呈灰色。幼果在表皮组织受伤害后不能生长到正常大小；经过霜冻的香蕉果实不能催熟。轻霜对叶片的危害较果实重，果实比叶更易受寒风冷雨的伤害。幼小植株因受母株遮挡保护，霜冻时受害较轻，尤其叶片未展开的吸芽。成长的植株在抽蕾前后最容易受害。在冬春季有低温危害的地区要选择适当的留芽期，保证霜冻后有一定数量未抽出的叶，恢复生长后能保持假茎健壮和有 10 片以上的大叶。香蕉耐寒性比大蕉、粉蕉弱，在年均温较低、霜害较重的地区和北部地区以栽种粉蕉或大蕉为宜。

（二）水分

香蕉需水量较大，一般要求每月降水量 100mm 以上。华南地区降水不均匀，高温常伴随多雨，低温则伴随干旱。温暖湿润、肥料充足时，香蕉每月可长 4～5 片叶，以 5～8 月叶片生长最快。低温干旱期 2～3 周才长 1 片叶。蕉叶迅速生长期是植株生长最旺盛时期，也是需水最多的时期。在高温季节足够的养分和水分供应，可促进香蕉叶片扩展和植株生长，提早抽蕾和提高产量。长期干旱导致香蕉植株生长缓慢，叶片变黄凋萎下垂，假茎萎缩；在花芽分化期，则果梳数和果指数减少，果指变短。相对而言，AAB 类型比 AAA 类型较为耐旱，ABB 类型最耐旱。

（三）光照

花芽形成期、开花期和果实成熟期以日照时数多并有阵雨天气为适宜。在温度高和光照充足的条件下，果实发育速度快，果指粗而长。荫蔽和强光对香蕉生长结果都不利。波多黎各的 Lacatan 品种在全光照下，种植后 16～17 个月 68% 的植株可收果；而在 5% 遮阴条件下，只有 38% 的植株可收果，果实发育期明显延长。

大部分商业蕉园在晴天午前透射到地面的光合有效辐射（photosynthetically active radiation，PAR）为 14%～18%（Stover，1984）。所以蕉园过于密植，或低温阴雨天气下，PAR<10%，会导致生长停滞，果实难以达到商品标准。但是，光照过强往往使蕉园边缘植株上部 1～2 梳蕉指灼伤。

（四）风和冰雹

季节风和海风有调节气温的作用，对沿海地区的香蕉生长是有利的。但香蕉叶大、干高、根浅，容易被台风或强风吹倒。高型香蕉在风速超过 40km/h、矮型香蕉在风速超过 70km/h 时就使植株折断或倒伏。沿海地区台风常造成香蕉生产严重损失。

（五）土壤

香蕉对土壤的选择不严格，在平原或山地的各种土壤上都能生长。但商业栽培的蕉园，宜选择黏壤土或沙壤土，以冲积壤土和腐殖质壤土最适宜，而黏土和沙土皆不适宜。我国的香蕉高产区多数位于河流两岸的冲积壤土上，如广东珠江三角洲地区、广西南宁、云南红河沿岸等地。土层厚度小于 30cm 的瘠薄土壤上不宜栽种香蕉，瘦瘠土壤必须先用大量有机质肥料或植物枝叶、塘泥等改良后才能栽种香蕉。

香蕉园地要求地下水位 1m 以下，且排水良好、灌水方便。在地下水位高的土壤上，蕉园容易受淹。香蕉适宜的土壤 pH 为 4.5～7.5，以 pH 6.0 最适宜。在 pH 5.5 以下的酸性土壤上，镰刀菌繁殖迅速，容易导致粉蕉和香蕉枯萎病。

山区栽种香蕉，应选择 15°以下的缓坡地，以南向或东南向坡地最好。云南南部海拔高，香蕉一般栽于海拔 300m 以下地区，粉蕉和大蕉分布海拔可达 1 200m。种植地点影响香蕉品质。在开阔、通风、地下水位低的沙壤土种植的香蕉，果指长，果肉质地结实，果皮较薄，色泽鲜绿有光泽，味香、浓甜，水分含量较少，耐贮运。

蕉园的经济栽培年限因园地条件、栽培方法、品种等而异。中美洲蕉园的栽培年限为 7～8 年。我国过去可达数十年，近年采用组织培养苗，为集中产期及避开低温与台风危害，提高生产效率,多数香蕉园栽种一次收获1~3造,然后全部更新栽种。

第四节 栽培技术

一、育 苗

香蕉可用吸芽苗、块茎苗和组织培养苗作种苗,但目前生产上几乎全部采用组织培养苗。

1. 吸芽苗 吸芽苗应选择球茎粗大充实、幼叶展幅狭小的剑芽,或由剑芽长成的高1.2~1.5m、根多、幼叶未展开的健壮吸芽苗,不宜采用假茎细弱、远离母株、叶片早展开的大叶芽。春植可选褛衣芽(过冬笋芽),夏秋植可选2~5月长出的"春笋"("红笋")、"夏笋"或从已采收的蕉头抽出的健壮大叶芽。种苗应从品种纯正、无病虫的蕉园选取。若在线虫疫区取苗,必须经过消毒,即吸芽苗挖出后剪除根系,然后在53~55℃的温水中浸泡20min。褛衣芽根系较多,定植后先长根后出叶,生长迅速,结果早。"春笋"定植后先出叶后长根,只要季节合适,均容易成活。吸芽苗在种植第一造就可获得较高产量。缺点是容易带病原菌,植株间一致性较差。

2. 块茎苗 株龄6个月以内、距离地面15cm处茎粗15cm以上的吸芽,均可取块茎作种苗。取苗时将假茎留10~15cm高切断,挖起块茎即可。块茎苗的优点是运输方便、成活率高、生长结果整齐、植株矮、较抗风。但高温多雨季节块茎切口易腐烂,应少伤害母株,必要时对块茎进行消毒。切块时间最好在11月至翌年1月。方法是:将地下茎挖出后,切成120g以上的小块,大的地下茎可切成8块,小的切成2块,每块留1粗壮芽眼,切口涂草木灰防腐。按株行距15cm,把切块平放于畦上,芽朝上,再盖一薄层土、覆草、长根、出芽后施肥。到5~6月苗高40~50cm可移植。块茎的第一代苗的产量稍低于吸芽苗。我国少用块茎苗。

3. 组织培养苗 以特定营养成分的无菌培养基,从香蕉芽的顶端分生组织诱导不定芽,经过多次继代培养增殖和诱导生根,成为试管苗。试管苗转移到温室苗床上,经过2~3个月培育,株高15cm、12片叶时即可作种苗。生产组培苗前,香蕉外植体可经脱毒处理并经病毒检测,培育无病无毒苗。组培苗的优点是运输方便、成活率高、生长发育期一致、采收期集中等,缺点是初期纤弱、易感病虫害,需特别保护。我国香蕉试管苗年生产规模超过1亿株,香蕉试管苗在主产区的普及率达到90%以上。

对组织培养苗的要求是:长势健壮,高度和叶片数整齐一致,根系新鲜无褐化,无矮化、徒长、花叶、黄化、畸形等变异,无病虫害。

新植苗的发育状况介于大叶芽与剑芽宿根苗之间。长新根前,新植苗从球茎吸取养料。不过,第一代吸芽不受母株控制,其营养生长期(从定植到抽蕾)比宿根剑芽短约20%,果穗小20%~40%(表7-6)。显然,较长的营养生长期有利于形成强壮的根系和球茎。

表7-6 新植蕉与头造宿根蕉性状比较(品种:Valery)

(Stover and Simmonds, 1987)

	果穗重量(kg)	梳数	从定植到抽蕾天数(d)	从抽蕾到收获天数(d)
新植蕉	26	8.7	224	113
头造宿根蕉	43	11.1	234	100

二、建园和定植

(一) 选址和整地

1. 蕉园选址 蕉园选址的标准是：地势平缓，无周期性低温危害，无风害，灌排水良好的肥沃沙壤土。华南大部分香蕉种植区海拔低于300m，台湾和海南岛海拔低于500m；粉蕉和大蕉种植区海拔低于1 000m。海南全境、广东雷州半岛与茂名市部分地区、广西南部与西南部、云南南部等都是冬春季无低温危害的香蕉最适栽培区。海南东部和广东、福建沿海地区台风频繁，商品蕉园需选择抗风或矮干品种，并营造防风林。

蕉园地下水位要低于1m，平地要设多级排水沟，山坡地以15°以下缓坡为宜，要求避风，有灌溉条件和交通运输便利。香蕉老种植区应无枯萎病、叶斑病、束顶病及线虫病等严重病害。枯萎病菌能在土壤中存活多年，故香蕉不宜连作，最好轮作1~2造其他作物如甘蔗或水稻等。

有机香蕉的生产还要求土壤、空气、灌溉水及品种达到相应的质量标准。

2. 建园与土壤准备 水田蕉园应先深耕，使土壤充分风化，再将畦面耙平，防止积水。采取高畦深沟以降低水位。根据蕉园大小分为若干区，开大小水沟。沟的大小、深浅以短时间内排除积水而定。沿海圩田区根据潮水涨落情况，筑高堤坝防海潮或江水倒灌。

旱地（台地、坡地和山地）建园的关键是水土保持和灌溉。坡度小于10°时可采用等高撩壕，大于10°时修建梯级。灌水有困难的，可在行内筑埂，做成低于地面10~20cm的树盘沟，以截留雨水。部分红壤板结，缺乏有机质，宜全面深翻30~45cm改土，多施有机肥。pH小于6.5的地段要施石灰调节，石灰用量一般为250g/m^2。植穴种植的蕉园，石灰要与土壤混匀后回穴；采用壕沟式种植的，石灰也要混入深层土壤。植穴的宽度与深度为70~100cm。

(二) 种植

1. 种植方式 我国多采用单行或双行种植，宿根蕉采取单行留单芽、单行留双芽或双行。水田蕉园多采用一畦双行，蕉株以长方形、正方形或三角形排列，水位高时一畦一行；台地、坡地宜单行种植，留双芽。株距1.5~1.8m。双行种植时，两行间距1.5~1.8m，两宽行间距最宽可达3~3.5m，以利各种操作机械行走。机械化程度较低时，宽行的行距可为2.5m左右。单行留双芽的，采用株距1.8m，行距2.5~3m。

2. 种植密度 根据土壤肥力和品种特性，参考叶面积指数（LAI）确定，主要考虑干的高度和种植方式。矮型香蕉叶面积指数在4.0~4.5可提供最大光合有效辐射利用。在华南地区，每公顷种植高干品种1 575~2 475株，中干品种1 875~2 850株，矮干品种2 175~3 225株。多造蕉宜稀植，单造蕉可适当密植；秋植蕉可稀植，春植蕉适当密植。机械化耕作的蕉园，行距要适当加宽。种植密度增大，营养生长期与果实发育期就延长（表7-7）。粉蕉、龙牙蕉及大蕉种植密度宜稀，株行距可用2~2.7m×2.5~2.7m（即1 365~1 995株/hm^2）。

表7-7 种植密度对香蕉果实数量、发育速度和植株大小的影响
(Stover and Simmonds，1987)

种植密度（株/hm^2）	假茎周长（cm）	前造到后造抽蕾的天数（d）	果穗重量（kg）	梳数/穗果
1 126	75.9	195	46.2	10.3
1 242	74.4	204	44.8	10.2

（续）

种植密度（株/hm²）	假茎周长（cm）	前造到后造抽蕾的天数（d）	果穗重量（kg）	梳数/穗果
1 533	72.4	223	42.3	9.9
1 719	71.8	230	41.4	9.8
1 941	70.1	241	39.3	9.5

注：品种为 Grand Nain。采收时果指粗度 34.9~36.5mm；天数和重量分别为 2~8 和 2~7 造平均值。

种植前 10~20d 挖好植穴，一般单穴植的穴宽 40~85cm、深 30~65cm。每穴施精细有机肥（如干禽粪）2.5~5kg 或粗糙有机肥（如猪牛粪、土杂肥）7.5~15kg，或麸肥 0.25~0.5kg，并加入过磷酸钙 0.35~0.5kg。

3. 种植时期　种植时期主要根据市场和香蕉抽蕾对积温的要求。海南岛一年四季均可定植，大陆地区可于春、夏、秋季定植，以春植为主，秋植为次。春植蕉次年可收获 2 造，秋植蕉只能在次年下半年收获 1 造。夏植蕉可将采收期调至次年中秋与国庆前后。

（1）春植　海南、台湾南部、粤西、云南西双版纳与红河州南部可在 2 月下旬定植，粤中、粤东在 3~4 月定植，在次年 3~6 月、10 月至第三年 2 月收获春夏蕉（俗称"雪蕉"）和秋冬蕉（正造蕉）各 1 造。福建 3~4 月定植大的吸芽苗，可在翌年 1 月底低温来临前采收。大蕉春植春收，粉蕉和龙牙蕉春植夏秋收。

（2）夏植　在 5~7 月尤其 6 月定植，次年 5 月下旬至 6 月中旬收获正造蕉。大陆地区 5 月定植，次年 4~5 月容易出现短果、低产，故少采用。为避开夏秋季台风，海南岛 5 月定植，采收期可比大陆早 15~30d。7 月高温，定植成活率较低。

（3）秋植　8~10 月定植，次年 9~12 月收 1 造秋冬蕉。年均温在 23℃ 以上的南部地区可在 9~10 月，23℃ 以下的北部地区宜提早在 8 月定植。南部地区冬春季气温较高，收获期可比北部早约 1 个月。大陆地区近年较少秋植。秋植的粉蕉在第三年春季采收。

4. 定植方法　吸芽苗按大小分级种植，当天起当天植。挖苗、运苗和种植过程避免折断或擦伤。组培苗不宜弄散根部泥团，入穴后用碎土压实，上面盖一层松土，吸芽苗盖过球茎 2~5cm，组培苗盖过育苗袋 0.5~1cm 为度。蕉苗在沙土上要比在黏土上深植 5cm 左右。植后蕉苗基部盖草并淋足水，无降雨时 2~3d 淋水 1 次。

5. 种植制度　以多造蕉为主，华南一般采用 3 造蕉制度。通常在春季和初夏采收的香蕉质量最佳。近年有些地区种植单造蕉，把香蕉采收期调整到 3~6 月（淡季或出口季节），在台风来临前收获，轮作下的单造蕉种植有利于控制病虫害。宿根蕉节约劳动力和种植材料，第二造后产量也较高，但多年后病虫源累积导致管理困难，产期分散和低产，效益低。

三、土壤管理

（一）土壤耕作

一般在早春回暖、新根发生前进行一次深耕。深耕过早易罹冷害，过迟影响根群生长。平地果园耕深可达 15cm 左右，山地蕉园根系较深，可耕深 20cm 以上。离植株 50cm 以内可浅些，以防伤根。因根分布在畦内，4 月以后不宜深耕。深耕的同时要挖除隔年的旧球茎，以免妨碍根群和地下茎生长。刚收获的母株可保留假茎，为新株提供养分。中耕除草每年可进行 5~6 次。春夏季在雨后结合除草进行浅耕，秋后雨水渐少，可根据杂草发生情况适当中耕。

(二) 施肥

1. 香蕉的营养特点及其对营养元素的需求　香蕉植株高大，速生快长，需肥量大，植株的营养状况能迅速地反映在叶片的色泽、大小、厚薄上。水田、围田土壤较肥，但肥料淋失率极大。坡度较大的山地蕉园土壤肥力较低，表土冲刷和肥料淋失严重。

理想的施肥计划基于土壤和叶片分析结果以及产量潜力。据我国资料，一株香蕉平均约含氮（N）85g、五氧化二磷（P_2O_5）23g、氧化钾（K_2O）317g、氧化钙（CaO）89g 和氧化镁（MgO）56g。每收获 1t 香蕉果，带走氮（N）2kg、磷（P）0.5kg、钾（K）6kg。按此计算，在每公顷收果 40t 的蕉园，每年因香蕉收果而减少的养分约为氮 80kg、磷 20kg、钾 240kg。

叶片矿质元素临界值及缺素症列于表 7-8 和表 7-9。分析时每块蕉园选取刚抽蕾植株 20 株，每株取顶部第三片叶，切取叶片主脉一侧 20cm 宽的条带分析。香蕉叶片营养诊断标准在不同国家和地区有所不同。澳大利亚推荐的适宜标准为：氮 2.8%～4%、磷 0.2%～0.25%、钾 3.1%～4%；我国广东为：氮 3.0%～3.6%、钾 5%～5.8%；我国台湾为：氮 3.3%、磷 0.21%、钾 3.6%。不同品种类型及我国不同地区的标准也应有所不同。

表 7-8　香蕉第三叶叶肉干重中元素临界浓度

(Stover and Simmonds, 1987)

元　素	资　料　来　源		
	Lahav & Turner (1983)	Payne (1970)	洪都拉斯
氮（N）(%)	2.6	—	2.40
磷（P）(%)	0.2	—	0.15
钾（K）(%)	3.0	—	3.00～3.50
钙（Ca）(%)	0.5	0.73	0.45
镁（Mg）(%)	0.3	—	0.20
硫（S）(%)	0.23	0.20	0.18～0.20
锌（Zn）(mg/kg)	18	18	15～18
硼（B）(mg/kg)	11	11	—
钼（Mo）(mg/kg)	1.5～3.2	1.5	—
铁（Fe）(mg/kg)	80	80	60～70
铜（Cu）(mg/kg)	9	9	5
锰（Mn）(mg/kg)	25	150	60～70

表 7-9　香蕉的缺素症

元素	叶症状	其他症状
N	叶片失绿黄化，尤其老叶	叶柄及叶鞘出现粉红色或黄色斑点；生长停顿，呈莲座状
P	叶片深绿色，带蓝色或铜色条斑，叶缘锯齿形带状坏死	生长量减小
K	老叶黄化干枯、下垂，主脉可能开裂，叶基常产生紫色斑	果穗变小

(续)

元素	叶症状	其他症状
Mg	向阳面叶片沿中脉失绿，叶边缘呈绿色带状	叶柄出现紫色斑块，叶片易出现旅人蕉式排列；果小，果肉黄色
Mn	幼叶叶缘附近叶脉间失绿，叶面有针头状褐黑斑；第2～4叶条纹状失绿，主脉附近叶脉间组织保持绿色	果表有1～6mm深褐色至黑色斑
Ca	第4～5叶叶缘失绿而后坏死	根系少，易出现根腐病
Fe	幼叶叶脉间大范围失绿	果小，生长缓慢
Zn	叶片条带状失绿并可能坏死，但仍可抽生正常叶	果穗小，呈水平状不下垂，果指先端乳头状
Cu	叶片失绿下垂，有时心叶不呈直立状	叶丛莲座状，生长停滞
B	新叶主脉处出现交叉状失绿条带，叶片窄、短，发育不完全	根系差，坏死；果心、果肉或果皮下出现琥珀色；花器后部的果顶处果肉变暗色
S	症状与缺B相似，但侧脉增粗	

各地施肥量见表7-10。香蕉是需氮、钾高而需磷少的作物，其中钾的消耗量为氮的2～3倍甚至更高。据我国试验，香蕉氮、磷、钾施肥配比以1∶0.2～0.4∶1.3～2.0为宜。大蕉、粉蕉和龙牙蕉的需钾量比香蕉多，但是其单株产量不如香蕉高，所以总施肥量小些。

表7-10 各香蕉栽种区肥料每公顷年施用量（kg）

（Lahav和Turner，1983）

国家（地区）	品种	N	P	K
澳大利亚（新南威尔士）	Williams	180	40～100	300～600
澳大利亚（北部地区）	Williams	110	100	630
澳大利亚（昆士兰）	Mons Mari	280～370	70～200	400～1 300
哥斯达黎加	Valery	300	—	550
洪都拉斯	Valery	290	—	—
印度	Robusta	300	150	600
以色列（沿海平原区）	Williams	400	90	1 200
巴拿马	Valery	300～400	0	450～675
中国台湾	Fairyman	400	50	750
中国广东		525～975	116～215	923～1 710

注：印度、以色列施有机肥多；洪都拉斯土壤含钾丰富，不需施钾肥。

2. 肥料种类 单质肥料可选择硫酸铵、氯化铵、硝酸铵、尿素、过磷酸钙、硫酸钾、氯化钾、钙肥（生石灰或石灰石粉、硫酸钙等）。复合肥最好选用高钾、高氮的专用复合肥。有机肥包括人畜粪尿、禽粪、动物废弃物、鱼肥、厩肥等动物性有机肥及秸秆、绿肥、堆肥等植物性有机肥，优质有机肥每2～3年施1次即可，有机肥必须腐熟后方可使用。有机肥适量配合化学肥料施用可达到增产、稳产和改善品质的三重目的。

3. 施肥时期、用量与次数 香蕉产量取决于花芽分化期中形成的果梳数和果指数，故定植后3个月对养分反应最为灵敏，施肥的增产效果常优于后期大量施肥。大部分肥料需在抽穗前施完。种植成活或留定吸芽后，就要开始施肥。主要掌握两个关键时期：①营养生长中后期，春植蕉在植后3～4个月内，夏秋植蕉在植后5～7个月内；②花芽分化期，春植蕉在植后 5～7 个月，夏秋植蕉在植后 8～11 个月。其他施肥时期包括种植前底肥、植后苗期肥（17 片叶期前）、抽蕾后壮果肥、越冬前过寒肥及越冬后早春肥。

国外蕉产区多为热带气候，土壤腐殖质丰富。而我国大部分蕉产区属于雨季和旱季分明的亚热带气候，土壤为红壤土，土质较瘦瘠，雨季淋溶较重，故施肥量一般大些。澳大利亚每年施氮、磷、钾比例为 10：1.6：16 的复合肥 3 次，每株每次施 0.7kg，总量仅为每株 2.1kg，折合纯量为每公顷每年施氮约 500kg、磷 30kg、钾 800kg。我国广东每年每公顷施肥量（以纯量，每公顷种植 1 750 株计）为氮 525～975kg、磷 116～215kg、钾 923～1 710 kg；福建为氮 567kg、磷 245kg、钾 381kg；广西为氮 852kg、磷 337.5kg、钾 816kg。

我国台湾采用氮、磷、钾比例为 11：5.5：22 的复合肥，每月施 1 次，分 6 次于抽蕾前后施完，每次施肥量分别为 5％、10％、20％、30％、20％、15％，一般每株全期施肥 1.0～1.5kg，折合每公顷施纯氮 390～600kg、磷 198～297kg、钾 920～1 180kg。参照复合肥中三要素含量，以单质肥料混合施用时，在碱性土壤，硫酸铵、过磷酸钙和氯化钾以 9：5：6 的比例混合，全期每株施用 1.2～1.8kg；在酸性土壤，则用尿素、过磷酸钙和氯化钾，以 4：5：6 的比例混合，全期每株施用 0.9～1.4kg。换算为每株每年施肥量（无机肥），广东为 2.3～4.2kg，包括尿素 0.6～1.1kg、过磷酸钙 0.6～1.1kg、氯化钾 0.7～1.3kg。

龙牙蕉施肥量只需香蕉的 85％，大蕉和粉蕉则为香蕉的 50％～65％。

施肥次数根据香蕉的生长发育期、肥料种类、土壤类型及气候条件等而定。多造蕉比单造蕉施肥次数要多；单施无机肥比施有机肥次数要多。华南地区春植香蕉生长发育主要集中在 4～10 月内完成，要着重此期间施肥。新植蕉园除在定植前施基肥外，在抽出 1～2 片新叶时进行第一次施肥，以后每隔 10～20d 施 1 次，一年施 9～14 次甚至更多。大蕉、粉蕉的施肥次数可比香蕉减少一半，龙牙蕉则与香蕉相近。

宿根蕉园吸芽的生长前期与母株重叠，母株采收时吸芽高度一般达 1.5m 以上，因此主要在花芽分化前和开花结果后施肥。以春季（2～3 月）选留的吸芽为例，一般第一次在春季新根发生前（3 月）施肥，以氮肥为主，目的是加速新根和吸芽的生长；第二次在植株旺盛生长期（4 月）施肥，以氮、钾肥为主，为花芽分化提供营养；第三次在抽蕾前（6～7 月）施肥，以氮、磷肥为主，以促进花芽分化和提早抽蕾，增加果梳数和提高单果重；第四次根据母株果实发育与吸芽生长情况进行施肥，以供给幼果发育，提高产量和品质。越冬前（10～11 月）施肥将有助于提高土温，增强香蕉的抗寒力。

4. 施肥方法 腐熟有机肥在定植前与土壤混匀当作基肥，或在行间离植株 70cm 处沟施。化肥主要是穴施，在离干 30cm 处挖 1～3 个深度为 20～30cm 的穴。弧形沟施则是在离干 45～85cm 处的适当位置开 1～2 条宽 15～25cm、长 30～50cm 和深 10～20cm 的沟，均匀撒施覆土。冬季宜穴施或沟施，施后淋水。沙质土、肥力低的蕉园或多雨季节，施肥宜少量多次。排水不良、根系发育不良或台风后根系折断，影响养分吸收时，可配合根外追肥。一些现代蕉园采用滴灌施肥技术即水肥一体化，既节省人工成本，又大大减少肥分流失。

（三）松土、培土与杂草控制

蕉园整地时要用机械或人工来破除地下的不透水层，至少要求深翻 50～70cm。老蕉园每年在 12 月至次年 2 月中旬中耕翻晒，深度 20～30cm，3 月碎土并平整畦面。宿根蕉园每年 4～11 月上泥 3～4 次，每公顷约 100t，使土层培高 20～30cm。冲积平原可利用河塘淤泥，旱地蕉园可用清沟的沟泥或腐熟土杂肥。水田蕉园在每年 12 月至次年 2 月清理或加深加宽排灌沟，疏通排灌系统。

香蕉园杂草的威胁主要在幼苗期。控制杂草的方法有适当密植、间作或种植覆盖作物、人工除草、机械除草、使用除草剂。大面积蕉园宜采用除草剂，但效果易受气候条件和其他环境因素影响，如施用不当，会严重伤害植株和污染环境。

(四) 蕉园的灌溉和排水

水分不足是旱季和山地香蕉生产的最大障碍。香蕉的需水临界期为花芽分化前 1 个月（新植蕉 16 片叶期，宿根蕉 24 片叶期）至幼果期；其次是季节性干旱期，如 10 月至翌年 3 月。采用漫灌时，每隔 10~15d 灌溉 1 次，灌溉量 1 275~2 500 m^3/h；沟灌时，每隔 5~7d 灌溉 1 次，灌水量 750~1 500 m^3/h；淋灌时，每隔 2~4d 淋灌 1 次，全畦淋灌需水 525~975 m^3/h，穴面淋灌每株需水 35~75kg；滴灌时，每 2~4d 进行 1 次，每次 4h；采用喷灌时，每公顷设 9~12 个喷头，每次喷 5~6h，每 7~14d 喷 1 次，喷灌法在有叶部病害的蕉园可能加速病害传播。各种灌溉方式的差异主要在于湿润的土壤范围不同。总体来说，植株需水量相当于每周 20~40mm 降水量。最好借助土壤张力计测定的结果为灌溉提供依据。

有条件的果园应采用水肥一体化技术，把肥料溶解在灌溉水中，通过灌溉管道施肥。其优点是可节省灌溉和施肥的人工，提高肥料利用率，减少施肥数量，节水，一定程度上调节果树的生长发育规律，果树高产优质，是发达国家园艺产业广泛使用的水肥管理技术。

(五) 蕉园的间作与轮作

宽窄行方式种植的蕉园，宽行内可间种豆科绿肥或叶菜等短期作物。应避免栽种茄科作物或番木瓜等与香蕉有共同病害的作物，尤其是病毒病。收获 1 造或 2~3 造后砍除蕉株，与甘蔗或水稻轮作，以降低土壤中线虫密度和枯萎病源，有利于香蕉的持续栽培。

四、树体管理

树体管理包括拉线或立支柱、割叶、套袋、断蕾和疏果（包括疏果穗、疏果梳及疏果指），目的是避免植株倒伏、防止果皮机械损伤和病虫伤害以及提高果穗质量。

1. 立支柱防风 抽蕾前或台风来临前，用粗壮的竹竿或木杆，背风向撑好绑稳。在风大、土层浅、根浅地区，幼苗栽种后即需立支柱。宽窄行方式种植时，可把两窄行间的蕉株用尼龙绳互相连接，连线处在花蕾抽出位置的下部。

2. 割叶 香蕉全生长发育期生成 35~43 片叶，其中剑叶 8~15 片、小叶 8~14 片、大叶 10~20 片。每个时期健康功能叶维持在 10~15 片便可实现高产目标。香蕉的功能叶片只能维持数月便枯死，一般每月应割除一次下垂的和感染叶斑病的叶片。凡接触到或可能接触到果实的叶片和苞片都从着生处割除，以免引起斑痕。

3. 套袋、断蕾与疏果 套袋、断蕾与疏果有利于缩短果实成长时间，并增加冬季果指长度，提高一级果比例。套袋可有效防止虫害和叶片擦伤。套袋有 3 个时期：果指完全抽出后；果穗开始向下弯曲，苞片向上抬起露出第一梳果指前；2~3 梳果出现后。在刺吸或啃食果皮昆虫（如 *Colaspis* sp.）普遍的地区应提早套袋，但在所有雌花开完后应清除袋内残留苞片。

果袋用有孔纸袋或纸袋外加透明或具条色带的聚乙烯袋，厚度约 0.25mm。孔的大小 1.25~3mm，间距分别为 7.5~2.5cm。袋的长度以超出果穗上部 15~45cm、下部 25cm 为标准，宽度以果实成熟后仍有一定活动空间为度。有的地区在袋的内部涂布防叶斑病的杀菌剂。套袋前要把大的苞片叶移开并割除带状苞片叶，基部扎紧避免雨水进入。套好袋后可用条状色带标注套袋日期，以利采收时确定成熟度。

果实套袋可提高袋内温度约 0.5℃（Ganry，1975），提早果实成熟 3～4d，增产 5%～20%。袋上的孔越小，保温效果越好。用透明和带孔的聚乙烯袋套果时，果表温度可达43℃，易导致日灼。轻微日灼的果面由绿变黄，严重时变黑。用白色聚乙烯袋或其他颜色果袋可以减轻日灼。袋的质地不宜太软，否则易受风吹而擦伤果面。

果穗最后一梳含有雌花和两性花小果，果指大小不匀，多数较小而短。末梳的果指数，春蕉常少于13，夏蕉常少于16，采收时都达不到质量标准。通常 9 梳以上的果穗疏除 2 梳，一般疏除 1 梳。疏果在抽蕾后 1 个月进行，同时顺便抹除雌花残留物如萼片和柱头，避免干枯后擦伤果指。疏果可提早 2～3d 成熟，且减少次品果和包装场采后处理工作量。

在最后一梳果抽出后、花蕾开完 1～2 梳雄花时，于末梳蕉果下端 10～15cm 处摘除雄花蕾，称为断蕾。摘除雄花蕾可减少苞片病毒（如 Moko 病毒）通过昆虫的传播。

4. 收果后的树体管理　实施多造蕉制时，采后在假茎 1.5m 高处砍断蕉株，让树体残留营养回流至球茎，供吸芽利用。经 60～70d 残茎腐烂时才挖去旧蕉头。若采后留下全部假茎和叶片，让旧蕉株慢慢腐烂死亡，则提供给吸芽的光合产物更多，比采后立即砍掉假茎对吸芽的生长更为有利。

5. 灾后管理

（1）冷害后的管理　冷害较轻、假茎未受害的植株可以割除受伤害叶片和叶鞘，防止感染病害；对孕蕾的植株，可用利刀在假茎上部花穗即将抽出处（俗称"把头"）割一条浅的切口（长 15～20cm，深 3～4cm），引导花穗从侧面切口处抽出；受冷害的母株，可除去头年秋季预留的吸芽，改留发育期较晚的小吸芽。如果母株地上部大部分受冷害死亡，不管是否已抽蕾，都应尽快砍去母株，使吸芽迅速生长，争取在下一个冬季来临前收果。受过冷害的蕉株，要尽早施速效氮肥。

（2）涝害后的管理　遭受涝害的植株先剪去部分叶片，然后在树体和受淹部位喷药防病，可用 800～1 000 倍液的甲基托布津或多菌灵等药剂喷树体、淋蕉头。严重受涝的蕉园，吸芽可能尚有生活力，可砍去老蕉株，促吸芽重新生长代替之。

（3）台风灾害后的管理　接近成熟的蕉株在台风来临前割去部分叶片。台风危害后及时扶正倒伏的蕉苗并培土。大蕉株若未折断，可小心地连同支柱扶正，培土护根，经过 1 周植株稍恢复生长后，施以稀的肥料，干旱则灌水。砍除折断的植株，加快吸芽生长。无吸芽的，可砍去倒伏株的假茎上半部，重新把母株种下。进行一次全园喷药，防治病虫害。

五、留吸芽和除吸芽

多造栽培制度的香蕉园，若同时留多个吸芽对生长不利。一般用除芽铲从吸芽基部挖除整个芽，也可从地面割断芽。一株香蕉可同时产生 5～10 个吸芽，一般只留 1 个，其余尽早挖除。5～7 月每 15d 除芽 1 次，3～4 月以及 8～9 月每月除芽 1 次，10 月后不再除芽。

宿根蕉靠留吸芽来持续蕉园生产，而留吸芽的时间和方位颇为重要。一般在母株抽蕾时开始选留吸芽，根据生产季节分为秋冬蕉、春夏蕉和多造蕉 3 种留吸芽方式。留吸芽方位主要保证留下的吸芽仍维持整齐的株行距排列。

1. 秋冬蕉留吸芽　春植蕉应在 6 月留首次吸芽，次年 9～10 月收获秋冬蕉。秋植蕉则选留定植后第二年 5 月间抽生的二、三次健壮吸芽。宿根蕉应选留 5~6 月抽出的健壮、深度适中的二、三次吸芽。对过早、过大的吸芽，可切断吸芽的茎干或损伤部分根系，或适当多留几个弱芽，或减肥控水，也可挖出重新种植于原位置上，以控制生长速度。对过迟、过小的吸芽，可通过增施肥料、勤灌水加速生长。

2. 春夏蕉留吸芽 一般到 6 月植株开始抽生吸芽，7~8 月吸芽盛发，这时的芽体健壮，9 月后抽芽减少，芽体也变弱。所以，春夏蕉留吸芽应在 8~9 月留三、四次吸芽，对早留的吸芽同样可采用上述控制措施调节其生长速度。

3. 多造蕉留吸芽 方式如下：①四年五造蕉：春植后当年 7 月留第一次或二次吸芽，第 2、3、4 次分别在第二年 4 月、第三年 3 月和 9~10 月各留一次吸芽；②三年四造蕉：第 1、2、3 次分别在第一年 6 月、第二年 3 月和 9~10 月留吸芽；③两年三造蕉：第 1、2 次分别在第一年 5~6 月和 11 月留吸芽。要生产多造蕉，关键是早留芽、留大吸芽，加强肥水管理，促进植株迅速生长。

4. 龙牙蕉、大蕉、粉蕉留吸芽 龙牙蕉采用秋冬蕉留吸芽法。大蕉在每年 9 月留吸芽过冬，到第二年早春吸芽可高达 50cm，第三年上半年可收果。在华南地区，以上半年的大蕉产量、质量最佳。粉蕉比香蕉生长期长 1~2 个月，留吸芽应比香蕉早 1~2 个月，8 月留吸芽可在春季收果，3~4 月留吸芽则在秋季收果。

六、采收与采后处理

科学确定采收时间的方法是按时间先后顺序，每周套一种颜色的果袋，到预定成熟时，统一采收某种颜色袋的果穗。新植蕉园第一和第二造果的成熟期较为集中（在 30d 之内），3 造以上宿根蕉园收果期往往长达 2~3 个月，有必要借鉴这种方法。

（一）采收成熟度

根据市场对蕉指粗度的要求、运输距离远近和预期贮藏时间长短来确定采收成熟度，即蕉指的饱满度。果指饱满度到 6.5 成时，催熟后基本可食；饱满度超过 9 成时，催熟后果皮易开裂。因此，宜在饱满度 7~9 成时采收。供长期贮藏或远距离运输的，采收饱满度要求低些，如从广州运往东北和西北时，饱满度 7 成即可；而运往北京、上海的以 7~7.5 成为宜；运往湖南、江西等地的可在 7.5~8 成时采收；供当地销售的饱满度可在 8~9 成时采收。

饱满度与果指粗度之间的联系，经验性判断是看棱角的明显程度与色泽，随着果指生长的充实，棱角由锐变钝，最后呈近圆形，越近成熟的蕉指，其果皮绿色越淡。饱满度越高，则产量越高，品质越好，但不耐贮藏。一般以果穗中部果指的成熟度为准，果身近于平饱时为 7 成，果身圆满但尚见棱的为 8 成，圆满无棱则在 9 成以上。管理不正常或未断蕾者果穗上下果梳的成熟度不一致。

以断蕾或抽蕾后的发育天数并结合测定果指粗度来判断采收成熟度是较准确的做法，如 5~8 月抽蕾的，65~90d 可达到成熟度 7~9 成；而 10~12 月抽蕾的，则要 130~150d。海南、广东低海拔地区果实发育期短，而广西和云南南部海拔较高地区果实发育期长。

（二）采收方法

采收过程要求果穗不着地，绝对避免果指机械伤。人工采收的，两人一组，先把蕉株拦腰斩断，垂直放下，用链条或绳索将果轴基部弯曲处缚住，一人托住果穗，另一人砍断果轴。机械采收的用吊臂勾住果穗，用做成双斜立面、加软垫的车厢把果穗运至加工厂。

(三) 采后处理与包装

靠近香蕉园设立采后处理工场。工场存放的果穗最好悬挂起来，避免挤压受伤。在工场将果梳分切下来，用流水或在清洁池内清洗，除去果顶的残留物。欧美市场要求果梳分切成2排，4~5条果指1组。高档香蕉用纸箱包装，每箱18~20kg；中、低档香蕉用竹箩包装，每箩装25kg。分切好的蕉果不用任何药剂处理，晾干水汽和降低到规定温度后包装于内衬塑料袋的开孔纸箱中，有的先用塑料袋抽真空并置入乙烯吸收剂包装。

(四) 适宜的贮运条件

香蕉贮藏适温13~15℃，相对湿度90%~95%，注意通风换气。夏季高温期，宜用制冷集装箱、机械保温车或加冰保温车；冷凉季节用普通篷车。车厢内货物要排列整齐，并留有一定空隙，以利空气流通和降温。运入气温低于12℃的地区时需保温设备。运抵销售地后要及时入库。仓库应该有通风换气和控温设施，库房内地面设搁板，蕉箱排列整齐，留通风道，以利通风换气。大型仓库抽气设备每小时换气1次。

(五) 香蕉催熟

温度、催熟剂和蕉果的生理成熟度等都关系到蕉果催熟转色的快慢和效果。16~24℃为黄熟适温，温度高则转色快，28℃以上高温果皮不能黄熟而出现"青皮熟"现象。果肉内每相差2℃，成熟期可相差1~2d。催熟剂常用乙烯利，浓度为500~1 500mg/L，但乙烯利浓度每相差500mg/L，成熟期可相差1d。在28℃以上催熟，乙烯利浓度以150~300mg/L为宜。严冬收获的香蕉生理成熟度较低，不易催熟，要在22~24℃条件下进行乙烯利处理。此外，还要注意催熟房的湿度和换气，保持相对湿度在80%~90%，CO_2浓度不得超过5%。催熟作业周期太短会缩短货架零售期，一般以乙烯利处理24h后即进行控温转色，作业以5~6d为宜。转色期要逐渐降低温度（至14℃）和相对湿度（至80%），以免果皮过软而裂皮和断指脱把。皮色转黄、果顶及指梗尚带浅绿色时上货架最好，一般可零售4~5d。

(执笔人：徐春香)

主 要 参 考 文 献

刘景梅，王璧生，陈霞，等.2004.广东香蕉枯萎病菌生理小种RAPD技术的建立［J］.广东农业科学 (4)：43-46.

彭埃天，宋晓兵，凌金锋，等.2009.香蕉枯萎病菌4号生理小种分子检测与枯萎病生物防治研究进展［J］.果树学报，26 (1)：77-81.

Fisher J B. 1978. Leaf-opposed buds in Musa: their development and a comparison with allied monocotyledons ［J］. Am. J. Bot., 65: 784-791.

Stover R H. 1982. 'Valery' and 'Grand Nain': plant and foliage characteristics and a proposed banana ideotype ［J］. Trop. Agriculture, Trin., 59: 303-305.

Stover R H, Simmonds N W. 1987. Bananas ［M］. Essex, London: Longman Scientific and Technical.

Turner D W, Lahav E. 1983. The growth of banana plants in relation to temperature ［J］. Aust. J. Plant Physiol., 10: 43-53.

推 荐 读 物

陈清西,纪旺盛.2004.香蕉无公害高效栽培[M].北京:金盾出版社.
樊小林.2007.香蕉营养与施肥[M].北京:中国农业出版社.
王泽槐.2004.香蕉栽培[M].广州:广东科技出版社.
许林兵,杨护,黄秉智.2009.香蕉生产实用技术[M].广州:广东科技出版社.
Jain S M, Swennen R. 2004. Banana improvement: cellular, molecular biology, and induce mutations [M]. Science Publishers, Inc., Enfield, USA.

第八章 菠 萝

第一节 概 说

菠萝（pineapple）别名凤梨、王梨、黄梨、番梨，《植物名实通考》称为露兜子，云南少数民族则以形称之为"打锣锤"。菠萝与香蕉、椰子和杧果并列为四大热带水果。菠萝果实品质优良，风味独特，富含营养。据中国预防医学科学院营养与食品卫生研究所分析（1991），每100g鲜果中含有水分88.4g、蛋白质0.5g、脂肪0.1g、糖类9.5g、膳食纤维1.3g、维生素C 18mg、钾113mg、钙12mg。除供鲜食及制作蜜饯果脯外，又可制作罐头。制罐后的下脚料果皮、果心等，可以制汁、酒、醋和提取柠檬酸、酒精、菠萝蛋白酶。菠萝蛋白酶水解蛋白质的活性比番木瓜蛋白酶高10倍以上，在医药、酿造、纺织及制革工业上有广泛用途。加工的菠萝渣还可作饲料和肥料。菠萝叶片含2%～5%的长纤维，可生产纤维，制成高级衣料，亦可造纸。果汁为利尿剂，亦可治疗支气管炎及噎气。

菠萝原产巴西、阿根廷及巴拉圭一带干燥的热带山地，先后传至中美洲及西印度群岛。由于菠萝芽苗耐贮运，传播很快，15世纪哥伦布发现新大陆后，欧洲的航海家陆续将菠萝传至欧洲、亚洲及大洋洲的热带、亚热带地区。19世纪分布范围扩展到南北纬30°之间。目前，全世界大约有61个国家和地区有菠萝栽培，亚洲有泰国、菲律宾、印度、中国、印度尼西亚和越南等国家，美洲有巴西、美国、墨西哥和西印度群岛诸国，非洲有南非和肯尼亚等国家。2009年全世界菠萝投产面积85.211万hm^2，总产量1 844.87万t。我国菠萝投产面积7.236万hm^2，居世界第五位，总产量145.21万t，居世界第四位。

菠萝于1605年由葡萄牙人带到我国澳门，以后传入福建、广东、广西和海南，1650年前后才传到台湾省。我国菠萝栽培主要集中在广东、海南、台湾、广西和福建等省（自治区），云南南部亦有少量栽培。主产地有广东的徐闻、雷州、中山，海南的文昌、屯昌，广西的南宁、崇左、宁明、钦州，福建的漳浦、诏安、南靖，台湾的台南、台中、高雄，云南的西双版纳、元阳、德宏。我国菠萝销售以鲜果内销为主，近年来罐头、果汁等加工制品不断增多，外销市场好。

菠萝的国际贸易以罐头制品为主，主要进口国家有美国、德国和日本等。菠萝鲜果贸易额较少，主要进口国家有美国、日本、法国、比利时、卢森堡、德国和意大利等。

我国菠萝生产存在的问题主要是：①受国际、国内水果市场及周期性的霜冻与寒害影响，菠萝鲜果价格波动较大；②栽培生产标准化未得到有效的推广应用，滥用激素或生长调节剂导致果实贮藏运输性能大减；③生产上缺乏栽培性能好的加工品种。

第二节 主要种类和品种

一、主要种类

菠萝为凤梨科（Bromeliaceae）凤梨属（Ananas）植物。本属共5种，其中有2个重要的野生种和作经济栽培的本种，野生种抗性强，在育种上有较大的利用价值。

1. 红色菠萝［A. bracteatus（Lindl.）Schult.］ 野生种。植株健壮，根系发达。多顶芽，近果基部生托芽。果瘦长尖顶，较野菠萝大，果心小，肉浅黄色至白色，纤维多，糖酸含量中等。抗凋萎病、心腐病及根腐病。

2. 野菠萝（A. ananasoieles L. B. Sm.） 野生种。植株强壮。果心很小，果肉糖酸含量高，有香味，风味好。耐寒，耐湿，抗线虫病、凋萎病、心腐病及根腐病。芽苗少，繁殖系数低。

3. 菠萝栽培种（A. comosus Merr.） 经济栽培仅有此种。菠萝在生产上均采用无性繁殖，变异较少，因此品种也较少。世界菠萝品种有 60～70 个，根据休谟（Hume）、密勒（Miller）和蒂生（Py. Tissam）提出的分类法，依据菠萝品种在果实、叶片、植株性状上的差异以及体细胞染色体数目的不同等，将菠萝分为卡因类、皇后类、西班牙类和波多黎各类及其他等 5 类。

(1) 卡因类（Cayenne Group） 法国探险队在南美洲圭亚那卡因地区发现而得名。植株高大、健壮，叶长而宽，叶多，叶缘无刺或仅近叶尖及叶基部有少许刺；果大，平均单果重 1kg 以上；小果扁平，果丁浅，苞片短而宽；果肉淡黄色，汁多，糖酸适中，是制罐头的主要品种。本类代表品种有无刺卡因（Smooth Cayenne）、沙拉越（Sarawak）、希路（Hilo）、安维尔（Enville）、乐乔（Rothchild）、比比（BB）和米歇尔（Michel）等。

(2) 皇后类（Queen Group） 植株中等大小，叶比卡因类短，叶缘有刺，极少无刺；小果锥状突起，果丁深，苞片尖端超过小果；果肉黄色至深黄色，汁多味甜，香味浓郁，鲜食为主；吸芽多。代表品种有金皇后（Golden Queen）、巴厘（Comtede Paris）、神湾（Yellow Mauritius）、鲁比（Ruby）、阿巴奇（Abachi）和埃及皇后（Egyptian Queen）等。

(3) 西班牙类（Spanish Group） 植株较大，叶较软，黄绿色，叶缘有红色刺或无刺；果中等大，小果大而扁平，间有突起或中部凹陷，苞片基部瘤状突起；果肉淡黄色至金黄色，含酸量高，味香浓，纤维多；裔芽多。代表品种有红西班牙（Red Spanish）、血种（Blood）、蒙得勤特（Montserrate）、黑牙买加（Black Jamaica）和埃伯王子（Prince Albert）等。

(4) 波多黎各类（Portavico Group） 三倍体（$3n=75$）。植株高大健壮，叶缘有刺；果巨大，锥形，小果排列不整齐；果肉淡黄色或淡黄白色，香味浓，汁多，风味佳，纤维多。本类只有卡伯宗纳（Cabezona）1 个品种。

(5) 其他 包括巴西广泛栽培的阿巴卡西（Abacaxi）以及一些新品种和类型，如我国台湾的台农 4 号（剥粒菠萝）、台农 11（香水菠萝），广东的粤脆菠萝、3136，广西的南园 5 号、4312 等。台农 16、台农 17 等已成为鲜果生产的好品种。

菠萝品种的染色体有二倍体的（$2n=50$），如卡因、皇后、西班牙；有三倍体的（$3n=75$），如卡伯宗纳；有四倍体的（$4n=100$），如詹姆士皇后（Jame's Queen）。多倍体果实比较大，但开花较迟。

二、主要品种

1. 无刺卡因 又称美国种、意大利种（广州）、沙拉瓦（福建及台湾）、夏威夷（广西）、南梨（广东潮汕）、千里花（海南、广东湛江），属卡因类。植株高大健壮，叶缘无刺，近叶尖及叶基部有少许刺，叶面光滑，中央有一条紫红色彩带，叶背披白粉。果长圆筒形，单果重 1.5～2.5kg，大者可达 4～6kg；小果数较多，大而扁平，呈四至六角形，果眼浅；果肉淡黄色或淡黄白，汁多，可溶性固形物含量 12%～14%，含酸量 0.4%～0.5%，香味淡，纤维稍多（图 8-1）。由于果大、果丁浅，适宜制高档全圆片糖水罐头。

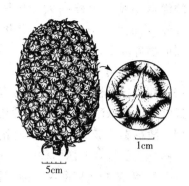

图 8-1　无刺卡因

本品种要求较高的肥水条件，抗病力较弱，易感凋萎病。果皮易遭日灼及病虫危害，不耐贮运。吸芽少，芽位高，裔芽多，宿根性较差。在高度密植、养分供应不足和培土不及时的情况下，吸芽抽生很迟或不能抽生，以致产生隔年结果及早衰现象。本品种多有不良变异，如扇形果、复冠果、多果瘤、多裔芽、有刺等，故在生产上应注意选苗。

2. 巴厘　广西称菲律宾，广东湛江称陈嘉庚、黄果等，属皇后类。主产广西、广东的徐闻、雷州，海南的文昌等地。植株长势中等，叶较开张，叶缘有刺，叶色青绿带黄，叶面中央有红色彩带，叶背两边有犬牙状粉线，叶背披白粉。果中等，单果重 0.75～1.5kg，短圆形或近圆锥形；果眼较小、较深；果肉黄色或深黄色，肉质较致密，纤维少，多汁，香味浓郁，可溶性固形物含量 12%～15%，含酸量 0.47%，品质上等（图 8-2）。以鲜食为主，也可制罐榨汁。

本品种比较抗旱，适应性强，高产稳产，较耐贮运。吸芽抽生早，数量较多，芽位较低，故菠萝园经济收益年限较长。唯果眼较深，制罐加工成品率低。叶缘有刺，田间管理不便。

3. 神湾　又称新加坡（广西、台湾）、台湾种（福建）、毛里求斯、金山种（广州）等，属皇后类。1915 年从国外引入我国广东中山神湾种植而得名。植株中等大小，叶缘多刺，叶细窄而厚，呈赤紫色，叶面中央有红色彩带，叶背中线两侧有犬牙状粉线，叶背披白粉。单果重 0.25～0.75kg，短圆筒形；果眼小而突出；果肉橙黄色或金黄色，汁少，质脆，纤维少，香味浓郁，品质佳，宜鲜食，可溶性固形物含量 14%～15%，含酸量 0.5%～0.6%（图 8-3）。早熟，不耐贮运。吸芽多，果小，产量低。

图 8-2　巴厘

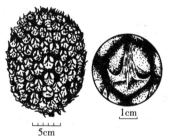

图 8-3　神湾

4. 土种　即红西班牙，属西班牙类。因传入我国较早而得名，又称北梨（广东潮汕）、罗岗有刺（广州）、武鸣土种（广西）。植株高大，叶长而宽、薄而韧，叶缘呈波浪形，有红色的刺，有些品系无刺，叶色黄、绿或青绿，叶面近叶缘有两条红色彩带，叶背中线两侧有不明显的犬牙状粉线。单果重 0.7～1.0kg，果实上大下小，基部多果瘤；果眼深；果肉橙黄色或黄色，纤维多，汁少，香味浓，含糖低，含酸高，风味差。因品质差、迟熟、低产，已逐渐被其他品种所取代。土种有 4 个品系，即有刺红皮、无刺红皮、有刺黄皮、乌皮种，其中以乌皮种（我国台湾本地种选出）果实品质较好。

5. 粤脆（57-236）　广东省果树研究所于 1957 年以卡因为母本、神湾为父本杂交育成的优良品系。植株高大，叶片较直立，叶面、叶背披白粉，叶缘有刺。单果重 1.35～1.5kg，最大 3.0～3.5kg；果肉淡黄色，肉质爽脆，纤维少，汁多，风味清甜可口，可溶性固形物含量 15.2%～18.0%，含酸量 0.44%。较丰产稳产，但易出现圆锥形果。

6. 台农 4 号（剥粒菠萝） 我国台湾嘉义农业试验分所以卡因为母本、神湾为父本杂交培育而成。植株较直立，叶缘有刺。单果重 1kg 左右，果皮色泽鲜黄；果肉金黄色，汁少，纤维少，香味浓郁，味甜，食用时将果实沿果心纵剖为二，然后用手指沿小果顺序剥取食用，故称剥粒菠萝，是台湾外销果品之一。缺点是叶缘刺硬，田间作业不便。福建、广东、广西均已引种，广西引种后表现果实偏酸。

7. 台农 16（商品名：甜蜜蜜） 我国台湾嘉义农业试验分所于 1995 年选育的杂交鲜食品种。植株较直立，叶缘无刺，叶面中轴呈紫红色，有隆起条纹。平均单果重 1.4kg，果长圆筒（锥）形，果眼突出；果肉黄色或淡黄色，纤维少，肉质细。切片可食，不需泡盐水。可溶性固形物含量 17%～18%，含酸量 0.4%，具有特殊香梨风味。

8. 台农 17（商品名：金钻菠萝、春蜜菠萝） 以卡因为母本、Rough 为父本杂交培育而成。叶缘无刺，叶表面略呈红褐色。单果重 1.4kg，果圆锥（筒）形，果皮薄，果眼浅；果肉黄色或深黄色，肉质细致，纤维含量中等，果心稍大，但细致可口，可溶性固形物含量 14%，含酸量 0.28%，芳香多汁。台湾主要鲜果外销品种之一。

9. 台农 20（商品名：牛奶凤梨） 植株高大，叶长，叶缘无刺，叶色暗绿黑色。平均单果重 1.8kg，果长圆筒形，成熟果皮暗黄色；果肉白色，纤维细，质地松软，可溶性固形物含量 19%，风味佳，具特殊香味。

10. 台农 21（黄金凤梨、青龙凤梨） 以 C64-4-117 为母本、C64-2-56 为父本杂交选育而成。叶翠绿色，叶缘无刺，仅叶片尖端有小刺。果实圆筒形，果皮草绿色，成熟时转为鲜黄色，平均单果重 1.66kg；果肉黄色或金黄色，质致密，纤维细，可溶性固形物含量 18.8%，含酸量 0.60%，风味佳。

此外，台农系列菠萝品种还有 1 号仔、2 号仔、3 号仔、台农 6 号（苹果凤梨）、台农 11（香水凤梨）、台农 13（冬蜜菠萝）、台农 18（金桂花）和台农 19（蜜宝）等。现将我国 4 个主栽菠萝品种的主要性状对比如下（表 8-1）。

表 8-1 我国主栽菠萝品种的主要性状对比简表

性状	无刺卡因	巴厘	神湾	土种
果皮颜色	黄色	深黄色	深黄色	橙黄带红色
单果重（kg）	1.5～2.5	0.75～1.5	0.25～0.75	0.7～1.0
果形	长筒形	中筒形	短筒形	倒圆锥形
果瘤（个/果）	3～5	少	无	多
果眼特征	扁平	锥状凸起	锥状凸起，整齐	扁平，中间稍凹
果肉颜色	淡黄色	金黄色	橙黄色或金黄色	橙黄色或黄色
果汁	多	较少	少	少
可溶性固形物（%）	12～14	12～15	14～15	10 左右
含酸量（%）	0.4～0.5	0.47	0.5～0.6	0.6
香味	较淡	较浓	浓郁	浓郁
果丁深浅	浅	深	深	深

(续)

性状	无刺卡因	巴厘	神湾	土种
贮运性能	不耐贮运	较耐贮运	不耐贮运	较耐贮运
叶缘	基本无刺	多刺	多刺	刺较疏大，红色
叶面彩带部位	中央	中央	中央	两侧
叶背犬牙状粉线	无	有	有	不明显

第三节 生物学特性

一、生长发育特性

菠萝为多年生常绿草本植物（herbaceous plant）。植株矮生，株高约1m。根属须根系，无主根。茎为螺旋着生的叶片所掩蔽。开花时从叶丛中心抽生花序花梗，其中着生多数聚合的小花；肉质复果由许多子房聚合在花轴上而成。在果实顶端着生冠芽，果梗上着生裔芽，叶腋间抽生吸芽，地下茎有时抽生块茎芽（图8-4）。

（一）根系

实生苗的根系由种子胚根（embryonic root）发育而成；无性繁殖芽苗的根系由茎节上的根点直接发生，茎上有800～1 200个根点。根系可区分为气生根和地下根。

1. 气生根 气生根分布在植株的叶腋内。最长的气生根30cm以上。气生根能在空气中长期存活，保持吸收水分、养分的功能，当气生根接触土壤后，即转变为地下根。

气生根由于叶基的阻隔，或位置过高，不易入土，缠绕茎部而生。吸芽的气生根如能早日入土，可加速生长，提早结果。卡因种菠萝的吸芽位置较高，气生根难入土，易早衰；菲律宾种的吸芽多，位置低，气生根易入土中变为地下根，不易早衰。

2. 地下根 地下根属于纤维质须根系，可分粗根、支根和细根3种。粗根和支根是一、二级永久性根，起输导和支持作用；细根是吸收根，白色幼嫩，分支多，密生根

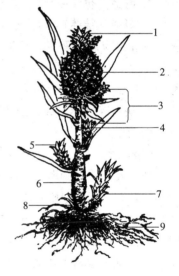

图8-4 菠萝植株形态
1. 冠芽 2. 果实 3. 裔芽 4. 果柄
5. 吸芽 6. 地上茎 7. 块茎芽
8. 地下茎 9. 根

毛，吸收能力强。地下根90%以上分布在离地面20cm深度内。肥沃松软的土质，水平分布可达1m，离植株40cm范围内最多。地下根着生菌根，菌丝体能够在土壤含水量低于凋萎系数时从土壤中吸收水分，从而增强耐旱力，同时又能分解土壤中的有机物供给植株。

根系生长受土温、土质、耕作层深度和土壤肥力等影响。沙壤土疏松透气，耕作层厚，有机质丰富，温湿度适宜，根群则深生强大，密生根毛；板结的黏重土排水不良，土层瘠薄，则根群稀疏、脆弱且纤细。

菠萝根的最适宜温度是29～31℃，在43℃以上或5℃以下停止生长，15℃以上生长迅

速，低于5℃持续1周根即死亡。夏秋季地温高达45℃以上时，表层根易枯死，故适当密植与地面覆盖对根的生长有利。广州、南宁通常每年3月上旬根即开始萌发，随温度上升而加速，4月上旬至5月下旬陆续发根，5月下旬至7月末根的生长达到高峰。9~11月干旱转冷，根生长缓慢，12月以后根停止生长，12月至翌年1月近地表的根群常因干旱寒冷而枯死，到春暖时再发新根。

（二）茎

茎分为地下茎和地上茎，茎上着生许多休眠芽（dormant bud）。地上茎高20~30cm，被螺旋状排列的叶片紧包。茎顶部是生长点，在营养生长阶段不断分生叶片，至发育阶段则分化花芽形成花序。当生长点转化为花芽，抽生花序时，休眠芽相继萌发成裔芽和吸芽，越靠近顶部的芽越早抽出。茎的粗壮程度是植株强弱的重要标志，壮苗茎粗，叶片短而宽厚；弱苗茎细，叶少且狭长。

（三）芽

芽依据着生部位不同可分为冠芽、裔芽、吸芽和块茎芽4种。

1. 冠芽（顶芽） 着生于果顶，一般为单芽，也有双芽或多芽。

2. 裔芽（也称托芽） 着生于果柄的叶腋里，一般3~5个，多则20~30个。

3. 吸芽（腋芽） 着生于地上茎的叶腋里，一般在母株抽蕾后抽生，形成次年的结果母株。开花结束后为吸芽盛发期，抽生数目因品种和植株强弱而异。卡因品种较少，一般1~3个，巴厘、菲律宾品种4~5个，神湾品种多至10个以上。强壮植株吸芽多，反之则少，甚至不抽出。

4. 块茎芽（地下芽、蘖芽） 由地下茎抽生。因受叶丛遮蔽，接受阳光少，生长细弱，结果期较迟。

（四）叶

菠萝叶革质，剑形，叶面深绿色或淡绿色，有紫色彩带。叶缘有刺或无刺。叶面中间呈凹槽状，有利于积聚雨水和露水于基部，为根及叶基幼嫩组织所吸收。从叶的横剖面看，叶片具有旱生型植物结构，表皮层外盖着蜡质，上表皮组织下面是由数层短圆柱形至长圆柱形的大型薄壁细胞构成的贮水组织，叶背银灰色，披蜡质毛状物，有较密的气孔（70~90个/cm^2），气孔上也密生蜡质毛状物，有阻隔水分蒸腾的作用，同时气孔夜间才开张（景天酸代谢植物特征），使菠萝蒸腾系数远低于其他作物。如每平方米菠萝叶24h蒸散的水分为50g，而棉花则为730g。根系吸收的水分约7%被菠萝利用作为植物体的构成成分，而一般植物只能利用0.5%以下，其余则蒸腾失去。菠萝形成1份干物质仅消耗30倍的水，而多数植物需消耗300倍以上的水。因此，菠萝有很强的抗旱力。叶片内部有较发达的通气组织，可贮存大量O_2和CO_2，有利于呼吸作用和光合作用。

不同品种叶片数目的变化很大，卡因品种最多，一株有60~80片；菲律宾品种40~60片；神湾品种最少，一般20~30片。植株的绿叶数、总叶面积与果实重量密切相关。把菠萝整个植株叶片束起时，其最高的3片叶的叶面积总和可作为营养生长及计算产量的指标。卡因品种正常植株具有35~50片绿叶即可开花结果，此时标准叶长70~100cm，全株总叶面积为1.5~2.5m^2，果实重量1.5~2.5kg。福建大南坂农场曾分析卡因品种，果重1kg，具青叶30片，每增加3片叶，果实增重200g。根据广西对菲律宾品种的分析，每片长30cm以上的青叶能增加果重20~30g。因此，果实重量与叶数、叶面积呈正相关。

(五) 花

菠萝生长到一定阶段，从植株中心茎的顶部抽出花轴，称为抽蕾。花蕾抽出前心叶变细，聚合扭曲，株心逐渐增阔，经 20～30d 开花。花序为头状花序，由肉质中轴周围的 60～200 朵小花聚合而成。小花为完全花，雄蕊 6 枚，雌蕊 1 枚，柱头 3 裂，子房下位、3 室，小花外有 1 红色苞片。开花时基部小花先开，顺序向上，整个花序开放需 25～30d（图 8-5）。

 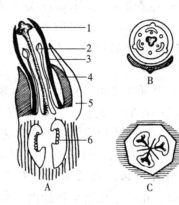

图 8-5 菠萝的花器构造
A. 花的纵切面 B. 花的模式图 C. 子房横切面
1. 雌蕊 2. 雄蕊 3. 花瓣 4. 萼片 5. 苞片 6. 胚

菠萝花芽分化正造花在 11～12 月，其他时间为二造花、三造花。用植物生长调节剂如电石、乙烯利、萘乙酸、羟基乙肼（BOH）等能诱导花芽分化，除 11 月至翌年 2 月外，几乎全年都可进行诱导，越接近自然分化期诱导越成功，植株越大诱导成花后的小花数越多、结果越大。但生长过旺的植株人工诱导花芽分化较困难，要用高浓度乙烯利或多次处理才有效果。

菠萝自然抽蕾有 3 个时期：2 月初至 3 月初抽蕾为正造花，4 月末至 5 月末抽蕾为二造花，7 月初至 7 月末抽蕾称三造花或翻花。据广西北湖园艺场 1971 年观察，菲律宾品种正造花分化在 12 月底开始，翌年 1 月底结束，至 2 月底 3 月初现红环抽蕾，全过程需 60～70d；7 月催花的 12～14d 小花分化结束，10 月催花的需 30d 才分化结束。

小花的多少与果实大小密切相关。菲律宾品种小花数为 90～100 朵时，果重为 660g；小花数为 51～62 朵时，果重 370g。植株健壮、营养充足，可增加小花数目；如营养不良、生长差或遇低温阴雨，分化小花数少而减产。

(六) 果实和种子

菠萝自花序抽生到果实成熟需 120～180d。花谢后，由花苞、萼片、子房、花柱、总花梗膨大、肉质化成为松果状复果。果实以卡因品种最大，菲律宾品种、土种次之，神湾品种最小。果形有圆筒形、圆锥形、圆柱形等，果肉有深黄、黄、淡黄、淡黄白等色。果形变化受环境及栽培条件影响，正造果生长期短，小果数少，果实也较短而呈正圆筒形；翻花果生长期较长，小果数多，果也大，但发育后期气温渐降，顶部小果发育不良，果形呈圆锥形，如早期摘除冠芽，则果顶浑圆呈圆筒形。

由于菠萝自然抽蕾有 3 个时期，果实成熟也相应分为 3 个时期。

（1）正造果 2～3 月抽蕾，6～8 月成熟，约占全年总果量的 62%。果柄粗短，裔芽多，果较小，品质好。

（2）二造果　4~5月抽蕾，9~10月采收，约占全年的25%。果形和品质与正造果差不多。

（3）三造果　6~7月抽蕾，11~12月采收，约占全年的13%。果实较大，但糖分和香味少，酸度高，纤维多，品质差。如果抽蕾晚于7月，则成熟期要延至次年1~2月。

菠萝是异花授粉（cross pollination）作物，一般自交不孕，靠风媒或虫媒授粉。同一品种即使人工授粉也不能获得种子，故一般品种均无种子。如采用不同类型的品种人工授粉杂交，则可以获得种子。人工杂交一个果最多可产生种子近千粒。种子尖卵形，深褐色。

菠萝的一生可以分为营养生长与生殖生长两个阶段，不同阶段有其本身的形态特征和对外界环境条件的一定要求。从芽的生长到花芽分化前，为营养生长阶段（vegetative growth phase），特点是营养器官体积迅速增大，此期要充分满足养分和水分的需要，尤其是氮肥。在人工控制花期的情况下，催花前1个月根据叶色和生长势适当控制水肥，则有利于花芽分化而转入第二阶段。花芽分化至果实成熟为生殖生长阶段（reproductive growth phase）。花芽分化至花蕾抽出所需时间与小花数有关，小花数又与果实产量相关。抽蕾开花、果实发育与成熟的同时，各类芽体相继成长，需要更多养分供应，故此期适时合理施肥、及时除芽、防病虫害、防晒护果对加速果实的发育、提高产量及培育强壮的吸芽有重要作用。

二、对环境条件的要求

（一）温度

菠萝原产热带地区，喜温暖，忌霜冻，以年平均温度24~27℃的地区最为适宜。亚热带地区菠萝生产的决定性因素是冬季的平均温度，美国夏威夷岛年平均温度虽然只有22.6℃，但冬季平均温度高于20℃，所以适于栽培菠萝。试验表明，冬季平均温度低于15℃的地区寒害严重，不能稳产。菠萝在我国华南地区栽培，常遇到周期性的低温霜冻危害，一般短期-1℃的低温即受害。故根据菠萝对生态环境特别是对温度的要求划分生态区域，可为发展商品生产基地提供依据。以多年最低气温平均值、极端最低温度、多年1月平均气温以及≥10℃的年积温为指标，我国菠萝生态类型区划见表8-2。

表8-2　我国菠萝生态适宜性区划气温指标

区名	最低气温平均值（℃）	极端气温（℃）	1月平均气温（℃）	≥10℃年积温（℃）
最适宜区	≥5	≥2	15~24	8 000~9 000
适宜区	2~3.9	-1~1.9	12~16	7 000~8 000
次适宜区	-1~1.9	-2.5~-1.1	10~14	6 500~7 500
不适宜区	<-1	<-2.5	<10	<6 500

菠萝叶的生长量受气候环境条件影响很大，一般6~8月定植后即迅速生长，10月天气转冷渐干旱，生长即缓慢，1~2月低温干旱，生长几乎停顿，12月至翌年2月平均只抽生

叶 0~2 片，3~4 月回暖，又开始生长，7~9 月高温多湿，生长达到高峰，月平均抽生叶 4~5 片，高者可达 7~8 片。

在寒冷干旱季节，植株生长缓慢，较弱的植株叶色变红或枯黄，而强壮的植株仍然能保持青绿，但品种间也有差异。例如，菲律宾品种、神湾品种对低温最敏感，经霜后大部分叶色变红；卡因品种则较耐寒，仅叶色变黄，叶尖干枯。

菠萝果实生长期长短、品质、大小与温度高低有密切关系。夏季果实生长发育期间温度高、水分充足，成熟需时较短，果实品质好；秋冬成熟的果实由于后期气温较低，糖分虽不减少，但含酸量增加，品质较差。

(二) 水分

菠萝耐旱性强，但生长发育仍需一定的水分。我国菠萝产区年降水量都在 1 000mm 以上，且大多集中在 4~8 月。影响菠萝栽培的主要因素是月平均降水量，总降水量虽多，但分布不均，仍需补充灌溉。月平均降水量 100mm 足以保证菠萝的正常生长，月平均降水量少于 50mm 时应进行灌溉。月、日降水量过多，土壤湿度大，会使根系腐烂，出现植株心腐或凋萎。积水浸泡 1d，根群会大量死亡，故不宜进行沟灌及地面浸灌。大雨或暴雨后需及时排水。华南地区常发生秋旱，加上地温过高（40~48℃），故植株生长缓慢，叶色发黄，影响产量，加剧凋萎病的发生，应注意灌溉。此外，菠萝园的地面覆盖能保水防旱，是一项重要的增产措施，如美国夏威夷菠萝产区，年降水量仅 997mm，但改进耕作技术，地面采用覆盖纸、敷草和适当灌溉等方法，仍获得高产。

(三) 光照

菠萝原生长在热带雨林中，比较耐阴，由于长期人工栽培驯化而对光照要求增加，充足的光照下生长良好，果实含糖量高，品质佳；光照不足则生长缓慢，果实含酸量高，品质差。Sanbond 报道（1962），光照减少 20%，产量下降 10%。但光照过强，加上高温，叶片会变成红黄色，果实也易灼伤。

(四) 土壤

菠萝对土壤的适应性较广，由于根系浅生好气，故以疏松、排水良好、富含有机质、pH 5~5.5 的沙壤土或山地红土为好。瘠薄、黏重、排水不良的土壤以及地下水位高均不利于菠萝生长。锰、铁比率高的土壤易诱发菠萝生理性缺铁。

华南菠萝产区土壤多属红壤，较瘠薄、黏重、酸性大，故建园前深翻结合施有机肥以改良土壤结构，创造一个较为良好的营养环境是菠萝丰产优质的关键措施之一。

第四节　栽培技术

一、选苗和育苗

菠萝除培育新品种用种子繁殖外，一般是用各种芽进行无性繁殖。用无性繁殖的菠萝也常发生各种不良的变异，如多冠果、鸡冠果、扇形果、多裔果、畸形果等，甚至不结果，故在繁殖采芽时应注意母株的选择。繁殖材料需选自具有品种固有优良特性、茎部粗壮、叶数多、果实大、果形端正、无病虫害特别是无灰粉蚧的健壮植株。菠萝种苗的繁殖方法有营养体繁殖和离体繁殖等。

(一) 营养体繁殖

1. 吸芽繁殖 用作种苗的吸芽要充分成熟，凡叶身变硬、开张、长 25～35cm、剥去基部叶片后现出褐色小根点，即为成熟的表现。一般采果后即可摘下作种苗用。卡因品种吸芽少，多留作后继母株，很少用作种苗。

吸芽的大小与结果迟早有关。用较大的吸芽种植 1 年便可开花结果。但过大的吸芽种植后不久即抽蕾结果，果实细小，不宜采用。

2. 冠芽繁殖 用冠芽繁殖的植株果大，开花整齐，成熟期较一致，种后 24 个月可开花结果。摘除冠芽的适宜时期是：芽长约 20cm，叶身变硬，上部开张，基部变窄（俗称"揸腰散尾"），且有幼根出现时即可摘下。广州卡因品种约在 6 月采下作种苗，广西菲律宾品种在 7 月正造果收获时采下。

3. 裔芽繁殖 裔芽发生多会影响果实发育，应分批摘下栽植。定植后经 18～24 个月可结果。

此外，上述各类芽体的叶腋上也有腋芽，为增加苗数、加速繁殖，可去掉中央生长点或把芽体纵切成 2～4 片，在苗床育苗，促使更多腋芽萌发，扩大繁殖系数。

4. 茎部繁殖 菠萝可利用采果后老茎上的大量休眠芽可萌发成芽苗的特性，进行多次分苗，增加繁殖率，以加快育苗速度。

（1）老茎就地分株 收果后的老茎上抽出的吸芽，待长至 20～30cm 高时，分批摘下，每一老茎可获 6～8 个种苗。

（2）全茎埋植 将老茎挖出，削去大部分叶片，只留 3～4cm 长的叶基以保护休眠芽，并剪去缠绕在茎上的根。晾晒 1～2d 后，将全部茎埋植在苗床，待出苗后，分批摘除大芽种植。

（3）老茎纵切或横切 将老茎的叶、根清除后，纵切 2～4 片或横切成 2cm 厚，每片带有数个休眠芽的切片，在切口上撒草木灰或浸 5% 高锰酸钾液 10min 进行消毒，晾干后分类种在畦上。纵切的，种时在种植沟内按每隔 6cm 距离斜摆 1 片，切面向下，肥料撒在切片周围，盖土以露出茎上端 3～4cm 长为度，最后全面覆盖薄草一层。横切片则需平植，用清洁河沙覆盖，以不露出切面为度。出苗后，分批切出合格的芽苗。全茎埋植及老茎纵切或横切的繁殖方法现已较少采用。

5. 带芽叶插 将繁殖材料（冠芽、裔芽和吸芽）基部叶片剥去，至见到叶片中央有芽点时，把叶片带芽的茎组织切下成带芽叶片，继续切取至幼嫩的中心叶不带芽为止。叶插的苗床底部先填充 15cm 厚的塘泥，上铺一层厚 2～3cm 的洁净河沙，将带芽叶片斜插于苗床，深 0.5～1.0cm，以埋没腋芽为度。注意保持适当湿度，20d 后可见芽点膨大，约 30d 幼芽已萌发，芽基发生新根，70～80d 后当芽长 5cm 左右并有几条幼根时，即可移苗假植。

(二) 离体繁殖

用菠萝的叶基白色组织、花蕾、休眠小腋芽、茎尖等为外植体，均可诱导分化出完整的植株。采用刚成熟果实上的冠芽中层叶片基部 6～8mm 的白色部分的叶段诱导成功率最高。较理想的叶组织培养基是 1/2MS 培养基，添加 2,4-D 0.2～1.6mg/L + 6-BA 1～2mg/L，蔗糖浓度 2%～6%，pH5.6～5.8。温度控制在 22～30℃，每天光照 10～12h，光照度 1 500 lx 左右。叶片外植体培养出来的幼苗变异较多，茎尖为组织培养的幼苗变异率约为 7%，生产上应注意剔除变异株。

二、建园与种植

(一) 园地的选择

菠萝园区应选择坐北朝南、冬春无严寒、阳光充足、交通方便、土层深厚疏松的地方。山地的坡度为5°～25°，不能超过25°。坡地要做好水土保持工程，否则水土流失，根群裸露，培土困难，植株容易早衰。山脚洼地，虽然土层深厚肥沃，保水力强，但霜害严重，不宜种植菠萝。

(二) 开垦整地

新垦菠萝园根除硬骨草、茅草等杂草，以免幼龄期杂草丛生，影响菠萝生长，缩短结果年限。开垦深度要达30cm，开垦时要注意多犁少耙，尽量保持土块直径在5～6cm大小。若犁耙过碎，容易板结，透性不良，而且细土易溅积于心叶内，妨碍新叶抽生。

种植菠萝的畦式有3种，即平畦、垄畦和浅沟畦。15°左右的缓坡可用平畦，即全垦后，按距离分幅，幅内分畦，畦面宽100～150cm，畦沟宽30～40cm，深25cm。较陡的山坡采用垄畦整地，即用泥块、草皮块垄成畦，心土放在畦面，种苗栽在垄起的草皮、泥块中，表土深厚、疏松通气、排水良好，但费工多，外壁易生草，易受干旱。也可开成100cm宽的浅沟种植。

在保水保肥力差的沙砾土的山地，宜采用深沟种植，菠萝种在比地面低20cm的土层里，可起到保水保肥的作用。但在排水难的地形或黏重土中易积水烂根，不宜采用。

(三) 定植

1. 定植时期与定植方法 在华南地区4～9月均可种植，主要决定于种苗是否充实，气候条件是否适于根系生长。菠萝种植期在4～5月、6～7月和8～9月，以8～9月较好，此时芽苗生长充实，气温高，雨水渐少，适于菠萝生长且腐烂较少，翌年春生长提早。广西亦多在8～9月秋植。菲律宾品种采果时可充分利用摘下的冠芽、裔芽及收果后疏除的地下芽和过多的吸芽作种苗。3～5月种植是利用第二次分苗或育成的种苗，植后气温逐渐升高，雨水增多，发根快。

基肥是菠萝生长的重要基础，对植株的生长量、抽蕾率、果实大小、总产量及吸芽、裔芽抽生数都有重要的影响（表8-3）。

定植前将芽苗分类、分级、分片种植，使生长势和收获期一致。种植时将芽苗基部数片小叶剥去，露出根点，以利发根。种植深度视芽苗大小及地势不同而定，吸芽可种10cm深；裔芽可浅些，约6cm；冠芽更浅，约4cm，以生长点不没入土中为原则。种后将苗株四周的泥土稍加压紧，以防倒伏。

表8-3 施用基肥对卡因菠萝生长结果的影响
（广西南宁园艺场）

施肥处理	冠幅(cm)	标准叶			平均每株叶数(片)	抽蕾率(%)	果实纵横径(cm×cm)	冠芽数(个)	裔芽数(个)	吸芽数(个)	每667m²产量(kg)
		叶长(cm)	叶宽(cm)	叶重(g)							
施用基肥	168	101	6.1	80	38.2	98	15.5×9.7	1.0	2.7	1.2	1 782.5
不施基肥	135	78.6	5.4	55	26.7	15	11.3×8.3	1.0	1.1	0.5	273.0

2. 定植密度与方式 菠萝的栽植密度与生长发育、产量和果实品质有密切的关系。在一定密度范围内产量随株数的增加而递增，但单果重、吸芽数则随株数的增加而递减。

种植密度应根据品种、种苗、土壤、气候条件、栽培管理水平和果实用途来确定。卡因类植株大，果实大，应适当疏植；皇后类植株和果实较小，应适当密植。根据目前的管理水平和以罐头原料为生产目的，种植密度卡因类为 45 000～60 000 株/hm^2，皇后类为 60 000～75 000 株/hm^2，坡度超过 15°的丘陵地种植密度可适当小些。

栽植方式有双行单株、三行单株和多行单株等。以双行单株品字形排列比较优越，因株间紧靠，叶片伸向畦间生长，能充分利用阳光和自行荫蔽，且减少畦沟杂草。双行种植，畦沟宽 1.2～1.5m，行距 50cm，株距 20～30cm。

三、施肥培土与土壤覆盖

(一) 施肥

据美国夏威夷和几内亚的研究，菠萝的营养吸收量相当高，不同条件下营养吸收量有相当大的差异（表 8-4）。

表 8-4 每生产 1t 菠萝果实的全株养分总吸收量（kg）

测定地点	N	P_2O_5	K_2O	CaO	MgO
几内亚	3.75	1.07	7.36	2.22	0.78
夏威夷	6.98	1.54	20.80	5.18	0.25

菠萝对钾的需求比氮多，对磷的需求则较少，但是氮对菠萝植株生长和果实产量有决定性作用。植株氮营养充足，生长健壮，果大。但是氮肥过多，生长过旺，花芽分化难，糖酸含量低，果心大。植株成长和果实发育均需钾，钾肥充足则叶多而大，着花早，果大而重，糖酸含量高，果梗粗壮而不易倒伏。钾肥过多，果实含酸量多，果心大，果肉色浅淡，在酸性沙土上施钾过多还会导致缺镁。菠萝需磷不多，花芽分化期和果实发育期需要有充足的磷营养。但磷过量会导致果小而减产，一般磷在定植时作基肥施用，并在以后的叶面施肥中加以补充即可。

亚热带地区肥料利用率一般只有 40%，因此，实际施肥量远远高于吸收量。广西园艺研究所认为，菠萝叶片营养适宜值为氮 1.5%～2.5%、磷 0.15%～0.35%、钾 2%～3%、钙 0.3%～0.5%、镁 0.3%～0.4%，可以作为叶分析决定施肥量的参考。

施肥量及氮、磷、钾比例由土壤、气候、品种、种植密度、生产周期及产量等因素决定。热带产区的光、热、水条件优越，土壤较肥沃，施肥量较少，产量也较高；而南亚热带产区，由于土壤贫瘠且有季节性干旱和低温等因素的影响，施肥量虽较多，但产量不高。现将各地的菠萝施肥量及氮、磷、钾比例列表如下（表 8-5）。

表 8-5 世界与我国产区施肥量及三要素比例
(刘佩珍，1987)

产区	N (kg/hm^2)	P_2O_5 (kg/hm^2)	K_2O (kg/hm^2)	$m_N:m_P:m_K$
中国台湾省	450～675	75～150	300～600	1:0.2:0.8
中国广西壮族自治区	636	402	577.5	1:0.62:0.9
中国广东省	583.5	135	310.5	1:0.23:0.5

(续)

产区	N (kg/hm²)	P₂O₅ (kg/hm²)	K₂O (kg/hm²)	$m_N:m_P:m_K$
泰国道尔公司	1 365	315	262.5	1:0.23:0.18
美国夏威夷	142.5	57	232.5	1:0.4:1.6
南非东开普省	547.5	150	697.5	1:0.3:1.3
马来西亚	78	51	205.5	1:0.7:2.7

福建、广东、广西菠萝产区现行施肥时期及用量如下：

1. 基肥 12月至次年1月于抽蕾前施下，目的是壮大花蕾。每667m²用60kg磷肥与农家肥混合，每株0.5～1.0kg，开沟或穴施于植株周围。

2. 第一次追肥 4～5月是果实发育和各种芽抽生的盛期，需养分较多。每株可施用硫酸铵10～50g，促果实壮大和催芽。

3. 第二次追肥 7～8月采果后施的一次重肥。此时正造果已收完，二造果将成熟，母株上的吸芽正迅速成长，需要充足的养分供应，如此时肥料供应不足，则吸芽抽生迟，不够健壮，将推迟次年的结果期。应以速效液肥为主，每公顷可用尿素75kg对水15 000kg或用腐熟人粪尿22 500kg施于基部。

4. 第三次追肥 菠萝花芽分化期集中在12月中下旬，故在花芽分化前1个月（11月中下旬）施肥效果最好，可以增加小花数、果重和结实率，还可增强植株的抗寒能力。

此外，可在生长期进行数次根外追肥，可用0.5%～1%尿素喷施叶片。采果前2个月则以喷施钾肥为主，可增加果实含糖量，硫酸钾、窑灰钾1%～2%均有效。

（二）培土与除草

菠萝结果后代替母株结果的吸芽自叶腋抽生，故位置逐年上升，吸芽的气生根不能直接伸入土中吸收养分和水分，势必削弱生长势，结果后容易倒伏、早衰，故需及时培土。培土与除草和采果后清园施重肥相结合。培土的高度要盖过吸芽的基部，同时整修畦沟。收获一次果实，生产上不要培土。

刚种的菠萝苗矮小，如果未用地膜或草覆盖畦面，杂草会很快生长，影响幼苗生长与田间作业。化学除草省工、省时、费用低，常用的除草剂有20%百草枯和41%草甘膦。使用除草剂时，应注意喷头放低，防止喷到菠萝叶片和心部。

（三）土壤覆盖

土壤覆盖是华南红壤丘陵地区发展菠萝生产的一项增产措施。菠萝园土壤覆盖能减轻土壤水分蒸发，使土壤湿润松软，增加土壤有机质，夏秋降温，促进菠萝生长，提高产量和品质，还能防止水土流失，有效抑制杂草，减少锄草用工等。覆盖物可用可降解塑料薄膜、稻草、绿肥及沥青纸等。以沥青纸效果最好，其次为稻草、绿肥，野草最差。用沥青纸覆盖成本高，难以大面积推广。采用黑色地膜覆盖效果亦好。

四、除芽与留芽

菠萝植株开花结果后，各种芽体相继抽生，如全部保留，势必影响果实的生长发育和母株的生长，故需适时进行除芽和留芽工作。

1. 除冠芽 挖顶和封顶是摘除冠芽的一项技术，能抑制冠芽生长，集中养分供果实生长发育，使果顶浑圆，成熟提早，单果平均可增重10g左右。做法是在菠萝开花占全花序1/3~1/2，菲律宾品种和卡因品种冠芽长分别为1cm和3~5cm时，用狭长尖刀在第三层小叶处插入，将冠芽的生长点并带几片心叶挖出，称为挖顶。待冠芽长至5~6cm时，用手摘断，称为封顶。封顶必须适时适度，不能过早、过深，否则会损伤果顶组织和影响小果发育。封顶过迟，果顶伤口大，愈合不完全，果肉纤维硬化，降低品质。封顶过浅，仍会抽出小冠芽。鲜食果不除冠芽。

2. 除裔芽 果实基部和果柄上的裔芽，特别在封顶后生长很快，影响果实发育。裔芽多时应分批摘除；如一次摘除则伤口太多，果柄易干缩，果实倾斜，易遭日灼，并过早黄熟而减产。如要留作种苗用，可选留低位的1~2个裔芽。

3. 吸芽和块茎芽的选留 吸芽是次年的结果母株，发生的数量、迟早和位置的高低影响次年的产量和品质。植株健壮，吸芽抽生早、数量多而位置较低。如菲律宾品种每公顷种植45 000~60 000株的密度下，可以获得足够吸芽保证次年的产量。选留原则是去弱留壮，每一母株留低位吸芽1~2个，菲律宾品种每公顷约留75 000株，卡因留45 000株。如果吸芽位置偏高，则留吸芽、块茎芽各1个。块茎芽虽生长较弱，结果迟，果实小，但着生位置低，便于培土，植株不易倒伏，将来抽生的吸芽位置也低，可延长菠萝园的寿命。留双吸芽的要注意不要选留着生在同一个方向的2个芽，以免过于密集，影响吸芽生长。

五、植物生长调节剂的应用

（一）控制花期与结果

菠萝按自然采收期可分为夏果和冬果。夏果占全年产量的80%左右，成熟期过于集中，并处于高温多湿季节。实行人工催花，可以缩短生长期，提前收果，避免寒害；更重要的是可以控制产果期，调节收获季节，分期分批供应加工原料，满足市场需要，减少在高温的夏季收果所造成的损失。催花的药物有碳化钙（电石）、萘乙酸和乙烯利等。

1. 碳化钙（电石） 原理是电石加水后产生不饱和乙炔气体，促使花芽分化，提早开花。施用时将电石粉粒0.5~1g放入株心，加入30~50ml水，或用溶解后的电石溶液50ml灌心。在晨间有雾水时施用效果较好。现在多用乙烯利替代碳化钙。

2. 乙烯利 乙烯利是乙烯发生剂，处理后能促使菠萝花芽分化。一般使用浓度250~500mg/L较适宜。每株注入药液30~50ml，催花效果显著，抽蕾率高，抽蕾期短，成本低，使用方法简便而且安全，比电石处理更为有利。广东省果树研究所等对菠萝进行催花发现，用乙烯利250mg/L+2%尿素对卡因品种灌心，每株灌注50ml，抽蕾率高达98%，抽蕾期和采收期提早10d左右。如菲律宾品种灌心5d后即开始花芽分化，经25~28d可抽蕾，抽蕾率达90%，反应比卡因品种好，缺点是心叶生长受抑制。

3. 萘乙酸或萘乙酸钠 一般每株使用50ml，浓度为15~20mg/L。处理后约35d抽蕾，抽蕾率达60%，健壮植株可达90%以上。其药性稳定，用量少，成本低，使用简便。

催花用药浓度与效果视季节、品种和植株生长强弱而异。一般高温季节使用较低浓度也能获得较高的抽蕾率，处理后到抽蕾所需天数也较短；气温下降后要使用较高的浓度，才有较高的抽蕾率。

不论植株大小、生长势强弱，各种药物均可收到催花效果，但结果期、果重与植株的生长量、生长势呈正相关。因此催花处理的植株，卡因品种需株龄16个月以上，具有长80cm

以上的青叶 30~35 片,菲律宾品种 25 片以上,产量才不会减少,平均单果重可达 1kg 左右。此外,植物生长调节剂不能代替肥料,催花前后要加强水肥管理。

(二)壮果与催熟

喷洒植物生长调节剂能促进果实生长发育,增加产量。在小花开放 1/2 和谢花后用 50~100mg/L 赤霉素加 1% 尿素喷 2 次,单果平均增重约 100g,一、二级果增加 4.9%,冬果比夏果增重更显著。成熟时果色金黄,果眼亦较饱满圆平,但成熟期推迟 7~10d。萘乙酸 500mg/L 于开花末期喷果,可增产 13% 以上。在采收前 1~2 周用乙烯利 1 500~2 000 mg/L 喷果,可促进果实各部分成熟均匀,成熟期一致,减少采收次数。

(三)人工催芽

广东省果树研究所等进行试验,对 1 个月前曾用电石和乙烯利催花的卡因品种每株选低位叶 2 片,每片叶腋注入乙烯利药液 10ml,结果表明,浓度为 25~500mg/L 的乙烯利催芽有效,以浓度为 25~75mg/L 效果较好。经处理的植株平均每株吸芽数为 1.8~2.3 个,对照 1.0 个,但抽芽期并未提早。催生的吸芽位置低,解决了密植园吸芽少、芽位高的矛盾。

六、植株保护

(一)防晒护果

正造果在炎热的 6~8 月成熟,易发生日灼病,必须在收获前 1 个月做好护果工作。可用本身叶片束扎遮盖果实,或用稻草、杂草遮盖保护。在合理密植后,浓密的绿叶层起保护作用,可减轻防晒工作。

(二)防霜冻

华南地区栽种菠萝常遇到冬季低温阴雨和霜冻天气的危害,产量不稳定。如 1999 和 2008 年的 12 月华南地区普遍出现霜冻和冻雨,菲律宾品种菠萝叶面和株心有结冰现象,叶片大部分干枯死亡,部分生长点冻坏,心叶腐烂,果实受冻黑心变质霉烂。

1. 防寒 因地制宜地进行防寒保护、安全越冬是菠萝稳产高产的重要措施之一。常用的防寒方法有:

(1) 束叶 冬季将整株叶片束起,利用老叶保护嫩叶和心叶。在一般霜冻及冷风雨天气能减少心叶受害,冻后转青快,但在严重寒害情况下,大部分叶片仍受冻干枯,并出现大量烂心苗,效果不显著。

(2) 盖草 每公顷用稻草或其他杂草 6 000~7 500kg 覆盖菠萝植株顶部,以保护生长点。翌春稻草仍可用作畦面覆盖。此法对防霜的效果最好,但若低温伴随冷雨,防寒效果较差,因冷雨灌入心部,易引起烂心,同时碎草落入株心,积存冷水的时间更长。植株长时间盖草得不到阳光照射,光合作用减弱,降低抗寒力。

(3) 覆盖塑料薄膜 出现冷雨寒害兼有霜冻的情况下,以覆盖塑料薄膜效果最好。

(4) 霜冻后洗霜 此法适用于苗圃和水源便利的地方。

(5) 熏烟法 此法在低洼山沟效果较好。面积大且处于开阔山地的菠萝园,草料缺乏,堆草熏烟法很少采用。

2. 受冻挽救 植株受冻后,可采取以下几种挽救措施:

(1) 施肥培土 对心叶未受害的植株,及时割除干枯的叶片,增强通风透光,加强施肥培土,每株施入混有氮、磷、钾速效化肥的土杂肥 250~500g,施后培土以促进新根新叶抽生。

(2) 及时根外追肥 植株受冻后，细根多死亡，吸收力弱，要进行多次根外追肥，促使迅速恢复生长，争取二造果补回损失。

(3) 翻种更新 对受害严重的菠萝园应起苗翻种。翻种区要施足基肥，每株施土杂肥500g以上。广西菠萝产区曾经连续遭受霜冻威胁，损失较大，但由于增加翻新种植面积，总产仍较稳定，单产维持在9 750～12 000kg/hm²。

七、采 收

果实成熟的标志是果皮由绿色变成该品种成熟时所特有的黄色或橙黄色，具光泽；果肉由白色逐渐转变成淡黄色或黄色，呈半透明状；硬度由硬变软，果汁明显增加，糖分提高，具有浓郁香味。根据菠萝的果面色泽可分成4种外观成熟度。

成熟度Ⅰ：果眼饱满，全果仍以绿色为主，但果缝已隐有黄色。

成熟度Ⅱ：果眼饱满，果底开始出现橘黄色。

成熟度Ⅲ：从果实下部1/4为橘黄色发展到果实的一半为橘黄色。

成熟度Ⅳ：从果实的一半为橘黄色发展到整个果实为橘黄色。

确定菠萝实际成熟度的方法还可以在菠萝的中段横断面检查果肉状况。达到成熟度Ⅳ的果实，其横断面表面（不包括核心部分）有一半以上呈半透明，果肉弹性较好。半透明的区域越小，就越趋于成熟度Ⅰ，甚至低于成熟度Ⅰ。

过早采收的果实虽能后熟变黄，但含糖量低，香味差，品质不佳。当小果间裂缝大、青色时已有一定的成熟度，用800～1 000mg/L乙烯利喷洒果面，可使果实成熟均匀，并提早7～15d采收，但果实风味稍差。

采收时间以早上露水干后为宜。阴雨天不宜采收，以免发生果腐病。供鲜食的果实采时用刀切取，保留2cm长的果柄，小心轻放，避免机械伤。供加工的果实采收时可直接摘果。夏天在高温季节收果要堆放在通风透气的地方，以免烂果。

八、菠萝园的生产更新周期

菠萝从开垦种植到淘汰称为一个周期。过去沿用稀植，8～9年为一个周期，周期总产为每667m² 3 000～4 000kg。菠萝植株所留吸芽的位置逐步上升，对水分和养分的吸收及运输日渐困难，因此，植株采果后用于培土压苗、补苗所用的成本越来越高，生产的经济效益逐年下降。近年来，推广密植、催花、根外追肥等技术，单位面积产量显著增加，把菠萝园生产周期缩短到3～4年，周期总产亦可达每667m² 4 000～6 000kg，经济效益明显提高。3～4年二造制生产周期模式见表8-6。

表8-6 菠萝生产周期（广西）

品种	苗类	种植时期	头造果		二造果		生产周期
			催花期	采收期	催花期	采收期	
卡因	吸芽（大、壮）	3月	次年3月	次年9月	第三年6月	第三年12月	34个月
卡因	顶芽、裔芽（大、壮）	9月	第三年3月	第三年9月	第五年3月	第五年9月	48个月
皇后	吸芽（大、壮）	3月	次年3月	次年7月下旬	第三年6月	第三年11月	33个月
皇后	顶芽、裔芽（标准苗）	8月	第三年3月	第三年7月下旬	第四年6月	第四年11月	39个月

老园更新的做法是：对丘陵地果园更新，先清理出能利用的芽苗，进行全园翻耕，将残株翻入土中，经风化1个月后，再进行2次翻耕晒土，做畦施肥即可供种植。为了恢复地力，改善菠萝园营养环境条件，必须建立绿肥—菠萝轮作制，使菠萝生产建立在不断提高土壤肥力的可靠的物质基础上。

（执笔人：唐志鹏）

主 要 参 考 文 献

陈志峰，潘少霖，庄文彬，等.2008.菠萝高效栽培技术［J］.福建农业科技（4）：21-23.

董定超，李玉萍，梁伟红，等.2008.近十年世界菠萝的生产贸易现状［J］.热带农业科学，28（2）：59-63.

洪涛，林主华，冯亦玺.2007.菠萝丰产优质标准化栽培［J］.广西园艺，18（4）：17-18.

李渊林，曾小红，孙光明.2008.国外菠萝品种资源［J］.世界农业，345（1）：55-58.

梁侠.2006.广西菠萝产业的主要问题及发展对策［J］.福建果树，139：34-36.

刘传和，刘岩，易干军，等.2008.地膜覆盖对菠萝植株有关生理指标的影响［J］.热带作物学报，29（5）：546-550.

刘卫国，易干军，刘岩，等.2008.菠萝种质鉴定及亲缘关系的AFLP分析［J］.果树学报，25（4）：516-520.

刘岩，钟云，孟祥春，等.2006.菠萝新品种'粤脆'［J］.园艺学报，33（1）：214.

徐迟默，杨连珍.2007.菠萝科技研究进展［J］.华南热带农业大学学报，13（3）：24-29.

钟云，刘岩，柯开文，等.2006.不同种植密度菠萝的光合特性研究初报［J］.广东农业科学（3）：34-35.

推 荐 读 物

甘廉生，等.1990.柑橘、荔枝、香蕉、菠萝优质丰产栽培法［M］.北京：金盾出版社.

刘荣光，等.1993.菠萝高产栽培技术［M］.南宁：广西科学技术出版社.

翁树章，等.2001.菠萝早结丰产栽培［M］.广州：广东科学技术出版社.

第九章 杧 果

第一节 概 述

一、栽培意义

杧果（mango，檬果）是世界十大水果之一，有热带果王之称。杧果成熟初期果实较酸、有涩味，成熟后果肉嫩滑多汁，香甜适口，营养价值高。杧果果肉富含人类所需的维生素A、维生素B_1、维生素C、糖类、蛋白质和钙、铁等矿物营养元素。此外，杧果果肉中还含有丰富的类黄酮、类胡萝卜素、杧果苷等具有较强抗氧化活性的次生代谢物质，对人体有较好的保健作用。果实除鲜食外，还可以加工成罐头、果汁、蜜饯及发酵制取酒精或醋酸，叶片可制药，种子可提取淀粉，果皮提炼漆树酸，树皮也用于制革。杧果树形美观，遮阴性好，是美化绿化环境的首选树种，也是一种蜜源植物。

杧果树为高大常绿乔木，速生快长，抗逆性强，寿命长达400~500年，容易栽培，结果早，种植后2~3年开始结果，产量较高，经济寿命长，结果年龄一般都在50年以上。

二、起源与分布

杧果原产于亚洲东南部的热带地区，北自印度东部，中经缅甸，南至马来西亚。早在公元前2 000多年，印度民间文学就有杧果的描述。公元前5世纪至公元前4世纪，杧果随着佛教僧侣的活动而传播，首先传到越南、泰国、柬埔寨、斯里兰卡。公元前3世纪亚历山大军队入侵印度，把杧果带回欧洲。14~15世纪葡萄牙人开始从中南半岛把杧果传到伊斯兰教统治的岛屿。16世纪初西班牙的航海家带着杧果从印度传到吕宋岛（Luzon Island）上，葡萄牙人又在靠近孟买的果阿（Goa）将杧果运到非洲的南部，1700年又传入巴西；同时，西班牙人在菲律宾与墨西哥海岸贸易交往中，将杧果引进美洲。拉丁美洲的牙买加人在1782年从巴巴多斯（Barbados）引进第一批杧果。太平洋中的夏威夷群岛于1809年从墨西哥引入杧果，1861年在美国的佛罗里达州开始种植。此后，杧果引到世界的热带、亚热带国家和地区。

相传我国杧果是唐玄奘于632—645年到西域取经时从印度引入，距今已有1 300多年的历史。作为我国物产记载的杧果，最初见于明嘉靖十四年（1535）刻、戴璟修的《广东通志初稿》记载："果，种传外国，实大如鹅子状，生则酸，熟则甜，惟新会、香山有之。"清乾隆二十四年（1759）刻的《广州府志》则记载："蜜望，树高数丈，花开极繁，蜜蜂望之而喜，故名。"其后的《肇庆府志》称"蜜望一名莽果"，同治九年（1870）编的《广州府志》称"蜜望，即杧果。"

全世界有90多个国家栽培杧果，从地理位置上看，北至我国四川的南部和日本南部岛屿，南至南部非洲，横跨南、北纬30°之间。2009年全世界的杧果栽培面积474.58万hm^2，产量 3 503.56 万 t，以亚洲杧果栽培面积最大、产量最多，约占全球产量的 77%，中、北美洲占 6%，南美洲占 7.5%，非洲占 9.5%。世界上栽培杧果历史最久、面积最大的国家首推印度，其栽培历史有 4 000 多年，现有栽培面积约 214 万 hm^2，产量近 1 360 万 t，占世界总产量的 39%，之后依次是中国约 417.67 万 t，泰国 246.98 万 t，印度尼西亚 215 万 t，墨西哥 186 万 t，此外亚洲的巴基斯坦、菲律宾、孟加拉国、缅甸、越南、柬埔寨、老挝、马来西亚、斯里兰卡等国，北美洲和中美洲的海地、多米尼加和美国，南美洲的巴西和委内瑞拉，非洲的马达加斯加、坦桑尼亚、扎伊尔、埃及和苏丹等国也有栽培。

我国杧果主要分布于海南、台湾、广西、广东、云南、四川和福建等地。海南是我国杧果种植的第一大省，全省均有杧果分布，其中以西南部的三亚、乐东、东方、陵水、昌江和儋州等县（市）栽培较多。广西主要分布在桂南、桂西南地区，以右江干热河谷的右江区、田东、田阳等区县为主产区。广东省除粤北山区外，大部分地区均有杧果种植，但以雷州半岛西南海岸种植最为集中。云南杧果主要分布于红河、金沙江、怒江和澜沧江四大流域的干热河谷区域，以华坪、永德、元江、景谷、保山隆阳区潞江坝等区县种植最为集中。四川省近十几年才规模化种植杧果，且发展较快，目前主要集中种植于攀西地区金沙江干热河谷流域的仁和区、盐边县、米易县、宁南县、会理县、会东县等区县。福建省仅在闽南地区有零星种植。台湾则分布于中南部的台南、屏东、高雄等县市。

第二节 种类及主要品种

一、杧果属的分类

杧果（*Mangifera indica* L.）属于漆树科（Anacardiaceae）杧果属（*Mangifera*），该属共有 69 种，分别是：

杧果属（Genus *Mangifera*）

　杧果亚属（Subgenus *Mangifera*）

　　皱种组（Section *Marchandora* Pierre）

　　　（1）吉地杧（*M. gedebe* Miq）

　　完全花组（Section *Euantherae* Pierre）

　　　（2）美脉杧（*M. caloneura* Kurz）

　　　（3）越南杧（*M. cochinchinensis* Engler）

　　　（4）五蕊杧（*M. pentandra* Hooker f.）

　　沼泽组（Section *Rawa* Kosterm）

　　　（5）安达曼杧（*M. andamanica* King）

　　　（6）细柄杧（*M. gracilipes* Hooker f.）

　　　（7）格力夫杧（*M. griffithii* Hooker f.）

　　　（8）梅氏杧（*M. merrillii* Mukherji）

　　　（9）小叶杧（*M. microphylla* Griff. ex Hooker f.）

　　　（10）微叶杧（*M. minutifolia* Evard）

　　　（11）印度尼科巴杧（*M. nicobarica* Kosterm.）

　　　（12）沼泽杧（*M. paludosa* Kosterm.）

(13) 细叶杧（*M. parvifolia* Boerl. & Koorders）

杧果组（Section *Mangifera* Ding Hou）

　　(14) 巴禾杧（*M. altissima* Blanco）
　　(15) 扁杧（*M. applanata* Kosterm.）
　　(16) 南印度杧（*M. austro-indica* Kosterm.）
　　(17) 滇南杧（*M. austro-yunnanensis* Hu）
　　(18) 卡杜杧（*M. casturi* Kosterm.）
　　(19) 丘陵杧（*M. collina* Kosterm.）
　　(20) 德威杧（*M. dewildei* Kosterm.）
　　(21) 东纳杧（*M. dongnaiensis* Pierre）
　　(22) 黄色杧（*M. flava* Evard）
　　(23) 杧果（*M. indica* L.）
　　(24) 拉里吉哇杧（*M. lalijiwa* Kosterm.）
　　(25) 蒙泽杧（*M. laurina* Bl.）
　　(26) 线叶杧〔*M. linearifolia* (Mukherji) Kosterm.〕
　　(27) 长柄杧（*M. longipetiolata* King）
　　(28) 大杧（*M. magnifica* Kochummen）
　　(29) 小果杧（*M. minor* Bl.）
　　(30) 单雄蕊杧（*M. monandra* Merr.）
　　(31) 短尖杧（*M. mucronulata* Bl.）
　　(32) 长叶杧（*M. oblongifolia* Hooker f.）
　　(33) 山地杧（*M. orophila* Kosterm.）
　　(34) 花梗杧（*M. pedicellata* Kosterm.）
　　(35) 假杧（*M. pseudo-indica* Kosterm.）
　　(36) 四裂杧（*M. quadrifida* Jack）
　　(37) 硬皮杧（*M. rigida* Bl.）
　　(38) 红瓣杧（*M. rubropetala* Kosterm.）
　　(39) 红脉杧（*M. rufocostata* Kosterm.）
　　(40) 相似杧（*M. similes* Bl.）
　　(41) 印尼苏拉威西杧（*M. sulauesiana* Kosterm.）
　　(42) 印尼松巴哇杧（*M. sumbawaensis* Kosterm.）
　　(43) 林生杧（*M. sylvatica* Roxb.）
　　(44) 樱桃杧（*M. swintonioides* Kosterm.）
　　(45) 帝汶杧（*M. timorensis* Bl.）
　　(46) 扭曲杧（*M. torquenda* Kosterm.）
　　(47) 锡兰杧〔*M. zeylanica* (Bl.) Hooker f.〕

异味杧果亚属〔Subgenus *Limus* (Marchand) Kosterm.〕

　　落叶组（Section deciduae）

　　　(48) 柯士达（*M. blommesteimii* Kosterm.）
　　　(49) 蓝灰杧（*M. caesia* Jack）

(50) 十蕊杧 (*M. decandra* Ding Hou)

(51) 褐杧 (*M. kemanga* Bl.)

(52) 葫芦杧 (*M. lagenifera* Griff)

(53) 帕江 (*M. pajang* Kosterm.)

(54) 华丽杧 (*M. superba* Hooker f.)

常绿组 (Section perrennis)

(55) 异味杧 (*M. foetida* Lour)

(56) 雷柱芘杧 (*M. leschenaultii* Marchand)

(57) 大果杧 (*M. macrocarpa* Bl.)

(58) 香杧 (*M. odorata* Griff.)

未明确类型的种类 (species of uncertain position)

(59) 尖芽杧 (*M. acutigemma* Kosterm.)

(60) 邦帕尔杧 (*M. bompardii* Kosterm.)

(61) 水泡杧 (*M. bullata* Kosterm.)

(62) 弯子杧 (*M. campospermoides* Kosterm.)

(63) 冬杧 (*M. hiemalis* J. Y. Liang)

(64) 缅加杧 (*M. maingayii* Hooker f.)

(65) 扁桃杧 (*M. persiciformis* Wu & Ming)

(66) 无柄杧 (*M. subsessifolia* Kosterm.)

(67) 太帕杧 (*M. taipa* Buch Hamilton)

(68) 巴厘 (*M. transverbalis* Kosterm.)

(69) 尤塔纳杧 (*M. utana* Utana)

除杧果 (*M. indica* L.) 外，其他可供食用的种至少有26种。蓝灰杧在爪哇岛有种植，在杧果的淡季结果；异味杧果肉较涩，有少量栽培，可作杧果的砧木，果可腌制凉果；褐杧和巴禾杧的果实可鲜食和做色拉；香杧生长在菲律宾和印度尼西亚，果实最大，可作杧果的砧木；蒙泽杧和五蕊杧作色拉配料深受欢迎；格力夫杧、小果杧、单雄蕊杧、四裂杧和相似杧的果实可食用，具有开发潜力 (Mukherjee, 1997)。

历史上杧果栽培多采用实生繁殖，产生了1 000多个栽培品种。目前杧果品种的分类方法仍欠缺系统性，多数是以下列15个性状来分类：①花蜜盘的形状；②能育雄蕊的数量；③种腔有无；④花序第二分枝的形状；⑤花序的绒毛状；⑥花瓣内表皮瓣脉的数量、形状及着生位置；⑦花瓣的形状和大小；⑧花4基数或5基数；⑨叶脉形状；⑩叶片形状；⑪叶片质地；⑫落叶性；⑬花的颜色；⑭果实形状、颜色、果皮光滑度；⑮果核纤维的数量和大小等。相信以后借助分子标记方法将有助于杧果的系统性和科学性分类。

目前的分类方法，有按代表品种、果实形态、种胚特点和生态型分类。按种胚特点可分为单胚性的亚热带组（印度类型）和多胚性的热带组（东南亚类型）。按生态型并参考种胚特点可分成三大品种群：①印度杧果品种群，代表品种有秋杧（Neelum）、阿方苏（Alphonso）和山达沙（Sandersha）等，基本是单胚品种，阿方苏适宜于多雨的亚热带气候，而山达沙适宜于有明显旱季的热带、亚热带地区栽培。②印度和菲律宾杧果品种群，代表品种有柬埔寨（Cambodiana）和吕宋杧（Carabao），多数品种的种子有多胚性。③印度尼西亚杧果品种群，代表品种有印尼象牙杧（Aroemanis）和鹰嘴杧（Golek）等，多数品种为多胚性。

二、主要品种

1. 台农 1 号 由台湾省农业试验所凤山园艺试验分所选育。该品种树势较壮旺，发枝力强。花穗塔形至圆锥形，花期较长（12 月中旬至翌年 2 月中旬），具有较强的反季节成花能力和再生花能力。果实扁卵圆形，单果重 250~300g，大者可达 400g。成熟果皮背阳面绿色，向阳面带淡红晕。果肉橙黄色，肉质细嫩多汁，香味浓郁，清甜爽口。种子单胚。该品种抗炭疽病能力强，耐贮运，丰产、稳产性强，是目前我国种植面积最大的早熟优良品种，也是我国海南省最主要的反季节栽培品种之一。

2. 红杧 6 号（Zill） 也叫吉禄、吉尔，原产美国佛罗里达州，从 Haden 实生后代选出，1984 年中国热带农业科学院南亚热带作物研究所从澳大利亚引进，编号为红杧 6 号。该品种树势偏弱，枝条较短。叶片较小而厚，长梳形，叶色深绿，有光泽，叶缘波浪状明显。在广东开花期 2~3 月，花序圆锥形，有连续多次开花的能力，抹除花序后能再开花。果实未成熟时紫色，成熟后深紫红色，采摘后渐成深红色，果实近似圆形，平均单果重 275g。果肉金黄色，肉质细嫩无渣，味甜浓香，可溶性固形物 15.8%。果核较小，单胚。果实成熟期 8 月上中旬。中晚熟优良品种，目前是金沙江干热河谷晚熟杧果优势产区的主栽品种之一。

3. 凯特杧（Keitt） 原产美国佛罗里达州，从印度 Mulgoba 实生后代选出，以晚熟高产著称，是目前全世界种植最广的商业品种之一。1984 年自澳大利亚引入中国热带农业科学院南亚热带作物研究所。果实大，宽扁圆形，长 13.2cm，宽 10.7cm，厚 9.8cm，平均单果重 680g。果皮绿色，向阳面盖紫红色，果肉橙黄色，质细，纤维少，味甜多汁。种子单胚。果实成熟期 8 月中下旬至 9 月中旬，在攀西地区成熟期可推迟到 10 月。丰产、稳产，耐贮运，货架期长。目前是我国金沙江干热河谷晚熟杧果优势产区最主要的晚熟栽培品种之一。

4. 贵妃 又名红金龙，台湾省选育品种，1997 年引入海南省。该品种长势强壮，早产、丰产、稳产。果实长椭圆形，果顶较尖小，单果重 300~500g。未成熟果紫红色，成熟后底色深黄，盖色鲜红，果皮艳丽。在收获期天旱而光照充足时，果实较耐贮运，味甜芳香，一般无松香味，可溶性固形物 14%~18%。种子单胚。该品种是目前海南省的主栽品种之一。

5. 金煌杧 由台湾省果农黄金煌先生以怀特（White）为母本、凯特为父本杂交育成。该品种树势强壮，容易成花，花序长而大，花期迟而长，花朵大而稀疏。果实长椭圆形，单果重 900g，果实特大。成熟时果皮橙黄色，果肉橙黄色，肉厚，可食率 80%~84%，汁多，可溶性固形物 13%~17%，纤维极少，味酸甜爽口，品质上等。果核扁平，多胚。该品种抗炭疽病能力较强，但果实发育后期易发生生理性病害，湿度大的地区种植商品果率低，目前仅在我国海南、广东、广西、云南等省（自治区）有少量种植。

6. 红象牙 广西农学院自白象牙实生后代中选育。该品种树势高大强壮，枝条粗壮，发枝力强，易形成密集树冠。叶披针形，中大，叶面平展，叶色浓绿有光泽。果实象牙形，果顶、果蒂均微弯成钩，果皮浅绿色，向阳面呈粉红色，色泽美观，果点明显。果型较大，单果重 700g 左右。果肉黄色多汁，纤维略多，风味稍淡，品质中等。丰产、稳产，目前在我国右江干热河谷和金沙江干热河谷有较大种植面积。

7. 桂热 82 广西亚热带作物研究所从秋杧实生变异单株中选育的中晚熟品种,广西田东县也称桂七杧、田东青皮杧。该品种树势中等,枝条开张,分枝角度较大。叶片椭圆状披针形,叶肉厚实,叶脉明显。果实长椭圆形,单果重 200g 左右。成熟果皮色深绿,后熟后果皮呈淡绿至绿色。果肉橙黄色,纤维略多,肉质细滑蜜甜,香气浓郁,风味佳。丰产稳产,但采后抗病性较差。目前仅在广西百色地区有少量种植。

8. 椰香杧（Dashehari） 又叫鸡蛋杧、印度 9 号,原产印度,为印度北方的主栽品种。该品种树冠圆球形,树势中等,分枝紧密,节间密集。叶片较小,深绿色有光泽。果实卵形,近似鸡蛋,果小,平均单果重 170g 左右。成熟时果皮黄绿色,果肉亮黄色,质地致密,纤维极少,味甜,有椰香味,品质优。但大小年结果现象较严重,目前在雷州半岛和海南西海岸有少量种植。

9. 三年杧 又称金杧果,原产云南。该品系珠心胚实生后代定植 3 年即可开花挂果,因此得名。树势中等偏壮,树冠松散圆头形,树形较开张。叶片中等大,叶缘呈波浪形。果实斜长卵形,中等偏小,平均单果重在 200g 左右。果肉亮黄色,味甜汁多,香味浓郁,但纤维较多,果核较大,可食率较低,鲜食品质一般。种子多胚。较抗炭疽病,但花果期易感白粉病。该品种曾作为云南省的主栽品种得到大量种植,现在云南还保留有较大面积,但因种植效益差,现多为失管状态。

10. 紫花杧 该品种是广西大学农学院从泰国杧的实生后代中选出。树冠圆头形,枝条开张,生势中等。叶片中等大,叶面平展,两头渐尖呈梳状,叶缘呈微波浪状,叶色暗绿。花序较长,圆锥花序,总花梗暗红带绿,花紫色。平均单果重 225g。果实呈 S 形,两端尖,果皮暗绿色、光滑,果粉较厚,成熟时果皮鲜黄色,果肉橙黄色,汁多无渣,核较小,单胚,品质一般,风味略淡,有时偏酸。较耐贮运,采前抗炭疽病能力强,丰产稳产。广东、广西曾在 20 世纪 90 年代大面积种植,但目前因鲜食品质差已逐步被淘汰。

11. 桂香杧 广西大学农学院用秋杧与鹰嘴杧杂交选育。树势中等偏壮,枝条粗壮较疏,结果后枝条易下垂。叶片大而扭曲,叶缘波浪状明显,叶面有轻度皱褶,叶色深绿,嫩叶黄绿色。平均单果重 245g,果实长椭圆形,果皮黄绿色或黄色,光滑;果肉深黄色,肉质细、化渣,汁多,香味浓,甜酸适中,可食率 69%。核较小,多数单胚。品质及风味好,丰产稳产。目前逐步被淘汰。

12. 爱文杧（Irwin） 美国佛罗里达州 1945 年从 Lippens 实生树中选出,1954 年引入我国台湾,为台湾的主栽品种之一,1984 年自澳大利亚引入中国热带农业科学院南亚热带作物研究所。植株较矮小,在广西开花期 3 月中旬至 4 月中旬,果实在 7 月上中旬成熟。果实长椭圆形,长可达 13cm,平均单果重 340g。成熟时果皮鲜红色,果肉橙黄色,肉质细嫩,纤维极少,香甜软滑,多汁。丰产稳产,但易感炭疽病,目前在我国大陆地区仅在金沙江干热河谷有少量种植。

13. 马切苏（Macheso） 1961 年由缅甸引入我国,是云南主栽品种之一。树势中等偏弱,树冠圆头形,分枝多、较细。叶片椭圆状披针形,尖端渐细尖。在云南 1~3 月开花,花梗红色。果实椭圆形,有明显的腹沟,平均单果重 200~250g。成熟果呈黄色,果肉橙黄色至橙红色,肉质致密,纤维较少,有松香味。较丰产、稳产。

除上述品种外,我国各杧果产区尚有一些优良品种或品系,如早年选育的青皮、白象牙、粤西 1 号、田阳香杧、桂热 10 号、金穗杧、串杧、鹰嘴杧、金白花杧（Nan Doc Mai）、大青蜜（Arumanis）等,以及近几年新选育或引进的新品种,如东镇红杧、红苹杧、四季蜜杧、大甜香杧、红玉、金桂香杧、桂热120等，但目前在我国种植较少。

第三节 植物学形态与生长发育规律

一、根 系

1. 根系的形态和分布 杧果是深根性果树，主根发达，实生树或实生砧木嫁接树根系在疏松的土壤可垂直生长达8m深，横向生长的侧根分布虽广但浮浅。幼树移植时切断主根后，可从断口处长出多条侧根以代替主根向下生长。用扦插或压条繁殖的苗木无主根，根系分布深度不如实生根系。侧根较少，稀疏细长，层次分明。须根生长较弱，幼树水平根的生长速度低于垂直根，且分布范围小于树冠的扩展度；随着树龄的增长，须根增多，水平根生长速度加快，分布范围逐渐扩大，成年结果树的根系水平分布已超过冠径。

2. 根系的生长 在热带地区，只要土壤不干旱，杧果根系可周年生长。在亚热带地区，受低温、干旱的影响，一年中根系的生长会出现短暂停滞。我国南方杧果年周期中根系生长有两个生长高峰期，并与地上部分生长高峰期交替出现。在早春新芽萌发前，由于土温低或干旱，根系生长量少；以后随着气温升高，雨水增多，根系生长较明显，但受旺盛的春梢生长及开花、结果的制约，根系生长仍处于低潮。在采果后、秋梢萌发前，树体负担小，如果土壤水分充足，根系会迅速生长，出现第一次生长高峰期，但时间较短。随着秋梢的萌发和旺盛生长，根系生长又转入低潮。秋梢停止生长后至冬季低温来临前，根系生长进入第二个高峰期，此时树体养分充足，气温适宜，高峰期长，根系生长量大。在秋旱严重的地区，土壤水分是此期根系生长的主要限制因子。此后，随着温度下降，根系生长逐渐停止，下层土壤的根系在冬季较温暖的地区仍可继续生长。

3. 影响根系生长的因素 根系生长除受制于树冠有机养分的供应外，也与环境条件特别是土壤条件密切相关。土壤养分影响到根系生长的强度、生长期的长短、须根的密度等。土壤温度、水分和O_2条件是根系能否生长与生存的主要因素。

二、枝 梢

杧果树干直立而粗壮，枝梢分为营养枝（vegetative）和结果枝（generative），新梢多由枝条顶芽和枝条上部的腋芽抽生。营养枝的抽生次数和抽生质量与气候、树龄、管理水平有关。一个单枝每年可抽生2~5次，幼树则可周年抽梢；成年结果树挂果多时，仅在果实采收后抽生1~3次梢，极少抽生春梢和夏梢。营养枝生长从开始到结束需要3~6周，一般会长出10~20片叶，具体的生长时间及叶片数量依据生长条件不同而异。初生嫩梢叶片为淡黄色、红色、紫色等，依品种而异，是识别品种的标志。枝梢老熟后叶片变成黄绿色或绿色。不论春梢、夏梢、秋梢或早冬梢，只要老熟、当年不再萌发生长，就可能成为次年的结果母枝；但是，在我国南方，秋梢多而整齐，占全年抽梢量的80%以上，是次年的主要结果母枝。结果母枝上抽生的枝条为结果枝，结果枝分为纯花序枝（generative）、混合枝（mixed）、营养—结果转换枝（V-R transition）、结果—营养转换枝（R-V transition）、嵌合枝（chimeric）5种类型（图9-1）。

杧果树具有较强的顶端优势，顶芽生长会抑制侧芽的萌发，越是下部芽越难萌发，萌生

图 9-1 杧果枝梢的类型
1. 营养枝 2. 纯花序枝 3. 混合枝 4. 营养—结果转换枝 5. 结果—营养转换枝 6. 嵌合枝
(Davenport and Nunez-Elisea, 1997, 2009)

枝条角度也依次加大。如果人工摘除顶芽，可以促进侧芽萌发。幼树栽培管理上常利用人工摘除顶芽促进侧芽生长，增加分枝，以达到早结果的目的。枝梢顶端休眠芽被节间短、紧密轮生的 10~12 片叶所包围，绿色芽鳞片具有保护作用，顶端的芽鳞片因干枯而变褐。休眠芽有很多个节，每节含有 1 个叶苞片或叶原基和侧芽分生组织。

三、叶　片

杧果单叶互生，枝梢先端叶片节间较密，似轮状排列，下部叶片较疏。叶全缘，革质，有光泽。叶片大小、叶面平直或呈波浪状、扭曲或反卷，依品种而异（图 9-2）。叶片从萌

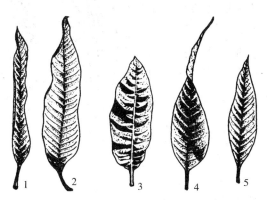

图 9-2 杧果叶的形态
1. 卷曲 2. 波浪形 3. 皱叶 4. 扭曲 5. 平直

发到老熟需要20～30d，寿命1～3年。因此，一株树上同时存在不同叶龄的叶片。

四、花

杧果有限花序多由枝梢顶芽抽生，当顶芽受到伤害时，从顶端的腋芽抽生。花序为圆锥形，有不带叶的花序（纯花芽）和带叶的花序（混合花序）之分（图9-1）。带叶花序多是后期温度较高时抽生的，分枝短小。花梗颜色有黄绿色、红色或红带绿多种颜色，花序上着生200～3 000朵小花。花小，花冠直径在12mm以下，当天开放的花，花瓣黄绿色或淡黄色。花瓣、花萼、雄蕊均为5数，通常雄蕊只有1个发育，其余退化。花有雄花、两性花和雌能花之分（图9-3），同生于花序上。雄蕊全部退化的为雌能花；两性花雌蕊淡黄色，子房1室，上位；雄花的子房退化。花穗轴的枯萎、脱落依果实存留时间而定，需要数周到几个月。

图9-3 杧果花的类型
1. 雄花（male flower）　2. 两性花（perfect flower）
(Davenport and Nunez-Elisea，1997)

五、果　实

杧果果实为真果，虽有硬核，但是不属于植物学上的核果类（drupe）果实。果形有象牙形、卵形、斜卵形和椭圆形等。外果皮薄，有韧性，色泽黄绿色或绿色，有些品种果皮为红色或紫红色。果实成熟后绿色果皮变为黄色或黄绿色，红色果皮多保持原色或变化不大，也有个别品种果皮保持绿色。中果皮厚，肉质，多汁，肉色淡黄至橙黄。内果皮形成木质化硬壳，形状呈椭圆形，内充实或空核；核表面附有纤维。种子1枚，外被一层薄膜。种子包含1个至几个胚，每个胚有2片肉质的子叶。单胚品种只有1个胚，为有性胚；多胚品种含有2个或2个以上的胚，其中有1个胚是有性胚，其余是无性胚。果实大小、形状、色泽、核的大小和胚数的多少因品种而异，是区别杧果品种的重要标志（图9-4）。

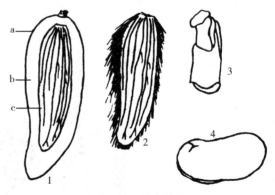

图9-4 果实结构
1. 果实　2. 核　3. 多胚种仁　4. 单胚种仁
a. 外果皮（果皮）　b. 中果皮（果肉）　c. 内果皮（核壳）
(杨一雪，1996)

第四节 开花与坐果

一、花芽分化

杧果花芽分化并非集中于短期内,而是在一定时间内陆续分化,可持续 2~5 个月,具体时间依品种及环境条件而异,就品种而言,其分化盛期相对稳定。在华南地区杧果花芽分化期从 11 月中旬开始至翌年 3 月,主要集中在 12 月至翌年 2 月。在海南省那大早熟品种青皮杧在 11 月中下旬开始花芽分化,高峰期在 12 月上半月;晚熟品种秋杧花芽分化从 12 月中旬开始,高峰期在翌年 1 月至 2 月上旬(林淑增等,1981;李永忠等,1984)。

二、影响花芽分化的环境因素

1. 温度 在低纬度的热带地区,由于 25℃以上的温度时间较长和较高的土壤和空气湿度,很多杧果品种的开花是不规律的,常取决于旱季转向雨季的时间和枝条的成熟度。在高纬度的热带地区,由于有冷空气的入侵,弥漫的冷空气和枝条枝龄的相互作用便成了枝梢发育类型的主要因素。在亚热带地区,冷凉的温度是诱导花芽分化的主要因素。冬季低温(10~15℃)有利于枝梢停止营养生长,分化花芽,但如果温度过低(5℃以下)也不利于花芽分化。杧果的顶芽或侧芽发育为叶芽或花芽在其萌芽时还不能确定,杧果枝条在日温 30℃、夜温 25℃时抽发营养枝,在日温 18℃、夜温 10℃时抽发花序;生殖生长对冷凉诱导温度的响应必须是芽处于开始萌动的状态,如果把芽处于休眠状态的植株置于冷凉诱导温度(日温 18℃,夜温 10℃)的环境中 3 周以上,然后在芽萌动之前转到暖温(日温 30℃,夜温 25℃)的环境下,芽便进入典型的营养生长(Nunez-Elisea 等,1996)。吕宋杧等品种花芽分化要求在日均温 23℃以下持续数天,在此期间如出现高于 23℃就会产生混合花序;仁面杧等品种则要求 21℃以下数天;印度 2 号要求 17℃以下,否则也会产生混合花序。当然末级枝梢的老熟状态也影响着花芽分化,杧果的叶龄至少要达到 7 周才能感受低温的成花诱导(Nunez-Elisea 等,1995)。

2. 水分 在成花诱导方面,生长在低纬度热带地区的杧果树比在高纬度热带地区和亚热带地区的杧果树对温度的依赖性小。在热带地区没有≤15℃的低温条件,杧果树经 6~12 周的水分胁迫后,遇到降雨和灌溉就有可能开花(Pongsomboon,1991)。在低纬度的热带地区,杧果树经长时间的水分胁迫后会进行花芽分化而开花。在中纬度的热带地区,杧果树经 12 周的水分胁迫后成花率达 85%,而对照树的成花率为 56%。陈杰忠等(2000)用盆栽杧果进行 9 周控水试验,发现杧果树受水分胁迫可抑制枝梢营养生长,促进花芽分化,成花率高达 75%;而灌水树营养生长旺盛,萌发新梢,成花率仅为 6.25%。

3. 光照 生长在亚热带和高纬度热带地区的杧果树在光周期最短的冬天开花,而生长在低纬度热带地区的杧果树周年都可以开花。很多研究结果都表明,杧果的花芽分化不受长光周期的影响;但是光照度影响花芽分化,树冠南面阳光充足,花芽分化早,开花也早,树冠北面荫蔽,花芽分化晚,开花也晚,两者时间相差 8~12d(林淑增等,1982)。

三、激素与花芽分化的关系

1. 乙烯 许多研究表明，乙烯促进杧果的花芽分化。菲律宾曾用烟熏法来刺激杧果开花，因为烟熏的烟雾中含有乙烯，随着花期的临近，叶片中乙烯的含量逐渐增加，最后开花的枝条叶片乙烯含量是非开花枝条的5倍（Saidha，1983）。外用乙烯利能明显提高杧果的成花率，在杧果花芽分化以前，每隔15~20d喷1次200mg/L乙烯利，共喷4~5次，可明显增加花序。杧果实生苗要6年才能开花，但每隔15d喷1次1 000mg/L乙烯利，共喷15次，40个月龄的实生苗就能开花（Chacko等，1974）。乙烯对成花的作用机理尚不清楚，有可能是抑制枝梢中吲哚乙酸（IAA）和赤霉素（GA）的生物合成和运转。

2. 生长素 生长素对杧果成花的效应没有较一致的认识。尽管Chadha等（1986）认为生长素在杧果成花诱导中有一定的作用，但是几乎没有证据能证明这一点。秋季从大年结果树的顶芽中提取到的生长素含量比小年结果树的要高（Chacko等，1972）；然而，Lal等（1977）认为大小年树芽尖的IAA含量没有明显的差别。生长素对开花的作用可能是通过调节枝梢和根系生长的时期来实现的，因为生长素能主动从生长的枝叶向基部的根系传输并刺激根系的生长。

3. 细胞分裂素（CTK） 赵红业（1999）发现促花处理的杧果树顶芽CTK的含量在花芽分化前期开始增加，于花器官分化期达到最大值，并明显高于抑花处理树顶芽的CTK含量。Chen（1987）用6-苄基腺嘌呤于10月初喷施杧果树可提早萌芽和开花，并发现木质部和成长叶中CTK增加。CTK的作用是促进芽萌发还是促进花芽分化尚难定论。

4. 赤霉素（GA） 赤霉素能促进某些草本植物开花，但对大多数木本植物无效，甚至会抑制花芽分化。在秋季杧果大年树测到的赤霉素含量比小年树高（Chen，1987），杧果树在花芽形成过程中赤霉素的含量逐渐减少。赵红业（1999）指出，杧果树经水分胁迫后梢尖的赤霉素含量下降，成花率提高。在秋季杧果花芽分化前喷施GA_3可延迟开花，延迟时间与GA_3浓度有关，用高浓度的GA_3对休眠芽处理，其萌芽及营养生长会延迟到次年3月。加那利群岛用赤霉素处理来延迟杧果树开花而错开霜冻对花期的危害；澳大利亚也用赤霉素处理新定植的杧果树以防止开花，加快树冠的生长。唐晶（1996）在10月用20mg/L赤霉素喷施树冠，抑制杧果树开花，次年4月再土施多效唑促进杧果开花，以调节花期实现反季节栽培。

四、开　花

1. 花序抽生 杧果枝条的顶芽和侧芽均能抽生花序。顶芽花序对侧芽花序的抽生有抑制作用，把顶芽花序摘去或顶芽受害而枯死，附近的几个腋芽便能抽生花序，但抽生的数量和质量视顶芽花序受害的生长发育状况而定。一般顶芽花序越近开花期，侧芽花序的抽生能力越弱，这因品种而异。秋杧和紫花杧顶生花序在开花后受害仍有相当数量的枝梢萌发侧芽再生花序，而吕宋杧仅在顶生花序伸长约7cm以内受害侧芽花序才能大量抽生。因此，在生产上可通过摘除花序，推迟花期，避免低温阴雨天气对杧果开花结果的影响。

杧果花序抽生的迟早视品种、纬度、气候、植株发育状况而定。一般早熟品种比迟熟品种花序抽生早，低纬度地区的较高纬度地区的早，冬季温度高、上年结果少或未结果的植株有早萌发的趋势。杧果从花穗抽生至终花经2~3个月。杧果花期各年间不一致，开花也不整齐，分多批开花，首批花与最后一批花间隔可达1~2个月，温度高时花期会短一些。在华南地区杧果的开花期多在12月至次年4月，泰国杧的开花期在12月至次年3月，秋杧、紫花杧、桂香杧则在3~5月。

2. 两花性比例 杧果两性花比例受很多因素的影响，特别是栽培品种，通常不超过50%，同一品种在不同地区、年份、树龄、植株、花序、花期的两性花比例有很大的差异。花序发育期低温会降低两性花的比例，所以热带地区的品种栽植到亚热带地区就会因两性花的比例减少而减产。花序发育中后期形成的两性花比例高于早期形成的花。老树比幼树、嫁接树比实生树更易形成两性花。一些植物生长调节剂的应用也可改变花性比例。在花序形成前用赤霉素喷施可降低两性花的比例，而喷施多效唑、比久（B_9）和细胞分裂素即提高两性花的比例（Subhadrabandu，1986）。

3. 授粉 多胚品种的花瓣开裂多集中在晚上，单胚品种则在晚上或早晨。柱头可接收花粉的时间是花瓣开裂前的18h至开裂后的72h，最佳花粉容受性时间是开花后的3h内。有授粉能力的柱头有光泽，呈带绿的乳白色；没有授粉能力的柱头是干燥的，呈浅黄色至褐色。干花粉粒为长椭圆形，吸水后变近球形，长23.5~28.3μm。干花粉粒的纵向有3条等边的渐尖的垄，每个垄的中间有1个萌发孔。一个花药含250~650粒花粉。花粉粒黏在柱头上90min内即萌发，48~72h内发生受精。在适宜的条件下，花粉的萌发率达90%以上，未萌发的花粉在几小时内便坏死（Ram，1976）。低温会降低花粉萌发率和花粉管的伸长，在15℃花粉管生长完全受抑制。虽然人工异花授粉可以提高坐果率，但杧果品种有无自交不亲和性尚不清楚。杧果花粉可由风力传播，但不能满足授粉的需要，因此需要昆虫的传粉。最有效的传粉昆虫是黄蜂、蜜蜂、大蚂蚁和大苍蝇。

五、坐果与果实发育

1. 果实发育 杧果开花后已授粉受精的子房迅速转绿，并开始膨大。未经授粉受精的花在开花后3~5d内凋落。在自然条件下，杧果的两性花有50%以上接受不到任何花粉，受精率一般低于35%。杧果从开始坐果至果实迅速生长期都有可能落果，落果数可达初期坐果数的95%以上，只有不到1%的果实达到成熟。在谢花后2~3周内落果的绝对数量最多，果实发育到缓慢生长期后，坐果也基本稳定（图9-5）。落果的原因很多，早期的落果主要是因受精不良所致，豌豆大小的小果脱落常与胚胎败育有关。胚胎败育多数由于坐果初期的高温或低温造成（Ram，1976），有些品种有胚败育而形成细核果（stenospermocarpic fruit）的特性。在澳大利亚北部的热带地区，一些单胚品种在第二年春季当平均温度明显升高时开花，往往产生很多无核果。

杧果果实从幼果开始膨大至果实成熟需110~150d，因品种和气候条件而异。果实生长后期遇高温、干旱可缩短生长期，加速成熟。杧果果实的生长规律不同于其他核果类，而呈单S型。起初（授粉受精后不久）生长稍慢，以后生长速度逐渐加快，达最大速度。2~2.5个月后，果径已达成熟时果径的95%左右。随着体积的增长，重量也相应增加。以后体积增大速度减慢，成熟前2~3周增大基本停止。在体积减慢增大期，内果皮开始逐渐硬化，成熟时达最大硬度，此时重量增加比体积略快，果实成熟时结束。成熟前果实密度小于1 g/cm^3，成熟时密度达 1.01~1.02g/cm³。

2. 影响果实生长发育的因素

（1）环境条件 影响果实发育的环境条件主要是温度。杧果授粉受精及正常的坐果温度在 20℃以上，最适宜温度为 23℃。温度不仅影响昆虫传粉、花药开裂、花粉粒萌发、花粉管伸长、胚囊发育与受精，低温还会影响幼胚发育，造成落果或出现无胚果。但温度超过 35℃也会造成高温胁迫落果。水分胁迫导致严重落果，爱文杧水分胁迫树（-1.2MPa）和无胁迫树（-0.3MPa）相比，前者 1 个月后坐果率仅 4%，而后者 8%，最终果实后者比前者大 20%。

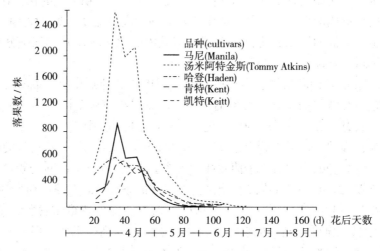

图 9-5 杧果落果图
（参照 C Guzman-Estrada，1996）

（2）树体营养 树体光合产物和矿质营养的供应都会影响果实的生长发育。缺硼影响花的发育、花粉萌发、花粉管伸长和果实生长。在贫瘠的杧果园施硼可提高坐果率。缺锌会造成小果脱落。秋梢生长过弱、冬春季大量落叶或夏季偏施氮肥使夏梢大量抽生旺长等是加剧落果的重要原因。澳大利亚栽培的高产品种的光同化率明显高于低产品种，而且这种差异从花期到果实成熟期都存在（Chacko 等，1995）。

（3）激素 果实的生长发育受激素平衡的调控。据 Prakash 等（1984）研究，杧果授粉 14d 内内源生长素浓度很低，至 21~42d 内生长素浓度迅速升高。相应的，授粉后果实即开始生长，而种子在 1 周后才开始生长，最初 14d 果实生长缓慢，14~42d 果实生长迅速，此后生长速度又下降。一般认为，种子是生长素和赤霉素的合成中心，生长素不断合成并向离层运转对坐果和果实发育至关重要，脱落的果实中皮层和萼片组织含有较少的生长素，种子的败育常引起大量落果。在开花前对具有小果的花穗喷洒生长素可提高坐果率，并促进果实发育。

在果实发育过程中高含量细胞分裂素可诱发细胞分裂，以果肉细胞数目增加为主。Ram（1983）认为在果实发育过程中低的细胞分裂素水平会导致落果，但是对谢花后的果穗喷施合成的细胞分裂素并不能提高坐果率，对自交不亲和品种的花穗套袋后喷施细胞分裂素也未能提高坐果率。

赤霉素可促进果实的生长和发育，减少落果（林淑增，1983；Ram，1983）。在花期用 GA_3 叶面喷施能产生无核果（Kulkarni 等，1978）。然而，Oosthuyse（1995）用 GA_3 喷施果径 4mm 大的果穗，并不能提高坐果率及增加无核果。在谢花后用生长延缓剂、B_9、矮壮素（CCC）处理也可提高坐果率，其作用可能是通过刺激类细胞分裂素活动或缩短花穗所致。赤霉素对坐果和果实发育的作用仍需进一步研究。

脱落酸（ABA）在果实中的含量变化规律与果实早期落果和果实的生长发育动态相一致。脱落果实的中皮层和萼片组织比正常果的 ABA 含量高得多。

乙烯对花和果实的脱落有明显的作用。脱落的果实比未脱落的果实含有较高的乙烯含量。乙烯大量产生 48h 后果实开始脱落，用乙烯合成抑制剂能减少果实的脱落（Nunez-Elisea，1986）。

六、果实成熟与品质

杧果属呼吸跃变型果实（climacteric fruit），从幼果期起呼吸开始下降，成熟时出现一个明显的呼吸高峰，发生一系列急速的成分上的变化，包括细胞构成物的水解和变软、有机酸的变化、乙烯生成量上升、色泽的变化等。在果实的发育初期，叶绿素、维生素 C 含量较多，糖、淀粉含量少。随着果实生长，酸、淀粉、果糖、类胡萝卜素均不断增加，叶绿素、维生素 C 减少。果实近成熟时，淀粉水解导致糖增加。果实中的糖有果糖、葡萄糖和蔗糖等多种。

果实的香气成分复杂，各品种不同。随着果实成熟，各品种发出特殊的香气。有的品种具有椰香，有的具有奶油味或松香味。一般来说，利于养分积累的环境因素都有利于增进果实品质，如充足的光照、适当的温差以及丰富的土壤有机质都可提高果实的品质。

第五节 对环境条件的要求

遗传基因是杧果产量潜力的决定因素。然而，实际产量和树体的生长发育受几个内在因素的影响，包括上年的产果量、产后的营养生长、开花前末级梢的成熟度、糖的合成与运转、营养状况、激素和碳氮比。这些因素都直接或间接地受环境变化的影响，如光照、气温、营养条件和水分超出杧果生长适宜的范围就会引起胁迫，引致生理变化而削弱生长，严重者导致杧果树的永久伤害。如果环境胁迫被缓解或由于正常季节变化而使胁迫停止，就有可能产生有利于结果的条件，如亚热带冬天的低温使杧果开花的可靠性和同步性提高。因此，理解环境对杧果树生理和生长的影响，可以最大限度地开发由基因决定的产量潜力。

一、光　照

杧果的生长发育和产量直接取决于光合作用强度和糖类在各器官的分配。杧果田间树的净光合速率（以 CO_2 计）是 $14\sim15\mu mol/(m^2 \cdot s)$，盆栽树是 $7.0\mu mol/(m^2 \cdot s)$，比落叶性的李树 $[26.2\mu mol/(m^2 \cdot s)]$ 低近一半。杧果光补偿点（以光量子计）$[38\mu mol/(m^2 \cdot s)]$ 比耐阴植物 $[小于30\mu mol/(m^2 \cdot s)]$ 的要高。在低温（≤10℃）环境中，杧果的光合速率只有夏末最大光合速率的 2/3；在炎热旱季，树体受到水分胁迫，其光合速率只有湿季的 2/3（Chacko 等，1995）。花期低温阴雨天气可影响开花、授粉受精，导致落花落果。果实发育期间光照不足则果实生长慢，果皮着色差，澳大利亚多胚品种 Kensinton 的果实只有阳面果皮才呈红色。但光照过强会造成果实日灼。

二、温　度

温度是影响光合作用的主要因素。当土壤温度 25℃、气温（昼/夜温）为 30/20℃时杧果的光合速率（以 CO_2 计）和气孔传导率（以 H_2O 计）分别为 $8.0\mu mol/(m^2 \cdot s)$ 和 $200mmol/(m^2 \cdot s)$，而当气温为 15/10℃时，光合速率和气孔传导率仅为 $3.0\mu mol/(m^2 \cdot s)$ 和 $100mmol/(m^2 \cdot s)$。若把杧果树置于较低温度的环境下（≤10℃），树体的生理和新陈代谢过程就会受阻，时间长便会出现黄化现象（Graham，1982）。

叶片的数量和大小受温度的影响。在昼/夜温为 20/15℃时，枝梢需要 20 周完成生长/休眠的循环，平均产生 7.1 片叶子；在昼/夜温为 30/25℃时，只需 6 周就可完成生长/休眠的循环，产生 13.6 片叶子，而且叶片大小是 20/15℃的 3 倍（Whiley 等，1989）。

杧果对低温的敏感性依品种、树龄和树体状况而定。据在四川米易的观察，气温降至 −1℃幼树严重受害，成年树叶子产生水烫状伤害，至 −2.4℃时幼树冻死，成年树严重枯枝。未老熟的嫩梢比老熟枝梢更易受冻害。花穗的抗寒力低于枝叶，当气温降至 5℃以下或出现凝霜时，杧果花序受冻害。据吴泽欢等在广西南宁的观察，有霜的夜晚气温降至 2℃时，幼龄树的新叶、成年树的嫩叶轻度受害而呈水渍状小斑点；降至 −0.7℃时，幼树主干树皮流胶，成年树顶梢及花穗受害干枯；−1.9℃时，幼树主干枯死，成年树一年生枝条枯死；−3.7℃时，幼树地上部完全枯死，成年树 2～3 年生枝条枯死。

杧果生长的最适温度为 24～30℃，低于 15℃生长停止，在短期内可忍受 48℃的高温。杧果经济栽培最适宜的气候条件是：年均温 20℃以上，最低月均温 15℃以上，绝对最低温度 0.5℃以上，基本无霜日或霜日 1～2d（陈杰忠，1999）。

三、水　分

杧果树耐湿、耐旱能力均较强，一般年降水量在 700～2 000mm 的地区均能生长。在干旱的条件下杧果树可存活 8 个月，这是因为有树脂道参与树体水势的调节，维持膨压，防止萎蔫。影响杧果生长的湿度包括空气湿度和土壤湿度。田间杧果树叶片的气孔传导率随着水汽压力差（vapor pressure deficit，VPD）的增加而增大。

据对盆栽爱文杧果的研究，水分胁迫树（−1.2MPa）和无水分胁迫树（−0.3MPa）在坐果的第 5 天，两者落果率相近；此后，水分胁迫树落果加剧，1 个月后坐果率只有 4%，无水分胁迫树坐果率为 8%，而且果实增长率是胁迫树的 2 倍。亚热带地区的杧果树由于春季雨水多、湿度大，常引起炭疽病等真菌性病害，造成花穗霉烂枯死，小果感病，严重减产，甚至失收。杧果树受淹 2～3d，其营养生长就减慢，4～6d 后有 45% 的树死亡，活着的树经 10d 淹水后，根的生长率降低 57%，110d 后根系生长率降低 94%。淹死的树没有皮孔增大，而活着的树受淹后 4～10d 在水面线以上出现皮孔增大（Larson，1993）。

四、风

大风常引起叶片和果面擦伤，招致病菌感染，幼果和嫩叶的伤痕看不见，长大后果实的质量和市场价值都下降。强风（5级以上）还会折断树枝，引起大量落果。大风频繁地区要种植防护林。风力不大的地区不需种植防护林，以免占用土地，引起湿度升高而滋生病虫害，天气潮湿的地方还可能出现霜冻。

五、土　　壤

杧果对土壤的选择性不强，以土层深厚、排灌良好、pH 5.5~7.0 的壤土较好，盐碱地不宜种植。灌溉水中的氯化钠（NaCl）或硫酸钠（Na_2SO_4）含量达 20~60mmol/L 时叶片会缩小，甚至坏死（Schmutz，1993）。土地盐碱化日趋严重，建园时要选择耐盐碱的品种或砧木。

第六节　栽培技术

一、育　　苗

1. 砧木培育　杧果砧木的研究与应用报道不多。印度和墨西哥通常用单胚品种作砧木，东南亚用多胚品种作砧木，澳大利亚和美国佛罗里达州分别用多胚品种 Kensington 和 Turpentine 作砧木，以色列用多胚品种 Sabre 作砧木。我国生产上多选择粗壮、抗性强、种子饱满的实生杧作砧木，其种子发芽率高，生长粗壮，当年播种当年可嫁接，1 年便可出圃。

杧果种子不耐贮藏，种胚放置 5d 发芽率明显下降，7~10d 发芽率只有 20%。因此，砧木种子采后应尽快洗净并播种。杧果的种壳厚，直接播种影响种胚吸水和胚根的生长，播种前应先将种壳剥去，取出种仁用干净河沙催芽。沙的厚度为 15~20cm，将种仁按株行距 2cm×10~15cm 排在沙床上，种脐朝下，用沙将种子覆盖 1cm 左右，后盖纱网遮光。浇水保湿，7d 左右可陆续出苗。在嫩芽刚出土、叶片未展开或第一次叶片老熟而未出第二次梢时分床，按苗大小分级，以 20cm×15cm 的规格植入苗圃或移入营养袋。移植时连胚带根移栽。多胚品种 1 个种子会出几株苗，要小心将胚苗分开，不要弄断胚乳和胚根。

营养袋苗种植后成活率高、生长快，提倡使用营养袋育苗，营养袋为口径 10~12cm、高 18~22cm 的聚乙烯薄膜袋。幼苗移栽前营养袋要先装好培养土，移栽后淋足定根水，移栽 2 周内应保持土壤湿润，同时用遮阳网遮光，待幼苗恢复生长后再移除遮阳网。1 个月后每次抽梢都施稀薄水肥加 0.5% 复合肥 1 次，同时做好除草、防病工作。

2. 嫁接　幼苗长至茎粗 0.7~1.0cm 时便可嫁接。华南地区嫁接时间一般在 4~10 月，即使在 7~8 月的高温季节，用带叶切接的成活率也可达 70%~80%。嫁接前先采集接穗，接穗可从优良母树树冠外围选粗壮、无病虫害、芽眼饱满、老熟的末级枝条作接穗。

嫁接方法很多，按接穗来源可分为补片芽接法、芽接法、枝接法，按嫁接方式可分为切接法、腹接法、靠接法等。近年来生产上常用切接法育苗，其优点是能利用较幼嫩的接穗，不受物候期和剥皮难易的影响，只要温度条件允许，任何时候都可嫁接，成活后抽芽成苗快，成活率高。嫁接时在离地 20~25cm 处将砧木剪断，剪口应向平直一侧稍为倾斜，然后在砧木斜切面下部切一长约 2cm 的切口，深度以削去少许木质部为宜。接穗宜选用与砧木粗度相近（宜小不宜大），接穗长 5~10cm，保留 1~2 个饱满芽眼，将接穗下端一侧从上到下平滑削一切口，切口长度稍长于砧木切口，深度也以稍削去少量木质部为宜，切口背面末端削成45°斜口。切削砧木和接穗要求刀利、动作快，保持切面平滑干净。将接穗下端插入砧木切位，使接穗和砧木平滑切面皮层对齐，再用薄膜绑紧吻合部位，并完全密封包扎接穗和砧木的嫁接部位，喷药防止蚂蚁或昆虫啃食薄膜。嫁接后20d检查成活率，并及时除去砧木萌发的芽。新梢老熟以后每长1次梢施肥1次，并加强病虫害防治和幼苗防寒工作。当苗高60cm以上，嫁接口上5cm处直径1.0cm，发梢2次以上，新梢充分老熟即可出圃。

二、品种选择、建园与定植

杧果在环境条件适宜的地区选择25°以下的坡地或平地种植均可。建园时应选开阔向阳、排水良好的园地，避免在容易沉霜和冷空气聚集的低洼谷地建园，防止冬季寒害和花期冷害。品种选择应根据气候条件、品种特性及市场情况确定主栽品种。在积温较高的地区如海南省可选择早熟品种，积温较低的高纬度或高海拔地区如攀枝花市宜选择中晚熟品种。在早春低温阴雨天气较频繁、果实发育期湿度较大的湛江地区，宜选择花期晚、抗病性强的品种。

采用宽行窄株定植，株行距为3.5m×4m或3.5m×4.5m，每667m^2种植42～48株。种植时期以春植为宜，此时温暖多湿，阴雨天多，狂风少，成活率高。种植前先按种植密度定标，挖好种植沟或穴。种植沟以深0.8～1.0m、宽1.0m适宜，种植穴以1.0m见方、0.8～1.0m深较好。再按长、宽、深为80cm×80cm×80cm的规格挖定植穴，挖时表土和心土分开堆放，在穴内分层施入腐熟农家厩肥和绿肥压青，并回填表土与其混合，最后回填心土，将植穴培成高20～30cm的土墩，20d后待土层充分下沉再定植。

定植苗应选择无病虫害、健壮的嫁接苗种植。定植前将待植苗1/3～1/2的叶片和嫩梢剪除，解去包装薄膜，然后回土至土团上方，将土团周围土壤轻压并整好树盘，淋足定根水，盖草保湿。如遇干旱，每隔3～4d淋水1次。营养袋苗移植时伤根少，随时都可种植，但是仍以春、秋两季种植为好。定植时裸根苗需将根系分层自然伸展，分层回盖表土，轻轻压实，然后用草盖树盘，淋足定根水，并在树干旁立一支柱，绑住树干，以免强风吹倒植株。

三、土壤管理

1. 扩穴改土 我国杧果多数种植在山坡地，土质结构不良，有机质含量低，土壤改良至关重要。土壤改良包括深翻熟化、加厚土层、酸性土壤施石灰和有机肥等。

（1）深翻熟化 杧果树种植后前2年根系生长较少，第3～5年侧根生长，并超过树冠的投影范围。种后第二年应进行扩穴改土，深翻熟化土壤，疏松硬土层，保证根系生长有足够的空间。

（2）增施有机肥料 红壤土质瘠薄的原因主要是缺乏有机质，增施有机肥如厩肥、种植绿肥，是改良红壤的根本性措施。

（3）施用磷肥和石灰 红壤土含磷低，有效磷更缺乏，增施磷肥可取得较好的效果。红壤土施石灰可中和土壤酸度，改善土壤理化性状，加强微生物活动，促进有机质分解，增加红壤中速效养分。

2. 间作与覆盖 幼龄杧果园空地较多，可在行间种植绿肥或不影响杧果生长的农作物。

成年果园可间种矮生豆科绿肥、牧草，如花生、大豆、黑麦草、百喜草等。草种选择要求茎秆短或匍匐生，与杧果无共同病虫害，不与芒果争水争肥，生育期短。利用生物或死物覆盖根域树盘地面，抑制杂草生长，减少地面蒸发和水土流失，增加土壤湿度，还有防风固沙的作用，而且缩小地面温度变幅，改善生态条件，有利杧果树的生长发育。死物覆盖可用枯枝干草或塑料薄膜。

四、营养与施肥

杧果树年生长量较大，枝梢和果实的生长发育需要大量的营养。据研究，杧果每产1 000kg 鲜果，从土壤中带走氮（N）6.9kg、磷（P_2O_5）0.8kg、钙（Ca）5.9kg、镁（Mg）3.1kg。可见结果期的杧果树对常量营养元素需求量均较大。在缺氮情况下，杧果树矮小，叶片黄化。缺氮症状先现于老叶后现于嫩叶，随后黄叶的叶尖和叶缘出现坏死斑点。缺钙时叶片黄化自顶部叶片开始，严重时主脉周围出现褐色灼烧状。缺磷症状先于老叶出现，叶脉间有坏死的褐色斑点，最后布满全叶。缺钙、磷的叶片较早脱落。缺钾时叶片小而薄，先在老叶出现不规则分布的黄色小斑点，然后枯斑沿着叶缘在叶脉间扩展，初期坏死仅限于叶缘，严重时扩展至全叶，枯叶可留树数月。缺镁植株生长受到抑制，叶片变短，成熟叶片的叶尖及叶缘坏死，提早落叶。缺硫症状出现较晚而缓慢，症状为叶片一老熟就沿着叶缘出现坏死，15～20d 内整片叶变灰褐色，质脆早落。Bally（2009）总结出的杧果叶片营养元素适宜值见表 9-1，其他研究结果相近。

表 9-1 杧果矿质营养适宜值
(Bally I.S.E., 2009)

元素	Robinson 等（1997）	Smith 和 Scudder（1951）	Young 和 Koo（1969，1971），Young 和 Sauls（1981）	Crane 等（1997）	Catchpoole 和 Bally（1995）	Kumar 和 Nauriyal（1977）	Pimplasker 和 Bhargava（2003）	Stassen 等（1999）	Bhargava 和 Chadha（1988）
N (%)	1.0～1.5	1.54	1.0～1.5	1.2～1.6	0.8～1.9	1.00	0.89～1.93	1.25	1.23
P (%)	0.08～0.18	0.05	0.09～0.18	0.09～0.12	0.12～1.3	0.10	0.06～0.11	1.45	0.06
K (%)	0.3～1.2	0.97	0.5～1.0	0.4～0.8	0.4～2.5	0.50	1.02～2.01	0.1	0.54
Ca (%)	2.0～3.5	0.91	3.0～5.0	2.0～3.5	1.5～2.8	1.50	—	0.8～1.05	1.71
Mg (%)	0.15～0.4	0.26	0.15～0.47	0.25～0.35	0.2～0.4	0.15		2.8	0.91
S (%)	0.5～0.6	—	—		0.1～0.23	0.50	0.11～0.17	0.3	0.12
B (mg/kg)	50～80	—	24～84		20～140			50	
Fe (mg/kg)	7～200	—	38～120	70～100	30～120			80	1.71
Mn (mg/kg)	60～500	—	92～182		160～980			80	66
Zn (mg/kg)	20～150	—	10～119	20～40	20～63		11～26	40	25
Cu (mg/kg)	10～20	—	28～35		10～150			20	12
Mo (mg/kg)	—	—	—		0.2～0.4			50	

元素的平衡比单一元素的多少更重要。张承林（1997）认为，果肉组织中氮镁偏多、钾硼钙偏少引起养分间的不平衡，可能导致代谢紊乱，最终表现为果肉溃败。Mallik（1952）认为，最适宜的氮、磷、钾比例是 4∶1∶4。磷在树体内的分布状况是茎 36%，叶 25%，

木质部22%，树皮6%，根6%，花果5%（Reddy，1983）。果实带走的磷很少，因而磷的施用量不要求很多。

各地肥料种类和用量不尽相同，印度喜马偕尔邦（Himachal Pradesh）和我国广东、广西一些杧果园的施肥量见表9-2。施肥量主要是根据土壤状况、树的生长状况、产量、肥料的吸收利用率、树种和品种特性而定。对幼树的施肥要少量多次、勤施薄施，每隔1~2个月施1次，一年可施6~7次，也可按1次梢1~2次肥施用。以氮肥或粪水肥为主，在萌芽前10d或枝梢老熟前施肥，促进芽萌发和抽梢展叶。成年树的土壤施肥时期主要掌握在采果前后、开花前和幼果发育期。杧果树结果消耗了大量的营养，树势较弱，如不及时施肥，树势恢复较难，会影响到秋梢结果母枝的培养及次年产量。采果前后施肥是全年施肥的重点，施肥量应占全年施肥量的60%~70%，此次肥可分2次施用，即采果前后和末次秋梢老熟前施下，前次以氮肥为主。开花前施肥的目的在于提高树体营养水平，延迟春季落叶，促进花芽分化，健壮花质，提高坐果率。此次肥以磷、钾肥为主，在现蕾时施下。杧果开花坐果消耗大量的营养，幼果生长发育期需要营养及时补充。此次施肥要看树势和挂果量而定，树势旺、挂果少的可少施或不施，树势弱、挂果多的可多施。

表9-2 印度及中国部分地区杧果树施肥量（g）

（李桂生，1993）

地区	树龄	氮（N）	磷（P$_2$O$_5$）	钾（K$_2$O）
印度喜马偕尔邦	结果树小年	250	160	600
	结果树大年	500	160	600
中国广东珠江三角洲赤红壤	1~3年生幼树	200	75	200
	3~6年生结果树	300	75	240~300
中国广西南部砖红壤	1~3年生幼树	300	75	300
	3~6年生结果树	400	75	300~400

在生产上也可根外喷施叶面肥，特别是微量元素缺素症的校正。如喷施0.75%硫酸锌可有效防止缺锌。

五、整形修剪

1. 幼树整形 杧果常采用的树形是自然圆头形。整形方法是：在苗圃或定植当年定干，苗高60~80cm时摘心或短截，促其萌发多个分枝，留3~5个位置适当的侧枝作主枝，其余剪去，主枝长至30~50cm时再次摘心，促生第二次分枝，每主枝上留2条分枝。依此类推，2~3年后便形成具有多次分枝的自然圆头形树冠。嫁接苗常在定植后不久，甚至在苗圃就抽生花穗，应摘除，不让其过早结果。幼树修剪的原则是轻剪，减少消耗，加快生长，促进分枝，扩大树冠，提早结果。为了保持合理的树形，必须剪除影响主枝生长的辅养枝、重叠枝以及病虫枝，短截徒长枝，促进分枝，以增加末级梢数和叶面积。幼树整形应在幼树投产前基本完成。

杧果树冠整形应在开始结果时基本完成。此时树冠内的枝梢较稀疏，枝叶还继续增长，树冠继续扩大。为了保持合理的树形，必须剪除影响主枝生长的辅养枝、重叠枝以及病虫枝，短截徒长枝，促进分枝，以增加末级梢数和叶面积。进入盛果期后树冠达到最佳挂果量的体积，枝条逐渐密集、郁闭。此时修剪的目的是增加通风透光，改善光照条件，减少病虫害，调节开花结果与生长的矛盾，克服大小年，延长盛果期。

2. 结果树修剪 结果树的修剪可分采果后修剪和生长期修剪。主要目的是培养翌年优良结果母枝，同时回缩当年结果枝控制树冠过快扩张，调整树冠永久性骨干枝的数量、着生位置和角度，使树势均衡。不同杧果产区，因杧果采收上市时间不一，结果树修剪时间和方法也不尽相同。在8月前能采收的品种宜采用采后回缩修剪为主的修剪方法。采后回缩修剪以短截结果母枝为主，并适当剪除过密枝、过多主枝，回缩树冠内交叉枝、重叠枝，剪去下垂枝和病虫枝，树冠中部直立徒长枝条可从分枝基部疏除，增加树体通风透光。对于在8月中下旬后采收的晚熟品种和易大小年结果的品种，宜采取轮换挂果修剪的方法培育翌年结果母枝。具体方法为：在5月上中旬第二次生理落果后及时疏除影响果实发育的花梗和枝条以及畸形果和病虫果；对结果太多的果穗，每穗留2~3个中部幼果，疏除过多果实；同时，每株树保留60%左右的挂果枝，短截其余枝梢培养为翌年结果枝，短截从基枝分枝处起第1、2次梢的密节下方短截，从而达到矮化树形及促进分枝的目的。

六、花果管理

1. 控梢促花 在秋冬季做好抑制冬梢生长促进花芽分化的工作。控梢促花可采用断根、环割等物理方法，也可采用 B_9、CCC、PP_{333} 等生长延缓剂（growth retardant）和硝酸钾（KNO_3）、硝酸铵（NH_4NO_3）等化学药剂控梢促花。

在生产上普遍应用植物生长延缓剂诱导杧果开花。常用的延缓剂可分为3大类：①赤霉素传输抑制剂，如N-二甲胺基琥珀酰胺，俗称 B_9。②季胺类，如2-氯乙基三甲基氯化铵，俗称矮壮素（CCC）。③类固醇类，如（2RS,3RS）-1-（4-氯苯基）-4,4-二甲基-2-（1,2,4-三唑-1-基）-戊-3-醇，俗称多效唑（PP_{333}）。后两类生长延缓剂可抑制贝壳杉烯的合成，此物质是赤霉素合成中的催化酶。用 B_9 喷施叶片后，可降低杧果树梢尖的赤霉素含量，提高成花率（Kurian等，1993；赵红业，1999）。多效唑能延缓营养生长，缩短节间，促进开花，提高花质量；由于其溶解性低和残留期长，一般都采用土壤洒施，印度尼西亚和澳大利亚的商业果园普遍用多效唑来控制营养生长和调节花期。

在低纬度和中纬度热带地区广泛应用硝酸钾（KNO_3）来促进杧果成花，而硝酸铵（NH_4NO_3）的效果是硝酸钾的2倍，施用后2周就可诱导花芽萌发。根据树龄的大小和天气状况，KNO_3 的使用浓度为1‰~10‰，一般2‰~4‰ KNO_3 和1‰~2‰ NH_4NO_3 的效果较佳，老树、弱树及干旱的树对药物的反应更敏感。枝条必须达6个月、叶片老熟呈墨绿色才有效。在南北纬25°的亚热带地区施用这些药物无效，在高纬度的热带地区6~9月施用 NH_4NO_3 和 KNO_3 反而会促进营养生长而不开花（Nunez-Elisea，1988）。

2. 果实套袋 杧果果实套袋可以防止或减轻病虫对果实的危害，防止果面摩擦等机械损伤，可以防止果实日灼，改善果皮着色，增加果皮蜡质，提高果面的光洁度及光泽，大大提高商品果率。同时，套袋后可以减少农药的使用次数，避免农药与果实接触，降低农药残留量，生产符合无公害、绿色食品标准的优质杧果。

杧果果袋应选用正规公司生产的杧果专用袋。果袋的大小依品种而异，对中小果型品种，可采用22cm×15cm的纸袋；对大果型品种，可采用30cm×20cm的纸袋。套袋材料一般为外黄内黑双层纸袋和白色单层防水袋。外黄内黑双层纸袋套果实后，果实表面没有光照作用，果皮呈现黄色；白色单层袋可透光，套袋后果皮颜色底色呈现本色，但盖色会因光照度减弱而减退。因此，青皮品种推荐使用外黄内黑双层复合纸袋，以调节果皮颜色呈现均匀的黄色或黄绿色，提高外观品质；红皮品种推荐使用白色单层袋，以保持红杧果皮红绿色等特点，也可根据市场需求选择外黄内黑双层纸袋。

套袋一般在第二次生理落果后进行，在半个月左右完成。套袋过早，易有空袋现象；套袋过迟，易产生果锈、果点粗糙等问题，影响果品外观。套袋前先喷洒杀菌剂防病，待果面干后，即可套袋。杧果套袋采用单果套袋，套袋时袋口按顺序向中部折叠，最后弯折封口铁丝，将袋口绑紧于果柄的上部，使果实在袋内悬空，防止袋纸贴近果皮造成摩伤或日灼。袋口要绑紧，不宜绑成"喇叭口"，防止雨水顺果柄流入袋内。

七、采　　收

杧果果实成熟期随品种、地区、气候、栽培管理而异，同一地区的品种在不同年份由于开花期与气候条件的变化，成熟期也有所差异。果实不同用途对采收成熟度要求不同，作鲜果就地供应的可充分成熟后采收，远销果或贮藏果可适当提早采收，加工用果实可根据加工的要求而定。

杧果成熟度的判断主要依据果实的外观特征。当果实已达到原品种大小，果肩扁平变为浑圆，蒂部略下陷，果实颜色由暗变淡，果点或花纹明显时，果实已基本成熟。切开果实，种壳已变硬，果肉变黄，果实已基本成熟。幼果的密度小于水，近成熟时密度增加，相对密度达到 1.01~1.02 时已成熟。因此，将果实放入水中下沉或半下沉时，表示果实可以采收。在生产上亦可用果柄汁液或果龄期判断。果柄汁液法是：用利刀将鲜果果柄膨大处横切，切后汁液稀、流量大的一般只有七成以下的成熟度；切后流出乳白色汁液表示已有八成以上的成熟度；切后无汁液流出，已成熟，摘后几天软熟可食。果龄期计定法是：从盛花期起多少天为适收期，这是比较准确的方法，但受天气（积温）影响较大，尚需各地观察，以便得出较准确的适收期。

（执笔人：陈杰忠）

主 要 参 考 文 献

林淑增，陈宗苇.1981.杧果在海南岛西部地区的生物学特性观察 [J].热带作物学报，2（2）：80-91.
唐晶，李现昌，杜德平，等.1995.紫花杧花期调控试验 [J].果树学报（12）：82-84.
姚全胜，雷新涛，黄忠兴，等.2009.杧果人工杂交授粉试验初报 [J].热带农业科学（1）：16-18.
张承林.1997.杧果果实的生理病害及其病因的研究 [D].广州：华南农业大学博士论文.
张欣，高爱平，刘增亮，等.2009.影响芒果炭疽病病斑扩展的因素 [J].热带作物学报（11）：1656-1659.
Bally I S E, Richard E. 2009. The Mango: botany, production and uses [M]. Wallingford, UK; Cambridge, MA: CABI North American Office.
Chen W S J. 1987. Endogenous growth substances in relation to shoot growth and flower bud development of mango [J]. Amer. Soc. Hort. Sci., 112: 360-363.
Graham D, Patterson B D. 1982. Responses of Plants to Low, Nonfreezing Temperatures: Proteins, Metabo-

lism and Acclimation [J]. Ann. Rev. Plant Physiol, 33: 347-372.

Kumar S, Nauriyal J P. 1977. Nutritional studies on mango-tentative leaf analysis standards [J]. Indian J. Hort, 34: 100-106.

Larson K D, Schaffer B, Davies F S. 1993. Floodwater oxygencontent, ethylene production and lenticel hypertrophy in flooded mango (*Mangifera indica* L.) trees [J]. J. Exp. Bot., 44: 665-671.

Nunez-Elisea R, Davenport T L, Caldeira M L. 1996. Control of bud morphogenesis in mango (*Mangifera indica* L.) by girdling, defoliation and temperature modification [J]. J. Hort. Sci., 71: 25-40.

Pongsomboon W, Stephenson R A, Whiley A W. 1991. Development of water stress and stomatal closure in juvenile mango (*Mangifera indica* L.) stress [J]. Acta Horticulturae, 321: 496-503.

Prakash S, Ram S. 1984. Naturally occurring auxins and inhibitor and their role in fruit growth and drop of mango 'Dashehari' [J]. Scientia Hort., 2: 241-248.

Ram S, Bist L D, Lakhanpal S C, et al. 1976. Search of suitable pollinizers for mango cultivars [J]. Acta Horticulturae, 57: 253-263.

Saidha T, Rao V N M, Santhanakrishnan P. 1983. Internal eyhtlene levels in relation to flowering in mango [J]. Indian J Hort., 40: 139-145.

Schmutz U, Ludders P. 1993. Physiology of saline stress in one mango rootstock [J]. Acta Horticulturae, 341: 160-167.

Whiley A W, Rasmussen T S, Saranah J B, et al. 1989. Effect of temperature on growth, dry matter production and starch accumulation in ten mango (Mangifera indica L.) cultivars [J]. Journal of Horticultural Science, 64: 753-765.

推 荐 读 物

陈杰忠，叶自行．2001．杧果高产技术问答 [M]．广州：广东科技出版社．

何业华，高爱平，余小玲．2006．无公害芒果标准化生产 [M]．北京：中国农业出版社．

马蔚红，等．2003．芒果无公害生产技术 [M]．北京：中国农业出版社．

叶慕贞．2004．芒果栽培关键技术 [M]．广州：广东科技出版社．

第十章 杨 桃

第一节 概 说

　　杨桃别名三稔子、五棱子、五敛子、阳桃、洋桃等。杨桃果形美观，清甜多汁，具有较高的营养价值。据测定，B10 杨桃可溶性固形物含量为 7.7%，100g 果实含蛋白质 170mg、粗脂肪 7.82mg、维生素 B_1 28.86mg、维生素 B_2 5.36mg、维生素 C 26.56mg、铁 0.79mg。杨桃还有药用价值，可以清热降火，润喉爽声，排毒生肌，止血。《本草纲目》记载："五敛子，祛风热，解酒毒，治黄疸、赤痢。"除鲜食外，杨桃可以加工成罐头、果汁、蜜饯、果酱、果酒、果冻等产品；在珠江三角洲地区，还有盐渍作为菜食的习惯。每 100g 果渣中含 46.0～58.2g 不可溶纤维素，可以作为保健食品的有效组分。

　　杨桃原产于亚洲东南部，大致为印度尼西亚、摩洛加群岛。我国云南西双版纳海拔 600～1 400m 的热带雨林、热带季雨林、南亚热带季风常绿阔叶林中也发现有野生杨桃的零星分布。全世界杨桃栽培历史较久的是东南亚地区，杨桃从马来西亚、越南传入我国，已有 2 000 多年的栽培历史。据考证，东汉粤人杨孚的《异物志》中已有记载，称杨桃为"兼"或"三兼"；《广志》记载："三兼，似剪羽，长三四寸，皮肥细，绛色。以蜜藏之，味甜酸，可以为酒啖。出交州，正月中熟。"《南方草木状》、《广州记》、《齐民要术》、《本草纲目》和《南越笔记》对杨桃均有详细的描述。

　　目前，杨桃的分布仅限于南北纬 30°之间，主要分布在中国、印度、马来西亚、印度尼西亚、菲律宾、越南、泰国、美国（佛罗里达州、加利福尼亚州、夏威夷州）、澳大利亚、缅甸、柬埔寨、巴西和以色列等国。马来西亚生产的杨桃在国际市场上最为著名，成为马来西亚重要的出口创汇产品。

　　在我国，杨桃主要分布于海南、台湾、广东、广西、福建等省（自治区），云南省有少量栽培。广东是我国杨桃栽培较多的省份，主要有三大产地，即珠江三角洲地区，潮汕平原、粤西茂名、雷州半岛等地，杨桃曾是广州的六大名果之一，出产的"花地杨桃"曾经名扬中外。杨桃是台湾的大宗水果之一，栽培面积达 2 500hm^2，年产 4.1 万～4.8 万 t。

　　杨桃生长快，早结丰产，适应性强。春植到第二年底即可形成树冠，开花结果。杨桃由于能够一年多次开花，可周年供果。杨桃产量高，经济效益好，近年在我国由零星栽培转向成片栽培，由粗放经营转向集约经营。目前，栽培中仍然存在一些问题，如品种低劣限制了进一步发展，近年引进的马来西亚 B 系列杨桃在很大程度上改善了这一状况，但是仍需加强品种选育工作，培育出具有特殊颜色、形状与独特风味的品种。栽培中存在重栽轻管现象，树体管理差，产量低、品质差，需要加强栽培技术研究，针对果实的生长发育进行科学施肥，提高产量和品质，推广套袋技术。采后处理与贮藏技术缺乏，需要加强采收技术和采后生理研究，提高贮运能力，增加国内外市场的竞争力。

第二节 主要种类和品种

一、主要种类

杨桃（*Averrhoa carambola* L.）在植物学分类上属于酢浆草科（Oxalidaceae）杨桃属（*Averrhoa*）。该属有2个种，杨桃（普通杨桃）和多叶杨桃（毛叶杨桃）。栽培上的品种都是杨桃种（图10-1），一般可以分成2类，即甜杨桃和酸杨桃。

酸杨桃植株高大，生长势旺盛，复叶的小叶数较多，叶色浓绿，果实较大，但是果棱较薄，味酸，种子较大，主要用于加工，充分成熟后也可鲜食。

甜杨桃植株较矮，生长势较弱，复叶的小叶数较少，叶色绿，果实一般较小，但是果棱厚，果身丰满，风味清甜，清脆可口。按照果型大小，甜杨桃又可以分为普通甜杨桃和大果甜杨桃，前者为早期引进的小果型品种，后者是近年引进的大果型品种。目前，栽培上的推广品种大多为近年引进的大果型品种，生产上统称为大果甜杨桃。

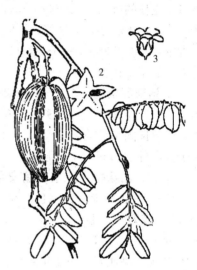

图10-1 杨桃植株形态
1. 果实 2. 果实横截面 3. 小花

二、主要品种

1. B17杨桃 又名水晶蜜杨桃、红杨桃，自马来西亚引进，是当地B系列杨桃的3个推广品种之一。复叶长25cm左右，小叶7~13片，多为11片，阔卵形，长4.2~9.8cm，宽2.1~5.2cm，叶色浓绿；枝条斜生，稍硬。生长结果快，一般移植后当年即可开花结果；6~10月开花，花梗深红色；单花较大，淡紫红色，开花到成熟约80d；单果重200~400g；成熟时金黄色，有蜜香气，果肉爽脆化渣，清甜多汁，可溶性固形物含量11.0%~12.0%；果心小，种子少或无，可食率96%，品质极优。

2. B10杨桃 又名香蜜杨桃，自马来西亚引进，是当地B系列杨桃的3个推广品种之一。复叶长10.0~18.5cm，小叶多为9~11片，椭圆形，长5.5~10.5cm，宽2.5~4.7cm，先端急尖，基部偏斜；枝条柔软下垂。单花较小，呈钟状，紫红色；单果重150~300g，成熟时黄色，果肉爽脆稍有渣，清甜多汁，可溶性固形物含量7.0%~10.0%；果心小，种子少或无，可食率96%。

3. B2杨桃 自马来西亚引进，是当地B系列杨桃的3个推广品种之一。小叶倒卵形，长6.1cm，宽3.6cm，叶尖急尖，基部较宽，明显歪斜；单果重150~200g，成熟时黄色，果实卵圆形，风味纯而清甜，无酸味；丰产性好，坐果率高。

4. 蜜丝甜杨桃 1992年华南农业大学从我国台湾引入，在广州试种表现良好。每年抽梢5~6次，春植后第二年底可以形成树冠，开始开花结果。7月下旬至11月上旬陆续开花，9月中旬至翌年2月下旬果实陆续成熟，早结丰产，品质优良。单果重168g，果肉细嫩，纤维少而化渣，汁多味甜；糖度6.9白利度，有机酸含量0.15%，风味较佳。

5. 七根松杨桃 广东省罗定市素宁镇上宁乡七根松华侨农场100多年前自新加坡引入。树势较强，发枝力强，枝条柔软下垂；小叶7~9片，卵形，深绿色。每年开花5~6次，花序多抽生于当年生枝的叶腋，花小，淡紫红色。果实8~12月成熟，单果重90~120g，肉橙黄色，肉厚，汁多味甜；果心小，化渣，品质上等；含可溶性固形物10.0%，糖9.2%，酸0.1%，每100ml果汁含维生素C 42mg；种子少，可食率96%。适应性强，成年树株产500~600kg。

6. 东莞甜杨桃 广东省东莞市大朗镇洋乌管理区洋陂村1983年自马来西亚引入。树势中等，发枝力强，枝条下垂；小叶7~9片，卵形，淡绿色。每年开花4~5次，花序多着生于当年生枝的叶腋。果实9~10月成熟，单果重250~350g，果厚，肉色橙黄微绿，汁多味甜，化渣，果心小，品质好；可溶性固形物含量10.0%，糖9.6%，酸0.2%，每100ml果汁含维生素C 22mg；种子少，可食率97%。适应性强，丰产稳产，嫁接苗定植后2年开始结果，七年生树株产40~50kg。

7. 猎德甜杨桃 主产于广州地区。树势中等，枝条柔软下垂，丰产；小叶7~9片，卵形。花小，淡紫红色。果实8~10月成熟，单果重67g，果肉厚，果心小，清甜无渣，香味浓；可溶性固形物含量18.0%，糖8.65%，酸0.18%，每100ml果汁含维生素C 29mg；种子少，可食率96%，品质好。

8. 红种甜杨桃 广东省潮安县优良地方品种。树势壮旺，发枝力强，枝条柔软下垂；小叶7~9片，卵形，深绿色。每年开花4~5次，当年生、多年生枝均能抽生花序。果实6~12月成熟，果形正，单果重120~130g，果棱厚，肉淡绿黄色，清甜多汁；可溶性固形物含量9.0%，糖8.3%，酸0.1%，每100g果肉含维生素C 13mg；果心中等，种子少，可食率96%，品质好。三十年生树株产250kg左右。

9. 台农1号 台湾省凤山热带园艺试验分所利用二林种、蜜丝种与歪尾种混植，通过自然杂交，从二林种实生后代中选育获得。枝条柔软，呈橙红色，具有白色斑点突起；叶片比二林种大；果实为长纺锤形，果蒂突起，果尖钝，果皮、果肉均呈金黄色，光滑美观，敛厚而饱满；平均单果重338g，果肉纤维少，风味清香，糖度8.6白利度，有机酸含量0.27%，品质优良；果皮薄，不耐贮藏。

10. 二林种 又名蜜丝软枝，是由台湾省彰化县二林镇选出的实生变异种，目前在台湾的种植面积最大。生长势较旺；果实成熟后，果皮呈黄白色且微有皱纹，果蒂微突起，果尖微尖，果形为纺锤形，果肉细，糖度7.8白利度，有机酸含量0.21%，风味中等。

此外，各地陆续从引进的大果甜杨桃中选育出新品种，如甜杨桃1号、甜杨桃2号、甜杨桃3号，正在逐渐推广。有不少地方品种现在正逐渐被近年引进的大果型甜杨桃所取代，这些品种包括广东的崛督甜杨桃、尖督甜杨桃、吴川甜杨桃、潮汕酸杨桃，广西的金边杨桃、甜蜜杨桃、白马甜杨桃，福建的广东蜜杨桃、赤口桃、白杨桃，台湾的歪尾种、竹叶种、南洋种等。

第三节 生物学特性

杨桃为热带常绿小乔木，自然条件下高5~8m，枝条开张，小枝多而柔软下垂。奇数羽状复叶，长10~15cm；小叶5~13片，多为11片，椭圆形或卵形，长3~7cm，宽2~4cm，不对称，小叶叶柄甚短。花为聚伞状圆锥花序，花序梗长3~7cm，花梗和花蕾暗红色；小花呈钟形，长约 8mm，直径约 4mm；萼片 5 枚，合生成浅杯状；花瓣 5 片，旋转排列，初时深红色，开放后呈粉红色或白色；雄蕊 10 枚，分为 2 轮排列，外轮 5 枚较短，没有花药，内轮 5 枚发育正常；雌蕊 1 枚，柱头 5 裂，子房上位，5 室，每室有种子 1~3 粒。果实为肉质浆果，椭圆形至长椭圆形，具有 5 棱，横切面呈五角星状，成熟前青绿色，成熟后为黄白、淡黄或橙黄色，某些品种可变为红黄色。

一、生长结果习性

1. 根系生长　杨桃根系由主根、侧根和须根构成。主根发达，可以深入土壤 1m 以上，土层深厚或地下水位低的地方甚至深达 3m。侧根多而粗大，主要分布在表土下 10~35cm 的土层中。须根多，吸收根分布较浅，表土下 2~3cm 处已有分布，通常分布在表土下 10~20cm 的土层中，伸展宽度为树冠的 1.5 倍以上。

由于根系的生长与当地的气候、立地土壤的温湿度和通气状况、栽培管理水平等诸多因素有关，新根的开始生长期、旺长期、缓长期和停长期在不同地区有所差异。在广州，根系 3 月上旬开始生长，5~6 月为新根旺长期，然后进入缓长期，11 月新根停止生长。在桂南地区，根系生长在 2 月中旬开始，6~8 月进入旺长期，9 月以后生长趋于缓慢，11 月停止生长。在海南的东南部，根系的生长则没有明显的停歇期。

杨桃由于吸收根分布较浅，表土土壤温度、湿度等的急剧变化容易对根系产生不利影响，尤其是春、秋、冬季的土壤干旱，夏季多雨引起的土壤积水、通气不良等。因此，在栽培上应注意对幼树进行覆盖护根，对成年树进行排水防涝、防旱保湿。据美国加利福尼亚大学研究，土壤覆盖提高杨桃产量的原因在于提高了根系的温度。

2. 枝梢生长　杨桃的萌芽力强，只要温度、水分适宜，周年可以萌芽抽生新梢，一般每年抽生 4~6 次，主要集中于 3~9 月，在高温多雨季节，新梢生长没有明显的间歇期。由于年发梢次数多，新梢生长迅速，因此定植后 18 个月即可形成 2m 以上的树冠，开始正常开花结果。杨桃的成枝力也强，一般枝长 25~30cm，但是夏、秋季会抽生徒长枝。

幼树枝梢稍硬而斜生，结果树枝梢稍软下垂，果农称软而下垂的延伸枝条为"马鞭枝"（图 10-2）。春梢和二年生的下垂枝是主要的结果枝。阴生枝、徒长枝在修剪后留下的残桩上也能着生花序、开花结果，因此修剪树冠内部的阴生枝、徒长枝时，应该留 1~2cm 的枝桩用于结"枝头果"。

3. 开花与坐果　杨桃花为总状花序，每一花序由数十朵小花组成，小花为两性完全花。花序一般从当年生和 2~3 年生枝条的叶腋抽生，也可以从骨干枝、主枝和主干上的枝桩抽生。在各种类型的枝条中，以侧枝、下垂枝和树冠内部枝结果为主（表 10-1）。杨桃有一年多次开花结果的习性，常见花果并存现象。在广州地区，一般开 4 次花、结 4 次果：5 月底至 6 月初开花，立秋前

图 10-2　杨桃的结果枝

后采收，称为头造果；7 月中下旬开花，9 月中下旬采收，称为正造果；9 月下旬开花，11~12 月采收，称为三造果；11 月上旬开花，12 月至次年 1 月采收，称为雪敛果。头造果

一般采收青果，产量低，品质较差；正造果产量高，品质好，味甜多汁，如果留至10月上中旬采收，果实由黄变红黄，称为红果，品质更佳；三造果产量也较低；雪敛果品质差，产量低，通常避免此次开花结果，以免影响树势。

杨桃一年多次开花结果的习性是丰产稳产栽培和产期调控栽培的生物学基础。如果采取产期调控，杨桃开花可以提前到4月中旬，7月上中旬果实成熟。虽然杨桃易成花，花量大，但是某些品种（如B17杨桃）自花授粉的坐果率低，生产上需要配置授粉树才能获得丰产。影响坐果率的因素除授粉条件外，花期和幼果期的气候条件、虫害和树体营养条件对坐果率也有较大影响。

表10-1 香蜜杨桃各类枝条的结果状况（三年生树）

枝条类型		10月4日		12月3日		平均比例（%）
		挂果数（个）	比例（%）	挂果数（个）	比例（%）	
枝类	主干	0	0	0	0	0
	主枝	1.2	3.1	2.9	2.9	3.0
	副主枝	0	0	3.1	3.1	1.6
	侧枝	37.2	96.9	94.3	94.0	95.4
枝态	直立枝	1.6	4.2	0.3	0.3	2.2
	水平枝	4.4	11.5	13.4	13.4	12.4
	下垂枝	32.4	84.4	86.6	86.3	85.4
树冠	树冠内	—	—	90.3	90.0	90.0
	树冠外	—	—	10.0	10.0	10.0

4. 果实发育 杨桃果实为肉质浆果，长椭圆形，有5棱，横截面呈五角星形。成熟时果皮呈黄蜡色，有光泽。整个果实的发育从开花到果实成熟需60～80d，生长曲线呈S形：谢花后15d内增长缓慢，15～50d内迅速增长，50d后果实增大趋于稳定。

果实发育过程中有3个落果高峰：第一个落果期是谢花后至小果形成初期，主要是因为在小果形成的同时，花序和小花消耗了小果发育所需的营养；第二个落果期是小果形成后5～10d的转蒂期，主要是由于养分不足以及天气不良引起的；第三个落果期是小果形成后20d至采果前，主要是由于干旱、风雨等不良气候，以及病虫害而引起的。

二、物候期

杨桃的物候期因环境条件的不同而有差异。在海南省海口市琼山区，3～4年生香蜜杨桃的枝梢生长为2月中旬至3月中旬、4月中旬至11月中旬，历时240d；花期有3次，分别是5月上旬至6月下旬、7月下旬至8月上旬、9月下旬至10月下旬，共180d；相应的，果实的成熟与采收则在8月中旬至9月中旬、10月上旬至下旬、12月中旬至翌年1月中旬3个时期。与海南相比，广东、广西、云南、福建等地的纬度较高、温度较低，开花结果比海南晚1个月，而成熟采收期则提前1个月。

三、对环境条件的要求

1. 温度 杨桃属于热带果树，喜高温多湿气候，不耐冷凉和霜雪，一般在热带、南亚热带地区栽培。杨桃要求年平均气温在22℃以上，冬季无霜雪。日平均气温在15℃以上时，枝梢开始生长，适宜生长温度为26～28℃；10℃以下树体生长不良，产生落果、叶片变黄脱落、细弱枝条干枯现象；4℃以下嫩梢受冷害；0℃时幼树易被冻死，成年树大量落叶并产生枯枝。在花期，温度达到27℃以上才能授粉受精良好。

2. 光照 杨桃为较耐阴树种，喜阳光，忌烈日。在阳光充足的环境中，杨桃对氮的利用效率较高，叶片较厚，氮和磷的含量较高，枝叶生长健壮，花芽分化良好，病虫害较少，产量高且着色良好，果实的品质和贮藏都较好。花期和幼果期忌烈日、干风，主枝和骨干枝忌日晒，光照强烈且干旱的条件下树冠顶部易出现落叶和枯枝，果实受到强日照后生长发育不良，品质变劣。因此，杨桃应该适当密植，并多留枝叶。但是种植过密或枝叶郁闭时，内膛枝结果少且着色不良，含糖量低，品质较差。

树冠外围中下部的一二年生枝由于叶片的相互庇荫，通风阴凉而且光照适当，一般花芽分化良好，果实发育充分，因而结果多、果实大、品质好，是最好的结果枝。

3. 水分 杨桃喜多湿气候，不耐旱，要求年降水量1 700～2 000mm，雨水充沛。由于杨桃一年发4～6次新梢，生长量大，花果量多，对水分的需求量大。花期久旱不雨或天气干热，可以引起大量落花落果或果实发育不良；秋冬季干旱会导致叶片黄化脱落。因此，遇到干热天气，早晚在树冠上进行人工喷水，保持空气中一定的湿度，可以防止落花落果落叶，促进果实发育。杨桃不仅需要一定的空气湿度，也需要土壤保持一定的湿润，无灌溉条件的地区不宜种植杨桃。在海南琼山种植杨桃，6月至次年1月每7d灌水1次，2～5月为旱季，灌水间隔时间更短。

杨桃不耐积水，雨季土壤排水不良或地下水位过高都会影响根系的呼吸作用，严重时导致根系腐烂、树势衰弱、叶片黄化脱落。因此，在降水量大的地区应注意排水。有小石块的地块排水良好，种植杨桃比易积水的红壤地块更高产稳产、品质更好。

4. 土壤 杨桃对土壤类型和土壤酸碱度的适应范围较广，在山地、平地、河流冲积地均可种植，但是最适合在富含有机质、土层深厚、疏松肥沃的沙质壤土上种植。由于杨桃早结丰产、年生长量大，对养分和水分的需求量大，应选择结构良好、肥力较高的湿润土壤，大果型的品种更应如此。

5. 其他 杨桃的枝梢柔软、细弱而下垂，在产地经常因为大风、台风而造成落叶、落果，甚至折断枝条。强热带风暴除了引起落叶、落果外，还会导致叶片发黄，需要1～2个月才能恢复。因此，杨桃应避免在风口处建园，大量坐果后要用支架撑起枝条，防止风害。另外，春夏季节的干热风对开花结果和果实发育也有很大的影响，冬季的寒风可能会造成大量落叶。因此，建园时要建设防护林，避免在北坡和西北坡建园。

第四节 栽培技术

一、育 苗

杨桃的繁殖一般采用嫁接育苗法。通常用酸杨桃种子培育的实生苗作为砧木，因为酸杨桃种子较大，发芽率高，耐寒、耐旱能力较强，而且与杨桃的亲和力强。种子一般取自果型大而端正、充分成熟饱满的果实，除去种子表面的胶状物质后阴干，避免日晒。

酸杨桃的种子可春播和秋播。春播一般在每年的2～3月进行，用于春播的种子应该在干燥、阴凉的地方贮存；秋播一般在采果后的9~10月进行，播后应注意防寒育苗。适于播种的苗床应该选择排灌良好的沙质壤土，土壤疏松、肥沃、细致，畦宽1.2~1.5m，播种可以采用点播、条播或撒播，播后覆盖一层细沙或细土，用稻草均匀覆盖后淋水保湿。酸杨桃种子在播后15d左右即可萌发，苗高10cm时应进行分床移植，株行距为15cm×20cm。苗床应保持荫蔽，加强肥水管理，氮肥勤施薄施，或经常淋稀薄人粪尿，及时除去主干上30cm以下的侧枝以促进主干生长。苗高80cm，主干直径达0.8~1.0cm时即可进行嫁接。

杨桃的嫁接时期较长，温度和湿度是影响嫁接成活率的主要因子。温度在31~32℃、32~33℃和34~35℃时，嫁接成活率分别为94.0%、90.0%和79.6%，而20~30℃的嫁接成活率最高。因此，在广东的杨桃栽培区，2~10月（除7~8月的高温季节）均可进行嫁接。杨桃嫁接的方法包括切接、靠接、劈接、合接、T形芽接、嵌芽接和补片芽接，目前采用切接、补片芽接和劈接法较多。

1. 切接法 不受季节、砧木大小的限制，萌发快，育苗周期短。嫁接前在距地面30cm处剪断砧木苗，从剪口下适当位置斜向上削成45°斜面，在斜面下端形成层与木质部交界处内侧向下纵切一刀，深度视接穗长短而定；接穗从芽点的下方约1.5cm处向前削成45°的短斜面，枝条倒转后，将平滑面向上，从芽点下方向前削去皮层，削面应平整、深达木质部，然后在芽点上方约1cm处截断；将准备好的接穗插入砧木的切口内，

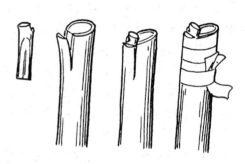

图10-3 切接法

长削面紧贴砧木内切面，保证两者的形成层密接，然后用塑料薄膜绑扎（图10-3）。

2. 补片芽接法 将砧木苗在距地面40cm处截断，在距地面20~30cm处选择光滑部位作为嫁接处，用嫁接刀沿幼苗主干向下切2cm左右，深达形成层，皮层呈长条状而不脱落；选择一年生春梢上饱满的芽，在其下方约1cm处横切一刀，再从其上方约1cm处向下削出稍带木质部的芽片，除去木质部；将芽片插入砧木的切口，使两侧与砧木的形成层密接，最后用塑料薄膜自下而上绑扎固定芽片。

3. 劈接法 在每年3~4月萌芽之前进行，适用于直径1cm以上的较大砧木苗，也可以用于高接换种。砧木苗在距地面40cm处截去上部，截面上切开1cm左右深的切口；取一年生、带2个芽点的枝条为接穗，在接穗下端两边相对处削成30°斜面，插入砧木的切口中，最后用塑料薄膜将接穗绑扎固定（图10-4）。

除了嫁接育苗，也有人对组培育苗进行了试验。以生理成熟的节为外植体，在含1mg/L BA和激动素的MS培养基上诱导出芽，形成的芽转移到含

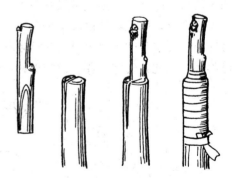

图10-4 劈接法

0.1mg/L BA的MS培养基上继续生长，然后在含0.5mg/L IBA的1/2MS培养基上诱导生根。

二、土壤管理

杨桃立地条件通常是红壤丘陵和坡地，土壤呈酸性，质地黏重而结构差，淋溶强烈，有机质和矿质养分含量低。在绝大多数的杨桃产地，尽管全年降水量丰富，但是大多集中在4~7月，造成全年降水分布不均，季节性水涝和干旱并存。与之相对照，杨桃全年生长量大，产量高，对水肥的要求高。因此，杨桃果园的土壤管理应该以改良土壤、提高土壤肥力和加强水分管理为中心，为杨桃的生长发育提供疏松、肥沃的土壤环境。

（一）间作

杨桃幼树行间的空地较多，进行果园间作可以提高果园的前期经济效益，还可以增加土壤有机质，改善土壤的理化性状。间作植物可以选择蔬菜类经济作物，番木瓜、香蕉、菠萝等生长周期短的果树作物，柱花草、三叶猪屎豆等绿肥植物。与豆科植物进行间作，不仅能提高经济效益，还能增加土壤的氮素输入，提高土壤肥力。对于成年树，由于已经封行，不再适宜种植经济作物，可以间作豆科或禾本科的绿肥植物，如柱花草、假花生、三叶猪屎豆、无刺含羞草、百喜草和黑麦草等，通过刈割、翻压，可以改善土壤结构，增加土壤的保肥保水能力，为杨桃的生长发育提供一个隐蔽、湿润的环境。

由于间作物的生长发育也需要肥料和水分，可能与杨桃产生对肥水的竞争，尤其是在杨桃的生长发育高峰，因此，间作物应该与杨桃树保持一定的距离，同时加强间作物的肥水管理，适时进行刈割，尽量减少对杨桃树体生长的影响。

（二）施肥

杨桃具有一年多次抽梢、多次开花结果的习性，生长量大，产量高，对肥料的需求量较高，在整个生长周期中应该及时、充分施肥，才能保证树体生长正常，连年高产稳产。幼树施肥与成年树施肥的目的不同，因而施肥的时间和方法也不相同。

1. 幼树施肥 杨桃定植后的1~2年时间内采用幼树施肥，主要目标是培养树冠。此期树体的生长特点是以营养生长为主，而营养生长与氮肥关系非常密切，因此，此期应施用含氮肥较多的肥料。通常，杨桃在定植成活并抽梢后，每月薄施腐熟人畜粪尿水2次，半年后每月施用1次，以促进枝梢生长、扩冠。11月后停止施用，改为喷施0.2%磷酸二氢钾，以促进枝梢老熟、增强抗寒越冬能力，结合扩穴改土施用有机肥和磷肥。也可以用无机肥代替人畜粪尿，氮、磷、钾、镁的施用比例为8:2.6:6.6:2，单株施肥量为全年施氮0.2~0.4kg，按少量多次的原则在每次抽梢时施用。

2. 成年树施肥 杨桃定植后3年就可以正式投产，成为成年树，施肥的主要目标是提供养分，保证高产稳产。成年树的生长特点是既要进行营养生长，又要进行生殖生长，每年多次抽梢，多次开花结果，对肥料的需求很大。此期采用有机肥与无机肥配合施用，重施有机肥，补施无机肥的原则，可以满足杨桃周年需肥时间持久、需肥量大的特点。因不同地区温度不同，开花结果次数有所差别，施肥时期稍有不同，一般每年施肥5次（表10-2）。每年6月以后，杨桃的营养生长与生殖生长同时进行，抽梢、开花、结果同时进行，需肥量很大，因此6~10月要连续施肥，施肥量占全年施肥量的60%~80%。在夏季高温干旱时期，施肥还应该与灌水相结合进行。杨桃的施肥方法与其他果树相同，一般采用环状沟施或穴施法，深15cm。

在我国海南、台湾和美国佛罗里达州等地，杨桃的无机肥施用量较多。我国台湾杨桃园的施用标准见表10-3，全年氮、磷、钾三要素的比例约为11：3.9：15。此外，在酸性土壤中，定植前施用足量的石灰能够提高树体和果实的钙含量，改善果实的品质，延长果实的货架期。

表10-2 杨桃成年树施肥年历

名称	时间	肥料	每株用量	作用
促梢壮梢催花肥	4月春梢抽生后	过磷酸钙、饼麸肥、人畜粪尿按2：3：100的比例沤制，加少量尿素	15～20kg	促进春梢生长，提高花序质量
保果肥	6～7月果实转蒂时	过磷酸钙、饼麸肥、人畜粪尿按1：2：100的比例沤制	15～20kg	促进小果发育
壮果促花肥	8月第一批果实定型，第二批花开放	同保果肥	同保果肥	促进果实充实，提高第二批花序质量
促花催熟肥	9～10月果实成熟前	尿素	0.2kg	促进果实成熟，提高果实品质
过冬肥	12月	腐熟畜禽粪土杂肥，加少量速效磷钾肥	20～30kg，占全年施肥量的25%以上	增强树势，提高抗寒力，提高来年产量

表10-3 台湾杨桃园无机肥的施用标准［kg/（株·年）］

肥料种类	三年生树	四年生树
氮	0.87	1.01
磷	0.31	0.36
钾	1.18	1.38
尿素	1.89	3.20
过磷酸钙	2.95	4.60
氯化钾	2.37	2.76

（三）水分管理

杨桃喜湿润荫蔽的环境，生长量大，果实含水量高达90%，对水分的需求量很大。由于杨桃根系分布浅，不耐干旱，因此在干旱时期应该及时灌水。杨桃的根系也不耐涝，长期浸水会导致落叶、落花落果、烂根，因此在雨季积水时期应该及时排水。

1. 灌水 杨桃幼树可以采用覆盖保水和小水勤灌的方式满足对水分的需求。成年树的灌水应该以需水临界期为重点，即春梢萌发期、开花前期和开花期、果实膨大期。一般连续晴天7～10d就要灌水1次。

2. 排水 在雨季易于积水时期，可以在幼树的树盘培土，树盘外挖排水沟；在成年果园中，则要开挖排水沟，低洼地挖深达1m的深沟排水。

三、整形与修剪

杨桃在不同立地条件、不同生长阶段的生长特性不同，整形修剪应该考虑具体的环境条件和生长发育时期。

（一）整形

杨桃定植后 4 年内的主要工作是整形，常见的树形有自然圆头形、双层 5 主枝开心形、倒圆锥形、自然开心形和改良疏散分层形，其中以自然圆头形为多。

幼苗在定植后将主干距地面 50～60cm 处截断定干，侧芽萌发形成侧枝后，选留 3～5 条分布均匀的枝条作为主枝，主枝之间距离约 10cm，设立支柱绑缚主枝使其与主干形成一定的角度。主干上萌发的其他枝条可以留作辅养枝，过密的、离主枝距离过近的应该及早抹除，以防扰乱树形。每次抽生新梢后，在主枝的先端选留 1 个强梢作为延长枝，其余的根据实际情况摘心或培养成侧枝、副主枝。主枝生长角度应该保持斜直，维持较强的生长势，以尽快扩大树冠。

（二）修剪

杨桃每年抽生新梢 4～6 次，开花 3～4 次，营养生长与生殖生长都较旺盛，管理粗放则树冠密闭、通风不良、病虫害严重，因此修剪工作非常重要，应该通过修剪来调节长势，平衡营养生长和生殖生长的相互关系。由于杨桃一年多次开花、结果，修剪的时间和方法会直接或间接地影响开花与结果。

幼树修剪与整形相结合进行，一般应该轻剪，除疏除妨碍整形的大枝、适当短截主枝以扩大树冠外，尽量保留枝梢作为辅养枝，采用拉枝、拿枝等方法促进早花早果。

成年树的修剪分 2～3 次进行，强树、旺树宜轻剪，老树、弱树宜重剪。第一次修剪是在冬果采收后至春梢萌发前的 3～4 月进行，以调节树形、更新老枝，采用疏剪和短截的方法，剪除越冬后的枯枝、弱枝、过密枝、徒长枝和病虫枝等，短截下垂枝。第二次修剪是在 6 月见花蕾时进行，以保证树冠通风透光，修剪程度较第一次轻，剪除徒长枝、过密枝和细弱枝，轻短截下垂枝。此外，在果实套袋前和每次采果后都可以根据树体状况，对交叉枝、过密枝、枯枝、病虫枝和徒长枝等进行适当修剪。杨桃疏枝一般是留 1～2cm 的枝桩剪除，这样可以结少量的枝头果，对于枯枝、病虫枝和弱枝则应从基部剪除。

四、果实管理

杨桃花量大，坐果率高，任其自然结果会因结果过多而形成小果；果实含水量高，容易遭受病虫害和鸟害；枝条柔软下垂，大量结果后容易因风害导致落果或折枝。因此，从杨桃开花开始直至采果的整个果实发育期间，应该对杨桃进行果实管理，保证果实的大小、品质和树体的正常生长发育。通常的果实管理包括疏花疏果、果实套袋、撑枝护果和产期调节 4 个方面的内容。

1. 疏花疏果 由于杨桃的花为总状花序，花量大而花期不一致，在正常情况下通常果量大，对有限养分的竞争加剧，导致果型偏小且大小不一。为了缓解果实发育对养分的竞争压力，促进果实充分膨大，提高果实品质，应该对杨桃进行疏花疏果（表 10-4）。

杨桃疏花疏果应该尽早进行，有利于节约树体营养，保证留下果实的充分发育。一般而言，疏花比疏果好，疏小果比疏大果好，这样有利于节约树体营养。对于直接着生在主枝、主干上位置不当的花序，应该在花期及早疏除，再根据花序的疏密状况疏去过密的小花，使得花序在树体上分布均匀，位置适中。谢花后的疏果分 2 次进行，第一次是在花后 20～30d，即小果转蒂下垂时，疏去病虫果、畸形果和着生过密的小果，去劣留优、去小留大；第二次是在果实纵径约 5cm 时，即套袋前，疏去一些后续尾花发育而成的果实和病虫果，最终定果，保证疏果后每个花序只留 1～2 个果实。美国佛罗里达大学的研究表明，对于 8～

9月成熟的果实，南向中上部的果实品质最好，这对杨桃的疏花疏果具有一定的指导意义。

为了既保证质量，又保证产量，在疏果前要事先大致确定每株树的疏花疏果量和留果量。留果量的确定应该根据树体的大小、肥水条件、管理水平以及目标产量，实际留果量为理论留果量加上10%的病虫果和落果损耗。通常初结果树每造留果20~30个，全年留果60~90个；种植4年以上的盛果期树每造留果50~100个，全年留果150~300个。

表10-4 疏果对杨桃品质的影响

处理	疏果数	留果数	单果重（g）	可溶性固形物（%）	糖酸比	100g果肉中维生素C含量（mg）	100g果肉中鞣质含量（mg）
疏果	699	343	151.1	7.2	30.0	15.9	100.4
不疏果	0	753	118.7	6.7	26.0	12.2	112.0

2. 果实套袋 杨桃果实套袋可以减少病虫害、减轻大风等引起的机械伤、防止农药残留果面，从而促进果实发育、改善果皮色泽、提高品质、减少损失。研究结果表明，经过套袋处理的杨桃果实的糖酸比、鞣质含量和纤维素含量都有很大改善（表10-5）。套袋是在最后一次疏果后进行，并在套袋前2~3d全面喷施一次杀菌、杀虫剂。套袋材料可以采用废旧报纸、牛皮纸袋、塑料袋或专门的果实袋。

表10-5 套袋对杨桃果实品质的影响

处理	总糖（%）	总酸（%）	糖酸比	100g果肉中维生素C含量（mg）	100g果肉中鞣质含量（mg）	粗纤维（%）
套袋	6.2	0.12	53.0	19.6	15.1	0.75
对照	5.7	0.14	41.6	23.3	42.2	1.04

3. 撑枝护果 杨桃通常在疏果后果型大、产量高，而且主要结果部位在侧枝、一年生枝、新梢和树冠下部的结果枝上，因此可能会因为负载过重而折断枝条。另外，杨桃产地经常受到台风的侵袭，更加剧枝条折断、降低产量、危害树体的危险性。因此，杨桃在进入结果后应该设立支架进行撑枝（图10-5），防止折枝和果实损伤。撑枝的支点选择枝条的2/3处，用竹木支架支撑牢固，尤其是树冠下部的结果枝群。对于某些软枝型的杨桃品种，可以考虑采用棚架式栽培。

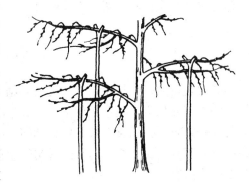

图10-5 撑枝护果

4. 产期调节 杨桃具有一年多次开花结果的习性，因此容易进行产期调节。广义上的产期调节包括地区性产期调节和栽培技术产期调节。前者是指由于不同栽培地区的纬度、气候和环境等因子存在差异，导致其开花结果时间有所不同，果实发育所需时间也因温度、日照的差异而不同，使果实的采收期各不相同；后者则是指利用栽培技术来改变花期，实现产期调节，如通过肥水调控与修剪措施相结合，可以使果实成熟提前。近年也有报道认为，喷施多效唑可以使杨桃的物候期提前。

以我国台湾南部为例，每年2~3月最后一批果实采收结束前，结合中耕将堆肥、化肥施入，8~14d后适量灌水以促发新根，促进养分吸收，同时剪除徒长枝、衰老枝和枯死枝，7~15d后即可抽出花序。第二次修剪和第三次修剪分别在6~7月和9~10月进行，使得每年6～7月、9～10月和1～2月有3次采收期。若台湾的中部和北部地区采用该方法进行产期调节，则能实现杨桃的周年供应。

五、果实采收与贮运

杨桃每年可以结果2～3次，可以采收3造果，头造果7～8月成熟，正造果9～10月成熟，三造果11～12月成熟。根据果实颜色，杨桃采收可以分为青果采收和红果采收，青果采收是指果实长大饱满而未充分成熟时进行采收，红果采收是指青果在树上充分成熟后呈红黄色时进行采收。

头造果早发育期间正值多雨季节，果实水分含量高，易腐烂而不易贮运，不宜留作红果采收；三造果留作红果会影响树势，不利于树体越冬和来年的树势恢复，因此也不宜进行红果采收。通常留正造果作红果采收，留红果部位以中下部的结果枝为好，果实需套袋防止鸟害。采收杨桃最好在清晨进行，以不伤果皮为原则，应该轻摘轻放，避免造成机械损伤。装果容器要光滑，防止划伤果面，采下的果实避免日晒，有条件的地方最好边采收边包装，减少损失。杨桃的贮藏时间随采收时成熟度的增加而缩短，因此采收时间还应该考虑到目标市场的远近，近销的可以采收成熟度高的果实，远销的应该采收成熟度低的果实。

与杨桃果实成熟软化密切相关的酶包括多聚半乳糖醛酸酶（polygalacturonase，PG）、果胶酯酶（pectinesterase）、纤维素酶（cellulase）、β-半乳糖苷酶（β-galactosidase）。采用10℃以下的低温贮藏可以延缓果实的软化，延长杨桃的货架期，但是也产生低温伤害，而低温与气调贮藏相结合则降低低温伤害的风险。美国农业部的研究发现，用46℃的热水处理以防治贮运期间的果蝇危害后，再用10℃的冷风降温可以有效保证果实的品质。此外，打蜡和涂膜也能够延长杨桃的货架期。

六、有机栽培

近年来，有些地区开始进行杨桃的有机栽培实践。在生产过程中严格执行国际有机农业生产标准，果园在最近3年内未使用化学农药、化学肥料等；果苗为非转基因植物；建立有长期的土地培肥和植物保护计划；生产基地无水土流失及其他环境问题；果品在收获、清洗、贮存和运输过程中未受化学物质的污染；生产过程有完整的档案记录；在生产管理中不使用人工合成的化学物质。在此基础上，为保证产量和品质，通常需要进行土壤覆盖，施用有机堆肥，利用生物防治、物理防治等措施进行病虫害控制。

值得指出的是，最近的调查发现，由于采用受到污染的河水进行灌溉，广州周边杨桃果园的土壤中镉含量超标，进而使得果实中的镉含量达到2.15mg/kg（干重）。因此，城市周边果园土壤的重金属污染应当引起重视。

（执笔人：姚青）

主要参考文献

陈进，陈贵清，王文瑞，等.1993.西双版纳野生杨桃果实性状研究初报[J].亚热带植物通讯，22（1）：

53-54.

陈正秋,莫裕权,梁高生. 2008. 甜杨桃有机栽培技术 [J]. 广西园艺, 19 (6): 49-51.

袁显,逯万兵. 2000. 中国果树实用技术大全 [M]. 北京: 中国农业出版社.

赵向阳,吴健华. 2005. 多效唑在马来西亚甜杨桃上的施用效果试验 [J]. 广西农业科学, 36 (4): 332-333.

Ali Z M, Chin L H, Marimuthu M, et al. 2004. Low temperature storage and modified atmosphere packaging of carambola fruit and their effects on ripening related texture changes, wall modification and chilling injury symptoms [J]. Postharvest Biology and Technology, 33: 181-192.

Li J T, Qiu J W, Wang X W, et al. 2006. Cadmium contamination in orchard soils and fruit trees and its potential health risk in Guangzhou, China [J]. Environmental Pollution, 143: 159-165.

Nunez-Elisea R, Crane J H. 2000. Selective pruning and crop removal increase early-season fruit production of carambola (*Averrhoa carambola* L.) [J]. Scientia Horticulturae, 86: 115-126.

Roy P K, Mamun A N K, Ahmed G. 2007. Rapid multiplication of Averrhoa carambola through invitro culture [J]. Journal of Biological Science, 15: 175-179.

Shui G, Leong L P. 2006. Residue from star fruit as valuable source for functional food ingredients and antioxidant nutraceuticals [J]. Food Chemistry, 97: 277-284.

推 荐 读 物

韦金菊,何凡,朱朝华. 2007. 杨桃主要栽培品种与丰产管理 [J]. 广西热带农业, 2: 13-15.

肖邦森,谢江辉,雷新涛,等. 2001. 杨桃优质高效栽培技术 [M]. 北京: 中国农业出版社.

叶其蓝,林月芳,曾纪瑶,等. 2009. 阳桃绿色食品生产及贮藏加工研究现状和发展对策 [J]. 中国南方果树, 38 (2): 65-70.

Galan-Sauco V. 1993. Carambola cultivation [J]. FAO Plant Production and Protection Paper, 108.

Green J G. 1987. Carambola production in Malaysia and Taiwan [J]. Proc. Flo. State Hort. Soc., 100: 275-278.

第十一章 番木瓜

第一节 概　　说

番木瓜（papaya，papaw）又名乳瓜、万寿果、木瓜、巴婆果，为多年生常绿大型草本植物，享有"岭南佳果"的美称。果实味道鲜美，成熟果实除含丰富的糖外，还富含各种维生素和矿物质，每 100g 成熟果肉含维生素 A 450mg、维生素 C 74mg。未熟果与半熟果及叶含有丰富的蛋白酶，可帮助消化，因而越来越受消费者的喜好。

番木瓜成熟果实除鲜食外，还可加工成果脯、果酱、果汁、果冻、罐头等；未成熟果实可作蔬菜或腌菜食用。番木瓜白色乳汁中含有丰富的木瓜蛋白酶（papain）、木瓜凝乳蛋白酶（chymopapain）和番木瓜肽酶（papaya peptidase）。木瓜蛋白酶对蛋白质具有很强的分解能力，在食品、化工、皮革、染色、医药等方面有广泛的用途。全世界栽培的木瓜有 60% 以上是用于割取乳汁提取木瓜蛋白酶。种子可榨油，榨油后的种子除含丰富的蛋白质外，还含有钙、镁、磷，是优质饲料。茎、叶、肉质根也可加工成优质饲料。番木瓜可以驱虫调经。番木瓜所有绿色部分都含有番木瓜碱，可做心脏镇静药，也可做抗肿瘤药，对淋巴性白细胞具有强烈的抗癌活性。

番木瓜原产南美洲，17 世纪传入我国。现广泛分布于世界热带与较温暖的亚热带地区。美国夏威夷、泰国、印度、印度尼西亚、巴西、越南以及非洲、大洋洲、中南美洲等均有分布。2009 年全世界栽培面积为 41.32 万 hm^2，总产量 1 021.31 万 t。巴西为最大的番木瓜生产国，约占世界总产量的 24%，产量为 181.1 万 t；排在第二位的是墨西哥，产量为 91.9 万 t；其后依次为尼日利亚、印度、印度尼西亚、埃塞俄比亚、刚果。我国排第十四位，栽培面积为 5 826hm^2，产量为 11.24 万 t。主要的番木瓜出口国有墨西哥、马来西亚、巴西、洪都拉斯等。我国广东、广西、福建、台湾、云南、海南、四川等省（自治区）有经济栽培。

第二节　主要种类和品种

一、主要种类

番木瓜是番木瓜科（Caricaceae）番木瓜属（*Carica*）植物，本属约有 40 种，主要分布在美洲热带地区。目前广泛栽培以及作为育种材料有较大利用价值的有以下几种：

1. 番木瓜（*C. papaya* L.）　原产热带美洲，世界各地广泛栽培，大多数栽培品种都属于这一种，它是番木瓜属植物中经济价值最高的一种。

2. 山番木瓜（*C. candamorensis* Hook. f.）　原产哥伦比亚和厄瓜多尔 2 000m 以上的高海拔地区，抗病性和抗寒性均强，在 −2～−2.2℃ 的低温下也不受害。果实小，主要供煮食、腌制或糖渍。

3. 槲叶番木瓜 [*C. quercifolia* (St. Hil.) Solms. Laub.] 原产玻利维亚、厄瓜多尔、乌拉圭和阿根廷等地，抗寒性很强，在-4.4℃的低温也不致冻死，但与 *C. papaya* 杂交以获耐寒品种未能成功。果实较山番木瓜小，可加糖食用。

4. 秘鲁番木瓜（*C. monoica* Desf.） 原产秘鲁。植株矮小，雌雄同株。早熟，播种后3~4个月开始连续结果数月，果实、叶片及幼株均可煮食。

此外，还有五棱番木瓜（*C. pentagona* Heilb.）、茎花番木瓜（*C. cauliflora* Jacq.）、戟叶番木瓜（*C. hastaeflolius* Solms.）。这3种番木瓜都原产于南美洲安第斯山区，有天然单性结实现象，抗寒性强。果实小，果肉薄，香味淡，可作蔬菜用。

二、主要品种

1. 穗中红 1972年广州市农业科学研究所以岭南6号作母本、中山种（结果能力强）作父本杂交育出第一代穗中，再以穗中为母本、泰国红肉（果肉红色、味清甜）为父本杂交选育出穗中红。其优点是花性稳定，早熟、丰产、优质。20世纪70年代末逐渐推广后，成为广州地区番木瓜的当家品种。后广州市果树科学研究所又在穗中红中选育出穗中红48，更具矮干、早结、优质、结果部位低的特性。第25~28叶期现蕾，花期早，坐果早。果形美观，两性株果实长圆形，雌性株果实椭圆形，平均单果重1.1~1.5kg，可溶性固形物含量11.5%~12.5%。高产稳产，产量可达52.5~75t/hm^2，是国内的主栽优良品种之一。

2. 美中红 广州市果树科学研究所通过引进国外小果型品种与本地中果型品种杂交，1996年选育出的适应国内栽培的小果型鲜食品种。株高153~156cm，茎周长29~32cm，秋播春植苗始蕾期在5月上旬，始收期9月底至10月初。花性较稳定，两性株在高温期趋雄程度较轻。产量较稳定，两性花果实纺锤形、倒卵形，单株年平均产果22~25个，单果重0.5~0.7kg。果肉红色，肉质嫩滑清甜，可溶性固形物含量13%以上，品质优良，产量约30t/hm^2。本品种果较小，符合国际市场上消费者喜欢优质小果型品种的趋向，是适应鲜食市场的新品种。

3. 园优一代 广州市河南园艺场在20世纪70年代选育出来的优良杂交组合。其特点是矮干、果大、早结丰产、抗逆性强，秋播春植当年可获丰产。20世纪70年代中期至80年代末番木瓜花叶病发生严重的时期，以其早结、高产、抗病性强，在广东、广西、海南等地广泛栽培。肉色浅黄，但风味淡，果实过大。主要用于采集乳汁。

4. 优8 广州市果树科学研究所通过杂交育种选育的高产新品种。株型较矮，生长势中等，平均株高120~145cm，茎周长27~28cm。早开花，早结果。两性株果实长圆形，单果重1.0~1.4kg，果肉深橙黄色，肉质嫩滑，味甜清香，可溶性固形物含量11%~12%，产量57~67t/hm^2。果实乳汁多，所含酶的活性高，是鲜食、采酶两用品种。

5. 岭南种 最初约于1910年自美国夏威夷引入，以后华侨又先后由国外带回不同品种，已无原名可考。该品种在岭南地区的栽培历史悠久，经长期栽培驯化，适应该区的气候条件，故称岭南种。特点是叶片大而厚，矮干、早结、丰产、耐湿。两性株的果实长圆形，肉厚，橙黄色，有桂花香，可溶性固形物含量12%左右。从岭南种中选出岭南5号和岭南6号等品系。该品种在20世纪40~50年代栽培较多。但由于岭南种开花迟、成熟迟，不适应秋播春植当年高产的要求，逐渐被新育成的品种所取代。

6. 泰国红肉 20世纪70年代中期从泰国引入我国，经多年选育，逐渐成为地方品种。

其茎较细小，不抗风，产量中等。两性株果实长圆形，果顶突出尖长，果皮较厚，成熟时果皮黄带红色，果肉红色，肉质细滑，风味清甜，可溶性固形物含量12%。抗风力较差。

7. 苏罗（Solo） 原产加勒比海，引至美国夏威夷成为当地著名品种，我国广东已引种多年。植株矮壮，果实小型，单果重500~800g。两性花果实梨形或长椭圆形，果肉深橙黄色，肉厚，质地细滑，清甜带香味，糖含量高，可溶性固形物含量可达13%~16%，果腔小，是色、香、味俱佳的鲜食型品种。较耐贮运，但单株产量较低，易感炭疽病，抗逆性较弱。

8. 蓝茎（Blue Stem） 印度和东南亚栽培较多，较耐花叶病，主要作为育种材料。茎粗大，有紫色斑；叶柄紫色，节间密，叶大而厚，色浓绿。肉厚，橙黄色，味甜，品质中等。果长圆形，平均单果重2~4kg。果肉橙黄色，种子数少。引入我国多年，但品质产量一般，未有大面积栽培。

9. 日升（Sunrise） Solo系统新品种，夏威夷主栽品种。结果能力强，果形美观，大小整齐，畸形果较少，单果重约800g，雌性果近球形，两性果洋梨形，风味佳，可溶性固形物含量约15%，果肉红色，种子易除去，食用方便，抗病及耐寒性较弱。

10. 红妃 我国台湾农友种苗公司育成的中果型优良品种。植株高，茎粗，结果部位高，结果早，结果能力强，栽培容易，较抗病，耐运输。雌株果实椭圆形，两性株果实长形。单果重通常为1.5~2kg，可溶性固形物含量12%，品质佳，果实大小均匀，果皮光滑美观，果皮橙红色，果肉红色，肉厚。

第三节　生物学特性

一、生长发育特性

（一）根系及其分布

番木瓜的根为肉质根，主根明显、粗大。侧根上着生许多须根，须根上的根毛极细。须根和根毛起吸收营养的作用，是番木瓜的吸收根。成年番木瓜的根颈上有斜生分布的粗根4~8条，是番木瓜的固定根，有固定植株、贮藏养分的作用。

广州地区3月开始发生新根，随气温和土温逐渐升高，根生长渐趋活跃，4~7月为根系旺盛生长期，10月以后气温逐渐下降，根系的生长也趋于缓慢，12月至翌年1月是根系活动最缓慢的时期。

番木瓜的根浅生，大部分根系分布在表土下10~30cm处。根系分布因土壤结构和地下水位而异，如水位高，则分布浅，水位低，根系可深达70~100cm。因此在低地种植番木瓜，应采取起墩培土的方法，并注意开沟排水；在丘陵山地则应开大穴，诱导根深生。

番木瓜肉质根系既不耐积水又不耐干旱，如连续降雨被水淹没5h以上，根系即开始受伤。而短期的干旱也会使根生长受到抑制，严重时则表现出叶片凋萎黄化，逐渐脱落。

（二）茎

番木瓜的茎为肉质茎，组织幼嫩，主要靠细胞膨压维持直立姿态。因此，幼苗在移栽过程中若伤根过多会导致吸水困难，使茎端萎蔫下垂，甚至不再恢复直立。夏秋生长旺盛季节，茎上每个叶柄着生部位待叶片脱落后自成一隔，两隔间中空而形成节间。冬季生长缓慢的季节，茎伸长慢，隔连成一体，形成中间全空结构，仅表皮半木质化，容易折断。

番木瓜具有明显的顶端优势，生长正常的茎直立，少有分枝，但生长点受伤，可促使侧芽萌发。较老植株也常抽生侧枝，甚至在侧枝上再抽生下一级分枝，而且也能开花，但其花质差，产量低。若植株在苗期便抽出侧芽，应及时摘除以利于顶芽生长。

一年生番木瓜的茎可高达 2m，偏施氮肥会使植株过高，降低抗风能力。广州地区一般栽培条件下，春植后当年的 5～8 月茎生长速度最快，每月平均可增长约 40cm，9～10 月可增长 15cm，11 月至翌年 4 月增长不足 3cm。叶痕距离即节间距，节间距大表明植株生长速度快。在同等条件下，雌株生长慢，雄株生长快，两性株介于两者之间。

（三）叶

番木瓜的叶 5～7 掌状深裂，叶缘带锯齿状缺刻。叶片自茎顶部长出，互生，叶柄中空。幼苗期小叶老熟时其叶柄长度一般为 13～25cm，成长植株叶柄可长达 110cm。茎向上生长过程中，新叶不断长出，而老叶则逐渐枯黄脱落。叶片寿命一般为 4～6 个月，但气候、栽培管理及病虫危害等因素均有影响，使单株的绿叶数有明显差异。广州地区栽培的番木瓜，绿叶数通常为 25～35 片，栽培条件特别好时可达 70 片。丰产树每一片叶可供养果实 2 个以上。但也有研究表明，番木瓜植株从下往上疏去 50% 的叶片，不会影响坐果率、单果重和可溶性固形物含量（Zhou 等，2000）。

幼苗期第 1～3 片叶呈三角形，随着植株生长，后长出叶片的缺刻越来越深。5～8 月叶片抽生速度最快，在最高温的 7 月，抽出的新叶可多达 13 片。叶由抽生到成熟需 20（夏季）～30d 以上（冬季）。广州地区春植至当年年底可长出总叶片数 80～90 片。

番木瓜染花叶病后，顶部叶片变成淡黄色，出现不均匀的褪绿斑，严重者叶片卷曲变小，叶柄变短，果实表面出现油浸状轮纹，严重影响果实品质，植株逐渐衰弱而死亡。

（四）花性与株性

1. 花性 番木瓜的花着生于叶腋中，进入开花期的植株，每抽出一片叶，其叶腋便出现单花或者花序花。根据花的雌蕊、雄蕊发育情况，花形、大小及花瓣形状等，可分为 3 个基本类型（图 11-1）。

（1）雌花（female flower） 花单生或以聚伞花序着生于叶腋。花形肥大，花瓣 5 裂分离，子房发达肥大，由 5 个心皮组成，雄蕊完全退化。发育成的果实多呈圆球形、梨形、椭圆形，果腔大、果肉薄，授粉瓜的种子较多。

（2）雄花（male flower） 花形细小、瘦长，花瓣上部 5 裂、下部呈管状，雄蕊 10 枚，子房退化成针状，柱头缺。雄株上的雄花为长梗花序，花特别细长；两性株上的雄花为短梗花序，花稍肥大。

（3）两性花（hermaphrodite flower） 根据花朵形状构造、雄蕊和雌蕊的发育状况，两性花又可分为 3 种类型。

①长圆形两性花：为主要结果的花，花中等大，花瓣 5 裂，下部连成管状，雄蕊 5～10 枚，子房长圆形。发育成的果实长圆形，品质最好，最受市场欢迎。果肉厚，果腔小。

②雌型两性花：花较大，比雌花小，花瓣 5 裂，雄蕊 1～5 枚，子房起棱或畸形。发育成的果实呈梨形、圆球形或畸形。

③雄型两性花：花较小，但比雄花稍大，花瓣 5 裂，下部连成管状，子房圆柱形或退化，雄蕊 10 枚。发育成的果实细长，呈牛角形，肉厚，果腔小，种子少。

2. 株性 番木瓜花性繁多，株性也很复杂，一般可分为 3 种类型。

（1）雌株（female plant） 雌株着生雌花，花性稳定，受外界条件的影响少。单性结果，果实小，果腔大，无种子，肉薄，品质差。雌株授粉后，其结果能力增强，果实较大。

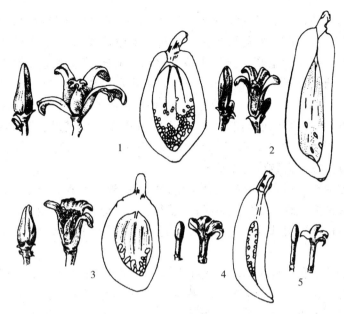

图 11-1 番木瓜的花果形态
1. 雌花及果实 2. 长圆形两性花及果实 3. 雌型两性花及果实
4. 雄性两性花及果实 5. 雄花
(林日荣,1998;李兴中绘)

(2) 雄株（male plant） 雄株上着生长梗雄花,花梗长 10～90cm,总状花序,每个花序上着生十几至几十朵花,不能结果,但有时出现变性两性花,能结果。

(3) 两性株（hermaphrodite） 这种植株花性最不稳定,当受到不同外界条件的影响,可开各种类型的花。因此,其结果能力比雌株弱,但其果实大,果腔小,果肉厚。

两性株又可分为雌型两性株、长圆形两性株和雄型两性株。雌型两性株在 4～5 月和 9 月以后以开雌型两性花为主,7～8 月开长圆形两性花和短梗雄花；长圆形两性株主要开长圆形两性花,7～8 月出现雄型两性花和短梗雄花,是主要结果株；雄型两性株主要开短梗雄花,4～5 月出现少量雄型两性花和长圆形两性花（林日荣,1998）。

随着季节变化,两性株的花性变化是：随温度逐渐升高,花性变化是雌型两性花→长圆形两性花→雄型两性花→短梗雄花；随温度逐渐降低,花性变化是短梗雄花和雄型两性花→长圆形两性花→雌型两性花。在一般栽培条件下,4～5 月多开两性花和个别雌花,可以结果；7～8 月气温过高,两性株会出现趋雄现象,即由正常的两性花逐渐向短梗雄花过渡,导致间断结果；至 9 月前后又开两性花；10 月以后至次年 3 月多开雄花。

苗期用植物生长调节剂处理,可减少番木瓜的雄株比例。常用药剂有萘乙酸（NAA）、乙烯利、整形素等。如在播种后 30d 喷 100mg/L 的 NAA,过 30d 再喷 1 次,明显降低了雄株比例。Kumar（1998）在苗期喷洒乙烯利,在营养生长转入生殖生长阶段再喷 1 次,结果发现,240～960mg/L 乙烯利处理使 90％的植株开雌花或两性花；施用 20～80mg/L 的整形素也有明显效果,所诱导的雌花或两性花都能结果。

不同株性结果能力差异很大。雌株结果能力最强,可连续结果,产量稳定；两性株易受环境因素影响花性不稳定,结果能力不如雌株,但其果肉较厚,单果较重,品质也较优。

(五) 果实

番木瓜果实属真果，由子房发育而成，果中空，种子着生于果腔内。番木瓜果形多样，有长圆形、椭圆形、近球形、牛角形等，因品种、株性、季节、环境等因素而异。未成熟时，果皮绿色，果肉淀粉含量高，故只作蔬菜食用；成熟后，果皮橙黄色，果肉黄色或红色，淀粉含量低，糖含量高，全糖约10%以上，其中蔗糖较多，约占80%，其次为葡萄糖（Chan等，1979）。由于番木瓜在一年之中陆续开花和结果，故先后各期果实发育必然受到季节温度变化的影响。在我国亚热带地区，不同月份开的花，其果实发育成熟所需天数明显不同。广州地区5月至7月中旬开花的需130～150d，7月下旬至11月开花的需要200～230d。品种不同所需发育天数也有差别。

番木瓜落果的主要原因有：授粉受精不良；极端的温度和水分胁迫，如高温、干旱或长期低温阴雨；结果过多导致营养供应不足；缺肥缺水；台风危害。用植物生长调节剂可减少落果。如用50mg/L GA_3 处理可提高坐果率，且增大果实体积和重量（Kumar等，1997）。

(六) 种子

种子着生于果腔壁上，种脐一端连接在维管束末端的乳状突起上。维管束与内果皮汇集成为一层乳白色的网膜，紧贴着中果皮（果肉）。种子褐色或黑色，外种皮有皱纹，种皮被一层透明的假种皮所包裹。种子富含脂肪和蛋白质，干种子含油量33%，含蛋白质29%，其所含脂肪酸主要是油酸（71.6%），其次是棕榈酸（15%）和亚油酸（7.7%）（Chan等，1978）。

经人工授粉而结的果实，其种子发育比自然授粉果实的种子好，发芽率高。种子的发育随果实的发育而逐渐成熟，留种用的果实至少要在2/3黄熟之后才可采收，贮放至果皮完全转黄时才可采种。在自然授粉条件下，一般50kg鲜果可采干种子150～200g；经过人工授粉的果实，可有效增加种子的数量，50kg鲜果可采干种子250～300g。100g干种子有5 000～6 500粒。

种子发育成熟需经3个时期：①前期，受精至谢花后40d左右。种子体积迅速增大，似圆形水泡，时间约1个月。②中期，谢花后40～100d。种子体积增大开始变缓，胚开始膨大充实，种皮开始变硬，颜色由白变淡黄色，但胚并未成熟，种子无发芽力。③后期，谢花后100d至成熟。种子体积增长渐趋停止，种子充实成熟，发芽率渐高。

番木瓜种子的贮藏寿命不太长，一般贮藏1年的种子，发芽率低于70%。种子发芽适温约35℃，低于23℃或高于44℃都不利于种子的发芽。

二、对环境条件的要求

1. 温度 番木瓜起源于南美洲热带，性喜温暖气候，但比许多热带果树耐冷凉，适宜在年平均温度22～25℃地区生长。气温在26～32℃时生长速度快，低于10℃时生长受到抑制，5℃以下幼嫩器官受到伤害；接近0℃时，如果时间短，影响不大，如遇较长时间低温阴雨，叶片和幼果受伤；-2.2℃时植株受害严重，-4℃的低温下植株会被冻死。温度过高对番木瓜的生长发育也不利，35℃以上的高温干旱天气会使植株开雄型两性花，造成间断结果。

温度对番木瓜果实品质有明显影响，5月至7月上旬开的花，果实发育期间气温高，果实发育快，含糖量高，品质好。9～10月开的花，果实发育经过冬季，到下年3～4月成熟，经过冬季的低温甚至霜冻,果肉硬,味淡并带苦涩味,品质差。

2. 水分 番木瓜植株生长快,适宜在年降水量为 1 500~2 000mm、降水分布均匀的地区栽培,在整个生长发育期间对水分敏感。土壤缺水会导致生长暂停,落叶、落果从而减产。但番木瓜根浅,好气,又忌土壤积水和地下水位过高。土壤水分过多也会使根系腐烂甚至死亡,叶片黄化脱落。所以管理上既要保持土壤湿润,又要注意避免积水和地下水位过高。

3. 光照 番木瓜喜光,若光照不足,如过度密植或不恰当的间套种,则番木瓜幼苗徒长,生长衰弱,产量低,寿命短。

4. 土壤 番木瓜喜疏松透气、排水良好、土层深厚的土壤,对土壤的适应性较广,以沙壤最为理想,在红壤上也可生长。在丘陵山地红壤上建园,应施足有机肥和施石灰,以土壤 pH 6~7 较适宜。

第四节 栽培技术

一、育　苗

选择地势稍高、水源充足、坐北朝南、阳光充足、土壤肥沃的沙质壤土建苗圃。苗圃地应与番木瓜果园及葫芦科瓜果园相隔一定距离,防止感染花叶病毒。畦地育苗应提前做好苗圃地的改土、施基肥、起畦等准备工作。番木瓜育苗可采用实生法,也可通过组织培养和扦插的方法育苗。

(一) 实生繁殖

我国目前番木瓜育苗普遍采用实生法。在严格控制父母本株性基础上采种,可以大大减小后代出现雄株的比例。制种技术要点如下:

1. 控制父母本株性 砍除雄株和雄型两性株,并结合人工授粉技术制种,减小后代出现雄株的比例。优良的群体是指在整个果园中,植株品种性状、高矮、花性、果形等比较稳定,雄型两性株比较少,没有雄株或结果差的劣株,花叶病植株较少。一旦发现雄株或雄型两性株,必须及时砍除,杜绝果园中出现雄株和雄型两性株的花粉。

2. 在优良健壮植株上采种 选择抗逆性强、抗病、耐湿、节间短的健壮两性株或雌株采种,并且要求每叶腋均着生花,开花结果早,果大、质优的植株。

3. 选果取种 选择果实发育正常、着生部位低、果形端正的长形果或圆形果采种。当果实有 2/3 以上转黄时即可采收,后熟 1~2d 取出种子。

4. 选择发育正常的种子 种子取出后堆沤 4~6d,洗去假种皮,漂去不实和白色种子即可播种或晾干贮藏。1kg 干种子有 5 万~6.5 万粒种子。

为减少苗期感染花叶病毒,苗圃地应与番木瓜园相隔一定距离,不应有感染花叶病的植株。番木瓜苗忌积水、怕低温,故宜选择地势稍高、坐北朝南、光照充足的地段。

在热带栽培番木瓜全年皆可播种。在我国南亚热带地区,番木瓜播种期则分为春播、夏播和秋播(表 11-1)。20 世纪 60 年代番木瓜栽培主要以夏播秋植为主,产果寿命 2~3 年。后来因番木瓜花叶病毒传入,自 70 年代起渐改为秋播春植,番木瓜也由多年生变成"一年生",即当年种植当年收获,产果寿命仅为 1 年。在 26~31℃ 的条件下,番木瓜环斑花叶病毒(papaya ringspot virus,PRSV)的活动能力强,植株受害症状也明显(Mangrauthia 等,

2009)。在华南地区，4月中旬至5月上旬、9月下旬至10月下旬发病最多，6~8月为相对发病低潮期。为避开发病高峰期，只好采取秋播育苗，次春种植，秋冬为收获期。

表11-1　广东省番木瓜播种期与定植期

种植制度	播种时期	苗期	定植时期
春播夏植	2月下旬至3月	50~70d	4月下旬至5月中旬
夏播秋植	7月下旬	35~45d	8月下旬至9月
秋播春植	10月中下旬至11月上旬	120~150d	2月中旬至4月上旬

采用营养袋育苗可使定植时少伤根。营养袋有黑色和白色塑料薄膜袋，规格有直径10~12cm、高16~18cm，或直径16~18cm、高20~25cm。营养袋底部有几个小孔，用以排水透气。秋播春植的营养袋育苗过程如下：

（1）配营养土及装袋　营养土可用发酵腐熟后的有机肥与泥土以1:5的比例拌匀，也可以用40%壤土＋40%充分腐熟的有机肥＋10%稻壳＋10%细沙＋0.1%复合肥。最好使用塘泥晒干后打碎，然后与肥料拌匀装入营养袋备用。营养袋排列宽度不超过1m，以便于田间管理。

（2）播种前种子处理　选用干种子或新鲜种子均可，用0.1%托布津消毒20min，洗净，再用1%小苏打浸种4~5h，再洗净。若用干种子则还需用清水浸泡20h。番木瓜种皮中含有抑制物质，可用200mg/L的GA_3处理未经低温处理的种子，以提高种子发芽率。用100~200mg/L的硫脲处理也能显著提高发芽率。种子处理后置于32~35℃恒温下催芽，每天翻拌及淋水1次，待种皮开裂露白即可播种。

（3）播种　播种时间是在10月至11月上旬。先把营养袋淋透，每袋点播种子2~3粒，盖一层泥或火烧土，厚度以刚覆盖种子为度。播后淋水，搭矮拱棚，气温低时需在小拱棚上覆盖塑料薄膜以保温防寒。

（4）苗期管理　苗期管理应注意以下问题：

①防寒保温：因秋播苗需越冬，故冬季需搭拱棚并覆盖薄膜保温，棚内温度控制在20~30℃为宜，最高不得超过35℃，最低不得低于5℃。白天气温升高时应打开薄膜，晚上再盖上。冬季必须使营养袋内的土温保持高于15℃才有利于新根的发生。

②保持湿度：土壤过干或过湿均对幼苗生长不利。湿度过低，生长受到抑制，甚至苗枯萎死亡；湿度过高则幼苗徒长，积水则叶片黄化脱落。

③合理施肥：为使苗壮，应少施氮，施复合肥及有机肥。长出4片真叶时即可开始施肥，每10~15d施肥1次。苗期施肥应以勤施薄施为原则。

④适时炼苗：长出6片叶时，应适当控制水分。在夜温不低于8℃的情况下，可逐渐打开薄膜，但预报有寒潮或霜冻则应及时覆盖薄膜。

（二）组织培养繁殖

番木瓜株性复杂，种子繁殖难以保证株性的一致。在制种过程中，设法杜绝雄株传粉，虽可减小后代出现雄株的比例，却不能保证两性株的高比例，而两性株所结的果实肉厚、品质好、价格高。利用茎尖或侧芽进行组织培养，能保持株性稳定，培养大量两性株。目前，国外组培已用于商业化生产（Miller等，1990）。我国也能进行番木瓜组培快繁（林治良等，1996；周鹏等，1995），但要广泛用于生产仍存在一定的困难，主要是继代培养代数不高、继代苗玻璃化、污染率高、外植体褐化、诱导生根困难等。园艺工作者经过多年的探索，已经解决了番木瓜组织培养中存在的部分难题。目前，栽种的番木瓜已有部分来自组培苗。

王丽萍等（2008）研究了消毒剂组合、消毒时间及热水处理番木瓜成龄株芽的消毒效果，结果表明，番木瓜外植体采用75%酒精浸泡30s，无菌水冲洗2～3次，然后用15%次氯酸钠消毒5min，最后用0.1%氯化汞消毒17min，消毒效果好。在使用消毒剂前，采用热水处理番木瓜外植体，可以降低污染率。但外植体消毒过度会影响成活率。洪立萍（2008）在建立番木瓜离体繁殖体系过程中，经对比试验后发现，用0.1%氯化汞溶液对夏威夷番木瓜的新生嫩茎（1mm）消毒12min，培养基为MS+6-BA 0.8mg/L+NAA 0.2mg/L+IBA 0.02mg/L的效果最好，茎尖的成苗率达到87.6%。在附加IBA 0.3mg/L的1/2MS培养基上新梢的生根率达到89%，试管苗大规模移栽的成活率达90%以上。Ascencio-Cabral等（2008）研究了影响体细胞胚萌发以及植株再生的因素，结果发现，3.0mg/L根皮苷（phlorizin）有利于体细胞胚的萌发和根的生长，另外，白光也有利于根的生长。此外，游恺哲（2007）探讨了番木瓜继代培养的影响因素，结果表明，培养基的pH为6.1左右有利于组培苗的生长；MS培养基中添加0.25～0.50mg/L 6-BA、0.25～0.50mg/L激动素（KT）、0.15～0.20mg/L NAA有利于不定芽的增殖；诱导生根的培养基（MS培养基）中添加1mg/L NAA以及1mg/L活性炭有利于生根。

（三）扦插繁殖

番木瓜可扦插繁殖，但成本高。一般利用侧芽作插条，长约30cm。2 000mg/L IBA处理可促进生根。

扦插繁殖能保持母株的优良性状，开花结果早，但因番木瓜抽发侧芽少，故繁殖率低，且扦插在夏季易生根，冬季扦插则成活率低，造成春植苗供应不足。扦插繁殖与组织培养相结合，可以加快两性株及优良抗病植株的繁殖速度。

二、建园与定植

番木瓜对土壤的适应性强，平地和山地都可建园。山地建园要注意选有防风屏障、坐北朝南之地。平地建园要选排水良好、土层深厚、地下水位低、腐殖质含量高之地。要注意深挖排水系统，使排灌迅速，地下水位经常保持在50cm以下。新建园与旧园需有100m以上的距离，以防蚜虫传播番木瓜花叶病毒。番木瓜地不能连作。

番木瓜种植宜采用宽行密株，一般株行距为1.5m×2.5m，每公顷种植2 660株；土壤肥沃处可采用1.8m×2.5m，每公顷2 220株。若考虑机械化生产之需，可增加行距，或采用宽窄双行方式，小行距1.5m，大行距4.5m。

地膜覆盖种植有保水、保肥、省工等优点，珠江三角洲地区广泛采用此种植方法。覆盖后的土壤管理采用少耕法，所以定植以前先开大穴把大部分的有机肥施下，覆盖地膜后在上面打孔种植。

由于长圆形两性株所结的长圆形果最具商品价值，为提高果园中长圆形两性株的比例，可在同一植穴内种植多株实生幼苗（通常2株），在植株开始开花时，每穴内只保留1株长圆形两性株，其余均予拔除。此法虽具有一定随机性，但也是切实有效之法。

番木瓜种植时期主要为春植和秋植，其次夏植。秋植出现不结果两性株的比例较低，在花叶病危害严重的地区一般采用春植。在花叶病危害不大的地区，可行秋植，即在9～10月定植，植后气温仍然高，有利于根系的生长，以后昼夜温差大，阳光充足，降水量少，有利于养分积累和根系深生，促使植株矮壮，次年 4~5 月可开花结果，10~11 月便可采收。秋植出现不结果两性株的比例也较低。有的地区也可进行夏植，即在 7 月定植，植后生长快速，部分植株当年 9~10 月开花，但果实发育经过冬季，低温使发育期延长、品质下降，如植株抗寒力弱，次春生长势不旺，单位面积的经济收益不高。

定植时最好是晴天和降雨前，降雨时定植根系易腐烂。种植深度以与在苗圃时深度相等为宜，种植后稍压实泥土，然后浇水，以后每天浇水 1 次，新根发生后根据土壤湿度进行灌水。

当幼苗恢复生长后，如果幼苗过高，可在幼苗离地面 4~7cm 处短截，促使抽生侧芽，选留其中一个健壮侧芽，其余除去。这样可降低植株的高度。

三、果园管理

(一) 施肥

番木瓜生长迅速，产量高，对营养需求量大。番木瓜需钾量最大，其次是氮和磷。钾和氮的施用量高能促进番木瓜开花，但施氮量过高会影响果实品质。磷和钾能增加糖、酸、维生素 C 和胡萝卜素的含量。故理想的施肥应该是较高的钾与磷施用量，中等的施氮量。我国台湾施用氮、磷、钾三要素的比例为 4:8:5。

其他元素对番木瓜的生长发育也有影响，特别是缺硼会发生瘤状病，其症状为：幼果有白色乳汁流出，随着果实膨大，果皮出现瘤状突起，相对应的果肉内壁有硬块，严重影响果实的外观和食用品质。可喷 0.25% 硼砂或 0.1% 硼酸，每月喷 1 次，直至植株恢复正常生长，或每株土施硼砂 5g。

定植前应施足基肥。幼苗定植后 10~15d 发生新根即可开始施肥，以后每半个月追肥 1 次，苗期可适当多施氮肥或稀人粪尿，苗期施肥以勤施薄施为原则。植株长大后，可提高使用浓度。开花结果后，应增施磷、钾肥，一般每隔 1~2 个月追肥 1 次。第一次在开花前，可促使多开雌花和两性花；第二次在开花期，促进坐果；第三次在结出多数小果之后，有利于果实发育及连续开花结果；第四次在果实发育期间，可促进果实和种子发育，并使中下部叶片不早衰。

在秋播春植当年采收栽培模式下，除定植前施足基肥外，追肥的使用应适时足量，才能确保当年获得丰产。一般定植后 45~50d 以前，番木瓜以营养生长为主，叶片数量快速增加，施肥应以液态肥为好，定植后 10~15d 开始第 1 次肥，以后间隔 10~15d 施肥 1 次，施用量逐步增加。营养生长期氮、磷、钾的比例可用 1:0.5:0.5，到花芽分化前应增加磷、钾的比例，以促进早开花。当叶片数达 24~28 片时，一般就可现蕾。现蕾前后，要及时施重肥，满足花芽形成的需要。进入生殖生长期后，氮、磷、钾的比例可调整至 1:2:2，有利于花果的生长。在缺硼地区，开花后应增施硼肥。坐果后，应每月施重肥 1 次，并注意配合施用有机肥，如腐熟的豆饼肥等，有利于提高果实品质。

(二) 水分管理

番木瓜叶片宽大，生长快，周年需水分较多，特别是在营养生长期及果实发育期需水量更大。故宜勤灌水，并进行土壤覆盖，以利保持土壤湿度。果园土壤宜保持 70% 的田间最大持水量。但番木瓜根为肉质根，土壤积水根系易腐烂，叶片黄化脱落，甚至整株死亡。故雨季也应注意排水。平地果园宜采用深沟高畦的种植方式，地下水位要经常保持在 50cm 以下。春夏多雨季节，畦面应修成中部凸起，两侧倾斜，以利排水。

（三）人工授粉

番木瓜在自然传粉情况下，柱头接受花粉的数量较少，受精作用完成较慢且差，坐果率偏低，果实稍小。故为提高番木瓜的坐果率、增大果实、增加产量，可实行人工授粉，为制种更应实行人工授粉以获较多大小均匀的种子。采集两性花的花粉进行授粉，可减少后代出现雄株的比例。但若大面积栽培生产，由于人工成本太高，可不进行授粉。

人工授粉宜在晴天的10:00之前进行。从果园中选择生长良好的两性株，用镊子把当天散粉的花朵上的雄蕊夹出，置于培养皿中，待花药裂开后用毛笔将花粉蘸到雌花或两性花柱头上。番木瓜的花粉的适宜贮藏温度为1℃，相对湿度约10%，贮存期约半年。番木瓜柱头对花粉的有效感受性维持到花后数天，而授粉效果最佳是在开花后不久之时。

（四）疏花疏果

番木瓜每个叶腋可结多个果，植株结果过多时果实小；若一个叶腋中着生多个果实，果间会互相挤压，形成变形果，故应进行疏果。以每个叶腋留1~2个果为度，大果品种留1个果，小果品种留2~3个果。在广东地区，若计划当年全部采收，则9月初之后不宜再留果，后出的花果均应疏除。疏花疏果宜在晴天午后进行。

（五）防寒

番木瓜不耐寒，容易受到冷害和霜冻的危害，栽培上要做好防寒工作。防寒的措施主要有：①选育抗寒品种；②选择适宜的园地建园，避免低洼地、空气不流通的地方建园；③营造防护林；④增施磷、钾肥和有机肥；⑤地面覆盖地膜或干草绿肥；⑥树顶覆盖稻草，保护果实；⑦霜冻后，太阳出来前对全株喷水洗霜；⑧对结果过多的植株，适当疏去一部分果实，有利于提高植株的抗寒性；⑨熏烟防霜。

（六）防风

番木瓜茎中空，结构疏松，根系分布浅，故抗风能力弱。我国南方沿海地区栽培番木瓜常遭受到台风袭击，叶柄、茎干折断，甚至连根拔起。故在风害严重的地区，防风措施非常重要，主要为：①选择矮干、抗风力强的品种；②选择有防风屏障的地块建园；③台风发生季节，要用木杆或竹竿立支柱以防风，也可采用短杆固定绳索4个方向牵引植株；④有些果园采取倾斜种植，以降低植株高度，即定植后的幼苗期，把植株茎干压弯，经一段时间，茎基部弯曲成型。

四、采 收

番木瓜由开花至果实成熟所需时间因气候条件而异，一般需110~210d。过早采收，果实品质差，难以催熟；过迟采收，则果实不耐贮运。采收标准主要是根据果皮的颜色。随着果实发育，番木瓜果皮颜色的变化是：淡黄→淡绿→青绿→浓绿→浅绿→果端黄绿色→心皮间出现黄色条斑→全果面黄色。果实采收的标准应根据市场需要和贮运时间长短而定（陈健等，2002）。就近销售的鲜果，要求采果时成熟度高，至少应在果实心皮间出现较长的黄色条纹之后才采收，甚至可以供应"树上熟"（tree ripe）果以谋求高价。供应远距离市场的果实，要求采收成熟度稍低，一般在果实刚开始出现黄色条斑时采收。

采收过程中要防止机械伤，避免刀伤、擦伤、压伤，要轻拿轻放。采果后，要削平残留的果柄。

在果皮变浅绿色时采摘后，可用乙烯利催熟。气温较高时，乙烯利的使用浓度宜低，为500～600mg/L；气温较低时，使用浓度可提高到1 000～2 000mg/L。果实成熟度过低时采收的果，虽经乙烯利催熟，甜度低、口味淡，风味品质差。

五、番木瓜采乳技术

未成熟的番木瓜果实富含乳汁（latex），乳汁的主要成分是木瓜蛋白酶，是一种重要工业原料，广泛应用于食品、饲料、轻工业以及医药等行业。国外开发利用木瓜蛋白酶较早，德国的啤酒业、美国的饲料加工业、日本的化妆品和食品业都普遍应用。我国在20世纪80年代开始生产木瓜蛋白酶，主要用于啤酒和食品业。

1. 影响番木瓜乳汁产量的因素

（1）品种　不同品种的青果乳汁产量不同。生长快、果实大的品种乳汁产量高。穗中红单果产乳量较高；优8的木瓜蛋白酶活性高，也是理想的采乳品种；苏罗、泰国红肉、蓝茎等产乳量较低。

（2）植株生长势　栽培管理好、生长旺盛、果多、产量高、病虫害轻，则产乳量高。故应保证肥水充足，每次采乳后应及时施肥灌水。

（3）果实发育程度　青果的乳汁产量高，接近成熟时乳量减少。如穗中红以谢花后60d左右的果实产乳量最高（白致东等，1992）。

（4）植物生长调节剂应用　喷施乙烯利（100～200mg/L）可显著提高番木瓜的产乳量。

2. 采乳汁的方法　采乳工具要锋利，最好选用锋利的不锈钢刀片，否则会造成果面伤口过宽，不易愈合，也可能导致果皮碎屑进入乳液中，影响质量。采集时间以10:00前为理想。先在果皮上纵刻2～3行，再用塑料桶或不锈钢桶盛接乳汁，加盖密封。纵刻深度不宜过深，以0.8～1.5mm为宜，过深会影响伤口愈合，并易使其感染病菌。8～10d后进行下一次采乳，直至没有乳汁流出为止。乳汁采集后，不可长时间暴露在空气和阳光下，需用冷藏车保存运输，或收集后以最快速度送加工厂处理，以保持酶的活性。

（执笔人：周碧燕）

主要参考文献

洪立萍. 2008. 番木瓜的离体繁殖 [J]. 生物学杂志, 25 (1): 54 - 55.

林治良, 王长春, 林瀚. 1996. 番木瓜的立体培养快速繁殖 [J]. 福建农业大学学报, 25 (2): 165 - 167.

王丽萍, 黄家河, 李柳娟, 等. 2008. 番木瓜（Caricapa paya L.）外植体消毒方法 [J]. 亚热带农业研究, 4 (3): 131 - 183.

游恺哲, 林冠雄, 周常清, 等. 2007. 番木瓜继代培养影响因素的探讨 [J]. 福建果树 (1): 5 - 7.

周鹏, 郑学勤, 陈向民. 1995. 成龄番木瓜的快繁技术 [J]. 热带作物学报, 16 (2): 66 - 69.

Ascencio-Cabral A, Gutiérrez-Pulido H, Rodríguez-Garay B, et al. 2008. Plant regeneration of Carica papaya L. through somatic embryogenesis in response to light quality, gelling agent and phloridzin [J]. Scientia Horticulturae, 118: 155 - 160.

Kumar A. 1998. Feminization of androecious papaya leading to fruit set by Ethrel and chloroflurenol [J]. Acta Horticulturae, 463: 251 - 259.

Kumar D, Ram S, Rao K B. 1997. Effect of growth and chemicals on fruit set, growth and yield of papaya in North Indian conditions [J]. Environment and Ecology, 15 (3): 592-594.

Mangrauthia S K, Shakya V P S, Jain R K, et al. 2009. Ambient temperature perception in papaya for papaya ringspot virus interaction [J]. Virus Genes, 38: 429-434.

Miller R M, Drew R A. 1990. Effect of explant type on proliferation of *Carica papaya* L. in vitro [J]. Plant Cell Tissue and Organ Culture, 21: 39-44.

Zhou L L, Christopher D A, Paull R E. 2000. Defoliation and fruit removal effects on papaya fruit production, sugar accumulation, and sucrose metabolism [J]. Journal of the American Society for Horticultural Science, 125: 644-652.

推 荐 读 物

陈健. 2002. 番木瓜品种与栽培彩色图说 [M]. 北京：中国农业出版社.

陈健. 2004. 番木瓜栽培关键技术 [M]. 广州：广东科技出版社.

凌兴汉, 吴显荣. 1998. 番木瓜蛋白酶与番木瓜栽培 [M]. 北京：中国农业出版社.

翁树章, 等. 2002. 番木瓜丰产栽培病虫防治简易加工 [M]. 北京：中国农业出版社.

周鹏, 彭明. 2009. 番木瓜种植管理与开发应用 [M]. 北京：中国农业出版社.

第十二章 番石榴

第一节 概 说

一、栽培意义

番石榴（guava）又称鸡矢果、拔仔，是热带、亚热带果树，其果实营养丰富。据中国医学科学院卫生研究所《食物成分表》（1989）记载，番石榴每100g可食部分含水分81.9g、蛋白质和脂肪各0.7g、糖类11.5g、钙20.0mg、磷28.0mg、铁1.5mg、维生素C 74mg，还有胡萝卜素、硫胺素、核黄素和尼克酸。目前栽培面积最大的珍珠番石榴果肉含可溶性固形物11.9%，全糖11.1%，可滴定酸1.33%，每100g果肉的维生素C含量高达292.4mg。

番石榴果实多作鲜食用，由于果实富含维生素C、多酚和黄酮，有降低血糖和抗氧化衰老的作用。除鲜食外，还可供制果酱、果冻、果粉和果汁。番石榴木质坚实，纹理细致，是雕刻的上等用材。

番石榴在热带、南亚热带地区适应性强，植株生长健壮，易成花，投产早，丰产稳产，花期容易调控，栽培管理要求相对简单。随着人们对果品多元化和营养保健的需求不断提高，番石榴产业必将快速发展。

二、栽培历史与分布

番石榴原产于热带美洲的墨西哥、秘鲁、巴西等地，在16世纪初期哥伦布发现美洲大陆后，经西班牙传到世界各地。番石榴何时经何路线传入我国不详。南宋周去非在《岭外代答》（1178）已有记述，称黄肚子。现番石榴主产区分布在南北纬25°～30°以内。印度栽培面积最大，约3万hm^2。泰国、中国、孟加拉国、印度尼西亚、缅甸、斯里兰卡、菲律宾、马来西亚和越南有大规模种植，美国、墨西哥、多米尼加、海地、圭亚那、巴西、南非和澳大利亚也有商业生产。

目前我国台湾、广东、广西、福建、海南、云南、四川等省（自治区）均有栽培，其中广东省的珠江三角洲、潮汕和湛江地区有小面积商品性栽培。据农业部统计，2006年全国番石榴栽培面积达11 850hm^2，收获面积为10 928hm^2，总产18.10万t，产值35 530万元，单产16.56t/hm^2。

第二节 主要种类和品种

一、主要种类

番石榴为桃金娘科（Myrtaceae）番石榴属（Psidium）果树。该属约有150种，其中果实供食用的有普通番石榴、草莓番石榴、巴西番石榴和哥斯达黎加番石榴等。

1. 普通番石榴（*P. guajava* L.） 普通番石榴简称番石榴，是番石榴属中分布最广、栽培最多的一个种。热带常绿小乔木或灌木，树高4～6m，无直立主干。树皮薄，深褐色，老枝、干树皮片状剥离，分枝矮，嫩梢四棱形，老熟后逐渐变圆。叶对生，全缘，长椭圆形或长卵形，叶上表面暗绿色，下表面颜色较浅，有茸毛，叶脉隆起。花为完全花，单生或2～3朵聚生于结果枝基部3～4节叶腋上；萼片绿色，不规则4～5裂，宿存；花瓣4～5枚，覆瓦状排列；雄蕊白色，多数，花丝细长；雌蕊1枚，子房下位，4～5室，每室胚珠多枚。浆果球形、倒卵形或洋梨形，果肉由花托及子房壁发育而成；幼果绿色，成熟果淡黄色、粉红色或全红色；果肉白色、淡黄色或淡红色。种子多数或无，细小，黄褐色（图12-1）。

图12-1 番石榴
1. 花枝 2. 花纵切面 3. 子房横切面
（冯钟元、邓晶发绘）

2. 草莓番石榴（*P. cattleianum* Sabine） 草莓番石榴为六倍体。小乔木，高达7.5m。叶呈椭圆形或倒卵形。花白色，单生。果呈倒卵形或球形，种子多，果实比普通番石榴细小，呈紫红色或黄色，有草莓味，供鲜食或加工果汁、果冻等。成年树可耐-5℃低温，可作番石榴砧木。

3. 巴西番石榴（*P. guineensis* Swartz.） 巴西番石榴为四倍体。大灌木。叶片大，呈长椭圆状卵形。花2～3朵，叶腋丛生。果实黄绿色，卵形或长椭圆形，果肉白，果小。丰产，品质较好，耐寒。

4. 哥斯达黎加番石榴［*P. friedrichalianum*（Berg.）Niedz.］ 哥斯达黎加番石榴为六倍体。大乔木，高达7.5～10m，树皮暗褐色。叶呈卵形或长椭圆形，表面深绿色，主脉突出。花径约2.5cm，单花腋生。果圆形，肉薄，白色，味带酸，无香气。种子少。成熟果含果胶量高。抗线虫及凋萎病，可作番石榴砧木。

5. 柔毛番石榴（*P. molle* Bertol.） 柔毛番石榴果小，淡黄色，稍有草莓香气。未充分成熟果可制作优质果冻。幼苗耐寒性差，易受根线虫危害。

二、主要品种

1. 珍珠番石榴 珍珠番石榴是目前栽培最多的品种。该品种树形开张，枝条有韧性，节间较长，叶片平展，修剪后结果枝抽生比例高。果实为圆形至椭圆形，果实光滑，果皮淡绿色，果肉白色至淡黄色，果大，单果重350～500g；果肉质地细腻，糖度高，为9～14白利度，风味佳，品质优。缺点是在夏季高温期果实成熟快，果肉易软化，脆度变差，宜生产冬春果。

2. 新世纪番石榴 新世纪番石榴树形较直立，枝条脆，节间短。叶片长椭圆形，较厚，难平展。果实长椭圆形，平均单果重310～450g，属中果型，肉质脆、细致，糖度较高，为

8.0~13.0白利度，品质优，风味佳。缺点是枝条修剪后不易抽生结果枝，果实果皮粗糙，不耐低温贮藏，栽培管理较费工。

3. 水晶番石榴　水晶番石榴是泰国大果番石榴的一个无子变异品种，其特点是初期植株生长发育较慢，不宜过度修剪。树形略开张，枝条脆而易折。果实呈扁圆形，果面有不规则凸起，果形不对称；果肉质脆，糖度8~16白利度，但果肩与果顶糖度差异较大。自然坐果率较以往的无子品种高。缺点是果实外观较差，产量偏低，抗病性差，果实易感炭疽病和疫病等。

4. 台农1号（帝王拔）　台农1号由台湾凤山热带园艺试验分所以珍珠番石榴与小叶无子番石榴杂交育成，2006年通过审定登记。该品种易抽生结果枝，坐果稳定。果实较珍珠番石榴大，单果重390~530g；果肉极脆，糖度高，为11~14白利度。果实在夏季高温不易软，耐贮藏。缺点是果肉质地略粗，果腐率高。

除此以外，也有一些较好的地方品种，如我国台湾的东山月拔、梨仔拔、宜兰白拔，福建的吕宋、小溪、十月、四季番石榴，广东的胭脂红番石榴。

第三节　生物学特性

一、生长发育特性

1. 根系生长　番石榴根系发达，根多而密，但较浅生，主要根群集中在表土50cm以内。由于根多而密，吸收能力很强，耐湿性、耐旱性均较强，故番石榴在旱坡、湿地均能适应，但特别适宜在水道河堤沿岸生长。每年2月开始长新根，4~5月生长速度最快，9月以后随着气温降低，生长减缓。在果树中，番石榴属耐盐树种，据Hassan等（1990）研究，其耐盐性比杏、桃、扁桃（巴旦杏）、杧果、梨、葡萄强，仅比油橄榄和海枣弱。

2. 枝梢生长　番石榴生长旺盛，温度适宜、水分和养分充足则周年均可抽生新梢，芽具早熟性，成枝力强。在广州地区，幼年树年发梢3~4次，结果树年发梢2次，即春梢、秋梢各1次。春梢萌发期较柑橘、荔枝、龙眼、杧果等果树迟，正常年份在4月下旬；秋梢则在正造果收获后的8~9月，依品种、树势、结果情况等而有先后。

番石榴虽有顶芽自枯现象，但由于枝梢延伸生长的能力强，未经摘心、短截的强壮枝梢可达1m以上。所以要及时摘心、短截，促进枝梢加粗生长及老熟，抽发新梢。长约30cm的粗壮枝梢是优良的结果母枝，因此，对未着花的新梢留30cm长摘心，可使其长成粗壮的结果母枝。此外，2~3年生的枝条也是很好的结果母枝。

3. 开花结果　番石榴花芽分化对环境条件的要求不严格，只要树体健壮、养分积累充足、有新梢萌发，都有花蕾出现。

新梢长出5~8对叶、叶片展开并由青黄色转为浅绿色时，花蕾即行抽出。由于叶片对生，花蕾自叶腋抽出，因此也通常对生，有单花单生，也有2花或3花丛生。花蕾多生于新梢第2~4节的叶腋间，其后的节位极少着花，所以适时打顶对花果生长极为有利。番石榴的花为完全花，绝大多数发育良好，雄蕊多枚，自花结实性强，坐果率高。在印度坐果率高达80%~86%，但落果严重，只有34%~56%的果实达到采收期（Bose，1985）。从现蕾到开花需50~100d，花多数在早晨开放，花药随之裂开，花期10多天（黄碧霞，1998）。散出花粉，花粉粒呈三角形、四方形、球形、椭圆形、五角形等多种，86.24%～94.32%有活力，用10%蔗糖作培养基有57.91%～74.48%的发芽率。

番石榴在赤道附近终年均能开花。在印度南部每年开花3次，北部开花2次（Bose，1985）。我国12月至次年2月因气温较低而少开花，3～11月均为开花期。在广州地区主要集中在4～5月及8～9月，前者称正造花，后者称翻花。早熟品种的正造花在清明、谷雨间，迟熟品种在立夏、雨水间开花，花期15～20d。翻花多少和开花迟早与品种、正造果结果量及干旱情况有关。早熟品种翻花较多，占全年花量的20%～30%，中熟品种次之，迟熟品种更少；正造果结果多，则翻花少；降水多，水分充足，新梢萌发多，翻花也多。开花至小果历期较长，约经20d，再经20d小果开始转蒂（幼果下垂），进入迅速膨大期。此时若养分、水分不足，会影响坐果及果实发育；但肥水过多，刺激营养生长，与果实争夺养分，也会引致落果、减产。由小果发育到成熟，正造果为60～70d，翻花果（也称二造果）需80～100d。

番石榴果实生长曲线呈双S形或单S形，这与品种特性有关（杨宗献，1996；Yasaf 等，1987；Mercado-Silva 等，1998）。在果实发育过程中，含酸量不断减少，维生素C含量不断增加。秋冬果的可溶性固形物、可滴定酸、维生素C的含量都比春夏果高。

番石榴的产量和品质与气候相关。Singh 等（1996）用11年生3个品种（V1为Sardar，V2为Allahabad Safeda，V3为Red Ffeshed）进行人工调节生产雨季果、冬季果和全年各季收果试验，3个品种都是人工冬果的单果最重，年株产量则以V2品种自然结果三季的产量之和最高，但V1和V3品种还是以人工冬果最高（表12-1）。

表12-1　番石榴不同采收模式对果实产量和品质的影响*

品种	单果重（g）			株产（kg）			可溶性固形物（%）			100g果肉中维生素C含量（mg）		
	V1	V2	V3	V1	V2	V3	V1	V2	V3	V1	V2	V3
人工冬果	186.4	133.3	195.6	117.0	87.4	109.1	12.4	12.4	12.0	324.9	236.4	183.7
人工雨果	112.6	101.0	83.3	68.4	65.6	55.8	10.0	8.6	9.3	233.0	152.0	160.1
自然冬果	176.6	106.3	130.8				11.2	10.7	10.0	249.3	212.0	159.3
自然雨果	120.0	118.3	130.0	100.1	111.3	83.2	10.6	8.93	8.7	137.6	140.0	139.3
自然春果	100.0	70.0	131.6				10.8	8.13	7.3	157.8	115.6	129.5

* 根据 Sing, et al. 1966年6月资料整理。

从表12-1还可看出可溶性固形物和维生素C的含量以冬季果高，特别是人工冬季果为最高。冬季果质量与果实生长期间的低温（7.5～15.1℃）有关。在低温条件下，分解代谢速度慢而糖类合成时间长，树体营养生长几乎停止，所以有较多的物质积累，提高果实品质。可见，用人工冬果来取代自然结果是值得提倡的。Singh（2000）等也认为从经济来说，这3个品种以生产人工冬果比生产自然三果为好。

番石榴是高维生素C水果，维生素C含量在开始成熟到充分成熟时最高，果实软熟后含量迅速减少；含量与果皮色泽无关，但与果肉色泽有关，红肉番石榴比白肉番石榴的维生素C含量高，果肉外层比内层高。类胡萝卜素、维生素B_1和泛酸的含量也是红肉番石榴高，白肉番石榴几乎不含类胡萝卜素。果胶含量在果实熟化期增加，过熟则迅速减少。

二、对环境条件的要求

1. 温度　番石榴为热带果树，温度决定着番石榴的分布、产量及品质。短期耐寒力比杧果、番荔枝、番木瓜、香蕉和菠萝强，能忍受短期中等霜冻，故适于南亚热带栽培。在 $-1\sim-2$℃时幼龄树会受冻致死，成年树出现冻害。-4℃时成年树地上部大部分受冻枯死，但其恢复力强，翌年自树干基部或地下部萌芽发枝，经 $2\sim3$ 年生长后能形成新的树冠，正常开花结果。不同品种的耐寒力有差异，泰国番石榴的耐寒力比传统番石榴差，当气温 $5\sim7$℃时幼树上部枝梢已受寒害。

番石榴在 15℃时开始营养生长，以 $23\sim28$℃时最适宜，最低月平均气温在 15℃以上的地区为番石榴栽培生态最适宜区，最低月平均气温在 10℃以上才可作经济栽培。温度低生长缓慢甚至停止，叶呈紫色，光合能力差，不利于开花坐果和果实发育。在热带高海拔地区，夏季要有 $3.5\sim6$ 个月（依品种而异）平均气温在 16℃以上，才能正常开花结果；否则，即使无霜，也会因热量不足而生长不良，甚至枯死。日夜温差大，有利于养分积累，提高果实品质，故在印度、墨西哥、巴西、中国台湾等地冬季成熟的果实比雨季果实品质好。

番石榴能耐短期 45℃的夏季高温，但高温持续时间长且伴随干旱，对营养生长、开花坐果和果实发育均不利。

2. 水分　番石榴耐湿性强，在珠江三角洲地区地下水位高、土壤湿度大的围田、塘边及堤围上，多种果树不能生长而番石榴却相当茂盛、结果良好，即使较长时间受渍也能正常生长。番石榴也很耐干旱，在瘦瘠旱坡上的番石榴，即使半年不下雨，又未灌溉，也未见枯死。故在年降水量 $1\,000\sim2\,000$mm 且分布均匀的热带地区均能种植。当然，花期雨水过多或过于干旱均会落花落果，果实发育期雨水过多会导致裂果、风味淡，过于干旱也影响果实发育和枝梢抽发。

温度、土壤水分对番石榴生长和果实品质有很大影响。在亚热带地区，枝梢生长和开花主要由温度控制，在干旱热带地区主要由雨季控制。果实品质与土壤含水量有密切关系。Ke Lihshang（1997）研究 3 种土壤水分水平对番石榴果实的影响，发现 $2\times10^4\sim4\times10^4$Pa 水平上生长的产量、可溶性固形物、果实硬度、维生素 C、果汁 pH 都最高，对照的核肉比例和酸最高，所以建议用 $2\times10^4\sim4\times10^4$Pa 的土壤水分水平来进行高产优质的栽培。Ram 等（2000）发现 Sardar 和 Allahabad Safeda 品种都是在土壤含水量最低（1.23%）时，可溶性固形物含量最高，分别为 13.77% 和 13.83%；而土壤含水量最高（25.3%）时，可溶性固形物含量最低，分别为 7.22% 和 7.30%。可滴定酸含量的变化也有相同的趋势。维生素 C 的含量则以土壤含水量为 18.5% 时最高，土壤含水量过低则维生素 C 含量减少。土壤含水量过低，对果实生长也不利，所以在生产上要控制适宜的土壤含水量。

3. 光照　据陈清西等（1988）报道，番石榴老叶和初展开的嫩叶有较强的光合能力，属光合能力较强的树种。齐清琳（2005）的研究表明，珍珠番石榴、水晶番石榴和土种番石榴叶片光合补偿点分别为 $110.04\mu mol/(m^2\cdot s)$、$158.89\mu mol/(m^2\cdot s)$ 和 $170.97\mu mol/(m^2\cdot s)$，而这 3 种番石榴的光饱和点均为 $1\,400\mu mol/(m^2\cdot s)$，所以番石榴较耐阴，适宜密植，或作为间种树种。在珠江三角洲，番石榴常间种于高大的荔枝、橄榄树中。番石榴也喜光，植于塘边或基围上，阳光充足，生长结果更好，果实品质优良，着色更佳。

4. 土壤　番石榴对土壤要求不严，在 pH $4.5\sim8.2$ 的肥沃松软沙质土、黏质土和赤红壤土都能生长，但以土层深厚、排水良好、pH5.5～6.5的微酸性土壤为佳。

第四节 栽培技术

一、育　苗

1. 实生育苗　供育苗的种子应采自优良品种、丰产优质母株及充分成熟的果实。果实采收后让其腐烂，取出种子洗净，浮去不实粒，晾干即播。番石榴种子生活力在室温下虽可维持1年以上，但新鲜种子生活力强、发芽率高、长势好，故一般以即采即播为好。

番石榴种子外壳坚硬，不易吸水，播前浸种催芽的时间要长，待种胚外露时播种，这样发芽率高而整齐。播前用赤霉素浸种可缩短发芽时间，提高发芽率，加速幼苗生长（陈义挺等，1997）。

番石榴种子小，若苗床直接播种，应碎土细小、平整，盖上细土或沙后再均匀撒播，覆盖细土厚约0.2cm和盖草并淋透水，以后每天淋水1～2次。也可先用沙床播种，播后30～40d发芽，长至2～3对真叶时，移植于营养袋或苗床。若营养袋育苗，用肥沃表土加少量沤过的猪牛粪和磷肥作育苗介质，移植后保持湿润，苗高10cm左右开始每月施肥1次。苗高40cm以上可供嫁接或定植。一般秋播，也可春播。

2. 嫁接育苗　番石榴嫁接一般用共砧，当苗茎粗达0.7cm时便可供嫁接。一般用芽接、枝接。嫁接时间以冬、春季为宜。芽接时期为3～5月。广东目前多在3月或9月切接（1～2个芽）。嫁接成活率的高低除与嫁接技术和嫁接时期有关外，接穗及砧木是否健壮亦影响很大。接穗不宜过老和过嫩，以刚脱皮的枝条为宜。取接穗前10～15d摘去叶片，待芽将萌发时才剪取供嫁接，效果最好。一般芽接后25～30d解绑，接芽愈合成活后即行剪砧，以促进接穗萌发生长。接活后培育约1年，便可出圃定植。

3. 圈枝育苗　圈枝育苗是珠江三角洲最常用的方法。一般选直径1.2～1.5cm的2～3年生枝，在离顶端40～60cm处做环状剥皮，宽2～3cm，包上生根介质，经50～60d新根密集即可锯离母株，进行假植，待发2次新梢老熟后种植。提高圈枝成苗率的关键：①待发有3次新根才锯下假植；②最好用营养袋假植；③假植时剪去大部分枝叶，但不要全部剪去，防止太快发新芽加剧地上部与地下部的不平衡，导致新梢"回枯"，苗木枯死；④适当遮阴，调控水分，初期防晒、防过湿烂根，后期防水分不足生长衰弱。

包生根介质前用0.02%的IBA水溶液或吲哚丁酸羊毛脂涂抹上圈口，能促进早发根、根量多，提高成活率。Bhagat B K等（1999）用1.5g/L、3g/L和4.5g/L IBA进行圈枝处理，其生根率、生根数、根的长度、苗的叶片数和存活率比对照高，以IBA 4.5g/L的生根率（94.67%）和存活率（78.33%）为最高。Singh M（2001）用IAA、IBA、NAA处理也取得促进生根的效果，并认为黑色塑料薄膜比白色塑料薄膜作包扎材料更易生根，存活率也高。

4. 扦插育苗　扦插育苗时剪取茎粗1.2～1.5cm的2～3年生枝，长15cm，于2～4月扦插，成活率约60%。也可用根扦插育苗。嫁接育苗时，为保证砧木遗传性的高度一致，用扦插育成的营养系苗比实生苗更有价值。扦插苗的根系较浅，易受风害。用0.2% IBA处理插条基部，能促进发根。在喷雾的条件下带叶扦插效果良好。用IBA处理后插于28～32℃的苗床中发根快又好。用0.2% NAA处理带叶扦插，效果也好。

二、栽　　植

番石榴在春、夏、秋季均可种植，但以春植为宜，此时温度渐升，雨水充足，阴天多，光照不强烈，易管理，成活率高，生长快，比夏、秋植后生长期长，枝梢充实，养分积累多，有利于越冬。广州地区3～4月春植，广西多在2月下旬至3月中旬春植。夏植气温高，蒸发量大，成活率较低；秋植生长慢，枝芽充实度不足，影响越冬能力。若容器育苗，根系完整，苗木健壮，符合出圃要求，可夏、秋植。未经假植培育的圈枝苗直接定植，更要求选择种植期及加强护养。

番石榴种植密度因品种、土质、栽培管理方式和水平而定。早熟品种及贫瘠的山地可较密，一般株行距4m×4m；中、晚熟品种及肥沃的平地可较疏，株行距4m×6m或5m×5m。为夺取早期丰产，并实施强修剪栽培的，可用2.5m×2.5m或2m×3m，每667m^{2}栽植107株或111株。一般来说，疏植单株高产，密植单位面积高产。Ram Kumar（2000）发现，单株产以400株/hm^{2}最高，总产则以1 060株/hm^{2}最高。

Bose等（1992）研究认为，在热带潮湿地区，番石榴L-49品种以6m×6m的规格种植为好（表12-2）。

表12-2　种植密度对番石榴L-49品种生长、产量和果实质量的影响

种植密度 （株/hm^2）	株行距 （m×m）	树冠体积 （m^3）/株高（m）	第六年产量		果径（cm）	果实糖酸比
			株产（kg）	总产（t/hm^2）		
278	6×6	7.9/2.9	36.2	10.06	6.8	81.8
625	4×4	8.7/3.3	27.8	17.38	6.3	29.6
1 111	3×3	6.2/3.4	25.0	27.76	3.2	27.9
1 600	2.5×2.5	5.0/3.8	19.6	31.36	4.9	27.1

密植果园可早期高产，但到中后期会出现高产低质的严重问题，所以一个果园的种植密度应随植株结果年龄的变化而改变，早期密植，中后期要适当间疏。

种植前1个月应挖好植穴，施足基肥，每株施腐熟有机肥15～20kg、过磷酸钙或钙镁磷肥1kg，与表土拌匀回穴后要高出地面20cm以上，有利于土壤沉实，避免植后下沉而导致种植过深。种植后树盘盖草并淋透定根水。梢叶多时，可自叶柄剪去部分叶片，以减少水分消耗，但不要每叶剪去一半，这样伤口（剪口）太大，水分损耗增加，不利于成活。植后要立柱防风吹摇动折断嫩根。

三、土壤管理

番石榴施肥要根据土壤和叶片分析结果来定。林慧玲（2006）研究认为，我国当前几个番石榴主栽品种高产优质叶片营养诊断水平为：氮1.8%～2.2%，磷0.15%～0.25%，钾1.5%～2.3%，钙0.99%～2.8%，镁0.1%～0.3%，铁90～220μg/g，锌20～40μg/g，铜10～16μg/g，硼50～90μg/g。采样以当年生非结果枝自顶而下的第3～5对叶片，在4～6月和8～9月采集较合适。

番石榴在瘦瘠地虽然能生长、开花结果，但对施肥反应良好，表现出很强的耐肥性。据

Tomar等（1998）认为，氮、钾的施用可提高株产和品质。总可溶性固形物、还原糖、还原酸、果肉与种子的比例都比对照高，氮不影响总糖的含量，钾提高总糖的含量。Koj Tassar等（1989）进行磷肥试验，发现叶片含磷高，果实品质好，以叶片含磷为0.42%（雨季）和0.4%（冬季）时果实品质最好。在施肥量和比例方面，Ke Lihshang等（1997）认为，我国台湾南部沙质地上四年生泰国番石榴以氮（N）、磷（P_2O_5）、钾（K_2O）施用量200g/株、100g/株、400g/株为最好。Koen等发现十年生树以硝酸钙800g/株、过磷酸钙300g/株、氯化钾400g/株能获得最好的产量和品质。目前我国几个商业化栽培品种施肥量推荐如表12-3所示。

表12-3 番石榴年施肥量

树龄（年）	三要素用量（g/株）			施肥量（g/株）		
	氮	磷	钾	硫酸铵	过磷酸钙	硫酸钾
1	40	40	40	200	220	80
2	60	60	60	300	330	120
3～4	120	120	120	600	660	240
5～6	200	120	200	1 000	660	400
7～8	250	140	250	1 250	770	500
9～10	300	180	300	1 500	990	600
11以上	400	200	400	2 000	1 100	800

番石榴全年都开花、结果，因此施肥时间应根据培育哪一次花为重点来决定。广州地区对中、晚熟品种主要收正造果，故主要在春季萌芽前、果实发育期及采果后各施肥1次。进行产期调节栽培以生产冬春果为主时，施肥重点在培养秋梢结果枝和冬春果的发育，一般于2、5、7、8月和11月各施肥1次，贫瘠地则每月施肥1次。8月及11月的施肥对促进冬果发育、提高品质有重要作用。

番石榴对根外追肥反应良好。Hassan等（1996）在大量开花时喷NAA 50mg/L、GA_3 75mg/L，可增加坐果，减少6月落果和采前落果，增加产量。Ahmad F M D等（1998）用0.5%～3%尿素叶面喷施也能提高产量、增进品质，但浓度超过2%时叶片边缘会烧伤，坐果率低，品质差。Kundu S等（1999）认为，叶面喷施铜（0.3%）、硼（0.1%）、锌（0.3%）能够提早开花，增加坐果，提高产量，提高可溶性固形物含量、糖酸比和维生素C含量。我国台湾于9～10月雨季将结束时，每5d喷1次0.4%～0.6%磷酸二氢钾，连续3次，有促进开花、增加秋冬果、提高果实品质的作用（黄弼臣，1979）。

番石榴耐旱、耐湿，华南地区虽年降水量较大，但降水分配也未必符合不同物候期对水分的要求。因此，需注意雨季排水、旱季灌水，尤其是培育冬、春果，供水更为重要。9月中下旬后进入旱季，应视土壤干湿情况，每10～15d灌水1次，以保证植株生长和果实发育良好。对保水力差的沙质土、砾质土应全园灌水，并加覆盖，有条件的地区还可安装简易的水肥一体化滴灌或喷灌设施，大幅减少劳动力成本，充分利用肥水营养，节水并增产增收。

四、整形修剪

1. 整形 目前多采用屈枝整形法，具体做法是：苗木定植后放任生长，然后在离地面

40～50cm处剪断主干，促使主干萌发新梢，然后保留6～8枝分布均匀、无交叉重叠枝条为主枝，各主枝生长到80～100 cm时，利用塑料绳或竹片将其引向四面，斜伸45°或近水平，促使下部萌发新梢，当新梢长至30 cm左右时摘心。

2. 修剪 结果树的修剪要依树龄、枝梢生长和结果习性进行。初结果树修剪宜轻，盛果期后修剪加重。在冬季，剪除枯枝、病虫枝、弱枝、交叉枝、折断枝等。在夏季，根据树势及挂果情况，对结果枝进行摘心处理。由于番石榴花朵多着生在新梢的第2～4节位上，因此，若植株生长势过旺，在紧接坐果节位之后摘心，促使新梢自果实以下的叶腋萌发，弱化植株生长势；若植株生长势欠旺，要增强树势，则在坐果节位之后留3～4对叶才摘心，使新梢在果实以上的叶腋长出，这样树冠扩展较快。若不考虑调节树势，则结果后枝条长30cm时摘心或短截，促进果实生长。对未结果的枝梢留长约30cm摘心，形成粗短的结果母枝，当年或翌年萌发结果枝。采果后，剪去结果枝或留基部1～2节位剪截，对枯枝、弱枝、病虫枝也及时剪除。

随着结果部位升高、外移，树势衰退，10年以上老树需及时强剪更新。一般于春季离地面50～80cm截去副主枝、主枝，迫使潜伏芽萌发为新梢，从中选留、培养新的骨干枝，形成新树冠，恢复树势，开花结果。

五、疏花疏果和套袋护果

由于番石榴自然情况下坐果率较高，为达到丰产优质，需进行疏花疏果。一般保留单生花，双花疏去其中小花、弱花，3花疏去左右花。同时除去发育不良的畸形果、病虫果，依植株生长势、枝梢生长情况、叶片大小和厚薄，确定合理的留果量。

Islam等（1992）对Bangladesh品种进行疏果试验，小果（20g）时疏果0、25％、50％和75％，所有疏果植株的果实既大又重，可溶性固形物含量高。疏75％的果最重（534g），可溶性固形物含量最高。断枝数和由断枝而损失的果实都随疏果量的增加而减少。Gonzaga Neto L等（1997）对Rica品种进行疏果试验发现，最高产的是每株留500个果的处理，单果重则是留果越多果实越轻。疏果能提高品质，因为品质的提高有赖于叶片的营养供应，据Hoque等（1989）的研究，Kazi Poara番石榴的叶果比以50为宜。但叶果比作为疏果的指标值得探索。

疏果后进行果实套袋，也是番石榴优质栽培的一个重要环节。由于现在推广栽培的新世纪番石榴、珍珠番石榴等品种均果大皮薄，表皮易擦伤和易老化粗糙，也易滋生果实蝇等病虫害，既影响商品品质，又会造成落果、烂果。在疏果后立即喷洒杀菌剂1～2次，随即套袋。一般用泡沫网筒套（保利龙）作内层，再套0.2mm厚的透明塑料袋（长25cm，宽18cm），将袋口贴紧果柄绑好，以防雨水、害虫进入。

六、产期调节

夏季高温多雨期间生产的番石榴由于品质差、采果期集中、不耐贮藏、病虫害又多，而渐为生产者淘汰；秋冬低温期间生产的番石榴品质好、采果期长、耐贮藏、病虫害少，已成为世界各地生产的主要方向。

产期调节的关键在于花芽分化。据印度Singh等（1999）观察，番石榴在整个枝梢营养生长的季节内都能进行花芽分化，花芽分化前枝梢不一定要长到一定长度或一定的叶片数。所以番石榴花芽分化的关键是枝梢有一定的营养生长后，抑制其营养生长，促进养分物质的积累。花芽分化与其后的萌芽开花在条件要求方面有所不同，花芽分化后应供应充足水分，才能促进萌芽枝梢生长和开花结果。

番石榴产期调节的方法很多。印度用露根、根系修剪来调节开花（Bose，1985）。我国习惯用"清明除，白露萌"的方法来调节产期，具体做法是：在4月5日清明前后将花果全部摘除，凡是有花的枝条一律剪去，营养枝生长到30cm时摘心，促进抽梢开花，到9月白露前后萌芽开花，生产冬春果。也有用叶面喷施尿素、乙烯利及花期灌溉、人工去花来调节产期的报道（Shigeura，1975；Kumar等，1977；王武彰，1988；Singh等，1996）。人工摘除花果需要大量劳动力，化学药物强迫落花落果较为省工。

七、采收与分级

番石榴充分成熟时风味甚佳，供鲜食用一般待充分成熟才采收。因此，要掌握好成熟采收的标准。番石榴未成熟果实绿色，较粗糙，光泽差；成熟果实丰满，色淡绿微黄，有光泽，有色品种呈现固有的色泽，肉质松脆。由于花期有先后，果实成熟期也不一致，应随熟随采，大量成熟期间应每天采收1次，且最好在清晨采收，此时温度较低、光线较弱，能较好地保持果实风味和利于存放。采果一般用采果剪，带果柄剪下，不弃套果袋，并轻放于有衬垫的果箱、果箩中，防止果实压损和擦伤。

果实采收后运至分级挑选的库房内，除去套果袋，剪去果柄，进入分级挑选、清洁和包装。目前我国大陆尚没有统一的分级标准，多数参照我国台湾的评价标准。具体如下：

1. 果品质量　新世纪番石榴、珍珠番石榴的单果重以450～550g为基线，上下25g一段扣1分，比例占15%。

2. 糖度　可溶性固形物以13%为基线，不足0.5%扣1分，比例占40%。

3. 果肉肉质　果肉厚度占10%，果肉厚达2.6cm以上为最高标准，每差0.5cm扣2分；果肉细嫩度占5%，以感官测定；风味占10%，看是否有酸、涩、苦味，以感官测定。

4. 外观　果实外表无虫、病、伤痕占10%，外表清洁度（含光滑度及蜡质）占10%。

特级果综合分90分以上，一级80～89分，二级70～79分，三级60～69分。

分级后洗果、洁果，然后打蜡或套保鲜膜，套网袋，装箱。番石榴包装箱一般选用硬塑料箱或硬纸箱，放3～4层，每层用厚纸垫分，尽快运往市场或贮藏保鲜。

（执笔人：谢江辉）

主 要 参 考 文 献

林慧玲. 2006. '帝王'番石榴果實品質及礦物元素週年變化之關係 [J]. 興大園藝，31 (2)：11-24.
彭松兴. 1997. 几种果树的产期调节措施 [J]. 中国南方果树，26 (2)：48-50.
刘建林，夏明忠，袁颖. 2005. 番石榴的综合利用现状及发展前景 [J]. 中国林副特产 (6)：89-91.
王振辉，吴翠荣. 2010. 台湾番石榴品种特点及栽培技术要点 [J]. 农业科技通讯 (8)：25-28.
李扇妹，张金妹，黄渭泉，等. 2010. 控梢处理对番石榴产量的影响试验初报 [J]. 广东农业科学 (8)：

30-32.

陈豪军，周全光. 2010. 番石榴套袋生产技术 [J]. 南方园艺（04）：67-68.

Bose T K, Mitra S K, Chattopadhyay P K. 1992. Otimum plant density for some tropical fruit crops [J]. Acta Horticulturae, 296：171-176.

Chaitany C G, Ganesh Kumar, Raina B L, et al. 1997. Effect of zinc and boron on the shelf life of guava cv. Sardar (*Psidium guajava* L.) [J]. Advances in Plant Sciences, 10 (2)：45-49.

Singh A K, Singh G, Pandey D, et al. 1996. Effect of cropping pattern on quality attributes of guava (*Psiaium guajava*) fruits [J]. Indian Journal of Agricultural Sciences, 66 (6)：348-352.

Singh G, Singh A K, Verma A. 1996. Economic evaluation of crop regulation treatment in guava (*Psidium guajava*) [J]. Indian Journal of Agriculture Sciences, 70 (4)：226-230.

Singh G, Pandey D, Rajan S, et al. 2000. Crop regulation in guava through different crop regulating treatments [J]. Fruits, 51 (4)：241-246.

推 荐 读 物

陆宇明，等. 2003. 番石榴高产栽培新技术 [M]. 南宁：广西科学技术出版社.

徐仕金，谢细东，谢柱深，等. 2004. 番石榴栽培关键技术 [M]. 广州：广东科技出版社.

钟思强，黄树长. 2008. 番石榴高产栽培 [M]. 北京：金盾出版社.

Bose T K 1985. Guava [J]. Fruits of India：Tropical and Subtropical, 277-297.

第十三章 番荔枝

第一节 概　说

一、栽培意义

番荔枝（sugar apple，sweetsop）为热带名果，果实营养丰富。番荔枝果实除鲜食外，尚可供制果酱、果酒及饮料。此外，番荔枝的根、叶、种子和未熟果实可供药用，种子作强心剂，根作泻药，叶作伤口消毒、杀虱类害虫。近年，从番荔枝科植物中发现一系列新的抗肿瘤活性成分（番荔枝内酯），引起人们的极大关注（杨仁洲等，1994；李朝明等，1995）。

在气候适宜区，番荔枝栽培管理容易，病虫害少，耐干旱，平地、山地均宜种植，且结果早，丰产稳产，一般实生苗植后2~3年开始结果，成年树每公顷产果15t以上，果实在中秋节前后成熟，售价高，经济效益好。在我国热带、南亚热带大中城市附近及交通方便地区，发展番荔枝生产颇有可为。

二、栽培历史与分布

番荔枝科为比较古老的植物，起源较复杂。番荔枝属（*Annona*）果树主产美洲，少数产于非洲（陈伟球，1999），塞内加尔番荔枝（*A. senegalensis* Pers.）就分布在非洲西部的佛得角到东部的坦桑尼亚。考古发现，秘鲁史前已有形似番荔枝果实的陶瓷制品。西班牙人15世纪入侵南美后，大力推广种植番荔枝，其后传至亚洲、非洲、大洋洲的热带、亚热带地区。亚洲以印度栽培最早、最多，印度尼西亚、菲律宾、越南、泰国及中国均有栽培。我国以台湾省栽培最早、最多。据《台湾府志》（1614）记载，番荔枝系由荷兰人传入，有400年历史。广东的番荔枝目前主要分布在粤东汕头和粤中东莞，分别是200年前从泰国和100年前从越南引入。此外，我国海南、福建、广西、云南、四川的热带、亚热带地区均有种植。

第二节　主要种类和品种

一、主要种类

番荔枝类果树为番荔枝科（Annonaceae）番荔枝属（*Annona*）植物。在番荔枝属果树中，以普通番荔枝为我国传统栽培种。其他供经济栽培的还有南美番荔枝、阿蒂莫耶番荔枝和刺番荔枝（黄昌贤，1958；林更生，1986）。

1. 普通番荔枝（*A. squamosa* L.）　我国的文献资料常称为番荔枝，为了便于与番荔枝属中其他树种区分，本文称普通番荔枝。普通番荔枝原产南美洲热带地区。半落叶性灌木或小乔木。叶较狭长，茸毛少。花蕾呈三棱剑状下垂，开花时外轮3片花瓣张开。聚合果，心脏形，重150g；果肉为假种皮，乳白色，极甜具香味，可溶性固形物超过18%，酸约0.25%。8～9月成熟（图13-1）。亚洲栽培最多。

2. 南美番荔枝（*A. cherimola*，cherimoya） 南美番荔枝原产哥伦比亚和秘鲁的安第斯山高海拔地区。因初生枝叶和花密生褐色茸毛，又称毛叶番荔枝。能耐较长时间－3℃低温，属亚热带果树。果肉嫩滑，甜酸适中，具香味，适合西方人口味，以美洲栽培较多，且有不少品种。

3. 阿蒂莫耶番荔枝（*A. atemoya*，atemoya） 阿蒂莫耶番荔枝是 *A. squamosa* 与 *A. cherimola* 的杂交种，1908年由P J Wester在美国佛罗里达州亚热带植物园育成，后来世界各地相继育出许多新品种。1981年，华南农业大学从大洋洲引入 African Pride、Paxton、Pink's Mammoth 和 Bullock's Heart 4个品种，分别简称为AP、P、PM和BH。经多年观察，生长开花结果正常，比普通番荔枝生长势强、梢长、叶大、果大，果面较平滑，瘤

图13-1 番荔枝果树与花的结构
1. 果枝 2. 花 3. 除去花瓣的花 4. 花萼的外面观
5. 花瓣的内面观 6. 雄蕊的背面观 7. 雄蕊的腹面观
8～9. 心皮和心皮的纵切面，示胚珠的着生
（陈国泽绘）

状突起不显，果皮稍能整块剥离，果肉组织较结实，美味可口，含糖量稍低，种子稍大但数量较少且多为中途败育。四川、云南、广西、海南已引入试种，有采后裂果现象。目前，AP已成为广东的主栽品种，称为AP番荔枝。国外以澳大利亚栽培最多。

4. 刺番荔枝（*A. muricata*，soursop） 刺番荔枝耐寒力弱，属热带型。果硕大，纵径15～35cm，重约1kg，最大6kg；果形不正（卵圆形），果面密生肉质下弯软刺，皮绿色，革质，成熟时绿黄色；果肉乳白色，绵质，多纤维，多汁，偏酸微甜，略带菠萝香味，供鲜食也可制冰淇淋和混合果汁等。古巴有无纤维优良品种。刺番荔枝在连续12个月的淹水中仍能正常生长，可作湿地资源利用（Nunez-Elisea R, et al, 1998、1999）。目前以加勒比海地区种植较多。各种番荔枝果实的营养成分见表13-1。

表13-1 番荔枝属果实成分分析（100g鲜果肉中含量）
（林国荣，1986）

树种	含水量(g)	纤维素(g)	氮(g)	磷(mg)	钙(mg)	铁(mg)	胡萝卜素(mg)	氨基酸(mg)	维生素C(mg)
普通番荔枝	69.8	2.5	0.31	55.3	44.7	1.02	0.005	0.547	42.2
刺番荔枝	84.1	0.8	0.11	23.7	21.0	0.32	0.004	0.878	24.3
牛心番荔枝	68.3	0.6	0.37	24.4	21.4	0.45	0.007	0.689	41.2
南美番荔枝	80.6	—	0.42	43.0	23.0	0.41	0.020	3.310	6.8

在番荔枝属中，可进一步开发利用的还有牛心番荔枝（*A. reticuluta* L.）、依拉麻番荔枝（*A. diversifolia* L.）、山番荔枝（*A. montana* L.）和圆滑番荔枝（*A. glabra* L.）。牛心番荔枝树型高大，花多丛生，春季开的花多不能结果，初秋开的花才能结果；果实在早春成熟，果皮初期为浅黄色，后期为粉红色或红棕色，果实表面平滑，心脏形，直径 7~12cm，果重约 100g；果肉乳白色，品质不佳，汁少，味淡微涩。依拉麻番荔枝原产南美洲低海拔地区，树型高大，花形与普通番荔枝相似，但呈紫色；果实表面平滑，果肉粉红色，风味不佳。山番荔枝和圆滑番荔枝的花形结构与刺番荔枝相似，呈圆形，外轮花瓣与内轮花瓣都肥厚，同等大小；叶片革质，有光泽，山番荔枝叶揉碎具辛辣味；果实表面都平滑，风味都不佳。圆滑番荔枝在连续 12 个月的淹水中仍能正常生长，可作湿地资源利用（Schaffer B，et al，2006）。

二、主要品种

我国栽培的普通番荔枝过去多为实生繁殖，尚没有经审定的商业性栽培品种，但也有一些较好的地方品种。近年引入了一些阿蒂莫耶番荔枝的优良品种，现介绍如下：

1. 樟林番荔枝 主产于澄海市东里镇。树高 5~6m，分枝多，枝条细软下垂。花单生或簇生，花期 4 月中旬至 8 月中旬，以 6 月中旬开花结果为多。果心脏形，重 100~250g，大果可达 500g；果皮呈瘤状突起，各突起间缝合线明显，果实软熟后，各突起独立分离，果皮难以整块剥离；果肉软，糊状，奶黄色，甜蜜芳香，可食率 67%，可溶性固形物 26.8%，酸 0.14%，每 100g 果肉含维生素 C 2.00mg。

2. 虎门番荔枝 主产于东莞市虎门镇。植物学和生物学特性与樟林番荔枝相似，与樟林番荔枝比较，各瘤状突起间的缝合线不明显，果皮稍可整块剥离；果肉稍为硬实，可保持一定形状，清甜芳香；果重约 200g，可食率 55%，可溶性固形物 24%~25%，酸 0.1%，每 100g 果肉含维生素 C 4.0mg。

3. 粗鳞番荔枝 主产于台湾省台东县。树体大，叶片宽，叶尖稍钝，近椭圆形。果实较大，果重约 250g；果面瘤状突起粗大，瘤状突起之间的鳞沟宽又深，表面全绿色；果内种子数较少，可食率高，可溶性固形物 21%。

4. 细鳞番荔枝 主产于台湾省台东县。树体略小，叶茂密，叶小。果面瘤状突起较多，排列紧密，鳞沟浅平，果面较平滑呈黄白色；果实较小，平均单果重 210g；种子数较多，可食率较低，肉质较细嫩，可溶性固形物 23%。

5. AP 番荔枝 AP 番荔枝是阿蒂莫耶番荔枝 African Pride 品种在国内的简称。该品种树势开张，生长势旺，叶大，早产丰产。果实大，平均单果重 360g，可溶性固形物 25.0%，总糖 18.3%，酸 0.37%，每 100g 果肉含维生素 C 40.0 mg，果实香甜可口，略带酸味。

第三节 生物学特性

一、生长发育特性

（一）枝梢生长

番荔枝具半落叶特性，落叶的表现和原因与温带落叶果树不同。温带落叶果树在严冬前叶片全部脱落，落叶与树体休眠有关；而番荔枝类果树在严冬前仅部分或大部分叶片脱落，树冠不会秃净，到春天萌芽前叶片才全部脱落，出现秃净树冠，落叶与芽的萌发有关。秋冬季低温干旱会促进落叶，若植地肥水充足，能推迟落叶，甚至有较多的绿叶过冬，直至萌芽前叶片才全部脱落。春季萌芽后，新梢会不断延长生长，但叶腋多不萌发侧芽，特别是阿蒂莫耶番荔枝，如果新梢叶片不脱落，即使去顶芽或短截枝条，腋芽也不萌发（彭松兴，1993）。叶片与腋芽之间的这种关系，使得除春季有明显的新梢大量萌发外，其他季节很少有新梢大量萌发。

（二）开花与坐果

普通番荔枝开花的第一个特点是：花期漫长，花果并存，从始花至果熟都有花开，除初夏开花较多外，其他季节都会断断续续地少量开花。我国广州地区在4月上旬抽生新梢，5月上旬开花，但6月和7月仍有花开。印度从3月下旬到8月下旬历时5个月都有开花。第二个特点是：有新梢就有花，新梢多则花多。此特性以阿蒂莫耶番荔枝尤为明显（彭松兴，1993），故生产上多用短截去叶的促梢方法增加花量。花多着生在新梢基部，梢顶部基本无花，故萌芽现蕾后，新梢长到20～30cm时打顶，对促进枝梢加粗生长和花果的发育很有好处。此外，花非腋生，属茎上花（cauliflory）。

普通番荔枝的花为完全花。花瓣排列分内外2轮，各3片。内轮花瓣细小，甚至退化消失；外轮花瓣肥厚，花瓣基部肩宽而顶部尖，呈长三棱形，从现蕾至雌蕊成熟，3片外轮花瓣互不分开，连成三棱剑状。花瓣内为雄蕊，将雌蕊包围。雌蕊的柱头群呈三棱锥状突起（图13-2）。

番荔枝花有雌蕊先熟现象。雌蕊比雄蕊早熟2d，靠趋化性小甲虫的爬行活动来传授花粉。从现蕾到开花约经35d。从花瓣松弛、雌蕊开始成熟到花瓣完全张开、雄蕊释放花粉，可分为外形和功能都明显不同的3个阶段（彭松兴、黄昌贤，1992）。首先是3片外轮花瓣微松弛呈微张开状态，用手轻压可独立分开（图13-2A），此

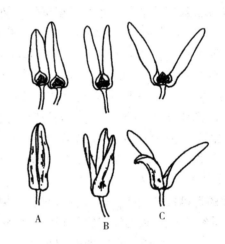

图13-2 普通番荔枝花在开花前的生长发育变化
A. 花瓣开始松弛呈微张开状态，花药未裂开，柱头有光泽
B. 花瓣半张开，花药未裂开，柱头有光泽
C. 花瓣完全张开，花药正裂开，柱头有光泽
（上为去一花瓣外形，下为不去花瓣外形）
（彭松兴绘）

时雌蕊柱头发亮，具黏性，具接受花粉、进行受精的能力。因花瓣未张开，小甲虫不能爬到柱头上，故在自然情况下无传粉受精机会。经24h的发育，花瓣呈半张开状（图13-2B），此时柱头更发亮，充满大量胶黏物质，具接受花粉进行受精的能力，小甲虫可穿越由3片半张开花瓣形成的细小张口到柱头表面爬行。此时花仍缺少趋化性芳香气体的吸引，所以前来传粉的小甲虫不多，授粉的几率很低，坐果率不高。这样的花再经过24h的发育，花瓣呈完全张开状态（图13-2C），此时花丝伸长，花药裂开，释放花粉同时放出一种浓香气体，能立即见到有许多细小甲虫在雌雄蕊上爬行。从花瓣完全张开、花丝伸长到释放花粉、放出浓香气体的过程，以一朵花来说约在1min内完成。在释放花粉的初期，柱头仍新鲜，显得发

亮，充满丰富的胶黏物质，但已没有接受花粉进行受精的能力，虽有小甲虫传粉，但不能受精，所以不能坐果。花药裂开后，由于小甲虫爬行和风的吹动，约经3h，花粉完全脱落，柱头呈褐色干枯。所以花粉对同一朵花的雌蕊不起受精作用，只供应另一朵处于花瓣半张开的花（图13-2B），进行授粉受精。

为提高坐果率需人工授粉，人工授粉时应采用树上花药正在裂开的花粉来授粉，可采自同株，也可采自异株，甚至异品种（Cogez X，et al，1994），均能提高坐果率。当柱头的发育阶段处于图13-2A状态时，已有接受花粉受精的能力，只是此时花瓣未张开而不便授粉操作。处于图13-2B状态时，花瓣半张开，授粉操作极为方便。试验证明，这样的花采用早上花药正裂开的花粉来授粉，坐果率为87.9%；处于图13-2C状态的花，用同样的花粉来授粉，坐果率仅为5.3%，与对照坐果率4.4%无显著差别。这说明花药一旦释放花粉，柱头便失去接受花粉进行受精的能力。在阿蒂莫耶番荔枝上的试验还发现，即便授粉时被授粉花的花药未裂开，但紧接授粉后不久被授粉花的花药裂开了，其坐果率也不能提高，可见，柱头的容受性在花药裂开前已消失（彭松兴、黄昌贤，1992）。故正确选择接受花粉的花很重要。因为树上花瓣半张开与完全张开的花，在外形上的区别不甚明显，授粉时以操作方便为原则，尽可能选择花瓣不要超过半张开的花来接受花粉，效果较为理想。普通番荔枝多在早上释放花粉，故人工授粉多在早上进行。近年发现少数普通番荔枝在16:00～18:00释放花粉，用来与早上释放花粉的花进行授粉也能提高坐果率。如果花粉释放期不同的植株配对种植，一天内有2次授粉机会，在理论上不管是对提高自然坐果率，还是对人工授粉的操作都有好处，值得提倡（彭松兴、黄昌贤，1992）。阿蒂莫耶番荔枝的花也有雌蕊先熟现象，人工授粉能提高坐果率，以被授粉花的花瓣呈半张开状态时效果最好。阿蒂莫耶番荔枝的花药是在傍晚裂开的，但其花粉早在当天8:00已发育成熟，在上午或下午人工提取这些将在傍晚时才自然裂开的花药，即时用其花粉进行人工授粉也能提高坐果率（彭松兴等，2008）。阿蒂莫耶番荔枝为普通番荔枝与南美番荔枝的杂交种，用普通番荔枝的花粉来授粉也能取得良好的效果（Melo M R，et al，2004）。

在促进坐果方面，利用芳香性引诱料吸引露尾甲属（Carpaphilus）的几种甲虫来授粉可取得一定效果。在利用植物激素提高坐果率方面，彭松兴对处于图13-2A发育阶段花的单性结果处理（去花瓣和雌蕊柱头群后喷2,4,5-T 50～250mg/L和GA 100mg/L）和处于图13-2C发育阶段花喷2,4,5-T 100mg/L和GA 100mg/L，都取得很高的坐果率（彭松兴，2003）。Sundararjan S等（1968）在开花后即用GA 10mg/L、25mg/L、50mg/L，NAA 5mg/L、10mg/L、25mg/L和2,4-D 2mg/L、5mg/L、10mg/L处理，发现在坐果、保果、增大果实、增加果重和减少种子数方面GA 50mg/L取得良好效果。Keskar B G等（1986）用NAA 10～30mg/L在开花期间每8d喷1次，共4次，取得增加挂果量的作用，每100m³树冠平均结果量以20mg/L处理最高，为94.4kg；其次为10mg/L处理，结果量为84.6kg；对照只有62kg。Kularni S S（1995）用GA 50mg/L或100mg/L，NAA 20mg/L或30mg/L，2,4-D 15mg/L或30mg/L处理也取得提高坐果率的效果。上述资料说明，用植物激素来提高坐果率值得探索。

（三）果实发育

普通番荔枝开花后经115～125d达到成熟采收，在45～60d和90～105d之间出现2次生长高峰，呈双S形生长模式。30d前种子还没发育完善，45d前主要长果皮，60～75d后果肉才不断增加，果实在成熟前主要含淀粉。采果后，在25～31℃室温中，经2～5d后熟便可食用，其间出现呼吸高峰（Pal D K, et al, 1995）。

普通番荔枝为肉质聚合果，由多心皮组成，心皮发育后果面呈鳞片状瘤状突起，其内为果肉（假种皮）。每果的心皮数在96.0～101.4，平均为98.2，果实间差别不大；种子数却在4.8～47.1之间，平均为28.8，果实间差别较大。种子数总是比心皮数少，说明1粒种子可支持多个心皮的发育，故有些假种皮内的种子虽缺，假种皮仍能充分发育。种子在果内分布情况影响果内各个心皮的发育，种子数多且分布均匀，则果大、形正，否则果小而畸形。正常种子数与果实大小和可食率在一定范围内呈正相关（彭松兴，2003）。增加种子数的有效措施是人工授粉。坐果后生理落果不明显，应疏除畸形小果。

普通番荔枝有天然单性结果的资源。美国佛罗里达州于1955年引入古巴无子普通番荔枝并于2年后开始结果，果实畸形，果实大小、含糖量、结果性能都比有子品种差。在人工单性结果方面，Dikshsit N N（1959）用0.3%～0.9% 2,4,5-T羊毛酯处理取得直径不超过1.5cm的无子果。彭松兴在1965年的单性结果处理中也取得纵横径3.7～4.9cm×4.5～6.3cm、果重为29.8～77.0g的无子果，果面鳞片数与正常有子果基本相同，说明各心皮都得到初步的生长。这些果实生长缓慢，直到11月才成熟。成熟时，果面木栓化，畸形，各瘤状突起间同样会露出乳白色浅沟，果实能后熟，果肉不发达，呈乳白色，有一定的甜味，说明激素不但可促进坐果，对坐果后的继续生长也有一定作用。

二、对环境条件的要求

普通番荔枝的耐寒性比杧果、荔枝、龙眼弱，比香蕉强。成年树能耐0℃的低温，气温再稍低则主干受害，幼树只能耐4℃低温。广东目前的种植北限是北回归线稍北的清远市三坑镇，1991冬季出现极短时的-3℃低温，四年生结果树的主枝受冻，经修剪后次年生长正常，开花结果量有所减少；1992年冬又出现极短时的-1.5℃低温，主枝受轻害，经修剪后开花结果比前一年好，直到2001年生长结果都正常。两年低温均导致幼苗的近地表根颈部及多数根尖变黑坏死。1999年12月20～25日广东湛江连续3d霜冻，近半数植株一二年生枝冻死，不能开花结果（刘世彪等，2000）。故普通番荔枝应在北回归线以南无霜区种植。

南美番荔枝为番荔枝属中最耐寒的种类，适宜在接近下雪的地区种植，在热带低海拔地区种植只营养生长而不开花结果，需在海拔1 000～2 000m的冷凉地区种植才能正常开花结果（Samson J A, 1980）。华南农业大学1981年引入接穗和种子，繁殖后在广州种植，生长正常，大部分绿叶能过冬，但始终开花结果少，甚至完全不开花。

阿蒂莫耶番荔枝的耐寒性比南美番荔枝弱，比普通番荔枝强。幼树在-1℃下，成年树在-3℃下冻死（Cull B, 1995）。广州地区阿蒂莫耶番荔枝萌芽和开花期比普通番荔枝早半个月，大部分绿叶能安全越冬，无霜年份果实也能安全越冬。广州在2008年1月25日开始连续20d平均气温在10℃以下、最低日平均气温5.4℃、极端最低气温3.6℃，AP番荔枝果实能安全过冬。在广东省北回归线北缘的清远市三坑镇和清新县太平镇的AP番荔枝经过2008年冬季严寒后2009年仍能正常生长，开花结果。所以AP番荔枝不仅在北回归线以南，也可在北回归线的北缘地区作经济栽培。几种番荔枝生长和果实成熟最适温度见表13-2。

表 13-2　几种番荔枝生长和果实成熟最适温度范围

种　　类	最适生长温度（℃）		最适果实成熟温度（℃）
	平均最高温度	平均最低温度	平均最高温度
阿蒂莫耶番荔枝	22~28	10~20	20~26
南美番荔枝	15~25	7~18	18~22
普通番荔枝	25~32	15~25	25~30

普通番荔枝较耐干旱，最忌渍水，土壤排水不良极易发生根腐病，故不宜在地下水位高、黏重的土壤上种植。普通番荔枝适宜在pH7~8的土壤上生长（Samson J A, 1986），特别是底层有贝壳类沉积的沙壤土上或在石灰质地上生长更好。

Cull B（1995）认为番荔枝在白天27℃、相对湿度70%~80%的条件下授粉最为适宜。在低湿（相对湿度低于70%）情况下，落花增加，柱头干化，坐果明显减少，在干热地区应通过高密度种植、营造防风林和喷雾来增加果园的湿度。但湿度过高（相对湿度高于95%）又会把柱头上的糖类分泌物稀释，使花粉发芽降低，不利于受精。

第四节　栽培技术

一、育　苗

普通番荔枝习惯用实生繁殖，春播1年后苗高40~60cm便可定植。实生育苗的种子应从经过人工授粉的母株上收集。种子休眠期很短或者没有休眠（Hayat, 1963），所以新鲜种子经水洗，漂去不实粒，稍晾干便可秋播，或充分晒干后翌年春播。秋播种子发芽率高，但秋播后很快进入秋旱和冬季低温期，不利幼苗生长，要到次年3月萌发新芽才能继续生长。尽管可用塑料薄膜保护，秋播小苗也难以良好状态过冬，故一般仍主张春播。播后约20d便能发芽。

普通番荔枝种皮外层坚硬，透性和吸水性差，播前应进行晒种、浸水处理。用粗沙擦伤种皮后浸水或500mg/L GA处理可促进发芽（Ratanm等，1993；Stino等，1996）。Chopde N等（1999）发现，用椰糠、蛭石作为育苗袋介质时，发芽率、生根数量和长度、苗高和叶片数都优于用淤泥、农家粪肥和沙按2：2：1比例的混合介质。南美番荔枝和阿蒂莫耶番荔枝种子发芽适温为28~32℃，在此条件下播后3周便发芽，在15~20℃条件下则要经3~4个月才能发芽，且发芽率低。普通番荔枝种子春播后遇上低温阴雨、土壤积水，种子极易腐烂，即使发芽也易枯死，故春播宁迟勿早。广州地区多在晴暖天气基本稳定的3月下旬至4月上旬播种。

苗地要求肥沃、疏松、向阳、排水良好。播前宜翻土晒地，多施石灰，但勿施城市垃圾。种子不耐贮存，秋采的种子要在翌年春季播种完毕。室内常温贮藏1年以上的种子会丧失发芽力。一般行条播，播后可用火烧土盖种并适当淋水，然后对表土喷丁草胺一类芽前除草剂，以抑制杂草生长。种子发芽后追施薄肥以促幼苗生长。秋末苗高40~60cm时，应维持水肥供应，幼苗有较多的绿叶过冬，春栽后易于成活。

普通番荔枝共砧芽接和切接可获72%以上的成活率。盾形芽接和劈接均宜，以3月或4月成活率较高，7月成活率最低（Chauvatia R S等，1999）。普通番荔枝在国内尚未采用嫁接育苗。阿蒂莫耶番荔枝则多以普通番荔枝为砧枝接繁殖，若以圆滑番荔枝或牛心番荔枝为砧都有不亲和现象。南美番荔枝也有相似的嫁接不亲和现象，故选择砧木至关重要。嫁接时期对成活率影响也很大，春接成活率高，秋接成活率低。组织培养方面的进展，仅知Lemos等（1996）已取得芽的增殖和生根植株。国外繁殖情况见表13-3。

表13-3 番荔枝类果树繁殖方法
(George A P, Nissen R J, 1987)

繁殖方法	阿蒂莫耶番荔枝	普通番荔枝	南美番荔枝	刺番荔枝
实生苗	有遗传变异，经济栽培不提倡	遗传性一致，为一些国家的主要繁殖方法	有遗传变异，经济栽培不提倡	遗传性一致，为一些国家的主要繁殖方法
茎段插条	仅部分品种成功	仅部分品种成功	不成功	相当成功
根插	不知成功率	不知成功率	不知成功率	不知成功率
微型繁殖	少量研究表明成功率高	不知成功率	不知成功率	不知成功率
压条	不知成功率	改进技术并应用生长素则成功率高	不知成功率	不知成功率
空中压条	成功率很低（<5%）	少量成功（8.3%）	成功率很低（<5%），用幼龄枝条成功率较高	不知成功率
芽接	成功率很高（>70%）	成功率很高（>70%）	成功率很高（>70%）	成功率很高（>70%）
枝接	成功率很高（>70%）	成功率很高（>70%）	成功率很高（>70%）	成功率很高（>70%）

二、栽 植

普通番荔枝对渍水特别敏感。植穴四壁土壤硬实则穴底易渍水，易引发根腐病，故最好用种植沟定植。植沟宜分层压绿肥，施腐熟农家肥和较多石灰，待绿肥分解腐熟、土壤沉实后再行定植。

普通番荔枝植后2年便能开花结果，寿命10～20年。为了早期丰产，可用2m×2.7m的株行距，在盛果期后进行回缩修剪或适当间伐，也可作为寿命长、树体高大的荔枝、龙眼、杧果和橄榄的间种树种，待主栽树种进入盛果期时逐步间伐。

定植期以春芽萌动前为宜，广州地区一般在3～4月定植。普通番荔枝为半落叶性果树，进入秋冬易自然落叶，春暖后才萌发新芽，所以不宜秋植。定植时，填土一半即应浇水1次，全部填完后再浇1次水，以保证土壤湿润又不至渍水，根系与土壤接触良好。

普通番荔枝对根腐病很敏感，间作时不宜选用茄科等对根腐病敏感的作物。

三、土壤管理

春季长时间低温阴雨常导致普通番荔枝根系腐烂，植株死亡，夏季台风雨渍水也同样会导致烂根，植株死亡。土壤干湿急剧变化对果实生长不利，甚至会引起裂果，应注意园地的水分管理。春夏雨季期间不宜覆盖土壤，夏末初秋高温季节则宜覆盖土壤以维持土壤水分的稳定。用黑色塑料薄膜、锯屑、秸秆或粗沙覆盖地面可促进生长，提高产量（Mandal等，1994）。科学的水分管理应是根据树体的需要和土壤水分情况来进行。澳大利亚果园是在树冠内外不同深度的土层埋入探测土壤水分情况的张力计，根据张力计读数的变化来确定灌溉时间和数量。小苗种植后每周每株淋水 20L，成年树（树冠面径 8m）在较热的月份每周每株淋水 1 000～2 000L，要求 450mm 深的土壤每周浸湿 1 次，冬季用水量为平时用水量的 1/3（Cull B，1995）。

根据叶片和土壤分析进行施肥是生产的方向，以下资料可供参考。阿蒂莫耶番荔枝在澳大利亚的叶片营养水平为：氮 2.5%～3.0%、磷 0.16%～0.2%、钾 1.0%～1.5%、钙 0.6%～1.0%、镁 0.35%～0.50%、铁 40～70mg/L、锰 30～90mg/L、锌 15～30mg/L、铜 10～20mg/L、硼 15～40mg/L、钠 0.02%、氯 0.3%（George A P 等，1987）。普通番荔枝在广东的叶片营养水平为：氮 3.21%、磷 0.16%、钾 1.09%、钙 1.69%、镁 0.32%（臧小平、许能琨，2000）。

幼树以迅速形成树冠为目的，除施足基肥外，每次新梢成熟后宜短截、摘叶和追肥，以促进更多新梢萌发，肥料以氮肥为主。结果树则施完全肥料，在萌芽前、果实发育期、果实采收后 3 个时期施肥。

1. 萌芽前追肥 俗称促梢促花肥。普通番荔枝当年的新梢量与开花结果呈正相关。新梢可在上一年的各类枝上萌发，即各类枝条都可成为结果母枝。故宜重施促梢促花肥，占全年施肥量的 40%，以氮为主，配施磷、钾肥。另外，普通番荔枝宜在 pH7～8 的土壤上生长，对钙反应良好。华南地区多为酸性土壤，故多施石灰对根系生长和果实发育有良好作用。一般在大部分叶片脱落至萌芽前施肥完毕，开花前还可根据树势适当补施或根外追肥。

2. 果实发育期追肥 俗称壮果肥。普通番荔枝无明显的生理落果期。小果横径 3～4cm 时可施追肥，占全年施肥量的 30%，以钾为主配合氮。因侧芽需落叶后才萌发，果实生长期间不会出现落叶现象，故多施肥也不会诱发大量新梢而导致落果。采前还可以根据树势适当补施，以提高品质。

3. 果实采收后追肥 俗称采果肥。普通番荔枝不是明显地以秋梢为结果母枝，通常入秋后会自然落叶，营养生长减弱，故往往忽视采果后的施肥。普通番荔枝要到春暖萌芽前才全部落叶。故采果后（广州地区 9～10 月）加强肥水供应不但可延长叶片寿命，还可减少落叶，增加树体贮藏养分，对翌年春天枝梢生长和开花结果均有良好作用。此次追肥应占全年施肥量的 30%，以氮为主，适当增加磷肥。

广东省东莞市虎门镇果农对 5～6 年生普通番荔枝的施肥为：开花前每株施氮、磷、钾比例 15∶15∶15 的复合肥 0.75kg；坐果后施复合肥 0.5kg；果实膨大期施复合肥 0.5kg，另加硫酸钾 0.4kg；采果前根据结果量和果实大小补施复合肥 0.5～0.75kg；采果后施优质农家粪便肥 15kg、复合肥 0.5kg、磷肥 1kg。

据杨正山（1992）介绍，我国台湾的普通番荔枝实行产期调节，一年中除 4～6 月外，7 月至翌年 3 月树上均有果实。四年生以上树每株每年可施腐熟鸡粪肥 6～10kg，并随树龄增长酌增施用量。有机肥在 1～3 月全部施下，化学肥料分多次施用，第一次在冬季修剪前（1～3 月）施，磷肥施入全年用量的 70%，氮、钾肥施入 10%；第二次在正造果开花后幼果期（5～7 月）施，氮肥施入全年用量的 35%，磷肥施入 15%，钾肥施入 30%；第三次在冬造果幼果期间（9～11 月）施，氮肥施入全年用量的 35%，磷肥施入 15%，钾肥施入 30%；第四次在冬造果采收期（12 月至翌年 2 月）施，氮肥施入全年用量的 10%，钾肥施入 30%；还有 10% 氮肥在下雨天或土壤湿润时撒施。

番荔枝常出现缺锌现象，表现为顶端生长受抑制，叶片变得细小，叶色褪绿，或叶脉出现黄色。若出现缺锌，可用 0.1% 的硫酸锌（$ZnSO_4 \cdot 7H_2O$）溶液在春梢成熟后喷洒来解决。果肉出现褐色硬实的异常组织时为缺硼所致，可用每株撒施 50g 硼砂来解决。

四、整形修剪

由于普通番荔枝在粗短的枝条甚至树干、主枝上结果良好，故整形修剪时留干高 30～40cm 以防止下垂枝接触地面。定植后 1～2 年内在主干上留 4 条分布均匀、互不重叠、间距适当、角度稍开张的主枝，在主枝上再选留 4～5 条副主枝，当这些副主枝长至 50～60cm 摘心，以促进枝条的加粗生长，形成多主枝矮生开心形树冠。进入结果期后，新梢 20～30cm 长时摘心，待叶片成熟后适量摘除枝条中部的叶片以促腋芽萌发，通过不断摘心、摘叶来培养多个粗短的结果枝组。过密的纤细枝条均应疏除。粗壮下垂枝结果性能良好，应注意保留。进入结果后期，可选留主枝基部位置的蘖芽进行树冠更新。

广东普通番荔枝的主要灾害是冷害和台风。选择在无霜地区种植可防止冷害；短截主枝，促进基部萌发新梢，把树冠控制在 2.5m 以下，可以提高抗风能力。

我国台湾果农还善用修剪进行产期调节，以躲避台风和高温所造成的烂果损失及延长供果期。具体技术介绍如下：

（1）6 月修剪　此时树上叶片已老熟，并大量开花坐果，应结合疏枝，根据枝梢分布及坐果情况，选择发育充实的春梢，留长 15cm 短截，再去叶。

（2）7 月修剪　此时树上已有发育中的小果，应结合疏果，力求质量不求数量，尽量疏除畸形果，再根据树上果实分布和数量，选择无果春梢，留长 15cm 短截，并去叶。

（3）8 月修剪　此时树上第一次开花的正造果开始成熟，7 月修剪后长出的新梢结有小果，结合采收正造果和二造果的疏果来进行，选择无果枝留长 15cm 短截，并去叶。

（4）9 月修剪　此时树上第一次开花的正造果已大量采收，树上也结有 6、7 月修剪后的小果，8 月修剪的新梢也大量开花结果，所以树上可供修剪枝梢不多，可结合采果疏果后树上结果情况，选择前几次修剪后的无果枝条，留长 15cm 短截，并去叶。

产期调节的修剪操作应注意两点：①短截的枝条要粗壮，着生位置越靠近主干、主枝的越好；②短截后要去叶，否则不能萌发新梢开花结果。短截后去叶的数量视树体生长势而定，一般来说，短截后摘去先端 4 片叶长出的新梢都能开花。若能及时人工授粉和对新梢适时摘心，则会取得更满意的效果。

产期调节的修剪一般应在白露前（9 月上旬）进行完毕，最迟也不可超过寒露（10 月上旬），否则低温干旱难以萌芽开花或落花严重，结果不良。果实不能安全过冬的地方则要早修剪，争取在严冬前采果上市。

广东种植的 AP 番荔枝春季自然开花所结的果实多在秋季成熟。这些果实在采后的完熟期间会出现裂果现象，不能上市。现在都用夏季短截摘叶促梢的方法，使其在秋季开花坐果（彭松兴等，2006）。在广州，这些果实能安全过冬，冬春上市。广州在 2008 年 1 月 25 日开始，连续 20d 日平均气温在 10℃ 以下、最低日平均气温 5.4℃、极端最低气温为 3.6℃，AP 番荔枝果实都能安全过冬。冬春季采收的果实不但没有采后后熟期间的裂果现象，而且可以远销我国北方市场。

五、采 收

普通番荔枝需在硬果期采收。果皮色泽及瘤状突起间缝合线的变化可作为成熟度的依据。当果皮褪绿呈乳白色或浅黄色、缝合线丰满、外露浅白色沟时，采收后经2~3d后熟变软即可食用，供当地销售的果实可按此标准采收。成熟度分别为70%、80%和90%的果实，在25~33℃室温中贮藏，分别经过6d、4d和2d后完成后熟，果实品质以90%成熟度为最佳（Chen Weihui，1998）。果实一经后熟便不可挪动，故需在硬果期采收。

据林国荣（1986）报道，普通番荔枝果实于硬果期采收后，约含70%淀粉和10%糖。随果实后熟，淀粉快速水解为糖，后熟后期蔗糖水解为果糖和葡萄糖，故后熟后最甜。普通番荔枝属呼吸跃变型果实，在采后成熟过程中会出现几个呼吸峰。Brown B I等（1988）认为，南美番荔枝和阿蒂莫耶番荔枝果实在采后有2个呼吸峰，普通番荔枝只有1个呼吸峰。这3种番荔枝都只有1个乙烯产生高峰，且都在呼吸高峰之后才出现。

降低温度是降低呼吸速率的有效措施。但普通番荔枝果实对温度反应极为敏感，在15~20℃条件下贮藏10d后转置于25℃室温，则可完成采后成熟过程，且温度越高成熟越快。在10℃、15℃、20℃和25℃条件下贮藏，10℃贮藏的果实硬化变黑，15℃、20℃和25℃贮藏的果实分别于贮藏9d、6d和4d后能完成后熟，果肉色泽、质地、风味以25℃、20℃较好，25℃、20℃贮藏的果实有明显的呼吸高峰，而15℃和10℃贮藏的果实都没有明显的呼吸高峰，所以番荔枝果实用15~20℃来贮藏较为安全（Prasanna K N V等，2000）。

用0.5~1.0g/L苯来特浸果5min、0.125g/L丙氯灵浸果1min、500mg/L多菌灵浸果等，对防止果实采收后腐烂有良好作用（Babu K H等，1990；Mosca J L，1999）。

（执笔人：彭松兴）

主要参考文献

陈桂平，曾少敏，杨惠文，等.2010.番荔枝的产期调节技术研究［J］.南方农业（1）：51-52.
李伟才，孙光明，弓德强，等.2009.不同砧穗组合对AP番荔枝生长及生理指标的影响［J］.热带作物学报（3）：249-253.
刘世彪，谢江辉，陈菁，等.2000.番荔枝霜冻调查及冻后护理技术［J］.中国南方果树，29（4）：29-30.
彭松兴，黄昌贤.1992.阿蒂莫耶番荔枝人工授粉［J］.华南农业大学学报，13（3）：99-102.
彭松兴，黄昌贤.1991.阿蒂莫耶番荔枝砧木研究初报［J］.华南农业大学学报，12（4）：89-90.
彭松兴，黄昌贤.1992.番荔枝开花生物学与人工授粉研究［J］.华南农业大学学报，13（1）：119-124.
彭松兴.1993.阿蒂莫耶番荔枝侧芽萌发与着花研究［J］.华南农业大学学报，14（2）：99-110.
彭松兴，林超明，陈永辉，等.2006.AP番荔枝的产期调节研究［J］.中国南方果树，35（6）：23-24.
彭松兴，林超明，杨帅，等.2008.阿蒂莫耶番荔枝人工授粉的进一步研究［J］.福建果树，2：1-3.
臧小平，许能琨.2000.番荔枝的营养与施肥［J］.中国南方果树，29（3）：29-30.
Bose T K. 1985. Custard apple [J]. Fruits of India: Tropical and Subtropical, 479-486.
Brankar G J. 1989. Vegetative propagation in annonas (Annona squaamosa L.) [J]. Haryana Journal of Hort. Sci., 18 (1-2): 10-13.

Brown B I, Wong I S, George A P, et al. 1988. Comparative studies on the postharvest physiology of fruit from different specied of *Annona* (custard apple) [J]. J. Hort. Sci., 63 (3): 521 - 528.

Chaurvatia R S, Singh S P. 1999. Standardization of method and time of propagation in custard apple cv. 'Sindhan Local' under saurashtra conditions [J]. Hort. J., 12 (2): 1 - 7.

Chen W H. 1998. Effects of different harvest maturity on storage quality and life of *Annona squamosa* fruits [J]. Advance in Hort., 2: 270 - 273.

Chopde N, Patil B N, Pagar P C, et al. 1999. Effect of different pot mixture on germination and growth of custard apple (*Annona squamosa* L.) [J]. J. of Soils and Crops, 9 (1): 69 - 71.

Cull B. 1995. Custard Apple, Fruits growing in warm climates [J]. Reed Australia (3): 77 - 88.

George A P, Nissen R J. Brown B I. 1987. The custard apple [J]. Queensland Agric. J., 113 (5): 282 -297.

George A P, Nissen R J. 1987. Propagation of *Annona* species: a review [J]. Scientia Horticulturae, 33: 75 -85.

Melo M R, Pommer C V, Kavati R. 2004. Natural and artificial pollination of atemoya in Brazil [J]. Acta Horticulturae, 632: 125 - 130.

Nunez - Elisea R, Schaffer B, Bisher J, B, et al. 1999. Infuence of flooding on net CO_2 assimiation, growth, and stem anatomy of *Annona* species [J]. Annals of Botany, 74: 771 - 780.

Pena J E, Castineiras A, Bartelt R, et al. 1999. Effect of pheromone bait stations for beetles (Coleoptera: Nitidulidae) on *Annona* spp. fruit set [J]. Florida Entomologist, 82 (3): 475 - 480.

Prasanna K N V, Rao D V S, Shantha Krisshnamaurthy. 2000. Effect of storage temperature on ripening and quality of custard apple (*Annona squamosa* L.) fruits [J]. Journal of Hort. Sci. and Biotechnology, 75 (5): 546 - 550.

Schaffer B, Davies F S, Crane J H. 2006. Responeses of subtropical and tropical fruit trees to flooling in calcareou soil [J]. Hortscience, 41 (3): 549 - 555.

推 荐 读 物

翁树章，彭松兴，等. 1997. 华南特产果树栽培 [M]. 广州：广东科技出版社.

肖邦森，谢江辉，雷新涛，等. 2001. 番荔枝优质高效栽培技术 [M]. 北京：中国农业出版社.

谢细东，谢柱深，伍丽芳. 2004. 番荔枝栽培关键技术 [M]. 广州：广东科技出版社.

第十四章 澳洲坚果

第一节 概 述

一、栽培意义

澳洲坚果（macadamia nut）又称夏威夷果、澳洲核桃、昆士兰栗，俗称夏果。澳洲坚果果仁营养丰富，其外果皮青绿色，内果皮坚硬，呈褐色，单果重15~16g，可食用部分为果仁，白色或乳白色，含油量70%左右，蛋白质9%，含有人体必需的8种氨基酸，还富含矿物质和维生素。澳洲坚果果仁香酥嫩滑可口，有独特的奶油香味，是世界上品质最佳的食用果。

澳洲坚果可生吃，制作干果口感细腻，还可制作高级糕点、高级巧克力、高级食用油、高级化妆品等。此外，澳洲坚果的副产品也有多种用途，果皮含有14%适于鞣皮的鞣质，并含8%~10%的蛋白质，粉碎后可混作家畜饲料；果壳可制作活性炭或作燃料，也可粉碎作塑料制品的填充料。目前，这些副产品仅被广泛用作坚果树下的覆盖物或育苗的培养基料。

二、栽培历史与分布

1857年，植物学家B F von Mueller和W Hill在澳大利亚昆士兰州莫里顿湾发现这一树种，并建立了山龙眼科澳洲坚果属。19世纪80年代美国园艺学家从澳大利亚引入澳洲坚果种子在夏威夷播种，但直到1948年W B Storey选育出5个品种后才推动商业性栽培。澳大利亚在20世纪60年代中期才开始大面积种植澳洲坚果。到1980年南非、肯尼亚也生产澳洲坚果。20世纪90年代世界澳洲坚果业发展迅猛。据统计，2006年澳洲坚果栽培面积约为7.8万hm^2，产量11.57万t壳果。最重要的生产国（地区）有：澳大利亚，总面积21 500hm^2，年产壳果44 000t；夏威夷，7 406hm^2，23 600t；南非，18 579hm^2，16 500t；肯尼亚，4 348hm^2，12 500t；危地马拉，5 500hm^2，6 200t；马拉维，5 995hm^2，5 500t；巴西，4 722hm^2，3 350t。7国的种植面积占世界总面积近87%，产量占世界总产量的96%以上。此外，哥斯达黎加、委内瑞拉、津巴布韦、坦桑尼亚、埃塞俄比亚、秘鲁、墨西哥、以色列、印度尼西亚、泰国、塔布提、新喀里多尼亚、新西兰、萨尔瓦多等国家均有种植。目前，澳洲坚果的产量仍然不到全球木本坚果贸易量的2%，还处于供不应求的状况，有着广阔的国际市场前景，国内也有巨大的市场潜力。

我国最先于1910年引入澳洲坚果到台湾台北植物园作标本树。1940年岭南大学引种澳洲坚果于广州。1979年中国热带农业科学院南亚热带作物研究所开始澳洲坚果的引种试种研究，1990年后开始商业种植。目前我国种植面积约7 000hm^2，年产壳果约1 000t，主要分布在云南和广西。

第二节 主要种类和品种

一、主要种类

澳洲坚果（*Macadamia integrifolia*）是双子叶植物，属山龙眼科（Proteaceae），该科约有60属1 300种，其中澳洲坚果属有18种，原产澳大利亚的有10种，新喀里多尼亚的6种，马达加斯加的1种，西里伯岛的1种。在这些种类中，可食用并已商业化栽培的只有2种，即光壳种（*M. integrifolia*）和粗壳种（*M. tetraphylla*），其他种因仁小、味苦、内含氰醇苷而不能食用。

二、主要品种

澳洲坚果商业栽培品种均选育自光壳种和粗壳种或这两个种的杂交后代。世界各主产区选育正式命名的澳洲坚果品种有450多个（贺熙勇，2008）。现将主要品种介绍如下：

1. Keauhou（246） 该品种树冠开张，圆形至阔圆形。分枝多，且向下部弯曲，枝条细小至中等大。叶尖钝，通常上卷，叶缘波浪形，刺中等多，叶片常扭曲。坚果大，棕色。珠孔（micropyle）大而凸出，腹缝线宽，槽状，颜色比壳果其他部分略淡，卵石斑纹集中在扁平的脐部周围。在夏威夷，壳果平均粒重7.2g，果仁（kernel）平均粒重2.8g，出仁率39%，一级果仁率85%，高产。该品种抗性较差，易遭风害，但对真菌病害有一定的免疫力。

2. Kakea（508） 该品种树冠窄圆形至圆锥形，颜色比其他夏威夷种淡。叶顶部略呈圆形，叶缘波浪形，少刺或全缘，有时叶缘反卷。枝条健壮，节间短，叶呈簇状成束着生于枝梢末端。坚果中等大小，圆形，珠孔中等大小，腹缝线为一明显的暗红棕色条纹而非槽状。在夏威夷，壳果平均粒重7.0g，果仁平均粒重2.5g，出仁率36%，一级果仁率90.0%。该品种是夏威夷商业性种植最好和最高产的品种之一。该品种在冷凉的植区表现较好。在我国广东湛江地区产量不高。夏季高温季节新梢叶片变黄白色，不抗风。

3. Ikaika（333） 该品种树冠圆形，颜色深绿。叶大，尤其有些老叶非常大（长×宽为25cm×8cm），叶尖方形、扭曲，叶缘呈极明显的波浪形，多刺。坚果深红棕色，略有卵石花纹，腹缝线不清晰，颜色与壳果的其他部分相同或略淡。在夏威夷，壳果平均粒重6.5g，果仁平均粒重2.2g，出仁率36%，一级果仁率90%。生长势极旺盛，耐寒，抗风性好。在我国表现为生长势旺，早结丰产，产量较高。

4. Keaau（660） 该品种树冠直立紧凑。叶片呈深绿色，叶缘波浪形，刺中等多，叶顶端呈圆形，有时略尖，叶脉明显可见。坚果小，深棕色、光滑、圆形，腹缝线像一条小沟，从珠孔开始逐渐减弱变细消失，圆形斑点集中在脐端，长形斑点靠近珠孔。在夏威夷，壳果平均粒重5.7g，果仁平均粒重2.5g，出仁率44%，一级果仁率97%。该品种抗风性好，果实成熟早、集中，坚果能与果壳自由分离，适于密植。在我国表现产量一般。

5. Kau（344） 该品种树冠直立，枝条粗壮，分枝少。叶片长椭圆形，叶缘扭曲少刺，叶顶部上卷。坚果中等大小，果仁品质极好。在夏威夷，壳果平均粒重7.6g，果仁平均粒重2.9g，出仁率38%，一级果仁率98%。该品种高产，抗性好，适合果园密植，耐寒性比

Keauhou 好。在我国广东湛江地区表现为抗风性强,早结丰产,10 年龄果园高产。在夏季高温期,新梢叶片变黄泛白。枝条壮旺,分枝力差,要短截促其分生结果枝才能丰产。

6. Mauka(741)　该品种树冠直立生长,紧凑,枝条健壮,分枝量适中。叶缘刺少,叶顶部近似等腰三角形。坚果中等大小,圆形。在夏威夷,壳果平均粒重 6.5g,果仁平均粒重 2.8g,出仁率高达 43%,一级果仁率 98%,果仁外观好。在我国广东湛江地区,树形疏密适中,分枝量中等,抗性较好,高产、稳产。

7. Makai(800)　该品种是 Keauhou 的实生后代,其树形、果实特性、产量潜力与 Keauhou 相似。枝条比 Keauhou 健壮,分枝力比 Keauhou 稍弱,叶片长形槽状,叶缘扭曲多刺,果实比 Keauhou 大。在夏威夷,壳果平均粒重 8.0g,果仁平均粒重 3.2g,出仁率 40%,一级果仁率 97%,果仁质量特别好,在夏威夷表现出早产性能、果仁质量都超过 Kau 及其他品种。但在澳大利亚及我国表现为产量低,不抗风,各种大田性状比其他品种差。

8. Own Choice(O. C.)　该品种是从昆士兰州比瓦(Beerwah)地区野生丛林中选出的实生树。其树冠开张,枝条小而多,显得密集,呈灌木型。叶小,扭曲,叶缘无刺或极少刺,反卷。抗风性好,高产。原产地十年生单株产壳果 26kg,种子中等大,壳果平均粒重 7.75g,果仁平均粒重 2.7g,出仁率 33%~37%,一级果仁率 95%~100%,品质很好。果实成熟后约 80% 的果不脱落。该品种在华南地区试种均表现出早结,定植 2.5~3 年后即开花结果,高产、稳产、抗风性强,但该品种开花期较早,花期较长,果壳较薄,鼠害较重。

9. Hinde(H2)　该品种于 1948 年从昆士兰州吉尔斯顿(Gilston)地区选出。该品种表现比任何一个澳大利亚品种都好。其树冠疏朗,中等直立,分枝长,健壮。叶短而宽,末端圆,叶基较窄,叶全缘成波浪形,极少刺或无刺。种子中等大,形状不规则,种脐部宽大,盖有一块紧黏着的果皮物,旁边有一明显的凹陷窝。壳果平均粒重 7.05g,果仁平均粒重 2.33g,出仁率 30%~35%,一级果仁率 85%~90%。抗风性差,有少量果实成熟后不脱落,果实比其他品种难脱皮。适宜气候较凉的地区种植。H2 实生苗生长势旺,成苗整齐,常用作砧木。该品种早结、丰产、稳产,但抗风性差,鼠害重。由于 H2 结果量大,若肥水管理水平低,容易出现衰退。

我国澳洲坚果业目前还未有自己选育出正式命名的品种,生产上使用的品种都引自国外,我国最初引进的 9 个品种的果仁质量与主产地的比较结果如表 14-1 所示。

表 14-1　澳洲坚果主要品种在各种植区的果仁质量比较

品种	澳大利亚				夏威夷				广东湛江				
	出仁率(%)	一级果仁率(%)	果仁平均粒重(g)	抗风性	出仁率(%)	一级果仁率(%)	果仁平均粒重(g)	烘烤果仁质量	出仁率(%)	一级果仁率(%)	果仁平均粒重(g)	抗风性	果仁含油率(%)
246	31~35	85~95	2.5~3.0	很差	39	85	2.8	好	34	85.1~92.9	2.28	很差	79.02
660	33~37	90~95	1.8~2.4	好	44	97	2.5	极好	37	75.2~76.0	1.25	好	73.62
508	32~36	80~95	2.2~2.5	很差	36	90	2.5	极好	35	66.9~85.7	1.82	很差	77.93

(续)

品种	澳大利亚				夏威夷				广东湛江				
	出仁率(%)	一级果仁率(%)	果仁平均粒重(g)	抗风性	出仁率(%)	一级果仁率(%)	果仁平均粒重(g)	烘烤果仁质量	出仁率(%)	一级果仁率(%)	果仁平均粒重(g)	抗风性	果仁含油率(%)
344	30~34	90~100	2.4~2.8	好	38	98	2.9	很好	34	94.2~96.2	1.58	很好	
741	32~36	90~100	2.1~2.5	好	43	98	2.8	很好	37	83.9	1.81	好	
800	33~36	95~100	2.4~2.8	很差	40	97	3.2	极好	33	91.1~97.2	2.11	很差	79.13
333	31~35	90~97	2.2~2.6	好	34	89	2.2	一般	30.7	88.3~88.8	1.79	好	79.10
H2	30~35	85~95	2.1~2.5	差					38	92.8~97.5	1.90	差	80.04
O.C.	32~36	90~100	2.5~3.0	差					30.7	98.2~99.9	2.38	很好	89.51
平均	31.5~36.5	88.3~97.4	2.2~2.7		39.1	93.4	2.7		34.4	86.1~90.7	1.88		

第三节　生物学特性

一、植株形态特征

(一) 树体性状

澳洲坚果为常绿乔木，树冠高达 18m，冠幅 15m。树皮粗糙，棕色，树皮切口呈暗红色。主枝粗壮，分枝较多，向四周均匀分布。树姿因品种而异，如 Keauhou、Own Choice 树冠开张，Kau、Mauka 树冠直立生，Keaau 树冠紧凑。

(二) 根

澳洲坚果主根不发达，侧根庞大，根垂直分布范围多在 70cm 以内，其中 70%的根系主要分布在 0~30cm 土层中，水平分布绝大多数在冠幅范围（陆超忠等，1997）。在台风多发地区和山口当风处种植常造成植株倒伏。

根系约在实生苗子叶脱落时，即萌芽后 2~6 个月开始形成。其生成时，根系围绕母根茎轴成行簇状排列，其作用是增大根系吸收面积。小根无再生能力，长至 1~4cm 就会披上根毛，根毛有吸收功能，存活期 3 个月，大多小根约 12 个月就消失。根系的形成与季节性和温度、水分有关。

澳洲坚果与其他山龙眼科植物一样，土壤缺磷或低磷时，在侧根产生典型的簇状须根，即所谓的山龙眼状根。不施肥沙土山龙眼状根最多，呈网状，多从成熟根上产生。施肥的黏性土山龙眼状根较少，多从靠近根先端产生，呈束状，如同试管刷，根长 0.13~0.15cm。山龙眼状根分布的深度在 10cm 左右最多，20cm 以下较少，在瘦瘠沙土的分布几乎达到土表。澳洲坚果山龙眼状根发生量与土壤磷素水平呈负相关，当磷素含量≤50mg/kg 时，山龙眼状根大量发生，当磷素含量≥300mg/kg 时，山龙眼状根较少或没有发生（杜建斌等，

2005)。

(三) 枝梢和叶

澳洲坚果树直立，分枝较多，树枝圆柱形，有许多小突起（皮孔），树皮粗糙，无皱纹或沟纹，棕色。直径30cm的主干皮厚9mm，木质坚硬。

梢基部有一个明显无叶节、顶部发育未完全的叶，小而像鳞片，每叶腋内有3个垂直排列的芽，芽与主枝同时抽发时将出现9（或12）条枝。

3叶轮生或2叶对生或4叶轮生，长12～36cm，宽2.5～5.5cm，披针形、窄椭圆形，革质，叶面光滑，叶全缘或边缘有疏离刺状锯齿，叶脉、侧脉和大量的细网脉明显。

(四) 花

总状花序腋生，下垂，长10～30cm，有小花100～300朵，多者达500朵。花成对或3、4朵为一组，着生在小苞片（bract）腋的花梗（pedicel）上，花梗长3～4mm，在花序轴上有规律地间隔排列。

小花乳白色或紫红色，长1～2cm。两性花，无真正的萼片（sepal），而是4个萼片状花瓣（petal）连接成管状花被（perianth）。上位子房，内含2个胚珠（ovule），通常仅1个正常发育成胚（embryo）。花柱（style）球棒状，顶部增厚。子房（ovary）和花柱全长约7cm，雌蕊（pistil）基部周边是一个不规则的无毛花盘，高约0.6cm，为联生下位（低于子房）腺体。柱头（stigma）表面很小，乳状突起物不对称地排列在柱头顶端，并向下延伸到柱头腹缝线。4枚周位雄蕊（stamen）着生于子房旁边，花丝短。每枚雄蕊有2只长约2cm的花粉囊（pollen sac），雄蕊在花被管约2/3处黏附在花瓣状萼片上。

(五) 果

蓇葖果，球形，直径25mm或更大。绿色果皮厚约3mm，果皮由一层深绿色、表面非常平滑的纤维状外果皮和一层较软而薄的内果皮组成。外果皮由薄壁组织和表皮层组成。内果皮的薄壁组织充满了鞣酸似的黑色物，但无维管束，内果皮由白色转为棕色至棕黑色，表明果实已成熟。果实成熟时，果皮沿缝合线开裂，露出1只球形种子，少数情况为2只半球形种子，各在开裂的每一裂片内。

种子即是壳果，有种皮（seed coat）、种脐（hilum）和珠孔（micropyle），呈圆形，咖啡色。由2～5mm厚的硬壳和种仁组成，硬壳由外珠被（outer integument）发育而来，有2层，外层厚于内层15倍，由坚硬的纤维厚壁组织和石细胞构成，内层有光泽，深棕色。种仁由2片肥大的半球形子叶和1个近似球形的微小胚组成，胚嵌在子叶之间靠萌发孔一端，由胚芽（germ）、胚根（radicle）、胚轴（hypocotyl）组成。

二、生长发育特性

(一) 枝条生长

澳洲坚果幼树一年抽梢4～5次，包括1次春梢、2次夏梢、1～2次秋梢和1次冬梢。梢长30～50cm，7～10节，生长旺盛的幼树或有些品种抽梢长可达1.0m以上。新梢老熟约需40d，二次梢萌芽间隔时间18～28d。

澳洲坚果的结果枝绝大部分是内膛1.5～3年生老枝条，初结果的幼龄树尤为明显，少量结果枝甚至是几厘米长的内膛枝。澳洲坚果结果母枝主要是多年生枝和春梢，当年夏梢、秋梢和冬梢极少分化花芽。夏梢与幼果竞争养分，造成果实脱落增加，降低产量；冬梢消耗树体积累的光合产物，对全树花芽分化的数量和质量均有影响，故要抑制夏梢和冬梢。

（二）开花习性

澳洲坚果花芽分化到开花需要137~153d，花的发育可分为4个时期，即花发端、花芽休眠期（至花序5mm长结束）、花序延长期和开花期。广东湛江地区初花期在2月中下旬，盛花期在3月中旬，谢花期在3月底至4月初，开花物候与广西南宁地区相差10~15d。但品种不同，开花期也有差异，如695品种在湛江3月中下旬才初花，3月底至4月初盛花，4月中上旬谢花。

澳洲坚果为雄蕊先熟花，即花药先于柱头老熟。开花一段时间后柱头才有受精能力。据Urata试验，在20%的蔗糖琼脂上的花粉粒要1~2h才萌发，萌芽率99.17%。开花后前2h内柱头上的花粉不萌发，最先萌发的花粉粒多在开花后24~26h，一直到48h萌发量才增加。

开花前花柱先伸长和弯曲，花药在柱头上释放花粉。接近开花前，花粉管破裂、反转卷曲，花药与柱头分离，花柱伸直，花粉管脱落。

大多数澳洲坚果为自花授粉，但澳洲坚果本身又具有较大程度的自交不孕性。研究表明，自花授粉不亲和的那部分花是由于授粉后2~7d内花粉管在花柱内的生长受阻碍造成的。2个或多个品种混种时，产量提高。澳洲坚果的授粉昆虫主要是蜂蜜和食蚜蝇。

（三）果实发育

1. 果实生长发育　澳洲坚果子房内1个胚珠受精后，第二个胚珠受抑制败育。但偶尔也有在一个果实中发育成2个种子的。在湛江地区，果实在花后80d左右生长最快，一般每旬直径增长0.4~0.7cm，果径达2.7cm左右后生长即趋缓慢，最后直径可达3cm，6月下旬（花后约110d）即完全停止生长。品种之间生长量略有差异，年份之间因开花期的差异，生长时间也略有先后，但其基本趋势是一致的。

2. 落花落果　果实发育期间有大量的果实脱落，这是澳洲坚果业严重的问题。最初坐果率有6%~35%，但只有0.3%的花发育成成熟的果实。花和幼果的脱落可以分为3个时期：①花后14d内，未受精的花脱落；②花后21~56d内，初期坐果脱落；③花后70d到116~210d，成熟前的果实逐渐脱落。在湛江地区落果主要在5月以前，花后50~80d的落果数约占总落果数的2/3；7月末至8月中旬（花后120~150d）又有一个落果小高峰，这时的落果数占总落果数的1/4~1/3。

普遍认为，澳洲坚果生理落果的原因是营养问题，幼果量大的花序比幼果量小的花序落果严重。果实的生长高峰与落果高峰相吻合（许惠珊等，1995；徐晓玲等，1996）。

除生理落果外，温度、水分及营养水平亦会影响果实的脱落，台风危害也可引起落果。随着温度的升高，成熟前果实脱落较多，在坐果后70d内，30~35℃的日高温比15~25℃温度下更易脱落。相对湿度较低亦会加重因温度升高对落果的影响，特别是在坐果初期35~41d内，缺水也会引起大量落果。在果实发育初期，偶尔的干热风出现也会加剧落果。N、K、Ca、Fe元素对果实的正常生长发育起着很重要的作用，Ca、Mn元素影响果皮正常生长发育，Fe、Zn元素影响果壳生长发育，K元素影响果仁生长发育（王文林，2009）。

3. 油分的积累　澳洲坚果从坐果至成熟大约需要215d，开花期后30周果实成熟时，坚果的果仁含油率为75%~79%。随着果实的发育，果仁含油量不断增加，而氮总量（粗蛋白含量）却不断下降；糖总量在花后111d以前不断增加，111d以后逐渐下降。南亚热带作物研究所以H2、246、660、508这4个品种的七年生结果树为材料，测定4年的结果表明：

花后 90d 开始，随着果龄的增加，果仁含油量逐渐增加，花后 120d 以前为油分迅速积累时期。各品种油分积累的速度略有差异，660 和 246 品种的油分积累在前期较快，花后 120d 时已分别达到了 54.94% 和 43.30%；而 H2 和 508 品种则分别只有 32.59% 和 36.10%。到花后 150d 时，各品种均能达到 60% 以上，果实完全成熟时油分均在 72% 以上。

三、对环境条件的要求

1. 温度 澳洲坚果较耐寒，幼树可忍受 −4℃ 的低温，霜期 7d 而完好无损（陈作泉等，1995）。成年树能耐 −6℃ 的短暂低温，不致受冻害（Stephenson，1989）。尽管在温度 0~34℃ 有澳洲坚果种植，但澳洲坚果商业性生产最适宜在温度 13~32℃ 的无霜冻地区，澳洲坚果在温度 10~15℃ 开始生长，20~25℃ 生长最好，在 10℃ 以下和 35℃ 以上时生长停止。在 30℃ 高温时 508、344 等低温型品种的叶片出现褪绿变黄泛白现象。

花芽分化要求较低的夜间温度，花芽分化期间 18~20℃ 的积温是澳洲坚果成花的关键（曾辉，2007）。花芽分化需 4~8 周完成，花芽分化露出花芽后则进入花芽休眠期、花序延长期和开花期。外源赤霉素处理明显推迟澳洲坚果花序伸长始期和盛花期，降低花序数（曾辉，2007）。果实完成迅速膨大和油分积累后，25~30℃ 时果仁生长较快，25℃ 时油分积累最快，15℃ 和 35℃ 时果仁生长、出仁率和含油量低。在 35℃ 时，绝大多数果仁质量低劣，含油量低于 72%。

2. 水分 年降水量大于 1 000mm，且年分布均匀为宜。澳洲坚果原产地年降水量约 1 894mm。干旱条件下植株生长慢，果实较小，果仁发育不良，产量也低。因此，在年降水量低于 1 000mm 的干旱地区，要考虑灌溉条件。年降水量大，但分布不均匀，在开花初期的 5~6 周果实发育时期缺水，也会出现大量的落果。

3. 土壤 澳洲坚果在各类土壤上均能生长，但适宜土层深厚、排水良好、富含有机质的土壤。商业性栽培土层至少要求深 0.5~1.0m。澳洲坚果在土壤 pH5.0~5.5 生长最好，在盐碱地、石灰质土和排水不良的土壤上生长不良。

4. 风 澳洲坚果树冠高大，根系浅，抗风性差，属忌热带风暴作物。商业栽培应选择无风害的环境种植，在有风害的地区要注意配置防风林。在平均风力低于 9 级、阵风低于 10 级、无强热带风暴的地区，可选择避风地域配置防护林种植；在平均风力超过 9 级、阵风 11 级、有台风出现的地区，不宜大面积发展（陆超忠等，1998）。抗风性较好的品种有 Own Choice、344、741、660、333 等，而 246、800、508、H2 等则抗风性差。

第四节 栽培技术

一、育 苗

澳洲坚果除了实生育种或园林观赏种植实生树外，商业性生产都种植优良品种的嫁接苗或扦插苗，靠接和高压育苗法由于操作上的限制极少用于大规模的育苗生产。

（一）实生育苗

实生育苗主要用于培育砧木苗。种子越新鲜越好，在温室下贮藏 3 个月后发芽率迅速下降。在播种前清水浸泡种子 1~2d，去掉浮出水面的劣种，沉在水中的种子用 1 000 倍 70%

甲基托布津药液浸泡10min,然后播种。

播种催芽床以干净河沙或疏松排水性好的生泥土作基质材料,深20cm。种子经1 000倍70%甲基托布津药液处理后播在催芽床上,播种时种子的腹缝线朝下,种脐和萌发孔在同一水平面,种子间相隔半个种距离,宽1~2cm,条沟之间相隔5cm,播后用沙覆盖厚约2cm。若播种过深,易缺氧腐烂,发芽率降低。播种后用50%~70%遮光度的遮阳网覆盖催芽床。经常淋水,保持苗床土壤湿润。种子萌芽的时间长短依湿度和种子种壳厚薄不同而有差异,通常要3~5周,快的2~3周即可,而全部种子发芽要持续6~8周,温度低于24℃时持续的时间更久。播种后要注意防止鼠和蚂蚁的危害。

若幼苗头两轮叶已稳定硬化,即可把苗移入塑料育苗营养袋或实生苗床,移苗不宜过早或在抽生新梢时进行,否则成活率低,应选择阴天或16:00后进行。

(二) 嫁接育苗

澳洲坚果的木质坚硬,皮薄且脆,比其他果树难于嫁接。

1. 嫁接前苗床管理 实生苗长到25cm高处径粗0.8~1.2cm时可作砧木,一般实生苗在苗床一生长8~12个月即可达到嫁接标准粗度。嫁接前1个月苗圃应全面施1次水肥,并做好除草修枝和苗床修复整理;嫁接前10d喷药1次,进行病虫防治清理工作;嫁接前3d淋足水。

2. 嫁接季节 嫁接繁殖的最佳季节是初冬和春季。

3. 接穗准备和贮藏 接穗宜采用节间疏密匀称、老熟充实的枝条。接穗采下后剪去叶片,但不宜用手剥离,以免伤及叶腋的芽。枝条剪成20~30cm长,分小捆包扎挂好标签。然后用1 000倍70%甲基托布津药液处理10min,置荫蔽处晾干,用经药剂处理过的湿润干净毛巾包裹保湿即可长途运输,若要保存7~10d后使用,最好放在6℃低温下贮藏。

4. 嫁接方法 澳洲坚果的嫁接繁殖方法有多种,各种植区的习惯和推广使用的方法各不相同。在我国澳洲坚果植区最普及的嫁接方法是劈接法和改良切接法。

5. 嫁接后管理和起苗 嫁接后及时撒施防治蚂蚁农药,尤其是秋季干旱时节嫁接,蚂蚁常咬食接穗密封材料。注意随时淋水保湿,及时抹除砧木上的萌蘖,接穗长出第一轮叶稳定后即可开始疏芽,一株嫁接苗只留1~2个健壮枝条发育成主干,其余的剪掉。大部分苗开始抽芽后即可施水肥。在防虫防病过程中,可加入叶面肥喷施,以促进幼苗的快速生长。

待嫁接苗第二次新梢老熟后,接穗抽生的新梢长度最少达30cm以上,地栽苗即可挖苗装袋。起苗时,对根系可做适当修整,同时剪去多余的枝条及枝条幼嫩部分,浆根后装入18cm×25cm规格的营养袋,集中放置,并搭50%~70%遮光度的遮阳网遮阴。上袋初期7~10d要注意对叶面喷水保湿,1个月后植株生长稳定长出新根即可出圃定植。

(三) 扦插育苗

澳洲坚果主根不发达,嫁接苗与扦插苗根系差别不大,生产上也用扦插育苗进行繁殖。

1. 扦插床 扦插苗床可以用砖砌成宽1m、高20~30cm、长10~12m的插床,床的四周留下足够的排水口,插床上加20cm厚的干净中粗偏细河沙。

搭盖遮光度50%的荫棚,高1.8~2.0m,顶部安装弥雾式微喷灌系统,四周用遮阳网及塑料膜作挡风墙。有条件的可以在苗床的底部安置加热系统,以提高扦插成活率。

2. 插条的选择、处理与扦插 插条以选择灰白色已木栓化、粗度为0.5~1.0cm的老熟充实枝条最佳。从母树上采下枝条并剪成15cm长,上部留2轮叶片,下部叶片全部剪去,基部经300~2 500mg/L吲哚丁酸溶液浸泡30s,晾干后插入苗床8~10cm深。

3. 沙床管理 扦插后立即充分喷水（雾化），使插条与沙充分接触，保持沙床和叶面湿润，插后2～3个月内经常抹除插条抽出的新芽。插条长出愈伤组织后，酌减喷水。2个月后，每2周施叶面肥1次，3个月后撒施氮磷钾复合肥。定期喷杀菌剂，防止病害。新梢长至20～25cm后可转移至营养袋内管理，并适当补充光照和生长发育所需的各种养分。待苗高50cm以上，抽2次梢并稳定后方可出圃。

二、栽　　植

（一）品种配置

澳洲坚果自花授粉可以结果，但又有较高的自交不孕性。品种间混种、异花授粉的产量要比单一品种种植的产量高。品种搭配种植时，1行主栽品种，1行授粉品种，或采用2行主栽品种，2行授粉品种。配置授粉品种避免来自相同父本或母本亲缘关系的品种种植在一起，如246与800、790、835、660与344、816、915，D4与A4、A16，Own Choice或D4与Greber Hybrid等品种。

（二）定植

澳洲坚果树经济寿命40～60年。一般种植密度375～450株/hm²，株距4～5m，行距5～6m。直立型品种如344、660、741等可种密些，开张型品种如246、800、Own Choice等可种疏些。实行机械化管理的果园种植较疏。直立型品种株行距为4m×7～8m，种植密度312～357株/hm²；开张型品种采用的株行规格为5m×9～10m，种植密度200～222株/hm²。

澳洲坚果在低温潮湿季节生长最好。在我国桂南和粤西地区，最佳定植时期是春季，其次为冬季，秋末初冬若生产用水充足、有覆盖保证时定植成活率也很高，夏秋季高温季节定植不佳。在云南植区干湿季明显，定植季节一般安排在雨季6月下旬至9月。

种植时，先在植盘中心挖一个小坑，坑的深度以把苗放入坑中、袋装苗的营养土顶部与植盘面水平为宜，然后撕去袋装苗的塑料袋，由于澳洲坚果苗的根系较幼嫩，极易被折断，定植时动作要轻，填土时可适当用手压实，使土壤与根系接触良好，不要用脚踏，以免压断幼根。栽植后立即淋定根水。

（三）定植后的管理

植后要即时淋定根水，及时修复植盘，平整梯田，加草覆盖盘面。旱季要适时淋水，雨季及时疏通排水沟。在风害地区，可给幼苗附加抗风支架以提高抗风力，防止倒伏。定植成活后应及时解除嫁接苗接口处的薄膜，同时随时注意清除接口下砧木萌生的芽。澳洲坚果植后一般20～25d即长出大量新根，30d左右即抽生新梢。从定植到第一批新梢老熟需70～80d，因此，植后20d左右安排第一次肥为宜，以后每隔15d施水肥1次，直至第一次梢稳定老熟。每次每株肥料用量尿素10g，复合肥15g，把肥料充分溶解于8～10kg水中浇施。

三、土肥水管理

（一）营养

1. 澳洲坚果树的营养要求 澳洲坚果树要健壮生长，获得最高产量，在很大程度上取决于最适的营养水平。判断营养水平是否适宜有赖于对土壤和叶片进行营养诊断。澳洲坚果叶片一年中各月份的营养水平受生长期、施肥措施等因素的综合影响而变化较大，其中大量元素氮（N）、磷（P）、钾（K）、钙（Ca）、镁（Mg）以及微量元素硼（B）随月份而变化，并表现出一定的季节性规律。氮、磷、钾三要素的季节变化以春季（1~3月）含量相对稳定，且接近全年平均值；夏季（4~7月）含量相当低，且波动较大；秋季（8~10月）果实发育结束时养分迅速积累，达到全年最高值；冬季（10~12月）进入花前期时养分又开始下降。钙、硼含量在春季略呈下降趋势，含量较低，2月含量为全年最低值，3~4月以后钙、硼含量迅速上升，至7、8月达到全年最高值，8、9月以后又迅速下降至11月达最低，12月又略有回升。镁含量的变化规律与钙大体相似，但月份含量波动较大，最低值出现时间有所不同，规律没有钙明显。叶片硼含量在春季最低，这可能与开花有关，因为硼对植物生殖器官的正常发育和开花结实有重要作用，花期对硼的需求较大，从而导致叶片中硼含量降低。夏威夷和澳大利亚的澳洲坚果园推荐的叶片矿质营养指标如表14-2所示。

表14-2 澳大利亚和夏威夷推荐的澳洲坚果叶分析指标

(Paul O'Hare 等, 1996; Mike A 等, 1992)

养分	澳大利亚的叶片养分指标				夏威夷的叶片养分指标
	欠缺	低	高	建议水平	建议水平
氮（%）	<1.2		>1.4	1.3~1.4	1.45~2.00
磷（%）	<0.05	0.05~0.08	>0.1	0.08~0.10	0.08~0.11
钾（%）	<0.40	0.40~0.60	>0.70	0.60~0.70	0.45~0.60
硫（%）		<0.18	>0.25	0.18~0.25	0.24
钙（%）	<0.40	0.40~0.60	>0.90	0.60~0.90	0.65~1.00
镁（%）	<0.06	0.06~0.08	>0.10	0.08~0.10	0.08~0.10
铜（mg/kg）	<3	3.0~4.5		4.5~10	4.0
锌（mg/kg）	<10	10~15	>50	15~50	15~20
锰（mg/kg）	<20	20~100	>1 500	100~1 000	50~1 500
铁（mg/kg）				40~200	50, $m_{Fe}:m_P>0.06$
硼（mg/kg）	<20	20~40	>100	40~75	40~100

2. 施肥 澳洲坚果园的施肥要根据生长结果习性、树势、结果量、肥料种类、气候环境及其他管理条件综合考虑。对1~3龄幼树，为了促使植株快速生长，肥料的施用应与枝梢生长物候期相结合，一般以一梢二肥较合理，促梢肥和壮梢肥。从二年生树开始，每年在春梢前施有机肥，肥料预先堆沤腐熟，在树冠滴水线挖沟施下，施肥量可参照表14-3。

进入初结果期以后，施肥则应按开花结果、果实发育的不同阶段补充营养。按结果树的物候可分为5个施肥时间。

（1）开花前施肥（2月初） 1~3月是开花季节，对氮、磷需求较多。在抽穗前期施肥以速效氮肥为主，配合磷、钾肥，以提供抽穗开花的营养需要，提高花质。

（2）谢花后施肥（3月中旬） 谢花后要及时施肥补充营养，保证幼果发育和春梢生长的营养需要。以氮磷钾复合肥为主，适当增施少量氮肥。

（3）果实发育期施肥（4月底、6月中旬） 5月叶片含氮量降至全年最低值，在叶片中氮、磷、钾均明显下降，在4月底增施一次氮磷钾复合肥补充营养，以起到保果壮果作用。到7月叶片氮、磷、钾含量均明显下降，磷、钾降至全年最低值，而出现第二个落果小高峰，因此，在6月中旬应施第二次保果壮果肥。这两次施肥要适当控制氮的用量，以免引起树体营养生长过于旺盛，而造成减产。

（4）采果前施肥（7月底至8月中旬）　由于果实油分的积累和抽生枝梢的营养消耗，果树挂果量越大，树体表现缺肥症状就越突出，植株叶片色泽变浅绿，因此，这时要增施一次肥料，以保持植株健康生长，减少落果，同时可以提高果仁质量。

（5）采果后施肥（10月初）　由于采果期长达1个多月，树体消耗营养量较大，随之而来的是下一次活跃的营养生长，加之花芽分化亦需要营养，所以，在收获后的树体修剪前宜施一次果后肥，以便植株迅速恢复生长势，提供树体抽梢营养。

表14-3　澳洲坚果幼树各时期施肥用量

施肥时期	促梢肥	壮梢肥		铺肥			压青			
树龄（年）	尿素（g）	复合肥（g）（$m_{氮}:m_{磷}:m_{钾}$为13:2:13）	氯化钾（g）	猪粪（kg）	饼肥（kg）	石灰（kg）	绿肥（kg）	猪粪（kg）	饼肥（kg）	石灰（kg）
1	25	25	10							
2	40	40	15	7.5	0.25	0.15	25	7.5	0.50	0.25
3	50	50	25	15	0.5	0.15	25	15	0.75	0.25
4	75	75	50	15	0.75	0.15	25	15	1	0.25

（二）土壤及其他管理

从二年生树开始，每年7~8月在植株生长相对缓慢季节进行压青改土。在树冠滴水线下挖长1m、宽0.4m、深0.6m的坑，坑靠植株一边的内壁以见根为宜，避免大量伤根，然后用绿肥和预先堆沤腐熟的肥料分层回坑，用心土覆盖做成土墩。据广西华山农场对澳洲坚果压青后第37天抽查，结果压青坑内已有大量长度3~7cm的新根，新根白嫩健壮，根毛发达。

澳洲坚果根系分布较浅，果园滋生杂草会严重影响植株的生长，每年果园应除草3~4次，并结合施肥，在每次施肥前把树冠范围内的杂草除去，然后施肥。行间的杂草可视果园的情况使用化学除草剂进行除草。提倡周年盖草，尤其是幼龄树，盖草能保水、均衡土温（冬暖夏凉）、减少杂草滋生、增加土壤有机质、防止土壤板结、保持土壤团粒结构和通气性，有利于根群活动。

澳洲坚果生产期长，行间距宽，幼龄果园在封行前可间种短期作物如蔬菜、花生、豆类、短期水果或绿肥等，但不宜种植消耗地力的作物或攀缘性强的作物。同时注意间种作物最少要离树盘1m以上，以免影响植株的生长和妨碍田间管理操作。利用间作物的绿肥如花生秆或豆秆作为肥料进行覆盖或压青，可起到土壤改良的作用。

澳洲坚果多种植在山坡地，天旱时需淋水保湿，以保持植盘土壤潮湿为宜。在开花结果期若缺水，会影响开花质量，导致落果减产，影响果实油分的积累，降低果仁质量。在地势低或地下水位高的地方，雨季容易积水，影响植株生长或导致死亡，在雨季要经常检查，发现积水应及时排除。

四、整形修剪

（一）合理留梢整形

澳洲坚果每1个叶腋都有3或4个腋芽，当枝条被截顶后，腋芽将直立生长，这层芽健壮，偏角小，较适合培养成主干。通常第一次促主干分枝是在主干离地面50cm左右开始，随后每隔40cm左右促使主干水平分枝1次，形成层次性树冠，便于花期着生内膛枝的总状花序悬垂生长，而提高坐果率。

澳洲坚果的结果枝为18~24个月龄的内膛小枝和弱枝。正常生长的幼树最初开花结果的枝是由下算起的第四级和第五级及其以下低分级的内膛小枝条。而同一品种同一树龄的树，若在这些级数上无结果枝，植株将明显地推迟到下一年在上一级的结果枝开花结果。因此，在促进幼树分枝的同时，应注意多留辅养枝作来年的结果枝。

（二）修剪

澳洲坚果的结果部位随树龄的增长，由内膛从低位往高位、从树冠内层往外层扩展。

1. 幼龄树的修剪 在幼树生长期进行摘心短截，促其分枝；冬季则以疏剪为主，疏去交叉重叠枝、徒长枝、枯枝及病虫枝。同时要特别注意保留内膛结果枝。对树冠直立生长、枝条健壮、少分枝的幼树，如344、741、660等品种，冬季清园修剪要注意短截，促其分枝，引导树冠横向扩展，冬季在树冠顶部截顶开"天窗"，抑制顶端优势。冬剪时要注意避免在内膛部位留下残桩，以免第二年春残桩萌发大量的丛枝或徒长枝，使内膛严重荫蔽。每次修剪时要注意掌握修剪量，每次修剪掉的枝叶量以不超过树冠的1/3为宜。

2. 结果树的修剪 结果树收果后，在入冬前必须进行清园工作，主要清理疏除病虫枝、枯枝、交叉重叠枝以及内膛的丛生枝、徒长枝和落果后遗留在结果枝上的果柄。

对生长茂盛、树冠密集的树，在树冠顶部适当截顶开"天窗"，下部除去影响作业的下垂枝。对已封行交叉的树，进行适当的回缩修剪。

对生长势衰弱、枝叶稀疏的树可实行回缩更新枝条，但要避免因回缩更新修剪后主干严重裸露被阳光直射。在回缩更新后，再生萌发的枝条要及时进行疏芽定梢、摘心短截等整形工作，避免任其自然生长而形成丛生枝或徒长枝，降低结果能力。

五、保花保果

澳洲坚果花量大，一株15年生的澳洲坚果树，每一花期约产1万个花序，每个花序有300多小花，但坐果率仅为小花量的0.1%~0.3%。澳洲坚果幼果落果严重，通常发生在花后3~8周，80%以上初期坐果将行脱落。

澳洲坚果果实在6月中旬以前生长增大最迅速，果实大小基本定型，此后是油分积累的过程，所以幼果发育阶段加强保果措施显得较为重要。Williams（1980）报道，单独使用低浓度（1mg/kg）萘乙酸可使澳洲坚果幼果坐果率提高35%左右，但单独使用环割来提高坐果率的效果不显著，采用摘梢去顶措施没有效果。对品种246和508喷施0.02%硼砂可以提高叶片硼的含量，并使澳洲坚果获得增产效果（S B Boswell 等，1981）。使用多效唑（PP_{333}）对增产也有显著作用（Ferreira等，1995）。在盛花期或花后连续2年施用1%的B_9可获得3年增产的效果（Mike A 等，1992）。在夏威夷和澳大利亚的果园都采用放蜂来提高授粉率，对增加产量有较好的效果。

尽管各个种植区都对澳洲坚果保花保果措施进行研究，并取得了一定的成效，但至今未形成一套完善的办法供大田推广使用。

六、采 收

果实成熟脱落前1~2周必须先清除果园杂草、枯枝落叶和其他障碍物,平整树冠下的地面,清理排水沟。在果实成熟前的1个月内不施动物粪肥,直至采收结束,以免病菌或脏物污染果实。当果实内果皮为褐色至深褐色、果壳褐色坚硬时开始收获。

坚果落到地上后,通常用手工或机械收捡。在山坡地不平坦或较小规模的果园可采用人工收捡,大规模种植机械化程度较高而又平坦的果园采用机械收获。

一般收获间隔期为1~2周,在病虫危害严重的果园,若收获间隔期过长,会加重病虫危害,在潮湿天气,由于霉菌的生长、种子发芽和酸败的发生,会造成种仁质量降低,应尽量缩短收获间隔期。在干旱时节,若病虫鼠害较少,则可适当延长收获间隔期。

(执笔人:谢江辉)

主要参考文献

陈作泉,李仍然,胡继胜,等.1995.澳洲坚果引种试种研究初报 [J].热带作物学报,16(2):70-77.
杜建斌,曾明,谢江辉,等.2005.磷对澳洲坚果生长发育的影响研究 [J].西南园艺,33(增刊):57-58.
贺熙勇,罗兴莲,孔广红,等.2010.不同处理对澳洲坚果种子萌发的影响 [J].中国南方果树(2):30-34.
贺熙勇,倪书邦.2008.世界澳洲坚果种质资源与育种概况 [J].中国南方果树,37(2):34-38.
焦云,邹明宏,曾辉,等.2009.澳洲坚果营养特性及营养诊断研究进展 [J].广东农业科学(1):57-59.
林玉虹,陈显国,周少霞,等.2009.澳洲坚果花粉活力与柱头可授性研究 [J].中国热带农业(3):106-108.
陆超忠,陈作泉,罗萍.1998.广东沿海地区澳洲坚果风害调查研究 [J].果树科学,15(2):164-171.
陶丽,倪书邦,贺熙勇,等.2010.不同贮藏方式对澳洲坚果花粉萌发率的影响 [J].中国南方果树(3):92-95.
王文林.2009.澳洲坚果果实生长发育期间矿质元素和营养物质含量变化研究 [D].海口:海南大学.
许惠珊,李仍然,赵俊林.1995.澳洲坚果果实生长发育及落果的探讨 [J].热带作物学报,16(2):78-82.
曾辉.2007.澳洲坚果成花生理研究 [D].广州:华南农业大学.
Ferreira D I, et al. 1995. Influence of paclobutrazol on the growth and production of the macadamia cultivar Nelmak 2 [J]. Applied Plant Science, 9 (2): 35-38.
S B Boswell, Jim Nauer, W B Storey. 1981. Axillary buds sprouting in Macadamia induced by two cytokinins and a growth inhibitor [J]. Hurt Science, 16 (1): 46.
Williams R R. 1980. Control of premature fruit drop in macadamia integrifolia-effects of naphthalene acetic-acid application, cincturing, and shoot-tip removal [J]. Australian Journal of Experimental Agriculture, 20 (107): 740-742.

推 荐 读 物

陆超忠,等.2000.澳洲坚果优质高效栽培技术 [M].北京:中国农业出版社.
陆超忠,杜丽清.2008.澳洲坚果种质资源描述规范和数据标准 [M].北京:中国农业出版社.

第十五章 毛叶枣

第一节 概　　说

毛叶枣（Zizyphus mauritiana Lam.）又名印度枣、滇刺枣、缅枣，为鼠李科（Rhamnaceae）枣属植物，是热带、亚热带常绿或半落叶性阔叶灌木或小乔木。与枣同科同属但不同种，因为其叶背有茸毛，故称毛叶枣，原产于印度等热带地区以及我国云南等地。野生毛叶枣果实小，又酸又涩，难以鲜食，近代商品化栽培的毛叶枣都是从野生毛叶枣中经过多年的改良选育而成的优良品种。我国台湾省1944年从印度引入毛叶枣，经过几十年的改良、选育出一批果大、核小、肉脆、味甜的新品种，通常称为台湾青枣或台湾甜枣。目前，毛叶枣主要分布在印度、中国、泰国、越南、缅甸等地，印度栽培面积约为22 000hm^2，中国为6 000hm^2。印度全国各地均有栽培，主产区集中在北部地区；我国主要产地集中在云南、海南、广东、广西、福建和台湾省。

毛叶枣果实营养丰富，据测定，每100g果肉含钙30mg、铁1.8mg、磷30mg、维生素A 50mg、维生素C 76mg、蛋白质0.7%，可溶性固形物含量8%～18%。

毛叶枣适应性强，早结丰产性好，当年种植当年结果，第二年即可进入丰产期，是木本果树中生长结果最快的种类之一。一年可多次开花，产量稳定。果实成熟于冬春季，正值水果淡季，市场竞争力较强。

毛叶枣生产中存在的主要问题是：①品种杂乱，由于苗木市场不规范，大量果小质差的劣质品种鱼目混珠，销售到果农手中。②盲目种植，在冬季易受冻害的不适宜区大量种植毛叶枣，造成毛叶枣不能安全越冬，蒙受损失。③丰产栽培技术研究积累少，栽培管理粗放，病虫害严重，果实商品率低。④贮藏保鲜时间较短，虽然低温保鲜可贮藏20d左右，但贮后易失水褐变，品质下降快。

第二节　主要品种

一、品种分类

毛叶枣的分类目前多以产地来划分，通常划分为印度品种群、台湾品种群、缅甸品种群3个品种群。印度、缅甸品种群因其果小且外形不够美观等，综合商品性状较差，目前生产上难以推广。

二、主要品种

1. 翠蜜　我国台湾于1999年育成。果实长椭圆形，果顶较尖，果色翠绿色，清甜多汁。单果重100～200g，可溶性固形物含量13%～16%。果实成熟期为12月中旬至翌年2

月上旬（图 15-1）。

2. 天蜜 我国台湾于 2000 年育成。果实长椭圆形，果顶较平，果色浅绿色。单果重 100～200g，可溶性固形物含量 14%～18%。脆甜多汁，似蜜梨。耐贮运。

3. 大蜜 我国台湾于 2002 年育成。果实桃形，肉质细嫩，果皮黄绿色。单果重 100～200g，可溶性固形物含量 16%～21%。耐贮运，但管理技术要求高，容易受气候影响产生珠粒果。

4. 蜜王 我国台湾裕农种苗花卉有限公司于 2003 年育成。果实椭圆形，色泽翠绿。单果重 200～400g，可溶性固形物含量 14%～18%。蜜香脆甜，多汁，质极佳。产量高，适应性强。果实成熟期为 12 月下旬至翌年 2 月中旬。

图 15-1 翠 蜜

5. 蜜枣 果实近圆形，平均单果重为 80～110g。从授粉到果实成熟需 115～135d。果皮浅绿色、光滑，果肉较致密，果实口感较其他品种脆甜，甜度较其他品种高。

6. Umran 印度品种，晚熟。树冠开展，叶色深绿，叶顶或近叶顶部扭曲。果实卵形，皮光滑，金黄色。平均单果重 32～60g，可溶性固形物含量 19.5%，核小。

7. Gola 印度品种，早熟。树冠直立，叶顶轻微卷曲。果卵圆形，成熟时果皮金黄色，平均单果重 25g，可溶性固形物含量 16%～20%，果肉乳白色，脆甜。

8. Sanaur-5 印度品种，中熟。枝条直立，叶顶略尖到急尖，叶基圆，卵形，微尖削，叶色深绿。果圆形或圆锥形，果实顶部有明显果点，具梗洼，成熟果黄绿色。平均单果重为 5.5～18.0g，可溶性固形物含量 20.5%。

毛叶枣在自然界极易发生芽变和自然杂交而产生新变异。优良品种不断推出，品种更新换代极快。2000 年以前的主要种植品种，如高朗 1 号、大世界、新世纪、高朗 2 号、王冠、五千种等，已被新品种取代，逐渐退出市场。

第三节　生物学特性

一、主要器官特性

毛叶枣为常绿小乔木或大灌木，根系发达，侧根较多。枝干层次明显，每隔 3 节互生 1 枝，枝间 2 节叶腋一般不萌发新枝芽，枝具短刺，斜生或钩状，嫩梢灰色，被茸毛。单叶互生，具短叶柄，基出叶脉 3 条，叶片浓绿色，叶背密生白色茸毛，叶缘锯齿状。

花为聚伞花序，腋生于当年生结果枝上，花轴较短，仅为 2～5mm，一轴上着生小花 8～26 枚，花梗长 4～8mm，基部具线状小苞片 1 枚，早脱落。花小，冠径 5mm，花萼 5 裂，花瓣与萼片同数，彼此互生。雄蕊 5 枚，与花瓣对生。雌蕊 1 枚，白色，柱头 2 裂，子房上位，具 2 室，每室有胚珠 1 粒，着生于花盘中央。

果实为核果，单果重 10～200g，果实球形、椭圆形和卵圆形，果皮绿色，果肉乳白色或黄绿色，脆甜多汁。核 1 枚，种壳坚硬，2 室（图 15-2）。

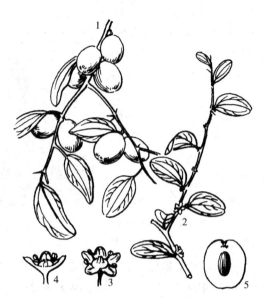

图 15-2 毛叶枣
1. 果枝　2. 花枝　3. 花　4. 花剖面　5. 果纵剖
（李中兴绘）

二、生长发育特性

（一）根的生长

毛叶枣实生树根系发达，入土深，侧根较多。初期实生苗的垂直根强壮于水平根，1～2年实生苗根系的特征具有两个明显的层次：第一层次的骨干根水平分布，侧根围绕着水平分布的骨干根向各个方向生长；第二层次的骨干根垂直分布，多斜下生长。第一年根系可深达1～1.5m，水平分布范围在70～100cm。

（二）枝梢生长

毛叶枣在热带、亚热带地区表现出周年连续生长的习性，只要温度适宜，顶芽即可生长，并随之萌生侧枝。自然状况下一般3月中旬开始萌芽，初期从二次枝上抽生结果枝，雨季到来后大量抽生发育枝，发育枝生长快，春、夏、秋梢连续生长，至10月底才停止生长。一年可抽新梢5～10次。每年3月回缩修剪的植株，经过5个月的生长，一般在层次上可形成3～4级分枝。第三、四级分枝是主要结果枝。大量结果的末级枝在果实发育期一般不再萌发新梢，不继续形成下一级分枝。

结果树采果后若不回缩修剪，则会在上年的主干或主枝上萌发出长而壮的枝条，自然更新原有枝组，造成树冠凌乱荫蔽；而上年结果枝一部分会自然脱落，一部分则在其上抽出短而纤弱的枝梢，形成内膛结果枝，结出小而差的果实。

（三）开花习性

花芽在一年生或当年生枝条上孕育，具有分化快（5～8d）、连续分化、持续时间长的特性，一年能多次开花结果，但不同时期开花坐果能力不同。4～6月基本上只开花不结果；7～8月开花成果率低（0.3%～0.7%），果实在11～12月成熟；9～10月开花成果率高（2.9%～3.5%），果实在次年1～2月大量成熟。

1. 花芽发育 花芽刚发育时非常小，呈紧缩的簇状，芽圆形，被细小白色的茸毛覆盖；随着生长发育，芽长大并呈卵形，花梗显得清晰可见，一些白色茸毛变成暗褐色，嵌生于花瓣里的雄蕊被包裹在芽片中；经过一段时间，芽分化出5个径向的凹陷，顶部中央也出现1个凹陷，柱头的分化更清楚；进一步增大，花梗轻微弯曲，芽的颜色转为完全的苍白色，凹陷变得更为明显，顶部中央裂开之后花就开放了，但一段时间内雄蕊仍会包在白色的花瓣里，在开放的花朵中柱头呈明显的凸起。从开始分化到分化完全需20～22d。

2. 花粉粒的形状与大小 新鲜的花粉是黄色的颗粒，其外形从三角形到卵形变化不等，表面光滑。

3. 开花与柱头的亲和性 花为腋生聚伞花序，靠近枝条基部的花先开放，然后沿着枝条依次向上开放。花的开放有上午开放型和下午开放型两种。柱头分泌物一般在开花后6～8h出现，但柱头表面完全黏稠则是在开花后24h，这个时期被认为是柱头亲和性最好的时期，开花32h后柱头开始萎缩、干枯。

4. 授粉受精与生理落果 毛叶枣为异花授粉植物，授粉媒介有蜜蜂和苍蝇。毛叶枣着花虽多，但落花率达91.6%～96.6%，坐果率仅3.4%～8.3%（付天顺，1987）。一个果枝平均坐果20.5个。生理落果有两次：第一次生理落果以着果后20d内为多，主要为授粉受精不良的幼果；果实进入硬核期时出现第二次落果，但数量较少。

（四）果实发育

经过受精的花，子房开始膨大，迅速发育，而未受精或胚不发育的子房开花后4～5d开始随花凋萎脱落。果实长至1.5cm左右时进入硬核期，因种子发育而果实膨大缓慢。硬核期过后，果实又快速发育。果实生长呈双S形曲线。

从开花至果实成熟需要110～150d，早熟品种110～120d，晚熟品种130～150d。成熟期从每年的9月至翌年3月，但多集中在12月至翌年2月。

三、对环境条件的要求

1. 温度 毛叶枣适应干热气候，忌霜冻。适宜在海拔1 200m以下，年平均气温18℃以上，极端低温不低于-3℃，大于10℃的活动积温达6 500℃以上，基本无霜冻的热带、亚热带地区种植。春季日平均气温18℃以上开始萌芽生长，低于15℃则极少萌芽抽梢，能短期忍受-2～-3℃的低温，最适宜生长和花芽分化的温度为25～32℃。

2. 光照 毛叶枣属阳性树种，好光。在光照充足的条件下，毛叶枣对氮的利用率较高，叶片较厚，含氮及磷量也较高，枝叶生长健壮，花芽分化良好，病虫害减少，果实着色好，糖和维生素C的含量高，增进果实品质及耐贮性。反之，在光照不足或种植过密、树冠严重交错的条件下，枝梢细长，不充实，落花落果严重，果实着色不良，含糖量低，病虫害较多，而且果实品质下降。理想的栽培地要求日照时数在2 400h以上。

3. 水分 毛叶枣根系发达，抗旱力强。年降水量在500mm以上、相对湿度大于50%的地区都能正常生长，开花结果；但以水分充足、有灌溉条件的地方生长结果最好。在开花期前1个月、幼果前期和采收期，应保持土壤干燥，不需灌水。其余时期，特别是果实发育期（果实直径1.2～1.5cm），应保持土壤湿润，防止落果，确保果实的增大。骤雨骤干或一干一湿的灌溉方式，容易导致严重落果及裂果现象。根系长期积水也容易产生烂根。

4. 土壤 毛叶枣对土壤要求不严格，在pH6.0～6.5的沙土、壤土、黏土、石砾土等类型土壤上都能生长，以排水良好、土层深厚、疏松、肥沃的土壤为好。毛叶枣对土壤酸碱度的适应范围较广，然而pH过高或过低对生长也会产生影响。pH5.5以下易使铝、锰、铜、铁等变为可溶性而导致过量，同时引起磷、钙、镁、钼的缺乏；pH4以下时，铝、铁、锰等过多，对毛叶枣根系有毒害；pH8.5以上时，锰、铁、硼、铜、磷的可溶性剧减，对毛叶枣的生理有不良的影响。

5. 风 微风可以促进空气流动，改善空气温度和湿度等生态条件，加强光合作用。毛叶枣枝条长、软、脆，不抗风害，因此，毛叶枣种植应选择在台风不易到达的地方。挂果期还应搭架，防止枝条断裂。回缩修剪后，从剪口抽出的肥大、幼嫩枝条易受风害而断裂离开主干，需立支柱护枝。在风大的地方建立果园，应营造防风林，以减轻危害。

第四节　栽培技术

一、育　苗

毛叶枣苗木的繁殖有嫁接、扦插、组织培养、空中压条等方法，但生产上多采用嫁接繁殖。

1. 砧木 毛叶枣栽培品种的种子发芽率极低（0.1%～7.5%），不宜作砧木。常用毛叶枣野生种，如越南毛叶枣、缅甸毛叶枣等作砧木。取种用的果实应充分成熟，种子自果实取出后，立即洗去果肉，晾干备用。毛叶枣种子有短暂休眠的特性，立即播种不会马上发芽。如2月播种，要到4月中旬至5月上旬陆续出芽。因此，可将晾干后的种子放入塑料袋内密封贮存，待气温回升到28～30℃时再行播种。播种前先浸种，方法为：用1%甲基托布津和100mg/L GA_3的50℃温水浸泡24h后晾干，播种于沙床。经15～20d开始发芽，2～4叶时移入育苗袋或苗圃。因苗期易产生猝倒病，出苗后3～4d喷1次500～700倍的75%百菌清预防。

2. 嫁接 当苗高30～45cm、茎粗0.4～0.5cm即可嫁接，多用切接法。影响嫁接成活率最主要的环境因素是温度和湿度。当气温低于20℃时，苗木生长势减弱，嫁接的成活率随气温降低而下降。广东湛江以南地区3～10月都可嫁接，湛江以北地区9月以后则不宜嫁接。广西4～8月都可以嫁接，以5～6月嫁接成活率最高，9月以后嫁接成活率低于10%，10月至次年3月不宜嫁接。

接穗应选择无病虫害、生长充实的枝条，荫蔽的弱枝或刚收果的枝条均不宜采用。接穗采下后将叶片剪去，保留0.3～0.5cm的叶柄，挂好标签标明品种，用塑料布、湿毛巾包好，保持接穗的新鲜。从外地采集接穗，要严格检疫，防止危险病虫传播。采回接穗后及时嫁接，也可暂存冷库（5～7℃）或埋到阴凉处的湿沙里，存放3～5d不影响嫁接成活率。从采集运输到嫁接完成一般不宜超过10d。包装后和运输中要忌高温和阳光直射。

3. 嫁接苗的管理 嫁接成活后要及时抹去砧木上的不定芽，减少养分消耗。抽出1轮新叶后，施1次稀薄粪水，以促进嫩梢生长健壮整齐。以后每15d施肥1次，以水肥为主。天气干旱时要及时淋水。新苗萌发新梢2～3次、枝叶老熟健壮时，即可出圃种植。

4. 苗木出圃 出圃质量好坏直接影响到定植后的成活率及幼树的生长。苗木出圃以3～5月为主，也可在9～10月出圃，袋装苗或带土团苗一年四季都可出圃。应避开低温干旱的冬季和高温的7～8月出圃。优质苗应符合下列标准：①品种纯正，嫁接部位适中（离地面

10~20cm），嫁接口愈合良好，无瘤状突起。②嫁接口以上3~5cm处干径达0.5cm以上，苗高80cm以上。③末次梢充分老熟，无病虫害。

二、建　　园

1. 园地的选择　毛叶枣适宜在年均温20℃以上、冬季无霜冻的热带和南亚热带地区种植。山坡地种植一定要选择向阳面。毛叶枣怕涝忌渍。

2. 对土壤的要求　毛叶枣对土壤的适应性较强，生产园要求土层厚度至少有80~100cm。有机质至少在1%以上，否则要进行土壤改良。毛叶枣适宜的土壤酸碱度为微酸性至中性。

3. 园地的开垦　水田、冲积地种植毛叶枣，一定要降低地下水位，增厚根系可生长土层。在地下水位低而土质疏松肥沃、容易排灌的水田和冲积地建园可采用低畦浅沟式；在地下水位高、排水不良的水田或平地建园宜采用高畦深沟式；在丘陵山地建园，宜建筑等高梯田并改良土壤，同时要求果园有灌溉系统。

三、栽　　植

毛叶枣栽植时要注意慎选主栽品种，合理搭配授粉树，深挖浅栽，浇好定根水，提高成活率。

1. 品种的选择　选用主栽品种，不但要考虑果实的商品品质，还要考虑其丰产性和抗逆性，同时要考虑早、中、晚熟品种的配置，以延长供果期。

2. 授粉树的配置　毛叶枣为异花授粉植物，若品种单一，往往授粉不良，造成大量落花落果。为了使新建果园高产、稳产，在选定主栽品种后要合理配置授粉树，使品种、距离、数量恰当。毛叶枣开花有两种类型：一种是上午开花型，即雄花上午开，雌花下午开，如高朗1号、玉冠、脆蜜等；另一种是下午开花型，即雄花下午开，雌花翌日上午开，如新世纪、大世界等。雌花在花瓣展开后4h才能授粉，因此在选择授粉树时应着重考虑授粉品种与主栽品种的开花时间，如高朗1号，通常以新世纪作授粉品种，而玉冠则不佳。授粉树与主栽品种的比例一般为1:6~8，两者距离不能超过50m。

3. 定植时间及种植密度　袋育苗全年可定植；裸根苗宜于雨季初期进行，如水源方便，可在早春适时抗旱定植。如广东、广西等地3~4月种植较好管理，当年可结果。

种植密度一般在肥水条件较好的平地或缓坡地每$667m^2$种植33株，株行距$4m \times 5m$。而在肥水条件较差的土壤和山地一般株行距$4m \times 4m$、$3.5m \times 5m$或$3m \times 4m$，每$667m^2$种植41~45株。也可初植时适当密些，第三年后进行疏伐。

4. 定植方法　在定植前要进行苗木处理，一般将苗木按主干粗度和苗木高度分为大、中、小3级，同级苗木种在同一地段。定植前或定植后将苗在30~40cm高处短截，作为主干。袋装苗和带土团苗一般需疏除2/3的叶片；裸根苗则将叶片全部剪去，仅留下叶柄。为促进侧根生长，主根留下30cm左右后将过长部分剪去。主根严重被撕裂、创伤及侧根过少的苗木和过分瘦弱、嫁接不亲和、嫁接口已形成小瘤的不合格苗木都要挑出，不要定植。

定植袋装苗和带土团苗时把苗放入定植穴，轻轻地用利刀割去包装袋，尽可能不松动根际泥团，然后一手扶苗，使苗根颈部与树盘表面基本齐平，一手用细土由外上方往树根部位分层压实。若种的是裸根苗，则按主、侧根长度挖好定植小穴，让主根和侧根分层自然舒展，先用碎土填埋固定主根，再按层次将侧根逐一压埋，最后用细土填塞满主根与侧根所构成的空隙，让细土与根系充分接触。分层压实时要由外向主干逐步压实，填土至原根颈处为宜。栽好后在四周做一树盘，淋透水，水渗下后立即培土以防水分蒸发和苗木动摇，然后用干（稻）草覆盖树盘，起到保湿、降温、防止表土板结和抑制杂草生长的作用。

5. 栽后管理　栽植后管理主要有以下几个方面：①肥水管理。定植后若不下雨，则应前期每天淋水 1 次，后期每 2～3d 淋水 1 次，直至新叶萌发转绿。追肥可在第一新梢转绿老熟后进行。合理间作豆科作物，留足树盘，及时中耕锄草。②幼树整形。毛叶枣树冠一般呈开心形，定干高度在 40～60cm，定干后要及时疏除丛生枝、密生枝、下垂枝，留作主枝的枝梢长至 30～40cm 时摘心，促发二次枝成为当年主要结果母枝。③病虫防治。主要防治白粉病、红蜘蛛、毒蛾、金龟子等，以使毛叶枣树苗生长健壮。

四、土肥水管理

（一）土壤管理

1. 果园土壤改良　我国南方地区很多果园只施化肥，加上耕耙较浅，常造成果园土壤板结，有机质极度缺乏，成为优质、丰产、稳产的主要障碍之一。必须通过土壤改良来克服，目前多采用扩穴改土、增施农家肥、进行果园覆盖等办法。近年来，不少国家采用土壤结构改良剂改良土壤结构，以提高土壤肥力。土壤结构改良剂可分为有机、无机和有机—无机 3 种。有机土壤结构改良剂是从泥炭、垃圾中提取的高分子化合物，无机土壤结构改良剂主要是诸如硅酸钠、氟石等物质，有机—无机土壤结构改良剂则是二氧化硅有机化合物等。土壤结构改良剂可以改良土壤的理化性状和生物活性，防止水土流失，提高土壤的透水性，减少地面径流。

2. 果园间种与覆盖　毛叶枣速生早结，很快封行，一般不间种多年生经济作物。但由于毛叶枣采后重修剪，重修剪后至结果前的 3～8 月这段时间树冠尚小，行间阳光充足，可间作短期矮生作物，如豆科作物等。为了解决扩穴改土的有机肥源，减少土壤冲刷，改善果园小气候，提倡在梯壁、行间种植绿肥，绿肥可选种格拉姆柱花草、三叶猪屎豆、印度豇豆、铺地木兰等。在花前或始花期间进行割锄，实行树盘覆盖。

（二）施肥

毛叶枣植株生长量大，结果多，加上每年重修剪，需要大量施肥。据印度报道，毛叶枣每生产 100kg 鲜果所带走的养分为氮 43.8g、磷 7.5g、钾 101.2g、钙 4.5g、镁 22.7g、铁 1.8g。每株树一年的养分需求分别为氮 142.3～190.5g、磷 59.3～86.5g、钾 467.3～683.5g。可见，结果树对钾的需求量特别大，其次是氮和镁，对磷的需求量较少。

臧小平等在湛江测定毛叶枣叶片养分含量为氮 2.91%、磷 0.203%、钾 0.96%、钙 2.37%、镁 0.46%。毛叶枣经过每年的主干更新后，叶片中氮、磷、钾、硫、锌、铜含量随叶龄增加而下降，而钙、镁含量则增加。从坐果到收果，果实中氮的含量逐渐增加，钙、镁含量下降，而磷、钾含量只是在初期出现显著上升，而后就逐渐下降。在坐果后 15d，果实中铜、锌、锰、钠、钙和镁含量达到最高，钾含量在坐果后 75～105d 达到最高，铁含量在坐果后 105～150d 达到最高。

印度 Chavan 等研究毛叶枣叶片营养诊断的取样时间，发现 4 月龄叶片中磷、钾、钙、镁、锰含量比较稳定,因此 4 月龄叶片可作为上述养分诊断的样叶。而其他营养元素的叶片诊断采样时间分别为氮以 5~6 月龄、铁以 1~2 月龄、锌以 1 月龄为宜。

毛叶枣的肥料施用比例,我国台湾推荐的标准为氮、磷、钾比例 4:2:5,印度提出的标准为 5:1:3。我国毛叶枣种植地区多为贫瘠的坡地红壤或砖红壤,土壤酸性强,养分缺乏,保肥与供肥能力差。种植在酸性土壤或沙质土壤上的毛叶枣容易出现缺镁和缺硼症。因此,我国有人提出氮、磷、钾施用比例为 1:1:1.5,并强调补充镁、硼元素。

正确施肥是毛叶枣丰产优质栽培的关键措施之一。首先应确定施肥的时期,而施肥时期与物候期有关。毛叶枣在年生长周期中,除基肥之外,生长期、开花期、果实发育期是施肥的关键时期。

1. 基肥 基肥施用量占全年施肥量的 50% 左右。新种树除在挖坑时施足基肥之外,以后每年采收后施一次基肥,施肥量每株腐熟农家肥 30~40kg、麸肥 1.5kg、磷肥 1kg、钾肥 0.5kg、镁肥 0.25kg。基肥在树冠周围挖环沟施放,沟宽 20~30cm,深 30~40cm。以后随着树龄增加,基肥施用量适当增加。

2. 追肥 在施基肥的基础上,还应根据物候期和生长结果的需要适时追肥。不同的生育期,对氮磷、钾、需求不同。通常在生长期、开花期和果实发育期追肥。

(1) 生长期(4~8 月) 以抽生新梢为主,一年生树龄每株每次施复合肥 0.1kg 加尿素 0.05kg,二年生树龄每株每次施复合肥 0.2kg 加尿素 0.1kg。以后随着树龄增大,追肥量适当递增。

(2) 开花期(9~10 月) 毛叶枣大量开花结果期为 9~10 月,因此促花肥应提早 1~2 个月施用。施用量相当于每株施复合肥 0.5kg、尿素 0.15kg、氯化钾 0.15kg、硫酸镁 0.1kg、硼砂 50g,分 2 次施用。氮、磷、钾的适宜比例为 2:1:2。

(3) 果实发育期(11 月至翌年 3 月) 按果实生长发育阶段划分为幼果期、中果期和大果期 3 个阶段。施肥时氮、磷、钾以 1:1:1 配合,但幼果期可偏重施氮肥,以利于果肉细胞增殖;中果期(硬核期)及大果期应增施磷、钾肥,以促进果实增大,提高品质。

在印度,50% 氮肥(通常为硝酸铵)及全部磷、钾肥在 7 月施下,另一半氮肥则在 11 月灌溉前施下。印度以产定肥的标准为:每生产 100kg 果需要 87.6g 纯氮(利用率以 50% 计)、21.5g 纯磷(利用率以 30% 计)、278g 纯钾(利用率以 40% 计)。印度推荐的毛叶枣施肥量如表 15-1 所示。

表 15-1 印度的毛叶枣推荐施肥量 [kg/(株·年)]

树龄	农家肥	硝酸铵	过磷酸钙	氯化钾
1	10	0.5	0.25	0.125
2	15	1.0	0.50	0.250
3	20	1.5	0.75	0.375
4	25	2.0	1.00	0.500
≥5	30	2.0	1.00	0.500

3. 根外追肥 毛叶枣对镁、硼、锰、钙和锌的需求也较多,特别是对镁的需求尤为重要。缺镁容易引起树势衰弱,叶片黄化脱落。缺硼果实内部果肉呈水浸褐色硬块斑状,严重者种子发育不全,变成黑褐色,果实外观呈畸形,果皮有肉刺,尾尖或裂果。

在初花期至果实成熟期,每 10~15d 喷 1 次 0.25% 硼砂加 0.1% 硫酸镁、硫酸锰和硫酸锌，以防缺素症出现。

（三）灌水与排水

1. 灌水　毛叶枣有以下几个关键需水期：萌芽及新梢生长期、幼果膨大期和果实第二次快速膨大期。一般做法是修剪后立即灌水，至花前半个月（6月底）要保持果园湿润，然后保持1个半月左右的干旱，坐果后幼果直径1.5cm左右时开始灌溉，此期若天旱无雨，应10~15d灌水1次，并采取覆盖保湿或穴贮保水等措施，让果园保持经常性湿润。灌溉方法有沟灌、树盘浇灌、喷灌和滴灌等。

2. 排水　毛叶枣不耐涝，果园忌积水，尤其是低洼地和土壤黏重或杂草多的园地。必须在雨季来临之前清理排水系统，清除杂草，做到明暗沟排水畅通。对于地下水位较高的果园，要起高畦，开排水沟，以降低水位和增强排水。

五、树体管理

毛叶枣侧枝多斜向生长，枝梢柔软、细长、脆弱，挂果量大，易受风害折断枝干。要合理整形修剪才能形成良好的树形，便于通风采光，减少病虫害，提高产量和品质。

（一）整形

根据毛叶枣的生长特性和喜光的要求，生产上认为毛叶枣的树形以三主枝自然开心形和多主枝自然开心形较适宜。

三主枝自然开心形树冠特点是无中心主干，树干高度30~40cm，在整形带内选留3个均匀分布的新梢作为三大主枝，主枝基角45°~60°，形成开心形。随后在主枝上交互形成肋骨状侧枝（二级分枝），侧枝继续抽发新梢形成当年结果枝（三、四级分枝）。

多主枝自然开心形树冠特点是干高30~40cm，主枝4~5个，每主枝留侧枝3~4个，主枝基角45°~60°，其他与三主枝自然开心形相同。

（二）修剪

1. 主枝更新修剪　二年生以上的毛叶枣，在果实采收（每年2~3月）后，需对主枝进行回缩更新，可采用如下方法：

（1）短截主枝更新法　每年春季收果后，将主枝在原嫁接口上方20~30cm处锯断，待新梢长出后，留位置适当、生长粗壮的3~4条枝梢培育成主枝，随后主枝上发生侧枝，侧枝上形成结果枝，当年7~8月即可长成原有的三主枝自然开心形树冠（图15-3）。

（2）预留支架更新法　将主枝留1.5m短截，并剪去主枝上所有侧枝，然后于主枝基部约30cm处环剥（剥口5~10cm），刺激主枝剥口下方萌芽，选留靠近主干处的1个壮芽，将其所发新枝引缚于原主枝上，培育成当年的新主枝。随后主枝上发生侧枝，侧枝上形成结果枝。主枝在此成为自然而有力的支柱，可连续使用2年后锯去。

（3）嫁接换种更新法　毛叶枣易发生芽变和自然杂交，新品种层出不穷，加上毛叶枣嫁接换种简易，

图15-3　主干更新修剪
(肖邦森，1999)

嫁接后当年就可开花结果，同时也起到更新树冠的作用，因此嫁接换种更新法常被果农采用。采果后，在主枝离地面30~60cm高处锯断，用腹接法或切接法在每个主枝上接上优良品种的接穗。腹接法由于可不用剪砧，可提早在采果前进行，采果后再将接口以上锯去。

2. 长梢修剪 有些果农为提早开花或减轻劳作，于果实采收后实施长梢修剪，即把旧主枝留1~1.5m长，剪除其上所有的枝叶。待1个月后主枝上长出新梢，成为结果母枝。待其长至50cm左右时再摘心，促使萌发新梢成为主要结果枝。

3. 枝梢修剪 一般从5~6月开始进行，直至11月全部果实坐果后结束，将交叉枝、过密枝、徒长枝、直立枝、纤细枝、病虫枝、拖地枝剪去。到11月若结果已相当多，可将枝梢尾部幼果或花穗剪去。

（三）疏果和果实套袋

毛叶枣花果量大，初期1个花序能坐4~5个果，自然落果后余2~3个果。但经自然落果后仍然结果过多，需要人工疏果。疏果要尽早进行，使留下的果实有充足的养分供应。疏果分2~3次进行。第一次于生理落果停止后（果实纵径为1.0~1.5cm）进行，将过密果、细小果、黄果、病果疏去，每花序留2个果。此外，结合修剪，把结果过多的纤细枝、徒长枝、近地枝剪去。第二次疏果于果实纵径2.5~3.0cm时，严格按照每花序留1个果或2张叶片留1个果的原则疏果，并将枝条尾部花穗和幼果剪去。

果实套袋能减少病虫危害，明显改善外观品质，增大单果重。套袋材料多用塑料薄膜袋，但存在果实含糖量降低的问题。套袋一般结合定果进行，即一边疏果定果一边套袋。为防止袋中积水，可在袋子底部打1~2个小孔。由于果实糖分在采前1个月增加明显，为缓解套袋对果实糖分下降的影响，可在采前30d剪袋，剪袋最好在下午和傍晚进行，避免在正午作业。

（四）搭架固枝

毛叶枣树形开张，枝软，常低垂易断。另外，由于枝梢上有刺，不固定果枝，枝随风而动，常把果实划伤，影响外观。因此，需立支柱或四周搭架将果枝绑缚固定。

1. 竹架 棚架高度控制在80~180cm，依树龄和主干高度不同而定。棚架宽度一般占树冠的80%~90%。在树冠四方各垂直固定1根竹竿，再于两直立竹竿间横绑1竹竿，支撑下垂的结果枝。竹架易霉烂，2~3年需更换1次。

2. 水泥柱架 预制成8cm×10cm×250cm规格的水泥柱，柱的一端顶部预留1~2个直径为1cm的孔洞。把水泥柱按3~4m的间距立于行间，有孔的一端向上，柱入土50cm左右。用粗铁线穿于孔洞之间，以粗铁线为骨架，再用稍细铁线织成一离地约2m高的水平网

图15-4 水泥柱、竹竿组成的水平棚架

状棚架,网孔径 50cm 左右。或用竹竿代替粗铁线,组成水平棚架(图 15-4)。

毛叶枣回缩更新后,培育 3~4 次分枝,并把枝条引上棚架。水泥柱架高度要适中,以便于栽培管理。枝条上架后平铺于网架上,增加了植株的通风采光能力,可提高果实产量和品质。水泥柱架不需更换,虽一次性投入比竹架高,但使用寿命较长。

(五)产期调节

毛叶枣的成熟期集中在 12 月至翌年 2 月,果实贮藏期较短。若能调节产期延长市场供应,可提高收益。毛叶枣的产期调节方法有早晚熟品种搭配、延长光照时间、调整主干更新时期、长梢修剪等。目前常用的有以下两种方法:

1. 早晚熟品种搭配 利用不同品种开花特性及果实成熟期的长短而使产期错开。如利用早熟品种与晚熟品种搭配,可分散产期 1~2 个月。

2. 延长光照时间 2 月中旬对毛叶枣进行主干更新嫁接,6 月进行夜间灯照,可将产期提早至 10 月中旬,较正常产期提早 2 个月左右。夜间光照处理光源设置高度为树高之上 2m,每公顷设置 40W 日光灯 70 盏,灯照时间以自动开关或感光器控制,进行全夜照射(18:00 至次日 6:00,共 12h),共照光 40~45d。但要注意灯照对树体发育的影响,如果枝条发育成熟度不够,就会影响开花及坐果。一般在主干更新后 100~120d 以上,经肉眼观察枝梢花苞已形成时再施行灯照较佳。

六、采 收

1. 采收时间和方法 毛叶枣成熟期从 11 月至翌年 3 月,多集中于 1~3 月。果实颜色由绿色转为鲜绿色、淡绿色或黄绿色时就进入采收期。过早采收,果实内的营养成分还未完全转化,风味淡;过熟采收,则果肉松软,缺乏风味,品质下降。因果实成熟不一致,应分期分批采收。

采收最好在温度较低的晴天早晨露干后进行。雨、露天采收,果面水分过多,易滋生病虫,大风大雨后应隔 2~3d 采收。若晴天烈日下采收,则果温高,呼吸作用旺盛,降低贮藏寿命。

采收时要尽量保留果梗,带有果梗的果实在贮藏过程中比不带果梗的果实重量损失少得多,其成熟过程慢一些,贮藏寿命也相应长一些。保留果梗可用果剪齐果蒂将果柄平剪掉。采收果实要放在阴凉处,进行果实初选,拣出病虫果、畸形果、过小果和有机械伤的果实,然后根据果实大小进行分级包装贮运销售。

毛叶枣的商品分级一般分为 3 个等级,分别为优级、一级、二级。不同的果品等级,其要求不同。优级果实,每千克果数≤6 个;一级果实,每千克果数≤10 个;二级果实,每千克果数≤20 个。

2. 采后处理

(1)药剂处理 果实采收后,用 0.1% 敌菌丹、1 000mg/L CCC、10mg/L 6-BA、250mg/L 多菌灵浸果,能有效减少贮藏期间果实重量损失,延长贮藏寿命。

(2)低温贮藏 成熟果实采收后,套保鲜膜袋(PE),置于 5~10℃ 条件下,能有效减少贮藏期间果实重量损失,延长贮藏寿命。但其缺点是取出后置于常温下极易失水和变褐。

(执笔人:唐志鹏)

主要参考文献

高爱平，等.1998.毛叶枣在海南的引种表现及发展前景［J］.热带作物科技（1）：35-38.
曾文武.1998.毛叶枣优质高效栽培技术［J］.热带作物科技（6）：363-367.
朱玲燕.2008.台湾大青枣引种及丰产栽培技术总结［J］.现代园艺（3）：24-28.
Chiou ChuYing, et al. 1994. Effects of lighting during the night on the flowering and yielding date of Indian jujube (*Zizyphus mauritiana* Lam.) ［J］. Chinese Journal of Agrometeorology (3)：115-120.

推荐读物

黄德炎.2000.毛叶枣早结丰产栽培［M］.广州：广东科技出版社.
李健，等.1999.毛叶枣栽培技术［M］.北京：中国农业出版社.
任惠，刘业强.2006.大青枣先进栽培技术［M］.广西：广西科学技术出版社.
肖邦森，等.1999.毛叶枣优质高效栽培技术［M］.北京：中国农业出版社.

第十六章 梨

第一节 概 说

一、经济意义

我国是世界第一产梨大国，梨在我国是仅次于苹果、柑橘的第三大水果。2008年，我国梨栽培面积和产量分别为125.814万 hm^2 和1 367.64万 t，分别占世界总量的72.7%和65.1%，出口量约占世界总出口量的1/6。

梨（pear）肉质脆嫩多汁，酸甜可口，有的尚具有芳香，风味十分优美，可鲜食，或制成梨酒、梨膏、梨脯、梨干、梨汁和罐头等。梨营养价值高，在100g可食部分中含有蛋白质0.1g，脂肪0.1g，糖类12g，钙5mg，磷6mg，铁0.2mg，胡萝卜素、硫胺素、核黄素各0.01mg，尼克酸0.2mg，维生素C 3mg。梨果还具有一定的医疗价值，梨果有帮助消化、润肺清心、止咳祛痰等功效，用梨果制成糖浆或冰糖炖梨等治疗咳嗽效果较好。梨木亦是优良用材。

梨适应性强，北起黑龙江，南至广东，西自新疆，东到沿海都有梨树栽培。产量高，每667m^2产5 000kg的梨园屡见不鲜。梨树寿命长，经济寿命可达30～80年，个别老树100～200年仍然丰产，株产500kg。梨树产业已经成为许多果农的经济支柱。因此，发展梨树生产，对满足国内外市场的需要，促进国民经济的发展，具有重要意义。

二、栽培简史

我国是世界栽培梨的三大起源中心（中国中心、中亚中心和近东中心）之一，已有3 000多年的栽培历史。在周朝时期已有种植，《诗经·秦风·晨风》即有"隰有树檖"（"檖"是梨的古名）的记载。至秦汉时期，已发展为成片的经济栽培，长沙马王堆出土的竹简上就记载了2 100多年前的梨树种植情况。司马迁的《史记》中有"淮北常山以南、河济之间千株梨……此其人皆与千户侯等"的记载。我国劳动人民在长期生产实践中选育了优良的品种，积累了丰富的经验。三国时期，《魏书·魏文帝诏》上即记载了"真定（今河北正定）御梨，大如拳，甘如蜜，脆如菱"的古代优良品种。在《广志》、《西京杂记》、《辛氏三秦记》、《洛阳花木记》及《花镜》等古籍中记载有梨的许多品种，如蜜梨、红梨、白梨、鹅梨、哀家梨等品种名，至今沿用。北魏贾思勰编著的《齐民要术》，对梨的选种、育苗、栽培和贮藏等方面进行了全面总结。随着时代的发展，梨的品种更加丰富，栽培技术更趋完善。

三、我国梨的生产状况

1. 面积、产量上升快 我国梨产业发展大体分为3个阶段。第一阶段：新中国成立初期至改革开放前为起步发展阶段，梨树种植面积、梨产量由 1952 年的 10 万 hm²、40 万 t 发展到 1978 年的 30.5 万 hm²、160 万 t，梨单产由每 667m² 267kg 提高到 351kg。第二阶段：1979—2000 年为快速发展阶段，梨树面积突破 100 万 hm²，梨产量突破 850 万 t，分别比 1979 年增长了 2.2 倍和 4.5 倍，单产由 1978 年的每 667m² 351kg 提高到 2000 年的 553kg。第三阶段：2001 年至今进入稳定发展阶段，梨树种植面积增长速度减缓，2007 年梨树种植面积为 107 万 hm²，产量大幅度增长，达到 1 289 万 t，梨单产由 2000 年的每 667m² 553kg 提高到 2007 年的 802kg。我国梨产业在全世界占有重要位置。据联合国粮食与农业组织（FAO）统计，1973 年我国梨树种植面积 24.5 万 hm²，超过苏联居世界首位，1977 年我国梨总产量 118.5 万 t，超过意大利跃居世界第一位，成为世界产梨第一大国。2006 年，我国梨收获面积和产量分别占世界的 71.2% 和 61.4%，为世界各国之冠。

2. 种质资源丰富　《中国果树志》（第三卷）记载全国共有地方品种 3 000 个左右。现已建成的国家果树种质资源圃，兴城所、金水所分别收集有梨属种质 614 份和 462 份。半个世纪以来，我国梨新品种选育取得了可喜的成果，先后发表的新品种和品系已有 50 个以上，其中在生产上推广面积较大的有早酥、锦丰、晋酥、黄花、金水 1 号、金水 2 号、湘菊、华梨 1 号、翠冠、清香、玉水、七月酥、早美酥、西子绿、中梨 1 号等。

3. 产区分布　我国梨种植范围较广，在长期的自然选择和生产发展过程中逐渐形成了四大产区：①环渤海（辽、冀、京、津、鲁）秋子梨、白梨产区；②西部地区（新、甘、陕、滇）白梨产区；③黄河故道（豫、皖、苏）白梨、砂梨产区；④长江流域（川、渝、鄂、浙）砂梨产区。河北省是我国产梨第一大省，2007 年梨产量达到 345.9 万 t，约占我国梨总产量的 26.8%，其次为山东、安徽、四川、辽宁、河南、陕西、江苏、湖北、新疆等地。

四、国外梨树的生产和科研现状

梨是世界主要果树之一，各大洲均有分布。据联合国粮食与农业组织（2009 年）统计，世界梨收获面积和产量分别为 173.96 万 hm² 和 2 190.74 万 t。我国面积和产量均居世界首位，其次为美国、意大利、西班牙、阿根廷、德国、日本等，年产量都在 400 万 t 以上。

欧洲、美洲、非洲、大洋洲等均栽培西洋梨，其中栽培较多的有巴梨（Bartlett）、宝斯克（Beurre×Bosc）、哈蒂（Beurre Hardy）、茄梨（Clapp's Favorite）、康佛伦斯（Conference）、帕克哈姆（Packham）、红安久（Red Anjou）、阿贝提（Abate Fetel）、客赏（Passe Crassane）、康考得（Concorde）和考米司（Doyenne du Comice）等 30 余个品种。

东亚各国以栽培秋子梨、白梨、砂梨为主。日本主栽砂梨，西洋梨则集中栽培在比较冷凉的奥羽及北海道等地，其品种组成为新水 1.9%，幸水 37.4%，丰水 22%，长十郎 3.3%，其他褐皮梨 12.3%，二十世纪梨 20.9%，其他绿色品种 2.2%。韩国栽培最多的是日本梨，幸水、丰水分别占 0.7% 和 0.4%，新高、长十郎和黄金梨分别占 55.3%、20.9% 和 1.0%，晚三吉、今村秋和秋黄梨分别占 12.9%、3.8% 和 0.6%，其他白梨、秋子梨和西洋梨仅有少量栽培。

世界先进产梨国家，梨树栽培都强调区域化、规格化，以充分利用自然和经济资源，发挥品种优势，形成高产、优质、低费用。国外对种质资源工作十分重视。由国际植物遗传资源局领导，许多国家参加，美国俄勒冈州已搜集了梨野生种、品种、实生系、自根系 1 000

多个，对它们进行了多方面的研究，国外梨的选育除要求优质高产矮化外，特别重视抗逆性、抗病虫的选育。矮化栽培发展迅速，法国为最早，德国为最快，已全部矮化栽培。叶分析指导施肥；强调定植前的深翻土；除修剪、采收及辅助授粉为半机械化外，其他均已全部机械化、自动化；脱毒苗的培育及生长调节剂的研究等亦很兴盛。

第二节 主要种类和品种

一、主要种类

梨属于蔷薇科（Rosaceae）苹果亚科（Maloideae）梨属（Pyrus），全属约有35种，野生于欧洲、亚洲、非洲，主要集中于地中海、高加索、中亚和我国。梨属植物起源于第三纪中国西部的山脉地带。Rubzov（1944）认为，梨属植物沿山脉向东西两侧发展分布，由于山脉环境的变迁以及地理的隔离，使梨属植物发生了演化。演化的结果分为两大梨系，即东方梨系和西方梨系，同时形成了世界栽培梨的三大起源中心，即中国中心、中亚中心、近东中心。在复杂的天然杂交和自发突变的作用下产生了梨属植物复杂而多样的种、品种和类型。我国现有种类如下：

（一）真正梨区（Eupyrus Kikuchi）的种

本区所属的种，其果实的心室4～5，以5室为主，萼宿存或脱落，果皮绿色或褐锈色。叶缘针芒状锯齿、钝锯齿，也有全缘的。优良栽培种均属于本区。本区的种依自然分布可分为自生于东亚和自生于欧洲及西亚两类。其中属于东亚梨系的有：

1. 秋子梨（P. ussuriensis Maxim） 野生于我国东北、华北、内蒙古、西北和朝鲜北部及乌苏里江一带。

本种为乔木。果实小，多圆形或扁圆形，黄绿色，有的阳面浅红色，萼宿存，果梗特短，果肉石细胞发达，一般需后熟方可食用。耐寒、耐旱性强。本系统有200余个品种，京白梨和南果梨是本种中品质最好的两个品种。

2. 白梨（P. bretschneideri Rehd.） 主要分布于河北、山东、辽宁、山西等省，华北、西北地区及淮河流域也有栽培。菊池秋雄认为该种有秋子梨和砂梨的血统，也可能是杜梨与砂梨自然杂交形成的。

本种为乔木。果实长圆形或瓢形，黄绿色，果梗长，萼片脱落，间或宿存，心室4～5，石细胞少，不需后熟即可食用。果实较耐贮藏，花期早，耐寒性较秋子梨弱，适于冷凉干燥气候下栽培。本系统的优良品种有鸭梨、茌梨、雪花梨、酥梨、金川雪梨等。

3. 砂梨（P. pyrifolia Nakai） 分布于我国长江流域及其以南诸省。日本、朝鲜也有分布。

本种为乔木。果圆形，间有长圆形或卵形，果皮多锈褐色，也有绿色，萼片多脱落，果梗长，石细胞较多，心室4～5，5室居多。果实不需后熟即可食用，贮藏性能较差。本系统适于温暖多湿气候。代表品种有苍溪梨、威宁大黄梨、幸水、丰水、新高等。

4. 新疆梨（P. sinkiangensis Yü） 分布于新疆、甘肃、青海、宁夏等省（自治区）。俞德浚认为新疆梨很可能是白梨与西洋梨天然杂交的杂种起源。

本种为乔木。果实较小，卵圆形至倒卵圆形，萼片直立，宿存，心室5室，果心大，果梗特长。果实熟后即可食用。耐寒、抗旱力特强。栽培品种有库尔勒香梨、长把梨、阿木特梨、贵德甜梨等。

属于西方梨系的有：

5. 西洋梨（*P. communis* Linn.） 野生分布于欧洲的中部、东南部，小亚细亚及伊朗北部等地。

本种为乔木。果坛形或倒卵形，果皮黄绿色，有锈斑，果梗粗短，萼片多宿存。果实需经后熟方可食用。质软汁多，味甜有香气，不耐贮藏。西洋梨性喜冷凉干燥气候，在华北、西北及大连、青岛等地有少量栽培，贵州及四川西部冷凉干燥的山区栽培表现尚好，我国其他地方一般栽培较少。优良品种有巴梨、茄梨、红安久、康考得等，目前国内栽培较多的贵妃（Kieffer）、康德（Le Conte）、身不知和伏梨等则是西洋梨与中国梨的杂种。

（二）杜棠梨区（Micropyrus Kikuchi）的种

本区所属的种，果实球形，小如豌豆，2～3室，萼脱落，果皮锈褐色或褐色。分布于亚洲东部。

1. 豆梨（*P. calleryana* Dcne.） 又称鹿梨，野生于我国华中、华东、华南、西南各地，日本、朝鲜有分布。在华中为砂梨的主要砧木。一般认为该种为梨属植物中的原始类型。

本种为乔木。果实小，球形，浓褐色，萼脱落，心室2室，种子小，有棱角。

2. 杜梨（*P. betulaefolia* Bge.） 野生于我国华北、西北地区，尤以河南、辽宁等省分布更多。朝鲜、日本亦有分布。为我国北方梨的主要砧木。

本种为乔木，果实比豆梨更小，近圆形，灰褐色或暗褐色，萼脱落，心室2～3室。

（三）中间性梨区（Intermedia Kikuchi）的种

1. 川梨（*P. pashia* Buch-Ham.） 野生于西南地区以及喜马拉雅山一带，多用作梨的砧木，少有直接作为食用者。乔木或灌木，刺多。果圆形或扁圆形，褐色或绿褐色，成熟后变成黑褐色，萼脱落，心室3～5室，种子饱满。果小，肉粗，味涩，食用价值低。

2. 滇梨（*P. pseudopashia* Yü） 野生于云南、贵州等省。小乔木或灌木，外部形态与川梨相似，但叶片较川梨大，萼片宿存，心室3～4室。

3. 麻梨（*P. serrulata* Rehd.） 野生于西南各地。乔木，果圆形或扁圆形，褐色，萼宿存，心室3～5室。

4. 褐梨（*P. phaeocarpa* Rehd.） 野生于华北、西北、东北等地，在华北用作梨的砧木，在西北有作栽培的。小乔木，果实椭圆形或球形，褐色，萼脱落，心室3～4室。

5. 木梨（*P. xerophila* Yü） 分布于山西、陕西、甘肃、河南、宁夏、青海等省（自治区）。其抗旱、抗寒、抗碱和抗梨锈病的能力强，是梨的主要砧木。乔木，果圆形或椭圆形，褐色，萼宿存，心室4～5室。

6. 河北梨（*P. hopeiensis* Yü） 分布于河北燕山山脉一带。乔木，果实圆形至卵圆形，黑褐色，萼宿存，心室4室，少数5室。

7. 杏叶梨（*P. armeniacaefolia* Yü） 野生于新疆伊宁。乔木，果实近高扁圆形，肩略窄，浅绿色，萼宿存，心室5室。果肉白色，石细胞多，熟时果肉变软，味酸，微有香气，果实小，品质差。作砧木用。

二、主要品种

我国梨的品种很多，估计现有品种3 000余个，一般按植物学分类分为5个系统。现将部分优良品种，主要是适于南方栽培的优新品种简介如下。

（一）秋子梨系统

1. 南果梨 主要分布在辽宁的鞍山、海城和辽阳地区。果实较小，平均重45g。抗寒力强，适于冷凉及较寒冷地区栽培。

2. 京白梨 又名北京白梨。原产北京附近，主要分布于北京、昌黎一带。果实中小，平均重93g，品质上等。北京8月中下旬采收，能贮20d左右。适于冷凉地区栽培。

（二）白梨系统

1. 鸭梨 原产河北，是我国最古老的优良品种之一。果倒卵圆形，肩部略曲似鸭头颈，故名。一般重150～200g，肉质细嫩，汁多味甜，微酸，有香气，品质上。原产地9月下旬成熟，可贮藏至次年4～5月。本品种宜在冷凉干燥地区栽培。

2. 砀山梨 原产安徽砀山。果实为截顶圆柱形，果实大，一般重255g，最大果超过1 000g。肉稍粗，酥脆爽口，汁多味甜，含可溶性固形物12%～15%，品质上等。在砀山9月上旬成熟，耐贮藏。

3. 茌梨 又名慈梨。为山东的著名优良品种。果实近纺锤形，幼果期掐萼后，则果顶膨大，形成倒卵形。一般平均重250g左右。果皮黄绿色，果肉黄白色，质细嫩，汁多味甜，微香，含可溶性固形物11.9%～15.1%，品质极上。在山东9月中旬成熟。

4. 金川雪梨 别名鸡腿梨。原产四川金川。树势强健，丰产。果实倒卵形，平均重350g。果心小，肉雪白，质细脆，味浓甜，汁多微香，含可溶性固形物12%左右，品质上。在原产地9月下旬至10月上旬成熟，耐贮。本品种喜冷凉半干燥气候，适应性、抗逆性及抗病虫较强。

5. 早酥（苹果梨×身不知） 中国农业科学院果树研究所育成。我国北方各地均有栽培。果大，重200～250g，倒卵形，顶部突出，常具明显棱沟，果皮绿黄色。果肉白色，质细酥脆，汁多味甜而爽口，品质中上。

6. 锦丰（苹果梨×茌梨） 中国农业科学院果树研究所育成。我国北方各地均有栽培。果大，平均重230g。果肉细，稍脆，汁多，味酸甜，微香，品质上。9月下旬成熟，耐贮藏，可贮存至翌年5月。适于冷凉地区栽培。

7. 黄冠（雪花梨×新世纪） 河北省农林科学院石家庄果树研究所选育。果实大，平均单果重225g。果皮黄色，有光泽。果肉白色，肉质细，石细胞少，松脆多汁，酸甜适口，品质优良，果心小。果实8月中旬成熟，室温下可贮放30d左右。

图16-1 苍溪梨

（三）砂梨系统

1. 苍溪梨 又名施家梨。原产四川苍溪，四川各地栽培较多。树势中等，幼树树冠直立，枝条细长。果实瓢形，果特大，重445g，最大可达1 850g。果皮黄褐色，果肉白色，质脆嫩，汁多味甜，含可溶性固形物13%，品质上等（图16-1）。原产地9月上旬成熟，较耐贮藏。本品种以短果枝结果为主，较丰产。花期早，抗病虫力弱，果大枝长，不抗风，采前落果重。

2. 威宁大黄梨 原产贵州威宁,在威宁及昭通(云南)地区栽培多,故又名昭通梨。树势强健,丰产。果实长圆形至长卵圆形,果重200～300g。果皮浅黄褐色,果肉白色微黄,质细汁多,微香,甜酸适度,风味甚浓,微有余渣,含可溶性固形物15.5%,品质中上。原产地9月中下旬成熟,较耐贮藏,贮后香气更浓。

3. 灌阳雪梨 原产广西灌阳,为广西优良品种,其中有小把子雪梨、大把子雪梨和假雪梨3个品系。以小把子雪梨品质最好,灌阳及其周围地区栽培较多。树势中等。果型中等,大小较整齐,重190g左右。果实近圆形或卵圆形,果皮黄褐色,阳面红褐色。果肉雪白,肉质中粗紧脆,食之有渣,汁多味浓,甜酸适中,含可溶性固形物13.6%,品质中上。原产地8月中旬成熟,可贮藏至次年2月。本品种丰产,适应性较广。

4. 淡水红梨 原产广东惠阳,惠阳地区栽培较多。树势中等,较丰产。果实平均重170g左右,大果达400g。椭圆形,果面红褐色。果心小,肉质爽脆,汁多味甜,有香气,含可溶性固形物13%～16%,品质中上,耐贮运。本品种耐高温湿润气候。

5. 黄花(黄蜜×三花) 为浙江农业大学选育的品种。树势强健,丰产。果圆锥形,中等大,果重180g左右,果皮黄褐色。果心小,肉白细脆,汁多味浓,含可溶性固形物12%左右,品质上。在杭州8月中旬成熟,耐藏性较差。本品种较耐旱耐瘠,较抗病虫,栽培管理容易,甚丰产,花期较迟。已在南方大面积推广,产量占全国梨总产量的12%左右,但外观欠美为其不足。

6. 幸水(菊水×早生幸藏) 为日本引进品种。树势强健,树姿半开张,早果丰产。果实扁圆形,中大,重190g左右。果皮黄褐色,果肉乳白色,质细脆,汁液多,甜味浓,含可溶性固形物13%左右,果心小。浙江杭州8月上旬成熟。

7. 丰水梨 系日本农林省果树试验场1972年命名的优质大果褐皮砂梨品种,已在日本发展成为主栽品种之一。单果重200～300g,最大果重可达500g。果实圆形或近圆形,果皮黄褐透亮,大型果有纵沟。果肉雪白,肉质细嫩,特酥脆,汁液特多,甜酸适口,风味特好,品质极上(图16-2),但种植在缺钙的土壤上或者过熟采收则果肉易产生蜜渍症状。果实发育期为135～140d,目前已开始在全国范围推广。

8. 二十世纪 原产于日本。平均单果重136g。果实近圆形,果皮绿色,经贮放变绿黄

图16-2 丰水梨

色。果心中等大,果肉白色,肉质细脆,汁多,味甜,含可溶性固形物11.1%～14.6%,品质中上。在武昌7月下旬至8月上旬成熟。该品种易感染黑星病、轮纹病。金二十世纪是二十世纪通过辐射诱变培育的新品种(1991年登记注册),果实成熟期稍晚于二十世纪,无心腐病、蜜病及裂果现象,果实较耐贮藏,对黑斑病抗性极强。

9. 新高 日本神奈川农业试验场1915年用天之川×今村秋杂交育成的褐皮大果砂梨品种。单果重450～500g。果实近圆形,果皮黄褐色。肉质细酥松脆,香甜味浓,含可溶性固形物13%,汁液多,品质上(图16-3)。树势较强,易于成花,易于栽培。日本、韩国及我国台湾地区正在推广。韩国引入该品种后,发现了果皮颜色呈乳黄色的枝条芽变,色、形、味均优于原新高,命名为水晶梨。我国湖南省黔阳县亦发现优质耐贮芽变,命名为金

秋梨。

10. 爱宕梨（二十世纪×今村秋） 原产日本。果实呈扁圆形，单果重415g，最大达2 100g。果皮薄，黄褐色，果肉白色，肉质松脆，汁多味甜，石细胞少，可溶性固形物含量12.7%，品质上。9月中下旬成熟，果实耐贮。树势较强，自花结实率72.5%～81.2%，花序坐果率82.1%。开始结果极早，栽植当年即可成花，第二年开始结果，以短果枝和腋花芽结果为主。抗病性较强。

11. 爱甘水（长寿×多摩） 为日本引进品种。树势中庸，树姿较开张，极早熟，丰产性强。果实扁圆形，单果重190g，果面褐色，果肉乳黄色，含可溶性固形物12.5%，质地细脆、化渣，味浓甜，微香，汁多，品质优。

图16-3 新高梨

12. 喜水梨（明月×丰水） 为日本引进品种。树姿直立，树势强，易成花。果实发育期90～100d。果实扁圆形至圆形，单果重300g左右，最大单果重514g。果皮橙黄色，果点多且大。果肉黄白色，石细胞极少，肉质细嫩，汁液多，味甜，香气浓郁，果心较大，可溶性固形物含量12.8%～13.5%。对梨黑星病、黑斑病、轮纹病有较强的抗性。

13. 圆黄梨（早生赤×晚三吉） 为韩国引进品种。生长势强，树姿半开张，丰产性极强。果实扁圆形，单果重338～357g，最大526g。果皮黄褐色，套袋后金黄色，果面光洁平整，无果锈，果点小。果肉白色，肉细致密，几乎无石细胞，汁多味甜，含可溶性固形物11.8%～12.6%，品质上等。耐贮性强，适应性强，耐粗放管理。对黑星病表现高抗。

14. 黄金梨（新高×二十世纪） 韩国杂交选育的新品种。果实近圆形，果形端正，平均单果重350g，最大500g。果皮黄绿色，贮藏后变为金黄色；套袋果的果皮黄白色，果点小，均匀，外观极其漂亮。果肉乳白色，肉质脆嫩，汁多味甜，有清香，含可溶性固形物12%～15%。果心小，可食率95%以上。果实9月成熟，0～5℃条件下可贮藏6个月左右。一年生枝绿褐色，嫩梢叶片黄绿色，当年生枝条和叶片无白色茸毛，这是与二十世纪品种的明显区别。幼树生长势较强，有腋花芽结果特性，易形成短果枝，结果早，丰产性好。该品种雄蕊退化，花粉量极少，需异花授粉。适应性较强，在丘陵、平原地均能正常生长结果。对肥水条件要求较高。

15. 翠冠［幸水×（杭青×新世纪）］ 浙江省农业科学院园艺研究所培育的品种。果实大，单果重230g，大果500g。果实长圆形，果皮黄绿色，平滑，有少量锈斑。果肉白色，石细胞少，肉质细嫩酥脆，汁多，味甜，含可溶性固形物11.5%～13.5%，果心较小，品质上等（图16-4）。最适食用期7月底至8月初。树势强健，生长势强，树姿较直立，花芽较易形成，丰产性好。叶片浓绿色，长椭圆形，大而厚。果面有锈斑为其不足。在长江以南各地已大面积推广。

16. 西子绿［新世纪×（八云×杭青）］ 浙江农业大学园艺系选育的品种。平均单果重190g，大果达300g。果实扁圆形，果皮黄绿色，果点小而少，果面平滑，有光泽，有蜡质，外观极美。果肉白色，肉质细嫩酥脆，石细胞少，汁多，味甜，含可溶性固形物12%，品质上（图16-5）。最适食用期7月中旬，较耐贮运。该品种树势开张，生长势中庸。

图 16-4 翠冠梨

图 16-5 西子绿

17. 华梨 1 号（湘南×江岛） 华中农业大学杂交选育的新品种。果实广卵圆形，果皮浅褐色，平均单果重 310g，最大可达 1 000g 以上，果形端正。果肉白色，肉质细嫩，石细胞少，汁液多，含可溶性固形物 13% 左右，甜酸适度，品质优良。武汉地区 9 月上旬采收，可适当早采或晚采，无采前落果现象，较耐贮运，室温下可贮放 1 个月左右，冷藏可贮至春节上市。树势强健，开始结果早，丰产稳产。

18. 华梨 2 号（原名玉水，二宫白×菊水） 华中农业大学选育的新品种。果实短卵形，单果重 175g，最大果达 400g 以上。果皮薄，黄绿色。果肉纯白色，肉质细，松脆，汁液特多，果心特小，含可溶性固形物 12% 左右，含酸量 0.14%，甜酸适度，品质特优（图 16-6）。树势较强，树姿开张，果台坐果率特别高，丰产。因皮薄品质特优，易遭鸟害，务须套袋。

图 16-6 华梨 2 号

图 16-7 清香梨

19. 清香（新世纪×三花） 浙江省农业科学院园艺研究所与杭州市果树所合作育成的新品种。果实大，平均单果重 300g，大的可达 550g。果实长圆形，果皮红褐色，果肉白色，果心特小，肉质细而脆，味甜，汁多，含可溶性固形物 11%～13%（图 16-7）。8 月 10 日左右成熟。树势较弱，树姿较开张。

（四）新疆梨系统

库尔勒香梨 原产新疆南部。果实小，平均重 80～100g。果实倒卵圆形或纺锤形，果皮黄绿色，阳面有暗红色晕，果面光滑，皮薄。果肉白色，质脆，汁多，味浓甜，香气浓郁，品质极上。9月下旬成熟，可贮存至翌年4月。适应性广，抗寒力较强，耐旱，抗病虫力强，抗风力较差。1969年选出芽变单系沙01号，果实较大，单果平均重达150g。

（五）西洋梨系统

1. 巴梨（Bartlett）　又名香蕉梨。原产英国，系自然实生种。我国栽培较少，主要分布于渤海湾周围。表现树势强健，树冠直立。果实较大，平均单果重250g左右，呈粗颈葫芦形。果面黄色，阳面有红晕。果肉乳白色，采收后经7～10d后熟肉软易溶，汁极多，甜味浓，芳香浓郁，品质上等。为鲜食、制罐兼用的优良品种。

2. 贵妃梨（Kieffer）　又名香槟梨、开菲梨。原产美国，我国各地均有栽培。果实大，平均重245g。果实纺锤形，果皮黄绿色，阳面有红晕。后熟后果肉黄白色，柔软，不溶，汁多，味酸甜，品质中。极丰产。适应性较广，抗逆性较强。

梨优良品种在我国很多，除上述优良品种外，还有一些地区性的主栽品种和新近选育的品种，其性状可参阅有关资料。

第三节　生物学特性

一、生长结果习性

（一）根系的分布与生长

梨根系分布较深较广，垂直分布为树高的0.2～0.4倍，水平分布约为冠幅的2倍，个别可达5倍。根系分布的状况受树种、品种、砧木、土壤、地下水位及栽培管理的影响。据俞德浚等在河北定兴调查，鸭梨的根系分布随地势、土质、土层和地下水位的高低而有变化。因此，深翻改土、降低地下水位等措施可诱导根系纵、横向生长，使根系生长发育良好。

梨根系的活动及生长与树龄、树势、土壤理化性质、水分及温度有密切的关系。一般在萌芽前土壤温度为0.5℃时便开始活动，15～25℃生长较好，超过30℃或低于0℃则停止生长。在适宜的条件下可周年生长，而无明显的休眠期。

梨根系在周年活动中有2～3次生长高峰。在武汉地区，梨幼树根系有3个生长高峰：3月下旬至4月下旬为第一个生长高峰，延续时间最长，根系生长量最大；5月中旬至7月下旬为第二个生长高峰，延续时间较长，根系生长量较大；10月上中旬至11月上旬为第三个生长高峰，这次延续的时间短，生长量亦小。结果树由于开花结果的影响，一般只有2个生长高峰：第一个生长高峰在新梢生长停止、叶面积形成后至高温来临之前（即5月下旬至7月上旬），由于地上部同化养分供应充足，地下土温又适宜根系生长，故这个时期根系生长最快，以后生长逐渐缓慢；第二个生长高峰在果实采收后，土温不低于20℃，这时由于土温适宜，养分积累较多，根系又迅速生长（在9～10月），以后根系生长逐渐缓慢，至落叶后进入相对休眠期。如结果过多、树势很弱、管理粗放、病虫危害较重、受旱受涝的树，根在一年中无明显的生长高峰。

（二）枝梢生长

梨芽属于晚熟性芽，在形成的当年不易萌发，所以除个别品种或树势很强的树（尤其是幼树）以外，一般每年只有上一年的芽抽生1次新梢。梨芽的萌发率高，但成枝力低，除基部盲节外，几乎所有明显的芽都能萌发生长，但抽生成长枝的数量不多。因此，梨的绝大多数枝梢停止生长较早，枝与果争夺养分的矛盾较小，花芽比较容易形成，坐果率也较高。由于各枝的生长势差异较大，第一次枝生长特强，第二、三次枝依次减弱，所以顶端优势特强，易出现树冠上部强、下部弱和主枝强、侧枝弱的现象。

梨新梢自萌芽即开始生长，其生长强弱因树种、品种、树龄、树势、营养状况而不同。在条件相同的情况下，主要决定于芽内幼茎分化时间的长短及其发育程度。据莱阳农学院研究，叶芽的分化从萌芽露叶时开始，至休眠前形成3～7片叶原基，休眠后再分化3～10片叶原基，故短枝具有3～7片叶，中长枝不超过14片叶。只有少数生长强旺具有芽外分化的新梢，因生长后继续分化，其叶片数可超过14片。

一年生枝具有花芽的是结果枝，无花芽的为生长枝。生长枝根据发育特点和长度分为短枝（5cm以下）、中枝（5～30cm）和长枝（30cm以上）3种。果枝根据长度也分为短果枝（5cm以下）、中果枝（5～15cm）和长果枝（15cm以上）3种。

在广东、广西、福建、云南等亚热带地区，由于气温高、雨水多、夏季长、冬季短，而夏季因受海风调节，一般较长江中游地区凉爽，故梨树枝梢生长次数较多。如广东惠阳的梨，一年可发新梢3次，除温暖的华南外，梨秋梢抽出后未及老熟即进入低温休眠期，因此，抽生秋梢对梨树生长和结果都不利。

（三）叶的生长

叶片随着新梢的生长而生长，基部第一片叶最小，自下而上逐渐增大。短枝上的叶片以最上的一两片叶最大；中、长枝上的叶片因生长期的营养状况、外界条件的不同而有大小不同的变化。在有芽外分化的长枝上，自基部第一片叶开始自下而上逐渐增大，当出现最大叶片后，有1～3片叶较小，以后渐次增大，再渐次减小。第一次自基部由小至大之间的叶片称为第一轮叶，为芽内分化的叶，在此以上的叶是芽外分化的叶，称为第二轮叶。叶片从萌芽到展叶需10d左右，一叶片自展叶到停止生长需16～28d。凡叶片小的品种及树势弱的单株，单叶的生长期短，反之则较长。

不同类型的新梢，叶面积的大小不同，以长梢最大，中梢次之，短梢最小；但就枝梢单位长度所占有的叶面积而言，则情况相反，以短梢的单位长度面积最大，中梢次之，长梢最小，故短、中梢的营养物质积累最多，有利于花芽分化和果实的肥大。但是，没有一定数量的长梢，便没有产生中、短梢的基础，也就不利于梨树的生长和结果。同时，长梢叶面积大，合成的营养物质较中、短梢多，除供给自身需要外，还有剩余外运他用。因此，各类枝梢合理的比例是丰产、稳产的生物学基础。据浙江农业大学园艺系调查，成年丰产稳产的菊水，长梢应占6%，中梢占8%，短梢占86%。若长梢过多过旺，不仅不利于花芽分化，而且易致外围郁闭，内膛枯秃。

果实的发育需要一定数量的叶面积，据浙江农业大学园艺系观测，每667hm^{2}产2 000kg、单果重115g的菊水，平均每果需要叶面积1 134cm^2。一个果实需10～25片叶。

（四）花芽分化

梨是易形成花芽的树种，不仅能由顶芽发育形成顶花芽，也能由侧芽发育形成腋花芽，有的品种腋花芽数量大，坐果较可靠。梨花芽形态分化可分为花芽分化始期、花原基及花萼出现期、花冠出现期、雄蕊出现期及雌蕊出现期5个时期。梨的花芽开始分化一般在新梢生长停止后不久，或在迅速生长之后芽的生长点处于活跃状态的时期，若树体内外条件适宜便开始分化。若新梢停止生长过早，叶片小而少，营养不良，或停止生长过迟，气候不良，就不能形成花芽。据佐藤研究，绝大多数日本梨的早熟品种，花芽开始分化在6月中旬，中熟品种在6月下旬，晚熟品种在6月下旬至7月中旬。我国长江流域的气温比日本梨的主产地高,故武汉等地的日本梨花芽分化比在日本略早,长十郎在5月中旬,明月在6月中旬已开始分化。一般至10月花器已基本形成,此后气温降低,树体逐步进入休眠,花芽暂停分化。开春后,气温回升再继续分化,直到4月上中旬雌蕊内的胚珠发育完成,花的其他部分也生长发育直到开花。

(五)开花与授粉受精

1. 开花　花芽经过冬季休眠后,当日平均气温0℃以上时,花器内的器官即缓慢生长发育,随着气温的升高,生长发育逐渐加快,花芽的体积也相应膨大而萌动、开绽。长江流域梨花芽的开绽期一般在3月中旬。花芽开绽以后,经过现蕾、花序分离,最后花瓣伸展而开花。

梨的花芽是混合芽,芽内具有一段雏梢,萌芽后由雏梢发育为结果新梢,其顶端着生一伞房花序。一般每花序有5~8朵花,但不同品种间差异很大,少的有5朵以下,多的在10朵以上。结果新梢的叶腋内可发生果台副梢,发生果台副梢的多少、强弱与品种特性及营养状况有关。一般发生1~2个居多,个别也有不发或多达3个的。

梨的多数品种是先开花后展叶,少数品种是花叶同时开放或先展叶后开花,前者如康德,后者如京白梨。开花的顺序,就单个花序而言,基部的花先开,中心的花后开,先开的花发育较好,易于授粉受精,坐果可靠。同一朵花的花药花粉散放的顺序也是先外后内,成向心生长。

梨开花的迟早及花期的长短因品种、气候变化、土壤管理不同而异。一般秋子梨和白梨的花期较早,西洋梨的花期偏晚,砂梨居中。同一品种因年份不同,开花期迟早差异亦大,但不同年份、不同品种的花期迟早仍相对一致,因此可归纳为早、中、晚3个类型,以作为选配授粉树的参考依据。

(1) 早花类型　包括茌梨、鸭梨、苍溪梨、金川雪梨、二宫白、金水1号、黄蜜、康德等。

(2) 中花类型　包括砀山梨、新高、湘南、黄花、长十郎、二十世纪、金水2号等。

(3) 晚花类型　包括晚三吉、江岛、太白、王冠、伏梨、巴梨、日面红等。

根据浙江农业大学在杭州观察,不论哪个类型,初花期时间较短,大致为2d,盛花期较长,大致为4d,至于末花期各品种差异较大,有的品种3~4d,有的长达10d左右。总之,各类型的花期从始花至终花只有5~14d,且以5~6d占多数,从初开转入盛开只需1~3d。同一地方同一品种开花的迟早和花期长短则主要受气温的影响。

在一般情况下,梨树都是春季开花,但也有特殊情况,例如二次开花和晚期花。

秋季开花常称为二次开花。二次开花是当年分化的花芽在当年秋季就开放。这种现象常常是在花芽分化期由于天旱或病虫等自然灾害造成早期落叶,蒸腾作用大幅度降低,而根系吸收的水分和无机盐类仍不断上运,细胞液浓度降低,已通过质变期的花芽发育进程加快,并促使花芽提前萌发而开秋花。二次开花也常能授粉受精而结果,但因季节已晚,温度不够,不能正常成熟或果实过小,无商品价值。故生产上必须加强夏秋季的肥水供应和病虫害防治,防止早期落叶而引起二次开花。

春季正常开花后,一部分果台副梢的顶端开花。这种花的开花期比结果新梢上的花晚10~20d,故称为晚期花。晚期花是在冬眠前已分化的花芽果台副梢顶部发生,休眠后至萌芽前继续分化,由于分化时间短,花器发育不完善,花的形态变异很大,如花瓣多、雄蕊少、花萼像叶片等,一般不能正常结实膨大。

2. 授粉受精 梨是异花授粉的果树，一般自花授粉不能结实或结实率很低。因此，生产上需配置授粉树。选择授粉树时，宜选亲和力强、花粉量大、花粉发芽率高、开花期与主栽品种相同的品种。一株树上的头批花或同一花序中的第1~2朵花养分较足，分化较好，结实率最高，而且结实后果实发育最快，果型最大，品质最好；盛花期开的花次之；最后开的花一般最差。

（六）坐果、落果及果实发育

1. 坐果及落花落果 梨是坐果率较高的树种，凡树势较强、能正常授粉而又管理得当的情况下，一般都能达到丰产的要求。但不同品种间坐果能力差异很大。按1个花序坐果3个以上者为强、2个为中、1个为弱的标准，坐果率高的品种有华梨2号、丰水、二十世纪、鸭梨等；坐果率中等的品种有湘南、砀山酥梨、长十郎等；坐果率低的品种如苍溪梨等。生产实践表明，坐果率高的品种往往由于坐果过多，负载过重，在大量结果的年份抑制了新梢的正常生长，影响了花芽分化而造成大小年结果或隔年结果现象。坐果率低的品种，又往往由于坐果量少而达不到丰产的要求。

在年周期中梨有3次生理落果高峰期（表16-1）。另外，在果实成熟前有一次轻微的落果。梨的果实较大，果柄较脆，遇5~6级以上的大风，如无防风设施会造成大量落果而减产。

表16-1 梨生理落果高峰期

品　种	盛花期（月/日）	生理落果高峰期（月/日）			观察地点和年份
		第一次	第二次	第三次	
王　冠	3/29~4/2	4/11	4/21	5/2	武昌，1973
长十郎	3/27~3/30	4/11	4/21	5/5	武昌，1973
伏　梨	3/29~4/2	4/13	4/22	5/13	武昌，1973
晚三吉	3/29~4/2	4/13	4/20	5/3	武昌，1973
博多青	4/1~4/8	4/15	4/30	5/18	南昌，1962
博多青	3/26~4/6	4/12	4/25	5/13	南昌，1963
今村秋	4/5~4/10	4/15	4/30	5/11	南昌，1962
今村秋	3/23~4/3	4/9	4/22	5/5	南昌，1963
菊　水	4/5~4/8	4/18	4/28	5/8	杭州，1963

2. 果实发育 梨果是经授粉受精的花发育而成，花托发育为果肉，子房发育为果心，胚发育为种子。在梨果发育过程中三者之间有着密切的相互制约的关系。根据果实发育的快慢可分为3个时期：

（1）果实迅速膨大期　此期从子房受精后膨大开始，至幼嫩种子出现胚为止。胚乳细胞大量增殖，占据种皮内绝大空间。花托及果心部分细胞迅速分裂，细胞数目增加，果实迅速增大，其纵径比横径增大快，故幼果多呈椭圆形。

（2）果实缓慢增大期　此期自胚出现起至胚发育基本充实止。这个时期胚迅速发育增大，并吸收胚乳而逐渐占据种皮内全部胚乳的空间。在胚迅速增大时期，花托及果心部分体积增大较慢。果肉中的石细胞团开始发生，并达到固有的数量和大小。

（3）果实迅速增大期　此期自胚占据种皮内全部空间起至果实成熟止。由于果肉细胞体积和细胞间隙容积的增大，果实的体积和重量迅速增加，但这时种子的体积增大很少，甚至不再增大,只是种皮由白色变为褐色,进入种子成熟期。

果实大小决定于细胞的多少和体积的大小,凡细胞多而大的,果实亦大;细胞数目少而小的,果实亦小;细胞数目多而体积小,或体积大而数目少的,则果实大小居中。

所有活跃生长的植物器官在生长速率上都具有生长的昼夜周期性,影响植物昼夜生长的因子主要有温度、植物体内水分状况和光照。一般一天内有两个生长高峰,通常一个在午前,另一个在傍晚。果实生长昼夜变化主要遵循昼缩夜胀的变化规律。梨果实在晴天,由于白天高温干燥,果实收缩,晚上则膨大,其中光合产物在果实内的积累主要是前半夜,后半夜果实的增大主要是吸水。因此,夏季高温期晴天采果要赶在早晨露水干前,果既大,水分又足,脆凉适口。雨天由于空气湿度处于饱和状态,果实完全不收缩,甚至由于降雨,果实异常膨大而发生裂果,特别是当高温干旱,果实渗透压高的时候突降暴雨或大量灌水后会加重裂果。套袋有防止裂果的作用,因为套袋果对由于降雨而促使果实膨大的影响比未套袋果迟几小时出现,膨大的速度也比未套袋果慢一半,故很少发生裂果现象。

二、对环境条件的要求

(一) 温度

梨因种类、品种、原产地不同,对温度的要求也不同,分布范围也有差异(表16-2)。砂梨原产我国长江流域,要求温度较高,多分布于北纬22°～32°之间,一般可耐-23℃以上的低温。

表16-2 梨主产区的气温(℃)

	种 类	年平均气温	1月平均气温	7月平均气温	生长季节(4～10月)	休眠期(11月至翌年3月)	无霜期	临界温度
中国	秋子梨	4～12	-5～-15	22～26	14.7～18.9	-4.9～-13.3	150d以上	-30
	白梨及西洋梨	10～15	-8～0	23～30	18.1～22.2	-2.0～-3.5	200d以上	-23～-25及-20
	砂 梨	15～21.8	0.8	26～30	15.8～26.3(大多在23以上)	5～17(大多在10以上)	250～300d	-23以上
日本	砂 梨	12～15	—	—	19～20	—	—	-23
	西洋梨	10.3～10.7	1.5～1.6	22.2～23.0	16.8～17.3	0.9～1.6	—	—

梨的不同器官耐寒力不同,以花器、幼果最不耐寒。江浙一带常因早春天气回暖之后骤然降温而发生冻花芽现象。梨是异花授粉果树,传粉需要昆虫媒介,8℃蜜蜂开始活动,其他昆虫则要在15℃以上。梨花粉发芽要求10℃以上温度,18～25℃最为适宜。在16℃的条件下,日本梨从授粉至受精约需44h,若温度升高,授粉受精过程可缩短,反之则要延长。故花期天气晴朗,气温较高,授粉受精一般良好,可望当年增产;若连续阴雨,或温度变化过大,会导致授粉受精不良,落花落果严重,必然造成减产。

温度对梨的品质也有影响,原产冷凉干燥地区的鸭梨引入高温多湿地区栽培,果型变小,风味变淡。长十郎果实成熟期(7～8月)的气温与品质呈正相关。

(二) 水分

梨的生长发育需要充足的水分,若水分供应不足,枝条生长和果实发育都会受到抑制。但降水过多,湿度过大,亦非所宜,因为梨根系生长需要一定的氧气,土壤内空气含氧量低于5%时根系生长不良，降至2%以下时则抑制根系生长，土壤空隙全部充满水时根系进行无氧呼吸，会引起植株死亡。

梨对降水量的要求和耐湿程度因种类和品种不同而异。砂梨耐湿性强，多分布于降水量1 000mm以上的地区。降水量及湿度大小对果实皮色影响较大，在多雨高湿气候下形成的果实，果皮气孔的角质层往往破裂，一般果点较大，果面粗糙，而缺乏该品种固有的光洁色泽，尤以绿色品种如二十世纪、菊水等表现明显。同时，4～6月当新梢生长和幼果发育期间，若雨水过多，湿度过高，病害必然严重。

（三）日照和风

梨是喜光果树，若光照不足，往往生长过旺，表现徒长，影响花芽分化和果实发育；如光照严重不足，生长会逐渐衰弱，甚至死亡。据浙江农业大学等（1964）对菊水品种在同一天内不同时段光合强度的测定表明，当光照度在30 000～50 000lx时光合作用强度较大，超过100 000lx时光合作用强度趋向减弱。

风对梨的影响很大，强大的风力不仅影响昆虫传粉，刮落果实，而且使梨的枝叶发生机械损伤，甚至倒伏。风还能显著增加梨的蒸腾作用，使叶内水分减少，从而影响光合作用的正常进行。一般无风时叶的水分含量最高，同化量最大，随着风力的增加，水分逐渐减少，同化量亦相应降低。但若果园长期处于无风状态，空气不能对流，二氧化碳含量必然过高，恶化环境，同化量便会下降。因此，适于梨树生育的以微风（风速0.5～1m/s）为好。建立防风林，可改善果园的小气候，减少风害，增强同化作用。

（四）土壤与地势

梨对各种土壤都能适应，无论沙土、壤土还是黏土都可栽培。但由于梨的生理耐旱性较弱，故以土层深厚、土质疏松肥沃、透水和保水性能较好的沙质壤土最为适宜。梨对土壤酸碱度的适应范围较广，pH5～8.5的土壤均可栽培，但以pH5.8～7为最适。梨树耐盐碱能力较强，土壤含盐量不超过0.2%时均能生长正常。

梨对地势选择不严格，不论山地、平原、河滩都可栽培。平原、河滩土壤水分条件较好，管理较为方便，但在高温多雨的地区，往往因雨水过多，地下水位过高，影响树势和果实品质，且真菌性病害容易蔓延。山地丘陵果园，排水、光照及通风条件较好，树势易于控制，病害也可减少，易获得高产优质的果实，但水土易于流失。同时，随着海拔的升高，气温逐渐降低，在高山地区栽培梨树，往往花期易受霜害。

第四节 栽培技术

一、育　苗

（一）砧木

梨的砧木种类很多，生产上应用的乔化砧木有11种之多，各地所用的砧木种类见表16-3。此外，另有矮化砧木榅桲。

现将长江流域及其以南地区应用最多的乔化砧和矮化砧的特征特性简介如下：

1. 杜梨　生长旺盛，主根少，须根多，深根性。对土壤的适应性强，抗旱，抗寒，也耐潮湿，对盐碱有一定的适应力，对腐烂病的抵抗力中等。萌蘖性强，易分蘖繁殖。与秋子梨、白梨、砂梨和西洋梨嫁接亲和力强。是我国北方梨区的主要砧木，长江流域亦有应用。

表 16-3 我国南方各地所用的梨树砧木

种类	采用的地区
杜梨	江苏、安徽、湖北、湖南、四川
豆梨	湖南、湖北、江苏、安徽、浙江、江西、福建、广东、广西、贵州、四川
砂梨	湖北、湖南、江苏、浙江、江西、福建、广东、广西、云南、贵州、四川、安徽、台湾
川梨	四川、云南、贵州
滇梨	云南、贵州
麻梨	广西

2. 豆梨 幼苗期生长迟缓，粗根少，侧根多，根系较深。对土壤的适应性强，在黏重土壤上生长良好，抗旱、耐涝，抗腐烂病，对西洋梨的火疫病、衰退病的抵抗力亦强，耐寒性不及杜梨。与中国梨和西洋梨的亲和力强，是西洋梨的优良砧木。为华中、华东地区梨的主要砧木。

3. 砂梨 幼苗期生长迅速，根系发达。耐涝力强，抗旱、抗寒力弱，对腐烂病有一定的抵抗力。中国梨和西洋梨均可用砂梨作砧木，是南方温暖多雨地区的主要砧木。

4. 川梨 根系发达，对土壤的适应性强。耐涝，抗旱，耐寒。与各系统梨嫁接亲和力均好，是西南地区的主要砧木。

5. 榅桲（*Cydonia oblonga* Mill.） 为中亚细亚原产。其类型很多，用作西洋梨矮化砧木的有安吉斯榅桲（Angers）和普鲁文斯榅桲（Provence）两类。

（二）砧木的培育

杜梨、豆梨、砂梨等果树的种子采收后，需经过 60~80d 的后熟才能萌发，春播需层积处理，秋播可免层积处理。种子发芽的温度依种类而不同，豆梨 10℃、砂梨 10~12℃才开始发芽。长江流域一带在 3 月上旬能达到这样的温度，所以春播需在 2 月下旬，最迟不能晚于 3 月上旬。

播种分床播和直播。床播可用温床或冷床，于早春提前播下，待幼苗长至具有 2~3 片真叶时进行移栽，每 667m² 栽苗 10 000~12 000 株。直播可按一定行距条播，出苗后进行间苗或补缺。

（三）嫁接

梨树的嫁接一年四季均可进行，一般多于早春进行枝接和秋季进行芽接。枝接常用的方法有劈接、切接、皮下接和腹接等。圃内嫁接多采用芽接，如芽接没有成活，翌春可用枝接法进行补接。枝接一般在树液刚流动时进行。长江流域在 2 月下旬至 3 月下旬，华南一带在 1 月上中旬至 2 月下旬。芽接时期应在新梢停长后，芽已充分肥大，而砧木的接穗皮层能剥离时进行。南方 7~10 月均可进行，以 8 月中旬至 9 月中旬为最适。

二、品种选择和配置

（一）品种选择

我国梨树的种类、品种很多，因原产地各不相同，风土适应性差异很大，可就地选择优良的乡土品种和某些日本、韩国引进的优质品种进行栽培，更有近年国内选育的一些适于南方栽培的新品种可供选择。此外，应根据交通运输条件及市场需要，早、中、晚熟品种合理搭配，既可延长供应期，满足消费需求，又可调剂劳力和交通运输。城市工矿区及交通方便的地区应以早、中熟品种为主，边远山区或交通不便的地区应以晚熟品种为主。

品种的选择还要考虑它的经济性状是否符合生产上的要求。如以加工制罐为目的，宜选择肉质致密、有香气、适于加工制罐的品种，如巴梨、秋福、康德等。如供外贸需要为目的，最好选择成熟期早、皮薄、肉细、质脆、汁多、味甜，以及果形美观、果皮黄绿、较耐贮运的品种，如翠冠、西子绿、华梨2号、丰水梨等品种。

(二) 配置授粉品种

梨的多数品种自花不孕，少数虽能自花结实，但单植一个品种，一般结实率很低。因此，合理配置授粉品种是提高产量的重要措施。授粉品种要选择与主栽品种亲和力强，花期相同或相近，花粉量多，发芽率高，而且经济价值较高，能丰产稳产的品种。为了管理方便，最好选用与主栽品种树冠大小相似，果实成熟期相近，而又同时进入结果期的品种。现将南方梨区主栽品种与授粉品种组合列于表16-4，以供选用时参考。

表16-4 南方梨区主栽品种与授粉品种组合

主栽品种	授粉品种
翠冠	清香、新雅、脆绿、黄花
西子绿	翠冠、黄花、清香、幸水、丰水
黄花	金水2号、翠冠、华梨2号、丰水
华梨1号	华梨2号、黄花、湘南
华梨2号	金水2号、脆绿、鄂梨2号
幸水	长十郎、湘南、黄花、绿云、西子绿
丰水	湘南、黄花、长十郎、绿云、二十世纪
新高	幸水、七月酥、二十世纪
黄金梨	新世纪、华梨1号、新兴、二十世纪
苍溪梨	二宫白、金川雪梨、鸭梨、茌梨
金川雪梨	苍溪梨、香香梨

三、栽 植

(一) 苗木准备

定植用苗要求品种纯正，无病虫害，苗木整齐，质量优良。优质苗木要求根系有3条以上长15cm以上、粗0.3cm以上的侧根，苗高80cm以上，接合部以上10cm处直径1cm以上。亦可采用优质芽苗定植，优质芽苗要求接芽上方5cm处直径0.6cm以上，接芽鲜活饱满，接口愈合严紧，垂直主根20cm以上，具3条以上直径不小于0.2cm的侧根或具密集须根。值得注意的是梨无病毒苗的培育问题。据王国平（1994）对辽宁、河北、山东、山西、内蒙古等5个省（自治区）的调查，主栽品种的病毒株率达86.3%。如梨石痘病毒、梨环纹花叶病毒、梨脉黄化病毒、梨树衰退病毒等均已严重影响梨树的正常生长发育，应采用脱毒技术培育无病毒苗。在脱毒苗尚未普及的条件下，育苗时要选择抗病砧木。

（二）栽植时期

栽植时期要根据当地气候条件而确定。冬前温暖、土壤湿度大的地区可以秋栽，从苗木落叶开始，亦可在落叶前带土移栽。秋栽的苗木伤口愈合早，能较早长出新根。因此，秋栽的苗木成活率高，缓苗期短，生长旺盛。冬季干旱和可能发生冻害的山区和沙滩地宜行春栽，以防冻害。

（三）栽植密度

栽植的密度与砧木、品种、土壤条件、栽培方式和整形方式有关。欧美各国栽植西洋梨，在高度机械化的情况下，应用乔化砧的推荐每 $667m^2$ 植 33～41 株，应用矮化砧的则可提高到每 $667m^2$ 植 44～66 株。目前，法国正进行 $4m \times 1m$ 和 $4m \times 0.5m$ 的篱壁形密植试验，每 $667m^2$ 栽植 166～333 株。现根据品种长势的强弱，分别提出不同类型品种的栽植株数，以供参考（表 16-5）。

表 16-5　不同类型品种的栽植密度

类型	品　　种	每 $667m^2$ 株数
生长势弱	长十郎、湘南、清香	60～110
生长势中等	翠冠、西子绿、黄花、苍溪、金水 2 号、华梨 2 号	40～70
生长势强	康德、金水 1 号、华梨 1 号	30～50

四、梨园管理

我国南方雨量较多，土壤黏重，透气性能差，夏秋季高温干旱，地面温度常高达 60℃以上，影响根系的生长。土壤管理要着眼于深翻改土，多施有机肥，以改善土壤的理化性质，使之透气、保水、保肥和调节土温，春季升温快，冬季降温慢，夏秋季变温小，以利于根系的生长。成年梨园深翻改土，应外深内浅，少伤粗根，并结合施基肥进行。密植梨园由于个体根系容积小，群体根系密度大，冠矮枝密，耕作困难，需在建园时一次做好深翻改土工作。

（一）梨园土壤管理制度

幼年梨园，果树行间可种植豆科或禾本科矮秆作物，树盘周围进行中耕翻土，夏秋干旱季节进行松土或覆盖。覆盖能预防土壤水分蒸发，降低土壤温度，改进土壤湿度状况，有利于微生物的活动，促进硝酸盐和磷酸的积累。

成年梨园的土壤管理，有全年种植覆盖作物、半年种植覆盖作物半年清耕休闲、全年清耕休闲和生草栽培等几种方式。南方梨区气候温和，雨量充沛，生长期长，一年种植两次绿肥是完全可能的。按每 $667m^2$ 产 3 000kg 鲜草计算，含氮量约有 15kg，即相当于每 $667m^2$ 产 3 000kg 梨果的需氮量，同时夏季种植绿肥对果园降温有显著效果。半年种植绿肥半年清耕休闲也是可取的，因为短期清耕休闲可保蓄水分，改善土壤的气热状况，有利于微生物的活动，从而改善土壤营养状况。当果树行间光照已经恶化，绿肥生长不良时，则应采取全年清耕休闲，铲除杂草，防止梨树浮根，改善土壤理化性状。至于中耕的次数、时间可因时因地制宜。在坡地果园，为了防止土壤冲刷，亦可让其自然生草或播种多年生绿肥，不行耕翻，只刈割覆盖。近年我国台湾从南美洲引进禾本科的百喜草（*Paspalum notatum* Flügge）行果园生草栽培，取得了良好的生态效益，南方各地都已引种推广。

（二）施肥

1. 施肥时期 梨树年周期生长中，根系和枝梢生长、开花、果实发育及花芽分化都有一定的顺序性及相互制约的关系。其中由依靠贮藏养分生长过渡到新叶同化养分供应的转折时期和果实发育及花芽分化的生殖时期是栽培管理上的关键时期，在确定施肥时期时应注意这些特点。

（1）基肥　在采果后落叶前施用。这时土温较高，树体又在活动时期，有利于根系愈合和生长。秋施基肥的新根增长量比春施基肥的多3倍左右。同时，秋施基肥对恢复树势、加强同化作用、增强树体营养贮备有显著的影响，故有利于提高坐果率及产量和品质。如因劳力等原因不能秋施基肥，采后也应及时追施氮肥，维持强壮的树势。南方梨产区秋季气温尚高，蒸发量较大，秋施基肥后应及时灌透水。

（2）追肥　梨树在不同生长时期对营养元素的吸收量是不同的。据日本佐藤对二十世纪梨的养分吸收量的研究，氮的吸收以新梢生长期及幼果膨大期最多，生理落果期极少，果实第二次膨大期又增多，果实采收后则吸收减少；钾的吸收动态基本上与氮相同，不过第二次果实膨大期对钾的吸收远比氮为高；而磷的吸收较氮、钾为少，且各生长期比较均匀。仅施基肥不能及时满足各个时期对不同养分的需要，必须根据梨树需肥特点合理追肥。全年追肥3次，天旱时要结合灌水进行。

①花前肥：于萌芽后开花前进行，施速效性氮肥，若用人粪尿、腐熟的饼肥，应提前半个月左右施下。花前肥对提高坐果率、促进枝叶生长和提高叶果比有一定的作用。弱树、幼树以促进枝叶生长为主要目的可以单施氮肥，施用量约占全年施用量的20%。初结果的树和成年的旺树一般不宜单施氮肥。

②壮果肥：于新梢生长盛期后果实第二次膨大前进行。以施速效氮肥为主，配合磷、钾肥料，氮肥用量约占全年施用量的20%。如施肥过早，会促进枝梢旺长，果实糖分下降，影响品质。

③采前肥：于采果前进行。施速效氮肥，用量占全年的20%。对树势较弱和结果多的树，采果后若不能及时施基肥，还可适当补施速效氮肥，对恢复树势、防止早期落叶起作用。

2. 施肥方法 梨的根系强大，分布较深。基肥应采用环状、条沟、扩槽放窝，分层深施。沟宽0.8m左右，深0.6m左右。轮换开沟，每1～2年一次，逐步将果园深翻施肥一遍，引导根系深入扩展。过4～5年后，可分期分批深耕，以更新根系，活化土壤。

追肥方法应根据肥料种类、性质，采用放射沟、环状沟或穴施，深10～15cm，施后及时覆土。如土壤水分不足，要结合灌水，氨水要先对水稀释，否则肥效不易发挥，甚至起破坏作用。

根外追肥目前已普遍采用，随着机械化的发展，今后将广泛应用管道灌溉。特别是4～5月梨树由贮藏养分到当年同化养分的转变时期，采用根外追肥效果更明显。常用浓度为尿素0.3%～0.5%，人尿5%～10%，过磷酸钙2%～3%，硼0.2%～0.5%，硫酸亚铁0.5%，锌0.3%～0.5%等。

3. 施肥量 许多试验证明，施肥要适量，必需元素既不能缺少，又不应过量，否则不仅会对树体产生肥害，还会污染土壤环境。所以，国内外都很重视对施肥量的研究。据日本富樫和细井等人对长十郎、二十世纪梨树体各部分生长量的测定及其养分含量的分析，生产2 500kg果实的梨树吸收和消耗养分含量如表16-6所示。

表 16-6　生产 2 500kg 梨果时整个树体的养分吸收量（kg）

	氮（N）	磷（P$_2$O$_5$）	钾（K$_2$O）	钙（CaO）	镁（MgO）
长十郎（富樫，1933）	10.75（10）*	4.00（4）	10.25（10）	—	—
二十世纪（细井等，1957）	11.62（10）	5.76（5）	12.00（10）	11.0（3）	3.22（3）

* 括号内数字为比例数。

如果折合每生产 100kg 果实所吸收消耗三要素的含量，则氮为 0.45kg，磷 0.2kg，钾 0.45kg。莱阳市土肥站（1992）对莱阳茌梨的试验表明，每生产 100kg 果施氮 0～1.0kg 范围内，随氮肥用量增加，茌梨酸度降低，总糖增加，糖酸比提高；每生产 100kg 果施氮量达 1.25kg 后，则酸度加大，总糖含量下降，糖酸比降低，品质下降。氮、磷、钾配比试验表明，氮（N）、磷（P$_2$O$_5$）、钾（K$_2$O）为 1∶0.5∶0.75 的配比效果最佳，施钾过多不利于品质的改善和提高。南方雨量较多，肥料容易流失，而且多数梨园土层瘠薄，施肥标准宜适当提高。

上述养分含量的测定，工作量大，不易进行。目前国内外多用叶片分析法，以确定是否需要施肥和施肥量的标准。根据世界各国叶片分析的结果列出各营养元素的适当含量（表 16-7）。

表 16-7　健壮树叶内营养元素含量范围

	N (%)	P$_2$O$_5$ (%)	K$_2$O (%)	Ca (%)	Mg (%)	S (%)	B (mg/L)	Zn (mg/L)	Fe (mg/L)	Cu (mg/L)	Mn (mg/L)
美国（西洋梨）	2.13～2.75	0.11～0.16	0.8～2.16	1.25～1.85	0.25～1.0	0.15～0.25	21～70	>16	36～45	5.6～20	32～96
丹麦（西洋梨）	2.0～2.5	0.15～0.30	1.2～1.6	1.2～1.8	0.2～0.3		20～50				
日本（砂梨）	2.5	0.12～0.14	1.2～1.35								
中国（白梨）	2.0～2.2	0.16～0.28	1.2～1.9								96

果树的需肥量受品种、树龄及砧木的影响较大。例如二十世纪与长十郎相比，前者较后者需肥量要大，特别是对磷的需要量大。美国将巴梨嫁接在不同的砧木上，研究不同砧木吸收营养物质的情况，结果表明：氮的吸收，西洋梨实生砧比楤梓和山楂砧为多；磷的吸收，以花楸砧最多，雪梨砧最少。又据国外研究材料指出，营养器官（根、茎、叶）与果实的氮、磷、钾含量的比率是不同的，营养器官的氮、磷、钾比率为 10∶3.5～5∶6.4～6.9，果实中的比率为 10∶4.5～4.8∶21～25。两者间氮、磷含量基本一致，而钾的含量果实比营养器官高 3 倍以上。因此，对成年树和幼树施肥应有所区别。

梨施肥量确定的依据是正确的营养诊断，目前常用的诊断方法有形态（树相）诊断、叶片分析、土壤分析等，还有近十多年来兴起的肥料综合诊断法（DRIS 法）。一般是根据树体大小、花芽多少、产量高低，以产定肥，并根据丰产、稳产的规律性指标酌量增减。

在施肥的种类上，应有机肥料与化肥相结合。一般有机肥应占施肥所需营养要素的 1/3～1/2，以改善土壤的理化性状。在化肥方面，应逐步由使用单一化肥过渡到使用复合肥料，并依据营养诊断结果配方施肥。

(三) 灌水与排水

据日本对菊水和二十世纪梨的测定，每制造1g干物质，需水量为401~468g，据此估算梨树一年每667m²的需水量，则生育期约需水640t（表16-8）。

表16-8 根据年生长量和蒸腾系数推算需水量

器官	年生长量 (kg)	干物质含量 (%)	干物质生长量 (kg)	蒸腾系数	年需水量 (t)
果实	4 000.0	10	400	400	160
枝、叶、干、根	2 400.0	50	1 200		480
合计			1 600		640

以长江流域年降水量1 200mm计算，则每667m²的降水量为800.04t，但降水时有径流和渗漏的损失，加之地面蒸发，一般认为仅1/3的降水可被树体利用，同时全年降水量极不均匀，需靠灌水加以补充。

梨树较耐湿，但土壤过湿，通气不良，根的生理机能减退，树体生长恶化，尤其是温度高，梨树旺盛生长时这种湿害的表现更为严重。生产上常见到地势低洼、地下水位高的平原梨园和不透水的山地梨园，在降水多或降水集中的季节，叶色黄绿，生长不良，一旦进入旱季，便发生黄叶早落的现象。因此，南方建园时提倡山地抽槽改土，平地深沟高畦，心土黏重必须抽槽抬高，要深翻改土，打通不透水的硬土层，四周围沟要深，沟河相通，既能排明水又要排暗水，做好排水防涝工作。长江流域及其以南的大部分梨产区的气候特点：春夏季阴雨连绵，降水较多；夏、秋季高温干旱，降水较少。概言之，春、夏之际要注意排水，夏、秋乃至冬季要注意灌水，个别春旱年份还要进行春灌。不同的树种品种、生育时期和立地条件对需水要求和保水性能是不同的，灌水时期、次数应区别对待。灌水的方法以沟灌、滴灌、喷灌、微喷灌和穴灌等为好，但高度密植的梨园采用高喷头喷灌易造成小气候湿度过大而引起真菌性病害。灌水要一次灌透，应使根系主要分布层内土壤含水量达到田间最大持水量的70%~80%。

五、整形修剪

(一) 梨树的生长结果特点

1. 梨树有明显的中心干 梨树的极性强，开张角度小，具有明显的中心干，容易发生中心干过强和主枝前强后弱的现象。幼树应进行摘心、拉枝、开角、基层多留主枝、弯曲延伸等，以促进骨干枝生长。

2. 梨萌芽力强而成枝力弱 一般生长枝除先端抽生1~4个长枝外，其他各节（基部除外）大都萌发为中、短枝。因此，梨树枝量不多，骨干枝尖削度小。幼树的骨干枝应适当短截，并多留辅养枝。待枝量较多时，即轻剪缓放，既可解决枝量问题，促进骨干枝的加粗生长，增强负载力，又可适时结果。

3. 梨以短果枝及短果枝群结果为主 梨大部分品种以短果枝结果为主，结果后再由每一个果台分生1~3个果台副梢，如营养条件好，当年可形成花芽，次年结果。如此逐年进行，分枝逐年增多。有的品种果台副梢抽生较长，形成松散的枝组；有的品种果台副梢较短，就会形成几条很短的果枝聚合而成的短果枝群。短果枝群结果虽好，经济寿命也长，结果部位比较稳定，但它的体积有限，更新能力也不及中型和大型枝组，而且内膛易光秃。因此，在整形修剪过程中，既要重视短果枝及短果枝群的培养和处理，又要有计划地培养一定数目的中型及大型结果枝组。

4. 花芽形成较容易 梨树生长停止较早，枝梢健壮，芽体饱满，且较少发出二次枝。绝大多数品种的一年生枝经过缓放，次年一般能形成很好的结果枝。但如不注意适当的叶果比，负载过量，也易出现大小年结果或早衰现象。

（二）树形

以往南方梨区常用的树形主要有疏散分层形和多主枝自然形两种，目前采用的有开心疏层形、盘形、纺锤形、折叠式扇形、斜式倒人字形、篱壁形、倒蘑菇形、三主枝开心形、斜十字形和日本式棚架形等。南京农业大学（2008）研究了丰水梨棚架形与疏散分层形两种树形的冠层结构特点、产量、品质差异及其相关性，结果表明：棚架形平均叶倾角，冠层开度，冠下直射、散射及总光合光量子通量密度显著高于疏散分层形，而叶面积系数极显著低于疏散分层形。棚架形果实单果质量、可溶性固形物、可溶性糖、糖酸比显著高于疏散分层形，而产量、可滴定酸和石细胞含量均显著低于疏散分层形。故在强调果实品质的条件下，目前多倾向采用无中心干树形。

图 16-8 梨树三主枝开心形

现以三主枝开心形和倒蘑菇树形为例，将整形过程简介如下：

1. 三主枝开心形整形 定植苗在 70cm 左右定干。春季将苗木主干 40cm 以下的萌芽抹去，保留 40cm 以上的萌芽 5～6 个；生长 7～10d 后，选留上下交错着生、生长健壮、均匀分布于主干周围的 3 个新梢作为主枝来培养；长至 50cm 左右并半木质化时，拉枝开张角度为 60°左右。对主枝上发出的一次新梢，长到 25cm 左右时及时摘心，对其二次梢则在 15cm 左右处摘心，使叶片尽快转绿成熟，促进花芽分化。在主枝上培养侧枝和结果枝组，力求分布均匀，间距达到 25～30cm。经过 2～3 年培养即可成形（图 16-8）。

2. 倒蘑菇树形整形 在培养三主枝开心形树形的早期（第二年），注意在生长势最强的一个主枝上选留主干 15～20cm 处萌生的一个强旺新梢，并缚以竹竿让其直立生长；当长到离第一层主枝中部 80～100cm 时，将其向行间拉斜平（与原延长方向成 75°左右），使之缓和生长；再在此延长干顶端附近选留 2~3 个新梢，作为小主枝培养，让其分生侧枝或枝组。延长干上的小主枝比第一层主枝开张角度更大，因而有利于对该树冠大小和长势的控制。同时，在延长干的"干"上还可直接培养较稀的小型结果枝组和短果枝，既可生产少量果实，又能起到缓和长势的作用。此树形主干仅 40cm 左右，从侧面观看宛如倒蘑菇形状。

（三）密植梨园的修剪

对密植梨园的修剪，要本着群体着眼、个体着手的原则，促控结合，建立良好的群体结构，使个体受光好，群体受光面大。生产科学试验证明，在高度密植的条件下，能充分利用光能的群体结构应该是行间较宽，株间较窄，株与株间的枝条彼此交差而形成一条树墙，树墙高度不超过 3.5m，树墙厚度保持 2.0~2.5m，树墙间距不少于 1.8~2.0m，行间地面每天至少有 1.5~2h 的直射光，可保证树体对光照的要求和小型农业机械作业的需要。

六、保花保果和疏果套袋

（一）保花保果和人工授粉

保花保果的根本措施是加强土、肥、水的管理和防治病虫。凡品种单一、授粉树不足或配置不当的梨园，应尽早补栽授粉树、高接授粉品种或花期树上挂花枝。花期喷 0.2%~0.5%硼酸或 800~1 000 倍醋精（含酸量 30%，食用醋精）对保花有一定效果。初结果的树和因大小年结果而无授粉条件的树以及梨树开花期间遇上阴雨连绵天气影响正常授粉时，应进行人工授粉。

浙江东阳报道，梨每取 1kg 纯花粉所需的花朵量，黄花和新雅为 150kg，翠冠为 200kg，新世纪为 250kg，早三花则需 400kg 左右。每千克鲜花（花柄留长 1.5~2.0cm，不沾水）的花朵数，黄花 4 000 朵，翠冠和新雅各 3 000 朵，新世纪 2 400 朵。黄花花量多，出粉率高，产粉量大，且花粉发芽率高，是采集花粉的一个优良品种，一般每 667m^2 可采鲜花 100~150kg，取纯花粉 0.7~1kg，可供 33~67hm^2 梨树人工授粉。用机械或人工取花药后，置于温度 20~25℃、相对湿度 70%~80%的室内，花药采取分层薄摊，出粉率 8%~10%，花粉粒发芽率高。梨花粉在自然条件下可贮存 10~15d，若经干燥处理后，置于干燥、黑暗、低温环境下贮藏，生活力可保持数年。人工授粉的具体方法可参考总论的相关部分。

（二）疏花疏果

梨树花芽容易形成，开花坐果率较高，常因坐果过多，消耗养分过大，而不能抽生良好的新梢。因此，疏去多余的花、果，调节生长和结果的矛盾，是防止大小年、达到优质稳产的有效措施。

1. 疏花　疏花分为疏花序和疏花朵两种，以疏花序较为简便。疏花的时期以花序伸出到初花为宜。疏花量要依树势、品种、肥料、授粉条件而定。疏花宜疏弱留强，疏长（长、中果枝的顶花芽）留短（短果枝的顶花芽），疏腋（花芽）留顶（花芽），疏密留稀，疏外（部）留内（部）。但树冠顶部和强壮直立的大中枝条，为了防止发生上强现象，可不疏花和少疏花，以果压枝。也可结合病虫防治，喷射 0.5%波尔多液或 0.3 波美度石硫合剂，杀死柱头而疏花。

2. 疏果　在疏花的基础上，对坐果率高的品种如二十世纪、丰水、华梨 2 号、爱宕等还要进行疏果。疏果时期，长江流域在第一次落果后至 5 月中旬完成。疏果以保持一定的枝果比或叶果比为度，成年健壮树的枝果比以 3~4：1 为宜，强树强枝可适当降低，弱树弱枝适当提高。砂梨系统的叶果比以 25~30：1 为适宜，间隔 15~20cm 留 1 果。

疏果时弱树、果多的树早疏多疏，旺树、果少的树晚疏少疏；内膛弱枝多疏少留，外围强枝多留少疏。做到留大果，疏小果；留好果，疏病虫果、畸形果；留边果，疏中心果；留距骨干枝近的果实，疏距骨干枝远的果实。

（三）套袋

梨果套袋已成为提高梨果质量的重要措施之一。提倡与推广果实套袋，既可防污减毒，又能隔绝病虫，防止意外伤害，提高果实的外观质量。每 $667m^2$ 留果套袋 7 800 个左右，一律留单果，疏完果后喷布杀虫杀菌混合药剂，及时套袋。套袋工作宜在 5 月底前完成。若套袋期适逢高温干旱，套袋前还需灌一次透水，以减少果面日灼。套袋时要使幼果处于袋体中央，在袋内悬空，不可让果实接触果袋，扎紧袋口而不损伤果柄。

为增加套袋果的糖分含量，可适当延迟采收期。采收时连同果袋一并采摘，放入筐内，到冷凉的果库中再除袋分级包装，这样既可防止果实碰伤，保持果面洁净，又可减少失水，保持鲜嫩状态。梨果用袋种类较多，套袋要用专用纸果袋。

七、老梨园更新改造和高接栽培

（一）老梨园改造

改造老梨园的主要措施为：①年久失管或管理粗放的老梨园病虫猖獗，首先要认真清园，及时打药，控制病虫。②深翻改土，种植绿肥，改良土壤理化性质。在行间抽 0.8m×0.8m 的通槽，分层施入肥料，每 $667m^2$ 施有机渣肥 7 500~10 000kg、饼肥 150kg、磷肥 50kg，并在行间种植绿肥。③因树制宜，修剪更新。可行拉枝缓放、疏截结合、以疏为主的剪法。④高接换种，改单一品种为多个品种，改接要用优质品种，实行多头高接，断根施肥改土。换种时根据树势、土质及管理水平合理截干，换种后对枝干上萌发的枝梢适当多保留，以便有较多的叶片制造有机营养，供给根系生长。接芽当年抽梢旺，生长可达 1m 以上，大部分二次枝形成花芽，次年挂果。⑤套栽幼树，增加密度，改稀植为密植。⑥抓好间作，增加收益。

（二）高接栽培和高接花芽

高接栽培在我国台湾称为寄接，现台湾的高接梨生产面积约占总面积的一半。主要生产技术措施如下：①接穗采集、处理和嫁接。采穗时间一般为 12 月中旬，采后可将接穗直接使用或装袋后置于 7~10℃ 温度下冷藏处理 400~800h。嫁接时期一般在 12 月下旬至翌年 1 月上旬，接穗切成具花芽的单芽后，用劈接或腹接法嫁接，接后套袋保护，至开花前取袋。②人工授粉与疏果。为确保坐果，必须进行异花授粉，且以混合花粉效果最好，坐果后每花序保留 3~4 果。③高接芽新梢的利用。高接芽抽生的新梢，可通过拉枝、摘心或喷乙烯利使其形成花芽，在花芽形成后再采穗进行冷藏处理，以资再次利用。④赤霉素的使用和果实套袋。人工授粉后 30d，在果柄处涂抹赤霉素羊毛脂软膏，而后套袋，每果台 1 袋。⑤砧用新梢的培养。每年春夏在砧树上多处刻伤，逼出新梢，培养健壮新梢作为来年高接用砧。

除在南方低海拔山区可通过高接栽培技术克服低温不足外，在其他地区亦可通过采用高接花芽技术，使高接换种树提早结果和解决因某些原因导致的部分梨园或部分植株或部分枝条上的花量不足问题。长江流域梨树高接花芽一般于 9~10 月进行，接穗选择优良品种结果树上部具充实饱满花芽的枝条，随采随接，一般采用切腹接，成活后，冬季修剪时剪砧，翌春开花坐果后解膜。

八、绿色梨果的标准化生产

绿色梨果是指遵循可持续发展原则，按照特定方式生产，经专门机构认定，许可使用绿色食品标志，无污染、安全、优质、营养型梨果。现已由农业部发布了《中华人民共和国农业行业标准 NT/T 423—2000 绿色食品 鲜梨[S]》。标准规定，我国的绿色梨果分为 AA 级和 A 级。AA 级绿色梨果生产过程中不使用化肥、农药和其他有害于环境和人体健康的物质，按有机生产方式生产，产品质量符合绿色梨果标准的果实。A 级绿色梨果指在生产过程中允许使用规定的农药和化肥，并严格按照规定的用量和方法使用。从目前来看，我国的绿色食品生产还处于起步阶段，在当前还不能完全禁用一切农药和化肥的情况下，A 级绿色食品是生产的主要种类。现将有关 A 级绿色食品梨果的质量标准摘录如表 16-9 所示。

表 16-9 果实大小的分级（果实横切面最大直径：mm）

分类	优等品	一等品	二等品
特大果	≥75	≥70	≥65
大果	≥70	≥65	≥60
中果	≥65	≥60	≥55

九、采 收

梨的采收时期主要依据种类、品种特性、果实成熟度和用途，以及气候条件，并适当照顾市场供应及劳力调配而定。砂梨系统的果实，采后即可食，一般果面变色呈现该品种固有色泽，果肉由硬变脆，果梗易与果台脱离，种子变为褐色，即可采收。国内近年新选育的部分品种，既有早熟性状，又有自然采收期长的特点，可降低果农的种植风险，如华梨 1 号、华梨 2 号、翠冠、新梨 7 号等，对于这些品种则可根据市场需要适时安排采收。

决定采收期还必须考虑到果实的用途，供鲜食用的，可在接近充分成熟时采收；用作贮藏的，应成熟适度时采收；用作加工的，需考虑加工品的特殊要求，如制梨干和梨酒、梨膏的需充分成熟时采收，而制罐用的可在接近充分成熟时采收，以保证果实的硬度。

（执笔人：蔡礼鸿）

主 要 参 考 文 献

方成泉，王迎涛.2005.梨树良种引种指导[M].北京：金盾出版社.
胡征令，等.2001.梨新品种翠冠选育及推广应用[J].中国南方果树（5）：40-41.
刘仁道，等.2008.特早熟优质梨新品种"爱甘水"[J].中国南方果树，37（5）：61-62.
阮光伦，等.2008.南方早熟梨"倒蘑菇"树形与三主枝开心形的比较观察[J].中国南方果树，37（6）：73.

万志成,蔡礼鸿,王幼学,等.1987.老梨园更新改造的技术措施[J].湖北农业科学(7):27-29.
王加更,王藕芳.2002.梨人工授粉技术[J].中国南方果树(1):40-42.
伍涛,等.2008.'丰水'梨棚架与疏散分层冠层结构特点及产量品质的比较[J].园艺学报,35(10):1411-1418.
徐宏汉,周绂.2001.南方梨优良品种与优质高效栽培[M].北京:中国农业出版社.
许方.1992.梨树生物学[M].北京:科学出版社.
于新刚.2007.黄金梨栽培技术问答[M].北京:金盾出版社.
张军利,梁爱新,李嘉瑞.1997.台湾低海拔地区高接栽培高需冷量优质梨技术[J].中国南方果树(4):36-37.
赵思东,等.2006.16个砂梨品种丰产性及果实品质比较研究[J].中国南方果树,35(6):49-51.

推 荐 读 物

扈冬梅.2002.梨树病虫害的防治[M].延吉:延边人民出版社.
邰通桥,等.2004.梨树栽培关键技术[M].广州:广东科技出版社.
王迎涛,等.2004.梨优良品种及无公害栽培技术[M].北京:中国农业出版社.
杨健.2007.梨标准生产技术[M].北京:金盾出版社.

第十七章 苹 果

第一节 概 说

一、栽培意义

苹果（apple）是世界果树的主栽树种，目前将苹果作为经济栽培的国家有88个。据联合国粮食与农业组织（FAO）统计，2009年世界苹果总产量达7 173.7万t，中国苹果总产量为3 120.4万t，几乎占世界总产量的1/2，居世界第一位。苹果在我国果树中的栽培面积、产量、产值和外贸量均为第一大果树。

苹果果实营养丰富，色、香、味俱佳，用途广。苹果果实酸甜适口，含水分85%左右，总含糖量10%～14.2%，苹果酸含量0.38%～0.63%。据分析，每1kg果实含糖类122g，蛋白质1.6g，脂肪0.8mg，钙90mg，磷74mg，铁2.4mg，维生素C40mg，胡萝卜素0.64mg，尼克酸0.8mg。苹果还具有医用价值，如以果、叶、皮供药，性凉味甘，能生津润肺，除烦解暑，开胃醒酒，适于消化不良、口干咽燥、便秘和高血压等症。果实中含有的多种矿质元素，特别是磷和铁，可补脑助血、安眠养神，有防积食、中和胃酸和促进胃脏泌尿之功能，果实中的钾（每1kg果肉含钾1 000mg）对高血压和水肿患者有较好疗效。苹果含有丰富的类黄酮，它是一种天然抗氧化剂，能抑制血小板聚集，降低血液黏稠度，有减少血管栓塞倾向，从而防止心脏病发作和降低冠心病患者死亡的危险性。苹果果实除供鲜食外，还可加工制作罐头、果汁、果酱、果干、果脯、蜜饯等。

苹果产量高，寿命长，鲜果供应期长。从经济效益来看，丰产期的产投比为5～10∶1，是经济效益很高的树种，苹果生产是振兴农村经济、农民致富奔小康的主导产业之一。我国南北各地的苹果品种6～11月均有成熟，中晚熟品种较耐贮运，可达到周年供市，并为重要的国际贸易果品，现已运销我国港澳地区及东南亚、东欧、北欧等地，是我国的第一大出口果品。

二、栽培历史与分布

苹果起源于中亚细亚及我国新疆西部。距今约7000年前瑞士新石器时代湖栖人遗址中，发掘出已炭化的苹果实和果核，其果形和体积与现今遍布各地的野生苹果类似。但中世纪前，主要在寺庙中栽培，后来古希腊和古罗马人传至西欧。到16世纪后，传到美洲。到18世纪中叶后开始培育苹果品种，19世纪末新品种大量育成。

我国苹果已有2 200多年的栽培历史。栽培的大苹果以山东烟台引种最早（约1871），青岛于1933年由美国引入红星（Starking）、金冠（Golden Delicious）等进行栽培。在我国南方，四川省的苹果栽培最早始于巴塘县，于1904年由美国传教士引入。成都约1925年从美国引入金冠、麻皮（Grimes golden）、元帅（Delicious）、丹顶等品种进行栽培。云南昆明约 1926 年自法国引入莱茵特（Reinette）系等欧洲品种。贵州、湖北约 1938 年开始引入大苹果栽培。浙江 1949 年前仅私人庭园有少量观赏苹果栽培，以后开始生产栽培。

苹果适应性强，栽培广，不论山地、平地、沙滩、盐碱地都有栽培，遍布世界五大洲，是分布最广泛的果树之一。从近赤道南纬 8°的印度尼西亚 East Java 的 Batu、南纬 4°17′的巴西 Guaramiranga、北纬 6°的菲律宾 Spencer 等 30 多个热带、亚热带国家和地区，到北纬 59°50′的芬兰皮基敖（Pükiö）；从近海面的沿海滩涂，到海拔 3 800~4 100m 的青藏高原，都有苹果栽培分布。世界苹果的主产区主要分布在北纬 34°~60°区域。

我国苹果的栽培面积 2009 年达到 201.5 万 hm^2，居世界首位。南方苹果以四川产量最多，2008 年为 29.7 万 t，栽培面积 2.78 万 hm^2。

第二节 主要种类和品种

苹果属于蔷薇科（Rosaceae）苹果亚科（Maloideae）苹果属（*Malus* Mill.）植物，全世界约有 27 个代表种，原产我国的有 17 种，重要栽培种主要为苹果，其他种有些可作砧木，有些则为观赏植物。

一、生产上用的主要种

1. 苹果（*M. pumila* Mill.） 现在世界上栽培的苹果品种，绝大部分属本种或本种与其他种的杂种。该种果型最大，包括我国原产的柰、绵苹果以及近代引入的西洋苹果。栽培广泛，经济价值最高。本种还有 3 个变种，即乐园苹果（Paradise）（var. *paradisiaca* Schneid.）、道生苹果（Doucin）（var. *praecox* Pall.）和红肉苹果（var. *nied zweizkyana* Dieck），前二者作矮化砧用，后者果肉、枝、叶均为红色。

2. 山荆子［*M. baccata*（Linn.）Borkh.］ 又名山定子，我国东北野生最多，四川西部亦有分布。果实最小，近球形，抗寒力极强，是苹果主要砧木之一。适于微酸性土壤，pH8 时接穗易发生黄叶病。其大果型变种常用作培育耐寒苹果品种的原始材料。

3. 湖北海棠［*M. hupehensis*（Pamp.）Rehd.］ 分布于湖北、湖南、四川、贵州、云南、江苏、浙江等省。别名楸子、野海棠、花红茶、野花红。耐暖湿气候，类型很多，是南方最广泛使用的苹果砧木。生长健旺，与苹果嫁接亲和力强，嫁接苗木进入结果期早，果实品质好。树为小乔木，高 5~6m，树冠呈不完整的圆头形，树姿半开张，主干灰褐色。叶片长椭圆形或卵圆形，叶小，中等厚，先端渐尖，基部椭圆形，平展，边缘有浅钝锯齿。枝条细硬，幼树多针状枝，以后渐少，幼嫩枝呈现紫红色，有少许茸毛，二年生枝灰褐色。花瓣 5，白色或粉红色；萼筒、萼片均为深紫红色，萼片小，略呈三角形，尖端钝或锐；雄蕊 20 枚左右，花丝白色，花药内常无花粉；雌蕊多数为 3 个。果小，呈圆球形或卵圆形，有光泽，向阳面多呈紫红色，果点有白晕；平均单果重 0.6g，纵径 0.75cm，横径 0.85cm；果梗细长，平均 3.9cm，青绿色或带紫红，梗洼、萼洼均浅而窄，萼片脱落。心室 2~4，多为 3 室；种子小，扁圆形，暗褐色，有光泽，每千克种子有 40 000~70 000 粒。

4. 丽江山荆子（*M. rockii* Rehd.） 分布于云南西北部和四川西南部，用作砧木。分布于海拔 2 400~3 000m，多集中于河谷两岸的山麓和山腰。据四川凉山等地试用，该砧木与苹果嫁接亲和力强。穗砧愈合良好。丽江山荆子树势旺盛，3~4 年开始结果，丰产性强。

本种为高大乔木，高可达 10m 以上，树龄有达 100 年以上者。树干灰褐色，树皮成块状脱落，二年生以上大枝浅褐色，皮孔稀疏，一年生枝赤褐色，幼枝细长无茸毛，结果后易下垂。叶片椭圆形或卵圆形至长圆形，先端渐尖，基部楔形或圆形，叶片长 6~8cm，宽 4~5cm，叶缘具细波状锯齿，幼叶有茸毛，老叶光滑无毛，叶色深绿，叶柄长 2cm，托叶披针形。花白色或粉红色，花瓣长 1.5~2cm，萼片 5 裂，花柱 4~5，基部合生，雄蕊 20~30 枚。果实球形或长圆形，果径 0.8~1.2cm，紫红色，光滑无锈点，萼片脱落，果梗长 3~3.5cm。心室多数为 4；种子棕褐色，卵圆形。果实 10 月中下旬成熟。

5. 沙果（*M. asiatica* Nakai） 别名花红。比苹果小，栽培历史久，我国西北、华北、西南、华东出产均多。近年因发展大苹果，沙果栽培逐渐减少，因树性较矮，可作半矮化砧木使用。

6. 海棠果 [*M. prunifolia* (Willd.) Borkh.] 又名楸子。乔木，我国北方和南方都有栽培，分布广。果型比沙果小，圆形或扁圆形，直径 2~2.5cm，果实多为红色，基部陷入，萼洼隆起，萼片宿存。本种主要供作加工原料和砧木用，部分品质较好的可以鲜食。海棠果的耐寒性仅次于山荆子，故可作育种材料。耐盐碱性比山荆子强，西北地区广泛作苹果砧木用，南方各地亦多用作砧木。

7. 塞威氏苹果 [*M. sieversii* (Ldb.) Roem.] 又名新疆野苹果。为当地良好的苹果砧木，与大苹果亲缘关系近。

8. 三叶海棠（*M. sieboldii* Rehd.） 分布于辽宁、山东、陕西、甘肃、湖南、浙江、广西、贵州、云南、四川等地。贵州广泛用作苹果砧木，亦为多倍体无融合生殖种。

9. 变叶海棠 [*M. toringoides* (Rehd.) Hughes.] 灌木至小乔木，分布于甘肃和四川西北部，分布高度为海拔 2 300~3 500m，抗寒、抗旱力均强，是冷凉、干旱、多日照的高海拔地区的良好砧木。本种亦为多倍体无融合生殖种。多为深裂叶片，也有不裂的，变异很大，叶缘有圆钝锯齿。果实呈倒卵形，纵径 1.5cm，横径 1.1cm，心室 3~5。果实 9~10 月成熟，熟后果实呈浓红色，味甜酸，有涩味，可食。种子小，每千克种子约 120 000 粒。

10. 台湾林檎 [*M. doumeri* (Bois.) Chev. syn. *M. formosana* Kawak. et Koidz.] 产于我国台湾省和海南省海拔 1 000~2 000m 的山上。果实球形，直径 4~5cm，顶端有宿存短萼筒。可作南方苹果的砧木或用以培育新品种。

11. 尖嘴林檎 [*M. melliana* (Hand.-Mazz.) Rehd.] 产于浙江、安徽、江西、湖南、福建、广西、广东、云南等地。果形与台湾林檎相似而果较小，直径 1.5~2.5cm，顶端有管状萼筒及宿存萼片，萼筒长 5~8mm。南方各地作苹果砧木。

12. 小金海棠（*M. xiaojinensis* Cheng et Jiang） 四倍体（$2n=4x=68$），产于四川的小金、马尔康、理县、黑水等地。乔木，高 8~12m。5 月中旬开花，10 月上旬果实成熟。每个果实平均有饱满种子 0.9 粒。根系发达，须根多，具有抗旱、耐瘠薄、耐涝、抗病、耐盐碱等多种抗逆性，是抗缺铁失绿有希望的苹果砧木。与苹果嫁接亲和性好，有矮化作用。

二、主要品种

世界苹果品种（cultivar）十分丰富，有 9 000 余个，作为良种或经济栽培的品种有 100 多个。我国从国外引入了 800 多个品种，并育成了一批新品种。由于世界苹果品种更新换代较快，且各地气候、土壤等环境条件不同，生产上的目的要求也各有差异，因此选择品种一定要因地制宜,应符合自然生态条件和社会经济发展需要,优先发展名、特、优、新品种。

南方低海拔地区温暖多湿,日照较少,给苹果栽培带来一些困难。但南方的高海拔山区,特别是四川西部、云贵高原具有独特的地理气候特点,符合苹果生长和结果的要求,从而表现出最优良的品质。现将南方栽培表现较好和新引进的品种作概略介绍。

(一) 早熟品种

1. 南部魁 又名藤牧 1 号,美国育成。果实圆形或长圆形,单果重 200g 左右,底色黄绿,果面大部有红霞或宽条纹,充分着色果能达到全红,果面光滑;果肉黄白色,细脆、汁多,酸甜味浓,可溶性固形物 11% 左右,有香气,品质上等。树势较强,枝直立,萌芽力强,成枝力中等。幼树易形成花芽,以腋花芽和长果枝结果为主,早果丰产。成年树以短果枝结果为主。在四川雅安 6 月底成熟,品质优于辽伏(Liaofu)等品种。

2. 早捷(Geneva Early) 美国纽约农业试验站育成。果实扁圆形或近圆形,单果重 150g 左右,底色黄绿,色彩全面浓红艳丽,果面光滑无锈,外观美;果肉乳白色,汁多,味酸甜,芳香浓郁,品质上等。生长势较强,树冠开张,萌芽力强,成枝力弱,易形成花芽,初果期以腋花芽和长果枝结果为主,成年树以短果枝结果为主。在四川 6 月中旬成熟。具有分批开花、果实分批成熟习性。

(二) 中晚熟品种

3. 金冠(Golden Delicious) 又名金帅、黄香蕉、黄元帅,美国西弗吉尼亚州 1914 年从实生苗中选出。为较长时间以来世界栽培分布最广、面积最大、产量最多的中晚熟良种,也是当前四川的主栽品种之一。果实圆锥形,萼洼有 5 个隆起,果面有不甚明显的 5~10 个棱,单果重 180g 左右,果面鲜绿黄色,阳面在最适生境下有红晕;果肉乳黄色,质细、致密,汁多,可溶性固形物 12%~18%,高者达 21%,酸甜味浓,品质优良。主要缺点是易生果锈,耐贮性较差,贮后易皱皮、沙化,抗早期落叶病能力弱,乔化高大,不适密植,管理不当易出现大小年结果和早衰现象。

4. 金矮生(Golden Spur Delicious) 美国华盛顿 1960 年发现的金冠短枝型芽变。果实形状、大小均与金冠相似。果实绿黄色,果肉黄白色,质脆、汁多,味酸甜,有香气,风味较金冠稍淡,品质上等,成熟期较金冠稍晚。金矮生早果丰产性好。幼树树势较强旺,萌芽力强,成枝力弱。较金冠耐旱,适于密植,宜作元帅系短枝型品种的授粉品种。但与金冠一样果实易生果锈,贮后易皱皮、沙化。

5. 元帅系品种 原产美国,元帅(Red Delicious)与其枝变红星(Starking)、红冠(Richard Delicious)合称"三红",为世界广泛栽培品种。以美国、加拿大、日本栽培较多,我国也曾大量发展。美国自 1872 年以来,从元帅亲本中相继选出了许多新品种,统称为元帅系品种,这些品种除了普通型(乔化型)的红星、红冠外,还有从普通型中选育出来的短枝型芽变新品种,如新红星(Starkrimson Delicious)、首红(Red Chief)、超红(Stark Spur Supreme Red Dilicious)、艳红(Stark Spur Ultra Red Delicious)、银红(Silver Red Delicious)、魁红(Stark Spur Prime Red Delicious)等。目前国外推广的主要新品种有从新红星中选出的康拜尔首红(Redchief Compbell)、摩西首红(Mercier Redchief)等,有第四代浓红短枝型新品种俄矮红、银红等,还有第五代浓红短枝型新品种阿斯(Ace Spur Red Delicious)、矮鲜、瓦丽短枝(Vallee Spur Delicious)、超首红等。

元帅系品种树势强健,幼树枝条直立,结果后渐开张,萌芽力强,成枝力中等,枝较粗壮，暗紫褐色。叶片较厚，叶色浓绿，叶柄基部带红色。幼树易旺长，进入结果期迟，但结果以后非常丰产，四川茂汶 13 年生的红星单株产量曾达 480kg，一般为每株 200～250kg。长果枝及腋花芽较少，以短果枝结果为主。果实多呈圆锥形，果较大，单果重 150～200g；果顶有 5 个明显的隆起，萼深而陡，萼片闭或半开；果梗粗壮，中长或较短，两端常膨大成肉质梗，梗洼中广，深而陡；果肉淡黄色，汁多，肉质细嫩，香甜味浓。元帅成熟较迟，果面红色较淡，有不很明显的红条纹。红星、红冠着色成熟期都比元帅早，颜色更深，有白色晕。近年推广的新红星乃系红星的短枝型芽变，色浓红、早熟，为美国主栽良种。元帅系品种的最大优点是香浓味甜，色泽鲜艳，颇受市场欢迎。初采时含淀粉较多，味较淡，稍经贮藏，味转甜，可溶性固形物可达 15％以上。四川小金所产红冠，可溶性固形物有的高达 20.1％。

（1）超红 美国华盛顿 1967 年发现的红星短枝型芽变。果个较大，圆锥形，果顶 5 棱突出，色彩浓红鲜艳，全面着色，不显条纹，较新红星更美观。在湿热、少日照的四川雅安亦表现全红着色，7 月中旬成熟。肉质细、松脆，汁多，味甜，有香气，品质上等。树冠直立、紧凑，生长势较强，丰产，适于密植。

（2）康拜尔首红 美国华盛顿 1967 年发现的新红星短枝型枝变。1976 年发表推广后，迅速发展成为元帅系主栽品种。果个大，圆锥形，果形端正、整齐，果面光洁无锈，全面浓红，多断续宽条纹，着色早，色泽艳丽，外观美。在湿热、少日照的四川雅安亦可达全红，7 月中下旬成熟，比一般元帅系普通型早 1 周左右。果肉乳白色，肉质细，汁多，味甜，浓香，品质上等。树势中庸，株型紧凑，短枝型。花芽形成易，结果早，几乎全以短枝结果，丰产性强，产量多比新红星高，适于密植。

（3）新红星 美国俄勒冈州 1952 年发现的红星短枝型株变，为推广较早、栽培最广泛的苹果短枝型品种。果个较大，圆锥形，高桩，果顶 5 个隆起显著，全面浓红色，不显条纹；果肉淡绿白色，质细脆，多汁，味甜，有香气，品质上等。美国销往我国的蛇果主要是新红星等。新红星株型紧凑、矮化，萌芽力强，成枝力弱，短果枝多，有腋花芽，较红星、元帅坐果率高，丰产，较易栽培管理，适于密植。

6. 津轻（Tsugarau） 1943 年日本选出，1975 年正式命名。果实中等大，圆形或近圆形，端正，底色黄绿，被有淡红色条纹；果肉黄白色，肉质松脆，汁多，酸甜适度，微香，品质上等。树冠高大，幼树直立，树势较强，萌芽力和成枝力均强，具长、中、短果枝和腋花芽结果特性。幼树长果枝、腋花芽果枝多，而成年树以短果枝为主。开始结果期早，丰产，适应性广，抗寒力及抗病力较强。

7. 华冠（金冠×富士，Chinese Champion） 郑州果树所 1976 年培育的新品种。果个大，单果重 170g 左右，近圆锥形，底色金黄，1/2～2/3 果面着红色条纹，充分着色可全面红色；果肉黄色，致密，质脆，多汁，酸甜味浓，可溶性固形物 14％左右，品质上等。树势中庸，树姿开张，枝叶似金冠，幼树腋花芽结果力较强，成年树以短果枝结果为主，自然坐果率高，具有优质、高产、耐贮、外观美等特点。

8. 华帅（富士×新红星，Chinese Marshal） 郑州果树所 1976 年培育的新品种。果实大，单果重 200g 左右，短圆锥形或长圆形，成熟时全面红色，间具红色条纹；果肉淡黄色，肉质细脆多汁，酸甜味浓，有香气，品质上等。结果早，丰产性强，短枝性状明显。

9. 安娜（Anna） 以色列选育的乔化品种。果型较大，卵圆锥形或长圆锥形，底色绿黄，着色红霞鲜红条纹；果肉淡黄色，汁多，质脆，酸甜适度。树势强健，树姿半开张，幼树生长快，成年树以短果枝结果为主，果实有分批成熟习性。适应性广，抗逆性强，国外在低纬度的热带地区栽培表现好，为该地区的主栽品种。

10. 乔拉金（金冠×红玉，Jonagold） 美国纽约农业试验站1953年杂交选出的乔化三倍体品种，1968年正式发表，以优质、丰产、适应性强为特点。果型较大，圆形或近圆锥形，果面无锈，多蜡质，底色绿黄或淡黄，着色鲜红，有不很明显的断续条纹，树冠内着色不良；果肉黄白色，松脆、多汁，酸甜适度，有香气，品质上等。树冠中大，成枝力强，分枝角度较大，初结果树以短果枝结果多，具有腋花芽结果特性，早果丰产，适应性广，易感白粉病。

（三）晚熟品种

11. 富士（Fuji）系品种 富士系是指日本1939年用国光×元帅杂交选育的以富士为亲本，从中不断选育出的系列新品种。果实扁圆形或圆形，肉脆甜。具有优质、丰产、极耐贮藏等特点。现已成为国际苹果品种中发展最快的品种，尤以日本和我国发展最快最多。我国于1966年引入富士，富士系品种现已成为我国苹果的主栽品种。

针对富士果实着红色差、乔化大冠、成熟期过晚等问题，又进行不断选育。1966年日本累计选出763个，经鉴定认为64个品系表现较好。我国把着色系富士统称为红富士（Red Fuji），并于1980年从日本陆续引入，到1993年我国红富士栽培面积已达73.3万hm^2。

富士着色系，包括Ⅰ系片红型的岩富10号；Ⅱ系条红型的秋富1号、长富2号、群富1号、青富13、山富2号、盛放3A、长富6号等两大类。同时，还进一步选育出了短枝型的宫崎短枝、惠民短枝、优良短枝、秋富39、斋藤、长富3号、福岛短枝等，成熟较早的中晚熟型的早生富士、红王将，以及新富士、2001富士、乐乐富士等。这里重点介绍南方栽培较多的3个品种。

（1）长富2号（Nagafu 2） 日本长野县选出的富士着色系芽变，乔化晚熟品种。1975年申报，1981年得到承认。果型大，圆形或近圆形，端正，底色黄绿，着色鲜红条纹，色泽和外观比富士好，果梗长；果肉黄白色，质细、致密，汁多，味甜，品质上等。果实生育期180d左右，极耐贮藏。该品种树势强，树冠高大，幼树直立性强，结果后开张，萌芽力和成枝力皆强，具长、中、短果枝和腋花芽结果习性。幼树以长、中果枝和腋花芽结果为主，成年树以短果枝结果为主，丰产。轮纹病发生较重，有霉心病和梗洼环状龟裂，抗寒力弱。

（2）岩富10号（Iwafu 10） 日本岩手县选出的富士着色系芽变，乔化晚熟品种。1980年申报，1981年承认。果型大、整齐，圆形或近圆形，全面着浓红或鲜红色，着色和外观比富士好，果梗较短；果肉黄色，质细、致密，味甜，品质上等。晚熟，果实生育期180d左右，极耐贮藏。树势与长富2号相似，幼树以腋花芽、长果枝结果为主，成年树以短果枝结果为主，早果丰产性与长富2号相似。果实轮纹病比其他富士芽变品种重，有霉心病和梗洼环状龟裂。

（3）早生富士 日本秋田县1982年选出的着色和成熟较早的富士着色系枝变，乔化品种，1987年登记为新品种。果型大，圆形或扁圆形，果面光滑，底色绿黄，着鲜红条纹，属Ⅱ系条红型；果肉白色，汁多，味甜或酸甜适度，有蜜味，品质上等。较富士早熟。早果、丰产性皆优于富士，坐果率高，其他特性与长富2号相似。

此外，王林（Orin）、世界一（Sekaiichi）、秦冠、金光、胜利、葵花、辽伏、祝、伏翠、恩派、香红、秀水、燕山红、奥查金、珊夏（Sansa）、静香、高岭、北斗（Hokuto）、红月、岱红、泽西等都各有其特点和不同程度的栽培应用。

第三节 生物学特性

一、生长发育特性

（一）树体生长特性

苹果为落叶乔木，树体高大，高者 15m 以上，干性强，层性明显，经济结果寿命可长达 40～60 年。短枝型品种采用矮化砧木的树冠，比普通型乔化树冠小 1/3～1/2，乔化树在人工栽培技术控制条件下也可使树冠矮小。幼树树姿直立性强，成年树大量结果后树姿开张。

（二）根系生长特性

1. 根系的形成和分布 苹果砧木种子在土壤中萌发后，其主根达到一定长度即开始分根，在垂直和水平方向逐渐形成不同粗细的轴根或称骨干根（tap root）和半骨干根，骨干根上着生的新侧根（lateral root）称为须根（fibrous root），须根上长着大小不等的吸收根（absorbing root），从而形成根系的吸收系统。据统计，一株苹果树，粗度 1～5mm 的吸收根约占 65%，而这些吸收根不断死亡，同时又为新的吸收根所代替。经过一段时间后，吸收根由白色变为褐色，即由初生结构变为次生结构而木栓化，根毛和外层脱落，吸收根逐渐失去吸收功能，形成了起输导作用的轴根。大量的吸收根在失掉吸收功能后即开始死亡（图 17-1）。

图 17-1 海棠果根系
1. 生长根 2. 吸收根
3. 过渡根 4. 输导根

苹果根系（root system）的分布因砧木树种不同而有异。例如，在四川盆地，湖北海棠、蒲江海棠分别比海棠果（秋子）的根系浅；在川西高原，丽江山荆子的根系比西府海棠为深。另外，苹果根系分布的范围受土壤环境等的影响也很显著。幼年苹果的根系向纵深发展的速度较快，以后逐渐缓和。成年苹果根系水平分布的范围一般比树冠直径大 1.5～3 倍，而分布的深度在土层浅或地下水位高的地带则垂直根的延伸显著受到限制。据观察，垂直根入土深度多为 1.5～2m，而大量的根群主要分布在 60cm 以内的土层中，大量的吸收根集中分布在树冠外缘的内外区域。

2. 根系周年生长动态 苹果的根在一年中开始生长比地上部早，而停止生长比地上部晚，在适宜的条件下可周年生长。一个年周期内有 2～4 个生长高峰。例如，金冠初结果树一年中根系有 3 次比较旺盛的生长高峰，从年生长周期之始的 3 月上中旬开始，根系进入一年当中第一次生长高峰，到 4 月中旬结束，表现为先生根后发芽；第二次根系生长高峰是 6 月上旬到 7 月下旬，这时期是春梢将停长时开始到果实迅速生长和花芽分化前，为全年生长时间最长、发根量最多的一次；第三次根系生长高峰是 9 月上旬到 11 月下旬，随秋梢逐渐停顿而开始，因树上生殖生长和营养生长消耗掉大量养分使树体空虚，急需补充，这一次根系生长的特点是时间长、发根多、吸收量大、贮存营养丰富，有利于第二年果树的发芽、开花、坐果和新梢生长（图 17-2）。

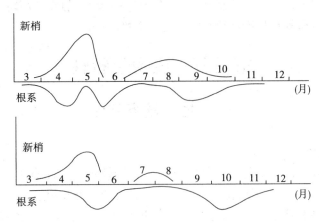

图 17-2 苹果根系生长和新梢生长示意图
上：成年树 下：幼年树

3. 根系的衰老和更新 苹果嫁接树的骨干根大体在定植后 3~5 年基本形成，但根系生长速度随地上部进入结果期而下降。到 20~30 年生时，骨干根上发根力衰退，直径 3~6mm 的根开始死亡，从而导致骨干根的光秃。但是骨干根到老年时，与树冠的向心更新一样，能自基部发生新根，出现大量根蘖，表明苹果根系具有较强的更新复壮能力。

4. 根系生长与环境条件的关系 苹果在 0.5~1.3℃ 根系开始活动，根系生长的适温为 7~21℃，14~21℃ 生长最旺。0~7℃ 和 20~30℃ 时根的生长减弱，土温低于 0℃ 或高于 30℃ 时根就不能生长。0~0.5℃ 时能吸收硝酸盐和铵态氮，并能转化合成有机物。0.6~2.6℃ 时能加长生长。

（三）芽和枝的生长特性

1. 叶芽的特性 苹果的叶芽（leaf bud）和花芽（flower bud）皆有鳞片包被（bud scale），称为鳞芽（scaly bud）。叶芽较花芽瘦小而先端尖，内部组织也不同。叶芽内部具有雏梢和叶原始体。雏梢又称芽轴或胚状枝，苹果的叶丛枝或短枝的顶芽和叶片都是在胚状枝上形成的。叶原始体又称芽内叶，据山东农业大学张恒悦报道，苹果中长枝的中下部枝和叶由上一年形成的雏梢和芽内叶发展而来，上部的枝和叶为当年形成，又称外生枝和芽外叶。上一年贮备营养物质丰富的植株，其叶芽饱满，并具有 6~7 个鳞片和 7~8 个芽内叶。贮备营养物质差的植株，芽瘦小，芽的鳞片数及芽内叶的数目较少。中长枝的长短和芽外叶的多少，则视当年新生养分的供给情况而定。因此，上一年加强管理，注意肥水，提高叶片的光合效能，形成饱满叶芽，则芽内叶的数目多；注意春季肥水管理，不论对短枝顶芽形成花芽或抽发长枝，枝上形成良好的芽外叶，都具有重要意义。

苹果的萌芽力和成枝力与品种、树龄、环境条件及栽培技术有关。苹果品种萌芽力由强至弱为鸡冠、红玉、祝、金冠、青香蕉、倭锦、大国光、红星、元帅、红冠、国光。成枝力由强至弱为祝、红玉、倭锦、金冠、红星、元帅、红冠、青香蕉、国光。成枝力和萌芽力皆弱的品种，常形成稀疏型树冠，宜注意短剪和生长季修剪，促发分枝。

苹果的芽具有晚熟性，一般从越冬到翌春始发芽抽枝，但亦因品种、气候和修剪等栽培条件而异。有的品种芽具有相对的早熟性，发育时间较短，如红玉、金冠等当年生长季内即可成熟、萌芽、抽枝；而国光、黄魁等的芽则具有晚熟性，当年不萌发。气候温暖期长、多雨、夏末早秋干旱、深秋多雨反暖、氮肥和灌水过多、过晚、夏季摘心、短剪和早期落叶等，都可促进芽的当年萌发抽枝。

2. 花芽及结果习性 苹果的花芽外形较肥大而先端钝圆，其内具有雏梢、叶和花的原始体，称为混合芽（mixed flower bud）。花芽以顶生为主，但亦有腋生者。腋花芽（axillary flower bud）外形较顶芽小而较侧生的叶芽肥大，芽体呈三角形，芽尖长而微弯。腋花芽当年分化程度较浅，翌年春开花较顶花芽迟。腋花芽较顶花芽抗冻力强，在早花遭冻时，常可补偿部分产量损失。

腋花芽较多的品种有金冠、大国光、倭锦、新倭锦、红玉、鸡冠、祝、伏锦、辽伏、甜黄魁、迎秋、印度等。腋花芽发生较少的品种有青香蕉、国光、元帅、红星等。盛果期前，及时停长的健壮长枝扭梢、摘心、拿枝都有利于腋花芽的形成。

3. 枝的类型与生长

（1）枝的类型 苹果由叶芽或混合芽抽生的枝有以几下种（图17-3）：

①生长枝：生长枝（vegetative shoot）依其生长的强弱长短，分为徒长枝（water shoot）、普通生长枝（vigorous shoot）、纤弱枝（slender teig）及叶丛枝。生长枝种类比例因树龄、树势而异，是树体营养状况和生长结果关系的形态指标。一般幼旺树长枝较多，老弱树纤弱枝、叶丛枝较多。幼旺树新梢年生长量在南方可达1～2m。一定的新梢种类比例和年生长量是苹果高产稳产的标志之一。

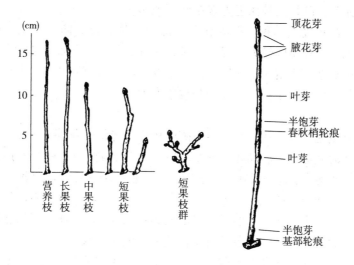

图17-3 苹果枝条的类型和芽的名称

②结果母枝：着生混合芽的上年生枝为结果母枝。

③结果枝：混合芽萌发后，先抽生一段短的新梢，在其顶端着生花序，开花结果，这段短缩的新梢称为结果枝（fruit branch or bearing branch）。因其坐果后成为养分输导通道而常膨大，又称果台。一般都习惯地把结果母枝称为结果枝，本书亦按此习惯称其为结果枝。结果枝依其长度可分为超长果枝（30cm以上）、长果枝（15.1～30cm）、中果枝（5.1～15cm）、短果枝（5cm以下）和短果枝群（由果台枝连续分生短果枝而形成的短枝组）。苹果各种结果枝都以顶生花芽为主，但长、中果枝除顶花芽外亦常形成腋花芽。

④果台副梢：苹果的花芽在抽枝开花结果的同时能自叶腋间抽生二次枝，称为果台副梢（又称副梢、果台侧枝），少则1～2条，多者可达4条。若营养等条件适宜，生长发育适度，果台副梢可当年形成花芽，翌年连续结果，并在形成顶花芽的同时形成腋花芽；若营养不

足，生长短弱，则一般翌年形成花芽，第三年结果；若生长过弱，则可能间隔更长时间方能结果，或直至死亡而不能结果。若树势过弱，则不能抽生果台副梢而成空台。果台副梢制造大量的有机养分，有助于果实生长发育。生长过旺的植株果台副梢会与果实竞争养分和水分，特别在高温多雨的南方，在生理落果期对副梢适当摘心，可以缓和梢果矛盾。当干旱时，由于叶片细胞液浓度高于果实的而常夺取果实水分，导致落果。

(2) 枝的生长　苹果枝的加长生长自芽萌发至生长始期，其营养均是依赖树体贮藏养分，因而生长较慢。萌芽后约40d新梢不再依赖贮藏养分而靠新的同化养分生长。枝的旺盛生长期，每周生长量可达7cm，此时是决定新梢量和质的关键时期。

随着叶的生长，叶面积的迅速扩大，光合效能与光合产物增加，植株内新生养分积累，新梢生长缓慢并渐趋于停长，生长中心由营养生长转移到生殖生长，花芽开始分化，种子胚胎发育，外形上生长处于静止状态，树体内生理机能却在强烈地进行。生殖生长不但决定着当年的产量和质量，也决定着翌年的产量和质量。因此，对植株本身或对果园采取农业技术措施此时为关键时期。停止生长过早，会影响枝梢长量和叶面积大小；过晚，则影响花芽分化。苹果新梢加粗生长的始期和停止期皆较加长生长期稍晚，停止期晚15～30d。

新梢生长初期节间很短，迅速生长期节间增长，此后又渐缩短。由于内部营养和外界条件随不同时期的变化，形成枝上芽的异质性，就一次生长量而言，枝基部芽不充实，常呈隐芽；中上部芽最充实；旺长的枝条近先端芽又不充实。

苹果枝条的分枝角度因品种、树龄和着生部位而异。以甘露、红玉、旭、醇露、大国光、青香蕉、鸡冠等分枝角度较大；祝、国光、元帅、红星、红魁、迎秋等分枝角度较小。苹果分枝角度随树龄增加而增大，故幼树分枝角度小，树冠直立性强；老树分枝角度大，树冠开张。枝条上部的分枝角度小，下部的分枝角度大。

(四) 花芽分化

1. 花芽分化的过程　苹果由叶芽的细胞组织形态转化为花芽生长点的组织形态之前，生长点内部由叶芽的生理状态转向花芽的生理状态的过程称为花芽生理分化阶段。据 M W Williams (1973) 研究，苹果一般在开花后2～6周进入这一阶段，因各地气候不同而有差异。又据许明宪等 (1962) 研究，苹果这一阶段需1～7周，平均4周，与形态分化初期一致；但在一株树上，生理分化开始的早晚又因枝条的长短而有不同，开始最早的是短果枝，其次是中果枝，最后是长果枝，与各类枝条停长的早晚相一致。

苹果花芽的形态分化是花器在生理生化基础上的发生和建造的过程，通常分为以下几个时期：①未分化期：生长点平滑、微凸。②分化初期：生长点隆起，在生长点范围内，除原生的分生组织外，出现初生髓部细胞，并有初生的输导组织。③～④花蕾分化期：生长点中间及周沿隆起。⑤萼片分化期：花蕾原始体顶部凹入而萼片突起。⑥花瓣分化期：萼片内侧出现突起，即花瓣原始体。⑦雄蕊分化期：在花瓣原始体内侧出现2列突起，为雄蕊原始体。⑧雌蕊分化期：在花蕾原始体中心底部发生突起，即雌蕊原始体（图17-4）。

至于性细胞的形成在第二年开花才能结束。就全株树来说，花芽分化和形成的时间往往需持续1年；而一朵花分化和形成的时间则长短先后不一，需3～13周。

2. 花芽分化的时期　苹果花芽在一年中开始分化期和集中分化期常因品种、树龄、环境条件、栽培技术等不同而异。一年中有两个集中分化期：一是春梢停长后，主要是短梢和部分中梢顶芽分化形成花芽；二是秋梢停长后，主要是腋花芽和副梢顶芽形成花芽。同一品种的花芽分化在南方比在北方早；同一环境条件下，盛果期的大树花芽分化早，成年树比幼

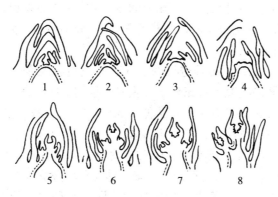

图 17-4 苹果花芽分化模式
1. 未分化期 2. 初分化期 3~4. 花蕾分化期
5. 萼片分化期 6. 花瓣分化期 7. 雄蕊分化期 8. 雌蕊分化期

树早,早熟品种比晚熟品种早;其他条件相同,栽培上长放不剪的树较短截修剪的树早,同一株树上短果枝较中长果枝早,同一枝上顶花芽早而腋花芽及副梢芽最晚。

在南方的高海拔地区,苹果花芽分化常在全树新梢生长减缓和停长时开始。而在南方高温多湿的低海拔地区,由于生长季节长,新梢有多次生长,其停长期先后不一,从而使花芽分化期拉长,先后不齐。

3. 花芽分化后的发育 苹果在入冬以前大部分花芽已形成雌蕊原始体,但仍有部分因开始分化期晚未达到雌蕊形成期,尤其是在高温多湿的南方。

在休眠期花芽仍需继续进行分化。如果冬季暖和,则花芽发育不良,翌年不能开花,或开花不整齐,果实成熟期不一致,造成低产。如经冬季低温后,则花芽发育快而完全,翌春开花整齐。低温能促进花整齐的原因仍未研究清楚,据报道,认为低温能消除阻碍脱氧核糖核酸活动的因素,对生长促进物质的合成起诱导作用,解除休眠。低温又使氨基酸和糖增加,有利于核糖核酸和蛋白质的合成,为花芽形态建成所必需。

苹果的花芽在春季萌动时,雄蕊胞原组织向花粉母细胞过渡,同时雌蕊出现,胚珠突起,花序分离,花粉母细胞开始形成,进行减数分裂。雌蕊中胚珠形成胞原细胞,花序分离期后 4~5d,雄蕊内四分体形成,雌蕊内胚囊形成,4~5d 后开放。这些过程的进行都需利用树体贮藏营养。因此,上一年树体贮藏营养与花芽发育的质量关系密切。

4. 影响花芽分化的因素 苹果花芽分化必须具备3方面的条件:①芽的生长点细胞必须处在缓慢分裂状态。②营养物质积累达到一定水平,特别是糖类和氨基酸的积累。③适宜的环境条件,如充足的光照、适宜的温度和湿度。一般温度 20~25℃,土壤相对湿度 60%,为花芽分化的适宜条件。

苹果有花芽的短枝其糖类含量高,无花芽的短枝其糖类含量低。旺树、旺枝的糖类含量低,不易形成花芽;生长中庸的树糖类含量高,容易形成花芽。旺树、旺枝通过环剥、扭梢、拿枝、长放、断根等措施都能提高枝内的糖类含量,促进花芽的分化。干旱、控水可以提高某种氨基酸的含量,促进花芽分化。

(五)开花结果与落花落果

1. 开花结果 苹果为伞房状聚伞花序,顶花先开。每花序有花 5~8 朵,以中心花坐果较好。苹果开花坐果要求 15~20℃ 的平均气温和良好日照。自萌芽至开花,长者达 30~49d。花期为 7~20d,在温暖湿润的南方有时长达 1 个月。一花序花期约 7d,一朵花开谢期

3～6d。花药于开花后1d左右开绽，一朵花内的花药约4d全部萎蔫。雌蕊自开花后可生存2～5d，长者可达十多天。柱头分泌液以开花的前后1d分泌最多，为授粉良机，开花后第三天则减少，柱头开始变褐。

2. 授粉受精 苹果开花结果过程进行的好坏，与花粉和胚囊的形成是否完善、授粉和受精的过程是否正常、胚的发育是否充分3个主要因素的影响有密切关系。

（1）花粉和胚囊的形成 二倍体苹果品种（$2n=34$）大多数可形成良好花粉，如金冠、元帅、印度、红玉等；每一花药中有花粉1万粒左右，其中生活力强的稔性花粉占75%～95%。而三倍体（$3n=51$）品种则不能形成大量发育正常的花粉，如三倍体伏花皮的稔性花粉率仅12%，绯之衣17%，大珊瑚23%。多倍体品种的胚囊发育多不正常。

（2）授粉受精和胚的发育 苹果有少数品种能同一品种内授粉，自花亲和，但坐果率低。而大多数品种自花不实，必须不同品种间异花授粉，才能提高坐果率。但异花授粉结实的百分率也随品种而异。如金冠在重庆北碚自花结实率1.89%，以旭授粉时为42.22%，以丹顶授粉时为55.26%，以红魁授粉时为41.82%；丹顶以麻皮授粉时为22.22%，以红魁授粉时为16.71%，而以旭授粉仅为9.09%。苹果品种间花粉发芽率差异很大，生产上应注意选择当地适宜的授粉品种组合，是丰产的重要条件。

苹果正常的授粉受精过程受遗传、营养、环境等内外条件所制约。三倍体苹果品种染色体不配对，花粉母细胞不正常的减数分裂使花粉的发芽率低、花粉管短，受精力很弱。

树体氮素、糖类、无机营养和生长素等营养状况良好，有利于授粉受精。硼可增进糖的吸收、移动、代谢，促进向花中运输，促进花粉发芽，花粉管伸长。故花期喷0.1%～0.5%的硼砂，可提高苹果结实率。

据西南农业大学试验，祝光、印度的花粉管生长适温较低，为10～15℃；金冠、国光、红星等较高，为20～25℃。一般品种在30℃以上萌发不良，但祝光、印度在25℃以上即萌发不良。常温下，苹果花粉在柱头上发芽后其花粉管需48～72h，多者达120h才能到达胚囊。自授粉受精到受精卵分裂需172～260h。温度过高，花粉生活力降低，甚至死亡。温度不足时，花粉管生长慢，到达胚囊前卵细胞已失去受精力。花期温度过低，会使花粉、胚囊受害。

花期降雨，会直接冲散花粉，或花粉吸水过多而破裂，或淋洗柱头分泌物，都不利于花粉萌发，这是我国南方多雨地区栽培苹果的重要问题。故应特别注意选择自花能实的品种或花期较早的品种，在梅雨期来临以前开花，进行人工授粉以保证授粉结实。花期干旱，花粉粒渗透压较大，很难从缺水的柱头上吸水萌发，若已萌发则影响花粉管伸长。故苹果开花结果之初，足够的水分供应是十分重要的。

苹果胚乳发育不良或中途停止发育，常使果实发育不全、畸形、脱落，引起严重的生理落果。

3. 落花落果 一株成年苹果树，其花可达数万至十几万朵，而结成的果实一般在1500～3000个，在开花多的情况下，只需5%～15%的花量即可保证丰产。大量的花果从花蕾出现到果实采收不断脱落，一般有4次落花落果高峰。第一次在终花期，花瓣脱落而子房尚未膨大时，称为落花。第二次在落花后1周左右，子房略见增大，可持续15～20d，称为前期落果。第三次在前一次落果后1～2周，果个已大，影响较大，可持续15～30d。在北方时值6月，故称"六月落果"；在南方时值5月，称为生理落果。第二、三次落果高峰之间并无明显界限。第四次在果实采收前，落下成熟或已近成熟的果实，称采前落果。

苹果花后第一、二次落果主要是授粉受精不良，也有营养不足引起果实内部代谢失调。第三次落果，除果实之间竞争养分、胚内生长素缺乏外，还与果台副梢和幼果间的养分、水分竞争有关，原因是叶片渗透压大于幼果。故摘心、环剥、喷B_9等凡抑制果台副梢过旺的措施都能不同程度地减少落果。在南方5月多雨之地，如四川东部对果台副梢采取控制措施能减少落果。

（六）果实

1. 果实的构造　苹果果实是由雌蕊与其联合在一起的附属部分发育而成的假果。其果肉系由花托、花柱、花丝基部和心皮组织所构成。子房和花托、花柱、花丝基部之间的界线，称为果心线。子房壁分化为肉质薄壁组织的外果皮和软骨质的内果皮（图17-5）。

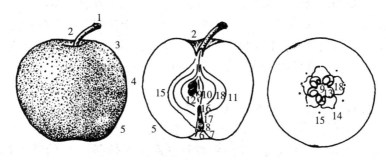

图17-5　苹果的外形及纵剖面各部分名称

1. 果梗　2. 梗洼　3. 肩部　4. 胴部　5. 顶端　6. 萼片
7. 萼洼　8. 萼筒　9. 果心腔　10. 心皮　11. 果心线
12. 种子　13. 心室　14. 花冠维管束　15. 萼片维管束　16. 雌蕊
17. 雄蕊　18. 果心（真果果肉）

2. 果实的大小和形状　苹果果实大小主要决定于细胞数目和细胞体积，有的还与细胞间隙相关。有的苹果品种细胞间隙部分占果实体积的1/5~1/3。

苹果果实细胞分裂于花原始体形成后开始，至开花时暂行中止，花后细胞继续分裂，一般延续20~30d，长者达50~65d。大果品种一般细胞分裂期较长。苹果果实细胞体积在花前细胞分裂期不增大，花后细胞分裂期体积同时开始增大，至停止分裂后细胞体积继续增大，直至果实成熟（图17-6）。

从上述细胞分裂和增大动态规律看，自花原始体形成到开花坐果前与开花坐果后的条件对果实生长发育同样重要。试验研究和生产实践都表明，从大花芽、大花径或粗壮短果枝上所发育的苹果果实一般会大些，着生在不同长度短枝上的果实生长速度相同。由此表明，花期时的细胞数目可能是影响果实大小差异的主要因素。因此，在栽培上加强前一年管理，促枝粗、芽壮，增加树体贮藏养分，可增加翌春花期前后细

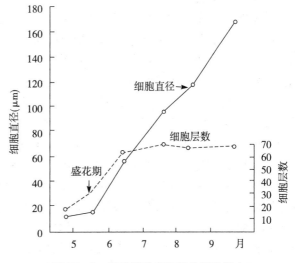

图17-6　旭苹果果肉细胞分裂及增大
(Turkey, 1964)

胞分裂数目；在开花后的中后期加强管理，可促进果实细胞增大和影响细胞内含物。在蛋白质营养期应保证充足的树体贮藏养分，在糖类营养期需保证良好的光合作用，适当的叶果比及充足的无机养分和水分供应对果实大小影响极大。

苹果果实发育期间体积增大，以中期到成熟期之前较快，初期和末期较慢。果实重量以成熟前1个月增长最快。果实发育期长短，一般早熟品种65~87d，中熟品种90~133d，晚熟品种137~168d。在南方温度较高的地区苹果具早熟的特点。

3. 果实的色泽 色泽发育主要与糖类的积累、矿质营养、环境条件和激素有关。氮素多则减少红色，因为氮与可利用的糖合成有机氮而减少了色素的原料糖类，助长了果皮叶绿素形成，延迟消失，促进了枝叶旺长而造成荫蔽影响。钾素缺乏时，适量地补充钾肥可促进果实红色发育；过量的钾会促进对氮的大量吸收，不利红色发育。据山东省果树研究所研究，氮钾比在0.4~0.6时，苹果果实着色和风味皆好。缺铁亦影响苹果着色。适宜的昼温、较低的夜温与较大的昼夜温差有利于糖的积累，糖转化为花青素，有利于上色。糖形成花青素要求一定的温度。苹果着色期最适温在14~18℃，昼夜温差在8~10℃以上时有利于糖的积累。

紫外光和日光直射量皆可促进果实红色形成。日光直射量与糖类形成和间接诱导花青素形成有关。紫外光可诱导乙烯形成。据报道，乙烯促进红色形成，在催熟过程中可软化细胞膜，增加透性和糖的移动，并可诱导苯丙氨酸酶的活动，进而阻止戊糖呼吸中形成的莽草酸（shikimic acid），使之不致与氨结合形成蛋白质，而向合成花青素的方向发展。

从温度和光照条件来看，在我国海拔较高的西南、西北高原山地，同低海拔的华北、江南的平原、丘陵地比较，前者所产苹果果实上色好。四川小金县海拔2 367m，所产红星外观、内质不亚于美国的蛇果。但在南方低海拔湿热区，元帅系品种着色差。此外，萘乙酸、三氯苯氧丙酸（2,4,5-TP）等可促进苹果成熟而间接促进上色。

4. 果实的风味与硬度 苹果果实中的糖由淀粉转化而来，主要是葡萄糖、果糖和蔗糖。苹果幼果中没有或很少有淀粉，到中期含量上升，以后随果实成熟转化为可溶性糖，果实变甜。苹果果实生长初期糖积累慢，多为果糖和葡萄糖；近成熟时糖增多，有蔗糖积累。

苹果果实中主要含苹果酸（占鲜重的0.38%~0.63%），其次为枸橼酸。果实的含酸量一般随果实生长而增加，到果实成熟又渐减少。其原因是果实呼吸作用使有机酸氧化或转化，以及根吸收钾、钙等离子中和一部分有机酸。果实中酸的来源，一是由果实形成，二是来源于叶片。故叶果比大，含酸多；叶果比小，含酸也少。成熟期高温，呼吸作用强，酸氧化快，则积累少；而成熟期低温、多雨，则酸多。

苹果成熟过程中生成的乙醇等与果实中有机酸结合，形成具芳香的酯类化合物，使果实具香气。构成苹果香气的挥发成分有70多种，主要是醇类，其次是酯类。由不同挥发成分的组合而构成不同品种的特有香气。挥发气体的组成与数量受无机营养成分的影响。

苹果果实硬度是商品价值的重要指标。未成熟苹果果实的果肉细胞间沉积着原果胶，原果胶不溶于水，有较强黏着力，使细胞相互紧密黏结，故果实呈紧硬状态。随果实成熟，在原果胶酶作用下分解为果胶，果胶溶于水，引起细胞间结合力松弛，具黏性，故果实质地变软。苹果果实过熟或久贮，在果胶酶的作用下，转变成果胶酸或半乳糖醛酸，不溶于水，无黏性，果肉反沙、发面，失去固有的品质和商品价值。

5. 果锈 苹果果实表皮被有角质层，若因某种原因而使表皮破裂，受外界刺激，形成木栓形成层，分生出木栓细胞，即为锈。据山东农业大学等单位研究，锈的发生可分3种情况：①角质层如自果皮的气孔破裂即形成果点木栓化。②在盛花后 2~3 周内，幼果表皮上的茸毛脱落，这些部位角质层形成以前，表皮细胞易受外界刺激而破裂，形成锈斑。如波尔多液等可刺激表皮生锈。③果皮角质层自然龟裂，致表皮裸露而生锈，如金冠的果锈。金冠果锈严重者可达 90%，几乎全呈锈色，为目前我国金冠栽培的重要问题。特别是在沿海和内地多湿地区严重发生，重庆南川等地，果锈严重之年完全不能外销。根据山东农业大学等研究，苹果果实生锈的主要因素为：

(1) 果实解剖结构影响　据观察，果皮角质层薄、表皮细胞排列疏松且大小不一、细胞间隙大的品种果实生锈较重。生锈重的品种有金冠、红玉、倭锦、甜帅等，达 50% 以上。生锈轻的有元帅系、祝、鸡冠、青香蕉、印度等，锈果占 2%~3%。老弱树、果实阳面着色部、果实含镁多等情况，生锈较重；果实含磷多，生锈轻。

(2) 外界条件　大气由高湿度转为低湿度、连续低温多湿、多云雾、多风、平川、海滨地等生锈较重。波尔多液中的铜离子可引起生锈，但多量石灰波尔多液则可减轻果锈。

(七) 落叶与休眠

苹果的正常落叶是环境条件和农业技术适宜，植株能正常通过营养生长期而进入休眠的重要指标。过早、过晚落叶对生长、结果和产量不利。低温、干旱、水涝、病虫害、肥水和修剪管理不当等都可引起早落叶，并导致二次生长、二次开花等不利现象；高温、水分过多、氮肥过多、重剪等又常引起生长和落叶的延迟，不能适时进入休眠。

苹果南移后，常会出现不正常落叶，如四川盆地常由于叶斑病导致早期落叶，并引起秋梢、秋花；或由于湿热季长、氮肥水分过多而延迟落叶或不能完全落叶休眠。不正常落叶常为南方湿热地区苹果栽培影响产量、品质的重要问题。栽培上，主要应注意适地适种、肥水、修剪和防止早期落叶，方能保证花芽的发育和花的适时开放。

(八) 南方苹果的生长结果特性

我国南方亚热带、热带地区的苹果生长结果方面具有 5 大特性：

①在年周期中，前期根、枝、叶、芽等营养器官大量生长，消耗大，后期有大量的光合产物生产、积累和分化，这成为苹果早成形、早分化、早结果、早丰产的物质基础。

②具有营养生长量大、超长枝多、超长枝结果特性。据调查，一年生幼树的超长枝成花率，亚热带型区可达 50% 以上，热带型区达 20% 以上；二年生幼树达 60%~70%，最长的成花枝达 196cm。超长果枝成为该生态型区早果丰产重要枝类的结构基础。超长果枝结果习性随树龄、枝龄的增加而呈下降趋势。

③具有抽梢次数多、多次枝结果特性。一二年生幼树的新梢可延续抽梢 4 次，而且能成花结果。据调查，一二年生幼树 1、2、3、4 次枝的成花率分别为 35.4%、41.8%、18.3%、3.6%，成为南方苹果早果丰产的重要枝类。一般情况下，树龄越小抽梢次数越多，多次枝所占比例越大，但高海拔地区多为一次枝结果。

④花芽在一生中开始分化期早，一年中分化期长，具有腋花芽多、腋花芽结果特性。腋花芽成为亚热带型区苹果早果丰产重要芽类的结构基础。如四川雅安的金冠幼树腋花芽占总花芽的比例高者达 88%，腋花芽与顶花芽的比值为 6~8。腋花芽随树龄增大而减少，随生态型区和枝类的不同而变化，在幼树的超长枝上形成较多。

⑤果实具有早熟特性。南方较北方积温高、冬暖、春温回升快，物候期进程早而迅速。早熟品种的果实生育期短者仅 45d，同一品种在四川盆地比在北方主产区早成熟 15~30d。

二、对环境条件的要求

从苹果原产地及现在主产地与高产优质户区的环境条件（environment condition）看，苹果适宜的环境特点是：冬无严寒，夏无酷暑，气温年变化幅度较小，日变化幅度较大；日照充足，短光波多；降水较少，空气湿度较小；海拔较高；栽培地坡度缓斜、向阳背风及土壤深厚肥沃。同时，苹果又具有广泛的适应性，在温暖湿润气候下亦能栽培，但质量较差。

(一) 气候

从世界野生苹果自然分布与栽培的经济效应看，气候条件起着主导作用，尤以温度、日照、雨量和湿度与高产优质关系密切。苹果对主要气候因子的要求见表17-1。

表17-1 苹果生态适宜性的主要气候指标

(张光伦，1994)

生态适宜度	全年（℃）			6~8(9)月				4~9月
	平均气温	≥10℃积温	极端最低气温	月平均*气温（℃）	平均气温日较差（℃）	月平均*相对湿度（%）	月日照时数及光质（h）	降水量（mm）
最适值	9~12.5	2 800~3 600	<-20.0	17.5~22.0	>10.0	<70(75)	>190，紫外光多	400~550
适宜值	8~9 或 12.5~13.5	2 800~2 400 或 3 600~4 800	<-25.0	16.0~17.5 或 22.0~24.0	>8.0	<75(80)	>160，紫外光较多	<400 或 >700
次适值	6.5~8.0 或 13.5~16.5	2 400~1 600 或 4 300~5 100	<-28.0	13.5~16.0 或 24.0~27.0	<8.0	<80(85)	>140	<200 或 >800
可适值	<6.5 或 >16.5	<1 600 或 >5 100	<-30.0	<13.5 或 >27.0	<8.0	<80(85)	>120	<100 或 >1 000

* 月平均值变幅。

我国南方多阴雨，而在较高山地又常处于云雾之中，皆有日照不足的问题。四川西部雨量较少，湿度较小，光量充足，山地紫外光多，因此苹果着色鲜美、风味佳好。但盆地内部，一般年日照仅1 000~1 400h，日照率仅18%~35%，且常分布不匀。例如，重庆春季日照不足，一般对苹果生长结果不利，夏季日照强烈，常易引起日烧，影响果实品质。

(二) 地形

苹果在山地、丘陵、平地均可栽培。南方种植苹果，适宜的立地条件是：海拔较高，坡度较缓，园地向阳背风。在一定海拔高度范围内，随海拔增高，苹果树体矮化，侧枝增多，结构紧凑；枝干增粗慢；保护组织发达，叶片增厚，栅栏组织细胞增长，海绵组织细胞间隙增大，下表皮气孔增多；光合作用增强，呼吸强度降低，净光合强度增加；生长适度，树体营养积累增加；花芽形成良好；果实糖、酸、维生素C等含量增加；色泽鲜艳；果胶酶类活性较低，果胶黏性大，采收适期长，耐贮性和抗寒性强。但当海拔升高到一定高度，则对生长结果不利。如四川农业大学对川西横断山脉区调查，在海拔4 000m左右的亚寒带草甸灌丛带苹果虽能生长，但有冻旱发生，对结果不利；在海拔3 500m左右的寒温带针叶林带，选择较好的小区生境和进行适当管理，能正常生长结果，并达到一定的产量品质；在海拔2 000~2 900m的温带针阔叶混交林带，表现出生长结果、产量品质良好，特别在海拔2 200~2 800m的旱生灌丛河谷和次生灌丛与旱生草被的生境下，表现出最佳的品质和产量，所产金冠、红星品质曾在全国鉴评中名列前茅。在一般管理水平下，可溶性固形物高者达17%~20.1%，红星满红果多者达90%以上。金冠8年生树株产达275kg，10~13年生树达400~600kg，10年生单株腋花芽占有效结果总花芽量高者达55%。巴塘玫瑰香56年生树株产1 128kg，在海拔1 300m以下的亚热带阔叶林带和海拔3 000m以上的亚寒带针叶林带，品质有渐降趋势。

（三）土壤

苹果对土壤适应性较强，以土层深厚、结构良好、富含有机质、排水良好、微碱至微酸性土壤为佳，过酸过碱皆不适宜。在四川西昌、凉山一带的红壤、红色土上栽培的苹果，常出现严重的缺硼与缩果病。苹果耐盐力不甚强，当土壤中含硫酸钠0.117%、氯化钠0.021%、碳酸钠0.008%、总盐量0.146%时，即生长不良。

第四节 育苗与栽植

一、育　　苗

1. 苗圃地选择　苗圃地的好坏对种子出苗、苗木生长、出圃率高低和管理工作都有重要影响。苗圃地以选择向阳背风、地势平坦、排灌方便、土壤肥沃的沙土、壤土为宜。

2. 砧木选择　我国苹果属植物有许多种原产于南方，利用其对南方气候的适应性，增强嫁接品种的适应能力，在生产实践中已证明非常有效。例如，湖北海棠（云南石屏称野海棠）喜温暖气候，抗涝，根腐病少，分布范围广，因而南方各地普遍采用。此外，丽江山荆子适于云南西北部和四川西南部，三叶海棠适于贵州，湖北海棠适于低海拔湿热地区。小金海棠可作为抗缺铁、耐盐碱的砧木（成明昊等，2002）。以上砧木其嫁接苗生长高大，一般称为苹果的乔化砧。

近年世界各国都盛行苹果的矮化栽培，我国除发掘固有的矮化砧资源外，又从国外引进一些矮化砧供试验，如M系和MM系的M_4、M_7、M_9、M_{26}、MM_{111}、MM_{106}都是较好的半矮化砧和矮化砧。

3. 砧木培育　乔化砧系利用种子繁殖。种子应从生长健壮、无病虫害的优良母株上采集充分成熟的果实，采集后堆放7~8d，使种子充分成熟，待果肉松软，然后淘洗取种，风干收藏。播种前经过层积处理，促使种子在休眠期中完成后熟作用，保证播种后发芽整齐。幼苗期要注意管理，当年秋季或第二年春天可供嫁接。矮化砧的矮化特性是通过营养体繁殖方式保存下来的，因此只能使用压条、扦插等方法来培育砧木，防止发生变异。

4. 嫁接　南方气候温暖，春季嫁接应在萌芽以前进行。秋季芽接时间较长，6~10月都可进行，当年秋季或次年春季萌发。

用营养体繁殖的矮化自根砧（self-rooted rootstock）嫁接便成为矮化砧苹果苗。用矮化砧（dwarfing rootstock）的枝段作为中间砧（inter rootstock）嫁接苹果，也可以矮化。矮化中间砧苹果苗是由基砧（rootstock）、中间砧、苹果品种3个部分组成，其繁殖程序是：选择适合当地的乔化砧作基砧，然后以矮化砧枝条为接穗（scion）嫁接在基砧上培育成中间砧，在中间砧上再嫁接苹果品种，便形成矮化中间砧苹果苗。在M系中以M_9或M_{27}作中间砧，效果较好。但中间砧段长度宜在20cm以上，否则效果不甚显著，并有被包埋的可能。

5. 苗木管理与出圃　嫁接苗在接后 10~15d 成活，未成活的应补接。对成活苗木应加强肥水、中耕除草、病虫防治等管理工作，使苗木健壮。出圃苗木质量指标见表 17-2。苗木出圃一般在秋季生长已经停止、新梢已木质化或落叶后进行，出圃苗木应按标准进行分级、检疫，并挂上注明品种、等级、数量、单位等的标签。

表 17-2　苹果实生砧苗、营养系矮化中间砧苗和营养系矮化砧苗的质量指标*

项　目		级　别		
		一级	二级	三级
根	侧根数量（条）	实生砧苗>15 中间砧苗>15 矮化砧苗>15	实生砧苗>5 中间砧苗>5 矮化砧苗>15	实生砧苗>5 中间砧苗>5 矮化砧苗>10
	侧根基部粗度（cm）	实生砧苗>0.45 中间砧苗>0.45 矮化砧苗>0.25	实生砧苗>0.31 中间砧苗>0.35 矮化砧苗>0.20	实生砧苗>0.30 中间砧苗>0.30 矮化砧苗>0.20
	侧根长度	20.00cm		
	侧根分布	均匀、舒展而不卷曲		
茎	砧段长度	实生砧<5.00cm，矮化砧 10~20cm		
	中间砧长度	20~35cm，但同一苗圃的变幅范围不得超过 5cm		
	高度（cm）	120	100	>80
	粗度（cm）	实生砧苗>1.20 中间砧苗>0.80 矮化砧苗>1.00	实生砧苗>1.00 中间砧苗>0.70 矮化砧苗>0.80	实生砧苗>0.80 中间砧苗>0.60 矮化砧苗>0.70
	倾斜度	<15°		
根皮与茎皮		无干缩皱皮，无新损伤处，旧损伤处的总面积不超过 1cm^2		
整形带内的饱满芽数（个）		>8	>6	>6
接合部愈合程度		愈合良好		
砧桩处理与愈合程度		砧桩剪除，剪口完全愈合		

* 1989 年国家苹果苗木标准。

二、栽　　植

苹果在栽植前要做好建园及土壤的准备工作，如进行改土、深翻及施肥等。在降水较多、地势平坦、土壤黏重和排水不良地区，应在深翻改土基础上进行深沟高畦栽植。

1. 栽植时期　秋季落叶休眠后到春季萌芽前均可进行，一般分春、秋两季定植。

2. 栽植方式　平地多用行距大于株距的长方形或宽窄行栽植，有利于密植、通风透光和田间管理。山地和丘陵地宜用等高栽植，对保持水土有利。

3. 栽植密度　要根据砧木种类、品种类型、土壤环境及整形修剪方法、技术等管理水平进行综合考虑。如在高温、多雨、平地、土层深厚肥沃之地，用乔化砧普通型大冠品种，并采用乔化大冠树形进行整形修剪，密度应小些，反之密度可大些。综合考虑砧木、品种、地形等的栽植参考密度见表17-3。

表17-3 苹果栽植密度（株/hm²）

地形	砧木及品种型			
	乔砧普通型	乔砧短枝型	矮砧普通型	矮砧短枝型
肥沃平地	555～1 245	840～1 995	840～1 995	1 665～2 490
山地丘陵	840～1 665	1 425～2 490	1 425～2 490	1 995～3 330
瘠薄山地（或高海拔地区）	1 245～1 995	1 665～3 330	1 665～3 330	2 490～5 010

注：栽植密度（株/hm²）与行距（m）×株距（m）的换算是：555为4.5m×4m，840为4m×3m，1 245为4m×2m，1 425为3.5m×2m，1 665为3m×2m，1 995为2.5m×2m，2 490为2m×2m，3 330为2m×1.5m，5 010为2m×1m。

三、授粉树的选择与配置

苹果有自花不孕现象，自花结实力很低或不结实，需配置适当的授粉品种。授粉品种要求与主栽品种开花期一致，花粉亲和力强，且自身经济价值高。主栽品种与授粉品种的配置比例一般为3～9：1。南方主栽苹果品种的授粉品种见表17-4。

表17-4 南方主栽苹果品种的适宜授粉品种

主栽品种	授粉品种
金冠	元帅系、津轻、王林、世界一、富士系
富士系	元帅系、金冠、津轻、世界一、王林
元帅系	富士系、金冠、金矮生、津轻、嘎啦
新乔拉金	富士系、元帅系、王林、津轻
津轻	元帅系、金冠、嘎啦、世界一
嘎啦	元帅系、金冠、富士系、印度、世界一
王林	元帅系、富士系、津轻

第五节 土肥水管理

一、土壤管理

土壤管理的主要任务是改良土壤，增加土壤的通透性和保水保肥力，为根系生长创造良好条件。

（一）深翻改土

1. 深翻时期 苹果园最适宜的深翻时期是在秋季采果以后到冬季落叶以前。这时正值根系生长的第三个高峰，深翻结合施基肥，促进新根大量发生，增强地上部制造和贮藏养分的能力，为翌年生长打好基础。如果秋季不行深翻，其余季节可以结合压绿肥或施用其他肥料分次进行，并注意不能伤根过多，以免影响树势。

2. 深翻深度 深翻的深度可依土壤性质而定。在地下水位高的河滩地，底层土壤多为粗沙、砾石，翻土过深，表土及肥水都容易渗漏，一般深度不超过40cm，若土层太薄，应客土加厚。山地果园往往心土黏重，耕层很浅，深翻深度可达 80～100cm。南方红壤酸性较重，若 pH 在 5.5 以下，深翻时应多施有机肥，并加入适量石灰中和酸性。

3. 深翻方法 山地果园结合整修梯田时爆破母岩，使土层深达 1m，方能栽树，要注意内缘土层的深度。幼树可依树冠大小逐年开盘扩大，以利根群发展。成年树在株间、行间或株行间交错进行深翻，分年完成。

（二）中耕除草

杂草多的苹果园往往病虫害严重，如浮尘子、顶梢卷叶蛾、金龟子、椿象等虫害，以及苹果早期落叶病、白粉病、果锈、垢斑病、根腐病等病害特别严重。此外，大雨或灌水之后土壤容易板结，适时中耕除草可以保持土壤疏松，减少水分蒸发，减轻病虫危害。

（三）合理间作

密植苹果园早期除种绿肥外一般不间作，以便尽量利用光能和地下营养，达到早结果早丰产的目的。稀植苹果园在幼树阶段可间作短期矮生作物，或行间生草以改良土壤和节省劳力。树盘周围留一定空地行清耕施肥，不种其他作物。

气候条件适宜之地，如四川凉山、苍溪等地，稀植的幼年苹果园内可间种药材，如川芎、附子、党参、沙参等，既增加了收入，又不影响苹果的生长和结果。

（四）覆草覆膜

苹果园覆草覆膜是一项很好的有机旱作农业技术，能起到减少蒸发、保持水土、增温增湿、节省灌水、培肥地力、控制杂草等作用，能明显促进根系和枝梢生长，提高产量和品质，特别在干旱缺水的山丘、旱坡果园效果更为明显，是现代果园土壤管理的有效技术之一。

二、施　　肥

（一）施肥时期

1. 基肥 基肥以秋施为宜，即采果后施入。秋施基肥的好处在于此时苹果根系处于第三次生长高峰，吸收能力强，能促进大量发根，以增加越冬前的新根数量；同时增强苹果叶片的光合能力，可增加净光合积累和贮藏养分水平，有利于提高花芽质量，使次年开花整齐，提高坐果率。试验和生产实践证明，成年树施基肥，可以改善树体营养状况，有效地克服大小年现象，达到高产稳产之目的。

2. 追肥 追肥的时间应根据苹果各个物候期对养分的要求及树龄、树势、结果量等来判断。萌芽开花、花后、花芽分化前、果实迅速膨大期等为关键时间，一般每年追肥 3～4 次。

第一次追肥在萌芽以前（四川、湖南、浙江等地在 2 月下旬至 3 月上旬），根系开始活动，施用速效肥以补基肥之不足，对促进新梢生长、保花保果起到良好作用。

第二次追肥时间在落花以后（约 4 月下旬），由于花期消耗了大量养分，需要及时补充，以便提高坐果率，减轻生理落果。但对树势强旺、生理落果严重的品种如祝光、元帅、华农 1 号等则不宜施用或者少量施用，以免枝梢徒长引起梢果矛盾，造成幼果大量脱落。

第三次追肥在花芽分化前和"六月落果"后，一般在 5 月下旬至 6 月上旬（四川盆地及长江流域附近"六月落果"多在 5 月中旬发生）。此时正值果实迅速膨大，及时追肥不仅起到壮果作用，而且满足花芽分化对营养的需要。

第四次在7～8月，主要对晚熟品种如富士、国光、红玉、倭锦等进行补施。此期施用氮肥不宜过多，以免停梢过迟。

(二) 肥料种类与数量

氮、磷、钾三要素的配合需根据土壤和叶片分析来确定，一般是按1：0.5：1来衡量，但各个物候期的需要不同，比例要有所变化。例如前期生长发育旺盛，需氮较多；后期花芽分化及果实发育成熟阶段需钾较多。

在肥料施用量方面因气候、土壤、树龄、产量等各种因素而异。高产稳产园肥料施用量可按果实产量标准来计算。每100kg果实施用纯氮0.6～1kg，磷、钾按比例增减。各种有机肥料所含三要素不同，配合施用时，可分别计算其用量。廖明安等（1998）在四川盐源果场进行的苹果施肥试验，苹果的施肥量标准可参见表17-5。

表17-5 苹果树每年每株施肥量标准 (kg)
(廖明安，1998)

树龄	基肥（有机肥）	追肥		
		尿素	过磷酸钙	氯化钾
幼树	20～50	0.05～0.10	0.15	0.15
初果期树	100～150	0.50～0.75	0.75～1.00	0.25
盛果期树	200～300	1.00～1.50	2.50～3.00	1.50

(三) 施肥方法

苹果的施肥方法除了土壤施肥外，还有根外施肥（或称叶面施肥）。根外施肥常用的氮肥有尿素、硫酸铵、硝酸铵等。苹果喷尿素浓度为0.3%，喷后24h内吸收量即达80%以上。喷尿素可提高叶绿素含量，提高氮素同化能力。磷肥同样可以叶面喷施，0.5%～1%磷酸铵或0.5%～3%过磷酸钙浸出液比较适用。钾肥有氯化钾、硫酸钾、硝酸钾、草木灰等，一般喷施浓度为0.5%～1%，草木灰用2%～3%的浸出液。

三、灌水与排水

(一) 灌水

苹果树在一年当中各个物候期对水分的要求不同。4～5月新梢迅速生长期需水最多，一般称作需水临界期，此时如果供水不足，则会抑制当年生长量。果实膨大期过于干旱会阻碍果实发育，果实成熟后期则需适当控制水分，以利于提高果实品质及耐贮性。

我国南方雨量充沛，但季节性雨量分配不尽适合苹果的要求，部分地区有春旱和伏旱，不利于萌芽开花及果实膨大，必须及时灌溉。例如，四川西部地区雨量稀少，茂汶、小金、巴塘等地苹果园每年春季都要进行多次灌水以保证开花坐果；四川东部及浙江、湖南等地常在7～8月多伏旱，影响果实发育，应及时灌溉。苹果园灌水主要抓以下几个关键时期：

1. 花前灌水 在春旱地区可结合花前追肥进行灌水，主要是促进萌芽、开花、新梢生长和提高坐果率等。

2. 花后灌水 在西南等地春夏之交降水量少，蒸发强烈，容易引起幼果大量脱落，故花谢以后半个月左右需灌水1～3次。以上两次灌水在多雨的江南地区可以不进行。

3. 果实增长期灌水 在长江流域夏季干旱，正是苹果果实迅速增长期，需水较多，要及时灌溉，保持适当的水分。

4. 后期灌水 高寒山区冬季结冻以前饱灌一次封冻水，以增强苹果树抗旱、抗冻能力。

（二）排水

在雨季若是土中积水过多，易引起苹果树幼果脱落；夏秋多雨引起二次梢盛发徒长；久雨成涝，引起烂根死树。这些关键时期必须排除积水。

第六节 整形修剪

苹果为喜光的乔木果树，任其自然生长，常树体高大、树形杂乱、枝条密生，通风透光不良，病虫害多，且结果推迟，产量低、品质差，故需进行整形修剪，以达到优质高产。

一、树形结构与幼树整形修剪要点

从树冠形状看，苹果的树形可分为自然立体和人工扁平两大类型。自然立体形，如各种有中心干或无中心干的分层形、圆头形、纺锤形和开心形，多为一般乔化稀植栽培所采用。人工扁平形，如各种棕榈叶形、扇形和篱壁形，多为矮化密植栽培所采用。

现就苹果丰产树形结构和生产上最常用的几种树形作一介绍（图 17-7）。

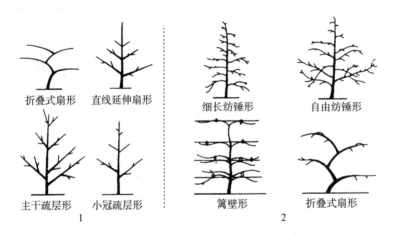

图 17-7 苹果常用的几种树形
1. 乔砧树形 2. 矮砧和短枝型树形
（汪景彦，1993）

（一）疏散分层形

1. 丰产树形结构特点 我国各地乔化稀植苹果的丰产树形结构特点如下：

（1）低干、矮冠 一般以干高 40~70cm、树高 3.5~4.5m 为宜。

（2）骨干枝少、枝组多 一般以 4~7 个主枝、10~17 个副主枝构成具有一定空间结构的骨架，并配备一定密度和数量的大、中、小枝组。

（3）角度开张 主枝与中心干夹角以 60°左右基角、70°左右腰角、50°左右梢角为宜。梢角较小，有利于保持主枝先端优势，维持较强长势。基角、腰角适当开张，利于缓和顶端优势，增加萌发率和分枝量，促进早结果，也利于改善冠内透光通风，增大冠内枝组着生空间，并增强机械负荷力。

(4) 骨干枝分层排列并保持适当的层间和叶幕间距　苹果需光性强，骨干枝需分层排列，保持适当间距，一般主枝分 2~4 层排列，第一、二层主枝间距以 100cm 左右为宜，第一、二层叶幕间距以 60cm 左右为宜，既符合自然的层性，又利于通风透光。

(5) 树冠维持上小下大的自然立体形状和适度的叶幕厚度　上小下大的自然立体形且叶幕分层的波状树冠具较大的采光面。树冠叶幕厚度以树冠内缘区能得到光补偿点以上的光照，并能结成一定商品价值的果实为适度。一般以 3.0m 左右的树冠叶幕厚度为适度。厚度过小，结果体积小，截获太阳光能少，产量低；厚度过大，冠内得不到必要的光照，反而增加呼吸消耗，同样低产。不同品种光合补偿点高低、枝叶着生状态、枝组的结构排列等都会改变叶幕透光度，并影响树冠叶幕厚度。

2. 疏散分层形整形修剪要点

(1) 定干　定植后在苗高 70~90cm、其下有 8~10 个饱满芽处短剪定干，干高 60cm 左右，保证能较好抽发第一层主枝。

(2) 主枝　主枝 5~7 个，在中心干上分 2~4 层排列，一般第一层留 3 个，若为 4 层，多呈 3-2-1-1 式排列。在最后一个主枝分杈处，待适当时候将中心干疏剪，落头开心，限制树高。

(3) 层间距　第一、二层主枝间距离，在肥沃地或生长强势的品种，宜 100cm 左右；贫瘠地、光照好或生长势弱的品种，宜 80cm。第二层以上层间距宜渐窄，以 70cm 左右为宜。层间距若一年达不到要求，可分 2 年完成，中间留过渡层。

(4) 副主枝　第一层各主枝留副主枝（侧枝）2~4 个，多分层排列。第一副主枝距中心干 60cm 左右，第一、二层副主枝间距宜 50cm 左右。第二层及以上各主枝留副主枝 1~3 个。

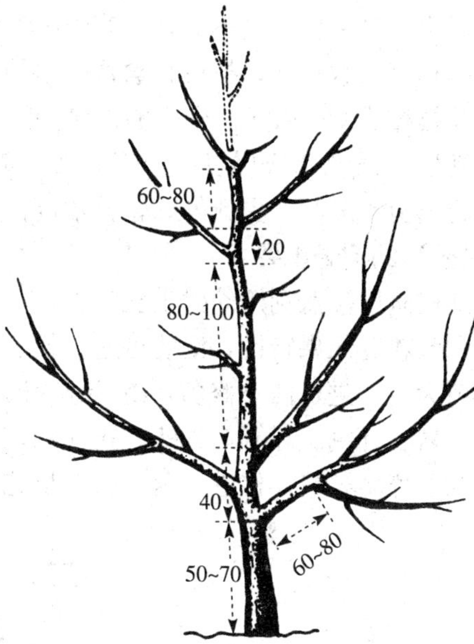

苹果树疏散分层形树形结构见图 17-8。

图 17-8　苹果疏散分层形（单位：cm）

(二) 小冠疏层形

小冠疏层形是以疏散分层形为基础改进而成的适宜中密度的中冠树形，全树有 2 层主枝，其结构特点是：干高 30~40cm，树高 2.5~3.5m，冠径 3~4m，主枝 5~6 个，第一层主枝 3 个，每个主枝间距 60~80cm，第二层主枝以上及中心干上直接配置枝组，不再配置主枝和副主枝。小冠疏层形的整形修剪要点可参照疏散分层形进行。

(三) 自由纺锤形

1. 结构特点　自由纺锤形是目前我国苹果栽培上推广应用适于密植的主要树形之一。一般干高 40~50cm，树高 2~3m，冠径 2.5~3m，全树小主枝 10~15 个，在中心干上均匀分布，插空排列，不分层次，伸向四面八方，呈近水平状，下部小主枝较大，分布较密，上部小主枝较小，分布较稀。

2. 整形修剪要点　总的原则是：四季修剪，综合应用缓、疏、缩、刻、剥、拉等多种修剪方法，以实现整形修剪目的。一般定干高 60~80cm，小主枝基角 70°~80°，1~3 年生幼树中心干延长枝剪留长 50~70cm，小主枝延长枝剪留长 40~60cm，以后缓放不剪，促进分枝、成花、结果。除竞争枝、直立旺枝、密弱枝应适度疏剪、短剪控制外，其他枝梢采用长放不剪，或拉枝、拿枝、扭梢、摘心、环割等调控技术，以缓和长势，促进分枝、成花、结果。

(四) 细长纺锤形

1. 结构特点 细长纺锤形适于高度密植的小冠树形，似窄纺锤形。一般干高 50cm 左右，树高 2.5m 左右，冠径 2.0m 左右，全树保持 12~20 个与中心干呈近水平状着生的侧枝，在中心干上插空排列，均匀分布，伸向各方。

2. 整形修剪要点 整形修剪与自由纺锤形相似，一般定干 70~100cm。中心干自然延伸，为保持中心干直立，防止树冠下强上弱，可将中心干延长枝绑缚于临时支棍上，中心干上的侧生分枝一般长放不剪，但对强旺竞争枝、密生枝等影响保留的侧枝和树势均衡者，要依影响程度采取疏剪、拉枝、拿枝、扭梢、摘心等方法调控。对中心干上选留培养的侧枝及延长枝拉枝成 70°~90°。全树侧枝保持下部角度较大、枝较长，上部角度较小、枝较短的细长纺锤形。3~4 年成形以后，用短剪、疏剪、回缩、长放等方法，对中心干、侧枝及其分枝进行修剪、复壮、更新等综合技术调控，以保持树形树势和生长与结果的平衡。

(五) 幼树修剪要点

幼树阶段注意利用幼树生长量大、生长次数多、生长期长等特点，充分发挥超长枝、多次枝和腋花芽结果特性，促使迅速生长、分枝、成花，采取轻剪、长放、多留原则，以生长期修剪为主，进行四季修剪，综合应用长放、拉枝、开角、刻芽、除萌、摘心、剪梢、扭梢、拿枝、环割、环剥等方法，控旺梢、促分枝、缓势成花，调节生长势、生长强度、生长节奏和营养生长量，促进生殖生长，早花早果。切忌采用重疏短剪、重剪整形等修剪方式。

二、成年树修剪

1. 骨干枝 对各级骨干枝，应保持各自的主从关系和旺盛长势。对其延长枝，应每年在春梢中上部壮芽处短剪，保持先端优势，以维持旺盛的抽枝和延伸势力，吸引养分，有助于整个骨干枝的健壮生长。

各级多年生骨干枝，随生物学年龄变化和大量结果作用，应注意调节生长和结果的关系，对因大量结果而结果部位外移、开张和下垂者，应选骨干枝轴上方壮枝换头，抬高角度。对因衰老、结果部位外移、下垂和基部光秃者，应沿骨干枝轴回缩到健壮部位，及时复壮更新。伴随树冠扩大、枝量增多而出现冠内光照恶化者，应适度缩小树冠的高度和宽度，或适度疏除骨干枝，调整树冠形状和骨架结构，以调节光照，这在湿热、少日照的南方尤为重要。

2. 枝组 根据树冠发育和枝组生长的规律进行调控，及时复壮，适时更新，做到树龄老、枝龄幼、树势健壮、以中枝组为主，形成高产稳产的树冠结构和枝组状态。

3. 辅养枝及其他 首先疏除干枯枝、病虫枝、密弱枝。对各级大小辅养枝，以不影响树形和永久性枝的生长为原则，一旦妨碍生长或失去其辅养结果作用时，即行控制或逐渐短缩，让出空间，或最后疏除。对交叉枝、重叠枝、互相干扰枝，可采取一伸一缩和一抬一压的修剪法，剪去方向不适当的枝，让出空间；下面的枝向下压，上面的枝往上抬；或左右错开，排空生长。对层间过密枝，可疏剪或短剪下层主枝上的直立枝或上层主枝上的下垂枝。对徒长枝、直立枝，位置适当、有空间利用或主枝开张下垂时，应适度短剪；位置不当或过旺竞争时，宜及时疏除。

三、大小年结果树的修剪

苹果树大小年结果，调控的关键是：在良好的土肥水管理条件下，通过修剪创造和保持一个树势稳定、光合面积大、光合性能好的树冠叶幕层；调节花芽与叶芽比例，保证有适量花芽和较高的坐果率。国内外不少丰产树调查表明，保持外围新梢 30~50cm 的生长势，按 1:2~3 控制花芽与叶芽留量，可达到生长与结果间的平衡，保证年年丰产。

1. 大年树修剪 大年树应重剪带花芽的枝，轻剪营养枝，减少花果量，促营养生长，依势定产留花。依品种、坐果率和树势将花芽与叶芽的比例调整到 1:2~3。南方湿热区，花期常多阴雨，授粉坐果力较差，在尚无其他提高坐果率方法时，可适当提高花芽比率。

修剪方法：①疏间密弱果枝，中、长果枝多打头，减少花量，剪破花芽，一般当年可抽枝，再形成花芽，供翌年小年结果。②大年花芽多，翌春宜行花前复剪，剪去过剩花芽。③轻剪缓放一般营养枝和内膛生长枝，促成花芽，供小年结果。④回缩更新枝组。衰弱、冗长枝组，可回缩到后面有花部位；强旺枝组，可截前留后，使后部结果，前部形成花芽，待其结果后再回缩到花芽处。⑤串花枝和单轴延伸枝，可留 2~3 个花芽回缩，以复壮枝条和提高结果质量。⑥调整树冠骨架结构，大枝处理可在大年进行，不致减产。

2. 小年树修剪 小年树应不剪或少剪花芽，重剪营养枝，尽量确保花芽量，提高坐果率和增加果重。

修剪方法：①对长、中、短果枝和腋花芽枝均缓放不剪，确保花芽数量。②对交叉枝、重叠枝、密生枝、辅养竞争枝，若花芽少而又遮光，影响较大者，可适当修剪；若花芽多，而影响不大者，可暂保留，待结果后再行处理。③对花芽很少的衰弱枝、细密枝，应行适度修剪，以改善通风透光，集中养分，提高坐果率。④对生长枝和果台侧枝，行中度以上短剪，以枝换枝，减少翌年花芽形成量，平衡大小年。

第七节 花果管理和采收

一、花果管理

(一) 保花保果

年周期内苹果有 4 次比较明显的落花落果，严重时会造成很大损失，针对不同原因，应采取以下保花保果措施。

1. 果园放蜂 苹果园放蜂可以大幅度提高坐果率。据调查，由于农药使用不当，或在苹果花期喷布农药，使蜜蜂、野蜂和其他一些授粉昆虫大量死亡，严重影响授粉功效。因此，授粉昆虫必须加以保护。

2. 人工辅助授粉 人工授粉与疏花相结合，将开花过多的授粉品种疏去一部分花朵，并收集花药，放置在 20~25℃ 的室内或干燥器内，经 1~2d 花药开裂，收集花粉用人工点授或将花粉掺入 5%~10% 糖液中喷布并加 0.3% 硼，对花粉发芽有促进作用。

3. 调节肥水 落花落果都与树体营养有关。调节肥水供应，增施氮素、磷素、硼素能提高坐果率。缺氮是落果原因之一，花前追施氮肥，或在花期和幼果期喷布 0.3%~0.5% 尿素，可以提高和稳定坐果，特别对坐果率低的品种如元帅、祝光更为重要。

硼能提高花粉活力，增进花粉发芽率，促进授粉受精。苹果花期喷硼，不仅能提高坐果率，而且增加叶绿素含量和促进磷素的吸收运转，使新梢和幼果含磷量增加 1 倍左右。

土壤干旱或积水过多，通气不良，常引起大量落花落果。适时排灌，有利于提高坐果率。

4. 合理修剪 一些苹果品种如祝光、元帅等对光照比较敏感。祝光枝叶过密时，光照弱，落花落果特别严重。可采用多疏枝、少短切的方法加以改善。元帅系苹果在肥水过多的情况下，生长容易过旺，节制肥水，轻量修剪，避免徒长，可减轻落花落果。

5. 喷施生长调节剂 选用 B_9 可以有效防止采前落果。NAA 与 B_9 合用，可以延迟采收减少落果，增加元帅系苹果色泽和硬度，利于贮藏运销，提高苹果产量和品质。

（二）疏花疏果

疏花疏果是调节结果量防止大小年结果的有效措施之一。主要方法有：

1. 化学疏果 由于气候条件和品种差异，化学药剂疏果尚无满意效果。近年使用比较有效的是西维因 600~1 200 倍液，于花后 1~3 周喷洒，对疏除部分幼果比较有效。此外，花后 10~21d 喷 NAA 2~8mg/L 或萘乙酰胺（NAD）5~17mg/L 均有一定效果。

2. 人工疏果 人工疏果除利用修剪调节花量外，花后用人工分期摘除过多幼果，可防止大小年。人工疏果应根据树势、品种、栽培措施等综合考虑。树势强的可多留，弱则少留；栽培管理好的多留，管理差的少留；坐果多的多疏，坐果少的少疏。注意叶果比，做到合理疏果，一般每个健全花序留 1~2 果即可。留果时要把果形端正、无病虫害、方向位置好的保留下来。

二、果实采收

果实采收是生产的最后环节，关系到产量、品质和贮藏效果，应予重视。

1. 苹果成熟度的确定 苹果成熟一般分为 3 个标准，即可采成熟度、食用成熟度和生理成熟度。可采成熟度是指果实达到初熟阶段，果实大小趋于固定，初步转色、上色，但果肉还硬，风味差。此期采收，适于远运和贮藏，贮运当中风味可以转好。食用成熟度是指果实已经达到固有风味和色泽标准，适于鲜食与加工，但不耐长途运输和贮藏。生理成熟度是指果实已经完熟（ripening），果肉变软，种子变色老熟，适于采种。

苹果老产区根据多年经验，以确定不同品种果实的生长天数，即落花后至开始成熟之间经过的天数决定采收时间。但因气候变化和栽培措施的影响，每年生长期都有一定差异，根据用途，采收前可进行一些生理指标测定，如硬度、可溶性固形物、风味、色泽等。对采前落果重的品种如祝光、丹顶、旭等可早采，成熟期不一致的品种如早捷、伏花皮等可分批采收。

2. 采收技术 苹果采收时应防止一切机械损伤如指甲伤、碰伤、擦伤、压伤等。伤口易招致病菌侵入，发生腐烂。苹果成熟后，果梗产生离层，易与果台分离，采摘时要注意保留果梗，勿使脱落或折断，便于保藏。

（执笔人：廖明安）

主要参考文献

董启凤，等.1998.中国果树实用新技术大全：落叶果树卷 [M]．北京：中国农业科技出版社．
廖明安，等.1998.果树培训教材：中级本 [M]．成都：四川教育出版社．
束怀瑞，等.1999.苹果学 [M]．北京：中国农业出版社．
汪景彦，等.2001.苹果优质生产 [M]．北京：中国农业出版社．
王宇霖.2001.从世界苹果、梨发展趋势与国际贸易看我国苹果、梨产业存在的问题 [J]．果树学报（3）：127-132．
文波.2010.南方红富士苹果常用丰产树形 [J]．落叶果树（5）：30-34．
张兴旺.2010.南方苹果宜用树形与培养之我见 [J]．中国果业信息（1）21-23．
张玉星.2003.果树栽培学总论：北方本 [M]．3版．北京：中国农业出版社．
Liao Mingan, et al. 2002. Juvenile apple trees in southern China：endogenous hormone contents, growth ab\nd development [C]. Proceeding of International Apple Symposium. Shandong Agricultural University.

推荐读物

郭民主.2006.苹果安全优质高效生产配套技术 [M]．北京：中国农业出版社．
李育农，等.2001.苹果属植物种质资源研究 [M]．北京：中国农业出版社．
杨洪强，束怀瑞.2007.苹果根系研究 [M]．北京：科学出版社．
Melvin N. 1987. Westwood. Temperate-Zone Pomology [M]. W. H. Freeman and Company, U.S.A.
SM Kanwar. 1988. Apples [M]. Tata McGraw-hill Publishing Company Limited, India.

第十八章 葡 萄

第一节 概 说

一、栽培意义

葡萄（grape）是世界第二大栽培水果，据联合国粮食与农业组织（2009年）统计，目前全世界有90多个国家生产葡萄，栽培总面积达到743.71万 hm^2，总产量为6 693.52万t，其中欧洲的葡萄栽培面积和产量约占世界的一半，亚洲的占1/4。全世界的葡萄80%以上用于加工，主要加工成葡萄酒，葡萄酒年产量稳定在2 500万t左右。

2009年，我国葡萄栽培总面积为46.3万 hm^2，约占世界葡萄栽培总面积的6.2%，总产量为738.5万t，占世界总产量的11.03%，其中鲜食葡萄面积和产量占70%以上，为世界鲜食葡萄第一生产大国，酿酒葡萄约6.67万 hm^2，年产葡萄酒约60万t，占世界总产量的1.5%。我国果树产业中，葡萄栽培面积占果树总面积的4.2%，居第五位；产量占果品总产量的6.5%，名列第六位。

葡萄浆果含有丰富的营养物质，葡萄糖、果糖、蔗糖等糖类的含量为15%~25%，蛋白质和氨基酸含量为0.15%~0.9%，有机酸含量为0.5%~1.5%，矿物质为0.3%~0.5%，此外还含有多种酶和多种维生素等。葡萄鲜果及其加工制品有补肾、滋神益血、降压、开胃之功效。医学证明，葡萄酒对斑疹伤寒、痢疾杆菌具有致死作用。

葡萄除鲜食外，可代替粮食酿酒，加工成葡萄汁、葡萄干、葡萄罐头等，还可用于食品中糕点、夹馅面包等高级调料品。葡萄是加工比例最高的水果，世界上用于酿酒的葡萄种植面积约占葡萄总面积的80%，鲜食葡萄占10%，制干葡萄占7%，制汁制醋葡萄占3%。

葡萄结果早、产量高，产业化程度高，社会经济效益显著。我国葡萄酒行业属于高效农产品加工业，在我国果品加工产品中是效益最高的，2007年葡萄酒总销售额达147亿元。鲜食葡萄的销售价格在国内市场上也居于大多数水果的前列。葡萄及葡萄酒产业为农村结构调整、农民增收起到了很大作用。

二、栽培历史与分布

葡萄栽培的历史至少有5 000年。葡萄发源地在中亚细亚南部及邻近的东方各国，包括土耳其、伊朗、阿富汗、南高加索、叙利亚、埃及、希腊等国；约在3 000年前，沿地中海向西传到意大利和法国；2 000多年前传到中国；15世纪以后传到南非、澳大利亚和新西兰等地；19世纪以来葡萄栽培几乎遍及全球。目前，全世界共有89个国家和地区生产葡萄，生产中心在欧洲。葡萄主产国为西班牙、法国、意大利、土耳其、美国、伊朗、阿根廷、中国、智利等。

我国也是葡萄起源地之一，野生葡萄资源分布广泛，栽培品种中的龙眼、红鸡心、瓶儿葡萄、脆葡萄等原产我国。欧亚种引入我国栽培已有2 000多年的历史。葡萄是我国大宗果树中发展速度最快的种类。2009年葡萄栽培面积和产量分别是1978年的18倍和72倍。葡萄是我国分布范围最广的果树之一，有28个省（自治区、直辖市）生产葡萄，从纬度最高的东北地区到位于北回归线以南的云南、广西、贵州等地都有葡萄种植。其中以新疆、河北、山东、辽宁及河南等为主产区，它们的葡萄栽培面积占全国总面积的60%，产量则占66.2%。

第二节 主要种类与品种

一、主要种类

葡萄属于葡萄科（Vitaceae）葡萄属（*Vitis*）多年生落叶藤本果树。本属共有70余种，分布于我国的约35种，其中仅有20多个种用作生产果实或作为砧木。按地理分布和生态特点，葡萄属大体上可分为4个种群。

1. 欧亚种群

（1）东方品种群 分布在中亚、中东和黑海沿岸。特征是：幼叶无茸毛，新梢多为赤褐色，粗壮。叶背光滑无茸毛，或仅有刺毛。植株生长势强，生长期长，结实力较低。

（2）西欧品种群 分布在西欧各国。共同特征是：幼叶茸毛密生，呈桃红色。新梢较细，呈淡褐色。

（3）黑海品种群 分布在黑海沿岸各国。共同特征是：叶背密生混合茸毛。果穗中等大，紧密。果粒中等大，多汁。生长期短。抗寒、抗病性较东方品种群强，但抗旱力较弱。繁殖系数高，一般较丰产。

现在只存活下来1个种即欧洲葡萄（*V. vinifera* L.），世界上著名的鲜食、酿酒和加工用的品种多属于这个种。其产量占世界葡萄总产量的80%以上。特点是：成熟的果实其果皮与果肉不易分离；要求冬季不太严寒、日照充足和相对干燥的气候；不抗根瘤蚜，对真菌病害的抵抗力较弱，在我国南方高温多湿地区栽培病害严重。

2. 东亚种群 有40多个种，原产于我国的有十几个种，主要有：

（1）山葡萄（*V. amurensis* Rupr.） 原产我国东北、华北，以及朝鲜和俄罗斯远东地区。抗寒力极强，成熟枝条能抗－40℃以下，根系能耐－16℃的低温，广泛用作抗寒砧木和抗寒种质资源，在东北及华北各地均有野生分布。我国培育出的抗寒葡萄品种北醇、公酿1号、公酿2号等，就是用山葡萄作亲本育成的。山葡萄果穗、果粒小，主要用途是酿酒。生产主栽品种有左山一、双红、双优和左优红。

（2）蘡氏葡萄 野生于华北、华中及华南各地。果粒圆形，紫黑色，果汁深紫色。扦插不易发根，作为抗寒、抗病育种的原始材料。

（3）葛藟葡萄（*V. flexuosa* Thunb.） 分布于我国浙江、河南、江西、湖北、广东、新疆，以及朝鲜和日本。果实可酿酒，根、茎、果可入药。

（4）刺葡萄（*V. davidii* Foex.） 分布于湖南、江西、云南、贵州、四川、湖北、福建、浙江、江苏等地。果实可酿酒，根可药用。刺葡萄虽具备优良的抗性和广泛的适应性，但就鲜食而言存在果粒小、子较多等不足。近期选育出的刺葡萄新品种主要有水晶、紫秋、塘尾、南抗。

（5）毛葡萄（*V. quinquangularis* Rehd.） 分布于广西、云南、贵州、四川、甘肃、

陕西、湖北、安徽、江西、浙江、江苏。果实可酿酒。

(6) 秋葡萄（*V. romanetii* Roman.） 分布于秦岭南北坡、陕西、河南、湖北、四川、甘肃、江苏。果实可酿酒。

3. 美洲种群 约有 28 个种，大多分布在北美洲，主要的种有：

(1) 美洲葡萄（*V. labrusca* L.） 原产于美国东北部和加拿大南部。本种的特点是：卷须连续着生，叶背密生灰白色或褐色毡状茸毛，叶表面呈暗绿色。果粒圆形，具有浓厚的麝香味或草莓味，果穗小或中等大。生长势旺，抗病、耐湿、耐寒，但不抗根瘤蚜。具有代表性的品种有康可（Concord）、红香水（Catawba）、冠军（Champion）等。果实鲜食品质低于欧洲葡萄，有的可制汁或酿酒。

(2) 河岸葡萄（*V. riparia* Michaux.） 起源于美洲东部，分布很广。其特点是：叶 3 裂或全缘，光滑无毛。果穗小，果呈黑色，有青草味，不堪食用，有些品种可酿酒。耐热、耐湿、抗旱、抗寒，抗病力强，不耐石灰质土壤。对根瘤蚜的免疫度可达 19 度，主要用作抗根瘤蚜砧木和育种材料。

(3) 沙地葡萄（*V. rupestris* Scheele） 起源于美国中南部。其共同特点是：叶为宽心脏形，全缘，光滑无毛。果穗小，浆果圆形，黑色，品质风味差。植株为良好的抗根瘤蚜砧木。代表性品种有圣乔治（St. George）。

(4) 冬葡萄（*V. berlandieri* Planch.） 原产于美国和墨西哥。果小，酸涩。植株抗根瘤蚜，耐旱，抗病。扦插时发根力弱，但嫁接亲和力好，可作杂交亲本和砧木。

4. 法国杂种 原产法国的一些欧洲种与上述北美种群中的某些种杂交后所获得的杂种称为法国杂种，一般以 Seibel、Baco、Landot、Ravat 等作为代号。这些品种较抗寒和抗病，能酿造出富有天然风味的佐餐酒，在欧美等国有较广泛的栽培。

现代葡萄栽培中，杂交种占的比例逐渐增多，尤其在我国鲜食葡萄产区，主要代表品种有巨峰、黑奥林、高妻、峰后、巨玫瑰、金手指、藤稔、早红无核、京亚、黑瑰香、康克、康拜尔、卡它巴、黑虎香、白香蕉、醉人香、希姆劳特、金藤、夏黑、早康、沪培 2 号。

二、品种分类

从栽培学角度对葡萄品种进行如下分类。

1. 鲜食品种 要求果穗穗形整齐，标准（圆柱形、短圆锥形），中或大（穗重 500g 左右）；果粒大，着生中等紧密，色泽鲜艳；果肉脆嫩，多汁，酸甜，芳香；成熟期早、中、晚错开；易包装，耐贮运等。

(1) 欧亚品种 大多起源于欧洲。叶 3～5 裂，无茸毛或极少茸毛。一般穗大、粒大，果肉脆嫩、多汁、酸甜、芳香，质优，抗寒性和抗病性较弱。主栽品种有红地球、玫瑰香、无核白鸡心、青岛早红、凤凰 51、牛奶、意大利、龙眼、沙巴珍珠、早玫瑰、郑州早红、早玛瑙、乍娜、里扎马特、京玉、吐鲁番红葡萄、和田红葡萄、维多利亚、木纳格、巨黑、京秀、晚红、红脸无核、红牛、粉红亚都蜜、早紫、金田 0608、金田玫瑰、金田蜜、京翠等。

(2) 无核品种 果粒较小，早熟，肉质脆、甜，品质优。除鲜食外，也适宜制干。主要品种有无核白、无核紫、无核白鸡心、红脸无核、金星无核、早熟红无核、无核早红（8611）、奥迪亚、安艺、青提、黄提、莫里莎、皇家秋天、克里森、郑果大无核、绯红无核、森田尼无核、大粒红无核、红皇家、秋王、红威斯特、早康、金田皇家无核、沪培2号等。

（3）巨峰群品种　属欧美杂种，凡是亲本中有巨峰品种亲缘的杂交后代、实生后代或自然变异类型，经人工选育、性状稳定、已用于生产的，统称为巨峰群品种。主要特点是：均为多倍体，果粒、果穗大，肉质偏软，有肉囊，缺乏香味，品质中上等，丰产性好。但管理粗放易导致大小年结果，产量不稳。该类群适应性强，很多品种适于南北方栽培。巨峰群品种适于鲜食，果皮易剥离；肉质较硬的品种宜制糖水罐头；肉质较软的品种，可兼制葡萄汁，但不宜酿酒和制干。代表品种有伊豆锦、红瑞宝、红富士、红伊豆、藤稔、黑奥林、京亚、金藤等。

2. 酿酒品种　全世界有超过8 000个可以酿酒的葡萄品种，但可酿制上好葡萄酒的葡萄品种只有50个左右，分为白葡萄和红葡萄两种，要求含糖量16%以上，出汁率70%以上，有香味。白葡萄，青绿色、黄色等，主要用来酿制气泡酒及白酒，代表品种有霞多丽、白玉霓、贵人香、雷司令。红葡萄，颜色有黑、蓝、紫红、深红色，代表品种有赤霞珠、品立珠、蛇龙珠、梅鹿辄、法国兰、红杂系列。北冰红为冰红山葡萄酒新品种。

3. 制干品种　要求含糖量20%以上，含酸量低于0.8%，果粒小、肉硬、皮薄、少子或无子，干缩后色泽均匀。如新疆的无核白、马奶葡萄干。

4. 制汁品种　要求浆果出汁率75%以上，含糖量16%以上，含酸量低于0.8%，果汁色泽艳丽，有一定香味。主要品种有康可、康拜尔、卡它巴、肉丁香、黑虎香、紫玫康、玫瑰露、纽约玫瑰、黑后、郑果25、郑康1号、康太、黑贝蒂等，以上品种的共同特点是特抗病、抗寒，易管理。

5. 制罐品种　要求果粒大，肉质肥厚，易去皮，无核或少核。如白玫瑰香、牛奶、巨峰等。

三、适于南方栽培的品种

1. 巨峰　属欧美杂交种。大井上康以石原早生为母本、森田尼为父本杂交育成的四倍体品种。树势强，副梢结实能力强。果穗大，圆锐形，果粒着生较稀疏。果粒大，椭圆形，黑紫色，果粉厚，果皮中等厚，果肉软，黄绿色，具肉囊，汁多味甜，有草莓香味，为优良鲜食种。果实7月下旬成熟。该品种适应性强，抗病力也较强，是我国南北各地栽培较多的品种，它也是培育大粒鲜食葡萄品种的优良亲本。

2. 红富士　属欧美杂交种。由金玫瑰与先锋杂交而育成，原产日本。树势强，生长和结果习性与巨峰相似。果穗大，平均重500g左右，最大穗可达2 000g以上，圆锐形。果粒大，重10g左右，最大可达17g以上，卵圆形，着生较疏松，果皮带红色，皮厚，果粉薄，肉软，有肉囊，汁多味甜，具有浓郁的草莓香味，品质上等，是优良的鲜食种。果实7月下旬成熟。

3. 藤稔　属欧美杂交种，由青木一直以井川682与先锋杂交而育成。树势较强，新梢黄绿色，有紫红色条纹，一年生蔓深褐色。叶大，呈倒卵圆形，5裂，叶中厚，叶片平展略反卷，叶面粗糙，无光泽，未展叶的芽顶有一红点。果穗大，圆锐形，无副穗，平均穗重500g，最大穗重1 000g以上。果粒很大，平均单粒重18g以上，最大单粒重38g，椭圆形或圆形，充分成熟呈紫黑色，果粉少，果肉肥厚，易与种子分离，汁多味甜，有微香，品质上等。种子1~3粒，以2粒为多。果实7月中下旬成熟，是优良的鲜食品种。

4. 京亚 中国科学院北京植物园育成，是黑奥林的实生后代。果穗大，平均穗重478g，最大1070g，圆锥形或圆柱形。果粒着生紧密或中等，平均粒重10.8g，最大20g，椭圆形，紫黑色，果粉厚，皮中等厚，肉质较软，汁多酸甜，微有草莓香味。种子小，1~2粒。可溶性固形物含量13.5%~18%，含酸量0.65%~0.90%，品质中上等。该品种抗病、抗湿，在我国南方高温多湿的地区表现良好。在浙江金华地区6月下旬上市。

5. 峰后 北京农林科学院从巨峰实生后代中选出的大粒鲜食葡萄新品种。果穗圆锥形或圆柱形，平均穗重467g。果粒着生较紧密，短椭圆形或倒卵形，平均粒重14.1g，最大21g；果皮较厚，紫红色；果肉脆硬略有草莓香味，可溶性固形物含量14.8%~16.5%，全糖13.8%，酸0.52%，味甜，品质优。不裂果，果粒耐拉力强，耐贮性好。果实9月上旬成熟，是一个优良的晚熟品种。

6. 京秀 中国科学院北京植物园选育而成。果穗为圆锥形，每穗重400~500g，最大达1000g以上。果粒着生紧密，椭圆形，平均粒重6g左右，最大达10g以上，玫瑰红色或鲜紫红色，肉脆而硬，味甜低酸，含糖18.2%，品质上等。果实6月下旬成熟。生长势中强，抗病力中等，不裂果，很少发生日灼病，坐果好。果粒耐拉力强，极耐运输。京秀是欧亚种，适于大棚早熟栽培。

7. 京超 中国科学院北京植物园从巨峰实生苗中选育而成。果穗大，平均穗重466.7g，最大穗重700g，圆锥形。果粒着生中等紧密，平均粒重13.5g，最大粒重19g，椭圆形，紫黑色，肉厚而较脆，汁多，味酸甜，具有草莓香味，可溶性固形物含量17.8%，含酸量0.58%，子少，品质中上等。生长势较巨峰稍弱，副梢结实能力强，在江南地区可一年两熟。成熟期为8月上中旬，为中熟品种。抗病力强，抗湿，不裂果，无日灼，不落粒，耐运输。着果及风味品质均优于巨峰。

8. 红瑞宝 欧美杂交种，原产日本。长势强。果穗圆锥形，平均重530g左右。果粒倒卵圆形，平均重11~12g，紫红色，皮厚，汁多味甜，有浓郁的草莓香味，品质优。丰产，抗病力强。果实8月上旬成熟。

9. 黑奥林 日本泽登秀晴以巨峰×巨鲸育成，欧美杂交种。果穗圆锥形，重约470g。果粒近圆形，重约12g，紫黑色，皮厚，肉较脆，多汁，味酸甜，有草莓香味，品质中上。树势强，丰产性能好，抗病力强。果实8月中下旬成熟。黑奥林的植物学性状与巨峰非常相似，但着果好，成熟稍晚。

10. 先锋 欧美杂交种，井川秀雄用巨峰与康能玫瑰杂交育成。果穗大，平均穗重400g，圆锥形。果粒大，平均粒重12g以上，椭圆形，黑紫色；果粉多，果皮厚；果肉较脆，无肉囊，味酸甜多汁，可溶性固形物含量16%，含酸0.76%，品质上等。种子与果肉易分离。成熟期为8月中下旬。植株生长势强，枝蔓粗壮。抗病，不落粒，无裂果。

11. 白香蕉 又名青元葡萄，属欧美杂交种。树势较强，多次结果能力强。果穗中大，圆锥形，果粒着生较密，重350~400g。果粒椭圆形，果皮绿色，充分成熟金黄色，果粉中等厚，有肉囊，汁多味甜，有浓郁的草莓香味。果实8月上中旬成熟。该品种丰产、稳产，耐湿，抗病，适于棚架栽培。但采前易落粒，果粒成熟不一致，不耐贮运。

12. 京蜜 中国科学院植物研究所由京秀与香妃杂交育成。7月下旬成熟。果粒着生紧密，果粒近圆形或扁圆形，果皮黄绿色，果粒平均重7.0g，最大11.0g，皮薄，肉脆，种子2~4粒。平均穗重373.7g，最大617.0g。可溶性固形物含量17.0%~20.2%，含酸量0.31%，具玫瑰香味，肉质细腻，品质上等。成熟后可延迟采收45d，不裂果。丰产性和抗病性强。

13. 瑞都脆霞 北京市农林科学院林业果树研究所从京秀与香妃的杂交后代中选出的优良早熟品种，8月上中旬成熟。平均穗重408g，平均单粒重6.7g，最大粒重9g；果皮紫红色，色泽艳丽，果皮较脆；果肉脆、硬，酸甜多汁，可溶性固形物含量16.0%。种子少，1~3粒。早果，丰产，易栽培。

14. 红地球 欧亚种。又称美国红提。该品种含有多种维生素，内含白藜芦醇，有软化血管、抗癌等保健、美容作用。成熟早，6月中下旬成熟，比巨峰早20d上市，成熟后挂在树上2个月不落粒、不变质。粒大，单果重12g，表皮光滑，色泽鲜艳；果肉脆嫩可口，汁多味佳，含糖20%左右。适应性强。

15. 巨黑 欧亚种。树势健壮，9月上中旬成熟。单穗均重500g，最大穗重2 500g。果粒着生中等密，椭圆形，紫黑色，自然单粒重12g，最大粒重18g；果肉脆甜，品质极佳，含糖量18%~20%。果粒硬度适中，采前不裂果，采后不落粒，耐贮运。

16. 碧香无核 欧亚种。长势中庸，早花早果，连续着果能力强，极早熟，二次结果能力强。果粒圆形，黄绿色，平均单穗重600g，平均单粒重4g；果刷长，不落粒，不裂果，货架期长。果皮薄，与果肉不分离；自然无核；具浓郁的玫瑰香味；含酸量低，果实转色即可食用；果实甜，肉脆，可切片，品质佳。耐热性强，抗寒、抗旱、抗病能力强。可用于干旱少雨、阳光充足的地区露地和保护地早熟栽培。果实8月上旬成熟。

17. 金手指 欧美杂交种，原产日本。果穗圆锥形，果粒松紧适度，穗均重500~600g，最大3 000g。果粒长椭圆形，略弯曲，黄白色。比巨峰早熟10~15d。含糖量高，属于超甜葡萄。抗性强，抗涝、抗旱、耐寒。耐贮运，商品性好。

18. 金田皇家无核 河北科技师范学院以牛奶葡萄作母本、皇家秋天作父本杂交育成的晚熟无核品种。平均单穗重915.0g。果粒长椭圆形，平均单粒重7.4g；果皮紫红色；肉质较脆，可溶性固形物含量18.0%，味酸甜，清香，品质上等。果实9月底至10月上旬成熟，成熟后无落粒现象。

19. 早康宝 山西省农业科学院以瑰宝作母本、无核白鸡心作父本杂交育成的早熟无核品种。果穗圆锥形，平均穗重216g，最大穗重417g。果粒着生紧密，大小均匀，果粒倒卵圆形，平均粒重3.1g，最大粒重5.8g；果皮紫红色；果肉硬脆，具玫瑰香味，酸甜爽口，品质上等。果实8月上旬成熟。抗病性中等，适应性强。

20. 沪培2号 上海市农业科学院以无核品种杨格尔为母本、紫珍香为父本杂交，杂交胚经离体胚挽救而育成的无核品种。果穗圆锥形，平均穗重350g。果粒长椭圆形或鸡心形，平均单粒重5.3g，果皮深紫红色，果肉中等硬，无核，可溶性固形物含量15%~17%，总酸0.65%，风味浓郁。7月中下旬果实成熟。该品种树势强旺，早果丰产，适应性强。

第三节　生物学特性

一、形态特征及生长特性

葡萄具有强大的根系，属深根性果树。根系的分布依繁殖方法不同而有差异。用实生繁殖的有主根；用扦插、压条繁殖的无主根，只有发达的侧根和须根。易与真菌共生，产生内生菌根和外生菌根，当新老根系交替之际，水分和养分的吸收主要靠菌根。葡萄的枝蔓极易生出不定根，有利于扦插和压条繁殖。

葡萄为藤本植物，枝条细软而长，称为蔓或枝蔓，其上着生卷须，以利攀缘。葡萄地上部可分为主干、主蔓、侧蔓、新梢和副梢。从地面到主蔓分枝部位的单一树干称主干。主干上的分枝称主蔓。主蔓上的多年生分枝称侧蔓。带有叶片的当年生枝称新梢。新梢的冬芽当年发生二次生长称二次梢。由夏芽发出的梢称副梢（图18-1）。当年生长发育良好新梢，已有混合芽，翌年可抽出结果蔓的，称为结果母蔓。

葡萄蔓上的芽均为腋芽，无真正的顶芽。在新梢上每一叶腋内有2种芽，即冬芽和夏芽。冬芽有鳞片覆盖，通常称为芽眼，其内部包含1个主芽（又称中心芽）和3～8个副芽（又称预备芽）。冬芽为晚熟性，当年不萌发，次年主芽萌发为新梢，其余的副芽多为隐芽，但也有2～3个副芽同时萌发，成为双生枝或三生枝。当年进行摘心或除副梢后，可刺激冬芽萌发。夏芽为无鳞片保护的裸芽，属早熟性芽，当年即可形成副梢，有些品种能当年结果，且结实能力强。

图18-1　新梢、副梢与冬芽二次梢
1. 新梢　2. 一次副梢　3. 二次副梢
4. 冬芽二次梢　5. 残留芽鳞　6. 摘心部分
7. 冬芽　8. 副梢基部发育不全的叶片

老蔓的基部有很多冬芽和夏芽呈潜伏状态，不萌发；当枝蔓受伤后，可萌发强壮的新梢。葡萄枝蔓由于恢复力强，更新复壮容易。

花序和卷须为茎的变态，由枝蔓顶部生长点发育而成。花芽形成过程中，若营养不足，花序发育会停止而成为卷须。卷须在新梢上着生的方式依种类不同而异：欧洲种为间歇着生，即每着生2节卷须之后，间隔1节不着生卷须，而美洲种为连续着生。葡萄的花序为圆锥花序或复总状花序，每穗具花200～500朵。绝大多数栽培种为两性花，其花型小，为合瓣散花冠，开花时花冠呈帽状脱落。

二、花芽分化与结果习性

葡萄容易成花，一般营养繁殖的植株，栽植当年的新梢即可形成花芽。一般品种的冬芽分化始于新梢开花期前后，终花后2周第一花序原基已经形成。我国长江流域、黄河流域以6～8月为分化盛期，其后逐渐减缓，至10月暂停分化。翌年春季萌芽和展叶后，开始花器官的依次分化，展叶后4～5周花器官才全部形成。葡萄的夏芽一般不分化花芽，但其分化能力与品种遗传性有关。

结果蔓由结果母蔓的混合芽抽出，其发生的位置依种类、品种、结果母蔓发育状态而不同。通常母蔓基部第1节至第2节的芽发育不佳，常不能抽生结果蔓，自第3节开始每节可连续发生结果蔓，直到第10节以上，以第3～8节所生结果蔓为佳。由于结果母蔓的发育程度不同，优良结果蔓发生的部位也不同。生长势强的母蔓，最优良的结果蔓发生的节位距基部较远；生长势弱的母蔓，优良结果蔓发生的节位距基部较近。

葡萄的花序着生于结果蔓的第2～10节，着生花序的节不再着生卷须，花序有连续性和间歇性两类。如欧洲种葡萄，在新梢第3叶和第4叶的反面各生花序1个，第5节无花序亦无卷须，第6叶和第7叶反面为卷须。通常每一果蔓有2个花序。美洲种葡萄从第3节起连续着生花序，多达6~7穗，其上各节均着生卷须，直到新梢停止生长为止。

三、年周期活动

1. 树液流动期 又称伤流期，从春季树液流动开始，至芽萌动为止，一般在2月中下旬至3月上旬。

春天由于土温升高，葡萄根系开始活动，并将吸收的水分和无机盐以及根内贮藏的物质运送至地上部，供芽眼萌动用。由于根压的作用，及葡萄茎部组织疏松，导管粗大，树液活动非常旺盛，如植株有新的伤口则有大量液体流出，称为伤流。冬季修剪和春季枝接应在伤流期之前完成。

2. 萌芽和嫩梢生长期 自萌芽始至开花前为止，一般为45~55d。通常美洲种较欧洲种早萌芽3~7d，在3月中下旬。葡萄新梢生长最快的时期为5月上旬至6月上中旬，在开花前，新梢的长度可达全年长度的60%。这一时期内要注意保护叶片，及时防治病虫害，同时松土追肥，以改善营养、水分和通气条件。在新梢生长初期，注意及时抹芽、除萌和摘卷须，新梢长达30cm以上要绑缚，以防风折。

3. 开花期 从初花期至谢花期一般为5~14d。初花期要求高温干燥的天气。应进行人工辅助授粉，增加坐果率。花前对果蔓进行适当的摘心，延缓生长，促进营养物质输入花序。同时掐花序尖及疏除副穗，可增加坐果率。

4. 浆果生长期 从谢花始到浆果开始着色止。一般早熟种35~60d，中熟种60~80d，晚熟种80d以上。葡萄浆果生长图形为双S形曲线，前期果实生长很快，新梢上冬芽、夏芽已形成，花芽正进行分化，需要大量养分。如营养不足，不仅加剧落果，而且花芽分化不良。为满足果粒肥大及花芽分化的需要，必须及时追施磷、钾肥，对主梢和副梢进行摘心，并及时摘除副梢和卷须。

5. 浆果成熟期 从浆果开始着色到完全成熟为止，一般为20~30d。此时浆果停止增大，变得柔软而有光泽，有色品种在皮层积累色素，白色品种叶绿素大量分解，呈黄白色且透明，并出现果粉，种皮也逐渐变色。果实含糖量迅速增加，酸及鞣质含量降低。此时要减少灌水，对枝蔓进行摘心，改善通风透光条件。

6. 落叶期 从浆果成熟到落叶。此期养分大量积累在根部、主干及枝蔓中。新梢木质化，芽眼进入休眠，叶片逐渐脱落。此时要停止灌水及控制氮肥，以免影响休眠。

四、对环境条件的要求

1. 温度 葡萄对温度的要求依品种不同而异。欧洲种较喜高温，适于干燥的夏季和冷凉的冬季；美洲种能耐夏季的潮湿和冬季的低温。葡萄的生物学零度为10℃，最适生长的温度为20~30℃，极端最高温度为40℃，超过40℃时叶片变黄而脱落。生长期内需要一定的有效积温，不同成熟期的品种对有效积温的要求不同。有效积温不足，浆果含糖量低，含酸量高，皮厚，品质下降。

2. 水分和光照 葡萄细胞的渗透压较高，生理耐旱性较强，故在降水量较少的干燥地方生长良好。对水分的要求依物候期而有不同：生长初期对水分要求高；在开花期宜适当干燥，以空气相对湿度30%～40%为宜，此时降雨过多会影响授粉受精，引起大量落花，并伴随严重的黑痘病发生；浆果生长期对水分要求高；成熟期对水分要求低，此时水分过高会引起裂果和果实腐烂，降低产量和品质。一般认为在温和的气候条件下，年降水量以600～800mm为宜。

葡萄喜光，要求光照充足。如光照不足，枝蔓生长细弱，叶薄而色淡，花芽分化不良，果实着色差，产量、品质均降低。

3. 土壤和地势 葡萄对土壤的适应性强，各种土壤均能生长，以沙壤土和黏壤土最适宜。对土壤酸碱度的适应能力依种类和品种不同而异，一般欧洲种较耐盐碱，美洲种及欧美杂种则耐酸能力较强。南方多为微酸性的红壤丘陵地，以发展美洲种及欧美杂种为宜。

第四节 栽培技术

一、育 苗

(一) 扦插繁殖

1. 插条的采集和贮藏 宜选择品种纯正、生长健壮、充分成熟、带有饱满芽眼的一年生枝蔓，可结合冬季修剪采集插条。插条通常剪成30～40cm长的枝段，立即进行沙藏，并保持1～5℃的低温。

2. 催根处理 葡萄扦插生根的适宜温度为25～28℃，相对湿度为80%～90%。通常气温升高较地温快，插前要进行催根处理，防止扦插后芽眼先萌发而未生根。

催根前插条要重新剪截。葡萄节间长，髓部大，为了减少蒸发，在插条的上端应距顶芽以上2cm左右处斜剪，其下端紧靠节平剪，因节上贮藏养分多，有利于发根。剪后进行纵刻伤，以现绿皮层为准。

催根方法很多，常用药剂催根法。将插条基部浸入30～50mg/L IBA、100～200mg/L NAA 溶液12～24h，取出后扦插，可促进发根。

3. 扦插的时期和方法 一般在2月下旬至3月上旬进行露地扦插，可用短蔓插、长蔓插和单芽插。生产上多用2～3芽的短蔓插。也可在5月下旬到6月上旬进行绿枝扦插 (softwood cutting)，绿枝要求半木质化，并带1～2片叶，注意遮阴并喷水以提高空气和土壤湿度。

(二) 硬枝嫁接繁殖

利用葡萄成熟的休眠枝条作为接穗和砧木进行嫁接称为硬枝嫁接。目前硬枝嫁接常采用劈接方法 (图18-2)。

1. 接穗的剪截 经过贮藏的接穗，用清水浸泡24h，使其充分吸水。接穗枝条选择芽眼饱满的，在芽上方1～2cm处剪截，芽下方4～5cm处平剪。然后，用切接刀在接穗芽下0.5～1cm处向下从两侧削成3～4cm长的斜削面，削面要求平直、光滑。

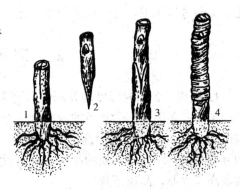

图18-2 硬枝劈接法
1. 砧木 2. 接穗 3. 接穗插入砧木劈口 4. 绑扎

2. 砧木的切削 距地表15～20cm处平剪，

在其中央垂直向下切开深达3~4cm，并抹除砧段上所有的芽眼。

3. 嫁接 嫁接宜在伤流期之前进行，将削好的接穗插入砧木的切口内，以接穗削面露出砧木劈口1~2mm为宜，并使接穗与砧木形成层对齐，然后用宽约1cm、长约20cm的塑料带进行绑扎，要求松紧适度。

（三）芽接繁殖

1. 接穗的选择 选择生长健壮、芽眼饱满、半木质化的新梢，取其芽为接芽。取接芽的新梢应随用随取，采下后摘除叶片，留1cm长的叶柄，新梢基部用清水浸泡，备用。应注意接穗保湿。

2. 芽接方法 芽接有盾状芽接和方块状芽接等方法。盾状芽接削芽时不带木质部，成活率较高。嫁接时，在接穗上选取充实饱满的芽眼，用芽接刀在芽上1cm左右处横切，再从芽两侧2cm宽处向下割成盾状切口，深达木质部，取下的芽片不带木质部。然后在砧木距地表20~30cm处，用同样的方法去掉与接芽同样大小的盾状芽片，然后把接穗芽片放在砧木切口上，使之紧密吻合，用塑料带绑紧，露出接芽和叶柄。

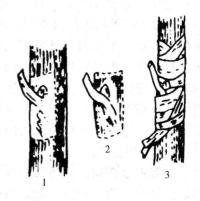

图18-3 方块状芽接法
1. 芽片切削 2. 取下的芽片
3. 嫁接绑扎

方块状芽接，先选好接穗芽眼后，在芽眼上下左右各切一刀，深达木质部，将芽片切成长方形，长约2.5cm，宽1.2cm，不带木质部取下。在距地表20~30cm处的砧木上，去掉与接芽同样大小的不带木质部的长方形芽片。然后将接芽贴在砧木上的切口处，使接芽片与砧木切口对齐，紧密吻合，再用塑料带绑紧，露出接芽和叶柄（图18-3）。

二、建　园

（一）园地规划设计

1. 道路系统 道路设计既要有利于交通运输，又要充分利用土地。道路宽窄与多少应根据葡萄园的规模而定。大型葡萄园的主道宽6~8m，贯穿全园，分区设立支道，支道宽4~6m，分区的作业道以2m为宜。山地葡萄园的主道可适当小些，修成盘山道，以减小坡度和防止水土流失。全园道路所占的面积应不超过总面积的5%。

2. 灌溉系统 灌溉系统由干渠和支渠所组成。干渠一般设在大区的道路旁侧，同时要与小区道路系统结合。支渠从干渠中将水引入园内，既便于机耕，又可节省生产用地。沙地葡萄园要采用防渗渠道，以减少水的渗透流失。干渠要求深1m，支渠深80cm，行间渠深30cm。

3. 排水系统 排水系统主要解决地下水位过高、土壤中水分与空气矛盾的问题。减少土壤中过多的水分，增加土壤中空气含量，提高土壤温度，有利于微生物活动和有机质分解，便于葡萄根系很好地吸收养分，防止根系受到损伤。

4. 栽植小区 小区的划分应以有利于田间作业为原则，根据不同的地形、地势、土壤和气候等自然条件，并充分考虑到葡萄园的道路、排灌等各方面因素，因地制宜地将葡萄园划分成若干小区，应利于施肥、喷药、采收及其他田间管理工作。山地和丘陵地的地形变化大，小区面积可小些。

（二）常用架式

葡萄枝蔓细长而柔软，必须设立支架，使植株保持一定的树形。葡萄的架式可分为篱架、棚架和棚篱架3大类。

1. 单臂篱架 单臂篱架是在栽植行上设置一排支架，架面与地面垂直，形成篱壁。搭架方法：在葡萄行内株间每隔4~8m立支柱1根（木柱、水泥柱、角铁柱均可），支柱长度依架高而定，如架高2m，支柱长为2.6~2.7m，埋入土内50~60cm；然后在支柱上拉3道铁丝，第一道铁丝距地面70~80cm，每道铁丝相距60~65cm，架的方向以南北成行为宜（图18-4）。搭架时，两端边柱需向外倾斜60°~70°，并用粗铁丝绑上锚石向外牵引，以固边柱。其特点是管理方便、构造简单、成形快，适于密植，便于机耕，能早期获得高产。但平面利用率低，单产不高。生长势较弱的品种可选用单臂篱架。

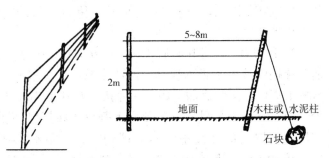

图18-4 单臂篱架

2. 倾斜小棚架 在垂直的支架上架设横梁，横梁上牵引铁丝，南低北高，倾斜度为10°~20°。这种架式适用于生长势较强的品种和地形复杂而不平整的山坡地。搭架方法：架面引伸长度4~6m，南面棚柱高1~1.5m，再按每1.5~2m立1根支柱，高度渐增，最后1根棚柱高为2~2.2m。在棚柱上架设横梁，棚面纵横架上铁丝或竹竿，使架顶呈方格状。在棚的南侧距棚柱约0.5m处栽植葡萄（图18-5）。

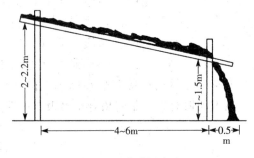

图18-5 倾斜小棚架

3. T形小棚架 T形小棚架一般柱高2.7m，粗10cm×12cm，埋入土中0.6~0.7m，单行设立，柱顶架设1.5~2.0m的横梁，横梁为3cm×3~5cm×5cm的角铁，横梁用斜角铁支撑，也可直接制成T形支柱。然后在横梁上均匀设置4~5道铁丝。

（三）栽植技术

葡萄为高产果树，进入结果期早，栽植前宜深翻改土，挖深、宽各60~80cm的栽植沟，施足基肥（有机肥），为根系发育创造良好的条件。

葡萄秋季（11~12月）或春季（2~3月）栽植均可，长江流域一带以秋植为宜。栽植距离应根据品种特性、架式及当地的自然条件而定。生产上常用的栽植距离见表18-1。

表18-1 不同架式的栽植密度

架 式	株距（m）	行距（m）
篱架	1.5~2.5	2.5~3.0
T形小棚架	1.5~2.0	3.0~3.5
倾斜小棚架	1.0~2.0	4.0~6.0

三、土壤管理

(一) 土壤深耕

土壤深耕是葡萄园土壤管理的基本方法之一，最好在植株落叶的晚秋进行。葡萄园深耕根据架式不同，采取的方法也不同。深耕时要注意伤根不要太多，否则影响第二年葡萄植株的生长与结果。

用篱架栽培的葡萄园，如果是当年栽种的幼龄树，由于根系相对少，可进行全园深耕。在根系少的土壤中可以深耕到40cm。用棚架栽培的幼龄葡萄园不用全园深耕，只需对葡萄的栽植畦进行深耕即可。

成年结果树应采取隔年轮换深耕。用篱架栽培的可以采用半边深耕法，一年深耕一边，两边轮换进行。先在离葡萄植株40～50cm的半边畦面进行深耕，深度为40cm左右。

土壤深耕能够改善土壤的水、肥、气、热状况，有利于熟化土壤，促进微生物的活动，加速有机质的分解，明显改善葡萄植株的生长条件，还可将杂草、病菌、虫卵翻到土壤深处，从根本上减少病、虫传染源。可结合深耕施入有机肥等基肥。

(二) 中耕除草

葡萄园要经常进行中耕除草，防止杂草滋生，减少病虫害蔓延。4～8月应多次中耕，中耕深度约10cm。如果杂草生长快，可选用除草剂除草。使用除草剂时，应选择无风的晴天，在药液中加0.1%的洗衣粉，使药液能附着于杂草叶片上，提高除草效果。

(三) 施肥技术

葡萄生长旺盛，开花结果多，一年多次结果，应不断地补充养分。根据各地丰产园的经验，应施足基肥，分期追肥。据对叶片分析认为，葡萄较适宜的含量为氮2.75%、磷0.44%、钾1.82%。

葡萄的基肥宜在采果后结合秋耕深施，施肥量要多，这次氮肥的施用量占全年的60%～70%，磷肥全部施下，钾肥施用量占全年的30%～40%。红壤丘陵地宜加施石灰。基肥宜用有机肥，也可结合施一些速效性化肥，效果更好。试验表明，葡萄产量每增加100kg，植株需从土壤中吸收氮（N）0.3～0.5kg、磷（P_2O_5）0.13～0.28kg、钾（K_2O）0.28～0.64kg。葡萄对土壤肥料的利用率为20%～30%，钾肥利用率稍高。

1. 幼树追肥 追肥的原则是勤施薄施，少量多次。第一次追肥可在幼树新梢长出6～8片叶后施入，此后每隔15～30d追肥1次。8月以前以速效性氮肥为主，一般每667m^2施尿素5～10kg，8月以后以磷、钾肥为主，10月以后应停止追肥。

2. 结果树追肥 根据葡萄品种的特性、生长结果状况、土壤肥力状况以及基肥施用量等情况而定。

（1）萌芽肥 萌芽前，结合松土施入。以速效氮肥为主，每667m^2施用尿素7.5～15kg，可促进枝蔓和花穗的发育，扩大叶面积。

（2）花前肥 开花前（4月上中旬）进行。以磷、钾肥为主，适当配合少量氮肥，每667m^2施用复合肥15～25kg，可促进开花和提高坐果率。

（3）壮果肥 在果粒绿豆大、坐果稳定后的5月中下旬追施。以氮肥为主，适当配合磷、钾肥，每667m^2施尿素5～10kg和复合肥10～15kg。

（4）采果肥 果实采收后及时追施，可增强叶片的同化能力，提高树体营养贮备水平，防止叶片早落，促进花芽发育。以施用速效氮肥为主，适当配合磷、钾肥。红壤丘陵地葡萄园结合防旱，以施用有机液态肥为好。

3. 根外追肥 根外追肥可及时补充养分，缓和梢果矛盾。在开花前叶面喷施 0.2%尿素加 0.1%～0.2%硼砂；坐果后到浆果成熟前，喷 0.2%～0.3%尿素、0.2%～0.3%磷酸二氢钾及 0.1%～0.2%硫酸镁等，可以提高坐果率和改善品质。

（四）灌水与排水

1. 灌水 灌水有环状灌、沟灌、漫灌、喷灌和滴灌等方法。环状灌就是在树冠外缘挖环形沟灌水。此法费工，只能在小面积葡萄园中进行。沟灌就是将水灌入排水沟（行间沟）内，待水浸湿到地表下 40cm 时即可。沟灌的优点是从沟底、沟壁渗入土中，不破坏土表的结构，吸水均匀，土壤通气性及微生物活动均不受影响。漫灌是园中全面灌水，优点是灌水充足，缺点是浪费水，易造成土壤透气不良、表土板结，影响根系生长，故一般不采用。喷灌分固定式喷灌和移动式喷灌两种，用水省，降温快，能明显改善葡萄园的小气候。滴灌是通过皮管道源源不断地向植株根部供水，符合植株需水的生理要求，且用水最省。滴灌适用于缺水的山地，但用材投资较大。

2. 排水 土壤水分过多会造成根系缺氧，呼吸困难，严重时窒息死亡，同时妨碍了土壤微生物的活动，土壤的有机质无法分解，根系难以吸收利用，从而影响了地上部枝蔓的生长发育，导致果穗小而差，树势衰弱。平原低洼地带应注意及时排水。排水方法主要是采用开深沟，总沟、支沟、行间沟，沟沟相通。

四、整形修剪

（一）整形方式

1. 水平形整枝 水平形整枝适用于篱架，在南方对生长势强的品种多用双臂水平形。双臂水平形可分为单层双臂水平形和双层双臂水平形。

（1）单层双臂水平形 即在苗木栽植后，在预定的高度短截。新梢长出后，选留顶端 2 个强壮的新梢，分别向左右方向呈水平固定于铁丝上。翌年将主干上萌发的新梢全部抹除，只留水平主蔓上萌发的新梢。冬季修剪时，隔 1 节留 1 蔓，作为次年的结果母蔓。结果母蔓一般留 2～3 芽短截，使其抽生 2～3 个结果蔓结果。冬季将上部结过果的结果蔓剪去，在下部的结果蔓上留 2～3 芽短截，作为次年的结果母蔓。以后每年按此法处理，可使结果部位下移。

（2）双层双臂水平形 在上层铁丝上配 2 个主蔓。苗木定干后，将顶端 1 个强壮的新梢向上延伸，下面 2 个新梢分别向左右引缚在第一层铁丝上。第二年整形时，延长主蔓 40～50cm 处保留 2 个副梢，分别左右引缚在第二层铁丝上，呈双层水平状（图 18-6）。

（3）高、宽、垂自由形 适用于 T 形小棚架。整形方法：将 2 条主蔓绑在 T 形架中间的 2 条铁丝上，随着新梢延长，让其自由生长。在 T 形架面上，每隔 10～15cm 留 1 根新梢，抹除架顶新梢上的副梢，使通风透光良好。新梢先端可留 1～2 个副梢，让其自由悬垂，以增加有效结果面积。

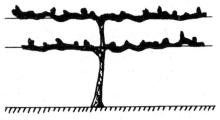

图 18-6 双层双臂水平形

2. 扇形整枝 扇形整枝有多主蔓扇形和单干扇形两种形式。

(1) 多主蔓扇形 棚架、篱架均适用。栽植后，选留 3~5 个主蔓呈扇形均匀分布在架面上，作为永久性主蔓，主蔓上抽生侧蔓，主、侧蔓交错排列。在冬季修剪时，每隔 30~40cm 选留结果母蔓。根据植株和结果母蔓的强弱，采取长、中、短梢混合修剪，便于更新（图 18-7）。随着树龄增长，主蔓不断加长，当超过第三道铁丝时，宜进行回缩修剪，以免主蔓超过篱架顶部。同时，两侧主蔓常生长过强，也应回缩控制。侧蔓生长多年，生长势变弱或形成上强下弱时，要注意更新。

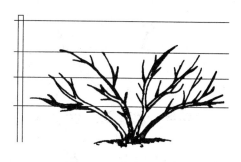

图 18-7 多主蔓扇形

(2) 单干扇形 多用于小棚架，也可用于高篱架。整形方法：先留 1 个主干，自主干分生数个主蔓，主蔓数目可依株间距离而定，距离近则主蔓数目宜少，反之可增多。自主蔓分生侧蔓，再于侧蔓上抽生结果母蔓。

(二) 冬季修剪

1. 修剪时期 冬季修剪一般是在植株自然落叶后至伤流前 1~2 周的休眠期进行。以 12 月下旬至翌年 1 月下旬进行为宜，此时营养损失最少。修剪过晚，会引起大量伤流，导致植株衰弱。

2. 芽眼的负载量 冬季修剪时，每一植株上所留芽眼数量，称为芽眼负载量。植株留芽数量根据品种特性、树龄、树势、架式和管理水平等而定。若植株生长良好，树势健壮，可以多留芽眼，长留结果母蔓。在一定范围内，留芽量越多，次年新梢越多，产量越高。但留芽量太多，养分供应不足，会造成新梢生长不良，落花落果严重。正确留芽有利于壮梢、丰产。每平方米架面可配置新梢 15~20 根；篱架架面新梢垂引绑缚时，每隔 10~15cm 留 1 新梢。葡萄芽眼的负载量可参考下列公式计算。

$$芽眼负载量（留芽数量）=\frac{所需新梢数}{萌芽率\times 果枝率}$$

3. 结果母蔓的修剪原则和方法 依剪留结果母蔓的长度不同可分为短梢、中梢和长梢修剪，留 1~4 芽短截为短梢修剪，留 5~7 芽为中梢修剪，留 8~12 芽为长梢修剪。留梢的长度应依品种特性、架式、树形、产量、气候条件和栽培技术等不同而异。生长势旺和基部芽眼结实力低的品种宜长梢修剪，反之可用短梢修剪。枝蔓粗壮和成熟较好的可以长留，以提高负载量。生产上多采用长、中、短梢相结合的混合修剪方法。

4. 结果母蔓的单枝更新和双枝更新

(1) 单枝更新 适用于发枝力强的品种。即冬季修剪时，不留预备蔓，将结果母蔓牵引至水平，或弯曲拴在主蔓上，使其中上部抽生结果蔓结果，基部选留 1 个良好的新梢作预备蔓，冬剪时将预备蔓以上的结果蔓剪去。预备蔓的修剪采用长、中、短梢修剪法，成为次年的结果母蔓。如此反复进行（图 18-8）。

(2) 双枝更新 适用于发枝力弱的品种。即对上部的结果母蔓进行中、长梢修剪，基部留 2 芽短截。次年结果母蔓抽生结果蔓开花结果，预备蔓萌发 2 根新蔓。冬剪时将已结果的枝蔓连同结果母蔓一并剪除，留下由预备蔓萌发的 2 个新蔓，上方的作结果母蔓培养，下方的留 2 芽短截作预备蔓。如此反复进行。其优点是培养的更新蔓较可靠；缺点是枝梢数量多，容易密集（图 18-9）。

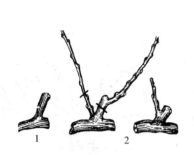

图 18-8　单枝更新
1. 第一年冬剪　2. 第二年冬剪

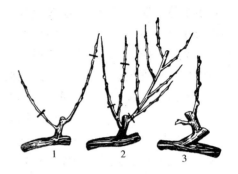

图 18-9　双枝更新
1. 第一年冬剪　2. 第二年冬剪　3. 第三年冬剪

5. 更新修剪　葡萄寿命很长，栽培管理不善或结果过多都会引起植株衰老，故应及时更新。当葡萄的局部枝蔓生长和结果能力降低时，必须进行局部更新，即在其附近选留生长健壮的新梢，以代替生长和结果能力衰弱的老蔓。当主蔓衰老和受损伤时，应全株更新，可利用根部发生的根蘖，及时摘心，增进枝蔓的充实与成熟，逐步代替老蔓。待新蔓达到一定长度后，即可将老蔓自基部剪除。

（三）夏季修剪

夏季修剪在生长期进行，可调节生长与结果的关系，改善通风透光条件，对促进花芽形成、提高果实品质和产量均有良好的作用。

1. 抹芽　及时抹除过多的或位置不当的嫩梢。对于同一节上萌发 2~3 个嫩梢，可根据植株的负载量，每节只留 1 个健壮的枝蔓，抹去多余的。对于多年生枝上的不定芽或潜伏芽所抽生的嫩梢，除留作更新蔓或补空外，其余一律抹除。为避免养分浪费，抹芽时间越早越好。由于芽的萌发有先后，故抹芽工作要反复进行多次，一般持续 2~3 周。

2. 绑蔓和去卷须　新梢长达 20~30cm 时，应将其均匀地绑缚在架面上。随着新梢的生长，绑蔓需进行多次。葡萄的卷须易缠绕其他枝蔓和果穗，造成缢痕和妨碍生长，并且消耗养分，因此，必须在幼嫩时及时摘除。

3. 摘心

（1）结果蔓摘心　摘心可使结果蔓暂时停止生长，对于减少落花落果、促使果实肥大及冬芽饱满都有很大的作用。一般在开花前 3~14d 在花序上留 4~10 片叶摘心。通常摘心早、留叶少的，坐果率高，但品质差；反之，摘心晚、留叶多的，坐果率低，果穗小，但品质好。因此，摘心效果与摘心时期、摘心轻重程度、品种特性密切相关。坐果率高的品种，如黑罕等，花前可不摘心；坐果率一般的品种，如白香蕉、巨峰等，花前宜轻摘心；坐果率低的品种，如甲洲三尺等，花前需重摘心。过度摘心虽坐果率高，但果粒小，含糖量低，成熟期推迟。

（2）生长蔓摘心　生长蔓摘心的长度依品种和生长蔓利用情况而定。通常生长势强的品种，摘心宜留长些；反之，则短些。作延长蔓的宜长，作预备蔓的宜短。一般生长蔓留 8~10 片叶摘心。主蔓延长枝或更新蔓可根据冬季修剪时要求的长度决定摘心的长短。

4. 副梢处理　葡萄新梢上每一个夏芽均可发生副梢，新梢摘心以后，副梢生长更为旺盛，容易造成养分分散，影响树体通风透光和果实品质，必须控制旺长。

（1）结果蔓副梢的处理　结果蔓副梢的摘心或抹除，可使营养物质转向花序，达到保花保果的目的。一般把花序下部的副梢全部抹去，上部的完全保留或只留 2~3 个副梢，有 5~6 片叶时，留 2~3 片叶摘心。摘心后副梢叶腋中的夏芽发生二次副梢，每 3~4 片叶留 1 叶摘心。三次副梢同样处理。全年摘心 4~6 次。果实着色时，停止对副梢摘心。

（2）生长蔓副梢的处理　营养蔓抽生的副梢，顶端 1~2 个副梢留 3~4 片叶摘心，下部副梢全部抹除。以后发生的二次副梢，除顶端保留 1 个副梢留 3~4 片叶摘心外，其余的一律抹除。延长蔓生长较旺的幼树，可利用其副梢作为次年的结果母蔓。

5. 环状剥皮　葡萄的结果蔓花前环剥，可促进坐果；花后环剥，可促进果实膨大；硬核期环剥，可促进上色。但经环剥后，果蔓在剥皮部以上膨大，常为畸形发育，次年不能作为结果母蔓或更新母蔓，冬季修剪时应从基部剪去。

环状剥皮宜在开花前后几天进行，在结果蔓上第一花序节以下 3cm 处用刀将皮层剥去一环，深达木质部，宽度为 3~5mm。环剥后的结果蔓宜向上倾斜引缚，否则环剥效果不显著。环剥后的枝条伤口可用透明胶纸包裹保护，避免病虫侵染危害。

五、其他管理

（一）疏花序和果穗

疏花序可在开花前进行，首先疏除主蔓延长蔓上的花序，其次疏去一个果枝 2 个以上花序中的弱花序，及弱果枝上的花序。通常保持延长蔓不留花序，强旺枝留 2 个花序，中庸枝留 1 个花序，弱枝不留花序。疏果穗宜在落果结束后进行，即果粒为绿豆大时进行，疏去畸形或过密的果穗，强旺果枝留 2 个果穗，中庸枝留 1~2 个果穗，弱枝留 1 个果穗，延长枝及预备枝不留果穗。

（二）花穗的修整

花穗的修整主要是剪副穗、捏穗尖和疏幼果等，用于坐果率低、果粒大和穗形松散的品种，如巨峰、红富士、藤稔等。葡萄花穗各部分营养状况不一致，以花序中间的花朵最好，基部次之，穗尖和副穗上的花朵最差，可在开花前 3~7d 捏去穗尖 1/5~1/4，并把副穗除去。例如，巨峰在开花前 1 周剪去副穗，捏去 1~1.5cm 的穗尖，并除去果穗基部 4~5 个小穗，在主轴上留下 14~15 节小穗即可。

葡萄坐果后易发生小粒或青粒的品种，应及时疏除，并做好顺穗工作，使果穗外形美观。浙江金华对藤稔葡萄在开花前 10d 左右开始疏花穗，先除副穗，捏去穗尖 1~2cm，并剪去花穗基部 3~4 个小穗，整个花穗留 12~14 个小穗。开花坐果后，果粒长至黄豆大小时，立即疏果，每穗留果数以不超过 30 粒为好。

（三）套袋

果实套袋能减少果面污染和擦伤，减轻果锈的发生和危害；果面更加洁净光亮、细致美观；避免或减轻果实病虫害；减少农药造成的危害和残留量；预防裂果。

1. 果袋的选择　果袋按材料分为纸袋和塑料袋两大类。选用专用果袋将整个果穗套好，绑在枝蔓上，以免风将果袋吹脱。栽培方式也影响果袋的选择，棚架及叶幕厚时应选透光性好的果袋；篱架及叶幕薄时可用纸袋；双十字 V 形架栽培，果实常受强光照射，应选用双层或遮光较好的透气果袋，以防日灼发生。

2. 套袋　疏果后，用杀菌剂对果穗进行均匀喷布，一般花后 30d 左右，雨季来临前套袋。若防日灼应在高温来临前果实第二次膨大时进行，避开雨后高温或阴雨连绵后突然放晴的天气。套袋要在喷完药，果穗晾干水后进行。果实着色期除去果袋。1个果袋只允许套1个果穗，不能1个果袋套双穗。

（四）剥老皮

葡萄主干或主蔓上的表皮每年会自然干枯或脱落，宜在休眠期剥除老皮，及时烧掉，以减少越冬病虫。然后，用20%硫酸亚铁涂刷主干或主蔓。

（五）预防裂果

裂果的主要原因有：果实遭受病害，如黑痘病的病果等；树势偏弱；成熟期土壤的干湿度变化大；早期落叶或叶片发生生理障碍，影响蒸腾作用而引起。

预防裂果技术措施有：加强对黑痘病、霜霉病、炭疽病、灰霉病等病害的防治；对树势偏弱的树要及时追施氮肥；园地生草覆盖，不但可缓和土壤干湿度的变化，还可增加土壤钾的含量；适当多留空枝，保护好叶片，使蒸腾作用顺利进行；果穗套袋，对防裂果也有一定的作用。

（六）多次结果技术

生产中常利用诱发夏芽抽梢结果和刺激冬芽提早萌发而使葡萄多次结果，应因地因树制宜，在确保主梢浆果高产优质的前提下进行，需加强肥水管理，保证树势健壮，否则会影响果实着色，甚至产生一些生理病害，削弱树势，造成不良后果。

1. 利用副梢多次结果　生产上多用副梢基部1~2节的夏芽，在夏芽未萌发的节位剪截，诱发抽副梢结果。另外，用1 000~3 000mg/L矮壮素（CCC）喷布枝叶，减缓夏芽萌发和新梢生长速度，促使副梢抽出花序，多次结果。

2. 利用冬芽多次结果　以冬芽花序分化始期和冬芽再次结果成熟所需的有效积温为依据。在江南于花后30d进行主梢摘心，对副梢多次摘心，促使冬芽迅速分化。再次果不能正常成熟时，剪掉顶端1~2个副梢，逼迫冬芽萌发，可得到完全成熟的再次果。

（七）避雨栽培技术

避雨栽培是以避雨为目的，将薄膜覆盖在树冠顶部以躲避雨水、防病健树、提高葡萄产量与品质、扩展栽培区域的一种方法。在我国南方多湿生态条件下，露地葡萄病害严重、产量低、品质差，特别是欧亚种葡萄常被限制在降水量600mm以北地区栽培，因此避雨栽培是我国长江流域及南方栽培葡萄的一项有效措施。一般在开花前覆盖，落叶后去膜，全年覆盖约7个月。避雨覆盖最好采用厚度0.08mm的抗高温高强度膜，可连续使用2年，棚架、篱架葡萄均可进行避雨覆盖。为了避免薄膜在架面上形成高温以损伤叶片，要求覆盖架谷部离开葡萄架面20cm，顶部离架面90cm，膜上用压膜线紧扣或用尼龙绳压膜固定。

六、采　收

葡萄是一种非呼吸跃变型水果，无明显的后熟过程，供贮藏的葡萄必须达到充分成熟才能采收。此时，着色好，含糖量高，品质佳，耐贮藏。判断葡萄成熟的指标可从浆果外观、颜色、口感风味和甜酸度等来进行，或者通过理化分析来确定。

采收时间和方法对葡萄鲜果品质和贮藏效果均有明显的影响。若阴雨天采收，浆果的含水量增高，含糖量下降，果穗带水较多易带来病害，不利于贮藏。采收时间应选择晴朗天气，在10:00之前和15:00之后采收为宜。采收时，手持穗梗，从穗梗与新梢连接处剪下，穗梗尽量长留。注意轻拿轻放，保护好果粉。供贮藏的葡萄最好选择树冠中上部、外围向阳处、果粒均匀、成熟一致的果穗，剔除损伤、病虫果粒，装入采果篓或包装箱。

(执笔人：徐小彪)

主 要 参 考 文 献

陈俊，等.2009.早熟无核葡萄新品种-早康宝的选育[J].果树学报，26(2)：258-259.
范培格，等.2008.优质极早熟葡萄新品种'京蜜'[J].园艺学报，35(11)：1710.
蒋爱丽，等.2008.无核葡萄新品种-沪培2号的选育[J].果树学报，25(4)：618-619.
孔庆山.2004.中国葡萄志[M].北京：中国农业科学技术出版社.
李世诚.2009.南方葡萄栽培的进展与动向[J].中外葡萄与葡萄酒(1)：67-69.
林玲，等.2008.13个鲜食葡萄品种在南方湿热地区的栽培效果[J].中国南方果树，37(4)：65-67.
马海峰，等.2008.现代葡萄育种理念与方法[J].现代农业科学，15(11)：3-4.
涂正顺，等.2009.世界葡萄与葡萄酒概况[J].中外葡萄与葡萄酒(1)：73-75.
吴中州.2009.葡萄品种红地球在河南南阳试栽表现[J].中国果树(1)：74.
项殿芳，等.2008.晚熟无核葡萄新品种'金田皇家无核'[J].园艺学报，35(9)：1398.
徐海英，等.2008.早熟葡萄新品种'瑞都脆霞'[J].园艺学报，35(11)：1709.
余亚白，等.2004.国内外葡萄生产与研究概况[J].中国南方果树，33(2)：66-69.
翟衡，等.2008.我国葡萄产业取得的成就回顾[J].烟台果树，4：7-10.
张文娟.2008.葡萄设施栽培管理新技术[J].安徽农学通报，14(24)：32.

推 荐 读 物

贺普超，等.1999.葡萄学[M].北京：中国农业出版社.
黎盛臣.2007.大棚温室葡萄栽培技术[M].北京：金盾出版社.
李华.2008.葡萄栽培学[M].北京：中国农业出版社.
严大义，等.1997.葡萄生产技术大全[M].北京：中国农业出版社.

第十九章 桃

第一节 概 说

桃（peach）原产于我国陕西、甘肃、西藏高原地带，河南南部、黄河及长江分水岭、云南西部都有野生桃。桃在我国栽培历史悠久，在《诗经》、《尔雅》、《史记》等古书中都有记载，至少有3 000多年的历史。《齐民要术》中对桃的栽培有详细叙述。桃大约在汉武帝时期通过中亚细亚传到波斯（伊朗），然后由波斯分两路传至世界各地。近代美国桃的发展是从中国引入上海水蜜桃（1850）后才开始，通过选种、育种等手段发展成现在桃品种最多的国家之一。日本从中国引入上海水蜜桃等大果型品种，又从欧美等引入油桃、桃等，结合品种选育，发展成现在的多个桃品种。

桃目前广泛分布于世界各国，为世界上栽培最为广泛的温带果树之一，遍及70多个国家和地区。世界上主要的桃产区在南北纬30°~40°之间。据联合国粮食与农业组织报告，2009年世界桃栽培面积165.53万hm^2，产量1 857.94万t，我国是世界上产桃最多的国家，栽培面积80.37万hm^2，产量852.93万t。世界上其他的桃主产国还有意大利（171.9万t）、西班牙（115.9万t）、美国（100.9万t）、希腊（78.4万t）。我国桃栽培非常普遍，集中产地为山东、河北、河南、陕西、甘肃、江苏、浙江等地。

桃营养丰富，果肉含糖7%~12%，有机酸0.2%~0.9%，还含有少量蛋白质、脂肪、粗纤维、无机盐、钙、铁、胡萝卜素、维生素C等物质。桃果实除供鲜食外，还可制桃肉罐头、桃干、桃脯、果汁、果酒和果酱等。此外，桃树还可兼作观赏；桃仁可供药用，有的还可食用（甜仁桃）；桃胶经提炼可代替阿拉伯树胶用于颜料、塑料、医学等工业。

桃适应性强，栽培容易，除严寒酷暑地带外，南北皆有适宜的品种栽培。桃投产快，盛果期早，早期收益高，管理得当，易获丰产，即使管理粗放也有一定的收成。但桃寿命短，一般20~30年后续渐衰老。果实不耐贮运，根忌积水，树喜光怕阴，叶对农药特别敏感。这些特点，在栽培时必须注意。

近年来桃的生产发展速度加快，从1993年以来我国桃产量和面积一直居世界第一位，江苏无锡、浙江奉化、山东肥城、河北深州被誉为近代中国四大桃产区。在品种方面，先后选育出一批优良品种，特别是罐用品种的育成，填补了我国空白。在栽培技术方面也有不少革新，如杭州郊区利用芽接半成苗定植，缩短了育苗期，提早建园时间；江苏、上海、杭州等地创造了南方的桃疏剪法，大大提高了桃早期产量；辽宁、山东、北京、天津、河南等环渤海地区利用温室大棚栽植桃树，使桃成熟期提前20~50d。目前，与发达国家相比，我国桃树栽培面积大，总产高，但单位面积产量低，仅为世界平均单产的1/2。栽培技术水平各地区不均衡，总体上比较落后。品种老化，成熟期集中，果实品质差；一些桃园管理比较粗放，密植不合理，疏果不够，无花粉品种未能有效授粉；病虫害控制不力；总肥量不足，氮肥比例大，施肥方法不合理；缺乏夏季修剪，树形混乱，这些问题都亟待解决。

第二节　主要种类与品种

一、主要种类

桃属于蔷薇科（Rosaceae）桃属（*Amygdalus* L.）〔也有分类将其列入李属（*Prunus* L.）〕。本属主要有以下几种：

1. 桃(毛桃)(*A. persica* L., *Persica vulgaris* Mill.)〔*P. persica* (L.) Batsch.〕　原产于我国，栽培桃都属本种，其主要变种有 3 个。

（1）油桃（光桃、李光桃）(*A. persica* L. var. *nucipersica* L., *A. nucipersica* Ait.)(*P. persica* var. *nectarina* Maxim.)　由毛桃芽变而来，主要特征为果皮光滑无毛。我国自古有栽培，目前新疆一带栽培较多。

（2）蟠桃(*A. persica* L. var. *compressa* Bean., *Persica platycarpa* Decne.)(*P. persica* var. *platycarpa* Bailey)　原产我国南部，栽培较多。其主要特征是果实扁平形。

（3）寿星桃(*A. persica* L. var. *densa* Makino)(*P. persica* L. var. *densa* Makino)　树矮小，根浅，常供观赏，现也作为矮化砧及矮化桃育种材料。有红花、粉红花、白花 3 类。白花、粉红花的植株较高，结实率高；红花的植株较矮，结实率低。

2. 扁桃（巴旦杏）(*A. communis* L.)(*P. amygdalus* Stokes, *P. communis* Fritsch.)　原产伊朗，为乔木。很早传入我国西北，现新疆、甘肃一带有栽培。其果实纵扁，成熟时果肉干燥开裂，专取其仁供食或药用。

3. 山桃（山毛桃）〔*A. davidiana* (Carr.) Yü〕〔*P. davidiana* (Carr.) Franch, *P. persica* var. *davidiana* Maxim.〕　原产我国华北、西北一带山区，小乔木。树干表皮光滑，枝细长、直立。果小，成熟后果肉开裂。供作砧木用。有红花、白花、光叶 3 个变种，还有与栽培桃的杂种在东北栽培。

4. 光核桃〔*A. mira* (Koehne) Kov. et Kost.〕(*P. mira* Koeh.)　原产西藏，四川西部亦有分布。为乔木。以其核壳光滑为特征。

5. 四川扁桃(*A. dehiscens* Koeh.)(*P. dehiscens* Koeh.)　原产四川。为丛状有刺灌木。果实成熟时有自行裂开露核的特性。

6. 甘肃桃(*A. kansuensis* Sheels)(*P. kansuensis* Rehd.)　产于陕甘地区。冬芽无毛，叶片卵圆状披针形，叶缘锯齿较稀。核表面有沟纹，无点纹。极耐旱。

7. 新疆桃〔*A. ferganensis* (Kost. et Rjab.) Kov. et Kost.〕〔*P. persica* subsp. *ferganensis* Kost. et Rjab., *Persica ferganensis* (Kost. et Rjab.) Kov. et Kost.〕　产于新疆。植株直立或开张，枝粗壮、单芽、复芽均有，叶片侧脉直伸至叶缘并向叶尖方向延伸。果面有毛或无毛（油桃）；果肉软或韧，有白色、绿色或黄色。核有粘与离，核上有直沟纹。仁有甜或苦。此外，还有蟠桃类型。

二、品种分类

桃品种很多，据统计全世界有 3 000 个以上，我国约有 800 个。近年来随着栽培和育种的进展，各地优良品种不断出现。为便于栽培和育种上应用，现依各品种的形态和生态特点分类如下。

(一) 形态分类

根据桃果实的性状分类，可以依果皮茸毛的有无分为毛桃和油桃；依果实形状分为圆桃和蟠桃；依肉色分为白肉、黄肉和深红肉（如天津水蜜桃和南方某些硬桃）；依核的粘离分为粘核与离核；依仁的甜、苦分为甜仁和苦仁。根据肉质分类，可分为：

1. 肉溶质 即水蜜桃，供鲜食用。如南方水蜜桃系与蟠桃系。

2. 肉不溶质 肉质紧密，汁少，有弹性。果成熟后肉韧，耐贮运，专供制罐头用。其中肉质特别紧密如橡皮状者亦称橡皮质。

3. 硬肉型 在硬熟期肉质硬而脆，耐运输。南方的硬桃系和北方的面桃系均属此型。

(二) 生态分类

1. 南方品种群 主要分布于长江流域以南的地区，以江苏、浙江为最多。由于南北相互引种，目前南方品种也遍布北方各地。根据品种起源与果实特点又可分为3系。

（1）硬肉桃系 硬肉桃系是本品种群中最古老的一系，栽培遍及南方各地。果顶部呈短锐尖。果肉硬而致密，汁液少，适于在硬熟时采收，过熟则果肉细胞壁果胶分解而发面，品质下降，多数为离核。代表品种如江浙的小暑，湖南的象牙白，贵州的白花桃、青桃，云南的二早桃，广东的白饭桃，福建的鹰嘴桃，四川芦定香桃等。

（2）水蜜桃系 水蜜桃系为本品种群改良程度较高的系统。果肉柔软、多汁、味甘，充分成熟时果皮易剥离，粘核居多，也有半离核或离核，宜鲜食。果实不耐贮运。代表品种有玉露、白花、白凤等。

（3）蟠桃系 蟠桃在南北方都有分布，但多数品种集中于长江流域，故纳入南方品种群。果实扁平，两端凹入，成熟时果皮易剥离，大多粘核，果核纵扁形。果肉多数呈白色，也有黄色的，果肉柔软多汁，味甜。本系品种多为冬季短低温型，可作南部地区桃育种原始材料。代表品种有百芒蟠桃、伞花红蟠桃、陈圃蟠桃等。

2. 北方品种群 主要分布于我国华北、西北的山东、山西、河北、陕西、甘肃、新疆等地。从生态条件和品种组成看，本品种群还可分为华北与西北两类。分布于华北的主要有两系：

（1）面桃系 面桃系为本品种群中较古老的一系。果顶突起，硬熟时果肉质脆，成熟后肉发面，多为离核，水分少。不耐贮运，抗性较强。品种如河北五月鲜、六月鲜等。

（2）蜜桃系 蜜桃系为本品种群中改良程度较高的类型。果型大，果顶突起，硬熟时肉韧致密，成熟后汁多，果肉大多白色，多粘核。偏晚熟，贮运性稍好。本系适应性比较狭。代表品种如肥城桃、深州蜜桃、益都蜜桃等。

西北是我国桃资源最丰富的地区，更由于该区多用实生繁殖，因而形成大的天然杂交群体。本区除栽培普通桃外，在新疆、甘肃（敦煌）一带大量栽培的还有油桃，如新疆早熟李光桃、黄李光桃、甜仁李光桃，以及甘肃的紫胭柳桃、紫胭肉桃、李光肉桃等。另外，黄桃在这一地区也广泛分布，甘肃宁县尤为集中。黄肉中除普通类型外，还有油桃型、蟠桃型、韧肉桃型以及甜仁型，代表品种如灵武黄甘桃、武功黄肉桃、新疆黄肉桃等。另在新疆地区还有大量的新疆桃，各种类型与普通类型桃并行分布。由于西北地区桃资源十分丰富，所以系统的划分有待于进一步研究。

3. 欧洲品种群 欧洲品种群是我国早期传至国外所形成的品种群，分布于亚洲西部和地中海沿岸南欧诸国，而以意大利、土耳其、西班牙为最多；美国和法国品种也多属于此类。亚洲西部、地中海沿岸夏半期（4~10月）雨量极少，阳光强烈，呈大陆性气候，而冬半期呈海洋性气候。由于长期驯化，其性极喜干燥清凉，如直接引入我国西北、华北地区栽培则表现较为适宜，而直接引入我国长江流域及其以南地区栽培，则多数表现徒长和开花结果不良。如近年直接从欧美各国引种栽培的油桃，多数表现落花落果严重，产量较低，果实着色不良，并易裂果。

三、主要品种

1. 早霞露 浙江省农业科学院用砂子早生×雨花露育成。树姿开张，树势中庸。结果枝复花芽多，丰产性能良好。果实长圆形，果顶平圆，两半部较对称，单果重85g，最大果重116g；果皮绿白色，顶部有少量红晕，易剥离；果肉乳白色，近核处无红色，肉质柔软，汁液多，较甜，略有香气，可溶性固形物含量8%~10%，粘核。在杭州5月下旬成熟。对病虫害抗性较强。由于成熟早，可避开疮痂病及桃蛀螟、桃小食心虫的危害。

2. 早花露 江苏省农业科学院园艺研究所用雨花露实生幼胚组织培养选育而成。树势强健，树姿开张。花芽起始节位低，以复花芽为主，花粉量多，结果早，坐果率高。果实近圆形，整齐，中等大小，单果重60g，最大果重97g；果顶圆平、微凹，缝合线浅；果皮底色乳黄，顶部密布玫瑰红色细点或形成鲜艳红色，易剥离；果肉乳白色，近核处无红色，肉质柔软多汁，纤维较粗，香浓，味甜，可溶性固形物含量10.5%~12.5%。果实5月底或6月初成熟。本品种抗虫病与适应性强，品质较好，但有时出现涩味。

3. 玫瑰露 浙江省农业科学院用砂子早生作母本、雨花露作父本杂交育成。树势较强，树姿开张。以长果枝结果为主，复花芽居多，花粉多。果实近圆形，单果重100g，最大果重175g；果皮绿白色，易剥离，果面分布条状玫瑰色红晕，外观艳丽；果肉柔软，略有纤维，汁多味甜，具香气，可溶性固形物含量9%~11%，粘核。在杭州果实6月中旬成熟。

4. 安农水蜜 安徽农业大学从砂子早生选出的芽变株。树势强健，树姿较开张。幼树以长、中果枝结果为主，六年生以上植株以中、短果枝结果为主，易成花，多复花芽，花粉败育，无花粉，需配置授粉品种或人工授粉。果实圆形，果顶平、圆或微凹，缝合线浅；果特大，平均重245g；果皮黄乳白色，易剥离；果肉乳白色，局部微带淡红色，肉质细，汁液多，风味甜，香气浓，可溶性固形物含量11.5%~13.5%，半离核。6月中旬果实成熟。

5. 雪雨露 浙江省农业科学院用白花水蜜与雨花露为亲本杂交育成。树势中庸，树姿开张。以长果枝结果为主，复花芽多，丰产。果实长圆形或圆形，果顶平，单果重109g；果皮淡绿色，红晕较多；果肉白色，肉质柔软，略有纤维，汁液中等，味较甜，可溶性固形物含量11%~14%，粘核。在杭州6月中旬果实成熟。

6. 冈山早生 从日本引入。树势中等，树冠较开张。花期中早，花粉量少，结果枝复芽多，坐果好。果实广卵圆形，整齐，缝合线浅，单果重100~120g；果皮黄白色，顶部有少量红晕，色泽美丽；果肉白色，近核处微红，肉质柔软，汁多，纤维中等，味淡甜稍带酸，可溶性固形物含量9%左右，离核。在杭州6月中旬采收。

7. 仓方早生 从日本引入。树势强健，枝粗节短，树姿较直立，萌芽率高，成枝力强。复花芽多，以中、短果枝结果为主，花粉少，需配置授粉树，基本上无生理落果，丰产稳产，注意疏花疏果。果实近圆形，果顶平微凹，缝合线浅，单果重220g；果实全面鲜红或带玫瑰红色条纹，易着色，果皮厚，易剥离；果肉乳白色，近皮处红色，肉质细密，味甜，可溶性固形物含量12%，粘核。耐贮运。杭州6月中下旬成熟。

8. 砂子早生 从日本引入。树势中强，树姿较开张。以长果枝结果为主，花期较晚，无花粉，一般情况下着果性能尚好。果实大小均匀，单果重120～140g，广卵圆形，果顶稍尖；果皮乳白色，顶部有红晕；果肉乳白色，肉质稍紧，汁液中等，味甜，充分成熟后带粉质，半离核。在杭州6月中下旬成熟。

9. 湖景蜜露 无锡郊区河埒乡湖景村桃农邵阿盘于1964年在桃园选出。树势中庸，树姿较开张。以中、长果枝结果为主，花芽多，自花授粉结实率高，丰产性好。果实圆球形，单果重150g，有的横径大于纵径，果顶略凹陷，两半部匀称；果皮乳黄色，成熟后全果呈鲜红色，外观艳丽，皮易剥离；果肉白色，近核处淡红色，肉质细密，柔软多汁，味甜，有香气，可溶性固形物含量12%～14%，粘核。杭州7月中旬果实成熟。

10. 新川中岛 从日本引入。树势中庸，树姿开张，萌芽率高，成枝力强；复花芽多，幼树以长、中果枝结果为主，盛果期以中、短果枝结果为主，自然授粉坐果率高。果实圆形至椭圆形，果顶平，缝合线不明显；单果重260～350g；果实全面鲜红，色泽艳丽；果肉黄白色，肉质硬脆，味香甜，可溶性固形物含量13.5%以上，粘核。耐贮运，丰产稳产。杭州7月中下旬成熟。

11. 玉露 主产于浙江奉化。树势中等，树冠半直立，发枝力强。以中、长果枝结果为主，花期早，花粉多，坐果率高，稳产。果实卵圆形，果顶钝尖，单果重100～120g；果肉白色，核附近有紫红色，肉质柔软易溶，汁多，味甜，酸少，粘核，品质上等。在浙江奉化成熟期为7月下旬到8月上旬。由于本种比较丰产，如管理粗放，进入盛果期树势易衰，容易发生流胶，栽培时需注意。本种有多个变异类型，如平顶玉露、尖顶玉露、凹顶玉露、迟花玉露和迟玉露等，其中以平顶玉露栽培最盛。

12. 迎庆桃 树势强壮。树冠高大。以中、短果枝结果为主，长果枝花芽多着生于中部，结果率高，产量高。果实卵圆形，顶部渐尖，缝合线明显，果型大，一般可达200g以上；果皮黄绿色，果皮厚易剥离；果肉嫩绿白色，致密柔软，汁多，纤维中等，味浓甜而酸少，粘核。在杭州9月中旬成熟。

13. 撒花红蟠桃 树冠比其他蟠桃稍直立，生长强健，枝条疏密中等，隐芽易萌发，主枝不易光秃。果扁圆形，中大，单果重125g左右，缝合线深，左右两半不对称；果皮薄，强韧，淡黄绿色，带点状红霞；果肉乳黄色，近核处微红色，质柔软，纤维少，味甜，微酸，有芳香味。核小，粘核。

14. 浙金1号 浙江省农业科学院以丰黄为母本、罐桃14号为父本杂交育成的罐用品种。树势强健，树姿开张。以长、中果枝结果为主，花粉多，坐果性能良好，丰产稳产。果实近圆形，中等大小，单果重112g，果顶平，缝合线浅；果皮底色金黄，果面着红晕，茸毛短而密，果皮难剥离；果肉金黄色，掺有少许红色，肉质细韧，不溶质，风味酸甜，含可溶性固形物含量8%，粘核。耐贮运。在杭州果实6月下旬成熟。

15. 锦绣 上海农业科学院园艺研究所用白花×云暑1号育成。开花迟，不易受晚霜危害，抗炭疽病，丰产。果型大，单果重200g左右；果肉金黄色，肉质厚，果核小，鲜食香甜可口，可溶性固形物含量16%～17%，品质优。较耐贮运。制罐品质符合出口要求，评级一类，是鲜食、加工（装罐、榨汁）兼用的优良品种。杭州8月中旬成熟。

16. 鹰嘴蜜桃 主产于广东省连平县，属硬肉毛桃。果实成熟时呈短圆形，果顶鹰嘴状突起，一般单果重100～150g；果肉白色，近核部分带红色，肉质爽脆、清甜有蜜味，可溶性固形物含量14%～16%。

桃的其他优良品种见表19-1。

表19-1 桃的其他优良品种

品种	花粉	果实性状						可溶性固形物（%）	成熟期（月/旬）
		果重（g）	皮色	肉色	汁液	风味	核		
红艳露	无	120	白色	乳白	多	甜	粘核	10～11	6/上
大观1号	多	100	绿白	白色	多	甜	粘核	9～12	6/上
春蕾	多	63	乳黄	乳白	多	淡甜	半离核	10～11	6/上
春花	多	86	黄绿	白色	中等	酸甜	粘核	9～11	6/上
金华大白桃	多	286	黄白	乳白	多	甜	粘核	13～14	6/上
晖雨露	多	110	乳黄	乳白	多	甜	粘核	11～12	6/上中
雨花露	多	125	黄白	乳白	多	甜	半离核	11～12	6/中
霞晖1号	无	130	乳黄	白色	多	甜	粘核	9～10	6/中
朝霞	多	150	乳黄	白色	多	酸甜	粘核	9～10	6/中
沪020	无	98	金黄	金黄	中等	酸甜	粘核	11～12	6/中下
金花露	中	127	金黄	黄色	多	甜	粘核	12～13	6/下
橙香	多	95	黄色	黄色	多	酸甜	离核	9～10	6/下
白凤	多	100	乳黄	白色	多	甜	粘核	12～14	7/上
大久保	多	120	乳黄	白色	多	甜	离核	12～14	7/中
杭玉	多	154	绿白	白色	多	甜	粘核	13～14	8/上
白花	无	125	乳黄	乳白	多	甜	粘核	14～16	8/上
新白花	无	140	乳黄	乳白	多	甜	粘核	14～16	8/中下
脆蜜桃	多	200	绿黄	绿白	多	甜	粘核	15～16	8/中下
早露蟠桃	多	68	乳黄	乳白	多	甜	粘核	9～10	6/上
新红早蟠桃	多	68	绿白	乳白	多	酸甜	半离核	10～11	6/中
早硕蜜蟠桃	少	95	乳黄	乳黄	多	甜	粘核	9～10	6/上
浙金2号	多	123	金黄	金黄	多	酸甜	粘核	8～9	6/下
奉罐3号	多	130	金黄	金黄	多	酸甜	粘核	10～11	6/下
锦香	无	200	金黄	金黄	中等	酸甜	粘核	10～11	6/下
锦园	多	220	金黄	黄色	多	酸甜	粘核	13～14	8/上
南山甜桃	多	90	红白	粉白	多	微香	离核	11～12	6/上

第三节 生物学特性

一、生长发育特性

(一) 根系

桃根系浅，分布在1m以内的土层中，水平分布与树冠一致或稍广。据浙江大学调查，栽培在粉沙土的三年生玉露桃，根系的垂直分布几乎全部在深40cm以内的土层中，水平分布以离干 1.5m 范围内的密度最高。由于砧木不同，根系深浅、密度也不相同。一般毛桃砧根系分布较深，根群发育也好；李砧根系浅而细根多；山桃砧主根发达而细根少。

桃根需氧量高，耐涝性极差。因为桃根的呼吸作用特别旺盛，在吸收水分和养分过程中要比其他果树消耗更多的氧。根的正常生长要求土壤空气含量达 10% 以上，2% 以下根系生长衰弱而枯死。另外，在缺氧情况下，土壤中产生的还原性氧化物也使桃根受害。如积水 1~2d 即可引起落叶，超过 4d 可以引起植株死亡。

桃根系在土温 4~5℃ 开始活动，7.2℃ 以上可向地上部运送营养物质，15~22℃ 生长旺盛，26℃ 以上生长停止。一般全年根系有 2 次生长高峰。

（二）枝芽

桃在年周期中有明显的生长期与休眠期。在杭州 3 月中旬开始萌芽，4 月中旬落花后枝梢即转入生长期。4 月下旬至 5 月上旬多数品种出现第一个生长高峰。5 月中旬，有的延续到 5 月下旬，生长势略减缓。多数品种在 5 月下旬至 6 月上旬出现第二个生长高峰，这次生长高峰多数品种表现为生长量大、时间长的特点。6 月下旬至 7 月上旬枝梢生长明显减缓甚至停止，但生长旺盛的幼树可能会出现第三个生长高峰，直至 8 月才停止。枝条停止生长后便充实老熟，10 月下旬至 11 月落叶，进入休眠。

枝梢生长势的强弱不同，至秋冬形成不同类型枝条。

1. 徒长枝　枝条粗大，节间长，不充实，长度常达 1m 以上。其上多数着生二次枝，甚至三次枝、四次枝，并常在二次枝上开花结果。此类枝条在幼年树上多发生，故常利用它作为树冠的骨干枝。至成龄期可利用它培养枝组，在衰老期可利用它更新树冠。徒长枝的二次枝，必要时可直接用作结果枝。

2. 徒长性结果枝　这类枝条生长较旺，长度多在 70~80cm 以上。其上少数有二次枝，花芽多，且为复芽。可培养成枝组或作为更新枝。

3. 长果枝　长果枝是桃树主要结果枝，长度多在 30~70cm。一般无二次枝，其先端和基部多为单芽，中部花芽多且为复芽。在结果的同时又能抽梢，是多数桃树盛果期最重要的结果枝条，同时还可以作更新枝以形成小型枝组。

4. 中果枝　枝较细，生长中庸，长度一般为 10~40cm。其上多单花芽，结果后一般只能从顶芽抽短果枝，所以寿命较短。有些品种如五云桃，以这类枝条结果为主。

5. 短果枝及花束状果枝　多着生于基枝中下部，生长弱，节间短。枝上除顶芽外均为单花芽，长度一般在 10cm 以下。由于它生长停止早，所以花芽较充实饱满，如营养条件好时能结大果，结果后往往只能抽短枝，故寿命短。桃随年龄的增大，短果枝数目相应增多，老树大部分为此类枝。北方品种群及疏删修剪的桃树，常利用这类枝结果。

6. 单芽枝　多数由枝条基部的芽萌发而成，由于枝条下部营养不足，所以在萌芽后不久即停止生长。它的长度在 1cm 以下，1 个枝上仅有 1 个顶芽。这种枝如发育不良，在当年落叶后即枯死，一般的可延续多年仍为单芽枝，生长好的可以成中、短果枝，如受刺激也可形成强枝。可用以更新老枝。

上述各类枝梢随着树龄、树势、品种以及栽培条件而有变化，一般幼树徒长枝及徒长性结果枝多，其后结果枝渐增，至盛果期绝大部分为结果枝，衰老期短果枝和单芽枝显著增多，并于树冠基部抽生徒长枝，这是老树向心生长的特征。

桃芽有叶芽和花芽两种。叶芽瘦小，芽较饱满。桃树枝条的顶芽均为叶芽，叶芽只抽生枝条，不开花结果。花芽为纯花芽，只开花结果，不抽生枝条。

桃枝每节着芽方式有单芽和复芽之分。单芽是指1个节上只着生1个叶芽或花芽，不会同时着生。复芽指1个节位上着生2个以上的芽，但节上必有1个叶芽和数个花芽，其排列方式有"叶、花"、"花、叶、花"、"花、花、叶"、"花、花、叶、花"等数种，多数为2花芽1叶芽的方式（图19-1）。复芽外观上是多个芽着生在同一节上，但从解剖学来看，实际上是一个缩短的二次枝。

不同品种间、不同类型枝条上，芽的着生方式有差异。欧洲品种群中的菲力甫、西姆士以单芽为主，约占总芽数的80%；而昌黎黄桃、早黄金以复芽为主，约占总芽数的70%；晚黄金虽以复芽为主，但主要组合为3花芽并列；南方品种群一般以复芽为主，其主要组合为2花1叶。短果枝、花束状果枝除顶芽外几乎全部是单花芽为主，有时也有复芽；长果枝基部为发育不良的盲芽式叶芽，至中部复芽增多，先端部分多为单芽或盲芽。

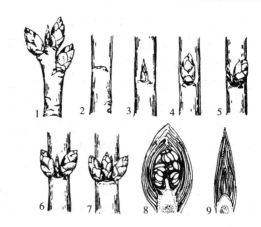

图19-1 桃各种芽排列
1. 短果枝，其顶芽为叶芽 2. 隐芽 3. 单叶芽 4. 单花芽
5. 复芽，1叶芽1花芽 6. 复芽，1叶芽2花芽
7. 复芽，1叶芽3花芽 8. 花芽纵剖面 9. 叶芽纵剖面

桃芽具有早熟性，即当年形成的芽，当年可萌发成二次枝、三次枝及四次枝。如果当年不萌发则枯死，其隐芽寿命也不长，但个别能保持10年以上，因此树冠更新要及时。

(三) 花果

1. 花芽分化和开花 桃花芽属夏秋分化型，其开始分化时间依地区、品种、气候、结果枝的种类、栽培技术、树势强弱而有差异。据报道在7~8月进行，此时桃枝梢多数停止生长。

桃大部分品种为完全花，也有部分品种雄蕊退化，不能产生花粉或花粉很少。例如，上海水蜜桃缺乏花粉是由于花粉粒败育，当花粉母细胞在减数分裂和第二次分裂成为四分体时形态上都属正常，但其后包围在四分体外面的胼胝质消失，小孢子分离形成花粉粒时细胞核不分裂而解体退化，细胞质消失，最后仅剩孢壁的空虚花粉（图19-2）。据王静如（1985）观察发现，雄性不育的桃品种多数具有单性结实的特性，但着实率很低，果实也较小。

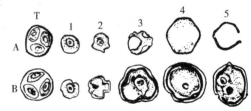

图19-2 桃花粉发育
A. 花粉败育 B. 花粉正常发育
T. 四分体 1~5. 花粉发育过程

桃全树进入花芽分化，前后可延续2~3周，一般幼树比成年树晚，长枝比短枝晚，二次枝更晚；长枝以中下部较早。日照强、温度高、雨量少，能促进分化。如幼树控肥、夏季疏剪、采收前后施氮磷肥等有利于枝条充实和养分积累的措施都可促进花芽分化。桃花芽形成后经过一段时间自然休眠，逐渐转入被迫休眠（杭州在2月上中旬）；而后随着气温上升就先后进入开花。同一地点同一品种不同年份，花期相差4~7d。地理位置不同，桃的花期差异更大。如广东桃开花期一般在1月下旬，四川在2月下旬至3月下旬，江浙一带则在3月中旬至4月中旬，往北至黑龙江齐齐哈尔到5

月下旬才开花，南北相差达4个月。

桃开花期平均温度需10.0℃以上，花期持续数日。据华北农业科学研究所1956年对北京80个品种观察结果，其中以吴江白为最短，仅6d，而六月鲜长达17d。

2. 授粉受精 桃大多数品种能自花结实，但有些品种因花粉发育不良或无花粉则不能自花结实，故栽植时应配置授粉树，如五云、白花、上海水蜜、日本大白桃、砂子早生、新大久保、晚黄金等品种。此外，即使能自花结实的品种，配置授粉树后，可显著提高产量。雌蕊在授粉后10～14d才能完成受精作用，初期子房形成2个胚珠，其中1个退化，约在盛花后2周消失，留下1个大的胚珠吸收胚乳，继续发育成种子。

3. 果实的发育和成熟 桃为真果，由子房壁发育而成。果实由3层果皮构成，中果皮的细胞发育成可食部分，内果皮细胞木质化成果核，外果皮表皮细胞发育成果皮。果实形态发育大致可以分为3个时期。

（1）迅速生长期 从落花后开始至果核大小定型，核面刻纹已显示出品种的特性，但未木质化。这一期长短，早、中、晚熟品种均无大区别，一般需要30d左右。此期子房壁细胞迅速分裂，幼果迅速增大，新梢旺盛生长，需要大量的氮素和充足的水分。故花前花后要追施氮肥和注意灌水，否则容易引起落果。

（2）硬核期（缓慢生长期） 从核层开始硬化至果核完全变硬为止，果实增长缓慢，种胚发育较快。此期长短与成熟早晚关系密切，早熟品种仅7d，中熟品种14d，晚熟品种可长达45d。这时新梢又迅速生长，发生大量二次梢，是一年中新梢生长最快的时期。如氮肥或水分过多，刺激新梢生长，会造成"六月落果"。所以这个时期不能追施氮肥，可施磷、钾肥。

（3）果实肥大期 自果核硬化完成至果实成熟。此期主要为细胞体积增大和细胞间隙扩大，是果实第二次迅速增长期。这时新梢生长缓慢并逐渐停止生长。一般采前10～20d果实体积和重量增长最快，最后果实着色成熟。

在果实形态发育的同时，内部也相应发生一系列的物理和化学变化。果实生长初期至硬核期，葡萄糖和果糖逐渐增加，蔗糖变化不大，至第三期葡萄糖和果糖逐渐减少，蔗糖激增超过葡萄糖和果糖，在完全成熟时蔗糖有所减少。桃果淀粉含量很少，第一期增加，第二期下降。苹果酸、柠檬酸等有机酸在硬核期达到高峰，随着果实生长和成熟其含量减少，由于总糖上升则糖酸比不断提高。维生素含量的总趋势是下降。蛋白氮含量中期最高，第三期下降；铵态氮第二期后半段达高峰，第三期下降。叶绿素在成熟中不断减少，而花青素显现，使果实呈现各种固有的色泽。桃果肉薄壁细胞初生细胞壁和胞间层的原果胶在多聚半乳糖醛酸酶（polygalacturonase，PG）、果胶酯酶（pectinesterase，PE）、β-半乳糖苷酶（β-galactosidase，β-Gal）、纤维素酶（cellulase，Cx）和木葡聚糖内糖基转移酶（xyloglucan endotransglycosylase，XET）等的作用下水解变成可溶性果胶，使细胞壁变薄及部分溶解破裂，果实变软，同时酯类、醛类、酮类、醇类和烷烃类等芳香物质的形成，增加了果实的香味。果实成熟过程中，激素也随着变化。据澳大利亚（1977）研究，桃果实生长进入第三期时有少量乙烯出现，随后第二周果实开始大量积累物质时乙烯含量很快上升。

桃果实风味主要由果实中的糖、酸及一些挥发性和半挥发性物质组成，其中醛类、酮类、醇类、酯类、内酯类、烃类等挥发性芳香物质对桃果实风味好坏起着决定性作用。果实中的糖主要为蔗糖，果糖、葡萄糖、山梨醇（糖）含量不同会导致果实风味差异。桃不同品种、果实不同部位挥发性芳香物质种类和含量差异显著。环境条件和栽培措施均可影响果树的生长，最终影响果实的品质和风味。如白肉桃果实中的己醛、反-2-己烯醛、芳樟醇、水芹烯、γ-癸内酯和δ-癸内酯含量显著高于黄肉桃；着生于树冠南面和西面的果实中酯类物质含量比东面和北面的果实多（乜兰春等，2004）；成熟桃果实中γ-癸内酯（产生桃香韵味）的浓度明显高于未成熟桃，而异-3-己烯醇（产生青草味）的浓度相反，未成熟桃高于成熟桃，果实的青草味较浓（贾惠娟等，2003）；一般果皮中各种直链和支链烃类化合物、醛、醇、酮、酯等芳香物质含量均显著高于果肉（中果皮）中含量；套袋果实中总的挥发性芳香物质含量，套单层袋最高，其次为3层袋的，未套袋的最低（贾惠娟等，2005）。Daane等（1995）报道，缺氮果树所产的果实风味较淡，而氮肥过量果实风味也变淡（贾惠娟等，1998）；J Mpelasoka等（2002）报道，缺水管理的成熟果实，其香气与对照无显著差异，但贮藏期间香气较对照增加，而负载量对果实香气无显著影响。

桃果实的肉质常分成脆肉、溶质和不溶质3种类型。脆肉桃也称硬肉桃，果实初熟时肉质硬而脆，完熟时细胞壁果胶水解，细胞相互分离，细胞膜不破裂，果肉呈粉质状，变软发绵，大多数表现为离核或半离核，如吊枝白、五月鲜、鹰嘴桃、大甜菜桃等。溶质型桃是指南方的水蜜桃和北方的蜜桃。南方的水蜜桃称为软溶质桃，果肉柔软多汁，充分成熟时易剥皮，粘核居多，如玉露、白花等品种。北方的蜜桃称为硬溶质桃，果肉组织较致密，质地较坚实，果皮较厚，剥离稍难，多粘核，如肥城桃、深州蜜桃等。溶质与不溶质桃，在果实发育前两期没有显著的差别，但到成熟期，溶质桃果肉细胞膜显著转薄，有一部分细胞破裂，细胞内容物渗出于细胞间隙，以致果肉柔软多汁；不溶质桃的细胞膜转薄而不破裂，细胞间隙充满空气，因而果实有弹性，又称橡皮质桃，多粘核，适于加工罐藏，如浙金1号、丰黄等。

二、对环境条件的要求

（一）温度

桃是喜温暖的温带果树，由北纬50°到南纬35°～40°都有分布，但经济栽培多在北纬25°～45°之间。从我国桃的主产区的气温情况分析，年平均温度南方品种群以12～17℃、北方品种群以8～14℃为适宜。南方品种群要比北方品种群更耐夏季高温。美国研究认为，大多数品种以生长期月平均温度达到24～25℃时产量高、品质佳。

温度对桃的影响主要有3个重要时期。冬季需要7.2℃以下的低温50～1 250h才能顺利通过休眠阶段，但品种间有很大差别。400h以下即可通过的称为短低温品种，这些品种适于江南地区栽培；多数品种需要750h以上的低温。在高于7.2℃而低于10℃时亦能完成休眠，但时间要长。如果在冬季3个月不能满足品种对低温的要求，则不能正常解除休眠，以致早春萌芽、开花显著延迟而不整齐，甚至花蕾中途枯死而脱落。如白凤、玉露等移至广州栽培，由于低温不足，迟至5月才萌芽开花，而当地品种1月下旬即开花。四川潼南、云南西双版纳等地，由于冬季低温不足，许多品种如石窝水蜜、大久保等经常出现花芽脱落现象。开花期的日平均温度最好在10℃以上，降至1℃以下时花器就要受寒害，影响当年产量；成熟期和花芽分化期的日平均温度最好在18℃以上，达到25℃以上时对花芽和果实发育最为有利。

桃耐寒力在温带果树中属于相对较弱的树种，但亦能耐相当的低温。据观察，有的品种能耐−30.8℃的低温。同一品种还因器官不同或所处时期不同，其耐寒力有变化。花芽在休眠期中当温度达-18℃才受冻，但如晚春时期自然休眠结束时气温骤升，使花芽内部生理过程活跃，呈生长状态，则其耐寒力显著降低，如再遇回寒，则温度稍低即有受冻可能，特别对那些休眠不稳定的品种更易受害。据观察，桃花蕾期只能耐-1.7～-6.6℃，开花期能耐-1～-2℃，而幼果期-1.1℃即受冻。根的耐寒力较强，在冬季1～3月能耐-10～-11℃，而至3月下旬耐寒力迅速降低，至-9℃即受害。

（二）光照与水分

桃属喜光的果树，因此种植不宜过密。密植时树冠下部枝条迅速死亡，结果部位显著上升。桃树喜光是小枝喜光，而骨干枝忌直射光照射。见光的小枝为紫红色、健壮，不见光的小枝为绿色、细弱。因此，树冠上的小枝最好不要相互遮光，但骨干枝要避免直射光照射。若直射光照射过强，使树皮温度超过50℃时，表皮细胞壁就要溶解，最后坏死成为日灼病。若大枝遭日灼，小枝就要枯死。所以栽培应尽量利用小枝遮阴骨干枝，以防日灼。

桃原产于干燥气候，枝叶要求较低的空气湿度。桃耐干旱，而南方品种群由于长期在夏湿条件下驯化，故亦较耐潮湿。但雨水过多，常引起枝叶徒长、花芽分化差、落果多、品质差。桃虽喜干燥，但在整个生长期仍需要充足的水分，尤其在胚仁形成、果核形成初期和枝条迅速生长期需水量大。因此，北方常在夏季生育期灌水，促进枝条伸长和果实肥大；南方雨水多，早熟种一般不灌水，但晚熟种的果实肥大正值盛夏，干旱期要及时灌水。

（三）土壤

桃树根系较浅，呼吸作用旺盛，最喜通气性强、地下水位低、排水良好的微酸性壤土或沙壤土。pH5～6时生长最佳，pH4～5及pH6～7亦表现正常，当pH小于4或大于8时则生长不良。

土壤沙性过重，有机质不足，保水能力差，且夏季土温容易升高，可达60℃，根系常因高温或供水不足，机能衰退，严重的甚至枯死。对这类土壤应增施有机质，夏季注意地面覆盖，诱使根系向纵深发展。

土壤黏重或过于肥沃，树体易强，如控制不当，容易落果，早期产量低，果型小，味淡，贮藏性差，同时炭疽病、胴枯病、流胶病易发生。黏重土若能注意改良，增加有机质，加强排水，适当放宽株行距，行轻剪，也容易获得高产，且盛果期长。

桃生长在碱性土壤中易患黄叶病，土壤含盐量不能超过0.28%。桃忌涝害，低洼积水地段不宜建立桃园。

第四节　栽培技术

一、育　苗

（一）砧木种类

1. 常用砧木　我国桃砧木主要用毛桃和山毛桃，间有用梅、李、杏、寿星桃、毛樱桃作砧木的。现将几种主要砧木特性概述如下：

（1）毛桃　长江流域一带的主要砧木，对南方温暖多湿气候比较适应。与栽培桃的亲和力强，嫁接成活率高；接后生长良好，根系发达，对养分和水分的吸收力强；耐干旱和瘠薄，寿命长，结果较其他砧木好。但在肥沃地或低洼地生长过旺或不良，结果差；通气性差的黏性土壤容易发生流胶病。

（2）山毛桃　华北、西北、东北等地的主要砧木。耐旱性及耐寒性强，耐碱性也比其他砧木好。接活后生长强健，且适度矮化，花期较早，主根大而深，细根少。在低湿地生长不良，易发生流胶病，在温暖地区不善结果。

李作桃的砧木有矮化作用，但嫁接后植株生长缓慢，根系浅，果实小；用梅作砧木，则根群发达，根多而纤细，结果早，但树龄短；杏与桃亲和力弱，嫁接口易分离。

2. 桃砧木研究的动向　目前桃砧木研究主要集中于矮化、抗病（主要是病毒）、抗虫（线虫）、抗寒以及亲和力等方面。

（二）繁殖方法

桃多用嫁接繁殖，但少数也用直播和扦插等。现将嫁接育苗方法介绍如下：

1. 播种　主要用于砧木繁殖。砧木用的种子以果实成熟时采集为宜。播种期可分为春播和秋播。浙江秋播常在10月下旬至11月上旬进行，翌年发芽早，出苗率高，生长迅速，且可省去层积手续。但如果秋冬环境条件不良，或为节省土地，可先将种子干藏，至春播前100~120d再层积处理，然后在种子萌动前播种。播种以点播为宜，行距20~40cm，株距5~10cm，每公顷需种子750~1 125kg。播种深度5~6cm，春播或土壤较黏重的可以浅些。也有的先做苗床，将桃核放于苗床上覆土，待出苗后再移植。春节前后苗床上架一塑料小拱棚，以增温保湿，促进幼苗生长，于5、6月嫁接。

2. 嫁接　生产中常采用春季（3月上中旬）桃芽萌发前枝接和秋季（8~9月）芽接。根据南方情况来看，春季多阴雨，可嫁接时间短，成活率较低；秋季天气多晴朗，温度比较稳定，可以嫁接的时间长，成活率较高，故南方以秋季芽接为主。采用枝接方法育成的苗称枝接苗，枝接苗当年能成苗出圃，又称为成苗。采用秋季芽接的，接芽当年成活，但不能生长，如当年冬季出圃则称半成苗。在杭州，目前生产中将桃树育苗芽提早到5月中旬，最迟也不能晚于6月中旬，这样当年接芽成活后还能萌发生长，至冬季形成1~2级成苗出圃，与秋季芽接相比，缩短了1年。5月进行芽接的，嫁接部位较秋季芽高，一般在离地10~15cm，砧木需保留6~8片叶。苗木成活后要分2次剪砧，第一次为接后3d左右，在接芽上10cm左右剪砧；第二次为接后10d左右接芽长出叶片后，在接芽上1cm处再剪砧。此外，接芽下砧及时除萌，以利提高成活率和促进苗木生长。

二、栽　植

桃的果实不耐贮运，大面积发展时要注意早、中、晚熟品种间搭配。一般早、中、晚熟品种可按4∶4∶2或5∶3∶2的比例配置，以延长供应期和有利田间作业安排。桃能自花授粉，但砂子早生、白花等少数品种花粉退化，雄性不育，因此定植时需配置授粉树。此外，栽植前先要选择苗木。优良苗木要求品种纯正，苗木发育正常，根系发达，细根多，干粗壮，在整形带内有5~7个饱满芽，没有严重的病虫害（如根结线虫等）。

1. 栽植距离　桃树栽植距离应根据品种生长势、土壤肥瘠以及栽培管理水平综合考虑确定，弱势品种、山地、贫瘠地比强势品种、平地、肥沃地密。总体来说，桃树喜光，栽植距离不宜过密。一般树势强的品种、土壤肥沃的平地株行距可采用4m×5m，即每667m² 33株；树势中庸品种、土壤瘠薄的山地株行距可采用3m×4m，即每667m² 55株。

2. 栽植时期　桃树自落叶后至春季萌芽前均可种植，但从有利于成活和根系生长发育角度出发，南方种植桃树以秋植为佳。浙江奉化一带有"秋栽先发根，春栽先发芽，早栽几个月，生长赛一年"的经验。

3. 栽植技术 桃种植前先挖深60~80cm、宽120cm的栽植穴，然后在定植穴中填入适量表土，施入50~75kg厩肥、1kg磷肥，再覆土填满栽植穴，压实，经1个月后，穴内土壤结实后可行种植。如边填边种，则填穴土应高于穴面15cm左右。栽植时，先将苗木根系进行修剪，剪去伤根及过密根，使苗木根系在穴内均匀舒展，而后覆土（树干周围覆土高度要高出地平面15~20cm，以防日后下沉）。嫁接苗栽植深度以嫁接口露出土面5~6cm为宜，种后应将根系上所覆土充分踏实，并浇足定根水，使土壤与根系充分密接，以利苗木吸收水分和养分。同时要及时定干，以减少地上部分负担。

4. 连作与忌地 种过桃的园地再种桃，桃幼树会明显衰弱，特别在最初2年表现生长停滞或衰弱，叶片失绿，新根变褐，部分开始枯死，枝干出现流胶，产量低。这种忌地现象一般在沙质土或肥力低的土壤表现严重，黏质土和较肥沃的土表现轻。据研究，忌地有多方面原因，但主要有以下两点：

（1）有毒物质的形成 桃的残根中含有大量的扁桃苷。土壤微生物如镰刀菌、细菌和以扁桃苷为营养源的微生物能分泌一种扁桃苷酶。线虫也能分泌这种酶，桃细胞本身也具有此酶。当细胞死亡后，经水分解和酶的作用将扁桃苷分解为苯甲醛和氰酸等物质，使新根的呼吸作用受阻碍，从而引起根腐烂，导致地上部生长衰弱，产量降低。具体反应如下：

$$C_{20}H_{27}NO_{11} + 2H_2O \xrightarrow{\text{扁桃苷酶}} C_6H_5CHO + 2C_6H_{12}O_6 + HCN$$

扁桃苷　　　　　　　　苯甲醛　　　　氰酸

（2）线虫危害 据观察，连作时土壤中的线虫增殖，直接危害桃根，并积累更多的扁桃苷酶，分解生成有毒物质，毒害根系，使地上部生长不良。如在连作土地上经过土壤消毒剂的处理（施用杀线虫剂），则桃树或其他后种作物生长显著改善，产量增加。

为避免忌地现象，最好选新开垦地或与其他果树轮作。上海果农在淘汰桃园后种几季水稻或茭白，以加速消除老桃园遗留下的不良影响。

三、土壤管理

（一）施肥

1. 桃树营养生理特性 ①桃根系发达，且水平方向远较垂直方向强盛，大部分根集中于表土，吸收肥水能力强。②桃对氮素反应敏感。幼树生长旺盛，如果氮肥过多，引起枝梢徒长，不易形成花，落果严重，且易感流胶病，应控制氮肥的施用。成年桃树枝梢生长与果实发育存在矛盾，枝梢旺长期供氮，容易造成落果；供氮不足，易造成树势弱，枝梢短小，叶黄，抗性弱，低产。盛果期后树势容易衰弱，需增施氮肥增强树势，提高产量。③钾素对桃的果实发育特别重要。据日本吉田等对各种落叶果树的叶分析表明，桃对钾和磷需要量比葡萄、苹果、柿等果树要高得多（表19-2）。钾充足时产量高，果实大，品质优；钾不足，则叶小，呈淡绿色，叶片出现黄斑，早落叶，生理落果多，且果实易烂顶。尤其在果实膨大期，桃对钾的吸收量迅速增加，此时如钾的供应量是氮的倍量，则可显著提高产量和品质。④桃喜微酸性土壤，pH5~6时生长发育良好，pH小于4时易发生缺镁症，pH大于7时易发生缺锌症。桃对各种形态氮的吸收都是在偏酸性的条件下为好，故在强碱性土壤上不宜种桃，弱碱性土壤应注意多施酸性肥料。

表 19-2 果树叶片营养成分含量

(吉田、小柳津，1959、1960)

树种	品种	调查园数	叶中成分（%）				
			氮	磷	钾	钙	镁
桃	大久保	51	2.95	0.71	2.82	2.82	0.65
	罐桃	49	2.98	0.71	2.71	2.71	0.64
葡萄	玫瑰露	59	2.58	0.16	2.45	2.45	0.23
	甲洲	43	2.58	0.12	2.17	2.17	0.14
苹果	红星	48	2.26	0.17	1.62	1.62	0.28
	红玉	50	2.07	0.15	1.85	1.85	0.27
柿	富有	47	2.18	0.13	1.81	1.81	0.36
	百匆	45	2.09	0.12	2.04	2.04	0.46

注：葡萄为1959年7月，其他果树为1960年7月的叶分析平均值。

2. 施肥量

(1) 确定桃施肥量的依据　施肥量应根据品种、树龄、树势、产量和土壤状况综合加以判断。具体根据树体对养分的吸收量、天然供给量及肥料利用率3个方面推算施肥量。根据日本对大量桃生产园的调查分析，每生产100kg果实需吸收氮（N）0.5kg、磷（P_2O_5）0.2kg、钾（K_2O）0.7kg。天然供给量，一般氮按吸收量1/3，磷和钾按吸收量1/2计算；肥料利用率按氮50%、磷30%、钾40%计算，磷在土壤中易固定成不可吸收态，推算时利用率按20%计。根据上述计算依据推算，每生产1 500kg果实，需放入三要素量为N 10kg、P_2O_5 7.5kg、K_2O 13kg。我国南方有不少丰产桃园，在施肥方面如以实际产量计算，每100kg果实的三要素施用量氮为0.7～1.59kg、磷为0.15～0.75kg、钾为0.46～1.44kg。与国外相比，氮肥偏高，磷、钾过多或不足。

在实际应用时，可根据树势、土壤状况进行适当调整。从形态上看，氮不足表现为叶黄，枝梢短、细，生长早停；过量表现为徒长。磷不足时，根及枝梢生长不良，果实生暗色斑点，品质差；过多时着果率低，果实不能正常发育，形小，味淡，腐烂迅速，成熟迟，并且导致缺锌症。钾不足时叶小、色淡，叶面皱，有黄斑，在夏季叶先端枯并回卷，症状严重时叶缘产生焦斑。钾在果实上消耗最大，产量高时需多施。缺钙的症状表现为叶的大小不变，但呈暗紫色并回卷，至晚期叶片中部变色，叶片1/3枯死溃烂。在多雨地区容易出现缺镁症，表现为叶脉间绿色消失，叶脉绿色，与缺铁症相似。

(2) 微量元素贫乏症及防治　当微量元素不足时，桃常在叶片、枝干、果实表现出各种不正常的症状。缺锌时叶缘卷缩，叶变狭小，叶脉间黄白色，新梢先端细，节间短缩，叶呈轮生状，晚夏新梢发生萎黄状斑叶，严重时叶片枯死，新梢光秃，发病枝花芽形成受到严重抑制，而且结果很少，果实多畸形而无经济价值，可用0.3%硫酸锌在萌芽前喷施。缺硼主要病症为枝条顶端枯死，在枯死下端抽生多条新梢，叶片小、畸形。据奉化林果场观察，果实缺硼初期出现不规则局部倒毛，倒毛部底色暗绿，随果实增大暗绿转为深绿，并开始脱毛，出现硬斑，逐步木栓化，果实呈现畸形，直至成熟不易脱落。防治办法可用0.1%～0.3%的硼酸或硼砂在盛花期喷施；如用土壤施肥则可与基肥合用，每株施硼酸或硼砂100～150g，但效果以喷施较好。缺铁主要症状是叶片黄萎，出现黄白色网脉，病状严重时叶缘呈褐色烧焦状,可用 EDTA-Fe 喷施矫正。

3. 施肥的时期及次数 施肥时期主要依据桃树周期生长发育的特点,同时参考品种、树龄、树势、产量以及桃园气候、土壤条件综合制定。对进入结果期的树每年施肥 2~4 次,一般分为 3 次。

(1) 基肥 桃的枝梢生长快,果实发育期较短,基肥很重要。基肥一般从秋季至休眠期施用,以秋季落叶前施入效果最佳,因为秋施基肥有利于有机肥的转化和根系恢复生长。桃根系在地温达 5℃时即开始生长,并吸收部分氮素供自身生长,当温度升至 7.2℃以上时,根系吸收的氮素才向地上部输送,因此地上部萌动之前,根已开始活动,所以秋施有利于根系对肥料的吸收利用。秋施基肥又可以减缓次年新梢的生长势,可以避免新梢生长与果实发育的矛盾,减少生理落果。基肥应以迟效的有机肥为主,氮、磷、钾配合,进行深施。尤其是早熟种,基肥用量应占全年施肥量的 70%~80%,而晚熟种用量占 60%~70%。

(2) 壮果肥 在定果后至套袋前施入,其目的是促进果实的发育和枝条的充实。肥料成分以钾肥为主,用量因品种而不同,早熟种氮、磷可以不施,钾应占全年总量的 30%;中晚熟种,氮 15%~20%,磷 20%~30%,钾 40%。树势旺的可以少施或不施。

(3) 采果肥 桃因结果消耗了大量营养,为使树势及时恢复,提高桃树的抗逆性,应补施一次以氮肥为主的速效肥。此次施肥量不宜过多,一般占全年施肥总量的 15%~20%。施肥时间,早、中熟种在采果后立即施用,晚熟或特晚熟种在采前 7~10d 施下。

上述 3 次肥料在正常情况下基本能满足桃树生长发育的需要。如果结果少、树势比较旺,果实发育期可以少施或不施;若树势弱、花多,则可在花期或坐果期增施追肥 1 次。

此外,在生长期应结合喷药进行根外追肥,来补充桃的营养不足。常用肥料的浓度为:尿素 0.3%~0.4%,过磷酸钙 0.5%~1%,硫酸钾 0.3%~0.4%。也有用人粪尿、草木灰的浸出液喷施。

(二) 其他土壤管理

1. 灌水 桃在果实发育期要有足够的水分供应,而此期南方正值梅雨,无灌水必要,但在少雨地区或遇到春旱的地区,要在早春萌芽期、幼果发育、新梢生长期及成熟前 2~3 周进行灌溉。灌水要注意掌握时间,做到速灌速排,以免积水影响桃生长结果。

2. 排水 排水也是桃园土壤管理的一项重要工作。如果在低洼地和土壤黏重或杂草多的园地,必须在雨季前清理排水系统,清除杂草,尽量避免积水。

3. 覆盖 在幼年桃园覆盖可防止土壤冲刷,减少杂草和地面蒸发,降低土温,促进有益微生物的活动,增加土壤的有效钾。但覆草后可能引起脱氮作用,使土壤硝态氮减少。

4. 间作 桃园在幼年期可选择豆类、叶菜、绿肥等矮秆作物间作。在已成长的桃园,冬季以种绿肥为主,以增加肥源,提高地力。据研究,苜蓿能减少桃树失绿症的发生,同时它吸收土壤中大量的钙,能减少过量钙对桃根系的有害作用。此外,苜蓿根系死亡后能增加土壤的胡敏酸,改善土壤结构。桃园也可间作猪屎豆、万寿菊、羊草、天门冬等有驱线虫效果的植物。据报道,桃园连种猪屎豆 3 年,线虫病害显著减轻,产量提高。

5. 深翻 新栽桃园,除定植时挖穴改土外,每年应在树冠外围逐年深耕,以改善根系的生长条件。一般桃园常在秋冬施基肥时进行土壤耕翻,其深度宜在 40cm 左右。

四、树体管理

(一) 整形与修剪

桃树形很多,南方常见的有杯状、改良杯状、自然开心形,个别地区也有的采用变则主干形,目前国外还有采用树篱形的。目前长江以南桃产区多数采用自然开心形。现将自然开心形的整形与修剪特点介绍如下:

1. 树形与树体结构 该树形适宜于 $667m^2$ 栽 30 株左右(4m×5m 或 5m×5m)的园地。其树形结构如图 19-3。树高 2.5~3m,全树三大主枝按 120°方位角向上延伸,第一主枝在主干高 40~50cm 处分枝,主枝开张基角为 45°~60°,每大主枝按栽植距离配置 1~2 个副主枝。各主枝第一副主枝配在各主枝同一侧面,副主枝分枝点与主干分枝点间距离在 60cm 左右,副主枝开张基角为 60°~80°。第二副主枝在第一副主枝相对的

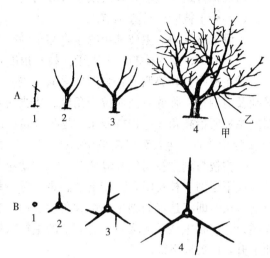

图 19-3 桃自然开心形示意图
A. 侧视图 B. 俯视图 甲. 主枝
乙. 副主枝 1~4. 表示从苗木到成年

侧面,两枝之间的距离应在 60cm 以上。副主枝上交叉均匀配置大、中、小结果枝组,一般靠近基部的结果枝组较大,向前延伸渐趋小,主枝上空间部位亦配置各类结果枝组。从树冠整体来看,要求主枝、副主枝延长梢间连线在空间上呈大三角形,副主枝上结果枝组配置自基部至延长梢呈中三角形,各结果枝组结果枝配置呈小三角形,这样全树即为各类三角形组成的一个组合体。这样的树体结构,光照利用率高,树冠内部、下部光照亦好,对调节全树生长势和枝组生长势均有利,易获得优质、丰产、稳产。

2. 幼龄期树形培养 在加强肥水管理的基础上,重视桃树夏季修剪,可提早幼树成形。生长强健的苗木,精心管理,定植第二年可基本形成树体骨架。定植当年于 50~60cm 处定干,定干附近保留 4 个左右健壮芽。5 月在当年发生新梢中选留长势较强、方位角较好的 3 枝作为主枝任其生长,其余新梢疏除,或行扭梢作辅养枝。至 6~7 月,枝条未木质化时对选定的主枝进行拉枝,开张主枝基角 40°~60°。冬季整形时,主枝在 80cm 左右处选朝外背芽处剪截,在 60cm 左右处选侧生较强枝的最上部朝外健壮背芽处剪截,作副主枝培养,并疏除背上直立枝和与主枝、副主枝的竞争枝。第二年 3 月下旬至 4 月初,对与主枝延长枝的竞争芽抹去。5~6 月当延长枝达 6cm 以上时,主枝部分利用向外侧生长的二次枝,剪去直立向上伸长新梢,以保持主枝延伸方位和开张角度,并控制顶梢生长优势,促进副梢生长。副主枝除对顶端背生枝予以疏除外,任其伸长。至 6~7 月拉开副主枝角度成 60°~80°。冬季修剪,主枝在当年新梢 1/2 处剪截,剪口芽朝外。副主枝剪去 1/3 左右,并注意培养基部两侧发生的结果枝组,疏去背生直立强枝。至此,幼树经过 2 年的培养,树冠基本形成。

半成苗(芽接苗)可参照上述方法管理。如未行夏季修剪,管理不良或生长较弱树的树形培养方法大致雷同,如生长势不足可延迟 1 年成形。树形培养中应注意以下几个问题:

(1) 主干高度 要根据品种特性和环境因素来确定。直立性品种宜低,开张性品种要

高。土壤瘠薄、土层浅、风害大，定干要矮；土壤肥沃、树形大、风害小，定干可高。

(2) 骨干枝数量　桃为喜光果树，顶端优势强，如果主枝、副主枝等骨干枝过多，容易造成上强下弱，下部光秃；主枝过少不能充分利用空间，早期产量不易提高。因此要根据品种，参照株行距与整形方式决定主枝数目。

(3) 骨干枝间生长势调节

①骨干枝基角：主枝基角越小，与干的结合越差，但基角过大会削弱主枝生长势，一般要求 $45°\sim60°$。副主枝的角度大于主枝的角度，一般保持 $60°\sim80°$。

②主枝间生长势调节：整形中常遇到主枝生长势不平衡的现象，为使主枝相对一致，就必须及时调整。强的主枝应拉开角度、适当短剪、减少枝量、增加结果，来减弱其生长势；弱的主枝要抬高角度、长放枝条、增加枝量、减少结果，使生长势逐步由弱转强。这样经过 $1\sim2$ 年调整后，生长势可趋平衡。

③主枝与副主枝间生长势调节：桃树幼年期枝条顶端优势明显，上部主枝生长过旺，容易造成下层副主枝衰弱，为使下部副主枝保持较强的生长势，就必须采用控上促下、上截下放的方法。即将选定的副主枝增大角度（角度要比主枝大）、拉开距离、长放枝条、多留枝、少结果，使副主枝迅速增粗。对其上的主枝保持角度（角度应比副主枝小）、控制长度、弯曲上升，以巩固下部。

(4) 二次枝的利用　桃芽具有早熟性，幼树二次枝的发生很多，如果在整形中利用好，可加速树冠形成，提早结果。培养二级主枝，可在二次梢萌发时对骨干枝上的延长梢进行摘心，以形成二级枝。另外，还可以利用二次枝开张主枝角度，改变方位，调整树冠结构，或利用二次梢培养成枝组。

3. 成年结果树的修剪　成年树开始结果后，树体由营养生长为主逐渐过渡到营养生长与生殖生长相协调时期。修剪指导思想应以维持主枝中下部及副主枝基部发生的结果枝组的生长势为主。骨干枝（主枝、副主枝）保持中庸生长势逐年延伸，基部结果枝组稍强，主枝、副主枝 2m 以上部分不配置大型结果枝组，以当年生结果枝或小型结果枝组为主。全树达到大枝少（$6\sim9$ 个）、小枝密，上部稀、中部茂（枝叶繁茂），上部中庸、下部稍强的生长状态。各类枝组及枝的修剪方法如下：

(1) 主枝延长枝　当树冠基本形成后，主枝延长枝除继续占领空间、扩大光合面积外，对维持树的生长势起重要作用。对刚进入结果初期的 $3\sim5$ 年生桃树，树体容易旺长，此时主枝生长不宜太强，应采取如下措施减弱其生长势：①夏季修剪：$3\sim4$ 月抹除其上部背生竞争枝芽，$5\sim6$ 月选向外二次枝延伸，剪除其上部枝梢。②冬季修剪：生长强时在 $1/2$ 处留外芽剪截；尽量选二次枝弯曲延伸；上部发生的背生枝全部剪除，侧生的长果枝适当保留 3 枝左右。对进入盛果期后的六年生桃树，根据树势强弱进行修剪。一般延长枝保留 30cm 左右，树势强适当留长，树势弱则留短。当高度达 $2.5\sim3m$ 以上时，可选主枝延长枝下部发生的其他新梢予以换头。

(2) 副主枝延长枝　三年生后副主枝延长枝按 $40°\sim60°$ 梢角继续延伸。梢角不宜太大，以免结果后下垂，减弱生长势。同时应避免延长枝直立生长，以维持基部结果枝组生长。延长枝与相邻树交叉时应及时换头。延长枝部分不留背生直立枝。

(3) 结果枝组　结果枝组是全树的主要结果单位，树体进入结果期后，维持结果枝组的生长是获得丰产稳产的关键。在骨干枝上配置各类结果枝组，其大小疏密按着生位置而定，一般中下部可大而密，上部宜小而稀，且枝组与枝组间要无重叠交叉，从而确保树体内膛获得充足光照。枝组间的距离应以枝组大小来确定，大型枝组间保持50cm左右，中型保持30cm左右。其培养方法如下：

①选择部位：结果枝着生部位以骨干枝的两侧为好。如果利用骨干枝背生直立枝培养结果枝组，虽然维持其较强生长势，但是随树龄增长，由于背生结果枝组比较直立，导致骨干枝的侧生结果枝组由于得不到充足的光照而逐步枯死，丰产年限缩短。同时，背生枝组易抽徒长枝，任其生长则扰乱树形，如要控制其生长则夏季修剪与冬季修剪量大，不仅费工且伤树体。对于幼龄树、生长旺树，从早结丰产角度出发，在骨干枝基部可适当配置背生结果枝组，且以小和稀为宜。目前很多地区采取利用内膛徒长枝拉平作结果枝组培养的方法。该方法用于衰老树以补充空间可暂时利用，但在幼龄或结果始期利用徒长枝作结果枝组培养不太适宜。因为结果枝组是比较长久的结果单位，要求骨架牢固、芽充实，且生长中庸，有利于光合产物的积累。而徒长枝往往枝粗而空，贮藏养分少，芽不充实，拉平甩放后，当年可利用其上二次梢形成的花芽结果，但基部芽难以萌发，易造成下部光秃，即使萌枝大部为背生芽萌枝，也难以培养成理想的结果枝组。因此，生产中一般以骨干枝上侧生长枝作结果枝组培养比较理想。

②修剪方法：第一年在骨干枝上两侧发生的长枝中选生长较强的枝于1/3处剪截，第二年结果枝组先端延长枝剪截长度逐年增长，三年生后结果枝组先端和中部抽生的长结果枝在饱满花芽处剪截后长放，基部长果枝留2～3芽更新，中果枝疏除，短果枝不剪。幼龄树、旺树，长果枝可适当多留，盛果树、生长弱树多留更新枝。确保以长果枝结果为主。结果枝组生长势不宜太强，中庸时结果枝形成充实，结果好，如行重修剪常易抽发强枝，对结果不利。4～5年生后，如结果部位外移或枝组衰弱时，可回缩至基部枝，更新芽位。

长果枝结果时应疏除基部果实，保留枝上部果，或基部留1个，上部留2～3个，使其结果后，梢先端下垂，自基部萌枝。如果养分与光照条件好，基部当年可再发长果枝，冬季修剪时剪除先端下垂部分，利用基部长果枝作单枝结果更新。如生长弱未发长果枝时，冬季修剪可剪至基部萌发的短果枝处以促发长枝，到下一年利用。

花束状果枝停梢早，枝短而粗，养分积累多，且其顶芽为叶芽，在光照、养分好的条件下，其上所结果实常成大果，可利用作结果。其发生基枝大多在2～4年生枝段上，因此幼旺树，利用长枝缓放，促使基部发花束状果枝结果。

（4）结果枝留量　应根据品种、树势、肥水条件而定。一般较简单的方法是以产量推算法来确定。如成年结果树要求单株产量为50kg，该品种果实平均单果重为130g，则全树应采收果实385个，留10%余地则为420个左右。按每一长果枝结3个果，6个短果枝或花束状果枝结1个果计，则每树留100个左右长果枝，600个左右短果枝或花束状果枝，修剪时可先修剪1个大主枝进行调查后予以适当调整即可。

4. 生长期修剪　桃生长期可根据树势及枝抽生状况予以摘心、扭梢、剪梢、疏枝、拉枝等处理，以促进或维持树形的形成，缓和树势，改善通风透光条件，促进花芽形成，调节生长与结果的矛盾，提高坐果率。生长期修剪方法：①落花后，对细弱结果枝、无叶花枝、病虫危害枝、枯枝等进行复剪，对剪口下的竞争芽、背生过密强芽予以抹除。②定果后套袋前除疏剪密枝和病枯枝外，主要是通过摘心、剪梢、扭梢、拉枝等措施来调节枝梢的生长。内膛背生直立新梢，6～30cm时予以摘心，以抽发二次枝，形成小结果枝组；梢长30cm以上时，在15cm左右处进行扭梢，促使形成结果枝。也可将徒长枝基部留1～2枝二次枝后剪截，使二次枝形成结果枝。③6月中下旬，通过疏密枝、强枝，以缓和树势，培养优良结果枝。这次疏枝对改善树冠光照、防止枯枝发生、促进花芽分化有重要作用。疏除树冠内膛和上部生长过密强枝、徒长枝。主枝延长强梢剪至外侧二次枝上，控制上部生长势。幼树通过拉枝开张主枝、副主枝角度，缓和树势。

5. 衰老期修剪 桃树经16～17年后就进入衰老期。衰老的征兆表现在：延长枝的生长量，其长度不超过20～30cm；长果枝大减，长度缩短，短果枝和花束状果枝大增，花多果少，品质也差。老树更新的方法：①回缩骨干枝。凡是进入衰老阶段的骨干枝都应回缩。回缩的程度应依其衰老程度而定，一般可在骨干枝3～6年生部位上缩剪，缩剪的部位应在分枝处，如果内膛有徒长枝，可回缩到徒长枝的部位。对下部光秃无枝的树，可重短截，以刺激潜伏芽抽生强的徒长枝，重新形成树冠。②处理徒长枝。经过更新修剪后，常能抽生多数徒长枝，这是重新形成树冠的基本条件，要善于处理。把树冠外围的徒长枝培养成骨干枝，重新扩大树冠。对生长在空隙处的徒长枝，应尽量培养成大型枝组，以弥补树冠空隙。

(二) 果实管理

1. 生理落果及其预防措施 在南方多雨条件下桃的旺长幼树及某些黄肉桃生理落果严重。桃的生理落果有3个高峰期：第一期从开花后10～15d开始，杭州在4月中下旬；第二期在开花后25～30d发生，杭州在4月底5月上旬；第三期在核层硬化期，杭州在5月中旬至6月上旬，即通称的"六月落果"。在杭州前两期落果各品种比较一致，第三期落果黄桃比白桃迟，而且强度大，持续时间长。

第一期落果原因是雌蕊发育不完全，这与树体营养状态关系密切。即由于上一年夏秋季管理不良、病虫危害或其他原因引起早期落叶，致枝条内贮藏养分减少，影响花器官的形成，导致雌蕊发育不全，开花后1～2周，子房相继脱落。因此，应在上一年夏秋季加强管理，增强树势，增加贮藏营养的累积。

第二期落果原因是花粉发育不完全或授粉不良。某些品种雄蕊发育至花粉粒形成期即退化。另外，花期低温阴雨影响昆虫活动和花粉的萌芽，从而影响授粉作用，在开花后3～4周可见大量落果。对这类树宜混植或高接授粉树，花期放蜂，或行人工授粉。

第三期落果，花已授粉完全并形成果实，但由于胚发育停止而落果。胚停止发育的原因主要有：①氮素及水分的缺乏或过剩。桃花受精后胚就形成并发育。此时桃胚与新梢都处于生长盛期，如氮素不足，枝与胚争夺氮素，导致胚发育停止而落果。但是氮素和水分过多，枝叶旺长期延长，与果实硬核期并行，导致消耗大量氮素和糖类，也会引起落果。②光合作用弱，糖类少。桃树在萌芽30d内基本上是消耗贮藏营养，以后则由当年形成的叶片供应养分。因此，叶片养分的多少，直接影响桃幼果的发育。此时正值南方多雨季节，日照不足，气温又高，同化作用减退而呼吸作用旺盛，造成糖类供应不足而落果。③其他如病虫害、土壤积水等都可引起落果。因此调节树势，调节生长与结果的矛盾，是克服落果的基本途径。如树势旺应注意改春肥为秋肥，上半年少施或不施肥，下半年多施基肥，并实行夏重冬轻的修剪制度，减少树冠荫蔽，雨季加强开沟排水，防治病虫害。对老弱树，在花前2～3周增施速效肥。此外，可喷营养液保果。

2. 人工授粉 桃大部分品种自花着果率较高，没有必要行人工授粉。但对无花粉或少花粉品种，除配置授粉树外，在天气不良的年份，仍有必要行人工授粉。

桃花粉有直感效应，父本的品质对果实有一定影响。因此，授粉品种应选品质优良、花粉量多、开花早的品种。一般开花3d内均能进行人工授粉，第四天后效果减弱。长果枝选4朵左右，中、短果枝选2朵左右刚开花朵授粉，授粉3h后降雨对授粉无妨碍，3h内降雨则应再授一次。花粉采集和处理参照梨人工授粉。

3. 疏果 桃大多数品种着果率高,结果过多导致树势弱、果型小、品质劣,且易形成大小年结果,甚至大枝枯死,树势衰退。因此,保持树体的合理留果量是维持树势、提高品质、连年丰产的重要措施。

(1) 人工疏果 桃疏果一般进行2次,疏果时期依品种、地区而异。杭州第一次疏果约在5月上旬进行,第二次定果在5月中下旬。着果率高的品种如白凤、塔桥、玫瑰露、玉露、大久保等宜早疏,生理落果严重的品种如砂子早生、丰黄、蟠桃等要晚疏。成年树、弱树宜早疏,幼、旺树则晚疏。花期气候良好宜早疏,连续阴雨低温则晚疏。第一次疏果可保留计划着果量的1倍左右,第二次疏果后即行套袋,定果必须在5月中下旬前完成,否则效果不大。

留果标准应根据树冠大小、树势、果型和培肥条件而定。桃树的叶果比,一般早熟种30∶1;中熟种40∶1;晚熟种50∶1。第一次疏果先疏除双果、小果、畸形果。定果时一般长果枝留2～3个果,中果枝每2枝留1个果,短果枝(含花束状果枝)每6个留1个果;中果型品种可适当多留,树冠上部、外围适当多留。留果部位,长果枝留中上部,中、短果枝宜留先端部位。成年树强枝多留,弱枝少留或不留。果实着生于结果枝的下方或侧生者为好。

(2) 化学疏果 化学疏果可节省人工,但效果不甚稳定及可能产生药害等原因,在生产上应用还不普遍。石灰硫磷合剂为花期疏果剂,应根据花期气候而使用。气候好,授粉有把握时,可在盛花80%时喷30～50倍液,抑制花粉发芽和花粉管伸长,从而阻止受精。最好隔2～3d再喷1次,阻止后期花的受精。应用甲萘威(也称西维因)200mg/L于花后2～6d喷施,或用60mg/L乙烯利于花后8d喷施,均可阻止果实发育而脱落,但易发生疏果过量,应慎重使用。

4. 套袋 果实套袋主要是为了减少炭疽病、褐腐病、桃蛀螟、象鼻虫、夜蛾等病虫的危害。无论鲜食或加工品种,经套袋后的果实果皮白嫩美观,果肉纤维素减少,裂果率降低,果实的商品价值提高。但是套袋很费工本,大规模栽培时较难应用。在最后一次疏果后2～3d即可套袋,江浙一带以5月上旬至5月下旬为宜。套袋的时期与病虫发生期有关,凡病虫发生迟的地区套袋可迟;后期落果多的品种宜迟套袋。市面上有专用套果袋销售。一个熟练劳力一天可套1 500～2 000个,快的可套3 000个以上。

五、采 收

桃果不宜过早采收。但充分成熟后果肉变软,易腐烂,不耐贮运,故迟采亦不宜。适宜成熟度应根据果实色泽、大小、香气、硬度综合决定。目前生产上将桃的成熟期划分成以下等级,可根据用途及市场需要决定采收期。

(1) 六成熟 果实发育基本完成,果皮为青色,黄桃未软黄,白桃未转白,又称青熟期。

(2) 七成熟 果实充分发育,果面基本平整,无凹凸,果皮由青转黄或白,茸毛较厚。

(3) 八成熟 果面丰满,茸毛减少,绿色减褪,呈淡绿色,黄桃已转黄,略带绿色,向阳面已有红晕。

(4) 九成熟 绿色大部分褪去,黄桃全部转黄,均匀一致,茸毛减少,品种固有风味已表现明显。

（5）十成熟　果实变软，肉不溶质黄桃弹性减弱；硬肉型桃开始发绵，带粉性；肉溶质桃柔软多汁。

加工桃应在八至九成熟时采收，远距离运输可在七至八成熟时采收，鲜食桃需外运上市的亦可在八至九成熟时采收。

采收方法：依据各品种历年成熟期记载，在接近采前1周就要进行检查，先观察树冠上部的果实，如大小、色泽已显现成熟特征，则可连袋采下。一般向阳面或短果枝上的果实成熟较早，可先采。长势弱的树先采。一个桃园可分3～4批采收。采收时应轻采轻放，勿用手重压果面或强拉果实，以防果实受伤。采后将果实放入容器，容器内壁要光滑，如用竹器则内壁需用软物衬垫，以免果皮擦伤，再经分级、包装即可运往目的地。

（执笔人：叶明儿）

主要参考文献

陈杰忠，等.2003.果树栽培学各论：南方本[M].第3版.北京：中国农业出版社.
何水涛，等.2001.桃优质丰产栽培技术彩色图谱[M].北京：中国农业出版社.
胡花丽，等.2007.桃果实风味物质的研究进展[J].农业工程学报，23(4)：280-286.
胡留申，等.2007.桃果实成熟前后细胞壁成分和降解酶活性的变化及其与果实硬度的关系[J].植物生理学通讯，43(5)：837-841.
胡振林.1996.桃树栽培[M].杭州：浙江科学技术出版社.
金方伦，等.2009.新川中岛桃在黔北地区的生物学特性及栽培技术[J].贵州农业科学，37(2)：13-14.
郎进宝，等.2007.黄桃新品种锦香的特性及其栽培技术要点[J].宁波农业科技(2)：17-18.
李三玉，叶明儿.1993.果树栽植与管理[M].上海：上海科学技术出版社.
李艳萍，等.2007.桃果实中糖酸物质代谢的影响因素研究进展[J].中国农学通报，23(8)：212-216.
林杰.2008.湖景蜜露水蜜桃在古田县的引种表现与栽培技术[J].现代农业科技(1)：31-32.
刘慧，等.2008.影响桃果实质地的细胞壁降解酶的研究进展[J].食品与机械，24(3)：136-140.
吕均良，等.1998.模拟酸雨对桃梨叶片和果实的影响[J].浙江农业大学学报，24(6)：603-607.
罗来水，等.1999.桃树首皮23个品种雄性不育的表现形式及其败育途径[J].江西农业大学学报，21(4)：463-468.
沈元月，等.1999.温度对桃花器官发育的影响[J].园艺学报，26(1)：1-6.
王少敏，孙岩.2009.桃优良品种原色图谱[M].北京：中国农业出版社.
吴耕民.1991.中国温带落叶果树栽培学[M].杭州：浙江科学技术出版社.
叶正文，等.2008.中晚熟鲜食黄桃新品种锦园的选育[J].果树学报，25(6)：955-956.

推荐读物

冯玉增，等.2010.桃病虫害诊治原色图谱[M].北京：科学技术文献出版社.
谷继成，等.2008.桃标准化生产技术[M].北京：金盾出版社.
郭晓成，等.2006.桃安全优质高效生产配套技术[M].北京：中国农业出版社.
马之胜，2003.桃优良品种及无公害栽培技术[M].北京：中国农业出版社.

第二十章 李

第一节 概　　说

一、栽培意义

李（plum）是世界上重要的核果类果树种类之一。2009年世界李的年产量约为1 067.9万t，我国李的总产量为537.3万t，占世界总产量的0.3%，其他总产量在10万t以上的国家有美国、塞尔维亚、罗马尼亚、德国、法国、土耳其、西班牙、意大利、俄罗斯、伊朗、乌克兰、阿根廷、波兰。

我国李的栽培虽然零散，但分布极广。据调查，南起海南岛，北至黑龙江，西起新疆、西藏，东至沿海及台湾，均有栽培。其中以湖南、浙江、福建、江西、湖北、四川、贵州、安徽、广东、河南、北京、辽宁、黑龙江、新疆等地栽培较多。李的果实不仅美观、芳香、多汁、酸甜适口，而且营养丰富，是优良的鲜食水果。鲜果含糖7%～17%、酸0.16%～3%、鞣质0.15%～1.5%，每100g鲜果含蛋白质0.5～0.7g、脂肪0.2～0.6g、糖类9～12.9g、钙17mg、磷20mg、铁0.5mg，此外，还含有维生素A 0.11mg、维生素B_1 0.01mg、维生素B_2 0.02mg、维生素P 0.3mg、维生素C 2～11mg等。

李的果实除鲜食外，还可以加工成李干、蜜饯、罐头、果酱、饮料等。李树的各器官都有医药功能。据《本草纲目》、《医林纂要》、《本草求真》等经典中医古籍记载，中国李的果实有养肝、治腹水、去痼热、破淤等功能；核仁有活血、利尿、滑肠的功能；花可消除面部粉刺，使之有光泽；叶主治小儿干热、惊痫；根皮煎水，含漱治齿痛；树胶能治瞖，有止痛、消肿的功能；果汁饮料可预防中暑；李干为醒酒和解渴镇呕的佳物，国外亦采用李干作为缓泻剂。李的花和叶富有观赏价值，同时也能与梅和杏相互授粉杂交，因此，李又是绿化环境和培育良种的优良树种。

二、栽培历史与分布

李种类很多，原产地各异，我国栽培的主要为中国李。中国李原产我国东南部、长江流域及华南一带。与桃一样，李是我国栽培历史最悠久的果树之一，《诗经》、《尔雅》都有记载，可知其栽培历史有3 000年以上。《齐民要术》对李的品种、栽培技术等已有详细叙述，说明在6世纪以前我国李的栽培已很发达了。

李在我国分布极为广泛，从南到北均有栽培。根据生态条件的差异，可将李的栽培划分为7个栽培区域。

1. 东北区　包括黑龙江、吉林、辽宁和内蒙古东部等地区。主要的栽培种为中国李，有杏李、欧洲李和美洲李少量栽培。主要品种有绥棱李、跃进李、美丽李、绥李3号、香蕉李、秋李子、朱砂李、紫李、龙园蜜李等。

2. 华北区 包括河北、山东、山西、河南、北京和天津等地区。主要的栽培种为中国李，辅栽有欧洲李和杏李，偶见美洲李，城市绿化多用樱桃李的红叶李、紫叶李等变种。主要品种有玉皇李、帅李、七月香等。

3. 西北区 包括陕西、甘肃、青海、宁夏、新疆和内蒙古西部等地。除新疆以欧洲李为主栽种外，其余均以中国李为主。欧洲李主栽品种有贝干、阿米兰、小酸梅、大酸梅等，中国李有奎丰、奎丽、奎冠、玉皇李等，少量栽培的杏李品种有西安大黄李、转子红等。

4. 华东区 包括江苏、安徽、浙江、福建、台湾和上海等地。主栽种为中国李，有少量欧洲李、美洲李和樱桃李的变种红叶李。在浙江、福建一带有中国李的一个变种——柰李。主要栽培品种有槜李、红心李、芙蓉李、花柰、美丽李、牛心李、夫人李等。

5. 华中区 包括湖北、湖南和江西等地。主栽种为中国李，辅栽的有欧洲李。本区栽培品种优劣差异较大，优良品种有玉皇李、红心李、芙蓉李、油柰、花柰、青柰、艳红、黑宝石、紫琥珀、玫瑰皇后等。

6. 华南区 包括广东、广西和海南等地。本区仅有中国李及其变种柰李，未发现其他李种。主要品种有三华李品种群（大蜜李、鸡麻李等）、华南李品种群（鸡心李、柰李、铜盘早李等）。

7. 西南及西藏区 包括四川、贵州、云南和西藏等地。该区引入栽培品种多，当地野生资源较丰富，果实普遍较小，多垂直分布，没有集中产区。

在日本，李的分布也不少，但至德川时代（1603—1867）才有正式栽培。其原种自我国传去，后来再从日本传往欧美，西方人不明来源，误将中国李称为日本李（Japanese plum），现在外国所称的日本李就是中国李。从出土遗物表明，在公元前3世纪开始李随中国文化同时传入日本。1870年从日本传入美国，因高产、果形美观、耐运输，在美国很受欢迎。

欧洲李在欧洲栽培约有2 000年的历史。据有关资料，在1855年以后的数年间，美国人将Cce's Golden等品种引入山东烟台种植，目前有十多个品种在华北一带栽培。欧洲李性喜干燥气候，我国南方多雨，未见有栽培。

第二节 主要种类和品种

一、主要种类

李为蔷薇科（Rosaceae）李属（*Prunus* L.）植物，本属中作为果树栽培的约有30个种。我国有中国李（*P. salicina* Lindl.）、杏李（*P. simonii* Carr.）、乌苏里李（*P. ussuriensis* Kov. et Kost.）、欧洲李（*P. domestica* L.）、樱桃李（*P. cerasifera* Ehrh.）、美洲李（*P. americana* Marsh.）、加拿大李（*P. nigra* Ait.）、黑刺李（*P. spinosa* L.）8个种。中国李和欧洲李是全世界栽培最为广泛的2个种，其次是杏李、樱桃李和美洲李，其他3种及世界各国李属其他种均属野生或半野生，未进行人工栽培。

主要种的特征如下：

1. 中国李 小乔木，枝条生长较旺，二年生枝黄褐色，一般无刺，个别品种有小刺。叶为长倒卵形，有细锐锯齿，叶质薄，淡绿色。每个花芽着生3朵花，花小，白色，花期早。果实圆形或长圆形，果顶部微尖或渐尖，萼洼深，果皮自黄色至紫红色，有各种变异，果肉黄色或紫红色。本种为我国栽培李的基本种。

2. 欧洲李 欧洲栽培李的基本种。中等乔木，树冠圆头形，枝条无刺。叶卵形或倒卵形，呈暗绿色，网纹明显。每个花芽具1~2朵花，花白色，较其他种的花大。果实圆形或卵形，基部大多具有乳头状突起，果皮自黄色至紫色，果肉一般呈黄色。本种品种颇多，有供鲜食和制果干者两类，但大多均为制果干品种。抗病虫力弱。

3. 杏李 原产我国，又名红李、秋银子。小乔木。叶倒披针形，有细钝锯齿。花小，白色，每个花芽着生3朵花。果实扁圆形，暗红色，果梗特短，果肉黄色，质紧密，有特殊香气，粘核，成熟期迟。本种自1867年由我国西藏寄种子至法国栽培后才认为是独立种，其实本种系中国李变异而来，不是独立的原始种。

4. 樱桃李 原产高加索。小乔木或灌木状，枝条密生，微有刺。叶小，短卵形，有细锐锯齿，质薄，呈淡绿色。花比较大，色白，花期特别早。果小，圆形或扁圆形，果皮黄色或红色，果肉柔软多汁，具特殊香气。本种在欧洲作砧木用，我国已引入1种观赏用李——红叶李（*P. cerasifera* var. *pissardii* Koehne），系本种的变种。

5. 美洲李 多枝有刺乔木，枝屈曲，灰褐色。叶长椭圆形或卵圆形，叶质较坚硬。每花芽有1~2朵花，花稍大。果实圆形或卵圆形，直径约2.0cm，果皮红色或带黄色，果点明显，萼洼浅或深，果肉色黄汁多。本种品种多，风味优劣不等，一般稍带涩味，粘核。

二、主要品种

我国现有的李，主要为中国李，少数为欧洲李、美洲李。南方适宜栽培的主要品种如下：

1. 槜李 又名醉李。主产浙江桐乡、嘉兴、硖石、杭州等地，闽北浦城、崇安、沙县、建瓯亦有栽培，为我国著名良种。树势中等，树冠开张。果实扁圆形，果型大，平均单果重48g，最大果重68g；果顶平广，缝合线浅；果皮暗紫红色，全面被白色厚果粉；果肉淡橙黄色，初熟时肉质致密，风味一般，经4~5d后，质软味浓甜多汁，且具芳香，品质极佳（图20-1）。皮薄，不耐远距离运输，且有隔年结果现象。7月中旬成熟。

图20-1 槜李

2. 红心李 又名大青皮李、嘉庆子等。主产浙江诸暨、东阳等地，江苏、安徽、江西、福建、湖南等地广为栽培。树势强，较直立。果实近圆形，平均单果重50g，最大果重70g；果顶圆或微凹，缝合线浅，片肉不对称；果皮底色绿，因果肉红色透出，果面有1/2为暗红色，果点大小中等，果皮中厚，易剥离，果粉厚，灰白色（图20-2）；果肉鲜红

图20-2 红心李

色，近核部呈紫红色，红色从核处呈放射状向果肉渗透，肉质致密，纤维少，甜味浓，微酸，微香；可溶性固形物含量9%，总糖7.5%，总酸0.73%。粘核，核椭圆形，可食率98%。鲜食品质上，硬熟期可加工蜜饯。果实于7月上旬成熟，在常温下果实可贮放15d左右。

3. 金塘李 浙江著名品种。树势强健，树冠半开张，萌芽力和成枝力强，丰产。果圆形或扁圆形，平均单果重45g，最大果达63g；果顶圆，顶洼平或微凹陷，间有裂痕，缝合线浅而明显，两半大小不匀；果皮底色黄绿，被灰白色果粉，果顶暗红；果肉紫红色，肉质致密，味鲜甜，有香气，品质上等（图20-3）。7月上中旬成熟。

图20-3 金塘李

4. 芙蓉李 原产福建永泰，栽培历史有700余年。20世纪70年代以来，其蜜饯产品"化核嘉应子"畅销国内外，成为国际市场上的拳头产品。现主要分布于福建永泰、闽清、福安、霞浦等地，在浙江、江西等地也有栽培。树势强，管理不当有大小年结果现象。果实近圆形，平均单果重58g，最大果重80g；果顶平或微凹，缝合线由果顶至梗洼逐渐加深，片肉较对称；果皮底色黄绿，着紫红色，果面密布大小不等的黄色果点，果皮富有韧性，不易剥离，果粉厚，银灰色（图20-4）；果肉紫红色，肉质致密清脆，过熟时变软，汁多，味甜微酸；可溶性固形物含量2.8%，总糖10.4%，总酸0.75%；粘核或半离核，核较大，可食率97.8%。鲜食品质上等，为加工与鲜食兼用的优良品种。果实于7月上旬成熟，在常温下果实可贮放8d。该品种现已选出不同成熟期、不同果皮颜色的品系，如早熟芙蓉李、红皮芙蓉李、青皮芙蓉李等。

5. 三华李 产于广东翁源县，粤北和广西均有栽培。树势强健，树冠半开张。果实稍扁圆形，单果重30～40g，最大果重62g；果皮浅红色，果点绿色；果肉红色，肉质致密、爽脆，味甜酸多汁，有香气；离核（图20-5）。丰产稳产，6月上中旬成熟，果实较耐贮运。该品种品系较多，以大蜜李产量高，鸡麻李品质好。

图20-4 芙蓉李

图20-5 三华李

6. 红美人李 产于浙江桐乡、嘉兴、硖石一带。树势旺盛，树冠开张。果实圆形，中等大小，平均单果重28g；果顶平广，缝合线极浅；果皮桃红色；果肉紫红色，肉质致密脆嫩，酸甜适度，品质上等（图 20-6）。7 月下旬成熟。

7. 神农李 又名灰紫李、灰李、红梅，原产于湖北随州，现分布于湖北安居、新街、长岗、唐河和尚市等地。树势中庸，萌芽率中等，成枝力差，以短果枝结果为主。果实近圆形或扁圆形，平均单果重 82.8g，最大果重 100g；果顶微凹，缝合线浅，片肉对称；果皮紫红色，果粉厚，灰白色；果肉淡黄色，质硬脆，纤维少，汁多，味酸甜，具浓香；可溶性固形物含量 10%～11%，总糖 7.9%～8.6%，总酸 1.07%。离核，核小，椭圆形，可食率 96.0%，品质好（图 20-7）。7 月上旬成熟。

图 20-6 红美人李

图 20-7 神农李

8. 黑宝石 原产美国，系 Gariota 与 Nubiana 杂交育成，在美国广泛栽培，引入我国后现分布各李产区。该品种树势强，直立。果实扁圆形，平均单果重 72.2g，最大果重 127g；果顶圆，缝合线明显，片肉对称；果皮紫黑色，无果点，果粉少；果肉黄色，质硬而脆，汁多，味甜；可溶性固形物含量 11.5%，总糖 9.4%，总酸 0.83%。离核，核小，椭圆形，可食率 98.9%，品质上等（图 20-8）。果实于 8 月中旬成熟，在常温下可贮放 20～30d。

9. 黑琥珀 原产美国，为佛瑞尔（Friar）与玫瑰皇后李（Queen Rosa）杂交育成。1985 从澳大利亚引入我国，现分布于辽宁、山东、河北、湖南、北京等地。树势中庸，树姿直立。果实扁圆形，平均单果重 65.1g，最大果重 85.2g；果顶凹，缝合线浅，不明显，片肉对称；果皮底色黄绿，着紫黑色，皮中厚，果点大，明显，果粉厚，白色；果肉淡黄色，近皮部红色，充分成熟时果肉为红色，肉质松软，纤维细且少，味酸甜，汁多；可溶性固形物含量 10.79%，总糖 5.88%，总酸 1.74%；离核，品质中上（图 20-9）。果实于 7 月上旬成熟，常温下可贮放 20d 左右。

图 20-8 黑宝石

图 20-9 黑琥珀

10. 艳红李 原产日本，1985年引入我国，现分布在辽宁、山东、河北、山西、湖南、广西等地。该品种生长势强，以中、短果枝和花束状果枝结果为主，自花授粉结实率低，需配置授粉树。果实圆形，两半部对称；果型大，平均单果重77.6g，最大果重135g；果面鲜红色，有蜡质；果肉黄色，肉质脆而爽口，风味甜而微酸；可溶性固形物含量13%，总糖8.9%，总酸0.6%，香气浓，品质上等（图20-10）。核较小，粘核，可食率97%以上。6月初成熟，常温下可贮7～8d。

图20-10 艳红李

第三节 生物学特性

一、生长发育特性

（一）生长特性

李根易形成不定芽，萌发根蘖，一般采用分株繁殖或毛桃砧嫁接繁殖。主根不发达，须根发达，为浅根性树种，主要吸收根分布在11～40cm表土层中，根的水平分布范围比树冠大1～2倍。

在丘陵红壤中，四年生根蘖繁殖的李根系分布深度约60cm，九年生根蘖繁殖的李根系深达1.05m，约为树高的0.19倍，最深根位于树冠半径1/3左右的土层范围内，吸收根群主要分布在10～40cm土层中。根系的水平分布略大于树冠，主要吸收根群以树冠外围处分布最多。

李的树冠开张或半开张，多呈自然开心形或自然圆头形。小乔木，成年树树高和冠径可达5～6m。李树在幼年期生长迅速，一年内可抽梢2～3次。进入结果期后，萌芽力强，成枝力弱，新梢生长量较小，长枝较少，短枝甚多，副梢少发，树冠较稀疏。李的潜伏芽寿命比桃长，树冠内部和骨干枝基部不易空虚，有利于树冠更新和延长树龄。

（二）结果特性

苗木定植后3年始果，5～6年后进入盛果期，经济结果年龄达40年以上。李的结果特性与桃、梅等果树相似，枝梢顶芽均为叶芽，侧生。在较粗的枝条上，花芽多与叶芽并生为复芽；在弱枝上花芽则单生于叶腋间。每一花芽内形成的花数为1～4朵不等，但以1～2朵花者为多。据观察，李的正常花粉率较高，但品种间存在不同的花粉败育，花粉发芽率低（表20-1），多数品种需配置授粉树。李树花芽形成容易，大小年结果现象不明显。

表20-1 李不同品种正常花粉率、花粉发芽率及自花结实率

（钟晓红，1998）

品种	正常花粉率（%）	花粉发芽率（%）	自花结实率（%）
奈李	43.5	24.3	12.4
艳红李	56.7	24.7	8.3
澳德罗达	77.3	33.8	16.7

(续)

品种	正常花粉率（%）	花粉发芽率（%）	自花结实率（%）
芙蓉李	84.0	45.2	16.8
黑宝石	86.2	43.6	23.6
紫琥珀	89.8	32.3	25.7

李树结果枝可分为长果枝（20cm以上）、中果枝（10～20cm）、短果枝（5～10cm）和花束状果枝（5cm以下）4种，其中以花束状果枝最多，除个别品种外，花束状果枝均占60%以上。各种结果枝的结实能力与大多数南方桃品种相反，除幼年结果树有较多的长、中果枝结果外，一般长果枝坐果率低，而花束状果枝和短果枝的坐果率很高，一个果枝可坐果4～5个。在结果的同时，顶芽仍可再生短枝而继续结果。花束状果枝可连续结果4～5年，但以2～3年生枝结果最好。

李树的长梢如当年冬季不短截，则次年萌发的新梢多形成叶丛状短枝，如适度短剪，则次年剪口芽抽生长枝，下部抽生短枝，形成花芽后成为短果枝或花束状果枝。生长旺盛的幼年结果树，当年新梢上还能生副梢，其中发生较早且充实者也可变成结果枝。

二、对环境条件的要求

（一）气候

中国李既耐寒又耐热，在我国北方冬季低温地带和南方炎热地带都可栽培。它的花期早，易受晚霜危害，故在无霜害的南方暖地和开花期迟的北方寒地易获丰产。中部地区春季早暖，花期不可能延续，往往易遭晚霜危害而减产。

欧洲李适宜夏干气候，解除休眠需7.2℃以下低温时数900～1 700h，美洲李需700～1 700h，中国李需300～1 200h，广州郊区栽培的品种如三华李等可能不需300h。中国李解除休眠早，开花也早。如美国加利福尼亚州的中国李于12月下旬至翌年1月下旬结束自然休眠，欧洲李则在1月下旬至2月中旬休眠结束。

李叶芽比花芽耐冻，解除休眠后在尚未萌芽时用低温处理，花芽在-5℃受冻，枯死率达10%～50%；而叶芽-10℃处理仍健全，在-15℃时枯死率达10%～50%。花蕾期-1.1℃、花期和幼果期0.6℃为冻害临界温度。中国李和欧洲李的花粉在0～2℃条件下48h后有少数萌芽，18℃以上萌芽快速而增多，一般在24～28℃为最适宜。中国李根生长适温约为20℃，最高为31℃。

中国李的耐湿性比桃树强，但开花期遇低温阴雨天气，妨碍授粉受精，坐果率显著降低。果实成熟期多雨，会延迟果实成熟，并易诱发黑斑病，损害果实的外观和内在品质，某些品种如朱砂李易导致大量裂果，影响商品价值。南方晚熟品种如柰李等，果实发育后期如遇秋旱，宜适当灌水，以提高产量和品质。

李的耐阴性比桃树强，对光照条件的要求并不十分严格，即使在光照较弱的地方栽培，也能生长结果良好。但光照条件太差，结果部位主要在树冠上方和外围，当外围枝梢过密时，树冠内部通风透光不良，易使内膛和下部枝梢生长细弱而降低结实能力。

（二）土壤

李对土壤条件要求不严，较耐瘠薄和粗放栽培，只要土层有适当深度和一定肥力即可。

但种类、品种不同，对土壤的要求有所差异。中国李和中国李与美洲李杂交种在瘠薄土壤中能获得相当产量，美洲李能适应沙质土或黏质土，而欧洲李适于肥沃的黏质土。一般来说，栽培李树以保水排水良好、土层深厚肥沃、富含矿质元素的黏质壤土为好，毛桃砧李树更应注意排水通气，如土壤渍水，易导致根群死亡或诱发树脂病，排水不良的黏质土，在梅雨季节易发黑星病和黑斑病。在质地疏松的微酸性土壤中，根系生长良好，细根多，树势健壮；土壤浅薄、底层板结的紧土会导致根系浅弱，树势早衰，产量低，果小，品质差。因此，在瘠薄地建园时，宜行深翻压绿，增施有肥料，培养发达根系，以利于优质丰产。

第四节　栽培技术

一、育　苗

李树育苗主要采用分株和嫁接繁殖，也有用扦插繁殖的。砧木繁殖主要采用实生法。

（一）嫁接法

1. 砧木　李常用砧木如下：

（1）毛桃　与中国李的嫁接亲和力很强，与欧洲李的亲和力则弱。毛桃砧细根发达，适于排水良好的土壤，在黏湿土壤则不如李砧。毛桃砧的李树寿命不如李砧长，但嫁接后生长快、结果早，所结果实常较李砧的大，品质也好，故在南方栽培都喜用毛桃砧。

（2）李砧（中国李）　适于比较黏重而低湿的土壤，耐寒性较强，但更适于温暖湿润的地区。李砧对根头癌肿病抗性较强，嫁接树寿命也较长，但不如毛桃砧耐旱。李砧的嫁接树所结果实较小，味较酸，其品质不如毛桃砧好。

（3）其他砧木　核果类果树如梅、杏、山毛桃、樱桃李等可供李作砧木。梅砧对中国李部分品种嫁接成活尚好，但大部分品种不良。杏砧与李容易接活，但以后生长不良。山毛桃与中国李的大多数品种虽易接活，但只可在北方栽培。樱桃李和毛樱桃（*Prunus tomentosa* Thunb.）与李的嫁接亲和力强，具有显著的矮化作用，可用于矮化密植。

2. 嫁接方法　李的嫁接方法与桃树相同，芽接和枝接均可，毛桃砧以芽接较易，李砧以切接较芽接方便。芽接时期以 6 月中旬至 8 月中旬最好，枝接则春、秋两季均可。在长江流域春接最好在 2 月中旬至 3 月上旬，秋接以 9 月下旬至 10 月下旬为好；华南地区春接在 1 月上旬至 2 月初，秋接在 8～9 月。

（二）分株法

李树根际容易发生不定芽而萌发根蘖苗，可利用其进行分株繁殖。分株繁殖方法简便易行，是各地长期沿用的一种育苗方法，可作栽培苗木和砧木。

促发根蘖苗的具体做法是 9～11 月在树盘周围挖深约 30cm 的环状沟，切断部分根系，施入腐熟有机肥料，根系伤口当年即可愈合，次春在伤口附近可萌发根蘖苗，生长期间应剔除部分弱苗、密生苗，适当整形定干，一般每株树可得到生长粗壮的根蘖苗 10 余株。此法能保持种性，但繁殖速度慢，不适于大量繁殖。用于根蘖繁殖的优良母株不宜栽植过深。此外，在梅雨季节根际培土，也可促发根蘖苗，至秋末或次春将其与母树分离，然后直接栽植。

（三）离体繁殖

李树的离体繁殖育苗已取得成功，具体做法是取李茎尖或带侧芽的茎段为外植体，用

75%的酒精消毒 2min，无菌水冲洗 1 次，然后用氯化汞消毒 5min，无菌水冲洗 3～4 次；接种于改良 MS 培养基上，进行外植体的初始诱导；接种 60d 后，取初始诱导的伸长芽茎尖，转移于改良 MS 培养基上进行继代培养；60d 后，切取长 1～1.5cm 的嫩茎，转入生根培养基 1/2MS＋IBA 0.5mg/L 中，20d 后生根。

二、栽　　植

（一）品种选择

选择品种时，应根据交通条件、消费方式和需求量来确定鲜食或加工品种和规模，注意早、中、晚熟品种的合理搭配。交通方便的地区，以发展鲜食品种为主；交通不便的山区，以栽培加工品种为主。鲜食品种要求果大核小，外形美观，味甜少酸，清香爽口，较耐贮运，丰产性强。加工品种则依加工方式而异，制干品种要求果实大小均匀，含糖量高，核小，不需去核能整果制干而核不发酵；制罐品种则要求果实大而整齐，肉质硬脆，绿色或黄绿色。

中国李的多数品种自花结实率很低，应配置授粉树。鉴于目前李树品种良好的授粉组合尚不清楚，最好选择花期相近的多品种混植，以增加授粉机会，提高产量。品种组合可采用：奈李和芙蓉李，澳德罗达和黑宝石，艳红和澳德罗达，小核李和美丽李，澳德罗达和黑宝石。由于李树花期较早，低温阴雨天气较多，影响昆虫传粉活动，故配置授粉品种一般不能少于 20％。

（二）栽植

李树较耐阴湿环境，一般红壤丘陵山地适宜行株距 4m×3～3.5m，每 667m² 栽植 48～55 株；冲积平地行株距为 4～5m×4m，每 667m² 33～42 株。此外，可利用空隙地分散栽植。

栽植时宜挖大穴或壤沟，深、宽各约 80cm，每株施腐熟有机肥 20～30kg，加磷肥 0.5～1kg 混合，将肥土拌匀作为基肥。栽树时期以 11～12 月落叶后尽早为宜，以利伤口愈合，早发新根。丘陵山地栽植一般采用常规砧栽植；冲积平地因地下水位高，常采用高垄深栽法，即深埋（10cm 左右）嫁接口，以诱发接穗品种自生根，增强耐渍能力。

三、土肥水管理

（一）土壤管理

李树较耐瘠薄，不择土壤，欲获高产稳产，需注意土壤改良，适当深翻改土。幼年李园可间种豆类、西瓜、蔬菜和绿肥等矮秆作物，既可覆盖地面，防止雨水冲刷，增加经济效益，又可改良土壤和防止高温干旱。冬季李树落叶，果园光照条件良好，间种冬季作物或绿肥，同样能提高土地利用率和改良土壤。

李树根系分布较浅，对土壤湿度要求较高，雨季应注意山地李园的水土保持和平地李园的排水防渍；秋旱季节要适当灌水、松土和地面覆盖，以利根系生长和吸收活动，防止因干旱而过早落叶，削弱树势。

成年李园冬季落叶后，结合清园要全园翻耕一次，深度 20～25cm，土层浅薄的李园可进行培土。生长期间浅耕除草 2～3 次，果实采收后的高温干旱季节，结合除草进行地面覆盖。李树易萌发根蘖，如不需要分株育苗，则应在中耕松土时铲除根蘖，以免夺取母株养分，影响生长结果。

(二) 施肥

李树生长与结果要从土壤中吸收各种营养元素。据叶片分析结果，李适宜的叶片营养含量为氮 1.80%～2.10%，磷 0.14%～0.23%，钾 1.50%～2.50%，钙 2.40%～4.00%，镁 0.18%左右，同时还含有微量的硫、锰、硼、锌、铜、钼等。当叶片营养含量不足时，就应施相应的肥料。

全国各地李树的施肥水平不一。在南方的福建省，株产 50kg 李果的树，通常株施纯氮、纯钾各 0.35～0.4kg，纯磷 0.24kg；在中部的河南济源，株产 50kg 的树株施农家肥 200～250kg，磷肥 1～1.5kg，钾肥适量；在东北的辽宁省，株产 50kg 的树株施有机肥 100～150kg，追施纯氮 0.35～0.4kg，纯磷 0.25～0.3kg，纯钾 0.5～0.75kg。这与我国各地土壤中氮、磷、钾的含量差异相关，西北土壤含钾较多，东北土壤缺磷少钾，而李树为喜钾树种，因此，各地施肥量和施肥种类有所差别。此外，酸性土壤要多施石灰进行酸碱度调节。山地瘠薄的土壤和沙地的李园易缺少硼和锌，含碳酸钙较多的土壤易缺铁，施肥时应给予注意。

李树全年生长过程中，不同时期对矿质营养元素要求不同，以 5～7 月叶片中氮元素含量较高，8 月以后呈下降趋势；而 5～7 月磷、钾含量较高，8 月含量很低，9 月又迅速上长，尤其是钾元素在 9 月含量达全年最高峰。由此表明，李树在生长前期对氮、磷、钾 3 种元素的需要量均较高，生产中应该改变单一供应氮元素的倾向，而以含氮、磷、钾复合肥为好；而生长后期应多施磷、钾肥，尤其要多施钾肥。其他微量元素在年周期生长中含量变化也各不相同，要适时适量按需施肥。

施肥时期，一般在落叶前后或在萌芽前 15d，秋施比春施好，尤其早秋 (9 月) 施肥更好。追肥一年 2～3 次，第一次在开花前后，在南方花期正值雨季，为了防止枝梢旺盛和引起幼果大量脱落，一般不追这次肥；第二次在硬核期，可以促使果实增大；第三次在采收前后，可增加树体的营养贮备，利于形成更多的饱满花芽。有些李园还进行根外追肥 2～4 次，前期多用 0.3%的尿素，硬核前开始增用 0.2%的磷酸二氢钾。据南京农业大学 (1990) 对丰产李树氮、磷、钾的年周期变化提出，应在 7 月开始施速效、缓效磷，以利增加贮藏磷的含量；在 5 月施速效磷和叶片喷施磷，有利于花芽分化和提高花芽质量。

(三) 灌水与排水

李树对水分要求较高，特别是近年引入的欧美品种及日本品种对水分需求较大。李树的灌水因南北方自然降水不同而有所差异。南方从李树开花到硬核期降水量较多，一般不缺水，可不必灌溉，但后期往往出现干旱，需适当灌水。北方春旱，7～8 月为雨季，因此前期缺水，一般在发芽前需要灌 1 次透水；开花期不能灌水；落花后和硬核期要各灌 1 次水；果实成熟期视降水情况决定灌水与否；为防止冬季干旱，提高地温，在土壤结冻前要灌 1 次封冻水，有利于越冬。

李树喜湿但怕涝，地面积水不利李树生长，特别是用杏作砧木者更怕涝，要注意雨季排水。

四、整形修剪

(一) 整形

李树的生长习性因种类、品种不同而异。中国李树势较强，树形较大，枝条比较开张，但在自然生长情况下分枝级次较少，主枝数目较多；欧洲李树势旺盛，枝条直立性强，树冠较密集；美洲李的树形较矮，主枝数目较少，枝条开张角度大。根据李树的生长习性，目前生产上采用的主要树形有如下 3 种。

1. 自然开心形 树高 2～3m，主枝 3～4 个，主干高 40～50cm，错落着生 3～4 个主枝，每个主枝上有 2～3 个侧枝，在主枝和侧枝上着生结果枝组和结果枝，无中心干。

2. 主干疏层形 主干高 40～50cm，第一层有 3 个主枝，每个主枝上有 2 个侧枝。第二层距第一层第三主枝 70cm，有 1～2 个主枝。第三层距第二层 50～60cm，留有 1 个主枝，也可不留第三层。成形后，落头开心。

3. 细长纺锤形 树高 2.5m 左右，冠幅 1.5m×2.0m，无主、侧枝。主干高 50cm，在中心干上直接着生 8～12 个枝组，下部枝组较长，上部较短，呈纺锤形。

上述 3 种树形整形的具体操作可分别参照桃、板栗和苹果相同的树形进行。

（二）修剪技术

李树的一生根据生长结果情况，可划分为幼树期、盛果期和衰老期 3 个阶段。在不同生长期的修剪方法各异。

1. 幼年期树的修剪 幼年期为从定植到大量结果之前的时期，一般为 3～5 年。该时期的修剪任务主要是尽快扩大树冠，培养树体骨干结构，形成大量的结果枝，为进入结果盛期、获得丰产做好准备。休眠期修剪，根据不同树形要求，对骨干枝延长头进行适当短截修剪，有助于生长扩冠，疏除少量影响骨干枝生长的枝条。生长期修剪，主要是控制过旺生长，促早开花结果，对骨干枝以外的直立枝或强旺枝，除过密枝将其疏除外，其余枝条宜采用拉枝开张角度、摘心或环割进行控制，切忌短截修剪过重，刺激生长，延迟进入丰产期。

2. 盛果期树的修剪 主要是调节生长与结果的关系，有碍骨干枝及影响光照的枝条要疏除或缩剪，通过修剪解决树冠内部光照，防止结果部位外移。李的短果枝和花束状果枝连续结果 5～6 年后，结果能力明显下降，要及时轮流回缩更新或疏除。徒长枝如有空间利用，应控制其生长，促其转化为结果枝组结果；若无空间可利用，则应疏除。骨干枝下垂要回缩更新，抬高角度，使其保持健壮生长。疏除过密枝。以中、短果枝结果为主的欧洲李、美洲李，对其一年生营养枝应适当重剪。

3. 衰老期树的修剪 李树的寿命较桃长，中国李一般可达 30～40 年；美洲李寿命较短，一般为 20～30 年。当李树进入衰老期，主枝和侧枝先端衰弱或枯死，产量明显下降。修剪上多采用回缩更新复壮的方法，促生壮旺枝，重短截生长枝，重新培养骨干枝和结果枝，延长结果期。

五、花果管理

李树除加强土肥水管理、合理整形修剪和及时防治病虫害外，为了提高坐果率和果实品质，还应进行下列管理。

（一）提高坐果技术

1. 混栽授粉树 如前所述。

2. 人工授粉 李树开花较早，在开花期间易遇上不良气候条件影响授粉受精，宜采取人工授粉，提高坐果率。人工授粉的花粉采集、授粉方法可参照梨人工授粉进行。李的花粉生活力较低，其贮藏期远远短于梨等果树，贮藏时应注意温度和湿度的控制。如花粉需贮藏

1个月左右,可置于0~5℃条件下,湿度不需控制即可。据报道,在1~2℃低温干燥条件下,李花粉可贮藏3~4个月。

3. 花期放蜂授粉 花期在李园内养蜜蜂,每公顷2 750~4 500头。

4. 建立防风林 防风林可以减少花期寒风危害,增强蜜蜂活动能力和李树本身的受精能力,提高坐果率。

5. 喷施激素和营养元素 在李树盛花期喷布一定浓度和比例的赤霉素、氯化稀土、硼酸或尿素溶液,均可显著提高坐果率。

6. 花期环剥 花期对李树主干进行环剥,环剥宽度为主干直径的1/10,坐果率可达4.8%。花期环割2道的坐果率略有提高,但不明显。

7. 施用多效唑 新梢旺长期叶面喷施1 000mg/L多效唑溶液或秋季土施0.5g/m^{2}多效唑,均可显著提高坐果率。

(二) 提高果实品质技术

1. 肥料与果实品质 不同肥料种类和组合对李果实品质具有不同的影响。凡秋施腐熟有机肥的处理,尤其是在果实膨大期增施复合肥或钾肥的,其平均单果重、可溶性固形物含量、总糖含量均增加,而总酸含量则较仅施化肥或不施肥的有所下降(表20-2)。因此,为了提高果实品质,应注意施用有机肥和配方施肥。

表20-2 不同施肥处理对黑琥珀李果实品质的影响

(钟晓红,2002)

处理	平均单果重(g)	可溶性固形物(%)	总糖(%)	总酸(%)
Ⅰ	72.3	12.2	6.83	1.12
Ⅱ	83.3	13.3	6.92	1.09
Ⅲ	69.5	11.5	6.56	1.06
Ⅳ	65.3	10.7	5.67	1.21
对照	61.2	11.3	6.02	1.20

注:处理Ⅰ为秋季株施腐熟鸡粪50kg;处理Ⅱ为秋季株施腐熟鸡粪50kg,果实膨大期株施含氮12%、磷7%、钾6%、有机质5%和锌、锰、铁、硼2.5%的果树专用复合肥0.3kg;处理Ⅲ为秋季株施腐熟鸡粪50kg,果实膨大期株施氯化钾0.5kg;处理Ⅳ为萌芽期株施尿素0.3kg,果实膨大期株施尿素0.5kg;对照为不施任何肥料,其他管理措施相同。

2. 疏果 李树一般结果偏多,为保证获得优良品质的果实,应改变以往不行疏果的习惯而进行人工疏果。为了减轻果量,在结果多的一年,于冬剪时疏去部分花芽,当年开花时剪去一部分花,花后20d待果实如黄豆粒大小时一次疏果到位。疏果标准根据果枝和果实大小而定。一般短果枝,小果型品种留1~2果,中果和大果型品种留1果;中、长果枝,小果型品种间隔4~5cm留1果,中果型品种间隔6~8cm留1果,大果型品种间隔8~10cm留1果。也有根据结果枝周径来确定留果量的,如北京的晚红李枝周径1~1.5cm的隔4~5cm留1果,枝周径0.5~1cm的隔5~6cm留1果。

六、采 收

1. 采收时期 李的采收时期因品种和用途而异。鲜食品种宜在果实接近完熟期(九成熟)采收,其中水蜜李宜在半软熟期采收,脆李应在硬熟期(七八成熟)采收,以保持风味;加工制罐或制干用果应在硬熟期采收;制果酱、果冻的果应在完熟期采收。

果实成熟度标准，一般红色品种果皮着色 1/3～1/2 时为硬熟期，着色 4/5 乃至全面着色时为半软熟期；黄色品种当果皮由绿色转为绿白色时为硬熟期，由绿白色转为淡黄绿色时为半软熟期，全果变为淡黄色时为软熟期。多数品种成熟时果面显现灰白色果粉，部分品种尚有明显果点，这些都是李果成熟的特征。

2. 采收方法 采收时，应按自下而上、先外后内的顺序依次采摘。宜连同果梗摘下，尽量保存果粉。供鲜销和加工罐头的果实，不可碰伤果皮或有压伤，采后轻置于筐、篓容器中。鲜销果实宜分批采摘，以提高品质。因李果成熟期多在高温多湿季节，果实容易软化腐烂，采收时间最好在晨露已干、天气晴朗的午前进行；如在午后采收，应放在阴凉处摊放一夜，降低果温，然后分级、分箱、包装、运输、销售。晚熟品种成熟期正值高温干旱季节，宜在早晨气温低时采收，并避免果实受阳光照射。

（执笔人：钟晓红）

主 要 参 考 文 献

黄鹏，冯慰冬.2003.国外优质高档李品种引种试验及栽培技术要点［J］.湖南林业科技（2）：23-25.
李权，王振宏.2010.李树采果后管理技术［J］.中国果树（2）：90-92.
李志坚.2003.李树主要病虫害综合防治技术［J］.广西园艺（4）：69-72.
潘中田.2005.三华李保花保果综合技术［J］.中国果业信息（4）：21-22.
余养道.2003.三华李丰产栽培技术［J］.福建果树（3）：55.
赵艳华，吴雅琴，程和禾，等.2008.李离体茎尖的超低温保存［J］.园艺学报（3）：323-325.
朱立武，杨军，钟家煌，等.2008.早熟大果型李新品种'安农美李'［J］.园艺学报（2）：198-201.

推 荐 读 物

马定渭，钟晓红，等.2002.引进优质李规范化栽培［M］.北京：金盾出版社.
钟晓红.1999.李［M］.海口：海南国际新闻出版中心.

第二十一章 梅

第一节 概 说

一、栽培意义

梅（mume）原产我国，根据其主要用途分为果梅与花梅（梅花）两大类。果梅栽培上侧重于果实的品质和产量，花梅栽培上侧重于株形和花朵的观赏价值。本章主要讨论果梅类。

果梅的果实高酸低糖，营养丰富。据分析，果梅的可食部分占87%～93%，果肉总有机酸含量达3.8%～5.99%，以柠檬酸为主，其他酸的种类有枸橼酸、苹果酸、琥珀酸、酒石酸等；可溶性固形物含量7.0%～8.8%。每100g鲜果肉含糖类8.51g，脂肪2.84g，蛋白质1.67g，维生素C 11.79mg，维生素A 0.89mg，维生素E 0.17mg，黄酮0.145g，钾236mg，磷21.59mg，锌0.74mg，铁4.08mg；天门冬氨酸、苏氨酸、赖氨酸等16种氨基酸的总含量达445.1mg。

果实主要用于加工，传统的果梅制品有话梅、蜜梅、陈皮梅、甘草梅、糖青梅、酥梅、梅脯、乌梅等，20世纪90年代以来，大量果梅被制成半成品干湿梅（又称半干梅）输往日本，近年来梅饮料、梅酒、梅酱等产品的品种和销量都在增大。这些果梅加工食品不仅风味优美，而且被认为是强生理碱性食品，能中和酸性食物（鱼、肉、酒等），使血液呈微碱性，有益人体健康。鲜果梅具有杀菌、解毒、净化血液等功效；酸梅汤是夏季理想的清凉饮料；乌梅是传统中药，可用于治疗喉痛、喉炎、慢性腹泻等。《本草纲目》评述梅的果实、核仁、叶、根均具有药效。

我国广东、浙江、福建及台湾等形成了较大规模的果梅加工产业，生产的果梅制品在国内广为销售，同时畅销我国香港、澳门以及日本、新加坡、马来西亚等地区和国家。每年仅从广东普宁海关出境的果梅加工品就有近3万t，年创汇2 500多万美元。果梅已成为重要的食品加工原料和出口创汇果品，也成为许多山区振兴农业经济的特色产业。

梅花自古以来是我国珍贵的观赏树木，连片种植的果梅园在冬春开花季节呈现特有的雪白景色，成为重要农业旅游资源之一。

二、栽培历史与分布

我国对梅的利用和栽培历史久远。河南、四川、湖北、广东、广西等地在考古发掘中都发现出土的梅核，其中以距今7 400多年的河南新郑裴李岗遗址文物中发现的出土梅核为最早，可见我国河南一带的先民在7 000多年前就懂得采集利用果梅。在商代（距今3 200多年前）梅已作为调味品与盐并称，那个时代的人们已经懂得梅的栽培应用。《诗经》、《山海经》、《尔雅》等均有关于梅的记载。

我国的四川、贵州、云南、西藏交界的横断山区和云贵高原一带是野生梅分布最集中的地区。中外植物学家和园艺学家还先后在湖北的宜昌、巴东，江苏的宜兴，福建的梁峰，浙江的昌化，广东的连平、始兴、南雄，以及台湾的新竹、阿里山等地采集到野生梅的标本，说明梅在我国的自然分布相当广泛。

我国是世界上适合生产果梅地域最广的国家。四川、云南、西藏、贵州、湖北、湖南、广东、广西、福建、台湾、江西、安徽、浙江、江苏、河南、陕西、甘肃、重庆18省（自治区、直辖市）有果梅的分布，其中以广东、广西、浙江、云南、福建、江苏、四川、安徽、台湾等地的栽培面积较大。广东的普宁、新兴、潮安、潮阳、佛冈、陆河，广西的钟山、昭平、贺州，浙江的长兴、嵊州、奉化、萧山，福建的永泰、上杭、诏安、松溪，云南的洱源、腾冲，江苏的洞庭山，台湾的南投、彰化、台中等是重要产区。褚孟嫄等（1999）根据果梅的生态地理、气候条件，将我国上述果梅栽培地区划分为北亚热带果梅栽培分布区、中亚热带果梅栽培分布区、南亚热带果梅栽培分布区和南温带果梅灌溉栽培分布区4个区8个亚区。

我国的梅在1 200多年前已传到朝鲜和日本，200多年前从日本传入欧洲。除我国以外，果梅在日本、朝鲜、韩国和泰国栽培较多。日本果梅的栽培南至九州，北至青森，以和歌山、群马和德岛县栽培最集中。

第二节 种类和主要品种

一、种　　类

梅（*Prunus mume* Sieb. et Zucc.）属蔷薇科（Rosaceae）李属（*Prunus* L.）李亚属（*Euprunus* Koehne）植物。为落叶性小乔木，多分枝，开张，高可达10m。树皮纵裂，灰褐色。一年生枝绿色，或向阳面紫红色，无毛。叶互生，卵形或阔卵圆形，长4~10cm，宽2~4.5cm，先端渐尖或尾尖，基部阔楔形或圆形，叶缘锯齿细锐，叶柄绿色或带紫红色。芽为复芽或单芽，具鳞片。花先于叶开放，花梗极短，花萼绛红色或带绿色，花径2~3cm，有芳香味，花瓣白色至粉红色，子房1个，有时2~7个（离心皮），如双仔梅和品字梅，雄蕊多数。果柄短，核果，近球形，直径1.3~4cm；果皮绿色，成熟时黄色或绿黄色或绿白色，有的品种有红晕，果皮具短细毛；果肉味酸。粘核，核坚硬，核面具蜂窝状点刻。开花期12月至翌年3月，果实成熟期4~7月。

（一）梅的植物学分类

梅种以下的变种较多，分类上有较多争论。自1835年Siebold和Zuccarini首次定名*Prunus mume*以来，中外植物学家和园艺学家定名了许多变种或变型，至1994年总数已达45个。但梅原产我国，一些外国学者有时容易将栽培品种误定为变种或变型。中国梅分类权威陈俊愉院士对梅的变异类型进行了系统的研究，将梅种以下的变异类群分为7个变种1个变型。1999年褚孟嫄主编的《中国果树志·梅卷》对这些变种和变型作了内容补充并详细描述。这些变种和变型是：

品字梅（变种）var. *pleiocarpa* Maxim.（1883）

刺梅（变种）var. *pallescens* Franch.（1889）

长梗梅（变种）var. *cernua* Franch.（1889）

小梅（变种）var. *microcarpa* Makino.（1908）

杏梅（变种）var. *bungo* Makino.（1908）

毛梅（变种）var. *goethartiana* Koehne.（1913）

蜡叶梅（变种）var. *pallidus* Bao et Chen.（1992）

常绿梅（变型）f. *sempervirens* Bao et Chen.（1992）

(二) 梅的园艺学分类

园艺学上把梅分为果梅与花梅（梅花）两大类。果梅品种的花朵以单瓣为主，雌蕊发育充实，结实能力强；花梅品种的花朵多为重瓣，雌蕊发育较差，其株形和花朵的观赏价值高。我国学者曾试将果梅和花梅的分类相互沟通，最近提出果梅、花梅的分类分开更明确和适用（陈俊愉，1992、1999、2009）。关于花梅的分类已有许多专著。这里主要讨论果梅的分类。果梅品种的园艺学分类方法有多种（褚孟嫄等，1999），这里选择2种介绍如下：

1. 根据果实性状分类 曾勉（1936）将浙江塘栖的果梅按果实色泽分为白梅类、绿梅类和花梅类（或称红梅类）3类。我国园艺工作者将此分类方法沿用至今，同时增加了一些相关的性状，如今果梅品种被分为白梅类、青梅类和红梅类。

（1）白梅类 果未熟时淡绿色，成熟时呈黄白色，果型中等大，近圆形。一年生枝淡绿色，嫩梢和幼叶黄绿色，成熟叶较小、较薄，淡绿色。果实肉质较粗，味微苦，品质一般较差，但也有优良品种，如诏安白梅。白梅类种类较少，有记载的品种（株系）仅有10多种。

（2）青梅类 果未熟时青绿色或深绿色，阳面偶有红晕，成熟时呈黄色，果型较大，多近圆形。一年生枝绿色，阳面或带暗紫红色，嫩梢和幼叶多呈黄绿色，也有的品种带少量红色或紫红色，成熟叶深绿色或绿色。如广东的大核青、横核，浙江的升萝底、萧山大青梅等。抗逆性比红梅类稍差。青梅类有记载的品种（株系）有110多种。

（3）红梅类 果未熟时青绿色，阳面多有红晕，成熟时黄绿色，阳面红晕加深为紫红色或红色，成熟时红色占全果的30%～70%甚或全果面，果型大或小，近圆形、椭圆形或桃形。一年生枝浅绿色，阳面呈浅红色或紫红色，嫩梢和幼叶呈红色或紫红色，成熟叶浅绿色。如广东的软枝大粒梅、白粉梅，浙江的大叶猪肝、小叶猪肝等。多数品种抗逆性较强，丰产稳产。红梅类有记载的品种（株系）有近200种。

2. 根据梅与杏的杂合程度分类 川上繁（1959）发现日本果梅与杏杂交成功者不少，而保持纯系者极少，因而以托叶、茸毛、节部肉瘤等实用形态为基础，判定梅与杏杂合程度并提出分类如图21-1所示。

图21-1 梅与杏的杂合程度分类

梅、杏的核形态被认为是品种的固有特征，吉田雅夫等考察了日本栽培的梅、杏品种的核形态，将其划分为10个连续的类型（图21-2），核的形态反映出品种间的杂合差异是连续的。

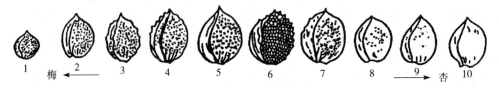

图21-2 梅与杏的核形态

（吉田雅夫等，1996）

二、主要品种

我国果梅种质资源十分丰富。近 20 年来，云南、浙江、广东、湖南、福建等果梅主产省份开展了果梅种质资源调查、新品种选育以及引种等工作，取得了丰硕的成果，丰富了果梅品种资源。1999 年出版的《中国果树志·梅卷》，整理出国内果梅品种及优株达 197 个，引进品种 7 个。近 10 年来各果梅产区又不断选育出新的品种和优良株系。现选择部分地方品种介绍如下：

（一）广东主要地方品种

1. 软枝大粒梅（Ruanzhidalimei）　广东省普宁市果树科技人员从当地果梅群体中选出，属红梅类。已成为粤东果梅产区主栽品种，表现早结丰产。树势壮旺，生长快，树姿较开张，枝条密生，枝梢较软垂，树冠近圆头形。12 月下旬至翌年 1 月下旬开花，花期达 1 个月，并有分次开花现象。采收期 4 月下旬。果近圆形，果顶有小尖顶突起，单果重 28g；果皮底色黄绿，向阳面呈浅紫红色；果肉厚，核小，可食率 91.7%，可溶性固形物含量 7.9%，总酸量 4.8%，果肉细脆，风味好，品质高（图 21-3）。软枝大粒梅多制成干湿梅（梅坯）出口，畅销日本；也适宜制作话梅、蜜饯梅、糖梅、梅酒等。适应性强，平地、丘陵地均生长良好，抗逆性较强，丰产稳产。宜以白粉梅作授粉树，坐果良好。

2. 横核（Henghe）　属青梅类，原产广州市白云区萝岗镇，是广东中、西部果梅产区的主栽品种之一。树势壮健，生长快速，树姿半开张，树冠多呈圆头形，枝条较密。花期 12 月中旬至翌年 1 月上旬。采收期 4 月中下旬。果短椭圆形，果顶平或微凹，果肩一侧耸起，果形常不对称，果皮青绿色（图 21-4）。本品种依果实大小可分为大横核、中横核和横核仔 3 个品系，单果重分别为 32g、22g、12g。大横核果大，坐果较疏，丰产性较差，可食率达 91%，可溶性固形物含量 7.8%，总酸量 4.6%；中横核坐果率高，丰产性较好。横核梅肉厚核小，是制作话梅的良种，用其加工的优质话梅远销国内外。横核可与大核青混植相互授粉，坐果良好。对土壤要求不严格，适应性强，需加强采后管理，才能连年稳产。

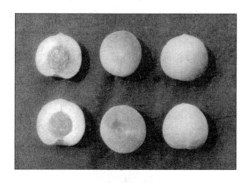

图 21-3　软枝大粒梅
（王心燕，2003）

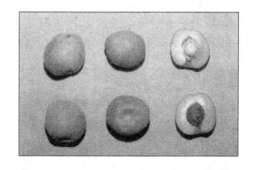

图 21-4　横　核
（王心燕，2003）

3. 大核青（Daheqing）　属青梅类，原产广州市白云区萝岗镇，现为广东中、西部梅产区的主栽品种之一。树势壮旺，生长快速，短果枝发生率高。花期 12 月中旬至翌年 1 月上旬。采收期 4 月中下旬。果实近圆形，果顶顶点明显，果皮青绿色，单果重 25g（图 21-

5);核稍大,可食率87%;可溶性固形物含量8.0%,总酸量4.3%,果肉脆,微带苦味。本品种依枝条特性可分为软枝和硬枝2个品系。软枝系树姿开张,枝条较密、较软垂,坐果率高,树冠呈扁圆形,果型较小;硬枝系枝条硬直,树冠多呈圆头形,坐果率较低,果型较大,是制作话梅的优良品种,也适宜于制作蜜饯梅、陈皮梅、糖梅等。本品种对土壤适应性强,生长快,结果早。以横核作授粉树,表现坐果率高、丰产性强,但丰产后树势容易衰退,需加强采后管理,才能获得稳产。

4. 白粉梅(Baifenmei) 属红梅类,主产于广东普宁市,现为粤东产区主要栽培品种之一。树势壮旺,树姿开张,枝叶浓密,枝条较软垂,自然树冠呈开心形。新梢幼叶淡紫红色。12月中旬至翌年1月中下旬开花,比软枝大粒梅的花期早数天至1周。采收期4月中旬。果近圆形,单果重18g;果皮底色黄绿,向阳面呈浅紫红色,果肉淡黄色(图21-6);核小,可食率91.2%,可溶性固形物含量8.6%,总酸量4.4%,品质优。白粉梅是制作干湿梅的优良品种之一,也适宜制作话梅、酥梅、梅酒等。与软枝大粒梅相互授粉,表现为抗逆性好,早结丰产,尤以稳产受种植者欢迎。

图21-5 大核青

(王心燕,2003)

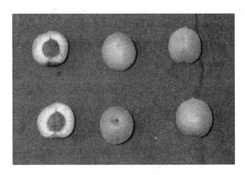

图21-6 白粉梅

(王心燕,2003)

(二)浙江主要地方品种

1. 细叶青(Xiyeqing) 产于浙江萧山进化镇一带,属青梅类,栽培历史悠久,近年栽培面积减少。20世纪80年代浙江省引种最多最广的品种之一,在江苏南京、宜兴等地引种栽培表现良好。树势强健,结果后枝条易下垂。果实歪圆形,大小较不一致,单果重20.8g,果顶平而稍偏,一侧微耸(图21-7)。可食率89.7%,可溶性固形物含量7.6%,总酸量4.31%,品质上等。丰产稳产,宜鲜食和加工成各种梅制品。

图21-7 细叶青

(褚孟嫄,1999)

图21-8 长农17

(褚孟嫄,1999)

2. 长农 17（Changnong 17） 夏起洲等从浙江长兴太傅乡梅园中选出，属青梅类，20 世纪 90 年代被列为浙江省重点推广品种。树势强健，树冠自然开心形，树姿开张。果实圆形，整齐美观，单果重 25.1g，最大 28.7g，果皮深绿色，有光泽（图 21-8）。可食率 90.5%，总酸量 3.72%，可溶性固形物含量 7.0%。果型较大，品质佳，适宜加工成各种梅制品。该品种抗逆性强，树冠控花容易，坐果率高，丰产稳产。当地采收期 6 月上旬。

3. 软条红梅（Ruantiaohongmei） 20 世纪 80 年代由夏起洲等从浙江余杭果梅品种群体中选出，属红梅类。树势强健，树姿较开张；长枝条稀疏粗壮，短枝多。叶色浓绿，叶柄微红。花量大，花瓣白色。果圆形，单果重 21g，果顶歪向缝合线一边，微凹，缝合线较深，两侧不对称；果皮底色浅绿，茸毛多，向阳面紫红色，占全果面 1/3；肉脆，微酸带苦，可食率 89.8%，总酸量 4.38%。加工性能好，是理想的话梅和乌梅加工原料。当地采收期 5 月下旬。坐果率高，丰产稳产，耐氟害能力强。

4. 升箩底（Shengluodi） 又名青榔头，属青梅类。主产于浙江余杭，是浙江省最古老的名贵品种，以品质优秀而闻名。果实梗端大而圆，平整如升箩状，故而得名。树势中等，树姿开张，树冠圆头形。果圆球形，单果重 18.5g；果皮青绿色，果顶平，缝合线不明显；可食率 88.2%，总酸量 4.58%，可溶性固形物含量 7.3%；肉质细脆，汁多，有香气，无苦味，品质甚佳。开花期 3 月上旬至中旬。果实成熟期 5 月末至 6 月初。因栽培管理技术要求较高，当前栽培面积不多。能丰产稳产，但粗放管理产量低。

5. 东青（Dongqing） 20 世纪 80 年代由钱亦平从浙江上虞丰惠镇梅园选出，属青梅类，现已成为当地主栽品种，浙江省主要推广品种之一。树势中等，树姿半开张，树冠半圆形或自然开心形。果实圆形，整齐美观，单果重 23.6g，最大 31g；果皮深绿色，向阳面偶有红晕，有光泽；可食率 88.9%，总酸量 4.73%，可溶性固形物含量 7.0%；果大美观，肉质细脆，汁多，有香气，品质上等。适宜制作糖青梅、脆梅、青梅酒、话梅等。该品种是浙江最优良品种之一，肥水管理得当能连年丰产。当地采收期 5 月下旬。

（三）云南主要地方品种

1. 果用照水梅（Guoyongzhaoshuimei） 云南省主栽优良品种，属青梅类。以腾冲县生产照水梅最具独特优良性状。树势强健，树冠高大，树姿开张，枝叶茂盛。盛花期 1 月中旬。果实特大，单果重 30～40g，最大可达 83g；果顶一边绛红色，有小尖顶突起（图 21-9）；可食率达 87%～90%，肉质优。6 月中旬采收。抗逆性强，丰产稳产。

图 21-9 果用照水梅
（褚孟嫄，1999）

2. 盐梅（Yanmei） 云南省主栽品种，属青梅类。树势强健，树冠高大开张。果实圆球形，单果重 20～35g，肉厚质优，可食率 86%～92%。6 月中下旬采收。品质优，适宜加工各类梅制品、果梅酒等。当地栽培抗逆性强，丰产稳产。盐梅品种可分大盐梅、小盐梅和毛叶盐梅等几个类型。

（四）福建主要地方品种

1. 诏安白梅（Zhaoanbaimei） 主产福建诏安，属白梅类。果实成熟时果皮白粉多，因此又称白粉梅。树势较强，树冠自然半圆形，树姿半开张。果实圆形，大小整齐，单果重 17.6g；果皮较厚，茸毛多而长（图 21-10）；可食率 93.8%，可溶性固形物含量 5.8%，总酸量 3.55%。当地采收期 4 月上旬至中旬。适应性强，易丰产，较稳产，大小年结果现象不明显。

2. 永泰龙眼梅（Yongtailongyanmei） 主产福建永泰，属青梅类。树势较强，树姿半开张。果实圆形，整齐，单果重 15.4g；可食率 93.4%，可溶性固形物含量 5.6%，总酸量 4.66%。当地采收期 5 月上旬。适应性强，耐瘦瘠、耐旱，较抗病。

图 21-10 诏安白梅
（褚孟嫄，1999）

3. 诏安青竹梅（Zhaoanqingzhumei） 从广东普宁引进梅苗，经选种而定名，属红梅类。树势强，树姿半开张。果实圆形，单果重 12.3g；可食率 91%，可溶性固形物含量 6.5%，总酸量 4.27%。当地采收期 4 月下旬。适应性强，较抗病。用梅砧易丰产稳产。

（五）广西主要地方品种

1. 鹅塘大肉梅（Etangdaroumei） 主产于广西贺州，属青梅类。果实大，单果重 30g，品质上等。树势强健，枝条稀疏硬直，叶片大。5 月上中旬采收。当地栽培产量高，但大小年结果现象较明显。

2. 广西红梅（Guangxihongmei） 别名胭脂梅，原产福建，20 世纪 80 年代引入广西钟山等地栽培，属红梅类。果实长椭圆形，单果重 9.5g，可食率 80%，可溶性固形物含量 7.5%。当地采收期 4 月下旬。

第三节 生物学特性

一、生长发育特性

（一）树冠及其特性

果梅树为落叶性小乔木，中心主干不明显。人工整形修剪后多形成自然开心形或疏散分层形的树冠。实生果梅树一般 6～7 年开始结果，嫁接树 3 年开始结果，6～8 年起进入盛果期。果梅园的经济寿命一般 40～50 年，管理不善的 20 年左右开始衰老。树体寿命较长，野生梅林常见一二百年的老树仍可正常挂果。成年果梅嫁接树高 2.5～4m，冠幅 3.5～5m，树姿开张或半开张。一般管理条件下，嫁接树果梅园每 667m^2 产量 500～1 500kg，管理水平高的可达 1 500～2 000kg（夏起洲，1994）。

（二）根及其生长习性

梅的主根较弱，根系分布浅，属浅根性树种。平地梅园根系多分布在 40cm 土层内，以 10～20cm 土层分布最密，山地梅园根系分布较深。在广东新兴的调查，树冠 5m 高的七年生山地梅园，根系集中分布在 10～16cm 土层中。调查冲积黄壤土上的八年生梅树，根系集中分布区在 10～20cm 土层。梅的浅根习性，使梅树容易受到土壤干湿变化、土壤温度变化带来的不利影响。

梅根系生长早。在广东普宁，新根于 12 月中下旬开始生长，至秋末停止，其中以秋季生长最旺。在杭州，12 月下旬至翌年 1 月上旬土温达到 4～5℃时开始发新根，1～3 月为发根盛期。

(三) 芽、枝及其特性

1. 芽 梅树的芽分为叶芽和花芽，被鳞片。花芽比叶芽肥大，为纯花芽，一般为1芽1花。梅树新梢顶端有自剪现象，其顶芽为假顶芽。叶腋中有长1个芽的，称为单芽，这个芽可能是花芽也可能是叶芽；也有长2~3个芽的，称为复芽，复芽中多数是叶芽与花芽并生，但也有全部是花芽或叶芽的。梅树叶芽的萌芽率很高，可达95%，品种间无明显差异。枝条上不同部位的芽具有异质性，通常中上部的芽发育充实，质量最好；越往基部的芽，发育越不充实，有的成为隐芽。隐芽寿命长，遇到刺激时容易萌发，可在老树更新时加以利用。梅的成枝力弱，一般枝条上部的几个芽能形成长枝，顶部长枝具有较强的顶端优势。

2. 枝 梅幼年树一年抽发2~3次新梢，以春梢的数量最大。成年结果树一般一年抽发1次春梢，不发生二次梢，但在采果后春梢仍可继续伸长生长。梅树的结果枝依其长度的不同，可分为以下几类：

(1) 徒长性结果枝 长度40cm以上，发生在母枝上部，生长势旺盛，花芽比例低，结实力极差。

(2) 长果枝 长度20~40cm，发生在母枝上部，生长势偏旺，结实力差，但次年易抽生强壮结果枝。

(3) 中果枝 长度10~20cm，发生在母枝中上部，生长势适中，完全花比例较高，结实力较强，连续结果能力较强。

(4) 短果枝 长度3~10cm，发生在母枝中下部，生长势适中，组织充实，完全花比例最高，结实力最强，有一定的连续结果能力。

(5) 针刺状果枝 长度3cm以下，生长势偏弱，除顶端为叶芽外几乎都是单花芽，完全花比例高，坐果率较高，但连续结果能力弱。其中1cm以下的针枝顶端无叶芽，结果后多枯死。

(四) 花芽分化

梅的花芽分化从气温较高的夏季开始，属于夏季分化型。在南京，5月初梅树的短枝在停止生长后15~20d进入花芽生理分化期，6月底7月初短枝进入花芽形态分化期（孙文全、褚孟嫄，1988）。在海拔900m的四川大邑县，短果枝在6月10日左右开始花芽分化，至10月末形态分化结束，历时约4个半月，长果枝的花芽分化比短果枝迟5~10d（苟剑英等，1990）。在广东普宁，花芽分化初期从7月下旬开始，雌蕊分化于12月中旬结束（表21-1）。徐汉卿1995年在南京的研究发现，雌蕊心皮原基分化高峰期在10月上旬，较雄蕊原基分化高峰期约迟1周，12月下旬雌蕊明显分化出柱头、花柱和子房。

表21-1 广东果梅花芽形态分化时期（月/日）

（周碧容、甘廉生，1995）

品种	分化初期	萼片分化期	花瓣分化期	雄蕊分化期	雌蕊分化期
软枝大粒梅	7/20~9/29	8/30~10/10	9/20~11/30	9/29~12/10	10/10~12/21
白粉梅	7/10~9/10	8/2~9/10	8/30~9/20	9/20~10/10	10/10~11/30
广东大青梅	7/31~9/20	8/20~9/29	9/29~10/20	10/10~10/31	10/31~12/31

梅树花芽分化需要大量的糖类和氮素营养，在进入形态分化之前，枝叶中的糖类处于积累状态，进入形态分化后很快被消耗。

(五) 开花结果

梅是开花期早的树种,不同地域、不同品种的开花期相差很大。在广州地区,横核品种12月下旬初花,翌年1月上旬盛花,1月中旬谢花,花期20～30d;在南京,初花期在3月上旬,盛花期在3月中下旬,末花期在3月下旬到4月初。不同年份花期可相差10～20d。开花持续时间的长短与当时的气温关系密切,气温高时花期短,气温低花期延长。如在温室中恒温5℃、10℃、15℃和20℃处理的盆栽植株,其单株平均花期分别为33d、28d、11d和9d(王心燕,1992)。

果梅的开花量很大,但花器发育不完全的现象很普遍。花器中缺少雌蕊或子房枯萎、子房畸形、花柱短缩的花统称为不完全花(图21-11)。不完全花没有受精能力,开花后脱落。不完全花产生的比例在不同品种中表现不同(表21-2),相同品种不同年份之间差异亦较大。不完全花比例的高低与树体养分积累、花期早晚、气候影响有关。例如结果过量,树体衰弱;落叶过早,贮藏养分不足;冬季偏暖,开花提前等,均会使得不完全花率提高。不同枝条种类之间的不完全花率也有差异,短果枝不完全花率比长果枝低。树体营养生长过旺,也会导致不完全花率偏高。据夏起洲调查,浙江升箩底品种盛花期的不完全花率为50.7%,软条红梅为29.5%,幼龄结果树的不完全花率则较低。

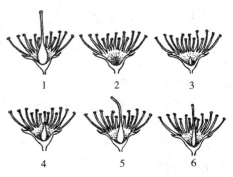

图21-11 果梅花的类型
1. 完全花 2. 空心花(完全没有雌蕊)
3. 雌蕊枯萎 4. 花柱短缩
5. 花柱弯曲 6. 子房瘦小
(褚孟嫄等,1982)

果梅的花粉量不同品种之间相差很大(表21-2),甚至相同品种不同年份之间相差也很大。如在1986年和1987年南红品种每花药的花粉量分别是138粒和2 555.6粒,叶里青品种则分别是361粒和1 138.9粒(褚孟嫄等,1992)。温度是果梅花粉萌芽最直接的因素,0℃时已可发芽,10～15℃时发芽率最高、花粉管最长(张彦书,1990)。南高品种则在20～25℃时发芽率最高、花粉管最长(铃木登等,1993)。

表21-2　三年生果梅树不完全花率、花粉量及花粉发芽率

(王心燕,1992)

项目	鹅嗉	横核	大核青	红面珠墩
不完全花率(%)	18.7	10.2	9.3	8.3
花粉量(100朵花中毫克数,mg)	64.2	84.2	86.1	73.8
花粉发芽率(%)	62.2	76.7	77.0	68.4

果梅多数品种有自花不实现象,如广东的主栽品种横核、大核青自花授粉结实率低,两品种互作授粉树结实率高(黄建昌等,1992)。也有报道自花结实率较高的品种,如四川大邑梅和福建大沛梅(苟剑英等,1986;廖镜思等,1991)。果梅的商品栽培应注意合理搭配授粉树。

(六) 果实发育

果梅开花后5～7d完成受精过程,子房开始膨大,颜色转绿。未受精的子房转黄脱落。果实鲜重和干重的增长均呈双S形生长曲线。自授粉坐果至采收,广东的软枝大粒梅约为

110d，大核青约为120d。整个果实发育过程可分为3个时期：第一期为迅速增长期；第二期为缓慢增长期，又称硬核期；第三期为二次迅速增长期，也是果肉增长的主要时期，此期果肉的增长量分别占果肉干、鲜总重量的74.1%和71.6%。梅果在成熟前，果重增长迅速，但因为梅果主要用于加工，不同加工品对梅果的成熟度要求不同，多数加工品要求果肉有一定的硬度和脆度，有的要求果皮不着色，所以往往在褪绿期或着色前采收。

梅果实发育期间，一般有3次落果高峰：第一次在盛花后6～15d，此次脱落的主要是花芽分化不完全、花器官发育不良的不完全花，也有部分属于花器外部正常，但胚珠早期萎缩、珠心中无胚囊分化或胚囊分化停滞过早而脱落。脱落前在花柄基部形成离层，连花柄一起脱落。第二次在盛花后20～35d，脱落的主要原因是未受精或受精过程不能正常完成，如胚囊中只发生次生核单受精，而卵细胞未受精，无原胚形成（徐汉卿等，1995）。此期落果正值新梢旺盛生长期，新梢与幼果竞争树体贮藏养分也是原因之一。第三次落果在盛花后50～60d，果实处于发育的第二期即硬核期，此时偏施氮肥，新梢旺长，结果过量，或土壤干湿不稳定等，均会加剧此次落果。

（七）落叶休眠

梅的落叶期比其他落叶性果树要早。在广东，9月至10月上旬为正常落叶期；浙江、江苏的落叶期在10～11月。不同品种、不同树龄以及不同小气候条件下，正常落叶期会有差异。许多梅园落叶期提前非常普遍，如树势衰弱、土壤过分干旱、病虫害严重、大气污染等均可导致落叶提前。提早落叶，影响花芽的质量，结果不良。

广东果梅在7、8月的夏季高温期枝叶生长停止，9月气温下降后，部分幼龄树及水分充足的梅园的部分枝梢能恢复生长一段时间。相当部分植株夏季枝条生长停止的状态持续到冬季的休眠。因此，有研究认为，夏季高温可能是启动梅生长充实的腋芽进入休眠的因素。

梅树正常落叶后，进入冬季休眠。经过一段时间的低温作用后，自然休眠被打破，若气温适宜，则进入开花、萌芽，若气温偏低，则进入被迫休眠。打破自然休眠所需要的低温量，不同品种差异较大。

二、对环境条件的要求

（一）温度

果梅原产于我国南方，喜欢较温暖的气候条件。从我国果梅经济栽培地区的温度条件来看，年平均温度13～23℃的地区适合于果梅的经济栽培。

果梅的不同器官在不同时期对低温的忍耐力不同。休眠的枝条可耐-20～-25℃的低温，生长期的根尖在-5℃时发生冻害。褚孟嫄观察发现，大多数果梅品种的花在-6℃下经60min即受冻，幼果的临界低温则为-2～-3℃。

广东果梅产区认为开花期气温在15℃左右，开花良好，坐果率高；花期气温过于温暖，不利于坐果。福建产区也认为，花期日温高于20℃，坐果不良。梅的花粉在0℃时基本不发芽，0～20℃发芽率随温度的升高而上升，15～20℃最适合花粉的发芽，花粉管伸长也快。

果梅主要依靠昆虫传粉，蜜蜂在10℃开始活动，15℃以上活动较活跃，21℃活动最活跃。江苏溧水梅产区发现一种黄斑食蚜蝇（*Syrphus confrater* Wiedemann），4℃时开始活动，7.5℃时活动相当活跃，这种昆虫可在10℃以下的条件下补充蜜蜂传粉的不足。

果梅需要一定的低温才能完成其开花前必需的生理活动，称为需冷量（chilling requirement)，一般以7.2℃以下经过的小时数来计算，也有用低温单位（chill unit，CU）来计算的。欧锡坤研究了我国台湾中部地区梅品种的需冷量，认为万山种、台湾大青梅、台湾胭脂梅、台湾桃形梅的需冷量为100CU左右。研究发现，南亚热带地区果梅休眠期少有7.2℃以下的低温，认为14℃以下低温对打破果梅自然休眠有作用，提出软枝大粒梅、白粉梅、李梅、桃梅等品种花芽在14℃以下的需冷量为94.3h，叶芽则为180.3h（王心燕，2007）。在落叶性果树中，果梅的需冷量较少，且原产于不同地区的果梅品种需冷量的差异较大，引种时尤要注意。

（二）光照

梅属于喜光性树种。成熟叶片光合作用的光补偿点和光饱和点分别为2 000～3 000lx和35 000～40 000lx。研究（陈凯，1993）表明，日平均相对光照与梅树枝组的萌芽率、粗壮短枝比率、花芽率、花芽干重、枝组坐果率以及维生素C含量均呈极显著正相关。当枝叶光照不足时，生长不良，形成花芽少，不完全花率高，坐果率低。生产上改善树冠的光照条件，可提高花芽数量和质量，提高坐果率。

（三）降水

梅原产于夏湿带，生长季节需要充足的水分。我国梅产区的年降水量在600～2 200mm之间，对降水总量要求不严格，但年降水的分布对梅生长有显著影响。广东北部地区在梅的花期和幼果期常遇到连续的阴雨天气，导致落花落果现象严重，产量不稳定。江苏、浙江梅产区花期较晚，阴雨天气是影响此地区开花坐果的重要因素之一。连续的阴雨影响授粉昆虫的活动，也影响花药的开裂和花粉的传播。广东4～6月充足的雨水使枝叶旺盛生长，排水不良的梅园导致积水伤根，过高的大气湿度也易引起真菌性病害的传播；7、8月的秋旱，使浅根性的梅树根系容易受到旱害，引起叶片卷缩，严重的导致落叶过早，缺少灌溉条件的山地、沙质地梅园尤为严重。陆爱华、褚孟嫄（1992）认为，梅抗旱性较差，原因在于梅的输导组织结构与耗水组织结构不协调，气孔调节能力、持水能力较差，由此产生水分严重亏缺，细胞膨压丧失和游离脱落酸大量产生，导致叶片向上卷曲，甚至脱落。

（四）土壤

果梅多种植于山地、平地、冲积地等，对土壤要求不严格，但以土层深厚、土质疏松、有机质丰富、排水良好的壤土和沙质壤土为最好。土壤酸碱度以pH5～6为合适，pH小于4.5或大于7.5时，梅树生长不良，甚至植株死亡。

（五）其他

果梅在开花期和幼果期如遇大风，会妨碍昆虫传粉，严重影响坐果。应避免在冬春花期风大的地段建园，或采取营造防护林等措施。梅对空气污染反应敏感，已发现水泥厂、砖瓦厂、农药厂等排放出来的废气对果梅树的生长有严重影响。在污染气体中，主要的有害物质是二氧化硫和氟化物，空气中的含氟量达到1～1.2μg/（dm^3·d），会造成梅叶片离层纤维素酶活性明显提高，导致提前落叶。有的品种如浙江的软条红梅耐氟污染的能力较强。梅树对部分农药的反应也极为敏感，如乐果，即使是很低的浓度，也会造成落叶，生产上应予以注意。

第四节 栽培技术

一、育 苗

果梅主要采用实生法和嫁接法繁殖育苗，少数采用扦插、圈枝、分株繁殖。生产中普遍种植嫁接苗。

果梅的砧木可采用本砧（实生梅砧）、桃砧和杏砧。本砧嫁接亲和力最强，接口愈合好，成活率高，根系发达，抗逆性强，较耐潮湿土壤，树体寿命长，但砧木苗的生长较慢，目前生产上采用最多。桃砧（常用毛桃）苗期生长快，嫁接易成活，进入结果期较早，果实也较大，但以后逐渐表现不亲和，接合部输导不畅，易患流胶病，抗逆性差，不耐潮湿，易受白蚁危害，树体寿命短，采用桃砧作砧木已越来越少。日本因杏砧耐寒力强使用较多，但我国使用少。李砧亲和力差，极少采用。

采种用果实应充分成熟。去掉果肉，洗净，晾干，沙藏，到秋冬11月至翌年1月播种。如采用打破种核，取出种子，5～7℃湿冷层积处理方法，约经56d可萌芽，提早播种，达到当年成苗。梅核约600粒/kg，条行点播每667m^2用种量20～25kg，条行撒播每667m^2用种量90～100kg。播种时核尖侧向，缝合线垂直于地面。1月播种，精细管理，当年9～10月即可秋接，也可于次年早春春接，以秋接成活率高。秋接接穗随采随接，春接接穗需在11～12月采集沙藏备用。嫁接方法，枝接可采用切接法和劈接法，接穗取1～2个芽；芽接可采用T形芽接法。

二、栽　　植

梅园应在适宜的生态条件范围内，选择无环境污染，地域开阔，阳光充足，花期少雨，花期极端气温不低于−6℃，幼果期不低于−3～−6℃，无冷空气积聚的地区建园。做好园地规划和各项水土保持工程及土壤改良工作。

栽植的时间选择在休眠期春芽萌动前进行，广东、广西在11～12月定植最好，江浙地区也可在12月种植，但如果当地冬季寒冷、大风，则应在2月春植为好。

栽植前3个月准备好植穴和基肥。山地梅园要求植穴深60～80cm，穴面宽100cm，穴底宽70～80cm。基肥与土壤混合回填，待沉降一段时间后种植。

种植密度，早结、矮冠品种推行4m×5m，每667m^2植33株；高冠品种5m×6m，每667m^2植22株；计划密植园，可栽3m×5m，每667m^2栽44株。

果梅多数品种自花不实性强，生产园需配置授粉树。根据各产区的品种组合，选择搭配1～2个授粉品种。授粉树的比例以30%～50%为宜。

三、土壤管理

果梅园大部分建立在丘陵山地上，一般土层较浅，土质瘦瘠，有机质少，保水保肥力较差。而且果梅树根浅，不耐旱，容易受到土壤表层养分、温度、水分变化的影响。因此做好梅园的土壤管理，改善土壤理化性质，提高保水保肥能力，创造根系生长的良好环境是山地梅园取得丰产的基本保证。

1. 合理间作　幼年梅园树冠尚未长大，地面空间较多，可用于间作短期作物，如一年生豆科作物、蔬菜，也可种植绿肥，既可增加梅园前期收入，又可加速土壤熟化，增加有机质，改良土壤。间作的范围应在树盘外株行间，以免影响梅树的生长。

2. 深翻扩穴　幼年梅园在定植后的第二年秋季开始，结合施基肥进行深翻扩穴，逐年将植穴范围扩大，深施有机质肥，达到全园改土。

3. 松土培土 成年果园在秋冬季清园时进行全园松土，并培入塘泥、草皮土等，使土层增厚，增加有机质，防止露根晒根，保护根系。

4. 树盘覆盖 夏季土表温度变化激烈，有时高达40℃以上，根系容易受到伤害。覆盖可使土表温度稳定，防止雨水冲刷，覆盖物腐烂后又可增加土壤有机质，覆盖还可减少杂草的生长。覆盖材料可用植物茎秆、杂草树叶等。夏秋过后，将覆盖物去除或翻入土中。

四、施 肥

渡边毅（1988）对日本福井县的果梅园进行营养分析之后，推算出1hm^{2}种植300株、平均单株产45.1kg、十四年生梅园的营养吸收量为氮142kg、磷34kg、钾154kg、钙124kg、镁28kg，说明钾的吸收量大于氮，钙的吸收量接近于氮，应注意增加钾、钙肥的施用量。

果梅的物候期比一般落叶果树早，施肥时期依物候期而定。成年丰产梅园一般每年施肥4次。

1. 第一次施肥 果梅春季的开花、抽枝、展叶主要依靠树体贮藏养分，此次肥用于补充贮藏养分的不足，提高坐果率。以长效有机肥为主，如株产50kg的树冠，可施花生麸1~1.5kg，起基肥的作用；树势偏弱时，适当配合部分速效氮肥；土壤偏酸的红壤山地，每株加施1kg的石灰。施肥时间广东在11月上旬，浙江、江苏在12月上旬至翌年1月上旬。

2. 第二次施肥 坐果量大的树，到果实硬核期后，果实的第二次迅速生长需要大量的养分，如果营养不足，果实偏小。此次肥促进果实膨大，提高果实质量，并可减少第三次生理落果。施肥时间广东在3月上旬，浙江在4月上旬。施肥量依照坐果量而定，果多则多施，果少则少施，以速效肥为主，氮、磷、钾配合。

3. 第三次施肥 在果实采收前后1周内施下。此次肥非常重要，施肥量也较大，占全年施肥量的30%~40%。用于采果后及时补充养分，恢复树势，防止树势衰退。在采果后的2~3个月里，气温高、雨水足，及时补肥，提高叶片光合作用能力，是有效积累养分、促进花芽分化、提高完全花比率的重要时期，是使梅园获得连年丰产的关键措施。本次肥以速效氮肥为主，配合适当的磷、钾肥。

4. 第四次施肥 广东在6~7月、江浙一带在8~9月施下，用于延长叶片光合效能，提高花芽质量。此次肥以磷、钾肥为主。

五、生长发育调控

（一）整形修剪调控

果梅喜光性较强，整形常采用自然开心形（图21-12），也可采用疏散分层形。主干高度35~55cm，主枝3个，均匀分布。

结果树的修剪主要在冬季进行，主要是控制树形，调整树冠光照效果，调节开花量，协调枝叶生长与结果的关系。冬剪的修剪量一般较重，将密生枝、重叠枝、交叉枝等疏除，使树冠得到足够的光照。树冠中上部的徒长枝和徒长枝群易扰乱树形，一般应剪除，个别空间位置好的可以保留利用。没有形成花芽的外围营养枝，过密的疏删，位置合适的短截促进分枝。短、中果枝如数量太大，可适当疏除一部分，以免开花量太大。福建的试验认为，冬季修剪疏除结果枝总量的 1/5 为合适，可有效缓和树体营养生长与果实生长对养分竞争的矛盾，对树体、产量都有很好的效果（陈清西等，2003）。

广东产区的一些高产精细管理梅园，还分别在采果前后进行精细修剪，采前对徒长性春梢疏除或短截，采后对荫蔽树冠的个别直立生长的大枝从冠中上部锯除，开天窗，重叠枝、衰退枝、病虫枝也一并剪除，保持开心形树冠，使果园群体和株间通风透光良好（图 21-13），提高采果后生长期的光合效率和营养积累，有利于花芽分化和按时落叶，延长树冠立体结果年限，使得连年丰产，果实品质也大为提高。

图 21-12　果梅幼树整形——自然开心形
（王心燕，2003）

图 21-13　果梅丰产树形
（王心燕，2003）

（二）化学调控

9 月上旬至 10 月上旬喷布 GA_3 150mg/L 可延迟果梅开花 8d，9 月喷布多效唑 1 500mg/L 能延迟开花 13～20d，使花期和幼果期避过冻害，可提高结实率（章铁等，1997；刘星辉等，1998）；在新梢期喷布多效唑 150mg/L 能有效控制枝梢的延长生长。在硬核期前喷布 GA_3 使果实成熟期推迟 5d，而喷布乙烯利则提早果实成熟 5d（王心燕，1998；徐乃端，1992）。

六、采　　收

梅果实的绝大部分用于加工，因而采收期应根据不同的加工要求来确定。如制作话梅的可在八九成熟时采收，制作酥梅的要求六七成熟时采摘，制作梅坯的在八成熟时采收。采收过程中要尽量减少果皮机械伤。

同一梅园的果实，成熟期相差可达 20d，而果实在接近成熟的 15d 是果重增加最快的时段，所以分期采果可显著提高产量和品质。

七、标准化栽培

我国果梅产品进入国际市场的份额越来越大，每年大量的果梅半成品、成品销往日本、东南亚等国家以及我国的港、澳、台地区。由于多数生产单位栽培规模偏小，栽培技术不够规范，常使果梅鲜果或其产品因外观品质差、安全卫生指标不合格、农药残留超标等问题而难以达到要求，造成许多不可挽回的损失。近年我国果梅产区的质量监督机构组织了教学科研、农业管理和生产企业等部门制定了地方性果梅栽培技术标准，并建立了标准化栽培示范基地，宜加大标准化栽培普及的力度，提高我国果梅鲜果及其制品的质量和国际市场竞争力。具体的技术标准可参照各地质量监督部门发布的标准，如广东果梅产区可参考广东省质量技术监督局发布的《果梅生产技术规程》(DB44/T 131—2003)。

(执笔人：王心燕)

主 要 参 考 文 献

包满珠，陈俊渝.1995.梅及其近缘种数量分类初探［J］.北京林业大学学报，21（2）：1-6.
陈俊愉.1999.中国梅花品种分类最新修正体系［J］.园艺学报，18（2）：97-101.
陈清西，廖镜思，吴少华，等.2003.冬季结果枝不同修剪量对果梅生长结果的影响［J］.江西农业大学学报，25（4）：563-564.
褚孟嫄，林文棣.2004.关于我国果梅产业发展的探讨［J］.北京林业大学学报，26（增刊）：10-13.
褚孟嫄，林文棣.1999.果梅栽培区划的研究［J］.北京林业大学学报，21（2）：106-111.
褚孟嫄.1999.中国果树志·梅卷［M］.北京：中国林业出版社.
房经贵，章镇，蔡斌华，等.2009.果梅品种分类研究进展［J］.江苏林业科技（3）：20-21.
高志红，章镇，韩振海，等.2005.中国果梅核心种质的构建与检测［J］.中国农业科学（2）：30-35.
高志红.2003.果梅核心种质的构建与分子标志的研究［D］.中国农业大学博士学位论文.
苟剑英，李焕秀，石锦安.1990.梅树花芽分化研究［J］.中国果树（1）：13-15.
铃木登，王心燕，片冈郁雄，等.1993.ｳﾒ"南高"の开花と花粉发芽の温度条件［J］.园艺学会杂志（日），62（3）：539-542.
欧锡坤.1999.台湾本地种梅树的需冷量评估［J］.北京林业大学学报，21（3）：72-76.
王心燕，何惠玲，梁关生，等.2007.南亚热带果梅自然休眠特性研究［J］.果树学报，24（3）：308-312.
王心燕，吴和原，方时圆，等.2004.优质果梅丰产栽培技术要点［J］.中国南方果树（6）：62-64.
王心燕.1997.广东果梅主产主区果梅种质资源调查［J］.中国南方果树（5）：35-37.
徐汉卿，王庆亚，胡金良，等.1995.梅雌蕊发育和受精作用的研究［J］.云南植物研究（1）：61-66.
周碧容，易干军，甘廉生，等.2010.广东省果梅种质资源主要性状的鉴定评价［J］.植物遗传资源学报（5）：43.
邹涛，王成功，吴襄宁.2009.6-BA、NAA、TA提高果梅坐果率试验［J］.中国果树（5）：572-575.

推 荐 读 物

甘廉生.2000.果梅丰产优质栽培［M］.广州：广东科技出版社.
夏起洲，王津蛾.1994.果梅［M］.北京：中国农业出版社.

第二十二章 柿

第一节 概 说

一、栽培意义

柿（persimmon）根据果实在树上软熟前能否自然脱涩分为甜柿和涩柿。我国自古普遍栽培者为涩柿，其果实经脱涩或加工后有烘柿、醂柿、白柿、乌柿等名称。烘柿即为经脱涩后的软柿；醂柿为经脱涩后的硬柿或脆柿；白柿（白饼）为干制后表面有柿霜的柿饼；乌柿（红饼）为干制后表面无柿霜的柿饼。烘柿或醂柿果肉柔软或松脆多汁而甘美。据分析，在100g鲜柿可食部分中含类胡萝卜素0.16mg，硫胺素0.01mg，核黄素0.02mg，尼克酸0.02mg，维生素C 16mg，蛋白质0.7g，脂肪0.1g，糖11g，粗纤维3.1g，有机酸2.9g，钙10mg，磷19mg，铁0.2mg，由此可知柿的鲜果营养成分相当丰富。柿果除可供鲜食外，还可制干、制脯、制汁、制糖、酿酒、作醋和制成柿饼，用作副食，是水果与干果兼用的树种。柿蒂、柿涩汁、柿霜、柿叶、柿根均可入药。现代医学研究表明，食用柿果及其加工品具有增强血管壁的弹性、预防便秘、促进消化、提高人体免疫力，以及美容护肤等作用。柿叶含芦丁、胆碱、矿物质、糖、黄酮类物质和维生素C，是制作柿叶茶的上好原料；柿果在成熟前含有大量的鞣质（$C_{14}H_{20}O_9$），其中尤以油柿含量更高（40%），鞣质与柿果中的果胶物质经酵解后成为柿漆，柿漆为良好的天然防腐剂；柿树夏季枝繁叶茂，可供遮阴纳凉，入秋碧叶丹果，鲜艳夺目，晚秋红叶与枫叶媲美，颇有观赏价值，柿花又是很好的蜜源，常用作行道、庭院绿化树种；此外，柿树木材质地致密、纹理美观，俗称乌木，可制贵重器具。

柿树嫁接苗2～3年即开始挂果，一般栽培管理条件下，进入丰产期的稀植大树，单株每年可结果100～500kg。在柿主产区，到处可见一二百年生的老树仍然生机勃勃，果实累累。柿树结果早、寿命长、产量高、营养多、收益大，对增加农民收入、调整当前农村产业结构具有一定的现实意义。

二、原产地及栽培概况

柿原产我国南方，至今广东、广西、福建、四川、湖南、湖北、江苏、浙江等省（自治区）的山区尚有野生柿分布。黄河流域、长江流域及其以南地区品种资源丰富。

2 000多年前《礼记·内则》篇中有"枣、栗、榛、柿"的记载。汉代司马相如的《上林赋》中也有柿的记载。柿最初是作为观赏植物在庭园中栽植，到了5～6世纪南北朝时，由庭园栽植转向大面积生产，栽培已很广泛。在北魏贾思勰所著《齐民要术》中，已有用软枣（君迁子）作砧木进行嫁接及简易脱涩加工方法的记载。柿果制成柿饼后，可以久贮远运，古代人民已作为粮食代用品。例如《农政全书》（1625—1628）载："三晋泽沁间多柿，细民乾之以当粮也，中州齐鲁亦然。"描述了当时山西东南部和河南、山东把柿果干制当作粮食的情况。

国外柿树分布较广，各大洲均有栽培。2009年全世界柿栽培总面积78.46万hm^2，产量401.58万t，我国栽培总面积70.39万hm^2，产量287.12万t，是栽培柿年产量最高的国家。7世纪柿传入日本，深受日本人喜爱并大量发展，鲜果年产量25.8万t，其中甜柿占60%。韩国柿鲜果年产量45.0万t，其中80%为甜柿。中、日、韩3国产量占到世界总产量的89%。此外，巴西、以色列、智利和新西兰特别注重甜柿的生产，前三者主要出口欧洲，后者主要出口新加坡和返销日本市场。欧洲的柿自19世纪初从我国引入，美国于19世纪中叶自日本和我国引种栽培，主要为涩柿，近年也有少量甜柿栽培。南非及非洲北部的阿尔及利亚仅有少量栽培。

柿树在我国分布广泛，适宜其生长的气候条件为年平均气温9～23℃，年降水量在450mm以上的地区。目前以广西、河北、河南、陕西、福建、江苏、安徽、山东、广东等地栽培最多，占总产量的85%以上。其次是北京、湖北、山西、云南、四川、浙江等地。近年来，云南、浙江、湖北、四川等地甜柿开发面积较大，陕西、江西、河北、山东等地也在发展。

第二节 主要种类和品种

一、主要种类

柿隶属于柿树科（Ebenaceae）柿属（*Diospyros* L.）。柿属植物在全世界共有400种左右，大多为热带或亚热带植物，暖温带较少。分布在我国的柿属植物有64个种和变种，主要分布在西南和华南地区。目前在我国供果树栽培及砧木用的有柿、君迁子、油柿、美洲柿、老鸦柿、山柿、毛柿、浙江柿等。

1. 柿（*D. kaki* Thunb.） 柿为主要栽培种。落叶乔木，高达10m以上。树冠为自然半圆形或圆头形。树皮暗灰色，老皮呈块状开裂。叶片厚，倒卵形、广椭圆形或椭圆形。花有雌花、雄花和两性花之分，栽培品种大多仅具有雌花，少数为雌雄同株而异花；花冠钟状，肉质，呈黄白色；萼片大，4裂；雌花中有退化的雄蕊，子房8室，花柱有不同程度的联合。果实为扁圆形、长圆形、卵圆形或方形，常具有4～8道沟纹或1道缢痕；成熟时果皮橙红色或黄色。种子0～8粒，大多数栽培品种无种子。花期5～6月，果实成熟期8～11月。

该种原产于四川、云南、湖北、浙江等地。其抗寒力较其他落叶果树弱，在－15℃时即可能遭受冻害。

2. 君迁子（*D. lotus* L.） 君迁子又名黑枣、软枣、豆柿、牛奶柿、丁香柿、羊枣、红蓝枣。原产我国黄河流域以及土耳其、阿富汗。目前山东、河北、河南、山西、陕西分布较多，现在南方也有引种。落叶乔木，树高10m以上。树皮暗灰色，呈块状剥裂。枝条灰褐色。叶椭圆形，较柿小而无光泽。花多单性花，雌雄异株或同株。雄花2～3朵簇生，花冠红白色，有短梗；雌花单生，花冠绿白色。果实较小，直径1～2.5cm，果长圆形、圆形或稍扁，初为黄色，后变为黑色或紫褐色或黑褐色。

本种抗寒能力强，适应性广，自古以来被作为嫁接柿的优良砧木。果实多数有种子，少数无种子,可供食用,有的类型很有开发利用价值,如无核黑枣等。

3. 油柿(*D. oleifer* Cheng) 油柿又名油绿柿、漆柿或椑柿。原产我国中部和西南部。在江苏太湖西山,浙江杭州、萧山、诸暨、义乌等地栽培较多。落叶乔木,树高6~7m,树冠圆形。老树干呈灰白色,片状剥落。新梢密生黄褐色短茸毛。叶长卵形或长椭圆形,上表面及下表面均密生灰白色茸毛。花单性,雌雄同株或异株。雌花单生或与雄花同一花序上,而位于花序的中央;雄花序有花1~4朵。果为大型浆果,圆形或卵圆形,果面分泌黏液,有柔毛,果实橙黄色或淡绿色,常有黑色斑纹。种子较多。果实可供鲜食,但主要用于提取柿漆(柿涩)。本种也有用作柿砧木者。

4. 老鸦柿(*D. rhombifolia* Hemsl.) 原产我国浙江、江苏等省。落叶小乔木。枝条细而稍弯,光滑无毛。叶菱形或倒卵圆形,先端钝。果实红色,萼片细长,果梗长,果可食用。主要作观赏树栽培,江浙一带作为柿树砧木。

5. 山柿(*D. morrisiana* Hance) 又名罗浮柿、山椑柿。原产我国南部的广东、广西、福建、浙江、台湾等地。常绿灌木或小乔木,喜生于山谷、路旁或阔叶林中。果实极小,10月成熟,可鲜食,也可作榨油用。

6. 毛柿(*D. discolor* Willd.) 别名牛油柿,此种产于我国台湾省山区。常绿乔木。果实大,扁球形,果面密被茸毛,深紫红色,可食用。在台湾、海南、广东有栽培。

7. 浙江柿(*D. glaucifolia* Metcalf) 又名粉叶柿。果极小,球形,无毛,褐色。本种与君迁子近似,但叶较大,柄红,叶背粉白色。本种为我国南方优良砧木。

8. 美洲柿(*D. virginiana* L.) 原产美国中南部。乔木,雌雄异株。叶为卵圆形或椭圆形,顶端渐尖,上表面无毛,有光泽,下表面有微毛。果小,圆形或倒卵形,可食,在原产地11月左右成熟。

二、主要品种

(一) 品种分类与命名

我国柿品种很多,据不完全统计,已达1 000个左右。其分类系统与命名方法一般有:①依果实在树上软熟前能否自然脱涩分为涩柿和甜柿;②依生态分布分为北方型和南方型;③依用途分为脆食、软食、制饼和兼用;④依各地习惯命名。

1. 依自然脱涩分类 根据种子挥发性产物与柿果脱涩的关系,将柿品种分为以下4类。

(1) 果实脱涩与种子形成无关的品种

①完全甜柿(pollination constant non-astringent,PCNA):不论果实有无种子,成熟期均能自然脱涩,果肉内常形成少量褐斑。

②完全涩柿(pollination constant astringent,PCA):不论果实有无种子,成熟期均不能自然脱涩,果肉内不形成褐斑。

(2) 果实脱涩与种子形成有密切关系的品种

①不完全甜柿(pollination variant non-astringent,PVNA):有种子时脱涩,种子附近形成褐斑,无种子时不能脱涩,亦无褐斑形成,种子作用范围较大。

②不完全涩柿(pollination variant astringent,PVA):种子的有无影响到脱涩及褐斑的形成,其种子的作用范围小,脱涩程度低。

2. 依生态分布分类

(1) 北方型 耐寒力较强，喜干燥，喜光性强，果皮较薄、色浅，糖分高，一般品质较好。

(2) 南方型 耐寒力弱，不耐旱，较耐阴、耐湿，果皮较厚、色浓，糖分相对较低，多数品质相对较差。

3. 依用途分类

(1) 脆食品种 该类品种一般较易脱涩，脆食风味最佳，如树梢红、荥阳八月黄、高脚方柿等。

(2) 软食品种 该类品种以软食风味最佳，如磨盘柿、眉县牛心柿、火罐柿、临潼火晶柿等。

(3) 制饼用品种 该类品种一般可供鲜食，但最宜加工柿饼，如小萼子、恭城水柿、荥阳水柿、富平尖柿、镜面柿、博爱八月黄等。

(4) 兼用品种 该类品种既可供鲜食，亦可加工柿饼，如元宵柿、安溪油柿、洛阳牛心柿、橘蜜柿等。

4. 各地习惯命名法

(1) 依果实形状命名 如托柿（果实基部有缢痕，使果基部形成托盘）、盒柿（亦名磨盘柿、腰带柿，因缢痕将果分为上、下两部分，形如盒而得名）、馍馍柿（形如高形馒头）、方柿。

(2) 依果实颜色命名 如鹅黄柿、橙色柿、烧天红、大红柿、朱柿、鬼脸青、黑柿（果实表面黑色）。

(3) 依成熟期命名 如七月造（早）、八月黄、八月红、雁过红、九月青。

(4) 依果肉风味命名 如水柿、面糊柿、干柿、蜜罐柿、橘蜜柿。

（二）品种介绍

1. 涩柿类

(1) 磨盘柿 又名盖柿（河南、山西）、盒柿（山东）、箍箍柿、腰带柿（湖南）、藕柿、帽儿柿、重台柿。分布在河北、山东、山西、河南、陕西各省，湖南、湖北、浙江也有少量栽培。本品种世界闻名。

果实极大，平均重250g，最大果可达450g以上；扁圆形，中部有缢痕，果顶平或凹，果基部圆，梗洼广深；萼片大而平，基部联合；果柄附近呈肉环状，具很多皱纹；果皮橙黄色到橙红色；果心闭合，8室；果肉淡黄色，肉质松，纤维少，汁特多，味甜，无核（图22-1）。10月成熟。该品种最宜鲜食。较耐贮运。适应性强，喜沃土，抗旱、抗寒，寿命长。大小年结果现象明显。

(2) 恭城水柿 又名月柿、饼柿。产于广西恭城、平乐、荔浦、阳朔、容县一带。

果大，重150~250g；扁圆形；果皮橙红色；果顶广平，顶点凹陷，微有十字沟，无纵沟；蒂小，萼片分离，扭卷上伸（图22-2）。本品种有粗皮果和细皮果两个类型：粗皮水柿皮稍厚，水分少，易制饼；细皮水柿皮薄肉嫩，制饼工艺要求稍高，但成饼后肉质透明、细腻

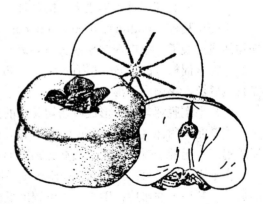

图22-1 磨盘柿

清甜，霜白质优。果实一般无核。在当地10月下旬成熟，最宜制饼，亦可鲜食。本品种果大，美观，适应性强，丰产，但生理落果较重。

（3）高脚方柿　又名方顶柿、方柿。产于浙江省杭州古荡、余杭、萧山、德清及江西省的高安、上高、丰城、清江、宜清等地。

果极大，平均重250g，最大可达500g；果皮橙黄色，高方形，纵沟有或无，顶部方圆形，脐部凹或平；萼片大，平展或反转；果肉汁多，味甜，品质中等；无种子或有种子。11月上旬成熟，适于鲜食。本品种树势强健，丰产、稳产，抗病虫力强。

图22-2　恭城水柿

（4）元宵柿　产于广东潮阳和福建诏安，以鲜果能贮至元宵节而得名。

果实极大，平均重200g以上；呈较高的扁方形，横断面略圆；果皮橙黄色，纵沟不明显，有黑色线状锈纹；蒂洼深，萼小，卷曲向上；肉质柔软，味浓甜，可溶性固形物21%，品质上。采收期长，在潮阳9月下旬至11月上旬都可采收，一般10月中下旬采收。最宜制饼，也可鲜食。

（5）安溪油柿　产于福建省安溪县。

果实极大，平均重280g；呈稍高的扁圆形；果皮橙红色，纵沟不明显；蒂方形，微凸起；肉质柔软而细，纤维少，汁多味甜，品质上。10月中旬成熟。鲜食、制饼均优。柿饼红亮油光，深受东南亚华侨欢迎。

（6）千岛无核柿　原产浙江省淳安唐村，据记载该品种在浙江已有600多年的栽培历史。

果实倒卵形或圆形，平均单果重100g；果面有放射状沟纹4条，果皮橙黄色，果色鲜艳；果肉橙黄色，成熟后柔软多汁，味浓甜，无核，品质甚佳。单株最高年产量曾达2 250kg，可谓柿中大王。9月下旬黄熟，时值农历八月，当地群众称之为"八月黄"，于国庆节上市。本品种寿命长，老树仍能维持相当产量。果实无核、味美，深受市场欢迎。

此外，我国各地还有许多涩柿品种，择其部分列表如下，以供参考（表22-1）。

表22-1　我国其他涩柿品种

品种	产地	果形	皮色	大小	品质	成熟期（月或月/旬）	种子	备注
永定红柿	福建永定	扁圆形	橙红	大	上	9～10	2～3或无	鲜食
诏安灯笼柿	福建诏安	椭圆形	橙红	中	上	8/上～10	无	鲜食
博爱八月黄	河南博爱	扁方形	橙黄	中	中	10/中	无	制饼
荥阳水柿	河南荥阳	扁圆形	橙黄	中大	上	10/上	多数无	烘柿
树梢红	河南洛阳	扁方形	橙黄	中	上	8/中	1～2或无	鲜食
雁过红	河南洛阳	扁心脏形	朱红	中大	上	9/中下	无或4～6	鲜食、制饼
火罐柿	黄河流域	圆形	朱红	小	上	10/中下	少或无	软食
新安牛心柿	河南新安	心脏形	橙黄	极大	上	9/下	少或无	鲜食、制饼

(续)

品种	产地	果形	皮色	大小	品质	成熟期（月或月/旬）	种子	备注
金柿	河南鄢陵	纺锤形	橙红	大	上	10/中	无	鲜食
富平尖柿	陕西富平	圆锥形	橙红	中	上	10/上	少或无	鲜食、制饼
大火晶	陕西临潼	圆球形	橙红	小	上	10/上	无	烘柿
眉县牛心柿	陕西眉县	方心脏形	橙红	大	极佳	10/下	无	鲜食、制饼
镜面柿	山东菏泽	扁圆形	红橙	中大	极上	10/中下	无	鲜食、制饼
小萼子	山东益都	心脏形	橙红	中	中	10/下	多数无	制饼
大萼子	山东益都	圆球形	橙红	中	上	10/中	无	鲜食、制饼
橘蜜柿	晋南	扁圆形	橘红	小	中	10/上中	无	鲜食、制饼
新昌牛心柿	浙江新昌	心脏形	橙黄	极大	上	9月底	2~4	烘柿
于都合柿	江西于都	扁方形	橙红	大	佳	10/上	无或少	鲜食
南通小方柿	江苏南通	方形	鲜黄	小	佳	9/下	无或少	鲜食
松坪无核柿	云南云龙	扁方形	橙红	中	上	10/下~11/上	无	鲜食、制饼

2. 甜柿（甘柿）类

（1）富有 完全甜柿。原产日本岐阜，1920年前后引入我国。在我国青岛、大连及陕西、浙江、湖北等地有少量栽培。

果实重200~250g，扁圆形；果皮橙红色，熟后浓红色；肉质致密、柔软，味甘甜，品质优，宜鲜食。有核2~3粒。一般10月下旬采收，11月中旬至12月上旬完熟。本品种枝变较多。一般表现结果早，丰产。但单性结实力弱，需混植授粉树或人工授粉。易罹炭疽病，多雨时更甚；对根头癌肿病抵抗力也弱。与君迁子嫁接亲和力弱，宜采用本砧。

（2）次郎 完全甜柿。原产日本，我国1920年引种，现在陕西、浙江、湖北、山东、河南、四川、湖南、江苏、云南等地已有栽培。

果实扁方形，单果重200g，最大果重300g；果皮橙红色，光滑，有光泽，软化后呈朱红色或大红色，果皮细腻，果粉较多；果顶微凹，十字沟明显；果肉橙红色，褐斑小而少，肉质脆而稍密，纤维多、细短，汁多，味甜，品质中上。宜硬食。10月中旬成熟，耐贮性强。与君迁子嫁接亲和力强。由于我国目前广泛采用君迁子作砧木，在本砧和广亲和性砧木普及之前，次郎仍是甜柿主栽品种之一。

四川省农业科学院园艺所从次郎芽变中选出川甜柿1号和川甜柿2号，果大、质优、早果、丰产，已通过品种审定。

（3）前川次郎 为次郎芽变，属完全甜柿。1988年引入我国，现在陕西、浙江、湖北已引种栽培。树姿开张。果实方圆形，比次郎略高，果顶广平；平均单果重200g；果皮有光泽，果面橙红色，果粉多；肉质脆而致密，汁少，味甜，品质上，褐斑小而少。种子1~2粒。果实10月上旬成熟。对君迁子亲和，树势较强。无雄花，结果早，丰产。

（4）阳丰 日本新品种，属完全甜柿。1991年引入我国，现在陕西、浙江、湖北已有栽培。

果实扁圆形，平均单果重240g；果皮浓橙红色，果面有或无纵沟；10月上旬成熟；肉质稍硬，汁少，味甜，品质中上；果肉褐斑中多，种子少，耐贮。单性结实力强，落果少，丰产稳产，对君迁子亲和，栽培性状好，适宜我国各地种植。

（5）**罗田甜柿**　完全甜柿。原产我国，现分布于湖北、河南、安徽交界的大别山区，尤以湖北省罗田、麻城栽培最多。罗田甜柿有多个类型，一般果重50~100g，平均果重73g；果形扁圆，果皮橙黄色，果面略显粗糙，果顶广平微凹，无纵沟、无缢痕；肉质密，初无褐斑，成熟后果顶有紫红色小点；味甜，可溶性固形物17.5%~21%。有种子4~6粒。在罗田10月中下旬成熟，成熟期有早、中、晚3个类型，采收期各相隔10d。最宜鲜食，亦可制饼。本品种品质优良，高产稳产，耐湿热，抗旱，着色后不需人工脱涩。唯果小，种子多，为其不足。现已在产地选出若干优良单株繁殖推广。

（6）**鄂柿1号**　原产湖北省罗田县，2004年通过湖北省农作物品种审定委员会审定，为完全甜柿。又名秋焰、阴阳柿。

果大，一般果重180g，最大果重250g；扁圆形，纵径5.08cm，横径7.52cm；果面橙黄色；果肉黄白，肉质细嫩，汁多，味甜，可溶性固形物17.8%，品质上等；一般无种子，仅少数果实有1~2粒种子。成熟期9月底至10月初。室温下可保脆20d左右。雌雄同株，有少量雄花。与君迁子嫁接亲和力强，单性结实能力强。易成花，早果性好，坐果率高，丰产性强，成年大树常年株产250kg以上，一般每667m^{2}产量为1 500~2 500kg。

（7）**宝盖甜柿**　本品种分布于湖北罗田、麻城一带，系由大别山区分布的甜柿种质中选优而来。完全甜柿。

果形特殊，似涩柿类的腰带柿，在靠近果实上端有一道圈，像一个盖子盖在上面，故称之宝盖甜柿。一般果重130g，最大果重160g，果实扁方圆形，果顶广平微凹，橙红色，汁多，味甜，可溶性固形物18.3%，品质上等。果实种子1~4粒，也有无子的。在武汉地区9月下旬成熟，耐贮运。果实黄绿时就可食用。雌雄同株。与君迁子嫁接亲和力极强。

我国还引进了其他一些日本甜柿品种，详情可参阅有关专著。

第三节　生物学特性

一、生长特性

（一）根系生长特性

柿的根系随砧木而异（表22-2）。君迁子砧根系分布浅，分枝力强，细根多，根系大多分布在10~40cm深的土层内，垂直根可深达3~4m以上，水平分布常为冠幅的2~3倍。君迁子根不但生长力强，而且能耐瘠薄土壤，常见山地柿树能在土层瘠薄的石隙中生长，仍有相当产量。本砧根系分布较深，侧根和细根比君迁子砧少，耐寒性较弱，但耐湿性比君迁子砧强。因此多雨地区宜用本砧或浙江柿作砧。

表22-2　柿树不同砧木特性比较

砧木	主根	侧根细根	分布	断根后状况
本砧	发达	较少	较深	淡黄色，变色慢
君迁子砧	较弱	发达	较浅	深黄色，变色极慢，有特殊气味

柿砧木的根一般分杈多、角度大，并呈合轴式分杈，这样有利于向各方伸展，增加吸收

范围。由于分杈多，每一小侧根即成一相对独立的根组。柿根在土壤上层及根颈附近呈羽毛状，在土壤下层及根先端多呈扇状。

柿根细胞的渗透压比较低，从生理上看不抗旱。成年柿树由于根系深，可吸收土壤深层的水分，能弥补吸收水分的不足。柿树常有菌根共生，增强了根部的吸收能力。

柿根含鞣质较多，初生根白色，根外皮逐渐由黄褐色变为黑色，受伤后根内部断面即由白色变为黄色，继而变为黄褐色至黑色，难以愈合，发根也较难，根系一旦受伤，恢复较慢。

(二) 枝梢生长特性

柿枝梢一般可分为结果母枝、生长枝、徒长枝和结果枝。结果母枝上的芽由上至下逐渐变小，分为混合花芽、叶芽、潜伏芽、副芽4种。花芽和叶芽从外形上难以区分，需在解剖镜下识别。

由于成花容易，幼树进入结果期后，萌发的新梢大多为结果枝。结果枝大多由结果母枝的顶芽及顶芽以下1~3个侧芽发出。生长强健的结果枝，可能形成新的混合芽而连续结果。其下的侧芽发生为生长枝。生长枝一般都比较短而弱；较旺的生长枝大多由上年已结过果而今年不再结果的枝条上发出，或由潜伏芽发出。生长枝中较粗壮、长度在15~40cm者，顶部可能分化花芽成为结果母枝；对于长度在10cm以下的细弱枝，一般为无用枝。徒长枝大多是由潜伏芽或副芽发出，生长时间长，生长量也较大，有的可达1m以上。长度50cm以上的旺枝，可用于更新树冠或改造成枝组。

柿枝梢生长以春季为主，成年树一般一年只有1次生长，幼树和旺树有的一年可抽生2~3次新梢。柿芽春季萌发，生长达一定长度后，顶端幼尖自行枯萎脱落，即发生自剪现象，使其下第一个侧芽成为顶芽，故柿无真正的顶芽，只有伪顶芽。

柿顶芽生长优势比较明显，能形成明显的中心干，并使枝条具有层性，这种特性尤以幼树期较为明显。幼树枝条分生角度小，枝多直立生长；当进入结果期后，大枝逐渐开张，并随年龄的增长逐渐弯曲下垂。

柿枝条基部两侧各有1个为鳞片覆盖的副芽，大而明显。这2个副芽一般不萌发，为潜伏状态，一旦萌发，则抽生的枝条生长强旺，柿的更新枝大多由这种潜伏的副芽萌发产生。

柿大枝一旦衰老下垂或回缩修剪，后部背上极易发生更新枝，是柿更新枝发生较早、更新频率较大的主要原因，也是人工进行树体更新的主要依据。由于大枝易弯曲下垂而后部较易发生更新枝代替原头向前生长，所以多次更新之后，大枝多呈连续弓形向前延伸。

二、结果习性

柿树生长强盛，自然生长时有中心干，树体高大。嫁接苗4~5年即开始结果，10年后进入盛果期，经济寿命可达100年以上。实生树结果较晚，在6~7年开始结果。日本甜柿则生长较弱，树冠开张，较为矮小，嫁接苗2~3年开始结果，5~6年即可进入盛果期。

(一) 花器与植株的类型

柿有3种花，即雌花、雄花和两性花，但每一品种树上只具其中1种花或2种花，3种花皆有的植株极为少见。

雌花为子房上位，由子房、退化雄蕊、花瓣、萼片构成。子房由4~6个心皮组成，肥大后成为果实。一个心皮有2个心室，2个胚珠。心室数8~12个，多为8个，花柱联合，柱头2~4裂。子房基部为蜜盘。花瓣基部联合成坛状，乳白色；先端4裂，裂片在蕾期呈浅绿色或黄绿色,开花后黄白色至深黄色,向外反卷。萼片大、宿存,成熟后称柿蒂(图22-3)。萼片对果实发育影响甚大。

雄花由退化雌蕊、雄蕊、花瓣、萼片组成,大小仅为雌花的1/5~1/3。雄蕊着生于花瓣基部的内侧,排列成内外2层,由短的花丝和发育完全的花药构成,雄蕊11~25枚。通常在新梢的叶腋由1朵中心花和2朵侧花组成伞状花序,中心花稍大,侧花较小。

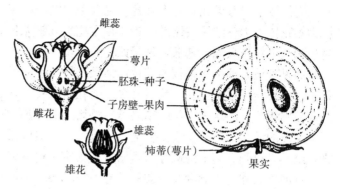

图 22-3 柿的雌花、雄花及果实

在具有雄花的品种中,往往存在少数两性花,这是雄花中雌蕊没有退化所致,花的大小与雄花的中心花相同。两性花结实率低,果实发育不良,所结果实仅有雌花所结果实的1/3,如陕西的五花柿和河南的什样锦柿。

柿由于花器和品种的不同而产生不同类型的植株:

1. 雌株 一般栽培品种属此类型。仅生雌花,不需授粉即能结成无子果实,为单性结实。我国柿树绝大多数属此类型。

2. 雌雄异花而同株 一株树上既有雌花又有雄花,我国栽培的柿仅有少数属此类型。这种类型树有的这种特性不稳定,当营养条件好转时则仅生雌花。

3. 雌雄杂株 一株树上有雌花、雄花又有两性花,一般野生树具有这种特性。

4. 雄株 近年,在大别山区发现了很多只开雄花的资源,经过多年的观察可以保持开雄花的特性。这种雄性种质可望作专用授粉品种使用。

(二)结果母枝与结果枝

柿花芽为混合芽,一般栽培品种因仅生雌花,所以柿的花芽大多指混合芽中的雌花芽(少数植株生有两性花亦同)。

柿树着生花芽的枝条称结果母枝,结果母枝由营养水平较高的枝梢转化而成,其来源有:①强壮的发育枝;②生长势减缓的徒长枝;③粗壮而处于优势地位的结果枝;④落花落果枝。

结果母枝的顶端及顶端以下几个侧芽可分化为花芽,一结果母枝上一般可着生2~3个混合芽,多者可达7个以上。混合芽次年抽生结果枝,结果枝由下向上第3~8节叶腋间开花结果,每一结果枝的开花数不等,一般为1~5朵,有的从第3节开始至顶端每节都是花,但以中部(4~6节)着花数目多,且坐果率高(表22-3)。多数结果枝于最后1个雌花后,向上再伸展4~5片叶,而后先端即自枯,停止生长。

表 22-3 花着生节位与开花结实的关系

(河北农业大学,1960)

结果枝节位	着生花数(朵)	采收果数(个)	结果率(%)
3	11	4	36.4
4	268	176	65.7
5	308	221	71.8
6	129	73	56.6
7	11	5	45.5

有的枝梢只有雄花，是因其发自混合芽中的雄花芽，故只抽枝开雄花不结果，这种枝梢称为雄花枝。无论结果枝还是雄花枝在生花之节皆无腋芽，而后成为盲节，故自该节不能抽生枝梢，更新枝只能自基部或先端无花的节位抽生。

结果母枝是抽生结果枝的基枝，结果母枝的强弱直接影响到结果枝的强弱。强壮的结果母枝抽生的结果枝既强壮，数目又多。强壮结果枝开花数多，结实力也强，果实个大，而弱结果枝则相反。故培养强壮的结果母枝是增产的关键之一。

果枝的结实力还与发生果枝的芽位有关。一般以顶花芽（伪顶芽）抽生的结果枝生长势强，结实力也强。其下的侧芽所生结果枝依次减弱。因此柿树应尽量保留结果母枝的顶芽。

柿的坐果能力与品种及营养条件有关。一般小果型品种坐果率高，营养水平较高的树坐果率高。生长势强、当年结果数少而树体营养水平高的枝条次年结果能力较强，反之则弱。

柿树由隐芽萌发的新生枝及徒长枝，大多生长1~2年后即可结果，立地条件好的当年即可开花结果。新生枝不但生长势强，结果能力也强，应注意保留利用。

（三）花芽分化

据张耀武和王志明（1977）报道，河南省辉县的柿在6月15日初现花原始体，至7月15日进入萼片分化期。而萼片分化以后直至翌年3月中旬以前，花器的分化处于停滞状态，随着新梢的生长，3月20日分化花瓣，4月3日进入雄蕊分化期，4月16日分化雌蕊，每一花器的分化始期相隔约15d。

柿雄花在花芽分化初期与雌花的花芽在形态上难以区别；但分化后不久，因雄花的花芽常包含数花，由于其侧生花芽的发育，即可与雌花的花芽区别。即至7月中旬顶生花芽的花瓣分化完成时，侧生花芽的萼片形成，雄花芽与雌花芽就能完全区别。以这样的状态越冬后，至翌春3月中旬左右，雄花芽内形成雄蕊的初生突起，在花瓣内侧排列成环状，且于其内侧发生同样的突起，这些也是雄蕊的初生体。与雌花芽相比，因其雄蕊排列为2重，故能确认其为雄花芽，最后在内部出现4个尖锐的雌蕊初生突起，但这些突起不再发育，而成所谓伪雌蕊。

在同一枝内上位的芽较下位的芽分化期早，在同一芽内着生在5~13节的花芽以8~11节的花芽分化程度最高，且开花也早。

（四）果实

柿果的基本形状有长形、方形、圆形和盘形等，大小相差悬殊，单果重由数克至数百克，颜色由淡黄色至朱红色，果顶有尖、钝、圆、平之分，此外，缢痕的有无，纵沟、辐射状小沟的有无、深或浅，胴部裂纹，果肩锈斑及脐的形状等都因品种不同而有差异；果面有蜡状果粉。柿果实为真果，可食部分由子房壁发育而成，中心为含有多维管束的果心，以此为中心，一般有呈放射状排列的8个心室，心室壁呈半透明状，为内果皮，它与中果皮（果肉）同为可食部分。柿果形态上最大的特点是具有大型的柿蒂。柿果中含有多量的植物多酚。

三、物候期

各地自然条件不同，物候期差别很大。在温暖的南方，萌芽早、休眠迟；而寒冷的北方，萌芽迟、休眠早。在同一地区不同品种其物候期也有很大差别，如陕西果树研究所内184个品种，在1974年的萌动期，3月上旬萌动的有136个品种，3月中旬萌动的有39个品种，3月下旬萌动的有9个品种。现列出各地代表品种的物候期如表22-4所示，以供参考。

表22-4 柿产区主栽品种物候期（月/旬）

地 点	品种	萌芽期	开花期	果实成熟期	落叶期
广东普宁	元宵柿	2/上	3/中	10/下	11/下
广西恭城	水柿	2/下～3/上	4/中	10/下～11/上	11/下
福建永定	红柿	3/上	4/中	8/下～10/下	11/上
湖北武汉	次郎	3/中	5/初	10/初	11/上
浙江杭州	方柿	3/下	5/初	10/下～11/上	11/上
湖北罗田	鄂柿1号	3/下	5/上	9/下～10/上	10/下～11/上
陕西眉县	眉县牛心柿	3/下	5/下	10/下	11/上
河南博爱	八月黄	3/下～4/上	5/中下	10/中	11/上
天津蓟县	磨盘柿	4/中下	5/下	10/下	10/下～11/上

1. 萌芽和新梢生长期 柿的萌芽一般需在日平均气温12℃以上，因南北气候及品种的不同，其萌芽先后可相差2个月以上。

柿成年树新梢加长生长除大枝延长梢生长时期较长外，一般的长枝伸长期只有30～40d。在山东泰安新梢生长自展叶开始（4月中旬），生长逐渐加速，至4月下旬生长最快，5月上旬以后生长逐渐减缓，5月中旬花期之前停止生长。以上各物候期我国南方如广东、广西比北方如山东、河北提早1～2个月。

2. 根系生长期 柿的根系在年生长中比地上部开始晚，当地上部已萌芽展叶时，根系尚未开始生长。据原山东农学院观察，柿根系开始生长是在新梢基本停止生长之后，山东泰安地区为5月上旬。根系一年有3个生长高峰，在新梢停止生长与开花之间，即5月上中旬为根系第一个生长高峰；开花期间根系生长缓慢，花期之后即5月下旬至6月上旬为第二个生长高峰；在第二个生长高峰之后，6月中旬至7月上旬，即果实快速生长时期，根系有一暂时停止生长阶段，在7月中旬至8月上旬根系又形成第三个生长高峰；8月上旬后至9月中旬为根系生长缓慢阶段，9月下旬之后根系即停止生长。

3. 开花和果实生长期 柿展叶后30～40d即可开花，一般要求日平均气温17℃以上。开花延续时间各品种不同，在5～20d不等，大多数品种为6～10d。一朵花的开放期约半天，早晨开放，午后即萎缩。

落花后幼果即开始膨大，柿果生长全过程分为3个阶段：第一阶段由坐果后延续2个月左右生长较快，此期果实已基本定形，主要为细胞分裂阶段；此后即进入第二阶段，生长较慢；至成熟前1个月左右进入第三阶段，生长又稍加快，此期主要为细胞的膨大和果实内养分的转化。生长全过程在100～200d。

4. 落果期 柿在开花前随着枝条的迅速生长，果枝上叶腋间的花蕾即有落蕾现象；开花后幼果形成，又有落果现象。落果以花后2～4周较重，6月中旬以后落果显著减轻，8月上中旬以后至成熟落果很少。前期落果花萼与果实一齐脱落，后期落果只落果而萼片残留。

5. 花芽分化期 柿的花芽为混合芽，大多在新梢停止生长后1个月，约在6月中旬，当母枝腋芽内雏梢具有8～9片幼叶原始体时开始分化，即在雏梢基部约第三节开始向上，在将来成为叶片的幼叶叶腋间连续分化花的原始体。每个混合芽内分化花的数目因品种而不同，有的可达10个左右，但一般为4～5个或3～4个。在一个芽内包含的花，因位置（芽位）不同，分化和发育的程度不一样，雏梢中部的花比基部及顶部的花分化和发育得好，将来开花也较早，结果好，不易落果。分化和发育不良的花多在雏梢萌发后于开花前落掉，即所谓落蕾。

据不同单位的观察，柿花芽分化于6月出现花原始体，7月为花萼分化期，8月直至休眠始终保持在花瓣分化期，休眠过后翌春再继续分化完成。开始分化的时期大体相似，分化的进程稍有不同，这与观察的年份、品种、地区不同有关。

6. 果实成熟期 柿的成熟期早晚在品种间相差很大。例如，陕西省的早熟镜面柿于8月上旬即可成熟，而当地的晚熟尖柿则在10月下旬成熟，相差达2个半月。南方多数品种于9月下旬至10月上旬成熟；北方多数品种于10月中下旬成熟。

7. 落叶休眠 柿在广西11月下旬落叶，在陕西11月上旬落叶。落叶前20d叶先变成红色，而后脱落。落叶顺序是先冠上部和下部，再中部。落叶后即进入休眠。

四、对环境条件的要求

柿树喜温喜光，且因根系强大，吸收肥水的范围广泛，故对土壤选择不严，立地条件优越有利于优质丰产。

1. 温度 柿宜温暖气候，但在休眠期也相当耐寒。冬季最低温度降至-14℃无任何冻害表现，且能忍耐短期-18～-20℃的低温，因此在华北和西北许多地方都可栽培。但温度长期在-15～-20℃以下时，枝梢遭受冻害，甚至使树体受冻死亡。

就全国而言，我国柿产区年平均温度在9～23℃，成熟期（8～10月）温度在19～26℃；黄河流域年平均温度为9～14℃，成熟期温度为19～22℃，冬季最低温度在-20℃以上。甜柿所需温度较涩柿稍高，在北京、河北北戴河及山东泰安温度较低则自然脱涩缓慢，往往在树上不能脱涩而成涩果，且着色不良。甜柿的成熟期（8～11月）平均气温在18～19℃时果实品质优良，但温度高达20℃以上时果皮粗糙，鞣质在内部聚集而致变色，果肉褐斑较多且品质下降，故仅就温度而言，甜柿最适区为长江流域和云贵高原。

2. 湿度及日照 柿原产多雨的南方森林，但经长期在华北栽培驯化，也能适应干旱气候。因此，柿在我国就形成了南方和北方两个品种群，南方品种群耐湿，北方品种群耐干抗寒。不论南方或北方品种在果实成熟期均喜干燥和阳光充足，而有适当温度。我国北方秋季温度并不很低，而降水少，日照多，故所产柿的品质反胜于南方。且柿除鲜食外，主供制柿饼，如果是利用太阳晒干，则秋季必须干燥少雨。

柿生长期雨量过多，常引起枝梢徒长，妨碍花芽形成。开花期多雨不利授粉受精，易引起落花落果。幼果发育期多雨、日照不足，则会阻碍同化作用，易引起生理落果。由此可知，多雨而日照少对柿栽培有各种不利。但是夏秋在果实生长期久旱，又不行灌溉，则土壤太干，果实发育受阻碍，甚至引起落果。因此，在南方多雨期应注意排水，而在夏秋干旱期或北方干旱地区需行灌溉。

3. 地势与土壤 柿对地势与土壤要求不严，不论山地、平地或沙滩地皆有柿树生长，但以土层深厚、排水良好而能保持相当湿度的土壤较好。土壤过于瘠薄而又干旱的地区，柿树易落花落果而产量低。就土质而言，最理想的是黏质或沙质而土层较深、石砾较多的壤土。由于这种土壤含水较少，枝梢不易徒长，树冠管理容易，一般果虽小，但甜味浓，较易贮藏。高腐殖质土过于松软，含水多，枝易徒长，结果少，且易受冻害。在含腐殖质适度的土壤，柿生长良好、丰产、果实品质优良。

柿对土壤的酸碱度要求不严，但与砧木种类有关。我国北方多用君迁子为砧，君迁子适于中性土壤，但亦能耐微酸性和微碱性土壤。南方各地多酸性土，多用当地半野生柿为砧，能适应酸性土壤。

第四节　繁殖技术

我国柿树以嫁接繁殖为主，技术要求较高，部分品种对砧木有选择。

一、砧木的种类及其特性

柿树用嫁接法繁殖，各地所用砧木有以下几种：

1. 君迁子　君迁子为我国南北各地广泛采用的砧木。君迁子种子发芽率高，苗木生长整齐健壮，播种后当年即可嫁接。但在地下水位高的地方生长不太理想，山地使用较好。君迁子根系浅，细根多，能耐寒耐旱，为柿的良好砧木，但与富有系甜柿及永定红柿等嫁接不亲和。

2. 浙江柿　种子出苗率高，生长快，适宜南方柿产区推广。

3. 油柿　根群分布浅，细根多；对柿具有矮化作用，能提早结果。但以此为砧木的柿树寿命较短。

4. 实生柿　实生柿为我国南方柿的主要砧木。因采自当地，故能适应当地环境条件。深根性，侧根较少，一般能耐湿，亦耐干旱。

总的来说，对南方地区而言，砧木选择最好是浙江柿，其次依次是君迁子、油柿、野柿。

二、砧木繁殖特点

用君迁子及半栽培柿作砧木，应采集充分成熟的果实堆积软化，搓烂后洗去果肉，取出种子，阴干后用湿沙层积，或将阴干的种子进行干藏。到播种前用水浸泡种子 1~2d，种子吸水膨胀后进行短期催芽，待有 1/3 的种子露出白芽即可播种。按行距 30~50cm 条播，覆土厚度 2~3cm。幼苗出土后待长出 2~3 片真叶时，按株距约 10cm 进行疏苗或补植，注意肥水管理。到秋季较粗的即可进行芽接，其余的次年春季进行枝接或花期芽接，也可再培养一年而于第二年秋行芽接或第三年春行枝接。

三、嫁接的时期和方法

嫁接的方法因时期、地区而不同，枝接于春季砧木已萌芽而接穗尚未萌动时进行，芽接则周年可行。嫁接方法枝接可用劈接、皮下接或腹接等，以劈接最为常用；芽接可用 T 形芽接、嵌芽接等，以嵌芽接最为常用。

嫁接成活的关键：①柿含有较多鞣质，易氧化形成隔离层，不论枝接或芽接，动作要迅速，且削面要平滑。②柿嫁接后最忌切口干燥，嫁接时最好用塑料薄膜将接穗全部包护，绑缚要严紧，或用熔化的石蜡涂于接穗的外表。③应选粗壮、皮部厚而富含养分的接穗。芽接时削的芽片要稍大些，宜稍带木质部。④芽接时对接芽绑缚要紧，注意芽下部位要紧贴木质部。否则，芽的四周皮层成活而芽枯死。

第五节　栽培技术

一、定　植

1. 栽植方式　柿树栽植可行柿粮间作；或在田边地头和梯田外沿栽植，增加副业收益；也可开辟柿园成片栽植，进行精细管理。

2. 定植时期　较寒冷地区可行春植，春植应在土壤开冻后越早越好。南方以秋植较好，秋植有利根系早期与土壤密切接触，恢复吸水功能，有利来春枝叶生长。

3. 定植距离与计划密植　柿树冠大小中等，且具有宜回缩修剪的特性，栽植距离可小些。平地及肥沃土壤可按 5m×7m 或 6m×8m 定植，瘠薄土或山地可按 3m×5m 或 5m×6m 定植。柿粮间作地区可按株距 6m、行距 20～30m 距离定植，行距较大，以便间作其他作物。柿有早期丰产的特性，如能精细管理，可行计划密植先密后稀。

我国有不少老柿园栽植过于分散，不便于管理，应补植加密，逐步过渡为规整的柿粮间作形式。坡地柿园应做好水土保持工程。

4. 授粉树的栽植　柿大多数品种不需授粉即能自动单性结实，若配置授粉树结的果有种子反而降低了果实的品质。但是富有柿如配有授粉树进行授粉结成有核果，则可减少落果。有的品种进行授粉后而未受精能结成无核果（称刺激性单性结实）；有的品种受精后种子中途退化而成为无子果实，即所谓伪单性结实（如日本涩柿平核无与宫崎无核）。这两种情况也需要配置授粉树，可以增加产量。所以对部分品种栽植授粉树是必要的。

授粉品种应用有雄花的品种。计划密植园可每隔 3 行树栽 1 行授粉树。不间伐的柿园，授粉树至少应占 1/9。

5. 栽植时的注意事项　以往认为柿树不能移栽，一移就死。这是因为柿树根系鞣质含量高，受伤后难以愈合和发新根，且根系细胞渗透压低，生理上不耐旱的缘故。只要在起苗后根系突然减少的情况下，采取蘸泥浆、浇透水、覆膜保护等措施，不使细根干燥，就能提高成活率。柿树定植应注意如下事项：

①适地栽植，定植地以坡度在 15°以下的壤土为宜，忌重黏土或纯沙土，土层厚度 1m 以上，排水良好，有水源可供灌溉。

②壮苗全苗，要求根系具 5 条以上的主、侧根，根长 15～20cm，细根多，伤口小，苗木粗壮，芽子饱满，接口愈合良好。

③起苗前灌透水，挖苗时尽量少伤根系，起苗后注意遮阴，严防根部干燥，始终保持根系的湿润状态，长途运苗前蘸泥浆、包薄膜、裹麻袋，保潮防冻。

④提倡带土移栽或栽容器苗。通过采用容器育苗，带土整体定植的方法，可以从根本上避免根系受伤，从而缩短甚至没有缓苗期。

⑤栽植时务使根系自然舒展，要以熟化的泡土偎根，切忌以深层的生土或刚施过肥的土壤偎根，边埋土边踏实，使土壤与根系密接。山地宜抽通槽，建梯田，改土后栽苗，栽于梯田外沿；平地宜抬高栽植。

⑥栽后立即做好树盘，并浇透水。地形复杂的坡地，未抽槽做梯田的以修鱼鳞坑为好。在干旱的地区或季节栽植后，树盘覆 $1m^2$ 的薄膜，以减少蒸发。栽后及时定干，定干高度 60～100cm，根系差的可于 30～40cm 处短截。

二、土壤管理

1. 柿园间作 柿粮间作的柿园，因行距大，间作物的种类可不受限制。但在生长期间，也有对光能利用及肥水竞争的矛盾，解决的方法是在靠近柿树的地方栽植矮秆作物或豆科作物。小麦在春天正值旺长时期，易与柿相互争夺水分，所以应在远离柿树的地方种植，并加大肥水，方不碍柿树生长。成片栽植柿树的柿园在幼树期也应种植间作物，以便充分利用土地。

2. 土壤管理 柿喜湿润土壤，据观察，山地凡生长在水沟附近的柿树产果多，因此柿园土壤管理的中心工作之一是保持土壤水分。除适当灌水外，山地柿园应做好水土保持工作，如修地埂梯田，土壤深翻，加深活土层，创造良好的土壤结构，增加土壤空隙，增强保肥保水能力。

园地表层土壤最易蒸发失水，除经常耕锄外还可地面覆草，防止日光直接照射，减少蒸发。种植绿肥、生草栽培及多施有机质肥料，亦能增强土壤含水能力。南方山地土壤多呈酸性，宜在施基肥前适量施入石灰，调整土壤 pH。

三、施　肥

（一）柿树需肥特点

柿树的需肥特点：①柿根细胞的渗透压比较低，施肥浓度不要过高，以多次少施为宜。②在果树中，柿树需钾最多，尤以果实肥大时需要量最大，钾素往往从其他部分向果实输送，当钾肥不足时果实发育受到限制，果实小；但钾肥过量，则果皮粗糙，外观不美，肉质粗硬，品质不佳。③施用磷肥对柿的效果较小，过多施用则会抑制生长。④柿树对肥效反应较为迟钝，不施肥树势衰败较其他果树慢，一旦衰败，再行补肥，又较其他果树更难复壮。

（二）施肥时期

1. 基肥 柿的基肥应于秋后采果前（9月中下旬）施入，此时枝叶早已停止生长，果实已近成熟，消耗养分极少，而叶片尚未衰老，正值有利同化养分进行积累时期，此时施入基肥可加强光合效能，促进营养的积累，为次春枝叶生长和开花坐果打好基础。基肥以有机肥为主，施入数量约占全年施肥量的 1/2，并注意氮、磷、钾的适当配合。

2. 追肥 追肥应结合物候期进行。柿除新梢和叶片生长较早外，其他如根系生长、开花、坐果与果实生长等皆偏晚，因此追肥时期亦应偏晚，枝叶生长虽早，但主要是应用树体内的贮藏营养。据原山东农学院的试验观察，肥水过早施入，由于刺激了枝梢生长，反而引起落蕾较多。因此，追肥时期应在枝叶停止生长后、花期前（5月上旬）进行 1 次，7月上中旬前期生理落果后进行第二次追肥。这两个时期追肥可避免刺激枝叶过分生长而引起落花落果，亦可提高坐果率及促果实生长和花芽分化，除使当年产量增加之外，还可增加来年的花量，为次年丰收打好基础。

3. 根外追肥 花蕾期（或花露白）至生理落果期，每隔半个月喷 1 次叶面肥。花期用 0.2%硼砂＋0.2%磷酸二氢钾，叶片转绿前用 1 000 倍绿旺绿宝或活性液肥，其他时期用

0.2%~0.3%尿素+0.2%磷酸二氢钾或0.3%~0.4%复合肥喷施。其中蕾期及花期结合喷叶面肥,各加入适量的赤霉素,可减少落果,增加产量。

(三) 施肥量

柿园施肥种类和数量依土壤、气候、树的生长及结果状态而不同。从国内外各方总结推算,假定以生产1 700kg果实为标准,大致需氮9.96kg、磷2.36kg、钾9.24kg,且随树龄增大施肥量也有所增加。现列出日本福冈的施肥标准,以供参考(表22-5)。

表22-5 柿不同树龄的施肥标准 (1 000m^2施肥千克数,kg)

树龄	肥沃土			普通土			瘠薄土		
	氮	磷	钾	氮	磷	钾	氮	磷	钾
1	1.5	1.0	1.0	3.0	2.0	2.0	5.0	3.0	3.0
2	3.0	1.5	1.5	5.0	3.0	3.0	6.5	4.0	4.0
3	3.5	2.0	2.0	6.0	3.5	3.5	8.0	5.0	5.0
4	4.5	3.0	4.5	8.0	5.0	8.0	11.0	6.5	11.0
5	5.5	3.5	5.5	9.0	5.5	9.0	4.0	8.5	14.0
6	6.5	4.0	6.5	10.0	6.0	10.0	15.5	9.0	15.5
7	7.0	4.0	7.0	11.0	6.5	11.0	17.0	10.0	17.0
8	7.5	4.5	7.5	12.0	7.5	12.0	18.0	11.0	18.0
9	8.5	5.0	8.5	13.0	8.0	13.0	20.0	12.0	20.0
10	9.0	5.5	9.0	13.5	8.5	13.5	20.5	12.5	20.5
11	9.5	5.5	9.5	14.0	8.5	14.0	21.0	12.5	21.0
12	10.0	6.0	10.0	14.5	9.0	14.5	22.0	13.0	22.0
幼树	10	6	6	10	6	6	10	6	6
结果树	10	6	10	10	6	10	10	6	10

注:前3年为未结果树。幼树和结果树为三要素比率。

营养分析是施肥与防治缺素症的基础,营养分析分为叶片分析和土壤分析。现列出日本和新西兰的柿树叶片营养成分标准见表22-6。

表22-6 柿树叶片营养成分标准

元素		缺素	适宜	
			日本	新西兰
大量元素 (%)	氮	<0.93	2.3~2.5	1.57~2.00
	磷	<0.05	0.12	0.10~0.19
	钾	<0.42	1.6~2.3	2.40~3.70
	钙	<0.26	1.0~2.1	1.35~3.11
	镁	<0.13	0.22~0.25	0.17~0.46
	硫	—	—	0.21~0.44
微量元素 (mg/kg)	锰	—	—	238~928
	铁	—	—	56~124
	锌	—	—	5~36
	铜	—	—	1~8
	硼	—	—	48~93

据以上研究结果,各地施肥都十分重视以有机肥为主,农家肥与化肥相结合,氮、磷、钾配合,基肥与追肥相结合,土壤施肥与叶面喷肥相结合。就施肥量而言,恭城水柿在单产1 500~2 000kg的柿园,年施菜子饼100kg,农家肥1 000kg,土杂肥1 500kg,沼渣液或人畜粪水600kg,复合肥24kg,钙镁磷肥10kg,尿素7kg。折合纯量氮、磷、钾合计

55.91kg，氮（N）、磷（P_2O_5）、钾（K_2O）比例为1：0.35～0.4：0.8～0.85。

日本柿树大多栽植在坡度大的地方，他们主要利用锯木屑与鸡粪的混合物作为土壤改良剂。按鸡粪与锯木屑的容积比1：1～2混合堆积，经常保持50%～60%的相对湿度，堆积3个月后即可利用。这种木屑鸡粪改良剂含氮1.08%、磷2.15%、钾2.45%，还含有其他养分。据分析，1 000m^2施用5 000kg木屑鸡粪改良剂后，其土壤腐殖质含量为2%；1 000m^2施用10 000kg的，其腐殖质含量为3%；未施的对照腐殖质含量仅0.63%。两种施用量处理的果实平均单果重均高于对照，施用改良剂第三年其果实含糖量明显高于对照。

四、灌　水

柿喜湿润，土壤水分不足常导致果实萎缩、枝叶萎蔫、落花落果，尤以土壤湿度变幅过大时生理落果最为严重。因此适时灌溉实为必要。

灌水时期应视土壤干湿而定。若遇早春天气干旱，在萌芽前尤应注意灌水，此时适量灌水可促进枝叶生长及花器发育。开花前后灌水有利坐果，防止落花落果。在每次施肥后灌水有利肥效的发挥。但灌水过量则会刺激枝条过分生长，反而不利。

灌水量可因土壤干湿情况及树龄大小而定，一般每株灌水100～500kg不等。

五、整形修剪

柿依品种或环境条件不同，其生长有强弱之别。一般涩柿生长强，树姿直立；甜柿生长较弱而开张。凡直立品种或在环境条件促其生长强之处宜用主干形或变则主干形，开张品种或在环境条件较差之处宜用自然开心形。柿树整形修剪从根本上来讲就是保证通风透光条件，培养强壮结果母枝。

（一）整形

1. 变则主干形　大多数品种在自然生长情况下常保持有明显的中心干，主枝的分布也有明显的层性。如磨盘柿、铜盆柿等，可整成这种树形。这种树形的特点是：干高60～100cm，有中心干；主枝在中心干上错落分布，共有4～5个主枝，树高4～6m，主枝间距60～80cm；各主枝上再分布有侧枝，侧枝上再着生枝组。

2. 自然开心形　有些向上生长力差、分枝多而树冠开张的品种如富有、次郎、镜面柿、八月黄、小萼子等可整成这种树形。其特点是干高50cm左右，选留3个大主枝约成50°向上斜伸，各主枝上再分生2～3个侧枝，侧枝的外侧再分生小侧枝或生出结果母枝和枝组结果。

（二）修剪

1. 冬季修剪

（1）幼树的修剪　柿幼树生长旺，顶芽生长力强，有明显的层性，分枝角度一般偏小。修剪的主要任务是：搭好骨架，整好树形，注意各主枝间的均衡和从属关系。在修剪中要适时定干，按树形结构选好主枝，注意骨干枝的角度，保持枝间均衡。要少疏多截，增加枝量。

（2）盛果期树的修剪　柿经5～10年即进入盛果期，此期树体结构已基本形成，树势稳定，产量上升，树体向外扩展日趋缓慢，随年龄的增加，内膛隐芽开始萌发新枝，出现自然更新现象。此期修剪的任务是：注意通风透光，培养内膛小枝，防止结果部位外移；要疏缩结合，培养新枝，做到及时小更新，维持树势，延长盛果期年限。修剪方法如下：

①调整骨干枝角度，均衡树势：盛果期柿树随年龄的增加，枝条逐渐增多，树冠内膛光照逐年变劣，枝条下垂，内膛小枝生长衰弱，结果稀少，枯死现象严重。应对过多的大枝分年疏除，改善内膛光照条件，促使内膛小枝生长健壮、开花结果。应将大枝原头逐年回缩，同时扶持后部更新枝向外斜上方生长，逐渐代替原头，以便抬高主枝角度，恢复主枝生长势。

②疏缩相结合，培养内膛枝组：盛果期柿树大枝后部逐渐光秃，结果部位外移，修剪时应及时回缩，促使后部发生更新枝，培养枝组。柿在壮枝上结果多而大，必须预先培养壮的结果母枝，粗壮的结果母枝不但发生的结果枝粗壮，而且发出的结果枝数量也多。因此对下垂枝及长度在10cm以下的弱枝应及时疏除。柿树结果枝组的更新，要本着去密留稀、去老留新、去弱留强、去直留斜、去远留近的"五去五留"原则进行。

③培养粗壮的结果母枝是增产的关键：结果母枝上又以顶芽抽生的结果枝最壮，结果最好，故修剪时若作结果母枝看待，一般不短截，只疏密。但对于容易形成花芽的品种，其粗壮结果母枝亦需轻度短截，借以减少结果数量。结果母枝一般以长20～45cm者最为理想，可将不良的或密生的疏去。每年把结过果的枝条加以短截，作为预备枝（更新母枝），使其隔一年结果，可以克服大小年结果现象。短截的枝条应选粗壮而下部具有侧芽的方可发出新枝。

④利用徒长枝培养新枝组：柿树内膛时有徒长枝发生，徒长枝过多时应疏除一部分，留下的应及时摘心促生分枝，培养为枝组。由徒长枝培养的枝组生长力强，结果能力也强，应注意利用。

（3）老树的修剪　老柿树小枝与侧枝不断死亡，树冠内部光秃情况日益加重，后部发生徒长枝，出现自然更新现象；小枝结果能力减弱，隔年结果现象严重。修剪的原则是大枝回缩，促发更新，延长结果年龄。

修剪的方法是对大枝进行较重的回缩，缩到后部有新生小枝或徒长枝处，使新生枝代替大枝原头向前生长。天津蓟县的经验是上部落头要重缩，下部大枝轻缩，保持适当的结果部位，维持产量。回缩大枝应灵活掌握，一枝衰老一枝回缩，全树衰老全树回缩。回缩避免太重，防止过量发生徒长性大枝，这种枝若不适时摘心控制，后部易光秃，也难形成花芽，恢复产量较慢。回缩太重易造成伤口过大，难以愈合，引起枯朽。老树内膛发生的徒长枝是恢复树势的良好枝条，应注意保护利用。要适时摘心，促使分枝形成新的骨干枝，更新树冠。对老树膛内发生的小更新枝，应疏去过密的和细弱的，保留枝应摘心促壮，培养为结果枝组。

（4）对放任树的修剪　修剪的原则是：大枝过多的要分年疏剪，树过于高大的要分期落头，以加强下部光照并促发新枝。对大枝先端已呈下垂状时，可于弯曲部位回缩，利用背上枝抬高角度，并重作新头。对细弱小枝要疏密促壮。不论大枝或小枝，不可在一年内疏截过多，应分年进行，以免引起徒长，影响产量。

2. 夏季修剪

（1）除萌芽或疏嫩枝　柿强健的结果母枝常自一枝上发生结果枝数个，更自其基部发生生长枝，有时不免过于密生。此时先端的结果枝往往生长过强，生产优良果者少；下部生长弱的结果枝，伸长缓慢，开花迟，而受精不良，落果率高。故自一结果母枝发生多数结果枝时，宜留中部所生结果枝2～3个，其他宜早行除萌，以期通风透光，节省养分。此外，柿多隐芽，易因修剪刺激而萌发，应于发生之初将无用的全部除去，仅留少数认为应留的萌枝。如果生长过强，尚有夏秋梢发生，应于7月中旬至9月中旬随时检查，将树冠内无用的或密生的新梢除去。

（2）摘心　生长旺盛的幼树，在花期前后（4月下旬至5月中旬），对其旺长的发育枝留基部 25~30cm 进行摘心，促发二次枝，这些二次枝当年即可形成花芽，成为结果母枝。

（3）短截 开花过多时，在部分结果母枝基部短截，迫使基部的叶芽和副芽萌发成发育枝形成新的结果母枝，以调节树势，连年结果。对于青壮年柿树，在结果枝最上部一朵花往梢末端留 4~5 片叶短截。

（4）拉枝 在幼树期，对于生长旺、角度小、方向不合适的枝条宜行拉枝，拉枝能缓和树势、扩大树冠和改变枝条的生长方向，使树冠内通风透光，形成丰产的树体结构；而且可促进枝条中下部芽体充实饱满，有利于翌年发枝和形成果枝。拉枝的具体方法是在春季萌芽后和早秋时节将大枝拉至 80°左右，中小枝拉至 60°~70°的适当方位。

各种树形修剪时应注意如下几点：①柿树修剪应以疏为主，尽量减少短截；②要灵活运用优势与劣势来调节树势；③注意利用副芽萌发力强的特性，更新培养结果母枝。

六、适量坐果

（一）保花保果

柿在年周期中生长和发育的各个阶段非常明确。武汉地区 4 月中旬以前集中于营养生长，4 月中旬以后则专注于继续上年花芽的孕育和花形态的建成及开花、坐果，6 月中旬转向果实发育与花芽分化。然而柿对环境条件较为敏感，一旦栽培技术不当，如肥水过多或修剪过重，皆易刺激枝叶的过旺生长，而打乱了其物候时期（阶段）的节奏性，导致内部生理的失调，从而引起落花、落果。此外，营养、水分和光照不足皆易引起落花、落果。例如花量过多，土壤水分和养分供应不足，枝条生长过旺，枝条生长与果实生长发生养分竞争，以及上一年枝条生长过旺、休眠晚，树体贮藏营养水平低，或天气干旱或长期阴雨，皆可引起大量落果。此外，病虫害、风灾也可使果实脱落。落果多少与管理情况及品种有关，大果品种比小果品种落果率高。落果还与结果母枝或结果枝的强弱，以及果实在果枝上的着生部位有关。一般强壮的结果母枝或结果枝落果轻，着生在果枝中部的落果轻，着生在果枝两端的落果重。单性结实力差的品种授粉受精不良也易落果。

生长前期肥水过量，促进了枝梢的旺长，因而引起前期枝梢与幼蕾对养分的竞争，会导致部分花蕾脱落，但可加强未落果实的生长。修剪过重刺激旺长，也能引起枝梢与幼果对养分的竞争，加重落果。

预防落花（包括落蕾）落果的方法主要是：①改善授粉受精条件；②保持稳健的树势，稳定物候期节奏，合理修剪与供应水肥，花期环剥环割，提高有机质与矿质营养水平；③正确防病治虫，防治柿角斑病、圆斑病、炭疽病、柿蒂虫、柿花蟓、柿绵蚧等；④喷布植物生长调节物质，调节载果数量。

对单性结实力差的品种，应配置授粉树，或花期人工授粉，可增加有核果的数量而减少落果。

合理施肥灌水，不要使土壤含水量变幅过大。花期前后不要肥水过多，以防枝条旺长与果实争夺养分。

环状剥皮除可促进花芽分化外，在盛花期环剥还可防止生理落果。环剥宜在花露白至谢花末时进行。环剥宽度一般为 0.3~0.5cm，宜采用螺旋形环剥或双半圆环剥。粗度在 2cm 以下的枝条只可环割，不宜环剥。环剥时，剥口需深达木质部。环剥后立即用 500~600 倍托布津液消毒，并用塑料薄膜包扎。剥后注意保护伤口，以在 20d 左右愈合为好。树势旺盛、花量适中或偏少的柿树在盛花期环剥，树势中等及花量大的柿树在谢花末期环剥或环割。但树势较弱或肥水跟不上，环剥有时易起反作用。

据多方报道，在初花期至盛花初期喷 50～500mg/L 赤霉素可明显提高坐果率。对结果过多的树进行疏果，对氮肥不足的树在花前施氮，亦可减少落果。

（二）疏花疏果

1. 疏花蕾 柿结果过多时，则果小质劣，且落果多，因此在开花前将过多的花蕾疏去，以免养分浪费，对促进所留果实的发育效果显著。

一般早期开放的雌花，所结的果发育良好。柿的结果枝在一枝上生 2～4 花时，最早开放者以自下方起第二花为最多，如果一枝上着花更多时，则最早开的花渐次推向先端，而为第三花或第四花。从柿着花部位与果实发育的关系来看，一结果枝生 2～4 花时，第二果的发育一般较大；着生 5 花以上时，则为结果枝发育过强的表现，第一、二节果常落果，而以第三节果为最大。但有些品种也有越近先端的花，其果实发育越良好的。

疏花时期以在开花前 10d 左右（现蕾期）为标准，此时花梗尚未硬化，可用手摘去，如到开花前，则花梗硬化，需用剪刀剪去。

疏花蕾的具体操作方法是：在新梢停长后至花瓣露出前，疏去延长枝上的全部花蕾，其余一个结果枝上保留 2～3 个花蕾，一般疏去先端发育差的和基部圆形叶片腋间的花蕾。

2. 疏果 柿优良品种一般在一结果枝上能结果 1～3 个，而在强势结果枝上也有结果 3 个以上的。但结果过多常易出现大小年结果现象。为了使其连年结果，除注意修剪与疏花外，还必须于结果过多时疏删多余的果，以节省养分。即使行疏花的，由于疏花时仍适当多留花数，以防万一，所以至成果后，一般还需要疏果以调节着果数。

柿的留果量依品种、树龄、树势、树冠大小和栽培措施而有差异。落果少的品种宜较预定收果数多留 20%～30%，反之宜多留 50%～60%。就每一结果枝应留的果数来说，平均大果种留 1 个，中果种 2 个，小果种 3 个。至于叶果比，中或大型果应保持 15∶1 以上，而以 20∶1 为最好。

疏果时期宜尽量从早，但过早则劣优不易明辨。故只能在果实固有的形质可确定的范围内，尽早进行。在江南一带以 6 月下旬至 7 月上旬为最宜。如果分 2 次疏果时，第一次宜在 6 月下旬，第二次宜在 7 月下旬。具体来说，如一结果母枝生有结果枝 3 个，则宜将最下部枝上所生的果摘去，减轻负担，得以成为次年的结果母枝。若最下部的枝过于纤弱，则宜留先端枝及最下部枝的果，将第二枝的果摘去，使其发育成结果母枝。又如有相接近的甲、乙两个结果枝组，甲有多数结果枝，乙结果枝少而不结果的枝多，则可以把乙的果都疏去，使其枝成为次年所需的结果母枝，而使甲尽量多结果，这就是不同枝组轮流结果的方法。

现将疏果时其他应注意事项列举如下：①留结果枝中部大型、整齐的果，并需选留果蒂形正而为 4 片者。②留无病虫的果，并尽量留侧生或下向的果。③依结果枝长短和品种间果型大小不同而定留果的多少，一般短的结果枝至多留 1 果，长的可留 2 果或 2 果以上。大果种宜少留，小果种可多留。④疏果时宜使树冠各部均匀着生果实，这样负担平衡，果实大小比较一致。⑤小年树上果少，宜尽量多留；大年树上果多，宜适当多疏。

七、果实采收

（一）采收时期

柿的采收期品种之间差别很大，同一地区不同品种相差可达 2 个月之久。此外，因用途不同，采收期也不同，分述如下：

1. 作硬柿（脆柿）用 作硬柿供食的柿果，可在果已达固有大小、皮变黄色而未转红、种子已呈褐色时陆续采收。采收过早，皮色尚绿，品质不佳；采收过晚，果易软化，亦非所宜。

甜柿类如富有、次郎等在树上已脱涩，采下即可食用，一般多作硬柿鲜食。采收过早或过晚均不好，需待外皮转红而肉质尚未软化时采收，最适采收期为果皮正在变红的初期。

有的甜柿在树上自然脱涩后不久又生涩味，称为回涩。回涩一般发生在黄熟期的初期及中期，尤以气候温暖而有降雨时更易发生，自黄熟末期至红熟期则不会发生。故对在黄熟初期已脱涩的甜柿如遇天气温暖而有降雨时，若恐其有回涩现象，需自各树上采数果试食，确定其无回涩时方可采收。

2. 制柿饼用 制饼用的柿果若采收过早则含糖量低，饼质不佳；采收过晚则果软化，在制作时不易削皮。在果皮黄色减褪而稍呈红色时，为采收适期。

3. 作软柿（烘柿）用 作软柿用的果实，应在黄色减褪而充分转为红色时采收。此时果实含糖量高，色红，制出的烘柿色好味甜。

（二）采收方法

采收宜选晴天，要求雨后不采，露水未干时不采。采收方法各地不一，但不外两种：一为折枝法，即用手或夹竿将柿果连同果枝上中部一同折下。这种方法的缺点是常把能连年结果的果枝顶部花芽摘去，影响了第二年的产量。优点是折枝后可促发新枝更新及回缩结果部位。二为摘果法，即用手或摘果器逐个将果摘下。这种方法可不伤果枝，那些连年结果的枝条得以保留，采收应以此法为主。

八、果实保鲜与脱涩

（一）果实保鲜

采收后要进行分级，分级时先剔除病虫果、损伤果、污染果及畸形果等再按大小分级，并进行包装。若需中长期贮藏保鲜，可采用聚乙烯膜真空包装冷藏法。即将柿果单个装在长15cm、宽10cm、厚0.06mm的聚乙烯袋内抽真空后密封，贮于0℃冷库内，此法可保存半年之久而色泽、硬度、风味与鲜柿相似。甜柿贮藏则以库温4~5℃为好。柿果经贮藏从库内取出后，为避免碰伤和变质，以原封不动地运输、销售为好。

（二）人工脱涩

由于柿果肉中含有鞣质细胞，其中的鞣质在果实成熟过程中逐渐由可溶性转化为不可溶性。若为甜柿则可在树上软化前转化完全，使果失去涩味（因不溶性鞣质不溶于唾液中，使人感觉不到涩味），采下后便可食用。但若为涩柿，则其可溶性鞣质虽可随果实的成熟而减少，但采下后仍有相当多的可溶性鞣质存在，涩味仍然很大，需经人工处理加以脱涩后方可食用。

1. 柿鞣质及其分类 1981年以来，Haslam等人认为植物鞣质属于多酚类化合物，将植物鞣质又改称为植物多酚。存在于柿果使其呈涩味的酚类物质称为柿鞣质。鞣质分为水解鞣质和缩合鞣质。柿鞣质中以缩合鞣质为主，也是涩味的主要呈现者。新鲜的涩柿果实中缩合鞣质占鲜果重量的2%左右。

2. 鞣质在柿果生长、脱涩和加工过程中的变化规律

（1）鞣质在柿果生长成熟过程中的变化 ①甜柿中小分子鞣质组分占优势，而涩柿中大分子鞣质组分占优势；②涩柿中可溶性鞣质含量在成熟期显著地高于甜柿；③甜柿中可溶性鞣质比涩柿中的更易聚合，而且一旦变为不溶性，不易再发生变化；④鞣质细胞随着果实发育而增大，不同品种不同果实及同一果实内，鞣质细胞的外形、大小和表面特征表现出多种多样；⑤PVNA、PVA的鞣质细胞体积和密度大于PCNA和PCA，薄壁细胞发育基本相同；⑥PCNA和PCA的鞣质细胞成熟前期停止发育，细胞收缩、变褐。

（2）鞣质在柿果脱涩过程中的变化　有关涩柿脱涩鞣质聚合的研究可归结为两种学说：

①缩合学说：认为柿果在脱涩过程中处在缺氧或无氧状态下，激活乙醇脱氢酶，产生大量的乙醛，使得有涩味的可溶性、小分子鞣质在乙醛的作用下缩合，形成不溶的大分子缩合类鞣质，涩味消失。含温水脱涩、CO_2脱涩、乙醇脱涩、自然脱涩等。

②胶凝学说：柿在脱涩过程中与果肉中的果胶、多糖发生胶凝反应，形成凝胶，涩味消失。如干制脱涩、冷冻干燥脱涩、γ射线处理脱涩等。

3. 脱涩方法　脱涩现已比较成熟，但传统技术不可做产业化。脱涩的方法有多种，如将柿果浸泡于3‰~5‰的石灰水中3~4d；或将柿果浸于40℃左右的温水中10~24h；或浸于冷水中5~7d（要常换水），皆可脱涩。CO_2加压脱涩，24h可脱涩，脱涩后立刻加用保鲜剂，4℃下可存放2个月。以上这些方法处理的果实仍保持硬脆，一般称为硬柿、酬柿、温柿、呛柿等。恭城经验：喷75%酒精或放入乙烯，几天即可脱涩。两种方法的原理是乙烯可促进果肉分子间的呼吸作用，产生乙醇和乙醛而脱涩。这些方法还可使果肉与细胞壁之间存在的中胶层中的原果胶变为果胶，果胶为流质，可使细胞相互之间失去黏着力而使果肉变软，果肉成为流质，即成所谓的软柿，也称烘柿、丹柿、趴柿。

（执笔人：蔡礼鸿）

主要参考文献

扈惠灵，曹永庆，李壮，等．2006．柿生殖生物学研究评述［J］．中国农业科学，39（12）：29-30．
罗正荣，王仁梓．2001．甜柿优质丰产栽培技术彩色图说［M］．北京：中国农业出版社．
潘德森，马业萍，余秋英，等．1994．罗田甜柿资源调查及优良株系选育［J］．湖北林业科技（2）：24-28．
陕西省果树研究所，山东农学院，河南省博爱县农林局．1978．柿［M］．北京：农业出版社．
王仁梓．1983．关于罗田甜柿原产地问题的探讨［J］．中国果树（2）：16-19．
王仁梓．2006．柿病虫害及防治原色图册［M］．北京：金盾出版社．
王万双，罗正荣，蔡礼鸿．1998．柿品种鉴定及分类研究进展［J］．园艺学报，25（10）：44-50．
晏海云，赵和清．2006．甜柿［M］．北京：中国农业出版社．
杨勇，阮小凤，王仁梓，等．1998．柿种质资源及育种研究进展［J］．西北林学院学报（5）：31-34．
张宝善，伍晓红，陈锦屏．2008．柿单宁研究进展［J］．陕西师范大学学报（自然科学版），36（1）：26-29．

推荐读物

吕平会，等，2003．柿无公害高产栽培与加工［M］．北京：金盾出版社．
王文江，王仁梓．2007．柿优良品种及无公害栽培技术［M］．北京：中国农业出版社．
张凤仪，等．2004．实用柿树栽培图诀200例［M］．北京：中国农业出版社．

第二十三章 栗

栗（chestnut）是我国的重要坚果。我国栽培的栗主要有中国板栗、锥栗和茅栗3种。其中中国板栗的栽培面积最大，锥栗也具有相当规模。由于锥栗和茅栗风味独特，作为休闲食品深受消费者的喜爱，市场价格已经远远超过板栗，因此近年来锥栗和茅栗的栽培日益受到生产者的重视。我国南方地区在今后栗坚果生产中，除板栗外，应重视锥栗和茅栗的发展，以满足市场消费对特色坚果的需求。

第一节 概 说

一、栽培意义

栗仁的营养丰富，肉质细腻，清香甜糯，美味可口。据测定，板栗仁中含糖6.03%～25.23%，淀粉25.60%～68.27%，蛋白质4.03%～10.43%，脂肪2.0%～7.4%，以及多种维生素（维生素A、维生素B_1、维生素B_2、维生素C）和矿物质（钙、磷、钾）等。因栗仁富含淀粉，可代替粮食作为主食，故有"木本粮食"之称。另据吴连海、龚榜初等（2007）报道，锥栗仁中含淀粉26.06%～32.66%，总糖17.03%～27.61%，蛋白质6.74%～10.83%。

栗可生食、炒食，可烹调成多种美味菜肴，也可加工成栗泥、栗粉和栗仁罐头等风味独特的营养食品。除茅栗外，板栗、锥栗的木材特性较好，木质纹理通直坚硬，耐湿抗腐，是工业和室内装饰的良好用材；栗的树皮和总苞含4.0%～13.5%的鞣质，是提炼烤胶的重要原料。

我国每年有4万～6万t板栗出口日本、美国、英国、新加坡、泰国和菲律宾等国家。由于中国板栗可溶性糖含量高、味美香甜可口、种皮易剥离，品质优于日本栗和欧洲栗，因此在国际市场上享有很高的声誉。锥栗、茅栗等特色坚果由于产量较少，目前还不能满足国内外市场的需求。

栗树适应性和耐瘠力强，在较干旱少雨或土壤较贫瘠的山地也能较好的生长结果。栗结果较早，在我国南方，嫁接苗栽培2～3年可投产，6～8年后可进入盛果期，盛果期每公顷产量可达4 500～6 000kg；板栗和锥栗的寿命长，经济寿命可达100年以上。栗树的坚果产量虽不及其他果树，但管理省工，成本低，坚果便于运输，纯收益多，适于大面积荒山栽培，既可保持水土，又能增加收入。因此，发展栗的生产，对于满足国内外市场消费的需求、促进山区的经济发展和生态建设有着重要的意义。

二、栽培历史与分布

板栗、锥栗和茅栗都原产我国，其中板栗的栽培历史最为悠久。在西安半坡村遗址的发掘中，发现有板栗的遗存，说明早在6 000年前，我国人民已经采食并贮存野生板栗了。在以后的《诗经》、《夏小正》、《山海经》、《韩非子》、《战国策》、《史记》等古文献中均有板栗的记载，说明至少距今3 000年左右我国已经有了板栗的栽培。从文献考证，最早的板栗栽培是在黄河流域一带，其后传至华中、西南和华南各地。

中国板栗很早传入日本，19世纪中叶传至美、法等国，目前已广泛分布于亚洲、欧洲、北美洲和拉丁美洲。根据联合国粮食与农业组织（FAO）统计资料，2009年全世界板栗总产量141.8万t，我国板栗总产量达108.5万t，约占世界板栗总产量的76.5%，居世界第一位（FAOSTAT，2010），其次是土耳其、韩国、意大利、日本、法国、葡萄牙、西班牙等国家。

板栗在我国南方的分布很广，江苏、浙江、福建、江西、湖北、湖南、四川、重庆、贵州、云南、广东、广西、海南、西藏等省（自治区、直辖市）都有栽培，以湖北、湖南两省产量较多，其次为贵州、广西、江西、浙江。福建、浙江、江西等省是锥栗的集中产区。茅栗在贵州、四川、云南、广西、湖南的野生分布量大，目前栽培较少。

从20世纪90年代中期以来，我国南方板栗的生产发展迅速，其中湖南、湖北、贵州、广西等地栽培面积增长较快。近年来，锥栗日益受到生产者的重视，福建、浙江、江西等省发展迅速。但从总体上看，我国南方栗的生产管理粗放，单产低，空苞率高，大小年结实现象普遍，病虫危害严重，这些都是今后应当注意解决的问题。

第二节　主要种类和品种

一、主要种类

栗为壳斗科（Fagaceae）栗属（*Castanea* Mill.）植物。本属约有10种，多为落叶乔木，少为灌木，果实可供食用。与我国栗栽培关系密切的有板栗（*C. mollissima* Bl.）、锥栗（*C. henryi* Rehd. et Wils.）、茅栗（*C. seguinii* Dode.）、日本栗（*C. crenata* S. et Z.）、欧洲栗（*C. sativa* Mill.）、美国栗［*C. dentata*（Marsh.）Borkh.］、榛果栗（*C. pumila* Miller）、矮榛果栗（*C. alnifolia* Nutt.）8种。原产我国的有板栗、锥栗和茅栗3种。

1. 板栗　原产我国，又称中国板栗。别名大栗、魁栗。我国的栽培种，品种很多。在四川、云南、贵州、湖南、广西等地有较多的野生分布。乔木，高可达10m以上。枝密生，小枝及新梢有短柔毛。叶长椭圆状披针形，叶缘有尖锐锯齿，叶背有星状茸毛。雌雄同株，雄花为柔荑花序（ament）。总苞密生针刺，内有坚果2～3个，果大，扁圆形，种皮易剥离。栗实味美，品质佳，在食用栗中品质最上。抗逆性强，适应性广，但不抗白粉病。

2. 锥栗　原产我国。别名尖栗、旋栗、榛栗、锥子。乔木，干性强，高可达20m以上。新梢无毛。叶薄，长椭圆状卵形或披针形，先端有长尖，基部圆形，叶背有鳞腺而无毛，仅第一、二叶脉上微有毛。果小，先端尖，在多刺的总苞内通常仅有坚果1个，罕有2～3个。原产我国中部，适应性强，在四川、云南、贵州、重庆、浙江、江西、湖南、湖北、广东、广西等省（自治区、直辖市）都有野生分布，在福建、浙江两省有栽培，品种有白露仔、黄榛、油榛、大毛榛、迟治子、乌壳长芒等，其中，白露仔、黄榛和油榛的产量较高，品质优良。

3. 茅栗 原产我国长江流域及南方各地，野生分布很广。灌木或小乔木。新梢密生短柔毛，有时无毛。叶片狭小，长椭圆形或长椭圆状倒卵形，先端渐尖，叶缘具稀锯齿。总苞内通常有坚果3个，有时达5~7个，果小，直径1~1.5cm，可食用。本种作为板栗的砧木嫁接成活率低，嫁接亲和力弱。

4. 日本栗 原产日本，在日本栽培最多，其次为朝鲜，我国台湾、辽宁丹东、山东文登等地也有栽培。乔木，高可达20m。新梢初生时有茸毛，后即光滑，呈橙褐色。芽和叶都比其他种小，叶先端尖，基部截平形或心脏形，边缘锯齿浅而尖，叶背微有茸毛。总苞薄，刺短，果大，有光泽，总苞内有坚果3个。坚果内皮厚而坚韧，不易剥离。本种的栽培品种达百余个，多数品质一般。主要优良品种有丹泽、伊吹、筑波、岳王、金华等。

5. 欧洲栗 原产南欧、西亚一带，意大利、法国、西班牙、塞尔维亚、克罗地亚、斯洛文尼亚、土耳其等国家均有野生分布，是世界产量最大的栽培种。本种为高大乔木，树姿开张，枝梢粗大，光滑。叶椭圆状披针形，大，先端急尖，基部楔形或圆形，边缘有粗大锯齿，幼叶有茸毛，成龄叶脱落。总苞大，刺有分歧。坚果大，淡褐色，顶部密生白色茸毛。坚果内皮不易剥离。本种适应地中海气候环境，抗栗疫病和墨水病的能力弱，在暖湿地带不适宜作经济栽培。在意大利、法国、西班牙栽培较多。主要品种有Paragon、Numb、Lyon、Marrone等。

6. 美国栗 原产美国，多分布于北美东部。乔木，树姿直立，高可达30m。树皮灰褐色，叶长椭圆形至披针形，先端长尖，基部楔形，边缘锯齿疏，叶光滑无毛。总苞小，坚果壳全面被茸毛。栗仁品质极佳，唯果型小。本种对胴枯病和栗疫病抵抗力极弱。

7. 榛果栗 本种多野生于美国得克萨斯州、佛罗里达州等地。灌木或小乔木。树干光滑，淡灰色。枝梢细，嫩梢有茸毛。叶椭圆形，先端尖，基部楔形，边缘锯齿疏浅，叶背有茸毛。总苞有长梗，在一果梗上有数个总苞聚生，刺粗大。每个总苞中有坚果1个，果小，卵形，果仁味甘美。本种对栗疫病的抗性强。

8. 矮榛果栗 本种多野生于美国得克萨斯州、佛罗里达州等地。丛生矮灌木，多野生于瘠薄干燥地带，抗旱力极强，果实可食。有可能利用为矮化资源。

二、主要品种

我国南方生产上可选用的板栗品种很多，锥栗品种主要是选用浙江南部和福建北部地区的农家品种。茅栗在我国南方栽培的数量不多，选用的主要是当地的一些地方种质。

(一) 板栗

我国南北各地的板栗品种很多，根据品种的自然分布和对环境条件的适应性，形成南方与北方两大品种群，两者在品质特征和适应性方面都有较大差异。南方品种群原产长江流域及其以南地区，适应南方高温高湿的气候环境，不耐严寒，果型较大，栗仁含糖量较低，而淀粉含量高，肉质偏粳性，适于菜用，也有部分品种味甜质糯，品质极佳。北方品种群较耐寒，一般果实较小，栗仁蛋白质和糖的含量较高，淀粉含量低，肉质细腻，具有糯性，适于炒食。我国南方著名的优良板栗品种主要有：

1. 九家种 原产江苏苏州洞庭山，在江苏、贵州、湖南等省栽培较多。树势强健，萌芽力、成枝力强，树姿挺直不开张，树冠较小。枝梢节间粗短直立。叶片质厚，两侧略向上反卷。总苞扁椭圆形，刺簇稀，总苞薄。坚果圆形，果顶微凸，果肩浑圆，果面茸毛短，果皮赤褐色，坚果平均重12g左右，味甜质糯，品质极佳。出子率高达60%，丰产，耐贮。9月中下旬成熟。

2. 浅刺大板栗 原产湖北秭归。是湖北宜昌长江沿岸地区的主栽品种，在重庆黔江区、贵州黔东南和黔西北、湖南湘西栽培较多。该品种树势强，树姿较开张，树冠高大，枝粗壮而节间长。叶片和总苞大，苞肉厚，刺短而稀疏，刺束平展，故名浅刺。坚果平均重26.4g，最大果可达34g以上，果皮赤褐色，富有光泽，茸毛少，味甜质糯，品质极佳。本品种丰产，9月上中旬成熟。

3. 焦刺 原产江苏宜兴。树势旺，新梢长。总苞大，长椭圆形，刺长。坚果大，平均重23.7g；果顶微凸，果皮紫褐色，有光泽，皮上茸毛多而长。本品种又可分为长毛焦刺、短毛焦刺、硬毛焦刺、软毛焦刺和乌毛焦刺5个品系。该品种果大，质细味甜，品质优良。成熟期9月下旬。坚果抗虫蛀，耐贮，适于山区发展。

4. 毛板红 原产浙江诸暨。我国南方各地都有栽培。树势中庸，树姿较开张，树冠较小。枝粗，节间短。总苞扁圆形，刺长而软，总苞肉薄。坚果中等大，重12～17g，椭圆形，皮赤褐色，有光泽。10月上旬成熟。本品种适应性强，丰产稳产，品质优良，较耐贮藏。

5. 青扎 又名青毛软扎。原产江苏宜兴。树势中庸，树姿较开张，萌芽力、成枝力强。总苞刺长而软，成熟时仍保持绿色，因而得名（扎即刺的意思）。坚果中等大，平均重12.5g，肉质粳性，味较甜，品质佳。结实率高，丰产。10月上旬成熟，耐贮藏。

6. 铁粒头 原产江苏宜兴。树势中庸，树姿较开张，树冠较矮小。枝粗，节间短。坚果圆形，果顶凸，果皮红褐色，有光泽，茸毛稀，多分布于果顶；坚果较大，重17～20g，果皮和肉质坚硬，故而得名。该品种适应性强，丰产，大小年结实现象不显著，品质优良。9月中下旬成熟，耐贮藏。

7. 魁栗 原产浙江上虞。树势中等，树冠开张，分枝力强。总苞大，针刺长而硬，球肉厚。坚果大，平均重25g，最大的达32g；果皮赤褐色，有光泽，果面茸毛少，形状整齐，色泽美观，肉质粳性，适合菜用。该品种丰产稳产。9月中旬成熟，不耐贮藏。

8. 迟栗子 原产安徽广德。树势强旺，枝梢粗壮，树姿开张。总苞大，刺短，球肉薄。坚果大，平均重25g左右，果面茸毛少，皮紫褐色，有光泽。9月下旬至10上旬成熟。适应性强，丰产稳产。果大，美观，质佳，耐贮藏。

9. 玉屏油板栗 原产贵州玉屏。树势强旺，枝梢粗壮，树姿较开张。总苞球形，针刺粗硬。坚果较大，平均重16g左右，果面茸毛较少，皮赤褐色，有光泽。适应性强，丰产稳产，品质佳。10上中旬成熟，耐贮藏。

10. 金黄栗 原产云南宜良、寻甸等地。树势强健，树姿开张。总苞大，刺稀。坚果平均13g左右，果面茸毛少，金黄色，有光泽，鲜艳美观，肉质甜糯，品质佳。适应性较强，丰产，质优。8月下旬至9月初成熟。

11. 它栗 原产湖南邵阳、新宁、武岗等地。树势中等，树冠较开张，分枝力强。坚果平均重14.5g，果椭圆形，果顶平，果皮红褐色，肉质甜糯，品质佳。适应性较强，丰产，质优。9月下旬成熟。

12. 仓更板栗 原产贵州兴义。树势中等，树冠较开张，分枝力强。坚果平均重9.5g，果椭圆形，果顶平，果皮红褐色，光泽油亮，茸毛稀，肉质甜糯，品质佳。适应性较强，丰产，品质极佳。9月中下旬成熟。

(二) 锥栗

1. 白露仔 原产浙南闽北地区。白露前后成熟，故称白露仔。树冠较直立，萌蘗分枝性强。总苞较小，球形，苞刺较疏，但较粗硬。坚果中等大小，圆锥形，果皮薄，红褐色，果面及果顶有茸毛，茸毛灰黄色；单果重8.3～10.9g，每千克92～120粒；果肉淡黄色，品质中等。该品种早熟稳产、耐旱、耐寒、抗风，但抗病性较弱，大小年结果现象不明显。

2. 黄榛 又名王榛、毛栗。浙南闽北地区均有分布，为当地主栽的较迟熟品种，栽培面积较大。树冠直立，新梢顶端有茸毛，明显呈灰白色。总苞较大，刺密、较短且硬，内含坚果1个，但幼树常有2～5个。果实较大，短圆锥形，黄棕色，果面密布黄白色茸毛，果座大肾形；单果重12.5～19.2g，每千克52～80粒。坚果10月中旬成熟，品质中上。果实较易受桃蛀螟危害，大小年结实现象较明显，适宜在肥沃深厚的土壤上栽植。

3. 油榛 又名接栗、金栗，是浙江庆元福建及建瓯、政和的主栽品种。树冠开张。总苞较小，苞刺较疏、较长且较软，含坚果1个。坚果短圆状圆锥形，紫褐色，茸毛小，果皮油光明显；单果重7.9～11.1g，每千克90～126粒；果肉细，味甜，品质上，耐贮藏。在浙江主栽区丰产，在闽北地区大小年结实现象不明显。成熟期9月中下旬至10月初。

4. 乌壳长芒 又名秤锤栗、大屁股栗，是浙江庆元福建及建瓯、政和、浦城的主栽品种。树姿开张。总苞较大，苞刺密且长为其主要特征。坚果紫褐色，茸毛少，果顶急尖明显，尖尾长，果底中肾形，中部凸出；果较大，单果重11.1～14.3g，每千克70～90粒。抗风力和耐寒性都较强，抗病性中等，不耐旱，多在肥沃山地栽培，果肉黄白色，品质中上，产量较高。成熟期9月中下旬。

第三节 生物学特性

一、生长发育特性

茅栗为小灌木，板栗和锥栗为高大落叶乔木。在适宜条件下，板栗和锥栗的树高可达20m左右，结果年限长，寿命可达300年以上。在我国云南滇中各地，300～400年生的栗树比比皆是，仅宜良县就有200～400年生的栗树1 100余株，呈贡县马金铺乡花园村有500年生的老栗树。

实生繁殖的植株一般在播种后5～8年才开始结果，15～20年后进入盛果期；而嫁接繁殖的植株2～3年即可开始结果，6～8年后进入盛果期。栽培条件不同，开始结果的年龄和盛果期也有显著差异。在粗放管理条件下，栗树始果期和盛果期迟，盛果期年限也短；如管理良好，盛果期可维持100年以上，一般为60～80年。

(一) 根系

茅栗的根系分布较浅。板栗和锥栗都是深根性树种，根系入土深、分布广。栗树的根系水平分布范围较冠幅大1～2倍。在一般条件下，85%以上的根系的水平分布集中于距树干50～250cm范围内，垂直分布多集中在25～60cm深的土层内。板栗和锥栗的根系分布与土壤条件有密切的关系，在土层深厚的地方，成年栗树根系可深达2m以上，但在土质瘠薄的石砾山地，根系分布就很浅，表土下15cm处即见大根，并随树龄的增长，根系逐渐暴露于地面，容易受风害而倒伏。

栗树根系是重要的养分贮存器官，根系中的养分含量随物候期而变化。据分析，根部的总糖含量在一年中以5月最低，而9月后达到高峰。这是早春萌动后根部贮存养分向上转移、秋季地上部养分向枝干和根部转移贮存的结果。

板栗和锥栗的根系强大，吸收能力强，具有较强的耐旱力和耐瘠力。但幼树根系并不深，也不耐旱，在沙地或瘠薄的石砾山地上往往容易遭受旱害。茅栗的抗旱性较弱。

栗树的根组织中鞣质含量高，骨干根受伤后，由于鞣质氧化而影响伤口的愈合，不易萌发新根，凡直径在5～15mm以上的根折断后，需较长时间才能愈合萌发新根。移栽时应避免伤根过多，否则会引起根系木质部腐朽，影响植株的成活和树势恢复。

板栗为菌根植物（mycorrhizal plant），其根系可与外生菌根真菌共生，形成典型的外生菌根。据秦岭等（1998）研究报道，板栗的根可与30余种菌根真菌共生。在根系分布区，菌根真菌的菌丝形成绒状的薄层被覆于幼嫩根上，在细根多的部位，菌根形成也多。菌根形成后，板栗新根表皮细胞受刺激显著增大，根的吸收面积增加，吸收能力增强。板栗菌根的分泌物能够溶解土壤中难溶或不溶性矿物，使之释放有效的矿质营养元素，以供板栗根系吸收。当土壤含水量降低时，菌根能够增强水分的吸收能力，故能提高板栗的抗旱力。菌根在有机质含量高、水分充足、通气良好、微酸性（pH5.0～6.5）土壤中容易形成。

（二）芽

栗树的芽依性质不同分为花芽、叶芽和休眠芽3种（图23-1）。

1. 花芽（混合芽） 芽体最大，钝圆，着生于结果母枝的顶端和中上部，萌发后可抽生带雌花的结果枝或带雄花序的雄花枝。凡抽生结果枝的，称雌花芽（又称完全混合芽）；只抽生雄花枝的，称雄花芽（又称不完全混合芽）。雌花芽与雄花芽在外形上不易区别，仅在发育的程度和在结果母枝上着生的部位有所不同，一般位于结果母枝顶端及以下的2～3芽为雌花芽，再以下的则为雄花芽。

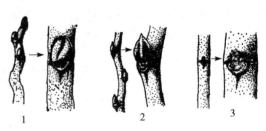

图23-1 栗树的芽
1. 花芽 2. 叶芽 3. 休眠芽

2. 叶芽 芽体稍小，近圆锥形，着生于枝梢的叶腋间或结果母枝的中下部，萌发后成营养枝。

3. 休眠芽 着生于枝梢基部，芽体最小，一般不萌发呈休眠状态，随时间延长休眠芽在大枝上潜伏下来，又称潜伏芽。板栗的潜伏芽寿命很长，经过多年，一遇刺激又能从大的骨干枝或主干上萌发抽生新梢。利用这一特性，对老树或弱树行重回缩，可以刺激潜伏芽抽生徒长枝，更新树冠。

板栗和锥栗枝梢上的芽具有明显的异质性和生长的顶端优势。着生于生长枝前端几节的芽发育比较充实，多抽生为强枝，母枝越壮则所抽强枝越多。如任其自然生长，则枝梢顶部抽生的强枝年年向外延伸，经过多年后，容易使树冠外围过密而内膛空秃；同时由于分枝级数过多，则生长减弱，树冠中细弱枝增多而强枝减少，最后导致树势衰弱，大枝枯顶，产量下降。因此必须进行合理修剪，以控制分枝数量，调节养分的分配，维持较强的树势。茅栗枝梢上的芽异质性明显，但顶端优势弱。

（三）枝梢

栗树枝梢可分为生长枝、结果母枝、结果枝和雄花枝4种。

1. 生长枝 枝上各节都是叶芽或休眠芽，无花芽。依生长的强弱不同，又分为普通生长枝、纤弱枝（图23-2）和徒长枝3种。

（1）普通生长枝 生长充实强健，芽的发育较饱满，枝条长度10～30cm，幼树和树势强健的成年树上的较长，而衰老树上的则较短。一般着生于一年生枝的中上部。在幼树上，普通生长枝是构成树冠骨架的主要枝条。在成年树上，普通生长枝的顶部数芽容易形成花芽而转化为良好的结果母枝。无论幼树或成年树，普通生长枝都应充分保留和利用。

（2）纤弱枝 着生于一年生枝的中下部，生长细弱，长度在10cm以下，容易枯死。当树势极度衰弱时，一年生枝的先端几个芽也只能抽生为纤弱枝。纤弱枝不能形成结果母枝，只消耗养分，对其进行疏除能促使树冠抽生强枝，以利更新复壮。

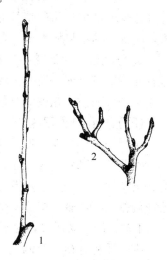

图23-2 栗树的生长枝
1. 普通生长枝 2. 纤弱枝

（3）徒长枝 多由休眠芽受刺激后萌发而成，生长旺盛，节间长，组织不充实，芽小，长度可达100cm以上。衰老树上的徒长枝是更新树冠的主要枝条。若发生在成年树上而位置适当时，可培养成为结果枝组；如过密则应及早疏除，以免消耗养分、扰乱树形。

2. 结果母枝 凡枝上着生雌花芽能抽生结果枝的，称为结果母枝（图23-3）。通常由上一年健壮的结果枝和生长枝转化而成。有时，雄花枝或落花落果枝在营养条件良好的情况下，也能转化为结果母枝。强壮的结果母枝长度一般为20～40cm，直径为0.6～1.0cm，着生3～5个雌花芽，可同时抽生为结果枝，下一年的连续结果能力强。弱的结果母枝长度一般在20cm以下，枝上仅有1个雌花芽，只能抽生1个结果枝，连续结果能力弱。

图23-3 结果母枝　　图23-4 结果枝　　图23-5 雄花枝
　　　　　　　　　　　　　　　　　　　1. 春季萌发后开花 2. 雄花枝的冬态

3. 结果枝 春季从结果母枝先端的花芽萌发抽生为结果枝，枝上着生有雌花簇与雄花序构成的混合花序（图23-4）。全枝可分成4段：基部数节仅着生叶片，落叶后在叶腋间留下腋芽；其上有10节左右着生雄花序，这些节上无芽，雄花序脱落后就成为空节；再上1～3节着生混合花序，开花结果后节上仅留下果柄的痕迹，没有芽；最前端一段为尾枝，尾枝上各节叶腋间都有芽，其中有可能在结果的同时又形成新的花芽，新花芽形成的多少同该结果枝的生长强弱有关。结果枝依长度不同，可分为长果枝（20cm以上）、中果枝（15～20cm）、短果枝（15cm以下）3种。结果枝的长度除受肥水条件、树势及枝梢的局部营养条件等影响外，也与品种特性有密切关系。如红油大板栗、处暑红、青扎等品种属长果枝类型，明拣栗属中果枝类型，九家种、毛板红等属短果枝类型。

4. 雄花枝 由雄花芽萌发抽生的枝，枝上除叶片外只有雄花序而无雌花（图23-5）。雄花枝一般较纤弱，发生于弱枝或结果母枝的中下部，衰老树或营养不良的树上发生较多。对于十分纤弱的雄花枝应及早疏除，以免消耗养分并妨碍通风透光。

（四）开花结果习性

栗树为雌雄异花同株的异花授粉植物（cross pollination plant）。结果枝的中上部往往连续于每节叶腋都着生雄花序，并在最上部的1～4条雄花序基部着生1～2个雌花序。雄花序为柔荑花序，一个枝上可着生10个左右的雄花序，在花序上每3～5朵雄花组成一簇，数十簇螺旋排列于花轴上组成一个花序，共有小花100朵左右。雌花序球状，每一雌花序有2～5朵雌花，以3朵居多，生于有刺的总苞内。

据广西植物研究所调查，同一植株上的雌雄花其小花数目比例为1∶418.9，花序比例为1∶12.3；一个雄花枝上有雄花序4～16个，雄花总数为268～1946朵。可见栗树上的雄花很多，数目是雌花的400倍以上。另据山东农业大学的测定，栗树枝梢的养分含量在一年内以休眠期最高，萌芽后随枝叶的生长而逐渐减少，在开花期降至最低点，开花后又逐渐增多，说明开花消耗养分很多。为了减少树体养分的浪费，应当在开花前剪除一部分雄花序。实践证明，开花前剪除2/3的雄花序，能够有效提高板栗的产量。

栗的花粉量大，花粉粒小而轻，单粒花粉在强风时可飞至300m远。但栗的花粉常聚成团，一般在50m以外飘散的花粉较少，因此授粉树的配置距离不宜太远。

栗自花授粉（self pollination）结实率很低，故单一品种栽植的栗树，成蓬率和结实率很低。据河北农业大学试验，不同板栗品种授粉组合的成蓬率有很大差异（表23-1）。另据贵州大学农学院试验，用不同板栗品种对同一品种进行授粉，其成蓬率、空蓬率和结实率的差异都很大（表23-2）。因此，栗园建立时必须选择适宜的授粉品种配置授粉树。

表23-1 板栗不同品种组合的授粉成蓬率

组合（♀×♂）	成蓬率（%）	组合（♀×♂）	成蓬率（%）
九家种×宋家早	19	青毛软刺×中果红皮	100
青毛软刺×红栗	27.8	徐家1号×红栗	100
中果红皮×红光	41.4	红光×宋家早	100
红光×朝鲜栗	51.2	红光×红栗	84～100
红栗×宋家早	87	红光×徐家1号	98
青毛软刺×红光	87	宋家早×红栗	92
徐家1号×宋家早	50		

表23-2 不同的板栗授粉品种对红油大板栗结实特性的影响

授粉组合（♀×♂）	成蓬率（%）	空蓬率（%）	结实率（%）
红油大板栗×红油大板栗	14.47	90.91	9.09
红油大板栗×玉屏油板栗	52.69	8.16	91.84

(续)

授粉组合（♀×♂）	成蓬率（%）	空蓬率（%）	结实率（%）
红油大板栗×镇远大板栗	26.0	84.62	15.38
红油大板栗×浅刺	17.0	88.24	11.76
红油大板栗×石丰	63.75	7.84	92.16
红油大板栗×铁粒头	55.07	7.89	92.11
红油大板栗×九家种	45.63	6.38	93.62

栗的胚珠受精后，子房开始发育。若不能正常授粉受精，总苞脱落或形成空蓬（空苞）。在栗的幼果形成初期，正值枝条迅速生长期，幼果生长迟缓。在枝条生长减缓以至停止时，幼果开始迅速生长，体积的增长达高峰。接近成熟期，果实的体积增长又减缓，在成熟前10余d才完成充实过程，因此栗实不宜早采。为了提高产量和品质，需待总苞开裂、种皮变色后采收。

二、物候期

1. 根系生长 栗根系的活动比地上部开始早、结束迟。据南京植物研究所观察，板栗幼苗根系活动从4月初开始到10月下旬止共约200d。这期间有两个生长高峰：第一个在地上部旺盛生长之后，即6月上旬；第二个约在9月，枝条停止生长之前。成年栗树的根在土温约8.5℃时开始活动，土温升至23.6℃时根的生长最旺盛。根系旺盛生长期发生大量新根，吸收力强，应注意肥水供应。

2. 萌芽与新梢生长期 栗树萌芽比落叶果树稍迟，其时间依各地气候而不同。浙江北部为3月中下旬，江苏南部约在4月上旬，贵州中部地区为3月下旬，广西阳朔为3月上中旬，广东约在2月中下旬。萌芽后新梢开始生长，萌芽后约半个月新梢进入旺盛生长期，随后又逐渐减缓，新梢一般经2～2.5个月即停止生长，强旺的生长枝和结果枝可以有2～3次生长。

新梢开始生长、旺盛生长和停止生长的时间依品种、树龄、繁殖方法、立地气候条件等因素的不同而异。在年周期中，一般早熟品种开始和结束生长的时间都比晚熟品种早；幼树比成年树开始生长的时间早而结束较迟；嫁接苗开始生长的时间比实生苗早；温暖地区开始生长比寒冷地区早，整个生长期也较长。

3. 开花与果实发育期 栗树萌发后经1～1.5个月进入开花期。同一枝上，雄花先开，雌花后开8～10d。栗的花期长，可持续0.5～1个月。栗的花粉生活力很强，在常温下贮藏，可保持发芽力1个月之久。雌花期可持续1月，但最适授粉期为柱头露出后的9～13d内，这期间的授粉结实率最高。

谢花后，总苞开始形成并发育膨大。总苞从6月中旬开始发育到总苞开裂和总苞内的坚果充分成熟，需3～4个月。整个发育过程可分为两个阶段：前期（在8月上旬前）是总苞体积迅速增长的时期，总苞的干物质含量增加快而坚果的干物质增加缓慢；后期（在8月中旬后）总苞的体积增加缓慢，总苞中的营养物质转移到坚果，总苞中干物质含量因而减少，而坚果中果肉的干物质含量则显著增加，坚果逐渐膨大和充实。

栗坚果成熟后，总苞裂开，露出坚果，通称栗子。果皮坚硬、革质，内为种子。板栗每个总苞内一般有坚果2~3个，少数品种达7个以上。锥栗每个总苞内一般有坚果1个，少数品种有2个。

4. 花芽分化期 栗树的花芽分化在锥栗和茅栗上未见报道，但板栗的花芽分化已经较为清楚。板栗的花芽分化属于跨年分化型，雌花和雄花不是同时分化的，雄花分化在前，雌花分化在后。雄花序的分化期很长，从上一年的7月前后开始，当新芽形成鳞片，芽内分化的雏梢达5~7节时，开始雄花的生理分化过程，雄花的分化一直延续到休眠之后，不过休眠之前的分化较快，以后则分化缓慢。越冬后，雌花才在雄花序基部开始分化。雌花的分化期开始虽然比较迟，但分化速度很快，在春季3~4月即已完成其分化过程。

5. 落叶休眠期 栗树于11月开始落叶，大量落叶期是在12月以后。成年栗树的落叶比幼树整齐而明显。实生板栗的叶片干枯后仍久留树上不脱落，有的直至早春才全部脱落，这也是区别板栗嫁接树与实生树的特征之一。栗叶片枯黄脱落后，树体进入休眠。栗树要求最适宜的休眠期温度为0℃左右。

三、对环境条件的要求

（一）光照

栗是喜光树种。据文晓鹏等（1995）对我国部分南方板栗品种光合特性的研究报道，板栗叶片的光补偿点为800~1 500lx，光饱和点为35 000~45 000lx，并在30 000~60 000lx的光照度范围内，板栗叶片的光合速率仍然保持较高的水平。板栗开花期光照充足、空气干爽，有利于开花、授粉受精和坐果。因此，板栗建园时应选择向阳的南坡。

板栗在光照度低于光补偿点时，叶片为无效叶，若考虑到夜间的呼吸消耗和阴雨天的影响，板栗树冠内膛的光照度至少要达到3~4倍光补偿点以上，叶片才能成为有效叶。文晓鹏等（1995）在晴天（自然光照度100 000lx以上）对贵州部分成年栗园进行了树冠结构与光照度变化的调查，观察到板栗大树冠内膛的相对光照度普遍低于3%（绝对光照度为3 000lx），而结果部位的相对光照度为10%（绝对光照度为10 000lx）以上。因此，板栗栽培上要达到内膛结果，提高产量，必须考虑缩小树冠体积，疏除过密的枝条，改善树冠内的通风透光条件，以减少无效空间。

（二）温度

栗对温度的适应范围很广。在吉林吉安年平均气温−3~7℃的地区和年平均气温19~25℃的海南岛都有板栗的分布。北方品种群的板栗在休眠期能够忍耐−30℃的低温，而南方品种群的板栗的耐寒力低于前者。在我国南方均未出现板栗冻害的情况。

不同品种群的板栗品种对温度的要求有很大差异。北方品种群要求的适宜年均温为8~12℃，生长期适均温为18~20℃。南方品种群要求的适宜年均温在15~18℃，生长期适宜均温在22~26℃。因此，在引种中要考虑到这一特点，避免盲目性。

栗在不同物候期对温度的要求也不同。开花期需17~25℃的温度，低于15℃或高于27℃均会对授粉受精和坐果产生不良影响。在8~9月，栗果实生长发育快，需要20℃以上的平均气温，以促使坚果速长，此期若温度低，则果实推迟成熟，品质下降。一些在10月中旬才成熟的晚熟板栗品种，若在秋季气温降低较快的地区栽培，则温度不能满足果实发育的要求，影响果实肥大和充实，多出现瘪子。故要根据栗果实生长发育长短和栽培地区的气温状况正确选择栽培品种和确定适宜的栽培区域。

（三）水分

栗对湿度有较强的适应性，一般在年降水量 400~2 000mm 的地区均有栗的分布。从种类来看，欧洲栗最喜干燥，故分布于夏干地区；华北栗也较喜干燥，一般多分布于年降水量 400~800mm 的地区，故河北、山东、陕西等有许多著名的栗产区；板栗、锥栗和茅栗较耐湿，其分布区降水量多在 1 000mm 以上；日本栗耐湿性也强，其主产地多在年降水量为 1 300~1 800mm 的地区。

从栗的结果及品质来看，无论何种栗均以雨量略少而日照充足的地区栽培为有利。在开花期多雨，则授粉受精不良，故我国南部的梅雨常给栗开花结果带来不利影响。在果实肥大期，多雨往往导致日照不足，易引起落果或抑制果实肥大；若果实发育期过于干旱，会妨碍果实生长发育，易出现空苞。据湖南黔阳栗区的调查，由于干旱引起的空苞率达 46.7%。果实成熟期若雨量过多，易引起总苞开裂，出现采前落果。适于栗树生长的土壤湿度为 20%~40%，若降至 10% 即停止生长，在 9.3% 时即呈现凋萎。

（四）土壤

栗对土壤种类的要求不严，但以土层深厚、富含有机质、排水良好的沙质或黏质土壤为宜，在土质黏重、排水不良的低洼地生长不良。

栗能适应的土壤 pH 为 4.6~7.5，但以 pH5.5~6.5 为最适宜，pH 大于 7.5 则生长不良。在沿海的盐碱地，含盐量超过 0.3%，栗栽种后逐渐死亡。在微碱性土壤中，栗树根系不能形成菌根，生长受抑制。微酸性至偏酸性的土壤有利于栗菌根共生，能促进矿质营养元素和水分的吸收，而微碱性的土壤则相反。

栗的正常生长发育与结果需要土壤供给各种矿质营养。我国南方栗园土壤中全磷、全硼的含量和有效磷、有效硼的含量普遍较低，由于雨量大，氮、钾营养元素的淋失严重，因此栗园土壤缺氮、缺磷、缺钾、缺硼的情况较为普遍，因营养亏缺而导致的减产现象较为严重。栗园土壤缺氮时，叶黄绿色，树势衰弱，产量低；缺磷时，分枝少而节间徒长，会导致栗的成蓬率降低，空蓬率大幅度增加，严重时绝产；缺钾时，叶萎黄，边缘有红色斑痕，坚果不饱满，严重时出现瘪子。合理增施氮、磷、钾和硼肥，能够有效地提高栗的产量和品质。

第四节 栽培技术

一、育苗

目前我国板栗和锥栗的育苗方法通常用嫁接繁殖。优良品种的嫁接苗具有早期生长快、结果早、树体较矮小、适于密植、产量高等特点。嫁接苗栽培 2~3 年可投产，7~8 年后可进入盛果期。而用实生苗栽植，树冠高大，结果期迟，一般定植后 8 年左右才能结果，且单株间品质良莠不齐，目前在生产上已经淘汰了实生苗栽植的方式。

（一）砧木种类

我国嫁接板栗和锥栗通用的砧木为本砧。本砧的嫁接亲和力强，嫁接容易成活，生长强健，主根粗大，根系发达，耐旱耐瘠，寿命长，丰产。据贵州大学农学院调查，我国南方一些板栗产区将茅栗作为板栗的砧木使用，但嫁接成活率低，即使嫁接成活的也不能正常生长，树势衰弱，数年后植株陆续死亡，嫁接亲和力极弱。

(二) 砧木繁殖

1. 播种期 以春季播种最适宜。秋季播种，种子在圃地里越冬时间长，容易在土中发生霉烂或受鼠类危害，出苗率低。

2. 砧木种子的层积 春播的砧木种子必须沙藏层积越冬，使其打破休眠。在种子沙藏层积过程中，要控制好温度和湿度，既要防止种子干燥，又不能让种子霉烂变质。其方法是用粒径为 0.3~0.5cm 的潮润河沙，按照种子与河沙 1:3 的比例混合后堆放在通风良好的室内。室内温度以 3~5℃ 为宜。堆放厚度一般不超过 15cm 为宜。为了保持通气，以防种子霉烂变质，每周翻动 1 次，发现霉烂种子及时检出，沙子干燥要及时喷水保持潮润。

3. 苗圃地选择、整地、播种 选择光照良好、土层深厚、富含有机质、肥力较高、排水良好、灌溉方便、pH5.5~6.5 的沙质或黏质壤土作为栗的苗圃地。

整地时先深翻，每 667m² 施足 4 000~5 000kg 的腐熟有机肥，与土壤混匀、整碎，做宽 120cm、长 40m 的低畦平厢。

春季以 1~2 月播种适宜。播种宜用横行条播，行距 20~25cm，株距 15~18cm。种子应平放，尖端朝向同一侧，利于出苗（图 23-6）。播种深度 4~5cm，覆土后用稻草覆盖厢面。

为防止播种后种子遭鼠害，可用硫黄加草木灰拌种，或用溴敌隆灭鼠。硫黄加草木灰拌种按种子 100kg、硫黄粉 400g、草木灰 2kg、黄泥适量的比例。先将黄泥和水混成泥浆，放入种子使种子表面沾上一层泥浆，再取出种子，又放在硫黄与草木灰的混合物中拌匀，使种子表面再沾上一层硫黄与草木灰，即可播种。用溴敌隆灭鼠时，将 0.25% 溴敌隆液剂 25ml 拌饵料 2.5kg，饵料可用小麦、大米、玉米碎粒，也可用马铃薯块、红薯块、胡萝卜小块随拌随用。拌好的饵料堆或撒在播种的苗圃地中。这种诱饵对鼠的适口性好，也较安全。

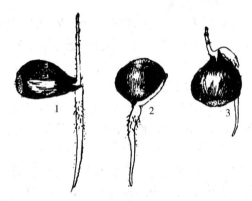

图 23-6 板栗播种时种子的不同放置方式对发芽的影响
1. 平放有利于根茎生长
2~3. 种子倒放、直放不利幼茎生长

4. 砧木苗的管理 种子发芽后揭草，在 8 月以前每月追施稀氮肥 1 次。5~7 月用 50% 的粉锈宁可湿性粉剂 1 000 倍液或 25% 的甲基托布津可湿性粉剂 500~800 倍液防治白粉病。

5. 嫁接 砧木直径达到 0.6cm 以上时可嫁接。接穗需采自优良品种的健壮母本树的树冠外围中上部。结果枝是优良的接穗，嫁接成活率高，抽枝粗壮，结果早；其次是普通生长枝。

嫁接时期可在春、秋两季。春季嫁接成活率高，故生产上均以春接为主。春季嫁接多用劈接法或切接法，在砧木开始萌芽时进行最好。秋季嫁接的时间在 8~9 月，嫁接方法可用单芽腹接。

6. 嫁接苗管理、出圃 秋季嫁接的在次年春季砧木发芽前剪砧。春季嫁接的接穗抽生新梢达 20~25cm 时解绑。及时防除杂草和病虫害。冬季休眠期苗木可出圃。《主要造林树种苗木质量分级标准》（GB 6000—1999）中规定板栗嫁接苗质量分级标准：Ⅰ级苗，苗龄 1~2 年生，地径>0.8cm，根系长度 28cm，>5cm 的 1 级侧根数 30；Ⅱ级苗，苗龄 1~2 年生，地径 0.7~0.8cm，根系长度 26cm，>5cm 的 1 级侧根数 25。

二、建 园

1. 园地选择 选择光照良好、土层厚度达到1m以上、坡度为25°～45°的坡地或荒山作为板栗园地。

2. 栽植密度 在平地或缓坡地、土质肥沃深厚的栗园，株行距以4m×4m或4m×5m为宜；坡度15°以上而土质瘠薄的栗园，株行距以3m×4m为宜。

3. 定植准备 25°～35°的坡地进行水平整带，带面宽度2～2.5m，带的中心间距不低于4m。按株距挖定植穴，穴宽0.8～1m，穴深0.8～1m，分层回填杂草等有机质，施入适量碳酸氢铵调节碳氮比，施入适量生石灰将土壤pH调整到5.5～6.5，回填时每穴施钙镁磷肥2～3kg。回填土高出原地面20cm。35°以上的坡地，按栽植密度挖定植穴，不整梯带。

4. 定植 嫁接苗落叶休眠后定植。栗树根系的恢复力弱，不耐移植，栽植时应少伤根系。定植后立即浇透定根水。

5. 授粉树配置 栗自花结实率低，一般为3.6%～36%，如板栗品种中青毛软刺的自花结实率为15.2%，红栗为7.7%～9.1%。而异花授粉的结实率也因不同品种组合而有很大差异，高的达100%，低的在10%以下。因此应选择适宜的授粉品种作为授粉树。板栗授粉品种的选择参见表23-1和表23-2。授粉树配置数量不低于10%，方式宜采用中心式，最远距离不超过50m。

三、栗园管理

（一）栗园土壤管理

幼树树盘内的土壤可以采用清耕或清耕覆盖法管理。耕作深度以不伤根系为限。对幼龄板栗园行间空地进行间作，间作物选择浅根型的马铃薯、豆科作物等。成年板栗园的土壤管理制度宜采用生草制，除树盘外，在行间播种禾本科、豆科等草种或播种绿肥，每年刈割覆于地面或施压入板栗园土壤中。由于长期生草的果园易使表层土板结，影响通气，每2～3年应对板栗园进行一次耕翻，然后播草种使其生草。

（二）施肥

1. 板栗的营养特点 栗树属需锰量高的果树，其叶片含锰量比其他果树都高。生长正常的板栗树叶片含锰量为1 000～2 500mg/kg，若降至1 000mg/kg以下，叶片即黄化，发育不良。栗对土壤缺镁的反应较敏感，缺镁时栗树叶脉间萎黄，褪色部分渐变褐色而枯死。据黄宏文（1991）、陈在新（1994）、樊卫国（2001）等的研究报道，磷对板栗的结实性能和产量有极其重要的影响，土壤的有效磷和树体中磷的含量高低与板栗的产量直接相关。在鄂东地区，10～20年生低产栗园土壤中有效磷含量平均为9.79mg/kg，而丰产栗园为16.0mg/kg；在黔东地区，低产栗园土壤中有效磷含量在痕迹至1mg/kg之间，丰产栗园为20.18～27.00mg/kg；在板栗的新梢叶片中，高产树的磷含量为2 420mg/kg，低产树为1 360mg/kg，高产树比低产树高77.94%。硼对栗的结实有促进作用，土壤缺硼会导致栗出现空苞。据樊卫国等（1997）调查报道，土壤有效硼的含量为0.56～0.87mg/kg的栗园，空蓬率为3.01%～6.89%，结果正常；土壤有效硼含量为0.20～0.44mg/kg的栗园，空蓬率为44.12%～81.36%，产量很低。

日本的栗树施肥试验表明,同时施用氮、磷、钾肥可以显著增加雌花的比例(表23-3)。又据山东农业大学测定,在栗树开花结果的枝梢中,氮、磷、钾的含量都远较无花无果的枝梢低。为了提高栗的产量,必须加强氮、磷、钾肥的施肥管理。

表23-3 肥料种类对栗树雌花形成的影响

处理	雄花数	雌花数	雌花所占比例(%)
施用氮肥	199.8	18.5	9.3
施用氮、磷肥	194.3	21.5	11.1
施用氮、磷、钾肥	117.0	27.0	23.1

栗树对氮素的吸收量最多,从萌芽开始前到采收都在持续增加,采收后才逐渐减少,其中又以果实肥大期的吸收量最多。磷的吸收量自开花后到采收前都比较稳定,其吸收时间比氮和钾短,而吸收量也较少。钾自开花前就开始少量吸收,开花后迅速增加,果实肥大期吸收最多,采收后又急剧减少。由此说明,栗树从早春开始雌花的分化到开花坐果是需肥较多的一个时期,此期以吸收氮和钾为主;果实肥大期是需肥最多的时期,也以氮和钾的吸收量最多。

2. 施肥 合理施肥能显著提高栗树产量。根据山东果树研究所的试验,仅施用基肥和果实发育期追肥的栗树,产量为对照的161.2%;增加花期追肥共施3次肥的栗树,产量为对照的268%。因此,栗树每年至少应施肥3次,即秋施基肥、花期追肥及果实肥大期追肥。

基肥是在采果后施入,成年树每株施腐熟有机肥100~150kg,为氮、磷、钾完全肥料。花期追肥在开花前,一般在3~4月,以速效性肥料为主,每株施尿素、硝酸铵或硫酸铵0.5~1kg或人粪尿50~100kg。在7~8月,在果实迅速肥大前第二次追肥,施用速效性氮、磷、钾肥料,每株施用氮素化肥0.5~1kg、过磷酸钙1.5~2.5kg、钾肥0.5~1kg。

四、整形修剪

板栗和锥栗都是极性较强的喜光树种,任其自然生长,容易出现结果部位外移、外围枝过多过密、内膛光照不良、下部小枝枯死、大枝光秃、产量不高的现象。应当进行合理的整形修剪,创造良好的树冠结构,调节生长与结果的矛盾,以保证持续丰产。茅栗的树形多采用自然形,对整形不作过高要求。

(一)幼树整形

在生产上适宜板栗和锥栗的树形有自然圆头形、自然开心形和主干疏层形3种。

1. 自然圆头形 该树形的特点是树冠无中心干,其整形方法是在苗木离地1~1.2m高处,选饱满芽的上方短截定干,促使剪口饱满芽抽生壮枝,从中选留生长健壮、分布均匀、开张角度为45°~60°的主枝4~6个,根据树冠大小的要求,培养若干侧枝。该树形构成容易,树冠形成快,早期产量高。缺点是树冠上部生长壮,下部易光秃,树冠较高大,管理不方便。

2. 自然开心形 该树形的特点是树冠无中心干,只有3~4个主枝自主干顶端向外斜生,树冠稍矮而开张,内膛通风透光良好,适于密植,是目前最好的一种树形。其整形方法是在苗木离地1m高处,选饱满芽的上方短截,促使苗干自剪口以下发生分枝,从中选留

3～4个生长健壮、分布均匀、角度适中的培养为主枝。主枝必须向外斜生，开张角度为50°～60°。以后，从各主枝上发生的分枝中，选留有一定间隔距离、生长强健的分枝2～3个，各留60～70cm短截，培养为副主枝。副主枝的选留和培养方法，可参照核桃自然开心形的整形技术。3～4年后，树形即可基本形成。

3. 主干疏层形 树形特点是有中心干，主枝5～7个，分成2～3层。树形结构和整形技术与核桃的疏层形基本相同。这种树形比较高大，主枝数较多，能够丰产，但内膛的通风透光条件不如自然开心形。

（二）幼树修剪

板栗和锥栗的幼树修剪应着重以构建良好的树形骨架和迅速增加营养面积为目标。板栗和锥栗芽的异质性明显，枝梢顶部芽发育充实饱满，节间短，顶端优势明显，所以容易发生三叉枝、四叉枝或竞争枝。整形时，应对这类枝及早抹芽疏枝，防止与骨干枝形成竞争。对生长过旺的枝梢，夏季要及时摘心，或冬季于饱满芽以下进行重短截，削弱其生长势，促使分枝以加速树冠的形成。对一般枝梢可不短截，利用顶芽枝向外延伸扩大树冠。及早疏除徒长枝、过密枝、纤弱枝、病虫枝等，其余枝条尽量保留。

（三）结果树的修剪

结果树修剪的主要目的在于促使树冠的内外、上下各部分都能抽生强健结果母枝，充分利用空间，尽量增加结果部位，保持丰产稳产。同时要防止结果部位外移，延长盛果期年限。各种不同枝梢的修剪方法如下：

1. 结果母枝的培养和修剪 树冠外围生长健壮的一年生枝大多为优良结果母枝，应保留。由于结果母枝上雌花芽着生在枝的先端，因此，修剪时对于健壮的结果母枝不宜短截，如过密，则疏剪其中较弱的枝。生长过旺的结果母枝应在其下方另选留1～2枝培养成结果母枝，既可增加产量，又分散养分缓和生长势。若母枝因连年结果而趋于衰弱时，应予回缩修剪，并在下部培养新的结果母枝代替。凡在弱结果母枝附近发生的细弱枝，应及早疏除，使养分集中供应母枝使其转弱为强。树势衰弱的植株往往弱枝多，而结果母枝少，应疏除一部分弱枝，以促进新结果母枝的形成。对一般弱枝或雄花枝，可短截或回缩，促使剪口芽或剪口下方的枝条转化成新结果母枝。

2. 徒长枝的控制和利用 成年结果树的各级骨干枝上都有可能发生徒长枝，如放任生长，势必扰乱树形，徒耗养分；应适当选留并加以控制利用，培养为枝组或更新枝。在选留徒长枝时，应注意枝的强弱、着生位置和方向。凡离主枝基部较远，发生于主枝两侧的徒长枝，生长一般不会很旺，容易形成花芽；而发生于主干或主枝基部与背上的徒长枝，生长往往特别旺盛，不易培养成结果母枝。

生长不过旺的徒长枝，一般不需短截，第二年便能形成花芽。对于长度在30cm以上、生长旺盛的徒长枝，首先应在夏季摘心和冬季短截，促使分枝；第二年从抽生的分枝中去强留弱，剪除顶部1～2个比较直立强旺的分枝，留水平斜生的。经过处理后的徒长枝，2～3年后便能形成花芽结果。

衰弱栗树上主枝基部发生的徒长枝应保留作更新枝，回缩原主枝，以更新枝代替。

3. 枝组的修剪 枝组经过多年结果后，生长趋于衰弱，结果能力显著下降，应当回缩更新复壮。若枝组基部有徒长枝，可留徒长枝而回缩枝组，同时短截徒长枝，促使分枝培养成为新枝组。若枝组基部无徒长枝，则留3～7cm长的短桩回缩枝组，促使基部隐芽萌发为新梢，再培养成新枝组。枝组过密时，应去弱留强，改善通风透光条件。

4. 骨干枝的回缩更新　为防止栗树衰老,延长其结果年限,从大量结果以后,就应注意骨干枝的更新。当骨干枝的枝头只能抽生细弱新梢时,就表明其生长已经衰弱,应及时更新。为了避免由于回缩骨干枝而引起产量的显著下降,可提早在骨干枝下部培养更新枝,当更新枝已经发生良好的结果母枝并开始大量结果时再回缩原枝头。回缩大枝时,剪锯口不可太靠近更新枝,否则会引起更新枝衰弱甚至枯死;需在更新枝上方留 4~5cm 长的短桩。

5. 其他枝的修剪　树冠内外的纤弱枝、交叉枝、重叠枝和病虫枝要及早疏除。

(四) 老树的更新修剪

栗树进入衰老期,树势明显转弱。但栗树的更新能力较强,即使大部分枝条枯死,只要有徒长枝萌发,又能重新生长并开花结实。老树的更新修剪就是回缩大枝,促使潜伏芽萌发徒长性枝条,通过修剪重新培养枝组,恢复树冠。更新的程度应根据树势和各个大枝的生长强弱决定,树势越弱则更新越重。轻度回缩更新是从大枝的上部或中部截去,重度回缩更新则从大枝的下部或基部截去;但一次不可回缩过多的大枝,以免造成严重减产和大量的伤口难以愈合。经过回缩修剪后,从保留的大枝上会萌发若干徒长枝,从中选留方位适宜的培养为骨干枝;在回缩较轻的大枝上可抽生强健新梢,需疏剪过密部分,一般在回缩更新的第二年,可望从留下的新梢中抽生结果母枝,3 年后即可恢复产量。老树的回缩更新修剪要结合施肥管理才能产生良好的效果。

五、采　　收

栗果实成熟时期因品种和自然条件不同而有差异,早熟品种在 8 月下旬至 9 月上旬成熟,晚熟品种在 10 月中下旬成熟。其适宜的采收时期,应以总苞由绿色转变为黄褐色,并有 30%~40% 总苞顶端已微呈十字开裂时采收为宜。采收过早,坚果未达成熟,组织柔嫩,含水量高,易腐烂不耐贮藏;采收过晚,则总苞开裂,坚果脱落,造成损失。

采收宜选择晴天进行。阴雨天气或雨后刚晴或晨露未干时,因果皮吸水以至水分渗入果内,从而招致病菌寄生,因此不宜采收。晴天采收的栗子,腐烂率低,耐贮性好。采收前,应将栗林中的杂草除尽,以便收拾自行脱落和打落的栗子。如果在斜坡地带,需在坡下做垄,以防栗子落地散失。采收的方法,可用竹竿连总苞打落或用钩子钩落。用钩子钩落,不伤树枝。如用竹竿打落总苞,需注意由内向外顺枝打,以免伤及树枝和花芽,影响来年产量。

采下的带果总苞,选择地势高、阴凉、通风的地方堆积,堆的高度不宜超过 1m,同时不能踏紧,以免发热腐烂。经 3~5d 后,总苞自行开裂,然后用木棒或齿耙捶打总苞,或用机械使栗子与总苞分离,收集待贮藏或包装运输。

(执笔人:樊卫国)

主 要 参 考 文 献

陈在新,等.1994.板栗高产的矿质营养基础[J].湖北农学院学报,14 (3):36-39.
樊卫国,等.2001.台江红油大板栗的结实与授粉特性[J].山地农业生物学报,20 (1):32-34.
樊卫国,等.2001.台江红油大板栗高产树和低产树的营养特征[J].山地农业生物学报,20 (4):166-

170.

明桂冬，田寿乐，柳絮，等.2010.生产兼绿化型板栗新品种红栗2号选育及栽培要点［J］.山东农业科学（5）：37-38.

秦岭，等.1998.板栗菌根真菌及其分离培养［J］.园艺学进展（2）：218-222.

沈广宁，明桂冬，田寿乐，等.2010.板栗新品种'东王明栗'［J］.园艺学报（9）：55-58.

王云尊.2009.盛果期板栗和日本栗的平衡修剪技术［J］.落叶果树（4）：40-42.

文晓鹏，等.1995.板栗的光合特性［J］.贵州农学院学报，14（1）：43-49.

吴连海，等.2007.浙南闽北锥栗品种资源调查研究［J］.浙江林业科技，27（1）：33-37.

杨钦埠，等.1997.云南板栗［M］.昆明：云南科技出版社.

推 荐 读 物

冯永庆，秦岭，李凤利.2007.板栗栽培技术问答［M］.北京：中国农业大学出版社.

冯玉增，刘小平.2010.板栗病虫害诊治原色图谱［M］.北京：科学技术文献出版社.

邵则夏，杨卫明.2009.板栗良种选育与早实丰产栽培技术［M］.昆明：云南大学出版社.

田寿乐.2009.板栗栽培技术百问百答［M］.北京：中国农业出版社.

谢治芳，陈建勋.2004.板栗栽培关键技术［M］.广州：广东科技出版社.

张宇和，等.2005.中国果树志·板栗 榛子卷［M］.北京：中国林业出版社.

第二十四章 核 桃

第一节 概 说

一、经济意义

核桃（walnut）是世界著名的四大坚果之一，我国南、北方普遍栽培的重要坚果，营养价值和商品经济价值高。核桃仁的脂肪含量60%～75%，带壳核桃榨油的出油率为20%～30%。据分析，每100g干核桃仁含蛋白质15.4g，脂肪63.0g，糖类10.0g，粗纤维5.8g，钙119.0mg，磷362mg，铁3.5mg，胡萝卜素0.17mg，硫胺素0.32mg，核黄素0.11mg，尼克酸1.0mg。核桃仁有止咳化痰、顺气补血、润肝补肾、美发润肤、健脑益寿等保健作用。核桃仁既可生食，又可加工成各种糕点、饮料等营养保健食品和烹制多种美味菜肴。

核桃的外果皮、坚果内隔、树皮和树叶均可入药，还可用来提炼鞣酸和栲胶，可用于制革、染料工业；核壳可制高级活性炭。核桃树木材质地坚韧，纹理细致，伸缩性小，耐腐蚀和抗冲击力强，是高档家具和室内装饰的上等材料。

核桃结果早，经济寿命长，嫁接苗栽培3年可株产1～2kg，5年株产2～4kg，8～12年进入盛果期。据《中国果树志·核桃卷》记载，西藏自治区加查县的一株树龄970多年的古核桃树每年产果约50kg。

二、栽培历史与分布

我国栽培的核桃主要是核桃（*Juglans regia* L.）和铁核桃（*Juglans sigillata* Dode）2个种。核桃古称"胡桃"或"羌桃"。有关中国的核桃原产地问题，有一种观点认为，在汉武帝时期由张骞出使西域带回胡桃，中国始有核桃，伊朗是核桃的原产中心。其依据是公元3世纪的《博物志·张华》中有关"张骞使西域还，乃得胡桃种，故以胡羌为名"的记载，但张华撰著《博物志》的时间，是距张骞卒后300余年之后。而距张骞卒后时间最近的《史记》、《汉书》等中国古代史书和农书中均无核桃来自西域的可信记载。因此，我国核桃最早是从西亚国家引入之说无足够的证据。我国核桃科技工作者通过多种途径和方法，系统研究，证明中国是核桃原产中心之一。对于我国南方的铁核桃为中国原产，历来被世界公认。据考证，我国早在1～2世纪就已有核桃的经济栽培。

核桃是核桃属中经济价值最高的树种，在世界各大洲都有栽培。我国是世界上生产核桃最多的国家，种植面积和总产量均居世界第一位。2012年，全国核桃种植面积已突破300万hm^2，总产量128万t，占世界核桃坚果总产量的45%以上，稳居世界首位。年产量10万t以上的主产国有中国、美国、伊朗、土耳其等。墨西哥、乌克兰、罗马尼亚、法国、印度、埃及等国也有相当大的栽培规模。

我国核桃的分布，除了气温过高的台湾、广东、海南等省的部分地区和冬季严寒的东北北部、内蒙古、西藏北部以及新疆北部等地外，20多个省（自治区、直辖市）都有核桃分布和种植。分布地最高海拔是在我国西藏拉孜县的徒庆林寺，海拔4 200m；最低海拔是-30m以下的新疆吐鲁番盆地。我国核桃的主产区是云南、山西、陕西、四川、甘肃、河北、河南、新疆、贵州等省（自治区），其中以云贵高原中部、太行山区、新疆塔里木盆地周围、秦岭山区等地最为集中。铁核桃主要分布在我国西南部的云南、贵州、四川、西藏等省（自治区）海拔240m（贵州）至3 300m（西藏）的范围，越南、老挝、缅甸、印度和尼泊尔也有分布。

第二节 主要种类和品种

一、主要种类

核桃科（Juglandaceae）植物用于果树栽培的有2个属，即核桃属（*Juglans* L.）和山核桃属（*Carya* Nutt.）。核桃属植物共有20余种，分布于亚洲、欧洲和美洲。原产我国的有以下4个种和1个杂交种。

1. 核桃（*J. regia* L.） 别名胡桃、羌桃、万岁子。我国栽培的品种大多属于本种。高大落叶乔木。一年生枝髓部大，木质松软，以后随年龄增长髓部逐渐缩小，质地变坚硬。奇数羽状复叶，小叶互生，幼树5~9片，成年树11~13片，小叶广椭圆形或卵圆形，具短柄，全缘或略具波状粗浅锯齿；叶柄圆，平滑，基部肥大。单性花，雌雄同株。雄花生于上年生枝上，下垂呈柔黄花序（ament）；雌花生于当年新梢顶部，单生或2~3个簇生，有时多数。果实为假核果（园艺学分类属坚果），成熟后外果皮（总苞）不规则开裂，内果皮（即核壳）骨质，表面有凸凹相间的沟纹，核果球形，有2条纵棱，壳内为黄褐色种皮，种皮内是核仁，核仁大部为子叶。花期4~5月，9~10月果实成熟（图24-1）。

图24-1 核 桃
1. 雌花 2. 雄花序 3. 坚果
4. 结果枝 5. 复叶
（仿郗荣庭，1996）

核桃为温带树种，不耐湿热而耐寒，适宜生态条件是：气候干燥凉爽，年平均气温9℃左右，适应气温范围为-25~37℃；年降水量600~800mm；无霜期150~220d；喜钙质土或微碱性土壤。主要分布在我国华北、西北、中南及华东北部、四川东部和西藏东南地区等。

本种优良品种多，如光皮绵核桃、隔年核桃、鸡爪绵核桃、纸皮核桃、穗状核桃等。

2. 铁核桃（*J. sigillata* Dode） 又名漾濞核桃、云南核桃。本种与普通核桃的主要区别是铁核桃的小叶对生，椭圆状披针形、长椭圆形或长卵形，幼叶有锯齿；核果扁圆形，核壳表面褶皱明显，极不光滑。铁核桃在云南、贵州全境和四川、湖南、广西的西部、雅鲁藏布江中下游仍有野生分布，分布地海拔1 200~2 900m，以1 600~2 500m地带最多（图24-2）。

铁核桃属亚热带树种，耐湿热而不耐寒，适应冬无严寒、夏无酷暑、温凉湿润的亚热带和温带气候。其具体的适宜生态条件指标是：年平均气温11.4～18℃，绝对最低气温－5.8℃；年降水量700～1 200mm；无霜期250～300d。本种抗寒力弱，嫩梢、花和幼果易受晚霜危害；喜微酸性土壤。

铁核桃有3种类型：

(1) 泡核桃（又名茶核桃或绵核桃） 树冠大，分枝低，树皮粗糙，裂纹较深。核壳薄（0.9mm）、易破，内褶壁不发达，种仁大，易取仁，出仁率50%以上。优良品种很多，具有壳薄、丰产、含油率高的特点。

(2) 铁核桃（又名坚核桃） 野生，生长势强，树干直，分枝高，树冠小，树皮裂纹浅。叶狭长，有不明显锯齿。核果粗糙，核壳厚（2mm以上），坚硬而重（20g左右），不易摇破，刻纹深而密；内褶壁发达、木质化并与核壳连生；种仁小，取仁极难，出仁率25%～30%，含油率75%。适应性强，材质好，可作核桃砧木或作用材林栽植。

图24-2 铁核桃
1. 结果枝 2. 坚果 3. 果实
(仿郗荣庭，1996)

(3) 夹绵核桃 性状介于上述两个类型之间，有一些较好的品种，如娘青夹绵核桃、打泡夹绵核桃等。内褶壁不发达，隔膜革质，壳稍厚，取仁稍难，出仁率33%～49%。

3. 野核桃（*J. cathayensis* Dode） 分布在我国西南、西北、华北及长江流域各省（自治区、直辖市）。乔木或灌木。幼枝密被腺毛或疏茸毛，顶芽裸露，有黄褐色毛。奇数羽状复叶，小叶9～17片，无柄，卵形或卵状长椭圆形，叶缘有明显的细锯齿，叶背密生短茸毛。雌花序穗状，5～10朵雌花。果实穗状簇生，果小，顶端急尖，有6～8条纵棱，核壳坚硬而厚，仁极小，食用价值不大。可作核桃砧木（图24-3）。

4. 核桃楸（*J. mandshurica* Max.） 原产我国东北及鸭绿江沿岸，河北、河南、云南等省也有分布。高大乔木。小叶9～17片，叶背有毛，叶缘有细锯齿。果实球形或卵形，表面有小棱，先端尖，果皮不易裂开；核果表面有8棱，核壳厚。树皮含纤维可制绳，核仁可食用或榨油。本种极耐寒，为核桃的抗寒砧木（图24-4）。

图24-3 野核桃
1. 结果枝 2. 坚果 3. 雄花序 4. 复叶
(仿郗荣庭，1996)

5. 麻核桃（*J. hopeiensis* Hu） 又名河北核桃。系核桃与铁核桃的杂交种，原产河北。高大乔木，羽状复叶，小叶7～15枚，长椭圆形或卵形，边缘浅锯齿或全缘，表面光滑，背面有短柔毛。果实1～3个丛生，圆形，先端突尖；核圆形，核壳厚，夹壁骨质，仁小不堪食用。木质比核桃和核桃楸更坚实而重，材质优良。可作核桃砧木（图24-5）。

图 24-4 核桃楸
1. 结果状 2. 坚果 3. 雄花序 4. 复叶

图 24-5 麻核桃
1. 结果状 2. 坚果 3. 复叶
(仿郗荣庭, 1996)

二、主要品种

核桃长期实生繁殖,变异类型很多,选育出了很多优良品种。但过去缺乏科学的分类方法,核桃品种的名称多源于群众的自发称谓,同物异名或同名异物的现象普遍。根据《中国果树志·核桃卷》对核桃品种资源的分类,将原产我国的栽培核桃的种质资源分为两个种群,即核桃种群和铁核桃种群。根据我国核桃品种资源中存在结实早和结实晚的两类品种的事实,又在种群以下设置晚实核桃类群、早实核桃类群,最后将我国各地分属于核桃种群和铁核桃种群的栽培品种或株系分别归属于其中。铁核桃×核桃的杂交优系作为一个单独的类群归入铁核桃种群之中。这一分类系统,对于我国核桃的种质资源搜集、整理、研究有积极的意义。

我国栽培的核桃品种分别属核桃、铁核桃及其两个种的品种间的杂交后代。在我国南方核桃产区,一般铁核桃种群的品种适应性强,也较丰产。还有部分新疆的核桃品种和核桃种群的人工杂交品种在我国南方也有较强的适应性。其中的部分优良品种如下:

1. 大泡核桃 又名漾濞泡核桃。主产云南,有 300 多年的栽培历史。树势较强,枝条较直立。坚果扁圆形,果基略尖,果顶圆;坚果重 12.3~13.8g;壳面麻,色浅,缝合线中上部略突起,结合紧密,先端钝尖,壳厚 0.9~1.0mm;内褶壁及横隔膜膜质,易取整仁;仁饱满,味香而不涩,出仁率 53.2%~58.1%,核仁含脂肪 67.3%~75.3%(不饱和脂肪酸占 89.9%)、蛋白质 12.8%~15.13%。雄先型,在云南漾濞 3 月上旬发芽,3 月下旬雄花散粉,4 月中旬雌花盛开,9 月上旬坚果成熟。丰产稳产,盛果期株产坚果 75~111kg,为果油兼优的优良品种。

2. 三台核桃 又名草果形核桃。原产云南海拔 1 500~2 500m 的大姚、宾川、祥云等县,栽培历史悠久。树势旺,树冠大而开张。坚果倒卵圆形,果基尖,果顶圆;坚果重 9.49~11.57g;壳面较光滑,色浅,缝合线窄,上部略突起,结合紧密,尖端渐尖,壳厚 1.0~1.1mm;内褶壁及横隔膜膜质,易取整仁;出仁率 45%~51%,核仁充实,饱满,色浅，味香醇且无涩味，含脂肪69.5%~73.1%、蛋白质14.7%。雄先型，在原产地3月上中旬发芽，4月上旬雄花散粉，4月中旬雌花盛开，9月上旬坚果成熟。盛果期平均株产约65kg，高产单株270~310kg，丰产，大小年结果现象不明显，品质优，是云南商品核桃生产的主栽品种之一。

3. 大白壳核桃 原产云南华宁县。树势强健，树冠高大开张。坚果圆形，果基平，果顶圆；坚果重11.7~13.0g；壳面光滑，色浅，近白色，缝合线平，结合紧密、尖端钝尖，壳厚1.1mm；内褶壁退化，横隔膜膜质，易取仁；出仁率51.9%~57.4%，核仁充实饱满，淡紫色，味香，无涩味。雄先型，在原产地3月上旬发芽，3月下旬雄花散粉，4月中旬雌花盛开，9月中旬坚果成熟。较丰产，盛果期株产40~60kg。坚果大，壳面光滑，果形美观，在我国云贵高原栽培较多。

4. 薄麻壳核桃 又名高兴1号。原产贵州普安县高兴乡，从铁核桃实生树中选出。树势强健，树冠开张，分枝力强，侧生混合芽比率50%。果圆形，果基圆，顶微凹；坚果重20g；壳麻面，缝合线窄，凸起，结合紧密，壳厚1.0mm；内褶壁膜质，横隔膜革质，易取仁；核仁充实，饱满，重10.7g，出仁率53.6%，核仁含脂肪70.17%，味香而不涩。雄先型，在原产地3月上旬发芽，4月上旬雄花散粉，4月中旬雌花盛开，9月中旬坚果成熟。该品种早期产量较低，盛果期丰产，品质优良，适宜在海拔1 000~1 700m的西南山区栽培。

5. 草果核桃 主产于云南漾濞、洱源、巍山等地。树冠较小而直立，新梢多而细。坚果长椭圆形，果基和果顶尖削；坚果重10.2g；壳面麻，缝合线中上部突起、渐尖，壳厚0.9~1mm；内褶壁膜质，横隔膜膜质，易取仁；核仁重5.0g，出仁率48.8%，核仁较饱满，色浅，味香，核仁含脂肪69.0%。雌先型，在原产地3月上旬发芽，3月中旬雌花开放，3月下旬雄花散粉，8月下旬坚果成熟。适宜密植。该品种果较小，品质优，商品价值较高，产量较稳定，适宜在西南高海拔山区发展。

6. 串核桃 又名九子核桃、穗状核桃。该品种从贵州威宁的铁核桃实生树中选出，目前在贵州西部栽培较多。树势旺盛，树姿开张，分枝力强，侧生混合芽比率75%。坚果长扁圆形，果基微凹，果顶急尖；坚果重8.8g；壳面略麻，缝合线较窄而凸起，结合紧密，壳厚0.9mm；内褶壁退化，横隔膜膜质，易取仁；核仁充实饱满，色浅，重5.3g，出仁率60%，核仁含脂肪69.5%，味香而不涩。雄先型，威宁3月底至4月初发芽，4月中下旬雌雄花开放，9月中旬坚果成熟。其嫁接树2~4年始开花。每雌花序着生10~30朵雌花，每果序多着生5~10个果，多达20个以上。该品种耐寒、耐旱、抗病，适应性强，大小年结果现象不明显，早期产量比其他晚实核桃高，盛果期丰产，70年生树株产150kg左右，品质优良，适宜在西南高山地区栽培。

7. 黔核5号 该品种从贵州赫章县的实生铁核桃树中选出。树势强，树姿开张，分枝力中等，侧生混合芽比率68%，丰产，株产4~7kg。坚果近圆形，重15g左右；壳面略麻，缝合线窄而凸起，结合紧密，壳厚0.73mm；内褶壁革质，横隔膜革质，易取整仁；核仁饱满，浅黄色，仁重7.7g，出仁率51%左右，核仁含脂肪57.3%（不饱和脂肪酸占89.6%），每100g核仁中含氨基酸12 933mg，其中人体必需氨基酸4 924mg，可溶性总糖含量13.2%。雄先型，在原产地3月中旬发芽，4月上旬雄花散粉，4月中旬雌花盛开，9月中旬坚果成熟。该品种果大壳薄，丰产，带壳或加工销售均适宜，抗病性及适应性均强，适宜在我国云贵高原地区发展。

8. 露仁核桃 铁核桃实生树选育的优良品种,原产于贵州赫章、威宁等地,目前在贵州、四川等省都有栽培。树势强,树姿开张,分枝力强,侧生混合芽的比率为80%,侧生果枝率28%。坚果近圆形,果基圆,果顶急尖;坚果重8.5g;壳面略麻,缝合线窄而凸起,结合紧密,壳厚0.8mm,局部退化,核仁外露,便于取仁加工;内褶壁退化,横隔膜膜质,极易取整仁;核仁充实饱满,单仁重5.5g,出仁率65%左右,核仁含脂肪70.83%,核仁味香,品质优。雄先型,原产地3月中旬发芽,4月上旬雄花散粉,4月中旬雌花盛开。坚果成熟早,8月中下旬可采收。早期产量较低,盛果期产量高,大小年结果现象不明显。适应性强,在我国西南高海拔山区栽培表现丰产。

9. 中林1号 由涧9-7-3与汾阳串子杂交育成,在四川、湖北等地有栽培。该品种树势较强,树姿较直立,生长快,分枝力强,侧芽形成混合芽率为90%以上。坚果圆形,果基圆,果顶扁圆;坚果重14g;壳面较粗糙,缝合线两侧有较深麻点,缝合线中宽凸起,顶有小尖,结合紧密,壳厚1.0mm;内褶壁略延伸,膜质,横隔膜膜质,可取整仁;核仁重7.5g,出仁率54%,核仁饱满,核仁含脂肪65.6%、蛋白质22.2%。雌先型,在四川3月中旬发芽,3月下旬雌花盛开,4月上旬雄花散粉,9月上旬坚果成熟。丰产,适应性强,品质中等,适宜作加工品种,我国南方可以选择栽培。

10. 中林5号 由涧9-11-12与涧9-11-15杂交育成,在四川、湖南等地有栽培。该品种树势中庸,树姿较开张,分枝力强,枝条的节间粗短,短果枝结果为主,侧芽形成混合芽率为98%。坚果圆形,果基平,果顶平,坚果重13.3g;壳面光滑,色浅,缝合线较窄而平,结合紧密,壳厚1.0mm;内褶壁膜质,横隔膜膜质,易取仁;核仁重约7.8g,出仁率58%,核仁饱满,含脂肪66.8%、蛋白质25.1%。雌先型,在我国西南3月中旬发芽,3月下旬雌花盛开,4月上旬雄花散粉,8月下旬坚果成熟。该品种在我国南方栽培适应性较强,适宜密植。

11. 中林6号 由早实优株涧8-2-6与山西晚实优系7803杂交育成。该品种树势较旺,树姿较开张,分枝力强,侧芽形成混合芽率为95%。坚果略长圆形,果重13.8g;壳浅色、光滑,缝合线中等宽度,平滑且结合紧密,壳厚1mm左右;内褶壁退化,横隔膜膜质,易取整仁;核仁饱满,重约7.5g,出仁率54.3%左右,风味香甜,品质极优。在我国西南3月中旬发芽,3月下旬雌雄花盛开,9月上旬坚果成熟。抗病性较强,较丰产,适宜在我国中南及西南高海拔地区栽培。

第三节 生物学特性

一、生长特性

(一) 根

核桃是深根性树种,具有强大的根系,在深厚的黄壤中,主根可深达6m以上。根系的垂直分布集中于20~60cm的土层中,占总根量的80%以上;根系的水平分布远较枝展为宽。16年生树的水平根可伸展9m以外,80年生树的水平根则伸展达20m以外,多数根系分布在以树干为中心的4m半径范围内。

核桃具有内生菌根,粗而短,集中分布于30cm的土层中,土壤含水量为40%~50%时菌根的生长发育最好,其发育能够促进核桃根系和地上部分的生长。

核桃种子播种发芽后，幼根的生长比幼芽快。幼根长达 8.2～13.6cm 时，幼芽仅伸长 2.3～6.0cm，此时根的长度超过株高 2.3～3.5 倍。1～2 年生苗木，主根垂直生长旺盛，侧根少而弱。经过 3～4 年后，侧根生长逐趋于旺盛，地上部的生长也趋于旺盛，生长速度逐渐超过根系。生产上常常在一年生幼苗时期切断其主根，促进侧根发育和地上部的生长，提高苗木移栽的成活率，促进树冠扩大和提早结果。

（二）芽

核桃雌雄异花同株。芽可分为叶芽、雌花芽、雄花芽和休眠芽等几种（图 24-6）。核桃的萌芽期比一般落叶果树稍迟。长江流域 3 月中旬叶芽开始膨大，3 月下旬至 4 月上旬开始萌芽。不同部位的芽萌发有先后，树冠外围结果母枝的顶芽萌发最早。顶生叶芽较大，卵圆形或圆锥形，顶端微尖，鳞片疏松；侧生叶芽

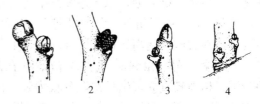

图 24-6 核桃的芽
1. 雌花芽 2. 雄花芽 3. 叶芽 4. 休眠芽

较小，枝条下部的叶芽更小。枝条上部的叶芽能抽生健壮的新梢成为结果母枝，枝条中下部较小的叶芽多呈休眠状态。雌花芽为混合芽（mixed bud），多着生于枝条先端 1～3 节，隔年枝条中上部侧芽分化为雌花芽的比较多。雌花芽特点是：芽体最大，球形，鳞片紧包，芽顶钝圆。雌花芽萌发后，先抽结果枝，在结果枝顶端着生 1～3 朵或更多的雌花，因品种而异，以 2 朵花的居多数，少数品种（如穗状核桃）一花序着生雌花十几朵以上。雄花芽为纯花芽（pure flower bud），柔荑花序。雄花芽着生在顶芽以下的 2～10 节，长椭圆形，鳞片很小，不能覆盖芽体，所以又称裸芽。较长的雄花序可长达 12cm 以上，有花 100 余朵。不同品种、植株或结果母枝之间，雌花芽与雄花芽的比例都不相同。有雌花芽而无雄花芽的结果母枝为数很少，占母枝的 10％左右；仅顶芽为雌花芽而侧生花芽都是雄花芽的母枝占 40％以上；除顶芽为雌花芽外，侧生花芽中雌花芽与雄花芽都有的占 40％左右。

休眠芽亦称隐芽，位于枝条的下部，在外形上可保留 1～3 年，以后则变为潜伏芽，一旦受刺激后便萌发抽生新梢。核桃潜伏芽的潜伏力和萌发力很强，因此核桃具有较强的树冠自然更新能力。

枝条中上部常有 2 个芽重叠着生在同一节上，称为复芽。复芽以 1 叶芽和 1 雄花芽或 2 个都是雄花芽的居多数。位于上方的为副芽，下方的为主芽。

（三）枝

核桃芽的异质性和顶端优势明显，每一枝上仅先端少数芽能抽强枝，中下部侧芽则多呈休眠状态，所以核桃抽枝较少，树冠枝条稀疏，顶枝生长旺。核桃萌芽半个月后新梢开始旺盛生长期，大约 15d 后生长逐渐停止。一般一年只长 1 次梢，树势强时长 2 次梢。

核桃枝干受伤后伤口产生伤流（bleeding）。伤流发生于休眠期，流出的树液含有大量鞣质，遇空气氧化变为黑色。严重的伤流使大量养分损失，树势衰弱，甚至引起枝梢枯死，因而休眠期间应避免枝条折损或修剪。根据河北农业大学的观察，伤流量有两个高峰，第一次伤流高峰在落叶后 1 周，第二次高峰在萌发前，落叶后 1 个月至萌发前 1 周伤流量较小。故核桃的修剪最好在叶未变黄时进行。

核桃枝条可分生长枝、雄花枝、结果母枝和结果枝等几种（图 24-7）。新梢的平均生长量为 15～20cm。新梢上均为叶芽，有时也有雄花芽，可形成结果母枝。生长旺盛、长度在 50cm 以上的枝条称徒长枝。幼树的徒长枝应及早疏除，盛果期或衰老期的徒长枝可加以利

用,使其成为结果枝组或更新枝。雄花枝短而弱,长 5~7cm,芽密生,顶芽为叶芽,侧芽多为雄花芽。雄花枝大多发生于二年生枝的中下部或老树的内膛。结果母枝于冬季以前在顶端数节形成雌花芽,春季从雌花芽抽生结果枝,随后在其顶端着生雌花。结果母枝长度依品种、树势强弱而异,以长 10~20cm、粗 1cm 左右的结果母枝坐果率高。结果母枝经几年结果后结果能力下降或丧失。结果枝分为长、中、短 3 种类型,15cm 以上的为长果枝,7cm 以下的为短果枝,7~15cm 的为中果枝。一般中果枝结果较多。

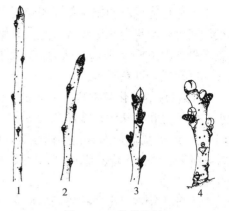

图 24-7 核桃的枝
1. 生长枝 2. 健壮生长枝 3. 雄花枝 4. 结果母枝

(四) 果实

核桃的果实由子房发育而来,子房由 2 心皮组成。子房的外、中壁发育成果实的总苞,称外果皮(青皮);子房的内壁发育成坚硬的骨质内果皮,即核桃坚果的壳。种皮膜质,极薄,子叶肉质,富含脂肪。

核桃果实发育时间长短依品种和栽培地区不同而异。在云南、贵州等产区,早熟品种的果实发育需 120~130d,中晚熟品种需 150~180d。果实发育经历幼果迅速生长期、硬核期、缓慢生长期和成熟期 4 个阶段。在南方,幼果迅速生长期约 60d,5 月生长最快,此期结束时果实体积已接近成熟时的体积;6 月初至 7 月上旬为果实硬核期,此期需 30~35d;7 月上中旬至 8 月下旬为果实缓慢生长期,核仁不断充实饱满,脂肪迅速增加,此期 45~55d;8 月下旬至 9 月中下旬为果实成熟期,核仁脂肪进一步增加,总苞颜色褪绿转黄,出现裂口。核桃花后 10~15d、幼果直径 1cm 左右时开始落果;直径 2cm 左右时为落果高峰,这次落果是顶生果枝落果较轻而侧生果枝落果较重;果实发育进入硬核期后停止落果。

二、结果习性

(一) 花芽分化

1. 雄花芽的分化与发育 据荣瑞芬、郗荣庭(1991)报道,雄花芽于 5 月露出到翌年 4 月发育成熟,从分化到散粉约 1 年时间。核桃雄花分化可分为 5 个时期:

(1) 鳞片分化期 叶芽内雏梢分化之后叶腋出现侧芽原基,4 月上旬侧芽原基开始鳞片分化,4 月下旬侧芽原基外围有 4 个鳞片形成。雄花芽生长点扁平,鳞片较叶芽少。

(2) 苞片分化期 继鳞片分化之后,在鳞片内侧、生长点周围,从基部向顶端逐渐分化出多层苞片突起。

(3) 雄花原基分化期 4 月下旬到 5 月上旬苞片内侧基部出现突起,即单个雄花原基。

(4) 花被及雄蕊分化期 5 月上旬至 5 月中旬,雄花原基顶端变平并凹陷,边缘发生突起,即花被的初生突起。

(5) 花被及雄蕊发育完成期 5 月中旬至 6 月上旬,雄蕊发育成并列的柱状雄蕊,最多可观察到 6 个。花被突起发育成一圈,包裹着雄蕊,而苞片又从雄花基部伸出,伸向花被外围,至此雄花芽形态分化完成。

形态分化完成后的雄花芽在当年夏季变化很小，长约0.5cm，玫瑰色，秋末呈绿色，冬季变浅灰色，翌年春花序膨大。花药的发育从翌年春季开始，花药原基经过分裂，逐渐形成小孢子母细胞。Krumbiegel认为，在散粉前3周分化花粉母细胞，前2周形成四分体，其后2～3d形成全部花粉粒。

2. 雌花芽的分化与发育 夏雪清、郗荣庭（1989）对河北保定早实核桃的雌花芽研究表明，生理分化期从中短枝停长后3～7周，时间持续4周；形态分化期从中短枝停长后4周开始，第10周后形态分化逐渐减缓，冬前10月中旬出现花被原基；冬季休眠，翌年花前2周花芽又继续分化雌蕊原基，分化顺序依次为苞片、花被、心皮和胚珠。核桃雌花芽形态分化的进程为：

(1) 分化始期　中短枝停长后4～6周，25%～35%的芽开始分化，生长点扁平。

(2) 总苞原基分化期　中短枝停长后6～10周，50%以上的生长点出现总苞原基。

(3) 花被原基分化期　中短枝停长后7～10周，花被原基出现，花芽数量不再增长。

(4) 雌蕊原基分化期　翌年花前2周花芽继续分化雌蕊原基，花原始体进一步发育。

（二）开花与授粉受精

1. 开花　同一植株上雌花与雄花的开花期因品种不同而有先后，相差3～8d。这种雌雄花期不一致的现象，称为雌雄异熟（dichogamy）。多数品种雄花先开，称为雄先型，如铁核桃；部分品种是雌花先开，称为雌先型，雌先型多为早实品种；少数品种是雌雄花同时开，称为雌雄同熟（adichogamy）。因此，不配置授粉树或栽培地附近无授粉树的，单一的雌雄异熟品种栽培不能正常结果。据张志华等（1993）的研究报道，核桃树的雌雄异熟是稳定的生物学性状，雌花期和雄花期的先后与坐果率、产量及坚果整齐度等性状无关，而与果实成熟期相关。雌先型品种较雄先型品种早成熟3～5d，刚好与雌花先开的天数相吻合。在核桃的实生树群体中，雌先型和雄先型的植株比例大体上各占50%。核桃一般每年开花结果1次，有的品种可开花结果2次。

2. 授粉受精　核桃的花粉很轻，可随风飘浮100m以外。为保证异花授粉（cross pollination），授粉树离主栽品种不宜超过100m。核桃雌花柱头呈眉状展开并有黏液分泌时是授粉的最佳时期。核桃雌花为单胚珠，花粉萌发后只有极少数花粉管到达胚珠（ovule）。核桃花粉管由柱头到达胚囊（embryonary sac）的时间约在授粉后4d。据李天庆观察，萌发的花粉管在柱头表面伸长中遇到乳突细胞的胞间隙即穿入其中，并沿胞间隙下伸至子房腔，沿珠被外表皮下伸到幼嫩隔膜顶端，再穿入隔膜至合点区，此时方向变为向上生长，最后穿过珠心到达胚囊。研究表明，雌蕊中钙的分布状况是诱导花粉管定向生长的原因之一。核桃系双受精，即花粉管释放出2个精子，分别趋向卵和中央核而后完成受精过程。

（三）结果习性

核桃树开始结果的年龄因种类、品种和繁殖方式而不同。实生树要8～10年才结果，甚至长达15年左右，我国新疆、陕西的早实薄壳和隔年核桃在播种后1～2年开始结果。嫁接苗开始结果的年龄比实生苗早，早实品种为2～3年，晚实品种为3～4年，8～10年进入盛果期，盛果期一般可维持60年左右。

核桃和铁核桃种群的部分品种有孤雌生殖（female parthenogesis）现象。用IAA、NAA、2,4-D处理雌花，或用异属花粉授粉、套袋隔离花粉等也能刺激获得有种胚的果实，但坐果率极低。

三、对环境条件的要求

我国核桃分布区域在北纬 21°29′~44°54′和东经 77°15′~124°21′的范围。分布区年均温从 2℃（西藏拉孜）到 22.1℃（广西百色），绝对最低温从 -5.4℃ 到 -28.9℃（内蒙古宁城），绝对最高温从 27.5℃（西藏日喀则）到 47.5℃（新疆吐鲁番），无霜期从 90d（西藏拉孜）到 360d（贵州罗甸），垂直分布从海拔 -30m 以下（新疆吐鲁番）到 4 200m（西藏拉孜），可见核桃分布区的气候、土壤条件差异极大，说明核桃对自然生态环境有极强的适应能力。

1. 温度 核桃属于温带、亚热带树种。核桃和铁核桃对气候条件的要求略有差异，前者不耐湿热而要求干燥冷凉，后者耐湿热而不耐干冷。核桃适宜生长在年平均气温为 8~15℃、极端最低温度不低于 -30℃、最高温度在 38℃ 以下、无霜期 150d 以上的地区。幼龄树在 -20℃ 条件下出现抽条或冻死；成年树能耐 -30℃ 低温，但在低于 -28~-26℃ 的地区，枝条、雄花芽及叶芽易受冻害。核桃展叶后，如遇 -2~-4℃ 低温，新梢会被冻死；花期和幼果期气温降到 -1~-2℃ 时则受冻，严重减产。

核桃对高温的抵抗力有一定限度，气温若高于 38℃，果实和枝条会受日灼，核仁发育不充实，形成空壳。当核仁已经形成而又未成熟时，若遇高温，轻则使部分外果皮坏死，影响外观；重则使核仁变色或干枯霉烂。

铁核桃适于亚热带气候，要求年平均气温 16℃ 左右，最冷月平均气温 4~10℃，若气温过低则难以越冬。

2. 水分 核桃喜湿润，对土壤水分状况反应敏感。在高温多湿、降水量大于 1 300mm 的地区，核桃枝梢易徒长，花芽分化困难，病害严重。春季多雨地区妨碍核桃授粉。5~6 月是核桃的需水临界期，此期水分供应不足，严重抑制果实发育、新梢生长和花芽分化。

不同种类或不同原产地的核桃抗旱力差异很大，铁核桃主产区年降水量 800~1 200mm，核桃主产区年降水量 500~700mm。原产新疆的核桃品种较耐旱，喜干爽的气候环境，引种到我国南方湿润和半湿润地区则易引起病虫害。

3. 光照 据张志华（1993）、王红霞（2007）等报道，核桃光合作用的最适温度为 27℃，光补偿点为 700lx，光饱和点为 60 000lx，高于苹果、梨、葡萄等果树；在 60 000lx 光照度条件下，说明核桃是喜光树种，要求充足的光照。我国优质核桃产区年日照时数在 1 800~2 000h 以上。新疆、云南等核桃主产区的日照时数多，因而产量高、品质好。光照不良，核桃表现徒长、产量低、核仁发育不充实、品质差。

4. 土壤 核桃对土壤的适应性广，对黄壤、棕壤、红壤、沙壤都能适应，最适土壤 pH 范围是 6.4~7.2。核桃为深根性果树，具有抗旱的根系构型，能够利用深层土壤水分，因此一定深度的土壤发生干旱，对核桃的影响不大。因此，我国南方较干旱的喀斯特山地，选岩溶缝隙集水沟附近栽培核桃，也能丰产稳产。

第四节 栽培技术

一、育　苗

核桃实生树栽培结实迟，品质良莠不齐，近 20 年来我国南方大力推广嫁接苗栽培，获得了良好的生产效果。嫁接能提早结果和保持核桃品种的优良性状，还可利用砧木的适应性扩大栽培范围。

（一）砧木种类

我国南方常用作核桃和铁核桃砧木的有铁核桃和野核桃 2 个种。胡桃科枫杨属（Pterocarya Kunth）的枫杨（P. stenoptera DC.）也可作核桃砧木。云南、贵州、四川以及西藏部分地区多用铁核桃作砧木。

1. 铁核桃（J. sigillata Dode） 西南地区最主要的核桃砧木。根系发达，侧根粗壮，耐湿，对酸性土壤的适应性强。与核桃种群和铁核桃种群的品种嫁接亲和力强，成活率较高，生长健旺，早结果，丰产，寿命长。但不耐干旱，抗寒性差（－10℃气温便受冻害）。铁核桃野生种中的厚壳类型作砧木最好，嫁接后生长强健，抗病和抗逆性强。

2. 野核桃（J. cathayensis Dode） 野生分布于长江流域及西南各省。根系发达，抗旱、耐瘠、耐湿；与核桃、铁核桃嫁接的亲和力强，早结果，丰产，优质。野核桃中树冠矮小的类型可用作矮化砧。

3. 枫杨（P. stenoptera DC.） 在我国南、北各地广泛分布。树体高大，根系发达，耐湿、耐瘠薄，适应性强。嫁接的核桃可在低洼潮湿地带栽培，扩大了核桃的栽植范围。缺点是易生大量萌蘖，后期树势弱。

（二）砧木播种

1. 播种时期 一般有 3 个不同的播种时期，不同播种期的种子处理方法也不同。

（1）随采随播 9 月中旬前后，果皮由绿变黄尚未开裂时种子已经成熟，采果后不剥外果皮直接播入苗圃。这种方法简便，因青皮苦涩，免于鸟兽危害。缺点是种子带青皮，运输不便。

（2）冬前播种 秋末冬初将去青皮的种子播在露地苗圃，种子在土内越冬自然吸水膨胀打破休眠，翌春萌芽出土，与春播相比可免种子贮藏和层积处理的麻烦。

（3）春播 春播的种子必须在冬季沙藏层积处理，否则种子发芽率低。层积时间需要 60d 以上。层积期间应勤翻动种子，防止其霉烂。与冬前播种相比，春播可避免种子遭受鼠、兽危害或霉烂。

2. 播种方法 在苗圃内以条播为宜。行距 30～40cm，株距 12～15cm，播种深度依播种时期、气候和土壤状况而定。冬前播或少雨土干时播种宜深，春播或多雨土湿则宜浅，覆土 5cm 左右。播种时，种子的缝合线应与地面垂直，使种子侧卧，有利于胚根和胚芽的顺利生长，不致发生弯曲（图 24-8）。

（三）嫁接

核桃嫁接成活率低是过去推广嫁接繁殖的一个障碍。由于核桃接穗和砧木含有较多的鞣质，两者的切削面与空气

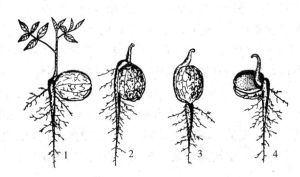

图 24-8 播种时核桃种子的放置方式与出苗的关系
1. 缝合线向上　2. 种尖朝上　3. 种尖朝下　4. 缝合线平放
(宋廷茂，1979)

接触后鞣质很快被氧化形成不溶性的聚合鞣质氧化层，蛋白质也随之变性沉淀，形成一层黑色的隔离层，阻碍接穗与砧木之间愈伤组织的形成与融合，使嫁接不易成活。因此，应用正

确的嫁接方法，选择适宜时期，可以提高嫁接成活率。

1. 枝接 枝接常用的方法有劈接、皮下接、切接。枝接适宜在立春至雨水之间、砧木萌动前最好。

2. 芽接 芽接常用的方法为方块芽接。在5月下旬至6月下旬砧木树皮容易剥离、接穗半木质化时较为适宜。取芽片时，要防止芽心（生长点）脱落。

3. 掘接 目前云南、贵州等省推广室内掘接。这种方法是利用温室或电加热温床等人工创造良好的嫁接愈合环境，使砧、穗迅速愈合后移栽到室外，效果好。具体方法是：于1月前后挖出砧苗进行假植，接穗在落叶后采取，然后封蜡贮藏于窖中或低温处。嫁接时在砧木根颈之上剪截后劈接或切接，接穗留1~2芽，接后成捆放在温室中，用湿润锯末或珍珠岩粉填入空隙，铺盖好嫁接材料，提高温度到25℃左右，保持空气相对湿度在95%以上。经20~25d砧穗愈合完好，待春暖时栽植于室外。接穗抽梢20cm长时用刀划断塑料绑扎带，使其松绑。这种方法的嫁接成活率高达95%以上。

4. 子苗嫁接 春季将砧木种子播种于沙盘，发芽后在子苗期增加光照，适当控制水分，以加粗上胚轴。采集较细而充实的发育枝贮藏作接穗，当子苗出现2~3片小真叶后，在子叶柄处剪断劈接，然后移栽入圃地，嫁接口用细土覆盖，遮阴保湿1个月以上，接穗生长至10~15cm时切断塑料绑扎带。子苗嫁接成活率高，生长快。

二、栽 植

栽植时期为春季或秋季。春季栽植在发芽前进行，宜早不宜晚。秋季栽植在落叶后进行，宜晚不宜早。栽植后都必须浇透定根水。

合理的栽培密度必须按品种特性、土肥水条件等确定。早实、小冠品种的株行距一般为4~5m×5m，每公顷栽植405~495株。结果晚的乔化品种，株行距可为5~6m×6m，每公顷栽植285~330株。土质肥沃深厚处应比土质瘠薄者的栽植密度略稀，山地比平地的栽植密度密。核桃不耐移栽，苗木掘起后，根部不可暴露过久，要尽快栽植。

三、土壤管理与施肥

（一）土壤管理

深耕和合理的果园间作是核桃园土壤耕作管理的基本措施，对提早幼树结果和大树丰产稳产具有重要作用。深耕在春、夏、秋三季均可进行。春季于萌芽前；夏、秋两季在雨后，结合刨树盘，将杂草埋入土内。刨树盘的深度应在20cm以上，需防止损伤直径1cm以上的粗根。山地不能全面深耕和间作时，应深耕树盘。

（二）施肥

氮和钾是核桃果实累积量较多的营养元素。每100kg核桃果实所吸收的主要元素量为氮1.47kg、磷0.19kg、钾0.47kg、钙0.16kg、镁0.04kg。因此，增施氮肥和钾肥都能增加产量、提高品质。根据美国Serr的试验，土壤中缺磷和缺钙时叶片逐渐枯黄和枯梢；土壤增施过磷酸盐后，生长即转趋正常，坚果产量比对照提高50%以上，品质也明显提高。为了满足核桃对各种营养元素的需要，除施用有机肥料保证大量元素和微量元素的供应外，还应增施氮肥。

施肥量应根据树龄、树势和土壤状况等决定。根据对我国南方核桃产区部分盛果期高产核桃园的调查,施肥措施如下:

1. 基肥 秋季采果后,结合土壤深耕施基肥,每株施厩肥 100~150kg、钙镁磷肥 3~5kg。

2. 追肥 发芽前和果实硬核期(6~7月)各追肥 1 次。发芽前以施速效性氮肥为主,成年树每株施尿素 1.5~2kg。果实硬核期补充氮、磷、钾营养元素,每株施尿素 1~1.5kg、过磷酸钙 2~3kg、硫酸钾 0.5~1kg。果实硬核期施磷、钾肥的果园,结果母枝和雌花芽的数量多,花芽饱满,核桃坚果的核仁饱满,产量高,品质佳。

(三) 灌水

在核桃干旱期进行灌溉是一项有效的增产措施。核桃在生长期间遭受干旱胁迫,新梢生长受到抑制,坐果率低,果皮厚,核仁发育不饱满。施肥后结合灌水,能促进核桃对营养元素的吸收利用。

四、整形修剪

(一) 修剪时期

核桃树修剪必须选择适宜的时期,时期选择不当会因伤口产生大量伤流而造成养分与水分的大量流失,削弱树势,影响树体生长发育。核桃休眠期间有伤流现象,不宜修剪。核桃伤流发生规律是各地确定核桃修剪时期的重要依据。在南方,核桃伤流从落叶后开始到春季芽萌动后停止,萌芽前伤流特别严重。例如,贵州冬季温暖的地区,整个休眠期都有伤流;但在冬季气温较低的地区,当温度持续在 0~3℃以下时,伤流很轻微甚至不发生。幼树的伤流比大树的多,平地核桃树的伤流比山地的多,旺树的伤流比弱树的多。因此,南方核桃的修剪时期为秋季采果后叶片尚未变黄时;营养生长过旺而不结果的树,修剪宜在春季发芽前的伤流期进行,以此削弱树势,促进花芽形成。

(二) 幼树整形

在我国南方,核桃的树形通常选用疏散分层形和自然开心形两种,可根据品种特性、土壤、营养等因素的不同因地制宜。

1. 疏散分层形 有明显的中心干,主枝 5~7 个,树冠大,产量高。适用于直立性强的品种,适宜在土壤肥沃深厚、栽培管理条件较好的条件下选用。具体的整形方法是:定干高度 1.2~1.5m,在中心干上选留 3 层主枝,第一层选留方向正、角度好、生长健壮的主枝 3 个,第二层留主枝 2~3 个,第三层留主枝 1~2 个,层间距离为 1.5~2m,3 层主枝避免上下重叠。为了扩大树冠并增加结果部位,应在每一主枝上选留两侧向外斜生的分枝作为副主枝,但不可选用背后枝或对口枝。第一层的每一主枝上选留 3~4 个副主枝,第二、三层的主枝上各选留 2~3 个副主枝。副主枝在主枝上的分布要适当,避免副主枝之间交叉拥挤。整形过程中应保持中心干的优势,主枝强于副主枝,利用顶芽新梢培养为中心干延长枝,适当多留辅养枝,控制竞争枝和背上枝。主枝上长势较旺的背上枝要及时重回缩或全部疏去,防止超越主枝。如果背上枝生长不旺并已形成花芽时,可回缩改造成结果枝组。

对于徒长枝、背上枝以及强旺生长枝,可采取夏季摘心或从春季梢交界处短截的方法,使来年发生多数短枝,这对于控制旺枝的生长和培养枝组都是有效的方法。

2. 自然开心形 此树形无中心干,主枝数较少,树冠较小,适用于树冠开张、土壤瘠薄或管理条件较差的核桃树。具体的整形方法是：主干上留 3~4 个均匀分布斜生的主枝，每个主枝上选留 2~3 个副主枝。在土质与肥水条件较好时，可多留 1~2 个副主枝。副主枝选留方法与疏层形相同。自然开心形主要根据发枝状况选留骨干枝，容易掌握。但应注意培养好骨干枝，合理利用空间，保持良好的从属关系。

（三）结果树修剪

核桃进入结果时期，树冠仍在继续扩大，结果部位不断增加，容易出现生长与结果之间的矛盾。修剪上应注意培养良好枝组，利用辅养枝和徒长枝，及时处理背后枝与下垂枝。

1. 枝组的培养与更新 从结果初期开始，应培养强健的枝组，不断增加结果部位，防止内膛空虚和结果部位外移。进入盛果期后，更应加强枝组的培养和复壮，具体做法是：从内膛选留健壮的背斜生枝或背上枝，任其生长，待其发生分枝并减弱生长后回缩，促使横向分枝，扩大结果部位。附近的弱枝和背下枝应剪除。枝组配备要适当，大、中、小几种枝组可以交错排列，均匀分布在各级骨干枝上，各枝组间保持适当距离。

枝组经多年结果和延长分枝后会逐渐衰弱，树冠中部和下部出现光秃，要及时回缩使其更新复壮。疏去过密或细弱的枝条，改善通风透光条件，减少养分消耗。对小型枝组应去弱留强、去老枝留新枝，不断培养新的优良结果母枝。

2. 辅养枝的修剪 在各级骨干枝上要均匀选留若干辅养枝，以增强树势。对辅养枝的修剪可采取留、疏、改 3 种不同剪法。凡不妨碍骨干枝生长的辅养枝，应暂时留；凡严重影响骨干枝生长的辅养枝，应及时疏；凡占有较大空间的辅养枝，要注重改，将其改造成结果枝组。

3. 徒长枝的修剪 结果初期不留徒长枝，以免扰乱树形；盛果期发生的徒长枝，可适当选留改造为结果枝组；衰老树上的徒长枝是骨干枝和枝组更新复壮的重要枝条。改造徒长枝为枝组的方法同样是采用夏季摘心和秋后从春秋梢环痕处短截的方法，促使发生分枝，然后及时回缩。

4. 下垂枝的修剪 随树龄增长，树冠逐渐开张，下垂枝也不断增多。下垂枝多不充实，结果能力差，消耗养分。凡过密过弱或下垂严重的，一概不留。多年生大枝因生长衰弱而顶部出现下垂枝时，可在分枝处回缩，抬高枝条角度。若下垂角度不大、生长中庸并有结果能力的，可暂时保留，待结果后再回缩。

（四）老树更新

衰老树易出现枯梢或大枝枯死现象。为了延长盛果期，应及时进行树冠更新。核桃的老树更新以轻度更新为宜，即当树势开始呈现衰弱时，就预先在大枝中部或中上部选留方向好、角度适宜的壮枝或徒长枝，控制其生长，培养为更新枝，然后对原枝头分 2~3 年锯除。轻度更新的修剪量轻，树势恢复快，产量波动小。

五、采　　收

（一）采收

核桃要达到完熟时才可采收。采收过早，果皮不易剥离，种仁不饱满，出仁率和出油率低。核桃采收时期以果皮由青变黄、部分果皮自行开裂或脱落时为宜。

采收前最好将树冠周围的土壤耙松耙平，以免果实落下伤及内壳。采收一般用有弹性的木杆顺枝打落，避免打断小枝或撞掉花芽。

(二) 去皮、漂洗及晾晒

采收的果实如外皮已开裂 50% 的，容易自然脱皮，不能脱出的，将 1 000~1 500kg 果实堆成一堆，用草席覆盖，沤积 2~3d 后扒开，用木棒轻击，外果皮即可脱落。剩下脱不掉皮者，可照旧堆好再沤积 1~3d 再行去皮。沤积期间需随时检查，以免沤积过久，影响色泽和品质。

脱皮后的湿核桃在 3h 内应及时用水漂洗，否则核桃久干后坚果基部的维管束收缩，水易浸入果内，使种仁变色甚至腐烂。漂洗时漂白液的配制方法是在 100kg 水中加 1~1.5kg 漂白粉。核桃漂洗时间为 8~10min，期间要不停地搅动，至核桃壳由青红色变为白色时即可捞出，然后用清水冲洗，至果面不留药迹药味为止。漂白用的容器以瓷缸或水泥槽为宜，禁用铁器。

漂洗后的核桃要及时晾晒或烘干。晾晒时应勤翻动，以免种仁背光面出现黄色，影响品质。一般晾晒约 1 周后，核桃外壳光泽美观，碰敲声音响亮，隔膜易于折断，仁脆而断面洁白即达要求。雨天亦可在 40~50℃ 的烘房内烘干。

(执笔人：樊卫国)

主 要 参 考 文 献

方强.2008.南方泡壳核桃快速投产栽培技术 [J].中国南方果树 (6)：32-35.
高秀梅.2007.密植核桃树纺锤形整形修剪技术 [J].中国果树 (6)：45-48.
李俊霞.2010.核桃早期丰产栽培技术 [J].中国果树 (3)：29-30.
李鹏霞,王炜,梁丽松,等.2009.常温下气调包装对核桃贮藏生理和品质的影响 [J].江苏农业学报 (5)：88-90.
宋廷茂.1979.核桃种子不同放置方法对出苗和苗木生长的影响 [J].北京林学院学报 (1)：111-114.
刘玲,陈朝银.2009.核桃功能研究进展 [J].安徽农业科学 (27)：56-59.
王红霞,等.2007.田间条件下核桃光合特性的研究 [J].华北农学报,22 (2)：125-128.
肖千文,蒲光兰,庞永长.2009.早实核桃保花保果技术研究 [J].安徽农业科学 (25)：69-72.
叶正达.1986.云南主要核桃品种 [J].经济林研究,4 (2)：60-62.
张怀龙,赵俊芳,张杜娟.2010.沙地核桃密植丰产整形修剪技术 [J].林业实用技术 (9)：40-43.
张志华,等.1993.核桃的光合特性的研究 [J].园艺学报,20 (4)：319-323.
赵廷松,方文亮,范志远,等.2007.早实核桃极早熟新品种——云新高原 [J].中国南方果树 (6)：901-903.

推 荐 读 物

侯立群.2008.中国核桃产业发展报告 [M].北京：中国林业出版社.
郗荣庭,等.1996.中国果树志·核桃卷 [M].北京：中国林业出版社.

第二十五章 猕猴桃

第一节 概 说

一、栽培意义

猕猴桃（Chinese gooseberry，kiwifruit）生长快，结果早，早期产量高，是速生丰产高效树种。猕猴桃果实含有丰富的蛋白质、矿物质等营养物质，尤其是维生素 C 含量很高，故有"水果之王"之称。据分析，中华猕猴桃果实中含总糖 8%～14%、总酸 1.4%～2.0%、果胶 0.7%～0.8%、脂肪 0.3%、蛋白质 0.6%～0.8%，可溶性固形物含量 12%～18%，每 100g 果实中含维生素 C 100～420mg；猕猴桃还含有钙、磷、钾、铁、硫、镁、钠等多种矿物质，其中钾（每 100g 含 240～260mg）和钙（每 100g 含 35～56mg）的含量较一般水果为高。此外，毛花猕猴桃的维生素 C 含量每 100g 果实达 1 000mg 以上，阔叶猕猴桃的维生素 C 含量更高，可达 2 148mg。

猕猴桃果实性酸、甘、寒，有调中理气、生津润燥、解热除烦之效，对消化不良、食欲不振、呕吐、烧烫伤、肝炎、麻风病、高血压和心血管病等具有一定的防治或辅助治疗作用。猕猴桃属于营养和膳食纤维丰富的低脂肪食品，对减肥健美、美容有独特的功效。猕猴桃含有抗氧化物质，能够增强人体的自我免疫功能。猕猴桃汁具有阻断致癌性物质（亚硝基化合物）合成的作用，对胃癌、食道癌等消化系统癌症有一定疗效。

猕猴桃形态优美，叶大平展，叶形独特，开花量多，花色各异，且气味芬芳，香气浓郁，挂果后果实累累，果形奇特，可栽植于庭院、长廊或绿地，极具观赏价值，是庭院绿化、美化、香化的优良树种。

二、栽培历史与分布

猕猴桃在我国的文字记载已有 2 000 余年的历史，引种作庭院绿化树种至少有 1 000 余年的历史。从唐代开始就有对猕猴桃的记载和描述。唐代诗人岑参（714—770）就有诗句云"中庭井栏上，一架猕猴桃"，可见在当时就已把猕猴桃作为庭院绿化的树种。长期以来，猕猴桃一直处于野生状态，民间采集果实鲜食、酿酒，叶片作饲料，枝条浸液作造纸的调浆剂等。猕猴桃作为商品水果和人工栽培只是近几十年才兴起。

猕猴桃属植物自然分布非常广泛，自热带赤道至温带北纬 50°均有分布，其自然分布区纵跨北极和古热带植物区。

据联合国粮食与农业组织（FAO）统计，2009 年世界猕猴桃栽培面积为 8.59 万 hm^2、总产量为 129 万 t，我国栽培面积为 5 万 hm^2、产量为 23 万 t。世界猕猴桃主产国主要有中国、意大利、新西兰、智利、法国、日本、希腊、美国、伊朗、西班牙，这十大猕猴桃主产国的产量占世界总产量的 97.8%。

我国是猕猴桃的起源中心，除青海、新疆、内蒙古外，其他各地均有猕猴桃的分布（北纬18°～34°）。其集中分布区在秦岭以南和横断山脉以东的地带（北纬25°～30°），以及我国南部温暖、湿润的山地林中。生产上利用价值较高的主要是美味猕猴桃、中华猕猴桃、毛花猕猴桃和软枣猕猴桃，其他均处于野生或半野生状态。

第二节　主要种类和品种

一、主要种类

猕猴桃在我国俗称为阳桃、羊桃、藤梨及猕猴梨等，国外原称为中国鹅莓，现通称为基维果。它是一种浆果类落叶藤本果树，在植物学上，猕猴桃属于猕猴桃科（Actinidiaceae）猕猴桃属（Actinidia）。目前，全世界猕猴桃属植物共有66个种，其中我国分布有62个种。生产上利用价值较高的有美味猕猴桃、中华猕猴桃、毛花猕猴桃、软枣猕猴桃等种类。

1. 美味猕猴桃（A. deliciosa C F Liang et A R Ferguson）　美味猕猴桃为原中华猕猴桃硬毛变种，是猕猴桃属中最主要的经济栽培种，著名的栽培品种海沃德（Hayward）、秦美、金魁等均属于本种。该种小枝、叶柄、叶背均具有黄褐色或红褐色硬毛。芽基大而突出，芽体大部分隐藏，只有很少部分露出，芽鳞被毛。聚伞花序，花朵较大。果面被长硬毛，果形多变。花期5月上中旬，果实成熟期10～11月。为六倍体，染色体数目为174条（$2n=174$，$6x$）。主要分布区为陕西、甘肃、河南、湖北、湖南、四川、云南、贵州、广西等省（自治区）。

2. 中华猕猴桃（A. chinensis Planch）　中华猕猴桃为原中华猕猴桃软毛变种，经济价值较高，我国已从该种中选育出许多栽培品种。小枝无毛或被茸毛，毛易脱落。芽基较小，芽体外露，球形。聚伞花序，花初放时白色，后变为淡黄色。果形多变，果面被柔软茸毛，易脱落。花期4月下旬至5月上旬，果实成熟期9～10月。一般为二倍体，染色体为58条（$2n=58$，$2x$）。主要分布区为江西、湖南、湖北、福建、浙江、河南、安徽、陕西等省，常与美味猕猴桃交叉重叠分布，但更偏南，且分布的海拔高度也要低约400m。

3. 毛花猕猴桃（A. eriantha Benth）　毛花猕猴桃又名毛冬瓜，果个仅次于美味猕猴桃和中华猕猴桃。该种枝条灰色，幼时密被白色柔毛。叶片纸质，叶背密被白色星状绒毛。聚伞花序，花瓣粉红色。果多为柱形，果面密被不脱落的乳白色绒毛，宿存萼片反折。果实维生素C含量高，每100g果实中达568.9～1 137mg，可鲜食和加工。花期5月上旬至6月上旬，果实成熟期11月。本种耐湿、耐热性强，亦可作砧木。主要分布区为福建、广西、江西、贵州、云南、浙江、湖南等省（自治区）。

4. 软枣猕猴桃（A. arguta Planch）　软枣猕猴桃又名软枣子。该种枝条无毛或幼时被毛，灰褐色。聚伞花序，绿白色或黄绿色。果实圆球形至柱状长圆形，有喙或喙不明显，果皮光滑无毛，无斑点，不具宿存萼片；单果重10g左右，可鲜食或加工。本种的抗寒性极强，在-39℃低温下能正常生长发育，且抗虫、抗病性强，可用作抗寒砧木和抗性育种亲本材料。该种6月开花，果实成熟期9月。一般为四倍体，染色体116条（$2n=116$，$4x$）。主要分布区为辽宁、黑龙江、吉林、山东、山西、陕西、河南、河北、安徽、浙江、江西、湖北、福建等省。

5. 其他 猕猴桃其他种还有狗枣猕猴桃（A. kolomikta Maxim）、葛枣猕猴桃（A. polygama Maxim）、阔叶猕猴桃（A. latifolia Merr）、硬齿猕猴桃（A. callsoa Lindl.）等。

二、主要品种

（一）美味猕猴桃

1. 秦美 陕西省周至县猕猴桃试验站等单位选育而成。果实近椭圆形，平均单果重106.5g，最大果重204g，可溶性固形物含量10.2%~17%，每100g果肉中维生素C含量190~354.6mg。果实10月下旬至11月上旬成熟，耐贮藏，室温下（11~13℃）可存放38d。

2. 金魁 湖北省农业科学院果树茶叶研究所实生选育而成。果实圆柱形，平均单果重103g，最大果重203g，可溶性固形物含量20%~25%，每100g果肉中维生素C含量100~242mg。果实10月下旬至11月上旬成熟，果实风味浓郁，品质极佳，耐贮藏，室温下（10.2~19.5℃）可贮存52d。

3. 米良1号 湖南省吉首大学生物系等单位选育而成。果实长圆柱形，平均单果重91g，最大果重162g，可溶性固形物含量17%，每100g果肉中维生素C含量188.6mg。果实10月上旬成熟，室温下可存放30~50d。

4. 徐香 江苏省徐州实生育种而成。果实圆柱形，平均单重果92.5g，最大果重137g，可溶性固形物含量16.5%，每100g果肉中维生素C含量111.2mg。果实10月上中旬成熟，室温下可存放30d。

5. 华美1号 河南省西峡县林业科学研究所选育而成。果实长圆柱形，平均单果重56g，最大果重100g，可溶性固形物含量11.8%，每100g果肉中维生素C含量148mg。果实10月下旬成熟，室温下可贮存近60d。宜做切片罐头。

6. 皖翠 安徽农业大学园艺学院等单位育成，为海沃德的自然芽变品种，原代号为93-01。果实圆柱形，果面被短浅褐色茸毛，平均单果重110g，最大果重200g，大小整齐，外观好；果肉翠绿色，细嫩多汁，香味浓，可溶性固形物含量15.5%~17.5%，每100g果肉中维生素C含量65~78mg。果实成熟期10月下旬。

7. 海沃德（Hayward） 又名巨果（Giant）。新西兰选育而成，为新西兰、意大利、智利等国主栽品种。果实宽椭圆形，单果重100~110g，果肉绿色，风味佳，香气浓郁，可溶性固形物含量13%左右，每100g果肉中维生素C含量105mg。果实成熟期11月上中旬。耐贮藏且货架期长。唐木里（Tomuri）为其授粉品种。

8. 沁香 湖南农业大学育成。果实整齐度高，近圆形或阔卵圆形，果顶平齐，果形端正美观；果皮褐色，成熟后部分茸毛脱落；果实较大，单果重80.3~93.8g，最大单果重158.0g；果肉绿色至翠绿色，果心小，中轴胎座质地柔软，种子少，肉质鲜嫩可口，汁多，味甜而微酸，具有浓郁清香，口感好，余味佳。果实10月中下旬成熟。

9. 鄂猕猴桃4号 湖北省农业科学院果树茶叶研究所从湖北兴山猕猴桃资源中选育出的早熟美味猕猴桃品种。果实圆柱形，果面黄褐色，密被茸毛，果肉绿色；平均单果重91g，最大果重140g；可溶性固形物含量14.0%左右，每100g果肉中维生素C含量58.19mg。果实9月中下旬成熟，丰产。

10. 蜜宝 1 号 河南焦作农业科学研究所从野生猕猴桃实生繁育群体中选育出的新品种，该品种属美味猕猴桃。果实倒梯形，平均单果重 53.1g，最大单果重 84.6g，可溶性固形物含量 18.1%，每 100g 果肉中维生素 C 含量 138.04mg，总糖含量 14.53%。果实品质好，风味浓郁，耐贮藏，常温条件下可贮藏 38d。该品种植株生长势强，抗逆性强，耐瘠薄，丰产稳产。

11. 配套雄性品种或优株 帮增 1 号、马吐阿（Matua）、唐木里（Tomuri）等。

（二）中华猕猴桃

1. 魁蜜 江西省农业科学院园艺所等单位选育而成，是鲜食为主的大果型品种。果实扁圆形，平均单果重 130.4g，最大单果重 183g，可溶性固形物含量 15%，每 100g 果肉中维生素 C 含量 125.6mg。果实 9 月上中旬成熟，室温下可存放 12~15d。

2. 庐山香 江西省庐山植物园等单位选育而成。果实长圆柱形，平均单果重 87.5g，最大单果重 175g，可溶性固形物含量 14.3%，每 100g 果肉中维生素 C 含量 159mg。果实 9 月中旬成熟，室温下可存放 10~12d。

3. 素香 江西省农业科学院园艺所选育而成。果实长椭圆形，平均单果重 110g，最大单果重 168g，可溶性固形物含量 16.5%，每 100g 果肉中维生素 C 含量 300mg。果实 9 月上中旬成熟，室温下可存放 15~20d。

4. 金阳 1 号 湖北省农业科学院果树茶叶研究所选育而成。果实长圆柱形，单果重 80~100g，可溶性固形物含量 13%~15%，每 100g 果肉中维生素 C 含量 100~159mg。果实 8 月下旬至 9 月上旬成熟。

5. 武植 3 号 中国科学院武汉植物研究所从高海拔地区自然形成的四倍体中华猕猴桃优良单株后代中选出的品种。生长势强，枝条粗壮。叶片大，深绿色，革质。果实大，平均单果重 118g，最大果重 156g，果实近椭圆形或圆柱形，果顶较平，果皮薄，暗绿色，果面茸毛稀少；果肉翠绿色，质细汁多，味浓而具清香，果心小，每 100g 果肉中维生素 C 含量高达 275~300mg，可溶性固形物含量 15.2%，总糖含量 1.12%，品质佳，是鲜食和加工兼用品种。果实 9 月底成熟。

6. 鄂猕猴桃 3 号 湖北省农业科学院果树茶叶研究所从野生中华猕猴桃资源中选育出来的早熟黄肉无毛新品种。果实平均单果重 85g，最大果重 155g，果实长圆柱形，果面棕绿色，较光滑，果肉金黄色，品质上，可溶性固形物含量 15.0%，每 100g 果肉中维生素 C 含量 55.71mg。果实 9 月上中旬成熟，常温下可贮放 15d，冷藏可达 50d。

7. 红阳 四川省苍溪县农业局等单位选育而成。果实短圆柱形，平均单果重 68.8g，最大果重 87g，果肉紫红色，沿果心呈放射状紫红色条纹，可溶性固形物含量 16%，每 100g 果肉中维生素 C 含量 250mg。果实 9 月上旬成熟。

8. 金桃 中国科学院武汉植物研究所选育的黄肉猕猴桃品种。果实长圆柱形，果面茸毛稀少，平均单果重 82.0g，最大单果重 120.0g，果皮黄褐色，果肉金黄色，肉质细嫩、脆，汁液多，风味酸甜适中，可溶性固形物含量 18.00%~21.50%，每 100g 果肉中维生素 C 含量 121.00~197.00mg。果实 9 月下旬成熟，极耐贮藏。

9. 赣猕 5 号 江西省瑞昌市农业科学研究所选出。果实甜酸适口，香味浓郁，总糖含量为 11.59%（以葡萄糖计），可溶性固形物含量 17.16%，每 100g 果肉中维生素 C 含量 83.9mg，总酸含量 1.5%（以苹果酸计）。果实 10 月上旬成熟，耐贮藏，货架期长，鲜食与加工俱佳。丰产性能好，平均单果重 85g，最大单果重 212g。该品种株形紧凑、节间枝条短缩、冠幅小，是矮化无架密植栽培的良好种质，也是猕猴桃矮化及观赏育种的良好亲本材料。

10. 翠玉 湖南省园艺研究所从野生资源中选育。果大质优，平均单果重90g，最大果重129g，果实圆锥形，果喙突起，果皮绿褐色，光滑无毛，果肉翠绿色，肉质致密，汁液多，味浓甜，可溶性固形物含量14.5%～17.3%，最高可达19.5%，每100g果肉中维生素C含量达73～143mg。

11. Hort16A 又名早金（Early Gold），新西兰选育而成。果面被褐色茸毛，易脱落，果实卵圆形，果肉金黄色，质地细嫩，味甜具浓郁芳香，可溶性固形物含量16%～18%，单果重100～120g。果实11月中旬成熟，耐贮藏，冷藏条件下可贮存4个月。其配套授粉雄株是Meteor和Sparkler。该品种是第一个从国外中华猕猴桃中选育出来而在我国广泛种植与出口的品种。

12. 配套雄性品种或优株 磨山4号、郑雄1号、F.K-78-20-1等。

（三）毛花猕猴桃

1. 沙农18号 福建省沙县果茶站选育而成。果实圆柱形，平均单果重61g，最大单果重87g，含总糖5.6%，总酸1.88%，每100g果肉中维生素C含量813mg。

2. 安章毛花2号 福建省顺昌经济作物研究站选育而成。果实长圆柱形，平均单果重48.7g，最大单果重72g。果皮茸毛在8月中旬开始脱落，为脱毛系品种。

3. 华特 浙江省农业科学院园艺研究所从野生毛花猕猴桃中选育而成。植株生长势强，一年生枝灰白色，表面密集灰白色茸毛，老枝和结果母枝褐色，皮孔不明显，淡黄褐色。成熟叶椭圆形，叶脉明显。聚伞花序，每花序3～7朵花，花瓣淡红色，5～8片。果实大，单果重82～94g，是野生种的2～4倍，最大果重132.2g；果实长圆柱形，果皮绿褐色，密被灰白色长茸毛；果肉绿色，髓射线明显，肉质细腻，略酸，品质上等，可溶性固形物含量14.7%，可滴定酸含量1.24%，每100g果肉中维生素C含量628.37mg，可溶性糖9.00%。结果能力强，徒长枝和老枝均可结果。果实常温下可贮藏3个月。

（四）软枣猕猴桃

1. 魁绿 中国农业科学院特产研究所等单位选育而成。果实扁卵圆形，平均单果重18.1g，最大果重为32g，可溶性固形物含量15%，每100g果肉中维生素C含量430mg。果实9月初成熟。该品种抗寒性极强，在绝对低温-38℃的地区栽培无冻害。适于加工果酱及鲜食。

2. 丰绿 中国农业科学院特产研究所等单位选育而成。果实圆形，平均单果重8.5g，可溶性固形物含量为16%，每100g果肉中维生素C含量254.6mg。果实9月上旬成熟。适于加工果酱。

（五）杂种

1. 华优 陕西省农村科技开发中心从中华猕猴桃与美味猕猴桃的自然杂交后代中选育的猕猴桃中熟新品种。果实椭圆形，单果重80.0～110.0g；果实棕褐色，茸毛稀少，果皮较厚，较难剥离；果心细，柱状，乳白色；果肉黄色或黄绿色，肉质细，汁液多，风味浓甜，品质好，可溶性固形物含量7.36%，总酸含量1.06%，每100g果肉中维生素C含量161.8mg。果实9月中旬成熟，冷藏条件下可贮藏5个月左右。

2. 江山娇 中国科学院武汉植物研究所育成，为中华猕猴桃与毛花猕猴桃远缘杂交的观赏新品种。每年开花5次左右，每次花期7～10d，最长可达20d。花冠为玫瑰红色。平均单果重30g，每100g果肉中维生素C含量800mg。

3. 重瓣 中国科学院武汉植物研究所育成。该品种为重瓣花，花瓣多在10枚左右，呈2～3轮排列，花大而艳丽。每100g果肉中维生素C含量735mg。该品种节间短，株形紧凑，可供盆栽。

4. 金铃 中国科学院武汉植物研究所从大子猕猴桃实生群体中选育而成，以观果为主，集观花、观叶为一体的园林绿化新品种。果实浑圆美观，色泽橘黄艳丽，结果多。4月下旬至5月上旬开花，观果期6～9月。抗逆性强，适应性广，尤其对高温、干旱、短时间渍水的抗性较强。

第三节 生物学特性

一、生长结果特性

(一) 生长特性

1. 根系 猕猴桃的根系特点主要有：①分布浅、广。猕猴桃是浅根性果树。②幼苗根系呈须根状，骨干根少，主根极不发达。③肉质根，根皮层厚，含水量高。根皮率可达30%～50%，一年生根的含水量高达80%以上。④导管发达，根压强大。在树液开始流动和萌芽时，因其根压大，若对植株的任何部位造成伤口，即会产生伤流。⑤易产生不定芽和不定根，再生能力强。根据这一特性，可用枝、根来进行扦插繁殖或压条繁殖。

2. 芽 猕猴桃的芽外表由数片黄褐色茸毛状鳞片包被，着生于叶腋间的海绵状芽座中。其芽均为腋生，通常1个叶腋间有1～3个芽，中间较大的为主芽，两侧较小的为副芽。一般主芽萌发，而副芽呈潜伏状态；当主芽遭受破坏时，副芽便萌发；有时主芽和副芽同时萌发，即在同一节上可萌发2～3个新梢。

主芽可分为叶芽和花芽两种。幼龄期和徒长枝上的芽多为叶芽，成年树上健壮的营养枝或结果枝上充实的叶芽易转变成花芽。猕猴桃的花芽是混合芽，花芽饱满肥大，萌发抽枝后在其下部的数个叶腋间形成花蕾开花结果。结果枝上开花结果部位的叶腋间不再有主芽而成盲节或空节。

3. 叶片 猕猴桃为单叶互生，叶片大而厚，纸质、半革质或革质。叶形变化较大，有圆形、近圆形、扁圆形、椭圆形、卵圆形等。叶片的大小依着生节位不同而异。枝条基部和顶部的叶片较小，中部叶片最大。

4. 枝条 根据其性质，可分为营养枝和结果枝两大类。

(1) 营养枝 根据其生长势的强弱可分为普通营养枝、徒长枝和衰弱枝3种。

①普通营养枝：生长势中等或较强，长1.5m左右，枝条的每个叶腋间均有芽，茸毛短、少而较光滑，多见于未结果的幼年树和多年生枝上萌发的枝条。这种枝条往往是翌年比较理想的结果母枝。

②徒长枝：生长极为旺盛，直立向上，节间较长，茸毛多而长，组织不充实。这种枝条多从老枝基部的隐芽萌发而成，长3～4m以上，其上可抽生二、三次枝，此类枝条整形时可以利用，结果树则视情况疏除。

③衰弱枝：枝条短小细弱，长为10～20cm，多从树冠内部或下部的短枝上抽生。由于基枝处于弱位，光照不足，生长势弱，即使能形成花芽开花结果，果实也很少或易落果。

(2) 结果枝　根据其长度，可分为徒长性结果枝、长果枝、中果枝、短果枝和短缩果枝 5 种（图 25-1）。

①徒长性结果枝：长 150cm 以上，多发生在结果母枝中部，由上位芽萌发而来。生长势旺，停止生长较晚，结实能力较差，一般仅坐果 1～2 个。如枝条充实，可连续结果。

②长果枝：长 50～150cm，通常由结果母枝上的斜生芽或平生芽萌发生长而来。生长健壮，组织充实，腋芽饱满，果实大，结实性能好，能连续结果。

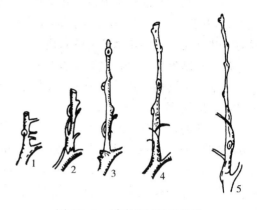

图 25-1　猕猴桃结果枝类型
1. 短缩果枝　2. 短果枝　3. 中果枝
4. 长果枝　5. 徒长性结果枝

③中果枝：长 30～50cm，多由平生芽或斜生芽萌发而成。生长势中等，组织充实，结实性能好，能连续结果。

④短果枝：长 10～30cm，多由结果母枝下部和上部的下位芽萌发而成，或从生长较弱的结果母枝上抽生。节间较短，生长势较弱，停止生长较早，坐果较多，果实较小，连续结果能力差。

⑤短缩果枝：长度在 10cm 以下，枝条短缩，节间短，停止生长早，常呈球状结果，果实较小，易衰老枯死。

（二）开花结果习性

1. 花的形态　猕猴桃的花从植物形态学上看是两性花（完全花），从生理上看是单性花，雌花雄蕊退化，雄花雌蕊退化（图 25-2），属雌雄异株果树。

猕猴桃雌花有单花和聚伞花序两种，聚伞花序通常有花 2～3 朵。幼年树的雌花多为单生花，成年树花序增多，但仍以单生花为主。雄花多为聚伞花序，通常有花 3 朵。

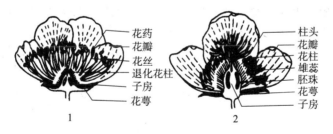

图 25-2　猕猴桃雄花与雌花
1. 雄花　2. 雌花

2. 开花结果习性

（1）花芽分化　猕猴桃花芽分化进程中，休眠之前只完成了生理分化阶段（一般在 6～7 月），花芽的形态建成一般是在萌发与新梢开始生长同时进行（一般在 2～3 月），分化时期短而集中。

（2）开花结果期　猕猴桃是结果期早和丰产性强的树种。嫁接苗第二年就可开花结果，4～5 年后便可进入盛果期。

（3）结果母枝的类型　当年生的普通营养枝、生长充实的徒长枝和长势健壮的结果枝，都可以形成花芽，成为次年的结果母枝。结果母枝的结实能力与其健壮程度有关。

（4）花芽和花的着生节位　花芽在结果母枝上的着生节位一般从基部2～3节开始，直至20节左右，二、三次枝上也能形成花芽。通常以结果母枝中部的花芽抽生的结果枝结果最好。雄株花芽在雄花基枝上的着生节位一般从基部第1～2节开始，一直到30～40节。

雌花在结果枝上的着生节位多在靠近基部第2～7节之间。一个结果枝通常能结果2～5个，因品种不同而有差异。雄花在花枝上的着生节位一般在第1～9节之间，但以下部1～5节的叶腋间居多。

（5）花的发育和开放　雌花的蕾期有33～43d，花期一般5～7d。雄花的蕾期只有26～32d，花期一般6～8d。无论雌花或雄花，单花开放时间一般为2～4d，主要与花期温度、湿度等有关，多集中在5:00～8:00开放。同一植株上的开花顺序，一般都是由下而上、先内后外开放。同一枝条上，中部花先开或自下而上开放。同一个花序上，顶花先开，侧花后开。

3. 果实和种子的发育

（1）果实和种子的形态　猕猴桃的果实是由多心皮发育而成的浆果，子房上位，由外果皮（心皮上壁）、中果皮（果肉）、内果皮（心皮内壁）、种子和中轴胎座组成，可食部分为中果皮和胎座。果实由34～35个心皮组成，呈放射状排列，每心皮内有11～45个胚珠，胚珠着生在中胎座上，一般形成2排。每果种子数一般为200～1 200粒。

猕猴桃栽培品种的果实一般单果重为80～120g，因品种、树龄、结果量和栽培条件而异。果实形态不一，有圆形、近圆形、扁圆形、椭圆形、卵圆形、圆柱形、圆锥形等。种子极小，状若芝麻，呈黄褐色、棕褐色或红褐色、黑褐色，椭圆形、扁圆形或近圆形；胚乳发达；种子千粒重为1.1～1.5g，每克种子有800～900粒。

（2）果实的发育　猕猴桃从受精谢花后至果实成熟，其生育期为130～160d。猕猴桃的果实发育从形态上看可分3个时期：第一期为受精后5～6周，果实生长迅速，主要是细胞分裂至种子成形这一阶段；第二期为种子开始着色，果实生长缓慢，果心迅速增大，需10周左右；第三期为果实后期膨大，种子逐渐变为深褐色，糖分积累，果汁增多，风味增浓，需7周左右。猕猴桃的果实发育多呈现双S形。其果实发育的主要特点是花后9周左右，果实生长极为迅速，主要是细胞分裂和增大，其重量和体积可达到果实成熟时的70%左右。猕猴桃的坐果率较高，在良好的授粉条件下可达80%以上，一般无生理落果现象。

二、对环境条件的要求

1. 温度　大多数种类要求温暖湿润气候，年平均气温11～20℃，极端最高气温42.6℃，休眠期最低气温-20℃，≥10℃有效积温4 500～5 300℃，无霜期160～290d。中华猕猴桃正常生长发育所需的年平均气温为14～20℃，而美味猕猴桃为13～18℃。

早春寒冷、晚霜低温、盛夏高温常影响猕猴桃的生长发育。据报道，猕猴桃萌芽期间，日均温度11℃、绝对低温-3℃时即发生芽冻死现象。盛夏高温亦造成日灼病的发生及落叶落果现象。

2. 光照　多数猕猴桃种类喜半阴环境。猕猴桃在不同发育阶段对光照要求不同，幼苗期喜阴凉，忌阳光直射，移植的幼苗需遮阴保墒。成年开花结果阶段需要光照，猕猴桃是中等喜光性果树，要求年日照时数为1 300～2 600h，喜漫射光，自然光照度以40%～45%为宜。

3. 水分 猕猴桃器官组织含有大型异细胞，其中含有大量水分。其叶片大，蒸发量也大，故水分不足或过多均会影响猕猴桃正常的生命活动。一般要求年降水量为1 000mm左右，空气相对湿度75%以上。

4. 土壤 猕猴桃适宜的土壤pH为5.5~6.5。在土层深厚、疏松肥沃、排水良好、腐殖质含量高的沙质土壤上生长良好。土壤中矿质营养对猕猴桃生长十分重要，除氮、磷、钾外，还需钙、硼、镁、锰、锌、铁等元素。

5. 风 早春的大风会导致新梢折断、嫩叶受损，严重影响产量和树势。秋季大风会擦伤果实，同时，由于大风造成空气湿度降低，幼苗及嫩叶等易萎蔫，甚至枯死。因此，宜选择背风或营造防风林的缓坡地或平地建立猕猴桃果园。

第四节 栽培技术

一、育 苗

猕猴桃的育苗方法可分为有性繁殖和无性繁殖两大类。有性繁殖是指实生繁殖，无性繁殖主要包括嫁接繁殖、扦插繁殖等。

（一）实生繁殖

实生繁殖即种子繁殖，生产上常用其繁殖出来的实生苗作砧木。

1. 种子采集 在果实充分成熟时采集，多在9~10月。采集的果实在室温下自然堆放，待其后熟软化后除去果皮，将果肉与种子捣碎放在纱布袋内，挤去果汁，然后放在盆或缸中用水淘洗，将果肉和不饱满的种子漂洗掉。采集的种子应放在室内晾干，切忌在阳光下暴晒。晾干后的种子装入布袋，贮藏于常温通风干燥处备用。

2. 种子处理 在播种前需对种子进行处理，否则其发芽率、出苗率都较低。种子处理最常用的方法是沙藏层积处理。具体做法是：将种子用40~50℃的温水浸泡2~3h，捞出后与5~10倍干净湿润的河沙混合拌匀，然后贮藏于木箱或瓦缸等容器中，或堆放于阴凉干燥处，上面覆盖稻草或塑料薄膜等。一般沙藏层积处理时期为40~60d。

新西兰曾在播种前用25~50mg/L的GA_3浸泡猕猴桃种子24h，效果很好，这种方法适用于种子来不及沙藏层积的应急处理。

3. 圃地选择 宜选择排灌方便、疏松肥沃、pH 5.5~7的沙质壤土。苗圃地应施足腐熟的有机肥，每公顷50t左右，可加入适量的磷、钾肥，并用37.5kg/hm^{2}多菌灵或喷施福尔马林等进行土壤消毒。然后整畦做苗床，一般规格为床底宽80cm、床高20cm、畦面宽60cm。

4. 播种 猕猴桃主要是采用春播，在早春土壤解冻后进行，一般是2月至4月初，依各地气候和土壤条件而定。播种方式以撒播和条播为主。因种子细小，播种宜浅，一般播种深度掌握在种子横径的1~3倍为适。播种用量以每平方米3~5g、每公顷30~50kg为宜。

5. 播后管理 猕猴桃播种后，应及时做好浇水、揭覆盖物、遮阴、追肥、除草、间苗、移苗、除萌及摘心等工作，尽快达到一定的嫁接粗度。

（二）嫁接繁殖

通过嫁接繁殖，可保持母株的优良性状，提早结果，增强树体的抗逆性和适应性。

1. 砧木和接穗的选择　选择砧木时应考虑其对接穗有良好的亲和力。目前，中华猕猴桃和美味猕猴桃都是采用本砧或共砧。此外，可选用毛花猕猴桃、阔叶猕猴桃、软枣猕猴桃、狗枣猕猴桃作砧木。接穗的采集宜选择品种优良纯正、丰产稳定的成年母株上生长充实、芽体饱满的一年生枝。

2. 嫁接时期　嫁接时期以春、秋季为宜。春季嫁接大部分采用单芽枝切接，一般在2～3月，伤流期之前进行。秋季嫁接多采用单芽腹接，一般在9～10月。

3. 嫁接方法　猕猴桃芽座大，芽垫厚，伤流重，树胶多，枝条髓部大，组织疏松，切口易失水干枯，且枝条纤维多，芽片不易削平，对嫁接成活有影响。实践证明，单芽枝腹接、单芽片腹接、单芽枝切接对猕猴桃比较适合。

（1）单芽枝腹接法　单芽枝腹接是目前较好的嫁接方法。要求砧木粗度在0.6～1.2cm，接穗枝条充实、髓部小、腋芽饱满。春、夏、秋季均可进行嫁接。从接穗上剪截下一个带芽的枝段，从芽的背面或侧面选择一个光滑面，削3～4cm长、深度以刚露木质部为长削面，在其对面削50°左右的短斜面。在离地面10～15cm砧木处选较平滑的一面，从上向下切削，也以刚露木质部为宜，削面长度略长于接穗长削面，并将剥离的外皮切除2/3，然后插入接穗，使砧、穗形成层对齐，用塑料薄膜带扎紧，露出接穗芽即成（图25-3）。

（2）单芽枝切接法　单芽枝切接主要在早春进行，具有嫁接后愈合好、萌芽快、成活率高、苗木生长健壮而整齐的优点。具体操作：在接穗上选定一个饱满芽，在芽下3.5～4cm处下刀，成45°斜切断接穗，再在芽对面下方1cm左右处下刀，顺形成层往下斜削，稍带木质部，直至第一刀切断处，最后在芽上方2cm左右处剪断，即为嫁接用的单芽枝。将砧木从离地10cm左右处剪断，要求剪口平滑，再从剪口顺形成层往下切削，稍带木质部，其削面长3～4cm，与接穗削面基本相符，再割去切削处外皮的1/3。然后，将接芽枝长削面与砧木切口对齐，留下外皮包住接穗，用塑料薄膜带扎紧，最后用接蜡涂抹剪口及接合部位（图25-4）。

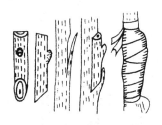

图25-3　单芽枝腹接法

图25-4　单芽枝切接法

（3）单芽片腹接法　单芽片腹接在春、夏、秋季均可进行。具体操作：削芽片：先在接芽下1～2cm处成45°斜削至接穗周径的2/5处，再从芽上方1cm处沿形成层往下纵切，略带木质部，直至与第一刀底部相交，取下芽片，全长2～3cm。切砧木：在砧木离地面5～10cm处，选择光滑面，按削芽片法同样切削，使切片稍大于接

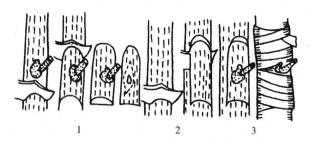

图25-5　单芽片腹接法
1. 削芽片　2. 切砧木　3. 嵌芽片

芽片。嵌芽片：将芽片嵌入砧木切口对准形成层，上端最好露出一点砧木切口，促其迅速形成愈伤组织。嵌好芽片后用塑料薄膜带绑缚，露出接芽及叶柄即可（图 25-5）。

4. 嫁接苗的管理 猕猴桃嫁接后的管理对嫁接成活率、接芽的萌发和生长状况有很大影响，主要管理环节有检查成活情况与及时补接、剪砧、除萌、解绑、追肥、中耕除草、摘心及立支柱等。

（三）扦插繁殖

猕猴桃扦插育苗常用的是枝插，包括硬枝扦插和嫩枝扦插。

1. 硬枝扦插 硬枝扦插是指选用已木质化的一年生枝条进行扦插繁殖。

（1）插床的准备　插床扦插基质应选疏松透气、排水性能良好的材料，硬枝扦插多用培养土或细沙土。培养土用 1 份沙质壤土和 1 份沙子或锯末配成。基质可用 1%～2% 的福尔马林或 3% 的高锰酸钾溶液消毒。

（2）扦插时期　一般在落叶后至伤流期前扦插，即 12 月至翌年 2 月中下旬进行。

（3）插穗的采集和处理　插穗应从品质优良的成年母株上选取生长充实、芽体饱满、粗 0.5～0.8cm 的一年生枝条。插穗取 2～3 节为宜，长 7～10cm，插穗上切口距上端芽 1cm 左右，插穗下切口紧靠节位处切断。上切口涂蜡封口，下端切口进行催根处理，目前大多使用吲哚丁酸浸插穗基部。

（4）扦插方法　插穗经催根处理后按株行距 10cm×15～20cm 插入基质中，扦插深度为插穗的 1/2～2/3，以插穗顶芽稍露出为宜。

（5）扦插后的管理　插后要经常保持插床湿润，促进插穗早日生根。

2. 嫩枝扦插 嫩枝扦插指选用当年生半木质化的枝条进行的扦插繁殖，又称软枝扦插。

（1）插床的准备　插床内填入 15～20cm 厚的蛭石、河沙或谷壳等疏松的基质，然后进行消毒。插床上做拱形塑料薄膜矮棚，在塑料薄膜棚上再搭荫棚起降温和保湿作用。

（2）插穗的采集与处理　选用当年生半木质化、芽饱满充实的枝条为插穗，粗 0.5cm 左右，一般留 2～3 节，其上留半片叶。插穗剪好后进行催根处理，一般以 1 000mg/L 的 IBA 速蘸 30s 较好。

（3）扦插时间　扦插时间以 6 月中下旬为好，此时正值猕猴桃新梢抽生高峰后的缓慢生长期，叶已成熟，新枝又具有一定木质化程度，贮存营养多，有利于插条扦插成活。

（4）扦插方法　扦插密度同硬枝扦插，由于组织幼嫩，扦插时需用小铲插小孔后再将插条插入，插后即浇透水。

（5）扦插后的管理　嫩枝插穗对插床的温湿度和空气湿度要求较严格。一般插床湿度应控制在 50%～60%，空气相对湿度在 90% 左右，床温为 25℃ 左右。

（四）苗木出圃

1. 出圃前的准备 为减少苗木出圃时根系损伤，在土壤较干旱时应提前 1 周左右浇 1 次透水，并做好出圃苗木的品种校对、数量统计及包装材料、标签的准备工作。

2. 苗木分级 按苗木大小和质量进行分级，现介绍新西兰的苗木分级标准。

（1）甲级　主干离地面 5cm 处或第一分枝处径粗 1cm 以上，至少有 2 个分枝和 5 个饱满芽；根部有 3 条以上骨干根，侧须根长度为 20cm 左右。

（2）乙级　主干离地面 5cm 处径粗 0.6～1cm，有 2 个分枝和 5 个饱满芽；根部具有 2～3 条骨干根，侧须根长度 15cm 左右。

（3）丙级　主干离地面 5cm 处径粗 0.4～0.6cm，有或无分枝，具 3 个饱满芽；根部有

2条以上骨干根和中等数量的侧须根。

（4）等外　达不到以上标准的，不宜出圃。

3. 包装和运输　苗木挖起后应对根系进行适当修剪，然后按品种或品系包装，挂上标签，标明品种或品系名称、砧木名称、苗木等级、数量与日期、出圃单位等。注意根部用湿苔藓或稻草等填放保湿，外用草袋、编织袋等包裹，挂上标签和检疫证。

二、建　　园

（一）园地选择与规划

1. 园地选择　园地的选择应根据猕猴桃的生物学特性，充分考虑园地位置、海拔高度、地形地势、气候和土壤等因素。

（1）园地位置　为便于果品及时外运，应选择交通方便的地方。另外，宜选择靠近水源如水库、河流、渠道等地段，便于灌溉。

（2）海拔高度　猕猴桃的自然分布范围是海拔80～2 300m，为利于其经济栽培，选园时可以考虑建在海拔700m以下的平地和丘陵地区。

（3）地形地势

①平地：建园工程小，有利于机械化操作，水土流失少，管理方便，应注意排水。

②丘陵地：立地条件好，是栽培猕猴桃比较适宜的地区，应有水源灌溉条件。

③山地：生态条件适宜，坡度宜在25°以下，有利于水土保持，减少建园工程，并利于栽培管理（如施肥、采收、运输等），宜选择东南坡向阳背风地段。

（4）气候和土壤

①气候条件：温暖湿润（年平均气温10℃以上），雨量充沛（年降水量1 500mm左右）且分布均匀，空气相对湿度80%以上，冬季温度较低，而春季气温回升快的地区为适宜栽种区。

②土壤条件：土层深厚、土质疏松、富含有机质、排水保水性能好、土壤pH6～7的缓坡地为宜。若选用红壤建园，则必须进行土壤改良。

2. 园地规划　应根据当地的自然条件和生产条件，因地制宜进行规划。

（1）园地基本情况调查　在进行园地规划之前，对园地的土壤、气候、植被、社会基本情况等进行调查，并绘制其地形图，标出园地位置、海拔高度、面积、水源、交通等，以便搞好园地规划。

（2）道路系统和作业区的规划

①道路系统的规划：为了提高田间作业效率，必须规划好果园道路系统。

主道：主道宽为5～7m，可通行汽车，以便运送肥料和果品。要求位置适中，贯穿全园，用以连接干道和作业道。

干道：干道宽为4～6m，能通行小型汽车和其他农机具。

作业道：作业道宽2～4m，主要作为人行道，并能通过一般的管理器械如喷雾器等。

②作业区的划分：随道路系统的规划而进行作业区的划分，为合理布置良种，要求作业区内的环境条件相对一致。山地建园一般以1～2hm^{2}为一个作业区较适宜，平地作业区的面积一般为2～4hm^2。作业区的形状以长方形为宜。平地建园时，作业区的长边最好与有害风风向垂直，使树行与长边一致，提高园内植株群体的防御能力；山地建园时，作业区的长

边应与等高线平行，使作业区内土壤和温湿度等条件保持基本一致。

3. 排灌系统的设置 猕猴桃在生长季节内既不耐涝又不耐旱，对水分的要求比较严格。因此，园内排灌系统的设置至关重要。

（1）排水系统的设置 平地果园常用的排水方法有明沟和暗渠两种。明沟排水的技术要点是树间浅沟，园周深沟。排水沟的深度一般为50～70cm，比降一般为3/1 000～5/1 000。暗渠排水是在地下埋设塑料管或混凝土管等，形成地下排水系统，它能经济利用地面，不占园地，便于果园机械操作。山地果园的排水，主要是按等高线开挖壕沟，或在梯田内侧设排水沟，可与灌溉渠道相结合。

（2）灌溉系统的设置 采用沟渠灌溉，有条件的地方可用喷灌、滴灌等。在果园规划中，解决水源问题最好是从水库引水灌溉，或每一山头修建蓄水池，蓄水池的大小可根据园地面积和灌溉方式而定。一般每公顷果园需贮水12m^3左右。

一般山地果园除沿排水沟引水漫灌外，还有滴灌和喷灌两种方式。滴灌可节省用水，在干旱季节，每个滴头日耗水量为1.5～2kg，每树配滴头6个，滴头间距为60～70cm，日耗水量9～12kg便可保证树冠下部土壤湿润。另外，结合滴灌进行施肥，可节省用工。喷灌的装置主要有两种，一种是移动式喷灌机加压喷灌，另一种是固定式喷灌装置，利用蓄水池与果园的高差进行自压喷灌。

4. 防护林带的设置

（1）防护林的类型 防护林宜采用常绿、落叶混交透风结构林带，主林带一般由2层乔木及2层灌木组成，副林带一般1～2层。

（2）防护林树种的选择 宜选择适应当地的立地条件、生长迅速、枝叶茂密、寿命长，与猕猴桃没有相同的病虫害，根蘖少、不串根，具有一定的经济价值的树种。常用的防护林树种有湿地松、杉树、柏树、女贞、苦楝、白杨等。

（3）防护林带的营造 防护林带应与常年有害风风向垂直，林带与猕猴桃树之间的距离一般为8～10m，林带间距为300～400m。

（二）园地整理

1. 土地平整 丘陵山地应根据不同坡度做好水土保持工程，防止水土流失。坡度在10°以下，进行等高做埂；坡度在10°以上，修筑水平梯田，进行等高栽植。

2. 挖定植穴（或壕沟） 按照株行距的要求定点标记。开挖时，应将表土与心土分开堆放，并清除树根、石头等杂物。定植穴（或壕沟）以宽1m，深0.6～0.8m为宜。

3. 填穴（或壕沟） 为了增加土壤肥力，填穴（或壕沟）时应施入足量有机肥料，先填表土，后填心土，肥料与土壤充分拌匀。按每株计算，底层施稻草、杂草或作物秸秆等4～5kg，中层施猪牛栏粪20～25kg、钙镁磷肥0.5～1kg、枯饼1.5～2kg、石灰0.5～1kg，上层加入菜园肥土或火土灰等，最后堆土高出地面15～20cm。

（三）支架设置

常用的架式主要有单臂篱架、T形小棚架和水平大棚架。

1. 单臂篱架 架面与地面垂直呈篱状（图25-6）。单臂篱架栽植，单位面积内栽植株数较多，成形快，早期能获得较高的产量。单臂篱架支柱高2.6m，埋入土中0.6m，地上部分高2.0m。与植株行向平行，每隔4～6m立1支柱，支柱上拉3道铁丝，间距0.6～0.65m。

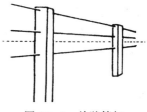

图25-6 单臂篱架

2. T形小棚架 在篱架的顶部架设一横梁，使一架同时兼有篱架和棚架两种架面，其形状似T形，故称T形小棚架，又名宽顶篱架（图25-7）。T形小棚架栽植猕猴桃对空间的利用率较高，有效光利用面积大。T形小棚架的支柱高2.8m，埋入土中0.8m，地上部分高2.0m，在篱架的顶部设一横梁（长度为1.5～2.0m），横梁上拉3～5道铁丝，间距0.4～0.7m。

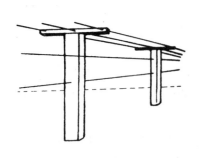

图25-7 T形小棚架

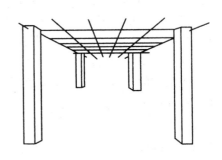

图25-8 水平大棚架

3. 水平大棚架 在支柱上纵横交错地架设横梁或拉上铁丝，呈网格状，形似大荫棚。棚架栽植猕猴桃，通风透光良好，病虫危害较轻，但所需架材较多，适于平地和庭院栽培（图25-8）。棚架支柱高2.8m，埋入土中0.8m，地上部分高2.0m，支柱间距5m×5m，支柱间每隔0.6m拉1道铁丝。

（四）品种选择与配置

1. 品种选择原则 ①因地制宜，适地适栽，选择适合本地区的优良品种；②早、中、晚熟品种合理搭配；③鲜食与加工品种合理搭配。

2. 品种配置

（1）雌性品种的配置 品种配置时，应在1个或若干个作业区内安排同一个雌性品种，使各品种成片栽植，以便修剪、采收、施肥等管理措施的统一实施。此外，由于品种间成熟期不同，需按一定顺序将早、中、晚熟品种依次安排在园内，便于栽培管理，分期采收。

（2）授粉雄性品种的配置 猕猴桃是雌雄异株的果树，为提高产量、改善品质，需配置适宜的雄株授粉，其选配的基本原则如下：①与雌性品种的花期相近；②长势强，花量多，花粉活力强，萌芽率高，授粉效果好。

（3）雌雄株的配置形式 配置雄株时，既考虑能充分利用土地，又能保证授粉质量。一般雌雄株的适宜配置比例为6～8：1，其配置形式见图25-9。

```
○○○○○○○○
○×○○○×○○
○○○○○○○○
○○○○○○○○
○×○○○×○○
○○○○○○○○
```

图25-9 雌雄株配置形式
（雌雄比例8：1）
○表示雌株，×表示雄株

（五）栽植技术

1. 苗木 要求品种纯正，粗壮，根系发达，芽眼饱满，嫁接接合部愈合良好的一年生合乎规格苗。

2. 栽植密度 栽植密度应根据不同品种、架式和园地条件等来确定。长势弱、树体矮小、土壤较瘠薄的，栽植的密度可大一些；长势强旺、土壤肥沃的，栽植的密度应小一些。山地猕猴桃园，由于其光照和通风条件较好，密度可适当大一些。

一般单臂篱架株行距为3～4m×2.5～3m，每667m² 栽56～89株；T形小棚架为3～

4m×3～4m，每667m² 栽 42～72 株；水平大棚架为 5m×5m，每 667m² 栽 27 株。

3. 栽植时期 一般以秋植（11月中旬至12上中旬）为主，有利于根系恢复，第二年春季萌芽早、生长快。也可春植（2月至3月初），伤流期之前完成为宜。

4. 栽植深度与方法 以根颈部与地面相平为宜，勿将嫁接口埋入土中。栽植时根系应舒展，栽后踏紧，使根系与土壤密接，并及时浇足水。栽后在苗木旁插一竹竿或木棍，绑缚扶正，并及时选留3～5个饱满芽定干。

三、土肥水管理

（一）土壤管理

土壤管理主要是改善土壤的理化性状，创造疏松、透气、肥沃的土壤条件。

1. 土壤深翻熟化 通过种植绿肥、深翻扩穴、增施有机肥等措施来熟化土壤。幼龄猕猴桃园，结合施基肥每年轮换位置挖深、宽各50cm的条沟，逐年向外扩展，直至全面深翻一遍。深翻时应施入足量有机肥，底层施入绿肥、作物秸秆或其他有机质，根际附近施入腐熟的有机肥。通过深翻熟化后，土壤团粒结构得到明显改善，土质疏松，土层加厚，土壤透气，保水和保肥能力增强，土壤有机质含量提高。

2. 行间合理套种，树盘覆盖保墒 幼龄猕猴桃园行间合理套种花生、大豆、绿肥、草莓等，可以改善园内微域气候和生态条件，有利于树体生长，同时还能改善土壤结构，增加土壤有机质和有效养分含量。夏秋伏旱季节，利用青草、稻草、作物秸秆、谷糠壳等材料覆盖树盘，可显著降低地表温度，减少水分蒸发，保持土壤湿度，同时可抑制杂草生长和防止水土流失等。覆盖一般应在夏秋高温干旱来临之前进行，多在6月下旬开始，覆盖厚度一般以20cm左右为宜。

3. 树盘中耕、除草、培土 猕猴桃根系分布较浅，由于灌溉和雨水冲刷，常造成根系外露，易受高温干旱的危害。中耕松土主要是在雨后或灌溉后进行，可切断土壤毛细管，减少水分蒸发，以利保墒。同时除去树盘上的杂草，保持土质疏松，防止土壤板结。中耕深度一般为10cm左右，以不损伤根系为宜。此外，树盘应及时培土。

（二）施肥

施肥分为基肥和追肥两类。基肥以有机肥为主，追肥以速效肥为主。

1. 基肥 一般秋季施入，多在10～11月进行。基肥种类以堆肥、饼肥、猪牛栏粪等有机肥为主，同时可加入一定量速效氮肥，这样不仅能恢复树势，提高树体贮藏营养水平，而且有利于花芽分化的顺利进行。基肥施用量占全年施肥量的60%左右。

2. 追肥 应根据猕猴桃的物候期和根系生长特点及时追肥。幼龄猕猴桃园的追肥以速效氮肥为主，勤施薄施，少量多次，以促枝叶迅速生长，加快成形。成龄猕猴桃园一般全年施追肥2～3次，以速效无机肥为主，主要包括：芽前肥（2～3月），以促进腋芽萌发和枝叶生长，提高坐果率，以速效性氮肥为主，配合施用磷、钾肥；壮果促梢肥（5～6月），以促果实迅速膨大和花芽分化，肥料以磷、钾肥为主，配合施用氮；采果肥（9～10月），以恢复树势，促进花芽分化，提高树体营养水平，肥料以速效性氮肥为主。

3. 施肥方法 ①环状沟施：在树冠投影外缘稍远处挖深、宽各20～40cm的环状沟施肥。②放射沟肥：在树冠投影内外各30cm左右顺水平根生长方向挖放射沟4～6条，宽30cm，深20～40cm，内浅外深，以免伤根太多。③条沟施肥：在树冠投影外缘两侧各挖一条宽 30cm、深 20~40cm 的条沟。④撒施：全园撒施后深翻 20~30cm。

4. 施肥量 确定施肥量时要根据树体大小和结果多少，以及土壤中有效养分含量等因素灵活掌握。据陕西栽培秦美猕猴桃的经验，基肥施用量为：幼树每株施有机肥 50kg、过磷酸钙和氯化钾各 0.25kg；成龄盛果期，每株施厩肥 50~75kg、过磷酸钙 1kg 和氯化钾 0.5kg。盛果期树，按有效成分计，一般每公顷施纯氮 168~225kg、磷 45~52.5kg、钾 78~85.5kg。

（三）水分管理

根据猕猴桃的需水特点和当地气候条件，适时适量进行灌溉和排水。

1. 灌水 夏秋伏旱季节气温较高，树体枝叶繁茂，蒸腾量大。缺水干旱，极易发生枝叶萎蔫、叶片焦枯、果实日灼、花芽分化不良，甚至全株死亡，故应及时灌水。

合理的灌水量要根据土壤特性、树龄、灌溉方法等具体情况而定，一般以浸湿根系集中分布层的土壤为准，通常以灌透 40cm 土壤为宜。灌溉方法有地面灌水（漫灌、沟灌、穴灌）、喷灌和滴灌等。

2. 排水 猕猴桃喜湿但又怕涝，土壤水分过多会引起根系生长不良甚至死亡，因此必须做好排水工作，使根系处在适宜的土壤水分和良好的通气环境里。在多雨地区需建造沟渠，及时排除地面积水，降低地下水位，保证园地无涝害现象。

四、整形修剪

（一）整形

猕猴桃是蔓性藤本果树，枝条生长迅速，为了不使枝蔓相互缠绕，维持树体健壮生长和良好的结果能力，应及时整形。猕猴桃的整形应与其架式相适应。

1. 篱架整形 目前多采用单干双臂双层或三层水平形，亦可采用多主蔓扇形。

（1）单干双臂双层水平形　苗木定植后，从嫁接口以上 20~30cm 处短剪定干（或选留 3~5 个饱满芽短剪），使剪口下萌发出几个健壮的新蔓。选其中 3 个健壮的，2 个顺行向前后分开引缚于第一层铁丝上，培养为第一层主蔓，另 1 个向上延伸作为主干延长枝，然后再在其上培养第二层主蔓（图 25-10）。对引缚于铁丝上的 2 个主蔓上每隔 30cm 培养 1 个结果母枝。上、下层主蔓上所选留的结果母枝的位置要错开，使其均匀占有空间。结果母枝上所抽生的结果枝，同样也要错落均匀配置。这种方法造型简单，成形快，经 2~3 年即可使枝蔓布满架上。

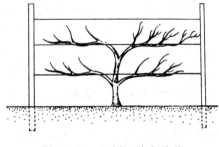

图 25-10　双层双臂水平形

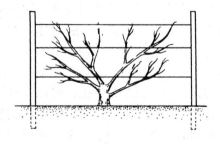

图 25-11　多主蔓扇形

（2）多主蔓扇形　苗木定植后选留 3~5 个饱满芽短剪，使之萌发 3~5 个枝蔓作为主蔓，呈扇状分别均衡引缚于铁丝上（图25-11）。

2. 棚架整形

（1）平顶大棚架整形　植株栽在两支柱中间，在它们到达架面以前只培养1个主干，然后在近架面处从主干上选2～3个永久性主蔓，引向沿着行向的两个方向水平延伸，然后再在主蔓上每隔50cm左右向两边培养结果母枝，再在结果母枝上每隔30cm左右选留结果枝（图25-12）。

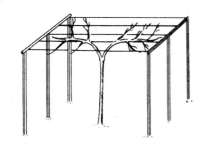 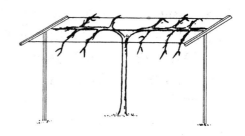

图25-12　平顶大棚架整形　　　　　图25-13　T形小棚架整形

（2）T形小棚架整形　植株主干延伸到T形架面，选留2～3个永久性主蔓，分两个走向沿着行向延伸。在主蔓上选留结果母枝以及结果母枝上选留结果枝的方法与平顶大棚架相同，当结果母枝生长长度越过横梁宽度时就使其下垂生长，直至离地面50cm处短剪。这种架式的整形，枝条配置有序，可充分利用行间空间，通风透光好（图25-13）。

（二）修剪

根据修剪的时期不同，可分为夏季修剪和冬季修剪。

1. 夏季修剪　又称生长期修剪，在萌芽后至落叶之间进行，主要是调整树体结构，减少无效消耗，改善通风透光条件，减少病虫危害，均衡生长与结果。

（1）抹芽　抹去过密的、位置不当的及基部抽生的萌蘗芽，主干、主蔓上萌动的无用潜伏芽也要除去。抹芽应在萌芽时进行，抹芽越早，养分消耗越少。双生芽、三生芽去弱留强，一般只留1个。健壮的结果母枝一般留4～6个结果枝，其余适当抹去。

（2）摘心　当营养枝长至0.8m左右时应及时摘心，可以促进枝条健壮、充实，转化成为优良结果母枝。花前对结果枝进行摘心，可暂缓生长，有利于积累养分，提高坐果率和促进果实肥大。结果枝摘心的时间是在花前1周至始花期之间，一般是在结果部位以上留7～8片叶摘心。一次副梢和二次副梢可分别留3～4片及2～3片叶摘心。

（3）疏枝、剪枝　抹芽和摘心未能及时全面进行时，可在夏季进行疏枝和剪枝。疏枝可在新梢长至20cm左右可以辨认花序时进行。疏枝一般是疏除重叠枝、交叉缠绕枝、密生枝、背上过旺枝、过弱枝、枯枝、病虫枝等。应根据树势、枝条粗度、架面大小及管理水平等来确定疏枝数量。目前，一般结果母枝上每隔10～15cm留1新梢，每平方米架面上留10～15个新梢为宜。对于生长过旺、过长的新梢应及时剪除一部分，以弥补前期摘心的不足。此外，应做好枝蔓的绑缚工作，以保持良好的树形和促进结果。绑缚枝蔓时应注意使之在架面上均匀分布。绑缚材料可用包装带、麻绳等，采用"∞"形绑扎方式。

（4）零叶修剪　零叶修剪主要是针对较旺的生长结果势而采取的一项关键性的夏季修剪技术。一般在5～6月进行，主要对于结果盛期且较强旺的未停止生长的上位结果蔓在最后一果处（以上不留叶片）进行短截。一般每一结果母蔓上选取2～3条较直立的结果蔓进行。

夏季零叶修剪可形成合理的冠幕结构，控制生长期间的过旺枝蔓长势，合理调节营养生长与果实发育之间的平衡，维持树冠内良好的光照水平以及减少修剪成本。同时，可减轻病虫危害，提高果实生产力，改善果实品质，增强耐贮性。其最大特点是不会在零叶修剪后的果蔓上再次抽蔓（盲节特性），失去了侧芽再次抽发旺枝的潜能。注意零叶修剪的最佳时期是谢花后60d左右，因为此时正值浆果迅速膨大期，果实基本定型，功能叶最大限度地有利于早期干物质积累。剪口应远离果梗，间距约0.5cm，并注意刮除剪口附近的潜伏芽，以防再次抽蔓。靠近母蔓基部附近的第一条上位结果蔓一般不进行零叶修剪，仅作更新蔓培养。

2. 冬季修剪　又称休眠期修剪，在冬季落叶以后至伤流期之前进行，一般在12月中下旬至次年2月上中旬。主要应考虑树体的合理留芽量、枝条剪留长度，更新结果母蔓，防止结果部位外移，平衡营养生长与生殖生长。主要采用短截与疏剪相结合，长、中、短枝混合修剪相结合的方法。修剪程度因品种、枝条粗细及架式、管理水平而异，一般留2~10芽短截，对徒长性结果枝，可在已结果部位以上留6~8芽短截，长果枝留4~6芽短截，中果枝留2~4芽短截，短果枝及短缩果枝不短截。对当年生的普通营养枝，一般留4~10芽短截，使其翌年成为优良结果母枝。若营养枝数量较多，可将其一部分留2~4芽短截作为预备枝。此外，为了减少无效养分的消耗及有利于通风透光，应对密生枝、交叉枝、重叠枝、衰弱枝、位置不当枝、枯枝、根蘖枝及病虫枝进行疏除。对于结果多年已衰弱的结果母枝应及时回缩更新。

冬季修剪时，单株留芽量决定了翌年的抽枝量及结果量，它是修剪量大小的基本参数。单株留芽量可参考下式计算：

$$单株留芽量=\frac{单株预定产量（kg）}{萌芽率（\%）\times 果枝率（\%）\times 每果枝果数\times 平均单果重（kg）}$$

此外，对于雄株的冬季修剪一般宜轻，并在谢花后进行复剪。冬剪时主要是疏除细弱枯枝、扭曲缠绕枝、交叉重叠枝、根蘖枝、病虫枝等，对其开花母枝一般留70~80cm短截。谢花后，一般留50~60cm及时复剪。

五、花果管理

1. 花期放蜂　猕猴桃是雌雄异株树种，需要进行异花授粉才能正常结实。授粉不完全的果实常表现果小、畸形、风味差，失去商品价值。猕猴桃授粉充分与否决定了果实内种子数的多少，而果实内种子数与果实大小呈正相关，相关系数达0.81。只有充分授粉的果实不出现生理落果，且果大、品质佳。由于猕猴桃叶片大而多，花多遮盖于叶片之下，靠风力授粉困难，必须依靠昆虫作为授粉媒介，特别是善于采集花粉的蜜蜂。花期放养蜜蜂可增加单果重、提高产量和品质。一般每公顷猕猴桃园放2~4箱强旺蜂群，便可满足其授粉的要求。

2. 人工授粉　如果花期遇到低温阴雨天气，致使授粉昆虫受到限制，或是雌雄株花期不遇时，应进行人工辅助授粉，以保证其正常结果。人工授粉时，应先从雄株上采集即将开放的雄花，带回室内用镊子取出花药，置于培养皿内，在25℃的恒温箱内干燥，使花药开裂，花粉粒散出。收集的花粉可置于温度0~5℃，相对湿度25%左右的冰箱中备用。授粉通常是在8:00~10:00进行，待雌花开放后1~2d内，用小毛笔或橡皮头将花粉点于雌蕊柱头上即可。此外，还可采用授粉器喷花粉液进行人工授粉，将备用的花粉配成悬浮液，用洁净的喷雾器于9:00~11:00喷到当天开放的雌花上即可。

3. 疏花疏果 果实大小是猕猴桃生产中一个重要的质量指标,而单株果实负载量是影响猕猴桃果实大小的主要因素。单株留果量越多,在同等条件下,果个越小。果实适宜的负载量可以通过疏花疏果来控制。

猕猴桃极易结果,一般情况下没有生理落果现象,进入结果期后,如不进行疏花疏果,很容易出现大小年结果现象,果实大小不一、品质差、商品价值低及树势易早衰等。为了均衡结果,达到丰产稳产优质,延长结果年限,必须进行疏花疏果。

疏花一般在现蕾期进行,主要是疏除侧蕾,剪除纤细果枝和花序,减少养分损耗,促进枝梢生长。疏果应在谢花后开始,一般在20d之内完成,主要是疏除畸形果、伤果、病虫害、侧果、果枝基部果。原则上短果枝留1个果,中果枝留2~3个果,长果枝留4~5个果。新西兰、日本等国家是按照叶果比4~6:1进行疏花疏果。

六、采 收

采收是猕猴桃栽培中的最后一个环节,也是采后商品化处理的最初一环,采收工作的好坏直接影响其产量、质量、销售和贮藏加工等。

1. 适时采收 不同采收期猕猴桃果实的呼吸作用和乙烯生成量的消长情况有明显不同,采收期越迟,成熟度越高,呼吸和乙烯的跃变峰出现得越早。由于猕猴桃果实成熟时,其外观颜色没有明显变化,目前多以果实可溶性固形物含量的高低为适期采收指标。新西兰的主栽品种海沃德,要求其果实可溶性固形物含量为6.2%时开始分期采收;美国加利福尼亚采收标准规定可溶性固形物含量为7.0%~7.5%;日本规定为6.5%~7.0%;我国则认为中华猕猴桃可溶性固形物含量为6.5%以上,美味猕猴桃可溶性固形物含量为7.0%以上开始采收。此外,还可根据果实的硬度和果实的发育时期来确定采收期。

2. 采收技术 采摘时应轻采轻放,避免果面造成任何伤害,否则会加快软化衰老,导致贮藏病害,从而影响贮藏寿命。为了保证贮藏果实的整体质量,应做到分期分批采收,先采大果、好果、早熟果,后采小果、次果、后熟果。一般在采收前1周左右喷1次多菌灵等杀菌剂,以减轻贮藏中的霉烂。采果时间应尽量在晴天、晨露已散的上午或傍晚进行。采前至少10d内不灌水。

(执笔人:徐小彪)

主 要 参 考 文 献

陈庆红,等.2006.黄肉无毛猕猴桃新品种'鄂猕猴桃3号'[J].园艺学报,33(4):927.
崔致学,等.2002.中国猕猴桃[M].北京:中国农业科学技术出版社.
黄宏文,等.2000.猕猴桃属植物的遗传多样性[J].生物多样性,8(1):1-12.
黄宏文,等.2008.优质四倍体猕猴桃新品种'武植3号'[J].园艺学报,35(10):1554.
黄贞光.1998.我国猕猴桃品种结构、区域分布及调整意见[J].果树科学,15(3):193-197.
刘旭峰.2005.猕猴桃栽培新技术[M].杨凌:西北农林科技大学出版社.
彭永宏,等.1995.长江流域猕猴桃栽培的品种与区域选择研究[J].中国农业科学,28(3):271-274.
王西锐,等.2008.猕猴桃中熟新品种华优的选育[J].中国果树(2):8-11.

吴伯乐，等.1993.红肉优质耐贮猕猴桃［J］.中国果树，4：15，27.
吴放，等.2006.猕猴桃新品种—蜜宝1号的选育［J］.果树学报，23（6）：914-915.
谢鸣，等.2008.大果毛花猕猴桃新品种'华特'［J］.园艺学报，35（10）：1555.
徐小彪，等.2007.世界猕猴桃产销进展［J］.现代园艺（2）：24-25.
张忠慧，等.2006.猕猴桃黄肉新品种金桃的选育及栽培技术［J］.中国果树（6）：5-7.
张忠慧，等.2008.观赏猕猴桃新品种'金铃'［J］.园艺学报，35（9）：1401.
赵淑兰，等.1994.软枣猕猴桃新品种——魁绿［J］.园艺学报，21（2）：207-208.
周民生，等.2008.美味猕猴桃早熟新品种'鄂猕猴桃4号'［J］.园艺学报，35（7）：1087.

推 荐 读 物

黄宏文.2001.猕猴桃高效栽培［M］.北京：金盾出版社.
黄宏文.2006.猕猴桃研究进展［M］.北京：科学出版社.
王仁才.2000.猕猴桃优质丰产周年管理技术［M］.北京：中国农业出版社.
A R Ferguson, et al. 2007. Proceedings of the Sixth International Symposium on Kiwifruit［J］. Acta Horticulturae, 10（2）：753.

第二十六章 草 莓

第一节 概 说

一、栽培意义

草莓（strawberry）为多年生草本植物，果实色泽鲜红，柔软多汁，甜酸适口，馨郁芳香，营养丰富，除含糖、酸、蛋白质外，还富含磷、铁、钙等矿物质和维生素。草莓果实除鲜食外，还可以制成加工产品，如果酒、果酱、果汁、果茶、水果罐头、蜜饯和冰淇淋等。特别是速冻草莓鲜果，可长期贮存，随时供应市场。

草莓生产周期短，果实成熟早。当年9～10月定植，露地栽培次年4～5月成熟上市；用日光温室、大棚等设施促成栽培，元旦、春节前后成熟；如果利用花芽已形成的冷冻种苗，定植后30d开花结果，60d成熟上市，一年可栽培几茬。

草莓生长周期短，产量高，经济效益好。栽植后当年产量667m^2可达到1 300～3 000kg，高的可达4 000kg以上。美国加利福尼亚州曾经报道，当地草莓产量达到104t/hm^2。

草莓对土壤要求不严格，适应性强。在山地、林地、丘陵、平原均可生长。在热带、温带和寒带都能正常生长，我国南到海口，北至佳木斯，东起山东半岛，西至新疆石河子，种植后均生长良好。在不同的农业产区均可获取较高的产量和优良的品质。适于作幼龄果园的间作和菜园、水稻田的轮作物。

草莓还有较高的药用和医疗价值。草莓味甘酸，性凉，能润肺、生津、利痰、健脾、解酒、补血、化血脂，对肺部疾病和心血管病有一定的预防作用，对肠胃病和贫血病有一定的疗效。最近发现，草莓果实中含有一种叫"草莓胺"的物质，对治疗白血病、再生障碍性贫血等疑难病症有特殊的辅助疗效。草莓中还含有超氧化物歧化酶，能清除人体内的过氧化物，有抗衰老作用，可增强人体的免疫力和提高抗病能力。

二、栽培历史与生产现状

世界上草莓栽培始于14世纪，最初在法国，后传到英国、荷兰、丹麦等国。至18世纪育出大果品种后，开始广泛传播，目前世界各国几乎都有草莓栽培。据联合国粮食与农业组织（FAO）2009年统计资料，全世界草莓年产量为413.2万t，其中美洲占38.5%，欧洲占35.5%，亚洲占19.4%，非洲占5.6%，大洋洲占1%。目前，世界草莓生产较多的国家有中国、美国、西班牙、土耳其、俄罗斯、韩国。

世界各国草莓栽培的形式、方法和技术日新月异，草莓用途亦各有不同。欧美一些国家对果酱需求量极大，主要采用露地高畦栽培，机械化采收，进行大规模集约化栽培，品种选育、育苗、栽培、病虫害防治、贮运保鲜等专业化程度很高。但西欧南部的西班牙、意大利和法国，欧洲中部的德国、荷兰和比利时，以及英国等保护地栽培份额逐年上升；日本、韩国也采用保护地栽培。20世纪30~40年代，荷兰、比利时开始大规模利用玻璃暖房进行半促成栽培，使草莓提早成熟；50年代开始改用塑料大棚和温室进行电灯补光处理的早熟半促成栽培；70年代试行短期冷藏苗的半促成栽培；目前，日本、韩国等国都采用塑料大棚促成栽培技术，即在草莓进入休眠之前，人为措施抑制休眠，使其继续生长发育，提早开花结果、上市。

草莓无土栽培始于20世纪60年代欧洲开展的水培法栽培草莓的试验。1969年意大利开发出立体空气水培法栽培戈雷拉草莓，单产相当高，但品质受植株栽培方位影响很大，畸形果和烂果发生较多。80年代初，英国、比利时和荷兰又将70年代开发的营养液膜技术用于栽培草莓，其中移动式悬挂水槽系统被推广使用。1983年，荷兰和比利时开始在充填泥炭的桶中栽培草莓，替代营养液膜技术系统。英国和荷兰于70~80年代还用充填泥炭的栽植袋进行草莓栽培试验，获得了极大成功。与桶栽比较，泥炭袋的特点是容易管理，减少了折断花序的危险；缺点是成本高，对温度波动敏感。目前，在温室和塑料大棚中用泥炭吊袋或桶无土栽培技术已在荷兰、比利时、英国、法国等国推广应用，现代泥炭袋或桶无土栽培法是利用滴灌系统供水和补给营养液。此外，还配套使用地面铺银色反光膜、蜜蜂授粉、用燃气炉控制棚室内温度并辅助提供CO_2施肥等技术措施。在病虫害防治方面，主要采取向营养液中数次添加杀菌剂，或者棚室内电加热硫黄熏蒸，还专门配套喷药小车进行喷布作业防治病虫害。泥炭袋或桶栽培草莓的优点是从根本上防治了土传线虫病以及红中柱根腐病；栽培和采收作业得到改善，站或坐在小型机动车上便能轻松采摘；由于无土栽培，果实清洁无污染，成熟均匀一致。此外，泥炭袋或桶栽比营养液无土栽培的果实更坚硬，香味更浓。

我国1915年从国外引进凤梨草莓，近年来，栽培面积和产量都有了很大发展，2009年全国栽培面积达1 091hm^2，年总产量1.31万t。目前我国草莓栽培面积和产量均居世界首位，河北、山东、辽宁、江苏、四川、安徽、浙江等省为我国主要草莓生产省份。目前存在的突出问题是农户较少用无病毒良种苗，自繁自用，种苗严重退化；不重视新技术的使用；采后包装和贮藏保鲜意识不强；全国草莓平均单产及商品果率低。

第二节 主要种类和品种

一、主要种类

草莓系蔷薇科（Rosaceae）草莓属（*Fragaria* L.）植物。Losina-Losinskaja A S（1926）将前人发表定名的约150个草莓种整理为46个，Darrow（1937）和Jones（1976）均认为其中仍有不少彼此难以区分，可清楚区分的大致为十多个种，对草莓属植物种数尚有分歧。

（一）主要栽培种

1. 野生草莓（*F. vesca* L.） 欧洲以及亚洲北部、非洲北部和北美洲均有分布。我国东北、西南、西北均有野生。叶面光滑，背面或仅叶脉有纤细茸毛。花序高于叶面，花梗细，花小，直径1~1.5cm，白色，两性花。果小，圆形，红色或浅红色；萼片平贴；瘦果突出果面。二倍体，2n=14（n 为配子染色体数）。其变种有四季草莓（var. *semperflorens* Duch.），果小，种子大且发芽力强。

2. 麝香草莓 [*F. moschata* Duch.（*F. dlatior* Ehrh.）] 西起欧洲中部和北部，东至亚洲西伯利亚均有分布。野生和栽培品种均有。植株较高大。叶大，淡绿色，叶面有稀疏茸毛并有明显皱折，叶背密生丝状茸毛。匍匐茎多。花序明显高于叶面，花大，直径 2.5cm，白色，雌雄异株。果较小，长圆锥形，深紫红色；萼片反卷；果肉松软，香味极浓。2n=42，为六倍体。其栽培品种为完全花。

3. 东方草莓（*F. orientalis* Los.） 分布在我国东北、华北、西北各地，以及朝鲜、俄罗斯西伯利亚东部，可作为抗寒育种的原始材料。形态与麝香草莓相近。两性花，花序与叶面等长或稍高，花大，直径 2.5～3cm，萼片与花瓣等长。果圆锥形或圆形，红色；萼片平贴；瘦果凹入果面。2n=28，为四倍体。

4. 深红莓（*F. virginiana* Duch.） 分布于北美洲，18 世纪已有栽培，至 19 世纪广泛传播，19 世纪末大果草莓出现后，其纯种在栽培上已罕见。叶大而软，叶上表面罕有茸毛，下表面具丝状茸毛。花序比叶柄短，花中等大，直径 1～2cm，白色，雌雄异株。果扁圆形，深红色，具颈状部；萼片平贴；瘦果凹入果面。2n=56，为八倍体。

5. 智利草莓（*F. chiloensis* Duch.） 分布于南美洲，18 世纪中叶到 19 世纪中叶广为栽培，大果草莓出现后栽培渐少，目前仅在南美洲有纯种，可作育种原始材料。叶革质，叶上表面光滑，有光泽，下表面密生茸毛。花序与叶面等高，花大，直径 2～2.5cm，白色，通常雌雄异株，少数雌雄同株。果大，扁圆形或椭圆形，淡红色，髓有空心；萼片短，紧贴果面；瘦果凹入果面。2n=56，为八倍体。

6. 凤梨草莓（大果草莓） [*F. ×ananassa* Duch.（*F. grandiflora* Ehrh.）] 智利草莓与深红草莓的杂交种，目前栽培的优良品种大多来源于这一杂交种，少数与其他种杂交。

（二）我国南方野生草莓

1. 黄毛草莓（*F. nilgerrensis* Schlecht.） 东南亚野生，产于我国湖北、四川、云南、湖南、贵州、台湾等省。植株健壮开张，茎、叶柄、叶背均密被黄棕色绢状柔毛，匍匐茎强健。花序着数花，两性花，花期 4～7 月。果小，近圆形，淡粉红色，6～8 月成熟。瘦果多。2n=14，为二倍体。

2. 西南草莓（牟平草莓、穆坪草莓） [*F. moupinensis* (French). Car.] 在四川省宝兴县穆坪发现，分布于我国四川、云南、西藏东部、陕西、甘肃。植株似黄毛草莓。复叶通常为 3 小叶，被白色绢状柔毛。匍匐茎短。花序梗比叶柄长，着花 2～4 朵，两性花。果小，似黄毛草莓。2n=28，为四倍体。5～6 月开花，6～7 月果熟。

3. 西藏草莓（*F. nubicola* Lindl. ex Lacaita.） 野生于我国西藏喜马拉雅山，以及锡金、巴基斯坦、阿富汗和克什米尔海拔 2 500～3 900m 地区。植株强健直立，匍匐茎细长。三出复叶，叶缘具粗牙齿状锯齿。花序直立，1～4 花，雌雄异株。果小，卵球形，瘦果凹入果面。2n=14，为二倍体。

二、主要品种

据统计，目前世界上草莓有 2 000 多个品种，并且还不断育出新品种。我国栽培的草莓品种大多数从国外引进，但国内也育出一些新品种。现将适于我国南方栽培的品种介绍如下：

1. 章姬 日本萩原章弘以久能早生与女峰杂交育成，为极早熟促成栽培优良品种。植株长势强，株形开张，繁殖力中等。果实长圆锥形，果大，畸形果少，果柄特长，一级花序平均单果重 38g，最大果重 115g，果面鲜红色，具光泽，果心空隙小，果肉细腻，香味浓，甜度高，可溶性固形物含量 14%～17%，品质佳。果实软，不耐贮运，适合在城郊发展。叶片较易感白粉病。

2. 丰香 日本农林水产省园艺试验场久留米分场以卑弥乎与春香杂交育成，为早熟促成栽培的优良品种。植株生长势强，株形开张，匍匐茎发生量多。低温下畸形果极少，果形整齐，大果率高；果实短圆锥形，平均单果重 18g，最大单果重 56g；果面鲜红色，具光泽；果肉髓心大，肉致密，香味浓，果皮韧性强，耐贮运，可溶性固形物含量 11%，品质优。休眠期短，打破休眠只需 5℃以下低温 50～70h。抗黄萎病，不抗白粉病。

3. 红颊 日本久枥木草莓繁育场以幸香为父本、章姬为母本杂交选育而成，为早熟促成栽培的优良品种。株形直立，生长势强。花穗大，花轴长而粗壮。果实长圆锥形，果型大，一级花序平均单果重 45g，最大果重 110g；果面和内部色泽均呈鲜红色，着色一致，外形美观，富有光泽；香味浓，酸甜适口，可溶性固形物含量 12%，品质优。果实硬度适中，耐贮运。该品种耐低温能力强，在冬季低温条件下连续结果性好，但耐热、耐湿能力较弱。抗白粉病，耐炭疽病。

4. 春旭 由江苏省农业科学院以春香与波兰草莓杂交育成，为早熟促成栽培品种。植株长势中等，抗热性强，连续结果能力强，丰产性好，自花授粉能力优于其他品种。果实长圆锥形，果形整齐，平均单果重 14～17g，最大果重 36g，果面鲜红色，具光泽，肉质细韧，风味香浓，可溶性固形物含量 12%，品质优良。

5. 枥乙女 由日本栃木县农业试验场以久留米 49 与栃峰杂交育成，为中熟促成栽培品种。植株长势强旺，匍匐茎抽生能力中等。叶色深绿，叶大而厚。果圆锥形，大果型品种，果皮鲜红色，具光泽，果面平整，果肉淡红，汁多，可溶性固形物含量 12%～16%，风味浓甜，品质优。果实耐贮运，抗病性较强，丰产。

6. 幸香 由日本农林水产省蔬菜茶叶试验场久留米分场以丰香与爱莓杂交育成，成熟期较丰香晚，为中熟促成栽培优良品种。植株长势中等，较直立。叶片较丰香、章姬、枥乙女、女峰等品种小。单株花序数多，丰产性好。果实圆锥形，中等大小，果形整齐，果面红色至深红色，比丰香色深，果肉淡红色，香甜适口，品质优。果实较丰香硬，耐贮运。植株较易感白粉病和叶斑病。

7. 硕香 由江苏省农业科学院园艺所用硕丰与春香杂交育成，是优良的早熟露地或半促成栽培品种。植株长势强，株态直立，耐夏季高温，丰产性强。果实短圆锥形，果大，平均单果重 19.5g，最大果重 41g，果形整齐，果面鲜红色，果肉红色，具光泽，肉质细韧，风味浓，可溶性固形物含量 10.5%～11%。果实硬度大，耐贮性好。

此外，雪蜜、鬼怒甘、明宝、宫本等品种抗白粉病和灰霉病较强，法兰地、甜查理等品种耐贮运性好，也是促成栽培的优良品种。硕丰、硕露、硕蜜、丽红、宝交早生、久能早生、戈雷拉、春香等为露地栽培优良品种。

第三节 生物学特征

一、主要器官性状

(一) 根

草莓根系属须根系，浅生，分布于 0～20cm 土层内的根占总根量的 80% 以上，少数根深达 70～80cm。根系由着生在新茎和根状茎上的不定根组成，直径为 1～1.5cm。发育正常的草莓有 20～50 条初生根，最多可达 100 条以上。初生根呈白色，以后变黄并逐渐衰老变成褐色，最后死亡。

草莓根系早春开始发根，比萌芽早 10d 左右，当春季外界气温回升到 2～5℃ 以上、10cm 深土层地温稳定在 2℃ 左右时，出现第一次生长高峰，但只发生少量幼根，根系最大生长量是在果实采收后匍匐茎发生时至初冬，以后温度下降，与地上部同样进入休眠。草莓根系生长动态与地上部分生长动态相协调，凡地上部分生长良好、早晨叶缘上有水滴的植株，吸收根生长发育就旺盛。

(二) 茎

草莓的茎分为新茎、根状茎和匍匐茎。

1. 新茎 新茎是当年生的茎，很短，每年仅生长 0.5～2.0cm。新茎上密集轮生着叶片和腋芽，生长后期在下部发生不定根，形成分蘖。这些分枝在秋季分化成混合花芽，萌发 3～4 叶时出现主茎第一花序，花序均发生在弓背方向，利于草莓定向栽培。

2. 根状茎 二年生新茎在当年生新茎产生不定根后即叶片枯死脱落，变成外形似根的多年生根状茎，具有节和年轮，是贮存营养物质的地下茎。根状茎木质化程度较高，三年生以上的根状茎分生组织不发达，从下向上逐渐死亡。根状茎越老，地上部生长和结果能力越差。故连续收果 2～3 年以上要更新植株。

3. 匍匐茎 匍匐茎由新茎的腋芽萌发而成，是草莓地上营养繁殖器官。一般在坐果后期，由上年秋季形成的休眠腋芽萌发开始抽生。匍匐茎第一节上形成 1 个苞片和腋芽，腋芽保持休眠状态，第二节上生长点分化出叶原基，在有 2～3 片叶显露时开始产生不定根，扎入土中，形成一级匍匐茎苗。在第一级匍匐茎苗孕育分化的同时，其叶腋间腋芽又产生了新的分生匍匐茎，同样在其第一节上的腋芽保持休眠，第二节上生长点继续分化叶原基。以此规律，匍匐茎在第二、四、六、八等偶数节上形成第一、二、三、四级匍匐茎苗和分生匍匐茎苗，进行多级网状分生，产生大量匍匐茎苗。这些匍匐茎离母株越近的生长越好，其顶芽多能当年形成花芽，来年开花结果。建园时尽可能选用这种壮苗。

匍匐茎数量多少因品种而异，有些品种一年内能多次抽生匍匐枝，发生数量较多，有些品种则不然。匍匐茎数量也受越冬休眠期寒冷程度的影响。适于北方生长的品种在 15h 以上日照才能旺盛发生匍匐茎，13h 以下发生不良；适于南方生长的品种在 11h 日照时，匍匐茎发生良好。

(三) 叶

草莓的叶属于三出复叶，以螺旋状排列于短缩密集的新茎上。叶柄长 10～25cm，叶柄基部与新茎连接部分有 2 片托叶，托叶相互抱合于新茎上，称托叶鞘，有的品种叶柄中下部具有 2 个耳叶。草莓的叶属常绿性，两侧叶片相互对称，中间叶有椭圆形、圆形和菱形。叶片的叶缘有锯齿，叶片下表面密生茸毛，上表面有稀疏短茸毛。两个连续叶片从新茎上产生的间隔时间一般为 8～12d，一年产生 20～30 片叶。叶的寿命为 80～130d，新叶生长到第 20～50 天时叶绿素含量达到最高。生长 50d 以内的叶片面积最大，光合能力也最强；50d 以上的叶片逐渐开始消耗植株体内的营养物质，需将其摘除。这就是草莓生产上只保持 5～6 片功能叶的主要原因。

(四) 芽

草莓的芽分为顶芽和腋芽。顶芽生于新茎的尖端，长出叶片并向上延伸新茎。秋季温度下降，日照缩短，形成混合花芽，称为顶花芽。第二年混合花芽萌发前先抽生新茎，新茎长出 3～4 片叶后，抽出花序。腋芽又称侧芽，可形成新茎分枝，也可抽生为匍匐茎，有的则不萌发而形成隐芽（又称潜伏芽），在顶芽损伤时萌发。

(五) 花

草莓的花白色，大多数品种是雌雄两性完全花，自花结实，少数品种花粉量较少，需配置授粉品种。花托是花柄顶端膨大的部分，呈圆锥形，肉质化，雌蕊受精后花托发育成为可食果实。花托上着生萼片、花瓣、雄蕊和雌蕊。草莓的花有主、副萼片各 5 枚；花瓣白色，5～8 枚；雄蕊 20～50 枚；雌蕊呈螺旋状整齐地排列在凸起的花托上，有 60～600 枚不等。

草莓花序为二歧聚伞花序或多歧聚伞花序。花序顶端发育成花后停止生长，称一级花序，在这个花的苞叶间生出 2 个等长花柄，形成二级花序，以此类推，形成三、四级花序。生产上高序级花序对形成整体产量作用不大，所以只保留前 3 级花序上的果，其余的摘除，有利于前期果实膨大。草莓抽生花序的数量依品种和秧苗管理、生长状况而异。每个新茎少则抽生 1 个花序，多则抽生数个。花序高矮因品种而不同，有高于叶面、等于叶面和低于叶面 3 类。花序低于叶面的品种因受叶片掩护，受晚霜危害的可能性小；而高于叶面的品种则便于采收。

花序为有限花序。主轴正中一花先开，跟着是两侧分枝的正中一花先开，如尚有小分枝则仍是小分枝正中一花先开，最后其两侧的花开（图 26-1）。同一花序开花期相差 10～25d。

花数因品种和栽培条件而异。小果型品种着花多，着果亦多，大果型花少果少。严寒及酷热地区一般花数少。草莓花蕾发育成熟后，当平均气温达到 10℃ 以上时即开花。从显蕾至开花需 10～15d。开花的最适温度为 20～25℃，30℃ 以上花开放及花药开裂快，花寿命短，花粉差。大多数花在上午开放，开后数小时内开药散粉，每朵花开放持续时间为 3～4d。开花时适宜的空气相对湿度为 40% 左右。花粉发芽力可持续 3～4d，以开花后第一天最高。雌花在 8～10d 内具有接受花粉的能力。自花授粉可以使 53% 的瘦果正常发育，虫媒和异花授粉会提高坐果率。

图 26-1 草莓外观及开花顺序
1. 第一花已结成幼果 2. 第二次花 3. 第三次花
4. 第四次花 5. 第一花的苞叶 6. 第二花的苞叶
7. 另一第二花的苞叶 8. 叶 9. 短缩茎 10. 根

(六) 果实

草莓果实属浆果，柔软多汁，由果柄、萼片、花托、瘦果组成。食用部分是由肉质的花托膨大而成，植物学上称假果。果实因其肉质的花托上着生大量由离生雌蕊发育而成的小瘦果，又称为聚合果。瘦果数多，果大而整齐。花托上呈规则整齐螺旋状排列的瘦果受精完全，整个花托发育均匀一致，果实形状整齐匀称；受精不完全的则形成畸形果实。

肉质的花托分为两部分，内部为髓（充实或具有大小不等的空洞），外部为皮层，有许多维管束与瘦果相连。瘦果嵌生于果面的深度因品种不同而分为凹、凸、平3种，瘦果凸出果面的要比凹入的品种耐贮运。

果实大小与开花时花托大小有关，花托大则果也大。花序上最先开的花，其果最大，以后依次减小。第一级花序果最大，第二、三级花序果逐渐变小，四级以上花序果已无经济价值。果实形状因品种不同而异，有楔形、圆锥形、长圆锥形、纺锤形等。果肉颜色则从白色到橙红色、红色不等。

草莓果实发育分为细胞分裂期和膨大期两个阶段，花蕾期主要是细胞分裂过程，开花后则依靠细胞膨大生长。花芽发育期如氮、磷、糖类、光照等供给充足，则花托细胞分裂数多而花托大，否则花托小。果实膨大期，果实过多则抑制营养生长。如此时高温并且氮或水分供给过多，植株营养生长旺盛，果实发育受抑制，成熟迟。故在管理上需调整生殖生长与营养生长的平衡。在果实发育期供给足够的水和钾肥对花托膨大和糖的合成有很好的效果。果实发育适宜温度为18～25℃。

果实生长曲线为S形。幼果为绿色，生长缓慢；进入迅速增大期果实逐渐变白色，而后生长又渐缓慢；开始进入成熟，果实逐渐变为红色，肉质变软，含糖量增加，酸度减少，果实全面变为红色即完全成熟，并散发出特殊香气，成熟草莓果实中的芳香物质包括酯、醛、酮、醇、萜、呋喃和硫化物等，其中酯类化合物、2,5-二甲基-4-甲氧基-3（2H）-呋喃酮（DMMF）和2,5-二甲基-4-羟基-3（2H）-呋喃酮（DMHF）等是其特征芳香成分。

二、花芽分化

（一）花芽分化特点

自然条件下，草莓在夜温17℃以下、日照12h以下诱导花芽分化，经过9～16d能形成花芽。北半球在8月下旬至11月上旬分化，多集中在9～10月。草莓按结果习性可分为单季性、四季性和中间性3个类型。

1. 单季性 单季性（junebearing）在春天开花，只结一次果，花芽在秋天分化。气温下降、日照缩短是诱导花芽分化的主要因素。自然条件下苗的营养状态对花芽分化亦有影响。

2. 四季性 四季性（everbearing）长日照、短日照条件下均能形成花芽，前者形成的花芽更优良，每年至少结两造果。同一品种由于变更栽培地区，受地区温度与日照时数等环境条件的影响，有表现为单季性或四季性者。例如在低纬度地区育成的四季性品种，在夏季日照短的地区能长时期分化花芽，表现为四季性；但引种至夏季日照长的高纬度地区，则只能成为单季性。又如从墨西哥南部经赤道直到南纬15°～20°、海拔1 000m的高地，年平均气温为15～20℃，又位于低纬度，盛夏日照时数仅12h左右，所有品种全年都在花芽分化，周年收果。利用特殊环境或人为条件可以使草莓超季节生产。

3. 中间性 中间性（day-noutral）当日照缩短时不会休眠，从早春至晚秋连续开花结果和发生匍匐茎，直至低温来临才停止生长。其实生苗3个月龄即能开花，单季性和四季性品种的实生苗则不能开花。

(二) 影响花芽分化因素

1. 苗木类型与质量　吉沐祥等 (2000) 报道, 营养钵苗的现蕾、开花、采收比常规露地苗分别提早 13d、9d、10d, 假植苗比常规露地育苗分别提早 11d、9d 和 9d; 营养钵苗花芽分化率近 100%, 假植苗为 70%, 常规露地苗仅为 30%。

单株重超过 25g、茎粗 1cm 以上的苗, 定植后株开花率高 (姜卓俊等, 1990)。5 片叶苗木的花芽分化比 4 叶、3 叶、2 叶的分别早 8d、17d、31d (孙淑媛等, 1990)。

条件适宜时, 苗龄或苗的大小对花芽分化无影响; 条件不适时, 小苗对低温、短日照的感受性降低。叶正文等 (1996) 研究表明, 短缩茎直径 0.5cm 以上的中大苗对低温、短日照的感受性大致相同, 直径 0.5cm 以下的苗感受性明显低弱。

2. 定植时期　定植时期对花芽分化有较大影响。邵彬等 (2007) 认为, 丰香草莓苗在上海 9 月 1 日、10 日定植, 初花期差异不明显, 盛花期相差 4d, 而果实成熟期相差 11d。9 月 20 日定植, 初花期较 9 月 1 日、10 日定植的分别晚 14d、13d, 盛花期晚 11d、7d, 果实成熟期晚 27d、16d。

3. 温度和日照　温度和日照是影响草莓花芽分化的主要环境因素, 花芽分化期要求低温、短日照。草莓花芽分化的适宜温度为 10~20℃, 最佳日照时数是 8~10h, 5℃ 以下花芽分化停止。热孜燕等 (1992) 在伊犁地区的研究表明, 8 月中下旬在气温 24℃、日照 10.5~11.7h 的条件下, 草莓不能进行花芽分化; 9 月中旬气温降至 16.5℃、日照 9.5h, 花芽开始分化。

短日照对单季性草莓花芽分化有促进作用。张小红等 (2008) 采用黑膜进行短日照处理, 使单季性草莓丰香等品种的花芽分化提前 5d, 而短日照处理对四季性草莓品种卢比 (Ruby) 花芽分化的影响不大。

4. 纬度与海拔高度　海拔相同, 纬度越高分化越早; 纬度相同, 海拔越高分化越早。因而, 利用附近交通方便的高山育苗, 可提早花芽分化。确定花芽分化后, 运苗回平地栽培, 可提早收果。在山上进行短日照处理则花芽分化更早。

5. 激素　卢俊霞等 (2000) 在福田和红鹤品种的花芽分化前喷布赤霉素, 花芽分化可提早 5~7d。侯智霞 (2004) 认为, 在部分植株开始分化花芽, 而另一部分植株尚未分化时喷赤霉素, 并破坏其成花需要的短日照条件, 可使草莓茎尖分生组织发生逆转, 返回营养生长状态, 不能形成花芽, 赤霉素浓度越高, 抑制程度越大。

6. 肥水管理　草莓花芽分化前, 叶色浓绿则花芽分化迟, 叶色淡则分化早, 即对低温、短日照的诱导反应敏感。因此, 花芽分化前 2~3 周内, 采取控制氮肥、断根、覆盖遮阳网、挪苗或控水等措施, 对促进花芽分化、提高产量有显著效果。但确认花芽分化后, 几天内施足速效氮肥、充分供水, 可以促进花芽发育, 增加花量, 提早开花结果。

三、休　眠

引起草莓休眠的主要因素是低温和短日照。草莓休眠期始于花芽分化后一段时间并逐渐加深, 一般至 11 月中下旬达休眠最深时期。休眠时形态矮化, 新叶小, 叶柄短, 虽然亦有开花结果, 但不发生匍匐茎。休眠是越冬期的适应性。休眠后不同品种需要经历不同的低温时数才能打破休眠。北方品种休眠需要低温时数较长, 南方品种休眠需要低温时数很少或不休眠。低温时数过长则生长旺盛, 结果不良; 高纬度地区的一些品种引到低纬度地区, 低温时数不能满足其解除休眠的需要，冬春继续花芽分化，连续结果，直到高温长日照来临才受到抑制。低温需求量低的品种适宜作促成栽培，反之适宜于半促成或露地栽培。

此外，长日照、高温或喷布赤霉素均能打破其休眠。休眠初期处理，可以防止其进入休眠，继续开花结果；休眠后期处理，可以打破休眠，恢复生长。

四、对环境条件的要求

草莓适应性极强，其生长环境条件中影响最大的是温度和日照长度，其他因素如水分、土壤等对草莓也有一定的影响。

1. 温度 土壤温度达到2℃左右时草莓根系开始活动，根系生长的最适温度为15～23℃，地温超过25℃时根系活动受到抑制，地温降至7～8℃时生长减弱，长期处在这种温度的生长环境中植株会表现出缺磷症状。冬季地表下10cm处温度降至－8℃时根系受到伤害，－12℃时会被冻死。采用覆土、覆盖秸秆等保护性措施，在－40℃地区仍可安全越冬。早春根系生长7d左右，环境温度稳定在15℃时，草莓地上部分开始萌芽，茎叶生长。草莓叶在10～30℃的范围内光合作用最强，超过30℃生长会受到抑制。草莓开花期适宜温度为25～30℃，低于5℃或高于38℃都会影响授粉受精和种子发育，导致畸形果增多。草莓匍匐茎发生适宜温度10～23℃。夏季新生匍匐茎幼嫩的茎尖易受到地面高温灼伤而枯死，降低繁殖系数。

2. 光照 草莓是喜光又较耐阴的植物。冬季在覆盖情况下越冬的叶片仍然保持绿色，来年春天还能正常进行光合作用。冬季塑料大棚内光照度低至5 000～15 000lx时，草莓仍能正常生长。光照充足，植株生长健壮，叶片深绿，花序发育良好，果实产量高且品质好；光照不足，叶柄细长，叶色淡绿，小而薄，花柄细长，花小果小，品质差，成熟慢，产量低；光照过强，草莓叶片光合作用降低。徐凯等（2005）报道，宝交早生比丰香对光抑制更敏感。潘刚等（2006）研究中性滤膜、红色滤膜、绿色滤膜和蓝色滤膜下草莓叶片对强光胁迫反应，红色滤膜下发育的草莓叶片对光抑制最敏感，而蓝色滤膜下发育的草莓叶片光合作用较耐光抑制。

草莓花芽分化要求在短日照下才能正常进行，而花芽发育、开花、果实肥大、打破休眠、叶柄伸长、匍匐茎发生必须要求长日照。

3. 水分 草莓根系80%以上分布在地表下20cm以内。在整个草莓生长期内土壤含水量应为田间最大持水量的80%左右。草莓不耐涝，要求土壤有充足的水分和良好的通气条件。如果长时间超过田间持水量的80%，将会严重影响根系呼吸，植株抗病能力下降，易发生根部病害。草莓整株淹水3h以上会造成植株死亡。

4. 土壤 草莓根系分布浅，表层土壤的结构、质地及理化特性对其生长与结果影响很大。肥沃、疏松、通气、pH6.5～7.5的沙壤土条件下生长良好。草莓适合于地下水位在80cm以上的土壤中生长。在沼泽地、盐碱地、石灰性土壤中栽植草莓，均会表现出生长不良、产量低、品质差。

第四节 育 苗

草莓栽培成功的关键在于育苗，在9～10月草莓定植时苗能达到5～6片叶、茎粗1～

1.5cm以上、新茎长0.8~1cm、苗重30~40g、地上部与地下部各占50%左右时，其栽培成功就有保证。目前草莓主要用匍匐茎进行分株繁殖，也有用老株分蘖、播种繁殖及组织培养。

1. 播种法 采收最先成熟的、具有该品种固有特征的果实，经压碎洗涤，分离所得种子，洗净晒干，当年播种或沙藏到翌年春季播种。播种后发生2~3片真叶时假植一次，当年9~10月即可定植。种子繁殖可得到大量播种苗，但此法育苗变异大，仅应用于育种。

2. 分株法 分株法用于老园更新或少发生匍匐茎的品种。当老园植株渐趋衰老，结果力减退，此时宜分株更新，即于9~10月掘取老株，剪除枯衰根茎，取健壮、白根多、无病虫害的分株进行假植或定植。一般一株老株可分3株左右壮苗。在缺苗情况下可用此法。

3. 匍匐茎繁殖法 果实采收后，匍匐茎大量发生，此时除去枯株枯叶、地膜和垫草，结合除草，翻耕畦间土地，移匍匐茎于空隙处，并在匍匐茎的节位培土，使新苗向下生根，一般2~4片叶龄时，在距苗两侧逐节切断成一个独立的新苗（图26-2）。为培育壮苗，可另设苗床假植。假植时行距15cm，株距12cm。如7~8月不另设苗床假植，那么草莓采

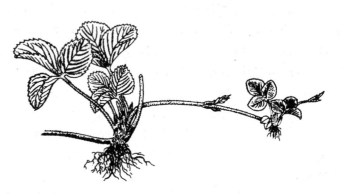

图26-2 匍匐茎生根成苗

后5月中旬便长出匍匐茎，可按大田栽培距离。但苗软弱徒长，若同时又遇高温，因其育苗时间长，根多老化，定植后如不加强管理，产量就会明显下降，所以，对无假植苗要使母株园内的子株不过密。

4. 组织培养 采用较多的是茎尖培养，其优点是：①繁殖周期短，速度快，一个茎尖1年内可获得几万到几十万株苗；②节省土地，可进行工厂化育苗；③微茎尖培养可以获得无病毒苗，其生长旺盛，比常规苗增产15%~30%。

第五节 露地栽培

草莓栽培制度有多年一栽和一年一栽两种。根据南方的实践，草莓以一年一栽制为好。

一、建园与定植

（一）建园前的土地准备

1. 土地选择 草莓在表土肥沃、富含有机质、排水及保水能力强的山坡地、平原等均可种植，土质以沙壤土或壤土为好，pH5.5~6为最适宜。如有机质含量高，pH5~7.5均可生长。但在黏重土和盐渍土上生长不良。

2. 土地整理 草莓根系比较发达，均匀分布在土壤表层，深20~30cm，水平分布范围基本上与地上部株丛叶分布面相等。所以建园时土地宜深翻30cm左右，除去杂草根系和前作残株等，在耕作层内将生土翻至表层使其熟化，以保证根系生长需要。

3. 施基肥 草莓原生于有机质丰富的洼地，根群浅，耐肥力弱，浓肥易伤根。整地时应施入优质迟效有机肥，混入适量氮、磷、钾作基肥。试验证明，瘠瘦土壤施用大量优质有机肥，产量常较肥沃地而少施有机肥的高。

4. 整地做畦 整地一般在植前半个月进行，一般畦宽 1m（包括畦沟），畦高 30cm 左右，畦向一般以东西向为宜，畦面中央稍高呈龟背形，以利排水。

（二）定植

1. 定植时间 在南方一带，露地以 9 月下旬至 10 月定植为宜。定植过早，植株生长旺，同时根系过度生长，提早老化，影响花芽分化；定植过迟，气温下降，草莓发育不良，第二年产量也会受到影响。

2. 起苗 选无病虫害、茎粗 1～1.2cm、具有 4～6 片叶片的健壮苗，原则上要求带土移植以利成活，不带土移植宜选阴天或遮阴处理。起苗时靠母株方向的匍匐茎留 2～3cm，以便定植时识别方向，同时要去掉老叶，减少病源。

3. 栽植密度 栽植密度应根据土地肥瘦、品种习性、苗株大小、定植时间而定，以每 $667m^2$ 栽 3 000～7 000 株为宜。若土地肥沃，生长势强，苗大，宜稀植；反之宜适当密植，以提高土地利用率和产量。

4. 定植方法 每畦种 2 行，三角形种植，行距 20～40cm，株距 16～35cm，并将大小苗分类种植。定植时秧苗严格定向，即定植苗的弓背向畦的外侧，留有匍匐茎的一端朝畦的内侧，埋入土中使苗固定，这样果实全部挂在畦沟的一侧，采收十分方便。

栽培草莓时，按规定距离，先挖穴，使植株根系舒展穴中，填土压实，并注意根颈与地面平齐，过深则土压苗心，易致腐烂；过浅则根系外露，易于枯死。小苗（徒长苗）因新茎细短，可稍深植，但不要过于深栽。留 1～2 个生长点，多余的应摘除。定植后应注意浇水，保持土壤湿润，直到成活为止。大雨或喷灌后，部分苗会出现淤心现象，应及时检查，挖出淤心苗。发现缺株应及时补种。

二、田间管理

1. 中耕除草 草莓定植后，气温尚高，植株生长迅速，杂草也易丛生，中耕除草仍有必要。由于草莓根浅，株间较密，故宜浅锄，尽量少伤害根系。中耕时勿使土壤压心叶。

2. 覆盖 果实随着增大而逐步下垂地表，易被泥土沾污或腐烂，故覆盖草莓地面十分必要。材料可用地膜、麦秆、稻草、茅草等铺垫，地膜以黑塑胶膜为宜，可避免杂草生长。覆盖时间在 11～12 月，铺膜后对准苗心用利刀开"×"形小口，将苗引出膜外。翌年 3 月中旬在地膜上加铺少量麦秸于畦两侧的草莓挂果部位，使果实下部垫空以利通风，减少灰霉病发生。

3. 施肥 草莓施肥种类、数量、时期因土壤、品种、栽培类型、产量、果期长短等而异，地区间有差异，最好是通过小区试验来确定。大多数采用传统方法，即以基肥为主，追肥用量很少。一般在春后（2 月）施一次发棵肥，每公顷施尿素 112.5kg，以促进植株生长健壮；3 月起喷 0.1％的磷酸二氢钾，阴天或傍晚喷效果更佳。如植株生长不良，呈现叶小而黄时，宜加 0.4％的尿素，但应控制氮肥用量。因氮肥过重，植株生长繁茂，果实成熟期延长，果实变小，产量显著下降。

基肥与追肥并重，收获期长的地方需增加追肥用量。Albregts 和 Howard（1980）在美国佛罗里达州用一年一栽的3个草莓品种进行试验,草莓进入开花、结果后各营养元素吸收量最多,尤其氮、磷、钾、镁、锌、硼在果期吸收量大(表26-1),要获得高产必须在果期大量有效地供给这些元素。收果期长的地方,定植1个月即需覆盖,覆盖前需施下第一次追肥,以后在果实增大期、收获始期、收获盛期追施。

一般露地栽培每公顷的肥料用量为:氮(N)195~247.5kg,磷(P_2O_5)150~195kg,钾(K_2O)195~247.5kg。磷全作基肥,氮、钾的1/2~2/3作追肥用。

4. 灌水和排水 开花至果实成熟期雨水多,易引起植株徒长和烂果,应开深沟排水,降低地下水位。草莓根浅,若遇干旱需灌水,滴灌、喷灌效果更佳。

5. 培土 地表受雨水冲刷,加上夏季草莓旺长,植株向上伸长,根系常外露,降低植株抗旱、抗寒能力,因此草莓秋季必须培土,培土时勿使泥土压住植株心部。

表26-1 草莓植株和果实成长过程积累的营养元素量
(Albregts E C 和 Howard C M, 1980)

元素	定植时各元素含量	植株定植后元素纯增加量				果实含有各元素量			
		始花期(12月)	收果初期(1月)	收果中期(3月上旬)	收果末期(5月上旬)	收果中期		收果末期	
						商品果	屑果	商品果	屑果
N	2.4	10.7	21.8	26.9	27.3	8.3	2.1	24.4	6.9
P	0.5	0.8	2.7	3.8	3.8	1.6	0.4	4.4	1.2
K	1.7	4.3	14.6	18.9	22.7	11.0	2.7	31.7	8.8
Ca	1.7	4.7	7.3	14.0	26.9	0.9	0.2	3.1	0.8
Mg	0.4	1.5	2.9	5.0	4.7	0.8	0.2	2.4	0.7
Fe	24.8	45.6	103.6	201.9	369.4	26.6	6.5	67.5	18.9
Zn	5.6	17.6	32.7	63.6	53.6	10.5	2.4	27.1	7.4
Mn	4.4	27.5	58.5	98.5	113.6	12.7	2.8	37.1	10.2
B	5.8	9.6	22.6	43.7	32.5	12.2	3.1	34.5	9.6

注:N、P、K、Ca、Mg 的单位为 kg/hm^2,Fe、Zn、Mn、B 的单位为 g/hm^2。

6. 茎叶管理 及时摘除匍匐茎、老叶、病叶及多余生长点,是丰产栽培关键措施之一。新生匍匐茎应及时去除,特别是开花结果期,使养分集中供给果实,减少病源,以利增产。

植株在生长过程中经常出现新分蘖,如不注意,叶片变黄,果序增多,果实变小,产量下降,所以一般仅保留1~2个生长点,多余的分蘖应随时除去。

7. 疏花疏果 草莓花序上以最先开的花果实最大,品质最佳,后开的花有不孕或形成无效果的习性。故宜将后开的花疏去,每株留果15~25个,大致2叶1果。疏花宜在花蕾开始分离时进行,最迟不得迟于第一朵花开放。宜选花序梗粗壮、萼片和花大的保留。在植株下部、花序梗极短、花小的和畸形果应早疏除,以保持果实品质。

8. 病害防治 草莓在南方常见的病害有斑点病、菌核病、根腐病、灰霉病等,其防治要点是:选用抗病品种或无病毒母株,培育壮苗,及时摘除病叶、病果并集中深埋或烧毁,减少病害蔓延。另外,根据病害发生规律及时喷药预防。开花期不宜喷药,以免导致药害。

三、采 收

草莓从开花到果实成熟需要30~60d,采收开始至结束历时20d左右,先开花的果实先成熟，成熟时果肩、底部全部转为红色，具芳香，风味佳。软果品种和供运销的，以未成熟时采收为宜。采收时要以露水干后为好，炎热天气应避免中午采收。由于浆果特别柔软，采收过程中必须轻摘轻放。采时手握果柄，拉断，不要压伤果肉。

目前我国尚无草莓鲜果分级统一标准，为提高商品价值，暂拟订如下标准：一级果15g以上，二级果10~15g，三级果7~10g，7g以下为等外果。另外，畸形、僵死、过熟、烂伤等也归入等外果。采收后如无冷藏条件，应尽量当天采收当天售完。如在0℃冷藏库中可保鲜7~10d。

第六节 保护地栽培

保护地栽培是指在温室、大棚条件下进行草莓栽培，它可以提早草莓上市，调节淡季水果供应。目前保护地栽培在国内外迅速发展，根据对休眠和花芽分化处理的时间、方法不同，保护地栽培可分为半促成、促成和抑制栽培3种方法。

一、促成栽培

促成栽培是采用各种措施促进花芽提前分化，在草莓进入休眠之前，人为高温，或结合电灯长日照、喷赤霉素处理，抑制休眠，使其继续生长发育，达到提早开花结果、提早上市的一种保护地栽培方法。目前日本的促成栽培品种朝着不需要电灯补光和喷赤霉素处理的方向发展。如丰香和女峰两个品种，一般使用假植苗和营养钵苗，并于育苗后期采取断根、高山假植、遮光、夜冷短日照和低温黑暗等多种特殊措施促进花芽分化，使草莓提早上市。其栽培技术要点：

1. 选用休眠浅的早熟品种 对于休眠浅的品种来说，它的感光性和感温性都较弱，能在较高温度下（24℃以下）和日照12.5h以下完成花芽分化，对5℃以下低温只需0~200h，在5℃以上较低温度下能继续发育，基本不进入休眠，选用这类品种进行促成栽培容易获得成功。目前适合促成栽培的品种有丰香、女峰等。

2. 培育壮苗，促进花芽分化 培育壮苗宜选用无病毒苗木作母株繁殖种苗，计划在年内果实成熟上市的，必须在7月中旬前采取二叶一心或三叶一心、初生根多而白嫩的健壮幼苗，进行平畦假植或营养钵育苗，并采取前促后控的方法培育壮苗，促进花芽分化。前促是在8月中旬以前，采取以氮为主的肥水管理方法，促进生长，扩大苗体的叶面积。后控是从8月中旬开始采取断施氮肥和适度控制水分，保持土壤适度干燥（以土不见白、苗不凋萎为原则）的方法，同时采取用遮阳网遮阳降温、覆薄膜防雨控水、及时摘除老叶保持4~5片叶量等措施控制苗体生长，有利于花芽提早分化。此外，利用日照短、气温低的高海拔、南北走向的山间谷地进行育苗，也可促进草莓苗提早花芽分化。还可采取冷藏育苗、夜冷育苗、断根蹲苗的方法促进花芽分化。

3. 适时定植 促成栽培的定植时期是根据顶花芽分化的程度来确定的。草莓花芽分化从开始至完成需8d左右，顶花芽完成分化15d左右腋花芽开始分化，有50%苗达到花芽分化期即可定植。定植过早会影响顶花芽的分化和发育，影响促成栽培的前期产量；定植过迟会影响侧花芽的分化，以致顶花采收后出现空当，影响总产量和产值。采取上述育苗方法和措施，在杭州9月中下旬前后，顶花芽分化率可达到75%。定植时带大土块移栽，缩短缓苗时间，减少对顶花芽的影响。定植后要充分浇水或浇稀薄人粪尿，促进植株恢复生长，以利顶花芽的发育。

4. 适时保温，防止植株进入休眠 一般草莓在秋季定植，在腋花芽分化之后，随着气温的下降和日照的缩短，植株逐渐进入休眠，因此促成栽培在植株进入休眠之前开始保温。长江以南地区保温设施主要用大棚，浙江杭州地区采用塑料大棚内再加竹片小拱棚的双重保温进行丰香等品种的促成栽培模式，果实在11月下旬上市。双重保温能使夜间小拱棚内距地面20cm的最低温度比同一高度的露地高3～5℃，小拱棚外的夜间最低温度比露地高1～2℃，因此在冬季气温在-4℃以上的情况下，采用双重保温方法，仍然会导致草莓花、果的冻害。钢管塑料大棚的棚宽6～6.5m，顶高2.6m，竹片小拱棚宽1.2m，单畦搭架，覆膜时采用单畦覆盖或三畦连盖。

5. 加强棚内温湿度管理，确保花果正常发育 为增加积温，促进早开花，大棚覆膜后的1周内棚内白天温度应保持在30℃左右，夜间温度保持在10℃以上，此后至开花前白天为25～30℃。当顶花序开花后进入果实膨大期至成熟期，棚内温度应控制在20～25℃，当棚内温度高于25℃时，果实成熟快、果小，必须通风降温，以确保果实正常发育。此期棚内夜间温度应保持在5℃以上，否则需采取大棚内再加竹片小拱棚双重保温方法，必要时应采取电热加温或小拱棚外再加草帘保温等措施。

空气相对湿度在40%左右时草莓的花粉发芽率最高，若棚内湿度过大，应通风换气，降低湿度。此外，在大棚覆膜后应及时铺设正面银灰色、反面黑色的银黑双色地膜，一方面可以减少土壤水分蒸发和草害，提高土壤湿度和温度，促进根系生长；另一方面还可改善棚内光照条件，提高叶片的光合性能，增进果实品质。

6. 棚内放养蜜蜂，提高坐果率，减少畸形果 棚内放蜂可显著提高坐果率，减少畸形果。棚内放蜂于大棚覆膜后至次年3月进行，6m×30～50m的大棚放1箱蜜蜂。

7. 加强植株管理，促进生长健壮 促成栽培的草莓，自定植后至采收结束，长达9个月的生长期，植株一直处于生长状态，叶、花茎不断更新，腋芽也不断发生，为了保证有足够的叶面积、合理花茎数及田间通风透光，要经常做好植株的整理工作。草莓促成栽培由于定植时间早，盖棚后植株生长较旺盛，一植株只需保留1个顶花芽和2个粗壮的腋芽，萌芽后抽生3～5个花序，一植株保留15～16片展开叶，故应将多余的腋芽掰除，并及时摘除老叶、病叶，减少养分消耗，有利于通风透光，减少病害。此外，在顶花采果结束后，应及时摘除老花茎，促进侧花序的抽生。

8. 合理施肥、灌水，确保优质丰产 草莓保护地栽培生长期长，连续采果，且由于棚膜的阻隔，雨水不能进入，因此在不同的生长阶段，应及时供给水分和养分，否则易引起植株早衰而减产，品质降低。促成栽培除定植前施足基肥外，还应分别在顶花序果实拇指大或开始采收时、采收盛期及侧花序坐果开始时酌情进行追施氮、磷、钾复合速效肥，促进果实发育，提高品质。施肥方法可采用叶面喷施，也可通过滴灌进行追肥。

二、半促成栽培

半促成栽培一般选用休眠中等的品种。目前人工低温处理常用植株冷藏、高山育苗等方法，以满足草莓对低温量的需求。由于半促成栽培是在植株进入休眠后人为或自然地给予一定时间的低温处理，进行定植，因此与促成栽培相比，定植时间和大棚覆膜时间稍迟些，长江以南地区一般在花芽分化完成后的10月中下旬开始定植。若定植过早，花芽分化尚未完成，往往因移栽伤根而影响花芽分化和发育。大棚覆膜时间根据品种需冷量要求和气候来确定。若覆膜过早，低温量不足，花茎短，叶小，果实也小；若覆膜过晚，低温量过大，植株易发生徒长，成熟期推迟。半促成栽培的大棚覆膜时间一般在12月下旬至翌年1月上旬。其他的栽培管理措施与促成栽培相同。

三、抑制栽培

抑制栽培选用休眠较深的草莓品种。通过长期低温贮藏，使已花芽分化的草莓苗生长暂时受到抑制，并在预定采收期的适宜时间定植，从而达到早期收获的一种保护地栽培方式。日本曾使用宝交早生的长期冷藏苗进行抑制栽培，解决10月和11月草莓供应问题，目前已不再使用，而改为低温黑暗和夜冷短日照处理育苗进行丰香和女峰的促成栽培，实现10月和11月上市。

（执笔人：叶明儿）

主要参考文献

陈铣，等.2005.福州地区不同海拔高度对草莓花芽分化影响［J］.福建农业科技（2）：28-29.
葛会波，等.2009.草莓安全优质高效生产配套技术［M］.北京：中国农业出版社.
巩惠芳，等.2007.大棚草莓品种引种对比试验［J］.江西农业学报，19（12）：63-64.
李三玉，叶明儿.1993.果树栽植与管理［M］.上海：上海科学技术出版社.
潘刚，等.2006.光质对草莓叶片光抑制的影响［J］.安徽农业科学，34（22）：5817-5819.
钱丽华，等.2006.草莓品种新秀'红颊'的特征特性及栽培技术［J］.杭州农业科技（2）：28-29.
邵彬，等.2007.不同定植时期对大棚草莓生长结果的影响［J］.上海农业科技（1）：87.
徐凯，等.2005.草莓叶片光合作用对强光的响应及其机理研究［J］.应用生态学报，16（1）：73-78.
许玲，等.2004.草莓新品种引进及其性状观测［J］.福建热作科技，29（3）：9-10.
杨红，等.2007.影响草莓花芽分化的因素研究进展［J］.落叶果树（2）：15-17.
张小红，等.2008.短日照处理对草莓花芽分化的影响［J］.安徽农业科学，36（9）：3622-3623.

推荐读物

郝保春.2000.草莓生产技术大全［M］.北京：中国农业出版社.
马鸿翔，段辛楣.2001.南方草莓高效栽培［M］.北京：中国农业出版社.
张跃建，朱振林.2000.大棚草莓配套栽培技术［M］.上海：上海科学普及出版社.

第二十七章 山　　楂

第一节　概　　说

一、栽培意义

山楂（hawthorn）又称红果、山里红。山楂果实、叶片含有丰富的营养成分，山楂果中钙的含量居果树之首。据中国医学科学院卫生研究所分析，每100g大山楂果中含糖类22.1g、干物质25.9g、蛋白质0.7g、脂肪0.2g、钙85mg、磷25mg、铁2.1mg、维生素C 89mg、维生素A 0.82mg、维生素B_1 0.02mg、维生素B_2 0.05mg、维生素D 0.4mg。许多分析研究还证明，山楂属植物所含的黄酮类成分，叶片比果实种类多、含量高；三萜类成分是果核比果肉丰富。因此，山楂的全果及叶片等都具有很高的营养保健价值。中医认为，山楂味甘酸，性微温，具有生津止渴、消积化食、止血化淤之功效，有补脾、健胃、治水痢和疮癣之功能。现代医学临床试验证明，山楂果实及叶片对冠心病、动脉硬化有防治作用。

山楂栽培容易，经济结果寿命长，一般管理水平下株产100~150kg，较好的管理条件下株产可达200kg。百年生的山楂树同样果实累累。

山楂药食同用，易于栽培管理。发展山楂产业对增加山区农民收入、提高人民健康水平有着积极的作用。

二、栽培历史与分布

早在2 500年前，我国已开始利用山楂属植物，而有记载的栽培历史有1 700年，黄河中下游和勃海湾地区是我国最早的山楂栽培中心。1949年以来，山楂生产有了较大的发展。经20世纪50年代和80年代两个发展阶段，现已形成吉辽产区、津京冀产区、鲁苏产区、中原产区、云贵高原产区。其中辽宁省的辽阳、铁岭，山东省的昌潍、泰安、临沂，河北省的承德、保定，山西省的晋东南地区，河南省的安阳、新乡，北京市的房山、怀柔，天津市的蓟县等地是我国山楂的重要产地。

第二节　主要种类和品种

一、主要种类

山楂属于蔷薇科山楂属植物，全世界有1 000余种，分布于北半球欧、亚、美各洲，北美洲种类最多。我国原产18个种6个变种，其中5个种作为果树栽培，分别是山楂、云南山楂、湖北山楂、辽宁山楂、伏山楂；3个种用作砧木，分别是楔叶山楂、甘肃山楂和阿尔泰山楂。

（一）属名的确立

山楂属植物的属名（Crataegus L. S. Pl. 459，1753）首先是瑞典植物学家林奈在其所著的《植物种志》中发表。本属的模式种为锐刺山楂（C. oxyacantha L.），原产欧洲。

（二）属的特征

落叶灌木或小乔木，通常有刺；冬芽卵形或近圆形。单叶互生，有叶柄与托叶，边缘有锯齿，羽状深裂或浅裂，稀不裂。伞房花序或伞形花序，极少单生；萼裂片5；花瓣5，白色，稀粉红色；雄蕊5～25；心皮1～5，大部分与花托合生，顶端与腹面分离，子房下位或半下位，每室有2胚珠，其中1个常不发育。果为梨果，先端有宿存萼片；心皮熟时为骨质，成小核状，小核1～5个，每小核内含1粒种子。种子直立，扁；子叶平凸。

（三）中国山楂属（Crataegus）植物种类

1. 山楂（C. pinnatifida Bge.） 又名山里红（东北）。生于山坡林缘及灌木丛中，海拔100m以上。产于我国黑龙江、吉林、辽宁、内蒙古、河北、河南、山东、山西、陕西、江苏，朝鲜及西伯利亚也有分布。本种有3个变种：

（1）大果山楂（var. major N. E. Br.） 山楂大果变种，又名红果（河北）、山里红、棠球（河北）、大山楂（江苏）、山楂（辽宁）。本变种果型大，直径可达2～3cm；叶片大，羽叶较浅，托叶也较大。在我国北方山楂产区常见栽培。

（2）无毛山楂（var. psilosa Schneid.） 山楂无毛变种。本变种叶片、总花梗、花梗及花萼均光滑无毛，可与原种相区别。产于我国黑龙江、吉林、辽宁等省，分布到朝鲜。

（3）热河山楂（var. geholensis Schneid.） 山楂密毛变种。总花梗和花梗密被长柔毛，可与原种相区别。分布于辽宁、河北等省。

2. 伏山楂（C. brettschneideri Schneid.） 又名布氏山楂。产于我国东北中北部长白山等地，品种类型较多，东北各地均有栽培。

3. 云南山楂［C. scabrifolia (Franch.) Rehd.］ 又名山林果（云南）、酸冷果（广西）。生于海拔1 400～3 000m的向阳山坡地、溪边、杂木林内及林缘灌木丛中。产于云南、贵州、四川、广西等省（自治区），云南中部常见栽培。

4. 湖北山楂（C. hupehensis Sarg.） 又名猴楂（湖北）、酸枣、大山枣（江西）。生于海拔500～2 000m的山坡、杂木林内、林缘或灌木丛中。产于湖北、湖南、江苏、江西、浙江、河南、山西、安徽、四川、陕西。

5. 陕西山楂（C. shensiensis Pojark.） 生于海拔1 100～1 800m的山坡杂木林中。产于陕西等省。

6. 楔叶山楂（C. cuneata Sieb. et Zucc.） 又名小叶山楂（河南）、野山楂。生于海拔250～2 000m的向阳山坡、荒山、溪边、灌木丛中，山野习见。产于我国河南、安徽、江苏、浙江、福建、江西、湖南、湖北、山西、陕西、四川、贵州、云南、广东、广西等省（自治区），日本也有分布。本种有2个变种：

（1）匍匐楔叶山楂（var. shangnanensis L. Mao. et T. C. Cui） 新变种，本变种与原种不同，是小灌木，高仅30～40cm，枝匍匐。生于海拔700m植被稀疏的低山上，与楔叶山楂（即原种）混生。产于陕西省商南、商州、丹凤等地，当地作矮化砧木用。

（2）长梗楔叶山楂（var. longipedicellata M. C. Wang） 新变种，本变种与原种的主要区别是叶面上被疏柔毛，花梗长1.5～2.5cm，果实橙色。生于海拔600～650m，产于陕西。

7. 山东山楂（*C. shandongensis* F. Z. Li et W. D. Peng） 新种，生于海拔 500～700m 的山坡，产于山东省泰山。本种与楔叶山楂（*C. cuneata*）为近缘种，但是前者为复伞房花序，花多，7～18 朵，苞片早落，叶柄较长，1.5～4cm，可与后者区别。

8. 华中山楂（*C. wilsonii* Sarg.） 生于海拔 800～2 500m 的山坡、山谷、林内或灌木丛中。产于湖北、河南、陕西、甘肃、浙江、四川、云南。

9. 滇西山楂（*C. oresbia* W. W. Smith） 生于海拔 2 500～3 300m 的山坡灌木丛中。产于云南省西北部高山地区。

10. 橘红山楂（*C. aurantia* Pojark.） 产于陕西、甘肃、山西、河北海拔 1 000～1 800m 的山坡杂木林内、林缘或灌木丛中。

11. 毛山楂（*C. maximowiczii* Schneid.） 产于我国黑龙江、吉林、内蒙古、山西、陕西、河南、河北等省，西伯利亚、库页岛有分布，朝鲜、日本也有分布。生于海拔 200～1 000m 的杂木林中或林缘、河岸及路旁。本种有 1 个变种：

宁安山楂（var. *ninganensis* S. Q. Nie. et B. J. Jen.） 新变种，本变种与原种的主要区别为托叶具锯齿和腺点，果实的宿萼具柔毛，总花梗与花梗无毛。产于黑龙江省宁安的镜泊湖地区。生于海拔 400～500m 的河岸或沟谷杂木林内。

12. 辽宁山楂（*C. sanguinea* Pall.） 又名血红山楂、红果山楂。产于我国黑龙江、内蒙古、河北、山西、河南、吉林、辽宁，俄罗斯伏尔加河流域、西伯利亚有分布，蒙古亦有分布。生于海拔 900～3 000m 的山坡或河沟旁杂木林中。

13. 光叶山楂（*C. dahurica* Koehne） 产于我国黑龙江、内蒙古，西伯利亚有分布，蒙古亦有分布。生于海拔 200～1 800m 的河谷、山麓、山坡、沙丘、杂木林内或灌木丛中。

14. 中甸山楂（*C. chungtienensis* W. W. Smith） 产于云南省西北高山地区，生于海拔 2 500～3 500m 的山溪边杂木林或灌木丛中。

15. 甘肃山楂（*C. kansuensis* Wils.） 又名面旦子、小面豆（陕西）。产于甘肃、陕西、山西、河北、河南、贵州、四川、新疆。生于海拔 1 000～3 000m 的山坡、沟边、杂木林内。

16. 阿尔泰山楂［*C. altaica* (Loud) Lange.］ 产于我国新疆，俄罗斯欧洲部分、伏尔加河下游西部、西伯利亚、阿尔泰、天山西部等地均有分布。生于海拔 450～900m 的山坡、河谷、林下、林缘或灌木丛中。

17. 裂叶山楂（*C. remotilobata* H. Raik.） 产于我国新疆，吉尔吉斯斯坦和亚洲中部（天山西部、塔什干和乔特卡尔山脉）以及乌兹别克斯坦、天山西部有分布。

18. 准噶尔山楂（*C. songarica* K. Koch.） 产于我国新疆伊犁、霍城、天山、介山，伊朗、阿富汗有分布，中亚亦有分布。生于海拔 500～2 700m 的河谷、山谷、石山坡、针阔叶混交林内、林缘、灌木丛中。

二、主要品种

我国的山楂品种资源十分丰富，据不完全统计有 500 余个。仅《中国果树志·山楂卷》中就较详细记载了有代表性的品种 142 个。根据俞德浚《中国果树分类学》（1979）关于栽培果树品种系统和品种群的分类意见，将栽培的山楂分为山楂、云南山楂两个品种系统。山楂品种系统下分红果皮、橙色果皮和黄果皮3个品种群；云南山楂品种系统分为土黄果、胭脂果和绿果3个品种群。把伏山楂系统品种、湖北山楂系统品种和辽宁山楂系统品种暂放入其他山楂系统品种资源。现仅就各品系中的代表品种简介如下。

(一) 山楂 (C. pinnatifida) 品系资源

1. 红果皮品种群

(1) 红瓤绵 (Hongrangmian)　主要产地为山东省烟台市福山和青岛市莱西。果实扁球形，果皮深红色，果点大，黄褐色；果顶5棱，萼片宿存；果肉粉红色，肉质松软，酸甜适口，品质上等。该品种树势强健，适应性强，幼树结果早，花序坐果率高。适宜山区栽培，但不抗日灼病。

(2) 敞口山楂 (Changkou)　产地为鲁中山区的青州、临朐等市县，为当地的主栽品种。果实扁球形，果皮大红色至深红色，果点小而密；萼筒口宽广，故称敞口山楂；果肉粉白色，肉质较密，味酸甜，具芳香，品质上。果枝连续结果能力强，花序坐果率高，品种适应性强，结果早，适宜丘陵山区发展。是制干果的最佳原料。

(3) 白瓤绵 (Bairangmian)　主产于山东省胶东半岛的福山、莱西等地。果实球形，大红色，果点较小而密；果肉白色，肉质细、较松软，甜酸爽口。耐贮，适宜鲜食、加工。品种萌芽率中等，发枝力强，自花传粉结实力强，自然授粉结实率高，果枝连续结果能力强。适宜沙地、山地和荒地栽植。

(4) 大金星 (Dajinxing)　产于河北省保定市的涞水、涞源，涿州市和承德市的兴隆等地以及北京市房山区、门头沟区等。果实倒卵圆形，果皮深红色，果点较大而多、黄褐色，近果顶部果点更密，果实胴部果点大而突起，故称大金星；果肉较厚，绿白色或粉白色。为北方优良品种。树势强健，果枝连续结果能力强，适宜山地栽培。

(5) 滦红 (Luanhong)　1980年河北省滦平县林业局等从滦平县滦平镇三地沟门村栽培山楂中选出的农家品种。果实近圆形，果皮鲜紫红色，果点大而稀，灰白色，果面光洁艳丽；果肉红色至浅紫红色，甜酸，肉质细硬，品质上等，适宜加工或鲜食。树势中庸，中、长枝成花能力强，果枝连续结果能力强。可在河北、北京、辽宁栽培区发展。

(6) 超金星　山东省平邑县从实生山楂树中选育出。果实扁圆形，颜色深红，酷似大金星，果个大，果点小而稀。果穗大，坐果率高，产量高，果实成熟期与大金星相同。抗病力强，果实耐贮，适宜于山地栽培。

(7) 大红果 (大五棱)　1988年发现于平邑县天宝镇的自然实生单株。果个巨大，平均单果重24.3g，果实长圆形，萼部较膨大，萼洼周围有明显的5棱突起，宛如红星苹果，果皮全面鲜红，有光泽，果肉黄白色，味甜鲜美。该品种抗炭疽病、轮纹病、白粉病，又耐瘠薄、干旱，适应性强，丰产、稳产。幼树定植后3年见果，5年丰产。

2. 橙色果皮品种群

(1) 甜红 (Tianhong)　山东省平邑县农业局1982年在铜石镇大神堂村发现的优良品系。果实较大，近圆形，果皮橙红色，果面平滑光洁，果点小而稀，黄白色；果肉橙黄色，酸甜适口，有清香，肉质细密，可食率极高，是鲜食的优良品种。树势中庸，萌芽率较高，成枝力中等，花序坐果数多，果枝连续结果能力强，适应性强，抗旱。

(2) 雾灵红 (Wulinghong)　河北省兴隆县林业局1988年从本县六道河镇三道河村选出的优良品系，主产于河北省兴隆、昌黎。果实大，扁圆形；果皮深橙红色，果点较小，黄褐色；果肉橙红色，酸甜适口，肉质细密，含糖、酸、维生素较高。树势强，萌芽率高，成枝力强；自然授粉坐果率中等，花序坐果率高。该品种果实品质优，适于鲜食和加工利用。

（3）大绵球（Damianqiu） 山东临沂、费县、平邑等地栽培的农家品种。果实大，扁圆形；果皮橙红色，果点较大，灰褐色；果肉橙黄色或浅黄色，甜酸适口，肉质较松软，可食率极高，适于鲜食和加工利用。树势中等，中、长枝成花能力强；自交亲和力很低，自然授粉率很高，果枝连续结果能力强。该品种丰产、稳产，果实品质上，为鲁中山地和北京等地的主栽品种。

3. 黄果皮品种群

（1）虎山黄（Hushanhuang） 辽宁省葫芦岛市前所果树农场1988年从本场山楂园中选出的优良株系。果实较小，扁圆形；果皮鲜黄色，果点较小，灰白色；果肉橙黄色，甜酸适口，肉质较细硬；可食率高，较耐贮藏。树势中等，萌芽率中等，成枝力弱，自然授粉坐果率低，果实发育期长。

（2）大黄红子 从平邑县小神堂村实生单株中选育。果实中等大，整齐，果实纵径1.97cm，横径2.41cm；果皮金黄色，光亮美观，果点小而多，棕褐色；果梗部呈肉瘤状，萼筒小，萼片三角卵形；果肉黄白色，质地细腻，口感较好，适宜鲜食，果实较耐贮藏，采后室温下可贮放50d以上。树势强壮，树姿开张，花芽形成容易，顶芽及其下的2~4个侧芽都能成花结果。定植树第三年开花结果，花序平均坐果4.5个。品种适应性强，抗干旱，耐瘠薄。

（3）小黄红子 1984年从山东平邑县王家沟村实生单株中选育。果实小，阔卵圆形，纵径0.86cm，横径1.41cm；果皮黄色，果点小，中多，棕褐色；果肉黄白色，质硬，微酸稍有苦味。树势较弱，树姿开张，花序平均花朵数18.5个，花序平均坐果4.7个，结果枝可连续结果3~5年。

（二）云南山楂（*C. scabrifolia*）品系资源

1. 土黄果品种群

（1）白麻果（Baimaguo） 云南石屏、建水、通海等地栽培的农家品种。果实中大，扁圆形；果皮底色黄色或绿黄色，阳面带红晕；果点大，灰白色，密而突起，故称白麻果；果肉黄白色，甜酸，肉质松软，可食率高。该品种适应性较强，丰产，品质中，适合加工利用。

（2）鸡油山楂（Jiyoushanzha） 云南嵩明、通海、江川、呈贡等地栽培的农家品种。果大，扁圆形；果皮黄色，果点小，黄褐色；果肉浅黄色，似鸡油，故名鸡油山楂，肉质松软，可食率高。该品种树势强，萌芽率低，成枝力弱，花序坐果率中等。丰产，适于加工。

（3）大白果（Dabaiguo） 云南呈贡、晋宁、宜良、玉溪、通海、华宁、新平、弥勒、蒙自栽培的农家品种。果实较小，扁圆形；果皮浅黄色或绿黄色，果点黄褐色；果肉黄白色，肉质松软，可食率高。树势中等，萌芽率、成枝力低，适应性强，是云南栽培较普遍的品种。

（4）圆云楂（Yuanyunzha） 云南通海等地栽培的农家品种。果实较大，近圆形；果皮黄绿色，阳面有红晕，果点小，明显，果肉黄白色，酸甜适口，肉质松软，可食率高。树势强，适应性广。品质上，可作鲜食和加工。

2. 胭脂果品种群

大红云楂（Dahongyunzha） 云南呈贡、晋宁、蒙自、弥渡等地栽培的农家品种。果实中等大，扁圆形；果皮底色浅黄，胭脂红色红晕重；果肉黄白色，近皮处浅红色，酸甜适口，肉细密，可食率高。该品种适应性较强，维生素 C 和总黄酮含量较高，适于入药、鲜食和加工。

（三）伏山楂（C. brettschneideri）系统品种

（1）伏里红（Fulihong） 1960 年辽宁省农业科学院园艺研究所从辽宁省开原伏山楂中选出的农家品种。果实很小，近圆形；果皮鲜红色，果点小，黄白色；果肉粉白色，微酸稍甜，肉细松软。树势强，萌芽率高，果枝连续结果能力强。抗旱，早熟，品质上，适于鲜食。可在寒地栽培。

（2）左伏 1 号（Zuofu-1） 1980 年中国农业科学院特产研究所从吉林省吉林市左家镇栽培的伏山楂中选出的优良株系。果实棱状扁圆形；果皮鲜红色，果点小，黄白色；果肉粉红色或鲜红色，酸甜适口，肉细而致密。树势强，萌芽率高，自交不结实，四倍体。抗旱，早熟，品质上，适于鲜食或加工。可在寒地栽培。

（四）湖北山楂（C. hupehensis）系统品种

（1）鄂红（Ehong） 陕西省黄龙县砖庙梁乡罗汉庄花园村栽培的农家品种。果实小，近圆形；果皮褐红色，果点较小，灰白色，稍突出果面；果肉橙黄色，甜酸有清香，肉质细密，可食率较低。该品种为湖北山楂中的优良品种，适于鲜食和加工。

（2）佳黄（Jiahuang） 1989 年北京市农林科学院林业果树研究所从湖北山楂实生苗中选育出来的优良株系。果实小，扁圆形；果皮鲜土黄色，果点小而密，灰褐色；果肉橙黄色，酸甜适口，肉细较松软。该品系为湖北山楂中的黄果系优良品种，适于鲜食和加工利用。

（五）辽宁山楂（C. sanguinea）系统品种

血红 1 号（Xuehong-1） 1980 年中国农业科学院特产研究所从黑龙江省宁安栽培的辽宁山楂中选出的优良株系。果实很小，扁圆形；果皮血红色，果点小而稀，果面光洁，有蜡质和残毛；果肉浅紫红色，肉细质脆，甜酸，有苹果香味。树势强，萌芽率极高，成枝力中等，中、长枝成花能力强。该品系为辽宁山楂中的四倍体大果优良品系，抗寒性极强，果实色泽好，风味独特，为鲜食佳品。

第三节　生物学特性

一、生长发育特性

（一）根系

山楂根系的分布较为广远，水平分布范围一般可达其冠幅大小的 2~5 倍，垂直分布随地下水位的高低及土壤深厚程度、肥力高低的变化而变化。根系的垂直分布随树龄的增长而加深。前 4 年主要分布在 40cm 的土层，初果期、盛果期主要分布在 20~60cm 土层。水平吸收根则集中于树冠滴水线内外。

山楂根系没有自然休眠（natural dormancy），一般在 15~20℃生长旺盛，低于 5℃或高于 20℃时生长缓慢。山楂根系的年生长有明显的高峰期。据李永泽（1983）观测，河北省北部地区山楂根系生长有 2 次高峰：第一次在 5~6 月，生长期长，发根量大；第二次在果实采收的前后，发根时间短，生长量小。河北省中部和山西晋中地区山楂根系的生长则有 3 次高峰：河北中部，4 月上旬至 5 月上旬为第一次生长高峰；7 月上旬至下旬为第二次高峰，此次高峰时间短，但生长量最大；9 月下旬至 10 月上旬出现第三次高峰，生长量仅次于第二次。山西中部地区，第一次生长高峰在3月下旬至4月末，第二次为5月末至7月上旬，第三次为10月初至11月中旬，以第二次生长高峰的生长量为最大。

（二）芽、枝、叶

1. 芽 山楂的芽按芽的性质分为花芽（flower bud）和叶芽（leaf bud）。叶芽体小，略长而尖。同一枝条上叶芽有明显的异质性，中上部芽发枝旺，下部芽萌芽率低，基部芽常不萌发，呈潜伏状态，潜伏芽寿命可达数十年。花芽为混合芽（mixed bud），芽体大，饱满，扁圆形。花芽多着生于一年生枝上部。山楂芽按其着生位置分为顶芽（terminal bud）和侧芽（axillary bud）。山楂树只有营养枝才具有顶芽，结果枝顶端为花序，结果后留一小段"枯梢"。

山楂花芽分化的过程与苹果花芽分化的过程相似。但是根据各地对花芽分化的观察，发现其分化有下面的特殊性：①花芽分化开始晚，多数山楂品种9月开始分化；②翌春花芽分化进展迅速，花器各部分在花芽萌发过程中能很快完成；③花芽分化所需营养物质时期与其他发育所需营养物质时期相互错开，养分竞争小，故山楂的大小年结果现象并不明显。

2. 枝 山楂树的枝按其性质可分为营养枝、结果母枝和结果枝。①营养枝（vegetative branch）：只具有叶芽的枝称营养枝。按长度分为叶丛枝（1cm以下）、短枝（1～5cm）、中枝（5.1～15cm）、长枝（15.1～30cm）、旺长枝（30cm以上）。②结果母枝（fruiting cane）：着生有花芽的枝称结果母枝，可分为有顶芽结果母枝和伪顶芽结果母枝。有顶芽结果母枝是由营养枝转变而来，伪顶芽结果母枝由结果枝转变而来。③结果枝（bearing branch）：着生花序的新梢称为结果枝。

枝的生长表现为加长生长和加粗生长，结果枝生长早于营养枝。据高国栋（1980）在河北涞水观察，结果枝4月下旬开始生长，5月上中旬停止生长，生长期10～15d。营养枝的生长稍晚于结果枝，但很快进入生长高峰，且生长量大，至树体进入开花期大部分停长；加粗生长则可延续到9月中下旬。

3. 叶 山楂的叶有两类，即羽裂叶和全缘叶。如山楂、辽宁山楂和伏山楂等都为羽裂叶，而云南山楂则为全缘叶。山楂的叶片一般在8月中旬结束生长，旺盛生长期为5月中旬至下旬。

（三）花、果实和种子

1. 花 山楂的花序（inflorescence）为伞房花序，通常每花序有花5～40朵。两性花，子房下位。山楂的开花期因品种、栽培环境、气候的不同而异。

2. 果实 山楂具有异花结实、自花结实和单性结实（parthenocarpy）能力。自花结实率低，一般为5%～15%。自然异花结实率为30%～45%，异花授粉对授粉品种有选择性。据赵淑兰等（1984）试验，大旺用金星或艳果红授粉不亲和；张锐等（1992）试验，敞口以金星授粉不亲和，而以艳果红授粉坐果率可达79.5%。据杨晓玲等的研究，野生山楂的花粉萌发率高，花粉管的生长速度快，用野生山楂授粉后种子含仁率能得到较大的提高。山楂的单性结实为刺激性单性结实，开花期授粉或喷施GA_3坐果率显著提高。

山楂的果实为假果，从谢花到果实成熟有3次落果高峰，第一次出现在落花后1～2周，第二次在落花后4周左右，第三次出现在采果之前。第一次落果的主要原因是授粉受精不良，第二次落果是由于树体营养不足，第三次落果与营养失调有关。

山楂果实自盛花期开始发育到果实成熟，一般为120～150d。但品种不同果实的发育时间不同。果实生长发育呈双S形曲线，有2个生长高峰和1个生长缓慢期，即幼果速长期、缓慢增长期、采收前速长期。

3. 种子 山楂属植物的果实有种子1～5个，但种类不同，数量也不同。山楂的大部分种类在常规条件下都是隔年发芽，阿尔泰山楂、甘肃山楂等的种子层积一冬即可在春季萌发。关于大多数山楂种子隔年发芽的原因，多数研究者认为：一是种皮厚，种子的透水透气性差；二是胚或下胚轴生理休眠。要解决山楂种子发芽问题必须满足两个条件，即种皮的透水透气，以及种子一定时期的生理后熟。

4. 山楂的开花结果特性

（1）连续结果性　山楂的结果枝具有较高的连续结果能力，一般可连续结果2～5年。

（2）单性结果性　山楂有单性结果能力，但属于刺激性单性结实。利用这种特性，生产上采用花期喷施GA_3并已收到良好效果。

二、对环境条件的要求

1. 温度 山楂对温度的适应性强，但山楂经济栽培的适宜温度条件为：年平均气温5～15℃，10℃以上的年积温2 700～3 100℃，绝对最低温－35℃以上。云南山楂适宜栽培的温度条件是：年均温11～17℃，最热月均温19～21℃，最冷月均温2～8℃，绝对最低温－3～－13℃。低于0℃的低温时数不足10d的地区，花芽不能进行正常分化。

2. 光照 山楂为喜光树种，光照时间的长短、光照强弱直接影响到山楂的产量和质量。选择光照条件较好的地方建园及采用合理的整形修剪技术是山楂获得优质高产的关键。

3. 水分 山楂对水分的要求不严格，耐旱能力比苹果、梨均强，同时山楂也有较强的抗涝性。年降水量在500mm的地区基本可满足山楂对水分的要求，但山楂萌芽前干旱较强的地方要保证灌溉条件。

4. 土壤和地势 山楂对土壤的要求不严，但以沙壤土生长较好，黏土生长差。山楂对土壤酸碱度的适应范围较广，微酸至微碱性土壤均适于生长。如新疆奎屯等地山楂用阿尔泰山楂作砧木，在土壤pH8.3～8.5条件下生长结果均正常；云南山楂生长在pH5.0～6.5的山地红壤、山地红黄壤、山地紫色土壤上。

山楂在具有一定坡度的山地因光照良好，其开花结果最好。

第四节　栽培技术

一、育　苗

山楂的育苗主要有嫁接繁育（graft propagation）和分株繁育（distinction propagation）两种。

1. 嫁接育苗

（1）砧木的选择　云南山楂选用云南野生的山楂作砧木；寒地、冀京辽及中原地区最广泛选用的是山楂；楔叶山楂在黄河以南地区作山楂的矮化砧；阿尔泰山楂和甘肃山楂抗寒、抗旱、耐盐碱，种仁率高，萌芽早。

（2）种子的采集和处理　采种母树要检查种仁率，若种仁率低于25%则不宜采种。山楂种子播种前要进行种子的层积处理，时间长短依种类不同而异。据丛磊的研究，山楂种子发芽率的差异与种子的千粒重、种壳厚度、处理方法、低温方式等密切相关。大粒型种子适宜采用干湿交替或浓硫酸处理，变温沙藏；中小粒型种子适宜采用干湿交替，恒温沙藏；未处理的种子适宜采用变温沙藏。

(3) 整地播种　苗圃地先行深翻细耙施足底肥，做宽 1~1.2m、长 10m 的畦，行条播，行距 20cm。一般山楂种子每千克 0.8 万~1.4 万粒，每公顷播种量 750~1 500kg。

(4) 苗木管理　幼苗有 4~5 片真叶时进行间苗和移苗补植，10 片叶时每公顷追施尿素 150kg，若能喷施 1 次 50mg/L 赤霉素则更有利于生长。注意及时浇水，防治白粉病。

2. 分株繁殖　山楂的根易发生不定芽，萌发后可长成根蘖苗，故可直接采用分株法繁殖苗木。

3. 组织培养　王厚臣等（1987）报道，用大金星茎尖离体培养，陆地移栽成苗率 80%。梁守义等（1988）报道，用滦红、辽红茎尖培养，成苗率达 83%。胡虹等（1987）报道，云南山楂茎尖培养生根率达 83.5%~92%。

二、建园与栽植

1. 园地的选择　山楂对气候、土壤的适应性较强，但进行山楂的商品化经济栽培，要选择年均温 5~15℃（云南山楂 11~17℃）、绝对最低温 -35℃以上、10℃以上年积温 2 700~3 100℃、年降水量 500mm 以上的地方建园。果园要背风向阳，最好是沙壤土，地下水位要低，同时要根据对山楂的用途选择适当的品种。

2. 授粉树的选择和配置　山楂有部分品种具有自花结实能力，但建园时配置适宜的授粉品种能较好地提高坐果率。一般选择 2 个以上品质优良、花期一致或相近的品种，采取隔行种植的方式配置。

3. 栽植密度的设计　集约化栽培山楂以行距 4~5m、株距 3~4m 为宜。采用矮化砧苗木，株行距可缩至 2.5m×3m。云南冬春干旱，为提高定植成活率，一般选择秋末冬初定植。为促早结果，定干高度要适当降低，一般为 70cm。

三、土肥水管理

(一) 土壤管理

良好土壤管理制度的建立是山楂园高产、优质、高效益的关键。要从防止山楂园水土流失着手，坡度 15°的地块要修筑等高梯田，坡度再高可考虑开挖鱼鳞台。幼龄山楂园要进行土壤的深翻熟化、树盘清耕、行间夏季生草（sward）、秋季割草覆盖（mulch）的管理方式。成龄山楂园则采用果园生草覆盖或果园免耕法。

(二) 施肥

1. 山楂的需肥特点　山楂开花早，花量大，结果多，对肥料营养的需求量也大，同时由于山楂有 2~3 次的根系生长高峰，各高峰期需肥量也大。所以，对山楂提出了"三早"施肥措施，即基肥在采果前"早"秋施，速效氮肥在萌芽和开花前"早"追施，氮磷钾复合肥在果实着色期"早"叶面喷施。

辽宁省农业科学院果树研究所（1991）、吉林省梨树县农业技术推广总站与中国农业科学院特产研究所合作（1993）的5年肥料配比试验结果表明，氮磷钾混合施用优于单纯施用氮肥，最佳配比为氮（N）、磷（P_2O_5）、钾（K_2O）2：1：2。

2. 施肥时期和方法

（1）基肥　施基肥应在秋季采果前后进行。幼树采用环状沟施，盛果期大树采用放射状沟施。以有机肥料为主，混合少量化肥。幼龄山楂树一般每株施20～40kg；盛果期大树根据产量高低，肥料用量即为所产果重。成年山楂树每667m^2沟施有机肥3 000～4 000kg，加施尿素20kg、过磷酸钙50kg、草木灰500kg。

（2）土壤追肥　土壤追肥分3次进行：①在3月中旬树液开始流动时，每株追施尿素0.5～1kg，以补充树体所需的养分，为提高坐果率打好基础。②谢花后，每株施尿素0.5kg，以提高坐果率。③7月末花芽分化前，每株施尿素0.5kg、过磷酸钙1.5kg、草木灰5kg，以促进果实生长，提高果实品质。

（3）根外追肥　根外追肥在生长期进行。可将尿素、硝酸铵、过磷酸钙、硼酸、磷酸二氢钾、硫酸铵等配成0.1%～0.3%的水溶液喷洒在叶、新梢和幼果上。

（三）灌水

山楂树萌芽前、开花后、幼果生长期、果实膨大期和土壤封冻前可根据实际情况进行灌水。春季有灌溉条件的在追肥后浇1次水，以促进肥料的吸收利用；花后结合追肥浇水，以提高坐果率；麦收后浇1次水，以促进花芽分化及果实的快速生长。无灌溉条件的果园要采取节水、保水及延长自然降水等技术措施。

四、整形修剪

（一）主要树形

1. 疏散分层形　该树形一般选留主枝6～7个，分3层排列，即3-2-1。第一层与第二层间距为80～100cm，第二层与第三层间距为60～80cm。第一层主枝上每主枝选留2～3个侧枝，相互错开，侧枝之间尽可能培养结果枝组。

树体特点是树冠结构牢固，通风透光良好，单株负载量大；但该树形培养期较长，成形晚，适宜于株行距较大的山楂园。

2. 小冠疏层形　树冠分两层，上层小，下层大。枝条是"三多三少"：小枝多，大枝少；下部多，上部少；枝组多，侧枝少。

该树形树体紧凑，成形快，结果早。

3. 自然开心形　主枝3～4个，树高3m。该树形矮小、紧凑，成形快，结果早，适于密植园采用。因山楂干性强，故造型时要加以牵引处理。

4. 自由纺锤形　定干高度50cm，直接在中心干上选留5～7个中型结果枝组，枝组间距30～40cm，枝组延长枝进行中短截或轻短截，为保证中心干直立强壮，要立支柱扶正，竞争枝要疏除，枝组基角要保持70°～80°，角度过小要拉枝。

该树形紧凑，有效结果面积大，果实品质优，适于密植园。

（二）修剪要点

1. 幼树的修剪要点

①幼树骨干枝延长枝要进行中短截，促骨干枝延长，多发枝。

②非延长枝不剪，采取缓放或拉枝处理。

③山楂幼树易发生偏冠现象,要采用撑、吊、拉办法随时进行调整,以保持各主枝长势平衡。

2. 初结果树的修剪要点

①主侧枝延长枝要适当短截。年生长量小于50cm则不剪,只疏除过密的小枝;超过50cm,应截去1/3或1/4。

②中、长果枝结果1～2年后,为防止主侧枝下部光秃、结果部位外移,要轮流回缩复壮1次。

③直立枝有空间的要采用弯、别的办法培养成结果枝组,没有空间的要疏除。

3. 结果树的修剪要点

①对多年生的结果枝或延长枝,要回缩更新。

②疏除密生枝、细弱枝,集中养分保持健壮树势。

③改造利用徒长枝。主枝衰弱,可选合适的徒长枝代替,培养徒长枝,使其成为结果枝组,过密徒长枝则疏除。

4. 放任山楂树的修剪要点　河北省农林科学院果树研究所1972年和1980年研究推广的修剪方法效果好,容易掌握,概括为9个字,即六疏、五缩、两截、一培养。

（1）六疏　一疏轮生骨干枝,二疏重叠、并生枝,三疏三叉枝,四疏竞争枝,五疏内膛密生徒长枝,六疏密生结果枝。

（2）五缩　一缩焦梢枝,二缩内膛多年延长结果枝,三缩骨干枝上的背上枝或内生枝,四缩多年生徒长枝,五缩下垂枝。

（3）两截　一截初果树主、侧枝延长枝,二截内膛一年生徒长枝。

（4）一培养　利用内膛徒长枝培养成结果枝组。

5. 高接山楂树的修剪要点

（1）强化夏季修剪

①疏枝：山楂抽生新梢能力较强,一般枝条顶端的2～3个侧芽均能抽生强枝,每年树冠外围分生很多枝条,导致通风透光不良。应及早疏除位置不当及过旺的发育枝,对花序下部侧芽萌发的枝一律去除。

②拉枝：夏季对生长旺而有空间的枝,在7月下旬新梢停止生长后将枝拉平,缓和树势,促进成花,增加产量。

③短截与摘心：夏季新梢长到40cm时,留30cm剪截,促进枝条分枝和加粗生长;对结果枝组各枝头则采用轻摘心,促使高接树当年形成果枝和花芽。

④环剥：对高接换种后生长势强的辅养枝进行环剥,缓和树势,形成花芽。环剥宽度为被剥枝条粗度的1/10。

（2）冬季修剪要点　当年冬剪要轻剪少疏。延长枝采用强枝引路,壮芽当头,行中短截;非延长枝则采用去直留斜、去强留中庸的方法促其形成花芽。以后冬剪延长枝用中短截以促其生长,其余枝条应保留使其成花结果。

五、花果管理

1. 保花保果　加强山楂树的土肥水管理、合理修剪、及时防治病虫害,可以改善树体的营养和通风透光条件,促进花芽分化,提高坐果率,这是保花保果的基本措施。此外,也有使用化学药剂或伤枝处理进行保花保果。在盛花期,喷布20~50mg/L浓度的赤霉素水溶液,可提高产量1倍,成熟期提早7~10d。喷100mg/L EF,花朵坐果率提高34.4%,单果重也有增加,而且可以减少果实日灼病的发生。

山楂幼、旺树,在花期进行主干、主枝环状剥皮(宽度0.3~0.5cm),可使叶片制造的营养供应开花坐果,达到保花保果的目的。

2. 乙烯利促进果实脱落 在采收前7~10d,喷布500~700mg/L乙烯利,催落果实效果良好,并通过营养成分测定证明,可溶性糖、果胶、维生素C稍有增加,可滴定酸稍有下降。

3. 疏花疏果 具体措施有:①采用修剪花芽的方法减少花芽量。冬季修剪时,对花芽过多的山楂树可直接用修枝剪除延长枝、衰弱枝上的花芽,促其叶芽多发枝。②摘除各级延长枝上的顶花序。③幼果期疏除小果、畸形果和病虫果。

六、病虫害防治

1. 山楂白粉病的防治 发芽前,全树喷5波美度石硫合剂;坐果后,交替使用25%粉锈宁1 000~1 500倍液、50%多菌灵600倍液、70%甲基托布津800倍液。

2. 山楂桃小食心虫的防治 成虫交尾高峰期喷灭幼脲800倍液或阿维菌素5 000倍液、桃小虫卵净1 500倍液,也可用性诱剂诱杀成虫。

3. 山楂介壳虫的防治 春季芽萌动前期喷5波美度石硫合剂,若虫孵化盛期喷菊酯类农药1 500~2 000倍液或阿维菌素5 000倍液。

第五节 采收及贮藏

一、采 收

1. 采收期的确定

(1) 根据果面色泽、果肉颜色及风味的综合表现确定 成熟山楂具有本品种的典型色泽特征。

(2) 根据用途和气候条件确定 准备贮藏或外地销售,应在初熟期采收;就地销售鲜果或制造果酱之类的加工品,则可稍晚采收。在寒冷地区,山楂的采收不能晚于气温下降到-5℃时,否则果实易受冻。

2. 采收方法 一般山楂的采收方法是用剪子剪断果柄或用手摘下,采用竹竿打法采收既伤树同时果实又不耐贮运,最好的采收方法是先在树下铺塑料薄膜或草席,于成熟前7d喷布500~800mg/L乙烯利,然后轻摇树干,山楂即可脱落。

二、贮 藏

(一)贮前处理

1. 果实散热处理 为防止腐烂和缩短贮藏期,山楂贮藏前要进行自然散热或机械预冷处理。

2. 严格选果 剔除病虫果、冻伤果、机械损伤果和腐烂果。

3. 贮藏场所处理 入贮前 10d 要进行库房消毒和降温处理。

(二) 贮藏方式

1. 机械冷库贮藏 李玉国等 (1987) 以豫北红山楂为试材, 用 0.04mm 厚、容量 22.5kg 的塑料袋, 在 0~1℃、相对湿度 85%~90%条件下贮藏 170d, 好果率 96.14%, 果实新鲜, 营养成分损失很少。王作荣等 (1993) 采用前期土窖贮藏, 后期 (早春) 利用冷库水果减少的库位转贮山楂的方法, 使山楂的贮藏期达 360d 以上, 好果率 93%以上。

2. 塑料袋贮藏 用厚度 0.05~0.07mm、容量 10~25kg 的塑料袋贮藏, 贮藏环境以 0℃左右的低温条件为宜。入贮后不要急于扎紧袋口, 待温度降到 10℃以下时再扎袋口。贮藏期间若袋内 CO_2 浓度超过 7%时, 要开口放气。塑料袋贮藏因山楂品种不同、贮藏环境不同, 贮藏期有很大差异, 一般为 90~120d。

此外, 山楂的贮藏方法还有通风库贮藏、窑洞贮藏、埋藏、缸藏等, 但综合比较以机械冷库贮藏为最好。

(执笔人: 武绍波)

主要参考文献

董启凤.1998.中国果树实用新技术大全·落叶果树卷 [M].中国: 中国农业科技出版社.
刘兴治, 刘兵.1980.山楂 [M].沈阳: 辽宁科学技术出版社.
谭茵茵, 董文轩, 王玉霞, 等.2010.不同倍性山楂资源的胚胎发育特性研究 [J].中国农学通报 (13): 58-60.
鄢德锐, 韩德全.1984.山楂实用栽培技术 [M].北京: 农村读物出版社.
杨磊, 吕德国, 秦嗣军, 等.2010.缺素处理对山楂根系黄酮代谢的影响 [J].果树学报 (3): 32-34.
俞德浚.1979.中国果树分类学 [M].北京: 农业出版社.
张鹏.1992.山楂高产栽培 [M].北京: 金盾出版社.
赵焕谆, 丰宝田.1996.中国果树志·山楂卷 [M].北京: 中国林业出版社.

推荐读物

董竹江, 朱建民.2004.山楂、银杏高效栽培技术 [M].郑州: 河南科学技术出版社.
李永泽, 范福生.1989.山楂栽培实用技术 [M].济南: 山东科学技术出版社.
辛孝贵, 张育明.1997.中国山楂种质资源与利用 [M].北京: 中国农业出版社.
杨桂馥, 王以莲, 李荣旗.1994.山楂栽培与加工 [M].北京: 中国轻工业出版社.

第二十八章 刺 梨

第一节 概 说

一、栽培意义

刺梨（roxburgh rose）果实营养丰富，据原贵州农学院分析报道，刺梨果实中含有果糖、葡萄糖、蔗糖、木糖、苹果酸、柠檬酸、鞣质、多种维生素、蛋白质、多种氨基酸、胡萝卜素和多种矿质元素等营养成分。其中，每100g鲜果中维生素C含量为2 087.8~3 499.8mg，远远超过各种水果和蔬菜；每100g鲜果中维生素E的含量为2.89mg，铁的含量为131mg，都高过一般水果。

刺梨果实还含有多种具有保健疗效的成分。据贵阳中医学院分析，刺梨果实中含有原儿茶酸、β-谷醇和多种三萜类化合物，对防治冠心病、抗心绞痛、平喘、抗肿瘤、治疗皮肤癌和早期宫颈癌等多种疾病有显著疗效，对防止胆固醇过高有明显作用。原北京医科大学和原贵州农学院用刺梨汁分别进行的动物试验结果都表明，饮用刺梨汁的实验动物能有效地阻断致癌物质——N-亚硝基脯氨酸在体内的合成，具有防止各种器官发生恶性肿瘤的明显作用。又据贵州省职业病防治研究所治疗铅中毒病人的临床试验证明，饮用刺梨汁制剂能够解除铅中毒症，对病人没有任何副作用和不良反应，具有良好的排铅作用，对预防和治疗铅中毒有显著的疗效。近年来的研究还表明，刺梨在提高人体抗氧化能力和抑制人体肝细胞瘤生长方面有积极作用。因此，刺梨是人类珍贵的营养保健果品。

刺梨的适应性强，营养期和童期短，繁殖和栽培管理容易，在我国多数地区都能栽培，并能正常生长结实。无论是实生苗还是自根苗，栽植后1~2年开始结果，3~4年达盛果期，在一般管理水平时，每公顷鲜果产量可达15~22.5t。刺梨的固土能力强，利用荒山坡地种植刺梨，2~3年后即可覆盖地面，有效防止水土流失，是绿化山地、保持水土、增加农村经济收益的良好树种。

二、栽培历史与分布

贵州是我国利用和栽培刺梨最早的省份，早在康熙二十九年（1690）的《黔书》和康熙三十六年（1697）的《贵州通志》中就有了刺梨形态、医药疗效作用、加工等方面的记载，说明我国刺梨的利用已有300余年的历史。据调查，在150多年前，贵州民间利用刺梨果实酿酒已有较大生产规模，贵州的花溪刺梨酒在省内外早已享有盛名。

20世纪40年代初，我国营养学家罗登义、王成发（1943）和李琼华（1944）等分析发现刺梨果实中含有极为丰富的维生素C，并将刺梨誉为"水果中维生素C之王"，从而引起世人对刺梨的关注。但一直到20世纪80年代初以前，我国均未对西南地区丰富的野生刺梨资源进行过深入的研究与开发。20世纪80年代初，原贵州农学院率先开展野生刺梨的人工驯化栽培，随着我国对刺梨的研究不断深入，刺梨的栽培及其食品工业也得以不断发展。

野生刺梨在我国贵州、云南、四川、重庆、湖南、广西、湖北、陕西等省（自治区、直辖市）都有分布，其中以贵州省的野生刺梨分布最多，全省除个别县外，都有野生刺梨的分布，每年野生刺梨鲜果总产量可达15 000t以上。

刺梨在我国的栽培分布日益广泛，目前贵州、四川、湖南、广西、湖北、江西、陕西、山东、江苏、浙江、河南、安徽等地都有栽培。

第二节　种类和主要品种

一、种　类

刺梨（*Rosa roxburghii* Tratt.）属于蔷薇科（Rosaceae）蔷薇属（*Rosa*）植物，又名缫丝花、木梨子。蔷薇属植物全世界共约200种，我国有82种，其中果实可供食用或加工酿造的约7种，分布于我国南北方的许多省，刺梨是其中的一种，其典型特征是果实上密生小皮刺。植物系统学的研究结果证明，有关报道的"无刺刺梨"或"无子刺梨"都不属于本种。

刺梨为落叶丛生带刺的小灌木，植株高2m以下。奇数羽状复叶，小叶7～15枚，椭圆形，小叶柄和总叶柄基部两侧着生成对硬刺。花单生或2～7朵聚生，花梗短，不到1cm；花瓣粉红色或深红色，罕有白色；花冠直径4～6cm，花瓣与萼片均5枚，萼片缩存；花托肥大，表皮密生细刺。花期4～6月，少数迟至10月。果实扁圆形、近圆球形或纺锤形，横径2～4cm，成熟黄色，果皮上密生小刺；果实由花托和花筒发育膨大而成，属蔷薇果，内含种子（小坚果）30～50粒，种皮骨质化。果实成熟期8～9月。

二、主要品种

迄今我国选育的刺梨品种还不多，目前通过果树品种审定在生产上使用的主要刺梨优良品种有以下几种：

1. 贵农1号　贵州大学农学院选育，2007年获得品种登记。该品种树势强壮，树姿开张，枝梢长而披垂。果实纺锤形，果大，平均单果重18g左右；果色鲜黄，皮刺细软；每100g鲜果中维生素C含量平均为2 125.68mg，汁多质脆，味酸甜，涩味轻，品质上。果实8月中旬成熟。丰产性一般，优质，鲜食、加工均适宜（图28-1）。

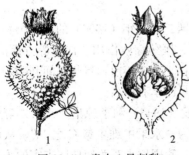

图28-1　贵农1号刺梨
1. 果实外形　2. 果实纵剖面

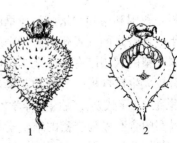

图28-2　贵农2号刺梨
1. 果实外形　2. 果实纵剖面

2. 贵农 2 号 贵州大学农学院选育，2007 年获得品种登记。该品种树势中庸，树冠较密凑，枝梢直立。果实短纺锤形，果个较小，平均单果重 12g 左右；果皮黄色，皮刺短而稀；纤维少，多汁而脆，味酸甜，品质上。果实 8 月中旬成熟。适应性强，丰产质优，鲜食、加工均适宜（图 28-2）。

3. 贵农 5 号 贵州大学农学院选育，2007 年获得品种登记。该品种树势强健，树冠圆头形，枝梢较直立。果实扁圆形，果大，平均单果重 18g 以上；黄色，维生素 C 含量稍低，每 100g 鲜果中平均含量为 1 800mg 左右，鞣质少，汁多，少纤维，质脆，酸甜少涩味，品质上。果实 8 月下旬成熟。适应性强，丰产，鲜食、加工均适宜（图 28-3）。

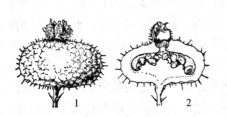

图 28-3 贵农 5 号刺梨
1. 果实外形 2. 果实纵剖面

图 28-4 贵农 7 号刺梨
1. 果实外形 2. 果实纵剖面

4. 贵农 7 号 贵州大学农学院选育，2007 年获得品种登记。该品种树势健旺，树冠圆头形。果实扁圆形，中等大，平均单果重 15g 左右；黄色，刺少而软，纤维少，肉质细脆，鞣质少，甜酸无涩，香气浓郁，品质极佳。果实 8 月中下旬成熟。适应性强，丰产，鲜食、加工均可（图 28-4）。

第三节 生物学特性

一、生长特性

（一）根系

刺梨的实生树主根不发达，而水平侧根较多；扦插繁殖树没有主根。刺梨根系分布较浅，大部分根系分布在表土层 10～40cm 深处。在黏重土壤中，分根性较差，粗根多而须根少；土壤肥沃疏松则分根性增强，须根较多。刺梨的根容易产生不定芽而形成根蘖苗，因此，可利用粗壮的根段扦插。根据贵州大学农学院在贵阳地区的观察，刺梨的根系无自然休眠期，冬季仍缓慢生长。当土温升至 10℃ 以上时，根的生长逐渐加强；当土温达到 25℃ 左右时，根系生长最旺盛；到秋季 10 月中旬后，土温降至 18℃ 以下，根的生长减缓。在一个年周期内，刺梨的根系有 3 次生长高峰，第一次生长高峰出现在 4 月下旬至 5 月初，第二次生长高峰出现在 7 月中下旬，第三次生长高峰出现在 9 月下旬至 10 月中旬。以第一次根系生长高峰的发根量最多，第三次生长高峰次之，第二次生长高峰的时间短，发根量较少。

（二）芽

刺梨的芽在一个芽位上有主芽和副芽。一般情况下，主芽萌发抽枝，副芽处于休眠状态；当主芽所生枝受损后，其两侧的副芽才受刺激而萌芽抽枝；有时同一节上的主芽和副芽都可同时萌芽抽生数枝。刺梨的芽具有早熟性，在芽形成的当年内就能萌发生长，因此一年内可抽生二、三次梢。由于分枝级数的迅速增长，树冠形成快，进入结果期也较早。在我国西南亚热带地区，一般1月上旬芽开始萌动，2月下旬至3月上旬展叶，3月下旬抽生一次梢。刺梨芽的萌发力较强，一年生枝上只有基部的少数芽不萌发而成为隐芽。刺梨枝上芽的异质性明显，一般是枝的中部芽抽生强枝，枝的顶端和基部的芽抽生的枝条较弱。

刺梨的花芽为混合芽，萌芽后，先抽生结果枝，然后开花结果。

（三）枝

刺梨枝梢生长的顶端优势和垂直优势都弱，枝梢多斜生或平展，少有直立生长。枝上分生的侧枝，中部的长势较强，故树冠中下部的枝梢较密集。刺梨的大枝衰老或受损时，隐芽可萌发抽生强旺的生长枝。在植株根颈附近易抽生徒长枝，自幼树基部抽生的徒长枝，其生长量往往超过原来主梢；成年树基部抽生的徒长枝，年生长量最大可超过2m，这种徒长枝上也易分生二、三次梢，因此刺梨树冠的更新能力较强。在不同的地区，刺梨的抽梢时间不一致。在贵州海拔1 100m左右的地区，一般3月下旬至4月抽生第一次梢，5~6月抽生第二次梢，8月抽生第三次梢。

刺梨枝梢的生长具有自剪现象，当枝梢延长生长结束后，先端几节就自行干枯脱落，以后自前端的侧芽萌发延长生长。随枝的生长达一定长度后，枝的前端即自然下垂，并从上而下逐渐衰老枯死，然后从基部抽生强旺的更新枝。凡生长旺盛的徒长枝，停止生长的时期都较晚，枝的前端组织发育不充实，冬季易受冻枯死；反之，停止生长早的枝梢发育较充实。

刺梨的枝可分为普通生长枝、徒长枝、结果母枝和结果枝4类。

1. 普通生长枝 一般长度在35cm以下，其中，生长健壮、直径达到0.4cm以上者，容易分化花芽转化为优良的结果母枝。

2. 徒长枝 长度为35cm以上，最长的可达到1.5m以上。徒长枝一般都从树冠的基部大枝上或根颈处抽生，长势强旺的徒长枝当年可抽生二、三次梢。

3. 结果母枝 刺梨的一年生和多年生枝都可以形成结果母枝，以一年生枝形成的为多，在生长充实健壮的一、二次枝甚至三次枝上，都能形成花芽而成为结果母枝（图28-5）。母枝长短不一，短者不到5cm，长者达1m以上。从植株基部抽出的强旺徒长枝容易在一、二次枝上分化花芽形成优良结果母枝。这种结果母枝所生结果枝多而长，其中有花序的果枝比例大，坐果多。生长势较弱的结果母枝上，着生的果枝少而短，结果能力差。

4. 结果枝 长度一般为0.5~25cm，以长度15cm左右的居多，坐果率也高。结果枝有单花果枝和花序果枝两种，在植株营养条件好时，花序果枝增多。刺梨结果枝具有连续结果的能力，当年结果后，又可形成结果母枝，翌年抽生结果枝结果。

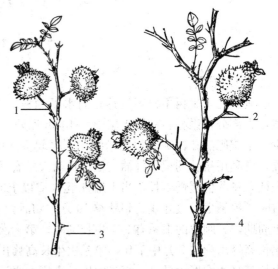

图28-5 刺梨的结果枝和结果母枝
1、2. 结果枝 3. 一年生结果母枝 4. 二年生结果母枝

（四）花

刺梨的花有单花和花序，着生于果枝顶端。大多数结果枝都只着生单花，由生长健壮的

结果母枝抽生的结果枝可着生花序。花序中有花3~4朵，多的达7朵以上，形成不规则的伞房花序。刺梨的花为完全花；雄蕊多数，花丝长短不一；雌蕊很短，由多数单心皮构成，上部联合成扁的半球形（图28-6）。刺梨3~4月现蕾，4月下旬至5月上旬开花，花期长达1个月左右，个别枝梢在6月以后仍有花朵零星开放。刺梨开花期不集中，与刺梨的花芽分化特性有关，这种特性导致部分果实的成熟期延后，不利于果实的统一采收。

刺梨雄蕊的花药中花粉很多，花粉成团聚集，离散性不好，因此为虫媒传粉（entomophilous pollination）。据观察，花粉在12~13℃开始萌发，在25℃左右花粉管伸长最快。

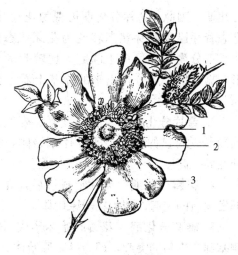

图28-6 刺梨花
1. 雌蕊群（柱头） 2. 雄蕊群 3. 花瓣

（五）果实

刺梨果实为假果，内有种子，多的30~50粒，少的仅3~5粒。刺梨落花落果少，坐果率最高的可达70%左右。据樊卫国等（1992）的观察，刺梨果实的生长发育曲线为双S形，从幼果发育到成熟需要90~110d。在贵阳地区，刺梨果实的第一个生长高峰期在5月下旬至6月中旬，以后生长缓慢，到7月上中旬出现第二次生长高峰。据安华明等（2007）研究，随着果实第二次生长高峰的出现和可溶性糖的积累，维生素C合成相关基因的表达量迅速增加，维生素C积累速率急剧提高；到8月中旬后，果实发育成熟，维生素C含量基本不再增加。

另据樊卫国等（1998、2004）的观察和研究，刺梨的开花期遇到13℃以下的低温，刺梨不能正常受精（fertilization），种胚不能发育，果实容易脱落，脱落前幼果中的生长素含量增加，细胞分裂素和赤霉素含量明显降低。在不能正常受精的情况下，即便果实不脱落，其中的部分种子也会败育，果实中没有种子的一侧，在幼果期的细胞分裂就已停止，花托组织不能正常发育，最终形成畸形果。在幼果期，这种畸形果的细胞分裂素和赤霉素都大大低于正常果实的含量水平。由此可见，刺梨果实发育对种子的依赖性较大。保证授粉受精对促进果实的正常发育具有重要的生理作用。

二、结果习性

（一）花芽分化

据莫勤卿等（1986）的观察，刺梨花芽分化属当年分化型。春季萌芽抽梢后，随新梢生长，花芽陆续分化，甚至在当年的二、三次梢上也能陆续分化花芽。在贵州中部地区，刺梨花芽的形态分化始于2月下旬，3月上旬进入分化高峰，分化早的花芽在4月上旬进入雌蕊分化期，4月中旬开始形成胚珠，5月上旬为盛花期。刺梨花芽分化的各个时期和相应的组织形态特征如图28-7所示。

1. 未分化期 生长点分生组织区比较窄而平，且有明显的突起，顶端叶原始体上的小叶原始体明显可见。

2. 开始分化期（苞片分化期） 刺梨花蕾基部具有苞片，分化苞片以后紧接着进入萼片分化期，因此，苞片分化期可视为花芽开始分化期，标志着芽已由叶芽状态转变为花芽状态。这个时期生长点分生组织区向上隆起，比较肥大，多呈半球形，靠近生长点分化出来的原基上看不到有小叶的原基，这是苞片原始体。

3. 萼片分化期 生长点变平、变宽，在生长点周围形成明显的突起，即萼片原始体，其位置几乎处在同一高度。

4. 花瓣分化期 萼片形成以后，在萼片内侧基部发生新的突起，即为花瓣原始体。

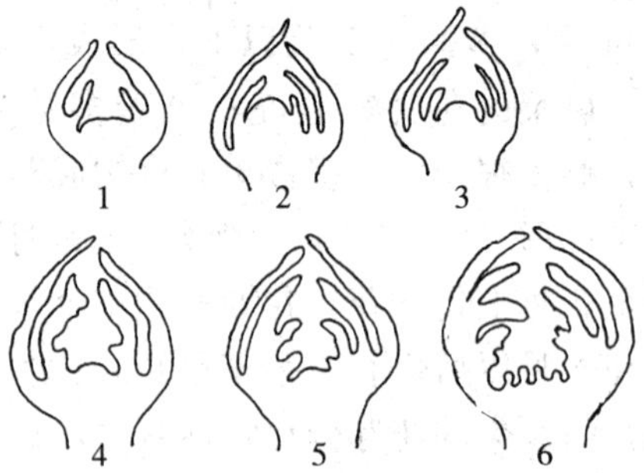

5. 雄蕊分化期 花瓣原始体形成后，在花瓣内侧基部产生新的突起，即为雄蕊原始体。

6. 雌蕊分化期 在雄蕊原始体的中心发生许多突起，即为雌蕊原始体，其出现时间稍晚于雄蕊原始体，有的几乎同时分化，彼此分化的时间相差很短。

图 28-7 刺梨花芽分化进程
1. 未分化期 2. 开始分化期 3. 萼片分化期
4. 花瓣分化期 5. 雄蕊分化期 6. 雌蕊分化期

刺梨的花芽分化速度很快，从开始分化到各部分花器官全部形成，需 20~60d。刺梨花芽开始分化时间的迟早和持续时间的长短，与温度、植株和结果母枝的营养状况等因素有关。早春气温回升快的地区，萌芽抽梢早，花芽开始分化也早；在植株营养状况良好、生长健壮、结果母枝发育充实、抽梢整齐、新梢生长快、长势一致的条件下，花芽分化所需的时间相对较短。一般而言，仍以春季 3~4 月为花芽分化相对集中的时期。由于不同植株或结果母枝的营养状况不同，而且在当年的二、三次梢上也能陆续形成花芽并开花结果，因此，刺梨的花期拖延较长。

（二）结果

刺梨能够自花授粉（self pollination）结实，但在异花授粉（cross pollination）的条件下，坐果率高，果实大。在花期低温阴雨的条件下，授粉受精不良，容易引起开花后幼果脱落。

刺梨是早果性强的果树，萌芽力与成枝力均强，一年内能多次萌芽抽梢，故形成树冠快，投入结果期也早。在良好栽培管理条件下，不论实生繁殖还是无性繁殖的二年生苗木，都会有一部分植株能形成花芽开始开花结实。刺梨枝梢也容易衰老，结果 2~3 年后，生长势明显减弱，以后小枝逐渐枯死。刺梨树冠的自然更新复壮能力较强，故十多年生的植株仍能正常结实。

三、对环境条件的要求

（一）温度

刺梨适宜于温和气候。据调查，在我国贵州省刺梨分布多的地区，年平均气温为 13.8~16.1℃，10℃ 以上的有效积温为 3 900~5 400℃；在年均温度 15℃ 左右的地区，刺梨生长发育好；在年均温度超过 17.5℃ 的地区，刺梨的生长衰弱，结果少，果实小，质量差；在年均温度超过 19℃ 和低于 12℃ 的地区，几乎没有野生刺梨分布。

在冬季，刺梨的枝可以忍耐 -10℃ 左右的低温。刺梨已经萌动的芽和初展开的幼叶对低温的忍耐力弱，当气温降到 3~5℃ 时则出现寒害。由于刺梨芽的萌动期较早，因此容易受到倒春寒或晚霜的危害。

温度在25℃左右时最适宜刺梨枝梢的生长，光合速率最大；低于15℃或高于35℃，枝梢生长停滞。

(二) 光照

刺梨为喜光果树。据文晓鹏等（1992）的报道，刺梨叶片的光补偿点（light compensation point）为1 000～1 500lx，光饱和点（light saturation point）为38 000～40 000lx。刺梨的各类新梢叶，在光照度为1 000～37 000lx范围内，光合速率（photosynthesis rate）随光照度的增加而增强；当光照度大于60 000lx时，光合速率明显下降。

在野生状态下，刺梨主要分布在光照良好的开阔地带。光照充分时，树冠开张，分枝多，生长强壮，花芽形成多，产量高，品质较佳。光照不足，则分枝少而纤细，内膛枝易枯死，产量低。

刺梨不耐强烈的直射光，散射光最有利于生长发育。在强烈的直射光照射下，刺梨植株生长较矮小，结果虽多，但果实小，多刺而硬，果肉水分少，纤维发达，品质降低。

(三) 水分

刺梨原产我国南方多雨湿润地区，属喜湿植物。我国野生刺梨的分布区，年降水量大多在1 100mm以上。我国陕西南部也有少量的野生刺梨分布，由于当地降水量较少，野生刺梨的生长发育状况远不如西南多雨湿润地区。

在湿润环境下，刺梨植株生长健壮，枝多叶茂，高产，果大质优。野生刺梨也多分布于河流和水塘沿岸，或田坎路边等土壤含水量较多的地方。樊卫国等（1999、2001）的研究结果表明，刺梨的抗旱力弱，在黄壤条件下，萎蔫系数（wilting coefficiency）为22.67%。土壤干旱胁迫使刺梨的光合速率和叶绿素a、叶绿素b、类胡萝卜素含量及叶绿素a/叶绿素b降低，使刺梨叶片中磷、钾、钙、铜、硼、钼等营养元素含量减少，说明干旱对刺梨的光合作用和植株的营养状况都有不良的影响。栽培或野生条件下，凡在土壤干旱及空气干燥的地方，刺梨生长较弱，叶易枯黄脱落，结果也少，且果小涩味重，在干热条件下更为严重。

刺梨的耐湿力较强，即使在较潮湿的土壤中也能正常生长结实。

(四) 土壤

刺梨在微酸性至中性壤土、沙壤土、黄壤、红壤、紫色土上都能栽培，对土壤pH的适应范围较广，但以pH6～6.5最为适宜。刺梨耐瘠力弱，因此栽培时要求园地土壤的土层要深厚、肥沃，保水保肥力要强。在保水保肥力差的土壤上，刺梨植株生长弱，产量低，品质差。

第四节 栽培技术

一、育苗

刺梨的无性繁殖可采用扦插繁殖和组培繁殖。由于刺梨的枝容易发生不定根，根容易发生不定芽，因此用枝扦插容易生根，用根扦插容易发芽抽梢，育苗成本低，生产上多采用扦插繁殖。实生繁殖的后代变异系数大，生产上不宜采用。

1. 绿枝扦插 秋季比夏季扦插的成活率和发根率高。在10月中下旬，选直径0.6cm以上的充实健壮当年生枝，剪成15cm左右的插条进行扦插。插前用5～10mg/L吲哚丁酸（IBA）或萘乙酸（NAA）溶液将插条基部浸泡12h，或用适当浓度生根粉蘸插条基部，可明显提高发根率。扦插前将插床的土壤深挖、施肥、整细、做厢、浇透水，然后用地膜覆盖再扦插效果更好。

2. 硬枝扦插 春、夏、秋三季都可进行硬枝扦插，但以春季发芽前和秋季10月中下旬为宜。扦插时选生长健壮、直径0.8cm以上的1～2年生枝作为插条，插前需用10～15mg/L吲哚丁酸或萘乙酸溶液浸泡处理12h。插床的要求与绿枝扦插的相同。

根据刺梨喜湿和不耐瘠的特性，应选肥水条件好、光照充足的土地作扦插育苗地。凡生长健壮的一年生扦插苗，翌年就能开始开花结实。据贵州大学农学院观察，刺梨的忌地现象明显，因此苗圃不宜连作，否则扦插成活率极低。

3. 离体繁殖 总的来说，刺梨的离体培养较为困难，且各基因型对培养条件的要求差异较大。据文晓鹏等（2003）报道，选用30～50d枝龄的贵农5号茎段作为外植体，接种在1/2MS＋GA 1.0mg/L＋BA 0.5mg/L＋NAA 0.1mg/L培养基上，萌发后转接萌芽至MS（NH_4NO_3减半）＋GA 1.0mg/L＋BA 0.5～1.0mg/L＋NAA 0.1mg/L培养基使其增殖，4～5cm长的增殖芽接种在1/2MS＋BA 0.3mg/L＋NAA 0.3mg/L＋PP_{333} 0.5～0.7mg/L培养基上20～25d即可生根，炼苗10～15d后可植入土壤。

二、栽　　植

1. 定植时期 刺梨的定植应在落叶以后。在植株休眠期内，早栽比晚栽有利于翌年的生长和结果。我国西南地区以11～12月栽植最为适宜。

2. 栽植密度 目前生产上常用的株行距以1.5～2m×2～3m为宜，即每667m^2栽111～222株。普通品种和土壤条件优良时，适当稀植；披散型的刺梨品种和土壤条件差时，适当密植。

3. 建园定植 选择土层深厚、光照良好、有灌溉条件的地带作为园地。为保证能达到早果、丰产，定植时必须改良土壤，施足底肥，切不可粗放栽植。每公顷应施有机肥45t以上。定植穴深度60cm左右，宽度80cm左右。栽植密度较大时，最好采用挖壕沟栽植。选择山地或丘陵地作为园地时，应整水平梯带，以免水土流失。定植后必须充分灌水。

三、刺梨园管理

（一）施肥

1. 刺梨的营养特点 刺梨的耐瘠能力较弱，栽培上要求较好的肥水条件。据樊卫国等（1992、1997、1998、2003）的研究报道，在春季4～5月刺梨大量抽梢时，新梢吸收的养分多，新梢是此时的主要养分"库"。在6月初至6月中旬、7月初至7月下旬这两个阶段，养分"库"向果实转移，果实迅速生长，氮、磷、钾、钙、镁等营养元素在果实中迅速积累，故此期间应充分保证营养供应，这对增加刺梨产量和提高果实品质有重要作用。刺梨对氮、磷、钙、铁元素的缺素胁迫（element deficiency stress）反应较为敏感，缺素胁迫10～13d即有初始症状发生，而对钾、镁、锌等元素缺素胁迫的症状表现较慢，一般要20～30d后才见到初始症状。不同形态的氮肥对刺梨的生长发育有重要的影响。试验结果表明，将硝态氮肥和铵态氮肥配合施用，能够显著促进刺梨的生长发育；春季施氮肥时适当配合铵态氮肥，能够提高刺梨树体内的精氨酸含量，增加刺梨的花芽数量；施氮肥时配合硝态氮肥，能够促进刺梨根系的生长。在夏季高温期单独施铵态氮肥，根系容易出现氨中毒症，抑制根系的生长发育。

2. 施肥 刺梨园每年施基肥1次、追肥2次。

（1）基肥 在冬季刺梨的根系无自然休眠期，在春季刺梨的地上部发芽时间早，因此基肥要求早施。一般11月施基肥，有利于刺梨吸收补充养分和恢复树势，对刺梨翌年春季的花芽分化有显著的促进作用。基肥选用腐熟的有机肥，适当配加一定量的速效氮肥效果更好，每公顷果园的有机肥施用量不低于15～22.5t。

（2）追肥 在2月抽梢前追施一次以铵态氮为主的氮肥；在6月初和7月初，各追施一次氮磷钾复合肥。6～7月温度高、湿度大，单独追氮肥容易诱发白粉病，因此要控制好施肥量，氮肥不能施得过多，同时在单独追氮肥前应注意白粉病的预防。

（二）土壤管理

新建的刺梨园土壤管理提倡果园间作覆盖，以降低夏季的土壤高温和强烈的水分蒸发，增加刺梨园的大气湿度，有利于刺梨的生长发育。盛果期刺梨园要勤除杂草，以减少杂草对水分、养分的消耗。

（三）灌水

虽然我国南方雨量充沛，但季节性的降水不均往往导致春旱、伏旱的发生。由于刺梨根系分布浅，抗旱力弱，干旱胁迫会严重抑制植株的生长和开花结果，降低产量和品质，因此在干旱时要及时灌水。

（四）整形修剪

刺梨的适宜树形是近于自然丛生状的圆头形，要求枝梢自下而上斜生，充分布满空间，互相不交错或过密，内部通风透光。

修剪时期以落叶后的冬剪为主，辅之以生长期的适量疏剪。落叶后，疏剪枯枝、病虫枝、过密枝和纤弱枝，尽量多留健壮的1～2年生枝作为结果母枝；对衰老的多年生枝进行重短截，促使其基部萌发抽生强枝并成为新的结果母枝。树冠基部抽生的强旺枝要尽量保留，作为老结果母枝的更新枝。树冠中下部过于衰老的结果母枝要剪除。

刺梨属丛生性小灌木，枝梢多从树冠中下部抽生，自然生长的情况下，结果4～5年后树冠开始衰老，产量、品质迅速下降。大型结果枝组结果1～2年后，结果能力很快减弱，枝条逐渐枯死。因此，对衰老的刺梨园应进行树冠的回缩更新修剪（renewal pruning）。刺梨对修剪的反应敏感，老枝上的隐芽较多，回缩更新修剪具有显著促进刺梨隐芽萌发抽枝的作用。由于刺梨具有抽生徒长枝形成大型结果母枝在次年结果的习性，因此回缩更新修剪使刺梨抽生徒长枝的数量增多，更新树冠和促进徒长性结果母枝形成的作用明显，使修剪后第一年树冠就得以恢复，第二年就十分丰产。据樊卫国等（2001）的试验报道，采用回缩树冠1/3或1/2的修剪方法进行衰老树冠的更新，每间隔3年左右更新修剪1次，可以维持刺梨园较高、较稳定的产量。对于严重衰老、产量极低的刺梨园，也可进行隔行台刈更新，方法是从地面以上20cm处将大枝全部剪除，只留20cm高的丛桩。台刈更新修剪后，结合刺梨园的深翻，重施基肥，加强肥水管理。春季丛桩上的隐芽大量萌发新梢后，及早定梢，抹除多余的新梢，选留15个左右的强旺新梢培养成为结果母枝，第二年可以恢复正常产量，以后进行常规的修剪，在3～4年内能够维持高产稳产。

四、采 收

刺梨果皮由绿色转变为淡黄色时,其中的维生素C含量达到高峰,此后果实进一步成熟,果色由淡黄转为黄色以至浓黄色时,维生素C的含量又稍有下降。为了提高刺梨鲜果的营养价值,应在果实接近完全成熟、果皮由绿色开始转为黄色时采收。采收时间应选早、晚或无雨阴天为好,雨天采收的果实不耐贮运。

(执笔人:樊卫国)

主要参考文献

樊卫国,等.1992.刺梨果实发育的研究[J].贵州农学院学报,11(1):74-79.
樊卫国,等.1997.刺梨对缺素胁迫的反应[J].贵州农学院学报,16(4):43-47.
樊卫国,等.1998.不同氮素形态对刺梨生长发育的影响[J].园艺学报,25(1):27-32.
樊卫国,等.1998.刺梨果实的营养元素累积规律研究[J].贵州农业科学,26(3):1-4.
樊卫国,等.2003.刺梨花芽分化期芽中内源激素及碳氮养分动态[J].果树学报,20(1):40-43.
樊卫国,等.2004.刺梨果实与种子内源激素含量变化及其与果实发育的关系[J].中国农业科学,37(5):728-733.
樊卫国,等.2007.养分和水分状况对刺梨树体硝酸还原酶活性与氮素营养的影响[J].果树学报,24(2):162-167.
An H M, et al. 2007. Molecular characterisation and expression of L-galactono-1,4-lactonedehydrogenase and L-ascorbic acid accumulation during fruit development in *Rosa roxburghii* [J]. Journal of Horticultural Science & Biotechnology, 82 (4): 627-635.
Rensburg C J, et al. 2005. *Rosa roxburghii* supplementation in a controlled feeding study increases plasma antioxidant capacity and glutathione redox state [J]. Eur J Nutr, 44: 452-457.
Yu L M, et al. 2007. Effects of *Rosa roxburghii* tract on proliferation and differentiation in human hepatoma SMMC-7721 cells and CD34+ haematopoietic cells [J]. Journal of Heath Science, 53 (1): 10-15.

推 荐 读 物

樊卫国,等.2001.更新修剪对刺梨树体养分状况及生长、结果的影响[J].西南农业学报,14(3):52-55.
罗登义.1987.刺梨的探索与研究[M].贵阳:贵州人民出版社.
向显衡,等.1988.贵州刺梨种质资源的利用研究[J].中国水土保持(7):30-32.